W0260803

Dr.-Ing. Herbert Börner
Technische Hochschule Ilmenau:
Elektrotechnik/Nachrichtentechnik

Dr. sc. phil. Gisela Buchheim
Dr. rer. nat., Professor, Technische Universität Dresden:
Kapiteleinführungen

Dr. sc. oec. Thomas Hänseroth
Dozent, Technische Universität Dresden:
Bauingenieurwissenschaften

Dr. sc. phil. Alfred Kirpal
Dr.-Ing., Dozent, Technische Hochschule Ilmenau:
Elektrotechnik/Elektronik

Dr. sc. phil. Klaus Krug
Dr. rer. nat., Professor, Technische Hochschule
»Carl Schorlemmer« Leuna – Merseburg:
Verfahrenstechnik

Dr. sc. phil. Peter Lange
Dr. rer. nat., Friedrich-Schiller-Universität Jena:
Verfahrenstechnik/Silikattechnik

Dr.-Ing. Klaus Mauersberger
Technische Universität Dresden:
Maschineningenieurwissenschaften

Almut Mehlhorn
Technische Universität Dresden:
Bildbesorgung, Literaturverzeichnis, Register

Dr. sc. phil. Friedrich Naumann
Dr. oec., Technische Universität Karl-Marx-Stadt:
Informatik

Dr. phil. Siegfried H. Richter
Dipl.-Ing., Technische Universität Dresden:
Maschineningenieurwissenschaften/Fertigungstechnik

Dr. sc. phil. Peter Schubert
Dr.-Ing., Dozent, Technische Universität Dresden:
Elektrotechnik/Energietechnik

Dr. phil. Rainer Sennewald
Dipl.-Ing., Bergakademie Freiberg:
Montanwissenschaften

Dr. phil. habil. Rolf Sonnemann
Dr. rer. oec., Professor, Technische Universität Dresden:
Vorwort, Einleitung

Dr. phil. Bernhard Sorms
Dipl.-Chem., Technische Universität Dresden:
Verfahrenstechnik/Technische Chemie

Dr. rer. nat. habil. Otfried Wagenbreth
Dozent, Technische Universität Dresden:
Montanwissenschaften

Geschichte der Technikwissenschaften

herausgegeben von Gisela Buchheim und Rolf Sonnemann

SPRINGER BASEL AG 1990

CIP-Titelaufnahme der Deutschen Bibliothek

Geschichte der Technikwissenschaften / hrsg. von Gisela
Buchheim u. Rolf Sonnemann.
ISBN 978-3-0348-6153-3   ISBN 978-3-0348-6152-6 (eBook)
DOI 10.1007/978-3-0348-6152-6
NE: Buchheim, Gisela [Hrsg.]

© 1990 Springer Basel AG
Ursprünglich erschienen bei Edition Leipzig 1990
Softcover reprint of the hardcover 1st edition 1990

ISBN 978-3-0348-6153-3

Inhalt

Vorwort

Die Geschichte der Technikwissenschaften gehörte noch vor zehn Jahren zu den Desiderata wissenschaftshistorischer Forschung. Von einer so bezeichneten Disziplin war kaum die Rede. Das nimmt nicht wunder, wenn man bedenkt, daß Maschinenbauer und Elektrotechniker, Bauingenieure und Verfahrenstechniker das von ihnen vertretene Gebiet entweder unter die angewandten Naturwissenschaften subsumierten oder es ganz allgemein der Technik zuordneten.

Mit diesem Buch legen wir das Ergebnis einer Gemeinschaftsarbeit vor, die vor etwa einem Jahrzehnt begann. Die Gründung eines Zentrums für Geschichte der Technikwissenschaften an der Technischen Universität Dresden geschah in der Absicht, dem oben bezeichneten Mangel abzuhelfen. Promovierte oder doch zumindest diplomierte Ingenieure und Naturwissenschaftler mehrerer technischer Hochschulen der DDR vereinten sich in dem Bemühen, ihr ausgeprägtes historisches Interesse in die Bahnen einer systematisch betriebenen wissenschafts- und technikhistorischen Forschung zu lenken. Lernend zu lehren und lehrend zu lernen stellte nicht geringe Anforderungen an jeden der künftigen Autoren, zu denen sowohl Hochschullehrer gehören, die mit der Gründung des Zentrums als Lehrkräfte in Erscheinung traten, als auch jene Nachwuchswissenschaftler, von denen einige inzwischen in den Kreis der Dozenten und Professoren eingetreten sind.

Da die Zahl der technikwissenschaftlichen Spezialdisziplinen unter den Bedingungen der mit der wissenschaftlich-technischen Revolution einhergehenden wissenschaftlichen Arbeitsteilung von Jahr zu Jahr zunimmt, andererseits nicht erwartet werden kann, daß die noch in den Anfängen stehende historische Forschung sofort auch das Gesamtgebiet der Technikwissenschaften in Augenschein nimmt, versteht es sich, daß unserer Darstellung der Charakter des Fragmentarischen anhaftet. Der Leser wird manche Merkmale des Vorläufigen entdecken. Man mag das bedauern, doch sollte berücksichtigt werden, daß jedem Produkt forschenden Bemühens ein mehr oder minder hohes Maß des noch nicht Abgeschlossenen eigen ist. Wichtig erschien uns, mit der historischen Skizzierung solcher Gebiete zu beginnen, die in der Geschichte als erste zum Substrat wissenschaftlichen Denkens geworden waren. Dazu gehören zweifellos das Montanwesen, bestimmte Bereiche der Verfahrenstechnik, das Maschinen- und das Bauwesen. Ihnen vor allem galt unsere Aufmerksamkeit, die sich auch deshalb den genannten Disziplinen zuwandte, weil deren Repräsentanten dem Dresdener Zentrum angehören. Schließlich glauben wir mit Elektrotechnik und Informatik zwei Disziplingruppen in ihrem historischen Werden beschrieben zu haben, die im Ensemble der Hoch- oder Schlüsseltechnologien gegenwärtig und sicher auch künftighin eine überaus bedeutsame Rolle spielen. Wenn andererseits weder die Luft- und Raumfahrt noch die Raketentechnik, ganz zu schweigen die Medizintechnik, die ja in vieler Hinsicht Erkenntnisse der modernen Technikwissenschaften in sich aufnimmt, der wissenschaftshistorischen Befragung unterzogen wurden, dann mag das anderen Wissenschafts- und Technikhistorikern Ansporn sein, sich diesen Gebieten zuzuwenden.

Nur zu erkunden, wann wissenschaftliches Denken sich der Technik zuwandte und wessen Erkenntnisse den Arbeitsmitteln neue Funktion und Gestalt vermittelten, darin konnte sich das Bestreben der Autoren nicht erschöpfen. Wissenschaft und Technik standen immer in einem Bezug zu den großen Fragen der jeweiligen Epoche. Über das Wohl und Wehe der Technik ist seit Jahrhunderten nachgedacht worden, und spätestens seit Erscheinen der ersten Dampflokomotiven stritt man um das Für und Wider der Herrschaft des Menschen über die Natur. Dem Ingenieur ist es oft nicht leicht gemacht worden, sich im Schichtenbau der Gesellschaft zu behaupten. Es bedurfte langer Auseinandersetzungen mit der staatlichen Bürokratie, um auch ihm akademische Ehren zuzuerkennen, und die Universitäten taten das ihre, um den Ingenieuren den Eintritt in ihre bevorrechteten Kreise zu verwehren. Gewiß sind diese Diskussionen heute ausgestanden. Eine auf die Technikwissenschaften bezogene historische Darstellung muß sich jedoch der Aufgabe unterziehen, deutlich werden zu lassen, wie der Beruf des Ingenieurs entstand, welche Antworten er auf welche Fragen gab und wie er damit Verantwortung gegenüber der Gesellschaft übernahm.

Da vorausgesetzt werden durfte, daß dem Adressaten dieses Buches die allgemeinen historischen Umstände, unter denen moderne Technik ins Leben trat und zu wirken begann, in ungleich höherem Maß bekannt sind als die Daten und Entwicklungstendenzen weit zurückliegender Epochen, wird man finden, daß, je näher die jeweilige Darstellung zur Zeitgeschichte steht, die entsprechenden Passagen um so knapper gehalten wurden. Es ist zu hoffen, daß den Autoren daraus kein Vorwurf gemacht wird.

Die nicht geringe Zahl der beteiligten Autoren brachte es mit sich, daß die Diktion der vollkommenen Einheitlichkeit entbehrt. Hier den glättenden Hobel anzusetzen sahen sich die Herausgeber nicht veranlaßt. Wohl aber fühlten sie sich verpflichtet, einer Disposition zu folgen, der allgemeine Verbindlichkeit zukam.

Herausgeber und Autoren halten sich nicht für so kompetent, daß sie annehmen durften, ohne den Rat und das klärende Gespräch mit Fachkundigen verschiedener Grundlagen- und Spezialdisziplinen auszukommen. Nicht allen Kolleginnen und Kollegen kann hier der Dank abgestattet werden. Die ungenannt Bleibenden mögen sich deshalb in den Kreis derer einbezogen fühlen, denen wir vor allem herzlich danken: den Professoren E.-J. Gießmann (Berlin) und W. Purkert (Leipzig) für ihre sehr gründlichen Gutachten, den Professoren H. Göldner, F. Holzweißig und H. Prochnow (Dresden), W. Arnold und W. Wächtler (Freiberg) für manche Diskussion, ohne deren Ergebnisse die Exaktheit der wissenschaftlichen Aussage in diesem und jenem Abschnitt nicht erreicht worden wäre, den Kollegen Dr. M. Ketting (Lengenfeld), Dr. W. Piersig (Annaberg-Buchholz), Dr. M. Meyer (Rostock) und Dr. D. Schneider (Magdeburg) für hilfreiche Unterstützung ebenso wie den Mitarbeitern des Bereichs Geschichte der Produktivkräfte an der Sektion Philosophie und Kulturwissenschaften der Technischen Universität Dresden. Unser Dank gilt gleichermaßen Direktor Dr. R. Slotta (Bochum) wie den Fachkollegen, die anläßlich des Symposiums des Internationalen Komitees für Geschichte der Technik in Dresden 1986 mit mutmachenden Beiträgen aufwarteten. Schließlich danken wir dem Verlag EDITION LEIPZIG für die freundliche Unterstützung unseres Vorhabens.

Einleitung

Als vor etwa vier Jahrzehnten die Konturen der wissenschaftlich-technischen Revolution sichtbar wurden, sahen sich die Wissenschaften vor neue Fragen gestellt. Das betraf nicht nur solche Disziplinen, mit deren stürmischer Entwicklung eine radikale Umgestaltung der materiellen Produktion einherging. Stets haben tiefgreifende Wandlungen im System der produktiven Kräfte der Menschheit auch Fragen an die Geschichte ausgelöst. Das war so, als die industrielle Revolution des 18./19. Jahrhunderts das handgeführte Werkzeug durch die Maschine ersetzte, und das ist heute so, da Automaten herkömmliche Maschinen verdrängen. Was aber heißt das: die Geschichte neu zu befragen?

Mit Automatisierungstechnik, Mikroelektronik und Informatik – um nur diese zu nennen – waren die Technikwissenschaften zu neuer, höherer Wirksamkeit gelangt. Nun lassen sich zwar Bemühungen, dieser Gruppe von Wissenschaftsdisziplinen auf die historische Spur zu kommen, seit längerem nachweisen. Gleichwohl entspricht die bisherige Aufarbeitung der Geschichte der Technikwissenschaften nicht ihrer gegenwärtigen Bedeutung. Noch fehlen weit ausgreifende historische Darstellungen, die sowohl die inneren (gnoseologischen, strukturellen) Entwicklungstendenzen als auch die Wechselwirkungen mit anderen Wissenschaftszweigen nachweisen.

Das Fehlen einer so angelegten Wissenschaftsgeschichte machte sich um so mehr bemerkbar, als sich einerseits in den letzten Jahrzehnten immer neue Disziplinen der Technikwissenschaften herausbildeten und andererseits Philosophen und Soziologen, Wissenschaftstheoretiker und Historiker darauf warteten, Forschungsergebnisse nutzen zu können, die es ihnen möglich machen würden, die wahrhaft explosive Entwicklung der Arbeitsmittel historisch einzuordnen. Die Neubefragung der Historie mußte sich darauf konzentrieren, die bislang vorherrschende Technikgeschichte als Darstellung der gleichsam fertig vorgefundenen materiellen Substrate zu ergänzen durch eine Wissenschaftsgeschichte der Technik.

Nie zuvor in der Menschheitsgeschichte ist die Produktivität der Arbeit in einem so hohen Maß durch die Wissenschaften bestimmt worden wie in unseren Tagen. Ohne die Bedeutung forschenden Bemühens in anderen Bereichen auch nur im geringsten schmälern zu wollen, kann doch nicht daran gezweifelt werden, daß vor allem den Technikwissenschaften die Aufgabe zukommt, das immerwährende Streben nach Vervollkommnung menschlicher Existenzgrundlagen durch stets neue Erkenntnisse und ihnen entsprechende materielle Mittel zu befestigen. Der wissenschaftlich-technische Fortschritt, seine Widersprüche, Probleme und Wirkungen erregen die Aufmerksamkeit nicht nur der Fachleute, sondern breiter Bevölkerungskreise. Immer größer wird das Bedürfnis, Wissenschaft und Technik in umfassendere soziale Zusammenhänge einzuordnen. Der seit der industriellen Revolution anhaltende Streit um das Für und Wider technischer Errungenschaften hält völlig unvermindert an. Die spektakulären Folgen menschlichen Versagens beim Umgang mit Technik lösen Emotionen aus, die sich schnell verselbständigen. Nicht wenigen Menschen erscheint hochentwickelte Technik als Damoklesschwert, dessen Drohung man nur entrinnen könne, wenn man dem Ruf »Zurück zur Natur« folgt.

In der Tat berühren heute Inhalt und Ergebnis wissenschaftlicher wie technischer Entwicklungen die Existenzgrundlagen der Menschheit. Gerade deshalb ist es so wichtig, die historischen Tendenzen zu bestimmen, denen bisher die Technik unterworfen war. Die Geschichte der Technikwissenschaften hält manche Antwort bereit, die uns helfen kann, in den Widersprüchen unserer Zeit die Orientierung nicht zu verlieren. Natürlich kann dieses Buch weder eine Sozial- und Kulturgeschichte der Technik ersetzen, noch lassen sich für frühere Perioden der Menschheitsgeschichte gültige Aussagen einfach auf die Gegenwart übertragen. Wäre der heutige Tag in linearer Fortsetzung das Resultat des gestrigen, dann bedürfte es nur geringer Anstrengungen, um den Forderungen zu genügen, die sich der jeweils tätigen Generation stellen. Aber Lehren hält die Geschichte allemal bereit, und diese werden um so deutlicher erkannt, je reicher der Fundus an Kenntnissen ist, der sich aus dem Vergangenen schöpfen läßt.

Fragen wir nach der gegenwärtigen Bedeutung der Technikwissenschaften im System der Produktivkräfte, bedarf es einer Bestimmung der durch die wissenschaftlich-technische Revolution ausgelösten qualitativen Veränderungen der Produktion. Hier gibt erstens die flexible Automatisierung das Stichwort, darauf verweisend, daß die herkömmliche Maschinerie durch ein automatisiertes Maschinensystem abgelöst wird, für das solche Begriffe wie CAD, CAM und CIM stehen. Zweitens sind es neuartige Technologien, die mit Hilfe eben dieser hochleistungsfähigen Automaten und deren Integration den Hauptweg zum Fortschritt der gesellschaftlichen Produktivkräfte markieren. Drittens schließlich ist es die Produktionsvorbereitung, die als ein System geistiger Arbeit in immer höherem Maß durch den Einsatz von Computern bestimmt wird.

Schon die eben verwendeten Begriffe lassen erkennen, daß die Produktion als das Hauptfeld menschlicher Tätigkeit ohne den bewußten Einsatz der Technikwissenschaften undenkbar ist. Beginnend mit der Grundlagenforschung, spannt sich ein weiter Bogen bis zur eigentlichen Zweckerfüllung des in der Produktion gewonnenen Erzeugnisses. Jedes der vielen Segmente forschender, konstruierender und produzierender Tätigkeit enthält in hohem Grad wissenschaftliches Bemühen, und es sind vor allem die Technikwissenschaften, die dabei gefragt sind. Wissenschaft hat die Fähigkeit erlangt, technische Systeme komplex und in wachsenden Systemgrößen zu beschreiben.

Die Wesensbestimmung der Technikwissenschaften läßt sich vorab aus der Bezeichnung selbst ableiten. Auf welchen technischen Bereich sie auch immer abzielen, stets verweisen sie auf Anwendung und Umgestaltung, auf Produktion und Reproduktion, auf das Machbare, auf die Mittel menschlicher Handlungen. Die Technikwissenschaften befassen sich mit der Wirkungsweise, Erzeugung und Nutzung einschließlich der Erhaltung von Technik. Sie zielen immer auf die effektive, praktische Beherrschung eines Gegenstandsbereiches. Um das zu gewährleisten, bedarf es der Erforschung der Gesetzmäßigkeiten technischer Objekte und Verfahren auf der Grundlage der in ihnen wirkenden Naturgesetze. Da aber nicht die Natur Technik hervorbringt, sondern diese stets an die Entäußerung menschlicher Wesenskräfte gebunden ist, kann der Gegenstand der Technikwissenschaften nicht allein durch das »tote Material« bestimmt sein, sondern auch durch die Wechselwirkung Mensch – Technik im realen Prozeß der Herstellung und Nutzung von Technik. Diese Wechselwirkung schließt den intellektuellen Prozeß ein, die Methodik geistiger Arbeit, die Art und Weise der Gewinnung und Verarbeitung von Informationen, die zu neuen Lösungen führen sollen.

Technik begegnet uns in vielerlei Gestalt. Das technisch Mögliche und Machbare muß keinesfalls mit der tatsächlich eingesetzten Technik übereinstimmen. Abgesehen von ökonomischen, ökologischen und sozialen Bestimmungsgründen haben die Technikwissenschaften als Ensemble einer Vielzahl von Einzeldisziplinen unter jeweils konkreten historischen Bedingungen mit darüber zu entscheiden, welche der möglichen Systeme von strategischer Bedeutung sind. Ob die Wissenschaftspolitik eines Staates oder eines Konzerns, eines Industriezweiges oder eines anderen gesellschaftlichen Organismus darauf gerichtet ist, künftig diesen oder jenen Maschinen den Vorzug zu geben, ob auf arbeitsplatzsparende Technik orientiert wird oder ob es sich – wie in den Entwicklungsländern – darum zu handeln hat, möglichst allen Menschen wenigstens die Existenz zu sichern – diese und viele andere Alternativen, Ursachen und Entscheidungsgründe beeinflussen die Entwicklung der Technikwissenschaften zumindest als Randbedingungen. Da sind ökonomische und ökologische, soziale und demographische, letztlich systemerhaltende Faktoren zu nennen, die alle – von größerem Einfluß die einen, von geringerem die anderen – darüber mitentscheiden, welche der Technikwissenschaften vorrangig zu fördern sind, ob sich Struktur und Gefüge dieser Gruppe von Wissenschaften unter den »äußeren« Einflüssen wandeln werden, wie sich die Potentiale zu gestalten haben, mit denen die Forschung rechnen muß, und auch ethische Probleme bleiben nicht ausgespart.

Im Unterschied zu den Naturwissenschaften wird die institutionelle Struktur der hier zur Diskussion stehenden Disziplinen in erster Linie durch die Objektbereiche, d. h. durch die Industriezweige und deren Glieder bestimmt.

Andererseits markieren die Gesetze der Natur die Grenzen des technisch Machbaren. Es sind die Mathematik und die Naturwissenschaften, die den Technikwissenschaften eine Art wissenschaftlichen Vorlauf verschaffen. Letztere wiederum treiben die Wissenschaften von der Natur voran, insofern sie diesen neue Fragen offerieren, ihnen neue Erkenntnisse und Methoden zur Verfügung stellen und in Gestalt der industrialisierten Forschung Maßstäbe und Möglichkeiten in die Hand geben, von denen die noch weitgehend vereinzelte und individuelle naturwissenschaftliche Forschung früherer Zeiten keine Ahnung besaß.

Unter welchen konkret-historischen Bedingungen entstanden die Technikwissenschaften, was machte deren Aufkommen möglich und schließlich allgemein notwendig? Es mag hier genügen, auf die Gründe zu sprechen zu kommen, die als weithin anerkannt gelten dürfen. Übereinstimmung besteht zunächst darin, daß die industrielle Revolution des 18./19. Jahrhunderts die große historische Zäsur bildet, die das Noch-Nicht von dem Schon scheidet. Es war die neue Dynamik der kapitalistischen Produktionsweise, die den Produktivkräften immer neue Räume eröffnete. Die Bourgeoisie kann nicht existieren, ohne die Verhältnisse fortwährend zu revolutionieren.

Gewiß läßt sich die produktive Funktion der Wissenschaft, untersucht man sie am Beispiel einzelner Disziplinen, sehr viel weiter zurückverfolgen. Es sei nur auf die Montanwissenschaften verwiesen, die den Silbererzbergbau seit dem 16. Jahrhundert maßgeblich beeinflußten. Nun aber, mit dem Aufkommen von Werkzeugmaschinen, dem Straßen- und Brückenbau in neuen Dimensionen, chemischen Verfahren und vor allem der Dampfmaschine Wattscher Konstruktion, wandelt sich die Möglichkeit für die Herausbildung erster Technikwissenschaften in eine allgemeine Notwendigkeit.

Ließ sich dieser Prozeß während der ersten Phase der die Welt umgestaltenden Revolution der Produktivkräfte noch nicht eindeutig erkennen, so wurde in deren zweiter Entwicklungsphase, da Maschinen mit Hilfe von Maschinen hergestellt wurden, das Neue wissenschaftlich-technischer Entwicklung transparent. Aus der Vielzahl konstruktiver Lösungen ergaben sich einheitliche Grundkonstruktionen, die beginnende Fertigung austauschbarer Teile legte das erforderliche technisch-technologische Konzept bloß, die Vorbereitung der Produktion streifte das Zufällige ab. Je höher die Komplexität der technischen Systeme, um so stärker ist der Zwang zur technikwissenschaftlichen Analyse. Diese Entwicklung korrespondierte mit den ökonomisch-strukturellen Veränderungen. Konzentration und Zentralisation von Produktion und Kapital hatten immer größere Produktionseinheiten zur Folge.

Unter diesen Bedingungen mußte das überlieferte technische Wissen versagen, wenn sich ihm nicht wissenschaftliche Überlegungen zur Seite stellten. So entstanden die technikwissenschaftlichen Disziplinen, die, zunächst auf den Maschinenbau und das Bauwesen, aber auch auf die chemische Technik orientiert, mit dem Fortschreiten der industriellen Revolution einen Bereich nach dem anderen umgestalteten: die industrielle Produktion, den Transport und das Verkehrswesen, die Kommunikationsmittel u. a. m.

Es stellte sich schließlich die Frage: Warum bildeten sich die Technikwissenschaften in Europa heraus?

Leser, denen der in Jahrhunderten europäischer Geschichtsschreibung kultivierte eurozentrische Standpunkt oft schon Mißbehagen bereitet hat, mögen unserer Frage spontan ein »Gemach!« entgegensetzen. Sie werden vielleicht kritisch einwenden, daß China und Indien, Persien und die Länder des Kalifats der Weltkultur Bausteine einfügten, die gar nicht hoch genug zu bewerten sind. Joseph Needham hat nicht nur die Fachwelt im Ergebnis umfangreicher Forschungen auf einzigartige Weise mit der Technikgeschichte Chinas bekannt gemacht, und neuere Untersuchungen zur Wissenschaftsgeschichte der Länder des Islam lehren uns das Staunen. Und doch sind wir berechtigt, die in der oben gestellten Frage enthaltene Aussage zu bekräftigen: Industrielle Revolution und Technikwissenschaften haben von Europa aus die Welt verändert. Weil es sich bei dieser Frage um ein Kardinalproblem weltgeschichtlicher Entwicklung handelt, ist es geboten, Zusammenhänge zumindest anzudeuten, in die unsere Thematik einzuordnen ist.

In den fortgeschrittenen Ländern West-, Mittel- und Südeuropas war an der Wende vom 15. zum 16. Jahrhundert eine Situation herangereift, die verstehen läßt, warum von ihnen eine Expansivkraft ausging, die bis in die entlegensten Gebiete der Erde wirkte. Da sind zunächst die günstigen natürlichen Bedingungen für die agrarische Produktion zu nennen, die gleichzeitig die Erschließung neuer Gebiete durch Handel und Verkehr förderten. Neben Spanien waren einige oberitalienische Städte und von diesen ausgehend ein breiter Streifen zumeist fruchtbaren Landes längs des Rheins und der oberen Donau bis nach Flandern und von hier auf die Nordseeküste übergreifend zu Zentren eines neuen Aufschwungs der Produktivkräfte geworden. Zum anderen sehen wir das Interesse der herrschenden Klasse an der Steigerung der landwirtschaftlichen Produktion im Rahmen der Grundherrschaft sehr viel stärker ausgeprägt als in den orientalischen Ländern. Drittens kannte die Welt nirgendwo sonst ein so aktives, handlungsfähiges, politisch und ideologisch eigenständiges Bürgertum in den sich entwickelnden Städten, die in eine durch lose Bande geknüpfte staatliche Struktur eingebunden waren. Schließlich ist zu berücksichtigen, daß der Spielraum für den arbeitenden Menschen, und hier vor allem den Bauern, nicht durch jene engen Grenzen abgesteckt war, die anderswo zu einer Verknöcherung der Verhältnisse geführt hatten.

Diese und andere Gründe stehen dafür, daß Europa, soweit es nicht – wie Rußland – unter dem Ansturm der Tataren zu leiden hatte, bald über einen Entwicklungsvorsprung verfügte, der erst im 19. Jahrhundert mit dem Aufstieg der Industriemacht der USA wettgemacht wurde. So sehr nun die Refeudalisierung Teile Europas nach den hoffnungsvollen Anfängen frühbürgerlicher Entwicklung zurückwarf – die von Italien ausgehenden produktiven Wandlungen führten schließlich zu historischen Vorbedingungen für das Aufkommen der kapitalistischen Produktionsweise. Zwischen 1000 und 1300 wurden Produktivkräfte in solchen Dimensionen freigesetzt, daß nicht wenige Technik- und Wirtschaftshistoriker meinen, damals habe sich eine sogenannte erste industrielle Revolution vollzogen. Wenn wir dieser Auffassung auch nicht beipflichten, sind doch sich abzeichnende bedeutende Veränderungen bezüglich der Energiequellen und der Ausbeutung der Bodenschätze, der Bewirtschaftung des Bodens und im Bauwesen nicht zu verkennen. Neue Eigentums- und Erwerbsformen und die zunehmend freie Verfügung über das Kapital ermöglichten eine ungleich höhere Arbeitsproduktivität, als sie in den engen Grenzen feudaler Produktionsverhältnisse erzielt werden konnte. Die seit dem Untergang des Römischen Reiches nie gänzlich unterbrochenen Ware-Geld-Beziehungen wurden infolge des wachsenden Interesses der bürgerlichen Klasse an Handel und Warenzirkulation intensiviert. Innerhalb von 300 Jahren wuchs die europäische Bevölkerung um etwa 30 Millionen Menschen. Zählte Europa um das Jahr 1000 ungefähr 42 Millionen, so sind für das Jahr 1300 schließlich 73 Millionen Menschen anzunehmen.

Innerhalb Europas war Frankreich mit einem Drittel der europäischen Gesamtbevölkerung das bevölkerungsreichste Land. Die bedeutendste europäische Stadt des Mittelalters, Paris, beherbergte im 13. Jahrhundert in ihren Mauern 200 000 Einwohner.

Auch Veränderungen in der Denkweise hatten ihren Anteil am Aufkommen der Neuzeit. Das gewachsene bürgerliche Selbstgefühl stellte das Diesseits und den Menschen in den Mittelpunkt des Denkens.

Bis ins 12. Jahrhundert waren in Europa nur wenige naturwissenschaftliche Werke der Antike bekannt. Im 12. und 13. Säkulum leiten Übersetzungen der Werke griechischer und arabischer Autoren eine neue Wissenschaftsepoche ein. Die Ansätze moderner Naturwissenschaft reichen bis in die Scholastik zurück. In deren Blütezeit machte man sich mit den bis dahin nicht übersetzten Schriften des Aristoteles bekannt. Der hohe theoretische Anspruch, den die Scholastik am religiösen Gegenstand kultiviert, kam auch der Vorbereitung naturwissenschaftlichen Denkens zugute. Die herrschende Ideologie ließ Ansätze für eine neue Betrachtung der natürlichen Erscheinungen zu. Der antike Geisteshaltung charakterisierende Widerspruch zwischen Natur und Technik wurde überwunden. Für viele andere europäische Gelehrte dieser Epoche steht Petrus Abälard (Abaelard), dem das Verdienst zukommt, dem neuen (europäischen) Denken als erster den Weg der Logik, der Vernunft und der Wissenschaft gewiesen zu haben. Er war der bekannteste Logiker und Dialektiker seiner Zeit, der in der Abhandlung »Sic et Non« (Ja und Nein) 158 Widersprüche aufführt, die er in der Heiligen Schrift und den Lehren der Kirchenväter gefunden hatte. Als Rationalist betonte er die Rechte des Verstandes gegenüber der Offenbarungsautorität. Mit verblüffender Einfachheit vermochte er zu argumentieren, logische Gedankengänge aufzubauen.

Roger Bacon, der berühmteste Schüler Robert Grossetestes, erklärte, Wissenschaft habe nur dann einen Sinn, wenn sie zu nützlichen Resultaten führe. Sein Lehrer, der Nachwelt weniger bekannt als Bacon, baute seine Naturphilosophie auf der Mathematik und experimentellen Überlegungen auf. Er erkannte die Eigenschaften optischer Linsen und lernte, wie man sich ihrer bedient.

Wenn sich unter den Geistesriesen der Renaissance so viele italienische Namen finden, dann ist das der Tatsache geschuldet, daß der Umbruch in diesem Land seinen Anfang nahm. Die eben erwähnten Denker aber waren Engländer der eine, Franzose der andere. Die »Renaissance des 12. Jahrhunderts« erfaßte einen sehr viel größeren Raum, als ihn die italienischen Stadtrepubliken einnahmen, in denen sich dann die Renaissance des 14. und der folgenden Jahrhunderte ankündigte. Daß Frankreich und England erst später wieder in die gesamteuropäische Entwicklung eingriffen, ist vor allem zwei Katastrophen geschuldet: der Pest und dem Hundertjährigen Krieg. Letzterer, neben anderen Interessen um Flandern mit seiner hochstehenden gewerblichen Produktion geführt, ließ die technische und wirtschaftliche Entwicklung in beiden Ländern fast zum Stillstand kommen. Noch einmal erwies sich Italien als Mittelpunkt wissenschaftlichen, künstlerischen und technischen Aufschwungs. Hier wie in Süd- und Südwestdeutschland entstanden Zentren frühkapitalistischer Produktion mit einem regen gewerblichen und kaufmännischen Leben. Das Kaufmannskapital nutzte die Vorteile einer erweiterten Warenproduktion und regte diese seinerseits an. Technische Neuerungen in Bergbau und Schiffahrt schufen Möglichkeiten zur Vergrößerung des Mehrprodukts, das, in wenigen Händen zentralisiert, zu Reichtümern ungeahnten Ausmaßes führte.

Veränderungen in Technik und Technologie bewirkten wissenschaftliche Fragestellungen, und diese wiederum stimulierten den technischen Fortschritt. Das gelehrte Interesse wandte sich der handwerklichen Praxis zu und begann dieser theoretische Grundlagen zu vermitteln. Das Experimentieren und Rechnen gehörte jetzt zur naturwissenschaftlichen Forschung. Die Wissenschaft löste sich von der Scholastik, stieß alte Denkweisen um und bereitete so den Boden für die Lösung neuer Probleme. Als die Renaissance um die Mitte des 16. Jahrhunderts ihr Werk getan hatte, stand Europa mit der Neuen Welt in Verbindung, ermöglichte ein intensivierter Seehandel die fast unentgeltliche Aneignung der Schätze fremder Völker und Kontinente, ergriff die ursprüngliche Akkumulation die Britischen Inseln und schuf auf diese Weise die Grundlagen für die Herausbildung des Kapitalismus.

Wir müssen es uns versagen, die Frage genauer zu erörtern, warum – sieht man von den Niederlanden als der »kapitalistischen Musternation des 17. Jahrhunderts« ab – zunächst nur England und Teile Schottlands die industrielle Revolution in Gang setzten. Es mag genügen, anstelle differenzierterer Untersuchungen und detaillierter Antworten grob zu skizzieren, warum andere europäische Länder vorerst außerhalb dieser weltgeschichtlichen Veränderungen blieben.

In Portugal und Spanien, den führenden See- und Kolonialmächten des 15. und zeitweise auch des 16. Jahrhunderts, wirkte sich die auf dem Gewürz- und Sklavenhandel sowie auf der Einfuhr von Edelmetallen basierende Hochkonjunktur letztlich negativ auf die kapitalistische Entwicklung aus. Da sich Raub und Sklavenhandel als sehr einträgliche Geschäfte erwiesen, blieb das Interesse des Bürgertums, des Adels und der Krone an der einheimischen Entwicklung der Produktivkräfte gering. Der Parasitismus saugte beide Länder aus. Im europäischen Norden bestimmte der Kampf um die Vorherrschaft in der Ostsee die Politik der skandinavischen Reiche bis ins 18. Jahrhundert. Dänemark, das in der zweiten Hälfte des 16. Jahrhunderts die Vorherrschaft im Ostseeraum errang, verlor im Dreißigjährigen Krieg seine dominierende Stellung. Die drückende Adelsherrschaft hatte das Land mit ihrer Kriegspolitik fast völlig ruiniert. Schweden, das Dänemark in der Funktion des Usurpators ablöste, erreichte zwar um die Mitte des 17. Jahrhunderts die Blütezeit der Renaissancekultur, doch ständige Kriege, die schließlich mit dem russischen Sieg unter Peter I. in der Schlacht bei Poltawa 1709 Schwedens Großmachtstellung aufhoben, zerrütteten das Land. Erst in der zweiten Hälfte des 18. Jahrhunderts erlebte Schweden einen Aufschwung in Kultur und Wissenschaft. Deutschland war nach der Niederlage der frühbürgerlichen Revolution aus dem

Kreis der Länder ausgeschieden, die energisch in die europäische Politik eingriffen. Der Dreißigjährige Krieg unterbrach schließlich in ganz Mitteleuropa die Ansätze manufakturkapitalistischer Entwicklung.

Nur in England, wo sich die Bourgeoisie unter günstigen Umständen zur Klasse formieren konnte und die bürgerliche Revolution in der Mitte des 17. Jahrhunderts gesiegt hatte, reiften infolge verschiedener Gründe innerhalb von hundert Jahren die Voraussetzungen für den radikalsten technisch-technologischen Wandel in der bisherigen Menschheitsgeschichte heran. Die Gewerbe und Manufakturen blieben weitgehend von Kriegszerstörungen verschont. Ausländische Handwerker waren in großer Zahl nach England eingewandert. Britanniens Herrschaft über die Weltmeere sicherte den Produktionszentren den Zugang zu entfernten Märkten. Die Bevölkerung des britischen Inselreiches, die um 1700 etwa sechs Millionen Menschen betragen hatte, wuchs bis zur nächsten Jahrhundertwende um drei Millionen. Das Kaufinteresse an den Produkten des textilen Gewerbes, in dem sich die industrielle Revolution zuerst vollzog, erhöhte sich ständig. Zollschranken und feudale Abgaben existierten nicht, wohl aber ein großer zusammenhängender Markt.

Diese und andere Ursachen hatten zur Folge, daß die handwerkliche Produktion den gewachsenen quantitativen und qualitativen Ansprüchen nicht mehr genügen konnte. Zudem hatte sich zwischen den beiden technischen Grundoperationen textiler Produktion, dem Spinnen und Weben, ein arges Mißverhältnis entwickelt. Die Spinnerei konnte der nächsten Verarbeitungsstufe, der Weberei, nicht die Menge an Garnen liefern, die der Markt forderte. Nur der Einsatz völlig neuer Arbeitsmittel ließ eine Problemlösung erwarten. An die Stelle des Spinnrades trat die Spinnmaschine, der konventionelle Handwebstuhl mußte nun dem mechanischen Webstuhl weichen. Die direkt wirkenden Naturkräfte genügten den Arbeitsmaschinen nicht mehr. An die Stelle des Wasserrades trat die Dampfmaschine Wattscher Konstruktion. Die steigende Nachfrage nach Eisen und Stahl ließ sich mit dem Einsatz von Holzkohle als Energieträger für das Erschmelzen der Erze nicht mehr befriedigen. Die Verkokung der Steinkohle löste das Problem.

All diese Neuerungen wird der Leser detailliert dargestellt finden. Im Ergebnis der industriellen Umwälzung, die, vom Textilgewerbe ausgehend, einen Bereich nach dem anderen ergriff und bald auch das Transportwesen revolutionierte, mauserte sich England zur »Werkstatt der Welt«. Um 1830 hatte die Revolution ihr Werk getan. Frankreich und Deutschland folgten, und während des letzten Drittels des 19. Jahrhunderts gab es kein europäisches Land, in dem Arbeits- und Dampfmaschinen nicht zur Anwendung gelangten. Gleichzeitig entstanden mit der Bourgeoisie und dem Proletariat die beiden Hauptklassen des Kapitalismus. Das Fabrikzeitalter hatte begonnen.

Die Jagd nach Profit sprengte die relativ engen Grenzen des nationalen Marktes. Der Konkurrenzkampf um Märkte und Anlagesphären für überschüssiges Geldkapital überzog den ganzen Erdball mit einem Netz vielfach verschlungener Abhängigkeiten. Hatte die industrielle Revolution in Europa begonnen, so gestaltete sie die technischen und ökonomisch-sozialen Verhältnisse bald auch in den USA grundlegend um. Zu Beginn unseres Jahrhunderts griff sie auf andere Kontinente über. Jedes Land brachte schließlich seinen Anteil in das Arsenal der weltweit wirkenden technischen Neuerungen ein. Auf einer bestimmten Entwicklungsstufe war dies ohne die Hilfe der Wissenschaft nicht mehr möglich. Maschinen, neue Transport- und Kommunikationsmittel ebenso wie chemische Verfahren ließen sich nicht mehr empirisch beherrschen. Nicht, daß die bodenständige Empirie am Ende ihres Lateins gewesen wäre. Auch gegenwärtig kann kaum ein Unternehmen auf die in jahrelanger Tätigkeit geronnene Erfahrung seiner Mitarbeiter verzichten. Was sich nun grundlegend wandelte, das war das altangestammte Verhältnis von materieller Produktion und einzelwissenschaftlicher Erkenntnis. Besonders deutlich zeigte sich das beim Aufkommen solcher Industriezweige, deren Wurzeln nicht weit in die Jahrhunderte zurückreichen. Die Elektrotechnik bot dafür das markanteste Beispiel. Sie beruhte von Beginn an auf einem zunächst noch unvollkommen ausgebildeten Theoriengebäude, das in immer schnellerer Folge neue Erkenntnisse in sich aufnahm. Die Theorie zur materiellen Gewalt werden zu lassen, bedurfte es solcher Wissenschaften, die sich aufs engste mit der Produktion verzahnten. Die Technikwissenschaften mußten mit Notwendigkeit entstehen. Ihren Weg nachzuzeichnen stellt sich unser Buch zur Aufgabe.

Technisches Wissen
in der handwerklichen Produktion

Einführung

Die Arbeit ist dem Menschen wesenseigen, sie erhob ihn aus dem Tierreich, trug zur Ausbildung von Hand und Hirn bei, um das Lebensnotwendige zu produzieren. Er lernte Werkzeuge herzustellen, zu gebrauchen und den verschiedenen Verrichtungen allmählich anzupassen. Zunehmende Arbeitsteilung ließ mit den Werkstoffen und Arbeitsmitteln auch das Wissen differenzierter werden. Werkzeuge und Waffen, Kleidung und Behausung, Schmuck und Kultgegenstände wiesen das wachsende Vermögen aus, in der Natur vorgefundene Stoffe zu Mitteln menschlicher Lebensgestaltung zu machen.

Mit der Herausbildung von Staaten erwuchsen neue gesellschaftliche Bedürfnisse. In den Städten bildeten die Handwerker Berufsgruppen mit eigenständigen Organisationsformen. Sie erwarben technische Spezialkenntnisse und vermittelten sie von Generation zu Generation. Dieses Wissen ging jedoch in der Regel nicht als des Beschreibens würdig in die überkommenen schriftlichen Quellen ein.

Doch waren auch Aufgaben organisatorischen und technischen Charakters zu lösen, die sich nicht in die engbegrenzte Struktur des Handwerks einordnen ließen. Im Gefolge der Herrschenden sammelten sich deshalb neben Priestern, Heerführern und Beamten auch Techniker. Wasserbauten für die landwirtschaftliche Produktion und die Bewältigung von Transportaufgaben, Repräsentationsbauten für Geistlichkeit und weltliche Macht, Zweckbauten zur Versorgung der Städte sowie kriegstechnische Arbeiten gehörten zu den vordringlichen Aufgaben. Ihre Lösung erforderte ökonomische, arbeitsorganisatorische und technische Kenntnisse. Vorausschauend mußten oft Tausende von Arbeitskräften über Jahre hinweg planmäßig geführt und angeleitet werden, um ein Bauwerk zu vollenden.

Eine solche Tätigkeit trug bereits ingenieurgemäße Züge. Eigene handwerkliche Fertigkeiten traten gegenüber der Befähigung zur verallgemeinernden Verarbeitung übernommener und selbst erworbener Fähigkeiten mit dem Ziel ihrer wiederholten Nutzung für wechselnde Aufgaben in den Hintergrund. In der praktischen Bewährung qualifizierten sich Fachleute als Träger einer nach Umfang und Spezifik neuen Art technischer Kenntnisse, die sich seit der römischen Antike als Berufsgruppe der Ingenieure etablierten.

Die Bewältigung gesellschaftlicher Aufgaben brachte öffentliche Anerkennung. Hervorragende Baumeister wurden von Chronisten als Künstler gerühmt. Sie nahmen in der Regel eine geachtete Stellung zwischen der

»Laß Dir das Schreiben angelegen sein, auf daß Du Dich vor harter Arbeit jeder Art bewahrest und ein hoher Beamter von großem Ansehen werdest.«
Ägyptische Urkunde

Zeichnung einer Kurve mit Hilfe von Koordinaten, Ostrakon aus Saqqara, etwa 27.Jahrhundert v.u.Z. Konstruiert wurde vermutlich die Krümmung eines Gewölbes. Aus Altägypten sind zahlreiche Bauzeichnungen in Form von Grund- und Aufrissen überliefert. Dabei nutzte man auch eine Quadratnetzeinteilung als Raster zur Entwicklung der Bauzeichnung.
Aus: Geschichte des wissenschaftlichen Denkens im Altertum, Berlin, 1982

herrschenden Oberschicht und den Handwerkern ein, wurden jedoch wie letztere zu den Vertretern der niederen mechanischen Künste gezählt, wogegen die Wissenschaftler die freien Künste vertraten. Allerdings war auch die Wissenschaft aus der gesellschaftlichen Praxis heraus entstanden und bildete in ihrer weiteren Entwicklung diese Wurzeln der Erkenntnis nicht in dem Maße zurück, wie es in den Selbstzeugnissen mancher Gelehrter, der herrschenden Weltanschauung entsprechend, zum Ausdruck kam.

Wenn sich praktisches technisches Wissen und Wissenschaft über die Jahrhunderte hinweg relativ unabhängig voneinander entwickelten, dann hatte das seine Gründe nicht nur im Wesen der Sklavereigesellschaft, sondern auch in dem noch geringen Bedarf der handwerklichen Produktion an wissenschaftlicher Erkenntnis und den eng begrenzten Möglichkeiten der Wissenschaft. Kenntnisgewinn auf der Abstraktionshöhe einer spekulativen Naturphilosophie verfügte weit eher über weltanschauliche denn pro-

Der Koloß von Rhodos (Phantasiedarstellung) – eines der sieben Weltwunder der Antike – wurde um 300 v. u. Z. aus Bronze gegossen. Die 37 Meter hohe Statue des Sonnengottes Helios fiel 227 v. u. Z. einem Erdbeben zum Opfer. Aus: A. Kircher, Turris Babel, Amsterdam, 1679

duktive Potenzen. Mathematische Gesetzmäßigkeiten und praktisch betriebene Geometrie hatten zwar gemeinsame Quellen, ansonsten aber über lange Zeit hinweg kaum produktiv wirksame Berührungspunkte. Weltanschauliche Grundpositionen und wissenschaftliche Erkenntnisse konnten somit im klassischen Griechenland zeitweilig die Auffassung hervorbringen, daß Technik als ihrem Wesen nach »widernatürliche« Erscheinung den Naturprozessen entgegengerichtet sei, diese zu überlisten trachte. Damit entstand jedoch keine Barriere, die es unmöglich gemacht hätte, den Ablauf natürlicher Prozesse in technischen Gebilden zu erkennen. Ansätze zur Überwindung des vermeintlichen Widerspruchs ergaben sich vor allem im Hellenismus mit Keimen einer experimentellen Naturforschung und der wachsenden Rolle der Ingenieurtätigkeit im Römischen Reich, ohne jedoch vorerst einen grundlegenden Wandel herbeizuführen.

Technisches Wissen wurde in der praktischen Arbeit relativ eigenständig und unabhängig von der wissenschaftlichen Tätigkeit erworben und vermittelt. Bewährtes wurde weitergegeben, Untaugliches verworfen. Probieren führte zur allmählichen Ausweitung des Erfahrungsfeldes. Immer aber war der Erwerb handwerklicher Kenntnisse durch die Produktionsaufgaben und deren Zweck bestimmt und begrenzt.

Schule von Athen. Teil des Wandgemäldes von Raffael in der Stanza della Segnatura im Vatikan, begonnen 1509. Dargestellt werden griechische Gelehrte, im Ausschnitt eine Gruppe um Pythagoras. Das Bild gilt als Beispiel vollkommener Verschmelzung von künstlerischer Idee und virtuos beherrschter geometrischer Strukturierung durch die Zentralperspektive.

»Es ist unmöglich, ohne Mathematik zu einer richtigen Erkenntnis über die Dinge der Welt zu gelangen. Von der Astronomie ist dies an sich klar … Aber auch die Vorgänge hier auf Erden bedürfen zu ihrer Erforschung dieser Wissenschaft. Denn jedes Ding wirkt durch die Kräfte, die in ihm liegen …«
Roger Bacon, Opus maius, 13. Jahrhundert

Sich selbst entzündendes Altarfeuer nach dem Entwurf des Heron von Alexandria um 100 v. u. Z. Durch geschicktes Ausnutzen mechanischer, hydraulischer und pneumatischer Prinzipe konnten überraschende Effekte erzielt werden. Gleichermaßen formte sich das Verständnis für die Gesetzmäßigkeiten des Ablaufes natürlicher und technischer Prozesse. Aus: Heronis Alexandrini Lufft- und Wasserkunst, o. O., 1688

Erfindung des Schießpulvers durch den Mönch Berthold Schwarz. Wahrscheinlich ist das Wissen über die Schießpulverherstellung aus China nach Europa gelangt. Aus: J. Furttenbach, Architectura martialis, Ulm, 1630

Faustregeln und einfache Bemessungsvorschriften dokumentierten aus langer Arbeitserfahrung verallgemeinertes Wissen für ein festumrissenes Aufgabengebiet. Sie gaben Handlungsvorschriften, ohne nach ursächlichen Erklärungen zu fragen, und waren damit nur bedingt auf neuartige Aufgaben übertragbar. In ihrer Gesamtheit jedoch bildeten sie einen Fundus, der als unverzichtbare Quelle späterer Technikwissenschaften aufbereitet werden mußte.

Erste Schritte hierzu bestanden in ihrer Sammlung, Systematisierung und schriftlichen Fixierung. Obwohl diese »literarische Entdeckung« der Produktion erst in der folgenden Periode allgemein einsetzte, finden sich frühe Ansätze bereits in den verschiedenen Kulturkreisen des Mittelalters. Diese Quellen wurden bisher kaum nach den hier interessierenden Aspekten untersucht. Es kann jedoch angenommen werden, daß eine schriftliche Aufbereitung des technischen Wissens, die es damit von der unmittelbaren Produktionstätigkeit abhob, vergleichende Betrachtungen implizierte und allgemein verwendeten Regeln, Maßverhältnissen und Handlungsanweisungen auch im didaktischen Sinne besondere Beachtung geschenkt hat. Hier sind die Keime für Verallgemeinerungen zu suchen, die technische Prozesse in der weiteren Entwicklung als Gegenstand wissenschaftlicher Untersuchungen vorbereitet haben. Sie konnten die unmittelbare Anschauung nicht ersetzen, lieferten aber erste Modellvorstellungen für wissenschaftliche Bewertungen.

Hervorgehoben sei in diesem Zusammenhang, daß der europäische Feudalismus in der Periode seiner vollen Entfaltung hierfür gewisse Freiräume

Turmbau. Dieses biblische Thema regte im Mittelalter zu zahlreichen Interpretationen an, die wichtige Hinweise auf den zeitgenössischen Baubetrieb und seine Produktionsmittel geben. Buchmalerei aus der Wenzel-Bibel, um 1400. Österreichische Nationalbibliothek, Wien

schuf. Das durch die christliche Religion geprägte wissenschaftliche Denken brachte u. a. ein von antiken Vorstellungen abweichendes Naturverständnis hervor, eingebettet in eine durch die Scholastik bestimmte Wissenschaftsauffassung mit ausgeprägt theoretischen Intentionen. Im Schoße des Feudalismus aber belebte das frühzeitig erstarkende Städtebürgertum Warenproduktion und Handel. Sich selbstbewußt gegen feudale Herrschaftsansprüche behauptend, begründete es eigene weltanschauliche Positionen und erhob das bereits vereinzelt artikulierte Programm einer Verbindung von Wissenschaft und Produktion zur allgemeinen Forderung.

Die sieben freien Künste:

Trivium: *Grammatik*
             Dialektik
             Rhetorik

Quadrivium: *Arithmetik*
             Geometrie
            Astronomie
            Musik

Anfänge des Bergbaus und Hüttenwesens und ihre literarische Überlieferung

Der Bergbau, die Gewinnung nutzbarer Minerale, ist eine der ältesten Tätigkeiten des Menschen. Schon in der Altsteinzeit gewann der Mensch den Feuerstein als Rohstoff für seine Werkzeuge, an manchen Orten untertage, also bergmännisch, wie wiedererschlossene Gruben aus jener Zeit in Ungarn und Holland bzw. Belgien beweisen. Etwa 2000 v. u. Z. ist in Ägypten die Gewinnung von Gold nachgewiesen. Um 2000 v. u. Z. wurden im Gebiet von Mesopotamien Kupfer und Bronze erschmolzen. In Mitteleuropa setzte die »Bronzezeit«, etwa 1800 bis 800 v. u. Z., nicht nur die Förderung von Kupfer- und Zinnerz, sondern auch das Beherrschen der Schmelz- und Legierungstechnik voraus. Athen schöpfte etwa um 500 bis 100 v. u. Z. seinen Reichtum aus den Silbergruben von Laurion. Bergwerkszentren des Römischen Reiches waren u. a. Sardinien und Spanien. In den Alpenländern förderten während der Eisenzeit keltische Stämme vor allem Eisenerze und – im Salzkammergut – Steinsalz.

Der mitteleuropäische Bergbau auf Edel- und Buntmetalle nahm etwa vom Jahre 1000 an einen solchen Aufschwung, daß er technisch und juristisch im 15. Jahrhundert eine führende Rolle in der Welt innehatte. Zu dieser Zeit wurden schon alle wichtigen Bergreviere Mitteleuropas fündig, so z. B. Schemnitz (Banská Stiavnica/ČSSR) um 800, Goslar um das Jahr 1000, Freiberg 1168, Mansfeld um 1200, Iglau (Jihlava/ČSSR) um 1200, Kuttenberg (Kutna hora/ČSSR) um 1275, Kremnitz (Kremnica/ČSSR) um 1325, Ehrenfriedersdorf, Geyer, Altenberg und andere Zinnbergorte Sachsens um 1300/1450.

Trotz einer gewissen Arbeitsteilung war der Bergbau von der Antike bis um 1450 mit handwerklichen Fähigkeiten und einfacher Maschinerie zu betreiben. In den nicht oder nur schwach bewachsenen Gebieten Afrikas und des Vorderen Orients lag das erzführende Gestein anfangs offen zutage. Auch beim Beginn des mitteleuropäischen Bergbaus waren das Kupfer-, Zinn- oder Bleierz einfach zu finden, indem man die Ackerkrume aufschürfte und unter dieser – bei etwas Glück – den Erzgang oder das erzführende Gestein antraf. Silber und Gold als Edelmetalle konnte man in den obersten Dekametern der Erdkruste sogar in Form des gediegenen Metalls entdecken. Gold und Zinnstein lagen oft in den Lockersedimenten von Bächen und Flüssen, den sogenannten »Seifen«, angereichert, aus denen sie nur ausgewaschen werden mußten.

Von der Erdoberfläche aus schlug der Bergmann das Erz mit der Hacke oder mit Schlägel und Eisen – einem Hammer und einem Meißel mit Stiel (dem Bergmannssymbol) – heraus. So waren kleine Tagebaue die älteste Abbauform. Wurden diese so tief, daß man das Erz und das Gestein nicht mehr heraustragen bzw. herauswerfen konnte, kam der Handhaspel als erste Fördermaschine zum Einsatz. Mit ihm konnte bis aus etwa 50 Meter Tiefe gefördert werden, wenn man mehrere Haspelschächte untereinander anordnete auch aus 150 Meter Tiefe. Von den Handhaspelschächten aus schlugen die Bergleute das Erz nun auch dort aus, wo es unter taubem Material lag, so daß sich damit der Untertagebergbau entwickelte. Der Handhaspel und die nun erreichten Tiefen zwangen zur Arbeitsteilung zwischen den Hauern vor Ort und den Haspelknechten. Zufließendes Wasser wurde auch mittels Haspel gehoben oder von Wasserknechten, einer dritten Berufsgruppe der Bergleute, geschöpft. Wo es die geographischen Verhältnisse erlaubten, trieb man von einem benachbarten Tal einen Stolln schwach ansteigend bis in die Gruben, so daß aus diesen das Wasser abfließen konnte. Bergbau unter dem Grundwasserspiegel bzw. unter dem Stolln zu betreiben, versuchte man anfangs allerdings nur selten. Meist wurden bei Zunahme des Wasserzuflusses die Schächte aufgegeben und daneben neue abgeteuft. So reichen die über 2000 Schächte, die man vom antiken Bergbau in Laurion gefunden hat, sämtlich nur etwa 100 Meter tief bis auf den Grundwasserspiegel. In einem römischen Bergwerk am spanischen Rio Tinto hoben acht untereinander installierte Treträder das Wasser stufenweise auf eine Höhe von etwa 30 Metern. Aufwand und Effekt dieser Anlage zeigen, daß die dem Bergbau damals verfügbare Maschinerie noch kein Vordringen wesentlich unter den Grundwasserspiegel ermöglichte. Auch waren solche Anlagen noch die Ausnahme.

Im Bergbau Mitteleuropas legte man im 13./14. Jahrhundert die ersten Entwässerungsstolln an. Im 14./15. Jahrhundert boten Techniker – nicht immer in ehrlicher Absicht – vereinzelt den Grubenbesitzern den Bau von Wasserhebemaschinen an. Entscheidende Erfolge wurden damit noch nicht erzielt. Der Regelfall war, daß der Bergbau einging, wo die technischen Probleme nicht mit den bekannten einfachen Werkzeugen bewältigt werden konnten.

»Nachdem die Provinz befriedet war, setzte Cato große Abgaben aus den Eisen- und Silbergruben fest. Dadurch wurde die Provinz für die Folgezeit ergiebiger gemacht.«
Livius, Über Maßnahmen des älteren Cato zur Nutzung des spanischen Bergbaus, um 210 v.u. Z.

Lagerungsverhältnisse der Erzgänge (E1 und E2), Erzreichtum der Gänge (oben: Oxydationszone mit viel Erz; unten primäre Gangbeschaffenheit mit wenig Erz) und Lagerung der Steinkohlenflöze (F1 bis F5). Abbaufortschritt nach der Tiefe: anfangs überall Tagebau (T). Beim Erzbergbau schon im 15./16. Jahrhundert tiefe Schächte (S) mit Göpelförderung, beim Steinkohlenbergbau noch im 18. Jahrhundert Schächte (S) mit geringer Tiefe und primitiver Technik.

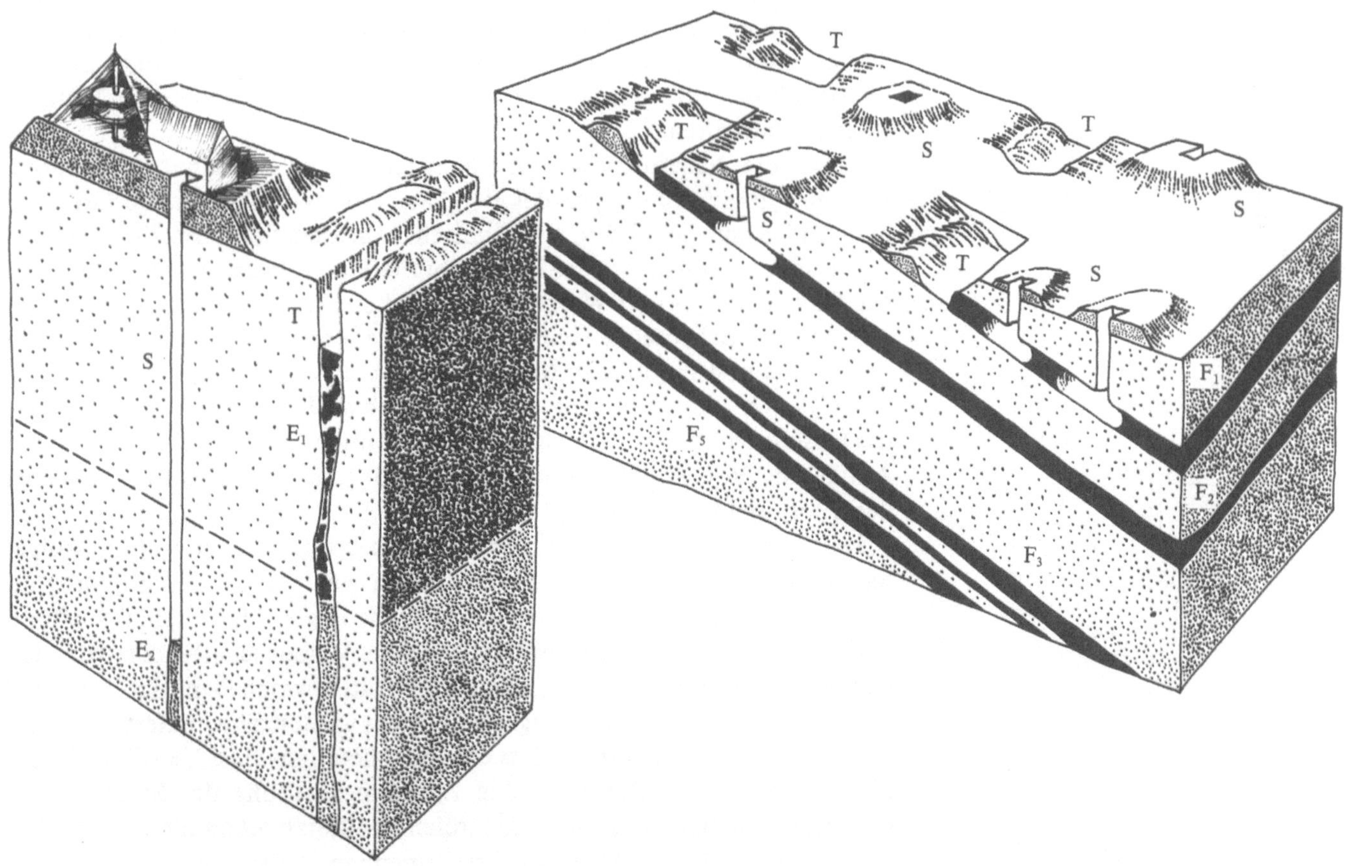

Ähnlich einfach waren die Schmelzprozesse. Für die gediegenen Metalle und reichhaltigen Erze aus den obersten Dekametern der Erdkruste reichte Schmelzen bzw. Umschmelzen aus, beim Silber mit Zusatz von Blei, das man beim Raffinieren des Silbers verdampfen und in die Luft entweichen ließ. Allerdings erforderte dieses Verfahren speziell für das Silberschmelzen das Betreiben von Bleigruben und die hüttentechnische Gewinnung des Bleis aus seinen Erzen.

Das Eisen gewann man aus den vielerorts oberflächennah auftretenden Eisenerzen in Rennfeuern, primitiven Schmelzöfen, in denen das Eisen nur bis zu einem teigigen Zustand gebracht, so ausgeschmiedet und sogleich in Form des Schmiedeeisens weiterverarbeitet wurde. Eisengewinnung und -verarbeitung lagen viele Jahrtausende lang in der Hand des Schmiedes. Die Schmelztechnologie aller Metalle wurde empirisch entwickelt und von Generation zu Generation überliefert.

So wird es verständlich, daß von der Antike bis um 1450 die einfache handwerkliche Produktionsweise im Bergbau und Hüttenwesen keinerlei Anlaß zur Herausbildung einer Montanwissenschaft bot.

Die Tätigkeit von Berg- und Hüttenleuten wird seit der Antike zwar oft, aber stets in anderen Zusammenhängen genannt, im alten Ägypten in Urkunden über Bergwerksschenkungen an Tempelverwaltungen und in Grabinschriften, in Assyrien in einigen Tarifnormen für Handwerker, schließlich an verschiedenen Stellen ebenso im Alten Testament. Indische Schriftquellen aus dem 3. Jahrhundert v. u. Z. bezeugen, daß es im damaligen Indischen Reich schon Bergbeamte gab, die eine hohe Qualifikation besaßen oder über fachlich versierte Mitarbeiter verfügten. Nachrichten darüber und über gewisse lagerstättenkundliche Regeln sind in einer »Staatslehre« und einer »Waren- und Güterlehre« des indischen Ministers Kautilya enthalten.

Zahlreiche schriftliche Quellen über technische Einzelheiten, ökonomische und juristische Fragen des Bergbaus gibt es aus dem alten Griechenland und Rom. So sind u. a. griechische Theaterstücke, Erzählungen und Sagen mit bergmännischem Inhalt überliefert. Montanistische Bemerkungen findet man in den Werken der Griechen Homer, Herodot, Aristophanes, Platon, Aristoteles, Demosthenes, Theophrast, Philon sowie der Römer Strabo und Plinius des Älteren. Theophrasts »Buch über die Gesteine« enthält auch zahlreiche Notizen zum Bergbau. Der Philosoph fügte damit die Gesteine und den Bergbau in das einheitliche Wissenschaftssystem der Antike ein. Von Philons »Buch über den Bergbau« ist allerdings nur noch der Titel, nicht mehr der Inhalt bekannt.

Der mittelalterliche Bergbau Mitteleuropas spiegelt sich nur in wenigen Sachzeugen, Urkunden und Rechtsquellen wider. Eine Beschreibung der Arbeitsprozesse wurde weder in der von Theologie, Philosophie, Juristerei und Medizin bestimmten mittelalterlichen Wissenschaft noch von dem handwerklich betriebenen Bergbau und Hüttenwesen benötigt. Lediglich der Dominikaner Albertus Magnus (Albert von Bollstädt) lieferte um 1269 in seinem Buch »De mineralibus et rebus metallicis libri V« (Fünf Bücher über Minerale und Bergbau) eine Zusammenstellung der Minerale und Gesteine und berichtete über zahlreiche Mineralvorkommen. Das Werk von Albertus Magnus muß im Zusammenhang mit dem damals u. a. in

Böhmen und Sachsen florierenden Bergbau gesehen werden: In den Erzgängen jener Reviere gab es die verschiedenen Minerale eng beieinander, oft zusammen in einem Stück, und nicht alles, was metallisch glänzte, erbrachte beim Schmelzen Gold, Silber oder ein anderes Metall. So ergab sich als erster Ansatz »montanwissenschaftlicher Forschung« die Frage nach einem System und einer Diagnose der in den Gruben auftretenden Minerale. Der Scholastiker Albertus Magnus berührte damit ein gesellschaftliches Bedürfnis, das rund 300 Jahre später zu einem Keim der Geowissenschaften führen sollte.

Bautechnisches Wissen in Altertum und Mittelalter

Bewunderungswürdige Bauten künden schon im Altertum vom profunden Wissen und Können ihrer Erbauer. Den handwerklich-empirischen Kenntnissen einer seit Menschengedenken geübten Praxis konnten bereits vor Jahrtausenden spektakuläre Ergebnisse rationaler Technikentwicklung entspringen. Die Menschen in den blühenden Zivilisationen der Flußtalkulturen sowie der griechisch-römischen Antike hatten gelernt, mannigfache Bauaufgaben – von Wasser- und Tunnelbauten bis zu Befestigungsanlagen, Straßen- und Brückenbauten, von Wohnungs- und öffentlichen Hochbauten bis zu Kult- und Monumentalbauten – zu lösen.

Eine der modernen Spezialisierung folgende Scheidung in »Ingenieurbau« und »Architektur« ist dabei kaum möglich. In vielen Bauaufgaben verschmolzen ingenieurmäßige und formal-ästhetische Komponenten des Bauens zu einer Einheit. Der römische Architekt Vitruv hat uns in seinen »Zehn Büchern über die Baukunst« (um 25 v. u. Z.) diese Einheit überliefert. Seine Formel, ein Bauwerk müsse gleichermaßen den Forderungen nach Festigkeit, Zweckmäßigkeit und Schönheit genügen, spiegelte das grundlegende Ordnungsprinzip des Wissens und Könnens wider.

In diesem Spannungsfeld formierte sich ein bautechnisches Wissen, das auf einigen Gebieten zu beachtlichen Einsichten in strukturelle und funktionale Zusammenhänge vorstieß und schließlich nicht zuletzt durch die allmähliche Befreiung von mystisch-kultischen Elementen deskriptive Formen annahm. Der enge Konnex zur Kunst war dabei einer schöpferischen Lösung technischer Probleme und der Durchdringung ihr zugrunde liegender geistiger Prozesse sehr förderlich. Über ihr ohnehin breites Tätigkeitsfeld hinaus hatten Baumeister und -handwerker zudem noch weitere Aufgaben – vornehmlich der mechanischen Technik – wahrzunehmen, die erst seit der Renaissance in die Kompetenz eigenständiger Berufsgruppen übergingen.

Das bautechnische Wissen prägte sich mit der wachsenden Zahl und Kompliziertheit von Bauaufgaben aus, die höhere Anforderungen an die geistige Vorwegnahme und ihre Dokumentation, aber auch an Leitung und Organisation des Bauens stellten. Untrennbar damit verbunden waren die Profilierung und Qualifizierung des Baumeisterstandes. Seit der Zeit des ersten uns bekannten ägyptischen Architekten Imhotep ist die oft geradezu exponierte soziale Stellung dieser Berufsgruppe in mannigfachen Zeugnissen überliefert.

»Wenn ein Baumeister für einen Freien ein Haus gebaut hat, und er sein Werk nicht stark genug gemacht hat, so daß das Haus, das er gebaut hat, einstürzt und den Hauseigentümer tötet, soll der Baumeister getötet werden.«
Gesetze des Hammurapi, § 229, um 1700 v. u. Z.

Die Baumeister hatten sich ein Wissensgebiet zu erobern, dessen Kristallisationspunkte in engem Bezug zur Baustoffbasis konstruktive, funktionale und technologische Probleme des Bauens bildeten. Parallel dazu wuchs ihre Fähigkeit, die konzeptionelle Lösung einer Bauaufgabe folgerichtig zu finden und zu materialisieren. Dies forderte die Entwicklung und Aneignung der Zeichen- und Meßkunst. Maß und Zahl sowie einfache geometrische Figuren wurden zu einer unentbehrlichen Grundlage des Bauens. Ein solcherart angereichertes technisches Wissen förderte das in der Technik gefragte kalkulative und quantitative Denken ungemein. Seit dem 3. Jahrtausend v. u. Z. sind aus Mesopotamien und besonders aus Ägypten das Aufschnüren oder Aufreißen der Konstruktion auf der Baustelle und die Anfertigung zum Teil maßstabsgetreuer Bauzeichnungen im Grund- und Aufriß belegt.

Diese Entwicklungslinie gipfelte in der vom wissenschaftlichen Denken stark beeinflußten griechischen Architektur in einem weltanschaulich determinierten geometrischen Symbolismus. Die Geometrie hatte für die Harmonie des Bauwerkes und dessen Übereinstimmung mit den Bildungsgesetzen des Kosmos Sorge zu tragen. Die geometrischen Proportionsregeln dienten primär ästhetischen Belangen, mußten aber auch technischen Bedingungen genügen. Daneben bildeten sich durch die Verallgemeinerung tausendfach bewährten Erfahrungswissens konstruktive Faustregeln für die Bemessung wichtiger Bauglieder heraus, die in einfachen Zahlenverhältnissen oder geometrischen Operationen aufgehoben waren.

Säulengruppe in Luxor, Ägypten, um 1400 v.u.Z. Die aus stützenden und raumüberspannenden Gliedern geformten Tempelanlagen des Altertums bildeten einen wichtigen Born des Erfahrungswissens über das Tragverhalten einfacher steinerner Stütze-Balken-Systeme. Ihre Errichtung stellte auch hohe Anforderungen an den Transport und das Versetzen schwerer Lasten.

Bauzeichnung am Apollontempel von Dydima, Griechenland, Neubau um 334 v.u.Z. begonnen. Erst in jüngster Zeit fand man sichere Belege für die Nutzung von Bauzeichnungen in der griechischen Antike. Sie wurden nach einer Gesamtvorlage meist im Maßstab 1:1 als Arbeitszeichnung auf den Steinflächen des Baus im Grund- und Aufriß eingeritzt. Deutsches Archäologisches Institut, Berlin (West)

Die Fabriciusbrücke in Rom, 62 v. u. Z., Spannweite der Bögen 24,50 Meter. Mit der immensen Bedeutung des Verkehrsbaus im römischen Imperium avancierte der Brückenbau zu einem Hauptfeld der Bautätigkeit. Bemerkenswert ist, daß römische Baumeister auch im Brückenbau fast ausnahmslos halbkreisförmige Bogen konstruierten, die bei strenger Einhaltung der Bogenform nur ein Pfeilverhältnis (Scheitelhöhe über Kämpfer zu Spannweite) von 1:2 zulassen. Aus: G. Piranesi, Le antichità Romane, Rom, 1784

Das technische Wissen mehrte und strukturierte sich in heute kaum noch vorstellbar großen Zeiträumen. Die entscheidende Ebene seiner Gewinnung und Weitergabe war die Baustelle. Gelungene wie fehlerhaft konstruierte oder errichtete Bauten waren der Born, der das Wissen der Baumeister speiste. Sie rangen vornehmlich um eine gefühlsmäßige Vertrautheit mit dem Baustoff und die Ergründung des Tragverhaltens von

Arithmetik und Geometrie. Aus: R. Zamorensis, Speculum vitae humanae, Augsburg, 1488

Baukonstruktionen. Bereits aus Hammurapis Gesetzen (um 1700 v. u. Z.) spricht die Verantwortung des Baumeisters für die Standsicherheit der Konstruktion.

Vor allem befruchtete das Streben, immer größere Spannweiten zu erzielen und den Masseneinsatz in Spannwerken zu reduzieren, den Fortschritt der Bautechnik. Die wichtigsten Impulse gingen dabei von der im frühen 3. Jahrtausend einsetzenden Entwicklung »echter« Gewölbe und Kuppeln aus. Mit den Bauten des römischen Imperiums fand die Wölbtechnik – der erste Triumph des Menschen über die Schwerkraft – schließlich einen beeindruckenden Höhepunkt im Altertum. Es sei darauf hingewiesen, daß den Baumeistern auch in der Antike keine wissenschaftlichen Grundlagen zur Erfassung des Tragverhaltens zu Gebote standen. Weder die Mechanik noch das statisch-konstruktive Wissen wiesen Strukturen auf, die in ihrer Verknüpfung ingenieurwissenschaftliche Theorien hätten zeugen können. Zudem lag ein derartiger Vorgang außerhalb eines von den Vorstellungen über »techné« geprägten Denkmusters. Dies gilt ungeachtet der bemerkenswerten Entwicklung antiker Mechanik, die im Abschnitt über das Maschinenwesen gewürdigt wird. Ihre Bedeutung sollte ohnehin nicht an der Möglichkeit praktischer Handreichungen gemessen werden, auch wenn die verlorengegangenen Schriften von Archimedes »Über Stützen« und Heron über den Gewölbebau das unmittelbare Aufgreifen von Problemen des Tragverhaltens anzeigen.

Die Frage nach Niveau und Struktur des bautechnischen Wissens in der Antike lenkt den Blick auf die Fachliteratur. Allerdings sind die seit dem 6. Jahrhundert v. u. Z. in Griechenland entstandenen Baulehren nicht überliefert. Gleichwohl kann die Schrift Vitruvs »Zehn Bücher über die Baukunst« auch einigen Aufschluß über diese Periode geben. Verfaßt in der augusteischen Zeit des Schwungholens römischer Bautechnik, verarbeitete sie 37 griechische und 7 römische Autoren. Das Wissen und Können eines Architekten führte Vitruv auf zwei Quellen zurück – die handwerkliche Praxis und die auf wissenschaftlicher Bildung beruhende geistige Tätigkeit. Er forderte für den Architekten nicht nur die Beherrschung der drei Darstellungsarten in der Zeichentechnik, sondern generell eine universelle Bildung. Freilich belegt nicht zuletzt sein Werk selbst, daß dies wohl eher die Formulierung eines Idealzustandes war. Während Vitruv bei der Behandlung ästhetischer Probleme und der Stadtplanung – hier auf Hippodamos fußend – manchen theoretischen Ansatz zeigte, breitete er in den bautechnischen Teilen im Grunde nur Erfahrungswissen aus. Mit Ausnahme eines Versuchs der Einbeziehung naturphilosophischer Betrachtungen in die Baumaterialienlehre gerann ihm die Verallgemeinerung und Strukturierung des Stoffes vorwiegend in Handlungsvorschriften und Faustregeln. Archimedes' Name fällt zwar in einer Anekdote, nicht aber bei der einem gesonderten Kapitel vorbehaltenen Erörterung der mechanischen Technik und der Hebelwirkung. Gleichwohl lehrte er wie seine griechischen Vorgänger die Nutzung geometrischer Verfahren für den Entwurf, zum Beispiel den Satz des Pythagoras für Treppen und die Kreisteilung für das Auslegen von Theatern.

Obwohl noch manch bemerkenswertes Detail festzuhalten bliebe, zum Beispiel das sich aus den Fortschritten römischer Bautechnik erschlie-

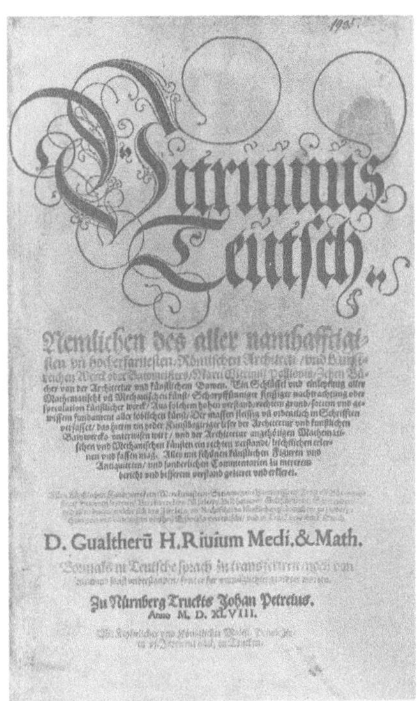

Titelblatt des »Vitruvius Teutsch«, der ersten deutschsprachigen Ausgabe von Vitruvs um 25 v. u. Z. vorgelegten »Zehn Büchern über die Baukunst«. Das Werk des römischen Baumeisters ist das einzige auf uns gekommene, noch stark in griechischer Tradition stehende Architekturtraktat der Antike. In der Renaissance wurde es zur Grundlage der Baulehre erhoben. Walter Hermann Ryff besorgte 1543 eine lateinische und 1548 eine deutschsprachige Ausgabe.

»Des Architekten Wissen umfaßt mehrfache wissenschaftliche und mannigfaltige elementare Kenntnisse ... Dieses erwächst aus fabrica (Handwerk) und ratiocinatio (geistiger Arbeit).«
Vitruv, Zehn Bücher über die Baukunst, um 25 v. u. Z.

ßende Wissen und Denken, die Reflexionen über die Bautechnik und ihre ideellen Grundlagen in der Literatur von Frontin bis Pappos oder die freilich unsicheren Nachrichten von eingerichteten »Schulen« für Baumeister in der Spätantike, sind – abgesehen von programmatischen Erklärungen – bis zum Ausgang der Antike keine Hinweise mehr auf substantielle Veränderungen in der Struktur und Anreicherung des bautechnischen Wissens zu finden. Damit ist der nächste große Entwicklungsabschnitt – das Mittelalter – erreicht. Es zeitigte besonders im Bereich des Bauens wichtige Fortschritte im technischen Wissen. Diese These soll vornehmlich am Beispiel der Periode des europäischen Mittelalters untermauert werden, die in der Baugeschichte mit dem Terminus »Gotik« belegt wird.

Bis zu ihrer Geburt zwischen den 1140er und 1190er Jahren in Frankreich sind freilich Zeugnisse bautechnischen Fortschrittes vornehmlich außerhalb Europas zu suchen. Sowohl die antike Bautechnik als auch ihre ideellen Grundlagen gingen nach dem Zerfall des Weströmischen Reiches im »Abendland« vorerst unter. Obwohl einige Traditionen besonders in ehedem römischen Kernlanden am Leben gehalten und von lombardischen Bauleuten bis in das 11. Jahrhundert hinein weiter nördlich ausgebreitet wurden, geriet vieles in Vergessenheit, mußte neu erworben werden oder kehrte über andere Kulturkreise zurück.

Bewahrt und fortgeführt wurde das antike Erbe indes vom Oströmischen Reich. So zeugen die konstruktiven und technologischen Neuerungen im Gewölbebau von weitreichenden Kenntnissen ihrer Erbauer. Auf uns gekommene Nachrichten vom Bau der mit rund 32 Meter Spannweite und über 55 Meter Scheitelhöhe monumentalsten Großkuppel Ostroms, der Hagia Sophia in Byzanz (532 bis 537), geben wichtige Hinweise auf das zeitgenössische technische Denken und Wissen. Anthemios von Tralleis

Spätrömischer Architekt an einer Reißtafel. Darstellung auf einer Grabplatte aus den römischen Katakomben. Vitruv forderte vom Baumeister die Beherrschung des Grund- und Aufrisses und der perspektivischen Darstellung. Deutsches Archäologisches Institut, Rom

Das Pantheon in Rom, Neubau unter Hadrian um 125 u. Z. vollendet, Schnitt. Der Bau von Gewölben und Kuppeln – die ersten leistungsfähigen Tragwerke der Geschichte – wurde in der römischen Kaiserzeit zum Höhepunkt geführt. Grundlagen dafür waren im technischen Bereich die mit einem reichen Erfahrungsschatz gewachsene tiefere Einsicht in ihr Tragverhalten und die Ersetzung der zunächst zur Vollendung gebrachten Keilsteintechnik durch die Beton- und Mörteltechnik, die ebenfalls die Anwendung neuer technologischer Verfahren gestattete. Mit einer Spannweite von 43,30 Metern war das Pantheon der weitest gespannte Kuppelbau des Altertums. Aus: A. Palladio, I Quattro Libri dell'Architettura, Venedig, 1570

und Isodoros von Milet, die Baumeister des auch die islamische und europäische Architektur stark beeinflussenden Sakralbaus, galten als namhafte Mechaniker und Mathematiker. Es verwundert daher nicht, daß Isodoros Herons Schrift über den Gewölbebau zu Rate zog und ihr einen Kommentar widmete. Dies hat dazu beigetragen, daß mit der an ein modernes Flächentragwerk gemahnenden Tragkonstruktion der Gewölbeschub aus großer Höhe abgeleitet und der Zuggefährdung im unteren Kuppelbereich begegnet werden konnte. Die mitunter geäußerte Vermutung, als Gelehrte

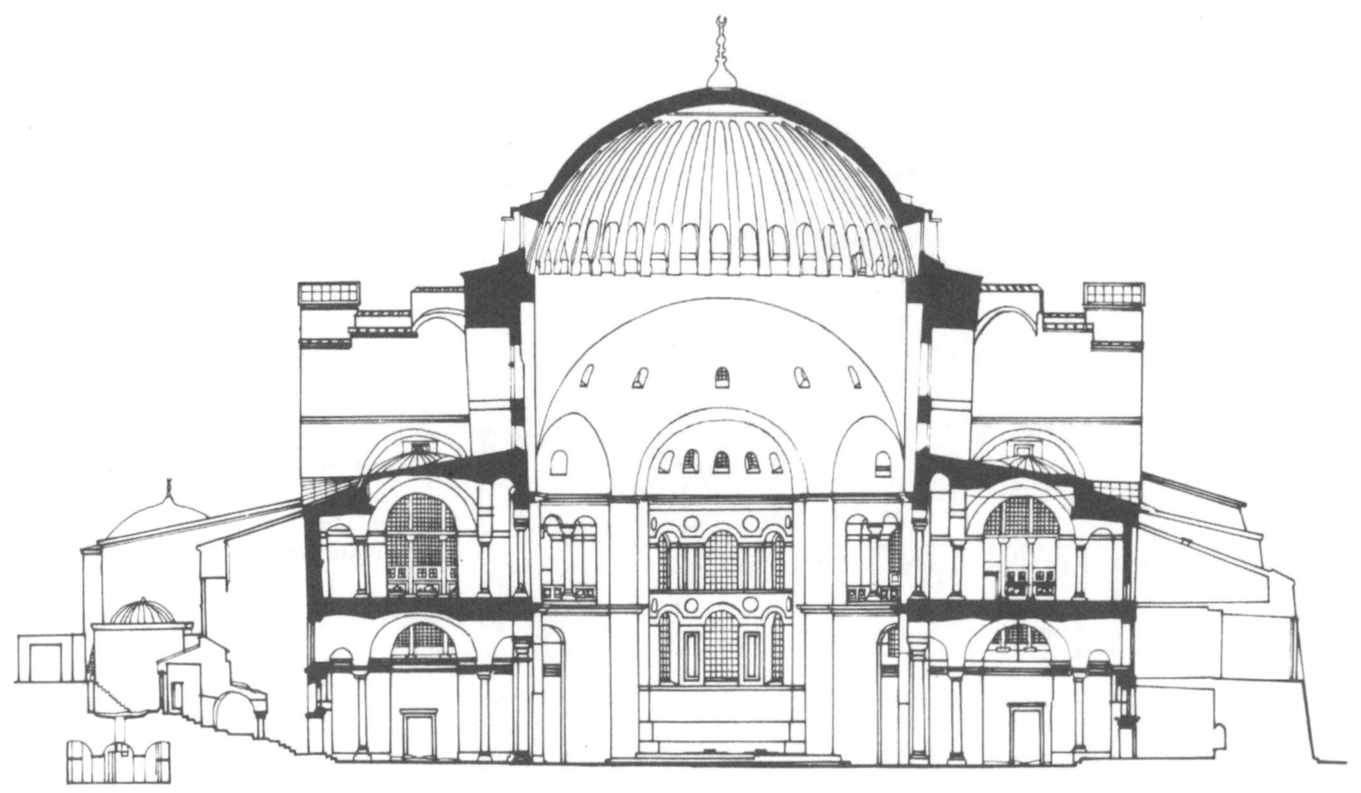

Die Hagia Sophia in Byzanz, erbaut 532 bis 537, Neubau der Hauptkuppel 562 vollendet, Entwurf Anthemios von Tralleis und Isodoros von Milet, Schnitt. Das Bauwerk war mit einem Durchmesser von rund 32 Metern der weitest gespannte Kuppelbau der byzantinischen Baukunst. Die in großer Höhe angreifenden Kuppelkräfte wurden über ein mehrstufiges Kuppelsystem und wuchtige Pfeiler abgeleitet. Aus: H. Kähler, Die Hagia Sophia, Berlin (West), 1967

seien Anthemios und Isodoros in der Lage gewesen, mit Archimedes' Hebelgesetz die Konstruktion statisch zu analysieren, ist jedoch allzu gewagt. Die hinreichende Erfassung des Tragverhaltens hätte dann die Analyse von Bruchfiguren gefordert – ein Verfahren, das angesichts des Niveaus von Mechanik und Mathematik mit Sicherheit ausgeschlossen werden kann. Eine plausiblere Erklärung für das Entstehen neuen Wissens und die Anregung des technischen Denkens geben dagegen die weiteren Vorgänge um das Bauwerk. Als die Hauptkuppel kurze Zeit nach ihrer Vollendung, vermutlich durch ein Erdbeben, einstürzte, wurde sie von Isodoros' Neffen mit konservativeren Dimensionen und zusätzlichen statischen Sicherungen erneut errichtet.

Der angehäufte Erfahrungsschatz und das Lernen aus Bauschäden waren auch die Grundlagen solch bahnbrechender Neuerungen wie der Einführung des Flachbogens in den Steinbrückenbau, die wohl zuerst im frühen 7. Jahrhundert in China erfolgte. Hier entwickelte sich ebenfalls spätestens seit dem 10. Jahrhundert eine an Baumeister und Baubeamte adressierte Fachliteratur, die Text mit unterweisenden Illustrationen vereinte.

Großen Einfluß auf das fernere Bauen in West- und Mitteleuropa erlangte die islamische Welt. Sie hatte das antike Erbe wie auch Errungenschaften anderer Kulturen aufgenommen und fortgebildet. Bei den Arabern findet sich zum Beispiel erstmals im Mittelalter die zentrale Bedeutung geometrischer Entwurfsgrundlagen festgeschrieben. Die sogenannte »Geometrische Harmonisierung«, so der Titel einer Schrift von al-Farabi aus dem 10. Jahrhundert, galt als »geistiges Kunstverfahren«. Im sehr breit angelegten Wissenschaftsverständnis des Islam fand die Baukunst durch die Nutzung elementarmathematischer Verfahren im Unterschied zu Antike und europäischem Mittelalter Aufnahme in den Kreis der mathematischen Wissenschaften.

In West- und Mitteleuropa schufen vor der Jahrtausendwende einsetzende Reichs- und Städtebildungen sowie ein anhebendes Wirtschaftswachstum allmählich Voraussetzungen für das Aufleben der Bautätigkeit. Erste Einflüsse aus dem Vorderen Orient und die dank der Klöster nicht gänzlich erloschene Tradierung antiker Baulehre vermochten zudem weitere Impulse zu geben. Dabei erlangte der Übergang zum Steinbau bei Groß- und Gemeinschaftsbauten entscheidende Bedeutung für die Entwicklung der Produktivkräfte im Bauen.

Die gewachsenen wirtschaftlichen und politischen Kräfte und neuerliche, besonders über die Kreuzzüge vermittelte Kontakte mit der islamischen Welt bereiteten schließlich ein gedeihliches Umfeld für den Aufschwung des Massivbaus im europäischen Hoch- und Spätmittelalter. Auch wenn der Steinbrückenbau wieder von sich reden machte, bildete der Kirchenbau den Brennpunkt des technischen und ökonomischen Fortschritts. Er verstärkte noch die sich abzeichnende Tendenz, daß eine am Christentum orientierte Weltanschauung der Entwicklung von Wirtschaft und Technik besonders förderlich war – erhob er doch das Bauen zum Gottesdienst im höchsten Sinne. So sah allein die klassische Zeit der französischen Gotik zwischen 1180 und 1270 nach vorsichtigen Schätzungen 80 Kirchen und fast 500 Klöster entstehen.

Das konstruktive Gefüge gotischer Kathedralen zeichnet sich aus durch die Ausmagerung der Mauerflächen in ein tragendes Skelett und raumabschließende Füllflächen, die Ausnutzung der statischen Vorzüge des Spitzbogens und die Auflösung der Gewölbe in tragende Rippen und leichte Kappen sowie ein die Wölbkunst perfektionierendes System von Strebepfeilern und -bögen. Es zerlegt und bündelt die Lasten und bildet das Kräftespiel gleichsam dem Auge wahrnehmbar ab. Auch ein wissenschaftlich geschulter Ingenieur könnte mit dem nur auf Druck zu beanspruchenden Baumaterial kaum zweckmäßiger konstruieren. Dieses Phänomen zeugt von dem hohen Stand des Wissens um statisch-konstruktive Zusammenhänge und ausgeprägtem statischen Gespür. Mit der Ausbildung des Konstruktionssystems ging die Ökonomisierung der Produktionsorganisation einher, die bis zur serienmäßigen Vorfertigung reichte. All das waren Fortschritte ersten Ranges, die freilich mit mühevoll tastenden, in Neuland vorstoßende, kühnen Versuchen um den Preis so mancher Rückschläge errungen wurden.

Die Frage nach den Grundlagen dieses Entwicklungssprunges lenkt den Blick auf die mit dem gotischen Kirchenbau entstandenen zunftübergreifenden Bauorganisationen und ihre Werkmeister. Die durch Größe und Kompliziertheit der Bauaufgabe gestiegenen technischen, planerischen und organisatorischen Anforderungen bewirkten im Verein mit neuen, die Kontinuität und Planmäßigkeit des Bauprozesses erhöhende Technologien eine zunehmende Spezialisierung und Arbeitsteilung. Die neue Struktur und Organisation der Bauarbeit gerann in den Bauhütten, wobei die Hütte der Steinmetzen bei der Begriffsprägung Pate stand. Seit dem ausgehenden 12. Jahrhundert nahmen Organisationsform und Konzentration der Produktion in den Bauhütten einige Züge an, die über feudale Produktions-

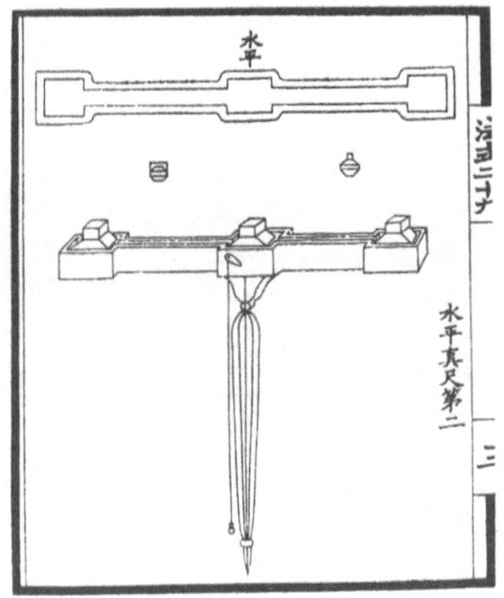

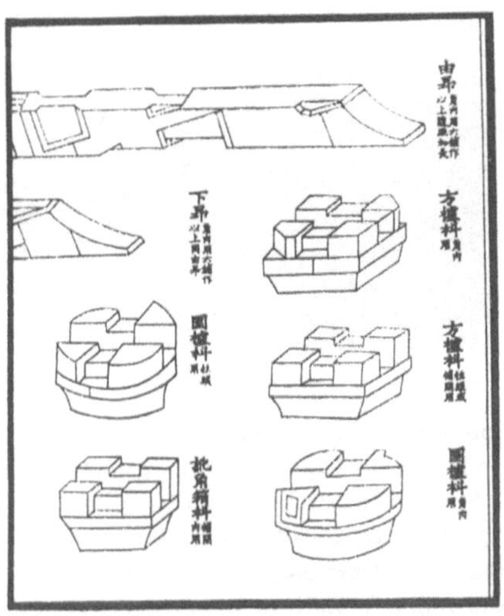

Wasserwaage, Lot und Konstruktionsdetails des Holzbaus aus der chinesischen Baulehre »Methoden des Bauens« von Lie Jie, 1103. Die Existenz von Baulehren ist seit dem 10. Jahrhundert in China und dem islamischen Kulturkreis belegt. Aus: T. Thilo, Klassische chinesische Baukunst, Leipzig, 1977

Ponte Vecchio in Florenz, erbaut 1341 bis 1345, Entwurf Taddeo Gaddi, Spannweite 32 Meter. Die Brücke gilt als die früheste Segmentbogenkonstruktion Europas. Mit einem vom Übergang zum Flachbogen ermöglichten Pfeilverhältnis von 1:6,5 zählt sie zu den kühnsten Massivbrücken des Mittelalters. Auch im Brückenbau Europas bildeten anfangs die Klöster und ihre Bauabteilungen das verbindende Glied zur antiken Bautechnik. Allerdings stellt die neuere Forschung die Existenz des sagenumwobenen Ordens der Brückenbrüder in Frage.

verhältnisse hinauswiesen. Hier flossen die von Handwerkern und Baumeistern von Baustelle zu Baustelle getragenen Kenntnisse und Fertigkeiten zusammen.

Schöpfer der gotischen Kirchenbauten sind meist weder die bis zu dieser Zeit in Europa häufig aus dem Bereich von Kirche und Kloster stammenden Architekten noch Laienbaumeister. An ihre Stelle traten Baumeister, die sich aus dem freien Handwerk oder den Gruppen der Laienbrüder lösten. Ohne das Bewußtsein für die kollektive Leistung zu verlieren, durchbrachen sie die Anonymität ihrer Vorgänger und gewannen zunehmend Sozialprestige. Emanzipation und sozialer Aufstieg des Baumeisters in der Gotik ließen schließlich den artifici der Renaissance ahnen.

Die den einheitlichen Entwurf des gesamten Baukörpers nach einer grundlegenden künstlerischen Idee voraussetzende Versinnlichung biblischer Themen, die technisch so komplizierte Formensprache, aber auch die aus Arbeitsteilung, Organisation und Fertigungstechniken gotischer Baubetriebe resultierenden Anforderungen, namentlich an die Planungsfähigkeit und ihre Materialisierung, konnte nur ein neuer Architektentypus bewältigen. Er mußte mit seinem Wissen und Können fest im Handwerk wurzeln, jedoch Gelegenheit erhalten, sich weitgehend auf die Wissensakkumulation und -reproduktion sowie die Ausübung bauvorbereitender Tätigkeiten zu beschränken.

Auskunft über den Inhalt seines Wissens und dessen Aneignung vermag vor allem jene Überlieferung zu geben, die unmittelbar aus dem Baubereich stammt. Das gilt zunächst für biographische Daten bedeutender Baumeister. Zuverlässige Angaben sind freilich erst aus dem 14. Jahrhundert, so für den zweiten Meister von St. Veit in Prag, Peter Parler, oder Ulrich von Ensingen, Hüttenmeister in Ulm und Straßburg, überliefert. Für die Baumeister des 14. Jahrhunderts können mit hoher Wahrscheinlichkeit Studien der artes liberales, der Freien Künste, ausgeschlossen werden. Ihre »Schule« war die übliche langjährige Lehrzeit auf mehreren Baustellen, deren Dauer und Ziele Hüttenordnungen fixierten. Gewiß kam dabei der mündlichen Unterweisung ein hoher Rang zu. Abgesehen davon, daß uns das Analphabetentum einiger Baumeister überliefert ist, legten dies die be-

»Ein Punkt,
der in den Zirkel geht,
der im Quadrat
und drei Angeln steht.
Trefft Ihr den Punkt,
so habt Ihr's gar
und kommt aus Not,
Angst und Gefahr.«
Mittelalterlicher Bauspruch

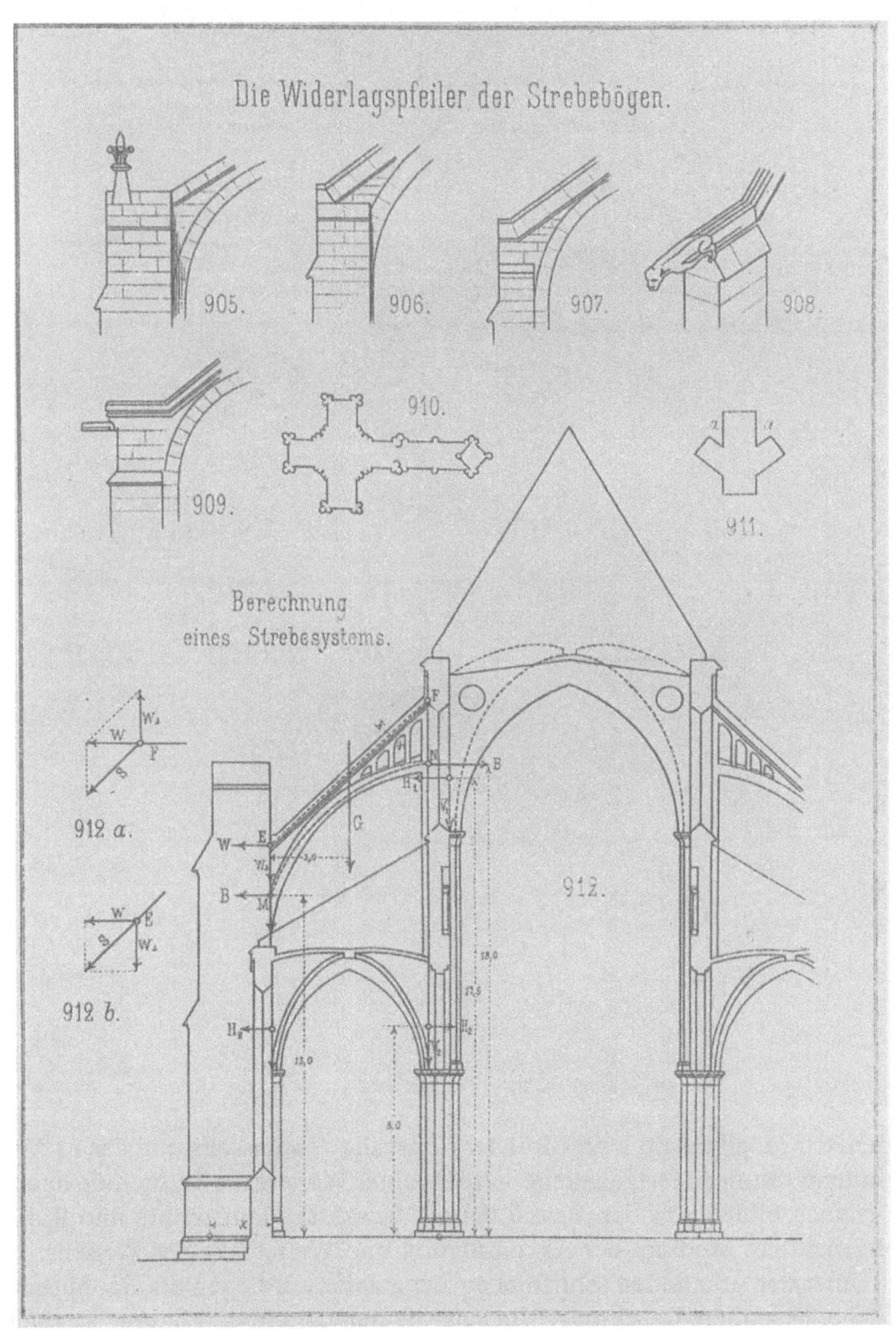

Vorstellungen über den Kräftefluß im Tragwerk einer gotischen Kathedrale. Die von konstruktiver Meisterschaft zeugenden Kirchenbauten der Gotik waren Kulminationspunkte bautechnischer und ökonomischer Fortschritte im europäischen Mittelalter. Ihre himmelstrebende Höhe wurde ermöglicht durch die Auflösung der Außenmauern, den Einsatz von Spitzbogen und Kreuzrippengewölbe und die Ersinnung eines ausgeklügelten Strebesystems zur Aufnahme des Gewölbeschubs. Aus: G. Ungewitter, Lehrbuch der Gotischen Constructionen, Leipzig, 1890

Verfahren und Arbeitsmittel der Bauhüttengeometrie im Skizzenbuch des französischen Hüttenmeisters Villard de Honnecourt, um 1235. Villards kommentierte Skizzensammlung ist das früheste erhaltene Merk- und Arbeitsbuch gotischer Baumeister. Als Kompendien alles Wissens und Könnens für den eigenen Gebrauch und die Lehre in der Bauhütte angelegt, nahmen geometrische Verfahren für die Entwurfs- und Vermessungspraxis in ihnen einen wichtigen Platz ein. Aus: H. Hahnloser, Villard de Honnecourt, Graz, 1972

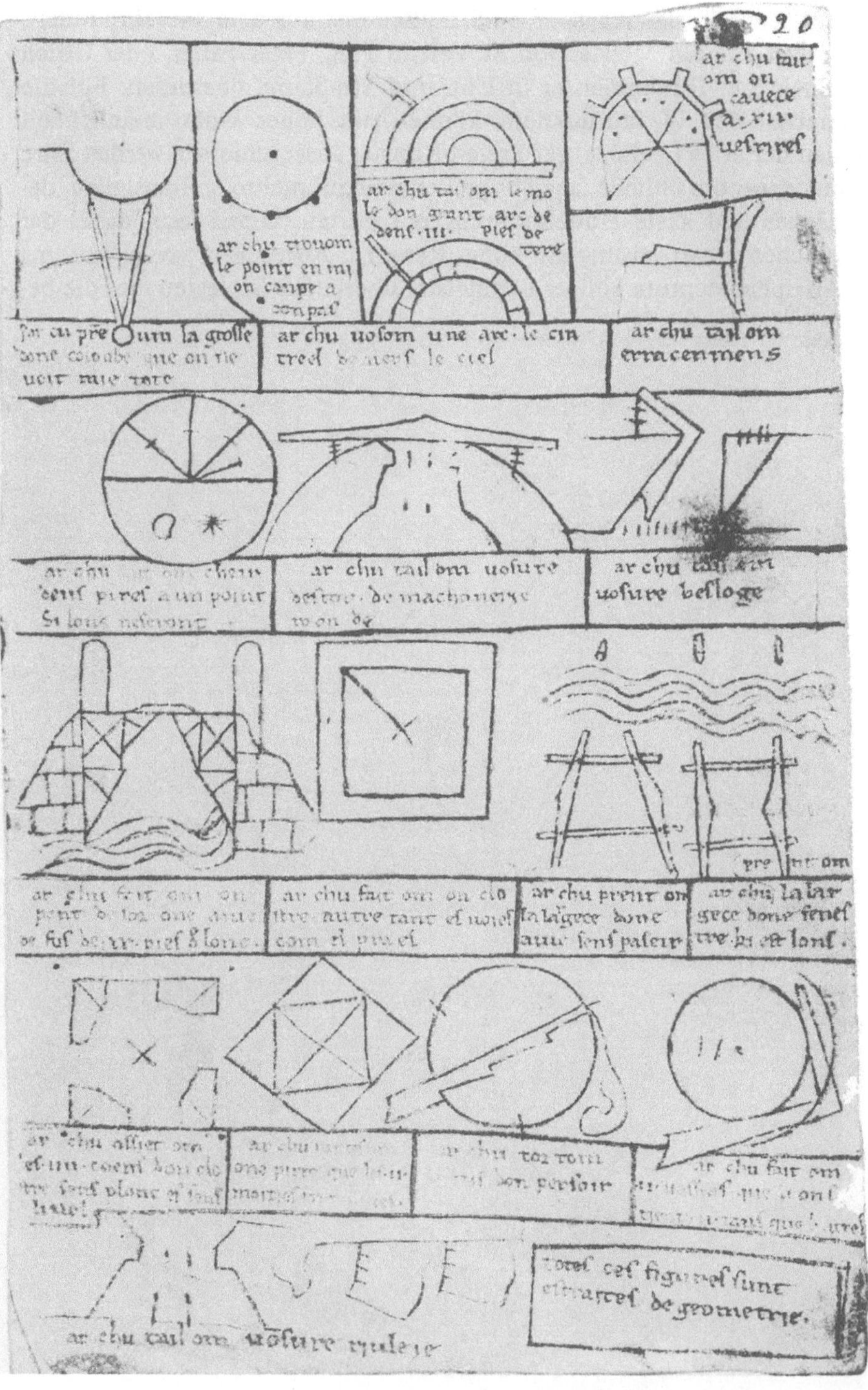

grenzten Möglichkeiten schriftlicher Fixierung des Wissens und das in den Hüttenordnungen festgehaltene Verbot seiner Weitergabe an Fremde nahe. Dennoch bildeten in den Bauhütten gut bewahrte Manuskripte und Risse ein wichtiges Medium der Akkumulation und Weitergabe des Wissens.

Unter den erhaltenen schriftlichen Zeugnissen verdienen die Bauhüttenbücher besondere Beachtung. Hinweise deuten darauf, daß Baumeister seit dem ausgehenden 12. Jahrhundert einen Teil ihrer sehr heterogenen

Kenntnisse aus Kunst und Technik zur eigenen Wissensakkumulation wie auch zur Weitergabe innerhalb ihrer Berufsgruppe festhielten, strukturierten und didaktisch aufbereiteten. Dies geschah vornehmlich in Form von Exempla.

Mit dem um 1235 vollendeten, von zwei weiteren Meistern ergänzten und kaum zur Hälfte erhaltenen Skizzenbuch des Villard de Honnecourt ist nur ein derartiges Werk aus der Blütezeit der französischen Gotik auf uns gekommen. Weitere Bauhüttenbücher sind erst aus der deutschen Spätgotik in Gestalt der Steinmetzlehrbücher archiviert. Die Wiegendrucke der Matthäus Roritzer (1486/87), Hanns Schmuttermayer (1490) und Lorenz Lacher (oder Lechler, 1516) wurzeln zwar fest in gotischer Tradition, lassen aber in einer Zeit des Niederganges der Bauhütten und der vom Buchdruck eröffneten Möglichkeiten der Wissensvermittlung »gemeinem Nucz zugut« Anzeichen einer neuen Ära erkennen. Das im Stil einer Rezeptsammlung aufgezeichnete Wissen enthielt neben Beispiellösungen und in Regeln gegossenen Erfahrungen auch zahlreiche Methoden der Entwurfs-, Konstruktions- und Vermessungspraxis. Offenkundig ist dabei der Hang zur klassifizierenden und systematisierenden Beschreibung, deren Ergebnis die Selektion wesentlicher bautechnischer Probleme war. Das erlaubte im Ansatz den Übergang zur elementarisierten Analyse technischer Objekte. Damit verbundene Versuche einer Schematisierung und Modellbildung gerannen in Darstellungen, die als Frühformen technischer Zeichnungen gelten können. Die Hüttenbücher lassen deutlich die Suche nach objektivier-, tradier- und lehrbaren Elementen und Darstellungsformen des technischen Wissens erkennen.

Vor allem legen Hüttenbücher ebenso wie die etwa 2000 erhaltenen Baurisse Zeugnis von der zentralen Bedeutung geometrischer Verfahren ab, die das Grundgerüst baumeisterlicher Fähigkeiten bildeten. Sie sicherten die Wahrung von Maßverhältnissen, die in der Architektur die Bedeutung des Maßes als grundlegendes mittelalterliches Ordnungsprinzip von Kirche und Welt widerspiegelten und sowohl für die Harmonie des Bauwerkes als auch in erster Annäherung für die Folgerichtigkeit des Konstruierens Sorge trugen. Geometrische Verfahren dienten zudem nicht nur dem Entwurf und der Konstruktion des Bauwerkes, sondern auch dem Aufschnüren des Grundrisses auf der Baustelle und Vermessungsaufgaben. Seit dem frühen 13. Jahrhundert sind Risse und Werkzeichnungen – in Einzelfällen auch die Austragung in Originalgröße – wieder nachweisbar. Freilich fungierten die in der bauhistorischen Literatur geraume Zeit zu vielberufenen »Hüttengeheimnissen« mystifizierten Grundfiguren der Triangulatur und Quadratur nur als subjektiv gebrochene heuristische Methode. Sie genügten durch die Einhaltung bestimmter Proportionen auch statischen Erfordernissen, enthielten aber keinesfalls einen Schlüssel zur Lösung von Bemessungsaufgaben. Darüber hinaus boten die geometrischen Regelverfahren zeichen- und meßtechnische Vorteile. In der Hüttenliteratur beschriebene Verfahren verweisen auf die Entwicklung einer eigenständigen »praktischen« oder Bauhüttengeometrie. Sie lebte von der Adaption ohnehin nur elementarer Verfahren der euklidischen Geometrie an die Kenntnisse und Fähigkeiten der Meister mit simplen, oft auf den Gebrauch des Zirkels verzichtenden Näherungslösungen. Dieses »so genau wie nötig« sollte später-

Leben König Offas, unbekannter Künstler, um 1250. Der legendäre König der Ostangeln besucht mit dem Bauverwalter und dem Baumeister, der Winkel und Bodenzirkel in der Hand hält, eine Baustelle. Im 12.Jahrhundert wurden Zirkel und Winkel neben Meßlatte und Lotwaage Attribute von Baumeisterdarstellungen, wobei Stechzirkel erst seit dem Ende des 13.Jahrhunderts auf Abbildungen erschienen. British Library, London, Cotton Ms., Nero D.I, f.23v.

hin zu einem außerordentlich wichtigen konstituierenden Moment der Technikwissenschaften werden.

Als weiteres markantes Merkmal des technischen Wissens der Gotik sei schließlich auf seine Anreicherung mit quantifizierten statischen Erfahrungsregeln für die Bemessung wichtiger Bauglieder in Form von Verhältniszahlen verwiesen. Bereits aus Villards Zeichnungen zu ermitteln, bilden sie in den Steinmetzlehrbüchern ein wesentliches Element technischer Beschreibung. Durch die Zusammenfassung und die Quantifizierung einer Summe von Einzelerfahrungen in einem Zahlenverhältnis konnten bewährte konstruktive Lösungen fixiert und für die Reproduktion aufbereitet werden. Das in dieser Form geronnene Erfahrungswissen über das Tragverhalten von Baukonstruktionen bezeichnet eine wichtige Stufe des Abhebens verallgemeinerter technischer Kenntnisse.

Die skizzierten Entwicklungsprozesse im technischen Wissen, die noch vorhandene irrationale Bestandteile in den Hintergrund drängten, bildeten eine wichtige Grundlage der ausgeprägten Erfindungskraft gotischer Baumeister. Sie war auch ungeachtet der überragenden Stellung des Exemplums vonnöten, denn die Möglichkeiten der Architekturrezeption und -kopie ließen eine geschlossene Übernahme des Vorbildes nicht zu. Im Bestreben, die aufgetretenen Lücken zu schließen und dabei gleichzeitig das

Vorbild zu übertreffen, verloren die gefundenen Lösungen den Charakter einer Kopie. Das Spannungsfeld von Kopie und notwendiger Eigenentwicklung hat den Fortschritt der Bautechnik und des technischen Wissens außerordentlich befruchtet. In ihm konnten nur Baumeister bestehen, die über umfangreiche technische Kenntnisse und ausgeprägte ingeniöse Fähigkeiten geboten. Vor diesem Hintergrund löst sich auch das scheinbare Paradoxon auf, daß die Schöpfer der höchsten Stufe mittelalterlicher Baukunst meist weit geringeren Anteil an der wissenschaftlichen Bildung ihrer Zeit hatten als Generationen ihrer Vorgänger.

Dennoch zeigten sich im konstruktiven Bereich bald die Grenzen einer empirischen Wissensgrundlage, die noch nicht auf Unterstützung durch die Mechanik hoffen konnte. Zwar lebte unter dem Vorzeichen der Scholastik die Behandlung jener Probleme wieder auf, die Jahrhunderte später die naturwissenschaftlichen Grundlagen der Baumechanik abgaben, doch war die Kluft zwischen der mechanischen Wissenschaft und dem technischen Wissen trotz gelegentlich möglicher Wechselwirkungen noch tief. Wohl hatte vornehmlich Jordanus Nemorarius, der unter anderem zum Keim des Prinzips der virtuellen Verschiebungen vordrang, einigen Erkenntniszuwachs beisteuern können, doch waren den Baumeistern die von der mittelalterlichen Mechanik diskutierten Phänomene empirisch seit langem vertraut. Selbst wenn einige von ihnen vermocht hätten, die aufgestellten Sätze zu bewerten, dürften die ihrem geschulten statischen Wissen oft widersprechenden Trugschlüsse der Gelehrten keineswegs Vertrauen in die Wissenschaft gesät haben. Der reale Kern mittelalterlichen wissenschaftlichen Denkens und seiner Ergebnisse vermittelte freilich dem Aufblühen von Naturwissenschaft und einer rationalen Technikbetrachtung in der Neuzeit wichtige Impulse.

Nachdem schon 1284 die Erbauer der Kathedrale von Beauvais ihren kühnen Anlauf, die äußersten Grenzen des Konstruktionssystems zu erkunden, mit einem Einsturz bitter bezahlt hatten, wurden die konstruktiven Barrieren seit der Wende vom 14. zum 15. Jahrhundert allenthalben spürbar. Die nicht mehr mögliche Fortbildung der Konstruktion und ein zunehmend defizitärer Transfer des ausufernden Wissens drängten das technische Element zugunsten formaler Effekte zurück. Damit ging jene, die Faszination gotischer Baukunst ausmachende Einheit von Kunst und Technik zusehends verloren.

Die berühmten Auseinandersetzungen um die zweite Bauphase des Mailänder Doms (ab 1386) lassen erkennen, daß einigen Baumeistern diese Probleme bewußt waren. Aus den Gutachten der nach einer häufig geübten Praxis als Berater bestellten namhaften Baumeister sprachen nicht nur weitreichende Kenntnisse über zu erwartende Beanspruchungen der Konstruktion und die Grenzen der Belastbarkeit von Baugliedern. Hier fielen auch jene spektakulären, 1400 vom französischen Hüttenmeister Jean Mignot geprägten Worte: »ars sine scientia nihil est« (Ohne Wissenschaft gibt es keine Kunst). Dem hielten die lombardischen Steinmetzen »scienta sine arte nihil est« entgegen. Nun kann sicher »scientia« nicht mit dem modernen Wissenschaftsbegriff belegt werden. Gleichwohl ist bemerkenswert, daß bereits ein gotischer Baumeister den wichtigen programmatischen Ansatz zur Verknüpfung von Wissenschaft und Technik verkündete, denn der Begriff »ars« meint in jener Zeit im Bereich des Bauens stets sowohl Kunst als auch Technik.

Dieser Ansatz sollte zum Credo der virtuosii der italienischen Renaissance werden, die erstmals Theorie und Praxis zusammendachten. Der Keim dazu war jedoch schon in der gotischen Baupraxis angelegt.

Quellen und Wurzeln des mechanisch-technischen Wissens in Antike und Mittelalter

Die Quellen der Maschinenwissenschaften reichen weit in die Vergangenheit. Besonders die praktische Mechanik läßt sich bis zu den alten Kulturen zurückverfolgen; in der hellenistischen Epoche führte sie zu einem ersten Aufschwung rationaler Technikbetrachtung. Mögen sich auch die Erkenntnisse technischer Wirkprinzipe oder die Ansätze eines vorausschauenden konstruktiven Schaffens in jener Zeit noch episodenhaft ausnehmen, reicherten sie doch jenen Erfahrungsschatz an, auf dem das technische Denken der Neuzeit und zu einem guten Teil auch die modernen Naturwissenschaften begründet sind.

Im Mittelpunkt einer Vorgeschichte des wissenschaftlichen Maschinenwesens wird namentlich jenes technische Wissen um Aufbau, Wirkungsweise und Fertigung von Mechanismen und Maschinen stehen, welches seit Menschengedenken in steter Auseinandersetzung mit der Natur gewonnen und von Generation zu Generation überliefert wurde. Es entstand

Handwerkliche Holzbearbeitung im antiken Rom. Bis zur industriellen Revolution war Holz der wichtigste Werkstoff für den Bau von Maschinen, so auch für den Schiffbau. Ein römischer Schiffbaumeister mit Winkelmaß und Bauplan symbolisiert planvolles ingenieurtechnisches Schaffen, das gleichsam wie die Tätigkeit der Handwerker unter dem Schutz der Göttin Minerva steht. Aus: A.Kisa, Das Glas im Altertum, Leipzig, 1908

und mehrte sich mit dem Gebrauch von Werkzeugen und technischen Mitteln. Entsprechende Kenntnisse entwuchsen der handwerklichen Tätigkeit, prägten sich dort mit fortschreitender Vielfalt und Kompliziertheit technischer Mittel aus und nahmen praktizierbare Formen an. Zunehmend wurden sie jedoch auch von Männern mit Bildung aufgegriffen, kultiviert und vor allem mit Faktoren theoretischer Erkenntnis angereichert.

Handwerkliches Erfahrungswissen bildete sich in erster Linie in Form von Kenntnissen um die Herstellung der Arbeitsmittel und Produkte heraus. Mit der Entfaltung des Handwerks in der zweiten großen gesellschaftlichen Arbeitsteilung entstand nicht nur der Produzent von Waren, sondern zugleich der Produzent und permanente Träger von technologischem Wissen. In den frühen Klassengesellschaften nahm die Arbeitsteilung im Handwerk nach Werkstoffarten und Warengruppen schnell zu.

Die Bearbeitung fester Werkstoffe wie Holz, Stein und Metall gewann zur Herstellung von Werkzeugen und Waffen ständig an Umfang und an Bedeutung. Schon bei den Sumerern gehörten im 3. Jahrtausend v. u. Z. sieben technische »Urelemente« zu den gottgeschaffenen Wesenheiten: Holzbearbeitung, Metallbearbeitung, Schmiedewesen, Waffenwesen, Korbmacherei, Lederbearbeitung und Bauwesen. Gesellschaftliche Anerkennung und stabile Entwicklung der zugehörigen Handwerke waren damit gegeben. Unterschied man in der frühgriechischen Polis (10. bis 8. Jahrhundert v. u. Z.) hauptsächlich die Grundhandwerke Stein- und Holzbearbeiter, Lederbearbeiter, Keramik- und Metallbearbeiter, entwickelten sich bald aus letzterem die Eisen-, Gold-, Silber- und Kupferschmiede wie auch die Waffenschmiede, Münzpräger, Skulpturgießer, Blechtreiber u. a.

Doch blieb das technologische Wissen sehr lange der Beschreibung von Arbeitsvorgängen sowie der Weitergabe von Regeln und Rezepten verhaftet. Theoretische Ansätze waren bis zum Mittelalter, wenn überhaupt, am ehesten im konstruktiven Bereich, d. h. in den Kenntnissen um Bau und Wirkungsweise von Maschinen auszumachen. Vornehmlich die »einfachen Maschinen« oder »mechanischen Potenzen« wurden in der Antike zum Studienobjekt statischer Gesetzmäßigkeiten. Hebel, Keil, Rolle, Wellrad und schiefe Ebene waren dem Menschen bereits in den alten Kulturen zur Mehrung seiner beschränkten Muskelkräfte vertraut. Die Kenntnis einfacher Zusammenhänge schuf die Voraussetzung dafür, einen alten Menschheitstraum zu erfüllen: Kräfte zu potenzieren.

In der Tat sehen wir bei den wohl spektakulärsten technischen Unternehmungen des Altertums, den Schwerlasttransporten von Steinen, Statuen und Obelisken, die mechanischen Potenzen in beständig variiertem und kombiniertem Einsatz. Angefangen mit Schleifen, Rollen und der schiefen Ebene in Form riesiger Baurampen in den Stromkulturen Mesopotamien und Ägypten im 2. Jahrtausend v. u. Z., treffen wir in der klassischen Antike um 500 v. u. Z. bereits auf Flaschenzug und Erdwinde. Projekte noch bedeutenderer Kraftvergrößerung durch Mehrfachflaschenzüge, Zahnrädervorgelege oder »Schraube ohne Ende« werden in der Historiographie zumeist bedeutenden Technikern zugeschrieben. Allein an Archimedes ist manche Legende geknüpft.

Das alles spricht für die große Ausstrahlung, die bereits in der antiken Welt von den technischen Errungenschaften ausging. Tatsächlich waren es

Die mechanischen Potenzen. Titelblatt einer deutschen Bearbeitung Guidobaldo del Montes »Mechanicorum libri VI« (1577). Dieses einer kritischen Antikenrezeption verpflichtete Werk befaßt sich vornehmlich mit den mechanischen Potenzen, die schematisiert und in ihrer praktischen Anwendung dargestellt werden. Rechts im Bild ist Archimedes bei dem Versuch zu erkennen, die Erde aus den Angeln zu heben. Aus: D. Mögling, Mechanische Kunst-Kammer, Frankfurt/M., 1629

Transport einer Statue in Assyrien. Zu den technischen Spitzenleistungen des Altertums zählten aufsehenerregende Schwerlasttransporte. Bereits in den alten Kulturen bediente man sich dazu neben massierten Menschenkräften einfacher technischer Hilfsmittel wie Hebel, Seil, Schleife und Rolle. Die abgebildete Nachzeichnung von H. A. Layard stammt von einem verschollenen Relief am Palast des Sanherib (um 700 v. u. Z.), das in Ninive ausgegraben wurde. Aus: H. A. Layard, Monuments of Ninive, London, 1853

nicht die noch sehr einfachen Alltags- und Produktionstechniken, sondern jene als Wunderwerke gepriesenen Leistungen, in denen sich originelle Erfindungskunst und überragende Arbeitsorganisation vereinten. Sie rückten technische Mechanismen zuweilen in die Nähe der Magie. In der Regel dienten die kompliziertesten mechanischen Erfindungen kultischen Zwekken oder als Spielerei der Unterhaltung der Herrschenden. So förderte Technik auf ganz eigentümliche Weise die Machtentfaltung und Machterhaltung. Sich selbsttätig öffnende Tempeltüren und Automatentheater zählten zu den interessantesten mechanischen Vorrichtungen dieses Zeitalters. Der Spielplan, jener schier undurchschaubare Bewegungsablauf der Figuren, stand später dem Begriff für die Gewerbe (mysteries) Pate. Technik war mithin etwas für Eingeweihte. In Kenntnis ihrer Geheimnisse konnten Wunder geschaffen und Laien überlistet werden. Wissen um die inneren Zusammenhänge technischer Mittel – verwiesen sei auf die Kriegstechnik – war an Macht gebunden und schuf dem Erfinder im Dienst weltlicher und geistlicher Auftraggeber Privilegien.

Obwohl niederen Kreisen entstammend, standen jene, die Technik beherrschten und neue Maschinen schufen, zumeist in hohem Ansehen. Aus ihren, wenngleich spärlich auf uns gekommenen Zeugnissen spricht ein

Pneumatisches Spielwerk »Herkules mit der Keule«. Das Ausnutzen pneumatischer, hydraulischer und mechanischer Effekte für spielerische oder kultische Zwecke diente auch dem Studium natürlicher Zusammenhänge und bereicherte das technische Wissen. Aus: Heron, Von Lufft- und Wasserkünsten, Bamberg, 1688

ungebrochenes Verhältnis zum technischen Fortschritt. Den Reihen der Handwerker, Mechaniker und Kriegstechniker entsproß auch der Beruf des Ingenieurs. Neben hervorragenden Fertigkeiten zeichneten diesen zu allen Zeiten auch detaillierte Kenntnisse aus. Denn mit dem differenzierten Einsatz technischer Mittel setzte auch die gedankliche Durchdringung ein. Je komplizierter die Struktur der Mechanismen wurde, desto dringender war eine Fachsprache über ihre Konstruktion und Wirkungsweise, über Materialeigenschaften und Herstellungsarten vonnöten. So lösten sich nach und nach aus der Alltagssprache die technischen Termini. Freilich ließen solche Begriffe zunächst noch einiges an Klarheit und Eindeutigkeit vermissen. Oft standen mehrere Worte für eine konstruktive Form oder für einen Arbeitsvorgang. Jede neue Kombination elementarer Maschinen zu komplexeren Gebilden suchten die Techniker auch begrifflich zu fassen. Aus immer größerer und undurchdringlicher terminologischer Vielfalt erwuchs das Bestreben nach Vereinheitlichung. Noch strengere Maßstäbe setzte die schriftliche Fixierung des Wissens.

Die Begriffe Technik und Mechanik prägten sich in besonderem Maße in der griechischen Antike aus. Die Wortgruppen »téchne« und »mechané« spiegeln jenes – wenn auch geringen Wandlungen unterworfene – Naturverständnis wider, das die ganze Antike und das Mittelalter durchzog und erst in der Renaissance aufgebrochen wurde. Zugleich kommt darin die teilweise Identität von Kunst und Technik zum Ausdruck.

Neben dem Begriffsinhalt, der auf die Vorrichtung, das Werkzeug oder den Mechanismus orientierte, wurde Auskunft über Inhalt und Modus der Tätigkeit des Mechanikers und Maschinenbauers gegeben. Das Bedeutungsfeld schloß gleichermaßen die Inhalte »Kunstgriff« und »List« ein. Technisches vollzog sich demnach wider die Natur, war etwas Künstliches,

»So wir etwas wider die Natur zuwegen bringen wöllen, geschieht solches schwerlich und mühesamlich, und bedarff scharpffsinnigen Nachdenkens, grosser Kunst, und sonderlicher Geschickligkeit. Diese Geschicklichkeit und Kunst aber ist von den Alten Mechanica genent worden.«
Guidobaldo del Monte, nach D. Mögling, Mechanische Kunst-Kammer, 1629

das die Natur gewissermaßen überflügelte. Technisches Schaffen war mithin an vorausschauende Denkweisen gebunden. Mechanische Kniffe und
Listen waren erlernbar und als Wissen abzuspeichern und weiterzugeben.
Es ist offensichtlich, daß solche Bedeutungsbreite, gemessen an dem jeweils vorherrschenden Naturverständnis, sowohl aufwertende als auch ab-
wertende Assoziationen zur Technik bereithielt.

Aufschluß über die Rolle der Technik wird man daher vor allem in
Kenntnis der sozialen Stellung des Technikers und der Anerkennung des
technischen Wissens in der Werthierarchie der antiken Wissenschaften erlangen können. Der antike Mechaniker und Maschinenbauer stand weit
unten auf der sozialen Stufenleiter. Seine Künste zählten zu den niederen,
banausischen, das heißt dem Lebensunterhalt dienenden. Eines freien
Mannes nicht würdig, wurden entsprechende handwerkliche Tätigkeiten
vorwiegend von Sklaven oder plebejischen Schichten verrichtet. Man betrieb sie des Nutzens wegen, ganz im Gegensatz zu den freien Künsten, denen man sich um ihrer selbst willen hingab. Dennoch standen Technik und
Techniker bei einigen großen Denkern der Antike wie Platon in gutem Ansehen und genossen durchaus soziales Prestige.

Die Gegensätze zwischen den vorherrschenden philosophischen Strömungen und dem Alltagsdenken hinsichtlich der bescheidenen Maschinenwelt des Altertums entsprangen vornehmlich der naturphilosophischen
Orientierung jeglicher anerkannter Wissenschaft. Von einem organischen
Naturbegriff ausgehend, nach Naturerklärung statt Naturbeherrschung
trachtend, dabei spekulativ vorgehend, war die Physik der Alten ganz in
die Philosophie eingebunden. Die Berücksichtigung von Erfahrungstatsa-
chen und die Analyse künstlicher – gewaltsam erzwungener – Bewegungsvorgänge standen den Absichten der antiken Naturphilosophie fern. Diese
wurde in ihrer Blütezeit vor allem von Aristoteles und den sich auf ihn
berufenden Peripatetikern – genannt nach den Wandelhallen ihrer
Schule – repräsentiert. Die mechanischen Künste, so sehr sie im Alltag Beachtung und Bewunderung fanden, von der Wissenschaft waren sie vorerst
ausgeschlossen.

So kam es, daß sich eine Kooperation der freien und mechanischen
Künste bestenfalls sporadisch ergab und Berührungspunkte kaum aufgegriffen wurden. Die Wissensströme der Antike, deren naturphilosophischer
Teil freilich in der Überlieferung den praktischen dominierte, gelangten
mithin getrennt in die Neuzeit. Die technischen Kenntnisse, die bereits im
Altertum außerordentlich fruchtbare Ergebnisse zeitigten, entfalteten sich
unabhängig und parallel zu den etablierten Wissenschaften. Insofern ist
antike Technik, ausgenommen die Römerzeit, auch selten zum Gegenstand der bildenden Kunst und Literatur aufgerückt.

Es verwundert daher nicht, daß eines der bedeutendsten Zeugnisse praktisch-mechanischen Wissens der Zeit des Hellenismus (etwa 300 v. u. Z. bis
zur Zeitenwende), die fälschlich Aristoteles zugeschriebenen »Problemata
mechanika«, weit eher einer naturphilosophischen Reflexion auf die einfachen Maschinen denn einem technischen Sachbuch gleichen. Dennoch
schöpfen wir daraus jene Kenntnisse über Stand und Möglichkeiten der rationalen Durchdringung technischer Gebilde und mechanischer Vorgänge,
die uns in die Lage versetzen, das Spannungsfeld zwischen spekulativer

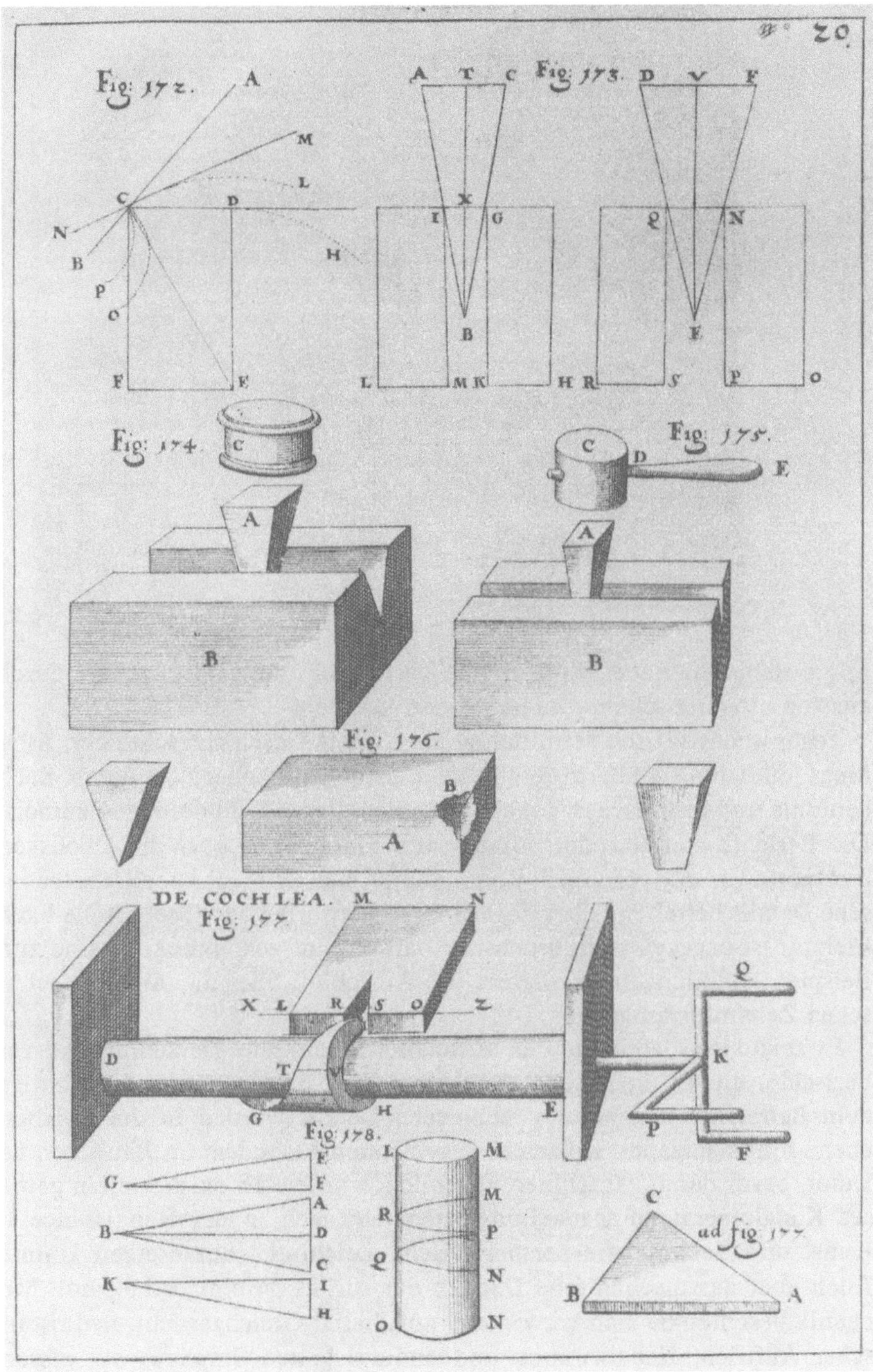

Darstellung des Keiles. Der italienische Humanist, Mathematiker und Festungsinspektor Guidobaldo del Monte griff in seinen »Büchern zur Mechanik« (1577) insbesondere die fälschlich Aristoteles zugeschriebenen »Problemata mechanika« auf. Die der deutschen Übersetzung beigegebenen erläuternden Zeichnungen lassen Ansätze einer rationalen Durchdringung der sogenannten »einfachen Maschinen« erkennen. Die Verhältnisse am Keil (lat. cuneus) werden geometrisch hergeleitet, seine Wirkungsweise wird begründet und die Schraube (lat. cochlea) als weitere mechanische Potenz entwickelt. Aus: D. Mögling, Mechanische Kunst-Kammer, Frankfurt/M., 1629

Philosophie, technischer Erfahrung und physikalischer Theorienbildung besser zu begreifen. Die Sammlung von 36 mechanischen Problemen diente später einer kritischen Auseinandersetzung mit der Aristotelischen Schule. Dies bereitete den Boden für eine Mechanik, die natürliche und technische Prozesse nicht mehr gegenseitig ausschloß. Das technische Denken der Neuzeit hat den pseudoaristotelischen »Problemata« weitaus mehr Anregungen zu danken, als gemeinhin angenommen wird. Und es

Mittelalterliche Mühle. Diese Abbildung zeigt vom aufblühenden Mühlenwesen im Mittelalter. Sie gibt zugleich Aufschluß über die Zeichentechnik dieser Zeit. Da die perspektivische Darstellung noch nicht beherrscht wurde, half man sich mit einer Art Umklapptechnik. Wasserrad, Kammrad und Mühlstein werden gewissermaßen in die Zeichenebene hineingeklappt. Aus: Herrad von Landsperg, Hortus deliciarum, um 1160

zeigte sich, daß Hebel, Keil, Rad, Flaschenzug und schiefe Ebene durchaus von »theoretischem« Interesse sein konnten.

Technisches Wissen vermittelten auch große Geschichtsschreiber. Allerdings huldigten sie überwiegend die »Leistungen« hoher Potentaten. Sachkenntnis und technisches Vokabular fehlen diesen Schilderungen zumeist. Die Berichte von Herodot, Plinius und Marcellinus über die Obeliskentransporte von Ägypten nach Rom nehmen sich zwar sehr poetisch, technische Details betreffend aber unscharf und verworren aus. Technische Fachliteratur ist dagegen recht bruchstückhaft auf uns gekommen. So sind zum Beispiel Abbildungen überliefert, die Aufschluß über die Art der technischen Zeichnungen geben.

Es zeigt sich, daß bis in das Mittelalter hinein jene Darstellungsart vorherrschte, die als ägyptische Umklapptechnik bezeichnet wird. Wichtige, dem Betrachter abgewandte technische Details wurden in die Zeichenebene hineingeklappt. Rißzeichnungen waren besonders im Bauwesen bekannt, bevor damit Maschinen abgebildet wurden. Es existierte ein gewisses Konglomerat an Darstellungsarten, ehe sich in der Renaissance in Kunst und Technik die perspektivische Zeichnung durchsetzen konnte. Auch über das mechanische Denken der Antike ist einiges bekannt. Mechanik beschränkte sich vorwiegend auf Statik. Gleichgewicht, hydrostatischer Auftrieb, Hebelwirkung und anderes galten durchaus als wissenschaftlicher Gegenstand. Dynamische Betrachtungsweisen, Erkenntnis von Bewegungs- und Entwicklungsprozessen, entsprachen weniger den Intentionen einer Naturphilosophie, die von einem organischen Naturbegriff ausging. Die aristotelische Vorstellung der Bewegung durch einen äußeren Beweger stand einer physikalischen Behandlung technischer Bewegungsvorgänge diametral gegenüber.

Sehr weit waren die antiken Techniker in der Anwendung konstruktiver Regeln bei der Bemessung von Bauwerken und Maschinen. Vor allem praktisch-geometrische Operationen wie Kreisteilung, Flächenberechnung sowie Verhältnisregeln waren den Mechanikern hinlänglich bekannt. Konstruktive Raffinesse lassen die Torsionsgeschütze im klassischen Griechenland erkennen. Wichtige Dimensionen wie Kaliber und Pfeillänge wurden bei solchen Waffen bereits nach Bemessungsregeln, ähnlich den späteren Verhältniszahlen, ermittelt. Das dem Ingenieurbegriff zugrunde liegende »ingenium«, Begabung, Genie, aber auch kluger Einfall bedeutend, wurde vor allem auf die Kriegsmaschine übertragen. Die teilweise Herkunft des Ingenieurberufes aus dem Militärwesen belegt auch ein früher deutscher Begriff für die Maschine: das Rüstzeug. Der hohe Stand der Militärtechnik seit der Blütezeit der griechischen Polis gründete sich vor allem auf die Kooperation verschiedener Fachleute. Die Fähigsten wiesen bereits ein gewisses Maß an kalkulativem Denken auf. Im Gegensatz zum qualitativen Denken der Naturphilosophie formte sich bei den Technikern frühzeitig das quantitative Herangehen. Zahlenverhältnisse waren im technischen Schaffen unabdingbar und wurden unmittelbar aus der praktischen Erfahrung abgehoben, freilich nicht im Sinne gegenwärtiger physikalischer Modellbildung.

Einen unvergleichlichen Aufschwung erfuhr das technische Wissen in der Epoche des Hellenismus, der Ära Alexanders des Großen und seiner Diadochenreiche. Hier zeichneten sich erste Erfolge rationaler Technikbetrachtung und elementarer quantitativer Analysen technischer Mittel ab. Allein durch ausgedehnte militärische Operationen erfuhr der Beruf des Ingenieurs eine gewisse Aufwertung. Für den hohen Stand der Technik dieses Zeitalters sowie entsprechender theoretischer Reflexionen steht der Name des bedeutenden alexandrinischen Mechanikers Ktesibios. Er lebte im 3. Jahrhundert v. u. Z., als in Ägypten die Dynastie der Ptolemäer herrschte. Obgleich sein Hauptwerk »Aufzeichnungen zur Mechanik« verloren ging, ist anzunehmen, daß der geachtete Erfinder und Techniker spielerisch-intuitiv zu wichtigen Gesetzmäßigkeiten der Statik, Pneumatik und Hydraulik vorgedrungen war. Die Erfindungen des Ktesibios wie Wasserorgeln, Feuerspritzen, Pumpen, Kriegsmaschinen und Wasseruhren wurden zu bewunderten Anschauungsobjekten mechanischer Technik.

Bei Philon von Byzanz, einem Schüler des Ktesibios, ist die Systematik der Darstellung hervorzuheben. Er gehörte zu jenen Ingenieuren, deren konstruktive Methodik zu ersten Ansätzen von Verallgemeinerungen führte. Von seinen Bestrebungen, vielfach erprobtes Erfahrungswissen zu ordnen, niederzuschreiben und für die Folgegenerationen zu bewahren, sind wertvolle Impulse für die praktische Mechanik ausgegangen. Sein »System der Mechanik« kann wohl als eines der ältesten technischen Sachbücher gelten. Ausgehend von der Darstellung allgemeiner Grundlagen, werden die einzelnen Bereiche der Maschinen- und Kriegstechnik behandelt. Auffallend sind der philosophische Charakter, die terminologische Sauberkeit und die ökonomisierende Fragestellung in seinen Darlegungen. Philon stellte Erwägungen über die zeichnerische Darstellung von Maschinen an und ging auf den ästhetischen Wert der Technik ein.

Konsequent theoretisches Denken in der Technik tritt uns erstmals bei Archimedes entgegen, der ebenfalls ein Vertreter des hellenistischen Kulturkreises gewesen ist. In ihm müssen wir freilich mehr den technisch interessierten Gelehrten als den Ingenieur sehen. Vermöge eines überragen-

»Deshalb, meine ich, muß man mit Aufmerksamkeit die Anordnung der gelungenen Geschütze auf die eigene Konstruktion übertragen, zumal wenn man sie in einem größeren oder kleineren Maßstab anführen will.«
Philon von Byzanz, Belopoiika, um 200 v. u. Z.

»Gib mir, daß ich mag stehen still, Die Erd ich dir bewegen will.«
Ausspruch Archimedes', nach D. Mögling, Mechanische Kunst-Kammer, 1629

Archimedes, die größte Autorität, welche die Antike auf dem Gebiet der Mechanik kannte. Von ihm stammen die Grundlagen der Statik und Hydrostatik. Sein nachhaltiger Einfluß auf das technische Denken der Neuzeit ist auch in einigen ihm zugeschriebenen mechanischen Erfindungen, vor allem Hebezeugen zur Vervielfachung menschlicher Kräfte, begründet. Museum Kapitol, Rom

den mathematischen Rüstzeuges gelang es diesem universellen Denker, jene mechanischen Gesetzmäßigkeiten herauszufiltern, die in der Natur einfacher technischer Vorgänge begründet liegen. Die von ihm gefundenen Gesetze über den Auftrieb und die Hebelwirkung verkörperten nicht allein die Verhältnisse in einem technischen Vorgang, sondern das allgemeine Prinzip des hydrostatischen bzw. statischen Gleichgewichtes. Sie stehen im Rang eines Naturgesetzes, losgelöst vom konkreten technischen Objekt.

Erfindergeist stellte Archimedes insbesondere bei Hebezeugen und Wurfgeschützen unter Beweis. Dennoch diente ihm die Technik vor allem zur Ausprägung wissenschaftlicher Methodik. Ihm gelang erstmals jener Brückenschlag zwischen Erfahrungswissen und mathematischer Exaktheit, der in der Folgezeit die wissenschaftliche Fundierung der Technik ausmachen sollte. Archimedes, dem oft Verachtung der Technik unterstellt wurde, hatte als freier Gelehrter erheblichen Abstand zum professionellen Techniker. Das hinderte ihn aber nicht, Wissenschaft und Technik gleichermaßen Aufmerksamkeit zu schenken. Seine Ansätze technischer Theorienbildung reichten weit über den Erkenntnisstand der Antike hinaus. In kühner Weise hatte der große Gelehrte eine Einheit von Mechanik, Physik und Technik vorausgedacht.

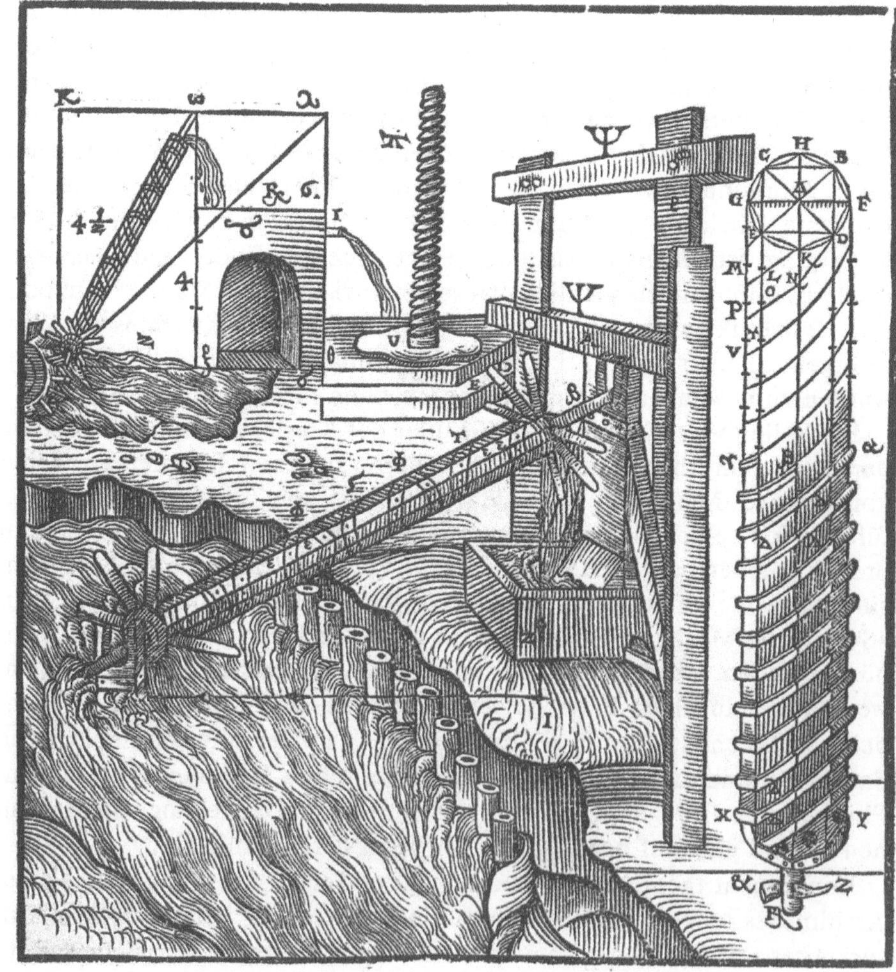

Archimedische Schraube. Diese hydrodynamische Entsprechung der Schraube wurde bereits in der Antike zur Wasserhaltung in Bergwerken eingesetzt. Vitruv beschrieb ihren Aufbau und ihre Funktionsweise ausführlich. Die vom Übersetzer Ryff beigefügten Bilder geben über wesentliche geometrische Verhältnisse Aufschluß. Aus: W. Ryff, Vitruvius Teutsch, Nürnberg, 1548

Geschoßbahn eines Mörsers. Die Bestimmung von Bahnkurve und Schußweite bewegte im 16. und 17. Jahrhundert Geschützmeister wie Gelehrte und hatte Einfluß auf die Begründung der Dynamik. Namentlich der italienische Mathematiker Tartaglia befaßte sich vor Galilei mit Problemen der Geschoßbewegung, des Wurfs und des freien Falls. Er fußte dabei noch auf Impetusvorstellungen, die aber in guter Näherung passable Ergebnisse lieferten. Auf ihn griff auch Walter Ryff in seiner »Geometrischen Büchsenmeisterei« (1547) zurück. Deutlich zu erkennen sind der gerade Kernschuß, eine gekrümmte Übergangskurve und schließlich der lotrechte freie Fall der Kugel nach ihrem »Ermüden«. Aus: W. Ryff, Neue Perspective, II. Buch, Geometrische Büchsenmeisterei, Nürnberg, 1547

Ein weiterer, der Alexandrinischen Schule angehörender Mechaniker verdient es, hervorgehoben zu werden: Heron. Er lebte im 1. Jahrhundert, wurde aber lange Zeit fälschlicherweise der hellenistischen Epoche zugeordnet. Sein Werk geht zwar in vielem auf Philon von Byzanz zurück, trägt jedoch durchaus auch originäre Züge. Heron beschrieb in seinen Büchern ausführlich die kapriziösen Mechanismen der Antike: Druckwerke, Spieluhren und Automatentheater. Diese Art Technik erfreute sich bis in die Neuzeit hinein großer Beliebtheit und regte viele Mechaniker und Uhrmacher zur Nachahmung an. Bei Heron überwog sichtlich das Spielerische in der Technik. Zugleich suchte er stets nach theoretischer Begründung der seinen Erfindungen innewohnenden natürlichen Vorgänge. Wichtigstes Bindeglied zu den Wissenschaften sah Heron in der Mathematik bzw. Geometrie.

Als die großen Überlieferer des technischen Wissens der Antike gelten in besonderem Maße Vitruv und Pappos, die ebenfalls in der Zeit des römischen Imperiums lebten. Der technisch-organisatorische Aufwand dieses riesigen Reiches, bedeutende Urbanisierungen sowie florierender Handel und Verkehr brachten einen neuerlichen bedeutenden Aufschwung der Technik hervor. Kriegsmaschinen, Mühlen, Ölpressen und Bewässerungswerke stehen für eine Maschinerie, in der die Prototypen neuzeitlicher Produktivkräfte angelegt sind. Mehr als in vorhergehenden Epochen wurde Technik im Römischen Reich als Kulturfaktor akzeptiert und der Ingenieur als Vermittler des technischen Fortschrittes gesellschaftlich anerkannt. Cato der Ältere, vielen als Staatsmann zur Zeit des zweiten Punischen Krieges (um 200 v. u. Z.) bekannt, trat mit einem Buch über die Landwirtschaft hervor, in dem er ausführlich Weinpressen und Ölmühlen beschrieb.

Die Maschinentechnik inspirierte theoretische Denker seit der Römerzeit in zunehmendem Maße. Der Herleitung verallgemeinerter Erkennt-

»Die mechanische Wissenschaft wird, da sie bei wichtigen Dingen im Leben Anwendung findet, von den Philosophen sehr hoch geachtet und von allen Mathematikern mit besonderem Eifer betrieben, weil sie uns zuerst in die Lehre von der Natur der Materie und den Elementen der Welt einführt.«

Pappos, Einleitung seiner Mechanik

nisse aus mechanischen Vorgängen ging aber die immer genauere Beschreibung technischer Gebilde und Verfahren voraus. Das X. Buch aus Vitruvs »De architectura« ist beinahe ausschließlich der Kriegs- und Maschinentechnik gewidmet. Hier wird anschaulich, wie Maschinenbau und Maschinenkunde aus dem Bau- und Kriegswesen herausgewachsen sind. Vitruvs Werk enthält auch technologisches Wissen über Handwerke. Sehr ausführlich geht ebenso Plinius der Ältere in seiner »Historia naturalis« (um 77) auf Fertigungstechniken ein. Er berichtete über das Feilen, Bohren, Drehen, Hobeln, Sägen, Schleifen, Treiben, Löten und Härten, ohne quantitative Aussagen zu vermitteln.

Am Ausgang der Antike, im 3. Jahrhundert, steht ein Autor von Schriften mit geradezu polytechnischem Charakter, der die hellenistische Tradition aufgenommen und fortgeführt hat, der bereits erwähnte Pappos von Alexandria. Der Mathematiker, Astronom und Geograph unterschied auffällig Grundlagenwissen und beschreibende Anwendung.

In der Spätantike und im Mittelalter nahmen sich Gelehrte zunehmend der Deutung von Bewegungsvorgängen an. Philoponos, der um 500 die Impetuslehre begründete, stand bereits an der Schwelle zum Mittelalter. Der Impetusbegriff entsprang einer Bewegungsauffassung, nach der einem Körper eine Schwungkraft vermittelt wird, die nach einiger Zeit zum Ermüden kommt, was zu seinem Stillstand bzw. zum Herabfallen führt. Die Impetuslehre begleitete die praktische Mechanik in gewandelter Form bis in das 18. Jahrhundert hinein. Sie lieferte den Technikern anschauliche Erklärungsmuster für Bewegungsvorgänge an Maschinen und für die Flugphasen von Geschossen (vgl. Abbildung S. 51).

Seit Ausgang der Antike traten andere Kulturkreise mit bedeutenden technischen Leistungen hervor. Das technische und wissenschaftliche Erbe wurde vor allem von islamischen Gelehrten aufgegriffen, fortentwickelt und in das christliche Abendland hineingetragen. Die Techniker des

Große Blide. Aufschluß über den Stand der Technik und des technischen Wissens im ausgehenden Mittelalter geben auch die kriegstechnischen Bilderhandschriften. Namhaftes Beispiel ist Conrad Kyeser von Eichstätts »Bellifortis« (1405). Zu den schönsten technischen Abbildungen zählt darin dieses Wurfgeschütz. Die plastisch-dekorative Darstellung wächst über die oft karg-abstrakte mittelalterliche technische Zeichnung hinaus. Bemerkenswert ist die auf den praktischen Gebrauch orientierte Angabe von Maßverhältnissen.

Orients warteten mit präzisen mechanischen Instrumenten und kunstvollen Erfindungen auf. Ihre technischen Leistungen lassen auf einen hohen Stand des Erfahrungswissens schließen. Zur Blütezeit der arabischen Wissenschaften im 9. Jahrhundert erschien das berühmte »Buch der Handwerkskünste« der Söhne des Musa Ibn Shakir. In Anbetracht solcher Bindeglieder vollzog sich der Übergang zur europäischen Neuzeit in den Bereichen des praktischen Wissens weniger abrupt als gemeinhin angenommen. Dem Mittelalter ist dabei ein beträchtlicher Anteil an der Ausformung des technischen Denkens zuzuschreiben. Hier regten sich erste zaghafte Vorboten der beschreibenden Maschinenkunde. Insbesondere die überaus reich bebilderten Handschriften des Spätmittelalters über die Kriegs- und Maschinentechnik schließen den großen Bogen von der Antike zur Renaissance und sprechen für historische Kontinuität.

Der Aufschwung des Kriegswesens, der im 14. und 15. Jahrhundert mit dem Aufkommen der Feuerwaffen einherging, brachte bedeutendes technisches Schrifttum hervor. Zu erwähnen sind Bilderhandschriften wie Conrad Kyeser von Eichstätts »Bellifortis« oder Mariano Taccolas »De ingeneis« und »De rebus militaribus« (auch »De machinis«), die in ihrer Bild- und Textqualität bestechen. Neben anderen kriegstechnischen Handschriften und Feuerwerksbüchern zählten sie zu den meistverbreiteten und vielkopierten technischen Sachbüchern ihrer Zeit. Während sich die Bilder von Kyeser durch große Kunstfertigkeit und seine Texte – zum Teil sogar

Pumpwerk zum Antrieb einer Wassermühle mit Wasserrücklauf. Mariano Taccolas »De ingeneis« (um 1432) und »De rebus militaribus« (1449) zählen zu den schönsten maschinentechnischen Handschriften. Deutlich hebt sich der Übergang zu einer, wenn auch noch unvollkommenen, räumlich-perspektivischen Darstellung ab. An diesem Bild – offensichtlich ein »Projekt« für den Mühlenbetrieb in wasserarmen Gegenden – sind wichtige technische Neuerungen jener Zeit abzulesen: der Einsatz von oberschlächtigen Wasserrädern und Kolbenpumpen, Zahnradgetriebe und Nockenwelle. Bemerkenswert ist die Krümmung der »Hebedaumen« für eine möglichst stoßfreie Kraftübertragung. Bibliothèque Nationale, Paris

Die mechanischen Künste im Mittelalter. Als Gegenstück zu den gelehrten sieben freien Künsten entstanden die sieben mechanischen Künste, die das Wissen des praktischen Lebens symbolisierten. Waffenschmiedekunst und Webkunst repräsentierten die Bearbeitung von festen Werkstoffen in wichtigen Lebensbereichen. Aus: Zamorensis, Spiegel des menschlichen Lebens, Augsburg, um 1475

in Hexametern geschrieben und durch persönliche Sentenzen gefärbt — durch Poesie auszeichnen, tritt uns das Werk Taccolas weitaus nüchterner entgegen. Darin nimmt das technische Fachbuch Gestalt an. Die Zeichnungen in »byzantinischer Manier«, einer Art schiefer Axonometrie, leben vom Wesentlichen, Details werden gesondert hervorgehoben, wobei die noch unvollkommene perspektivische Darstellung offenbar wird. Der sachliche Text richtet sich an den Fachmann. Beinahe schematisierende Verknappung läßt den Gestus späterer technischer Zeichnungen erahnen.

Aus dem Mittelalter sind uns bedeutend mehr Quellen überliefert als aus der Antike. Dazu zählen auch technologische Schriften wie die um 1100 von dem Benediktinermönch Theophilus Presbyter niedergelegte »Schedula diversarum artium« über das Kunsthandwerk.

Solches Berufswissen, das bis dahin in der Regel auf der empirischen Ebene verharrte, fand zunehmend Anschluß an die Wissenschaftslehre und hielt Einzug an den Artistenfakultäten der Universitäten. Beispielhaft ist die Behandlung der sogenannten »Sieben Mechanischen Künste« durch den Pariser Priester-Gelehrten Hugo von Saint-Victor im 12. Jahrhundert. Die artes mechanicae Schmiedekunst, Webkunst, Schiffahrt, Ackerbau, Jagd, Heilkunst und Schauspielkunst entstanden als Pendant zu den »Sieben freien Künsten« (artes liberales) Grammatik, Rhetorik, Dialektik, Arithmetik, Geometrie, Musik und Astronomie.

Aber auch die freien Künste wirkten auf den Erkenntniszuwachs des technischen Wissens zurück. Dem technischen Denken der Neuzeit kam das methodische Arsenal der mittelalterlichen Gelehrsamkeit, so sehr sie religiösen Prinzipien untertan war, zugute. Oft wird die Scholastik mit der Metapher eines »Schleifsteins des Verstandes« belegt. Die Mechanik partizipierte an den »configurationes« der Pariser Nominalisten. Deren diagrammatische Darstellung zeitlicher Abläufe vornehmlich religiösen Inhaltes konnte zu einem späteren Zeitpunkt auf mechanische Bewegungsvorgänge übertragen werden.

Die Schulung des kalkulativen Denkens setzte auf diese eigenartige Weise weit vor der Begründung der modernen Naturwissenschaften ein, war freilich in den seltensten Fällen an physikalische Inhalte, noch weniger an praktisch-mechanische Probleme gebunden. So wurde in verschiedenen Wissensströmen der Antike und des Mittelalters der Aufbruch in das technische Denken der Renaissance vorbereitet.

»Mechanik ist die Kunst, die Körper soviel wie möglich zu zwingen, so daß sie bewogen werden, ihren natürlichen Neigungen zu entgegnen.«
Alessandro Piccolomini

Kenntnisse über Stoffwandlungen

Die Entdeckung und Verwertung stoffwandelnder Vorgänge führt bis in die Frühgeschichte der Menschheit zurück. Stoffwandlungen dienten zuallererst und vordergründig der Befriedigung von Grundbedürfnissen der Menschen. Es ist an dieser Stelle lediglich möglich, das an einige Branchen stoffwandelnder Gewerbe gebundene technische Wissen beispielhaft und für das Mittelalter bilanzierend darzustellen.

Metallgewinnung in Gruben mit Holzkohlefeuer und Blasebalg im alten Ägypten (um 3000 v.u.Z.). Aus: Ch. Singer, E.I. Holmyard and A.R. Hall (Hrsg.), A History of Technology, Vol. 1, London, 1956

Ofen zum Emailbrennen. Die Oberflächenveredlung (Tingierung) unedler Metalle, das Gelb- und Weißbrennen, gehört zu den ältesten stoffwandelnden Gewerben. Forschungsbibliothek Gotha, Schloß Friedenstein, Ms. orient A 1347, Bl. 57[b]

»Nimm Quecksilber, soviel nötig ist; / bring es in das Gefäß, von dem du weißt; / lasse es kochen, so wie dir bekannt ist; / füge die Substanz hinzu, von der du gehört hast / und zwar in der Menge, von der die Rede war: / dies ist das Geheimnis von der Fixation / des Quecksilbers.«

Avicenna (Ibn Sina), 11. Jahrhundert

Im Verlaufe der Entwicklung bediente man sich einer zunehmenden Anzahl stoffwandelnder Prozesse, von denen in der folgenden Zusammenstellung eine Auswahl wiedergegeben ist.

Grundbedürfnis	Stoffwandelnde Prozesse
Nahrung	Seihen, Klären, Auspressen, Quellen, Mahlen, Pökeln, Trocknen, Auskochen, Rösten, Vergären, Keltern, Brauen
Kleidung	Gerben, Färben, Bleichen
Wohnung	Zerkleinern, Sieben, Schlämmen, Verdunsten, Lösen, Kristallisieren, Schmelzen, Glühen, Glasieren, Sintern, Brennen, Flotieren
Gesunderhaltung (Heilung)	Vielzahl chemischer und physikalischer Prozesse zur Präparateherstellung: u.a. Extrahieren, Sublimieren, Destillieren
Werkstoffherstellung	Schmelzen, Gießen, Legieren, Härten, Treiben, Walzen, Ziehen, Oberflächenveredeln

Bedürfnisse nach Schmuck, Veredlung und Verzierung waren eine mächtige Triebkraft, sich Naturstoffe dienstbar zu machen. Viele der Prozesse wie das Quellen, das Bleichen, das Lösen, das Vergären usw. wurden der Natur abgeschaut und nachgeahmt. In der Frühzeit führte oft ein einziger Prozeß zum gewünschten Produkt bzw. zur bezweckten Veränderung. Die Vielgestaltigkeit der Prozesse und Stoffe erforderte besondere Gefäße und Vorrichtungen. In Unkenntnis der in den Gefäßen naturgesetzlich ablaufenden Vorgänge dienten für die verschiedenen Gefäßformen bis ausgangs des Mittelalters oft Tiere und Fabelwesen als Vorbild, die wiederum den Gefäßen den Namen gaben. Pelikan, Hydra, Bär und Schildkröte sind dafür typische Beispiele.

Energiequelle und Gefäß sind die materiellen Grundvoraussetzungen jeder Stoffwandlung, die stets mit einer Energieumwandlung verbunden ist. Die Wärmeenergie stellt dabei die wichtigste Energieform dar.

Die Bändigung des Feuers erwies sich als eine der entscheidenden Zäsuren in der Menschheitsgeschichte. Es war Waffe und Arbeitsmittel, es garte und konservierte Nahrungsmittel. Mit seiner Hilfe konnten Metalle geschmolzen, Keramik gebrannt und das begehrte Kochsalz gewonnen werden. Es verlangte nach Herd und Wohnstatt und gestaltete sich so zu einer der wesentlichsten Voraussetzungen für Seßhaftigkeit und Kultur.

Für stoffwandelnde Operationen bedeutete die Regelung des Feuers, die dosierte und rationelle Anwendung der Wärmeenergie, ein über Jahrtausende permanentes Problem. Etwa seit Beginn der Zeitrechnung verwendete man zur schonenden Behandlung der Stoffe Wasser-, Dung-, Asche- und Sandbäder. Selbst Ameisenhaufen dienten als Wärmequelle etwa konstanter Temperatur.

Das technische Erfahrungswissen aus der unmittelbaren Produktionssphäre ist in seiner Genese nicht geschlossen darstellbar, da Aufzeichnungen kaum überliefert sind. Der Bildungsstand der Produzenten ermöglichte lediglich eine mündliche Weitergabe der empirisch gewonnenen Erkenntnisse. Anders verhält es sich mit dem spekulativ-theoretischen Wissen, dessen Träger Gelehrte und geistliche Würdenträger waren. Ihre Auffassungen zum Aufbau der Natur und zur Stoffwandlung lassen sich aus schriftlichen Zeugnissen zumindest rekonstruieren.

Da die Gelehrten im allgemeinen die Handarbeit verachteten, kam es nur zufällig und vereinzelt zu einer Verknüpfung von empirischen und theoretischen Erkenntnissen. Die Hauptfunktion des theoretischen Wissens bestand zunächst darin, dem auf Götterglauben basierenden Weltbild ein naturphilosophisches entgegenzusetzen, das in der Naturbeobachtung seine Quelle hatte. Diese Funktion war nur durch ganzheitliche Betrachtungen und Beschreibung allgemeiner Zusammenhänge der Natur zu erfüllen. Die technischen Detailkenntnisse erwiesen sich als ungeeignet, und der niedrige Entwicklungsstand der Produktivkräfte förderte die Verknüpfung nicht. Auch wenn das theoretische Weltbild in der griechischen Antike noch mit mystischen Vorstellungen durchwirkt war, führte die geistige Auseinandersetzung mit der Natur zu beachtlichen Abstraktionen. Sie spielen gleichermaßen für die Beschreibung künstlich eingeleiteter und gesteuerter stoffwandelnder Vorgänge eine Rolle.

In dem Bestreben, die Vielfalt der Stoffe auf wenige Grund- oder Urstoffe (Elemente) zurückzuführen, entstand durch Empedokles die Vierelemente-Theorie mit Erde, Wasser, Luft und Feuer als den Ursubstanzen. Diesem Vereinheitlichungsstreben mußten zur Erklärung der Mannigfaltigkeit der Materie Diversifikationsprinzipien hinzugefügt werden. Aristoteles ordnete den Elementen bestimmte Qualitäten zu. Die Erde wurde mit den Attributen kalt und trocken, das Wasser mit kalt und feucht, die Luft mit warm und feucht sowie das Feuer mit warm und trocken versehen. Die Atomisten Leukipp und Demokrit erklärten die stoffliche Vielfalt damit, daß die Atome nach Größe und Gestalt unterschiedlich seien und durch ihre unterschiedliche Anordnung die Kombinationsmöglichkeiten noch vermehrt würden. Somit bekamen die Grundbausteine sowohl universelle Eigenschaften als auch Wechselwirkungskräfte zugesprochen. Aristoteles hatte mit der Ansicht, die »Mischung« (das Reaktionsprodukt) stelle eine neue »Wesenheit« gegenüber den Ausgangskomponenten dar, einen entscheidenden Fortschritt erzielt. Erkenntnistheoretisch standen trotz aller theoretischen Ergebnisse und experimentellen Befunde die Naturwissenschaften ausgangs des 18. Jahrhunderts vor dem gleichen Problem. Antike Denker vermochten keinen prinzipiellen Unterschied zwischen chemischen und physikalischen Stoffwandlungen anzugeben. Offenbar aus Beobachtungen des Wasserkreislaufes der Erde folgten die Vorstellungen über »Verdichtung« und »Verdünnung«, die bei der Destillation als Verdampfung und Kondensation nachgeahmt wurden.

Die Süßwassergewinnung aus Meerwasser durch Kondensation der Dämpfe in Schwämmen war bereits Aristoteles bekannt. Die frühesten Überlieferungen von Destillationsgeräten verweisen auf Zosimos aus Theben. Er lebte im 5. Jahrhundert u. Z. Nach ihm geht die Erfindung dieser Geräte auf Maria, die Jüdin, zurück, eine die »Heilige Kunst« ausübende Frau, die im 3. Jahrhundert v. u. Z. in Syrien gewirkt haben soll. Die dreitei-

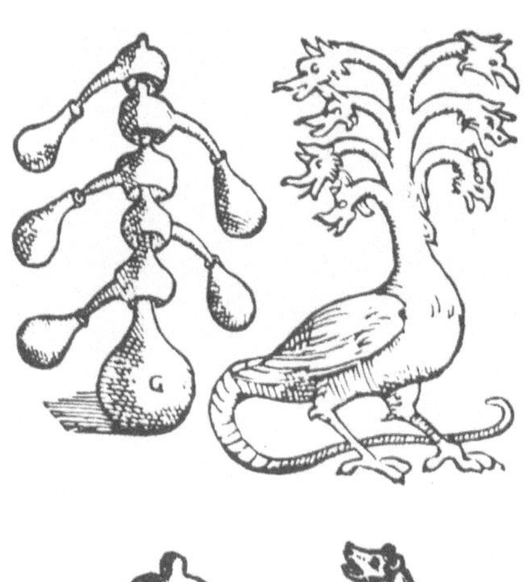

Allegorische Darstellung chemischer Geräte in Unkenntnis der in den Gefäßen ablaufenden Vorgänge. Aus: R.J.Forbes, Short History of the art of distillation, Leiden, 1948

»Denn was ist die Erforschung der vollendeten Kunst (Alchemie) anderes als kluges, sachdienliches Suchen, Ausprobieren von Feinheiten und Methoden, bis man durch praktische Arbeit, Untersuchung und Experimente zum gewünschten Ziel kommt.«

Geber (9./10. evtl. auch 11./12. Jahrhundert)

lige Apparatur, bestehend aus Kolben (Kessel, Kürbis), Helm (alembik, anbiq) und Vorlage (phiol), hat sich demnach in der alexandrinischen Epoche herausgebildet. Bei Zosimos war diese Entwicklung abgeschlossen. Die Destillation hatte sich als gebrauchsfähige Laboratoriumsmethode etabliert. Sie stellte auch einen enormen Fortschritt in Hinsicht auf eine energiesparende Methode zur Oberflächenveredlung der Metalle dar. Etwa ab dem 4. Jahrhundert ist das Streben nachweisbar, aus unedlen bzw. »kranken« Metallen edle bzw. »gesunde« herstellen zu wollen. Seit jener Zeit war man auf der Suche nach dem »Stein« oder dem »Elexier«, die dieses bewirken sollten oder ewige Jugend versprachen. Hauptanwendungsgebiet der Destillation war die Bereitung des »Hydor-theion«, ein destillativ behandeltes wäßriges Gemisch aus Schwefel, gebranntem Kalk, verdorbenen Eiern und vergorenem Urin. Mit seiner Hilfe wurden Metalloberflächen gelbbraun gefärbt. Damit eröffnete man sich neue Möglichkeiten der vermeintlichen Mutation von Metallen, die vielfach zu Betrug und Falschmünzerei führten. Verbote und Heiligsprechung, die eine Profanierung ausschlossen, waren Ursache der Stagnation in den folgenden Jahrhunderten.

Zu bedeutender Belebung und beispielhaften praktischen Leistungen kam es im Islamischen Reich zwischen dem 7. und 11. Jahrhundert. Die Araber verstanden es hervorragend, die älteren Kenntnisse zu nutzen und weiter auszubauen. Die schonende Herstellung von Riechstoffen, Duftwässern, Ölen, Balsamen, Pomaden und Pharmazeutika durch Destillation und Sublimation erwies sich als eine mächtige Triebkraft, die Palette der zu verarbeitenden Naturstoffe zu erweitern. Ende des 8. Jahrhunderts erzeugte man in beachtlichem Maßstab zehn verschiedene Parfüms aus Veilchen, Narzissen, Lilien, Lotosblüten und Rosen.

Damaskus war ein Zentrum der Erdöldestillation. Die Destillate fanden in erster Linie Verwendung zur Bereitung des griechischen Feuers, einer für damalige Verhältnisse schrecklichen Waffe. Träger des technischen Wissens wurden zunehmend Apotheken und Pharmazieschulen. Aus der »Heiligen Kunst« der Alexandriner wurde die »Alkimija« der Araber. Berühmte Gelehrte waren vor allem al-Razi im 9./10. und al-Din al-Dimaschqi im 10./11. Jahrhundert. Das Hauptwerk al-Razis, das »Buch des Ge-

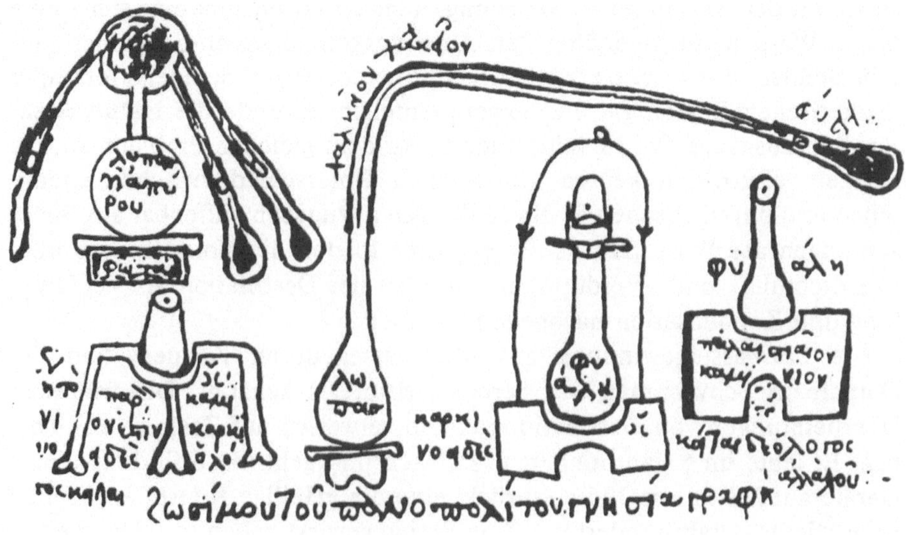

Alexandrinisches Destilliergerät Tribikos. Die dreiteilige Apparatur, Kolben – Helm – Vorlage, weist auf das empirische Verstehen der Prozesse Verdampfen – Anreichern – Kondensieren hin. Je nach der Zahl der Ablaufrohre bezeichnete man die Geräte als Ambix, Dibikos oder Tribikos. Bibliothèque Nationale, Paris, Ms. 2325 und 2327

heimnisses der Geheimnisse«, stellt ein weitgehend von Mythen und Allegorien befreites chemisch wie chemisch-technologisches Lehrbuch dar. In den drei Hauptstücken – I. Über die in der chemischen Kunst benötigten Stoffe, II. Was man von den Geräten wissen muß und III. Von den Verfahren – ist das chemisch-technologische Wissen systematisch zusammengefaßt. Es enthält detaillierte Vorschriften zur apparativen Gestaltung in Abhängigkeit vom zu destillierenden Stoffgemisch. Der Autor führt aus: »Der Kürbis, der Anbiq mit Schnabel und die Vorlage sind geeignet zur Destillation der Wässer. Das Geheimnis dabei ist, daß der Kürbis groß und dickwandig sein muß ... und daß der Anbiq gut passend aufsitzt ... Der Anbique gibt es vier Gattungen: Ein Anbiq mit sehr weitem Rohr, der ... zum Hochtreiben des Salmiaks geeignet ist; dann ein Anbiq ohne besonders weites Rohr zum Destillieren der Essenzen ...; dann ein Anbiq von noch geringerer Weite ..., endlich ein Anbiq mit sehr engem Rohr, er ist zum Eindampfen des Wassers und zu seiner Reinigung geeignet ...« (al-Razi, um 900).

Dem steigenden Bedarf an »Wässern« stand insbesondere das geringe Fassungsvermögen der zumeist gläsernen Apparate gegenüber. Im 10./11. Jahrhundert konstruierte man deshalb Öfen, in denen sich gleichzeitig mehrere Apparaturen unterbringen ließen. Solche Einrichtungen wurden von al-Din al-Dimaschqi detailliert beschrieben.

Bei den Bemühungen um das »Elexier« ist bei den Arabern ein völlig neuer Gedanke nachweisbar. Das »Große Werk« sollte durch eine Aufeinanderfolge von zumeist sieben Operationen gelingen. Damit rückte erstmals die technische Ausführung neben dem stofflichen Rezept in das Blickfeld des Interesses. Gewöhnlich sprach man über Geräte und stoffliche Rezepte in dunklen Andeutungen, die in erster Linie Gelehrsamkeit anzeigen und die Erfindung oder Entdeckung schützen sollten.

Trotz der beachtlichen Fortschritte findet sich bei den arabischen Autoren kein Hinweis zur Gewinnung von Mineralsäuren und Alkohol. Die Alkoholdestillation blieb wohl den berühmten Ärzten der salernitanischen Medizinschule vorbehalten. Im »compendium salerni«, das der Magister Salernus Aequivocus um 1160 verfaßte, befindet sich die erste Beschreibung, »brennendes« Wasser nach der gleichen Methode wie Rosenwasser herzustellen. Es deutet wohl alles darauf hin, daß die Entdeckung des Alkohols durch eine verbesserte Kühltechnik, eventuell Wasserkühlung, möglich wurde, obwohl die ersten Vorschriften dazu keine Aussagen enthalten. Bis dahin war es üblich, die Vorlage mit feuchten Tüchern oder Schwämmen zu kühlen.

Der Florentiner Arzt Thaddaeus Alderotti beschrieb im 13. Jahrhundert die Gewinnung eines hochkonzentrierten Alkohols durch wiederholte Destillation des ersten Destillats. Nach sieben Destillationen bezeichnete man das Wasser »perfecta«, nach zehn Destillationen »perfektissima«. Bis in das 19. Jahrhundert waren die Geschichte der Alkoholgewinnung und die Entwicklung der Destillationstechnik auf das engste miteinander verbunden.

Den Alkohol priesen die Ärzte als »aqua vitae«, in der Alchemie galt er als fünfter Stoff, als »quinta essentia«. Die dem gebrannten Alkohol zugeschriebene vorbeugende Wirkung gegen Pest und Cholera steigerte den

Alkoholdestillation mit Rosenhut. Der luftgekühlte Rosenhut war zwischen dem 12. und 15. Jahrhundert ein vielgenutzter Apparat, mit dessen großer Oberfläche man das Kühlproblem zu lösen suchte. Das Destillat kondensierte an der Innenwand, und durch eine im Inneren angebrachte Rinne wurde es im flüssigen Zustand in das Ablaufrohr geführt. Aus: Michael Puff aus Schrick, Destillierbüchlein, Augsburg, 1478

»Besuche das Innere der Erde und du wirst durch Rektifikation den verborgenen Stein finden!«
Mittelalterliche Inschrift

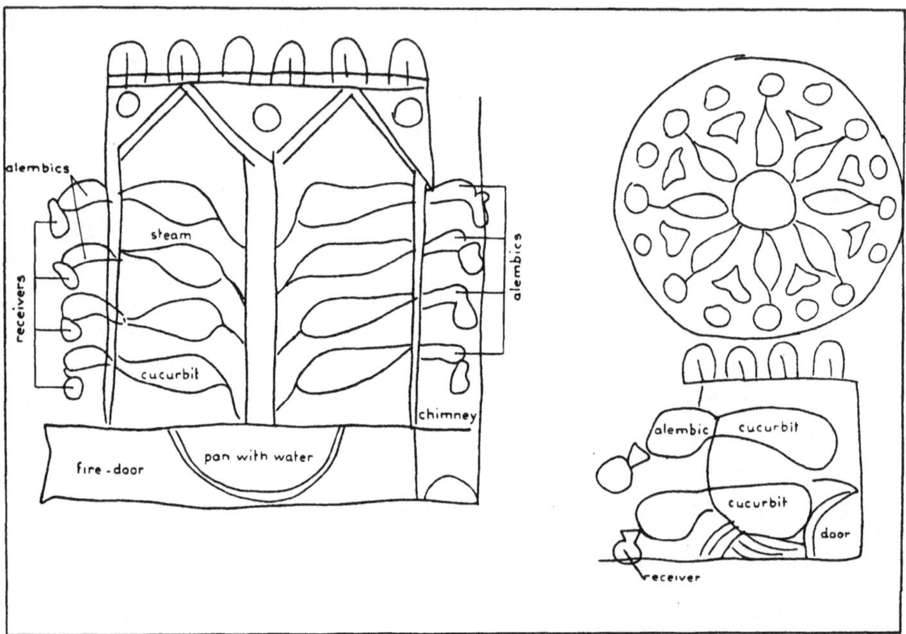

Arabische Destilliereinrichtung zur Gewinnung von Duftwässern. Der steigende Bedarf führte zu kreisförmigen Öfen mit in Etagen bis zu 2,5 Meter Höhe angeordneten Destilliergeräten. Die Beheizung erfolgte entweder indirekt durch Wasserdampf oder direkt durch die Rauchgase eines Holzkohlefeuers. Aus: R.J.Forbes, Short History of the art of distillation, Leiden, 1948

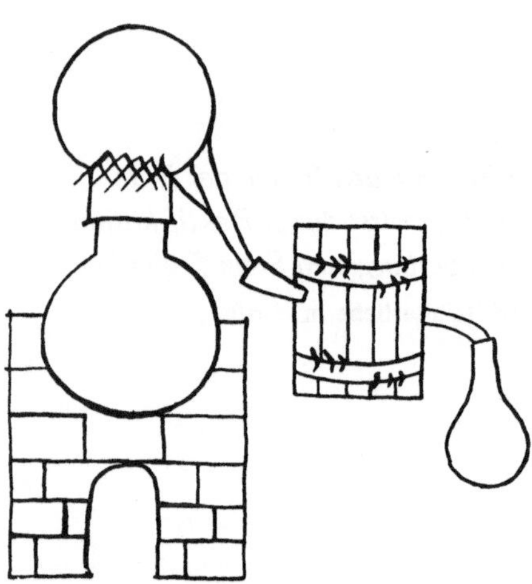

Destillationsapparatur mit Kühlfaß. Die von J.Wenod 1420 angegebene Darstellung ist wahrscheinlich die älteste, bei der das Destillat mit Wasser gekühlt wird. Die Wasserkühlung war die entscheidende Voraussetzung, um niedrigsiedende Destillate zu gewinnen. Aus: F.Ferchl und A.Süssenguth, Kurzgeschichte der Chemie, Mittenwald, 1936

Verbrauch und sorgte für den allmählichen Übergang vom Heilmittel zum Genußmittel. Im 14. Jahrhundert entstand eine Spezialliteratur von Kräuter- und Destillierbüchern. Weder Verbot noch die Androhung drastischer Strafen konnten später dem Genuß starker alkoholischer Getränke Einhalt gebieten. Die gewerbliche Herstellung von Trinkbranntwein übernahmen ab dem 14. Jahrhundert vielfach als »Aquavit-Weiber« bezeichnete Frauen.

Wesentlich für die alchemistische Literatur des 13. Jahrhunderts ist weiterhin das Bemühen, einzelne stoffwandelnde Prozesse definitorisch zu erfassen und zielgerichtet zu koppeln. Bedeutsame Beispiele sind die Darstellung der Schwefel- und der Salpetersäure. Diese Mineralsäuren waren als »starke und auflösende Wässer« in der Lage, Metalle in den fluiden Zustand zu überführen. Damit ergaben sich für die Alchemie völlig neue Probleme und Perspektiven. Es wurde möglich, mit Lösungen zu arbeiten, die neue Reaktionen zuließen. Sie wiederum verlangten nach Deutung und Erklärung.

Die Mineralsäureherstellung betrieb man einerseits in den Alaunsiedereien und Vitriolbrennereien gewerblich, sie war andererseits aber auch Gegenstand des beginnenden systematischen Experimentierens in Laboratorien. Auf diese Weise ergaben sich Annäherungen zwischen dem empirisch-praktischen und theoretisch-spekulativen Wissen, die auch symbolhaft im Zustandekommen des Namens VITRIOL zum Ausdruck kommen. Mit dieser Entwicklung sind insbesondere die Namen Albertus Magnus, Roger Bacon, Raymundus Lullus, Arnaldus de Villanova und der legendäre Geber verbunden. Wenn auch ihre Leistungen vom produzierenden Gewerbe entfernt waren, deren Vertreter aufgrund ihres miserablen Bildungsstandes zu beschreibenden und abstrahierenden Darstellungen technischer Sachverhalte meist unfähig waren, so wird von diesen Gelehrten mit der Einführung des Experimentes in die Wissenschaften substantiell auch technisches Wissen zusammengetragen, produziert, systematisiert und publiziert.

Die Destillation flüssiger Gemische war somit seit der Antike ein relativ eigenständiger Prozeß von theoretischem Interesse und praktischer Bedeutung. Betrachtet man jedoch das Gesamtgebiet der Stoffwandlung, so dominierten der feste Aggregatzustand und die praktische Meisterschaft zur gewerblichen Herstellung von Werkstoffen und Gebrauchsgütern. Diese Gewerbe beruhten auf der Kombination spezieller Prozesse von der Rohstoffgewinnung bis zur Bereitung der Fertigprodukte.

Die Silikatwerkstofferzeugung ist ein solch traditionsreiches Gebiet stoffwandelnder Produktion. Obwohl ihre Ursprünge bis in die Frühgeschichte der Menschheit zurückreichen, war sie noch im Mittelalter auf wenige Werkstoffe beschränkt. Hierzu zählten einfache Irdenware, Ziegel, Töpferware, Branntkalk und Glas. Nur an wenigen Stellen, wo entsprechende Rohstoffe vorhanden waren, sind höherwertige Produkte erzeugt

V *isita*
I *ntericora*
T *errae*
R *ectificando*
I *nvenies*
O *ccultum*
L *apidem*

Die sieben Stufen des »Großen Werks«, umsäumt von den vier Elementen des Empedokles: Feuer, Luft, Wasser und Erde. Aus: Cabbala, Speculum artis et naturae, Augsburg, 1654

worden. Beispielsweise ist eine extrem dichte, temperaturwechselbeständige und vor allem säurefeste Keramik im Gebiet von Passau entwickelt worden. Sie diente vor allem der Herstellung von Schmelztiegeln für Metallurgie und Alchemie.

Ähnliches ist für die Verbesserung der steingutartigen arabischen Keramik festzustellen, die in Spanien und auf Mallorca in hoher Blüte stand. Nachdem Mallorca 1165 erobert worden war, kam es in Italien an Orten wie Urbino und Faenza zur Herstellung von Majolika und Fayencen. Die Immobilität der Produzenten – durch feudale oder zünftlerische Abhängigkeiten bedingt – hinderte den Fortschritt oft über Jahrhunderte. Ein Beispiel hierfür ist der Töpfer und Glasmaler Augustin H. Hirschvogel, der Majolika und Fayence, nachdem er sie 1503 in Urbino kennengelernt hatte, in seiner Heimatstadt Nürnberg herzustellen begann. Da indessen die direkte Anschauung fehlte, sind selbst ehemals erreichte Leistungen nicht wieder erzielt worden. Allgemein verbreitet war technisches Wissen im Mittelalter nur über die Produktionszweige, für die überall geeignete Rohstoffe existierten. In diesen Branchen beobachtete man deshalb ziemlich einheitliche Herstellungsverfahren.

Eine besondere Rolle unter den Silikatwerkstoffen spielte im Mittelalter die Glasproduktion. Wie mehrere noch erhaltene Kirchenfenster zeigen, war man in der Lage, außerordentlich vielfältige Glasscheiben, wenn auch in geringen Abmessungen, herzustellen. Rezepturen, Herstellungsbesonderheiten und selbst die Glashütten, in denen diese Gläser hergestellt wurden, sind größtenteils nicht bekannt. Teilweise sind derartige Farbgläser erst in neuerer Zeit wieder in gleicher Qualität erzeugt worden. Es ist deshalb sicher, daß ein Teil des empirischen Wissens über die mittelalterlichen Produktionsprozesse verlorengegangen ist. Fehlende Aufzeichnungen und mangelhafte Kommunikation, die sich nicht über die jeweilige Glashütte, Bauhütte oder Zunft hinaus ausdehnte, sind Ursachen dafür.

Zur Beschreibung des technologischen Ablaufes dieser Gewerbe waren Lehrgedichte weit verbreitet. Ihr Inhalt basierte auf gesicherten praktischen Erfahrungen, die leicht faßlich und ohne Mystik beschrieben wurden. Sie kennzeichneten insofern den Übergang zu rationalem technologischen Wissen, als sie die Zusammenhänge zwischen Stoff, technischem Mittel und Produzenten darzustellen suchten.

Resümierend wird deutlich, daß der einzelne Prozeß den Zugang für theoretisches Wissen eröffnete, aber das empirische Wissen über die Gewerbe bei weitem vorherrschte.

Lehrgedicht »Der Hafner«. Aus: H. Sachs, Eygentliche Beschreibung aller Stände auff Erden, Frankfurt/M., 1568

Mittelalterliches Fenster aus dem Dom zu Meißen. Es zeugt von dem hohen Stand der Glasmacherkunst.

Technisches Wissen – Ansätze seiner rationalen Durchdringung

Einführung

Die weitere Entwicklung des technischen Wissens war eng an die Herausbildung der kapitalistischen Produktionsweise gebunden. Seit dem 14. Jahrhundert hatte sich die Warenproduktion insbesondere in den Ländern Europas ausgeweitet. Nationale Märkte entstanden. Mit den großen geographischen Entdeckungen des 15. Jahrhunderts bildete sich der Welthandel heraus. Kaufleute repräsentierten mit wachsendem Kapital die Macht des Geldes. Die frühbürgerlichen Revolutionen befestigten mit ihren Erfolgen in den Niederlanden und in England eine ökonomische Vormachtstellung dieser Länder.

Der Umbruch in der Sphäre der Warenzirkulation wirkte sich stimulierend auf die Entwicklung der Produktivkräfte aus. Überkommene Technik fand allgemeine Anwendung. Erfindungen und Entdeckungen weiteten die Grenzen althergebrachter Erfahrungen. Neben die erstarrenden Zünfte traten neue Produktionsformen. Silberbergwerke, Werften, Waffenarsenale und große Bauvorhaben drängten durch Ausmaß und Art der Aufgaben nach bisher unbekannten technischen und organisatorischen Lösungen. Mühlen bildeten den Prototyp früher Maschinen. Sie stellten die Antriebe für entstehende Manufakturen.

Fragen nach der Übertragung mechanischer Bewegung und vergleichende Betrachtungen technischer Elemente und Prozesse drängten sich auf. Erfahrungen verdichteten sich zu Bemessungsregeln und Handlungsanweisungen. Systematisches Probieren ersetzte fehlende Kenntnisse.

Damit allein ist aber die seit der Renaissance allgemein vertretene Forderung nach wissenschaftlicher Untermauerung der Produktion nicht zu erklären. Erst die Reflexionen dieser Entwicklung in der frühen bürgerlichen Weltanschauung machen sie verständlich. Dem realen Leben zugewandt und neuen Wertmaßstäben verpflichtet, rückt sie die schöpferische Tätigkeit des Menschen, die Einheit seiner geistigen und manuellen Fähigkeiten in den Mittelpunkt der Betrachtungen. Damit erfuhr ebenfalls die produktive Arbeit eine entscheidende Aufwertung. Die Wissenschaft entdeckte die Produktion als Objekt ihrer Untersuchungen.

Auch die gnoseologischen Grundpositionen wandelten sich. Die Gelehrten der Renaissance bemächtigten sich der Antike aus der kritischen Distanz einer mehr als tausendjährigen Entwicklung und negierten sie auf dialektische Art. Überkommenes wurde in Frage gestellt, an der Wirklichkeit überprüft. An die Stelle für absolut angenommener Wahrheiten traten Vorstellungen einer sich entwickelnden, die Realität zunehmend adäqua-

Titelblatt von L.B.Albertis »Zehn Bücher über die Baukunst«. Das 1450 verfaßte und 1485 in Florenz verlegte Werk war die erste gedruckte Baulehre der Renaissance. Programmatisch auf wissenschaftliche Erkenntnis orientiert, behandelte es das Gesamtgebiet des Bauens in Einheit seiner technischen, funktionell-raumorganisatorischen und ästhetischen Komponenten.

ter widerspiegelnden Erkenntnis. Autoren konfrontierten ihre Leser in Gesprächsform mit verschiedenen Standpunkten und ließen sie an der Erkenntnisfindung teilhaben. Berühmtes Beispiel sind die »Discorsi« Galileis, in denen der Wissenschaftler im Bunde mit dem Praktiker den dogmatischen Aristoteliker mit überzeugenden Argumenten aus dem Felde schlägt.

»Die unerschöpfliche Tätigkeit Eures berühmten Arsenals, Ihr meine Herren Venitianer, scheint mir den Denkern ein weites Feld der Speculation darzubieten, besonders im Gebiete der Mechanik.«

Galileo Galilei, Discorsi, 1638

Die allegorische Darstellung versinnbildlicht den Einzug der Geometrie in die mechanischen Künste. Aus: W. Ryff, Perspectiva, Nürnberg, 1547

Geometer und Kriegsingenieur mit Hebe-
zeug. Die Anordnung komplizierter Mehr-
fachflaschenzüge – hier eines auf Jaques
Besson zurückgehenden – erforderte
Kenntnisse in Geometrie und Mechanik.
Aus: H. Zeising, Theatrum machinarum,
Leipzig, 1607

Allegorie. Nach paracelsisch-hermetischen
Vorstellungen bestand eine Analogie
zwischen dem Makrokosmos des Weltalls
und dem Mikrokosmos des Menschen.
Zum Gesichtskreis des Menschen – hier in
seiner animalischen Gestalt – zählten die
praktischen Künste und Wissenschaften.
Aus: R. Fludd, De naturae simia, 1624

Francis Bacon, der englische Staatsmann und Philosoph, hatte wesentlichen Anteil an der Ausarbeitung dieses Konzeptes. In Kontroverse zur antiken spekulativen Naturphilosophie und unter Berufung auf die mechanischen Künste propagierte er eine Erfahrungswissenschaft, die mit rationalen Methoden das sinnlich Gegebene erforschen und damit Voraussetzungen für zielgerichtetes Erfinden zum Wohle der Menschen schaffen sollte. Er war davon überzeugt, daß die Gesellschaft die Gesetze der Natur in ihren Dienst nehmen kann, wenn sie die Praxis im Verein mit der Wissenschaft betreibt. Als »tätige Wissenschaft« sollte sie allerdings nicht nur Mittel sein, sondern mußte sich das Recht selbständiger Entwicklung erkämpfen.

Damit gehörte Bacon zu den Bahnbrechern einer modernen Naturwissenschaft, der wissenschaftlichen Revolution des 17. Jahrhunderts, in der sich vor allem die Physik mit der Ausbildung der experimentellen Methode und der Einführung mathematischer Verfahren emanzipierte. Gestützt auf die Erkenntnisse der Mechanik, versuchten hervorragende Gelehrte von Galilei bis Leonhard Euler auch technische Probleme mit naturwissenschaftlichen Methoden zu beschreiben, ohne daß sich in der Mehrzahl der Fälle anwendungsbereite Lösungen ergaben. Trotz des schnell anwachsenden Vorlaufes der Mechanik war es nicht möglich, mit den naturwissenschaftlich-abstrakten Modellvorstellungen die für die Beschreibung technischer Objekte notwendigen Parameter in ihrer Komplexität hinreichend genau zu erfassen und zu bewerten. Deshalb mußten Versuche, die Aufgaben der Praxis mit Hilfe der Theorie zu bewältigen, zumeist scheitern. Das von Bacon angestrebte Ziel – auf wissenschaftliche Weise zu erfinden – war vorerst nicht zu erreichen.

Ansätze in dieser Richtung wurden von der Baumechanik erbracht, deren Untersuchungen sich vorläufig auf das Problem der Statik und Festigkeit beschränken konnten. Erste technische Parameter, die z. B. das Materialverhalten charakterisierten, ließen sich experimentell bestimmen. Die Möglichkeiten, empirische und theoretische Methoden auf eine der praktischen Aufgabenstellung entsprechende spezifische Art und Weise zu verknüpfen, zeichneten sich ab. Die Kenntnis der technischen Prozesse war hierfür unerläßliche Voraussetzung.

Seit der Mitte des 15. Jahrhunderts bemühten sich die großen Künstler-Ingenieure der Renaissance und der Produktion nahestehende Gelehrte, Kenntnisse aus Handwerk und Gewerbe zu sammeln, zu systematisieren und aufzuzeichnen. Diese Traditionslinie setzte sich bis in das 18. Jahrhundert mit dem Bestreben fort, diesen Gebieten im Geiste des Merkantilismus und der Aufklärung einen gebührenden Platz im Gesamtgebäude der Wissenschaften einzuräumen. So sehr sich die einzelnen Werke auch in Inhalt und Darstellungsart unterschieden, so war ihnen doch gemeinsam, daß sie konkretes Wissen um technische Prozesse allgemein zugänglich und vergleichbar machten. Sie konnten nun auch mit wissenschaftlichen Methoden aufgearbeitet werden. Einheitliche Fachtermini und spezifische Darstellungsformen technischer Objekte entstanden. Die Kenntnisse ganzer Produktionszweige wurden so systematisch aufbereitet.

Diese Bemühungen mündeten in die großen enzyklopädischen Vorhaben des 17. und 18. Jahrhunderts in Frankreich und die kameralistische

René Descartes, Betrachtungen über die Grundlagen der Philosophie, 1641

Titelblatt der deutschen Übersetzung von Bélidors »La Science des Ingénieurs«, erschienen 1729 in Paris. Der französische Ingenieur-Offizier führte mit diesem Titel einen Terminus ein, der später einen ganzen Wissenschaftszweig charakterisieren sollte.

Allegorische Darstellung der Lehrfächer in
der Ingenieurausbildung des frühen
17.Jahrhunderts. Aus: J.Faulhaber, Ingenieurs Schul, Nürnberg, 1637

Darstellung des Ingenieurberufes in einem
Ständebuch. Verwiesen wird auf die große
Bedeutung des Militärwesens und der
Architectura militaris. Die Attribute illu-
strieren, daß die Vermessungs-, Trassier-
und Rißkunst sowie ihre geometrischen
Grundlagen einen zentralen Platz im
Wissen und Können der Ingenieure einnahmen. Aus: G.Weigel, Abbildung der
gemeinnützigen Hauptstände, Regensburg,
1698

Gewerbebeschreibung in Deutschland, die zum Ausgangspunkt für die mechanische und chemische Technologie wurde.

Neben den vor allem aufklärerischen Bildungskonzeptionen verpflichte-
ten Enzyklopädien entstanden im 18. Jahrhundert technische Fachbücher,
die bedeutende Fortschritte in Richtung technikwissenschaftlichen Er-
kenntnisgewinns und des Methodenarsenals brachten. Jacob Leupold in
Leipzig stand mit seinen Arbeiten noch weitgehend in der Tradition der
Maschinenbeschreibung, konnte diese aber in wesentlichen Aspekten wei-
terführen. Der Franzose Bernard Forest de Bélidor, seit 1757 Generalinspektor der französischen Truppen und des Pariser Arsenals, erhob mit seinem Buch »La Science des Ingénieurs« (1729) bereits den Anspruch auf
die Herausbildung eines den Aufgaben des Ingenieurs besonders verpflich-
teten Wissenschaftszweiges.

Ihre frühe Institutionalisierung fanden diese Bestrebungen in den Mili-
tärschulen der absolutistischen Staaten sowie in den Bergakademien. Des
Hervorhebens wert erscheint, daß in Frankreich fast gleichzeitig mit der
Ausbildungsstätte für die Offiziere des Genie-Corps, der »École du Genie

militaire« in Mésières (1748), die nicht weniger berühmte zivile Bauschule »École des Ponts et Chaussées« in Paris (1747) gegründet wurde.

Auch die zumeist im 17. und zu Beginn des 18. Jahrhunderts gegründeten Akademien fühlten sich der wissenschaftlichen Fundierung der Produktion verpflichtet und hatten die Einheit von Theorie und Praxis zum Leitmotiv ihrer Tätigkeit bestimmt. Selbst wenn dieses Konzept noch nicht verwirklicht werden konnte, hat es zur Vorbereitung eigenständiger technikwissenschaftlicher Disziplinen beigetragen.

Anfänge der Montanwissenschaften bis zur Gründung der ersten Bergakademien

Das aufblühende Handelskapital fand im 15. und 16. Jahrhundert in Mitteleuropa Anlagemöglichkeiten in den durch intensive Schürftätigkeit neu entdeckten Erzlagerstätten und zur Verarbeitung der Erze erforderlichen Hüttenwerken. Die Augsburger Fugger erwarben im 16. Jahrhundert zusammen mit den polnisch-ungarischen Thurzo das Kupfermonopol der habsburgischen Länder. Nürnberger, Augsburger, Zwickauer und Leipziger Kaufherren beteiligten sich an dem ab 1466 aufblühenden Bergbau im sächsischen Erzgebirge. Die intensivierte Schürftätigkeit führte zu sensationellen Silberfunden und zur Gründung neuer Bergstädte, so z. B. 1470 bis 1481 Schneeberg, 1492 bis 1501 Annaberg und 1520 bis 1523 Marienberg auf sächsischer, 1516 bis 1520 Joachimsthal (Jáchymov/ČSSR) auf böhmischer Seite.

Dieser Aufschwung des Silberbergbaus hat auch die entstehenden humanistischen Wissenschaften in seinen Bann gezogen. So finden wir als älteste literarische Darstellung des deutschen Bergbaus eine um 1485 für den Lateinunterricht verfaßte Schrift, deren Titel in deutscher Übersetzung lautet: »Das Gericht des Jupiter, gehalten im Tale der Schönheit, vor das der sterbliche Mensch von der Erde wegen der auf dem Schneeberge und an vielen anderen Orten angelegten Bergwerke gefordert worden ist und vor dem er schließlich des Muttermordes angeklagt wird.« In diesem als Wiegendruck erhaltenen Werk läßt der aus Eger gebürtige, in Plauen/Vogtland aufgewachsene Leipziger Magister, Schulrektor in Halle und Chemnitz, Zittauer Oberstadtschreiber und Humanist Paulus Niavis (Paul Schneevogel) nach einem römischen Literaturvorbild einen Einsiedler aus dem böhmisch-vogtländischen Waldgebiet bei einem Spaziergang eine Vision erleben. In dieser lieferte der Wissenschaftler eine Apologie des Bergbaus, führte ihn in die altsprachlichen Studien ein, wies aber auch auf die negative Haltung der Bergleute zur Wissenschaft hin, bezeugte also, daß bis zu seiner Zeit der Bergbau nur handwerklich-empirisch betrieben wurde. Derselbe Niavis hat auch seinem »Thesaurus eloquentiae« um 1490 zwei Kapitel über den Schneeberger Bergbau eingefügt.

Im Oberharz entstanden die Silberbergstädte Andreasberg 1480 bis 1535, Zellerfeld 1526 bis 1532 und Clausthal 1548 bis 1554, in Böhmen Příbram 1450 bis 1534. Im damaligen Ungarn kamen die Goldbergstadt Kremnitz (Kremnica/ČSSR), die Silberbergstadt Schemnitz (Banská Štiavnica/ČSSR) und die Kupferbergorte in der Umgebung von Neusohl

Titelholzschnitt des Judicium Jovis, des »Gerichts der Götter« über den Bergbau, um 1485. Der Bergmann (rechts) wird von der Erde (links) der Mutter-Mißhandlung beschuldigt. Älteste Behandlung des Bergbaus in der humanistischen Literatur des 15. Jahrhunderts

(Banská Bystrica), dem Sitz der Thurzo, zu neuer Blüte. Allerdings wurde das europäische Silber entwertet, als ab 1542 leichter gewinnbares Silber aus Südamerika den europäischen Markt überschwemmte.

Gleichzeitig gerieten die sächsischen Bergstädte in eine geologisch und technisch bedingte Krise. Wie in Goslar, in Freiberg und in den slowakischen Bergstädten nach dem Abbau der reichen, oberflächennahen Erze eine Stagnation des Bergbaus einsetzte, so erlebten auch die ab 1470 in Sachsen entstandenen Reviere nach dem Abbau ihrer Reicherzvorkommen einen Rückschlag. Weiterer Bergbau konnte nur den ärmeren Erzen in größerer Tiefe gelten. Das erforderte den Einsatz von Maschinen. Dafür wurden im 15. bis 16. Jahrhundert entscheidende Erfindungen gemacht. Solche von bleibender Wirkung, die indirekt auch die Herausbildung der Montanwissenschaften gefördert haben, waren das Kehrrad, das Kunstgezeug und das Naßpochwerk. Alle drei entstammen der Zeit um 1450 bis 1550. Das Kehrrad war ein bis 12 Meter hohes, durch zwei gegenläufige Beschaufelungen umsteuerbares Wasserrad, wurde vermutlich 1450 bis 1500 im slowakischen Goldbergbau von Kremnica erfunden und galt bis um 1800 als die stärkste Fördermaschine. Mit ihm konnte der Bergbau bis in 300 und mehr Meter Tiefe vordringen. Das Kunstgezeug war ein System übereinander stehender, von einem Wasserrad und gemeinsamem Gestänge betätigter Kolbenpumpen, wurde um 1540 in Ehrenfriedersdorf/Erzgebirge erfunden und diente (mit geringen Abwandlungen) bis zur Einführung der Kreiselpumpen um 1900 der Entwässerung der Gruben. Mit dem Kunstgezeug konnte man schon um 1600 Gruben bis etwa 300 Meter Tiefe wasserfrei halten. Das Naßpochwerk, 1512 dem Besitzer von Silbergruben bei Dippoldiswalde/Sachsen, Sigismund von Maltitz, patentiert, ermöglichte die kontinuierliche Aufbereitung ärmerer Erze und war wie Kehrrad und Kunstgezeug eine Vorbedingung für das Vorankommen des Erzbergbaus.

Insbesondere in Sachsen drängte die neue Technik zu einem höheren Grad der Vergesellschaftung der Produktion, zu einer neuen Berufsgruppe, den Bergbeamten, und infolge von beidem zum Beginn der Montanwissenschaften. Die nach dem deutschen Bauernkrieg 1525 gewachsene Macht der Landesfürsten führte im Bergbau mehrerer europäischer Länder zum Direktionsprinzip. Es besagte, daß die Bergbeamten nicht mehr bloß die Grubenfelder an Bergbauinteressenten zu verleihen und die Entrichtung der Abgaben zu kontrollieren hatten, sondern auch die technische und ökonomische Leitung der einzelnen Gruben bis zur Frage von Investitionen, Maschinenbauten und Lohnfestlegungen ausübten. Die Grubenbesitzer hatten je nach der Finanzlage der Grube und nach den Entscheidungen der Bergbehörde Ausbeute zu empfangen oder Zubuße zu zahlen. Die auf Wasserkraft basierende Technik setzte ebenfalls eine übergeordnete Leitung voraus, denn für die Versorgung der zahlreichen Wasserräder der Förderanlagen, Kunstgezeuge und Pochwerke mit Aufschlagwasser mußten Grabensysteme von 20 Kilometer Länge und mehr sowie Teiche auf fremden Grundstücken angelegt werden. Der Bau dieser Anlagen war nur vom Landesherrn und seinen Beamten durchzusetzen, aus einer gemeinschaftlichen, von der Bergbehörde geleiteten Kasse zu finanzieren, die Verteilung des Aufschlagwassers auf die einzelnen Gruben ebenfalls nur von der Bergbehörde als übergeordneter Instanz zu gewährleisten.

So haben in Sachsen bald nach der Gründung des Freiberger Oberbergamtes 1542 befähigte Bergbeamte wie der Oberbergmeister Martin Planer Dutzende von Kunstgezeugen und die dazu erforderlichen Kunstgräben und Teiche gebaut. Gleiches geschah im Bergbau des Oberharzes und Ungarns.

Die Befähigung zu solcher Leitungstätigkeit war nicht mehr durch den Erwerb handwerklicher Fertigkeiten, nicht mehr durch eine handwerkliche Lehre zu erwerben. Die Bergbeamten standen vor der Notwendigkeit, das System des Bergbaus und Hüttenwesens, das Zusammenspiel aller Arbeitsprozesse und die geologischen, juristischen und ökonomischen Einflußfaktoren zu kennen. Das sei an einigen Problemen der damaligen Bergbaupraxis erläutert: Hatten die markgräflichen Bergmeister früher nur das Grubenfeld an der Erdoberfläche zuzumessen, mußten die Markscheider im 16. Jahrhundert die übertage festgelegten Grenzen vermessungstechnisch nach untertage übertragen und dort in den Stolln und Strecken mar-

Das vermutlich im ungarischen Bergbau von Kremnitz (Kremnica, Slowakei/ČSSR) um 1450/1500 erfundene Kehrrad als stärkste Fördermaschine des 15. bis 18. Jahrhunderts. Aus: G. Agricola, De re metallica, Basel, 1556

Das um 1540 im Bergbau von Ehrenfriedersdorf/Erzgebirge erfundene »Kunstgezeug«, die – mit Verbesserungen im Detail – bis um 1900 wichtigste Wasserhebemaschinerie des Bergbaus. Aus: G. Agricola, De re metallica, Basel, 1556

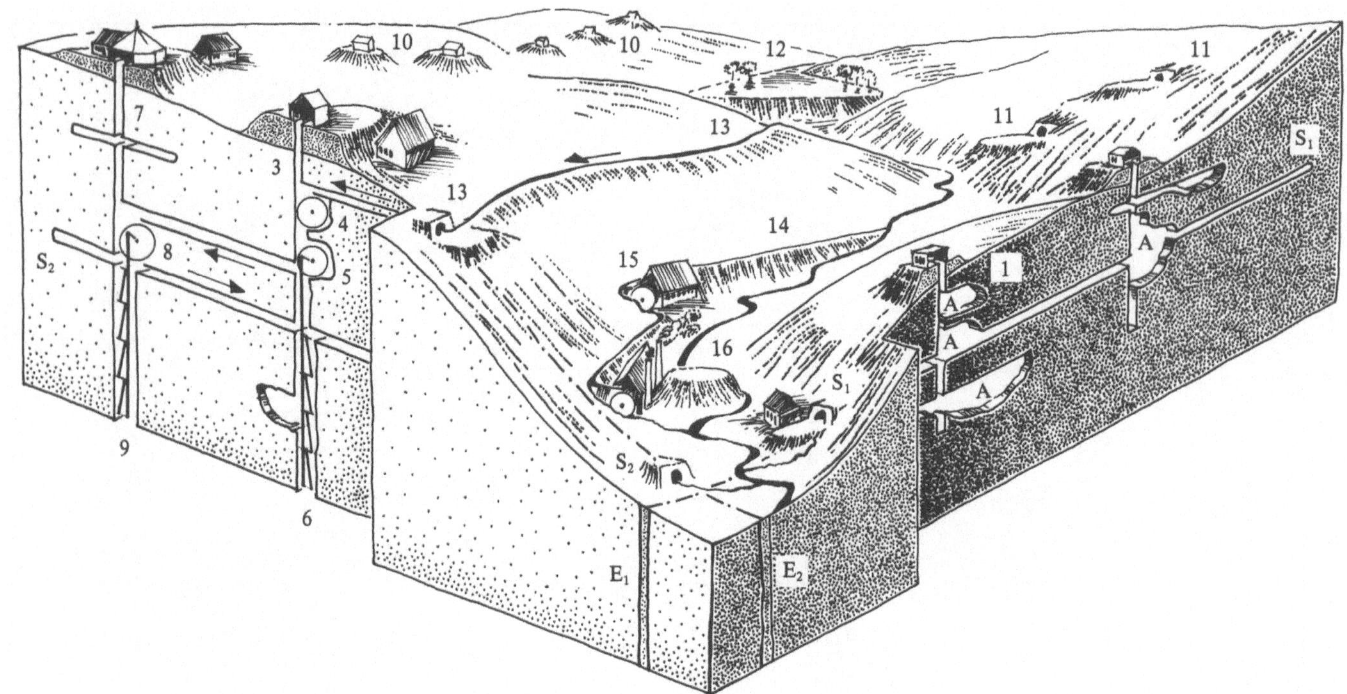

Schema eines Bergreviers im mitteleuropäischen Erzbergbau des 16.Jahrhunderts: E1 Erzgang, den die Gruben 1 und 2 abbauen (Abbauräume=A), S1 – S1 Stolln, auf dem das Grundwasser dieser Gruben abfließen kann; E2 Erzgang, den die Gruben 3 und 7 abbauen. Grube 3 fördert mit dem Kehrrad 4 und hebt mit dem Kunstrad 5 und dem Kunstgezeug 6 das Grundwasser auf den Stolln S2 – S2. Grube 7 fördert mit Pferdegöpel und hebt das Grundwasser mit dem Kunstrad 8 und dem Kunstgezeug 9 auf den Stolln S2. (Pfeile: Laufrichtung des Wassers). 10 – 10 Fünf Schächte auf einem weiteren Erzgang, 11 – 11 Gruben, die aus Stolln fördern. Wasserwirtschaftliche Anlagen: 12 Kunstteich, 13 – 13 Kunstgraben mit Anschluß an eine Rösche zum Schacht 3. 14 Aufschlaggraben für das Pochwerk 15 und die Schmelzhütte 16

kieren. Es galt über weite Entfernungen Kunstgräben mit möglichst geringem Gefälle im Gelände abzustecken sowie beim Vortrieb einer Rösche (eines untertägigen Kunstgrabenstückes) von beiden Seiten aus Richtung und Neigung so anzugeben, daß sich die Vortriebsörter auch wirklich trafen. Im Schmelzwesen war es unerläßlich, bessere Verfahren und Ofentypen zu entwickeln, um auch die ärmeren Erze gewinnbringend verhütten zu können und den Holzkohlenverbrauch zur Schonung der Wälder zu senken. Da die Grubenbesitzer das Erz möglichst teuer verkaufen, die Hüttenbesitzer das Erz aber möglichst billig einkaufen wollten, mußte von »neutraler« Seite, d. h. von den Bergbeamten, der wirkliche Metallgehalt des Erzes genau bestimmt werden. Das war ein starker Antrieb zur Entwicklung der analytischen Chemie, die im 16.Jahrhundert für den Erzbergbau als »Probierkunde« existierte.

Der sinkende Metallgehalt des Fördererzes zwang zur Suche nach besseren Schmelzverfahren. So wurde um 1470 bis 1540 für die Trennung silberhaltigen Schwarzkupfers in Garkupfer und Silber der Saigerhüttenprozeß entwickelt. Das Kupfer der sächsischen und thüringischen Saigerhütten bestimmte damals wesentlich den Metallmarkt Europas.

Im Eisenhüttenwesen entstanden aus den Rennfeuern im 16. Jahrhundert die Blauöfen und die damals einige Meter hohen Hochöfen, die nicht mehr Schmiedeeisen, sondern als neues Produkt Gußeisen ergaben. Man fand zwar ein Verfahren, aus Gußeisen Schmiedeeisen herzustellen, doch war dies eine rein empirische Erkenntnis, wie überhaupt die damaligen Eisenhütten und -hämmer noch zum Handwerk tendierten und nicht der Leitung der Bergbehörde unterstanden.

Die Aufgabe, die zahlreichen Gruben mit insgesamt einigen tausend Mann Belegschaft technisch und ökonomisch zu leiten, die Entwicklung und der Einsatz neuer Maschinen und Schmelzöfen, die höheren Anforderungen an die Vermessungstechnik und die Herausbildung der Probierkunde machten Ansätze der Montanwissenschaften im sächsischen Erzbergbau im 16. Jahrhundert zu einem gesellschaftlichen Bedürfnis.

Die zur gleichen Zeit erschienene Montanliteratur des Erzgebirges zeigt das sehr anschaulich. Der Freiberger Stadtarzt und Bürgermeister Ulrich Rülein von Calw ließ im Jahre 1500 »Ein nützlich bergbüchleyn« drucken. Es bietet dem Leser Ansätze des Versuchs einer Theorie der Erzlagerstätten. Die Gliederung des Hauptteils des Buches nach den Erzen von Silber, Gold, Zinn, Kupfer, Eisen, Blei und Quecksilber entsprach jedoch keinesfalls dem erreichten technischen Stand des Montanwesens. Rülein wollte mit seiner Darstellung Wissen im Sinne sicherer Entscheidungen vermitteln. Die zweite Auflage des Bergbüchleins von 1505 läßt schon im Titel die Reklameschrift erkennen: »Ein wohlgeordnetes und nützliches Büchlein, wie man Bergwerk suchen und finden soll von allerlei Metallen«. Dem gleichen Zweck diente auch das Joachimsthaler Bergbüchlein des Hans Rudhart von 1523, wogegen die Bergbaudarstellung von Sebastian Münster 1544 nur Teil von dessen Cosmographie ist, also auch nicht als Beginn der Montanwissenschaft betrachtet werden kann.

Den Schritt zur Montanwissenschaft im Wissenschaftssystem des 16. Jahrhunderts vollzog der sächsische Renaissance-Gelehrte Georgius

»Also möcht ich aus diesem Büchlein aus Ursachen erfahren und mit Vernunft erkennen, welche Bergwerke nützlich zu bauen sein würden, daß die Unkosten nicht unnötzlich sondern gewinnreich aufgewandt würden.«

Ulrich Rülein von Calw, Bergbüchlein, 1518

Schema des Gegenortbetriebes als markscheidekundliche Aufgabe beim mitteleuropäischen Erzbergbau des 16. Jahrhunderts: Ein Wasserleitungstunnel soll von beiden Mundlöchern M1 und M2 aus vorgetrieben werden. Durch Vermessung des Bergrückens über V1, V2, V3 und V4 sind die Winkel gegen magnetisch Nord α1 und α2 sowie die Höhenwinkel β1 und β2 (gegen die Horizontale H) so anzugeben, daß die Vortriebe R1 und R2 sich auch wie beabsichtigt treffen.

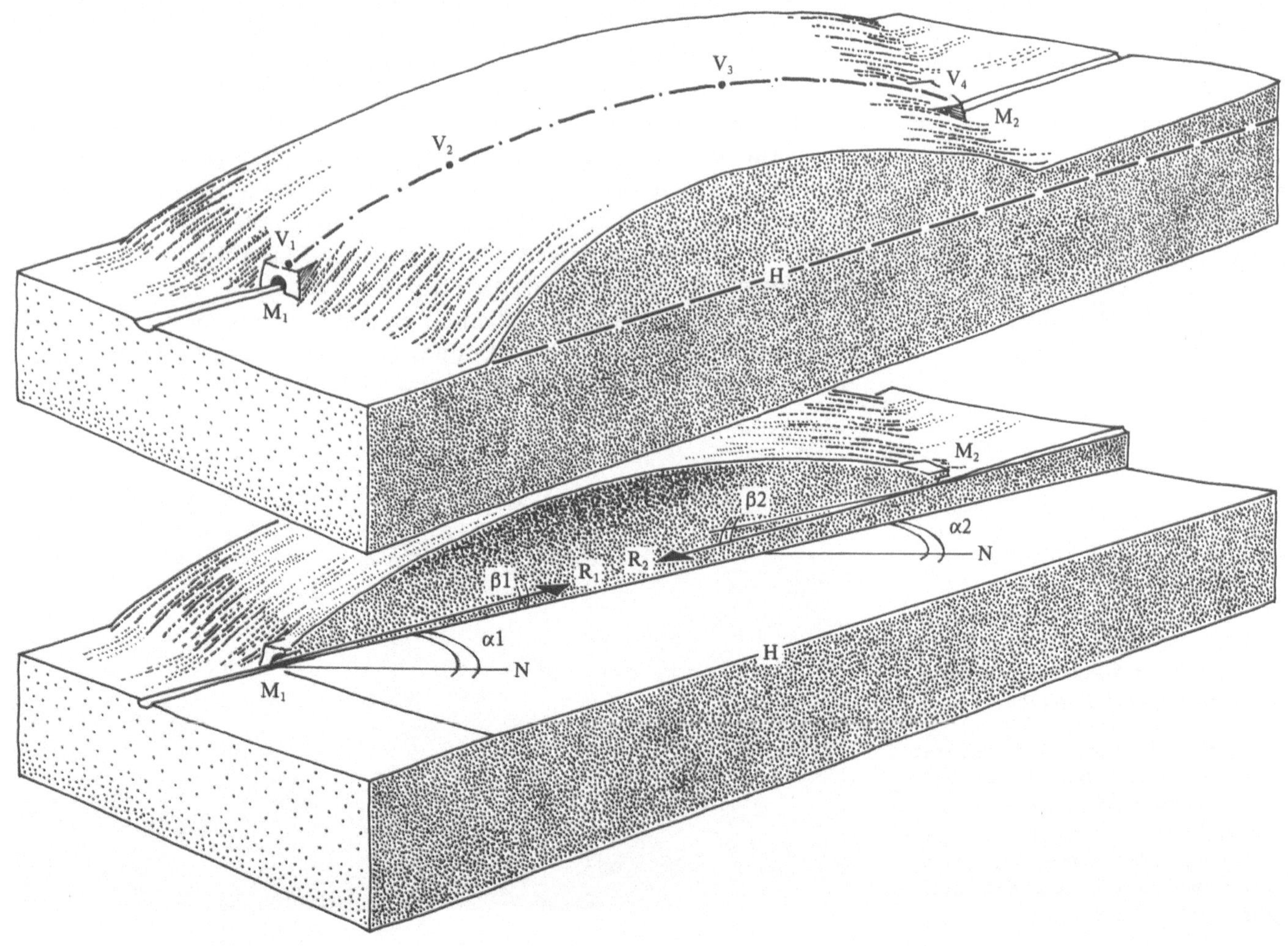

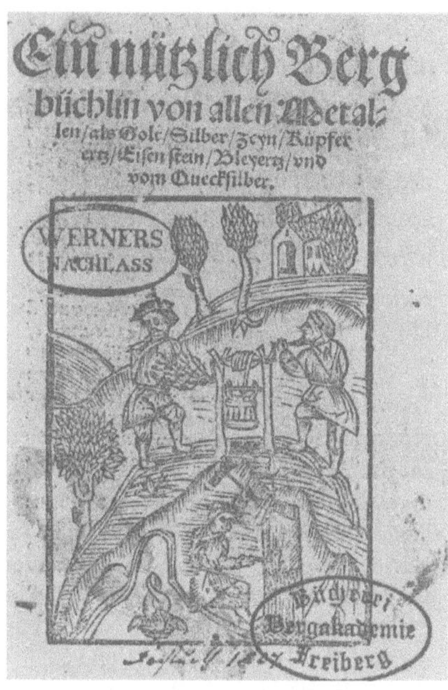

Titelblatt des im Jahre 1500 in Deutsch gedruckten Bergbüchleins des Freiberger Stadtarztes und Bürgermeisters Ulrich Rülein von Calw, der ältesten technisch orientierten Veröffentlichung über den Bergbau

Agricola. Er wurde 1494 in Glauchau/Sachsen geboren, studierte 1514 bis 1518 an der Universität Leipzig Philosophie, war 1518 bis 1522 Konrektor und Rektor an der Zwickauer Ratslateinschule, erwarb nach medizinischen Studien in Leipzig, Padua und Bologna den medizinischen Doktortitel und lebte 1527 bis 1531 als Stadtarzt in der erst zehn Jahre zuvor entstandenen Bergstadt Joachimsthal. Über das Problem der Heilwirkung der Minerale kam Agricola schon in Joachimsthal zu seinem Plan, das Montanwesen wissenschaftlich-systematisch zu erfassen. Dazu veröffentlichte er das Buch »Bermannus sive de re metallica dialogus« (Bermannus oder ein Dialog über den Bergbau) als programmatische Einführung in das Montanwesen schon 1530 in Joachimsthal. Von 1531 an lebte er als Arzt, Bürgermeister und Berater der sächsischen Kurfürsten in Chemnitz. Dort schrieb er seine weiteren montanwissenschaftlichen Bücher bis zu seinem Tode im Jahre 1555.

Agricolas Schriften sind in Latein, der Wissenschaftssprache seiner Zeit, verfaßt und damit an die Gelehrten gerichtet. Um mit dem »Bermannus« das Montanwesen in das damalige Wissenschaftssystem einzuführen, bat er Erasmus von Rotterdam um ein Geleitwort, das dieser auch lieferte. Die Zugehörigkeit der Bücher Agricolas zur Renaissance-Wissenschaft zeigt sich auch in den benutzten Quellen. Stets zitiert er – kritisch wertend – antike Schriftsteller wie Platon, Aristoteles, Herodot, Theophrast und Galen, Strabo, Vitruv, Plinius, Tacitus und viele andere, aber auch Avicenna und Albertus Magnus.

Der universell Gebildete blieb nicht bei der Auswertung antiker Quellen stehen, sondern beschrieb und systematisierte seine Untersuchungsobjekte, und zwar mit einer Präzision, die seine Werke jahrhundertelang führend bleiben ließ. Ein wissenschaftsgeschichtliches Dokument besonderer Art ist der in seinem Hauptwerk enthaltene Holzschnitt einer Zinnschmelzhütte. Der am Rande dargestellte schreibende Mann wird als der den Arbeitsprozeß dokumentierende Dr. Georgius Agricola gedeutet.

Von 1533 bis 1550 veröffentlichte Agricola in mehreren Büchern die natürlichen und meßtechnischen Grundlagen sowie die historischen Quellen des Montanwesens, lieferte also vorbereitende Studien für die wissen-

Porträt Agricolas. Gravur auf einem Zinnteller von 1710 nach einem Stich bei Sambucus, 1574, mit Widmung an den Bergherrn. Stadtmuseum, Zwickau

Auf der Rückseite des 1521 geschaffenen Annaberger Bergaltars stellte Hans Hesse eine Bergbaulandschaft mit zahlreichen Schachthalden, Stollnmundlöchern, Handhaspeln und Pferdegöpeln, Erzförderung und -aufbereitung dar. Kirche St. Annen, Annaberg (Erzgebirge)

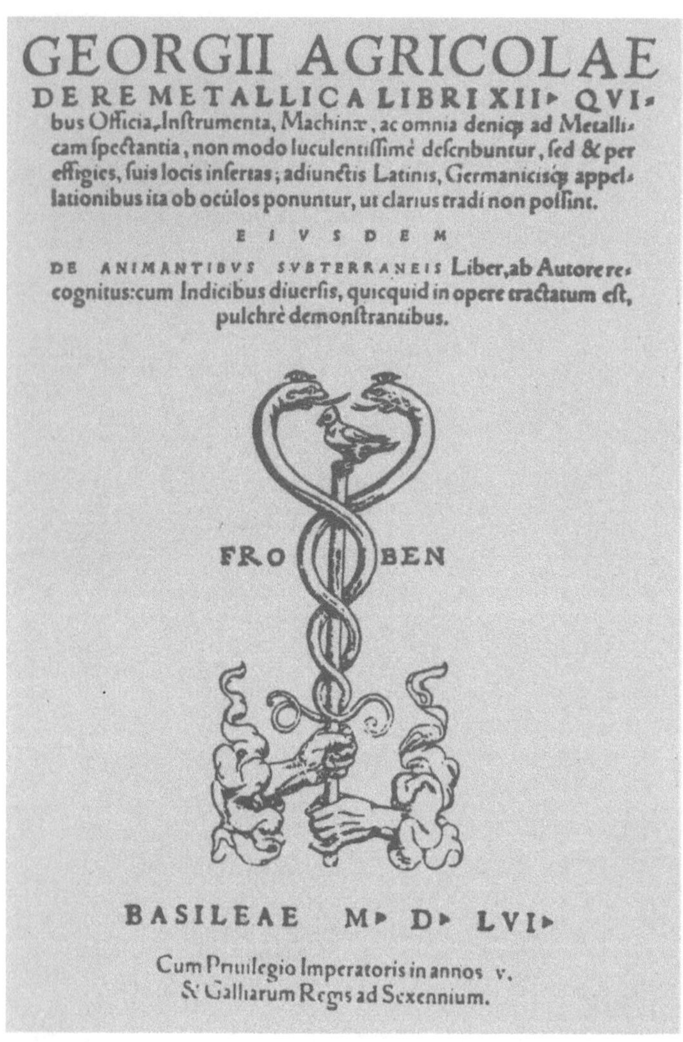

Titelblatt von Georgius Agricolas »De re metallica« (über das Montanwesen), Basel, 1556. Bis ins 18. Jahrhundert galt die Schrift als Lehrbuch der Montanwissenschaften.

Mit ziemlicher Sicherheit zeigt der Holzschnitt einer Zinnhütte Agricola bei der Dokumentation der Arbeitsprozesse (links im Bild, mit dem ein Tintenglas haltenden Gehilfen). Aus: G. Agricola, De re metallica, Basel, 1556

schaftliche Erfassung von Bergbau und Hüttenwesen. Ein Jahr nach seinem Tode, 1556, erschien sein Hauptwerk »De re metallica libri XII«, eine nach den Arbeitsprozessen gegliederte systematische Darstellung des Berg- und Hüttenwesens. Diese Veröffentlichung wirkte sofort als Lehr- und Handbuch des Montanwesens und begründete die im Prinzip bis heute gültige Systematik der Montanwissenschaften. Aus dem Inhalt sind besonders hervorzuheben die Markscheidekunde (bergmännische Vermessungstechnik), die Bergmaschinentechnik und die Metallurgie. Eine Anzahl der Holzschnitte gehört in die Frühgeschichte des technischen Zeichnens, insbesondere dort, wo sie Maschinenelemente darstellen. Agricolas funktionsspezifische Gliederung des Maschinenwesens in Förder-, Wasserhaltungs- und Bewetterungsmaschinen wurde in der »Bergmaschinenlehre« bis ins 19. – von einzelnen Autoren bis ins 20. Jahrhundert – beibehalten, wie das »Lehrbuch der Bergwerksmaschinen« von C. Hoffmann (Berlin 1926, 3. Aufl. 1941) zeigt.

Nach dem »Bermannus« hat Agricola weitere Schriften Wissenschaftlern und gelehrten Beamten gewidmet, so z. B. dem Rektor der Meißener Fürstenschule Georg Fabricius und dem sächsischen Diplomaten Christoph von Carlowitz. Mehrere Werke widmete Agricola dem sächsischen Kurfürsten in der klaren Erkenntnis, daß aufgrund des im 16. Jahrhundert erreichten hohen Vergesellschaftungsgrades des sächsischen Erzbergbaus nur der Landesherr mittels Bergbehörde und Direktionsprinzip die Existenz des Bergbaus gewährleisten und die Produktivkräfte im Montanwesen weiterentwickeln konnte. Als wissenschaftliche Grundlage für die bergbehördliche Leitungstätigkeit ist Agricolas Buch für etwa 200 Jahre praxiswirksam geworden. Da nicht alle Bergbeamten des Lateins mächtig waren, trug zu diesem Erfolg die bereits 1557 erschienene deutsche Übersetzung durch Philipp Bech wesentlich bei, die schon im Titel die gesell-

Die Systematik der Montanwissenschaften in Agricolas Werk »De re metallica libri XII« (1556)

Agricola 1556 »Buch«	Inhalt	Jetzige Montanwissenschaft Disziplin	Inhalt
1	Vom Beruf des Berg- und Hüttenmannes		
2	Aufsuchen der Erzgänge	Montangeologie	geologische Grundlagen
3	Gänge, Klüfte und Gesteinsschichten	Montangeologie	des Bergbaus
4	Vermessen der Lagerstätte und des Grubenfeldes, Bergbeamte und Funktionen	Bergrecht, montanistische Leitungswissenschaft, Betriebswirtschaftslehre	
5	Aufschluß der Lagerstätte Markscheidekunde	Markscheidekunde	Bergmännische Vermessungstechnik
		Bergbaukunde: Grubenbaue Ausbau Gewinnung	
6	Werkzeuge, Geräte, Maschinen	Förderung Wasserhaltung Wetterführung	gleichzeitig Grundlage der späteren »Bergmaschinenlehre«
7	Probieren der Erze	Probierkunde	Untersuchung des Metallgehaltes (analytische Chemie)
8	Aufbereitung der Erze	Aufbereitungskunde	Trennung von Nutz- und Schadstoffen im Fördergut
9	Schmelzen der Erze	Hüttenkunde (Metallurgie)	
10	Scheiden der Edelmetalle	Hüttenkunde (Metallurgie)	
11	Scheiden des Silbers vom Kupfer	Hüttenkunde (Metallurgie)	
12	Herstellung von Salz, Soda, Alaun, Vitriol, Schwefel, Bitumen, Glas	Chemische Technologie und Silikattechnik	zählen heute nicht mehr zu den Montanwissenschaften

Markscheiderische Vorausbestimmung der Schachttiefe und Stollnlänge am Durchschlagspunkt von Schacht und Stolln. Aus: G. Agricola, De re metallica, Basel, 1556

Einer der ersten »Joachimsthaler«, aus der hohen Silberproduktion von Joachimsthal (Jáchymov, ČSSR), 1520 geprägt. Staatliche Kunstsammlungen Dresden, Münzkabinett

schaftliche Zielstellung erkennen ließ: »Vom Bergwerk 12 Bücher, darin alle Ämter, Instrumente, Gezeuge und alles zu diesem Handel gehörige … beschrieben sind.«

Vier weitere montanistische Werke des 16. Jahrhunderts müssen noch genannt und mit dem Werk Agricolas wissenschaftsgeschichtlich verglichen werden: 1540, also vor Agricolas »De re metallica«, erschien die berühmte »Pirotechnia« des Italieners Vannoccio Biringuccio. Dieser war zeitweise Leiter von Erzgruben und Gießereien, somit selbst Fachmann und hat sein Werk in Italienisch als (handwerkliche) Anleitung für die Produktionspraxis, vor allem im Gießereiwesen, geschrieben, also nicht in wissenschaftlicher Absicht.

Im Jahre 1551 erschien in Frankfurt am Main die Schrift »De re metallica … libri III« des aus Saalfeld stammenden Rektors in Tangermünde und Pfarrers in Rathenow, Christophorus Encelius (Christoph Entzelt). Dieser kannte den Saalfelder Bergbau und seine Erze. Trotz der Ähnlichkeit des Titels ist das Buch jedoch dem Agricolas nicht vergleichbar. Entzelt behandelt nur Minerale, Erze und verschiedene Naturprodukte, aber nicht die Bergbautechnik.

Der auch Agricola gut bekannte Joachimsthaler Pfarrer Johannes Mathesius gab 1564 eine »Sarepta oder Bergpostill« heraus, ein Predigtbuch bergmännischen Inhalts in Deutsch. Sprache, Inhalt und Darstellungsart lassen die Absicht des Verfassers erkennen. Mathesius wollte mit seinem Werk einen Bildungseffekt bei den Bergleuten seiner Gemeinde erreichen. Eine Fortführung des wissenschaftlichen Werkes Agricolas bedeutet dagegen

Titelblatt von Lazarus Erckers »Beschreibung (der) allerfürnemisten Mineralischen Ertzt und Berckwercksarten …« Prag, 1574, des ersten selbständigen Lehrbuchs der Probierkunde

Der Joachimsthaler Pfarrer Johannes Mathesius verbreitete montanistisches Wissen durch seine »Bergpredigten«, die 1564 unter dem Titel »Sarepta« erschienen (Titelblatt der 2. Auflage).

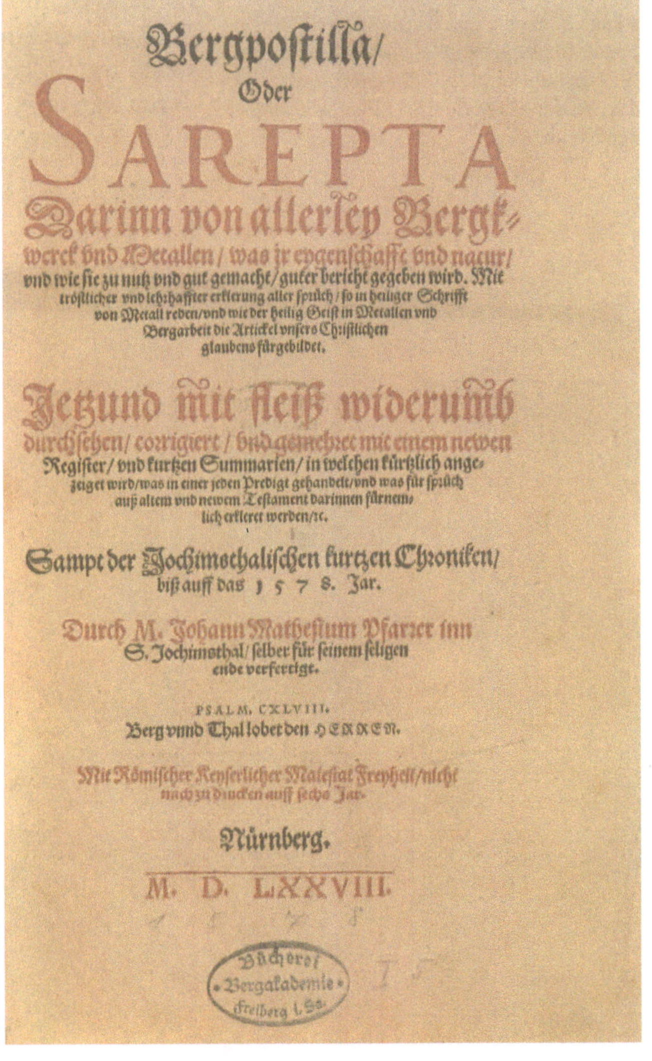

Links: Nutzung der Fallhöhe F zwischen Aufschlagrösche A und Stolln St entweder dreistufig durch drei Wasserräder (links: große Maschinenräume, Energieverlust, drei Schachtgestänge S) oder einstufig durch eine Wassersäulenmaschine mit dem Druck der Wassersäule WS (rechts: kleinerer Maschinenraum, kaum Energieverlust, nur ein Schachtgestänge S'). Die Pfeile geben die Fließrichtung des Aufschlagwassers an.
Rechts: Wirkprinzip der Wassersäulenmaschine. A Aufwärtsgang: Das Wasser im Einfallsrohr 1 fließt durch den Steuerzylinder 3 bei unterer Stellung des Steuerkolbens 4 in den Treibezylinder 2 und drückt hier den Kolben und damit das Schachtgestänge S' nach oben. B Abwärtsgang: Bei oberer Stellung des Steuerkolbens wird die Wassersäule vom Zylinder abgeriegelt, und das Wasser erhält durch 5 einen Abfluß in den Stolln.

das 1574 in Prag erschienene Probierbuch des aus Annaberg gebürtigen, im Kurfürstentum Sachsen, in Goslar und in Prag tätigen Probierers, Oberbergmeisters und Münzmeisters Lazarus Ercker mit dem Titel »Beschreibung der allerfürnehmsten mineralischen Erz- und Bergwerksarten, wie dieselbigen und eine jede in Sonderheit ihrer Natur und Eigenschaft nach, auf alle Metalle probiert und im kleinen Feuer sollen untersucht werden ...« Der Autor hatte schon 1556 ein nur handschriftlich vorliegendes Probierbüchlein und 1563 ein Münzbüchlein verfaßt. Sein Probierbuch von 1574 macht uns die Förderung Erckers durch den naturwissenschaftlich-chemisch stark interessierten, in Prag lebenden Kaiser Rudolf II. verständlich. In der Geschichte der Montanwissenschaften stellt es die Weiterführung der in Agricolas »De re metallica« enthaltenen Probierkunde dar. Erckers Buch zeigt, daß im 16. Jahrhundert dieses Gebiet der Montanwissenschaften besonders entwicklungsfähig und gesellschaftlich bedeutsam war.

Vom 16. bis ins 18. Jahrhundert entwickelten sich die Arbeitsprozesse im Erzbergbau nur evolutionär. Vorherrschend blieben Handarbeit und Nutzung der Wasserkraft als Energie für Wasserhebemaschinen und einige Fördermaschinen. Ab 1627 ist in der Slowakei, ab 1643 im Freiberger Bergbau der Einsatz von Sprengstoff (Schwarzpulver) zur Lösung des Gesteins untertage nachweisbar. Aber erst im späten 18. Jahrhundert wurde davon verstärkt Gebrauch gemacht. Selbst die von dem englischen Ingenieur Thomas Savery erfundene Dampfpumpe und Thomas Newcomens

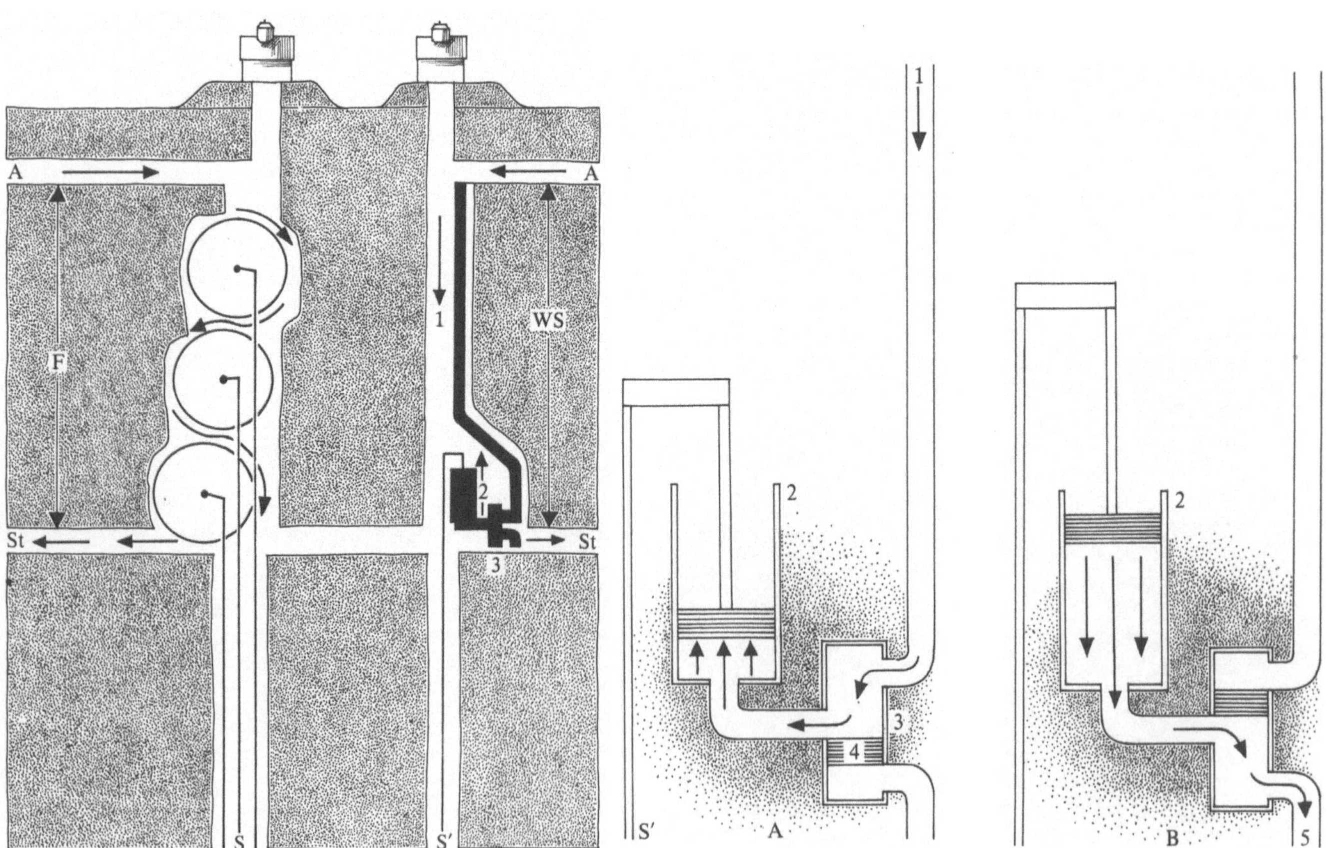

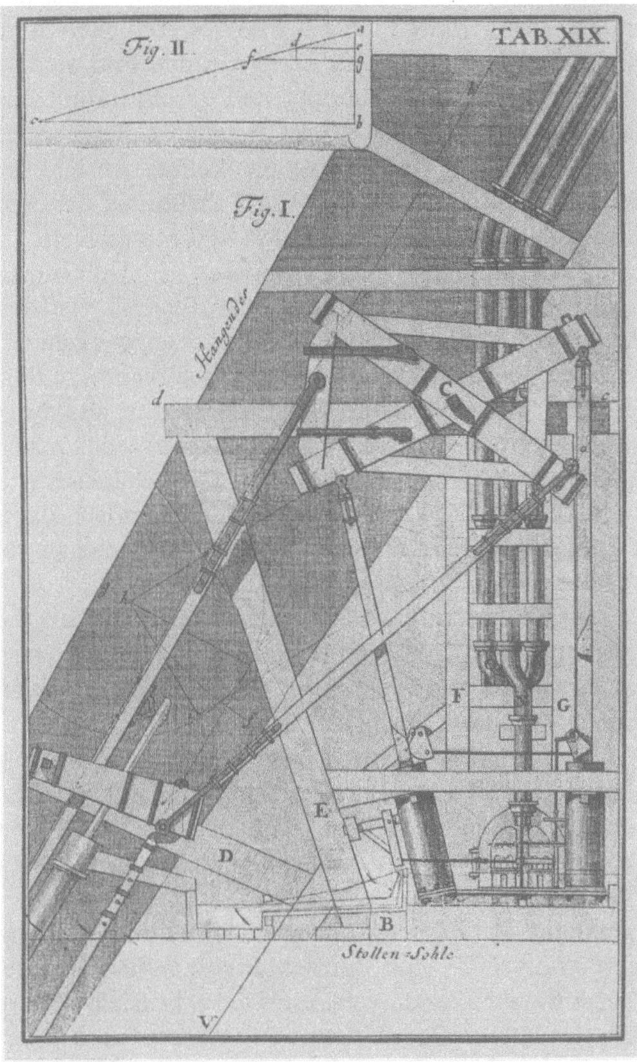

Erste deutsche Wassersäulenmaschine, gebaut von Leutnant Georg Winterschmidt 1750 für den Bergbau des Oberharzes. Aus: H. Calvör, Historisch-chronologische Nachricht und theoretische und praktische Beschreibung des Maschinenwesens bei dem Bergbau auf dem Oberharz, Braunschweig, 1763

Im 17. und 18. Jahrhundert erlangte neben den Werken von Agricola und Rösler der »Bericht vom Bergwerk« des Braunschweiger Berghauptmanns von Löhneyß Bedeutung für die Montanwissenschaften, insbesondere für Bergrecht, Probierkunde und betriebliche Rechnungsführung (Titelblatt).

Feuermaschine von 1712 blieben als Mittel zur Wasserhebung nur seltene Ausnahmen. In der Wasserhaltung gab es allerdings zwei Erfindungen, die das schon von Agricola dargestellte »Heben von Wasser mit Wasser« zu größerer Vollendung führten: Noch im 16. Jahrhundert erfunden, aber erst im 17. und 18. Jahrhundert allgemein in Anwendung gebracht wurden die Feldgestänge, die die vom Wasserrad erzeugte mechanische Energie über mehrere hundert Meter zu übertragen vermochten. Solche Feldgestänge bestimmten damals das Bild vieler Reviere des europäischen Erzbergbaus und vieler Salinen. Die zweite Neuerung war die Wassersäulenmaschine. Angeregt durch Thomas Newcomens Kolbendampfmaschine konstruierten 1749 bis 1750 im Oberharzer Erzbergbau der Leutnant Georg Winterschmidt und in Schächten von Schemnitz der Kunstmeister Josef Carl Höll die Wassersäulenmaschine. Dies war eine Kolbenmaschine, die den Druck einer Wassersäule (in einer Rohrleitung im Schacht) in mechanische Energie umsetzte. Für die Bergbautechnik brachte die Wassersäulenmaschine insofern einen großen Fortschritt, als nunmehr große Fallhöhen einstufig in einer Maschine mit höherer Leistung genutzt werden konnten. Die Entwicklung der Maschinenwissenschaft wurde von der Wassersäulenmaschine in mehrfacher Hinsicht gefördert: durch die Notwendigkeit ihrer Konstruktion wesentlich aus Eisen; durch die erforderliche Präzision in der Konstruktion und Ausführung der Steuerung und durch die mit den größeren Leistungen gegebene Notwendigkeit der genaueren Berechnung der gesamten Maschine. Im übrigen ermöglichte der weitere Ausbau der traditionellen bergmännischen Wasserwirtschaft die Fortführung des Erzbergbaus und das Eindringen der Gruben bis in etwa 400 Meter Tiefe.

Zur gleichen Zeit wurde die Steinkohle in Europa weiterhin in Gruben von meist 30 und weniger Meter Tiefe mit primitiver Technik von den Grundeigentümern abgebaut. Braunkohle gewann man nur an wenigen Orten in primitiven Gräbereien übertage, Kali überhaupt noch nicht und Salz nur durch Eindampfen von Sole in Salinen. Diese waren nun allerdings größere, manufakturartige Betriebe mit ziemlich aufwendigen technischen Anlagen. Wasserräder, Feldgestänge und Pumpen in den Solschächten entsprachen weitgehend der Technik im Erzbergbau. Salinenspezifisch dagegen arbeiteten die damals entwickelten Gradierwerke, mit denen man vor allem Brennstoff einsparen wollte.

Kontinuierliche Fortschritte erlebte auch das Hüttenwesen. Neben die traditionelle Produktion von Silber, Blei, Kupfer, Zinn und Wismut traten im 17./18. Jahrhundert die Blaufarbenwerke zur Verarbeitung der nun in großer Menge gewonnenen Kobalterze zum Kobaltblau.

Im Hüttenwesen der vom Direktionsprinzip geprägten Länder vollzog sich in jenen Jahrzehnten der Übergang von vielen kleineren, privaten Schmelzhütten zu wenigen großen staatlichen Hüttenwerken. In diesen neuen Institutionen konnten die Beamten nun zielgerichtet an besseren Hüttenverfahren arbeiten.

Ebenso wie der Bergbau und das Hüttenwesen zeigen die Montanwissenschaften im Zeitraum 1600 bis 1770 eine Entwicklung ohne große Neuerungen. Die systematische Bergbaukunde von Agricola, sein Buch »De re metallica« (1556), wurde im lateinischen Urtext und verschiedenen Übersetzungen zum montanistischen Lehrbuch vieler Generationen. Vergleichbare neuere Werke wie das des Braunschweiger Berghauptmanns Georg Engelhard von Löhneyß (1617, 2. Auflage 1690) und der um 1660 verfaßte, 1700 gedruckte »Hellpolierte Bergbauspiegel« des sächsisch-böhmischen Bergbeamten Balthasar Rösler gingen nur in wenigen Punkten inhaltlich über das Werk Agricolas hinaus. Die tiefer und auch horizontal weiter ausgedehnten Gruben erforderten den Ausbau des bergmännischen Vermessungswesens, der Markscheidekunde. Mit dem Spannen von Meßschnuren und dem an diese befestigten Hängekompaß konnte man eine viel größere Meßgenauigkeit erzielen als mit dem bis dahin üblichen Setzkompaß. Der kardanisch aufgehängte Kompaß hat die Markscheidekunde bis ins 19. Jahrhundert, bis zur Einführung der Theodoliten, bestimmt.

Wie Agricolas Werk für das Montanwesen insgesamt, so blieb Lazarus Erckers Probierbuch von 1574 in mehreren Auflagen für die Probierkunde des 17. und 18. Jahrhunderts tonangebend, allerdings auch neben einer Fülle neuerer Literatur. Diese zeigt uns, wie die Fortschritte der Chemie, insbesondere die Phlogistontheorie im 18. Jahrhundert, eine intensivere Bearbeitung der Probierkunde angeregt haben.

Um 1673 erfand der Bergmeister Balthasar Rösler in Altenberg/Erzgebirge den kardanisch gelagerten Hängekompaß, das bis ins 19. Jahrhundert wichtigste Meßinstrument des Markscheiders. Die Abbildung zeigt ein aus der Zeit um 1700 stammendes Exemplar. Sammlung des Lehrstuhls für Markscheidewesen der Bergakademie Freiberg

Die Anwendung metallurgischer Verfahrenskenntnisse auf silikatische Rohstoffe mittels einer systematischen wissenschaftlichen Experimentiermethodik hatte 1709 Johann Friedrich Böttger und die ihm assistierenden Freiberger Hüttenleute zur Erfindung des europäischen Hartporzellans geführt.

Auch die Bergmaschinenkunde erhielt Impulse von außen. Der Leipziger Universitätsmechaniker Jacob Leupold, der von 1724 bis 1739 eine achtbändige beschreibende Maschinenkunde lieferte, behandelte dabei zahlreiche Bergwerksmaschinen, z. B. die erste auf dem Kontinent (in Königsberg, heute Nova bana/Slowakei) eingesetzte Newcomen-Dampfmaschine. Die kursächsische Bergbehörde erwartete von Leupolds Maschinenkunde so viel Gewinn für den Bergbau, daß sie den Universitätsmechaniker zum Bergwerkskommissar berufen ließ. Leupold verfaßte als erste Arbeit für sein neues montanistisches Tätigkeitsfeld einen »Kurtzen Entwurff, auf was Arth die Verbesserung des Maschinen-Wesens bey denen Bergwercken zu veranstalten« (Leipzig, 1725), starb aber, ehe er seine Ideen realisieren konnte. Deutlich in Anlehnung an Leupold bearbeitete

Der sächsische Oberberghauptmann Abraham von Schönberg gab 1693 mit seiner »Ausführlichen Berginformation« ein Werk über die montanistische Fachsprache und Leitungsformen heraus und organisierte 1702 mit der Stipendienkasse den ersten regelmäßigen Unterricht. Gemälde eines unbekannten Künstlers. Stadt- und Bergbaumuseum Freiberg

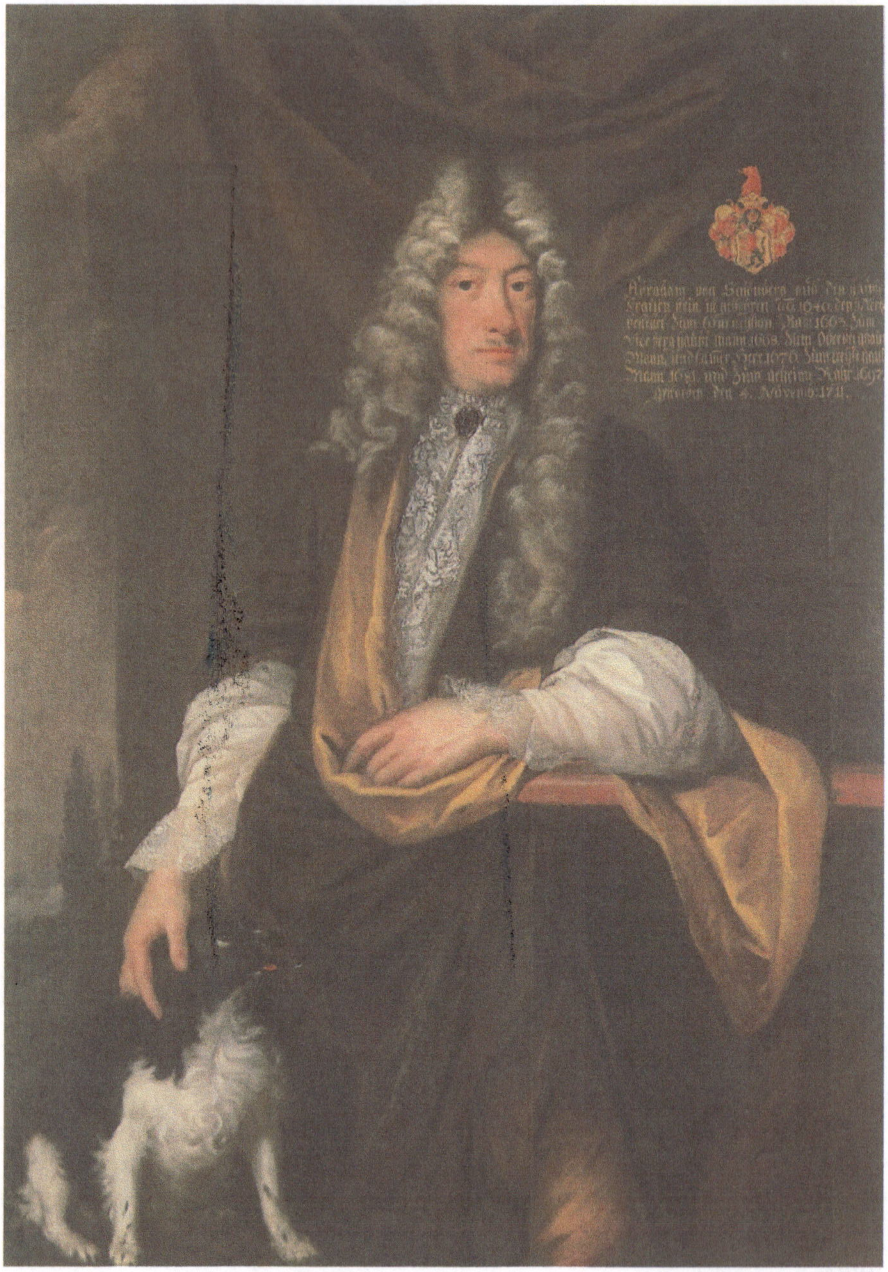

Titelblatt aus Lomonossows Werk »Erste Grundlagen der Metallurgie oder des Hüttenwesens«, St. Petersburg, 1763

ПЕРВЫЯ ОСНОВАНІЯ

МЕТАЛЛУРГІИ,

или

РУДНЫХЪ ДѢЛЪ.

ВЪ САНКТПЕТЕРБУРГѢ

печатаны при Императорской Академіи Наукъ 1763 года.

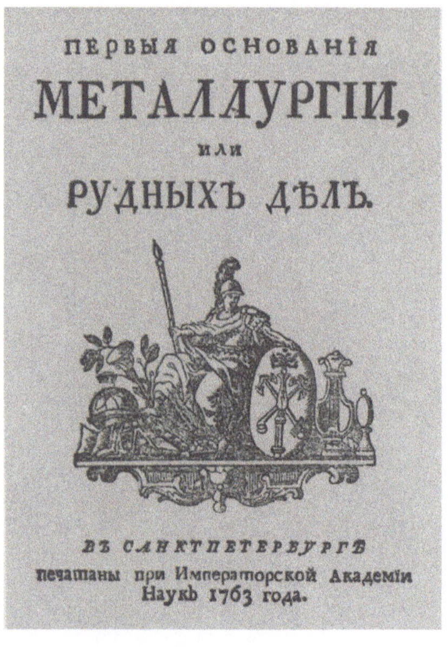

der Pfarrer der Bergstadt Altenau im Harz, Henning Calvör, eine allerdings auch stark historisch orientierte »Beschreibung des Maschinenwesens und der Hülfsmittel bey dem Bergbau auf dem Oberharze«, die 1763 in zwei Teilen erschien. So sehr Calvörs Werk – vor allem durch die sehr instruktiven Graphiken – das Bergmaschinenwesen anregend gefördert hat, so gehört es eigentlich doch mehr in eine im 18. Jahrhundert verstärkt auftretende Gattung montanistischer Literatur, die ausführliche Beschreibungen einzelner Bergreviere und Gruben und damit Materialsammlungen enthielt.

Im gleichen Zeitraum erschienen aber auch eigenständige progressive Arbeiten der Montanwissenschaft. Der Oberberghauptmann Abraham von

Schönberg hatte 1693 die »Ausführliche Berginformation« herausgegeben, ein Werk über die montanistische Fachsprache und die Organisation und Leitungsformen im Montanwesen.

Im Jahre 1750 erschien Theobalds beschreibende Spezialarbeit über die Grubenwetter. Im gleichen Jahre lieferte Michail Lomonossow, der im Winter 1739/40 zur montanistischen Ausbildung in Freiberg weilte, zu der von Agricola 1556 formulierten Beschreibung der natürlichen Wetterführung in den Bergwerken die bis heute gültige Theorie. Die Tatsache, daß im Sommer Grubenluft aus einem tieferen Stolln oder Schacht ausströmt und ein höherer Stolln oder Schacht Frischluft einzieht (umgekehrt im Winter), erklärte der russische Wissenschaftler mit Hilfe der Erkenntnisse der Physik über die Zusammenhänge zwischen Dichte und Temperatur der Gase.

Damit lieferte Lomonossow schon 1750 für ein Teilgebiet der Montanwissenschaften ein auf Naturwissenschaft gegründetes theoretisches Fundament. Aber schon das Problem der künstlichen Wetterführung war wesentlich komplizierter, seine theoretische Bewältigung jedoch erst um 1880 nötig und möglich.

Gegen Ende des betrachteten Zeitraumes zeigten zahlreiche Bücher wie die von August Beyer und Friedrich Wilhelm von Oppel 1749 erschiene-

»Wir glauben, daß diese Theorie über den natürlichen Wetterzug in den Gruben für die Bergbeamten und Bergleute nicht ohne Nutzen sein wird. Wenn nämlich ... Schächte, Stolln und Strecken nach dieser Überlegung aufgefahren werden, können die Bergleute an Arbeitskraft und die Bergbeamten an Betriebskosten sparen, da für den Bau von Wettermaschinen und für ihren Antrieb, um die mit Grubendünsten geschwängerten Wetter auszutreiben, nicht wenig Geld und Arbeitsaufwand gebraucht wird.«
Michail Lomonossow

Sommer

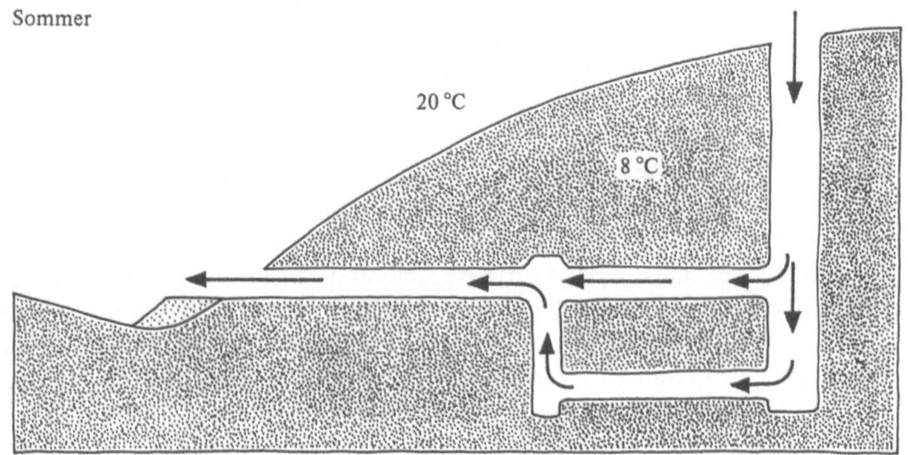

Winter

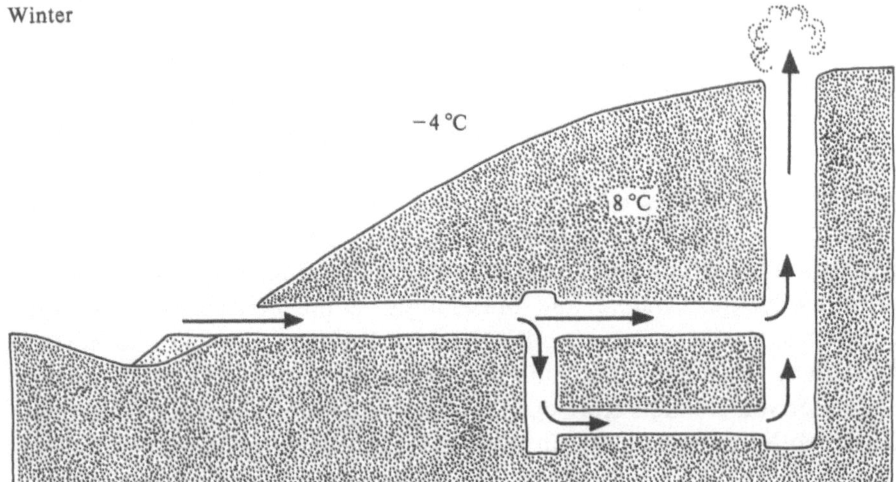

Lomonossows physikalisch begründete Interpretation des in Sommer und Winter gegenläufigen Luftzuges in Gruben mit zwei verschieden hoch gelegenen Zugängen (Stolln und Schacht). Im Sommer fließt die kältere (schwerere) Grubenluft durch den Stolln aus und zieht Warmluft nach, die sich untertage abkühlt. Im Winter steigt die (relativ) warme Grubenluft im Schacht nach oben und zieht durch den Stolln kalte Luft nach, die sich am Gestein erwärmt.

»Es hat ... niemand eher als eben die Bergleute darauf fallen können, daß man eine unterirdische Meßkunst nötig habe, und diejenigen, so auf die Regeln, die man bei derselben auszuüben hat, bedacht gewesen, haben nichts als den Bergbau zu ihrem Gegenstande genommen, auf welchen sie ihr Absehen gerichtet, wenn sie aus der allgemeinen Meßkunst die Regeln für diese besondere und unterirdische Meßkunst ausfindig gemacht.«
Friedrich Wilhelm von Oppel, Anleitung zur Markscheidekunst, 1749

»... ich halte aus gründlicher Betrachtung dafür, daß die vollkommene und ordentliche Erkenntnis dieser Wissenschaften ein Weg sei, dadurch der Bergbau selbst und dessen Nutzung auf eine gewisse und beständige Art in der Tat wieder aufgebracht, befördert und in rechten Stand gesetzt werden könne ... Folglich sind vor allen Dingen die Bergwerkswissenschaften vollkommener, ordentlicher und deutlicher zu machen.«
Johann Friedrich Henkel, 1744

»Sein Haus war eine wirkliche Bergakademie, wo sonderlich Russen, Schweden, Norweger, Ungarn und Deutsche in Menge sowohl mündlich von ihm Unterricht annahmen, denn auch und nicht weniger durch Beschauung seines so zahlreichen als wichtigen Kabinetts und besonders in seinem beständig gangbaren Laboratorium durch augenscheinliche Erfahrungen und Proben sich zu belehren suchten.«
Ein Zeitgenosse
über Johann Friedrich Henkel

nen über die Markscheidekunde, daß dieses Fach nun nicht nur zu einem eigenständigen Tätigkeitsgebiet bestimmter Bergbeamter, sondern auch zu einer selbständigen Disziplin der Montanwissenschaften mit eigener Systematik, Methodik und mathematisch-geometrischer Grundlage geworden war. Oppel – sechzehn Jahre später einer der Begründer der Bergakademie Freiberg – entwickelte zukunftsweisende Vorstellungen über die Markscheidekunde als Wissenschaft.

Auch die kleine Bergbaukunde des zeitweise in russischem Dienst stehenden preußischen Bergrats Johann Gottlob Lehmann (1751) sowie Scheidts Abhandlung über das Aufsuchen von Steinkohlenflözen (1763) weisen eigentlich mehr in die Zukunft als auf ihre eigene Zeit.

Der wichtigste Beitrag zur Herausbildung der Montanwissenschaften in der Zeit von 1700 bis 1770 bestand in den Bemühungen zu ihrer Institutionalisierung, und zwar in Sachsen und Österreich-Ungarn, den Gebieten mit dem höchstentwickelten Erzbergbau. In beiden Ländern ist dabei gleiches zu beobachten. Zunächst setzten Landesherr und Bergbehörde jährliche Stipendien zur wissenschaftlichen Ausbildung angehender Bergbeamter aus. Erste Bergschulen behielten lokalen Charakter oder gingen bald wieder ein. (Die »Bergschulen« als Ausbildungsstätten mittlerer Leitungskräfte wie Steiger und Obersteiger erhielten erst gegen Ende des 18. und im 19. Jahrhundert Bedeutung.) In beiden Ländern gab es von 1710 bis 1746 mehrere Vorschläge zur Gründung von Montanhochschulen. So richteten Bürger Freibergs 1710 an den Kurfürsten August ein Gesuch, in Freiberg eine »Augustus-Universität« zu gründen, um für »die studierende Jugend von in- und ausländischen Orten her zur Erlernung der Bergrechte, des Probierens, Markscheidens und dergleichen nötigen Bergwerks- und Schmelz-, auch anderen ... insonderheit chymischen physikalischen Wissenschaften ... Gelegenheit allhier« zu geben. Besonders bemerkenswert ist dabei das Konzept, die Montanwissenschaften auf den Naturwissenschaften aufzubauen. Im Jahre 1726 äußerte sich Jacob Leupold in Leipzig über die Notwendigkeit wissenschaftlicher Ausbildung im Montanwesen. Der Pfarrer Christian Ehrenfried Seyffert aus Liebertwolkwitz bei Leipzig schlug 1726 dem sächsischen Kurfürsten vor, im Bergort Bräunsdorf bei Freiberg eine »Bergwerks-Akademie« zu gründen. 1746 veröffentlichte der über das Montanwesen gut informierte Carl Friedrich Zimmermann aus Dresden seinen Plan für eine »obersächsische Bergakademie« und bot auch eine systematische Einteilung der Montanwissenschaften. Die Österreicher erörterten um 1735 die Gründung einer Kremnitzer Bergakademie.

Diese Vorschläge wurden nicht realisiert. In beiden Ländern beauftragte man Wissenschaftler mit der Ausbildung angehender Bergbeamter. In Freiberg richtete der hier seit 1712 tätige Arzt und spätere Bergrat Johann Friedrich Henkel im Jahre 1734 ein Laboratorium ein und ließ seine Studenten auch schon experimentieren. Henkel widmete sich insbesondere der Mineralogie, Chemie und Metallurgie. Seine berühmtesten Schüler, Lomonossow, Winogradow und Raiser aus Rußland, die 1739/40 bei ihm studierten, bewiesen den überregionalen allgemein-wissenschaftlichen Charakter von Henkels Konzept. Der Nachfolger des vielseitig Wirkenden, Christlieb Ehregott Gellert, ein international bekannter Chemiker und Metallurg, wurde 1737 an die Akademie nach Petersburg berufen, übernahm

Porträt Christlieb Ehregott Gellert. Er arbeitete als Chemiker in der russischen Akademie der Wissenschaften in Petersburg, setzte ab 1745 in Freiberg Henkels montanistisch-metallurgische Lehre und Forschung fort und wurde 1765 einer der ersten Professoren der Bergakademie.

Christlieb Ehregott Gellerts Lehrbücher wurden zu Standardwerken der Metallurgie im 18. Jahrhundert (Titelblatt).

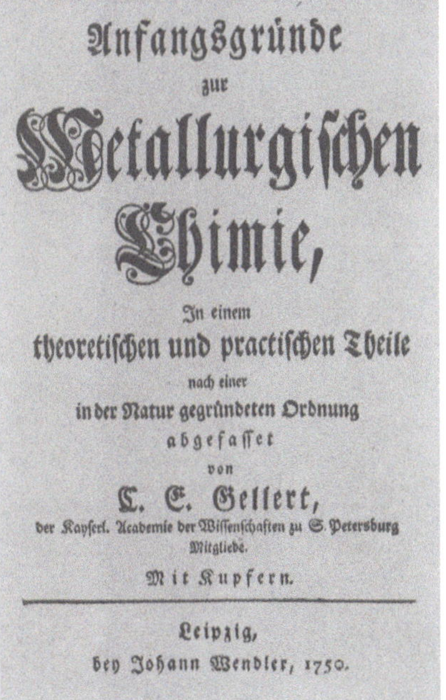

aber nach Henkels Tod 1745 dessen Laboratorium und Lehrverpflichtungen in Freiberg.

Die zweite, für die Lehre besonders wichtige Montanwissenschaft war die Markscheidekunst, in Freiberg vertreten durch August Beyer und Friedrich Wilhelm von Oppel. Diesen ist aus Schemnitz der schon genannte, vor allem als Mathematiker und Markscheider bekannte Samuel von Mikoviny zu vergleichen. An der Clausthaler Lateinschule erhielten zu jener Zeit die Lehrer Honorar für nebenamtlichen Unterricht in montanistischer Mathematik und Vermessungskunde.

Die Österreicher versuchten zunächst, die für alle Montanwissenschaften aktuelle Aufgabe 1762 durch eine Professur an der Universität Prag zu lösen. Doch das Fehlen der Bergbaupraxis am Hochschulort erwies sich als gravierender Mangel. Deshalb schuf man in der bedeutenden Bergstadt Schemnitz Professuren für den als Wissenschaftler bereits namhaften Che-

Porträt des sächsischen Generalbergkommissars Friedrich Anton von Heynitz. Er plante zur Verbesserung der montanwissenschaftlichen Lehre in Freiberg die Gründung der Bergakademie.

miker und Mineralogen Nicolas Jacquin und den Mathematiker und Hydrauliker Nikolaus Poda, die beide vielbeachtete Veröffentlichungen über den Schemnitzer Bergbau herausbrachten.

Die lehrende und forschende Tätigkeit einzelner Montanwissenschaftler in den führenden Bergstädten Sachsens und Österreichs war unmittelbare Vorstufe für die Gründung von Montanhochschulen und Voraussetzung dafür, daß diese schnell wirksam wurden. Die Mißwirtschaft des Ministers Graf Brühl um 1750 und vollends der Siebenjährige Krieg hatten Sachsen so an den Rand des Bankrotts gebracht, daß eine Reorganisation von Wirtschaft, Gewerbe, Handel und Staatsfinanzen dringendstes Gebot der Stunde war. Man berief dazu 1763 eine bürgerliche »Restaurationskommission«, die sich aber in Bergbaufragen für nicht sachverständig erklärte.

Porträt des Oberberghauptmanns Friedrich Wilhelm von Oppel, Mitinitiator der Freiberger Bergakademie

Zur Reorganisation des sächsischen Montanwesens wurde deshalb ein Fachmann aus dem Bergbau des Oberharzes, Friedrich Anton v. Heynitz, berufen und zum Generalbergkommissar ernannt. Zusammen mit dem seit 1760 als Oberberghauptmann tätigen Friedrich Wilhelm v. Oppel arbeitete er einen Plan zur Verbesserung der montanistischen Ausbildung mittels Gründung einer Bergakademie in Freiberg aus und trug diesen Vorschlag am 13. November 1765 dem Regenten Prinz Xaver bei dessen Besuch in Freiberg vor. Schon am gleichen Tage gab der Prinzregent seine Zustimmung, die durch Reskript vom 21. November 1765 bestätigt wurde. Die Vorlesungen begannen im Frühling 1766. Die Gründungen der Bergakademien in Freiberg und 1770 in Schemnitz waren somit Abschluß und Krönung einer seit Agricola, also schon 200 Jahre, bestehenden Wissenschafts-

»… da nur der geringste Teil derer Berg-Wissenschaften auf hohen Schulen, die wichtigsten Stücke derselben aber anders nicht, denn in denen Bergwerken selbst erlangt werden können, es bei denen kursächsischen teils an hinlänglicher Gelegenheit, teils an Subsidiis … gänzlich ermangelt, ferner in der Folge solche Subjecta, welche in dem Oberbergamt und in eurem Collegio, nützlich gebrauchet werden könnten, je mehr und mehr selten werden dürften, … haben Wir den wohlbedächtigen Entschluß gefasset, zu Freiberg ein dergestaltiges Institutum zu errichten …«

Gründungsurkunde der Bergakademie Freiberg vom 21.11.1765

Maria Theresia

tradition und einer sich etwa seit 70 Jahren formierenden montanistischen Lehrpraxis. Diese Bergakademien und im Ansatz auch die 1770 in Berlin für Preußen gegründete waren zugleich aber auch – wie schon F. A. v. Heynitz betonte – Ausbildungsstätten eines neuen, den künftigen technischen Problemen gewachsenen Typs der Bergbeamten, eines mit mechanisch-maschinentechnischen Kenntnissen ausgerüsteten Bergingenieurs.

Nachdem in Schemnitz (Banská Stiavnica/ČSSR) ab 1735 regelmäßiger montanistischer Unterricht erteilt wurde, gründete die Kaiserin Maria Theresia 1770 die dortige Bergakademie als Montanhochschule für die habsburgischen Lande (Gründungsurkunde).

Aufbruch zu den Bauingenieurwissenschaften

Während anderenorts noch der gotische Kathedralenbau mittelalterliches Leben symbolisierte, nahm in Italien eine neue Epoche bereits Gestalt an. Die tiefgreifenden Wandlungen in Kunst und Wissenschaft, Handwerk und Technik zogen in der Renaissance und den folgenden Jahrhunderten auch das Bauen in ihren Bann. Es zählte zu den zentralen Schauplätzen, auf denen einer wissenschaftlichen Fundierung der Technik der Boden bereitet wurde. Die Vertiefung und Strukturierung des technischen Wissens, das Bemühen um einen Brückenschlag zwischen diesem und theoretischen Kenntnissen, die zu einem Gutteil davon initiierte Entstehung der modernen Naturwissenschaften mit der Mechanik als Kernstück und schließlich die Formulierung erster technikwissenschaftlicher Aufgabenstellungen und Erkenntnisse erhielten aus dem Baubereich entscheidende Impulse. Auch solche untrennbar mit dem Werdegang der Technikwissenschaften verbundenen Prozesse wie die allmähliche Formierung des Ingenieurstandes oder die Profilierung der technischen Fachliteratur lenken den Blick auf das Bauwesen.

Erste Meilensteine auf diesem Weg setzten die »virtuosii«, die Baumeister und bildenden Künstler der italienischen Renaissance. Die Lorenzo Ghiberti, Filippo Brunelleschi, Leon Battista Alberti, Filarete, Fra Giovanni Giocondo, Francesco di Giorgio Martini, Bramante, Guliano da Sangallo und Leonardo da Vinci vereinten künstlerische, technische und wissenschaftliche Fähigkeiten und Interessen in ihrer Person. Sie fanden in Bauaufgaben ein reiches Betätigungsfeld, die eine auflebende Warenproduktion, permanente militärische Auseinandersetzungen und ein zwischen dem emporstrebenden Bürgertum und dem Adel ausgebrochener Wettstreit um die bauliche Manifestation von Machtansprüchen stellten. Ihr Beitrag zur Fortbildung der Bautechnik erschöpfte sich keineswegs in den gemeinhin als Zeugen für konstruktive und technologische Fortschritte geltenden Kuppelbauten. Neue, flachere Bogenformen im Steinbrückenbau, deren vermehrter Horizontalschub durch sinnreiche Widerlagerkonstruktionen aufgenommen wurde, verraten ebenso einen Zuwachs an technischem Wissen und Können wie Neuerungen bei hölzernen Tragwerken. Kaum geringere Ergebnisse zeitigte die Beschäftigung der virtuosii mit Wasserbauten und der Anlage von Fortifikationen.

Zudem füllten ihre überschäumende Phantasie und Kreativität Skizzenblätter mit zahlreichen, den Möglichkeiten technischer Umsetzung häufig vorauseilenden Entwürfen. Sie galten als eine den ausgeführten Projekten ebenbürtige Entäußerung des »ingeniums«. Mehr noch: Skizzenblätter und auch die ersten Baulehren legen Zeugnis ab von dem Versuch der

Ponte Santa Trinitá, Florenz, erbaut 1567 bis 1569, Entwurf Bartolomeo Ammanati, geometrische Konstruktion des Korbbogens. In der Renaissance wurden mit flacheren Bogenformen größere Spannweiten und geringere Bauhöhen im Massivbrückenbau anvisiert, wobei einem vermehrten Horizontalschub begegnet werden mußte. Ammanatis Konstruktion, die den Korbbogen in den Brückenbau einführte, zeichnete sich mit einem Pfeilverhältnis von 1:7 bei 32 Meter Spannweite des mittleren Bogens durch große Kühnheit aus. Aus: B. Heinrich, Brücken, Reinbek, 1983

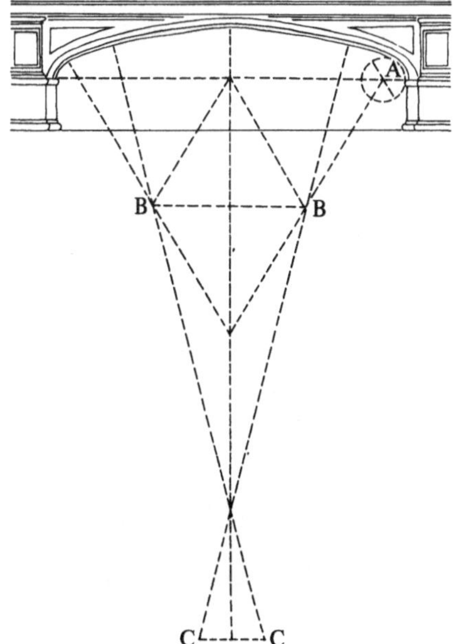

»Künstler-Ingenieure«, ihr Schaffen wissenschaftlich zu erklären. Sie proklamierten die Architektur als Wissenschaft. Diese Auffassung war zwar primär einer neuen Deutung der Kunst geschuldet, schloß aber angesichts der selbstverständlichen Einheit von Kunst und Technik die letztere ein. Der aus den Pionierfeldern von Kunst und Architektur stammende Anspruch, über eine Wissenschaft zu verfügen, wurde von den virtuosii bald auf all ihre Interessengebiete übertragen. Sie avancierten zu »freien« Persönlichkeiten, die an den Knotenpunkten der Verbindung des praktischen Geistes der Handwerker mit den theoretischen Ambitionen der gelehrten Welt wirkten. Damit waren sowohl die sozialen Schranken zwischen Praktikern und Gelehrten als auch die erkenntnistheoretischen Barrieren zwischen Wissenschaft und Technik durchbrochen. Es zeichnete sich ein Wandel in der Zweckorientierung der Wissenschaft ab. Ein solcherart verändertes Verhältnis von Wissenschaft und Technik weckte auch allmählich

Kuppel von San Maria del Fiore, Florenz, erbaut 1420 bis 1436, Entwurf Filippo Brunelleschi, Durchmesser rund 42 Meter. Brunelleschi leitete den Bau monumentaler Kuppeln in der Renaissance ein. Die vom römischen Beispiel sphärischer Kuppeln abweichende statisch günstigere steilere Wölbform und die doppelschalige Ausführung folgten auch technologischen Intentionen. Freilich erzeugten die bis weit unter die Bruchfuge gezogenen Kuppeln der Renaissance im unteren Kuppelbereich hohe Ringzugkräfte, die trotz eingebauter Zuganker häufig zu Bauschäden führten.

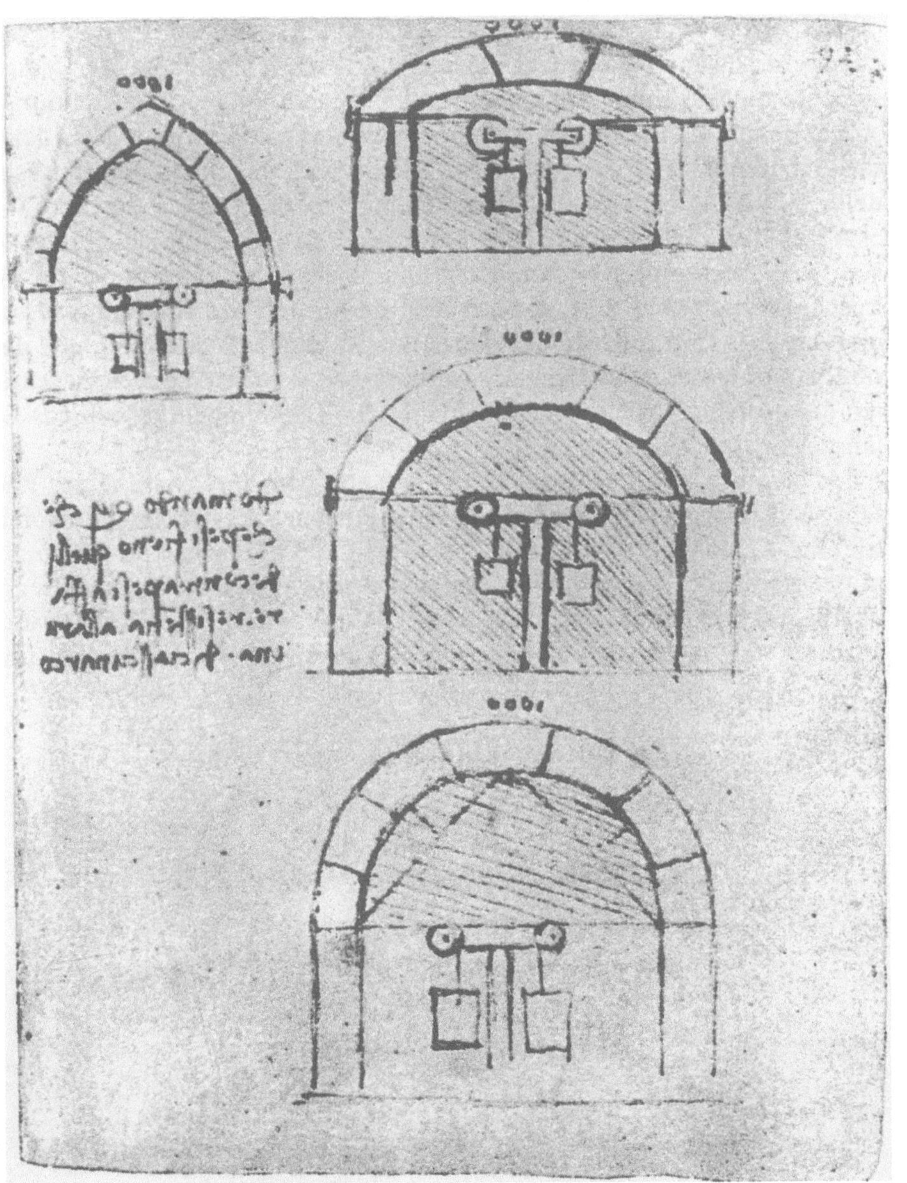

Studien Leonardo da Vincis zur experimentellen Ermittlung des Gewölbeschubes verschiedener Gewölbeformen, um 1495. Die sichere Aufnahme des Horizontalschubes war ein zentrales Problem des Gewölbebaus. Leonardos anschauliche Darstellungen zeugen von einer tiefen Erkenntnis des Kräftespiels in Gewölben, die er aus keilförmigen finiten Elementen zusammengesetzt annahm. In seinen Skizzen finden sich unter anderem auch Studien zur Balkenbiegung sowie zur Verformung von Zweigelenkrahmen und exzentrisch belasteten Stützen, die viele später gewonnene Erkenntnisse qualitativ antizipieren. Aus: Leonardo da Vinci, Codex Forster II, Fol. 92r.

das Bewußtsein von der möglichen Entdeckung des Natürlichen im Technischen. Die wissenschaftlichen Interessen an bautechnischen Phänomenen richteten sich vor allem auf statisch-konstruktive Probleme und die Untersuchung des Strömungsverhaltens von Gewässern. Es waren allerdings nicht kategorische Forderungen der Bautechnik, die auf derartige Betrachtungen gedrängt hätten. Vielmehr erklärt der universelle Erkenntnisdrang des diesseitigen Lebens den sich erweiternden Gesichtskreis der Baumeister hin zum Theoretischen. Die Umsetzung dieses programmatischen Ansatzes mußte angesichts des noch geringen Reifegrades von Mechanik, Mathematik und technischem Wissen in bescheidenen Grenzen verbleiben. Zudem hatten auch die gelehrtesten virtuosii erhebliche Mühe, in die neue Welt der Wissenschaft einzudringen. Selbst Alberti unterlief bei der heute trivial anmutenden Interpretation eines technischen Vorganges mit dem Hebelgesetz ein elementarer Fehler.

Einzig Leonardo vermochte sich weit über dieses Niveau zu erheben, ohne allerdings das mathematische Rüstzeug für eine Quantifizierung mechanischer Phänomene zu besitzen. Allerdings läßt sich in der Vorgeschichte der Bau- und Maschinenmechanik kein eindeutiger Trennungsstrich ziehen. Um unnötige Redundanz zu vermeiden, findet sich daher die Genesis der klassischen Mechanik und auch das im Vorfeld angesiedelte Wirken Leonardos im Abschnitt über das Maschinenwesen.

Abgesehen von einer möglichen groben Hilfestellung durch qualitative statische Überlegungen, standen den Baumeistern der Renaissance für die Lösung statisch-konstruktiver Aufgaben mithin nur das Erfahrungswissen und ihre Intuition zu Gebote. Mit der Vermessung antiker Bauten und den im Rahmen der Auferstehung der Antike zu Autoritäten erhobenen Schriften der »Alten« – allen voran Vitruvs Werk – konnte man jedoch das Erfahrungswissen weiten.

Als dennoch mögliche Form einer theoretischen Anreicherung des Wissens suchte die Architekturtheorie der Renaissance das Bauen auf Geometrie und Arithmetik zu gründen, wobei sie die Mathematik im Bruch zur mittelalterlichen Bautradition bewußt in ihrer wissenschaftlichen Strenge übernahm. Gleichwohl zeigt das in der Bauliteratur seit der Renaissance anzutreffende Nebeneinander von exakten geometrischen Methoden und

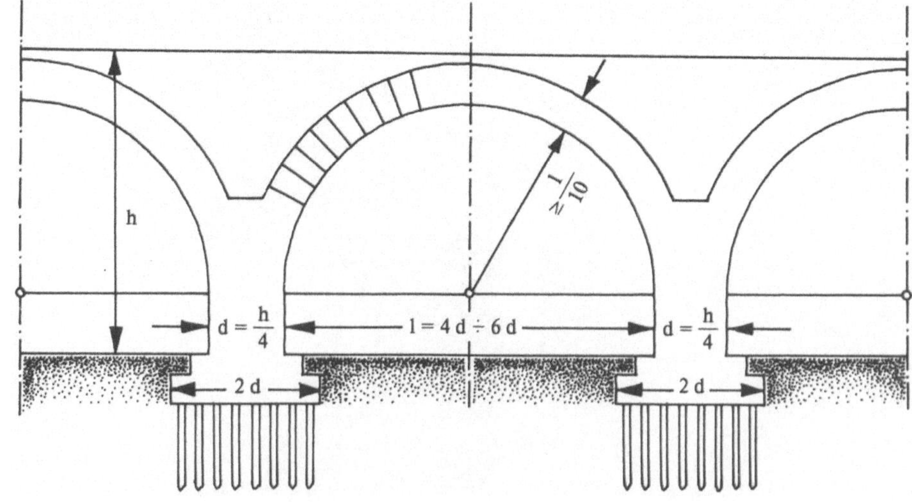

Konstruktionsregeln zur Bemessung von Massivbrücken nach Leon Battista Albertis um 1450 verfaßten und 1485 gedruckten »Zehn Büchern über die Baukunst«. Alberti gab seine Faustregeln in Gestalt von Maßverhältnissen an, die aus dem Erfahrungswissen verallgemeinerte, praktisch bewährte Durchschnittswerte darstellten. Sie hielten sich bis auf eine geringere Pfeilerstärke an römische Vorbilder und sind daher noch auf halbkreisförmige Bogen bezogen. Aus: H. Straub, Geschichte der Bauingenieurkunst, Basel/Stuttgart, 1975

Näherungsverfahren, daß unter Baumeistern die praktische Geometrie weiterlebte. Insgesamt stellten die Baumeister der Renaissance Zahlen und Zirkel wie nie zuvor in ihren Dienst. Vor allem die Riß- und Zeichenkunst erlangte eine neue Qualität, zu der die von Brunelleschi, Alberti und Filarete aufs neue entwickelte Zentralperspektive wesentlich beitrug. Mit der wachsenden Beherrschung der technischen Abbildung ließen sich auch wichtige bautechnische Probleme besser schematisieren und analysieren.

Diesem Zweck dienten ebenfalls aus dem Erfahrungswissen abgehobene Konstruktionsregeln. Vor dem Hintergrund einer Architekturauffassung, die das gesamte Bauen auf mathematisch formulierte Regeln gründen wollte und die Säulenordnungen in den Architekturtraktaten des 16. Jahrhunderts von Sebastiano Serlio bis Andrea Palladio als mathematisierte ästhetische Normen erscheinen ließ, goß man auch das konstruktive Wissen in geometrisch oder arithmetisch reproduzierbare Regeln. Sie standen fortan gemeinsam mit Bauzeichnungen und den mathematischen Grundlagen der Entwurfs- und Vermessungspraxis im Mittelpunkt der Strukturierung und Tradierung des Wissens.

Dabei kam der jetzt zu völlig neuer Bedeutung gelangenden Bauliteratur eine wichtige Rolle zu. Mit dem Ende der Bauhütten und dem Heraustreten der Baumeister aus der Zunft waren neue Formen der Wissensvermittlung gefragt. Zudem erfuhr die Bauliteratur aus dem Zusammenspiel von literarischer Entdeckung der Produktion, Studium antiker Autoren und Bildungsbeflissenheit bei Bauherren wichtige Förderung. Sie zielte im Gegensatz zum Mittelalter auf zwei Adressatenkreise: Praktiker und interessierte Laien. Die Folge war, daß neben Fachleuten seit dem 16. Jahrhundert auch zunehmend gelehrte Dilettanten zur Feder griffen. Letztere ließen zwar häufig geringeren Sachverstand erkennen, vermittelten aber durch ihre Nähe zur Wissenschaft und die Fähigkeit zur strukturierenden Beschreibung der Bauliteratur Impulse. Die technischen Handschriften der Frührenaissance gemahnen noch an Bauhüttenbücher; dagegen hoben Alberti, Filarete und Martini mit ihren Architekturtraktaten die neuzeitliche Bauliteratur aus der Taufe. Vor allem Albertis 1485 als erste Baulehre überhaupt gedruckten »Zehn Bücher über die Baukunst« stießen auf große Resonanz. Obwohl einige Passagen nur den Praktiker berührten, wandte sich Alberti mit seiner in Latein verfaßten Baulehre vornehmlich an die gebildete Welt der Mäzene. Er folgte in der Methode dem Vorbild Vitruvs, ging aber in weiten Teilen des Inhaltes über den Römer hinaus.

Neben den eigenständigen, aber am »Fundamentum Vitruvii« orientierten und damit das Gesamtgebiet des Bauens behandelnden Baulehren entstand im 16. Jahrhundert eine zweite Gruppe der Bauliteratur. Sie erörterte spezielle Gebiete von Baukunst und Bautechnik. Typische frühe Vertreter waren Säulen- und Musterbücher, Festungs- und Wasserbautraktate oder auch Handbücher, die mathematische Grundlagen des Entwurfs und der Vermessung aufbereiteten.

Schließlich bildeten original- und nationalsprachige Editionen von Vitruvs Werk eine dritte Strömung in der Bauliteratur. Sie waren in der Regel mit Kommentaren und Illustrationen versehen, über die neues Wissen einfloß. So auch im »Vitruvius Teutsch« (1548) des Straßburger Humanisten und »gelehrten Dilettanten« Walter Ryff. Gemeinsam mit Albrecht Dürer

Illustrationen zur Behandlung einfacher statischer und Festigkeitsprobleme von Baukonstruktionen in Guidobaldo del Montes »Mechanicorum libri VI«, 1577. Daniel Mögling besorgte 1629 eine deutschsprachige Ausgabe. Die schematisierte Darstellung verweist auf Ansätze einer Modellbildung. Aus: D. Mögling, Mechanische Kunst-Kammer, Frankfurt/M., 1629

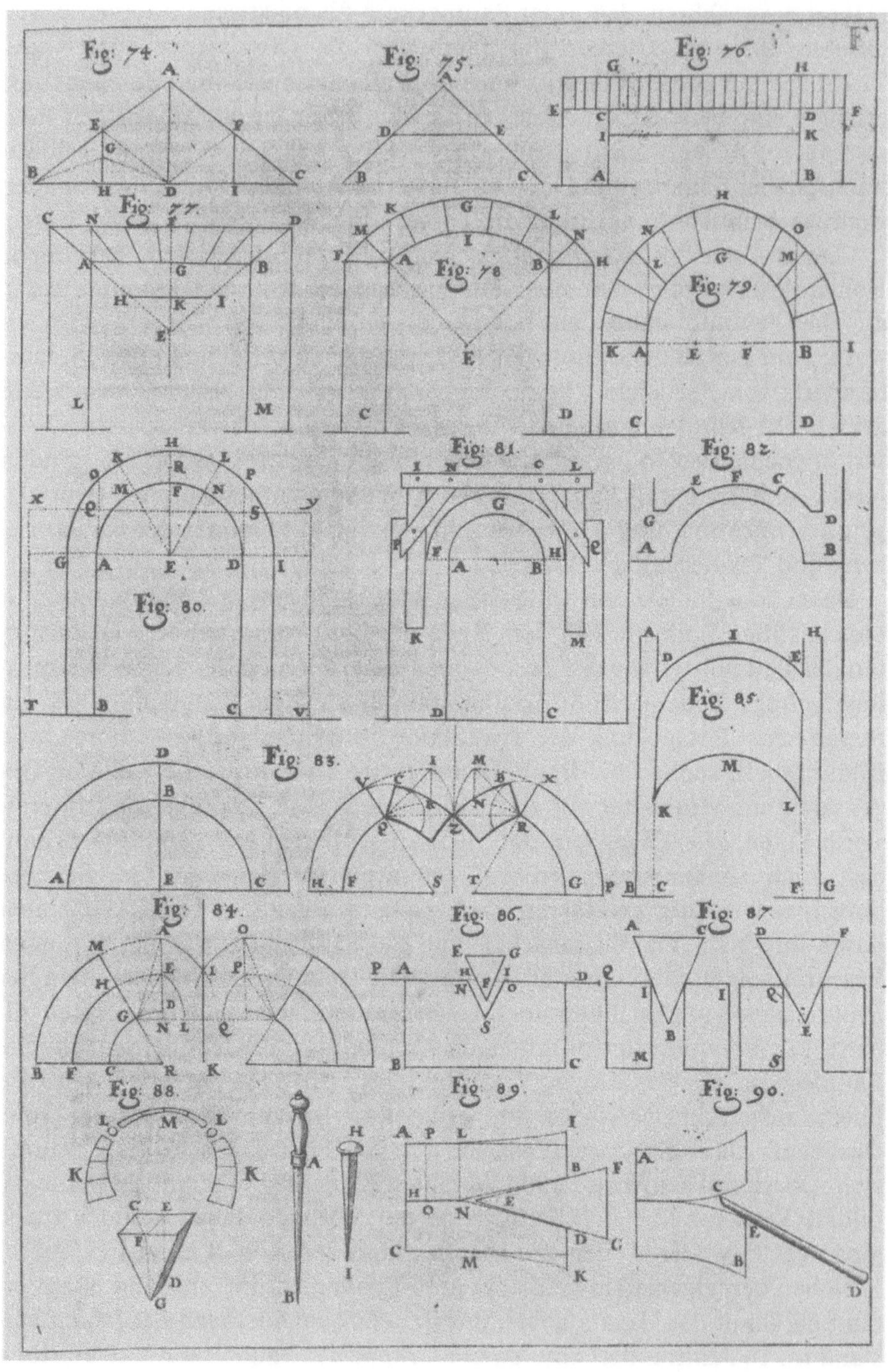

hatte Ryff großen Anteil an der Ausbreitung des Gedankengutes der Renaissance in Deutschland.

Noch einen Schritt weiter gingen Bildungsbestrebungen in Italien. Hier entstand 1563, angeregt von Giorgio Vasari, die Florentiner »Accademia del Disegno«. An dieser »Bauschule« wurden neben Baukunst und Bautechnik auch Mechanik und Mathematik gelehrt. In einer sich dem Ende zuneigenden italienischen Renaissance konnte einem solchen Konzept freilich kein langes Leben beschieden sein. Die 1593 in Rom als Muster für alle späteren Kunst- und Architekturakademien gegründete »Accademie di San Luca« orientierte so stark auf die Kunsttheorie, daß derartige Institutionen fortan als Lehr- und Pflegestätten des technischen Wissens weitgehend ausschieden.

Auch die in der Bauliteratur jetzt spürbare Ausblendung der wissenschaftlichen Programmatik verweist darauf, daß sich die Wege von Wissenschaft und Technik nochmals trennten. Die Renaissance hatte genügend Keime ausgelegt, doch setzte ihre Fortentwicklung noch viele Zwischenschritte voraus. Während die Wissenschaft gleichsam vom Bauplatz in die Gelehrtenstube getragen werden mußte, harrte das technische Wissen einer tieferen rationalen Durchdringung.

Schon an der Schwelle zur modernen Naturwissenschaft stehende Männer wie Nicolo Tartaglia, Guidobaldo del Monte oder besonders Simon Stevin können, obwohl der Praxis noch eng verbunden, eher als Gelehrte denn Techniker bezeichnet werden. Die großen Gelehrten des 17. und 18. Jahrhunderts von Galileo Galilei bis zu Leonhard Euler verloren zwar als Repräsentanten einer Naturwissenschaft, die technische Probleme nicht ausgrenzte, keineswegs den Kontakt zur Praxis. Sie waren aber zunächst an der Naturerkenntnis und der mathematischen Formulierung mechanischer Phänomene interessiert, wobei ihre technischen Intentionen ohnehin differenziert betrachtet werden müssen. Auch die mit utilitaristischen Erwägungen gegründeten wissenschaftlichen Gesellschaften und Akademien gingen mehr und mehr im Strom relativ autonomer Wissenschaftsentwicklung auf. Erst sie führte letztlich die Festkörper- und Hydromechanik zu jenem Niveau, das als Grundlage für die wissenschaftliche Erklärung von vorrangig durch mechanische Gesetzmäßigkeiten bestimmten bautechnischen Phänomenen dienen konnte. Gleichwohl begegneten sich an der Tren-

Darstellung der perspektivischen Konstruktion einer Befestigung mit Zeicheninstrumenten und Klappreißtisch von Johann Faulhaber. Im 16. Jahrhundert setzte verstärkt die Entwicklung verfeinerter Methoden der Zeichen- und Vermessungstechnik und entsprechender Instrumente ein. Aus: J. Faulhaber, Newe Geometrische und Perspectivische Inventiones, Frankfurt/M., 1610

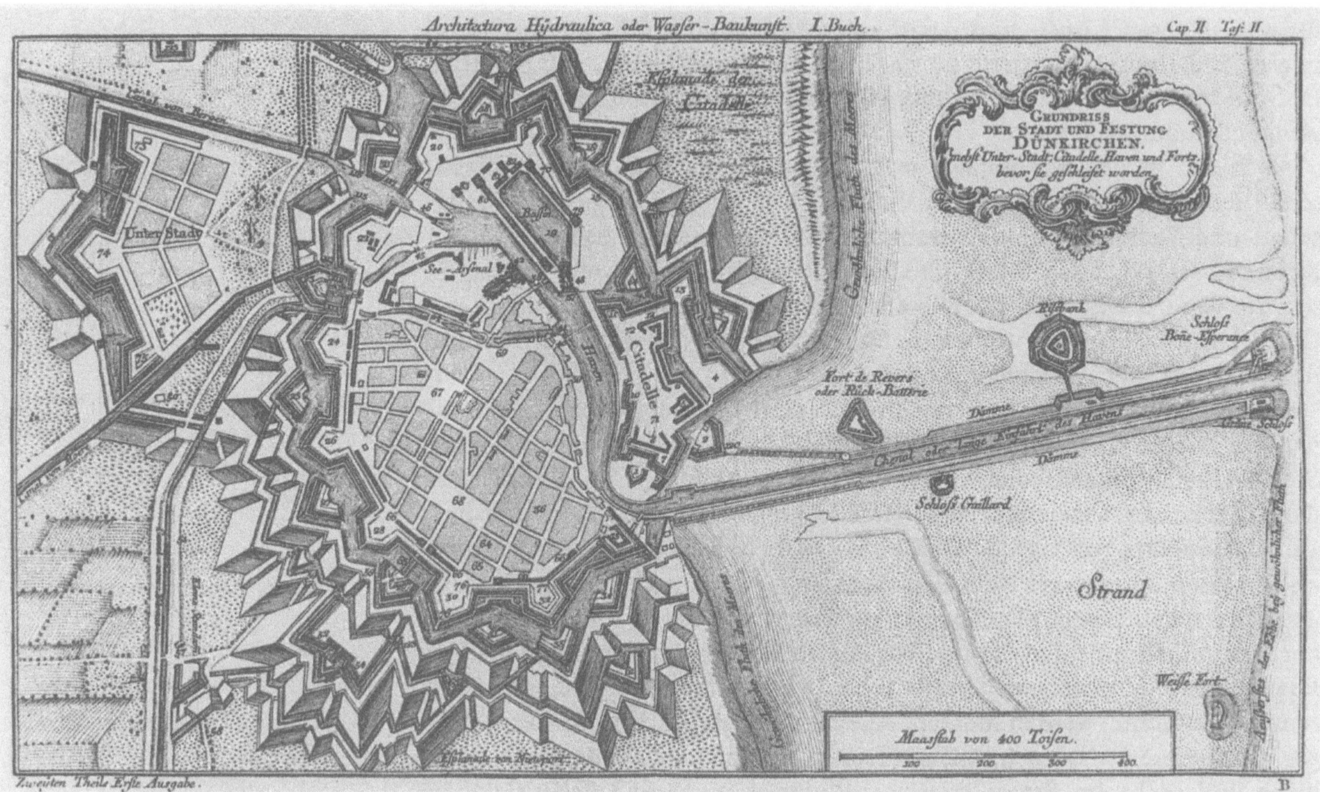

Hafen und Befestigungsanlagen von Dunkerque, Frankreich. Die Wasser- und Festungsbauten von Dunkerque, um 1685 vollendet, waren eine der bedeutendsten Leistungen des »Ingénieur de France«, Sébastien le Prestre de Vauban. Aus: B.F.de Bélidor, Architectura Hydraulica, Augsburg, 1766

nungslinie von Naturwissenschaft und Technik immer wieder Gelehrte und Praktiker.

Da die Entwicklung der Mechanik hier nicht weiter zu verfolgen ist, soll der Blick wieder auf das Bauwesen gelenkt werden. Im 17. und frühen 18. Jahrhundert bewirkten die schließlich merkantilistisch ausgerichteten Bereiche von Gewerbe und Handel, die Ausprägung des modernen Staatswesens, ein Europa der Kriegsschauplätze und die Bauleidenschaft des vom »Bauwurm« besessenen Adels – es ist die Zeit des Barocks – ein wachsendes Bauvolumen. Frankreich, England, die Niederlande und nach dem Dreißigjährigen Krieg langsam wieder einige deutschsprachige Territorien traten nun in den Mittelpunkt. Der Aufschwung der Bautätigkeit mit einer sich ausweitenden Palette oft komplizierter Aufgaben führte in der Tendenz zu einer Differenzierung des Bauens, dessen Teilbereiche allmählich zur Domäne von Spezialisten wurden. Es versteht sich, daß damit die Möglichkeit wie Notwendigkeit zur Bildung und Aneignung von Spezialwissen eine neue Dimension erlangten.

Vornehmlich Festungs-, Wasser-, Brücken- und Straßenbau und die mit solchen Aufgaben eng verbundene Kunst der Vermessung und Trassierung – später auch der sogenannte »Ökonomiebau« – wurden zum Schleifstein technischer Kenntnisse und Fertigkeiten. Es waren jene Bereiche des Bauens, die vorrangig technische Probleme stellten und in denen Bautechnik und Mathematik eine für die Ingenieurtätigkeit typische Verbindung eingingen. Hier nahm auch ein Prozeß Gestalt an, der zu einem konstituierenden Moment des Ausreifens technischer Kenntnisse und schließlich der Bauwissenschaft wurde. Aus einer noch diffusen Gruppe von Technikern formierte sich allmählich durch Herauslösen aus dem Baumeisterstand und Aufsaugen von Fachleuten anderer Bereiche die Berufsgruppe der Bauingenieure. Dabei spielten Armee und ziviles Beamtentum eine wichtige Rolle.

Freilich würde es den Blick allzusehr einengen, behielte man fortan nur diese Tätigkeitsfelder und ihre Exponenten im Auge. Noch waren Baukunst und Bautechnik nicht gespalten, vermochten viele Baumeister eine überaus breite Palette von Bauaufgaben zu lösen. Dennoch fand schon das 16. Jahrhundert Bezeichnungen für die auseinanderstrebenden Gebiete des Bauens: »Architectura militaris« und »Architectura civilis«. Während die erstere dann im Verständnis des 17. und 18. Jahrhunderts neben militärischen hin und wieder auch zivile Zweckbauten einschloß, stand im Mittelpunkt der »Architectura civilis« meist der repräsentative Hochbau, der »Schönbau«. So fließend die Grenzen zwischen beiden Bereichen in der zeitgenössischen Literatur erscheinen, war auch die Praxis selbst und mithin der Einfluß auf das technische Wissen nicht eindeutig abgegrenzt. Der »Schönbau« hielt mitunter nicht nur bautechnische Aufgaben ersten Ranges bereit, auch personell war er nach allen Seiten hin offen. Zum Beispiel wies der Lebensweg des ersten Direktors der Pariser Architekturakademie, Nicolas François Blondel, auch die Stationen eines Militäringenieurs und Mathematikprofessors auf. So hatte der Architekt von St. Paul in London, Christopher Wren, eine Mathematikprofessur in Oxford und einen Stuhl in der Royal Society, kam der Meister des süddeutschen Barocks, Balthasar Neumann, aus dem Kreis der Militäringenieure und waren große Baumeister wie ein Matthes Daniel Pöppelmann in Sachsen auch mit Zweckbauten befaßt.

Das wachsende Bauvolumen mit seinen sich immer stärker differenzierenden, oft komplizierten Aufgaben führte die Baumeister und Techniker zwar zu keinen grundsätzlich neuen technischen Lösungen, doch schöpften sie die Möglichkeiten einer auf Erfahrungswissen gestützten traditionellen Bautechnik weitgehend aus. Ihr Wissen und Können wurde in einer Flut von Gesamt- und Einzeldarstellungen der deskriptiven Baukunde dokumentiert. Die Bauliteratur erlangte neben der Lehre auf der Baustelle zunehmend eine ebenbürtige Stellung im Ausbildungsgeschehen. Meist in den Nationalsprachen verfaßt, reichte ihr Spektrum von unmittelbar der Unterweisung von Fachleuten dienenden Abhandlungen bis zu prächtig ausgestatteten Traktaten, die dem Interesse einer breiten Öffentlichkeit am Bauen und barocker Sammelleidenschaft genügten. Die Bauliteratur zeigte sich daher wie in der Renaissance Bildungsbestrebungen im weitesten Sinne verpflichtet.

Sie war auch die Grundlage der anhebenden Institutionalisierung der Baulehre, die über Kunst- und Architekturakademien hinausreichte. Bauunterricht wurde im Rahmen der Erziehung des Adels und der Ausbildung künftiger Staatsbeamter an Ritterakademien, einigen Universitäten und Collegia ebenso erteilt wie an Ingenieur- und Militärakademien. Da neben der Baukunde in der Regel auch Mathematik und Mechanik zur Ausbildung zählten, wurde das Konzept der höheren technischen Bildung im Grunde hier vorgeprägt. Allerdings dominierte das technische Element in der Lehre nur an Ingenieur- und Militärakademien. Sie aber fanden unge-

»Weilen nebst dem, daß die Ingenieur-Kunst keine aus denen drey Brodgewinnenden Facultäten ist ... hierzu ein besonderer Trieb von Verstand, eine Aufmerksamkeit und Geduld erforderet werden, welche dem erwachsenen Alter sehr schwer fallen, denen jungen und flüchtigen Leuten hingegen öfters die Lust und die Beständigkeit wanken machen.«
Actus publicus oder öffentliche Übungen aus denen militärischen Wissenschaften ...,
1739

Die Baukunst als Teilgebiet der Mathesis bei Leonhard Christoph Sturm. Er hatte in zahlreichen, seit 1696 erschienenen Schriften versucht, die Baukunst als eine angewandte Spezialdisziplin der Mathematik zu begründen. Seine Vorstellungen über die Klassifizierung der Mathesis können in dieses Schema gefaßt werden.

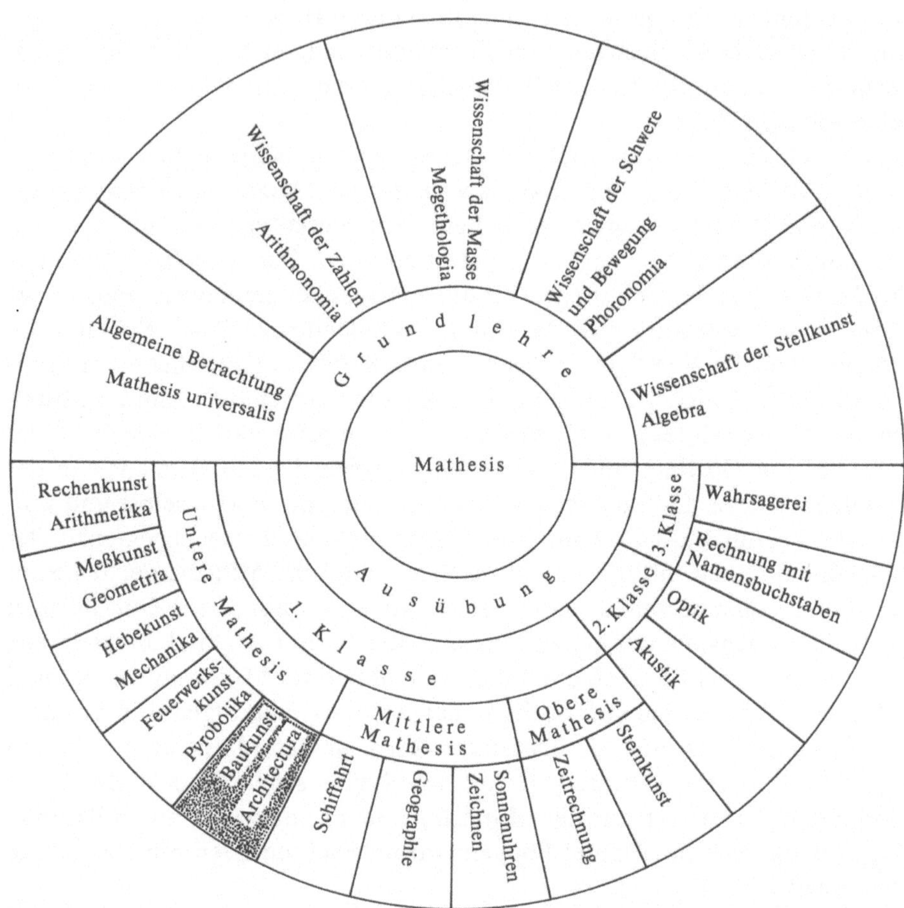

achtet weit in das 17. Jahrhundert zurückreichender Ansätze erst um die Mitte des 18. Jahrhunderts zu stabilen Organisationsformen mit geregeltem Unterricht.

Die deskriptive Baukunde wurde von dem Zusammentreffen verschiedener Geistesströmungen und Bildungskonzepte ungemein befruchtet. In den von enzyklopädischer Fülle getragenen Gesamtdarstellungen erscheint das technische Wissen häufig in den Hintergrund gedrängt. Um einen gelehrten Ansatz bemüht, stellten sie aber etwa seit der Mitte des 17. Jahrhunderts im Sinne eines von der »Mathesis« beherrschten Zeitgeistes der Baulehre Abschnitte über Mechanik und Mathematik voran. Seit Joseph Furttenbachs großangelegter Abhandlung aller Gebiete des Bauens riß diese Tradition nicht mehr ab. Dagegen trat in den wachsende Verbreitung erfahrenden Einzeldarstellungen mit primär bautechnischem Inhalt die Praxisrelevanz immer stärker in den Vordergrund. Die meist in Baugattungen oder nach dem Stoff- beziehungsweise Gewerksprinzip differenzierte Spezialliteratur bot zudem die Möglichkeit, das technische Wissen zielgerichteter zu sammeln und aufzubereiten.

Im Zentrum stand dabei das mechanisch-konstruktive Wissen, während technologische Kenntnisse meist nur am Rande Beachtung fanden. Das erstere wurde jedoch in der Literatur des letzten Drittels des 17. Jahrhunderts und frühen 18. Jahrhunderts von Sébastien le Prestre de Vauban, Georg Rimpler und Menno van Coehoorn über Blondel, Pierre Bullet und Leonhard Christoph Sturm bis zu Hubert Gautier, Jacob Leupold und Johann Jacob Schübler weitgehend rational durchdrungen. Mit einer Vielzahl von Konstruktionsregeln und Dimensionierungsanweisungen – jetzt häufig in Tabellen zusammengefaßt – wurde das Erfahrungswissen auf eine elementare Abstraktionsstufe gehoben und dem Quantitativen Geltung verschafft. Angesichts ständiger praktischer Überprüfung konnte unkontrolliert tradiertes Wissen eliminiert und damit die Zuverlässigkeit der gegebenen Regeln und Handlungsanweisungen erheblich erhöht werden. Dies geschah auch durch die Aufnahme der von Naturwissenschaftlern im Ringen um die Biegetheorie ermittelten Festigkeitszahlen wichtiger Baustoffe und Bauteile in die technische Literatur. Die vornehmlich von den französischen Gelehrten Edmé Mariotte, Antoine Parent und Philippe de la Hire sowie vom holländischen Experimentator Pieter van Musschenbroek übernommenen Festigkeitswerte brachten ersten wissenschaftlichen Grund in die Baustoffkunde und schärften den Blick der Praktiker für die Potenzen des wissenschaftlichen Experimentes.

Jetzt interessierten auch immer mehr die Zusammenhänge zwischen Struktur und Wirkungsweise von Baukonstruktionen. Soweit es das Erfahrungswissen zuließ, suchte man diese Probleme durch die Herauslösung wichtiger Phänomene aus dem Gesamtzusammenhang zu beschreiben und zu analysieren. Unterstützt wurden diese Bemühungen zur elementarisierenden Beschreibung durch eine hohe Kunst der technischen Zeichnung, die deutlich die Tendenz zur schematisierten, abstrakten Darstellung erkennen läßt. Das Eindringen in konstruktive Zusammenhänge führte schließlich zu Ansätzen aus dem Erfahrungswissen geschöpfter qualitativer Modellvorstellungen und Hypothesen über das Tragverhalten von Baukonstruktionen sowie das Strömungsverhalten von Gewässern. Vor diesem

»Die Alten gaben den Pfeilern von denen Brücken zu ihrer Dicke den dritten Theil von der Weite des Bogens ... heut zu Tage hat man gefunden, daß diese Dicke zu groß, und sie kleiner angenommen, als: ein Viertel, ein Fünftel von der Weite des Bogens. Weder die Alten noch die Neuern, wissen raison davon zu geben, und so sie heut zu Tage gefordert würde, dürfte man in eben der Noth stecken.«

Jacob Leupold, Theatrum Pontificiale, 1726

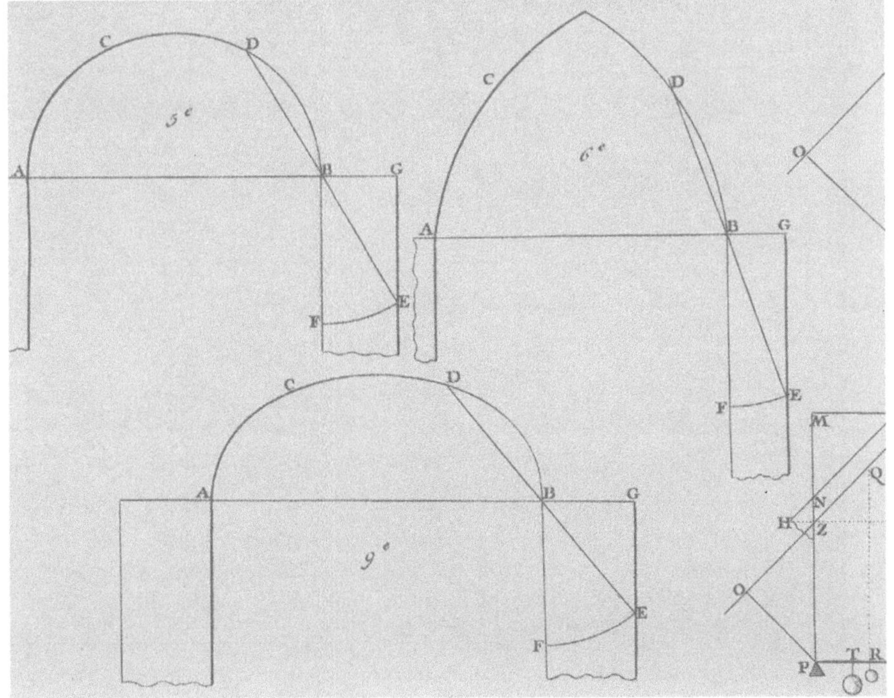

Empirische Regeln für die geometrische Ermittlung der Gewölbewiderlagerstärke nach Nicolas François Blondel, 1683. Seit dem 16. Jahrhundert wurden aus dem Erfahrungswissen zahlreiche Konstruktionsregeln destilliert, die oft auch ästhetische Kriterien berücksichtigten. Mit ihnen konnten Bauteile und Baukonstruktionen durch numerische oder geometrische Operationen grob bemessen werden. Die Blondelsche Regel zählte zu den wichtigsten geometrischen Konstruktionsregeln. Bereits im 16. Jahrhundert aufgestellt, wurde sie von Blondel in eine allgemeinere Fassung gebracht. Sie konnte für beliebig geformte Gewölbe und Widerlagerhöhen bis zu einer 1,5fachen Gewölbespannweite angewandt werden. Aus: B.F. de Bélidor, La Science des Ingénieurs ..., Paris, 1729

Hintergrund konnte auch ein Leupold mit seiner Feststellung, daß man im Brückenbau zwar über gesicherte Konstruktionsregeln verfüge, diese aber nicht begründen könne, im Grunde eine typisch ingenieurwissenschaftliche Aufgabe formulieren. Sie unterstreicht, daß die Entwicklung des bautechnischen Wissens an einem entscheidenden Wendepunkt angelangt war.

Andererseits zeigt Leupolds Sentenz an, wie sehr im Bauen das Erfahrungswissen noch als die einzige zuverlässige Grundlage galt. Ungeachtet

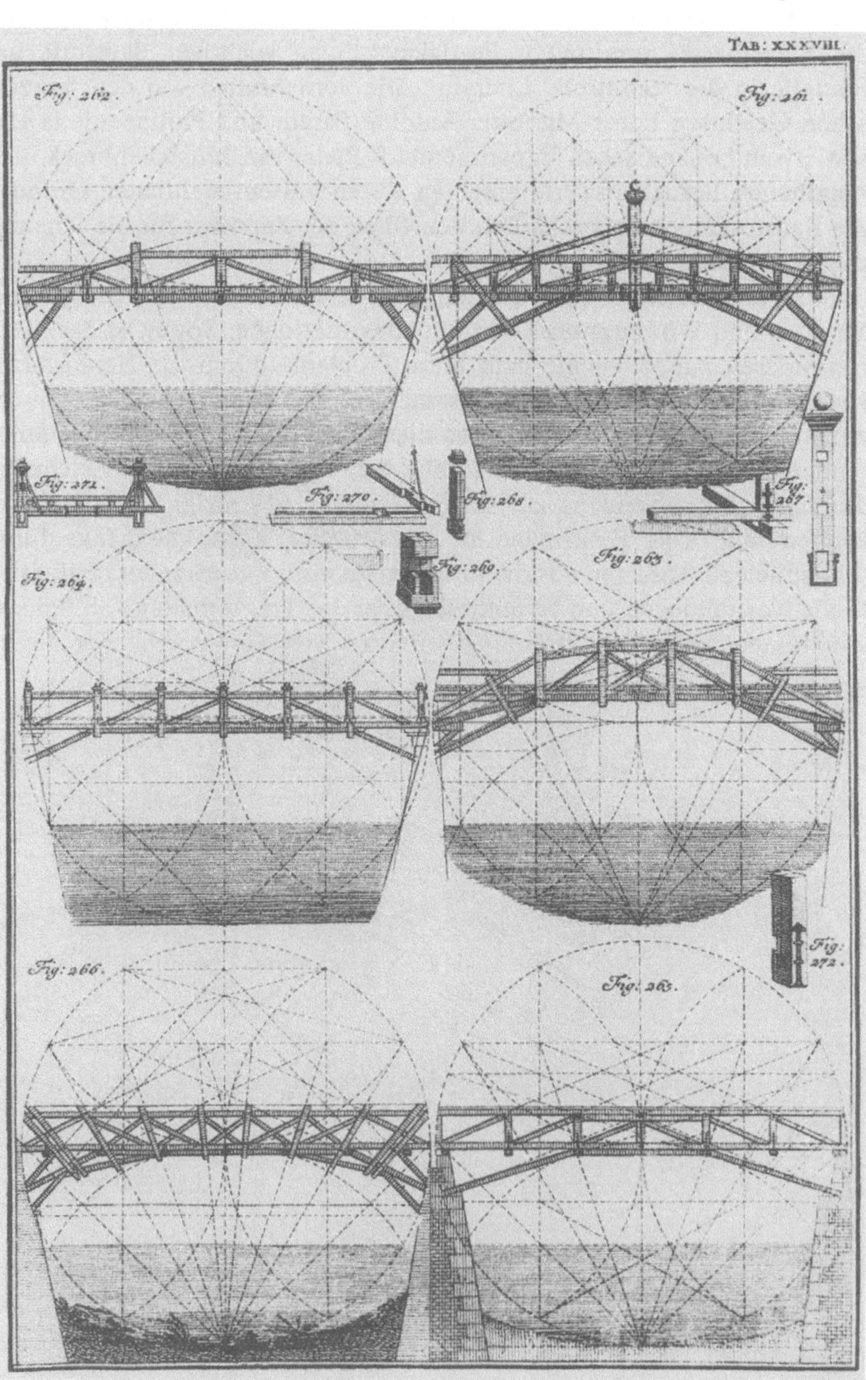

Geometrische Entwurfsregeln für Holzbrücken nach Johann Jacob Schübler. Aus: J.J. Schübler, Nützliche Anweisung zur unentbehrlichen Zimmermannskunst, Nürnberg, 1731

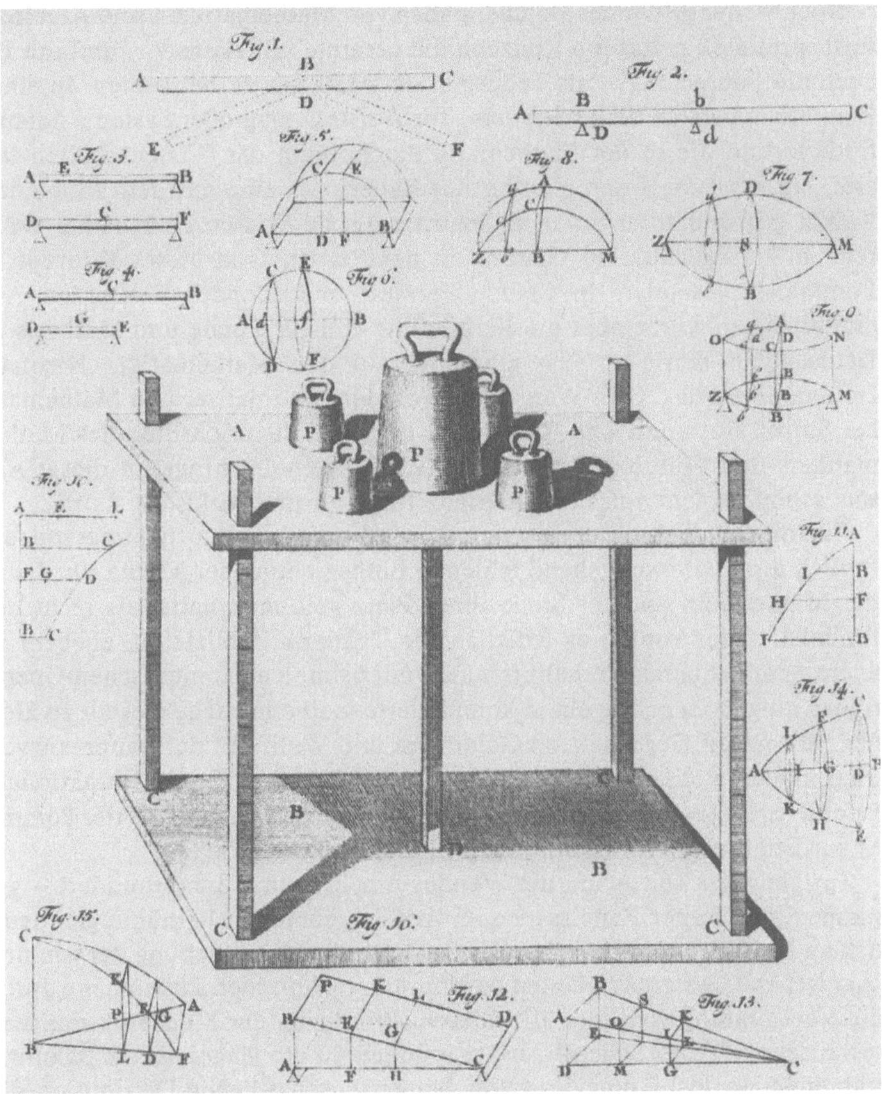

Experimentelle Untersuchung des Knickstabproblems durch Pieter van Musschenbroek. Der Aufschwung der experimentellen Naturforschung half der Mechanik ungemein voran und brachte ersten wissenschaftlichen Grund in die Baustoffkunde. Aus: P. van Musschenbroek, Physicae Experimentales et Geometricae Dissertationes, Leiden, 1729

aller programmatischen Erklärungen beschränkten sich die für den Praktiker hilfreichen mathematisch-mechanischen Kenntnisse auf elementare anschauliche Beziehungen. Auch die Bemessung mittels in mathematisch reproduzierbaren Operationen aufgehobenen Konstruktionsregeln unterschied sich noch grundsätzlich von der auf ingenieurwissenschaftlichen Theorien gegründeten rechnerischen Lösung konstruktiver Aufgaben.

Gleichwohl war das allenthalben zu spürende Bemühen, der Mathematik eine breites Anwendungsfeld im Bauen zu erschließen, eine wichtige Voraussetzung für die Geburt der Bauwissenschaft. Siedelten sich doch damit im unmittelbaren Umfeld der Baulehre wissenschaftliche Methoden und Denkmuster an. Dabei schoß man gelegentlich weit über das Ziel hinaus. So finden sich in der Fortifikationsliteratur wahre geometrische Exerzitien. In zahllosen »Manieren« wurden komplizierte Gebilde geformt, deren Grundrisse ganz im Sinne des Barocks und seiner Wertschätzung der Geometrie kunstvollen Ornamenten glichen. Sie führten bald, fern der möglichen technischen Realisierung, in der Literatur ein Eigenleben.

»Demohngeachtet sind wir noch nicht weiter gekommen, als daß wir nunmehro die beste Gewölblinie anzugeben wissen. In Ansehung der Breite der Bogen und Stärke der Wiederlagen tappen wir noch immer im Finstern herum.«

Johann Esaias Silberschlag,
Ausführliche Abhandlung der Hydrotechnik oder des Wasserbaus, Bd. 2, 1773

Noch weiter griff jenes gleichermaßen von Mathematikern und Architekturtheoretikern getragene Konzept, die gesamte »Baukunst« – und mit ihr auch die Bautechnik – als Teilgebiet der Mathesis zu betrachten. In einer Zeit, deren ganzheitliche Sehweise zur Aufstellung großer Systeme herausforderte und die in der Mathematik die Königin der Wissenschaften feierte, lag auch die Interpretation des Bauens als eine auf dem rationalen Kalkül gegründete angewandte mathematische Wissenschaft nahe. Während in Italien Guarino Guarini zu nennen ist, fand dieses Konzept in Frankreich besonders in Claude Perrault und Blondel Verfechter. Am gründlichsten wurde aber die Verbindung von Baukunde und Mathesis in Deutschland betrieben. Sie ging hier auf den Mathematiker Nicolaus Goldmann zurück. Sein Werk wurde von dem Baumeister und Mathematiker Sturm propagiert und fortgeführt. In den frühen Schriften des Mathematikers und Philosophen Christian Wolff erscheint hingegen dieser Ansatz schon zu sehr von der Baukunde losgelöst und wirkt fast skurril.

Für die Bautechnik erwies sich dieses Verwissenschaftlichungskonzept freilich durch die weitgehend fehlende Einbeziehung der Mechanik, die in der Mathesis an anderer Stelle ihren Platz gefunden hatte, als recht unfruchtbar. Hier konnte es lediglich die Tendenz implizieren, ehedem in leicht handhabbaren Verhältniszahlen oder simplen geometrischen Operationen aufgehobene Regeln in komplizierte mathematische Gestalt zu kleiden. Sturm, im Gegensatz zu Goldmann und Wolff mit der Baupraxis vertraut, meldete dann auch selbst Zweifel an. Konstruktive und funktionale Erfordernisse seien nicht »auf gut mathematisch« anzugeben. Hier komme es auf Erfahrung und vernünftige Mutmaßung an.

Zur gleichen Zeit – um die Wende vom 17. zum 18. Jahrhundert – gewannen jene in der Renaissance im Ansatz geborenen Bemühungen deutlich an Umfang und intellektueller Qualität: die Untersuchung der von mechanischen Gesetzmäßigkeiten bestimmten technischen Phänomene durch die Verknüpfung von quantifizierbaren Prinzipien der Mechanik mit dem technischen Wissen. Dieser Ansatz mündete in die länger als ein Säkulum währende Herausbildung der ersten bauwissenschaftlichen Disziplinen, die Baumechanik und die für die Bautechnik relevanten Gebiete der technischen Hydromechanik. Vornehmlich die Baumechanik hat die Verwissenschaftlichung des Bauens als Leitdisziplin maßgeblich beeinflußt und darüber hinaus dem Siegeszug der Mechanik in den Ingenieurwissenschaften Pate gestanden.

Jetzt begann sich die Behandlung der Standsicherheit und Festigkeit von Baukonstruktionen aus der deskriptiven Baukunde zu lösen und im Zusammenfließen mit Mathematik und Mechanik einen eigenständigen Bereich wissenschaftlicher Untersuchung zu bilden. Dabei wurden zunächst für die Baumechanik relevante Elemente späterhin selbständiger Disziplinen, zum Beispiel der Baustoffkunde, integriert. Die Voraussetzungen der anhebenden wissenschaftlichen Interpretation des Tragverhaltens waren nunmehr seitens der Mathematik und Mechanik gegeben. Die Newtonsche Mechanik und ihre besonders von Leonhard Euler betriebene Verbindung mit der neuen Infinitesimalrechnung hatte den allgemeinen Grund gelegt. Naturwissenschaftler leiteten auch, unterstützt von der auflebenden experimentellen Naturforschung, mit der Untersuchung der Bal-

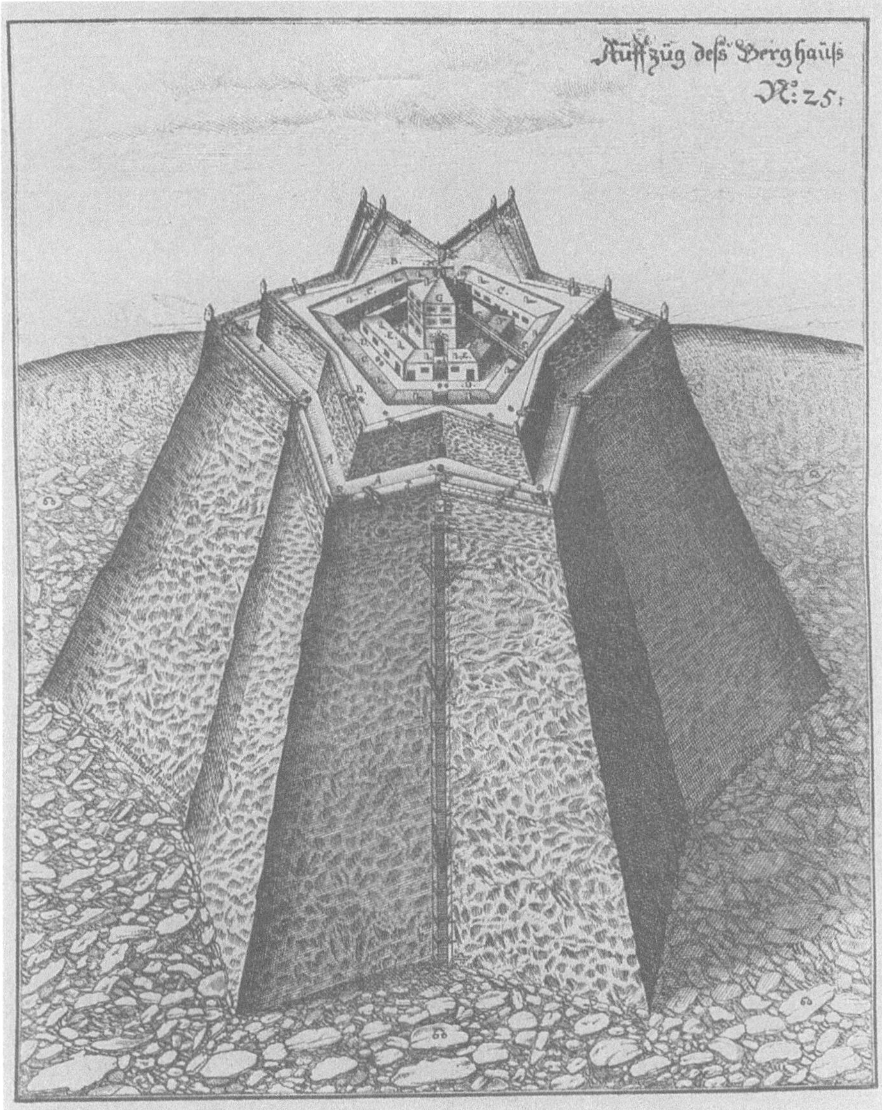

Entwurf einer Festung von Joseph Furttenbach, 1663. Furttenbachs Projekt vermied
zwar jene in der Fortifikationsliteratur des
Barocks häufig anzutreffenden geometrischen Exerzitien, war aber ebensowenig
technologisch ausführbar. Aus: J. Furttenbach, Kunst-Spiegel, Augsburg, 1663

kenfestigkeit, des Tragverhaltens von Knickstäben und Gewölben sowie
des Erddruckes auf Stützmauern selbst die baumechanische Theorienbildung ein.

Nachdem schon im ganzen 17. Jahrhundert die Balkenfestigkeit die Gelehrten gefangenhielt, brachte Euler die Theorie schließlich 1744 mit der
Differentialgleichung der elastischen Linie zu einem gewissen, gleichwohl
noch nicht das Problem lösenden Abschluß. Ihm gelang auch eine weitreichende Behandlung des Knickstabproblems. Seine Knickformel besitzt
noch heute einen festen Platz in der Baumechanik.

Im ausgehenden 17. Jahrhundert wandten sich Gelehrte den wohl wichtigsten und zugleich kompliziertesten Tragwerken der traditionellen Bautechnik zu, den Gewölben. Robert Hooke formulierte 1675 in einem seiner
Anagramme die offenbar schon im Altertum empirisch genutzte, fundamentale Erkenntnis, daß die ideale Bogenachse einer umgekehrten Kettenlinie folgen müsse. Während in den 1690er Jahren dann Jakob und Johann

*»Wenn die Peterskuppel ohne Mathe-
matik und vor allem ohne die in
unseren Tagen so gepflegte Mechanik
erdacht, entworfen und erbaut
werden konnte, so wird sie auch
restauriert werden können ohne die
Mithilfe der Mathematiker ...«*
Ein anonymer Kritiker, in: Giovanni
Poleni, Memorie istoriche della
Gran Cupola del Tempio Vaticano, 1748

Modellvorstellungen der Stützlinientheorie nach Giovanni Poleni, 1748. Im ausgehenden 17. Jahrhundert schlug die Stunde für theoretische Untersuchungen der Gleichgewichtsbedingungen von Gewölben und der Quantifizierung des Horizontalschubes und der Widerlagerstärke. Im Gegensatz zur Balken- und später der Bogenträgertheorie elastischer Stäbe gingen die Modelle der Gewölbetheorie in den nächsten 150 Jahren im wesentlichen nur von Gleichgewichtsaufgaben starrer Körper aus. Polenis anschauliche Darstellung zeigt die Annahme fehlender Reibung zwischen den Wölbsteinen durch Kugeln und die Interpretation der Stützlinie als umgekehrte Kettenlinie oder Seilkurve. Folgt der Verlauf der zu ermittelnden Stützlinie der Bogenachse, so werden nur Druckkräfte abgeleitet. Für die Konstruktion standsicherer Gewölbe ergab sich damit die Forderung, die Stützlinie möglichst weit im Inneren des Querschnitts zu halten. Dieser Erkenntnis wurde empirisch zum Teil schon in Altertum und Mittelalter – zum Beispiel mit dem Spitzbogen bei gotischen Kathedralen – entsprochen. Aus: G. Poleni, Memorie istoriche …, Padua, 1748

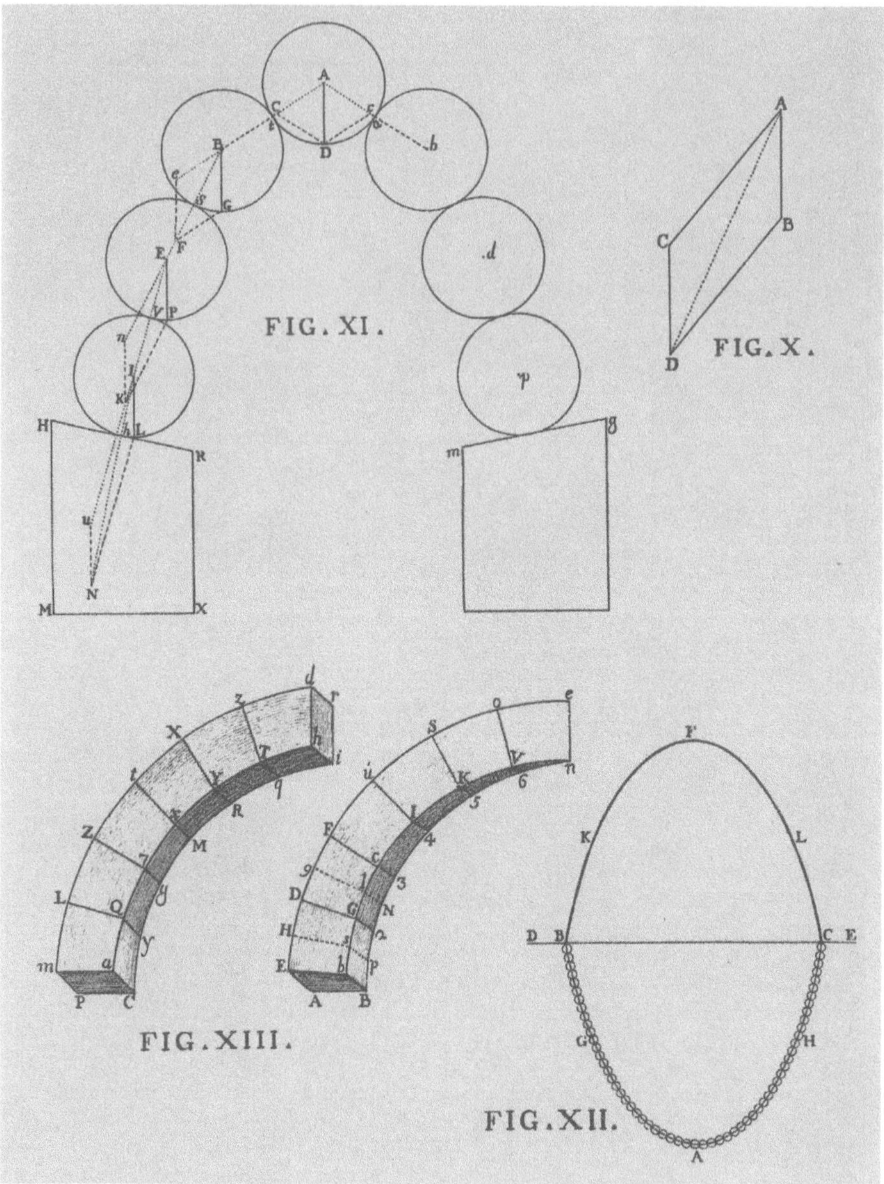

Bernoulli, Gottfried Wilhelm Leibniz und Christiaan Huygens einen hinreichend die Kettenlinie beschreibenden analytischen Ausdruck fanden, stellten Parent, David Gregory und vor allem de la Hire (1695/1712) die ersten Gewölbetheorien auf. Unter den konkurrierenden Ansätzen der Gewölbetheorie sollte die Stützlinientheorie, die auch auf dem von Pierre Varignon 1687 hergestellten Zusammenhang von Kraft- und Seileck beruht, bis in das 19. Jahrhundert hinein dominieren.

Freilich hatten die Gelehrten oft genug ihre Ausflüge in die Technik nur als Demonstrationsfeld physikalischer Gesetze und mathematischer Methoden betrachtet. Abgesehen von Einzelerkenntnissen, konnten sie durch die damit einhergehende ungenügende Beachtung technischer Einflußfaktoren noch keine praktikablen Lösungen anbieten. Daher war es von entscheidender Bedeutung, daß seit dem frühen 18. Jahrhundert wissenschaftlich gebildete Techniker diese Ansätze aufgriffen und mit der ihnen vertrauten technischen Realität in Einklang zu bringen versuchten. Sie kamen vornehmlich aus dem Umfeld der französischen Ingenieurcorps. Im Aufeinanderzugehen von Gelehrten und Technikern verliehen die letzteren dem eingeleiteten Prozeß Stetigkeit und ingenieurwissenschaftliche Orientierung. Frankreich avancierte zum international beachteten Mutterland der Bauwissenschaft.

Obwohl sich mit einer in Frankreich ebenso wie in England im frühen 18. Jahrhundert expandierenden Baupraxis ein spürbarer Mangel an Fachkräften einstellte, konnte man noch auf die mit dem Erfahrungswissen weitgehend optimierte traditionelle Bautechnik zählen. Daher erklären wesentlich außerhalb der Bautechnik in einem komplexen Wechselspiel geformte Einflüsse, weshalb die ersten Kapitel der Geschichte der Bauwissenschaft vornehmlich in französischer Sprache verfaßt wurden. In einem von Rationalismus, Empirismus und Utilitarismus bestimmten wissenschaftlichen Umfeld der Frühaufklärung, das der Merkantilismus Colbertscher Prägung ohnehin in die Nähe der Praxis gerückt hatte, konnte auch der Gedanke der Wiederholbarkeit jener Erfolge in der Naturerkenntnis auf technischem Gebiet kultiviert werden. Dies traf zusammen mit den Ausbildungsbedürfnissen der Ingenieurcorps. Ihre Formierung war im Vergleich zu allen anderen europäischen Staaten am weitesten fortgeschritten. Sie wurde von einer straff zentralisierten Bautätigkeit, in der sich die militärischen und wirtschaftlichen Interessen des Staates trafen, ungemein befruchtet.

Für den Bereich des Bauens entstand um 1675 auf Initiative Vaubans – unterstützt von Jean Baptiste Colbert – das »Corps des Ingénieurs du Génie militaire«. Wie auch in Ingenieurcorps anderer militärischer Sektoren, erhielten seine Mitglieder die Ernennung zum »Ingénieur du Roi«. Damit wurde unter Ludwig XIV. die allenthalben noch vage Bezeichnung zu einem Ehrentitel mit zunehmend fester gefügtem administrativen und strukturellen Hintergrund. Um 1700 dienten in der französischen Armee bereits etwa 300 Ingenieuroffiziere; 1716 wurde im zivilen Bereich das nach militärischem Muster organisierte »Corps des Ponts et Chaussées« etabliert. Die Repräsentanten beider Körperschaften wirkten für die gesamte militärische und weite Teile der zivilen Bautätigkeit des Staates als zuständige technische Fachleute. Sie waren Bau-Ingenieure im wahrsten Sinne des Wortes.

Von Anbeginn spielten Bildungsfragen eine wichtige Rolle in der Profilierung der Corps, wobei der fest verwurzelte Glaube an den praktischen Nutzen der Wissenschaft die Aneignung wissenschaftlicher Kenntnisse für Ingenieure zum Gebot werden ließ. Die militärische Struktur der Corps und ihre finanziellen Möglichkeiten schufen wiederum die Voraussetzung, daß diese Kenntnisse und allmählich auch eine entsprechende Ausbildung in gewissem Umfang »normiert« werden konnten. Vauban setzte 1703 durch, daß dem Eintritt in das Ingenieurcorps ein Examen in Mathematik vorausging. Diese Prüfungen wurden bis zur Mitte des Jahrhunderts auf viele Wissensgebiete ausgedehnt. Im Gegensatz zur bisherigen Praxis der Baulehre wuchsen jetzt theoretisch »frühreife« Ingenieure heran, die mehr und mehr den Umgang mit der Wissenschaft erlernten.

Sébastien le Prestre de Vauban, Kupferstich von Hyacinthe Rigaud. Vauban, an über 300 Gefechten beteiligt und 1703 zum Marschall von Frankreich ernannt, gilt als der bedeutendste französische Ingenieuroffizier des 17. Jahrhunderts. Er war der eigentliche Schöpfer des »Corps des Ingénieurs du Génie militaire« und zählte zu jenen einflußreichen Männern, die in Frankreich das Konzept kultivierten, Mechanik und Mathematik vom Himmel zu holen und in den Dienst der Technik zu stellen. Obwohl er selbst nie Druckwerke auflegte, fanden namentlich seine an einer reichen praktischen Tätigkeit gebildeten Vorstellungen über den Festungsbau, die unter anderem an Francesco de Marchi und Daniel Specklin anknüpften, durch Stiche und Drucke anderer Autoren bereits zu seinen Lebzeiten in ganz Europa Verbreitung. Staatliche Kunstsammlungen Dresden, Kupferstichkabinett

»Die Zivil-Baukunst ist eine Wissenschaft, allerhand Sorten von Gebäuden stark, bequem und schön anzugeben.«
Leonhard Christoph Sturm,
Der geöffnete Ritterplatz, Bd. 1, 1715

Modellvorstellungen der Erddrucktheorie Bernard Forest de Bélidors. Nach einigen Ansätzen in Werken französischer Baumeister, zum Beispiel bei Bullet (1691) und Gautier (1693/1716), waren die Arbeiten des französischen Ingenieuroffiziers Bélidor über die Biege-, Gewölbe- und Erddrucktheorie sowie mechanische Probleme strömender Flüssigkeiten die ersten bedeutenden Beiträge eines Technikers zur anhebenden bau- und hydromechanischen Theorienbildung. Der Lehrer an einer Artillerieschule und spätere Generalinspektor der technischen Truppen faßte daraus abgeleitete Berechnungsverfahren so ab, daß sie auch ohne die Kenntnis der von ihm in die Ingenieurliteratur eingeführten Infinitesimalrechnung anzuwenden waren. In seiner Erddrucktheorie betrachtete Bélidor ein auf der im Schüttwinkel von 45 Grad geneigten schiefen Ebene gleitendes Erdprisma, dessen Horizontaldruck auf die Stützmauer zu ermitteln ist. Aus: B.F.de Bélidor, La Science des Ingénieurs …, Paris, 1729

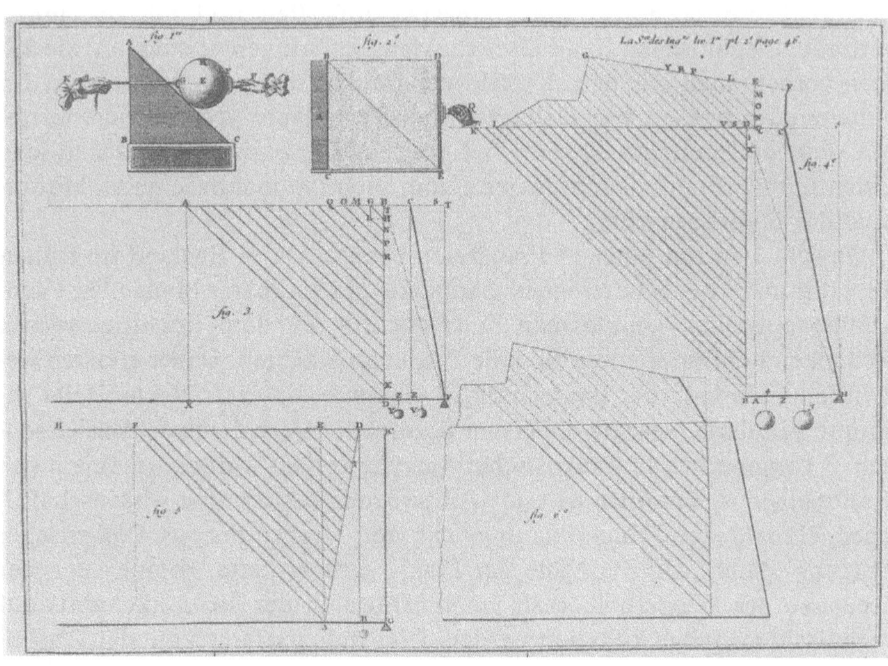

»Doch hoffentlich wird eine Zeit kommen, da die Meßkünstler, Naturforscher, Kriegs- und Zivilingenieure beinahe eines Sinnes sein werden.«
Bernard Forest de Bélidor,
La Science des Ingénieurs, 1729

Gefragt waren zunächst Lehr- und Handbücher, die sowohl anwendungsbereites technisches Wissen vermittelten als auch wissenschaftliche Grundlagen und die eingeleitete Theorienentwicklung zur Kenntnis brachten. Unter der entstehenden Ingenieurliteratur ragen die Werke des Lehrers an der Artillerieschule in La Fére, Bernard Forest de Bélidor, heraus. Besonders die ganz der Bautechnik gewidmete »La Science des Ingénieurs« (1729) und die auch das Maschinenwesen behandelnde »Architecture hydraulique« (1737 bis 1753) wurden zum Vademecum der Bauingenieure. Sie legen davon Zeugnis ab, daß nun auch ein Techniker, der den analytischen Sinn des Wissenschaftlers mit dem Sachverstand des Ingenieurs vereinte, in die bau- und hydromechanische Theorienbildung eingreifen konnte. Da Bélidor aber nur zu gut um deren Unzulänglichkeit wußte, gab er ebenfalls noch umfangreich Erfahrungswissen und Faustregeln wieder. Dieses eigentümliche Nebeneinander sollte die Ingenieurliteratur angesichts eines Niveaus wissenschaftlicher Erkenntnis, das bestenfalls das Erfahrungswissen bestätigen konnte, im 18. Jahrhundert generell charakterisieren. Bélidors Vorbild folgten bald weitere Ingenieure wie Amée-François Frézier und Augustin Danisy. Sie begannen systematisch mit Baustoffen und Konstruktionen zu experimentieren, um auf diese Weise die aufgestellten Theorien der technischen Realität anzunähern und der Konstruktionspraxis exakte Daten bereitzustellen.

In der Mitte des 18. Jahrhunderts hatten diese Bemühungen bereits so weit Fuß gefaßt, daß die Verbindung von Ingenieurpraxis und Wissenschaft in den ersten Gründungen von Bauingenieurschulen zum Programm erhoben wurde. 1747 wurde in Paris die »École des Ponts et Chaussées«, ein Jahr später die »École du Génie militaire« in Mézières ins Leben gerufen. Damit waren die ersten höheren monotechnischen Bildungsstätten der Welt entstanden. Namhafte Ingenieure und Wissenschaftler wie Charles Bossut und später Gaspard Monge in Mézières oder der erste Direktor der

»École des Ponts et Chaussées«, Jean-Rodolphe Perronet, und sein rechnender Adlatus, Antoine de Chézy, begründeten die akademische Tradition der Lehre und Forschung in den Bauingenieurwissenschaften. Perronet, einer der genialsten Brückenbauer der Geschichte, legte seinen kühnen Konstruktionen ausgedehnte Experimente zugrunde, verzichtete aber weitgehend auf die für praktische Belange noch wenig hilfreichen theoretischen Betrachtungen. Einer seiner berühmtesten Schüler, Emiland Marie Gauthey, setzte mit umfangreichen Festigkeitsversuchen diese Tradition fort. Er suchte auch bei praktischen Aufgaben theoretische Erkenntnisse zu nutzen, so zum Beispiel bei der Analyse des Tragverhaltens der Kuppel des Pariser Panthéons.

Schon in den 1740er Jahren machten in Verbindung mit der Sanierung der Kuppel der Peterskirche in Rom Vorgänge von sich reden, die zwar nicht als die ersten praktischen Anwendungen baustatischer Untersuchungen gelten können, aber gewiß die bis dahin spektakulärsten waren. Sowohl das Gutachten der Mathematiker Thomas le Seur, François Jacquier und Ruggero Giuseppe Boscovich (1743) wie auch das »Gegengutachten« des Mathematikprofessors Giovanni Poleni (1748) suchten die Ursache der Bauschäden und Maßnahmen ihrer Beseitigung mit gewölbetheoretischen Betrachtungen zu ermitteln. Ihre Arbeiten verliehen der Theorienbildung

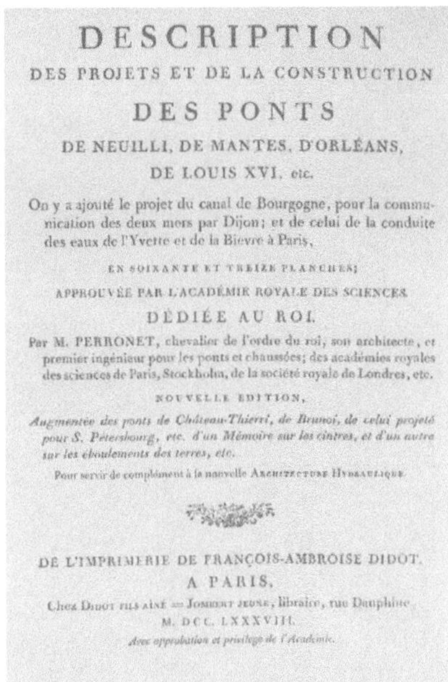

Titelblatt von Jean-Rodolphe Perronets berühmtem Werk über Konstruktion und Ausführung seiner wichtigsten Brückenbauten, dessen erste Auflage 1782 erschien. Perronet hatte mit einem bewunderungswürdig sicheren Gefühl für das Kräftespiel und ausgiebigen Festigkeitsversuchen den Steinbrückenbau auf ein hohes konstruktives Niveau gehoben. Als erster und längjähriger Direktor der Pariser »École des Ponts et Chaussées« erwarb er sich große Verdienste um die wissenschaftliche Ausbildung von Bauingenieuren und den Einzug der wissenschaftlichen Betrachtungsweise in die Ingenieurpraxis.

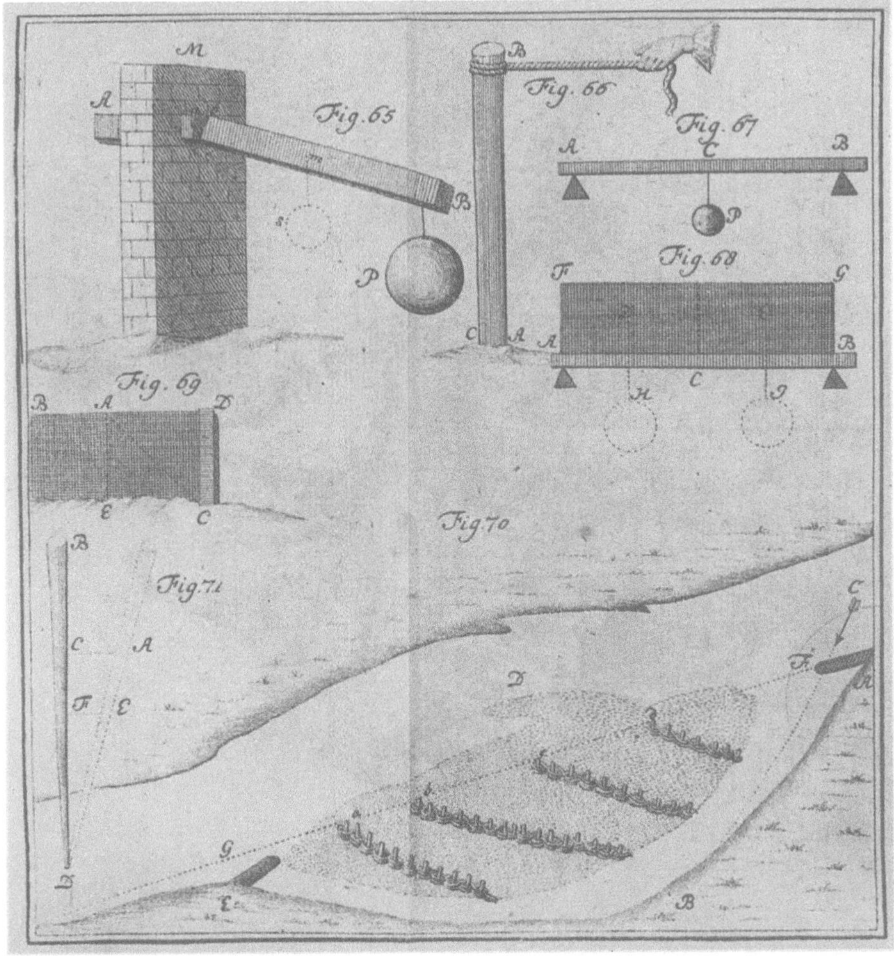

Illustrationen zur Behandlung von Problemen der Balkenfestigkeit, des Erddruckes und der Flußregulierung bei Johann Esaias Silberschlag. Der preußische Wasserbaumeister war Mitglied des 1770 gegründeten Oberbaudepartements und zählte zu jenen Männern in deutschen Landen, die sich nach 1750 um eine Aufarbeitung von Ergebnissen bauwissenschaftlicher Theorienbildung mühten. Allerdings fehlten der Ausbreitung bauwissenschaftlicher Bestrebungen in Deutschland noch jene kräftigen Impulse, die anderenorts einer fortgeschrittenen Formierung und Ausbildung des Bauingenieurstandes und der das Industriezeitalter ankündigenden expandierenden Bautätigkeit entsprangen. Aus: J.E.Silberschlag, Ausführliche Abhandlung der Hydrotechnik …, Leipzig, Bd.1, 1772

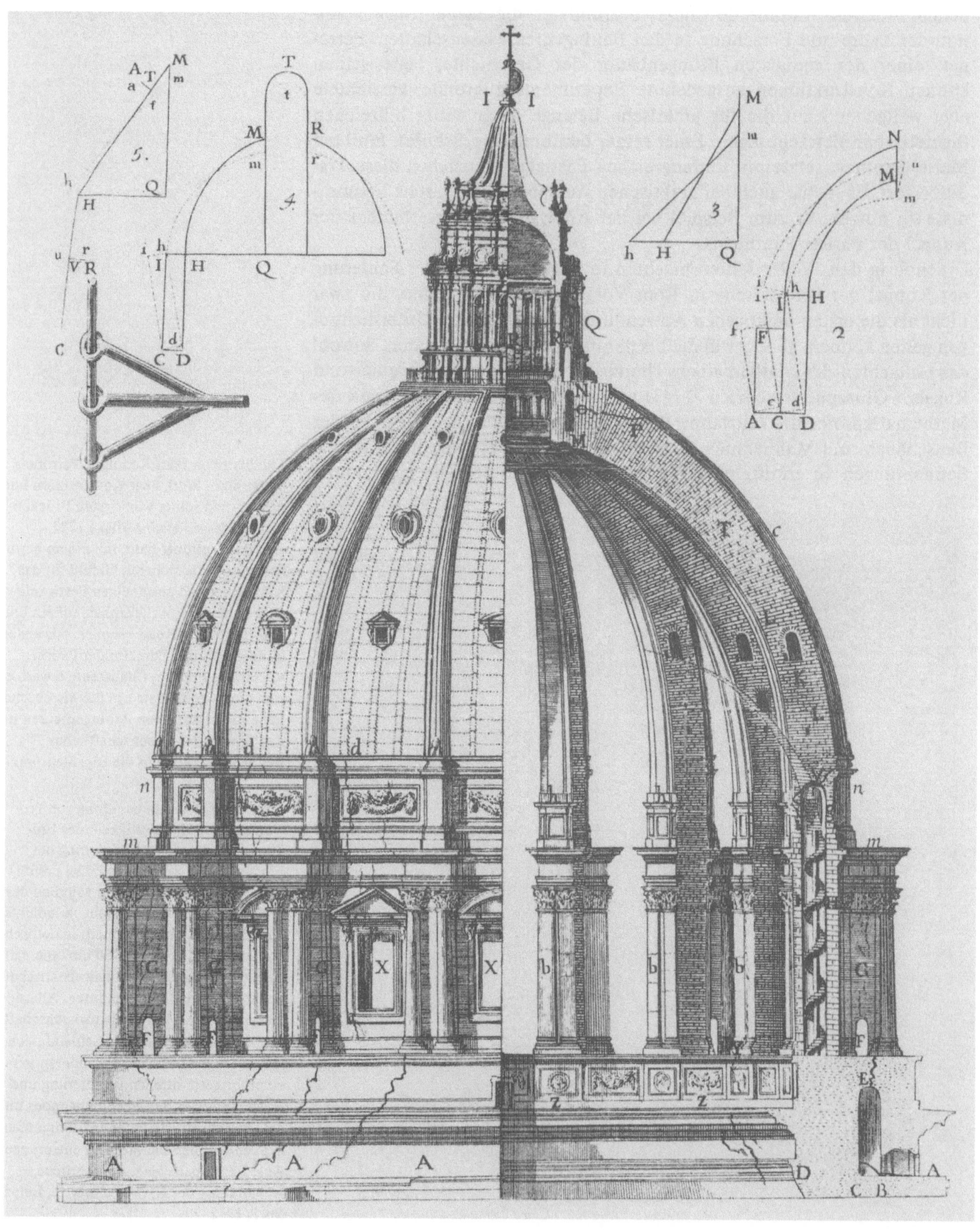

kräftige Impulse. Jedoch wurde hier erstmals offenbar, daß der Einzug wissenschaftlicher Grundlagen auf den Widerstand so mancher Baumeister stieß. Der Konflikt zwischen »Theoretikern« und »Praktikern« war ausgebrochen.

Außerhalb Frankreichs blieb die wissenschaftliche Sicht in der Bautechnik noch eine singuläre Erscheinung. Dies gilt auch für den deutschsprachigen Raum. Hier griffen nach der Jahrhundertmitte einige Autoren der allgemeinen Baulehren und technischen Spezialliteratur wie Lorenz Daniel Suckow und Johann Esaias Silberschlag das in Frankreich ausgebildete Konzept auf und trugen es in die Baukunde. Übersetzungen französischer Ingenieurliteratur, besonders der Werke Bélidors, begleiteten und förderten diese Bemühungen. Sie fielen gleichwohl auf wenig fruchtbaren Boden, da ungeachtet der in deutschen Landen existierenden kleineren Ingenieurcorps und Baubeamtenorganisationen mit mancherorts im Ansatz institutionalisierter Lehre das technische Bildungsniveau ungleich niedriger war. Nicht zuletzt der Überwindung dieser Misere galten zur gleichen Zeit die Bestrebungen deutscher Mathematiker um Johann Heinrich Lambert und Johann Gustav Karsten. Sie mühten sich, die Lehren der großen Geometer in allgemeinverständlicher Form darzustellen und mechanische Prinzipien auf einige technische Probleme anzuwenden.

Auch wenn sich gezeigt hatte, daß der vornehmlich in Frankreich versuchte Brückenschlag zwischen Ingenieurpraxis und Wissenschaft noch auf eine zu große Kluft traf, war das Fundament errichtet, auf dem sich die Bauingenieurwissenschaften im Industriezeitalter zu allgemeinem Nutzen erheben sollten.

Illustrationen aus dem statischen Gutachten zur Sanierung der Kuppel der Peterskirche in Rom von Thomas le Seur, François Jacquier und Ruggero Giuseppe Boscovich. Versuche, praktische Bauaufgaben mittels statischer Untersuchungen zu lösen, bildeten im ganzen 18.Jahrhundert eine Ausnahme im Baugeschehen. Sie wurden meist bei Konstruktionen unternommen, die sich im Grenzbereich des Erfahrungswissens bewegten. Zu den ersten bekannten Versuchen, theoretische Erkenntnisse der Mechanik über die schon früher nachweisbare Nutzung für die mechanische Technik hinaus auf Bauwerke selbst anzuwenden, zählt Wrens Entwurf der 1708 vollendeten Kuppel von St.Paul in London. Tagebuchnotizen Hookes und eine Skizze Wrens belegen die Beschäftigung des englischen Baumeisters und Gelehrten mit theoretischen Fragen der Stabilität seiner Kuppel. Weit größere Publizität erlangten freilich das statische Gutachten der drei Mathematiker und das Gegengutachten Polenis. Der Lösungsversuch der drei Mathematiker war auf das Prinzip der virtuellen Verschiebungen gegründet. Aus: Parere di tre mattematici …, Rom, 1743

Praktische Mechanik und Maschinenkunde
im Spannungsfeld von Naturwissenschaften und Technik

Wie konnten die seit der Antike bestehenden scheinbar unversöhnlichen Gegensätze zwischen naturphilosophischem und technischem Denken aufgehoben werden? Der Weg der Mechanik von der banausischen Kunst zur anerkannten Wissenschaft war lang und steinig. Viele Rückschläge, Hindernisse und Irrtümer galt es zu überwinden, ehe sich der Gedanke der Einheit von Mechanik, Physik und Technik Bahn brechen konnte. Dazu mußte die Mechanik auf eine Archimedische Grundlage gehoben werden, d. h. das Natürliche im Technischen erkannt und akzeptiert werden. Der Weg der Erkenntnis führte von der Beschreibung der einzelnen mechanischen Vorgänge am Hebel, Keil oder an der schiefen Ebene zu verallgemeinerten theoretischen Einsichten in das mechanische Prinzip und entsprechende Gesetzmäßigkeiten.

Einen ersten Schritt taten die Künstler-Ingenieure der Renaissance. Für sie stehen exemplarisch der vorwärtsdrängende Geist und die praktische Virtuosität eines Leonardo da Vinci. Ihm verdanken wir die phantastischsten Maschinenentwürfe seiner Zeit. Er hatte auch Anteil an der Formulierung des universellen Anspruches einer Einheitswissenschaft, gleichermaßen Natur, Kunst und Technik in sich einzuschließen und dem Menschen die Welt entdecken und verändern zu helfen.

»Alles, was von Zimmerleuten, Baumeistern, Lastenträgern, Bauern, Schiffsleuten und vielen anderen, auch wider das Gesetz der Natur, geleistet wird, gehört dem Gebiete der Mechanik an.«

Guidobaldo del Monte,
Vorrede zu »Mechanicorum libri VI«, 1577

Mechanismus zur Bewegungswandlung. Leonardo da Vincis Skizzenbüchern verdanken wir eine Fülle von Entwürfen neuer Mechanismen. Aus der Variation und Kombination einfacher Maschinenelemente schöpfte sein technisches Genie originelle, teils phantastische, aber auch durchaus zweckmäßige Konstruktionen. Ein Problem durchzieht das technische Schaffen seit dem Mittelalter in besonderem Maße: die Umwandlung von Drehbewegung in eine hin- und hergehende bzw. ihre Umkehrung. Aus: Leonardo da Vinci, Codex Madrid II, um 1500

Ein von solcher Kühnheit getragenes Programm mußte freilich vorerst auf Grenzen jener technisch-ökonomischen, aber auch theoretisch-methodischen Voraussetzungen einer erst keimhaft entstehenden frühkapitalistischen Produktionsweise stoßen. Besonders in der mechanischen Technik wurde von den virtuosi und engineri der Renaissance ein geradezu unüberschaubares Arsenal von Erfindungen und Erkenntnissen ausgebreitet. Hinsichtlich des maschinentechnischen Wissens sind Leonardos Skizzenblätter hervorzuheben, einst möglicherweise als der Grundstock eines größeren Werkes angelegt, nach seinem Tod in viele Lande zerstreut und, wie der aufsehenerregende Fund der »Codices Madrid« (1965) belegt, erneut wieder aufgetaucht. Sie bieten eine Fülle von technischen Ideen, konstruktiven Lösungen und Ansätzen theoretischer Bewältigung mechanischer Probleme. Auffallend ist die auf Nüchternheit bedachte, hohe technische Qualität seiner Zeichnungen und Skizzen. Die konsequente Darstellung in der Zentralperspektive ging von seinem Zeitgenossen, dem Architekten Filippo Brunelleschi, aus. Leonardo zerlegte seine Konstruktionen bis in das kleinste Element. Dem folgte auch die Darstellungsart von Details, Schnitten, Hervorhebungen u. a. m. Die Abbildung diente so der Freilegung des Funktionsprinzips.

Noch tiefer drang Leonardo in die Geheimnisse der Technik ein, wenn er sich solchen Zusammenhängen wie Festigkeit, Kräftespiel, Strömungs-

»Die Mechanik ist das Paradies der mathematischen Wissenschaften, weil man mit ihr zur schönsten Frucht des mathematischen Wissens gelangt.«
Leonardo da Vinci

Kapselkunst zur Wasserhebung. Sogenannte Kapsel-, Büchsen- oder Kluppkünste, später als Kurbelkapsel- bzw. Kapselräderwerke bezeichnet, stellen den Versuch dar, die Drehbewegung eines Wasserrades ohne vorherige Wandlung in die hin- und hergehende der Kolbenpumpe direkt zur Wasserhebung zu nutzen. Voraussetzung ihres wirkungsvollen Einsatzes waren freilich eine exakte Fertigung und gute Dichtheit des »Drehkolbens« an der Wandung. Einige Entwürfe fanden daher kaum oder nur unbefriedigende Realisierung. Eingegangen in die technische Literatur, konnte ihr Wirkprinzip späteren Lösungen Pate stehen. Aus: A. Ramelli, Le diverse et artificiose Machine, Paris, 1588

vorgängen widmete und am konkreten Objekt elementare statische und kinematische Gesetzmäßigkeiten herzuleiten trachtete. In vielen Fällen, so der Balkenbiegung, der Reibung oder Zerreißfestigkeit von Drähten, näherte er sich Aussagen von hohem Allgemeinheitsgrad. Er erkannte intuitiv, aber vorerst qualitativ das jeweils zugrundeliegende mechanische Prinzip. Trotz überragenden ingenieusen Gespürs und analytischer Schärfe mußte er unter anderem an der Quantifizierung der untersuchten Vorgänge scheitern. Der formale Rechenapparat einer elementaren Algebra, geschweige denn höhere Rechenarten standen noch nicht zu Gebote und bildeten sich erst mit dem tieferen Eindringen in die Natur mechanischer Prozesse heraus.

Immerhin näherte sich Leonardo der späteren physikalischen Modellbildung, wenn er über den wiederholten Versuch unter veränderten Randbedingungen und die Verallgemeinerung vielfach überprüften Erfahrungswissens zu Aussagen breiterer Gültigkeit zu gelangen trachtete. So half er auf ganz eigenständige Weise mit, die mechanischen Künste auf ein wissenschaftliches Fundament zu heben und in die Gelehrtenwelt hineinzutragen. Er wurde nicht müde, zur Anwendung von Geometrie und Mathematik aufzurufen. Freilich deutete er auch vieles nur an. Einige seiner Projekte eilten der Zeit weit voraus, manches blieb unverstanden und unbeachtet. Dennoch gingen von diesem Mann viele Anregungen aus. In seinem Kopf entstanden vorausschauend die Ideen für einen künftigen Technik-Typ. So vollzog sich seit jeher die Schaffung neuer Technik im Spannungsfeld von Wünschbarem, Machbarem und Notwendigem.

Dieses Sich-Bewußt-Werden neuer Methoden der Naturbeherrschung ergriff auch der Praxis zugewandte Gelehrte wie Nicolo Tartaglia, Geronimo Cardano und Galileo Galilei. Die Anreize der handwerklichen und gewerblichen Praxis aufgreifend, versuchten sie, auch die »künstlichen« Gebilde und Vorgänge der Naturbetrachtung zugänglich zu machen. Den universitären Kathederweisheiten entsagend, wandten sie sich der Werkstättentradition zu und nahmen Fühlung mit Arsenalen, Werften und Manufakturen. Die empirische Erkenntnis wurde der Spekulation entgegengehalten, das Gedankengut der Antike kritisch überprüft. Insbesondere die Bewegungsauffassungen der peripatetischen Schule waren heftigen Angriffen ausgesetzt. In dieser Auseinandersetzung reifte ein neues Verständnis für künstliche Vorgänge: Nichts kann wider die Natur geschehen, auch das Technische funktioniert nach den ewigen Naturgesetzen. Die neue Wissenschaft, die »nova scientia« – so der Titel eines Buches von Tartaglia – entstand in einem im Aufbruch begriffenen geistigen Umfeld. Mechaniker und Techniker suchten neues Wissen in Erfahrung zu bringen. Gelehrte näherten sich dem Feld der Praxis. Mäzene vergaben Preisaufgaben. 1563 wurde die »Accademia del Disegno« in Florenz als eine der ersten Schulen gegründet, die das angewandte Wissen pflegten.

Dort erhob man die mechanischen Künste erstmals zu einem Lehrfach und wertete sie in der Stufenleiter der Wissenschaften auf. Tätigkeiten, die bislang den Handwerksberufen vorbehalten waren wie Messen, Wägen, Zeichnen oder der Umgang mit Instrumenten, wie er bestenfalls von den Astronomen gepflegt wurde, drangen zunehmend in die Gelehrtenwelt ein. Namhafte Mathematiker wie Ostilio Ricci und Guidobaldo del Monte för-

Stufenleiter der Wissenschaften und Künste im 17. Jahrhundert. Die allegorische Darstellung belegt die herausragende Stellung der Mechanik im Gebäude des menschlichen Wissens. Erst die Begründung der modernen Naturwissenschaften führte zu einem gleichberechtigten Neben- und Miteinander der freien und der mechanischen Künste. Ebenfalls ist die zunehmende praktische Orientierung der Wissenschaften abzulesen. Aus: J. Furttenbach, Mechanischer Reiss-Laden, Augsburg, 1644

derten unter den Büchsenmeistern, Festungsbauern, Kunstmeistern oder Mühlenbauern die Hinwendung zur Zahl, zur Quantifizierung mechanischer Vorgänge. Umgekehrt kamen angehäufte technische Erfahrungen den entstehenden Wissenschaften zugute. Noch vor deren Begründung konnte es so zu erstaunlichen Ergebnissen rationaler Technikbetrachtung kommen. Del Monte, Humanist, Mathematiker und Festungsinspektor, trat 1577 mit einer kommentierenden Übersetzung der pseudoaristotelischen »Problemata mechanika«, den »Mechanicorum libri VI« hervor. Noch mit einem Bein in der peripatetischen Naturphilosophie der Artistotelischen Schule stehend, ging er insbesondere mit seinen technischen Erwägungen weit über eine kritische Werkrezeption hinaus. Auch in seinem Buch dienten die mechanischen Potenzen dazu, einfache statische Zusammenhänge zu erläutern und auf Möglichkeiten der Kraftersparnis hinzuweisen. Viele Probleme, z. B. die Festigkeit von Balken, erschienen modifiziert, und ihre äußerst schematisierte Darstellung weist auf den physikalischen Kern des einfachen Mechanismus hin. Eine neue, auf Naturgesetzen beruhende Mechanik wurde aus der Taufe gehoben. Das technische Mittel in seiner Anschaulichkeit fungierte dabei gewissermaßen als Taufpate.

Zu den Übersetzungen aus dem Vorfeld der modernen Naturwissenschaften zählen auch die bedeutenden technischen Sachbücher der Antike. Es ist das große Verdienst von Walter Ryff, eines ebenso wissenschaftlich beschlagenen wie praktisch interessierten Mannes, Vitruvs »Zehn Bücher über die Baukunst« ins Deutsche übertragen zu haben. Sein »Vitruvius teutsch«, 1548 vorgelegt, hielt sich nicht sklavisch an die Vorlage. Ryff, dessen freizügiger Umgang mit originären Werken den Gepflogenheiten des 16. Jahrhunderts geschuldet ist, scheint mit seinem ausgeprägten praktischen Gespür der ideale Kompilator technischer Schriften gewesen zu sein. Antike und zeitgenössische Texte wurden von ihm verständlich und anschaulich illustriert. Sich auf Vitruv, Tartaglia und andere berufend und

»Der effect oder krefftige wurckung der gleichlich schweren Cörper, die einander gleich sind, und in gleicher distantz geschehen und des gewaltigen trib, gegen gleichen widerstand, die werden einander gleich gemachet.«

Walter Ryff, Perspectiva, 1547

an deren Ruhm partizipierend, hat er in seiner »Perspectiva« viel für die Propagierung einer praktischen Geometrie getan, die er im Geschützwesen, Festungsbau, in der Architektur und Landvermessung, aber auch in der Maschinenbaukunst für unerläßlich hielt. Selbstverständlich verstand der bodenständige Ryff darunter nicht eine mathematische Theorie von der axiomatischen Strenge der Euklidischen Geometrie. Ihm ist es auf praktische Handhabbarkeit angekommen.

Auch auf dem Gebiet der Fertigung wurden zwischen dem 16. und 18. Jahrhundert vielfältige Voraussetzungen für das »Maschinenzeitalter« und die Herausbildung der Technologie geschaffen. Eine dieser Voraussetzungen war die technologische Zergliederung der Verfahren und Fertigungsprozesse in der Manufaktur.

Zwischen Renaissance und industrieller Revolution gelangten die mechanischen Künste zu hoher Blüte. Wachsendes Repräsentationsbedürfnis und Mäzenatentum weltlicher Herrscher, der Geistlichkeit wie auch vermögender und gebildeter Bürgerfamilien gingen einher mit der Leidenschaft systematischer Sammlung von Kunstgegenständen. So entstanden in der zweiten Hälfte des 16. Jahrhunderts die noch heute berühmten Sammlungen in Wien, Dresden, München, Kassel, Berlin, Florenz und Prag. Einige von ihnen enthalten bedeutende Werkzeugsammlungen, die den damaligen hohen Stand der technologischen Entwicklung sichtbar machen.

Die Kanone. Kupferstich von Albrecht Dürer, 1518

Neben den Künstler-Ingenieuren trugen auch Kunsthandwerker zur Mehrung des technischen Wissens bei. Der italienische Goldschmied und Bildhauer Benvenuto Cellini schrieb Mitte des 16. Jahrhunderts seine Kenntnisse in einem Traktat von der Goldschmiedekunst nieder. Auch der Goldschmied Wenzel Jamnitzer aus Nürnberg, den man später als »deutschen Cellini« bezeichnete, war zugleich Gelehrter und verfaßte Lehrbücher über Mathematik und Physik. Zahlreiche Uhrmacher, Instrumentenbauer und Kunstdrechsler zeichneten sich durch hohes mathematisch-mechanisches und technologisches Wissen aus.

Das zentrale Problem der Gelehrten aber waren der freie Fall und der Wurf. Technische Bewegungsvorgänge wie der Flug einer Kanonenkugel fanden das lebhafte Interesse der Mathematiker. Fragen nach der Geschoßbahn eines Projektils, dem Winkel für eine maximale Schußweite oder dem zielgenauen Schießen entzündeten gelehrte Diskussionen, die Ursachen und Wesen der Bewegung zu ergründen suchten. Während die tüchtigsten Artilleristen die Schießregeln bereits recht gut beherrschten, suchten Mathematiker wie Tartaglia nach allgemeinen Verfahren zur Bestimmung von Bahnkurven oder Schußweiten bei bestimmten Elevationswinkeln und legten damit den Grundstock einer Ballistik. Sie besannen sich dabei auf die aus dem Mittelalter überlieferte Impetuslehre. Auch die Wirkung von Schwungrädern fand so eine plausible Erklärung.

Ein weiteres Element der praktischen Mechanik war die Lehre von den Mechanismen. Ihre Anfänge werden weitgehend Leonardo zugeschrieben, der Maschinen in ihre elementaren Bestandteile zerlegte. Anteil daran hatte auch der Mathematiker, Mediziner und Philosoph Geronimo Cardano.

Auch Galilei, dem das Verdienst gebührt, den Durchbruch zu einer wahrhaft physikalischen Methodik in der Mechanik vollzogen zu haben, war auf das innigste mit der Technik seiner Epoche vertraut. Von Jugend an hatte er sich im Experimentieren geübt. Was er zunächst spielerisch betrieb, vollendete sich in einer bahnbrechenden Erkenntnismethode, die zur empirischen Basis der modernen Naturwissenschaften werden sollte.

Dem gezielten Experiment ging stets die gedankliche Durchdringung des technischen Vorganges bzw. natürlichen Phänomens voraus. Hierin liegt die überragende Erkenntnisleistung Galileis, die in seinen Fall- und Wurfgesetzen sowie seinen Betrachtungen zur Festigkeit, 1638 in den berühmten »Discorsi« niedergelegt, sogar von technisch relevanten Problemen abgeleitet wurde. Galilei bemühte sich um eine konsequente Quantifizierung mechanischer Prozesse. Die Herauslösung jener Größen wie Masse, Geschwindigkeit, Weg und Zeit, die einen technischen Bewegungsvorgang im Sinne naturgesetzlicher Zusammenhänge bestimmen, war hierfür die notwendige, aber äußerst schwierig zu meisternde Voraussetzung. Das Auffinden einer »Formel« für das Verhältnis dieser Größen sowie deren nachträgliche Bestätigung im realen Versuch oder im »Gedankenexperiment« folgten als Schritte dieses neuartigen Erkenntnisweges. Die Beschränkung auf kinematische Vorgänge, d. h. die Betrachtung der Bewegungsgeometrie unter weitgehender Vernachlässigung der Bewegungsursachen ermöglichte eine sichtliche Vereinfachung. Die Verwirrungen um den Kraftbegriff sollten noch lange Zeit nach Galilei die Gemüter der Mathematiker und Mechaniker erregen.

Bruchfestigkeit am eingespannten Balken. Die Ergebnisse der ersten tastenden Erwägungen zur Balkenfestigkeit hat Galilei 1638 in seinen »Discorsi« niedergelegt. In richtiger Weise erkannte er, daß der Biegewiderstand mit dem Quadrat der Balkenhöhe zunimmt. Bei Vernachlässigung der Elastizität kam er allerdings zu einem Verhältnis von Zug- und Biegefestigkeit (heute durch den Faktor 1/2 im Widerstandsmoment ausgedrückt), das bestenfalls sehr spröden Werkstoffen entsprach. Aus: G. Galilei, Discorsi, Leyden, 1638

»Die Natur kann man nicht betrügen, nicht übertreffen und nicht überlisten; so wird beim Hebel an Leichtigkeit gewonnen, was an Weg, Zeit und Langsamkeit gespart wird.«
Galileo Galilei, Le Mecaniche, 1593

Pendelrichtquadrant von Paulus Puchner (1576). Der Gebrauch von Feuerwaffen hatte im 16. Jahrhundert das Kriegswesen revolutioniert. Die Treffsicherheit war freilich noch nicht berechenbar. Die Ballistik, wenngleich zum wissenschaftlichen Gegenstand erhoben, mußte erst einen Reifeprozeß durchlaufen. Vorerst beschränkte sich das »Schießen nach Regeln« auf die Erfahrungswerte tüchtiger Geschützmeister. Wichtiges Hilfsmittel beim Richten von Kanonen waren Zielvorrichtungen in Form von Geschützaufsätzen. Mathematisch-Physikalischer Salon, Dresden

Wegen des hohen Abstraktionsgrades seiner quantitativen Mechanik führten Galileis Ansätze zunächst von der Analyse technischer Bewegungsvorgänge weg und wiesen den modernen Naturwissenschaften eigenständige methodische Wege. Denn die mathematische Behandlung komplizierter technischer Probleme wie der Geschoßbewegung hatte zwangsläufig idealisierende Annahmen über Luftwiderstand, Reibung und andere Sekundärerscheinungen zur Folge. Tatsächlich liegt die Galileische Normalparabel nur in der Nähe der realen Bahnkurve im Medium Luft. Aber ohne die formulierten Grundlagen des überragenden Mathematikers wäre eine spätere empirische Vervollkommnung ballistischer Theorien nicht denkbar. Ebenso verhält es sich mit den Relationen am Biegebalken. Der von Galilei aufgefundene Wert für das Verhältnis von Längs- und Biegefestigkeit entspricht annähernd spröden Werkstoffen, nicht aber elastischen. Dennoch initiierte er mit seinen Ansätzen maßgeblich den weiteren Ausbau der Balkenbiegetheorie.

So ging die Mechanik der Neuzeit von Galilei aus. Auch das Feld für eine technische Mechanik wurde mit diesen Anfängen bereitet. Aber die Entwicklung der modernen Naturwissenschaften lag zunehmend bei Mathematikern vom Format eines Isaac Newton und Leonhard Euler. Das methodische Grundgerüst wurde gar von Männern mit philosophischem Geist wie Francis Bacon, René Descartes und Gottfried Wilhelm Leibniz konsolidiert. Die theoretische Mechanik ging relativ selbständige Wege und war eng an die Entwicklung der Infinitesimalrechnung geknüpft. Dennoch griff selbst Newtons »Principia«, das Fundamentalwerk der terrestrischen wie der Himmelsmechanik, das Maschinenproblem auf. Mit Ausnahme von Joseph Louis Lagrange, dem Begründer einer eleganten analytischen Mechanik, die das Ansehen genoß, »vornehm und reibungslos« zu sein, widmeten sich fast alle Wissenschaftler, die zum Ausbau des Newtonschen Systems beitrugen, in dieser oder jener Form auch bau- oder maschinentechnischen Fragestellungen.

Daneben kam eine praktische Mechanik zur Entfaltung, die als kräftiger Wissensstrom zu den späteren Maschinenwissenschaften hinführte. Der Aufschwung des technischen Erfahrungswissens im 16. Jahrhundert ist insofern zu erklären, als die ersten zaghaften Versuche mechanischer Theorienbildung den praktischen Problemen keineswegs gewachsen sein konnten. So bildeten sich an der Nahtstelle von Naturwissenschaften und Produktion jene praxisnahen Wissensgebiete heraus, deren Profil die praktische Mechanik und Maschinenkunde mitbestimmten. Während die klassische Mechanik in kosmologische Dimensionen vorstieß, verhalf der indessen hohe Stand praktisch-mechanischen Wissens den Mühlenbauern, Mechanicis, Uhrmachern, Büchsen- und Kunstmeistern in vielen Ländern zu glänzenden Erfolgen.

Die gesellschaftliche Anerkennung, Pflege und Förderung einzelner mechanischer Künste wurden wesentlich durch die Repräsentanz bei Hofe bestimmt. Zu diesen »hoffähigen« mechanischen Künsten gehörte die Drehkunst. Sie stand im 16. bis 18. Jahrhundert in besonderer Blüte. Große Potentaten gehörten zu ihren Liebhabern. Die stattliche Zahl von vermögenden Bewunderern der Drehkunst ermöglichte es, daß 1701 erstmalig ein Lehr- und Fachbuch darüber erschien, dem in der zweiten Hälfte des 18. Jahrhunderts weitere folgten.

Das große höfische Interesse an künstlerischer Selbstbetätigung und Erwerb einmaliger kunstvoller Drechslerprodukte rief die Differenzierung in eine »gemeine oder niedere« und eine »höhere« Drehkunst hervor. Letztere hatte das Unrunddrehen, insbesondere das Passigdrehen, Ovaldrehen, Medaillendrehen und Porträtdrehen sowie besondere Dreh-Kunststücke zum Gegenstand. Als Werkstoffe dienten zahlreiche Holzarten, Bein, Stein sowie leicht bearbeitbare Metalle, selten Eisen.

Zum Fachwissen des Drechslers gehörten damals die Auswahl des Drehverfahrens, die Kenntnis der Werkstoffeigenschaften des Werkstückes, dessen Vor- und Nachbearbeitung, die Herstellung und Anwendung der Drehstähle und Drehmaschinen und sonstiger technischer Hilfsmittel sowie Einrichtung von Drehlaboratorien. Kunstdrehen galt als geistig anspruchsvolle Tätigkeit, die wissenschaftliche Kenntnisse in der Geometrie, Mechanik, Statik und Baukunst erforderte. Werkzeuggeometrie, Werkzeugjustierung, Werkstückzentrierung und Gestaltung der spanbildenden Arbeitsbewegungen wurden zum Gegenstand der Spanungstechnik.

In besonderem Maße repräsentierten die prachtvollen Maschinenbücher das mechanisch-technische Wissen, die als eigenständige Literaturgattung seit dem ausgehenden 16. Jahrhundert den Buchmarkt bereicherten. In dieser Zeit lebten die deskriptiven Sammelleidenschaften auf dem Gebiet der

»Die Natur der Dinge verrät sich schneller unter den Quälungen der Kunst als in ihrer natürlichen Freiheit.«
Francis Bacon

»Das ungleichförmige Wirken der Bewegungskraft bei Mühlen, die durch Stoßen und Ziehen mit Schwengeln in Bewegung gesetzt werden, führte auf die Theorie und Anwendung des Schwungrades.«
Karl Marx, Das Kapital, Bd. 1

»So ist die Drechsler-Kunst ein Tun dem Ruhm gebühret, aus deren Wissenschaft manch schönes Kunst-Werk rühret. Eine Mutter vieler Künste … Eine kluge Lehrerin voll reicher Wissenschaft.«
Aus einem Lobgedicht auf die Drehkunst um 1700. Jacob Leupold, Theatrum machinarum generale, 1727

Gegenstand der Spanungstechnik im
18. Jahrhundert. Zu den mechanischen
Künsten gehörig, fand die Drehkunst erstmalig 1701 durch den französischen Abbé
Charles Plumier eine fachwissenschaftliche
literarische Darstellung. Aus: Ch. Plumier,
L'Art du Tourneur, Lyon, 1701

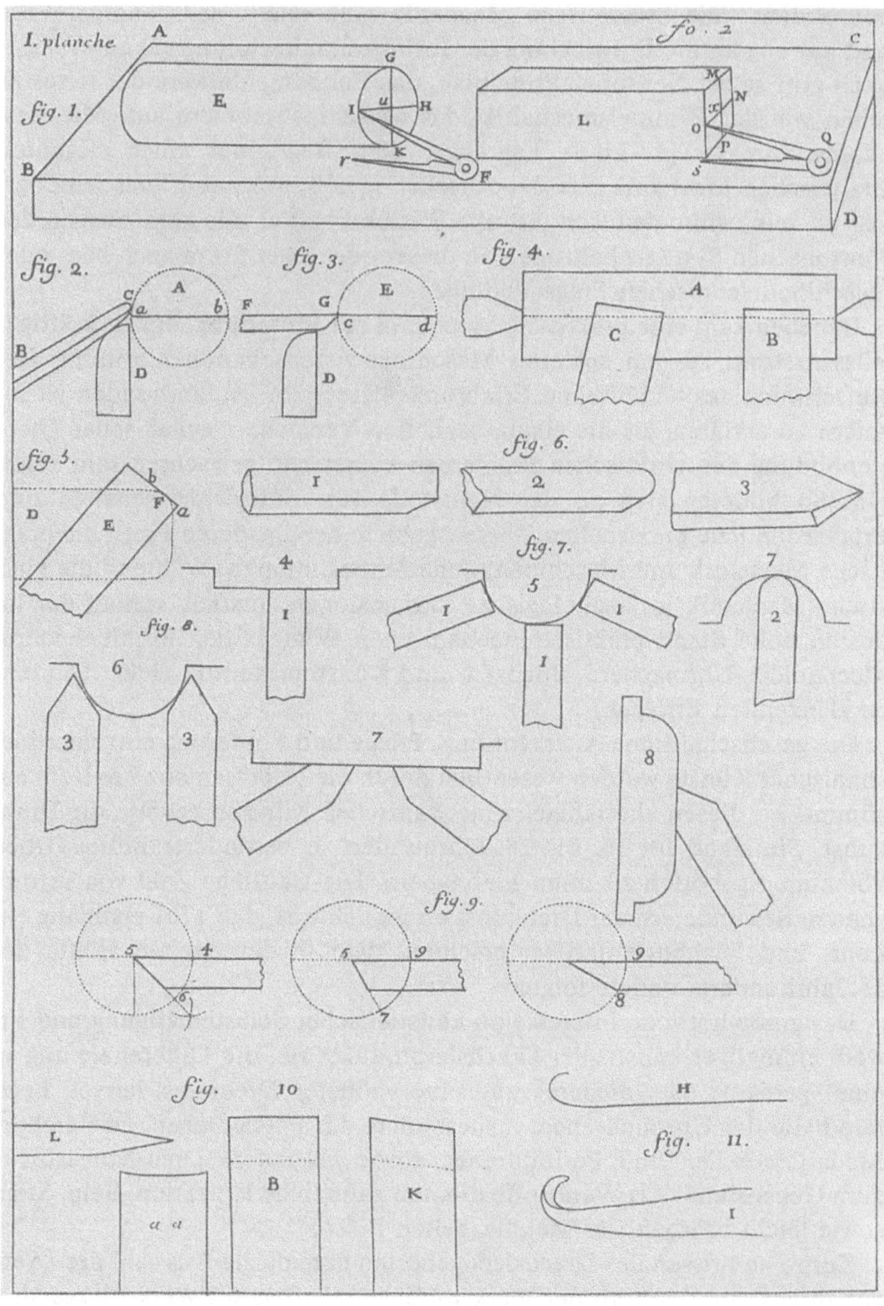

»Sie führet den Menschen an in aller-
hand beides lustigen und in notwen-
digen Künsten, welche alle mitein-
ander ohne Mathematic unvoll-
kommen seynd. Es haben auch alle
Handwercker ihre gewisse Maß und
Proportion von der Mathematica.«
Strada à Rossberg, Künstlicher Abriß
allerhand … Mühlen, 1617

Maschinentechnik förmlich auf. Mit der Renaissance war in allen gesellschaftlichen Schichten ein großer Bildungshunger geweckt worden. Die ersten Sammelwerke vornehmlich italienischer Provenienz waren freilich an
höfische, zumindest aber wohlhabende Kreise adressiert. Zu den bemerkenswerten Darstellungen hydraulischer Maschinen sowie daraus abgeho-
benen Erfahrungswissens zählt der »Pseudo-Juanelo-Turriano« –, eine Art
frühe *Architectura hydraulica* spanischer Herkunft. Jacques Besson, Agostino
Ramelli, Vittorio Zonca, Fausto Veranzio, Giovanni Branca, Salomon de
Caus, Jacopo Strada à Rossberg, Georg A. Böckler und Heinrich Zeising gehörten zu den bedeutendsten Autoren. Die zum Teil brillant illustrierten

Schauplätze der Maschinenbaukunst – der Begriff des »Theatrum machinarum« bürgerte sich bald ein – gaben weniger ein getreues Abbild der im technischen Alltag bewährten Maschinen als vielmehr des Außergewöhnlichen und Bizarren der Maschinenwelt. In manchen Büchern treten uns wahrlich barocke Maschinen entgegen, voller Zierat, unergründlich in ihrer Wirkungsweise, gigantomanisch in ihren Ausmaßen. Kunst und Technik waren so weit noch nicht voneinander entfernt, als daß sich die im Zeitgeist des 17. Jahrhunderts verwurzelte Manieriertheit nicht hätte auch auf die Maschinentechnik übertragen können. Und dennoch, hinter dem Dikkicht barocken Überschwanges leuchtet der rationale Kern hervor. Selbst der ausgefallenste Entwurf eines perpetuum mobile galt nicht allein als technisches Wunderwerk, sondern war gleichermaßen Studienobjekt für die Untersuchung von Kraftbedarf, Bewegungswiderstand und Wirkung der Schwungkraft, für das geistige Durchspielen neuer Wirkprinzipe und konstruktiver Lösungen. Allgegenwärtig in diesen Büchern ist das Streben nach Kraftökonomie bei der Abstimmung von Antriebs-, Übertragungs- und Bearbeitungskräften sowie bei der Minderung der Bewegungswiderstände. Derlei Probleme sollten in der Folgezeit zum Hauptgegenstand der Maschinenlehre aufrücken.

Darüber hinaus gibt die Darstellungsart Aufschluß über das neuartige Herangehen. Manche Autoren wagen den Versuch, Kraft- und Bewegungs-

Mühle als »Perpetuum mobile«. Einen immerwährenden Bewegungsmechanismus zu schaffen ist ein uralter Menschheitstraum. Doch ist das vorliegende perpetuum mobile, das zudem noch Arbeit verrichtet, weit mehr als ein naiver oder phantastischer Entwurf. Der Autor sah es selbst als Studienobjekt, als eine »nützliche speculation«, durch geschickte Anordnung der Schraubkunst, des Horizontalwasserrades und des Übertragungsmechanismus sowie durch vorteilhafte Form des Löffelrades, günstige Lagerung und ähnliche Maßnahmen den Effekt des Mühlwerkes zu steigern. Aus: Strada à Rossberg, Künstlicher Abriß allerhand ... Mühlen, Frankfurt/M., 1629

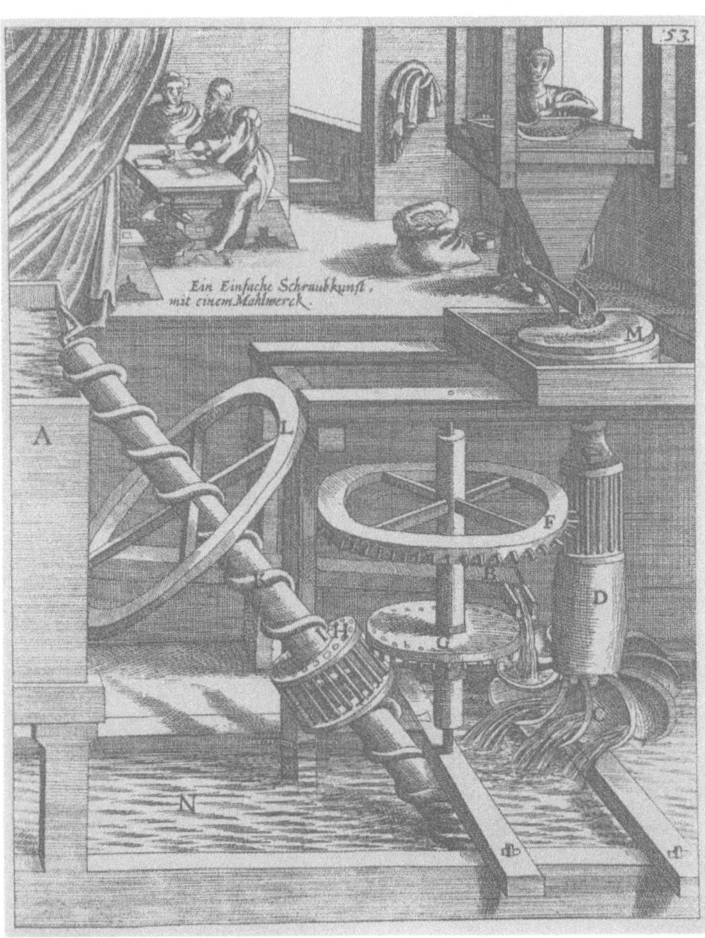

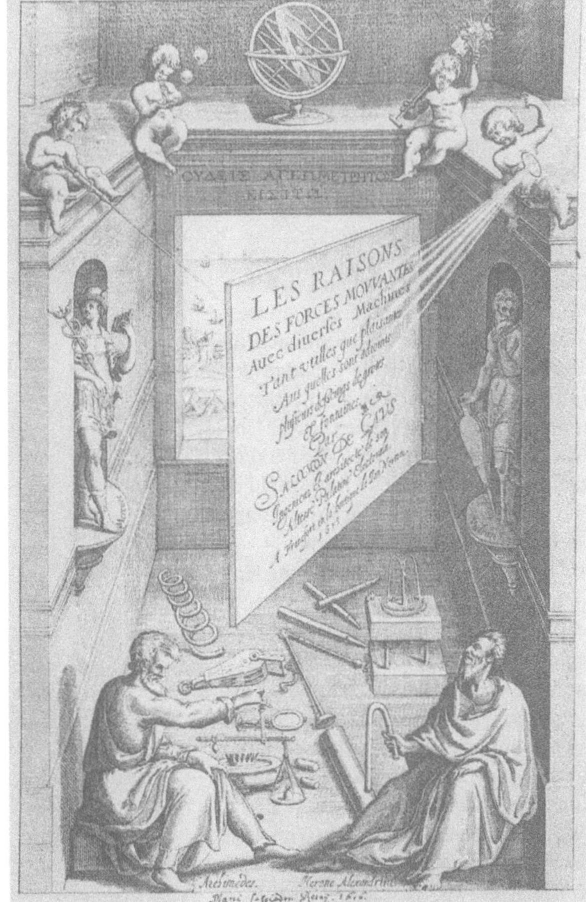

Titelblatt des Werkes »Les Raisons des Forces mouvantes ...«. 1615 gab der in englischen, kurpfälzischen und französischen Diensten stehende Ingenieur und Baumeister Salomon de Caus sein berühmtes Maschinenbuch heraus.

»Die Mechanic ist eine Wissenschaft, welche die Verhältnisse der Kräften, die die Körper bewegen wollen, gegen ihre Schwäre, samt der Geschwindigkeit betrachtet, mit welcher sie bewegt würden, wann die Bewegung nichts widerstünde; und zwar betrachtet sie dieses alles in dem Stand des Gleich-Gewichts, und sofern es durch Machinen geschicht.«

Definition der Mechanik nach Bernard Forest de Bélidor, Cursus Mathematicus, 1745

größen der Maschinen in einfache Zahlenrelationen zu kleiden. Bereits die Titelblätter verraten metaphorisch die Intentionen der Verfasser. Überall ist Wissenschaft im Spiel, auch wenn die Vorstellungen über eine solche künftige Maschinen-Wissenschaft noch recht unklar zutage treten.

Von kalkulativem Herangehen ist auch der Bericht Domenico Fontanas über das seinerzeit wohl spektakulärste Unternehmen eines Schwerlasttransportes, das Versetzen des Vatikanischen Obelisken auf den Peters-

Transport des Vatikanischen Obelisken. Wohl kaum eine ingenieurtechnische Großleistung hat im 16. Jahrhundert die Gemüter so erregt wie die Umsetzung des Vatikanischen Obelisken zum Petersplatz unter der Leitung des Baumeisters Domenico Fontana im Jahr 1586. Bemerkenswert ist die Tatsache, daß im Vorfeld dieses Ereignisses auf einem »Ingenieurkongreß« die Pläne und Projekte von etwa 500 Bewerbern – in der Abbildung sind die wichtigsten hervorgehoben – begutachtet und geprüft wurden. Diese Art der Entscheidungsfindung, einfache Rechenexempel zu ihrer Begründung sowie die technisch-organisatorische Bewältigung des Großunternehmens reihen es in das Vorfeld der Ingenieurwissenschaften ein. Auch die Kunst des Zeichnens und Beschreibens des technischen Vorganges durch Fontana legt ein Zeugnis großer Meisterschaft ab. Aus: D. Fontana, Rom, 1590

platz zu Rom im Jahre 1586, getragen. Hier haben wir ein frühes Beispiel ingenieurgemäßen, wissenschaftlich untermauerten Herangehens. Bereits die Auswahl des geeigneten Verfahrens läßt neue Züge erkennen: Auf einem »Ingenieurkongreß« wird aus den vorgelegten Projekten das vorteilhafteste ausgewählt. Dem päpstlichen Baumeister Fontana, dessen Projekt verwirklicht wurde, kann nachgesagt werden, die damaligen Möglichkeiten der Dimensionierung der Hebezeuge voll genutzt zu haben. So elementar sich z. B. die Berechnung des Gewichtes des Obelisken ausnehmen mag, im Ingenieurschaffen des 16. Jahrhunderts war sie eine Novität.

Geradezu naiv mutet dagegen ein halbes Säkulum danach das seltsame Beginnen des Jesuitengelehrten Athanasius Kircher an, ebenfalls »technische Großleistungen« rechnerisch nachzuvollziehen, diesmal freilich die alttestamentarischen »Wunderwerke« wie den Turm zu Babel und die Arche Noah betreffend. Die von religiösem Eifer getragene Berechnung des Auftriebs der Arche mag heute wunderlich erscheinen. Doch hatten auch die im Zuge der Gegenreformation einsetzenden Bestrebungen seitens der katholischen Kirche, Anschluß an das wissenschaftliche Weltbild des 17. Jahrhunderts zu gewinnen, Einfluß auf das technische Denken der Zeit. Erwähnt sei nur die Beziehung Kirchers zu Caspar Schott, einem der Förderer Otto von Guerickes.

Aber auch neuplatonische und iatrophysikalische Geistesströmungen sowie die Weltsicht des Hermetismus banden die Technik in ihre Denksysteme ein. Im buntschillernden und keineswegs von einem einheitlichen Weltbild ausgehenden 17. Jahrhundert hatte sich Technik ihren Platz erobert und war als geronnene menschliche Wesenskraft nicht mehr aus dem Geistesleben wegzudenken. Sie war sogar schulfähig geworden, wie erste zumeist militärisch orientierte Ingenieurschulen-Konzepte belegen. Das technologische Wissen dieser Zeit wurde hauptsächlich in den sogenannten Ständebüchern, einem Pendant zu den Maschinenbüchern, dargestellt. Zu den namhaftesten gehörten die von Jost Amman (1568), Tommaso Garzoni (1585), Christoph Weigel (1698) und Abraham Santa Clara (1711). In all den genannten Werken dominierte seit Anbeginn ein geradezu »polytechnisches Programm«. Bereits ausgangs des 17. Jahrhunderts breitete sich somit der Gedanke einer Einheit der Technikwissenschaften aus. Dieser resultierte zu einem Gutteil aus ersten Vorstellungen einer »Mathesis universalis«. Die Mathematik als etablierte Wissenschaft begann, besonders unter dem Einfluß frühaufklärerischer Ideen, zunehmend die angewandten Wissensgebiete unter sich zu subsumieren. So wenig noch von inniger Verquickung die Rede sein konnte, stand doch die Idee der Verwissenschaftlichung unter dem einigenden System der »Mathesis« auf dem Plan. Dieses Herangehen hatten sich gleichermaßen Baumeister wie Mechanicis zu eigen gemacht. Joseph Furttenbachs »Architectura universalis« schloß Mitte des 17. Jahrhunderts Teile der Maschinentechnik ebenso ein, wie zu Beginn des 18. Jahrhunderts Leonhard Christoph Sturms »Lehrbegriff der gesamten Mathesis« in die inneren Zusammenhänge der Maschinenbaukunst einzudringen trachtete. Von dort bis zur Begründung der deskriptiven Maschinenkunde durch Jacob Leupold, worin die Systematisierungsbestrebungen im Maschinenwesen des 18. Jahrhunderts kulminierten, war es kein allzugroßer Schritt.

Mühle mit acht Mahlgängen. Der sich ständig erweiternde Wassermühlenbetrieb warf energieökonomische Probleme auf. Das Erfordernis, mit dem Wasserangebot hauszuhalten, aber auch der gebotene sparsame Umgang mit dem Material führten zu Verbesserungen im Mühlenbau, die sich in der technischen Literatur niederschlugen. Mehrfachanordnung der Mahlgänge, die Art der Gerinne, Wasserradformen und Pansterwerke hatten im 18. Jahrhundert erheblichen Einfluß auf die Effizienz der Maschinerie. Aus: L. Ch. Sturm, Vollständige Mühlenbaukunst, Augsburg, 1718

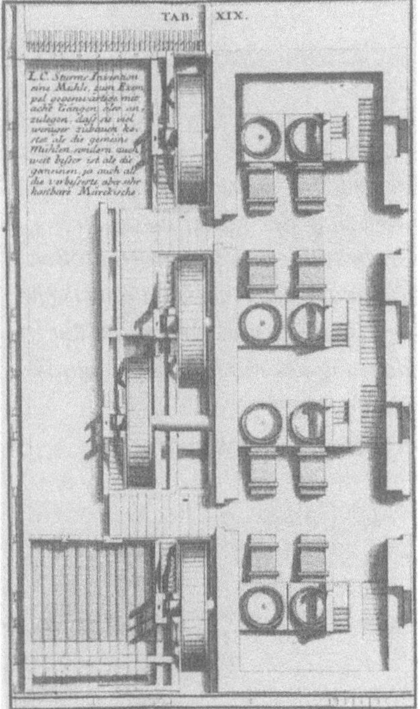

Porträt Otto von Guericke. Gemälde von
L. M. Lauch, um 1650. Der Magdeburger
Bürgermeister erwarb sich in vielerlei Hin-
sicht Verdienste um das technische
Denken. Hervorzuheben sind seine
Arbeiten zum Luftdruck. Seine Idee, mit
der Wirkung des äußeren Luftdruckes
gegen ein Vakuum Arbeit zu verrichten,
hat der atmosphärischen Dampfmaschine
Pate gestanden. Technische Universität,
Magdeburg

*»Sehr wichtig wurde die sporadische
Anwendung der Maschinerie im
17. Jahrhundert, weil sie den großen
Mathematikern jener Zeit praktische
Anhaltspunkte und Reizmittel zur
Schöpfung der modernen Mechanik
darbot.«*
Karl Marx, Das Kapital, Bd. 1

Doch brachte das 17. Jahrhundert noch eine weitere Hinterlassenschaft
hervor, auf welche sich die Maschinentechnik stützen konnte. Der Ausbau
der modernen Naturwissenschaften, so sehr er von der Mechanik fester
Körper ausging, führte auch zur Ergründung weiterer Phänomene, die
ebenfalls eine Basis für technische Wirkprinzipe abgaben. Wärme, Mate-
rialaufbau, Luftdruck, Strömungsvorgänge und vieles mehr wurden zum
Untersuchungsgegenstand der Naturforscher. Die Untersuchung des Vakuums z. B. ist an die Namen Robert Boyle, Edmé Mariotte und Evangelista
Torricelli gebunden. Otto von Guericke demonstrierte in seinen Magdeburger Versuchen bereits das Arbeitsvermögen des Luftdruckes gegen ein
Vakuum, und der Gelehrte Denis Papin erzeugte dieses Vakuum durch die
Kondensation von Wasserdampf und erfand mit seiner Vorrichtung den
Prototyp der atmosphärischen Dampfpumpe. So reihen sich namhafte Wissenschaftler in die Vorgeschichte der Kolbendampfmaschine ein, die durch
die englischen Techniker Thomas Savery und Thomas Newcomen zu einer
ersten Betriebsreife gebracht wurde.

Gleichermaßen anziehend auf Naturwissenschaftler mögen Uhr und Mühle, die Vorbilder aller produktiven Maschinerie, gewesen sein. Christiaan Huygens, ein Verfechter Cartesianischer Ideen, faszinierten Schwingungsbewegungen. Er vervollkommnete die Pendeluhr. Sein »Horologium oscillatorium« (1673) verrät das konstruktive Geschick seines Autors bei der Lösung schwieriger Probleme wie der Pendelführung.

Uhrenfedern regten Robert Hooke zu theoretischen Betrachtungen über die Elastizität an. In der damals üblichen Form eines Anagramms stellte er 1675 sein Elastizitätsgesetz vor, das von einer Proportionalität zwischen Kraft und Verlängerung ausging. Solche Ergebnisse konnte er allerdings nur durch ausgedehnte Versuche erreichen.

Im 17. Jahrhundert gerieten zunehmend die Werkstoffe in das Blickfeld wissenschaftlicher Betrachtung und experimenteller Untersuchungen. Dies betraf ihre konstruktive Widerstandsfähigkeit und ihre Eigenschaften bei der Bearbeitung. Hauptwerkstoff war nach wie vor das Holz, bei dessen mechanischer Bearbeitung überwiegend auf spanende Fertigungsverfahren wie Sägen, Drehen, Bohren, Hobeln und Schleifen zurückgegriffen wurde. In der Metallbearbeitung dominierten bis zum Mittelalter das Gießen, Schmieden und Treiben für Werkstücke aus Kupfer, Bronze und Eisen. Seit dem Aufkommen der Feuerwaffen wurde das Bohren der Geschoßläufe zu einer neuen schwierigen Fertigungsaufgabe. Genauigkeitsanforderungen und Kraftbedarf verlangten die Entwicklung von Bohrmaschinen neuer Qualität und Größe.

Vor der industriellen Revolution waren somit Sägemühlen und Kanonenbohrmaschinen die größten und bedeutendsten spanenden Werkzeugmaschinen. Erstmals nahmen an diesen Maschinen Gelehrte spanungstechnische theoretische Untersuchungen und Berechnungen vor. Bereits seit Mitte des 18. Jahrhunderts vervollkommneten Gelehrte wie Leonhard Euler, Bernhard Friedrich Mönnich und Karl Christian Langsdorf eine »Theorie der Sägemühlen«.

Die technologischen Untersuchungen der Metalle konzentrierten sich in dieser Zeit vorrangig auf verbesserte Gewinnungsverfahren und vorteilhafteste Bearbeitungsmöglichkeiten wie Gießen, Prägen oder Wärmebehandeln. So beschrieb bereits der Italiener Biringuccio 1540 in seiner »Pirotechnia« ausführlich die Herstellung von Bronze- und Eisenguß.

Zu den herausragenden wissenschaftlichen Untersuchungen in der Eisenmetallurgie des 18. Jahrhunderts gehören die Versuche des französischen Naturwissenschaftlers René-Antoine Réaumur über die Stahlerzeugung und den schmiedbaren Guß. Seine 1722 veröffentlichten Ergebnisse enthielten erstmals Gefügedarstellungen von technischem Eisen.

Es fällt auf, daß sich ausgangs des 17. Jahrhunderts die Reihen der Naturwissenschaftler mit Vertretern der angewandten Richtung füllten. Ob nun die Technik zum Prüffeld und zur anregenden Demonstration von Naturgesetzen wurde, der mathematischen Spielerei oder dem Ausbau der experimentellen Methode diente, die aufgeschlossene Haltung vieler Naturwissenschaftler auch zu Problemen der Maschinentechnik ist nicht zu übersehen. Insbesondere das Ausbreiten der experimentellen Wissenschaften wirkte auf die Technik zurück. Vielerorts wurden Akademien und wissenschaftliche Gesellschaften zum Träger und Verbreiter experimenteller

Federversuch von Robert Hooke. Der berühmte Experimentator und Sekretär der Londoner Royal Society legte 1675 die erste Fassung eines Elastizitätsgesetzes in einem Anagramm verschlüsselt vor. Dessen Lösung, den Nachweis der Proportionalität von Kraft und elastischer Ausdehnung, gab er drei Jahre später mit dem Satz »ut tensio sic vis« (Wie die Ausdehnung, so die Kraft)preis. Hookes Verständnis für das elastische Verhalten der Materialien hatte sich auch an Versuchsreihen mit Federn geformt. Aus: R. Hooke, De potentia restitutiva …, London, 1678

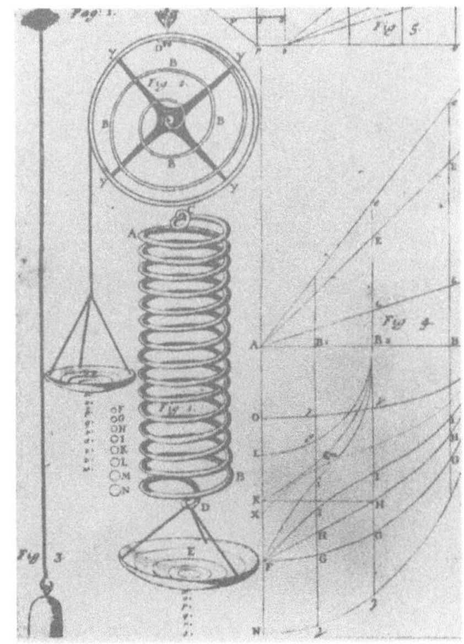

Erste »metallographische« Eisengefügedarstellung nach Reaumur. Der französische Naturwissenschaftler R.-A. F. de Réaumur beschäftigte sich seit 1715 mit der mikroskopischen Untersuchung von Bruchflächen technischen Eisens (Gußeisen, Schmiedeeisen, Stahl), das er in einer eigenen Versuchsgießerei herstellte. Er entwickelte als erster eine Theorie über die metallurgischen Vorgänge bei der Wärmebehandlung (Tempern, Zementieren) von Eisenwerkstoffen. Aus: E. Svedenborg, Regnum subterraneum sive minerale de ferre, Dresden/Leipzig, 1734

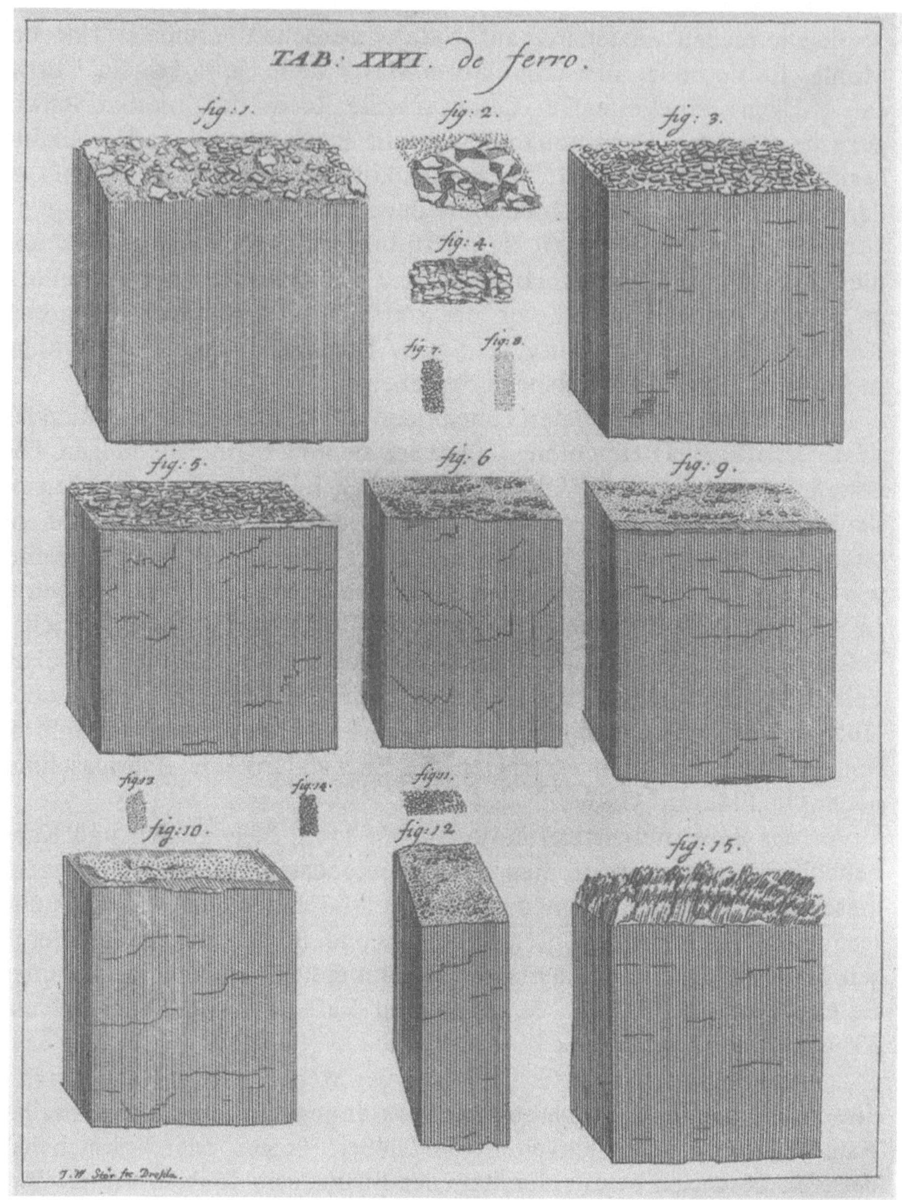

Titelblatt der technologischen Enzyklopädie »Descriptions des Arts et Metiers«, 1761 bis 1789. Das im Auftrag der Pariser Akademie der Wissenschaften erarbeitete, 121 Teile und über 1000 Tafeln umfassende Werk stellt die ausführlichste Beschreibung handwerklicher Verfahren und technischer Mittel der Zeit vor der industriellen Revolution dar. Unter Leitung von Reaumur wirkten viele französische Wissenschaftler daran mit.

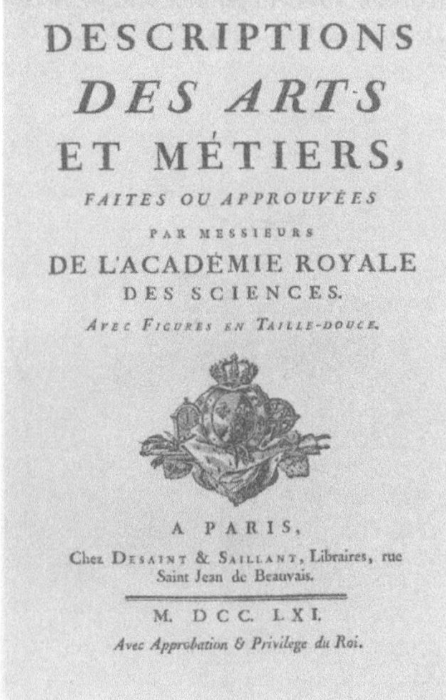

Forschung. Auch der zumeist absolutistische Staat griff lenkend in die Wissenschaftsentwicklung ein. In Frankreich förderte der Merkantilismus Colbertscher Prägung die gewerbe- und verfahrensorientierten Wissensgebiete. Die Planung und Durchführung eines so gewaltigen Publikationsvorhabens wie der »Descriptions des Arts et Metiers« war an die Möglichkeiten nationalstaatlicher Interessenvertretung gebunden.

Vom Aufbruch der Experimentalphysik bzw. experimentellen Naturphilosophie in technische Belange kündeten Forscherpersönlichkeiten vom Schlage eines Guillaume Amontons, Antoine Parent, Mariotte, Réaumur, Pieter van Musschenbroek oder Gulielmo J. Gravesande. Manche von ihnen traten selbst mit Erfindungen – so das Mitglied der französischen Akademie Amontons mit einer Rotationsdampfmaschine – hervor. Ihre Hinwendung zur Praxis schlug sich insbesondere in der Untersuchung von

Materialeigenschaften, der Erforschung praktischer Reibungsaufgaben sowie der Balkenbiegung nieder. Den Fähigsten unter den Physikern und Mathematikern des ausgehenden 17. Jahrhunderts gelang es bereits, sich maschinentechnischen Theorien zu nähern, zumindest aber eine exakte Zielstellung auf dem Boden der neuesten mechanischen Theorien zu formulieren. Der Physiker Philippe de la Hire hat sich in seinem »Traité de mécanique« (1695) besonders um die Maschinenmechanik hervorgetan.

So sehr diese Forscher bereits die Newtonsche Mechanik vorbereiteten bzw. sich an ihren Grundsätzen orientierten, konnte ein signifikanter Qualitätssprung in der Theorienbildung erst mittels der Variationsprinzipien der Mechanik vollzogen werden. Auf der Grundlage einer ausgebauten Infinitesimalrechnung war es der Mechanikergeneration in der ersten Hälfte des 18. Jahrhunderts vorbehalten, die Tragweite von Newtons »Principia« gänzlich zu ermessen und in das Neuland technisch relevanter Bewegungsvorgänge vorzudringen.

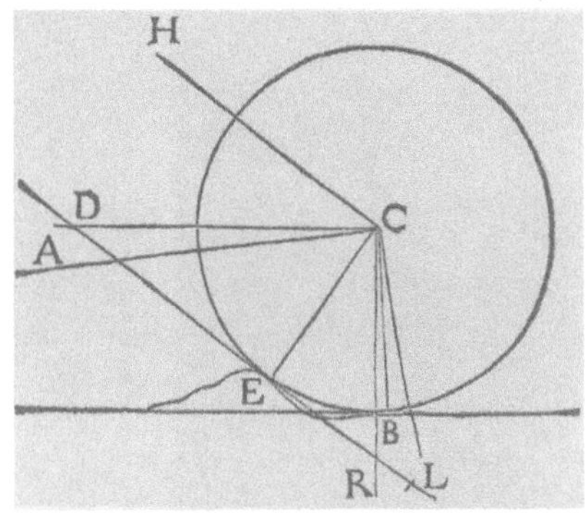

Modell der Rollreibung bei de la Hire. Mit der praktischen Mechanik befaßten sich auch einige bedeutende Mathematiker und Physiker. Zentrale Bedeutung wurde im 17. und 18. Jahrhundert der Reibung und Festigkeit beigemessen. De la Hires Ansatz zeigt deutlich ein physikalisches Herangehen an diese Phänomene. Seiner Ansicht nach wird der Rollwiderstand durch Eindrücken und Aufwerfen des Untergrundes erzeugt. Aus: Ph. de la Hire, Traité de mécanique, Paris, 1695

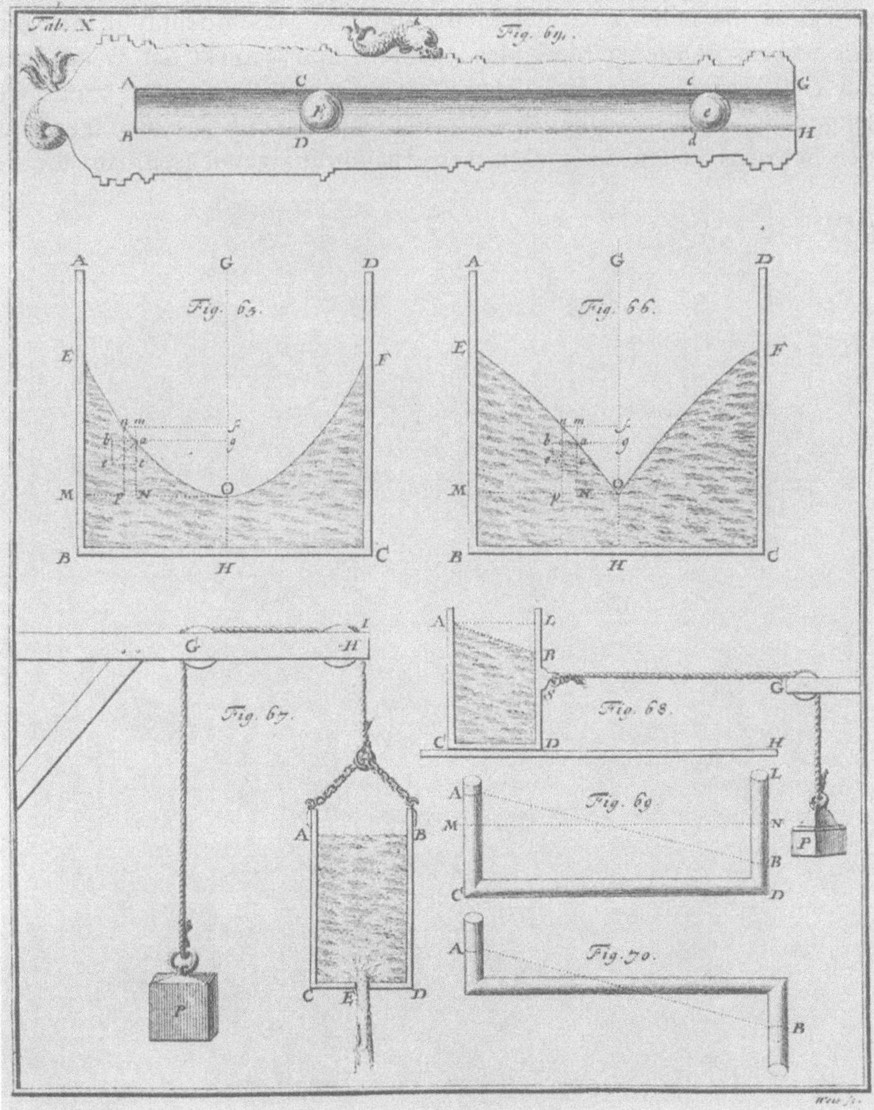

Hydrodynamische Vorstellungen bei Daniel Bernoulli. Im 18. Jahrhundert stand der Ausbau der Newtonschen Mechanik auf dem Plan. Die großen Mathematiker und Naturwissenschaftler ließen sich dabei nicht selten von technischen Problemen inspirieren bzw. machten diese zum Prüffeld ihrer Theorien. Beredtes Beispiel dafür ist das Wirken der Schweizer Gelehrtendynastie Bernoulli. Daniel Bernoullis in Basel erschienene »Hydrodynamica« (1738) gilt als ein Markstein der Strömungsmechanik, deren wichtige Grundgleichungen darin niedergelegt sind. Darüber hinaus enthält das Werk Ansätze einer inneren Ballistik, deren Gegenstand jene Vorgänge sind, die zur Beschleunigung eines Projektils im Lauf eines Geschützes führen.

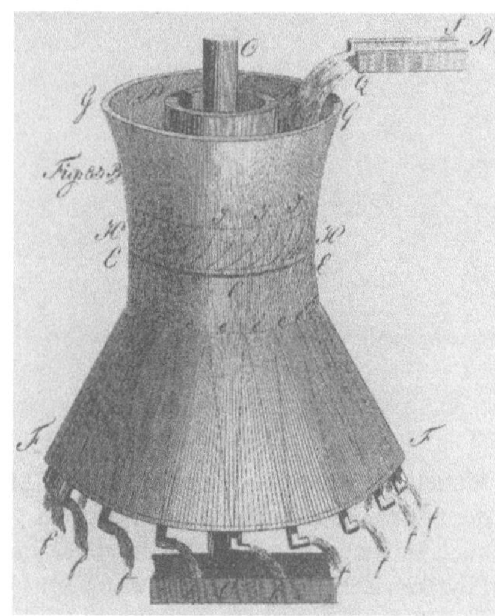

Eulers Reaktionsturbine. Leonhard Euler ging auch als der Verfasser einer grundlegenden Schrift zur Maschinenlehre in die Wissenschaftsgeschichte ein. Seine »Vollständige Theorie der Maschinen, die durch Reaktion des Wassers in Bewegung versetzt werden« legte er 1754 vor. Ausgehend von der Verbesserung des Segnerschen Rades unterzog Euler den Entwurf einer Reaktionsturbine einer geschlossenen theoretischen Behandlung auf der Basis der hydrodynamischen Grundgleichungen. Mit der Zielvorstellung eines optimalen Wirkungsgrades und der Lösung konstruktiver Details bewies er ein hohes Maß technischen Gespürs. Aus: J. F. Lempe, Lehrbegriff der Maschinenlehre ..., Leipzig, 1795

An vorderer Stelle muß hier Leonhard Euler erwähnt werden, dessen Schwerpunkt- und Drallsatz die Sinnfälligkeit und Universalität des Newtonschen Fundaments für Starrkörpersysteme deutlich gemacht haben. Euler hat sich neben der mathematischen Entwicklung der Grundgleichungen der Mechanik gleichermaßen um die Lösungsansätze wichtiger technischer Probleme Verdienste erworben. Das weite Feld seiner angewandten Forschungen reicht von der Schiffstheorie über die Balkenbiegung und Turbinentheorie bis hin zur inneren und äußeren Ballistik. Dabei hatte der große Mathematiker auch einige Erfolge in der praktischen Ausführung vorausberechneter Maschinen zu verzeichnen, wie die geschickte konstruktive Lösung seiner Reaktionsturbine, eine auf Johann Andreas Segner zurückgehende Erfindung, bewies. Dennoch ist es im 18. Jahrhundert zu keiner erfolgreichen Anwendung von Wasserturbinen gekommen. Neben fertigungstechnischen Unzulänglichkeiten blieb dies auch dem Umstand geschuldet, daß die langsamlaufenden Wasserräder durchaus in dieser Zeit imstande waren, den Kraftbedarf zu decken. Noch erfolgloser ist Leibniz bei der Meisterung von Maschinenproblemen mittels wissenschaftlicher Methoden gewesen. Sein Projekt der Windkünste zur Entwässerung von Harzbergwerken erlitt ein Fiasko. Der große Gelehrte zeigte sich weder der Komplexität technischer Fragestellungen noch den Schwierigkeiten der praktischen Ausführung gewachsen. Auf die hy-

Ventilformen bei Bélidor. Die zunehmende Diversifikation hydraulischer Maschinen ging mit der Entwicklung unterschiedlicher Bauarten von Ventilen einher. Dies schlug sich in einer vergleichenden Darstellungsart in der technischen Literatur nieder. Bélidor begründete in seiner in Paris erschienenen »Architecture hydraulique« (1737 bis 1753) die Vor- und Nachteile der einzelnen Bauformen sowie die Auswahl optimaler Lösungen nach dem entsprechenden Einsatzfeld. Er setzte ein erstes Zeichen für eine ingenieurgemäße theoretische Durchdringung dieses Problems.

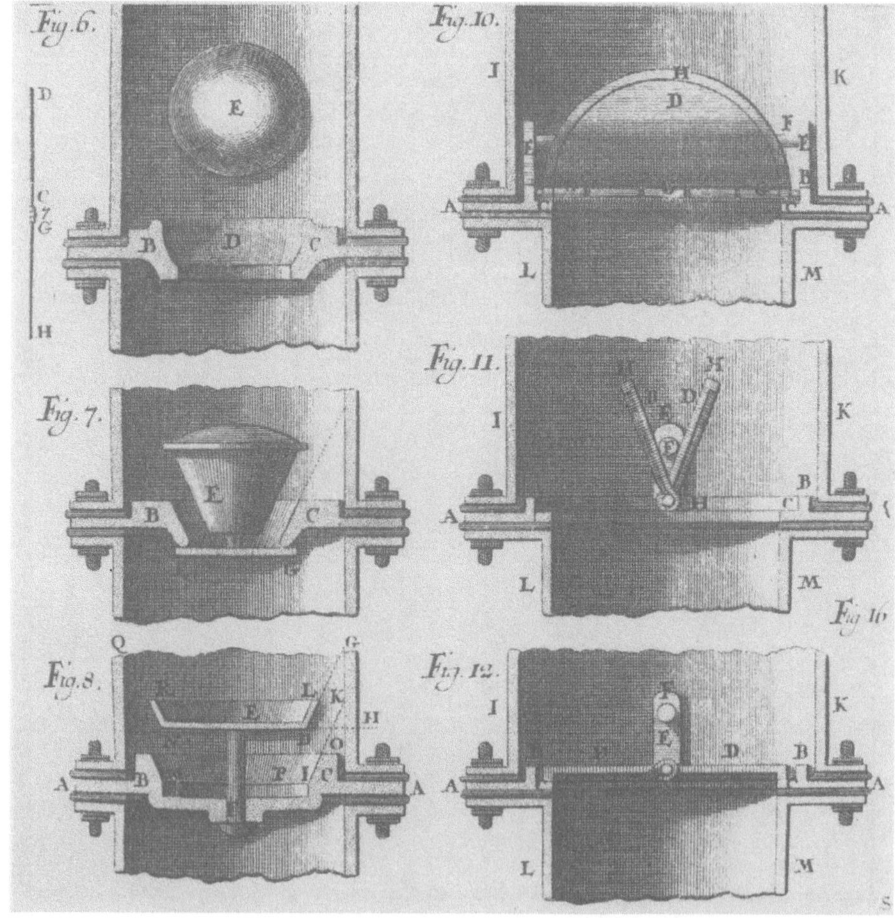

drotechnische Praxis zielte auch die »Hydrodynamica« (1738) des aus der berühmten Schweizer Gelehrtendynastie stammenden Daniel Bernoulli ab. Seine Grundgleichungen der Hydrodynamik erwiesen sich als äußerst praktikabel und legten das Fundament der technischen Strömungslehre.

In Anbetracht der noch äußerst schwerfälligen theoretischen Lösungsansätze für praktisch-mechanische Probleme dominierte im 18. Jahrhundert das praktische Erfahrungswissen bei der Schaffung neuer maschinentechnischer Gebilde. Aber auch die Mechanicis und Maschinenbauer konnten auf Erfolge bei einem Brückenschlag zu den Errungenschaften der Naturwissenschaften verweisen. Die Zeit der Aufklärung brachte den bildungsbeflissenen Praktiker hervor, das wissenschaftliche Fundament der einstigen Erfindungskunst nahm Konturen an. Das technische Denken war von durchdringender Rationalität gekennzeichnet und stärker als vorher auf ökonomische Kategorien orientiert.

Als bestes Beispiel dafür gilt das Werk des Leipziger Mechanicus Jacob Leupold. In seinem »Theatrum machinarum« (1724 bis 1727) fließen die Ströme empirischer und theoretischer Technikbetrachtung zusammen. Beispiellos ist sein auf Analyse gegründetes systematisches Herangehen an die Maschinenwelt des 18. Jahrhunderts. Die ausgeprägte Kunst seiner technischen Zeichnung vereint alle vorhandenen Ansätze zu einer sachlichen Darstellungsart mit hoher Aussagekraft. Die verbalen Äußerungen lassen an Klarheit nichts vermissen. Leupolds Klassifikationssystem und technische Terminologie setzten Maßstäbe für die künftige Maschinenkunde.

Auch Christopher Polhem, der schon zu Lebzeiten als »schwedischer Dädalus« gerühmt wurde, ist hier einzureihen. Analog zu Leupold zerlegte er die Maschinen in ihre wesentlichen Mechanismen. Sein »Mechanisches Alphabet«, eine Sammlung gängiger Getriebe, Bewegungswandler und Maschinenelemente, diente vornehmlich didaktischen Zwecken. Die wohl erste Wasserradprüfanlage (1702) geht ebenfalls auf Polhem zurück. Dieser bedeutende Mechaniker, Kunstmeister und Manufakturist gehörte zugleich zu den Großen der Eisenmetallurgie. Als Ingenieur und Maschinenbauer erwarb er sich besondere Verdienste um die Erfindung von Maschinen für das Walzen, Schmieden, Stanzen und Scheren, sie sind Beispiel für frühe Formen der Mechanisierung in der Manufaktur. Der »Vater des schwedischen Maschinenwesens« und Förderer der Massenproduktion von Metallwaren gründete 1697 in Stockholm das »Laboratorium mechanicum«, eine Versuchs-, Forschungs- und Ausbildungsanstalt im Metallgewerbe, das für seine Zeit beispielgebend wurde. Von seinen zahlreichen Schülern hinterließ Emanuel Svedenborg mit seinem Buch »De Ferro« (1734) eine weitere wichtige technologische Wissensquelle zur Eisenmetallurgie und Eisenbearbeitung.

Vergleichbare Höhepunkte einer so umfassenden rationalen Durchdringung des Maschinenwesens waren in jener Zeit nur noch in Frankreich zu erwarten. Noch vor Leupold gab der Pariser Instrumentenmacher Nicolas Bion, der den Titel eines »Ingenieur des Königs« trug, 1717 ein reich bebildertes Werk über mathematische und mechanische Instrumente und deren Anfertigung heraus, das in vielen Passagen Leupolds akribischer Arbeit glich, freilich nur einen Ausschnitt behandelte.

Der Leipziger Mechanicus Jacob Leupold, Stich von Bernigeroth. Einen Höhepunkt der maschinentechnischen Literatur bis zum 18. Jahrhundert setzte Leupold mit seinem mehrbändigen »Theatrum machinarum« (1724 bis 1727). Bevor er sein enzyklopädisches Sammelwerk in Angriff nahm, war er durch eigene Erfindungen und Konstruktionen hervorgetreten, darunter einer berühmten Vacuumpumpe. Sächsische Landesbibliothek, Dresden

»Buchstabe aus dem mechanischen Alphabet« von Christopher Polhem. Sveriges Techniska Museum, Stockholm

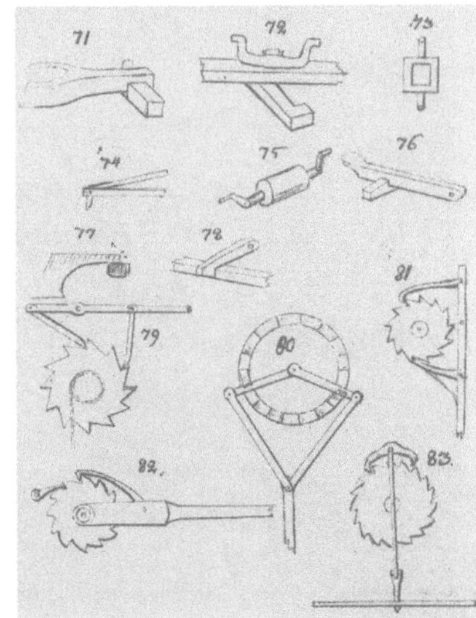

Darstellung der Schraube bei Leupold. Für die Systematik und Rationalität Leupoldscher Darstellungsart spricht diese Abbildung. In perspektivischer Anschaulichkeit und geometrischer Abstraktion werden das Verhältnis von Form und Funktion (Vermögen), die Entwicklung aus Keil und schiefer Ebene sowie Möglichkeiten der Fertigung beleuchtet. Aus: J. Leupold, Theatrum machinarum generale, Leipzig, 1724

Handwerkszeug des Geometers und Artilleristen. Voraussetzung für eine Quantifizierung technischer Vorgänge war das Messen. Es wurde insbesondere von praktischen Berufen in die Gelehrtenwelt hineingetragen. Im 17. und 18. Jahrhundert blühte das Gewerbe der Instrumentenmacher auf. Illustrierte Darstellungen von Zeichen- und Meßgeräten sowie wissenschaftlichen Instrumenten dienten zugleich als Gebrauchsanweisung und Werbekatalog. Aus: N. Bion, Mathematische Werck-Schule, Nürnberg, 1717

Ein Werk aber steht gänzlich auf der Höhe der Wissenschaften seiner Zeit und gehört zu den kostbarsten Schätzen des Maschineningenieurwesens: Bernard Forest de Bélidors berühmte »Architecture hydraulique«. Dieses setzte für die Maschinenlehre des gesamten 18. Jahrhunderts Maßstäbe, und auch die Maschinenwissenschaftler des 19. Jahrhunderts konnten nicht an diesem Fundamentalwerk vorbeigehen. Mit Bélidor vollendete sich vorerst die wechselseitige Befruchtung des technischen Wissens mit den exakten Wissenschaften. Gleichermaßen Exponent der Mathematik wie vieler militärtechnischer Disziplinen, stellte sich dieser gelehrte Mann gewissermaßen als »Polytechniker« vor. Sein theoretisches Instrumentarium befähigte ihn dazu, die Leitlinien der Behandlung von Maschinenproblemen festzuschreiben.

Neben Werken, die Bau- und Maschinentechnik, theoretische Grundlagen und instrumentelle Basis berührten, entstanden im 18. Jahrhundert auch eine Reihe maschinentechnischer Spezialwerke. Besonders die Mühlenbücher entwickelten sich zu einer vielgefragten Spezies technischer Literatur. Ihr Klassiker ist das »Theatrum molarium« (1718) des vielseitigen Sturm. Aber auch der Niederländer Pieter Linpergh (1727) sowie der Sachse Johann Mathias Beyer (1788) zählen zu den Autoren bekannter Mühlenbücher. Als Verfasser eines bergbautechnischen Maschinenbuches

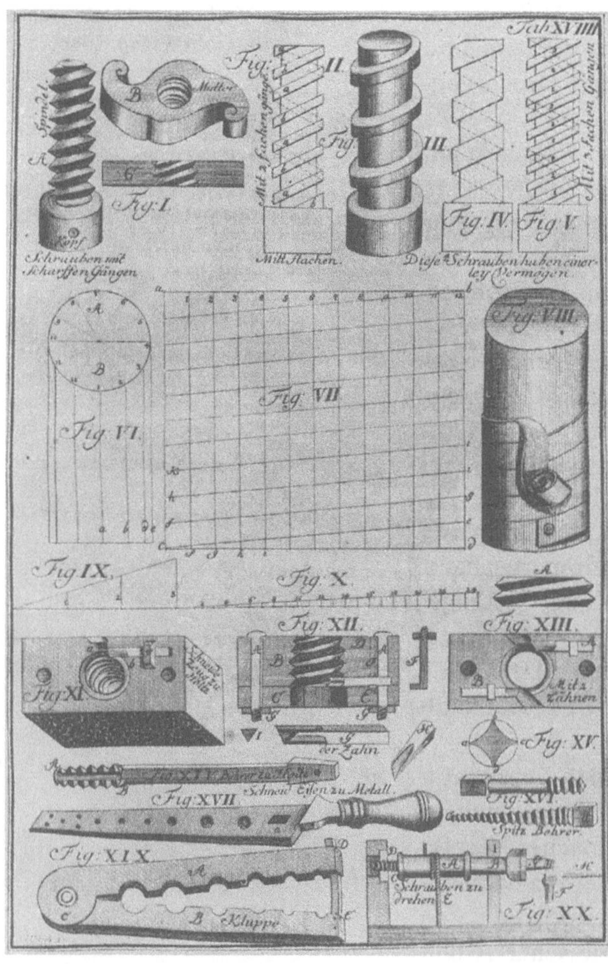

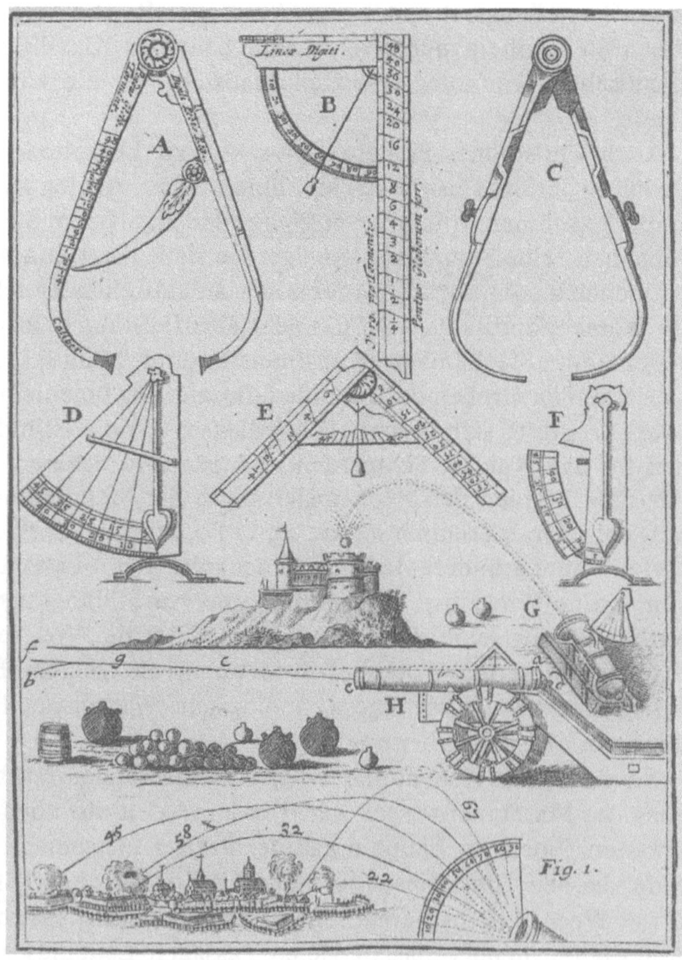

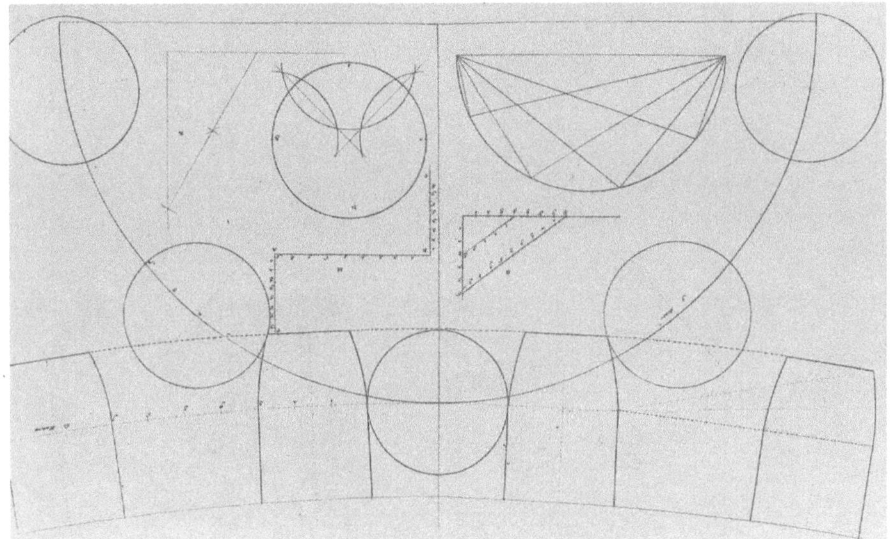

Konstruktion von Zahnrädern. Bis zum 16. Jahrhundert waren die Zahnradformen äußerst einfach. Mit der Ausbreitung des Mühlenwesens wuchs das Interesse an einer gleichförmigen Kraft- und Bewegungsübertragung. Die vorteilhafte Zahnradgeometrie wurde zum Gegenstand mathematischer Erwägungen. Auch die Mühlenbauer suchten nach geeigneten Formen für ein möglichst reibungsfreies Ineinandergreifen der Zähne. Exakte Rollkurven konnten sich allerdings erst mit präzisen Fertigungsverfahren und der Vervollkommnung der Werkstoffe durchsetzen. Aus: P. Linpergh, Moole Boek, Amsterdam, 1727

verdient Henning Calvör hervorgehoben zu werden. In ihm wird die erste elementare Berechnung einer Wassersäulenmaschine vorgelegt (1763).

Das technologische Wissen des 17./18. Jahrhunderts dagegen orientierte sich keineswegs an der Strenge der theoretisch fortgeschrittenen Mechanik, es nahm vielmehr auf die Errungenschaften der manufakturellen Produktion Bezug.

Unter frühbürgerlichen Produktionsverhältnissen war die Manufakturproduktion als neue Qualität der technologischen Arbeitsteilung entstanden. Diese Zerlegung des Fertigungsprozesses in seine einzelnen Elemente ermöglichte eine spürbare Steigerung der Arbeitsproduktivität und sicherte zugleich eine Massenfertigung für die expandierenden Märkte. Technologisch bildete also die Manufaktur die wichtigste Voraussetzung für die künftige Maschinenproduktion.

Da die Manufakturen nur gering ausgebildete Arbeitskräfte benötigten, übernahmen sogenannte Manufaktur- oder Arbeitshäuser gleichzeitig die Ausbildungsfunktion für Arbeitstätigkeiten in der Manufaktur. Das 1676 von Johann Joachim Becher gegründete Manufakturhaus auf dem Tabor bei Wien und die um 1700 in Halle eingerichteten Franckeschen Anstalten sind dafür berühmte Beispiele.

Die Lenkung und Leitung der Manufakturen und die Förderung der gesamten Wirtschaft eines Landes erforderten im Interesse hoher Staatseinnahmen qualifizierte Beamte, die an Universitäten und anderen höheren Schulen Wissen erwarben. An den deutschen Universitäten wurden dafür besondere Lehrstühle für Kameralwissenschaften eingerichtet, erstmals 1727 in Leipzig und Frankfurt/Oder, bald darauf an allen anderen Universitäten. Zu Zentren der Kameralistik entwickelten sich im 18. Jahrhundert die noch jungen aufblühenden Universitäten in Halle und Göttingen. Hier studierten bzw. lehrten die führenden deutschen Kameralisten Simon Peter Gasser, Georg Heinrich Zincke und Johann Heinrich Gottlob von Justi. Sie waren zugleich die wichtigsten Wegbereiter der Technologie in Deutschland bis zu deren Begründung durch Johann Beckmann im Jahre 1777 an der Universität Göttingen. Mit seinem Werk »Anleitung zur Tech-

Titelblatt des Werkes »Neueröffnete mathematische und mechanische Realschule« von Semler. Den bürgerlichen Forderungen nach Aufnahme der »Realien« in den Schulunterricht entsprach erstmals Christoph Semler 1705 in Halle durch die Gründung einer Realschule. Der Begriff Realschule tritt damit erstmalig in der deutschen Schulgeschichte auf. Aus: Chr. Semler, Neueröffnete ..., Halle, 1709

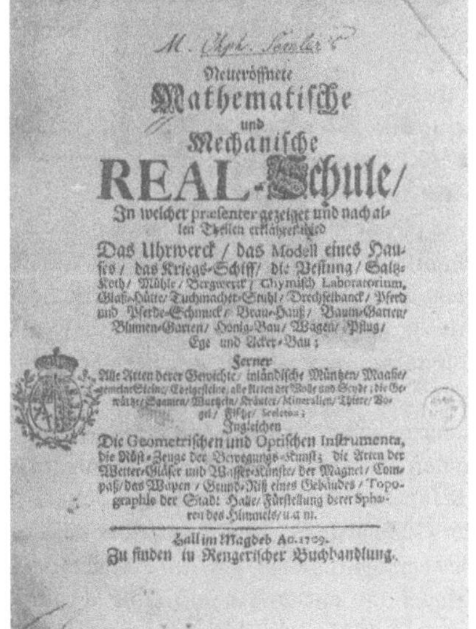

Bewegungswandlung durch Sperrad und Vierpaß. Besonders im Bergbau stand die Aufgabe, die Bewegung des Wasserrades in eine hin- und hergehende der Pumpgestänge zu wandeln und oft über weite Strecken zu übertragen. Die Suche nach Alternativen zu der von Unwuchten begleiteten Anwendung des Krummzapfens (der Kurbel) führte aber zumeist auf komplizierte, teils kuriose Lösungen. Insbesondere großer Reibungsverluste und mangelnder Ausführung war es geschuldet, daß solche interessanten Mechanismen gar nicht oder nur kurzzeitig zum Einsatz gekommen sind. Für den Maschinenbau und die Maschinenlehre des 19. Jahrhunderts stellten sie ein Arsenal von Möglichkeiten dar. Aus: H. Calvör, Acta historico-mechanica, Braunschweig, 1763

nologie oder zur Kenntnis der Handwerke, Fabriken und Manufakturen« inaugurierte Beckmann das akademische Lehrfach Technologie und definierte: »Technologie ist die Wissenschaft, welche die Verarbeitung der Naturalien oder die Kenntnis der Handwerke lehrt.«

Die technologische Literatur des 18. Jahrhunderts stand ganz im Zeichen der Aufklärung und versuchte eine Aufhellung des gehüteten Zunftwissens sowie eine rationale Erklärung der Arbeitsverfahren durchzuset-

Große Zahnradschneidemaschine mit Wasserradantrieb. Wie weit die Mechanisierung in Christopher Polhems Manufaktur Stiernsund bereits vor der industriellen Revolution fortgeschritten war, zeigt die Tatsache an, daß auf dieser Maschine gleichzeitig 18 Zahnräder und 9 Ritzel unterschiedlicher Größe und Zähnezahl hergestellt werden konnten. Sveriges Techniska Museum, Stockholm

Rückseite des Schreibautomaten »L'Ecrivain« von P. Jacquet-Droz und J. F. Leschot (1773). Die berühmten Androiden der Schweizer Uhrmacherfamilie Jacquet-Droz sind ein Beispiel hoher Präzisionsmechanik. Ein Blick in das Innere des Werkes zeigt die wesentlichen Steuerelemente, die aus einem zum Zylinder aufgereihten Bündel von Kurvenscheiben bestehen. Wir erkennen darin den Prototyp späterer mechanischer Steuerungen von Drehautomaten. Auch die Wissenschaft suchte im 18. Jahrhundert mit der Aufschlüsselung der Geometrie der Kurvenscheiben in die Bewegungsvorgänge der Automaten einzudringen. So entstand der Grundstein für die spätere Kinematik der Kurvengetriebe. Musée d'Art et d'Histoire, Neuchâtel

zen. Sammlung, Systematisierung und wissenschaftliche Durchdringung des technologischen Wissens bestimmten die Fachliteratur und äußerten sich in technologischen Lexika, Enzyklopädien und Lehrbüchern.

Neben der sich ausweitenden Produktionstechnik kannte das 18. Jahrhundert auch skurrile Mechanismen, die nicht weniger als ihre Vorgänger in Antike und Mittelalter das technische Denken inspirierten. Im Zeitalter des mechanischen Materialismus, der weit eher eine unzulässige Verallgemeinerung, denn eine zwangsläufige Folge der Newtonschen Mechanik gewesen ist, erregten besonders Androiden, das heißt menschenähnliche Mechanismen, und andere Spielautomaten die Gemüter der Zeitgenossen. Auf die Spitze getrieben wurde der »Mensch als Maschine« in dem gleichnamigen philosophischen Werk des Franzosen Julien Offroy de la Mettrie. Von technikwissenschaftlichem Interesse sind aber die Spitzenleistungen feinmechanischer Kunst selbst. Die Schreibautomaten der Schweizer Uhrmacherfamilie Jacquet-Droz, die Vaucansonsche Ente oder der legendäre Flötenspieler desselben Erfinders, auf den im übrigen auch ein mechanischer Webstuhl zurückgeht, waren mit ausgeklügelten mechanischen Steuersystemen bestückt. Diese Stiftwalzen, Lochstreifen und Kurvenscheiben hatten nicht nur Einfluß auf die Mechanisierung und Automatisierung von Fertigungsprozessen, sie sprechen auch für das kinematische Verständnis ihrer Schöpfer. Diese Synthese eines vorgegebenen Bewegungsablaufes zählte im 19. Jahrhundert zu den theorieträchtigsten Problemen der Maschinenwissenschaften überhaupt. So wird an der Schwelle zum Maschinenzeitalter schon manches im Ansatz vorweggenommen, was die technische und wissenschaftliche Entwicklung der Folgezeit bestimmen sollte.

Chemische Gewerbe und richtungweisende Technologiekonzepte

Seit der Mitte des 15. Jahrhunderts ließ sich mit steigendem Bedarf an chemischen Produkten eine starke Verbreitung der stoffwandelnden Gewerbe verzeichnen, die in Mitteleuropa allerdings durch den Dreißigjährigen Krieg zeitweilig gehemmt wurde. Haupterzeugnisse waren Schießpulver, Alkohol, Mineralsäuren, Metalle, Glas, Keramik, Porzellan, Zucker und Salze wie Soda, Pottasche und Borax. Überlieferte Produktionsverfahren reiften aus. Zahlreiche neuartige Herstellungsverfahren und Synthesewege konnten bis zum letzten Drittel des 18. Jahrhunderts in die gewerbliche Praxis eingeführt werden. Dabei ist die Tendenz unverkennbar, durch eine Vielzahl kleiner chemisch-technologischer Werkstätten die Rohstoffbasis beträchtlich zu erweitern. Ihr Betrieb führte zu einem sich ständig verbreiternden Strom stofflicher und technologischer Kenntnisse.

Einen der Grundstoffe für das Schießpulver – den Salpeter – importierte man bis zum 18. Jahrhundert aus Indien (später aus Chile). Seit dem 17. Jahrhundert suchte man den steigenden Bedarf durch die Einrichtung von Salpeterplantagen zu decken. Dazu wurden tierische Exkremente, Blut und Kadaver mit kalkhaltigen Erden, Erden von Friedhöfen, aus Mooren und Teichen mit Schutt und Asche in Gruben gefüllt oder zu Haufen geschichtet und von Zeit zu Zeit mit Jauche übergossen. Nach ein bis zwei

Galeerenofen zur Schwefelsäureerzeugung (Nordhausen). Steigender Bedarf und Zwang zur Energieökonomie führten zu dieser aus der Alkoholdestillation übernommenen Ofenkonstruktion. Mit 30 bis 50 eingehängten Apparaturen war die technologisch beherrschbare Größe erreicht. Man feuerte etwa 36 Stunden, und nach viermaliger Kondensation in die gleiche Vorlage erhielt man nach etwa 150 Stunden 40 bis 50 Gewichts-% Säure aus dem Vitriol. Die Jahresproduktion einer solchen »Großanlage« dürfte 5 bis 7 Tonnen Schwefelsäure (Oleum) betragen haben. Aus: L. Figuier, Les merveilles de l'Industrie, Paris, 1873 bis 1877

Jahren konnte man durch Auslaugen und Eindampfen Rohsalpeter mit einer Ausbeute von etwa 15 Prozent gewinnen. Durch Laugen mit kaltem Wasser, durch Zusatz von Kohle und durch mehrmaliges Umkristallisieren erfolgte die Raffination. Diese Tätigkeiten regten wissenschaftliche Untersuchungen über qualitative und quantitative Analysenverfahren ebenso an wie die Beschäftigung mit der Löslichkeit von Salzen in Wasser.

Bereits im 16. Jahrhundert gab es z. B. in Thüringen neun Salpetersiedereien. Die Stadt Halle erteilte 1544 eine Konzession zur Salpetergewinnung aus Müllhalden. Die Moldauufer bei Prag waren mit sogenannten Saniterbänken bedeckt. Die französische Regierung setzte 1777 den Chemiker Antoine L. Lavoisier als Inspektor der Salpetersiedereien ein. Salpetersäure stellte man durch trockene Destillation von Salpeter her, bis Glauber um 1660 die Salpetersäuregewinnung aus Salpeter und Schwefelsäure beschrieb. Salpetersäure war wichtig für die Edelmetallurgie, die Cochenillefärberei, die Kürschnerei, Hutmacherei und das Kupferstechen.

Die Schwefelsäureerzeugung war eng an den Aufschwung der Textilindustrie gebunden, als nämlich das Ansäuern der Tuche mit Buttermilch und die Rasenbleiche durch effektivere Verfahren abgelöst werden muß-

Destillation mit Mohrenkopf. Der diskontinuierlich mit Wasser gekühlte Mohrenkopf ist eine Erfindung des späten 15. Jahrhunderts. Er war wie der Rosenhut ebenfalls mit einer Innenrinne zur Abführung des flüssigen Destillates versehen und wurde bis in das 19. Jahrhundert angewendet. Aus: H. Brunschwig, Das buch der waren kunst zu distillieren, Strassburg, 1512

ten. Auch hier dominierte zunächst die trockene Destillation als »Vitriol-
brennerei«.

Mit der Anordnung von 12 bis 40 Retorten in dem sogenannten Galeerenofen galt die technologisch beherrschbare Größe als erreicht. Die thermische Spaltung erwies sich als außerordentlich energieintensiv. Der feste
Aggregatzustand der Rohstoffe und Zwischenprodukte verursachte einen
hohen Anteil von manuellen Zerkleinerungs- und Transportprozessen, die
nicht mechanisiert werden konnten.

Im Jahre 1736 benutzte der britische Technologe Joshua Ward den bereits von den Alchimisten des Mittelalters beschriebenen Prozeß, Schwefel
in Anwesenheit von Salpeter und feuchter Luft zu verbrennen. Für dieses
homogen katalysierte Nitroseverfahren verwendete er in Reihe geschaltete
Weithals-Glasballons mit einem Volumen bis zu 200 Litern. Sie wurden ab
1746 vom schottischen Arzt John Roebuck durch die weniger gefährlichen
Bleikammern ersetzt. Der Preis für Schwefelsäure verringerte sich nach
dem Verfahren von Ward auf 12 Prozent gegenüber dem Vitriolverfahren.
Obwohl sich nach dem Bleikammerverfahren die Herstellungskosten nochmals um zwei Drittel reduzieren ließen, waren bis gegen Ende des 18. Jahrhunderts die Anlagen von Ward wegen der bedeutend höheren Investi-
tionskosten für Bleikammern weit verbreitet. Über die chemischen
Vorgänge bestand allerdings weitgehende Unklarheit.

Eine Sonderstellung kommt der Alkoholdestillation zu. Der Alkohol gab
den »Anlaß zu der ersten Industrie auf wissenschaftlicher Grundlage, der
Destillierkunst, dem Grundstock der modernen chemischen Industrie«.
(J. D. Bernal, 1967) Auch bei der beschriebenen Mineralsäuren- und Salz-
herstellung spielten methodische und apparative Erfahrungen aus der traditionsreichen Destillation des Alkohols eine wesentliche Rolle. Dieser Zusammenhang wird beispielsweise durch den guten Ruf der Stadt
Nordhausen im Harz als Hersteller von »Nordhäuser Vitriolöl« und »Nordhäuser Kornbranntwein« deutlich. Es entstanden in zahlreichen Gegenden
Gilden der Branntweinbrenner und im 18. Jahrhundert auch wegen der großen Nachfrage eine Arbeitsteilung in Rohalkohol- und Feinspiritusherstel-
ler. Die wesentlichen Probleme der Destillierkunst zwischen dem 16. und

Erste mehrstufige Destillationsapparatur.
Mit dieser Anordnung konnte erstmalig ein
hochkonzentriertes Destillat in einem
Apparat gewonnen werden. Aus: C. Gesner,
De Remediis secretis, Zürich, 1552

18. Jahrhundert bestanden darin, Heizung und Kühlung zu vervollkommnen. Ausbeute und Produktqualität, so hatte man erkannt, hingen unmittelbar davon ab. Apparativer Ausdruck dieser Situation waren die Beibehaltung der Vielzahl von Ofentypen und die Konstruktion verschiedener Helmformen. Gegenüber dem luftgekühlten »Rosenhut« setzte sich der sogenannte »Mohrenkopf« mit diskontinuierlicher Wasserkühlung endgültig durch. Die Kondensation der Destillatdämpfe erfolgte zunächst noch im Helm. War demzufolge die Kühlleistung groß, erhielt man ein niedrigprozentiges Produkt. Kühlte man den Helm zu wenig, entwichen hochprozentige Destillatdämpfe in die Umgebung, bzw. es bestand Explosionsgefahr. Um dieser Gefahr zu entgehen, mußte man die Kühlleistung außerhalb des Helmes erhöhen. Das führte entweder zu einer beträchtlichen Verlängerung des luftgekühlten Abflußrohres mit oder ohne Zwischenschaltung eines Kondensatortopfes, oder die Kühlung erfolgte in Kühlschlangen (serpentina), die durch Wasserbottiche geführt wurden. Es gehörte große praktische Erfahrung dazu, ohne eine Möglichkeit der Temperaturmessung, Heizung und Kühlung bei abnehmender Alkoholkonzentration im Rohstoffgemisch aufeinander abzustimmen.

Zwei zentrale Probleme ließen die Destillateure immer neue Apparate ersinnen. Zum einen suchte man nach Möglichkeiten, die Destillatmenge pro Apparat und Zeiteinheit zu erhöhen, zum anderen bestand das Ziel darin, mit einer einzigen Destillation die gewünschte Produktqualität zu erhalten.

Ein erster Weg zur Leistungssteigerung führte dazu, Öfen zu bauen, die mit mehreren (bis zu 60) Destillationsapparaturen versehen werden konnten. Der Höhepunkt dieses Weges der »Prinzipvervielfachung« wurde bereits im 16. Jahrhundert mit dem Galeerenofen des italienischen Arztes Petrus A. Matthiolus erreicht. Eine zweite Tendenz verfolgte das Ziel, den Maßstab der Apparate zu vergrößern. Trotz sinnreicher Ofenkonstruktionen waren diesem Bestreben aus werkstofftechnischer Sicht und aus Gründen der technologischen Beherrschbarkeit enge Grenzen gesetzt. Einen interessanten Weg schlugen die schottischen Whisky-Brenner Ende des 18. Jahrhunderts ein, indem sie durch besonders flache (6 Zentimeter Höhe) Destillierblasen großen Durchmessers (150 Zentimeter) die Destillationsgeschwindigkeit auf ein Vielfaches steigerten. Dabei nutzten sie die Erfahrung, daß zwischen beheizter Oberfläche und Destillationsgeschwindigkeit ein proportionaler Zusammenhang besteht. Ursache für diese Entwicklung war die auf das Blasenvolumen bezogene hohe Besteuerung der Highland-Brenner. Der Gesetzgeber ging davon aus, daß eine Destillierblase in 24 Stunden einmal abgetrieben wurde. Mit den immer flacheren Destilliergefäßen gelangen den Brennern jedoch 72 Chargen pro Tag.

Die Erzielung hochprozentiger Produkte in einer Destillation führte bereits im 16. Jahrhundert zur Fraktionierung und zur Reihenschaltung mehrerer Kolben mit immer »gelinderer Wärme«. Dimensionierung und Handhabung derartiger Apparate bereiteten beträchtliche Schwierigkeiten. Da die wissenschaftlichen Grundlagen der in ihnen ablaufenden Vorgänge weitgehend verborgen blieben, waren Erfolge häufig zufällig, Mißerfolge jedoch oft Anlaß zu falscher Bewertung. So sind Ergebnisse mit dem von Andreas Libavius aus Halle dargestellten Fraktionierturm und dem »Reboi-

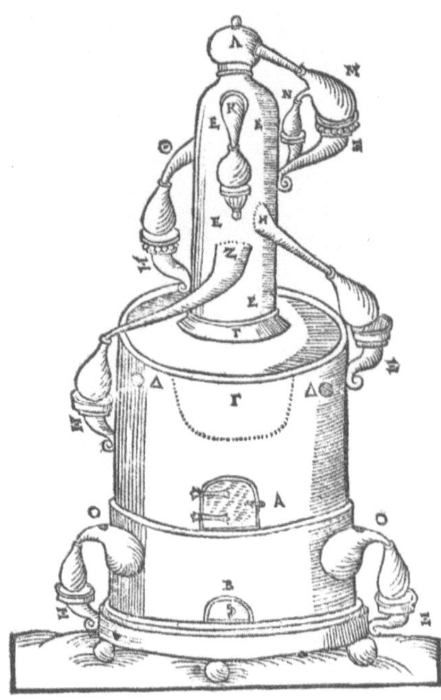

Fraktionierturm. Die fünf Fraktionen von unten nach oben wurden als »wenig edel, etwas besser, luftartig, subtil, Quintessenz« bezeichnet. Aus: A. Libavius, Alchemia, Frankfurt/M., 1597

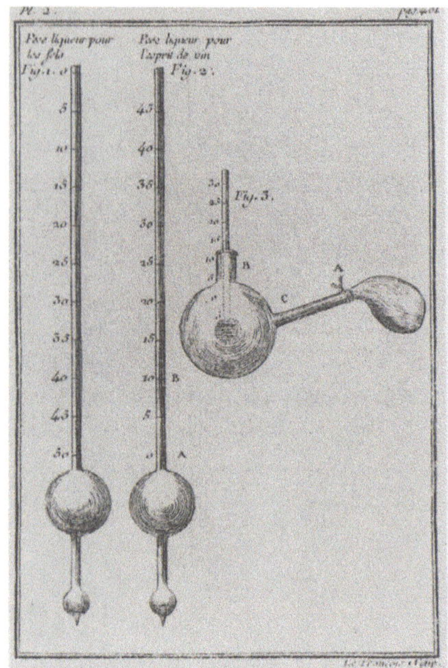

Aräometer nach Baumé. Normierte Dichtemeßgeräte zur objektivierten Qualitätskontrolle. Die Baumé-Grade sind vereinzelt bis in die Gegenwart gebräuchlich. Aus: A. Baumé, Elements de Pharmacie, Paris, 1768

Goldrubinglas nach Kunckel, Ende 17. Jahrhundert. Märkisches Museum, Berlin

ling-Apparat« des Schweizer Enzyklopädisten Conrad Gesner nicht bekannt geworden. Durch die Verwirklichung der Prinzipien der Fraktionierung, der Mehrstufigkeit und der Partialkondensation wurden jedoch wesentliche Grundlagen für die moderne Destillationstechnik geschaffen. Diese Lösung führte zwangsläufig zum Kondensator als eigenständigem Apparateteil. Ansätze dazu sind bereits im 16. Jahrhundert bei Apparaten von Adam Lonicerus, von Petrus A. Matthiolus, von Giambattista della Porta und von Libavius erkennbar. Der vom Helm getrennte Kondensator setzte sich im 18. Jahrhundert weitgehend durch. Das gleiche Prinzip war eine der entscheidenden Neuerungen bei der Dampfmaschinenentwicklung durch James Watt. Die Reihenschaltung übertrug man auch auf andere Operationen, beispielsweise auf das Auslaugen und das Filtrieren.

Wegen der Vielfalt und der zunehmenden Kompliziertheit der Öfen wie der Destillationsapparate entstand das Problem der Messung des Prozeßablaufes und der Produktqualität. Seit dem 18. Jahrhundert standen die Temperaturskalen von Daniel Gabriel Fahrenheit, René-Antoine Ferchault de Réaumur und Andersen Celsius zur Verfügung. Allerdings nutzte man Thermometer zunächst nur zur Kontrolle der Badtemperatur. Der Prozeßverlauf selbst konnte erst anhand der Produktqualität eingeschätzt werden. Neben verschiedenen Verbrennungstests (Leinentest, Schießpulvertest) gewann die Dichtemessung mittels Aräometer (Senkwaage, Spindel) zunehmend an Bedeutung. Besondere Verdienste erwarb sich der Franzose Antoine Baumé mit der Entwicklung eines in Grade geteilten Aräometers auf der Basis einer normierten und nach ihm benannten Skala. Die »Baumé-Grade« waren als Konzentrationsmaß bis Ende des 19. Jahrhunderts im Gebrauch. Sie dienten in erster Linie zur Bewertung der Produkte, waren aber indirekt auch ein Maß für die Güte der Apparate und der Prozeßführung. Als Werkstoffe für Destillationsapparate dominierten neben Blei und

Glasofen. Aus: J. Kunckel, Ars vitraria experimentalis oder vollkommene Glasmacherkunst, Frankfurt/M., 1679

Kupfer besonders Glas, Ton und Keramik, an deren Qualität zunehmend höhere Anforderungen gestellt wurden. Das galt beispielsweise für die Glasherstellung, die bis dahin die höchsten Temperaturen im Vergleich zur Herstellung anderer Werkstoffe erforderte. Da die Glashütten wegen des hohen Brennholzbedarfes mehrfach ihren Standort wechseln mußten, fanden in dieser Branche erste Versuche statt, mit Kohle zu heizen. Schon 1580 sind solche Versuche in hessischen Glashütten bezeugt.

Die Fortschritte der Silikatwerkstoffproduktion vollzogen sich jedoch im wesentlichen dort, wo die Produktion von Luxusgütern überwog. So sind Bemühungen bekannt, das Geheimnis des chinesischen Porzellans zu entdecken. Im Ergebnis dieser oft planlosen Versuche, da ausreichende chemische und mineralogische Kenntnisse nicht zur Verfügung standen, sind

Kanne von Josiah Wedgwood, um 1800.
Blaue Jasperware mit weißen Reliefs.
Staatliche Kunstsammlungen Dresden,
Museum für Kunsthandwerk Pillnitz

mehr oder weniger zufällig einige neue Werkstoffe zustandegekommen. Erinnert sei an das sogenannte Medici-Porzellan, ein Frittenporzellan, das einer Glaskeramik entspricht. Zu den neuen Werkstoffen gehörten auch mehrere Gläser, angefangen von der Smalte, dem blauen Kobaltglas, dessen Herstellung auf den deutschen Metallurgen Christoph Schürer zurückgeht, über das rote Goldrubinglas, das Johann Kunckel 1677 entwickelt hatte, bis hin zum Bleiglas, das vor allem die englische Glasproduktion ab 1675 unter Ravenscroft bestimmte. Auch zahlreiche Glasuren wie die weißdeckende Zinnglasur gehörten zu den neuen Werkstoffentwicklungen. Die Rezepturen und Herstellungsvorschriften für solche Stoffe sind allgemein als Geheimnis oder Arkanum behandelt worden und nur selten an die Öffentlichkeit gelangt. Die diesbezüglichen Werke von Bernard Palissy, Johann Kunckel und Johann Joachim Becher sind deshalb Ausnahmen. Dagegen ist die Geheimhaltung der venezianischen Glasmacherkünste nur das berühmteste einer Reihe von Beispielen gegenteiliger Art.

Zum Geheimnis wurde auch die Erfindung des europäischen Hartporzellans durch Johann F. Böttger erklärt. Bei dieser Entwicklung bildete man 1705 ein »Contubernium«, d.h. eine Forschungsgruppe. Außerdem erhielt Böttger noch fünf erfahrene Freiberger Berg- und Hüttenleute zur Hilfe. Die erforderlichen Versuche gingen nach einem Versuchsplan vonstatten, so daß alle in Sachsen vorhandenen Rohstoffe auf ihre Eignung überprüft werden konnten, bis das Ziel – ein weißer Porzellanscherben – am 15. Januar 1708 erreicht war. Auch im fortgeschrittenen England arbeiteten einzelne Forscher, wie Josiah Wedgwood, bei der Entwicklung neuartiger keramischer Massen nach Versuchsplänen.

Neuerungen in der Baustoffproduktion konnten sich wegen des nur langsam steigenden Bedarfs an Baustoffen vor Beginn der industriellen Revolution nicht durchsetzen. 1619 kursierten zwar von der Erfindung einer Ziegelpresse durch John Etherington Berichte, über deren Einsatz jedoch keine Angaben überliefert sind. Noch im Jahre 1776 lehnte das preußische Oberbaudepartement einen Mehrkammerofen, den der deutsche Ziegeleitechniker Johann Georg Müller vorgeschlagen hatte, ab, weil solch ein Ofen nur an Orten angebracht sei, wo ein außergewöhnlich hoher Bedarf an Ziegeln bestünde. Die in der Silikatindustrie, insbesondere bei der Porzellan-, Fayence- und Steinzeugherstellung, entstandenen Manufakturbetriebe sorgten für eine rasche Steigerung der Produktion auf der Basis traditioneller Erfahrungen. Die chemische Zusammensetzung silikatischer Roh- und Werkstoffe war kaum bekannt.

Bereits Ende des 16. Jahrhunderts gab es jedoch Bemühungen, die verschiedenen stoffwandelnden Prozesse zu definieren und zu systematisieren. Einen umfassenden Entwurf legte Libavius im Jahre 1597 mit dem ersten systematischen chemischen Lehrbuch, der »Alchemia«, vor. In ihm findet sich die naturwissenschaftlich-methodische Quelle der Verfahrenstechnik. Die Chemie wendet sich verstärkt den stoffwandelnden Gewerben zu, wodurch die einseitige medizinische Orientierung überwunden wird und die »Goldmacherei« zumindest als fraglich erscheint.

Libavius unterteilt die »Alchemia« in zwei Teile: in die Encheria, die Lehre von den Operationen, und in die Chymia, die Lehre von den stofflichen Rezepten. Mit der Encheria konzipierte der Autor eine »Verfahrenstechnik des Labormaßstabes«, indem er mehr als 60 chemische und physikalische Operationen in sich widerspruchsfrei definierte. Er suchte die Prozesse aus ihrer Stoffgebundenheit zu lösen und schrieb: »Eine einzige Operation braucht nur auf eine einzige Art und an einer einzigen Stelle dargelegt zu werden, mag das Werk auch tausend verschiedenartigen Zwecken dienen.« (A. Libavius, 1597) Der Prozeßlehre sind nach Libavius die Apparatekunde (Ergalia) und die Feuerkunde (Pyronomia) dienlich, denn jede einzelne Operation verlangt »das zugehörige Instrument und den zugehörigen Feuergrad«. Diese Gedanken charakterisieren das um 300 Jahre vorweggenommene technologische Grundkonzept der Verfahrenstechnik. Die Vielfalt der abgebildeten Apparate und Öfen kennzeichnet umfassend und bis dahin einmalig den Entwicklungsstand. Richtigerweise stellte nun

Andreas Libavius. Der aus Halle an der Saale stammende Polyhistor und Sohn eines armen Leinewebers schuf das erste systematische Lehrbuch der Chemie. Seine Prinzipien waren nüchterne Gelehrsamkeit, antike Dialektik, Humanismus und Bewahrung des in der Praxis Erprobten. Nationalbibliothek Wien, Porträtsammlung

»Die vier Feuergrade: Der erste ist so, als wann eine Henne auf Eiern sitze, Junge auszubrüten; der zweite wirkt deutlich auf den Tastsinn, ohne jedoch einem Organ Schaden zu tun; der dritte verursacht bei Berührung eine Verletzung; der vierte wirkt meistens zerstörend, oder: es zischet, wenn man auf den Deckel des Glases spuckt.«
Andreas Libavius, Alchemia, 1597

IOANES
STRADENSIS
FLANDRVS

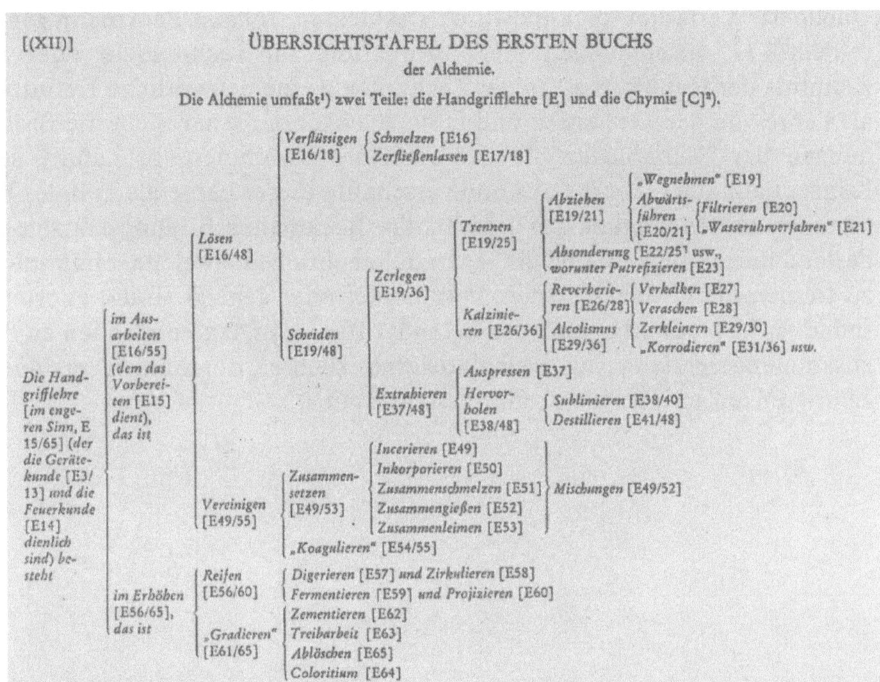

Libavius fest, daß die Pyronomia bisher am geringsten eine wissenschaftliche Durchbildung erfahren hatte, so daß sie »nicht nach Worten, sondern nach Auge und Hand verlangt«. Die scharfsinnige wissenschaftliche Analyse wurde zu seiner Zeit nicht aufgegriffen und ist schließlich auch in der Literatur der Vergessenheit anheimgefallen.

Im Gegensatz zum analytischen Konzept der Prozesse von Libavius traten insbesondere nach dem Dreißigjährigen Krieg Bestrebungen in den Vordergrund, die Gewerbe in ihrer Gesamtheit zu reflektieren. Die deutschsprechenden Chemietechnologen Johann Rudolph Glauber, Johann Kunckel und Johann Joachim Becher standen bei dieser Bewegung in vorderster Reihe. Zur Fundierung ihrer programmatischen Forderung nutzten sie als Autodidakten Laboratorien in Amsterdam, Dresden und München als experimentelle Basis. Ihre Namen sind verbunden mit bedeutsamen technologischen Leistungen, die sie in zahlreichen Schriften publiziert haben. Glauber beschrieb neuartige Verfahren zur Salz- und Salpetersäureherstellung. Mit der Anwendung der Partialkondensation, der Vorwärmung des Einsatzgemisches mit heißem Destillat und des Einsatzes von Wasserdampf als Schleppmittel entwickelte er bedeutsame Ansätze für die moderne Destillationstechnik. Kunckel beschrieb in seinem Hauptwerk »Ars vitraria experimentalis oder vollkommene Glasmacherkunst« auf der Grundlage eigener Experimente stoffliche Rezepte und technologische Details, die bis in das 19. Jahrhundert angewendet wurden. Von Becher stammen die Grundgedanken zur Phlogistontheorie und die Beschreibung von 1500 chemisch-technologischen Verfahren. Mit den Forderungen nach »Werkshäusern« und »Kunstschulen« artikulierte der Projektemacher Becher neue Formen der Berufsausbildung.

Im 18. Jahrhundert begannen technologisch-ökonomische Fragestellungen in den Mittelpunkt zu rücken, und die gegenständlich-technologische

Darstellung eines Alchimistenlaboratoriums. Gemälde von Giovanni Stradono, um 1650

Übersichtstafel der Encheria (Prozeßlehre) aus der »Alchemia« von Libavius. Mit dem Zusammenhang zwischen Prozeß-, Apparate- und Feuerkunde formuliert Libavius erstmalig den technologischen Grundgedanken der Verfahrenstechnik. Aus: F. Rex (Hrsg.), Die Alchemie des Andreas Libavius, Weinheim/Bergstraße, 1964

Titelseite der »Anleitung zur Technologie ...« von J. Beckmann. In diesem Werk systematisiert er 324 mechanisch- und chemisch-technologische Gewerbe in 51 Klassen. 35 dieser Gewerbe werden von ihm detailliert beschrieben. Göttingen, 1780

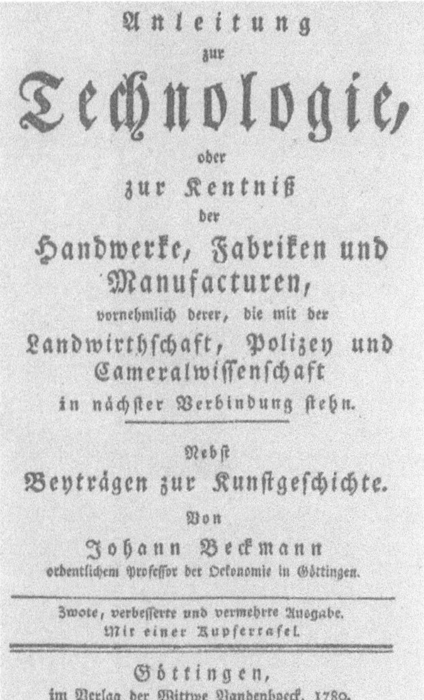

Anleitung
zur
Technologie,
oder
zur Kentniß
der
Handwerke, Fabriken und Manufacturen,
vornehmlich derer, die mit der
Landwirthschaft, Polizey und Cameralwissenschaft
in nächster Verbindung stehn.

Nebst
Beyträgen zur Kunstgeschichte.
Von
Johann Beckmann
ordentlichem Professor der Oekonomie in Göttingen.

Zwote, verbesserte und vermehrte Ausgabe.
Mit einer Kupfertafel.

Göttingen,
im Verlag der Wittwe Vandenhoeck. 1780.

Quelle der Verfahrenstechnik wurde erschlossen. Johann Beckmann gab in seinem 1777 erschienenen Werk »Anleitung zur Technologie, oder zur Kenntnis der Handwerke ...« der Technologie eine neuzeitliche Definition als Lehre von den Gewerben und faßte aus ökonomischer Sicht die Bestrebungen der Technologen als Gewerbelehre zusammen. Er dehnte sein Konzept auf alle Gewerbe aus und verschaffte dieser Lehre als Teil des Kameralismus den Zugang zur Universität. Beckmanns Bildungskonzeption bestand darin, die Technologie jenen nahezubringen, »welche, ohne solche zu treiben, dem Staate dienen, verpflichtet oder geneigt sind«. (Vorrede) Indem er 324 Gewerbe nach den »Handgriffen« von den »einfachen zu den zusammengesetzten« zu systematisieren suchte, durchbrach er durch Zunftgrenzen errichtete Erkenntnisschranken.

Herausbildung der Technikwissenschaften in der industriellen Revolution

Einführung

Entscheidende Bedingungen für die Herausbildung der Technikwissenschaften reiften in der industriellen Revolution. Mit dem Übergang von der handwerklichen zur maschinellen Produktion vollzog sich jener Umbruch, der eine dynamische, auf erweiterte Reproduktion orientierte kapitalistische Wirtschaftsform hervorbrachte. Erst dadurch wurde es allgemein notwendig, die Wissenschaft als produktive Potenz einzubeziehen. Das erforderte Technikwissenschaften, die mit ihren Erkenntnissen und Methoden, ihrer institutionellen Struktur und ihren Ausbildungsformen speziell auf diese Aufgaben auszurichten waren.

England als Mutterland der industriellen Revolution tat die ersten Schritte. Im letzten Drittel des 18. Jahrhunderts ging das englische Bürgertum daran, die Produktion rigoros umzugestalten. Das konnte anfangs nur auf hergebrachte handwerkliche Weise geschehen. Doch mit dem Einsatz von Maschinen ergaben sich Probleme der Zuverlässigkeit, Sicherheit, Effektivität und Leistung, die mit traditionellen Mitteln kaum zu lösen waren. Naturwissenschaftliche Grundkenntnisse konnten Orientierungen geben, die die besten, zum Teil wissenschaftlich gebildeten Techniker in den verschiedenen Bereichen der Produktion umzusetzen verstanden. Der Schotte James Watt in Glasgow, späterer Mitinhaber der ersten Dampfmaschinenfabrik Boulton & Watt in Birmingham, demonstrierte diese Arbeitsweise mit der Entwicklung der Kolbendampfmaschine. Doch die Möglichkeiten autodidaktischer wissenschaftlicher Bildung waren vielfältig. Sie wurden, angeregt durch die konkrete Aufgabe und das geistige Umfeld, zumeist spontan genutzt.

Wissenschaftliche Gesellschaften spielten hierbei eine bedeutende Rolle. Die Lunar-Society in Birmingham, zu deren Mitgliedern neben Watt auch Matthew Boulton, der Chemiker Joseph Priestley und der Unternehmer Josiah Wedgwood gehörten, ist Beispiel für diese zumeist noch regionalen und privaten Vereinigungen in der zweiten Hälfte des 18. Jahrhunderts. Die Lunar-Society vereinigte einfluß- und kenntnisreiche Männer, die die industrielle Entwicklung des Territoriums wesentlich bestimmten, zu anregendem Gedankenaustausch über wissenschaftliche, technische und sonst interessierende Probleme. Auf organisatorische Attribute noch weitgehend verzichtend, bildeten diese Zentren der Kommunikation praxisnahe Prototypen der späteren polytechnischen Vereine.

Auch in der zweiten Phase der industriellen Revolution, als Maschinen durch Maschinen gebaut wurden und Fabriken wie Pilze aus dem Boden

»Mit der kapitalistischen Produktion wird … der wissenschaftliche Faktor zuerst mit Bewußtheit und auf einer Stufenleiter entwickelt, angewandt und ins Leben gerufen auf einem Maßstab, von dem frühere Epochen keine Ahnung« hatten.

Karl Marx, Zur Kritik der Politischen Ökonomie, 1861 bis 1863

»Die Deutschen … besitzen die Gabe, die Wissenschaft unzugänglich zu machen … Der Engländer ist ein Meister, das Entdeckte gleich zu nutzen, bis es wieder zu neuer Entdeckung und frischer Tat führt. Man fragt nun, warum sie uns überall voraus sind …«

Johann Wolfgang von Goethe, Sprüche in Prosa

»1. Die Maschine selbst, wie sie aus Rädern, Schrauben etc. zusammengesetzet ist, 2. die daran applicierte Bewegungs-Kraft, 3. das Werckzeug, welches von der Maschine getrieben wird. Von diesen drey Theilen muß die Mechanica ordentlich handeln.«

Leonhard Christoph Sturm, Mathesis Compendiara, 1710

schossen, blieben Gewinnung und Nutzung wissenschaftlicher Erkenntnisse der privaten Initiative überlassen. Damit aber formten sich die Beziehungen zwischen Wissenschaft und Produktion unter der pragmatischen Sicht ihrer unmittelbaren Wirksamkeit. Ingenieure erhielten ihre Ausbildung in fortgeschrittenen Produktionsbetrieben. So entstanden Arbeiten, die technikwissenschaftliche Lösungswege insbesondere im experimentellen Bereich erschlossen. Es fehlte jedoch weitgehend an wissenschaftlichen

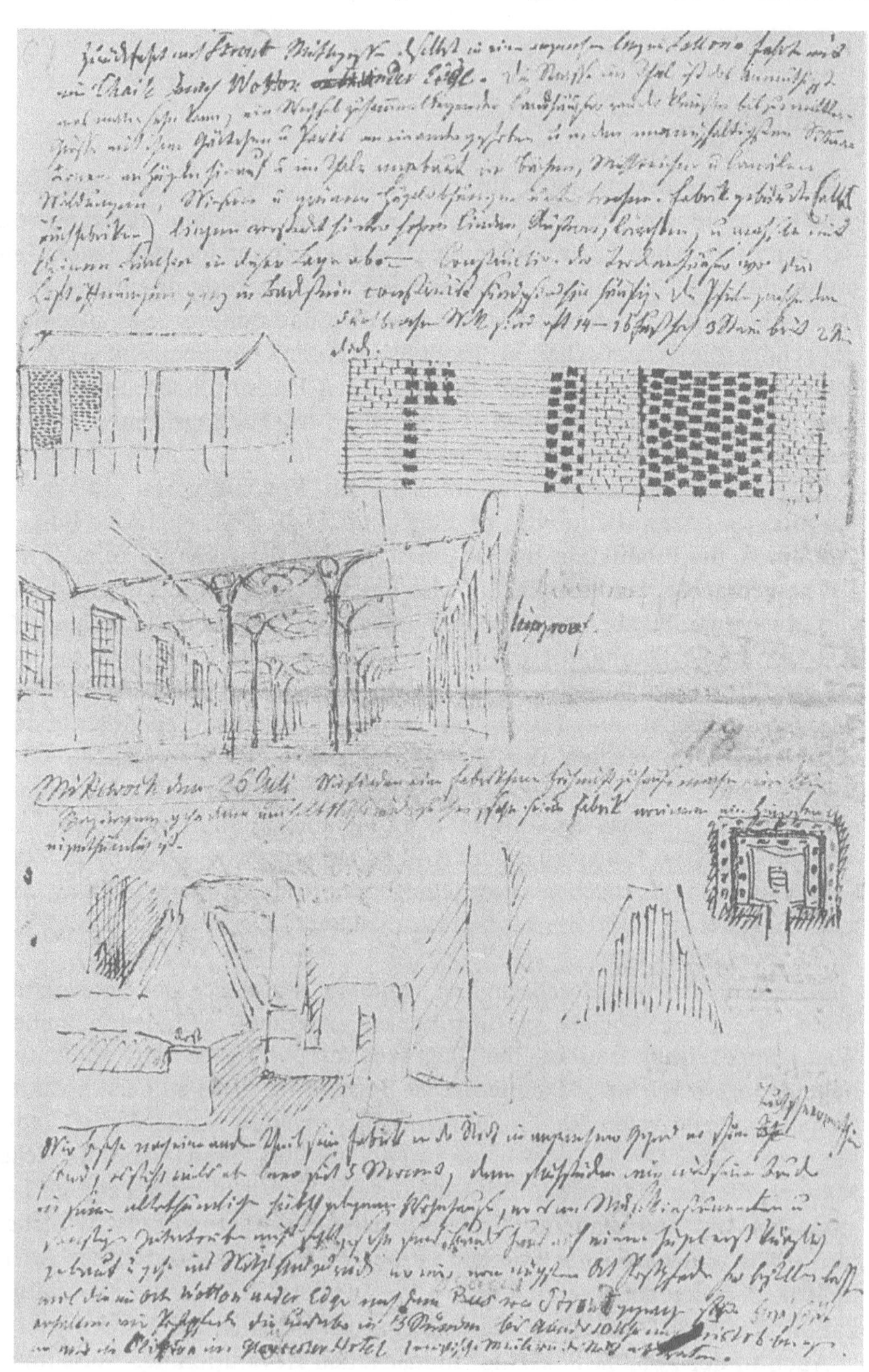

Tagebuchskizzen Karl Friedrich Schinkels, die während seiner Reise nach England und Schottland 1826 in Dudley entstanden und industriearchitektonische Details zeigen. Staatliche Museen zu Berlin, Kupferstichkabinett

Einrichtungen, die diese Ansätze aufgreifen und systematisch ausbauen konnten. Zum Teil übernahmen Universitäten später diese Aufgabe. Technische Schulen entstanden in Großbritannien allgemein erst um die Mitte des 19. Jahrhunderts. Vorerst bestätigten Erfolge in der den technischen Fortschritt bestimmenden Werkstatt der Welt die angewandten Mittel.

Ganz anders verlief die Entwicklung in Frankreich. Hier konnte die industrielle Revolution nur zögernd Fuß fassen. Doch mit der bürgerlichen Revolution 1789 traten bildungspolitische Diskussionen in den Vordergrund, die im Sinne der Aufklärung mit der politischen Freiheit und Gleichheit auch gleiche Bildungsmöglichkeiten propagierten. Alle Bürger sollten produktiv tätig sein, sich eine breite Allgemeinbildung und gediegene berufliche Qualifikation erwerben. Die Mathematik besonders galt als unverzichtbare Schule des Denkens. Diese Auffassungen wurden allerdings im Verlaufe der Revolution auf den realen Boden der um politische Macht und Gewerbefreiheit ringenden bürgerlichen Gesellschaft gestellt. Es blieb eine Konzeption, die bei vorhandenen utilitaristischen Tendenzen die Tradition einer anspruchsvollen Wissenschaftsentwicklung vertrat.

Gare Saint Lazare in Paris. Gemälde von Claude Monet, 1877, Fogg Art Museum, Harvard University, Maurice Wertheim Collection

»… inzwischen sind sie (die Wissenschaften – d. A.) zum Allgemeingut geworden, und der Zeitpunkt rückt näher, da ihre Elemente, ihre Prinzipien … geradezu volkstümlich geworden sein werden. Und dann wird ihre Anwendung in der Technik, ihr Einfluß zugunsten der Folgerichtigkeit des Denkens überhaupt von wahrhaft umfassendem Nutzen sein.«

Marquis de Condorcet, Rapport et projet de décret sur l'organisation de l'Instruction publique, 1795

Elektrische Batterien der École Polytechnique in Paris, errichtet 1813 auf Anweisung von Napoleon I. Aus: L. Figuier, Les merveilles de la science ou description populaire des inventions modernes, Paris, 1867

Hochofenabstich bei Borsig in Berlin. Emaillewandmalerei von Paul Meyerheim, 1874. Märkisches Museum, Berlin

Einschneidende wissenschaftspolitische Maßnahmen der zentralen Staatsgewalt konzentrierten das mathematisch-naturwissenschaftliche Potential des Landes weitgehend auf die 1795 insbesondere im militärischen Interesse gegründete École Polytechnique, die die theoretischen Grundlagen für weiterführende Studien an technischen Spezialschulen legen sollte. Wissenschaftlich hochgebildet und mit den Problemen der Praxis zumeist vertraut, initiierten die Lehrer der École Polytechnique eine Ausbildung, die durch ihr wissenschaftliches Niveau und ihre Methoden für Jahrzehnte die technikwissenschaftliche Ausbildung in Europa beeinflussen sollte. In den Mauern dieser hohen technischen Schule lehrten und lernten jene Wissenschaftler, die entscheidenden Anteil an der methodischen und theoretischen Ausformung früher technikwissenschaftlicher Disziplinen hatten.

Es war nicht mehr zu übersehen, daß die Technikwissenschaften, wollten sie praktisch verwertbare Resultate liefern, die Synthese zwischen theo-

retischen und empirischen Ansätzen auf eine spezifische, von den Naturwissenschaften durchaus unterschiedene Art und Weise zu vollziehen hatten. So orientierten sich die Gründer technischer Schulen im deutschsprachigen Raum zwar unübersehbar an der École Polytechnique, entwarfen aber, nach einem Seitenblick auf die praxisnah gestalteten Lehrpläne der Bergakademien, ein durchaus eigenständiges Konzept. Johann Prechtl, Begründer des Polytechnikums in Wien, leitete diese Entwicklung ein. Man setzte die Existenz eigenständiger Technikwissenschaften voraus und bemühte sich, deren Erkenntnisse für den praktisch tätigen Ingenieur faßlich und verwendbar zu vermitteln. Doch die Auseinandersetzungen um den Gegenstand der Technikwissenschaften, adäquate Methoden der Gewinnung und Darstellung von Erkenntnissen hatten erst begonnen. Sie durchzogen das gesamte 19. Jahrhundert und waren Ausdruck der Selbstverständigung der Technikwissenschaftler über die Spezifik der von ihnen

Telegramm der Preußischen Staatstelegrafie aus dem Jahre 1856. Staatsarchiv Potsdam

vertretenen Disziplinen. Das geschah aber bereits auf der Grundlage ausgeprägter technikwissenschaftlicher Disziplinen. Sie waren inhaltlich indessen komplex genug ausgebaut, um technische Systeme hinreichend konkret abbilden zu können.

So wurde der Übergang von der ganzheitlichen verbalen Beschreibung technischer Systeme über die aus der Vielfalt realer Beziehungen abstrahierten und nicht an eine bestimmte Klasse von Objekten gebundenen naturwissenschaftlichen Modellvorstellungen zu technikwissenschaftlichen Modellen vollzogen. Diese enthielten die für das Objekt wesentlichen technischen Parameter und konnten somit erst als allgemeine Grundlage für eine Verwissenschaftlichung der Produktion dienen. Damit waren von Seiten der Technikwissenschaften die Voraussetzungen für eine allgemeine Praxiswirksamkeit in dem folgenden Zeitabschnitt geschaffen.

Der Kristallpalast in London – ein Wahrzeichen der Weltausstellung 1851. Staatliche Schlösser und Gärten Potsdam-Sanssouci, Sammlung

Fachliche Komplettierung und regionale Verbreitung der Montanwissenschaften

Technisch am weitesten fortgeschritten war in der Mitte des 18. Jahrhunderts der Erzbergbau in Mitteleuropa. Hier hatten zum Beispiel die Silbererzgruben des Erzgebirges, des Harzes, Böhmens und Ungarns (der heutigen Slowakei) bereits mehrere hundert Meter Tiefe erreicht. In anderen Ländern, vor allem in Südamerika und in Rußland, baute man Erze noch nahe der Oberfläche ab. Geringe Tiefe wiesen in Mitteleuropa auch der Steinkohlenbergbau, der Braunkohleabbau und der Mansfelder Kupferschieferbergbau auf. Kalibergbau gab es noch nicht, Salz gewann man vorwiegend in Salinen durch Eindampfen der in natürlichen Quellen zutage tretenden Sole.

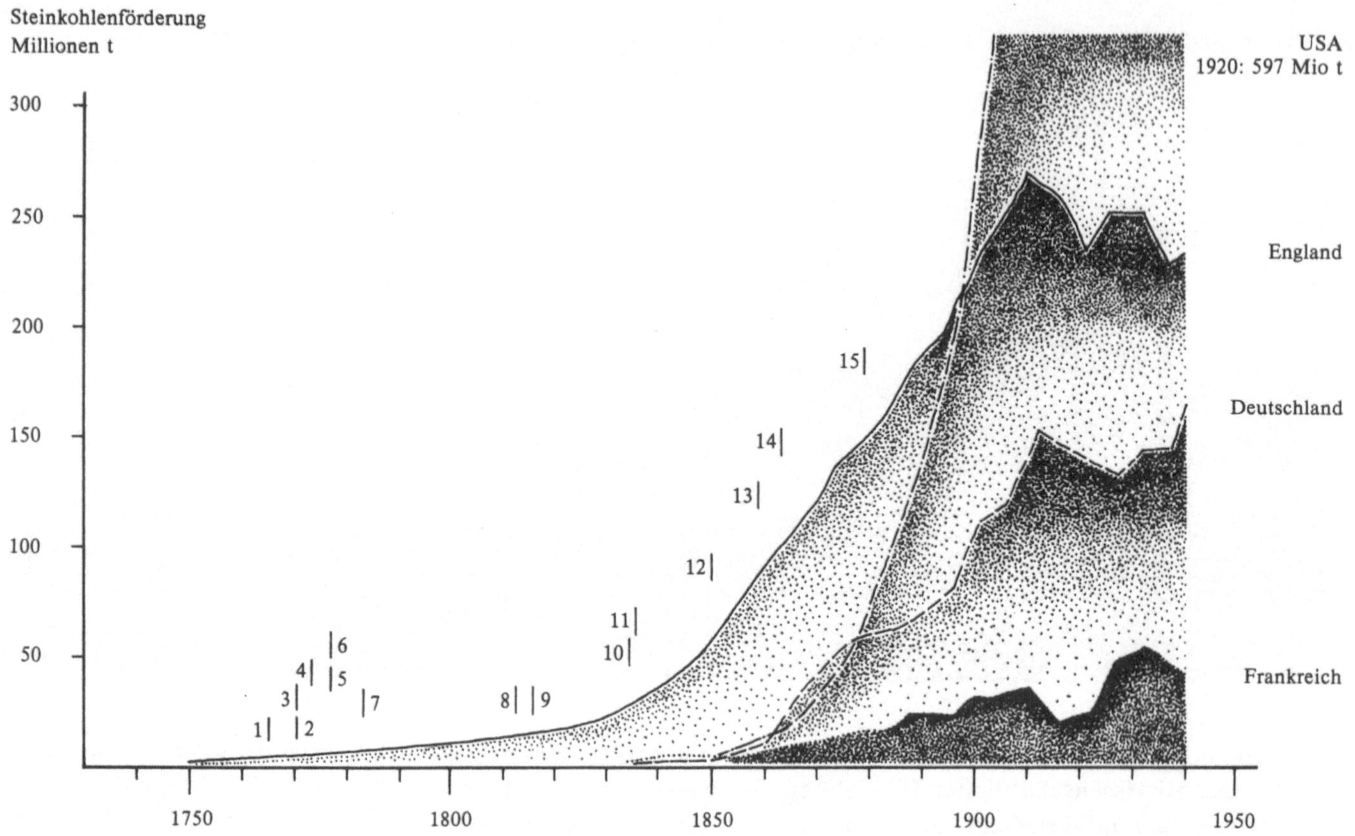

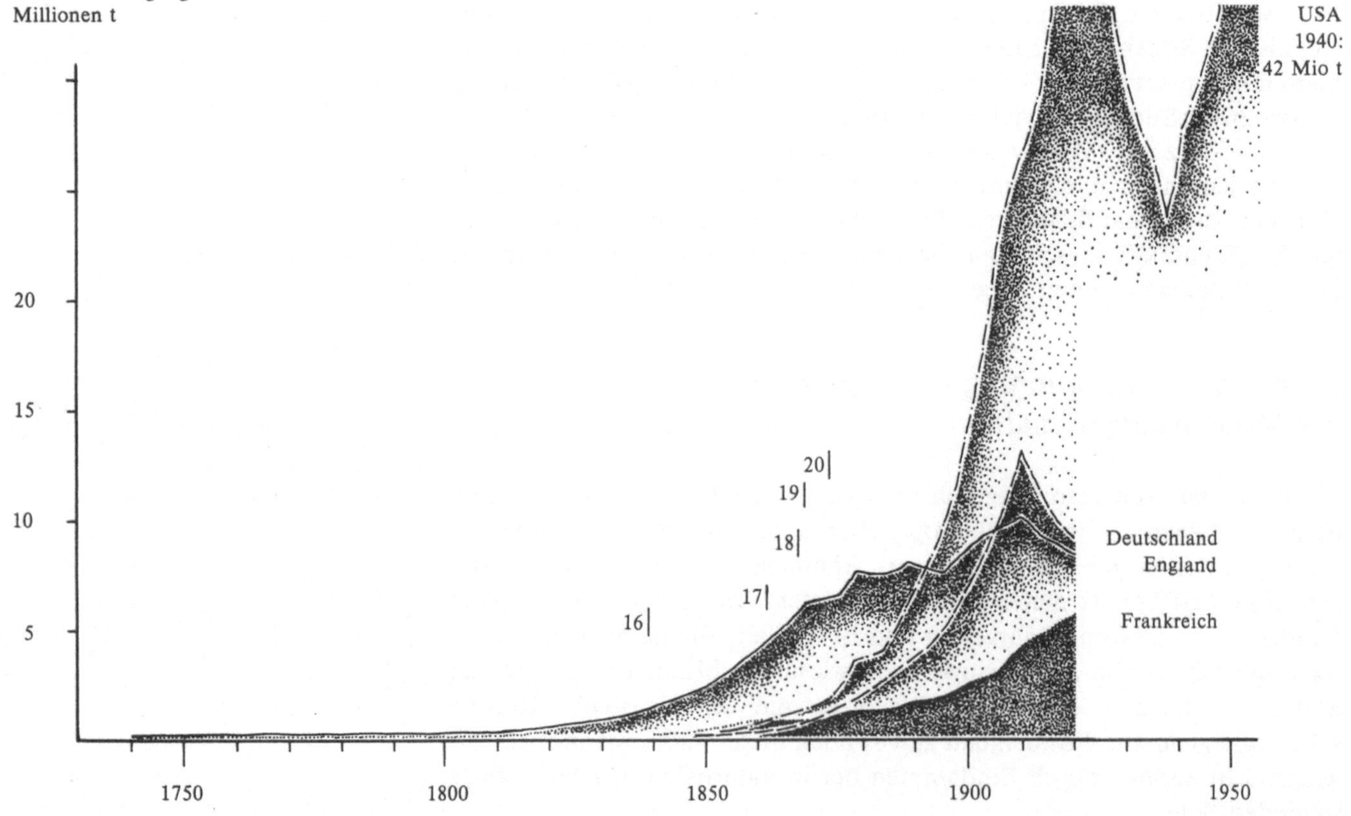
Steinkohlenförderung
Millionen t
USA
1920: 597 Mio t
England
Deutschland
Frankreich
300
250
200
150
100
50
1750
1800
1850
1900
1950
1
2
3
4
5
6
7
8
9
10
11
12
13
14
15
Roheisenerzeugung
Millionen t
USA
1940:
42 Mio t
Deutschland
England
Frankreich
20
15
10
5
1750
1800
1850
1900
1950
16
17
18
19
20

Im Laufe des 19. Jahrhunderts, besonders seit 1840, veränderten sich die Bedingungen im Steinkohlenbergbau Europas, vor allem in England, Belgien und Frankreich, im Ruhrgebiet, an der Saar, im damals preußischen Oberschlesien und in den kleinen Revieren Sachsens. Die Steinkohlengruben kamen hinsichtlich Tiefe der Schächte, Größe der Betriebe und technischem Niveau der Produktion dem Erzbergbau gleich oder überflügelten ihn gar. Steinkohlengruben erreichten nun 500 bis 600 Meter Tiefe und Belegschaftszahlen von mehreren hundert Mann. Die Arbeitsprozesse und die Maschinentechnik wiesen allerdings in den einzelnen Betrieben noch recht große Unterschiede auf.

Die »Gewinnung«, das Lösen des Bodenschatzes aus dem Gesteinsverband, war als Hauptarbeitsprozeß des Bergmanns in der Zeit von 1770 bis 1850 noch ausschließlich Handarbeit. Die Produktionssteigerung, die mit der industriellen Revolution im Steinkohlenbergbau und im Erzbergbau eintrat, erzielte man durch die extensive Erweiterung des Bergbaus in großen Grubenbetrieben. Der Aufschwung des Steinkohlenbergbaus ließ England, Frankreich, Belgien und Preußen zu den im 19. Jahrhundert führenden Bergbaustaaten werden.

Die weiteren Arbeitsprozesse im Bergbau wurden durch Neuerungen im Maschinenwesen bestimmt. Die größere Tiefe der Schächte, die gewachsene Zahl der Bergleute und damit die notwendige Ausdehnung der untertägigen Grubenräume hatten eine starke Erhöhung des Förderquantums von Erz bzw. Kohle im einzelnen Schacht, aber auch stärkere Zuflüsse von Grubenwasser, das gehoben werden mußte, zur Folge.

Die wichtigste technische Neuerung für den Bergbau war die Dampfmaschine. Von Thomas Newcomen 1712 als Pumpmaschine für den englischen Bergbau erfunden, von James Watt von 1769 bis 1776 weiterentwickelt, 1721 in den ungarischen Erzbergbau, 1732 in den französischen Steinkohlenbergbau, 1763 in einem russischen Hüttenwerk, 1785 in den deutschen Bergbau eingeführt, wurde die Dampfmaschine im 19. Jahrhundert allgemein die wichtigste Kraftmaschine zum Antrieb von Förderanlagen und Pumpen im Bergbau sowie von Aufbereitungsanlagen, Hüttengebläsen und Walzwerken.

Im Buntmetall-Hüttenwesen entwickelte man nunmehr leistungsfähigere Schmelzöfen, um die angestrebte Produktionserhöhung vor allem durch die Verarbeitung ärmerer Erze zu erzielen. Etwa seit 1820 wurde die Holzkohle vom Steinkohlenkoks abgelöst. Das machte den Ersatz der alten Blasebälge durch leistungsfähige Gebläse, damals Zylindergebläse mit Wasserkraft- oder Dampfmaschinenantrieb, erforderlich.

Einen Aufschwung erfuhr im 19. Jahrhundert – in Parallele zum Steinkohlenbergbau – das Eisenhüttenwesen, um den Bedarf des Maschinenbaus und des Eisenbahnbaus zu decken. Es entstanden – nun in den Steinkohlenrevieren – neue große Eisenhüttenwerke mit Hochöfen bis etwa 12 Meter Höhe, in denen das Roheisen mit Koks erschmolzen wurde. Stahl wurde nicht mehr in den alten Frischfeuern, sondern ab 1784 durch das Puddelverfahren, ab 1855 im Bessemerverfahren, ab 1877 im Thomas-Konverter und ab 1864 im Siemens-Martin-Ofen gewonnen.

Von 1770 bis 1850 war die Produktion von Erz und Steinkohle, aber auch von Buntmetallen und Eisen auf ein Vielfaches gestiegen. Sie mußte

Die Steinkohlenförderung und Roheisenerzeugung vom 18. bis ins 20. Jahrhundert in England, Frankreich, Deutschland und den USA. 1 – 15 Gründungsjahre der Bergakademien: 1 Freiberg, 2 Schemnitz (Banská Stiavnica/ČSSR), 3 Berlin, 4 Petersburg, 5 Mexiko, 6 Almadén, 7 Paris, 8 Christiania, 9 St. Etienne, 10 Madrid, 11 Liège, 12 London, 13 Berlin, 14 New York, 15 Aachen, (11 – 15 vorrangig für Steinkohlenbergbau). 16 – 20 Lehre bzw. Forschung für Eisen und Stahl: 16 Leoben, 17 Berlin, 18 London, 19 Aachen, 20 Freiberg

»An die Spitze der Reichtümer, die uns das Mineralreich darbietet, glauben wir die brennlichen Fossilien setzen zu müssen. Das Feuer ist die Stütze des Lebens in unseren höheren Breiten, ein vorzügliches Hilfsmittel für alle Künste, und das, was die mächtigsten Maschinen in Bewegung setzt. Vorzüglich auf seine Hilfe gründet sich die Herrschaft des Menschen.«
Journal des mines, 1794

»Euer Kaiserl. Königl. Majestät faßten daher den weisesten Entschluß, in Schemnitz eine Bergwerksakademie zu stiften, wo die lehrbegierigen Anfänger in drei verschiedenen Klassen in sämtlichen sowohl theoretischen als praktischen Bergwissenschaften unterrichtet werden sollten: und der hieraus entspringende Nutzen wird sich allgemein über alle in Euer Kaiserl. Königl. Majestät Erbländern befindliche Bergwerke in voller Maße ausbreiten, da hierdurch die Ämter künftighin mit tüchtigen Beamten, welche zugleich Grundsätze und Erfahrung haben, werden besetzt werden können.«

Christoph Traugott Delius, Widmung an Maria Theresia, in: Anleitung zu der Bergbaukunst, 1773

unter den schwierigen Bedingungen tieferer Gruben und ärmerer Erze realisiert werden. Dazu waren der Einsatz von montanwissenschaftlich ausgebildeten Betriebsbeamten, insbesondere Bergingenieuren, Markscheidern und Hütteningenieuren, und die Weiterentwicklung der Montanwissenschaften erforderlich.

Die ersten Bergakademien von Freiberg in Sachsen und Schemnitz in Ungarn markierten mit ihrer Gründung 1765 bzw. 1770 den Abschluß einer im 16. Jahrhundert im Erzbergbau begonnenen Entwicklung, aber auch den Beginn einer neuen Ära. Sie bestimmten damals das Niveau technischer Hochschulen, gekennzeichnet durch theoretische und praktische Ausbildung und durch Grundlagen- und Fachstudium. Die Studenten der beiden Bergakademien hörten im ersten und zweiten Studienjahr vor allem Mathematik, Mechanik, Physik, Chemie sowie geowissenschaftliche Fächer, im dritten und vierten Studienjahr Bergbaukunde, Markscheidekunde, Bergrecht, Bergmaschinenlehre sowie Hüttenkunde. Wie für die Zeit um 1770 verständlich, war die Lehre anfangs stark auf den Erzbergbau und das Buntmetallhüttenwesen ausgerichtet. Erste Akademien gab es in Feudalstaaten, in denen die montanistischen Lehranstalten wie die Gruben dem Direktionsprinzip gemäß der Bergbehörde unterstanden. Sie gewährte den Studenten staatliche Stipendien und verpflichtete sie damit zum Eintritt in den Staatsdienst. Daneben aber ließ man auf eigene Kosten Studierende zu. Das betraf vor allem Ausländer, also in Freiberg auch beispielsweise die aus Preußen kommenden Studenten. Dadurch waren die Bergakademien von ihrer Gründung an durch Weltoffenheit geprägt. In Freiberg studierten z. B. 1772 L. v. Gerard aus Petersburg; 1778 der Spanier Fausto de Elhúyar, später Oberberghauptmann in Mexiko; 1784 die Gebrüder Henckel aus Norwegen, später im Bergbau von Kongsberg tätig; 1787 James Watt junior aus Birmingham, England; 1792 der Däne J. Esmarck, später Professor in Oslo; 1792 der Portugiese J. B. d'Andrada, später Oberberghauptmann in Lissabon; 1834 P. Scharin aus Petersburg, später Eisenhüttenverwalter im Ural, 1846 A. Rackwicz aus Galizien und viele andere. Aber auch Deutsche, die die Freiberger Akademie absolvierten, wurden im Ausland in hohe Stellungen gerufen, da dort gleichwertige Ausbildungsstätten der Montanwissenschaften noch fehlten. So avancierte J. G. Schreiber später zum Inspektor der französischen Bergwerke. Auch der durch seine Reformen bekannte preußische Freiherr vom und zum Stein studierte 1782/83 in Freiberg. P. Reinhard arbeitete als Bergbeamter in Guinea. Alexander von Humboldt war nach seinem Studium in Freiberg als preußischer Oberbergmeister in Ansbach-Bayreuth tätig, ehe er auf seine naturwissenschaftlichen Forschungsreisen ging.

Nach dem Vorbild von Freiberg und Schemnitz wurden bald weitere Bergakademien gegründet, und zwar für Preußen 1770 in Berlin, für Rußland 1773 in Petersburg, für Hannover und Braunschweig 1775/1853 in Clausthal/Harz, für Spanien 1777 in dem Quecksilber-Bergort Almadén und für Frankreich 1783 die »École des Mines« in Paris.

Im 19. Jahrhundert waren Gründungen weiterer Bergakademien teils politisch, teils ökonomisch motiviert. So sah sich die kaiserlich-königliche Donaumonarchie bei der relativen Verselbständigung Ungarns dann veranlaßt, für ihre deutschsprachigen Landesteile eine Bergakademie in Leoben/

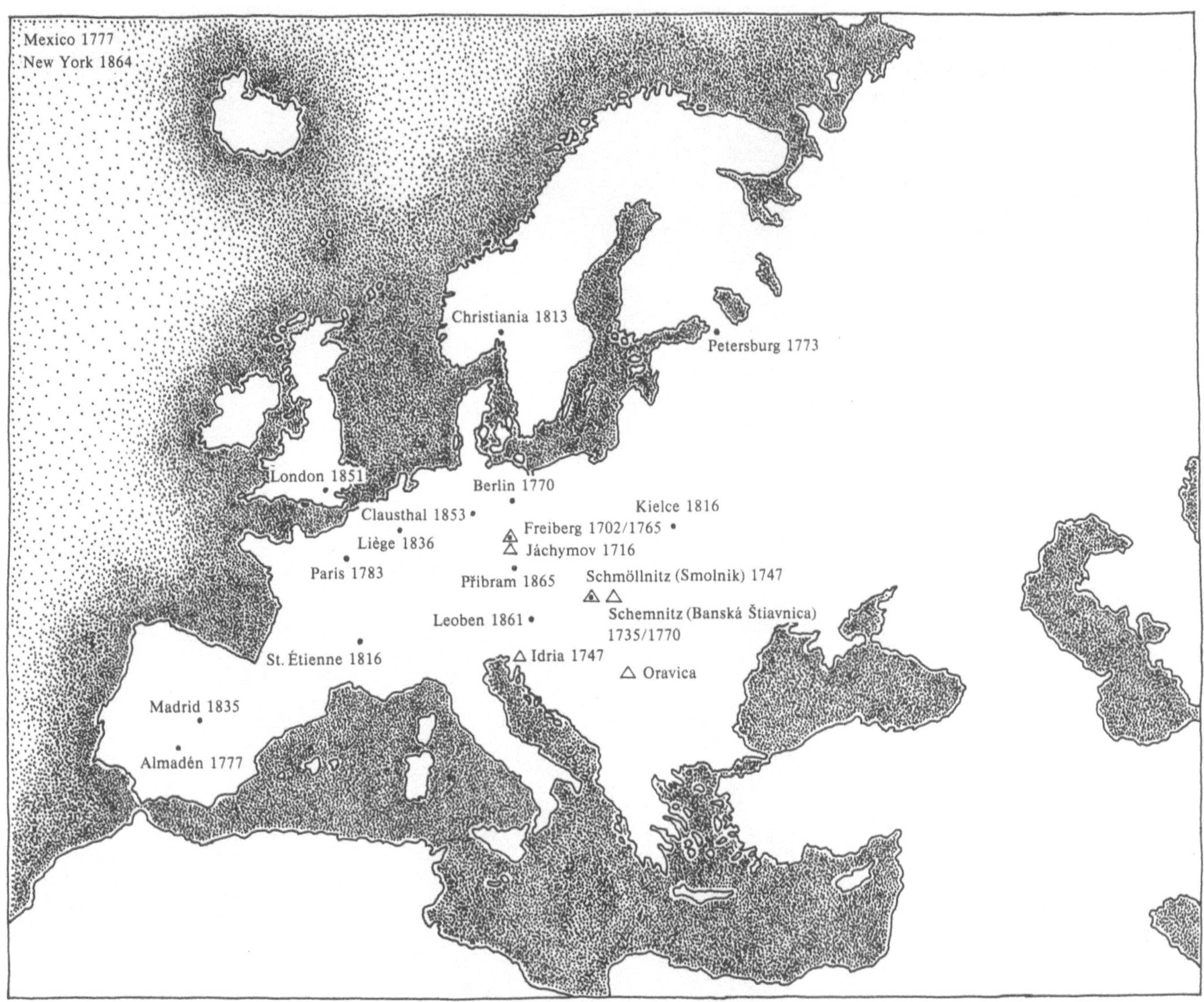

Steiermark und für Böhmen eine solche in Přibram südwestlich von Prag zu gründen, beides Orte historischen Erzbergbaus. Den Aufschwung des Steinkohlenbergbaus signalisierten die neuen Montanhochschulen Liège (Lüttich) in Belgien 1836 sowie in Frankreich St. Étienne 1816 und die im gleichen Jahre reorganisierte Pariser École des Mines. Zu erwähnen sind noch die Neugründungen in London 1851, Berlin 1860, New York 1864 und die Erhebung der Clausthaler Bergschule zur Bergakademie 1864. Damit war um 1865 das Netz der montanistischen Hoch- und Fachschulen in Europa im wesentlichen vollendet. Es zeigte – der Tradition des Bergbaus entsprechend – eine Konzentration in Deutschland und Österreich.

Den Hochschulcharakter der ersten Bergakademien verdeutlichte auch das Streben nach internationalem wissenschaftlichem Austausch. Schon 1786 gründeten Friedrich Wilhelm Heinrich von Trebra, 1766 Student der Bergakademie Freiberg und 1786 braunschweigischer Vizeberghauptmann, und Ignaz von Born, der Leiter des österreichischen Bergwesens, eine im wesentlichen auf den Bergakademien Freiberg und Schemnitz basierende

Mitteleuropa als Ausgangspunkt montanwissenschaftlicher Lehre. Dreiecke: Montanwissenschaftliche Lehrinstitutionen 1765 vor der Gründung von Bergakademien, Punkte: Bergakademien. Die Jahreszahlen geben die Gründungsjahre an.

Ignaz von Born, der Mitbegründer der
Sozietät für Bergbaukunde und Initiator
der »kalten Amalgation« in Banská Štiavnica. Gemälde von Johann Baptist Lampi.
Historisches Museum der Stadt Wien

»... *Es sind der Fälle sehr viele, bei
welchen der praktische Berg- und
Hüttenmann ohne den Theoretiker
nun nicht weiter fortkommen
kann ... So wenig es beim Bergbau
an Gegenständen fehlt, nützliche
Untersuchungen anzustellen, ... so
schwer ist es doch auch mehrenteils,
diesen Gegenständen so nahe zu
kommen als genaue Untersuchungen
derselben es erfordern.*«
Ignaz von Born und Friedrich Wilhelm
Heinrich von Trebra, Bergbaukunde, 1789

internationale »Sozietät für Bergbaukunde«, die einen Jahresbeitrag von
zwei Dukaten erhob und 1789 die Zeitschrift »Bergbaukunde« herausgab,
von der aber aus Geldmangel nur zwei Bände erschienen. Mitglieder der
Sozietät waren u. a. aus Preußen der Minister Friedrich Anton von Heynitz
(1765 Mitbegründer der Bergakademie Freiberg), aus Hannover Lichtenberg in Göttingen, aus Sachsen-Weimar Johann Wolfgang von Goethe (Eh-
renmitglied), aus England die Dampfmaschinenfabrikanten Matthew Boulton und James Watt, aus der Schweiz Struve, aus Rußland das
Akademiemitglied P. S. Pallas und aus Mexiko bzw. Kolumbien die Gebrüder de Elhúyar.

Gegründet wurde die Sozietät in Glashütte (Sklené Teplice) bei Schemnitz (Banská Štiavnica) anläßlich der Inbetriebnahme des dortigen Amal-
gamierwerkes, um zu dem neuen metallurgischen Verfahren der »kalten
Amalgamation« einen internationalen Erfahrungsaustausch anzuregen.

Später bildeten sich an verschiedenen Orten montanistische Gesellschaften, die neben wissenschaftlichen auch ökonomische Interessen vertraten.

Internationale Ausstrahlungskraft hatten auch die damals aufkommenden montanwissenschaftlichen Fachzeitschriften. Deren erste war das seit 1785 von dem Freiberger Professor Johann Friedrich Lempe herausgegebene »Magazin der Bergbaukunde«. Es folgten ab 1795 das bis heute in Paris erscheinende »Journal des mines« und bis 1857 weitere montanwissenschaftliche Fachzeitschriften unterschiedlicher Lebensdauer in Salzburg, Petersburg, Berlin, London, Wien, Liège und von den Bergakademien Österreich-Ungarns veröffentlichte.

Die Bergakademien gaben ebenfalls die ersten Lehrbücher der Bergbaukunde heraus. In Freiberg lehrte man ab 1769 nach dem »Bericht vom Bergbau« des Edelsteininspektors J. G. Kern, in Schemnitz ab 1773 nach der »Anleitung zu der Bergbaukunst« des ersten Schemnitzer Professors für Bergbaukunde, C. T. Delius. Dessen Buch diente seit 1778 auch in Frankreich als Lehrbuch. Die russische Regierung beauftragte den in ihrem Dienst stehenden Bergbeamten F. L. Cancrin mit der Herausgabe einer zwölfteiligen Enzyklopädie der Montanwissenschaften, die 1773 bis 1791 in Deutsch und 1785 bis 1791 in Russisch erschien. Weitere, den Erzbergbau betonende Lehrbücher wurden in Frankreich 1773 von Monnet und in England 1778 von Pryce herausgegeben. In diesen Büchern erschienen empirisch gewonnene Erkenntnisse systematisch geordnet. Die Autoren entwickelten jeweils theoretische Konzeptionen für spezielle Technologien. Sie folgten dem Arbeitsablauf und stellten übergreifende Zusammenhänge, praktisch erprobte Regeln und neueste Verbesserungen heraus.

Einzelne Prozesse bergmännischer Arbeit wurden schon um 1795 in Spezialveröffentlichungen behandelt, so die Sprengarbeit 1792 von Franz Baader, die Grubenzimmerung 1793 von F. W. von Dingelstedt und die Grubenmauerung 1796 von L. J. F. Erler. Die beiden letztgenannten Gebiete betreffen den Schutz der untertägigen Grubenräume gegen nachbrechendes Gestein.

Alle die genannten Lehrbücher und Spezialarbeiten befaßten sich vorrangig mit dem Erzbergbau als den um 1790 noch dominierenden Bergbauzweig. Die zunehmende und schließlich überragende Bedeutung des Steinkohlenbergbaus und Eisenhüttenwesens spiegelte sich erst im 19. Jahrhundert in den montanistischen Lehrbüchern wider. Das gilt in England für die Lehrbücher von Hedley (1851), Marlor (1854) und Greenwell (1855), in Frankreich für die von Villefosse (1810), Brard (1829), Combes (1844) und Burat (1844), in Belgien für das von Ponson (1852). Das Hüttenwesen behandeln in Schweden die Lehrbücher von Nordwall (1800) und Rinmann (1806) und in den USA von Overman (1854).

Die Spezialgebiete der Bergbauwissenschaften folgten dem zwischen 1770 und 1850 feststellbaren Aufschwung der montanistischen Lehre und ihrer Institutionalisierung in unterschiedlichem Maße. Etliche bergbauliche Arbeitsprozesse wurden nach wie vor nur systematisierend beschrieben, bei anderen bemühte man sich um theoretische Begründungen. Daß sich solche in den Montanwissenschaften zu sehr verschiedener Zeit ergaben, hatte zwei Gründe: erstens das frühere oder spätere Eintreten des praktischen Bedürfnisses zur wissenschaftlichen Beherrschung des Pro-

Der Freiberger Professor für Mathematik, Physik und Bergmaschinenlehre Johann Friedrich Lempe gab ab 1785 das »Magazin für Bergbaukunde« heraus (Titelblatt).

Das Hauptwerk des Christoph Traugott Delius, »Anleitung zu der Bergbaukunst«, zeugt mit seiner französischen Übersetzung von dem Einfluß des Bergbaus in den deutschsprachigen Ländern auf das Montanwesen in Frankreich (Titelblatt).

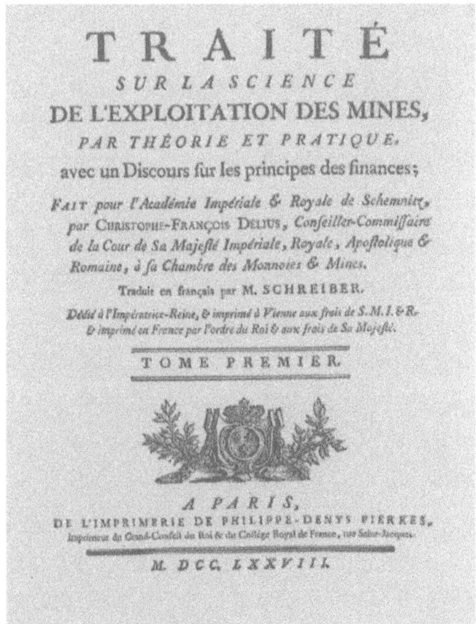

Porträt Julius Weisbach. Gemälde von Paul Kießling. Weisbach vollendete die Bergmaschinenlehre als Wissenschaft, überführte sie damit in die Allgemeine Maschinenlehre und gilt als deren Mitbegründer. Bergakademie Freiberg

blems, zweitens die verschieden schwere Zugänglichkeit des Problems für eine Lösung. Dafür einige Beispiele:

Die Geowissenschaften waren seit Agricola eine naturwissenschaftliche Grundlage der Bergbaukunde. Abraham Gottlob Werner, Lehrer der Mineralogie, Geognosie und Bergbaukunde an der Bergakademie Freiberg, trug wesentlich zur Herausbildung der Mineralogie, Petrographie und Geologie bei und schuf in Sachsen ab 1790 die erste geologische Landesuntersuchung. Damit waren die Bodenschätze nach Substanz und Lagerungsverhältnissen, also den natürlichen Voraussetzungen des Bergbaus, wissenschaftlich faßbar und prognostisch zu bearbeiten. Aber gleichzeitig wurden Mineralogie, Petrographie und Geologie eigenständig und lösten sich aus dem Verband der Montanwissenschaften. Sie nahmen vom Gegenstand,

Model einer Wassersäulenmaschine (Alte Mordgrube). Bergakademie Freiberg

von der Systematik und vor allem von der Institutionalisierung her im 19. Jahrhundert eine mehr an die Naturwissenschaften angelehnte Entwicklung. Allerdings enthielten fast alle Bergbaukunde-Lehrbücher noch bis ins 20. Jahrhundert hinein ein einleitendes Kapitel über die geologischen Grundlagen des Bergbaus.

Die Gewinnung, das Lösen von Erz und Gestein aus seinem festen Verband, bot gerade im Erzbergbau um 1780 ein wissenschaftliches Problem. Die Leistung und damit die Bezahlung der Hauer resultierten wesentlich aus der Festigkeit des Gesteins. Bei den um 1780 erreichten Belegschaftszahlen von einigen hundert Mann in den größten Erzgruben hatten aber selbst kleine Differenzen in der Bezahlung ökonomisch beträchtliche Folgen. Werner gab 1788 ein Büchlein »Von den verschiedenen Graden der Festigkeit des Gesteins als dem Hauptgrunde der Hauptverschiedenheiten der Häuerarbeiten« heraus. Darin führte er die Gesteinsfestigkeit auf »Härte, Zusammenhalt der Teile und Elastizität« zurück und gliederte sie nach der Art der erforderlichen Gewinnungsarbeit in: rollig (nur Schaufelarbeit erforderlich), milde (durch Keilhauenarbeit zu gewinnen), gebräch (mit Schlägel und Eisen zu lösen), fest (Sprengarbeit erforderlich), höchstfest (nur mit Feuersetzen zu lösen). Das war natürlich keine exakt quantifizierbare Lösung, doch der zu jener Zeit einzig mögliche Ansatz.

Im Jahre 1792 schuf Franz Baader mit der Unterscheidung von fünf natürlichen und technischen Faktoren ein verbales theoretisches Konzept für die Sprengarbeit, die im 19. Jahrhundert an Dimension gewann. Sie wurde jedoch derart komplex von natürlichen und technischen Einflußgrößen bestimmt, daß sie erst gegen Ende des Jahrhunderts in ihren Grundzügen theoretisch gedeutet werden konnte. Wissenschaftliche Untersuchungen der Sprengarbeit widmeten sich deshalb bis etwa 1850 der Auswahl und Kombination der variierbaren Arbeitsschritte zu einem effektiven Verfahren auf der Basis empirischer Kenntnisse. Man führte Versuchsreihen durch, testete Sprengmittel, verschiedene Besatzverfahren und Zündmittel, registrierte den Sprengmittelverbrauch und den erzielten Effekt, um den Arbeitsprozeß auch ohne Kenntnis der wirkenden Naturgesetze wirksam zu gestalten. Diese Untersuchungen gingen vom deutschsprachigen Raum aus, bekamen aber bis um 1850 durch Arbeiten in allen führenden Bergbaustaaten, z. B. Österreich, Preußen, Belgien, Frankreich, England, Norwegen und USA, internationalen Charakter.

Die Streckenförderung, der horizontale Transport der zu fördernden Massen von Erz, Kohle oder Gestein vom Gewinnungsort zum Schacht, zwang zur wissenschaftlichen Untersuchung, als mit der Produktionssteigerung im Erzbergbau und mit dem Aufschwung des Steinkohlenbergbaus Massen bewegt werden mußten, die die im 16. bis 18. Jahrhundert um ein Vielfaches übertrafen. Auf diese Problematik hatten natürliche Faktoren der Gesteinsbeschaffenheit praktisch keinerlei Einfluß, wohl aber Kenntnisse der Mechanik einschließlich des Phänomens der Reibung. Diese naturwissenschaftlichen Grundlagen wurden deshalb bei der Untersuchung der Streckenförderung schon ab 1800 berücksichtigt. Sie lagen der konstruktiven Verbesserung der Streckenfördermittel (Schienen und Wagen) unter Berücksichtigung des Antriebes (Mensch, Pferd, Seilzug) zugrunde. Bei der Gesamtgestaltung der Streckenförderung – z. B. Länge der Förder-

Die im sächsischen Erzbergbau noch vorherrschende Wasserkraft veranlaßte Julius Weisbach zur wissenschaftlichen Untersuchung von Strömungsproblemen sowie hydraulisch wichtigen Bauelementen von Maschinen und Wasserkraftanlagen. Seine Apparate, z.B. das Segnersche Reaktionsrad, sind noch heute Bestandteil der Weisbach-Sammlung der Bergakademie Freiberg.

wege in Abhängigkeit von der Zahl der Schächte – waren betriebsökonomische Zusammenhänge die im Variantenvergleich zu bestimmenden Einflußgrößen. Nach ersten Untersuchungen durch den Freiberger Professor für Mathematik, Physik und Mechanik, Johann Friedrich Lempe, spielte auf diesem Gebiet England eine führende Rolle, da hier der Steinkohlenbergbau zuerst die Ausmaße der Massenförderung erreicht hatte. Außerdem waren im englischen Steinkohlenbergbau erstmals und auf großen Strecken Eisenschienen zum Einsatz gekommen. Auslandsstudien über die Fortschritte auf dem Gebiet der Streckenförderung haben den preußischen Bergbeamten Karl von Oeynhausen zur Herausgabe eines englisch-deutschen montanistischen Fachwortverzeichnisses veranlaßt.

Die Bergmaschinenlehre hat ihre Wurzeln in der nach den Maschinenfunktionen gegliederten Beschreibung der gewaltigen Mechanismen zur Hebung des Grundwassers und zur Förderung von Erz und Gestein aus den sächsischen und ungarischen Bergwerken des 16. Jahrhunderts durch Georg Agricola. In den Jahren 1725 und 1746 wurde bei Projekten zur Gründung montanistischer Schulen die Bergmaschinenlehre als Lehrfach vorgeschlagen. Auch in den ersten Bergbaukunde-Lehrbüchern sind die Abschnitte über Förderung, Wasserhaltung und Wetterführung im wesentlichen maschinentechnisch orientiert. In Schemnitz wirkte von 1763 bis 1771 der Jesuitenpater Nikolaus Poda als Professor für Mathematik, Physik und Mechanik, der auch Maschinenbeschreibungen herausgab. Eine auf

Julius Weisbach im Praktikum mit Studenten 1856 vor Freiberger Schachtanlagen. Lithographie von Eduard Heuchler

»Die Berechnung genannter Göpel ... hat für die ausübende Maschinenlehre allgemein vorteilhafte Absicht: Die Rechnungsresultate des Mechanischen bei gut gebauten Maschinen zu sammeln, um dadurch neue ähnliche Maschinen bestimmter und leichter angeben zu können ... Ich habe sie (die Formeln) aus der Einrichtung eines Pferdegöpels und den hier einschlagenden bekannten Lehren der Mechanik hergeleitet ...«

Johann Friedrich Lempe, Darstellung der vorzüglichsten Resultate des Mechanischen gut gebauter Pferdegöpel, 1786

theoretische Erkenntnisse gerichtete, an Wasserrädern gewonnene Maschinenlehre veröffentlichte 1800 der schwedische Ingenieur Nordwall. An der Bergakademie Freiberg hielt der Physiker Friedrich Wilhelm Toussaint von Charpentier erstmals 1779 eine Vorlesung über Bewetterungsmaschinen und 1782 Abraham Gottlob Werner über Bergbaumaschinen. Ab 1797 las Lempe regelmäßig einen Kurs »Bergmaschinenlehre«. Er setzte an die Stelle der beschreibenden Maschinenlehre die mechanische Analyse und Berechnung der Konstruktionen. Der Freiberger Professor Julius Weisbach führte die von Lempe begonnene theoretische Fundierung der Bergmaschinenlehre weiter und veröffentlichte 1835/36 ein »Handbuch der Bergmaschinenmechanik«. Mit seinem »Lehrbuch der Ingenieur- und Maschinenmechanik« ließ Weisbach 1845 bis 1863 die Bergmaschinenlehre in die allgemeine Maschinenwissenschaft einmünden, als deren Mitbegründer er gilt. Insbesondere seine Experimente zur Strömungsmechanik, durch die Wasserkraftanlagen des historischen Erzbergbaus veranlaßt, gehören zum klassischen Bestand der allgemeinen Maschinenwissenschaft.

Die Markscheidekunde, das bergmännische Vermessungswesen, wurde von J. Weisbach mit der Einführung des Theodoliten anstelle des Hängekompasses entscheidend weiterentwickelt. Sie hatte großen Anteil am Entstehen von Werkstätten und Fabriken für den wissenschaftlichen Gerätebau. Die Metallurgie war von Christlieb Ehregott Gellert in Freiberg noch bis 1795 auf der Basis der Phlogistontheorie behandelt worden. Erst der Freiberger Chemiker August Wilhelm Lampadius hatte um 1800 die neue Chemie Lavoisiers, Daltons und Berzelius' als Grundlage der Hüttenkunde übernommen. Allerdings dominierte an den Bergakademien bis etwa 1850/1870 noch immer die Buntmetallhüttenkunde. Erst danach bekam die Eisenhüttenkunde an den Hochschulen das ihr gebührende Gewicht.

Herausbildung der Bauingenieurwissenschaften in der Polarität von traditioneller und neuer Bautechnik

Die industrielle Revolution löste im Bauen Wandlungen aus, die den Rahmen der traditionellen Bautechnik und ihrer handwerklich-empirischen Wissensgrundlage sprengten. Während die allgemeine Industrialisierung schrittweise für eine neue materiell-technische Basis des Bauens Sorge trug, hatte das Bauwesen wesentliche Voraussetzungen dieser Industrialisierung zu schaffen.

Die Expansion von Verkehrswesen, Industrie und Handel, die Urbanisierung der wachsenden Bevölkerung sowie die Kolonisation unerschlossener Gebiete hielten Bauaufgaben bereit, die quantitativ und in wachsendem Maße auch qualitativ veränderte Anforderungen stellten. Diese Tendenz verstärkte sich in dem Maße, in dem industriell hergestellte Materialien – Guß- und Schmiedeeisen sowie »künstlich« hergestellte hydraulische Bindemittel und der auf dieser Grundlage wieder zum Leben erweckte Beton – in den Kreis der traditionellen Hauptbaustoffe einbrachen.

Kennzeichnend für das Bauen wurde zudem der hohe Stellenwert ökonomischer Kriterien. Obwohl sich die Bauingenieure mit nahezu grenzenlosem Optimismus und großer Kühnheit den erwachsenden Aufgaben stellten, wurden zahlreiche Bauvorhaben von Unglücksfällen überschattet. Der Vorstoß in bautechnisches Neuland, der weder auf ausreichendes Erfahrungswissen noch auf vorerst der Praxis hinterdrein laufende wissenschaftliche Grundlagen zählen konnte, wird gern als die »heroische Zeit« des Ingenieurbaus bezeichnet. Das Ausloten des Spannungsfeldes von Sicherheit und Wirtschaftlichkeit bildete gleichzeitig das Hauptkapitel in der Geschichte der Bauingenieurwissenschaften des 19. Jahrhunderts.

Das wissenschaftliche Interesse entzündete sich gleichermaßen an traditioneller wie neuer Bautechnik. Der Fortschritt in der Eisenherstellung und ein an den Grenzen seiner Leistungsfähigkeit angelangter Wasser- und Straßenverkehr rückten aber mit dem Eisenbau und Eisenbahnbau nach 1830 Gebiete in den Mittelpunkt des Ingenieurbaus, die zu einem radikalen Bruch mit der Bautradition zwangen. Das Eisen hat im Verein mit Kohle und Dampf die Bautechnik des 19. Jahrhunderts geprägt und ihre Verwissenschaftlichung entscheidend bestimmt.

Bei Brückenbauten dominierten ebenso wie in vielen Gebieten des Hochbaus, in denen das Eisen sukzessive bevorzugt zur Anwendung kam, Standsicherheits- und Festigkeitsprobleme. Es versteht sich, daß damit auch das ohnehin seit jeher im Mittelpunkt des bautechnischen Wissens stehende Tragverhalten von Baukonstruktionen zum brennendsten Pro-

»Durch die stürmische technische Entwicklung, die allgemein als die … industrielle Revolution bezeichnet wird, trat die Notwendigkeit zu einer Revision der Anschauungen über die Begriffe des Bauens überhaupt immer mehr in den Vordergrund.«
Konrad Wachsmann, Wendepunkt im Bauen, 1959

»Der englische Ingenieur weiß, daß die und die Konstruktion fehlerhaft ist, nicht weil sie den einfachsten Gesetzen der Statik nicht entspricht, sondern weil sie da und da nicht gehalten hat. Die unerschöpflichen Geldmittel, die geübten Meister und ihr wohlfeiles Material ersetzten ihren Mangel an theoretischer Bildung.«
Karl Culmann, Der Bau der eisernen Brücken in England und Nordamerika, 1852

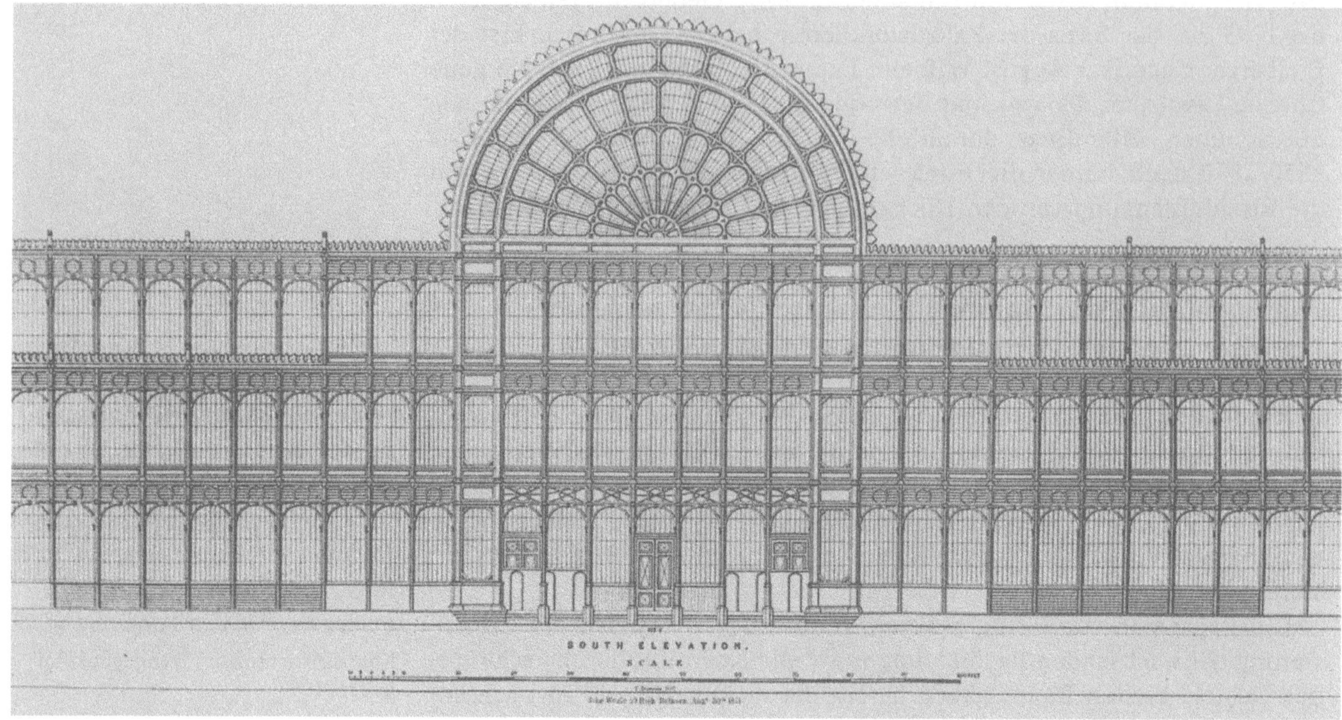

Typisierte, austauschbare Fassadenelemente des Kristallpalastes London, Entwurf, Konstruktion und Bauablaufplanung Joseph Paxton, Fox & Henderson, 1850 bis 1851. Das 563 Meter lange, 124 Meter breite und im Querschiff rund 41 Meter hohe Gebäude der ersten Weltausstellung wurde als Eisen-Glas-Konstruktion in kaum neun Monaten errichtet. Diese extrem kurze Bauzeit wurde durch die konsequente Anwendung eines geschlossenen Systems industrieller Bauproduktion ermöglicht. Es reichte von der minutiösen Terminplanung der Materiallieferungen und des Bauablaufs über die Montage des mittels der modularen Koordination geplanten Bauwerkes aus industriell vorgefertigten, genormten und austauschbaren Bauteilen bis zur Mechanisierung der Bauarbeiten und der erstmals im großen Stil angewandten Fließfertigung durch Taktbrigaden. In diesem System flossen das mit dem Gewächshausbau und besonders den großen Ingenieurbauten auf der Insel akkumulierte Know-how industrieller Bauproduktion in einer für das 19. Jahrhundert wohl einzigartigen Synthese zusammen. Aus: The Building erected in Hyde Park ..., London, 1852, Faks., London, 1971

blem der Ingenieure avancierte. Mit dem Einsatz des Eisens, dessen hohe Kosten zu sparsamer Verwendung aufforderten und für dessen Konstruktionen keine erprobten Vorbilder existierten, nahm der Zwang zur möglichst exakten und wirtschaftlichen Bemessung noch zu.

Andererseits erlaubten die im Vergleich zu traditionellen Baumaterialien gleichmäßigeren Eigenschaften des Eisens und das Studium des Kräfteflusses erleichternde eiserne Tragwerksformen die sichere und anschauliche Anwendung baumechanischer Gesetzmäßigkeiten. Die Baumechanik sah sich demnach vom Eisenbau gleichermaßen gefordert und befruchtet und stand im Mittelpunkt des wissenschaftlichen Interesses. Ihre aus der Vereinigung von naturwissenschaftlichem und technischem Wissen entstandenen Theoriensysteme wurden zu Prototypen technikwissenschaftlicher Theorien.

Auf Mathematik und Mechanik gegründet, zeigte sich die Baumechanik dem strikten Determinismus rechnend-experimenteller Wissenschaft verpflichtet. Nicht zuletzt auch dadurch, daß sie auf diese Weise dem klassischen Wissenschaftsideal genügten, bestimmten solche Disziplinen wie die Baumechanik das Erscheinungsbild der Technikwissenschaften im 19. Jahrhundert.

Untrennbar verbunden mit der wachsenden wissenschaftlichen Durchdringung der Bautechnik war der Aufstieg des Bauingenieurs als Träger dieses Prozesses. In der ersten Hälfte des 19. Jahrhunderts vollendete sich die Trennung der Aufgabengebiete von Ingenieur und Architekt. Das Auseinanderfallen des im universellen Baumeister ehedem vereinten Tätigkeitsfeldes forderte das arbeitsteilige Zusammenwirken von Spezialisten mit eingeschränkten Verantwortungsgebieten. Wenn bis in das 20. Jahrhundert hinein sowohl in der Wissenschaft als auch in der Baupraxis tätige

Bauingenieure ungeachtet ihres weit umfangreicheren Aufgabenbereiches meist als »Statiker« angesehen wurden, so verweist das auf die große Bedeutung der Baumechanik für die Etablierung und das Selbstverständnis dieser Berufsgruppe.

Freilich gilt es anzumerken, daß die Industrialisierung des Bauwesens weit hinter anderen Bereichen der materiellen Produktion zurückblieb. Trotz durchaus vorhandener Ansätze zur Mechanisierung blieb die Dominanz des handwerklichen Bauens mit seiner niedrigen Arbeitsproduktivität ungebrochen. Ökonomische Gegebenheiten und die objektiven Besonderheiten der Bauproduktion verflochten sich in einem Ausmaß, das weite Teile des Bauwesens in wirtschaftlicher und produktionstechnischer Rückständigkeit gefangen hielt.

Die Arbeit der Bauschaffenden galt im 19. Jahrhundert vornehmlich der Erkundung und Ausschöpfung neuer konstruktiver Möglichkeiten. Neuerungen in der Bauproduktion mit der Tendenz zum industriellen Bauen standen eindeutig im Schatten konstruktiver Fortschritte. Dieses Phänomen begründet wesentlich, weshalb die konstruktive Orientierung der Ingenieurwissenschaften im Bau besonders ausgeprägt erscheint.

Während die staunenden Fachleute des Kontinents tiefgreifende bautechnische Neuerungen vornehmlich zuerst in Großbritannien beobachten konnten, fand die systematische wissenschaftliche Durchdringung des Bauens ihre Heimstatt weiterhin in Frankreich. Hier wurden die Traditionen des Ancien régime von der Wissenschafts- und Bildungspolitik der jungen Republik aufgesogen. Die Pariser École Polytechnique und die sich im Bildungsgang anschließenden École des Ponts et Chaussées oder École du Génie waren die bedeutendsten Institutionen bauwissenschaftlicher Lehre und Forschung in der industriellen Revolution. Auch an der durch private Initiativen 1829 ins Leben gerufenen Pariser École Centrale des Arts et Manufactures, die das spürbar gewordene Defizit von Ingenieuren im nichtstaatlichen Sektor aufzufüllen hatte, zählte das Bauingenieurwesen zu den vier etablierten Studienrichtungen.

Es waren vornehmlich Lehrer und Absolventen dieser Bildungsanstalten, die entscheidende Beiträge zur Formierung der Bauwissenschaft lieferten und sich gleichermaßen mühten, diese in die Praxis zu tragen. Dabei gewannen neben Fach- und Lehrbüchern auch Fachperiodika des Ingenieurs rasch an Bedeutung. Das Gebäude ingenieurwissenschaftlicher Lehre und Forschung im Umkreis der École Polytechnique sollte auf dem festen Boden von Mechanik und Mathematik errichtet werden. Dieses Konzept half vor allem der Herausbildung jener Disziplinen voran, die technische Phänomene auf der Grundlage mechanischer Prinzipien erklärten.

Im Bereich des Bauens waren die Theorien der Hydromechanik noch zu wenig praktisch umsetzbar, um bis zur Mitte des 19. Jahrhunderts mit dem technischen Wissen zusammenfließen und auf diese Weise eine technikwissenschaftliche Disziplin konstituieren zu können. Daher mußte man sich wie zu Bélidors Zeiten mit einer Sammlung empirischen Wissens und verallgemeinerter Erfahrungsregeln, durchsetzt mit einigen theoretischen Schlaglichtern, aushelfen. Die solcherart für die Erfordernisse des Wasserbaus ausgebildete praktische Hydraulik räumte der Systematisierung von Erfahrungen und der aus Beobachtungen ebenso wie aus Experimenten ab-

Titelblatt der deutschsprachigen Ausgabe von M.R. de Pronys 1790 erschienener »Nouvelle Architecture Hydraulique«. Prony, Mitbegründer der École Polytechnique und langjähriger Direktor der École des Ponts et Chaussées, erwarb sich besonders durch eine praxisbezogene Lehre theoretischer Grundlagen der Ingenieurtätigkeit und die Fortbildung der praktischen Hydraulik Verdienste. Die nur fünf Jahre nach dem Erscheinen des französischen Originals von Karl Christian Langsdorf besorgte deutsche Ausgabe verweist auf die rasche Rezeption der Ergebnisse französischer Wissenschaftsentwicklung in Deutschland.

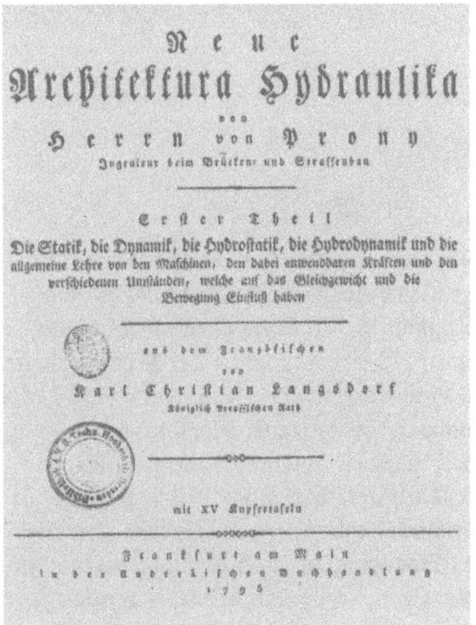

zuleitenden Aufstellung praktikabler Formeln einen zentralen Platz ein. Sie fand in Marie Riche de Prony einen Repräsentanten, dessen Autorität auch außerhalb Frankreichs unumstritten war.

Hatten sich Hydromechanik und Wasserbau noch nicht vollends zum gegenseitigen Nutzen verbünden können, so waren die Bemühungen, Gesetzmäßigkeiten der Festkörpermechanik auf bautechnische Probleme anzuwenden, nunmehr von Erfolg gekrönt.

Den Grundstein zur Formierung eines eigentlichen baumechanischen Erkenntnissystems legte der wohl bedeutendste theoretische Kopf unter den französischen Ingenieuroffizieren des 18. Jahrhunderts, Charles Augustin Coulomb. Er befreite die auf konstruktive Belange des Bauens ausgerichtete Mechanik endgültig von ihrer Unterordnung unter mathematisch-naturwissenschaftlich intendierte Aufgabenstellungen und wies den Weg zur ingenieurwissenschaftlichen Lösung von Standsicherheits- und Festigkeitsproblemen. Dieser Entwicklungssprung war nur von einem Manne zu

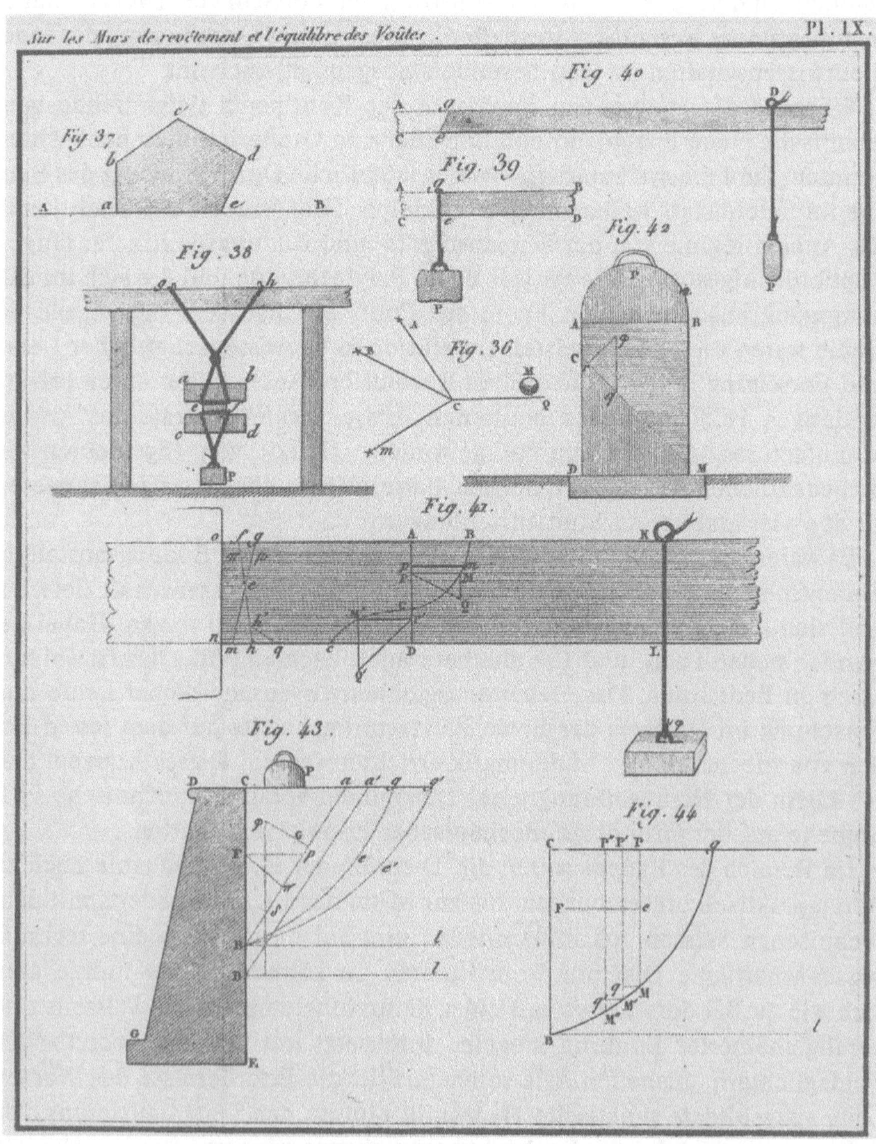

Illustrationen zur Balken- und Erddruck-theorie sowie der Behandlung der Säulenfestigkeit in Ch. A. de Coulombs berühmtem, 1773 der Akademie der Wissenschaften zu Paris vorgelegten Essai. Dem wohl bedeutendsten theoretischen Kopf unter den französischen Ingenieuroffizieren des 18. Jahrhunderts gelang die Aufstellung genuin technikwissenschaftlicher Theorien des Tragverhaltens von Baukonstruktionen. Aus: Ch. A. de Coulomb, Essai sur une Application ..., Paris, 1776

bewältigen, der Talente und Wissen eines Ingenieurs und Gelehrten vereinte. Coulomb, Absolvent der École du Génie, legte 1773 der Pariser Akademie der Wissenschaften seine Studien vor. Sein bahnbrechendes Essai über einige Probleme der Baustatik ist krönender Abschluß des Ringens großer Gelehrter und Ingenieure um die Grundlegung dieser Disziplin im 18. Jahrhundert und gleichzeitig Ausgangspunkt ihrer erst rund 50 Jahre später vor dem Hintergrund vitaler gesellschaftlicher Bedürfnisse vollendeten Herausbildung.

Coulomb hatte den Mangel bisheriger Theorienbildung, die weitgehende Vernachlässigung des realen Tragverhaltens und die ungenügende Beachtung der dafür verantwortlichen Materialeigenschaften, erkannt. Deshalb suchte er durch das Experiment wichtige technische Charakteristika zu bestimmen, zu quantifizieren und in seine am tatsächlichen Tragverhalten orientierten Idealisierungen und Modellvorstellungen zu integrieren. Vor allem am letzteren waren seine Vorgänger und Zeitgenossen immer wieder gescheitert. Im Interesse der theoretischen Beherrschbarkeit der Modelle schied er dabei zu vernachlässigende Einflußgrößen aus, trennte und vereinfachte Phänomene, gab Näherungslösungen den Vorzug vor verwickelten mathematischen Ansätzen und beschränkte sich auf praktisch bedeutsame Fälle. Dies alles führte ihn zu praxisrelevanten Theorien über die Balken- und Säulenfestigkeit, das Tragverhalten von Gewölben und den Erddruck. Vor allem löste Coulomb das klassische Problem der Balkenfestigkeit. Hatte er auf diesem Gebiet eine elastische Balkentheorie formuliert, so analysierte er andere Tragstrukturen vorwiegend unter traglasttheoretischen Gesichtspunkten. In der Erddrucktheorie, die er in einer späteren Arbeit noch ausbaute, gelangte Coulomb so über die Aufstellung von Fließ- und Bruchbedingungen zu einem plastizitätstheoretischen Ansatz, der in der Bodenmechanik noch heute Gültigkeit besitzt.

Gleichwohl fanden seine baumechanischen Theorien fast ein halbes Säkulum kaum Beachtung. Einer der bedeutendsten Ingenieurwissenschaftler des 19. Jahrhunderts, Jean Victor Poncelet, führte 60 Jahre später die lange Zeit ausgebliebene Rezeption der von ihm hochgeschätzten wissenschaftlichen Leistung Coulombs auf die für Ingenieure schwer verständliche Sprache und ungewohnte theoretische Prägnanz zurück. Mathematiker und Physiker zogen hingegen wie zunächst auch Ingenieurwissenschaftler die Zulässigkeit seiner Vereinfachungen und Modellvorstellungen in Zweifel. Doch auch Coulomb selbst schien mit seinen Methoden in Konflikt geraten zu sein. Noch im gleichen Essai stellte er einige Ergebnisse wieder in Frage.

So blieben auch die bis um 1820 unternommenen baumechanischen Forschungen trotz im Detail erzielter Fortschritte unter dem von Coulomb fixierten Niveau. Gleichwohl legen besonders in Frankreich seit dem ausgehenden 18. Jahrhundert in wachsender Zahl erschienene Abhandlungen Zeugnis ab von erheblich zunehmenden Bemühungen, das Kräftespiel in Baukonstruktionen wissenschaftlich zu ergründen. In viele an den Studenten oder gestandenen Praktiker adressierte Schriften flossen jetzt wissenschaftliche Betrachtungen ein. Solche oft zur Hand genommene Werke wie Pronys meist für Lehrzwecke verfaßten Abhandlungen, Gautheys nachgelassenes und von Navier mit vielen Zusätzen herausgegebenes Alterswerk

»So muß man, um Resultate zu bekommen, die man anwenden kann, den Kalkül auf Annahmen gründen, die ihn der Natur annähern.«
Charles Augustin Coulomb,
Essai sur une Application …, 1776

über den Brückenbau (1809/1816) und Jean-Baptiste Rondelets in kurzer Zeit sechs Auflagen erlebendes **Monumentalwerk** über das Gesamtgebiet des Bauens (1812/1817) zeichnen sich durch den Versuch anschaulicher Darlegung baumechanischer Zusammenhänge aus.

Endgültig hatte sich auch die Einsicht Bahn gebrochen, daß die praktische Nutzung und Fortbildung der Theorien eine intime Kenntnis der Materialeigenschaften voraussetzt. Daher tauchten in der Ingenieurliteratur ausufernde Zusammenstellungen von Materialkennwerten auf, die als Extrakt langer Versuchsreihen zur Überprüfung baumechanischer Theorien dienten. Angesichts deren Unzulänglichkeit waren Festigkeitszahlen das einzige von der Wissenschaft gebotene relativ zuverlässige Hilfsmittel für die Konstruktionspraxis. Neben traditionellen Baustoffen fanden seit dem frühen 19. Jahrhundert hydraulische Bindemittel, Mörtel und Beton verschiedener Zusammensetzung sowie Guß- und Schmiedeeisen stärkere Beachtung, wobei die Festigkeit des Eisens bald zum Kernproblem der Materialprüfung avancierte. Man unterzog es, an einige Experimente des 18. Jahrhunderts anknüpfend, Druck-, Zug-, Biege-, Knick- und Torsionsversuchen. Allmählich lernte man besser zwischen Druck-, Zug- und Biegefestigkeit – damals respektive, absolute und relative Festigkeit genannt – zu unterscheiden, die Phänomene der Elastizität und bleibenden Formänderung experimentell zu quantifizieren und sich dabei der Bestimmung von Elastizitäts-, Streck- und Bruchgrenzen zu nähern.

In Frankreich hatten im frühen 19. Jahrhundert vornehmlich Louis-Joseph Vicat, der wichtige Prüfmethoden für Bindemittel und Beton einführte, Alphonse Jean Claude Duleau und Rondelet Anteil am Aufschwung der Materialprüfung. Letzterer systematisierte in seinem Werk sowohl Ergebnisse eigener langjähriger Versuche als auch von vielen anderen Experimentatoren übernommene Kennwerte aller wichtigen Baustoffe und leistete damit einen bedeutenden Beitrag zur Aufbereitung einer experimentellen Basis der Baumechanik.

Seine enzyklopädische Arbeit war der wohl letzte nennenswerte Versuch, in einer Ära raumgreifender Spezialisierung nochmals alle Gebiete des Bauens aus der universellen Sicht eines ingenieurwissenschaftlich ambitionierten Architekten zu behandeln. Sie läßt neben Elementen der Baustofflehre Ansätze einer Baukonstruktionslehre erkennen. Hier setzte Rondelet die von Monge theoretisch fundierte exakte geometrische Beschreibung technischer Objekte auf zahlreichen beeindruckenden Kupfertafeln zur Informationsverdichtung ein. Obwohl relativ genaue Bauzeichnungen seit alters eine unerläßliche Voraussetzung des Bauens bildeten, sollte sich der Stellenwert der technischen Zeichnung als »Sprache des Bauingenieurs« mit den Möglichkeiten wissenschaftlicher Antizipation von Baukonstruktionen und der Einführung industrieller Bauweisen im Verlauf des 19. Jahrhunderts wesentlich erhöhen.

Zu diesen immer deutlicher technikwissenschaftliche Konturen annehmenden Prozessen trat der Ausbau der theoretischen Mechanik und ihrer mathematischen Basis. Im Umkreis der technischen Lehranstalten wirkende große Gelehrte wie Joseph Louis Lagrange, Siméon-Denis Poisson und Louis Poinsot woben ein kunstvolles Theoriengebäude. Trotz andersgearteter Ausgangspunkte und Denkmuster hielt es Prinzipien und Verfah-

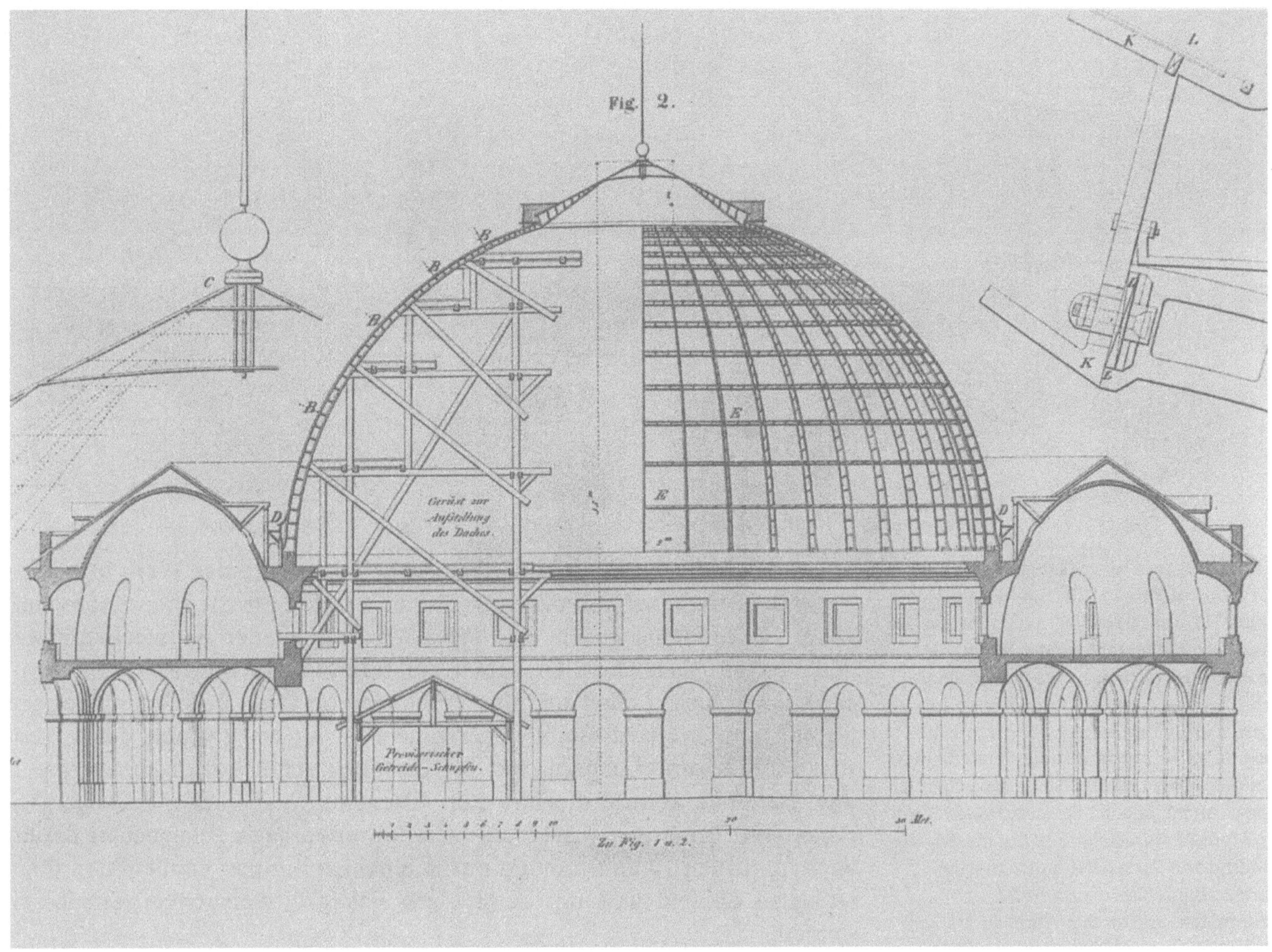

ren bereit, deren Übernahme die baumechanische Theorienbildung auf vielen Gebieten befruchten konnte.

Seit dem ausgehenden 18. Jahrhundert begannen sich auch außerhalb Frankreichs, namentlich in Großbritannien und den deutschsprachigen Ländern, stärker bauwissenschaftliche Ansätze zu zeigen. Verglichen mit ihren bautechnischen Leistungen, nimmt sich der Beitrag englischer Ingenieure und Wissenschaftler zur Formierung der Bauwissenschaft bescheidener aus. Die Namensliste jener Männer, die der britischen Bautechnik zur Weltgeltung verhalfen, ist weitgehend identisch mit der großer Maschinenbauer. Der Bildungshintergrund und die Kommunikationsmöglichkeiten dieser universellen Ingenieure werden im Abschnitt über die Maschinenwissenschaften gekennzeichnet, wobei für den Baubereich noch die 1818 von Thomas Telford gegründete »Institution of Civil Engineers« Erwähnung finden muß. Die Meisterschaft britischer Konstrukteure und Organisatoren der Bauprozesse gründete sich auf die perfekte Beherrschung traditioneller Bautechnik.

Gestützt auf eine alle anderen Länder weit übertreffende materiell-technische Basis war vor allem die allmähliche Ausbildung material- und funktionsgerechter eiserner Tragwerke ungeachtet mancher Beiträge französi-

Gußeiserne Rippenkuppel der Halle aux Blés in Paris, erbaut 1809 bis 1811, Entwurf François-Joseph Bélanger, Konstruktion P. Brunet, Spannweite rund 39 Meter. Der Kuppel des Kornmarktes galt einer der frühesten Versuche, die Konstruktion von Eisenbauten auf statischen Vorausberechnungen zu gründen. Allerdings konnte der Bauingenieur Brunet dabei weder auf hinreichende Kenntnisse über die Festigkeitseigenschaften von Gußeisen noch auf eine praktikable Theorie zurückgreifen. Aus: Allgemeine Bauzeitung, Wien, 3 (1838), Atlasbd.

Naviers Entwurf einer Hängebrücke über die Seine in Paris, 1823. Navier veröffentlichte 1823 nach Studien in Großbritannien eine Monographie über Hängebrücken, die auch die erste baumechanische Theorie dieser Konstruktionen enthielt. Der Bau seiner Hängebrücke, die sich in der Kühnheit mit den Bauten eines Telford messen konnte, stand freilich unter einem unglücklichen Stern. Kurz vor ihrer Vollendung wurde sie 1826 abgerissen. Der Stadtrat von Paris hatte einen zu behebenden Bauschaden zum Anlaß genommen, um auf den Abriß zu drängen. Er hatte sich zum Sachwalter jener Meinungen erhoben, die vom noch ungewohnten Anblick eiserner Brücken negative Auswirkungen auf das Stadtbild befürchteten. Aus: G.Mehrtens, Vorlesungen über Ingenieurwissenschaften, T.2, Bd.1, Leipzig, 1908

scher, belgischer und nordamerikanischer Ingenieure das Werk britischer Techniker. In dieser Zeit tastender Erkundung konnte die Bauwissenschaft kaum Hilfestellung geben. Die Praxiswirksamkeit der Baumechanik war noch gering, ihre Theorien zumal auf traditionelle Baustoffe und Konstruktionen ausgerichtet und das Verhalten von Guß- und Schmiedeeisen ungenügend erforscht. So blieb geraume Zeit nur der Versuch, das wissenschaftlich zu untermauern, was im Eisenbau schon praktisch umgesetzt war. Dennoch konnte die mit dem Eisenbau aufgebrochene Lücke zwischen dem Erfahrungswissen und den Anforderungen einer neuen Bauart auch im frühen 19. Jahrhundert nur in einem zumindest elementaren theoretischen Umfeld und mit ausgiebigen Festigkeitsversuchen geschlossen werden.

Diesem Spannungsfeld entsprangen wesentliche Impulse zur Entwicklung einer praktischen Mechanik und experimentellen Beschäftigung mit Festigkeitsproblemen – dem bedeutendsten, freilich stark pragmatisch geprägten britischen Beitrag zur Herausbildung der Bauwissenschaft.

Die praktische Mechanik lehrte die elementare statische Analyse von Tragwerken und konnte durch die Ableitung empirischer Formeln aus soliden experimentellen Daten das Wissen der Bauingenieure objektivieren. Ihre Ausbildung geht auf die Lehrer der Woolwicher Militärakademie Charles Hutton, Olinthus Gilbert Gregory und Peter Barlow sowie den Arzt, Altertumsforscher und Geometer Thomas Young zurück. Besonders Barlows Hauptwerk, das zwischen 1817 und 1867 viele, kontinuierlich vermehrte Auflagen erlebte, fand großen Widerhall. An wissenschaftlichem Gehalt wurde es jedoch von Youngs 1807 vorgelegter Arbeit übertroffen. Mit der Einführung des Elastizitätsmoduls als Maß der Elastizität von Baustoffen, den er allerdings noch nicht in der später üblichen Form definierte, erwarb sich Young einen festen Platz in der Geschichte der Biegetheorie.

Zur experimentellen Beschäftigung mit Festigkeitsproblemen kam es meist in Verbindung mit der Errichtung bedeutender Bauwerke. Ihrem Credo, dem »learning by doing«, folgend, ermittelten britische Techniker auf dem Versuchsweg die zweckmäßige Ausbildung eiserner Bauteile und Konstruktionen. Auch Probebelastungen vermehrten die Erkenntnisse über das Materialverhalten und das Kräftespiel. Da Einstürze und Schäden zur Vorsicht mahnten, wurde der experimentelle Nachweis der Sicherheit zu einer Voraussetzung für die Abnahme bedeutender Bauvorhaben durch Parlamentsausschüsse. Nachdem noch im Jahr 1800 keiner der bestellten Naturwissenschaftler ein Gutachten zu Telfords kühnem Projekt einer gußeisernen Bogenbrücke über die Themse abgeben konnte, wuchsen in der Folgezeit mit nahezu jedem größeren Bauwerk die Kenntnisse über die neue Bauart. Die Versuchsergebnisse der Telford, Barlow, John Rennie sen., Marc Isambard und Isambard Kingdom Brunel, Thomas Tredgold und Eaton Hodgkinson fanden ob ihrer unmittelbaren Anwendbarkeit

»Die Art und Weise, wie die meisten unserer Schriftsteller über Mechanik gewöhnlich den Widerstand der Materialien behandeln, hat … Gelegenheit zu der sarkastischen Bemerkung gegeben, daß die Festigkeit eines Gebäudes sich umgekehrt verhalte wie die Gelehrsamkeit des Baumeisters.«

Thomas Tredgold, A practical Essay …, 1822

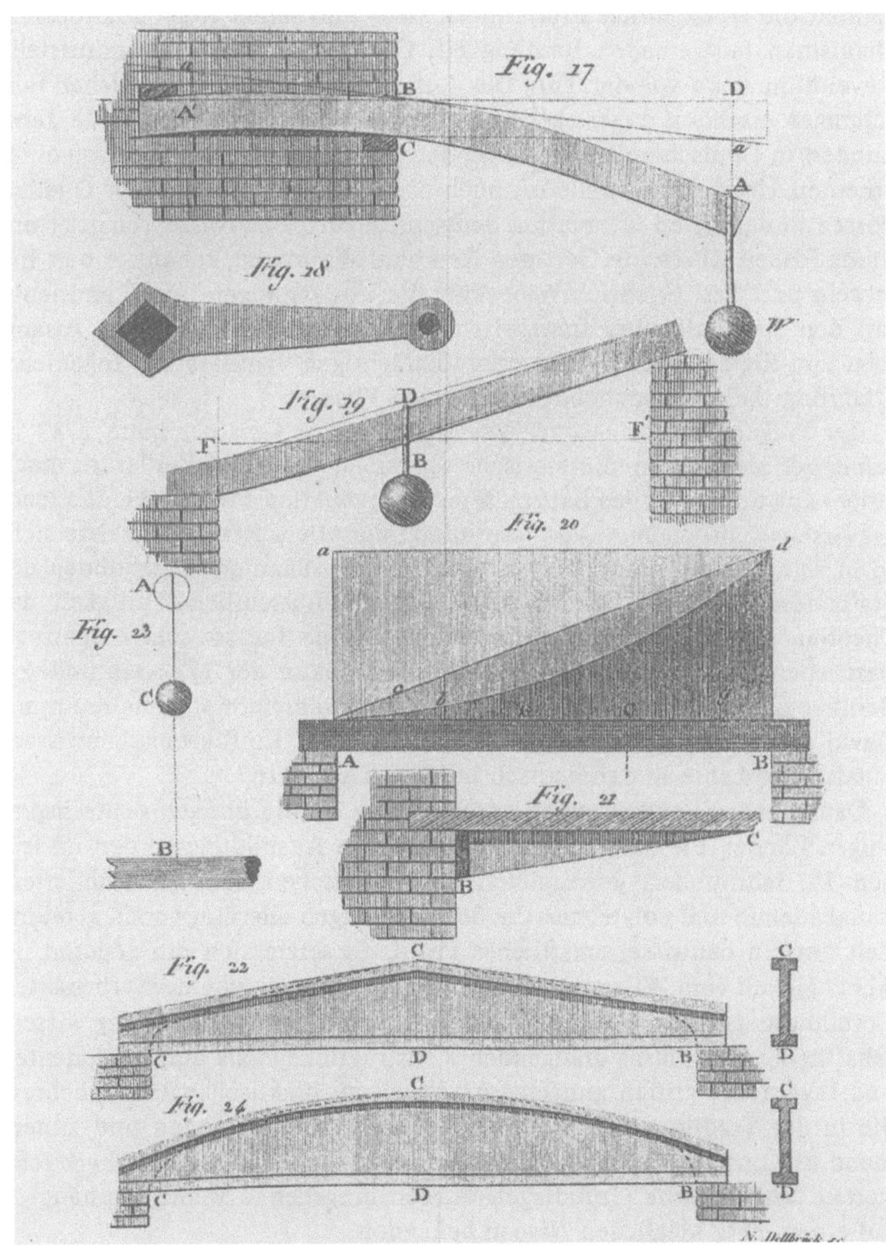

Gußeiserne Trägerformen in Th. Tredgolds Pionierwerk über die Festigkeit des Gußeisens und anderer Metalle, 1822. Die Ausbildung der typischen Bauteile des Eisenbaus war vornehmlich das Werk britischer Techniker, die in zahlreichen Versuchsserien um eine material- und funktionsgerechte Profilierung von Trägern rangen. Tredgold stellte Versuchsergebnisse und daraus abgeleitete Vorschläge für Trägerformen und Konstruktionen in einer ersten Zusammenschau vor. Aus: Th. Tredgold, Über die Stärke des Gußeisens …, Leipzig, 1826 (Original: A practical Essay on the Strength …, London, 1822)

Vergleichungstafel von den Resultaten aus Versuchen und nach der Theorie über die gleichförmige Bewegung des Wassers.

Länge der Röhre.	Höhe des Wasserhälters.	Werthe von b	Geschwindigkeit nach der Erfahrung.	nach der Theorie.
Zoll.	Zoll.		Zoll.	Zoll.
Durchmesser der Röhre $= \frac{2}{3}$ lin.; $\sqrt{r} = 0{,}117851$.				
1 12	16,166	0,75636	11,704	12,006
2 12	13,125	0,93070	9,753	10,576
Durchmesser der Röhre $= 1{,}5$ lin.; $\sqrt{r} = 0{,}176776$.				
3 34,166	42,166	0,9062	45,468	46,210
4 —	38,333	0,9951	43,156	43,721
5 —	36,666	1,0396	42,385	42,612
6 —	35,333	1,07805	41,614	41,714
Dieselbe Röhre horizontal				
7 —	14,583	2,5838	26,202	25,523
8 —	9,292	4,0367	21,064	19,882
9 —	5,292	7,03597	14,642	14,447
10 —	1,083	17,6378	7,320	8,351
Durchmesser der Röhre $= 2$ lin.; $\sqrt{r} = 0{,}204124$.				
11 36,25	51,250	0,854509	64,373	64,945
12 —	45,250	0,963382	59,605	60 428
13 —	41,916	1,038080	57,220	57,838
14 —	38,750	1,120473	54,186	55,321
Dieselbe Röhre geneigt unter den Abhang $\frac{1}{1,3024}$.				
15 36,25	33,500	1,291741	51,151	50,983

Vergleich von Versuchsergebnissen mit den aus der Theorie über die Bewegung strömender Flüssigkeiten ermittelten Werten durch R. Woltmann, 1791. Woltmann zählte zu jenen deutschen Bautechnikern, die wie ihre französischen Kollegen um die Ermittlung praktikabler Daten und Formeln zur Charakterisierung von Strömungsvorgängen rangen und damit neben der für die Technik noch wenig hilfreichen theoretischen Hydromechanik eine praktische Hydraulik etablierten. Aus: R. Woltmann, Beyträge zur hydraulischen Architektur, Bd. 1, Göttingen, 1791

Johann Albert Eytelwein, der erste Direktor der 1799 gegründeten Bauakademie Berlin und einer der bedeutendsten Vertreter der ersten Generation deutschsprachiger Bauingenieurwissenschaftler. Aus: Archiv für Frankfurts Geschichte und Kunst, NF, Bd. 4, Frankfurt/M., 1869

weite Verbreitung auf dem Kontinent und in Nordamerika. Sie wurden auch bald Bezugspunkte der baumechanischen Theorienbildung, die freilich die wissenschaftliche Kompetenz britischer Techniker überstieg.

So zeiht dann auch Tredgold, dem unter den britischen Ingenieuren noch am ehesten an einem harmonischeren Verhältnis von Theorie und Praxis gelegen war, seine Landsleute der wissenschaftlichen Ignoranz. In seinen Schriften verwies er auf einige simple theoretische Grundlagen wie die Ermittlung der Kettenlinie für den Entwurf von Hängebrücken oder die, allerdings von falschen Voraussetzungen ausgehende, Berechnung gußeiserner Profilträger.

Weit stärker theoriebezogen gestaltete sich der ebenfalls an der Wende vom 18. zum 19. Jahrhundert in den deutschsprachigen Ländern einsetzende Aufbruch zur Bauwissenschaft. Er erhielt kräftige Anstöße aus einer spürbar die Grenzen des Erfahrungswissens und seiner Reproduktionsmechanismen tangierenden Bautätigkeit. Gleichwohl stand die industrielle Revolution noch vor der Tür. Die Aufnahme bauwissenschaftlicher Forschungen erscheint daher ebenso als logische Fortsetzung der im 18. Jahrhundert in Deutschland zu verfolgenden Bestrebungen. Begleitet von einer erneuten Übersetzungswelle oft noch druckfrischer französischer Quellen flossen in der ersten Generation deutschsprachiger Bauwissenschaftler um Franz Joseph Ritter von Gerstner, Reinhard Woltmann, Johann Albert Eytelwein und Carl Friedrich Wiebeking die Vorleistungen ihrer Landsleute mit den Resultaten der französischen Wissenschaftsentwicklung zusammen und fügten sich zu einer zukunftsträchtigen Synthese von Ingenieurerfahrung und praxisnahem theoretischen Wissen.

Der Prager Ordinarius und Wasserbaudirektor Gerstner hatte 1789 in seiner »Einleitung in die statische Baukunst« mit der Forderung nach einer »aus der Natur des Bauens selbst hergeleiteten Mechanik« den technikwissenschaftlichen Ansatz formuliert. Vor allem Eytelwein zeigte sich, so in seinem 1808 und 1809 erschienenen dreibändigen »Handbuch der Statik fester Körper«, auf einigen Gebieten hinsichtlich Gültigkeit der Theorien und konsequentem Technikbezug den französischen Lehrmeistern ebenbürtig. Er hatte auch als erster Direktor der 1799 gegründeten Berliner Bauakademie, zu deren eifrigsten Vorkämpfern er gemeinsam mit David Gilly zählte, wesentlichen Anteil an der Einführung bauwissenschaftlicher Lehre in den deutschsprachigen Ländern.

Damit nahm Preußen einen anderen Weg als die übrigen deutschsprachigen Länder, die eine höhere bautechnische Ausbildung an den im frühen 19. Jahrhundert gegründeten polytechnischen Schulen etablierten. Bauakademie und polytechnische Schulen rangen allerdings noch geraume Zeit um ein bauwissenschaftliches Profil. Es setzte sich nur zögernd, in Abhängigkeit vom Wissenschaftsfortschritt, aber auch von der verbesserten Vorbildung der Studenten und einer stärker auf die Einbeziehung wissenschaftlicher Erkenntnis drängenden Konstruktionspraxis durch. Studenten und Ingenieure griffen zunächst bevorzugt zu praktischen Handbüchern, die in der Tradition der beschreibenden Baukunde standen und zunehmend die Errungenschaften britischer und französischer Bautechnik referierten. Theoretische Grundlagen wurden hingegen – wenn überhaupt – auf einem eher kläglichen Niveau behandelt.

Während die hoffnungsvollen bauwissenschaftlichen Ansätze damit vorerst keine Ausbreitung erfuhren, forcierten französische Ingenieurwissenschaftler seit den 20er Jahren die Theorienbildung. Französische Bauingenieure versuchten auch in weit größerem Umfang als ihre Kollegen in anderen Ländern, wissenschaftliche Grundlagen für die Lösung praktischer Aufgaben heranzuziehen. Im Ruf hervorragend geschulter Techniker stehend, waren sie in vielen europäischen Ländern begehrte Konsultanten und Lehrer. Benoit Paul Émile Clapeyron und Gabriel Lamé zum Beispiel wirkten in den 1820er Jahren in Petersburg als Berater beim Umbau der Isaak-Kathedrale sowie der Errichtung einer Hängebrücke und bildeten an der 1810 eröffneten, anfangs von Augustin de Bétancourt geleiteten Schule des Ingenieurcorps für Wasser- und Wegebau Techniker aus.

Gleichwohl lagen selbst auf dem Hauptfeld bauwissenschaftlicher Forschung, der Baumechanik, nur in Ansätzen Ergebnisse vor, die eine breite praktische Nutzung gestatteten. Es zeigte sich, daß zwischen dem immer selbstbewußter vertretenen Anspruch, das Tragverhalten theoretisch abbilden zu können, und der Komplexität technischer Problemstellungen noch eine gravierende Diskrepanz herrschte. Angesichts so mancher wissenschaftlicher Irrwege und praktischer Fehlschläge spitzte sich im frühen

Gebäude der Allgemeinen Bauschule Berlin (ehemalige Bauakademie), Architekt Karl Friedrich Schinkel, erbaut 1831 bis 1836. Gemälde von Eduard Gaertner »Die Bauakademie, Ansicht von Südosten«, 1868. Die Bauakademie sollte technisch versierte Baubeamte für das preußische Oberbaudepartement ausbilden. Freilich erlangte die bautechnische Ausbildung hier ebenso wie an den polytechnischen Schulen erst nach einem Jahrzehnte währenden Reifeprozeß allmählich ingenieurwissenschaftliches Profil. Staatliche Museen Preußischer Kulturbesitz, Nationalgalerie, Berlin (West)

Erste Tabelle. Versuche, welche an Stangen von Schmiede- und Gußeisen, von Eichen- und Tannenholz angestellt wurden: jede derselben hatte 4 Fuß Länge, 1 Zoll Geviertdicke, und wurde auf zwei Unterlagen in einer Entfernung von 42 Zoll horizontal gelegt.

Gewichte, mit denen sie in der Mitte belastet worden sind.

Tiefe der Krümmung, in Linien ausgedrückt.

	125,00	187,50	250,00	312,50	375,50	437,50	500,00	562,60	675,00	685,00	750,00	812,50	875,00	937,50	1000,00	1062,50
Von Schmiedeisen	1,00	2,00	3,00	5,00	8,00	9,50	11,00	12,00	14,00	15,50	16,25	18,25	20,00	22,50	25,00	27,00
Desgl.	1,50	2,25	4,00	6,50	9,00	10,50	12,00	13,50	15,50	16,75	18,00	19,75	22,00	24,00	26,50	29,00
Graues Gußeisen	1,00	2,25	4,00	5,50	6,25	zerbrochen unter einer Last von 450.										
Desgl.	1,75	3,50	4,25	5,50	6,75	unter derselben Belastung zerbrochen.										
Dünnfl. weiß. Gußeis.	1,50	3,50	5,25	7,00	8,50	10,50	11,50	14,15	15,75	zerbrochen unter einer Last von 650.						
Desgl.	0,25	0,75	1,50	2,25	3,00	3,50	4,25	5,00	5,75	6,50	7,50	8,25	9,25	10,50	11,75	14,00 zerbr. unter 1062,50.
Desgl.	1,00	1,75	2,75	4,25	zerbrochen unter einer Last von 350.											
Desgl.	1,00	2,00	3,25	5,00	7,50	9,00	10,50	zerbrochen unter 561.								

Gewichte, mit denen sie in der Mitte belastet worden sind.

	50	75	100	125	150	175	200	225	250	275	
Von Eichenholz	6,00	8,75	10,00	11,50	12,75	14,00	15,25	16,75	18,25	19,75	zerbrochen unter 300.
Desgl.	8,00	10,50	13,00	14,75	16,50	17,75	19,00	20,50	22,50	24,00	zerbrochen unter 325.
Von Tannenholz	6,00	8,50	10,00	11,75	13,50	15,75	16,50	18,50	20,00		zerbrochen unter 275.
Desgl.	7,25	9,50	12,00	13,50	15,50	17,25	19,50	21,50	24,00		zerbrochen unter 387.

Zusammenstellung der Ergebnisse von Biegeversuchen mit verschiedenen Materialien durch J.-B. Rondelet, 1812. Die Tafel gibt Durchbiegung und Bruchlast an, weist aber die dem Bruch vorausgehenden Stadien noch nicht aus. Aus: J.-B. Rondelet, Theoretisch-praktische Anleitung ..., Bd. 1, Leipzig, Darmstadt, 1833 (Original: Traité théorique et pratique ..., Bd. 1, Paris 1812)

Definition der grundlegenden Größen von Naviers elastischer Biegetheorie, 1826. Die Aufstellung der im Mittelpunkt seiner Baumechanik stehenden technischen Biegetheorie war die reifste Leistung Naviers. Er formulierte sie nach einigen elastizitätstheoretischen Vorarbeiten, die ihm 1824 auch die Aufnahme in die Akademie der Wissenschaften zu Paris eintrugen, in seinem 1826 veröffentlichten baumechanischen Hauptwerk. 1851 erschien dessen deutsche Ausgabe, die bis 1881 zwei weitere Auflagen erlebte. Aus: C.L.M.H. Navier, Résumé des Leçons ..., T. 1, 3. Aufl., Paris, 1864

On nommera

E la force nécessaire pour allonger ou pour accourcir un prisme dont la section transversale est l'unité superficielle, d'une quantité égale à la longueur de ce prisme.

ρ le rayon du cercle osculateur de la courbe du solide, au point où est faite la section transversale *mana'*.

u l'abscisse d'un point quelconque de la section *ama'n*, comptée sur *aa'*.

v l'ordonnée d'un point quelconque de cette section, prise perpendiculairement à *aa'*.

b la plus grande valeur de u.

f_1u l'ordonnée *pm* de la courbe qui termine la partie de la section transversale où les fibres s'allongent.

f_2u l'ordonnée *pn* de la courbe qui termine la partie où les fibres s'accourcissent.

x la distance de la section transversale *ama'n* à l'extrémité encastrée.

a la distance du point d'application du poids P à l'extrémité

19. Jahrhundert der die Herausbildung der Baumechanik begleitende Konflikt zwischen Theoretikern und Praktikern zu. Der Pariser Architekt Charles François Viel stellte ganze Listen solcher Fehlschläge auf und warnte vor dem Einfluß der »X-Y-Z-Gelehrten« auf das Bauen. Seine Angriffe werfen gleichzeitig ein Schlaglicht auf Auseinandersetzungen, die zwischen den Berufsgruppen von Ingenieuren und Architekten ausgebrochen waren. Sollte die Bautechnik stärker am Wissenschaftsfortschritt partizipieren können, mußten praxisrelevante und jedem ingenieurwissenschaftlich gebildeten Techniker verständliche baumechanische Grundlagen geschaffen werden.

Diese Aufgabe löste ein französischer Bauingenieur mit durchschlagendem Erfolg: Claude Louis Marie Henri Navier. Dessen Forschungen schlossen in den 1820er Jahren die Herausbildung des baumechanischen Erkenntnissystems ab und prägten maßgeblich seine fernere Entwicklung. Ein klarer Blick für künftige Entwicklungsprozesse, gepaart mit dem in Frankreich fest verwurzelten Glauben an den praktischen Nutzen der Wissenschaft, ließ ihn zu teilweise den Forderungen der aktuellen Baupraxis weit vorauseilenden wissenschaftlichen Erkenntnissen finden. Grundlage war ihm vor allem Coulombs Beitrag. Obwohl bereits vor ihm Männer wie Prony, Woltmann, Young und Eytelwein Elemente von dessen Theorien übernommen hatten, erfaßte erst Navier vollends die fundamentale Bedeutung von Coulombs Methoden und Resultaten.

Inzwischen als Lehrer an die École des Ponts et Chaussées berufen, legte er 1823 zunächst eine Monographie über den Hängebrückenbau vor. Sie enthielt auch die erste baumechanische Theorie dieser Konstruktionen. 1826 gelangte schließlich das auf seinen Vorlesungen an der Bauingenieurschule beruhende bahnbrechende Hauptwerk auf den Buchmarkt. Darin verknüpfte er die gefundenen Theorien mit den kaum noch überschaubaren, unter verschiedenen Ansätzen gewonnenen Ergebnissen seiner Vorgänger, faßte sie zum Teil neu und formte auf diese Weise das Wissenschaftsgebäude der klassischen Baumechanik mit deutlich ausgeprägtem Systemcharakter. Es behandelt alle seinerzeit bekannten Tragwerksformen.

Naviers Baumechanik ist das Resultat einer konsequent von technikwissenschaftlichen Ausgangspunkten vorgenommenen spezifischen Anwendung virtuos beherrschter mechanischer Prinzipien auf das Tragverhalten, wobei das technische Wissen und die aus Experimenten zu gewinnende empirische Basis einen zentralen Platz einnahmen. Als Hauptaufgaben der Baumechanik fixierte Navier die Bestimmung von Formänderungen und der Bruchlast. Sein darauf gegründetes Bemessungsprogramm, Tragwerke unter Gebrauchslasten und der Annahme linear-elastischen Materialverhaltens nach zulässigen Spannungen zu dimensionieren, erlangte für die klassische Baumechanik paradigmatischen Charakter. Damit hatte er zu einem integrierenden, allgemeingültigen Wissenschaftskonzept gefunden.

Die Formulierung der lange Zeit seinen Namen tragenden technischen Biegetheorie stellt zweifellos Naviers bedeutendste Leistung dar. Hier tritt dem Betrachter seine ausgeprägte Fähigkeit zur Modellierung des Tragverhaltens in vollendeter Form entgegen. Ausgehend von molekulartheoretischen Überlegungen, gelang ihm auf dieser Grundlage die Aufstellung der noch heute gültigen Fassung der Differentialgleichung des elastischen Balkens. Da ihm die Zuverlässigkeit seiner Berechnungsverfahren oberstes Gebot war, gab er stets ihre aus der Modellbildung resultierenden Gültigkeitsbereiche an und berücksichtigte einen Sicherheitsfaktor. Obwohl er meist nach geschlossenen, allgemeingültigen Lösungen suchte, ließ er auch Näherungslösungen und induktive Methoden gelten. Dies traf vor allem für jene Tragwerke und Beanspruchungsarten zu, für die Navier noch keine den Anforderungen der Praxis genügenden Berechnungsverfahren finden konnte. Schließlich sei noch hervorgehoben, daß Navier auch in der Hydromechanik mit einer ersten grundlegenden Theorie der Bewegung zäher Flüssigkeiten hervortrat.

Allerdings war Navier dem Wissenschaftsniveau und der Aufnahmefähigkeit der Ingenieure zu weit vorausgeeilt, um rasch auf Resonanz stoßen zu können. Vor dem Hintergrund einer vehement auf die Nutzung wissenschaftlicher Bemessungsverfahren drängenden Entwurfspraxis trat seine Baumechanik indes in den 1840er Jahren ihren Siegeszug an.

Die 30er und 40er Jahre waren ausgefüllt von der allmählichen Rezeption des Navierschen Wissenschaftsgebäudes. Sie ging einher mit der tieferen Ergründung des Tragverhaltens von Eisenkonstruktionen und der zunächst in Holz- oder Mischbauarten gegliederten Trägersysteme. In einer kaum zu überblickenden Fülle von Beiträgen wurde auch um die Vervollkommnung der Gewölbe- und elastischen Bogenträgertheorie gerungen, wobei vor allem bogenförmige Gußeisenkonstruktionen und die Anpassung von Steinbrücken an die Belastungen des Eisenbahnverkehrs Anlaß zu wissenschaftlichen Arbeiten gaben. Der Eisen- und der Eisenbahnbau waren damit zum Katalysator der Wissenschaftsentwicklung aufgestiegen. Dieser Trend nahm noch zu, als in den 40er Jahren schmiedeeiserne Kasten- und Fachwerkträger aufkamen. Die Einführung der letzteren in den Brücken- und Hallenbau führte zu einem Entwicklungssprung der Bautechnik und entschied die Materialfrage des Eisenbaus zugunsten schmiedeeiserner Spannwerke.

Die Zeitspanne zwischen 1830 und 1850 war ebenfalls von Bemühungen geprägt, die Resultate der Wissenschaftsentwicklung für die Baupraxis fruchtbar werden zu lassen. Es hieß, den Umgang mit Theorien, Modellen, Berechnungsverfahren und Kennwerten zu erlernen und ihre Eignung für

Claude Louis Marie Henri Navier – der Begründer des Erkenntnissystems und Wissenschaftskonzeptes der klassischen Baumechanik. Navier, Neffe Gautheys und Schüler Pronys, wirkte nach einer Tätigkeit im Verkehrsbau als Hochschullehrer an der École des Ponts et Chaussées und später der École Polytechnique. Académie des Sciences, Paris

»Die meisten Konstrukteure bestimmen die Dimensionen der Teile von Bauwerken oder Maschinen nach dem herrschenden Gebrauche und nach dem Muster ausgeführter Werke; sie legen sich selten Rechenschaft ab über den Druck, welchen jene Teile aushalten müssen und über den Widerstand, welchen sie demselben entgegensetzen ... Aber man kann nicht mehr auf dieselbe Weise verfahren, wenn die Umstände dazu nötigen, ... Grenzen zu überschreiten, oder wenn es sich um Bauwerke ganz neuer Art handelt.«
Claude Louis Marie Henri Navier, Résumé des Lecons ..., 1826

»Alle Nachfolger Naviers aber haben nur in Einzelgebieten neue Schöpfungen hervorbringen können, denn Navier hat allen den Aufbau einer umfassenden Baustatik vorweggenommen.«
Fritz Stüssi, Baustatik vor 100 Jahren, 1940

Stützlinienbestimmung in H. Moseleys Gewölbetheorie, 1843. Moseley, Professor der Mechanik und Astronomie am King's College London, machte seine Landsleute mit Naviers Baumechanik bekannt und schloß als einer der ersten britischen Ingenieurwissenschaftler an das Niveau von Navier und J. V. Poncelet an. Aus: G. Mehrtens, Vorlesungen über Statik und Festigkeitslehre …, Bd. 2, Leipzig, 1904

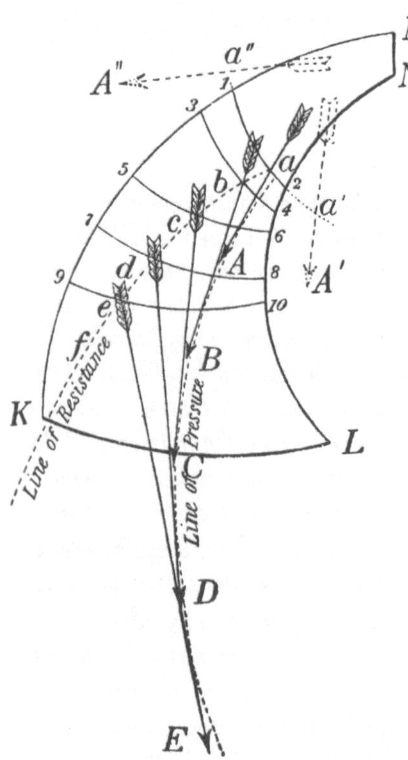

die Vielfalt praktischer Aufgabenstellungen zu prüfen. Auch dabei gingen der Eisen- und Eisenbahnbau voran. Vornehmlich über diese Bereiche zog die Bauwissenschaft in die Konstruktionspraxis ein.

Am raschesten erfolgte Naviers Rezeption in seinem Heimatland. Hier setzten unter anderem Poncelet, Percy, Antoine Polonceau, Clapeyron, Barré de Saint-Venant und Arthur Morin sein Werk fort. Vor allem Poncelet, der sich freilich stärker den Maschinenwissenschaften verbunden fühlte, sorgte mit zahlreichen Arbeiten zur Festigkeitslehre sowie zur Erddruck- (1840) und Gewölbetheorie (1832, 1835) für neue Glanzlichter in der baumechanischen Theorienbildung. Französische Ingenieure mühten sich ebenfalls um die exakte Interpretation und praktische Anwendung der Biegelehre Naviers. Für Bemessungsaufgaben wie auch für das Verständnis der Theorie mußten experimentell Aufschluß über das Verhältnis von Spannungen und Formänderungen der verschiedenen Baustoffe gewonnen und Festigkeitskoeffizienten sowie die Elastizitäts-, Streck- und Bruchgrenzen exakter bestimmt werden. Polonceau griff dabei 1829 als einer der ersten zur graphischen Darstellung dieser Phänomene.

In Frankreich begannen sich auch die Wege von technischer Biegelehre und mathematischer Elastizitätstheorie zu trennen. Die Grundlagen der letzteren schuf Augustin Louis Cauchy in den 1820er und 1830er Jahren. Er wies mit der Einführung des allgemeinen Spannungsbegriffs, der der Hydromechanik entlehnt war, der Theorie völlig neue Wege. Obwohl wie Navier ausgebildeter Bauingenieur, sah er im Problem der Elastizität eine Aufgabe naturwissenschaftlicher Grundlagenforschung. Die in den folgenden Jahrzehnten keineswegs mit dem vordergründigen Blick auf mögliche technische Anwendungen ausgebildete mathematische Elastizitätstheorie hielt dennoch Antworten auf Fragen bereit, die erst viel später von der Bautechnik gestellt wurden.

In Großbritannien erwarben sich Robert Willis und besonders Henry Moseley, seit 1836 Professor der Mechanik am King's College London, große Verdienste um die Verbreitung französischer Forschungsergebnisse. Moseleys 1843 erschienenes Hauptwerk über die »Mechanik des Ingenieurwesens« schloß auch in der eigenständigen Behandlung der Baumechanik, die in einer vielbeachteten Gewölbetheorie gipfelte, erstmals auf der Insel an das Niveau Naviers und Poncelets an. Ein unter britischen Technikern kultivierter Pragmatismus sowie weitgehend fehlende institutionelle Voraussetzungen ingenieurwissenschaftlicher Lehre und Forschung ließen aber in der Hauptsache britische Ingenieure und Wissenschaftler an der Praxis festhalten, statische und Festigkeitsprobleme vorwiegend experimentell zu behandeln.

Auf diesem Gebiet galten der Mathematiker Hodgkinson und der Ingenieur und Unternehmer William Fairbairn als Autoritäten. Sie hatten mit ihren Untersuchungen großen Anteil an der Ausbildung guß- und schmiedeeiserner Profilträger und Tragwerksformen. Hodgkinson, seit 1847 auch Professor der Mechanik des Ingenieurwesens am University College London, experimentierte intensiv wie kaum ein anderer Wissenschaftler seiner Zeit mit dem neuen Baustoff. Seine experimentell gesicherten Materialkoeffizienten, Bemessungsregeln und Zusammenstellungen über das Verhältnis von Spannungen und Dehnungen fehlten in wohl keinem Fachbuch.

Fairbairn, der Hodgkinson Versuchsmöglichkeiten in seinem Unternehmen einräumte, war sicher der kompetenteste Eisenfachmann der Insel. Seine Schriften wurden zu einer »wahren Bibel« der Eisenkonstrukteure in aller Welt. Als Mitbegründer der 1831 aus Protest gegen mangelnde Reformbereitschaft der »Royal Society« geschaffenen »British Association for the Advancement of Science« suchte er die Wissenschaft mit der Ingenieurpraxis zu verbünden. Allerdings konnte die theoretische Arbeit in Fairbairns allzu pragmatischem Wissenschaftsverständnis keinen rechten Platz finden.

Als sich aber britische Ingenieure in den 40er Jahren anschickten, weit über den Erfahrungsfundus und das vorhandene wissenschaftliche Rüstzeug des Eisenbaus hinausgehende Konstruktionen zu errichten, vermochten sie noch immer Innovationen zu kreieren. Solche Meilensteine technischer Entwicklung wie die weitgespannten schmiedeeisernen Brücken- und Hallenbauten der Jahrhundertmitte waren nicht zuletzt auch Manifestationen der Experimentierkunst ihrer Konstrukteure. Ein herausragendes Exempel bildete die außerordentlich kühne Britannia-Brücke (1846 bis 1850), die eine Eisenbahnlinie über die Straße von Menai zu führen hatte. Sie war mit 139,50 Meter Spannweite in den Mittelöffnungen die erste riesige schmiedeeiserne Balkenbrücke der Welt. Für den Bau der Eisenbahnlinie zeichnete Robert Stephenson verantwortlich, der Fairbairn und Hodgkinson hinzuzog. Das Team entschied sich für die Errichtung einer neuartigen vollwandigen Kastenträgerkonstruktion. Ihre Konstruktion

Britannia-Röhrenbrücke über die Straße von Menai bei Bangor in Wales, 1850, Konstruktion R. Stephenson, W. Fairbairn, E. Hodgkinson, Spannweite der mittleren vollwandigen Röhren- bzw. Kastenträger 139,50 Meter. Im Hintergrund Kettenbrücke, 1826, Konstruktion Th. Telford, Spannweite 175 Meter. Beide Brücken markierten in der ersten Hälfte des 19. Jahrhunderts Gipfelpunkte im Bau von Kettenbrücken für den Straßenverkehr und schmiedeeisernen Balkenbrücken für die Eisenbahn. Eisenbrücken avancierten zum Wahrzeichen der industriellen Revolution im Bauen. Der Eisenbrückenbau, der auf keine historisch gewachsenen Erfahrungen gegründet werden konnte, wurde mehr und mehr bedeutendstes Objekt experimenteller wie theoretischer Forschungen in der Bauwissenschaft und der Nutzung ihrer Ergebnisse. Aus: F. Kohl, Beschreibung der Göltzsch- und Elstertalüberbrückung ..., Plauen, 1854

wurde durch umfassende Versuche an Probekörpern und großformatigen Modellröhren ermittelt, wobei sicher auch Fairbairns Erfahrungen in der Dampfkesselproduktion eingeflossen sind. Aus den in mehreren Schriften verbreiteten Untersuchungsergebnissen, deren Auswertung vornehmlich Hodgkinson zu danken war, zog die Bauwissenschaft großen Nutzen. Zudem entzündete sich an der neuen Konstruktion auch das theoretische Interesse der Fachwelt.

In den deutschsprachigen Ländern steckte der Eisenbau zwar noch in den Kinderschuhen, doch bewirkten jetzt neue Bauaufgaben und die an höheren technischen Schulen mit einer gewissen Selbständigkeit fortschreitende Lehre und Forschung in den 1840er Jahren einen sukzessiven Aufschwung der Bauwissenschaft. Zu praktischen Handbüchern und Übersetzungen gesellten sich Abhandlungen, die in Theorieanspruch und Praxisrelevanz das Erbe von Eytelwein und Gerstner antraten. Dies war vor allem das Verdienst von Lehrern der technischen Bildungsanstalten wie Adolph Brix, Gotthilf Hagen, Hermann Scheffler, Moritz Rühlmann und Julius Weisbach. Sie alle hatten auch nach Frankreich und England geschaut. Besonders die Schriften des universellen Freiberger Professors Weisbach hielten für den Bauingenieur wichtige Darlegungen bereit.

Innerhalb noch häufiger Wechsel im Fächerkanon der Baulehre an den technischen Schulen bildeten die nun auf ein höheres Niveau gehobene Baumechanik und praktische Hydraulik eine Konstante und den eindeuti-

Ergebnisse von Festigkeitsversuchen an Modellröhren für die Conway- und Britanniabrücke durch E. Hodgkinson und W. Fairbairn, 1846 bis 1848. Dargestellt wird das Ausbeulen der Röhren unter einer Belastung von 43,5 Mp. Die konstruktive Ausbildung der zyklopischen Vollwandträger beider Brücken wurde durch umfangreiche kostenaufwendige Experimente an bis zu einem Sechstel des Originals großen Modellen ermittelt. Die Versuche zeigten auch, daß die Konstruktion bereits ohne die zunächst vorgesehene Aufhängung der Kastenträger die Belastungen des Eisenbahnverkehrs aufnehmen konnte. Aus der besonders von Hodgkinson vorgenommenen wissenschaftlichen Auswertung der Versuche, die auch schon den Einfluß wiederholter und wechselnder Belastungen untersuchten, zog die Bauwissenschaft großen Nutzen. Aus: W. Fairbairn, An Account of the Construction ..., London, 1849

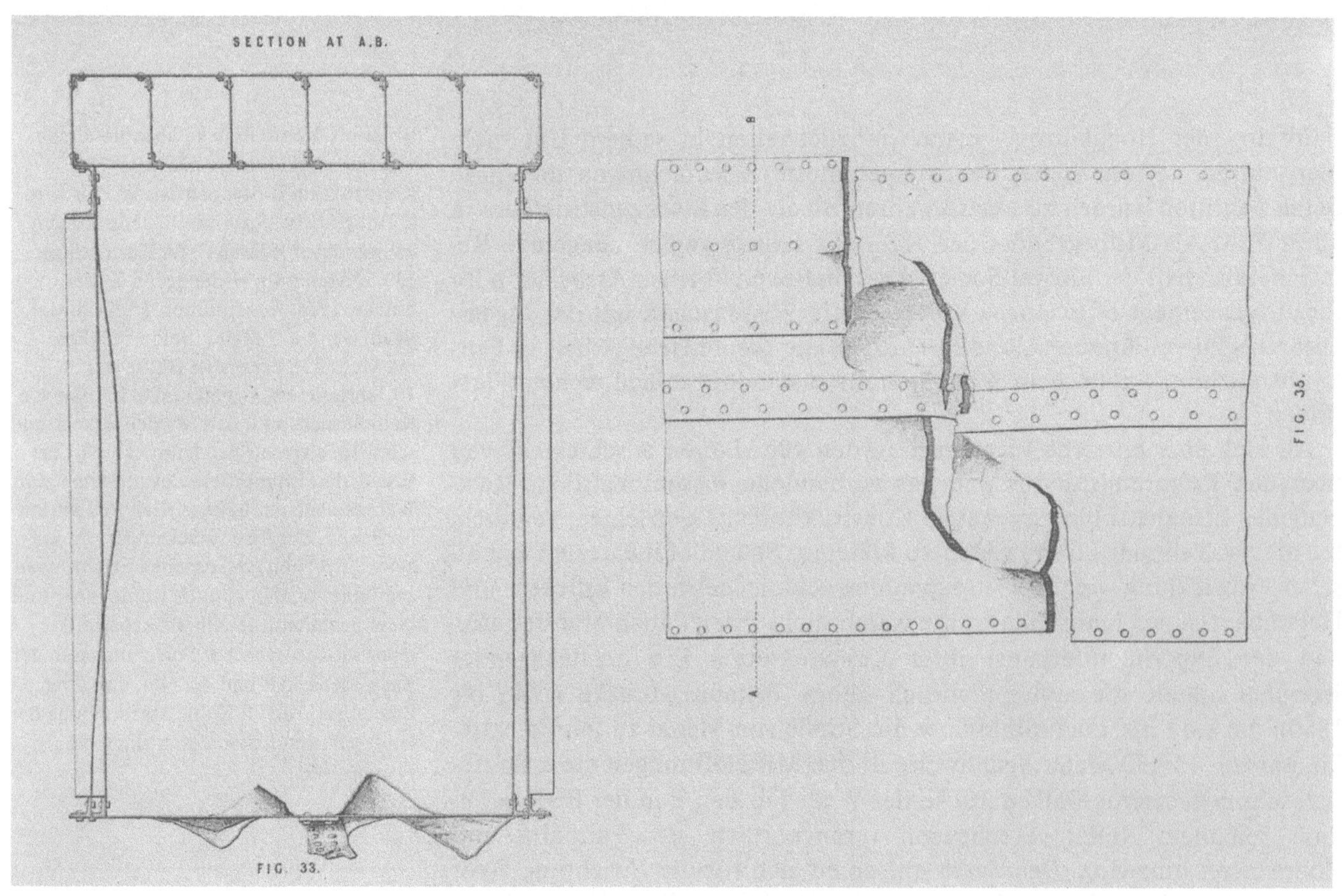

gen Schwerpunkt wissenschaftlich fundierter Ingenieurausbildung. Daran hatten auch jene Lehrer bedeutenden Anteil, die der Bauwissenschaft keine Glanzlichter aufzusetzen vermochten, es aber verstanden, deren Grundlagen praxisnah und dem Bildungsniveau angemessen darzulegen. Sie waren es häufig, die die Wissenschaft selbstbewußt in die Praxis trugen. Zu ihnen zählte der Dresdener Professor Johann Andreas Schubert. Seine baumechanischen Arbeiten verharrten im wesentlichen auf dem Erkenntnisstand von Eytelwein und Gerstner, die er ausgiebig repetierte. Bahnbrechend wirkte er indes im Eisenbahnbrückenbau. Die ihm obliegende Konstruktion von zwei großen Massivbrücken im Vogtland suchte er mit der Aufstellung einer – allerdings unter dem inzwischen erreichten Niveau bleibenden – Gewölbetheorie (1846) wissenschaftlich zu fundieren. Dieser Weg sollte im Ingenieurbau in deutschen Landen typisch werden.

Schubert mußte 1846 nach der Durchsicht aller 81 eingereichten Wettbewerbsbeiträge für die Errichtung des Göltzschtal-Viaduktes noch beklagen, daß die Konstrukteure fast ausschließlich Erfahrungsregeln und statischer Intuition vertraut hatten. Dagegen waren bereits die Anfänge des in Deutschland um die gleiche Zeit einsetzenden Baus schmiedeeiserner Eisenbahnbrücken von dem Bemühen getragen, wissenschaftliche Studien und Berechnungen an die Seite des Erfahrungswissens zu stellen. Der Eisenbrückenbau wurde so zur Feuertaufe einer um 1850 herangewachsenen Generation theoretisch wie praktisch versierter deutscher Ingenieure. In ihrer ersten Reihe stand der bayrische Bauingenieur Karl Culmann. Der Absolvent des Polytechnikums Karlsruhe reiste im Auftrag seiner Landesregierung zwischen 1849 und 1851 durch Großbritannien und Nordamerika, um den Holz- und Eisenbrückenbau zu studieren. Sein 1851 und 1852 in der Allgemeinen Bauzeitung veröffentlichter Reisebericht ist ein hervorragendes Beispiel für den Technologietransfer. Im Unterschied zu manch anderem technischen Bericht jener Jahre gründete Culmann seine detaillierte Studie aber auf theoretischen Analysen. Die von ihm zu diesem Zweck aufgestellte Theorie gegliederter Tragwerke bereitete dem Siegeszug schmiedeeiserner Fachwerkbrücken nach 1850 wesentlich den Boden.

Göltzschtal-Viadukt im Vogtland, Konstrukteure J. A. Schubert, Robert Wilke, Länge rund 600 Meter, Höhe rund 80 Meter, erbaut 1846 bis 1851. Schubert unternahm in Deutschland wohl erstmals den Versuch, die Konstruktion von Massivbrücken für die Eisenbahn mit gewölbetheoretischen Berechnungen zu untersetzen. Gleichwohl hatte auch angesichts einer noch unvollkommenen theoretischen Basis der erfahrene Praktiker Wilke großen Anteil an der Konstruktion der Brücke, die einem römischen Aquädukt ähnelt.

Karl Culmann, der Mitbegründer der Fachwerktheorie und Schöpfer der grafischen Statik. Eidgenössische Technische Hochschule, Zürich

»... in England, wo die Handwerke geehrter sind und deswegen von vornehmen, erkenntnis- und geldreichen Familien betrieben werden. Wo werden größere und mehr Versuche zur Verbesserung der Künste gemacht als dort? Wo werden neue Erfindungen besser bezahlt und genutzt als dort?«

Johann Beckmann,
Entwurf der allgemeinen Technologie,
1806

Von den mechanischen Künsten zum wissenschaftlichen Maschinenbau

In Großbritannien, dem Mutterland der industriellen Revolution, vollzog sich die Wandlung vom Werkzeug zur Werkzeugmaschine scheinbar fernab jeder Gelehrsamkeit. In der Phase der Frühindustrialisierung waren Erfindertugenden wie Ausdauer, Besessenheit, Verbesserungsdrang und Phantasie neben praktischem Geschick und Geschäftssinn gefragter als theoretische Vorbildung. Der Boden für neue Erfindungen wurde zumeist in handwerklich orientierten Berufen, namentlich der Mühlenbauer, Mechaniker, Schmiede oder Kunstmeister, bereitet. Oft traten aber auch gänzliche Außenseiter, technisch interessierte Laien, auf den Plan. Richard Arkwright, der Erfinder der berühmten »Waterframe«-Spinnmaschine (1769) beispielsweise war von Beruf Friseur und Perückenmacher. Noch ausgefallener mutet das technische Interesse des Landgeistlichen Edmund Cartwright an. Er baute einen der ersten mechanischen Webstühle (1785). Herkunft, Bildungsgang, Motivation und charakteristische Fähigkeiten der Erfinder sollten sich aber bald wandeln. Denn von einem Maschinenbau im heutigen Sinne konnte angesichts der überwiegend aus Holz gefertigten Bauteile der gewöhnlich handbetriebenen Textilmaschinen ausgangs des 18. Jahrhunderts noch nicht die Rede sein. Erst die Produktion von Maschinen durch Maschinen schuf jene Präzision der Bauelemente, jene Wiederholbarkeit der Teilefertigung und jene Produktivität, die allein eine wissenschaftliche Vorausberechnung notwendig und möglich erscheinen ließen. Bis zur Ausbildung theoretisch gestützter Entwurfsprinzipien mußte der wissenschaftliche Maschinenbau einen allmählichen Reifeprozeß durchlaufen.

Standardkonstruktion eines Schwungrades von James Watt. Die Dimensionierung wichtiger Maschinenbauteile orientierte noch in den ersten Jahrzehnten des 19.Jahrhunderts an den Richtwerten der größten Autorität auf diesem Gebiet, James Watt. Dieser hatte in seinen Patentschriften eine Art Einheitskonstruktion vorgelegt, deren Maßverhältnisse nach der gängigen Methode der Verhältniszahlen auf andere Größenordnungen übertragen wurden. Aus: H.W.Dickinson, James Watt and the Steam Engine, Oxford, 1927

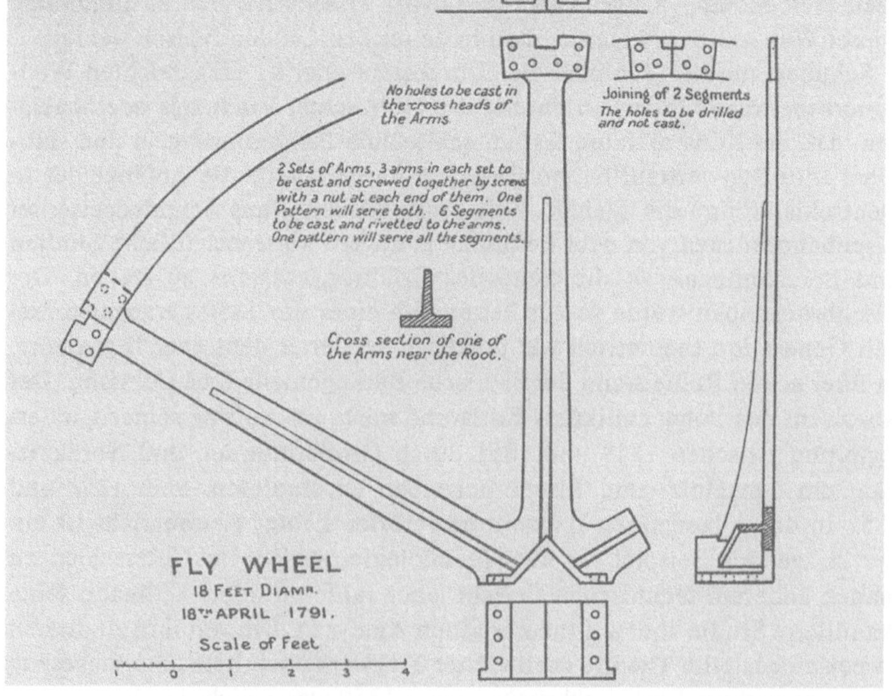

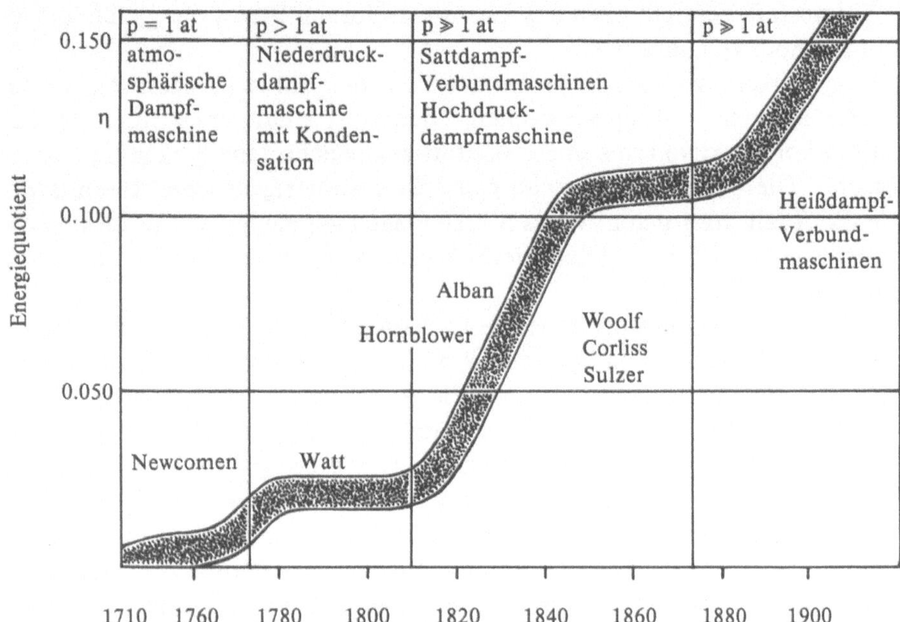

Die Verbesserung der Kolbendampfmaschine. Die Übersicht zeigt die signifikanten Entwicklungsschübe dieser »Verbesserungserfindung«. Im Energiequotienten kommt das dimensionslose Verhältnis von mechanischer Energie zur umgerechneten thermischen Energie je kg Steinkohle zum Ausdruck. Mit der Wattschen doppeltwirkenden Niederdruckmaschine war der entscheidende Durchbruch zur betriebsfähigen Kolbendampfmaschine gelungen. Technische bzw. thermische Vollkommenheit war jedoch keineswegs erreicht. Dazu bedurfte es weiterer Drucksteigerung, der Ausnutzung des Verbundprinzips und der Anwendung überhitzten Dampfes. Besonders die sich herausbildende technische Thermodynamik trieb seit etwa 1860 den Dampfmaschinenbau voran.

Die Pioniere der Werkzeugmaschinerie und der Dampfmaschine verfügten neben bodenständiger Empirie bereits über einen Bildungsgrad, der Ansätze rationaler Durchdringung des Maschinenbaus zuließ. In der Ausbildung der Maschinenbauer herrschte zwar seit Anbeginn das Werkstattprinzip, d.h. die praxisnahe Ausbildung in der Fabrik, vor, doch gelang es den Fähigsten unter den Erfindern, Technikern und Industriellen, Anschluß an wissenschaftliche Gesellschaften zu erlangen. John Smeaton, Matthew Boulton, James Watt und William Murdock waren Fellows der Royal Society in London bzw. traten dort mit Vorträgen auf. Watt, der Erfinder der doppeltwirkenden Dampfmaschine mit getrenntem Kondensator, bezog aus der kommunikationsfreundlichen Atmosphäre der Lunar Society wertvolle Impulse für sein erfinderisches Schaffen.

Die Entwicklungsarbeit an der Wattschen Dampfmaschine, der mobilen Antriebsquelle der großen Industrie, bildete einen gewissen Wendepunkt im Gebrauch rationaler Mittel für Konstruktion und Bau von Maschinen. Nicht von ungefähr suchte Watt in seiner Eigenschaft als Mechaniker an der Universität Glasgow ein Modell der Newcomen-Dampfpumpe zu verbessern. In der Folgezeit widmete er sich zielstrebig dem Studium der technischen Literatur, namentlich der bedeutenden Werke von Leupold, Bélidor und Desaguliers. Ungewöhnlich war auch sein Bestreben, eigens dafür Fremdsprachen zu erlernen. Insofern wies Watts Erfindertätigkeit bereits gänzlich neue, den handwerklichen Schaffensprozeß sprengende Merkmale auf. Hier kündigten sich richtungsweisende, später von den Maschinenwissenschaftlern aufgegriffene Methoden an. Für ein systematisches Herangehen spricht die Einbeziehung von Experimenten. So gelang es Watt bereits, wichtige Kennwerte des Wasserdampfes zu ermitteln und tabellarisch niederzulegen. Freilich waren die Kenntnisse über die Eigenschaften des Dampfes und die Umwandlung von Wärme in mechanische Energie ausgangs des 18. Jahrhunderts noch recht unvollkommen. Watt folgte hier den ingenieurmäßig-anschaulichen, doch schon bald überholten

»Wo die Wissenschaft nicht in die Gewerbe eingeführt ist, da gibt es kein sicher gegründetes Gewerbe, da gibt es kein Fortschreiten.«
Peter Christian Wilhelm Beuth, 1824

»Die Dampfmaschinen sind jetzt ohnstreitig die berühmtesten unter allen Maschinen, jeder Mensch in Europa kennt sie wenigstens dem Namen nach.«
Johann Heinrich Moritz Poppe, Populärer Unterricht über Dampfmaschinen, 1826

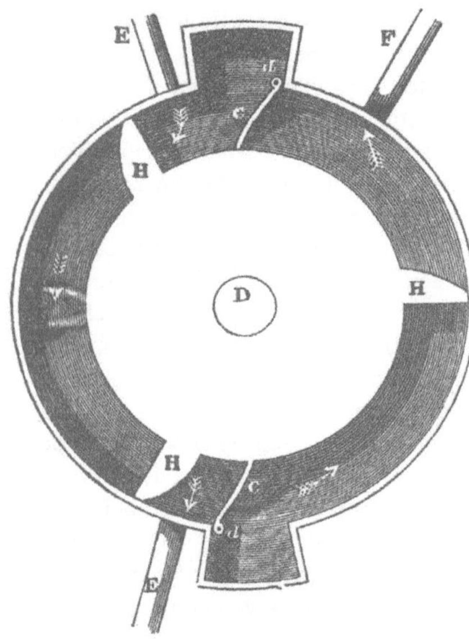

Rotationsdampfmaschine von Edmund Cartwright (1797). Die Kolbendampfmaschine konnte erst, nachdem sie mit Drehbewegung versehen war, zum »Agenten der großen Industrie« werden. In der Absicht, die Schwierigkeiten der Bewegungswandlung zu umgehen, kam um 1800 eine Reihe von Patenten für direktwirkende Rotationsdampfmaschinen auf. Den meisten war kein praktischer Erfolg beschieden. Auffallend ist der Rückgriff auf bekannte Kapselkünste, deren Wirkprinzip einer Pumpe in eine Antriebsmaschine umgekehrt wurde. Der englische Landgeistliche Cartwright, Erfinder des mechanischen Webstuhls, entwarf nach dem Vorbild einer Ramelli-Pumpe und in Modifikation eines Wattschen Patentes von 1782 diese Rotationsdampfmaschine. Aus: R. Stuart, A descriptive History of Steam Engine, London, 1824

Wärmestoff-Vorstellungen des Chemikers Joseph Black, der gleichfalls der Lunar Society angehörte.

Im übrigen standen in jenem Stadium der Entwicklungsarbeit an den noch äußerst leistungsschwachen Niederdruckdampfmaschinen mechanisch-konstruktive Probleme sowie fertigungstechnische Fragen im Vordergrund. Die Wissenschaft sollte erst später zum eigentlichen thermischen Wirkprinzip vordringen. Watts Stärken lagen gerade in der Meisterung mechanischer Aufgaben. Auch hierin konsultierte er verschiedene namhafte Wissenschaftler.

Die um die Jahrhundertwende und im ersten Drittel des 19. Jahrhunderts in reicher Zahl patentierten Rotationsdampfmaschinen sind beredtes Zeugnis dafür, wie das technische Wissen der vergangenen Epoche Pate für die Technik der industriellen Revolution gestanden hat. Erfolgversprechender für eine Betriebsdampfmaschine war hingegen eine möglichst verlustarme Wandlung der Kolbenbewegung in eine Drehbewegung. Sie hielt interessante Lösungen unter Einbeziehung elementarer theoretischer Erwägungen bereit. Noch bedeutender schien Watt selbst die Lösung des Problems der Geradführung, die er 1784 wiederum variantenreich zu einem denkwürdigen Patent anmeldete. Auf eine Lenkerführung, das sogenannte »Wattsche Parallelogramm«, war er besonders stolz.

Neben diesen einfachen geometrisch-kinematischen Betrachtungen, die keineswegs auf dem theoretischen Niveau der analytischen Mechanik standen, wurden die Pioniere des Dampfmaschinenbaus insbesondere mit Problemen der Reibungsminderung, der Dichtheit und der Festigkeit der Materialien konfrontiert. Besonders der Balancier mit seinen großen hin- und hergehenden Massen war ganz erheblichen Belastungen, auch stoßartigen, ausgesetzt. Seine Dimensionierung erforderte Erfahrungen und Kenntnisse elementarer Zusammenhänge. Noch die Folgegeneration von Maschinenbauern orientierte sich an den von Watt aufgestellten, vielfach erprobten Richtwerten für die Dimensionierung wesentlicher Maschinenteile. Hier war der Keim für ein verläßliches Verfahren gelegt, das den gesamten wissenschaftlichen Maschinenbau in der ersten Hälfte des 19. Jahrhunderts kennzeichnen sollte: die Methode der Verhältniszahlen. Der Architekturlehre entlehnt, ging sie von der Übertragung gesicherter Erfahrungswerte auf andere Verhältnisse und Maßstäbe aus. Von John Farey, dem Verfasser einer der ersten Abhandlungen über die Dampfmaschine, des »Treatise on Steam Engine« (1827), wurde sie ausgebaut und später auf dem Kontinent von Ferdinand Redtenbacher und Arthur Morin weiter kultiviert und verbreitet.

Was Watts Erfindertätigkeit exemplarisch erhellt, die sporadische Einbeziehung technischen Wissens und naturwissenschaftlicher Erkenntnis mit einfachen theoretischen Mitteln, machte bald bei den englischen und anderen europäischen Ingenieuren Schule. In England kristallisierte sich eine praktische Mechanik heraus, an deren Formierung sowohl Universitätsgelehrte als auch praktische Ingenieure teilhatten. Ihr erster bedeutender Vertreter war Olinthus Gregory, der in seiner Tätigkeit als Lehrer an der Militärakademie in Woolwich bereits 1805 ein Lehrbuch der praktischen Mechanik verfaßte, das sich auch im Ausland großer Leserschaft erfreute. Der technisch ambitionierte Mathematiker hat als erster auf der Insel den

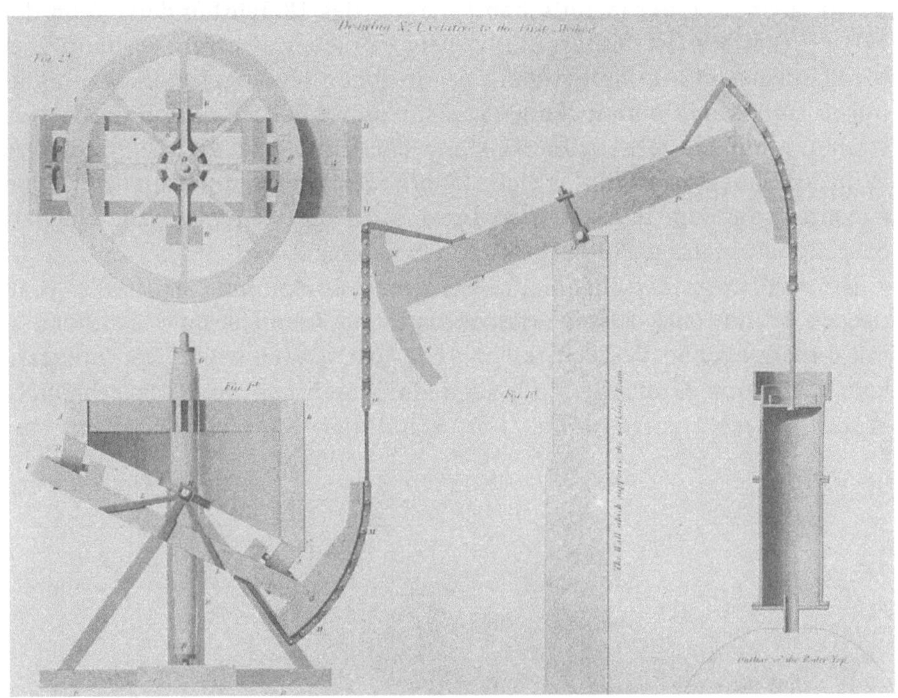

Bewegungswandlung bei James Watt. Gewarnt durch eine Patentstreitigkeit um die Kurbelwelle, ließ sich Watt 1781 mehrere Möglichkeiten zur Umwandlung der hin- und hergehenden Balancierbewegung in eine Drehbewegung patentieren. Damit war ein wichtiger Schritt zur Betriebsdampfmaschine vollzogen. Interessant, aber kaum geeignet für eine praktische Anwendung ist die abgebildete Konstruktion eines Kurvenzylinders, welcher von einem Hilfsbalancier über Friktionsrollen in Bewegung versetzt wird. Diese Lösung hatte historische Vorbilder im Bergbau des 18. Jahrhunderts. Letztendlich griff Watt bekanntlich auf das Planetengetriebe zurück. Von historischem Interesse ist die Vielzahl konstruktiver Möglichkeiten für eine Innovation, deren ungenutzte oft in Vergessenheit gerieten. Aus: J.P.Muirhead, The origin and progress of the mechanical inventions of James Watt, London, 1854

Bann um die schwerfälligen Newtonschen Fluxionen gebrochen und die weitaus praktikablere Leibnizsche Differentialschreibweise in die Mechanik eingeführt. Zwei Jahre später legte Thomas Young, Professor an der Royal Institution, seine berühmten »Lectures on Natural Philosophy« vor, die einen weiteren Beitrag zur praktischen Mechanik und Maschinentheorie lieferten. Wenn auch in der theoretischen Herleitung und Begründung recht schwerfällig, berührte er doch die vordringlichsten Themenkreise der Techniker wie praktische Bewegungslehre, Reibung, Widerstandskräfte und die Festigkeit der Materialien. Young – er promovierte an der Universität Göttingen – verfügte über profunde Kenntnisse der Naturwissen-

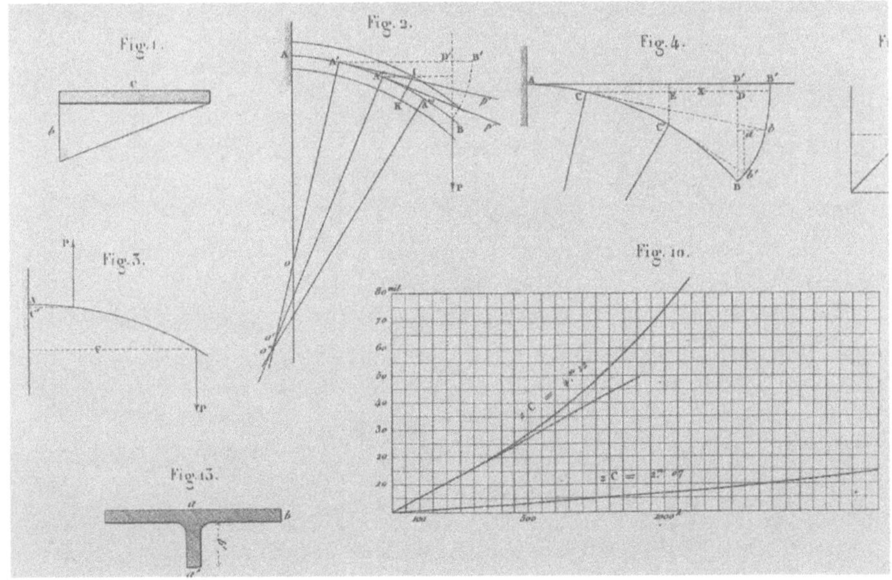

Widerstand der Materialien bei Arthur Morin. Das Verdienst, die aus England stammende Methode der Verhältniszahlen kultiviert und mit theoretischen Erwägungen zum Widerstand der Materialien verknüpft zu haben, gebührt neben Redtenbacher dem französischen Polytechniker Morin. Der Nachfolger Poncelets an der Militärschule zu Metz stand im Ruf eines fähigen Experimentators. Das schlug sich in der anwendungsorientierten Darstellung seiner theoretischen und experimentellen Ergebnisse zur Reibung und Festigkeit nieder. Von guter Handhabbarkeit, zeichneten sich insbesondere seine in Diagramme gefaßten Festigkeitskoeffizienten aus. Aus: A.Morin, Resistance des Materiaux , Paris, 1853

schaft, aber auch der technischen Literatur des 18. Jahrhunderts. Von den Wissenschaftlern ist Robert Willis hervorzuheben. Dessen »Principles of Mechanisms« (1841) hatten dank der in ihnen niedergelegten Mannigfaltigkeit und Kombinationsfähigkeit elementarer Mechanismen große Ausstrahlung auf die fernere Entwicklung der Kinematik und Zahnradlehre. Willis trat überdies mit öffentlichen Vorträgen hervor, untersetzt mit Experimenten, die dem interessierten Laien auch die technologische Verwertbarkeit der »Natural Philosophy« nahebrachten.

Die englischen Zivilingenieure hingegen warteten mit handfestem praktischen Wissen auf, dessen wissenschaftliche Anreicherung insbesondere mit umfangreichen Versuchsreihen vollzogen werden sollte. Der Übergang vom Holz zum Gußeisen und Stahl im Maschinenbau hatte erhebliche Werkstofffragen aufgeworfen. Der Stand der Materialbearbeitung mit

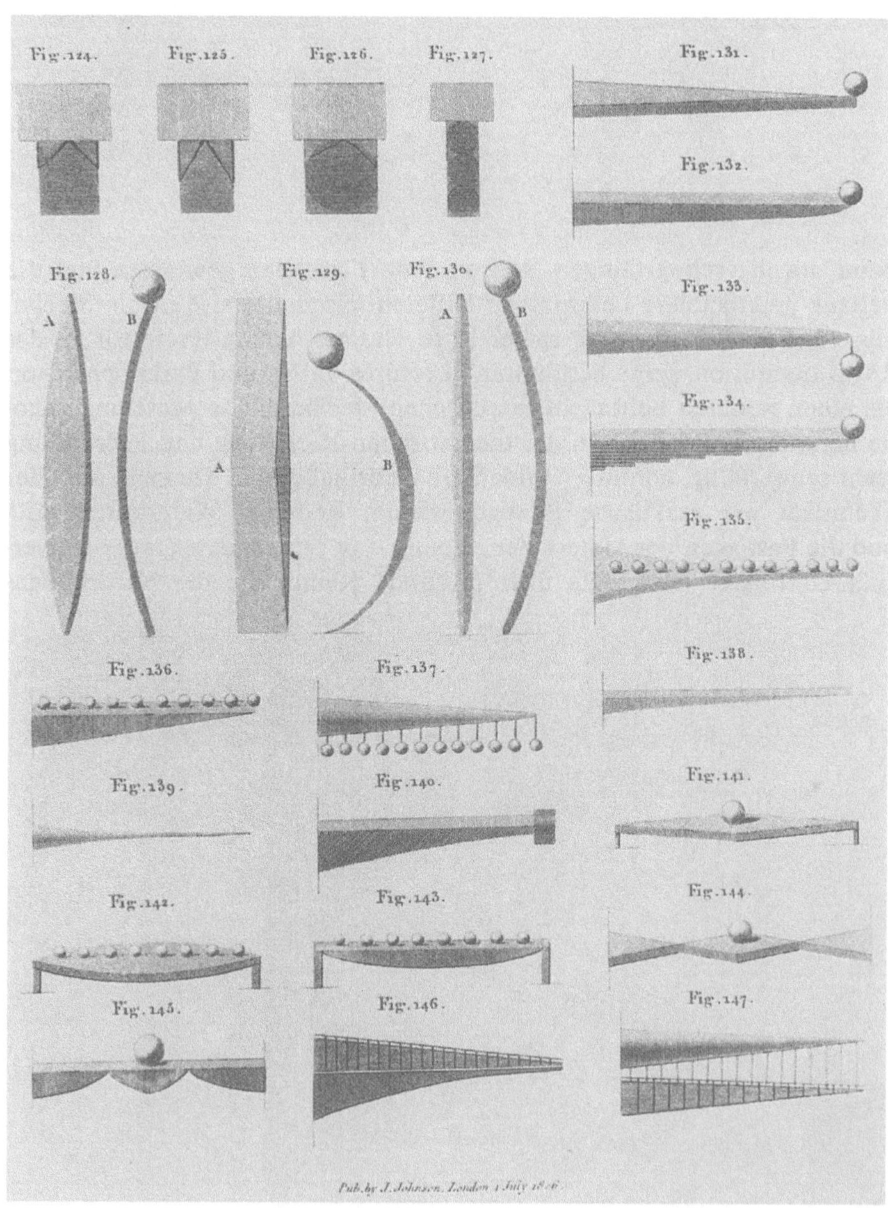

Druckversuche und Balkenbiegung bei Thomas Young. Auf den englischen Arzt und Physiker geht der Elastizitätsmodul (Youngs Modul) zurück. War dieser auch unklar formuliert, hat sich doch Young, der an der Royal Institution in London lehrte, große Verdienste um die Erforschung des Widerstandes elastischer Körper erworben. Aus: Th. Young, A course of lectures on natural philosophy, London, 1807

neuen Werkzeugmaschinen wie der Support-Drehbank war soweit gediehen, daß England als »Werkstatt der Welt« in aller Munde war. Doch forderte der Einsatz neuer Materialien in Eisenbahn-, Maschinen-, Brücken- und Schiffbau auch seinen Tribut in Form von Schäden, Brüchen und Einstürzen. Gerade hier versagte konventionelles Erfahrungswissen, hier kam es in der Regel zu neuen konstruktiven Lösungen.

Die für die Maschinenbaupraxis so notwendigen Materialkennwerte und Dimensionierungsvorschriften wurden in zahlreichen Handbüchern, Nachschlagewerken und Formelsammlungen niedergelegt. Mit eigenen Versuchsergebnissen warteten namhafte Ingenieure wie Peter Barlow, George Rennie, William Fairbairn und der bedeutendste theoretische Kopf unter ihnen, Thomas Tredgold, auf.

Zur ersten Generation englischer Technikwissenschaftler zählten ferner die Begründer einer »Dampfmaschinenlehre«. Wenn auch vordergründig auf mechanische und konstruktive Probleme ausgerichtet, bestimmten die Werke von Farey, Tredgold, John Bourne und Dionysius Lardner noch vor der Begründung der technischen Thermodynamik die Dampfmaschinenliteratur.

Offenbar hat sich die Entwicklung des englischen Maschinenbaus vor einem breiteren wissenschaftlichen Hintergrund vollzogen, als gemeinhin angenommen wird. Lebhaften Anteil an der Propagierung neuer Methoden im Maschinenbau nahm auch der über Landesgrenzen hinaus bekannte Mathematiker Babbage. In seinem vorwärtsweisenden Buch »On the Economy of Machinery and Manufactures« (1832) rief er zum Einsatz theoretischer Mittel für Konstruktion und Bau neuer Maschinen auf und verwies insbesondere auf die Einheit mechanischer und ökonomischer Prinzipien.

Zu festen institutionellen Formen der Technikwissenschaften ist es freilich in England nicht so bald gekommen. Der herrschende Liberalismus mit seiner Abneigung gegen staatliches Reglement und Dirigismus richtete sich vorerst auch gegen Pläne einer zentralisierten technischen Bildung. Zu den hervorstechenden Merkmalen des englischen Maschinenbaus zählte ein breites Streufeld wissenschaftlicher Impulse, das von autodidaktischer Bildung über Privatinitiativen in Form von Stiftungen und Mäzenaten bis hin zu technisch interessierten Wissenschaftlern an den Universitäten und Colleges reichte. Ganz beträchtlich war der Einfluß des geistigen Klimas in Werkstätten und technischen Vereinen auf die wissenschaftliche Kommunikation.

Diesem Umfeld gemäß nahmen in England die Maschinenwissenschaften Gestalt an: Ganz auf das konkrete Objekt orientiert, mit breiter experimenteller Basis, in praktikabler und handhabbarer Darstellungsweise, hielt sich die Verallgemeinerung in Grenzen. Im übrigen beherrschte der führende englische Maschinenbau bis 1850 uneingeschränkt den europäischen Markt, so daß vorerst kein Anlaß zum forcierten Betreiben wissenschaftlicher Methoden gegeben war.

Weitaus abstrakter und theoretisch fundierter nimmt sich hingegen die Entfaltung der Maschinenwissenschaften in Frankreich aus. Anknüpfend an die wissenschaftlichen Traditionen der Militär- und Eliteschulen begünstigte dort eine gewisse Balance von theoretischen und praxisorientierten Auffassungen die Ausbildung technikwissenschaftlicher Denkstile. Beson-

Thomas Tredgold. Im England der ersten Hälfte des 19. Jahrhunderts ist Tredgold nach Young der bedeutendste Vertreter der Festigkeitslehre gewesen. Er stützte sich dabei auf zahlreiche Versuche, deren Ergebnisse er in praktikablen Tabellen niederlegte. Auf den vielseitig gebildeten Praktiker gehen ebenfalls Untersuchungen über die Eigenschaften des Wasserdampfes – eingeflossen in sein Hauptwerk »The Steam Engine« (1827) – sowie zur Bestimmung des Schiffswiderstandes zurück. Aus: Th. Tredgold, The Steam Engine, London, 1838

ders an der École Polytechnique wurde, dem Gedanken der Einheit des technischen Wissens folgend, die Maschinenlehre konsequent auf das Fundament von Mathematik und Mechanik gestellt. Die technische Mechanik zählte in der Folgezeit zu den reifsten Früchten rationaler Technikanalyse.

Das besondere Gewicht mechanischer Betrachtungsweise im Maschinenwesen lag auf der Hand. Bereits die große Affinität einiger Zweige der klassischen Mechanik zum Maschinenproblem ließ die Möglichkeiten einer gezielten Vorausberechnung neuer Mechanismen und Maschinen erahnen. Der mechanische Materialismus, von dem das ausgehende 18. Jahrhundert erfüllt war, hatte ein übriges getan, die Erwartungen hoch zu halten, ja gänzlich überzogene Vorstellungen an die Möglichkeiten der Mechanik zu wecken. Namentlich die glänzenden Voraussagen der Himmelsmechanik über Gestirnbewegungen hatten bei den Technikern den Wunsch genährt, an diesen Erfolgen partizipieren zu können. Sie vergaßen dabei freilich oft, daß die Bewegung von Maschinen ganz irdischen Gesetzen unterworfen ist und Reibung und andere Widerstandskräfte, das Phänomen der Elastizität sowie ökonomische Kriterien ganz erhebliche »Störgrößen« für eine rein mechanische Betrachtung maschineller Prozesse darstellten.

Dennoch kam es schon frühzeitig zu ganz erstaunlichen Ergebnissen theoretisch fundierter Vorausberechnung. In Frankreichs Manufakturwe-

Balancier-Dampfmaschine von W. Powell auf der Pariser Weltausstellung 1867. Zu den leistungsfähigsten Betriebsdampfmaschinen Mitte des 19. Jahrhunderts zählten die Verbundmaschinen Woolfscher Bauart – hier als Zwillingsmaschine ausgeführt. Dampfmaschinen als Prunkstücke des Maschinenbaus wurden in dieser Zeit nicht selten in Architekturstile gekleidet. In der majestätischen Form der stilvollen Maschine fand auch das Emanzipationsstreben des Ingenieurs seinen Ausdruck. Aus: L'Exposition universelle de 1867, Paris, 1867

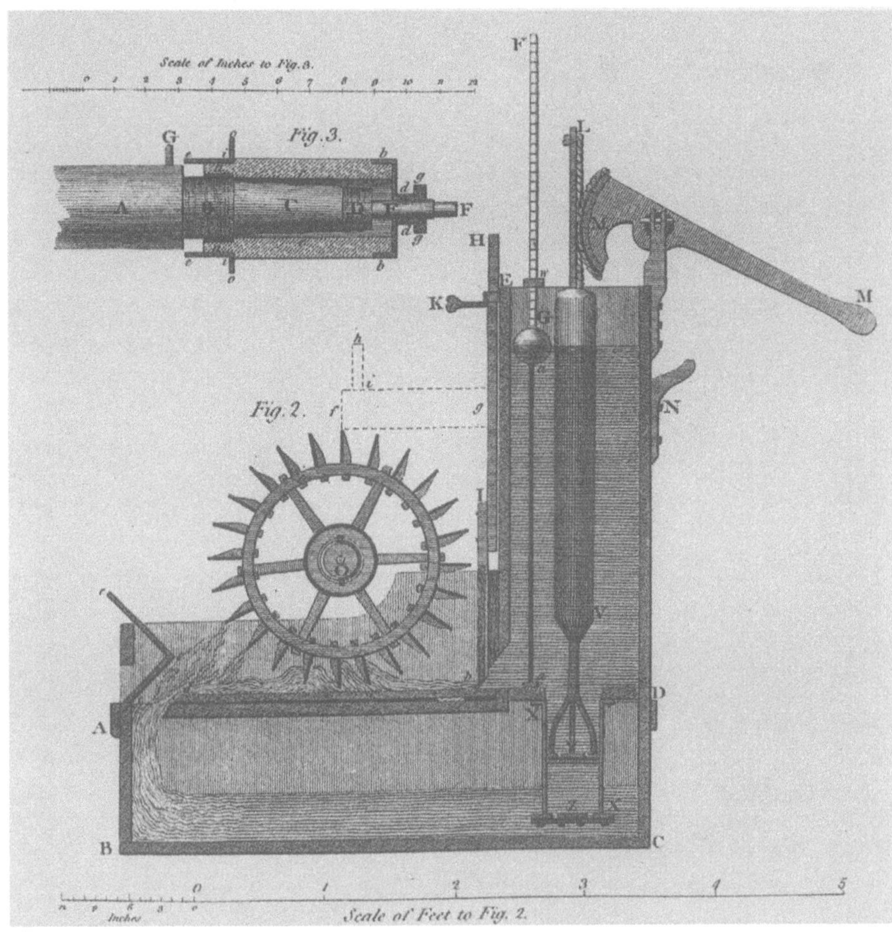

Experiment zur Bestimmung des Wirkungsgrades eines Wasserrades. Bereits Leupold und Polhem stellten einfache Versuche zur Messung des »Effektes« eines Wasserrades an. Von der Idee systematischer Verbesserung der Wasserräder ist auch in der zweiten Hälfte des 18. Jahrhunderts der englische Maschinenbauer und Instrumentenmacher John Smeaton ausgegangen. Seine Apparate zur Leistungsmessung mittels Gegengewicht, die für Versuchsreihen eine Änderung der Randbedingungen erlaubten, sind die Vorgänger der Dynamometer. Aus: J. Smeaton, An experimental enquiry ..., London, 1794

sen spielte traditionell die Wasserkraft eine große Rolle. Die Nutzung dieser natürlichen Ressource dauerte auch im Zeitalter der großen Industrie fort. Schon die Altmeister der französischen angewandten Mechanik de la Hire, Amontons, Desaguliers und Bélidor hatten den Keim für eine vorteilhafte Berechnung und Dimensionierung hydraulischer Maschinen auf der Grundlage praktischer Effizienzkriterien gelegt. Im Mittelpunkt standen die damals üblichen ober-, mittel- und unterschlächtigen Wasserräder. Bereits im 18. Jahrhundert traten im Wassermühlenbetrieb erste Mangelerscheinungen an Aufschlagwasser auf. Was lag näher als wissenschaftliche Methoden zur Verbesserung des Wirkungsgrades der Räder sowie des angeschlossenen technologischen Prozesses heranzuziehen. Wenn auch mit recht unzulänglichen theoretischen Mitteln, brachte dieses Herangehen schon erhebliche Neuerungen in der Konstruktion der Räder, im Aufbau der Gerinne, der Anordnung der Mahlgänge u. a. m. hervor.

Neben Aufgaben hydraulischer Natur, d. h. angewandter Hydrostatik und Hydrodynamik, führte dies immer wieder zu Problemen der Reibungsminderung, der Auslegung von Getrieben bzw. Transmissionen sowie der Koordinierung von Bewegungsvorgängen. Die Mechanik war in beinahe allen Lösungsmöglichkeiten präsent. Es scheint auch, daß auf diesem Gebiet in Frankreich am ehesten das energetische Bewußtsein der Ingenieure erwacht ist und nach konstruktiven Möglichkeiten einer optimalen Ausnut-

Übersicht der Mechanismen nach J. Lanz und A. Bétancourt. Die beiden in Spanien gebürtigen Wissenschaftler leisteten einen bedeutenden Beitrag zur Begründung der kinematischen Maschinenlehre. An der École Polytechnique wurde die von ihnen vertretene Einteilung der Mechanismen nach der Art der Bewegungswandlung zur Ausbildungsgrundlage. Mechanismenkataloge waren in der Frühindustrialisierung ein wichtiges praktisches Hilfsmittel für den Konstrukteur. Mit der geometrisch-kinematischen Beschreibung der Mechanismen nahm die wissenschaftliche Durch-dringung ihren Ausgang. In der Übersicht finden sich mehrere klassische Bauformen aus den berühmten Maschinenbüchern des 17. und 18. Jahrhunderts wieder. Aus: J. N. P. Hachette, Programme du cours elementaire des machines, Paris, 1808

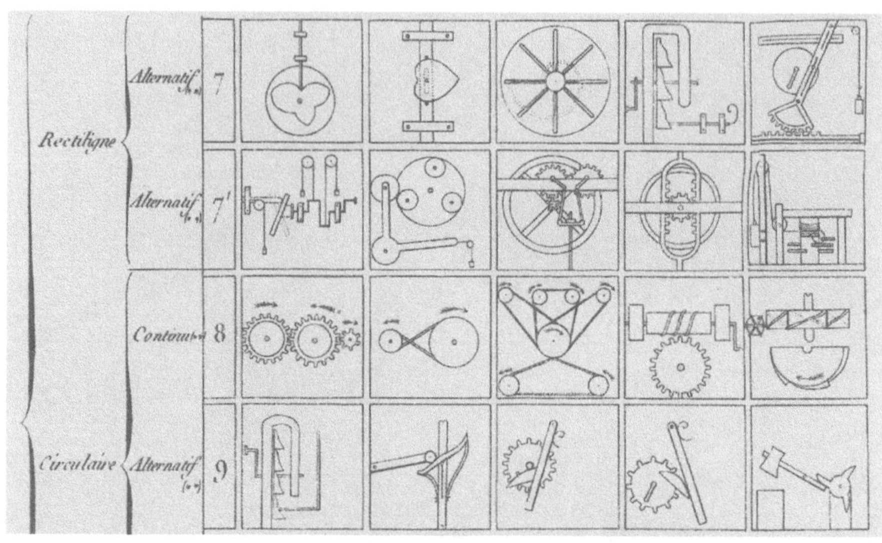

Reibungsmodell und Versuche zur Seilreibung von Coulomb. Das 18. Jahrhundert ist reich an experimentellen Untersuchungen zur Reibung gewesen. Auch das phänomenologische Bürstenmodell, das Oberflächenrauhigkeiten zur Ursache des Reibungswiderstandes erklärte, war bekannt. Das Verdienst, die klassische Reibungstheorie (1781) formuliert zu haben, gebührt dem französischen Ingenieur und Gelehrten Coulomb. Er unterschied als erster in Haft- und Gleitreibung, untersuchte den Reibungswiderstand ebenflächiger Körper sowie die Seil-, Roll- und Zapfenreibung. Alleiniges Ziel war nicht die Begründung eines Naturgesetzes, sondern die Aufstellung handhabbarer Reibungskoeffizienten für die Bau- und Maschinenlehre. Aus: Ch. A. Coulomb, Theorie des machines simples, Paris, 1821

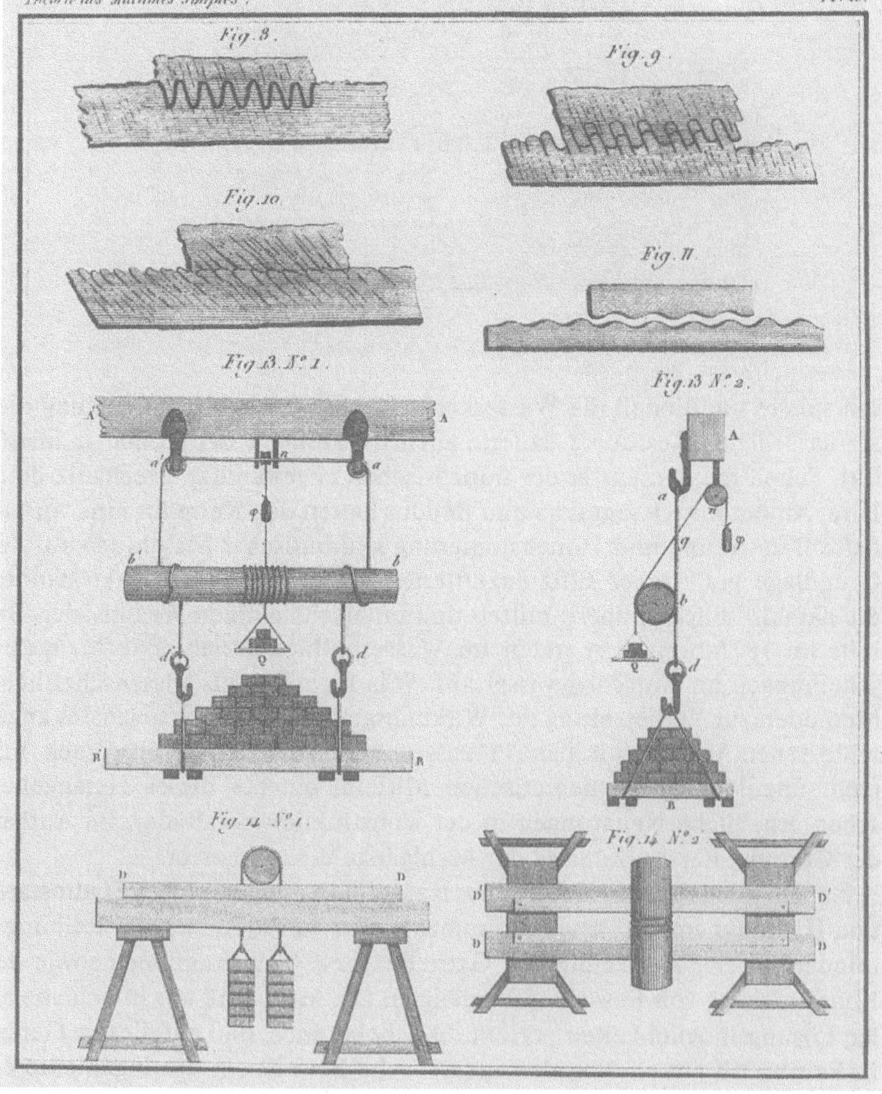

zung der Antriebsenergie gesucht wurde. Die Entwicklungslinie der Wissenschaftler, die sich vornehmlich mit Wasserkraftmaschinen befaßten, reicht über Gaspard Riche de Prony, dem die eigenständige Neuabfassung der berühmten »Architecture hydraulique« zu verdanken ist, über Jean Victor Poncelet, der neue Wasserradformen theoretisch begründet und entworfen hat, bis zu den bedeutenden Konstrukteuren von Wasserturbinen wie Claude Burdin, Benoît Fourneyron, Dominique Girard u. a.

Ungeachtet des hohen Ranges dieses traditionellen Zweiges der französischen Maschinenwissenschaften, sollte sich bald ein anderer Bereich zur Domäne der Maschinenlehre erheben, die geometrisch-kinematisch orientierte Maschinenmechanik. Diese der Monge-Schule entstammende Richtung wurde seit ihrer Begründung zu Beginn des 19. Jahrhunderts zum Fundament des Maschinenentwurfs für künftige Technikergenerationen. Ihre Betrachtungsweise war aus der »géométrie descriptive« hervorgegangen, der wichtigsten theoretischen Grundlage und zugleich des tragenden Lehrprogramms der Ingenieurausbildung in den Gründerjahren der École Polytechnique. Worauf beruhte solcherlei Lehr- und Forschungskonzeption, und wie prägte sie das Maschinenwesen?

Bereits in seinem Programm zur »géométrie descriptive« (1795) hatte Gaspard Monge die Bedeutung der präzisen zweidimensionalen Abbildung technischer Gebilde für den Entwurf technischer Mittel hervorgehoben. Namentlich auf dem Gebiet der Maschinenelemente konnten geometrische Entwurfsprinzipien in der Folgezeit ihre Vorzüge unter Beweis stellen. Ausgehend von einer exakten Beschreibung der Körper, ihrer Lage, ihres Bewegungsspieles in Korrelation mit ihrer technischen bzw. technologischen Funktion, konnte eine Vielfalt praktisch sinnvoller Bewegungsformen auf dem Papier antizipiert werden.

Monges Nachfolger Jean N. P. Hachette, José M. Lanz, Augustin de Bétancourt, Charles Dupin u. a. trieben die Zerlegung und Elementarisierung maschineller Gebilde so weit, daß sie ganze Kataloge einfacher Mechanismen für bestimmte Bewegungsarten aufstellten, aus deren Kombination wiederum neue geschöpft werden konnten. So überzogen sie auch derlei Ordnungsprinzipien praktizierten und so weit sie sich dabei auch von den realen technischen, vor allem dynamischen Bedingungen entfernten, entsprach doch diese kinematische Methode recht gut den Erfordernissen der Maschinenproduktion: ständige Reproduzierbarkeit maschineller Verrichtungen, Präzision und Wiederholbarkeit des Aufeinanderwirkens von Arbeitskraft, Arbeitsmittel und Arbeitsgegenstand. Mit ihr hielten die Ingenieure ein, wenn auch noch unvollkommenes theoretisches Mittel in der Hand, jeweils vorgegebene Funktionsparameter in entsprechenden Mechanismen zu realisieren. Sie trugen damit den immer komplizierter werdenden Mechanismen, Getrieben und Steuerelementen der Kraft- und Arbeitsmaschinerie Rechnung. Das kinematische Konzept wurde zu einem tragfähigen Fundament der Maschinenwissenschaften, das freilich noch mancher Ergänzung bedurfte.

Bodenständiger und drängenden praktischen Aufgaben entspringend, bildete sich ein weiterer Zweig der Maschinenlehre heraus, der auf gemeinsame Wurzeln mit der Baumechanik verweisen kann. Bereits im 18. Jahrhundert waren Fragen der Festigkeit, Sicherheit und Dauerhaftigkeit von

»Man wird also der nationalen Erziehung eine günstige Richtung geben, indem man unsere jungen Arbeiter mit der Anwendung der deskriptiven Geometrie vertraut macht, und zwar im Hinblick auf die grafischen Konstruktionen, die für die meisten Handwerke notwendig sind. Dies geschieht, indem man diese Geometrie auf die Darstellung und Bestimmung der Maschinenelemente anwendet.«

Gaspard Monge, Programm der »géométrie descriptive«, 1794

Bauwerken auf das lebhafte Interesse der Ingenieure gestoßen. Sie führten zur ersten zaghaften Formulierung bautechnischer Theorien über Gewölbe und die Balkenbiegung. Probleme der Elastizität und Festigkeit, der Biegelinie oder der Reibung und inneren Kohäsionskräfte besaßen beim Bau von Maschinen gleichermaßen Bedeutung. So nimmt es nicht wunder, daß Charles A. Coulomb, einer der frühen Begründer der Baumechanik, sich mit gleicher Akribie der »Theorie der einfachen Maschinen« widmete. In einem Memoire der französischen Akademie legte der Genie-Ingenieur 1781 erste Gedanken dazu vor, die er in weiteren Abhandlungen vorzüglich ergänzte. Neben der Lösung des Balkenbiegeproblems, des Kernstücks der Festigkeitslehre – beinahe ein halbes Jahrhundert mußte vergehen, ehe sie in das Bewußtsein der Ingenieure gedrungen ist –, befaßte er sich vornehmlich mit der Reibung, der wichtigsten Widerstandskraft auf die Maschinenbewegung. Coulomb vermochte nicht nur die von Amontons, Leupold, Musschenbroek und anderen begonnene Forschung zur klassischen Reibungstheorie zu erweitern, er schuf mit der experimentell gestützten Untersuchung der Haft- und Gleitreibung und der Einführung unterschiedlicher Reibungskoeffizienten ein praktisch handhabbares Instrument für die Beherrschung erwünschter als auch unerwünschter Reibungseinflüsse.

Seine vorwärtsweisenden Erwägungen für eine Theorie der Maschinen griffen anfangs des 19. Jahrhunderts jene drei Männer auf, die für den Beginn der »industriellen Mechanik« in Frankreich stehen: Louis M. H. Navier, G. Gaspard Coriolis und Poncelet. Das große Dreigestirn französischer Polytechniker hatte den bedeutendsten Anteil an einer dynamisch-energetisch orientierten Maschinenlehre. Navier, der die Balkenbiegetheorie vollendete, hinterließ mit den Grundlagen der Festigkeitslehre das theoretische Gerüst für die Bemessung wichtiger Bauteilformen unter verschiede-

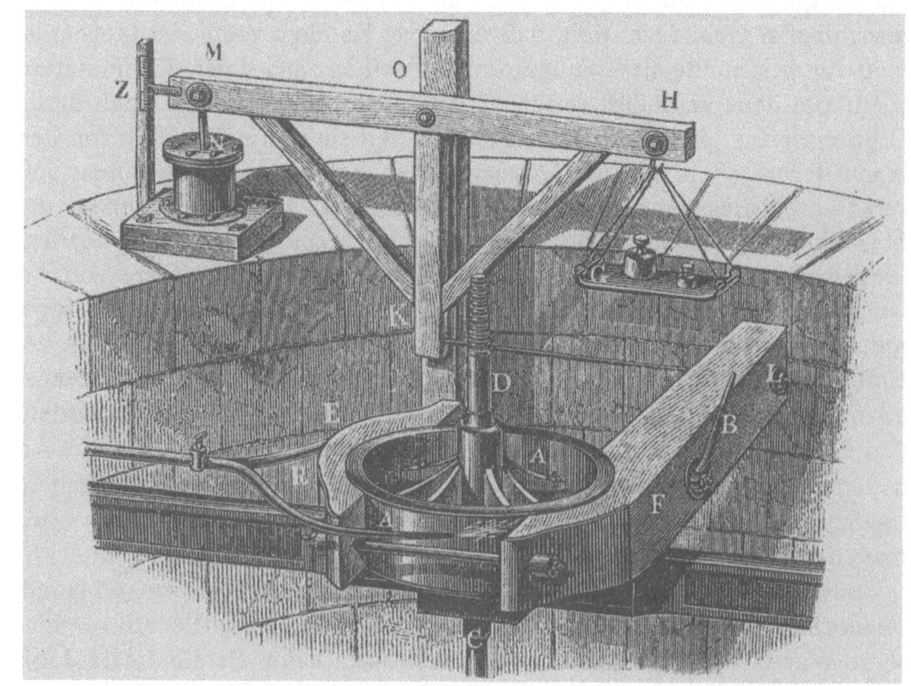

Bremsdynamometer zur Messung der Leistung einer Francis-Turbine. Die Vervollkommnung der Kraftmaschinen und die Erweiterung der Arbeitsmaschinerie warf zunehmend Fragen des Kraftbedarfes, Bewegungswiderstandes und Wirkungsgrades auf. Die Einflüsse darauf konnten beim Stand der Theorie nur ungenügend quantitativ erfaßt werden. Seit den 1840er Jahren griff man deshalb verstärkt auf dynamometrische Messungen zurück. Das Bremsdynamometer verkörpert eine klassische Bauart, bei welcher ein meßbarer Widerstand über Backenbremsen aufgebracht wird. Der Prototyp ging nach seinem Erfinder als »Pronyscher Zaum« in die Technikgeschichte ein. Aus: J. Weisbach, Ingenieur- und Maschinenmechanik, Braunschweig, 1865

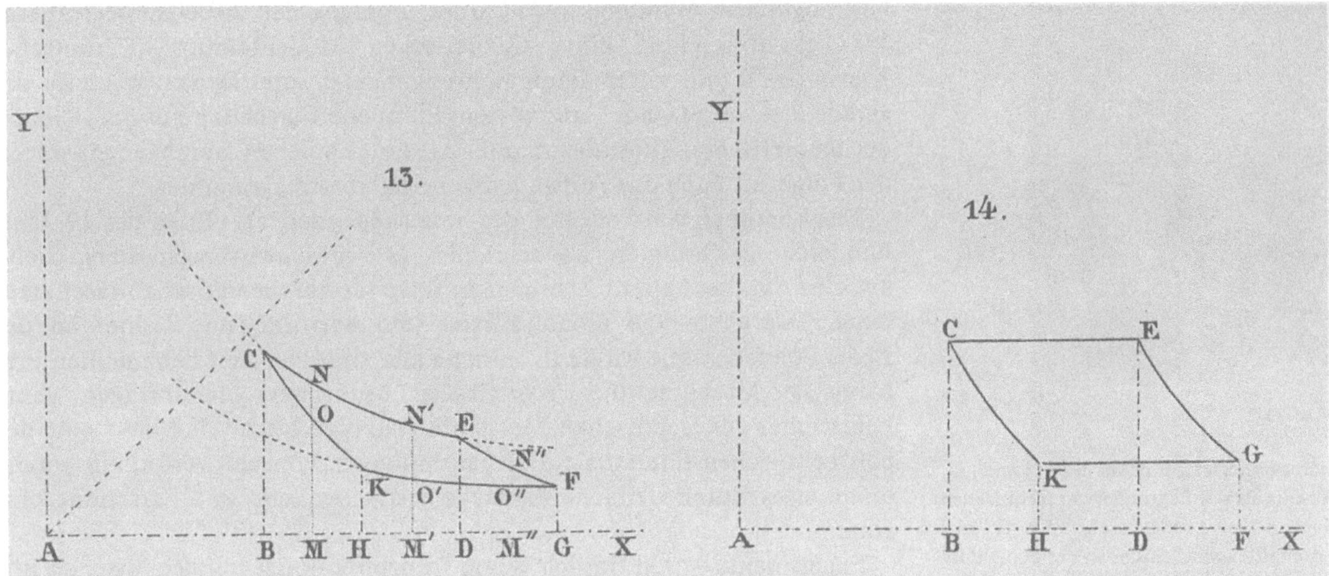

nen Belastungskonstellationen. Er fand damit gleichermaßen Resonanz bei den Bau- und Maschineningenieuren. Auf ihn gehen wesentliche idealisierende Annahmen in der Theorienbildung zurück, die das Festigkeitsproblem erst praktisch lösbar machten. Coriolis, bekannt für die Herleitung praktikabler Gleichungen zur Relativbewegung, hatte großen Anteil daran, daß Ordnung und Klarheit in das Begriffsgefüge technisch-mechanischer Bestimmungsgrößen gebracht wurden. Technisch-ökonomische Termini wie Arbeit, Leistung und Wirkungsgrad, die deutlich außerhalb des Vokabulars der rationalen Mechanik analytischer Schule standen, zeichnete die Ingenieurtätigkeit im Zeitalter der Dampfmaschine und der Werkzeugmaschinerie aus. Dazu trugen Kraftmeßgeräte, sogenannte Dynamometer bei, zu deren namhaftesten die von Smeaton, Morin und Hachette oder der heute noch geläufige Pronysche Zaum, ein Bremsdynamometer, zählten. Nutzleistung, Kraftbedarf und Wirkungsgrad von Maschinen exakt zu bestimmen und vorauszuberechnen sowie Energieverluste und Widerstandskräfte zu minimieren war das vordringliche Anliegen der Maschinenbauer des Industriezeitalters geworden.

In der Nähe solcher Bestrebungen standen auch die Untersuchungen zur Dampfmaschine. Die Prozesse bei der Umwandlung von Wärme in mechanische Energie rückten immer mehr in das Blickfeld der Ingenieurwissenschaftler. Ausgehend von speziellen praktischen, meist halbempirisch gefärbten Abhandlungen über diesen »Agenten der großen Industrie«, wie sie die Handbücher von F.M.G. de Pambour, G.J. Verdam sowie von Bataille und Jullien verkörperten, drang die Forschung immer näher zum eigentlichen thermischen Wirkprinzip vor. Den Durchbruch zu theoretischer Schärfe bei der Behandlung thermodynamischer Prozesse vollzog als erster Sadi Carnot, der Sohn des bedeutenden Wissenschaftsorganisators Lazare Carnot. Seine vielfach fehlinterpretierten »Betrachtungen über die bewegende Kraft des Feuers und die zur Entwicklung dieser Kraft geeigneten Maschinen« aus dem Jahre 1824 resultierten aus ganz elementaren praktischen Erfordernissen der Vorausberechnung und Dimensionierung unter

Der Carnotsche Kreisprozeß. Im Mittelpunkt der Überlegungen des französischen Polytechnikers Sadi Carnot zur Verbesserung des Arbeitsvermögens der Dampfmaschine stand der Kreisprozeß einer idealen Wärmekraftmaschine (1824). Entsprach dieser auch nicht der technischen Realität, ist doch darin ein erster Ansatz für die fernere Herausbildung der technischen Thermodynamik zu erkennen. Aus: Deutscher Erstabdruck der Carnotschen Arbeit durch B. É. Clapeyron in »Poggendorfs Annalen«, 1843

»Ist die bewegende Kraft der Wärme begrenzt oder unendlich, gibt es eine bestimmte Grenze für mögliche Verbesserungen ... oder sind im Gegenteil unendliche Verbesserungen möglich;«

Sadi Carnot, Betrachtungen über die bewegende Kraft des Feuers ..., 1824

Victor Poncelet gilt neben Navier und Coriolis als der Begründer der technischen Mechanik. Der französische Technikwissenschaftler war Schüler an der École Polytechnique zu Paris und der Militärschule zu Metz. Nachdem er als Ingenieuroffizier am Rußlandfeldzug Napoleons teilgenommen hatte, wirkte er an beiden Einrichtungen als geschätzter Lehrer und erwarb sich im Ingenieurcorps und in der Nationalgarde hohe militärische Ehren. Berühmt wurde sein Kurs über angewandte Mechanik und Maschinenlehre, den er gleichermaßen vor Ingenieuroffizieren und in populären Abendvorlesungen vor Arbeitern hielt. Aus: M. Rühlmann, Vorträge über Geschichte der technischen Mechanik, Leipzig, 1885

bestmöglichem Wirkungsgrad. Carnot unterzog den Arbeitsprozeß dieser Wärmekraftmaschine einer theoretischen Modellbildung (Carnotscher Kreisprozeß) und setzte damit Achtungszeichen und Denkanstöße für die gerade erst einsetzende naturwissenschaftliche Forschung auf dem Gebiet der theoretischen Thermodynamik. Ausdruck solchen Herangehens war in der Folgezeit auch das Aufstellen von Indikatordiagrammen.

Das Bemühen von Poncelet, des herausragenden, als »Euler des 19. Jahrhunderts« gewürdigten französischen Maschinenwissenschaftlers, zielte auf eine Synthese aller bisherigen Ansätze für die theoretische Maschinenlehre. Der ehemalige Pionieroffizier und hervorragende Lehrer an der École Polytechnique wußte in beinahe alle zu seiner Zeit behandelten Probleme der Maschinentheorie originelle Lösungswege einzubringen. Seine Lehrbücher der technischen Mechanik gelten zu Recht als Marksteine der polytechnischen Literatur des 19. Jahrhunderts. Poncelet vertrat ein praxisorientiertes, durch vielfache Versuche gestütztes Lehr- und Forschungsprogramm.

Experimente waren freilich schon frühzeitig in der polytechnischen Bildung verankert. Namentlich in den naturwissenschaftlichen Grundlagenfächern Physik, Chemie und Mechanik alternierte der Unterricht zwischen Vorlesungen bzw. Repetitorien und experimentellen Übungen. Als herausragendes Experimentierfeld galt die Materialprüfung im Rahmen der Festigkeitslehre. Die Begründer dieser Disziplin vermochten Theorienbildung und Experiment in trefflicher Weise zu vereinen. Versuchsergebnisse schlugen sich in den Lehrbriefen nieder. Poncelet selbst hatte maßgeblich

Ponceletrad. Es zählt zu den leistungsfähigsten Wasserrädern des 19. Jahrhunderts. Bei geringem Gefälle weist das unterschlächtige Ponceletrad mit einem Wirkungsgrad um 70 Prozent große Vorzüge auf. Seine Konstruktion kann als Erfolg wissenschaftlichen Herangehens betrachtet werden. Eine stoßfreie Energieübertragung auf die Schaufeln wird durch geeignete Krümmung derselben sowie die spezielle Form des Gerinnes, Schützen und Abzugsgrabens erreicht. Die ausgeprägte Leitvorrichtung zeigt den Übergang vom Wasserrad zur Turbine an. Aus: J. Weisbach, Ingenieur- und Maschinenmechanik, Braunschweig, 1865

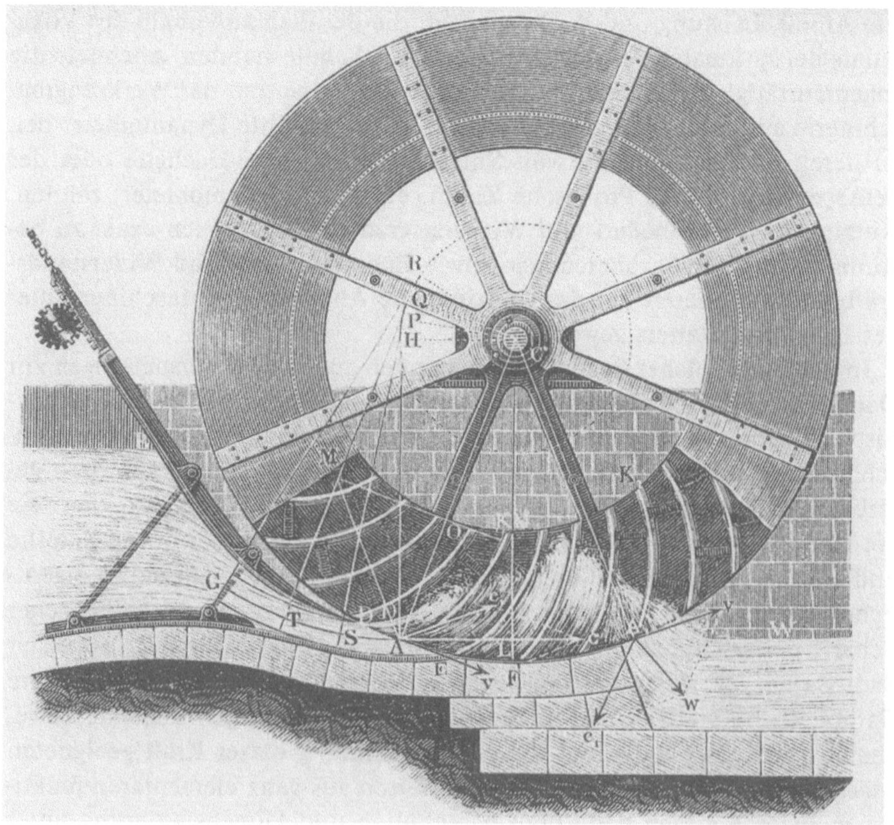

Anteil, analog den englischen öffentlichen Vorlesungen oder der deutschen Sonntagsschule, praxisnahes Wissen in die Kreise der Facharbeiter und Werkmeister hineinzutragen. Auch aus der Feder von Morin und G. A. Borgnis stammten bedeutende maschinentechnische Handbücher. Anwendungsbereites Wissen bis hin zu gebrauchsfertigen Formeln, Tabel len wichtiger Koeffizienten und anschaulichen Beispielrechnungen war das hervorstechende Merkmal ingenieurmäßiger Publikationstätigkeit. Die äußerst rasch besorgten Übersetzungen erfreuten sich großer Popularität und trugen den guten Ruf der französischen Maschinenwissenschaften in viele Länder.

Angesichts dieser bedeutenden, sich ergänzenden Leistungen sollte man annehmen, daß der Aufstieg des französischen Maschinenbaues beschleunigt werden konnte. Dem standen freilich einige Hemmnisse entgegen. Wenngleich die Revolution den Boden für liberale Wirtschaftsverhältnisse bereitet hatte, ging die Industrialisierung Frankreichs nur schleppend voran. Die Vorrangstellung des Finanzkapitals, das Festhalten an manufaktureller Luxusgüterproduktion und eine bis zur Erstarrung getriebene Zentralisierung der Verwaltungsstrukturen dämpften die Risikobereitschaft der Unternehmer und Aktionäre bei Investitionen in Industrieunternehmen oder den Eisenbahnbau.

Zu den Eigenheiten der französischen Entwicklung zählt ferner, daß seit der Revolution und mehr noch in der Napoleonischen Ära Wissenschaft und Wirtschaft vorrangig im Dienst des Militärwesens standen. Die Militarisierung und Bürokratisierung der polytechnischen Bildung ließ harmonische Wechselwirkungen zwischen Wissenschaft und Industrie kaum entstehen. Hinzu kommt, daß sich unter der Ägide von Pierre S. Laplace in den ersten Dezennien des 19. Jahrhunderts an der École Polytechnique ein streng theoretisches Konzept Bahn brach, das zwar einen Grundlagenvorlauf für Jahrzehnte schuf, zugleich aber die auf die Ingenieurpraxis orientierten Fächer zurückdrängte oder an die Écoles d'Application delegierte. In den 30er Jahren mehrten sich Stimmen gegen solche Disproportionen. Nun erst wurden den Maschinenwissenschaften Bedingungen eingeräumt, die sie stärker auf die Bedürfnisse des Maschinenbaues reagieren ließen und sie der Praxis wieder näherrückten.

Im Deutschland des 19. Jahrhunderts setzte die Industrialisierung erst in den 30er Jahren ein. So konnten die englischen Erfahrungen und die Ergebnisse der französischen Maschinenwissenschaften genutzt und zu großer Reife fortentwickelt werden.

Noch bevor sich in Deutschland und Österreich die große Industrie am Horizont abzeichnete, war der Bergbau zu einem Produktionszweig mit moderner Maschinentechnik geworden. Hier wuchsen auch zuerst Bestrebungen, die montanistische Maschinentechnik wissenschaftlich zu durchdringen. In das Vorfeld der Maschinenwissenschaften gehören neben der Etablierung der Bergmaschinenlehre an den Bergakademien kameralistisch intendierte Versuche, Bau und Einsatz von Maschinen wissenschaftlich zu begründen und damit die Gewerbe zu fördern. Der hohe Rang der Bergmaschinenlehre wurde durch ihre Praxisnähe nachdrücklich unterstrichen. Wenn die Kunstgezeuge und Wasserhaltungsmaschinen ihre Leistungsgrenzen offenbarten, griffen die Kunstmeister zu elementaren Rechen-

Das Buch »Lehrbegriff der Maschinenlehre ...« (Titelkupfer) repräsentierte ausgangs des 18. Jahrhunderts den hohen Stand der Bergmaschinenlehre an der Bergakademie Freiberg. Sein Verfasser, Professor Lempe, zeichnete sich durch erstaunliche Kenntnis der vorliegenden maschinentechnischen Literatur und sicheres Gespür für die Spezifik des Gegenstandes aus. Seine Bergmaschinenlehre, die leider aus Krankheitsgründen unvollendet blieb, wurde zum Kondensationskern der allgemeinen Maschinenlehre seines Nachfolgers Weisbach.

Erste deutsche Dampfmaschine Wattscher Bauart in Hettstedt (1785, Rekonstruktion 1985). Der Grundtyp der Niederdruck-Balanciermaschine mit Kondensation für die bergbauliche Wasserhaltung läßt die handwerkliche Fertigung erkennen. Die Errichtung dieser Maschine ist auch Ausdruck des regen technologischen Transfers zwischen England und dem Kontinent. Ihr Erbauer, der preußische Hüttenbauinspektor C.F.Bückling, hatte auf zwei Englandreisen bei der Firma Boulton & Watt in Soho die notwendigen »Erkundigungen« eingezogen. Mansfeld-Kombinat »Wilhelm Pieck«, Technisches Museum, Eisleben

»Eine GUTE practische Mechanik aber, eine solche, die auf richtige Theorie und Erfahrung gebauet ist, sichert uns vor allen solchen Unfällen, und zeigt, daß Theorie und Praxis miteinander GEHÖRIG verbunden, sehr sicher zum Ziele führen.«

Johann Friedrich Lempe, Lehrbegriff der Maschinenlehre, 1795

exempeln oder suchten die Zusammenarbeit mit jenen Bergbeamten und Gelehrten, die der theoretischen Grundlagen hinlänglich mächtig waren. In gemeinsamen Bemühungen um die Vervollkommnung der Montantechnik kristallisierten sich künftige Züge technikwissenschaftlicher Tätigkeit heraus. In Sachsen, dem traditionsreichen Land montantechnischen Fortschritts, stoßen wir ausgangs des 18.Jahrhunderts auf den ersten bedeutenden Vertreter der Bergmaschinenlehre, Johann Friedrich Lempe, Professor an der Bergakademie Freiberg. An der gleichen Bildungseinrichtung griff später Julius Weisbach in brillanter Manier diese fruchtbaren Ansätze auf und gliederte die Bergmaschinenlehre in den wissenschaftlichen Maschinenbau ein. Daneben trugen auch tüchtige Maschinenpraktiker wie der Maschinendirektor Brendel oder der Oberkunstmeister Schwamkrug aus dem Freiberger Revier zum Erkenntnisfortschritt in den Maschinenwissenschaften bei und brachten insbesondere ihren konstruktiven Erfahrungsschatz beim Bau von Wassersäulenmaschinen und Turbinen ein.

Auch die Dampfmaschine trat ihren Siegeszug bekanntlich als bergbauliche Pumpmaschine an. Besonders in den wasserarmen preußischen Revieren setzte man schon in der Regierungszeit Friedrichs II. auf die neue »Feuermaschine«. Hinsichtlich ihres Aufbaus und der Wirkungsweise mangelte es in Deutschland freilich an gesicherten Erfahrungen. So kam es, daß der führende Erbauer der ersten deutschen Dampfmaschine Wattscher Bauart in einem Schacht bei Hettstedt, der preußische Hüttenbauin-spektor Carl Friedrich Bückling, zu jenem Ausweg greifen mußte, der auch anderenorts den Beginn des deutschen Maschinenbaus markieren sollte: dem Nachbau englischer Maschinen. Um in den Besitz von Plänen der be-gehrten englischen Technik zu gelangen, wurden ausgedehnte Bildungsrei-sen unternommen und englische Spezialisten abgeworben. In der Folgezeit vollzog sich der technologische Transfer auch auf dunklen Wegen des orga-nisierten Schmuggels und der Industriespionage. Dennoch brachte Bück-ling auch eigene konstruktive Lösungen ein. Die Hettstedter Maschine konnte damit zum Studienobjekt für die Folgegeneration deutscher Ma-schinenbauer werden. Die fähigsten unter ihnen, August F. W. Holtzhau-sen, Georg F. Reichenbach, Franz Dinnendahl, Friedrich Harkort und Au-gust Borsig, sorgten bald für die Verbreitung eigener Erfahrungen, die zunehmend mit theoretischen Kenntnissen angereichert werden konnten. Bald schon, das belegt die Serie Borsigscher Lokomotiven seit 1843, konnte das englische Vorbild übertroffen werden, denn mit dem Nachbau und der Einfuhr teurer englischer Maschinen war dieser drückenden Über-legenheit auf Dauer nicht zu begegnen. Es mußten eigenständige Wege be-schritten werden, um die ökonomische Rückständigkeit zu überwinden. Namentlich in Deutschland und Österreich bildete der Aufbau nationaler Industrien die Basis für den Aufschwung und die Liberalisierung der Wirt-schaft. Der Aufstieg des Maschinenbaues vollzog sich hier zu einem großen Teil über staatliche Gewerbeförderung und die Etablierung eines leistungsfähigen technischen Bildungssystems. Bereits in den frühen poly-

Maschinensaal in der Maschinenbau-anstalt Richard Hartmann zu Chemnitz (Sachsen) um 1865. Mit der Produktion von Maschinen durch Maschinen wuchsen auch die mechanischen Werkstätten zu großen Maschinenfabriken heran. Die enormen Baugrößen der Dampf- und Werkzeugmaschinen hatten Einfluß auf die architektonische Gestaltung der Fabrikhallen. Deren funktionale Konstruk-tion, die langen Kranbahnen sowie die Anordnung der Bearbeitungsmaschinen und Werkbänke deuten bereits den Über-gang zur Serienfertigung an. Aus: F. Otto, Der Kaufmann zu allen Zeiten, Leipzig/ Berlin, 1870

technischen Bildungsanstalten in Prag (1806) und Wien (1815) nahmen die Maschinenwissenschaften Konturen an. Prechtl, einer der Gründer des Polytechnischen Institutes zu Wien, wies mit seiner »eigentümlichen technischen Methode« den Weg für eine Loslösung der Maschinenlehre vom engen Konzept einer angewandten Mathematik und stieß damit programmatisch in jene spezifische Methodik vor, die den wissenschaftlichen Maschinenbau in Deutschland fortan auszeichnen sollte.

Schon Gerstner hatte in Prag mit seinem »Handbuch der Mechanik für Praktiker« den Anschluß an die theoretischen Höhenflüge der klassischen Mechanik zu gewinnen versucht. Dies bedeutete indes, herabzusteigen zu den Ingenieuraufgaben, komplizierte Zusammenhänge handhabbar aufzubereiten und an das Maschinenproblem anzupassen. Diese schier unbezwingbare Aufgabe verlangte herausragende Vorkenntnisse und praktisches Gespür. Noch mit einem Bein in der Tradition der beschreibenden und universitären Maschinenkunde stehend, wird bei Gerstner das Bemühen erkennbar, den Weg für die neue, analytische Richtung zu weisen. Sein bereits ausgangs des 18. Jahrhunderts konzipiertes, erst im Jahre 1831 von seinem Sohn Franz Anton Gerstner herausgegebenes Hauptwerk zählte zu den meistzitierten Fachbüchern der Maschinenmechanik in der ersten Hälfte des 19. Jahrhunderts.

Modell der »Saxonia«. Zeugnis der großen Mühen deutscher Maschinenbauer vom Nachbau englischer Vorbilder zu eigenen leistungsfähigen Entwürfen legt die erste in Deutschland konstruierte und gefertigte Lokomotive des Dresdener Maschinenbauprofessors Johann Andreas Schubert ab. Auch wenn die »Saxonia« zur Eröffnung der Leipzig–Dresdener Eisenbahn im Jahr 1839 den englischen Lokomotiven hinterherfahren mußte, übertraf sie diese doch an Geschwindigkeit und technischer Raffinesse. Verkehrsmuseum Dresden

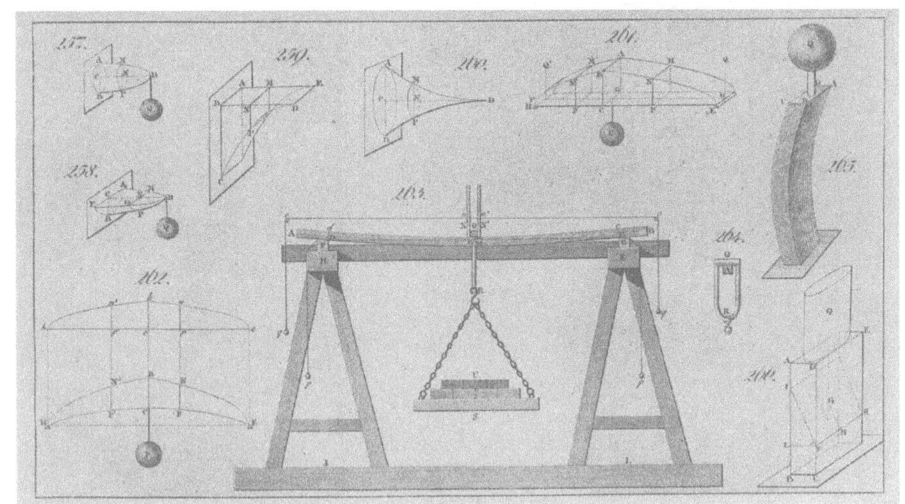

Balkenbiegung nach Eytelwein. Die Theorienbildung in der Festigkeitslehre ging eng mit experimentellen Untersuchungen einher. Zu Beginn des 19. Jahrhunderts waren die Versuchsapparate noch äußerst einfach aufgebaut. Die Belastung wurde in der Regel direkt aufgebracht oder durch Hebelwirkung verstärkt. Die Versuchsergebnisse verschiedener Forscher waren kaum vergleichbar. Erst auf der Basis gesicherter theoretischer Erkenntnisse und genormter Prüfbedingungen konnten ab Mitte des 18. Jahrhunderts reproduzierbare Ergebnisse erzielt werden. Aus: J. A. Eytelwein, Handbuch der Statik für Praktiker, Berlin, 1808

In den Gründerjahren der deutschen Polytechnik verfocht man ein diesem Begriff im wahrsten Sinne folgendes, außerordentlich breit gefächertes Programm. Von einem Polytechniker wurden oft mehrere Fächer wahrgenommen. Typischer Vertreter dafür war der sächsische Maschinenbaupionier Johann Andreas Schubert. Dieser vielseitige Mann verfügte gleichermaßen über gute theoretische Kenntnisse und praktisches Gespür. Seine zumeist recht umfänglichen Lehrbriefe und Handbücher bilden ein höchst eigenwilliges Konglomerat an Konstruktionsregeln, theoretischen Herleitungen und praktischen Handlungsanweisungen. Überhaupt erfreuen sich in den 30er und 40er Jahren Handbücher, Maschinenenzyklopädien, Kompendien, Vademeci und Tafelwerke beim tätigen Ingenieur besonderer Popularität. Verhältniszahlen, Faustregeln und tabellarische Übersichten wichtiger Koeffizienten wurden zum gängigen Instrumentarium im Maschinenbau, der seinen Kinderschuhen noch nicht entwachsen war. Zu den namhaften Autoren zählten Hülsse, Brix, Burg, Demme, Kayser, Wiebe u. a. Gleichzeitig wurde aber eine Spezialisierung auf vordringliche Forschungsfelder eingeleitet. Johann A. Eytelwein z. B., Lehrer an der Berliner Bauakademie, leistete einen eigenständigen Beitrag zur Festigkeitslehre. Auf ihn geht auch die möglicherweise erste Berechnung einer Kurbelwelle zurück. Ganz spezifische Wissensgebiete werden auch in den Dampfmaschinenbüchern des Beckmann-Schülers Johann H. M. Poppe, des Gewerbeschullehrers Christoph Bernoulli sowie des Maschinenbauers Ernst Alban aus Mecklenburg über seine Hochdruckmaschine aufgegriffen.

Um die Mitte des 19. Jahrhunderts verbreitete sich das deduktive Verfahren der französischen Polytechniker. Moritz Rühlmann, ein Schüler Schuberts am Dresdener Polytechnikum, hat sich in besonderem Maße um die Übersetzung maschinentechnischer Werke aus dem Französischen verdient gemacht. Jenes ihnen eigene mathematisch elegante Herangehen wurde aufgegriffen und, das in England akkumulierte empirische Material einbeziehend, der Versuch einer Synthese unternommen. Hier kündigte sich eine ebenso originelle wie selbständige Denkart an. Weisbach, der die bedeutendsten französischen Maschinenwissenschaftler in Paris aufgesucht und ihre Werke gründlich studiert hatte, gab die ersten Impulse

»Die großen Fortschritte, welche die Mechanik des Himmels im vorigen Jahrhundert mit Hilfe der höheren Analysis machte, haben … den lebhaften Wunsch erregt, daß auch den mechanischen Gewerben eine gleiche Aufklärung zu Theil werden möchte, um sie bei den Fortschritten der Industrie mit gleicher Sicherheit zu leiten …«
Franz Anton Gerstner,
Handbuch der Mechanik, 1831

»Da es bei jeder Maschinenanlage nie auf scrupulöse Genauigkeit … ankommen kann, so wurde durch eine übertriebene Genauigkeit, die vielleicht auch nur scheinbar ist, Nichts gewonnen, aber an Übersichtlichkeit manches verloren.«
Julius Weisbach, Handbuch der Bergmaschinenmechanik, 1835

Wasserausflußmessung von Julius Weisbach. Eine Theorie der Wasserkraftmaschinen bedurfte der experimentellen Bestimmung wichtiger strömungsmechanischer Koeffizienten. Die hydraulischen Versuche des Freiberger Maschinenwissenschaftlers Weisbach waren in ihrer Anschaulichkeit zudem ausgezeichnet für die Lehre geeignet. Aus: J. Weisbach, Experimental-Hydraulik, Freiberg, 1855

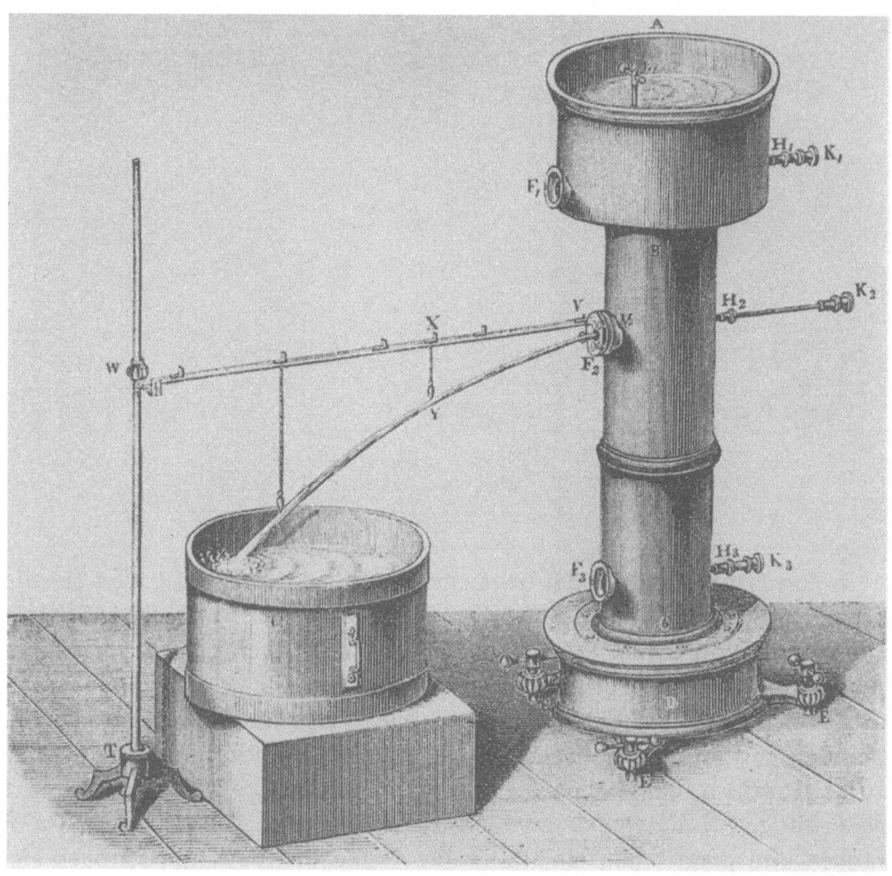

für eine neue, systematische Maschinenlehre, die ganz auf den modernen Stand der Analysis und Mechanik orientierte. Zugleich aber verstand er es, diese in eine praktikable Form zu gießen. Seine »Ingenieur- und Maschinenmechanik«, seit 1845 in vielen Auflagen und mehreren Übersetzungen erschienen, zählte bis zum Ende des Jahrhunderts zu den Standardwerken des wissenschaftlichen Maschinenbaues. Der vielseitig begabte Weisbach erwarb sich besonderes Ansehen beim Ausbau der technischen Hydrodynamik. Seine richtungsweisenden Versuche, vor allem Ausfluß- und Durchflußmessungen, brachten Aufschluß über wichtige Strömungsvorgänge und schlugen sich in der Aufstellung wesentlicher technischer Koeffizienten nieder.

Ein Wissenschaftler aber hat wie kein anderer im deutschsprachigen Raum das Gesicht der Maschinenwissenschaften geprägt: Ferdinand Redtenbacher. An geistiger Schärfe, philosophischem Weitblick und Systematik überragte er selbst die bedeutendsten seiner Fachgenossen. Dem von seinen Schülern überschwenglich als »Begründer des wissenschaftlichen Maschinenbaues« gefeierten Professor am Karlsruher Polytechnikum gelang es, die Maschinenwissenschaften auf ein theoretisches Niveau zu heben, das es von nun an ermöglichte, analytisches und synthetisches Vorgehen in jener angemessenen Weise zu verschmelzen, die für die fernere theoretische Entwicklung Bestand haben sollte. Die »Prinzipien der Mechanik und des Maschinenbaues« (1852), das Kernstück seines Schaffens, sind zur Leitlinie für einen wissenschaftlich fundierten Maschinenentwurf

»Mit den Prinzipien der Mechanik erfindet man keine Maschine, denn dazu gehört, nebst Erfindungstalent, eine genaue Kenntnis des mechanischen Prozesses, welchem die Maschine dienen soll. Mit den Prinzipien der Mechanik bringt man keinen Entwurf einer Maschine zustande, denn dazu gehört Zusammensetzungssinn, Anordnungssinn und Formensinn.«
Ferdinand Redtenbacher, Resultate für den Maschinenbau, 1848

geworden. Redtenbachers Verdienst, den Maschinenbau nach dem Vorbild der Newtonschen Mechanik auf allgemeinen Prinzipien gegründet zu haben, stellte einen gewissen Höhepunkt in der Herausbildung des wissenschaftlichen Maschinenwesens dar. Die Voraussetzungen dafür wurden in einer Reihe von Abhandlungen geschaffen, die konkrete Berechnungsverfahren für Wasserräder, Turbinen, Lokomotiven und die kalorische Maschine beinhaltet. Redtenbachers Methode zeichnete sich durch eine konstruktive Orientierung aus. Entsprechend hatte das Maschinenzeichnen einen vorrangigen Platz bei der Ausbildung von Maschinenbauern inne. Der Wissenschaftler ließ sich aber nicht minder von der naturphilosophi-

Ferdinand Redtenbacher, Steinrelief. Anerkannter Begründer des wissenschaftlichen Maschinenbaus in Deutschland und vielbejubelter Lehrer am Karlsruher Polytechnikum. Aus: Festgabe zum Jubiläum der vierzigjährigen Regierung des Großherzogs Friedrich von Baden, Karlsruhe, 1892

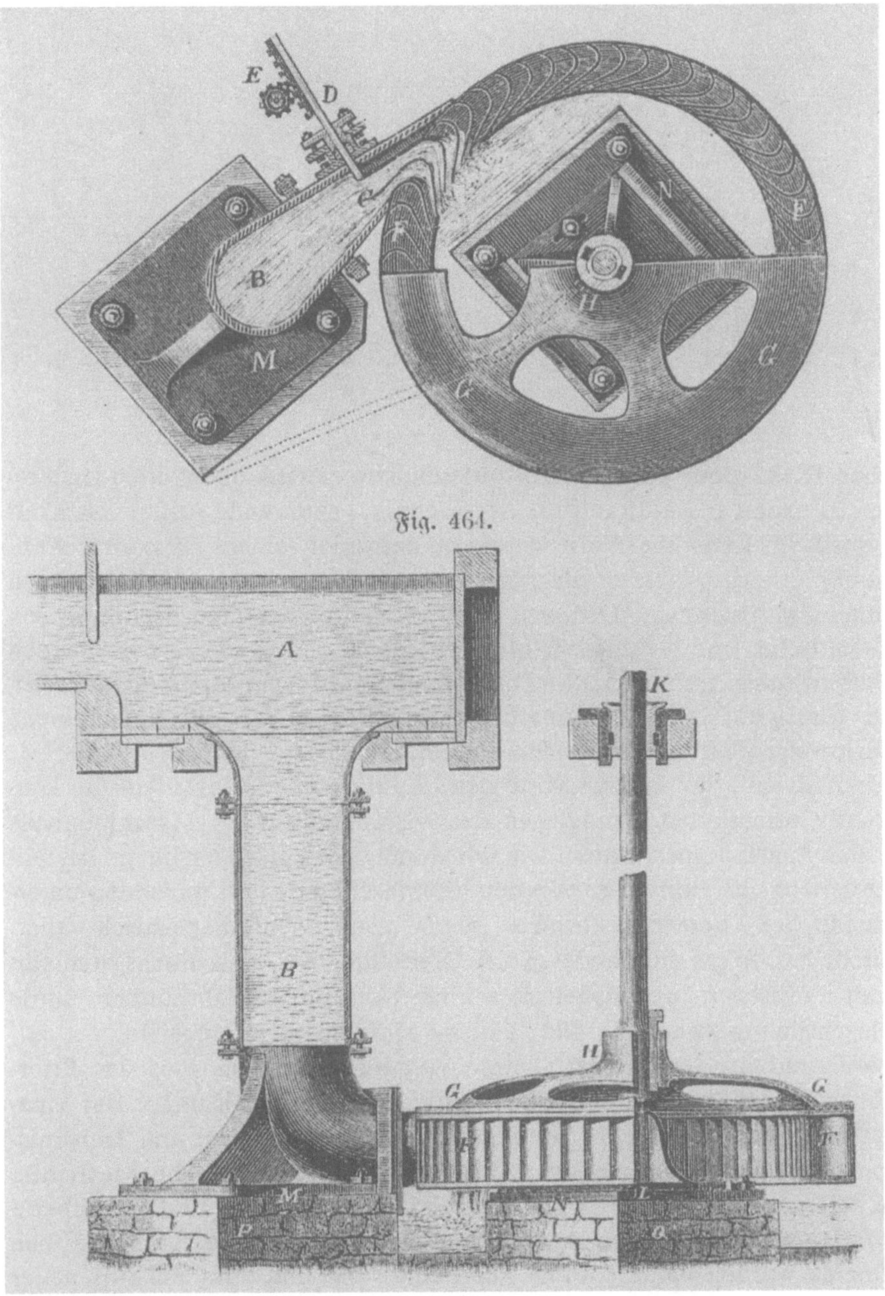

Zupinger-Tangentialrad mit äußerer Beaufschlagung. Diese Mitte des 19. Jahrhunderts bei Escher, Wyss & Comp. in Zürich gebauten Tangentialräder markierten den Übergang zur Turbine Fourneyronscher Bauart. Typisch sind der Leitschaufelkanal C, die Einfallröhre B sowie die volle Krümmung der Schaufeln F, die in diesem Falle ein Austreten des Wassers am inneren Radumfang bewirken. Beim Bau von Wasserturbinen gingen Konstruktion und Theorienbildung eng einher. Aus: J. Weisbach, Ingenieur- und Maschinenmechanik, Braunschweig, 1865

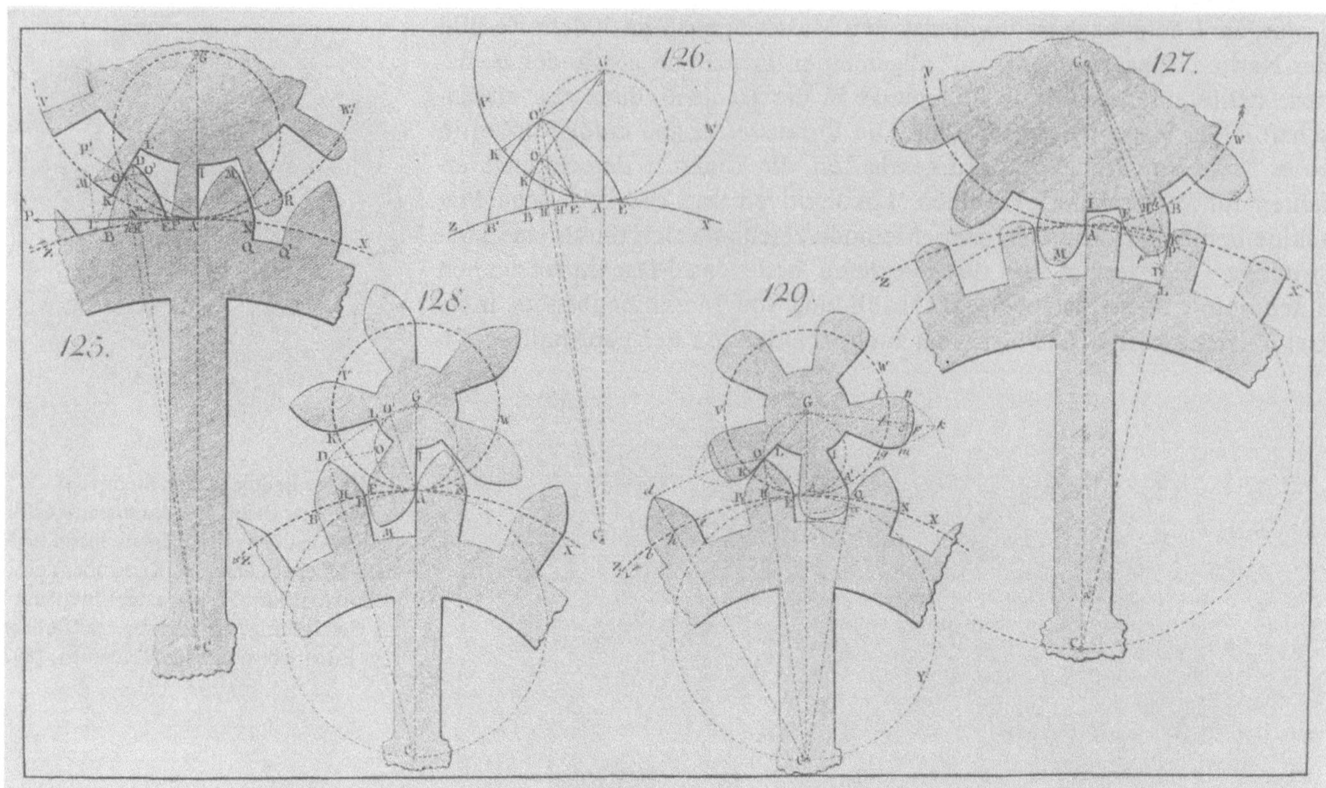

Zahnradformen nach J.A.Eytelwein. Noch zu Beginn des 19.Jahrhunderts konkurrierten verschiedene Zahnradformen miteinander. Nach ihrer praktischen Eignung wurden lange Zeit insbesondere die Vorzüge der Evolventen- und Zykloidenverzahnung gegenübergehalten. Solche Erwägungen standen im Zusammenhang mit der Entwicklung der Zahnradtheorie. Eytelwein, Direktor der Bauakademie zu Berlin, berechnete auf einfache Weise Teilkreisradius, Teilung, Zähnezahl sowie Mittelpunktswinkel und gab elementare Regeln zur Zahnfestigkeit an. Aus: J.A.Eytelwein, Handbuch der Statik für Praktiker, Berlin, 1808

»Die Praxis hatte also in ihrer Weise die Frage von den Beziehungen zwischen mechanischer Bewegung und Wärme gelöst. Sie hatte zuvörderst die erste in die zweite und dann die zweite in die erste verwandelt. Wie aber sah es mit der Theorie aus? Kläglich genug.«

Friedrich Engels, Dialektik der Natur, 1881

schen Diskussion seiner Zeit inspirieren, wie er stets übergreifenden Fragen, so nach der Kulturaufgabe der Technik, gebührende Aufmerksamkeit beimaß. Im Karlsruher Polytechnikum, das unter seinem Direktorat Weltgeltung erlangte, faßte er die Maschinenbaufächer in einer selbständigen Abteilung zusammen. Dennoch kündete die augenfällige Trennung von theoretischer und technischer Maschinenlehre von der noch bestehenden Kluft zwischen technischer Mechanik und praktischem Maschinenentwurf, die künftighin nur durch intensive Erforschung der Einzelphänomene schrittweise überwunden werden konnte.

Es fällt auf, daß bis zur Mitte des 19. Jahrhunderts vor allem die konstruktiv orientierten Grundlagen des wissenschaftlichen Maschinenbaus Gestalt angenommen hatten. Die Gliederung der entsprechenden Disziplinen leitete sich zum einen von den die Maschinerie bestimmenden unterschiedlichen Bewegungsformen (mechanisch, hydromechanisch, thermisch) her, folgte zum anderen der Dreiteilung des Maschinensystems in Kraft-, Zwischen- und Arbeitsmaschine. Noch im 20. Jahrhundert wurde gelegentlich in »warmen« und »kalten« Maschinenbau eingeteilt.

Während die technische Thermodynamik naturgemäß aus der Erforschung von Wärmekraftmaschinen hervorging, lag die Domäne der kinematischen Maschinenlehre bei den Zahnrädern, Getrieben und Transmissionen. In allen Zweigen dominierte freilich die technische Mechanik, sie war gewissermaßen als Leitdisziplin allgegenwärtig und verkörperte höchste wissenschaftliche Ansprüche im Maschinenwesen. Mechanische Prinzipe wurden vordergründig zur Bemessung und zum Entwurf neuer Bauteile herangezogen. Die technologische Lehre hingegen erreichte kei-

Karl Karmarsch, Gemälde von G. Bergmann, 1858. Begründer der mechanischen Technologie als wissenschaftliche Disziplin und bedeutendster deutscher Technologe des 19. Jahrhunderts. Erster Direktor der Höheren Gewerbeschule zu Hannover (heute Universität Hannover). Technische Hochschule Hannover, Porträtsammlung

Sir Joseph Whitworth. Führender englischer Werkzeugmaschinen-Konstrukteur und Maschinenbauunternehmer zur Mitte des 19. Jahrhunderts. Er entwickelte hochgenaue Fertigungsverfahren und Meßgeräte und führte 1841 als Pionier der Normung das nach ihm benannte Gewindesystem ein. 1869 wurde er in den Adelsstand erhoben. Aus: Das Buch der Erfindungen, Gewerbe und Industrien, Bd. 6, Leipzig, 1900

neswegs ein solches wissenschaftliches Niveau wie z. B. die Turbinentheorie oder die Festigkeitslehre. Gründe gab es vielschichtige. Die Prozesse an der Wirkstelle von Arbeitskraft, Arbeitsgegenstand und Arbeitsmittel waren äußerst komplex. Auf den bereits erwähnten Mathematiker Babbage geht zum Beispiel die erste Formel für die Spanungskraft bei der Metallbearbeitung zurück, die freilich noch nicht den vielfältigen Einflüssen auf die Spanbildung genügen konnte. Erst die massenhafte Herstellung von Einzelteilen und ganzen Maschinen bedurfte sowohl rationeller Fertigungsverfahren als auch wissenschaftlicher Impulse. Dies setzte aber eine gründliche, systematische Analyse des technologischen Prozesses voraus.

Zu den wichtigsten fertigungstechnischen Erfordernissen des Maschinenbaus der industriellen Revolution gehörten mit dem Übergang vom Werkstoff Holz zum Eisen wesentlich höhere Genauigkeitsanforderungen bei der Herstellung von zylindrischen Flächen (Bohrungen, Wellen, Ach-

Maschinenfabrik Klett & Co. Nürnberg um 1858, Vorläufer von MAN. Das Gemälde von E.N.Neureuther bringt anschaulich das Selbstverständnis des erfolgreichen Unternehmertums am Ende der industriellen Revolution in Deutschland zum Ausdruck. Auch der Ingenieur hat in der Industrie zumeist als Konstrukteur einen festen Platz gefunden. MAN, Nürnberg

sen, Zapfen), ebenen Flächen (besonders Gleit- und Führungsflächen) sowie Profilflächen, insbesondere Gewinde und Verzahnungen.

Der Dampfmaschinenbau, namentlich die Fabrik von Boulton & Watt in Soho, hatte dabei eine Initialfunktion inne. Ausgehend von so bedeutenden englischen Werkzeugmaschinenbauern wie John Wilkinson, Henry Maudslay und dem legendären Joseph Whitworth, gelangen auch den Technikern des Kontinents bis zur Mitte des 19. Jahrhunderts bedeutende fertigungstechnische Entwicklungen. Neue Fertigungsverfahren stimulierten ebenso die Ausbildung der austauschbaren Massenfabrikation, deren erste Pionierleistung in der Herstellung von Handfeuerwaffen um 1800 an die Namen der US-Amerikaner Eli Whitney und Simeon North geknüpft ist. Um 1850 hielt der Austauschbau dann ebenfalls bei der Herstellung von Landmaschinen Einzug.

Als erste auf die Produktion von Werkzeugmaschinen spezialisierte Fabrik gilt seit 1797 die von Maudslay in London. Aus ihr ging eine Vielzahl bedeutender englischer Maschinenbauer wie Joseph Clement, Richard Roberts, James Nasmyth und Whitworth hervor. Sie gehörten zu jenen, die sich bald auch der experimentellen Untersuchung technologischer Probleme erfolgreich widmeten, ohne jedoch über die Produktionssphäre wesentlich hinaus wirksam zu werden bzw. theoretische Verallgemeinerungen abzuheben. Diesem Anliegen wurden französische Genie-Offiziere gerecht. So führten die Artillerieoffiziere Morin (1828 bis 1829), É. Coquilhat (1840 bis 1850) und É. Clarinval (1855 bis 1859) mit dem Morinschen Rotationsdynamometer umfangreiche Bohrversuche an Kanonen durch, um die technischen Parameter beim Spanen und den Spanbildungsvorgang zu untersuchen. Es wurden dabei Richtwerte ermittelt, die für die Produktion und die Lehre gleichermaßen nützlich waren. Die sich rasch entwickelnden Gewerbe und Industrien führten zu einer Aufspaltung in chemische und mechanische Technologie, die an den polytechnischen Schulen getrennt gelehrt wurden, wo lange die chemische Technologie dominierte.

Es ist das große Verdienst von Karl Karmarsch, die Technologie und die Mechanik bzw. Maschinenlehre engstens miteinander verbunden und die Mechanische Technologie mitbegründet und ausgebaut zu haben. Sein Lehrer Georg Altmütter vertrat dieses Lehrfach seit 1816 am neugegründeten Polytechnischen Institut in Wien. Karmarsch behandelte in seiner »Einleitung in die mechanischen Lehren der Technologie« (1825) die Werkzeugmaschinen erstmals nach den Grundsätzen der allgemeinen Technologie, nämlich nach der Gleichheit ihres Zwecks. Dieses Konzept ging auf Beckmann und Poppe zurück und bildete auch die Leitidee in der Lehre der mechanischen Technologie des 19. Jahrhunderts. Das auf dieser methodischen Grundlage basierende »Handbuch der mechanischen Technologie« (1851) von Karmarsch fand als Standardwerk an den polytechnischen Schulen bis zum Ausgang des Jahrhunderts Verwendung.

Über Wien und Hannover gelangte die Mechanische Technologie ab Mitte des 19. Jahrhunderts an alle polytechnischen Schulen des Kontinents. Sie wurde ein anerkanntes Lehrfach. Obgleich die Lehre noch weitgehend deskriptiven Charakter besaß und der sich rasant vollziehenden Mathematisierung in anderen Disziplinen des Maschinenwesens nicht folgen konnte, läßt die Tendenz in der Herausbildung fertigungstechnischer Disziplinen seit Mitte des 19. Jahrhunderts die Bemühungen der Maschinenwissenschaftler um die Einheit von Konstruktion und Technologie erkennen.

Chemische Technologie

Die industrielle Revolution erfaßte im Zeitraum von 1780 bis 1830 vorzugsweise die mechanischen Gewerbe. Kennzeichnend für die stoffwandelnden Gewerbe waren der nach wie vor geringe Maßstab der Produktion, eine kaum merkbare Veränderung in der Arbeitsorganisation und ein mäßiger Zuwachs an Produktivität. Allerdings wuchsen in starkem Maße die Anforderungen des Wohnungs- und Industriebaus, der Textil-, Glas- und Seifenproduktion. Infolgedessen strebten die Technologen nach einer Ablösung der mittelalterlichen Produktionsverfahren, Apparate und Prozesse. Es entstanden mit neuen Brennaggregaten in der Silikatindustrie, mit der Kolonnendestillation und mit den Verfahren zur Herstellung künstlicher Soda, zur Fabrikation von Schwefelsäure und Bleichpulver Prototypen für den industriellen Betrieb. Der Übergang vom Kleingewerbe zur Fabrik wurde notwendig.

Insbesondere in England entstand nach 1830 eine moderne anorganisch-chemische Großproduktion, während in Deutschland noch die »schmutzige Industrie der Hinterhöfe« (J. D. Bernal, 1967) vorherrschte.

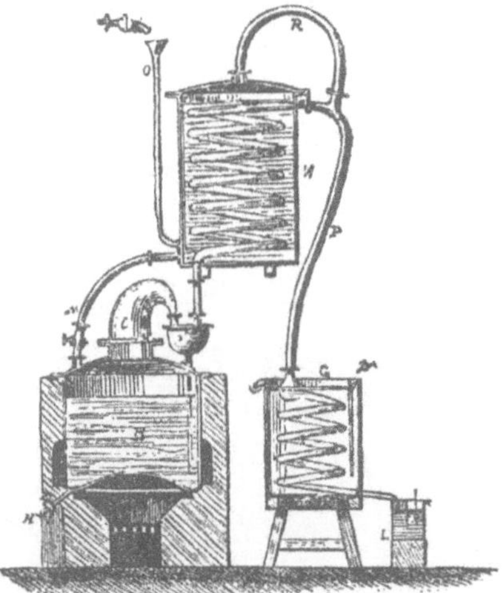

Destillierapparat mit Rückflußkühler. F.R.Curaudau erkannte wahrscheinlich durch systematische Experimente zuerst, daß die Partialkondensation der Destillatdämpfe zu höherkonzentrierten Produkten führt und sich der durch Rücklauf des Kondensates verwirklichte Kontakt mit dem aufsteigenden Dampf in gleicher Weise vorteilhaft auswirkt. Aus: F.J.Forbes, Short History of the art of distillation, Leiden, 1948

»In England mag man solche Apparate in einem brauchbaren Zustand anfertigen lassen können, in Deutschland ist dies bei der Unbehülflichkeit und Ungeschicklichkeit unserer Arbeiter bis jetzt nicht der Fall.«
Mitteilung der Redaktion von »Dinglers polytechnischem Journal«, 1827

Destillationsanlage von E. Adam. Die Destillatdämpfe wurden mittels Fritten fein verteilt durch den Wein geleitet, so daß die Flaschen als Rektifikatoren (Partialverdampfer) wirkten. Die folgenden leeren Gefäße fungierten durch Partialkondensation als »Dephlegmatoren«. Die komplizierte Anlage konnte später bedeutend vereinfacht werden. Aus: S.F. Hermbstädt, Chemische Grundsätze der Kunst Branntwein zu brennen, Berlin, 1817

In der Destillationstechnik war so viel technisches Einzelwissen akkumuliert worden, daß zunehmend Fragen nach den komplexen Zusammenhängen zwischen Ausbeute, Produktqualität, Apparateform, Prozeßführung und rationeller Energieanwendung aufgeworfen wurden. Diskussionen um die Gärungs- und Wärmetheorie nahmen zu und führten schließlich zu erfolgreichen Lösungen. Teilerkenntnisse der industriellen Destillation wurden rasch aufgegriffen und verbreitet. Das betrifft insbesondere die durch Joseph Black, den Lehrer von James Watt, eingeführte Unterscheidung zwischen spezifischer Wärmekapazität (fühlbare Wärme) und Phasenumwandlungswärme (latente Wärme), die Verknüpfung der Temperaturabhängigkeit des Dampfdruckes mit der Verdampfungsenthalpie (Clausius-Clapeyronsche Gleichung), die Erhaltung von Stoff und Energie sowie die Beschreibung von kalorischen und thermischen Eigenschaften der Stoffe.

Diese Erkenntnisse lenkten die Aufmerksamkeit der Destillateure auf die physikalisch-chemische Durchdringung der bei der Destillation ablaufenden Einzelvorgänge, zumal man bei Versuchen zur Maßstabsvergrößerung erkannte, daß die Dimensionierung der modernen Kolonnenapparate auf der Basis geometrischer Verhältniszahlen nicht zum Erfolg führte.

Zunächst setzte sich ausgangs des 18. Jahrhunderts die Vorheizung des Einsatzgemisches mit Hilfe der Kondensationswärme der Destillatdämpfe durch, so daß weitgehend auf das Kühlwasser verzichtet werden konnte. Damit wurde der Betrieb von Destillationsanlagen energetisch günstiger und weniger standortabhängig. Gleichzeitig erkannte man die Vorteile der Gegenstromführung von Destillat und Kühlmittel. So ging ein weiterer Grundgedanke der modernen Destillation von der Kühlung aus.

Unbedingte Erwähnung verdient der Destillierapparat des französischen Theoretikers F. René Curaudau, der ein weiteres neues Element in die De-

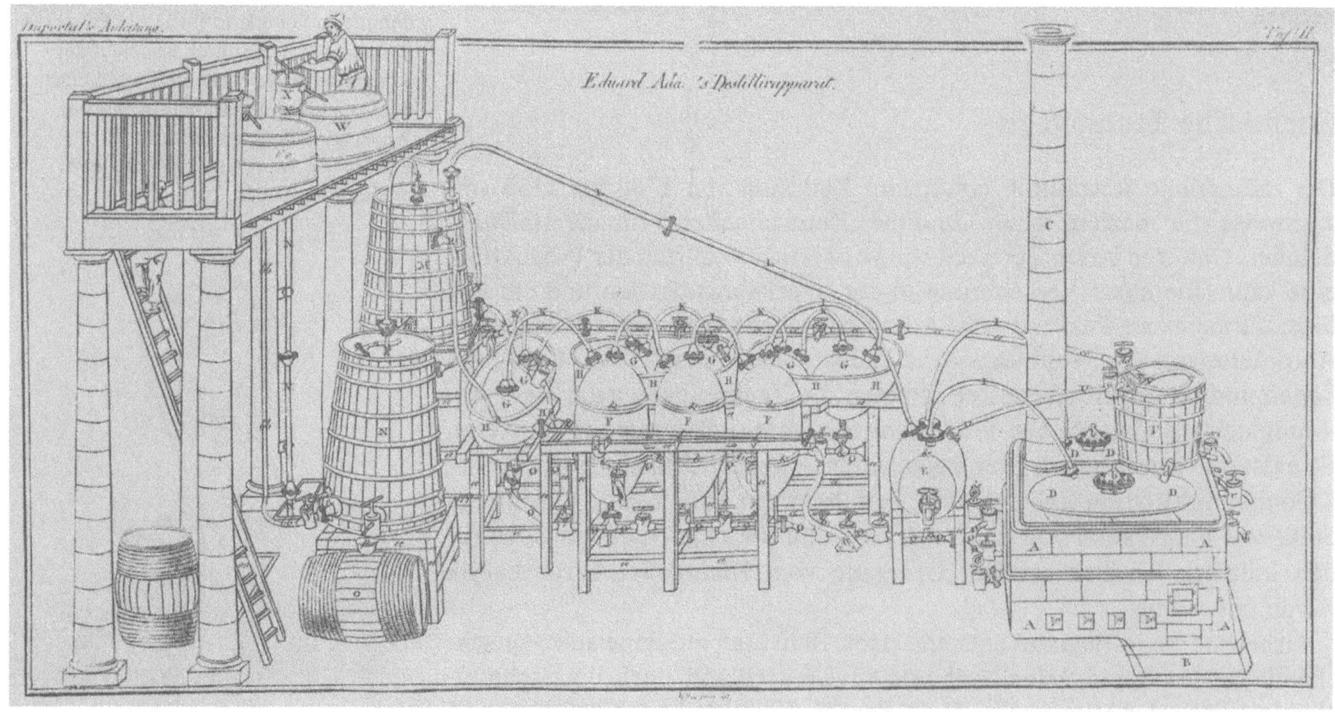

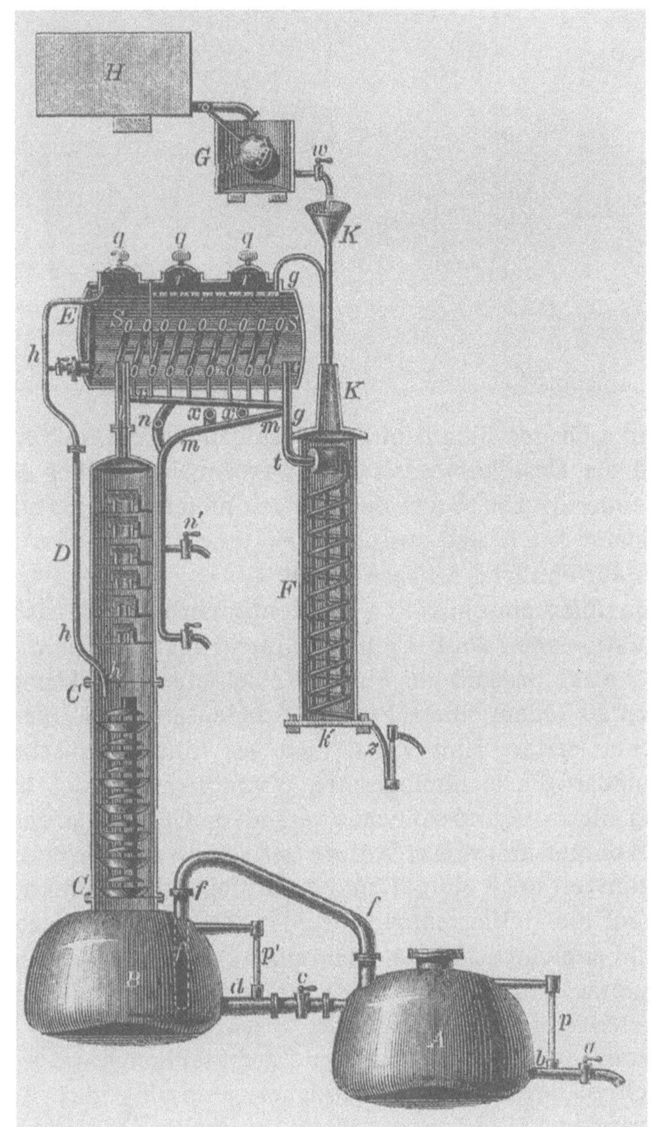

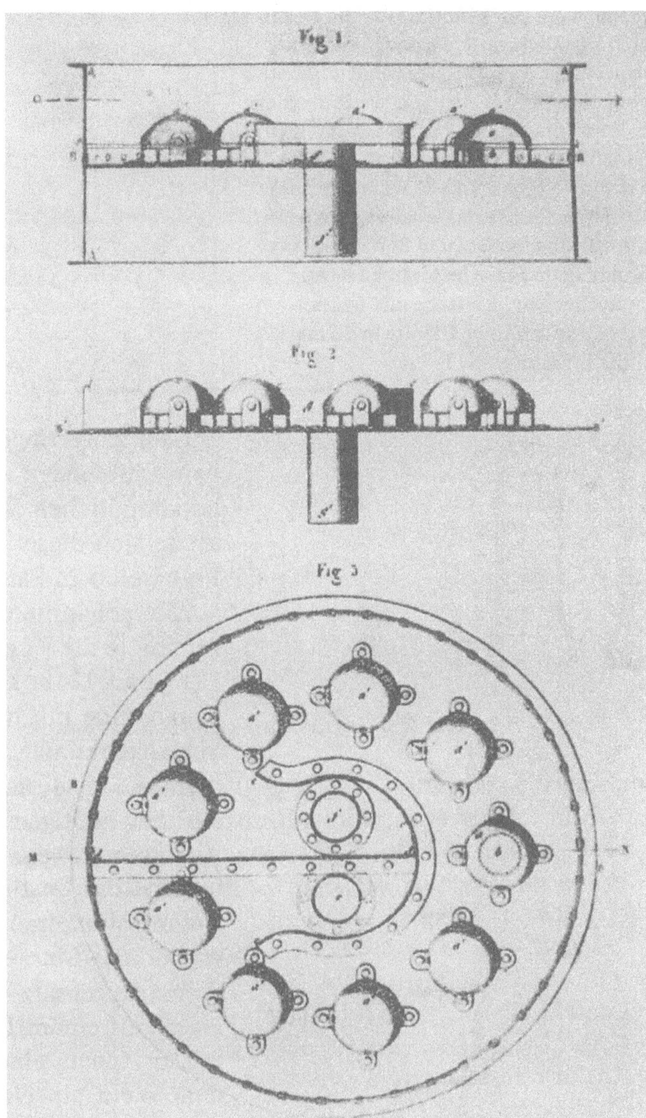

stillationstechnik einbrachte. Er verwendete einen mit einer Kühlschlange ausgerüsteten und über dem Destillierkolben angeordneten Kondensator als Rückflußkühler. Damit wurde – wahrscheinlich auf Grund theoretischer Überlegungen – in einem getrennten Kondensator erstmalig die Gegenstromführung zwischen Dampf und Flüssigkeit verwirklicht.

Die Basisinnovation für die moderne Destillationstechnik bestand jedoch in der Anwendung der Woulfeschen Flasche. Das dem Chemiker Peter Woulfe zugeschriebene Laborgefäß gestattete, Gase in Flüssigkeiten zu absorbieren, indem der Gasstrom durch eine Fritte in die Flüssigkeit geleitet wurde. Der erste, der mehrere in Reihe geschaltete Woulfesche Flaschen für die Destillation anwendete, war Edoúard Adam, ein »illiterate workman«, der 1801 sein erstes Patent erhielt. Sein vervollkommneter Apparat vereinte die Prinzipien der Dephlegmation und Rektifikation (Partialkondensation und -verdampfung), der Vorwärmung, des Gegenstroms und der Rückführung (Kreislaufprinzip). Bei mehr als 10 Prozent höherer

Glockenbodenkolonne von J.B. Cellier-Blumenthal und Glockenboden. Diese mit 12 bis 20 Glockenböden ausgerüstete Anlage war der Ausgangspunkt für die moderne Destillationstechnik. Mit Hilfe des durch die Böden verwirklichten Gegenstromes von Dampf und Flüssigkeit war es prinzipiell möglich, jede geforderte Destillatkonzentration bis zum azeotropen Gemisch in einem Destillationsvorgang zu erzielen. Aus: R. Ulbricht und L.v. Wagner, Handbuch der Spiritusfabrikation, Weimar, 1888, Fig. 130, und F.J. Forbes, Short History of the art of distillation, Leiden, 1948

Brennapparat von Pistorius. Für die Destillation von Dickmaischen aus Kartoffeln verwirklichte der 1817 patentierte diskontinuierliche Apparat erstmalig die Prinzipien der Vorwärmung, der Partialverdampfung und -kondensation. Man erhielt ein Produkt von 75 bis 85 Vol.-%. Während eines 14stündigen Arbeitstages wurde der Apparat zehnmal abgetrieben, und es wurden etwa 8 Kubikmeter Maische verarbeitet. Aus: C.v.Rechenberg, Einfache und fraktionierte Destillation in Theorie und Praxis, Miltitz b.Leipzig, 1923

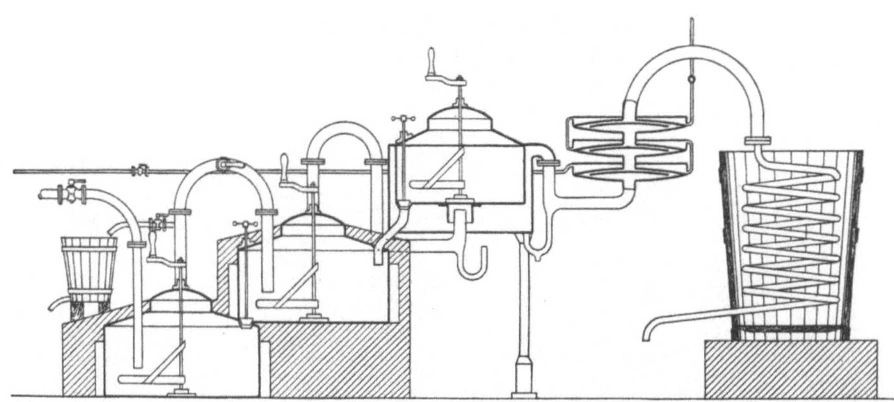

»Diejenigen, welche den Gang der Destillation mit unserem Apparate nicht beobachtet haben, glauben, daß unsere Branntweinbrenner beständig, das Thermometer in der Hand, mit Rechnungen beschäftigt sein müßten ...; aber sie irren sich hierin gar sehr. Man bedient sich des Thermometers niemals; der Branntweinbrenner kennt die nötige Temperatur aus der Erfahrung ...«

A. S. Duportal, 1817

Ausbeute verringerten sich der Brennstoffbedarf auf 50 Prozent, der Arbeitskräftebedarf und die Destillationszeit auf 25 Prozent gegenüber der herkömmlichen Blasendestillation. Trotz der dreifach höheren Investition setzte sich dieser Apparat durch, und zwischen 1801 und 1810 wurden in Frankreich 25 Patente für ähnliche Anlagen erteilt.

Alle genannten Prinzipien einschließlich des kontinuierlichen Betriebs vereinigte die Konstruktion von Jean B. Cellier-Blumenthal aus den Jahren 1813 und 1818. Die Anlage bestand aus einem Kessel, einer Glockenbodenkolonne mit bis zu 20 Böden, einem Rückflußkondensator und einem Schlangenkühler, wobei letztere zum Vorwärmen des Einsatzgemisches dienten. An diesem neuartigen technologischen Wirkprinzip hat sich bis auf den heutigen Tag nichts Grundsätzliches verändert. Gegenüber dem Adamschen Apparat konnten mit dieser Anlage bei verbesserter Produktqualität die Destillationszeit noch einmal um ein Drittel verkürzt und der Brennstoffverbrauch auf die Hälfte reduziert werden. Die ersten Anlagen von Cellier-Blumenthal erreichten wie die Adamschen Apparate einen täglichen Durchsatz von etwa 10 m³. In den 1850er Jahren wurden bereits Anlagen mit einem Durchsatz von 100 m³/d gebaut.

Der Apparatebau konzentrierte sich vorwiegend auf Frankreich, wo mit dem Wein ein einfach zu destillierendes Flüssigkeitsgemisch vorlag. Bereits im Jahre 1818 wurden 535 889 m³ destillativ verarbeitet (1875: etwa 5 Mill. m³). Die Verarbeitung von Kartoffel- und Getreidemaischen in Deutschland und Rußland war weitaus komplizierter, und erst nach einer Vielzahl apparativer Neuerungen setzte sich unter Anwendung von Wasserdampf die Destillationskolonne ab den 60er Jahren des 19.Jahrhunderts endgültig durch.

Die Größe der Anlagen und der kontinuierliche Betrieb erforderten eine Vielzahl von Kontroll- und Regeleinrichtungen wie Durchfluß- und Dichtemeßgeräte, Regulierventile usw. An allen diesen apparativen Entwicklungen hatten theoretisch begründete Vorstellungen nur einen bescheidenen Anteil. Die Grundidee dieser Verfahren, die Destillatdämpfe fein verteilt durch die Flüssigkeit zu leiten, orientierte sich an der Vorstellung über die Dephlegmation, wonach die Flüssigkeit die höhersiedenden Anteile im Dampf zurückhalte. Diese von der beobachtbaren Wirkung her plausible Ansicht war jedoch noch von falschen Vorstellungen begleitet. Beispielsweise nahm man an, daß sich der Alkohol erst ab einer bestimmten Temperatur verflüchtige oder daß es lediglich an den unvollkommenen Apparaten läge, wenn sich kein Destillat aus reinem Alkohol bilde. Die Gesetzmäßigkeit des Dampf-Flüssigkeits-Gleichgewichtes wurde erst gegen Ende des 19. Jahrhunderts erkannt, obwohl der Kopenhagener Branntweinbrenner F. Gröning bereits 1822 im Bestreben, »den Gebrauch des Thermometers bei der Branntweinbrennerei zu untersuchen«, erstmals die Alkohol-Konzentration in Dampf und Flüssigkeit in Abhängigkeit von der Siedetemperatur gemessen hatte. Die »Gröningschen Zahlen«, die der österreichische Technologe Johann J. Prechtl um 1830 bereits qualitativ richtig deutete, gehörten fortan für fast 100 Jahre zum Standard in jedem Handbuch der Spiritusfabrikation.

Mangels einer Theorie setzten sich die Kolonnenapparate erst nach hartnäckigem Kampf durch. Zeitgenossen bezeichneten sie einerseits als »die Poesie der Destillierkunst«, andererseits »als die fehlerhafteste Ausführung des Gedankens einer kontinuierlichen Destillation« (J. Förster, 1835).

Durch die industrielle Revolution wurden Schwefelsäure und Soda zu Schlüsselprodukten. Der Bedarf an Soda konnte durch die Gewinnung aus »Natronseen« und aus Pflanzenaschen nicht mehr gedeckt werden. In den Revolutionsjahren 1790/91 errichteten Nicolas Leblanc und Jerome Dizé in Frankreich die erste Anlage zur Produktion »künstlicher Soda« mit einer Leistung von 320 t/a. Sie kombinierten z. T. bekannte Reaktionen und entwarfen geeignete Apparate für den industriellen Betrieb.

In offenen Bleipfannen lief die Reaktion von Kochsalz mit Schwefelsäure ab. Das entstehende Natriumhydrogensulfat zersetzte man bei 700 °C zu Natriumsulfat (Glaubersalz), bevor es in offenen Flammöfen mit Kohle und Kalk bei etwa 1000 °C geschmolzen wurde. Die entstandene Soda mußte man durch langwieriges und wenig effektives Laugen mit Wasser aus dem Schmelzkuchen gewinnen. Durch Eindampfen und »Weißbrennen« erhielt man schließlich ein Gemisch, das zu etwa 82 Prozent aus Soda bestand.

Die Verbrennungstheorie von Antoine Lavoisier fand bei der Gestaltung dieses industriellen Verfahrens erstmals Anwendung. Die ständig wechselnde thermische Belastung der Apparate zwischen Normaltemperatur und »Glühhitze« (etwa 1000 °C) stellte ebenso hohe Anforderungen an die Werkstoffe wie »die Arbeit am Sodahandofen außerordentlich viel Kraft, Geschicklichkeit und Intelligenz der Arbeiter« (H. Ost, 1898, S. 75) erforderte. Die bedeutsamste apparative Entwicklung war der Drehrohrofen, der 1853 als »kühne Neuerung« von den englischen Erfindern G. Elliot und William J. Russel vorgeschlagen wurde. Trotz bedeutsamer apparativer Weiterentwicklungen blieben die Verfahrensstufen voneinander isoliert. Sie konnten in ihrem Zeitregime nicht aufeinander abgestimmt werden.

Mit der Eröffnung der ersten englischen Sodafabrik durch James Muspratt im Jahre 1823 begann in den 30er Jahren der beispiellose Aufstieg der anorganisch-chemischen Industrie in England, wo bereits 1852 durchschnittlich 192 Arbeitskräfte in 33 Sodafabriken beschäftigt waren. Die Produktionsziffern der Fabriken erreichten in den 20er Jahren den 100-t-, in den 1830er Jahren den kt- und in den 50er Jahren den 10^4-t-Bereich. »The golden age« des Leblanc-Verfahrens lag zwischen 1860 und 1880. Danach wurde es sukzessive durch das chemisch und verfahrenstechnisch elegantere Verfahren von Ernest Solvay ersetzt.

Destillier-blase	Höhe	1 (2 Fuß)
	Durch-messer	2,5
Destillier-helm	Höhe	0,8–1,25
	Durch-messer	0,8–1,25
Destillier-schnabel	Länge	1,6–2,5
	Durch-messer	0,1–0,3

Johann J. Prechtl, Technologische Enzyklopädie, Bd. 3

»Ich bin einige Monate in England gewesen, habe ungeheuer viel gesehen und wenig gelernt. England ist nicht das Land der Wissenschaft ... Die Chemiker schämen sich Chemiker zu heißen, weil die Apotheker, welche verachtet sind, diesen Namen an sich gezogen haben ...«

Justus von Liebig, Brief an Berzelius, 1837

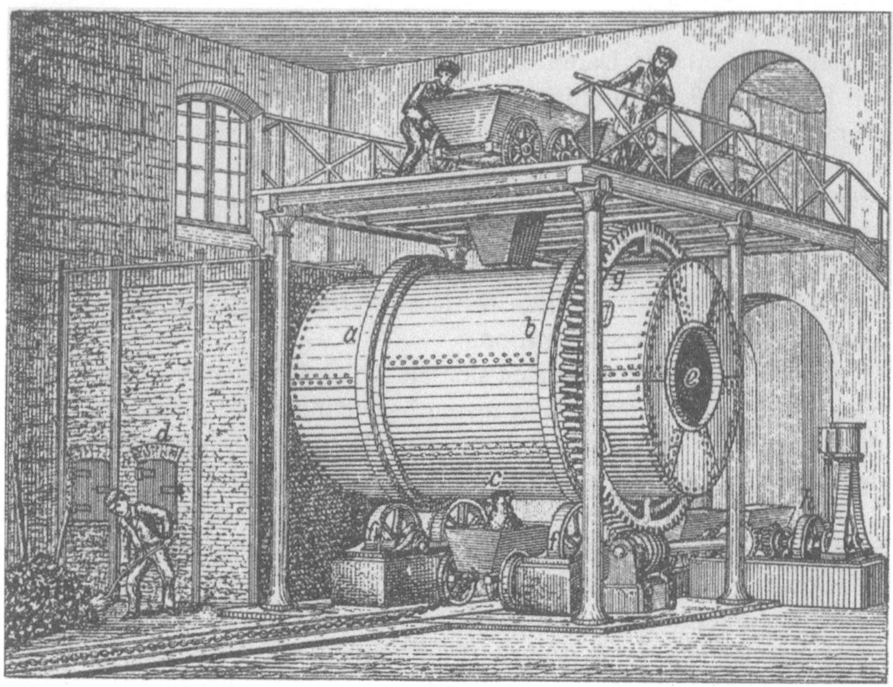

Drehrohrofen zur Sodaherstellung. Englands vorzüglicher Maschinenbau gestattete bei den anorganisch-chemischen Großverfahren den Übergang von der Hand- zur Maschinenarbeit für einzelne Prozesse. Mit Hilfe des »eigentümlichen Ofens mit Drehherd« konnte der Durchsatz bei einer Ausbeuteerhöhung von 45 Prozent auf 75 Prozent verzehnfacht werden. Die aus genieteten Stahlblech bestehenden Öfen hatten zunächst 3 Meter Durchmesser bei 5 Meter Länge und wurden ständig vergrößert. Aus: H. Ost, Lehrbuch der chemischen Technologie, 14. Auflage, Leipzig, 1925

Mit der Massenproduktion begann auch die Umweltbelastung durch die chemische Industrie. Bei der Sodaerzeugung nach Leblanc emittierte der entstehende Chlorwasserstoff in die Atmosphäre, und der feste Rückstand aus Calciumsulfid wurde auf Halden deponiert. In England trat am 1. Januar 1864 das »Gesetz über die wirksamere Kondensation von salzsaurem Gas in Alkali-Werken« (Alkali-Act) als staatliche Maßnahme zum Umweltschutz in Kraft. Bereits in den 40er Jahren hatte Muspratt einen »Kamin von 495 Fuß (etwa 150 Meter) Höhe, der eine Million Ziegel enthält« (F. Knapp, 1847, S. 229) bauen lassen.

Der durch das Leblanc-Verfahren hervorgerufene hohe Bedarf an Schwefelsäure erwies sich als starke Stimulanz zur technologischen Weiterentwicklung des Bleikammerverfahrens. Auch hier führte die Produktionssteigerung über in Reihe geschaltete Einkammeranlagen, deren Volumen zwischen 10 und 20 Kubikmetern lag. Nachdem man um 1840 das Bleilöten mittels Knallgasflamme beherrschte, baute man Mehrkammeranlagen mit einem Volumen bis zu 6000 m³. Die Rohstoffbasis verlagerte sich ab den 1830er Jahren vom Elementarschwefel auf Schwefelkies.

Die Verlagerung des Verbrennungsprozesses des Schwefels aus der Bleikammer in einen vorgeschalteten Brennofen führte ab 1811 zum Zweikammerwechselbetrieb und damit zu einem quasikontinuierlichen Verfahren. Das Bleikammerverfahren gab Anlaß zu Untersuchungen sowohl über den Chemismus als auch zu seiner technologischen Gestaltung. Die homogen katalysierte Reaktion trug wesentlich dazu bei, das Phänomen der Katalyse zu untersuchen. Der hohe Salpeterpreis und die beträchtlichen Verluste führten Joseph-Louis Gay-Lussac (1835) und John Glover (1859) zur Konstruktion von »Türmen«, in denen im Gegenstrom einerseits eine Denitrierung der Kammerabgase und andererseits eine Beladung mit nitrosen Gasen bei gleichzeitiger Aufkonzentrierung der Säure auf 80 Prozent erfolgte.

Die Verwirklichung des Kreislaufes zwischen Glover-Turm, Bleikammern und Gay-Lussac-Turm ab 1859 bei intensivem Wärme- und Stoffaustausch gehört zu den größten chemisch-technologischen Leistungen dieser Zeit. Aus den isolierten Einzelapparaten wurde – durch den fluiden Zustand der Reaktanden begünstigt – das erste kontinuierliche Großverfahren, auch wenn die Versuche zur Apparatedimensionierung noch zaghaft und wenig verallgemeinerungsfähig waren.

Nachdem ab 1908 auch noch die Bleikammern durch Plattentürme ersetzt wurden, war aus dem Bleikammer- das Turm-Verfahren geworden. Bei den Türmen handelte es sich im wesentlichen um Füllkörperkolonnen. Auf diese Weise erweiterte sich in jener Zeit der Einsatz von Kolonnenapparaten sowohl auf andere Stoffsysteme als auch über die Destillation hinaus auf Absorptionsprozesse.

Im Zeitraum der industriellen Revolution wuchs in allen von ihr erfaßten Ländern ein hoher Baustoffbedarf. Die Entstehung von industriellen und großstädtischen Ballungszentren erforderte eine unvergleichlich größere Menge an Baustoffen als je zuvor. Da ein feuersicherer, ausreichend fester und konstruktiv vielseitig einsetzbarer Baustoff benötigt wurde und der Ziegel diese Forderungen erfüllte, avancierte dieser Baustoff zum Hauptbaumaterial für den Zeitraum des späten 18. und des gesamten 19. Jahrhunderts. In manchen Gebieten, beispielsweise in Thüringen, mußten unkonventionelle Rohstoffe zur Ziegelproduktion herangezogen werden, so daß ein Bedürfnis nach Charakterisierung der Silikatrohstoffe entstand. So war 1855 die chemische Zusammensetzung von nur 6, im Jahre 1874 dagegen von nahezu 250 Silikatmaterialien bekannt.

Die Ziegel wurden wie bisher auf handwerkliche Weise hergestellt und in Meilern und Einkammeröfen auf diskontinuierliche Weise gebrannt. Die Brennholzverknappung und -verteuerung im Verlaufe der industriellen Revolution führte zu Versuchen, Kohle als Brennstoff einzusetzen, was in der Silikatindustrie wegen der Kurzflammigkeit des Kohlefeuers besondere Schwierigkeiten bereitete. Der Brennstoffeinsparung dienten zahlreiche Versuche, kontinuierlich arbeitende Brennaggregate zu entwickeln.

Da insbesondere der Branntkalkbedarf durch die Ziegelbauweise stark angewachsen war, für die Branntkalkproduktion aber nur wenige geeignete Rohstoffvorkommen in der Nähe der Hauptverbraucher lagen, kam hier der Entwicklung eines kontinuierlichen Ofens besondere Bedeutung zu. Der Schachtofen, der von dem in Nordamerika, England, Frankreich und Deutschland tätigen Benjamin Thompson (Graf Rumford) nach dem Vorbild des Hochofens konstruiert wurde und seinen Namen erhielt, war das erste kontinuierlich arbeitende Brennaggregat in der gesamten Silikatindustrie. In Rüdersdorf bei Berlin z.B. nahm man solche Öfen seit 1802 in Betrieb. In der Folgezeit konstruierte man zahlreiche quasikontinuierlich arbeitende Brenn- und Schmelzaggregate wie Tunnel-, Ring-, Rund- und Mehrkammeröfen sowie Glasschmelzwannen. Bis zur Jahrhundertmitte fanden sie jedoch nur eine geringe Verbreitung.

Als neue silikatische Werkstoffe traten in diesem Zeitraum optische Gläser, Steinzeugröhren, neue Feuerfestwerkstoffe und Zemente in den Mittelpunkt des Interesses. Die Entwicklung der Zemente ist vor allem in England, und zwar auf empirische Weise, erfolgt. Nach der Produktion von

Isaac Charles Johnson. Herstellung und Eigenschaften hydraulischer Bindemittel wurden seit dem 18. Jahrhundert wieder Gegenstand angestrengter Untersuchungen. Der Engländer Johnson stellte dabei 1844 den ersten eigentlichen, bis zur Sinterung gebrannten Portlandzement her. Die industrielle Produktion von Portlandzement in Chargen gleichmäßiger Qualität war eine entscheidende Grundlage der Ausbreitung des Beton- und Stahlbetonbaus. Science Museum, London

Leuchtturm auf den Edystone-Klippen, um 1780, Kupferstich. Eines der eindrucksvollsten Bauwerke aus Smeaton-Zement, einem bedeutsamen Baustoff vor der Erfindung des Portlandzementes. Deutsches Museum, München

Romanzement, die auf John Smeaton (1756) bzw. J. Parker (1796) zurückgeht, hatte der englische Erfinder Joseph Aspdin (1824) die Zusammensetzung für Portlandzement patentiert bekommen. Nachdem Isaac Ch. Johnson 1844 die zum Brennen von Portlandzementklinker erforderlichen Temperaturen von mehr als 1350 °C realisieren konnte, hat dieses hydraulische Bindemittel rasch internationale Verbreitung gefunden. In Deutschland wurde es vor allem in den rheinischen Gebieten zum Preise von 141 Mark pro Tonne aus England importiert. Das regte zur Beschäftigung mit diesem Werkstoff an. Da in Deutschland größtenteils andere Rohstoffe als in England benutzt werden mußten, entstand der Zwang zu ihrer Untersuchung. Beginnend mit der ersten deutschen Portlandzementfabrik, die im Jahre 1853 durch den Chemiker Hermann Bleibtreu in Züllchow bei Stettin (heute Szczecin) gegründet wurde, gehörte der Chemiker zum Personal einer Zementfabrik. Die Zementindustrie ist damit die erste Branche der Silikatindustrie, in der wissenschaftliches Personal üblich wurde. Diese Chemiker wandten sich zwangsläufig technischen Fragestellungen zu, beispielsweise der Entwicklung eines technischen Kalküls für die optimale Rohmehlzusammensetzung. Wilhelm Michaelis konnte nachweisen, daß ein Verhältnis von $18\,CaO : 6\,SiO_2 : 3\,Al_2O_3 : 1\,Fe_2O_3$ in einer Rohmehlmischung realisiert sein muß, um einen Portlandzement höchster Festigkeit zu erhalten. Damit ist erstmals ein von der chemischen Analyse abgeleitetes technisches Kalkül entwickelt worden, dem später zahlreiche weitere für andere Silikatwerkstoffe gültige folgten. Die Erzeugung von Zement wurde sofort als Großproduktion aufgenommen. Da Erfahrungen kaum vorhanden waren, fand die wissenschaftliche Behandlung der Produktion in diesem neuentstandenen Industriezweig auch keine hemmenden Faktoren vor.

Die Feuerfestindustrie interessierte sich naturgemäß für eine Charakterisierung ihrer Hauptrohstoffe – der Tone. Die Ermittlung der Feuerfestigkeit von Tonen durch Carl Bischof, der im Jahre 1863 die Einflüsse untersuchte, die verschiedene Oxide auf die Schmelzbarkeit der Tone ausüben, wurde zum wichtigsten Kriterium für ihre Anwendung. Da die deutsche Metallurgie hinsichtlich der Feuerfestmaterialien in hohem Grade von englischen Importen abhängig war, förderte auch hier die Importablösung den Einsatz von Chemikern in der Feuerfestindustrie.

Allerdings fehlten den Klein- und Mittelbetrieben der Silikatindustrie in der Regel die wirtschaftlichen Voraussetzungen für die Anstellung von Chemikern und Ingenieuren. Demzufolge kam dem 1865 gegründeten »Deutschen Verein für die Fabrikation von Ziegeln, Thonwaren, Kalk und Cement« für Fabrikanten, Privatingenieure und Betriebschemiker eine große Bedeutung als Kommunikationsbasis zu. Gleiches gilt für die Herausgabe des ersten silikattechnischen Fachorgans, des »Notizblattes«.

Für den Zeitraum der industriellen Revolution konnte anhand der beispielhaft angeführten grundlegenden chemisch-technologischen Verfahren, Prozesse und Apparate gezeigt werden, wie durch die systematisch-empirische Durchbildung der Produktion verfahrenstechnisches Wissen entstand, das gegenüber den speziellen stoffwandelnden Industriebereichen übergreifenden Charakter zeigte. Das verstreute Einzelwissen wurde dadurch konzentriert, auch wenn eine quantitative Behandlung meistens noch nicht

South ELEVATION of the STONE LIGHTHOUSE completed upon the EDYSTONE in 1759.

Shewing the Prospect of the nearest Land, as it appears from the Rocks in a clear calm Day.

Friedrich Knapp. Der Liebig-Schüler gilt als einer der bekanntesten Chemietechnologen des 19. Jahrhunderts. Seit 1847 war er Professor für Chemische Technologie an der Universität Gießen, seit 1853 an der Münchener Universität. 1863 berief ihn die Technische Hochschule Braunschweig zum Professor für Technische Chemie. Technische Universität, Braunschweig

Titelblatt des ersten Lehrbuches der chemischen Technologie. Die wesentlichsten Verfahren aller Zweige der stoffwandelnden Industrie wurden detailliert und sachgerecht dargestellt. Das Werk ist Ausgangspunkt für die klassische Lehre der Chemischen Technologie. Aus: F. Knapp, Lehrbuch der chemischen Technologie, Bd. 1, Braunschweig, 1847

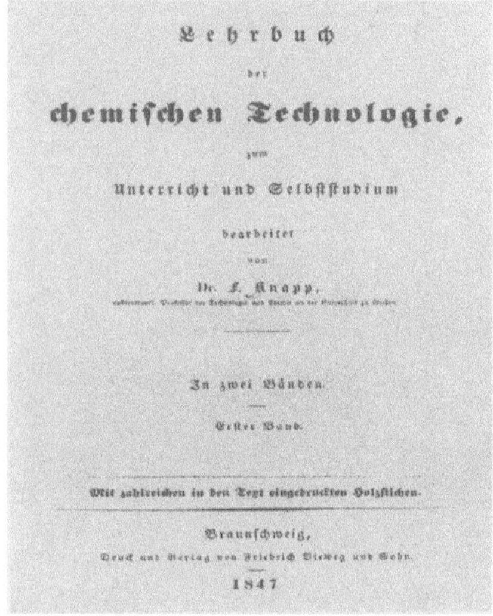

möglich war. Diese Tendenz regte ebenso zur Beschäftigung mit den technologischen Grundprozessen an, für die insbesondere physikalisch-chemische Erkenntnisse gefordert waren, die bis um 1870 noch nicht hinreichend zur Verfügung standen. Der Hauptaspekt dieses Entwicklungsabschnittes bestand demnach in einer empirischen Durchbildung von Apparate-Prototypen für die stoffwandelnde Großproduktion. Er äußert sich in den allgemeinen Tendenzen des Überganges von offenen zu geschlossenen Apparaten, dem Bestreben nach mechanischen Vorrichtungen und kontinuierlichem Betrieb sowie dem Einsatz von Gußeisen und später Stahl als den universellen Werkstoffen.

Deshalb überwogen in diesem Zeitabschnitt die qualitativen Aspekte der stofforientierten Darstellung von Gesamtverfahren. Ausdruck dafür war die sich als Verfahrenskunde rekrutierende Lehre von der Chemischen Technologie, die sich aus dem Verband der Kameralwissenschaften löste. Das äußerte sich ebenso in der Differenzierung des Beckmannschen Konzeptes in die Hauptrichtungen der Mechanischen und Chemischen Technologie, wodurch man die technologischen Disziplinen in Übereinstimmung zur stürmischen Entwicklung ihrer Objektbereiche, der Industriezweige, brachte.

Im Jahre 1847 erschien das erste umfassende »Lehrbuch der chemischen Technologie« des Liebig-Schülers Friedrich Knapp, in dem die Kenntnisse nach fabrikatorischen Gesichtspunkten angeordnet waren und das die Hauptgebiete Brennstoffe, Heizung, Beleuchtung, Alkalien und Erden, Tonwaren, Kalk, Mörtel, Gips, Nahrungsmittel- und Bekleidungsgewerbe sowie die Metallurgie umfaßte. Dieses Lehrbuch, das insbesondere in Deutschland eine Flut an chemisch-technologischer Literatur auslöste, wurde zu einem Standardwerk für die universitäre und polytechnische Ausbildung der Chemiker. Eines der bekanntesten Werke war der ab 1855 nacheinander von J. Rudolf Wagner, Ferdinand Fischer und Bertold Rassow herausgegebene »Jahresbericht über die Leistungen der chemischen Technologie«, der über fast sieben Jahrzehnte jährlich erschienen ist. Die wissenschaftliche Schule um Justus von Liebig trug wesentlich dazu bei, daß Deutschland begann, Frankreichs Vormachtstellung auf wesentlichen Gebieten der wissenschaftlichen Chemie zu brechen. In England spielte die chemische Forschung trotz oder wegen der industriellen Erfolge nur eine untergeordnete Rolle.

Während als Lehrgegenstand alle stoffwandelnden Verfahren galten, deren Zahl ständig wuchs und zur »Willkürlichkeit der Stoffauswahl« (F. Knapp, 1847, S. 3) zwang, konzentrierte sich die Forschung auf einzelne Prozesse, Stoffeigenschaften und Synthesemethoden. Sie leiteten sich an den Hochschulen häufig aus dem Charakter der bodenständigen Industrie ab. Die Methode der Erkenntnisgewinnung war noch in starkem Maße durch »Selbstanschauung« oder »Mitteilungen aus den Fabriken« geprägt. Dieses kontemplative Element rangierte weit vor der produktiven Funktion im Sinne einer aktiven Rückkopplung der Forschung auf die industrielle Praxis.

Apparate- und anlagentechnische Fragestellungen begannen an Hochschulen erst allmählich ein Rolle zu spielen. Ihre Hauptfunktion in bezug auf Verfahren der stoffwandelnden Industrie bestand in der Ausbildung von Chemikern mit technologischem Grundwissen. Diese Richtung wurde gegen Ende dieses Zeitabschnittes besonders von den Polytechnika bzw. technischen Hochschulen gepflegt, obwohl die chemische Technologie im Gegensatz zur mechanischen Technologie auch an den Universitäten vertreten war. Die sich in den Betrieben bildenden technischen Abteilungen setzten sich noch vorwiegend aus Handwerksmeistern, Schmieden, Bleilötern, Schlossern und Küfern zusammen. Viele später prominente Liebig-Schüler hatten in England Anstellung gefunden, bevor sie in den 60/70er Jahren nach Deutschland zurückkehrten.

»Noch 1848 Hauptausfuhrartikel von Deutschland – Menschen, … damals schon anfangend, später stark entwickelt, die Chemiker (Liebigsche Schule in Gießen), neben den Huren Hauptexport des Großherzogtums Hessen.«
Friedrich Engels, Varia über Deutschland, 1873/74

Voraussetzungen der wissenschaftlichen Elektrotechnik

Magnetische und elektrische Erscheinungen faszinierten die Menschen von alters her. Erst seit der Mitte des 18. Jahrhunderts zeigten sich die Naturwissenschaften in der Lage, die Vielfalt ihrer Wirkungen nachzuweisen und Gesetzmäßigkeiten zu formulieren. Mit dem Aufbruch in die Zeit der großen Industrie wurden diese Ergebnisse nicht nur allgemein bestaunt, sondern auch bald auf ihre praktische Verwertbarkeit hin überprüft.

Insbesondere wuchsen in der industriellen Revolution mit der Ausweitung von Handel und Verkehr, aber auch mit politischen und militärischen Interessen die Bedürfnisse nach schnellen, sicheren und weitreichenden

Alessandro Volta führte am 7. November 1800 Napoleon I. seine elektrische Säule vor. Gemälde von Giuseppe Bertini. Museo di Storia della Scienza, Florenz

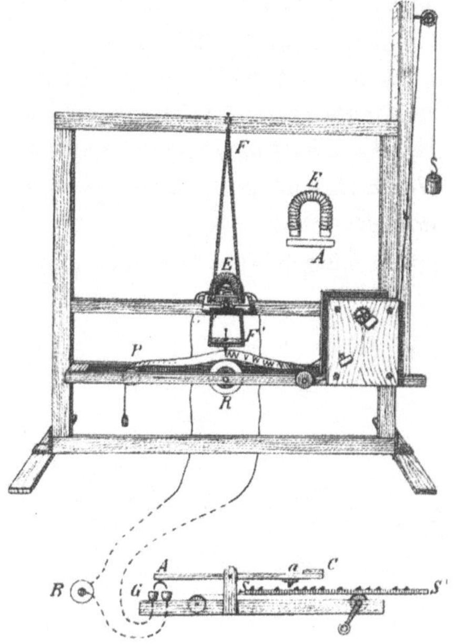

Erster Telegrafenapparat von Samuel Morse, 1835, auf einer Staffelei aufgebaut. Aus: Handbuch der Elektrotechnik, Bd. 12, Leipzig, 1901

Der englische Physiker Charles Wheatstone gehörte zu den Begründern der Elektrotechnik. Aus: Internationale Elektrotechnische Zeitschrift … Wien/Pest/Leipzig, 1883

Informationsübermittlungen. Die von dem Franzosen Claude Chappe 1791 eingeführten optisch-mechanischen Telegrafen konnten das Problem nicht lösen. Die Unzulänglichkeiten existierten so offensichtlich, daß nach Phänomenen Ausschau gehalten wurde, deren Nutzung bessere Lösungen versprach.

Mit der Voltaschen Säule stand ab 1800 eine Stromquelle zur Verfügung, die einen relativ konstanten Strom lieferte. Ihre Spannung war niedrig, auftretende Isolationsprobleme konnten beherrscht werden. Die Entwicklung der elektrischen Telegrafie war in ihrer ersten Periode etwa von 1809 bis 1837 (Samuel Thomas von Sömmering, Paul Schilling von Cannstadt, Carl Friedrich Gauß und Wilhelm Weber, Carl August Steinheil, Moritz Hermann Jacobi) an neueste Erkenntnisse der physikalischen Forschung geknüpft. Die Elektrizitätslehre erarbeitete überdies einen Grundbestand an Fachtermini, schuf die Möglichkeit der Darstellung und Messung elektrischer Größen und lieferte mit der sich herausbildenden Experimentiertechnik auch Prototypen elektrotechnischer Bauelemente.

Aber erst mit dem Wissen um elektromagnetische Erscheinungen gelang es nach 1830, praktisch nutzbare Telegrafen zu bauen. Von den zahlreich vorgeschlagenen Konstruktionen für Sender und Empfänger setzten sich nur wenige im Betrieb durch. Hervorragende Bedeutung erlangte der Schreibtelegraf des Amerikaners Samuel Finley Breese Morse (1837), der 1843 erstmals auf der Versuchsstrecke zwischen Washington und Baltimore eingesetzt wurde und im Verlaufe der Jahre konstruktive Verbesserungen erfuhr. Gegenüber den vorherrschenden Zeigertelegrafen hatte sein System entscheidende Vorteile. Der Sender beschränkte sich auf einen einfachen Schalter (»Morsetaster«); der Empfänger mußte zwar durch ein Uhrwerk angetrieben werden, lieferte dafür aber eine Niederschrift, den »Morsestreifen«. Es wurde lediglich eine isolierte Verbindungsleitung benötigt, da als Rückleiter die Erde diente. Als Code verwendete man ein System von kürzeren und längeren Stromstößen, das man später verbesserte und das noch heute allgemein als »Morsealphabet« bekannt ist.

Die maximal überbrückbare Entfernung war erreicht, wenn der mit zunehmender Länge wachsende Leitungswiderstand den Stromfluß so weit drosselte, daß der Schreibanker vom Empfangsmagneten nicht mehr angezogen wurde. Obwohl Georg Simon Ohm 1827 in Anlehnung an Jean-Baptiste Joseph Fouriers Arbeiten zur Wärmeleitung die Formel zur Berechnung eines elektrischen Widerstandes R und das fundamentale Gesetz $U = I \cdot R$ angegeben hatte, blieb dessen Bedeutung bis etwa 1835 unerkannt.

Eine erhöhte Reichweite beim Telegrafieren bedingte einen Regenerator. Hier half das 1845 von Charles Wheatstone angewendete elektromagnetische Relais weiter. Es war in Analogie zur Relaisstation der Optisch-Mechanischen Telegrafie die Kopplung einer Zeichenerkennung (Magnetspule) mit einem Zeichengeber (Kontakt). Das Morsesystem bot eine wesentlich einfachere und zuverlässigere Lösung als andere Systeme, setzte jedoch qualifiziertes Personal voraus.

Elektrische Telegrafen kamen seit Mitte der 40er Jahre auf. Die Linien folgten den sich weitenden Eisenbahnnetzen und trugen wesentlich zur Sicherheit des neuen Transportmittels bei. England und die USA besaßen

Streckenkarte der Indoeuropäischen Telegrafenlinie von London nach Kalkutta, die 1870 in Dienst genommen wurde. Siemens-Museum, München

1845 bereits je 400 Kilometer Telegrafenleitungen, 1847 sogar 1770 beziehungsweise 3700 Kilometer. In Preußen baute die erste große Linie 1848 Werner von Siemens. Die Telegrafie machte an den Staatsgrenzen nicht halt. Internationale Vereinbarungen über Ausrüstung, Betrieb und Tarife wurden erforderlich. Bereits 1850 gründeten die Regierungen von Österreich, Preußen, Bayern und Sachsen auf einer Konferenz in Dresden den »Deutsch-österreichischen Telegraphenverein«. 1851 beschloß man in Wien, daß sämtliche Vereins-Regierungen zumindest für die internationale Korrespondenz Morsetelegrafen mit Relais und das Morse-Alphabet einheitlich zu verwenden haben. Diese und ähnliche Bestrebungen mündeten schließlich 1865 in die Gründung des »Internationalen Telegraphenvereins« durch Bevollmächtigte von 20 europäischen Staaten.

Da nur jeweils zwei Stationen über eine Telegrafenlinie korrespondierten, ließen sich nur wenige Orte miteinander verbinden. Diese Art der Telegrafie reichte jedoch vorerst aus. Wichtiger war, möglichst große Entfernungen zu überbrücken. Diesem Bestreben stand der Leitungswiderstand entgegen. Er verringerte sich nur durch Verwendung gut leitfähiger Metalle (Kupfer, später Eisen) und durch Erhöhung des Leiterquerschnittes. Festigkeitsprobleme und Materialkosten setzten hier eine Grenze.

Bei Kabelleitungen wurde ein Ladungseffekt beobachtet, den Werner von Siemens 1850 als Kapazität C des Drahtes gegenüber dem Erdreich, bei Seekabeln gegenüber dem Wasser, erkannte. Dadurch bedingte Formveränderungen der Signale ließen sich durch in bestimmten Abständen eingeschaltete Relais in Grenzen halten.

Im Falle zu starker Verzerrungen mußte das Telegramm auf Zwischenstationen aufgezeichnet und von einem Beamten neu eingegeben werden. Damit galt die Reichweite der Drahttelegrafie als prinzipiell unbegrenzt. Die praktische Realisierung gestaltete sich jedoch vorerst insbesondere bei

»… so würde doch immer der viel wichtigere Vorteil gewonnen werden: zu jeder beliebigen Zeit, unabhängig von Witterung und Tageslicht und … schneller telegraphieren zu können …«

Franz August O'Etzel, preußischer Telegraphendirektor, Über Telegraphen bei den Eisenbahnen als politisches Sicherheitsmittel, 1839. Zentrales Staatsarchiv Potsdam

Werner von Siemens gründete 1847 noch als preußischer Leutnant die Telegrafenbauanstalt Siemens & Halske. Siemens-Museum, München

Magnetelektrischer Zeigertelegraf für die Bayerische Staatseisenbahn 1856. Erste Anwendung des von Werner von Siemens entwickelten Doppel-T-Ankers. Siemens-Museum, München

Kabelverbindungen um so schwieriger. Probleme der Isolation, der Verlegung und der Fehlersuche bei beschädigten Leitungen waren zu bewältigen. Die ersten verlegten Kabel hatten nur eine kurze Lebensdauer. Einen Einblick in die ganze Problematik dieser noch ohne Erfahrung gebauten Linien vermittelte Werner von Siemens' 1851 verfaßte »Kurze Darstellung der an den preußischen Telegraphenlinien mit unterirdischen Leitungen gemachten Erfahrungen«. Insbesondere für die Prüfung der Kabel auf gute Isolation während der Produktion und der Verlegung sowie bei der Fehlersuche machte es sich erforderlich, bisher nur im Labor verwendete Meßverfahren und Meßinstrumente in die Produktion einzuführen und sie den damit erwachsenden Anforderungen anzupassen. Zu jener Zeit gab es allerdings noch keine Vereinbarungen über einheitliche Meßmethoden und hinreichend genau reproduzierbare elektrische Maßeinheiten.

Auch in diesem Falle sah sich der Telegrafenverein 1856 zu einheitlichen Arbeitsmethoden genötigt, man arbeitete mit dem von Werner von Siemens entwickelten und erprobten Widerstandsmaß.

Konnte man auf dem Kontinent vorerst auf oberirdische Leitungen ausweichen, so war England auf Seekabel angewiesen. Die erste betriebssichere Seekabelverbindung wurde 1851 von der »English Channel Submarine Telegraph Company« zwischen Dover und Calais verlegt. Dieser Erfolg nährte Gedanken an Seekabel nach den Kolonien und Amerika. Das erste transatlantische Kabel ging 1858 in die Technikgeschichte ein, war allerdings nur 20 Tage funktionstüchtig. Erst 1866 gelang es der »Anglo American Telegraph Company«, mit der »Great Eastern« ein Unterseekabel zwischen Irland und Neufundland in Betrieb zu nehmen.

Ein Briefwechsel aus dem Jahre 1854 zwischen William Thomson und George Stokes hatte im Hinblick auf ein transatlantisches Kabel die Form der ankommenden Zeichen und die Telegrafiergeschwindigkeit zum Gegenstand. Auch Thomson übertrug Fouriers Arbeiten zur Wärmeleitung auf die Verhältnisse im elektrischen Kabel. Er kam zu dem Ergebnis, daß es unter Verwendung einer hohen Sendespannung und eines bedeutend empfindlicheren Empfängers als des Morseschreibers bei langsamer Telegrafiergeschwindigkeit möglich sein mußte, Kontinente durch die Telegrafie zu verbinden. Später konstruierte er einen solchen hochempfindlichen Empfänger, den sogenannten Siphonrecorder. Mit der Inbetriebnahme des ersten 3 800 Kilometer langen Seekabels zwischen der Alten und der Neuen Welt 1858 wurde die Richtigkeit seiner Annahme bestätigt. Die hohe Kapazität derart langer Seekabel ließ nur eine geringe Telegrafiergeschwindigkeit von 1,8 Zeichen pro Sekunde zu, deren Erhöhung zu weiteren theoretischen Arbeiten anregte.

Neue Apparaturen zum Senden und Empfangen der Nachrichten waren einfach und betriebssicher; mit Hilfe der Relais konnten praktisch beliebig lange Strecken überbrückt werden. Eine Abhängigkeit von meteorologischen Einflüssen entfiel weitgehend. Die Entwicklung der Drahttelegrafie erfolgte auf empirischer Basis. Erfahrungen und Grundkenntnisse der Physik und Mechanik reichten dafür aus. Als entscheidendes Glied erwies sich die elektrische Leitung, deren Eigenschaften zuerst theoretisch untersucht wurden. Ökonomische Gründe erlaubten nicht, Vorversuche der Seekabeltelegrafie in Originaldimensionen auszuführen. Eine auf theoretischen Be-

Die »Great Eastern« unter Segel. Querschnitt durch den Schiffsrumpf mit Kabeltrommeln. Aus: H. Schellen, Das atlantische Kabel ..., Braunschweig, 1867

trachtungen basierende Prognose wurde erforderlich. Zur Berechnung wandte man die Methode der Analogie an, in dem speziellen Fall die Analogie zwischen der bekannten Wärmeströmung und dem unbekannten Verhalten des elektrischen Stromes.

Die Zuverlässigkeit des Telegrafenbetriebes machte es notwendig, die Digitaltechnik anzuwenden: Schaltvorgänge – Impulsverhalten – digitale Codierungen – Digitalverstärkung. Als elektromechanischer Digitalverstärker fungierte das Relais. Offene Denkaufgaben allgemeiner Art hießen elektrische Meßtechnik (einschließlich einer Standardisierung) und Mehrfachausnutzung von Leitungen (»Multiplexbetrieb«).

Mit dem beginnenden Linienbau entstanden notwendig auch Telegrafenbauanstalten wie die von Morse and Vail (1845), Siemens & Halske (1847) und Thomson and White (1850). Drahtziehereien produzierten nun

Michael Faraday in seinem Laboratorium in der Royal Institution. Aquarell von Harriot Moore, 1852. Royal Institution, London

Georg Christoph Lichtenberg

Kabel, wie Newall and Co. in England und Felten & Guilleaume in Deutschland, weiteres elektrotechnisches Material wurde hergestellt. Die Telegrafie setzte sich als Initialprodukt der Elektrotechnik weltweit durch.

Im Ergebnis der wichtigsten Erfindungen und Entdeckungen und deren theoretischer Analyse auf dem Gebiet der Elektrophysik – der Elektromagnet (William Sturgeon, 1825), die elektromagnetische Induktion (Michael Faraday, 1831), die Kirchhoffschen Regeln (1845), die Zweipoltheorie (Hermann von Helmholtz, 1853) u. a. – folgten der elementaren Telegrafie die magnetelektrischen Maschinen sowie die Galvanotechnik und die Bogenlampen. Durch die fundamentale Entdeckung der elektromagnetischen Induktion ausgelöst, begann die Ausbildung magnetelektrischer Maschinen durch Hippolyte Pixii, Sturgeon, Salvatore dal Negro u. v. a. Obwohl es an ersten Versuchen zur technischen Anwendung nicht mangelte – am bekanntesten ist wohl das 1838 magnetelektrisch betriebene Motorboot Moritz Hermann Jacobis in Petersburg –, konnte von einer eigentlichen elektrischen Maschine noch nicht die Rede sein. Dazu waren die entwickelten Leistungen und der erreichte Wirkungsgrad viel zu klein. Die Ursache lag in dem zunächst unzweckmäßigen Wirkprinzip, das nur kleine magnetische Flüsse zuließ und bei dem man die nachteiligen Begleiterscheinungen der prinzipbedingten Flußänderungen nicht beherrschte. Bei den ersten Maschinen wurde sogar versucht, die Konstruktionsprinzipien von Dampfmaschinen einfließen zu lassen. So war Charles Grafton Pages Ent-

Nachweis elektromagnetischer Kräfte durch das Barlowsche Rad (Nachbildung). Technische Universität Dresden

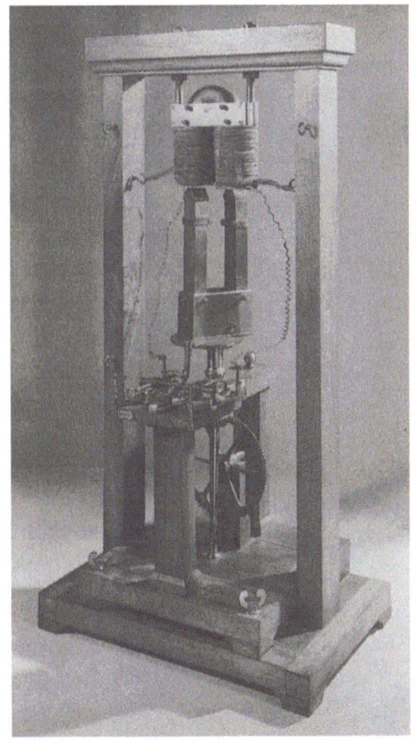

Magnetelektrischer Generator von Hippolyte Pixii, 1832/33. Deutsches Museum, München

wicklung mit Balancier- und Kurbelgetriebe ausgerüstet. Mit dem batteriegespeisten magnetelektrischen Motor wollten nun dessen Konstrukteure der Dampfmaschine einen für kleinere Leistungen ausführbaren Antrieb zu Seite stellen, was am Rentabilitätsvergleich scheiterte.

Erste Arbeiten zum Studium des Betriebsverhaltens elektrischer Maschinen stammen von Wilhelm Weber (Untersuchungen am Rotationsinduktor), Emil Lenz, Jacobi, Johann Heinrich Koosen u. a. Zweifelsohne spielte auch die batteriegespeiste magnetelektrische Maschine eine wesentliche Rolle bei der Formulierung des Energieerhaltungsgesetzes und der Wandlung der Grundauffassung über das Wesen der Wärme. Die Untersuchungen der Physiker trugen dazu bei, bisher weniger beachtete mathematisch-physikalische Zusammenhänge in die Elektrotechnik einzubringen und neue Gesetze aufzustellen. Es wurden nicht nur Fragen der elektrischen Leistung, Stromstärke und Spannung bei Stromkreisen für die Physik relevant, vielmehr ergaben sich auch Impulse für die Erweiterung des Theoriengebäudes des Magnetismus. Erste Maßeinheiten der Elektrotechnik wurden definiert, einige Meßgeräte und spezifische Untersuchungsmethoden auf diesem Gebiet konnten erst mit der Behandlung elektrotechnischer Probleme allgemeinen Eingang in die Physik finden.

In den 50er Jahren des 19. Jahrhunderts verloren die Physiker allerdings das Interesse an der Theorie magnetelektrischer Maschinen. Der Erkenntnisschatz der Elektrophysik konnte ihrer weiteren Verbesserung nichts

Produktionsstätte für galvanotechnische Verfahren aus den 60er Jahren des 19. Jahrhunderts. Aus: L. Figuier, Les merveilles de la science ou description populaire des inventions modernes, Bd. 2, Paris, 1868

Magnetelektrische Maschine von J. S. Woolrich. Science Museum, London

Neues beisteuern. Die wenigen um die Vervollkommnung der magnetelektrischen Maschinen bemühten Physiker lösten sich zunehmend von den vordergründig technischen Fragen und beschäftigten sich mit dem neuen Gebiet der Feldtheorie. Andererseits verlagerte sich die Produktion magnetelektrischer Maschinen von den Laboratorien der 30er und 40er Jahre in die Werkstätten und Fabriken (französische Alliance-Gesellschaft u. a.), was sie vollends dem Zugriff der Physiker entzog. Die Entwicklung von Elektrophysik und Elektrotechnik begann zu divergieren.

1840 setzte, auf Jacobis Arbeiten fußend, ein Aufschwung in der Galvanotechnik ein. Es öffneten sich neue Wege für die Druckereitechnik, und die Herstellung fest haftender Metallüberzüge gelang. Zur Elektrometallurgie gab es erste Überlegungen und Ansätze. Zunächst stützte sich diese Produktion auf galvanische Elemente als Stromerzeuger, jedoch seit 1841 mit J. S. Woolrichs magnetelektrischer Maschine erstmals auch auf leistungsfähigere Generatoren, die von Wasserrädern oder Dampfmaschinen angetrieben wurden. Sie blieben allerdings in der Galvanotechnik nur den größeren Betrieben vorbehalten.

Obwohl schon 1810 ein Lichtbogen erzeugt worden war, konnte das Interesse für die elektrische Beleuchtung erst mit Vorhandensein leistungsfähiger Generatoren erwachsen. Mit den magnetelektrischen Maschinen von F. H. Holmes und denen der Alliance-Gesellschaft fand ab Mitte der 50er Jahre des vergangenen Jahrhunderts die Bogenlampe zuerst in

Leuchttürmen Zugang. Damit setzte auch der Übergang von der magnetelektrischen zur elektrischen Maschine, hier in Form des Generators, ein. Bei den Bogenlampen sorgte eine gut ausgebildete elektromechanische Steuerungstechnik für den zuverlässigeren Betrieb. Damit zeichnete sich der Übergang zur Starkstromtechnik ab, die in der folgenden Periode ihre Ausprägung erfahren sollte.

Rechnen mit Maschinen

Schon sehr früh zeigen sich in der gesellschaftlichen Entwicklung auch Ansätze für die Automatisierung informationeller Prozesse, obwohl erst mit der Entwicklung programmgesteuerter Automaten – Computern – ein technisches Analogon für bestimmte Kategorien geistiger Arbeit zur Verfügung steht. Jene Ansätze in Gestalt der Calculi, Kerbhölzer, Knotenschnüre, Rechentücher und -tische sowie der genialen Konstruktion des Abakus, insonderheit aber die im Manufakturzeitalter einsetzende Erfindung von Rechenmaschinen, befruchteten in vielfältiger Weise das Methodenarsenal der mathematischen und technikwissenschaftlichen Disziplinen. So brachte auch »die sporadische Anwendung der Maschinerie im 17. Jahrhundert ... den großen Mathematikern jener Zeit praktische Anhaltspunkte und Reizmittel zur Schöpfung der modernen Mechanik« (Marx, Kapital I, 1867).

Der Schotte John Napier (Neper), bekannt durch die nach ihm benannten Rechenstäbchen und die Berechnung der Logarithmen, entwickelte die

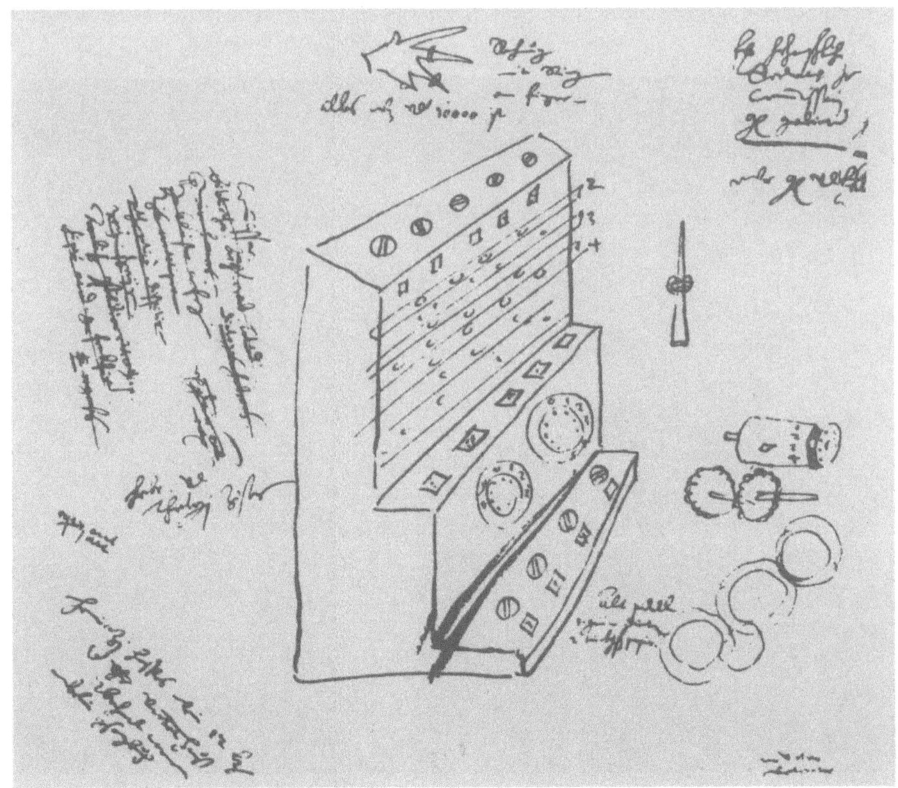

Handskizze einer Rechenmaschine von Wilhelm Schickard aus dem Jahre 1623 – älteste überlieferte Konstruktionszeichnung einer Rechenmaschine

Rekonstruktion der Schickardschen Rechenmaschine. Deutsches Museum, München

Die Pascalsche Rechenmaschine »Pascaline«, ältestes erhalten gebliebenes Original einer Rechenmaschine. Mathematisch-Physikalischer Salon, Dresden

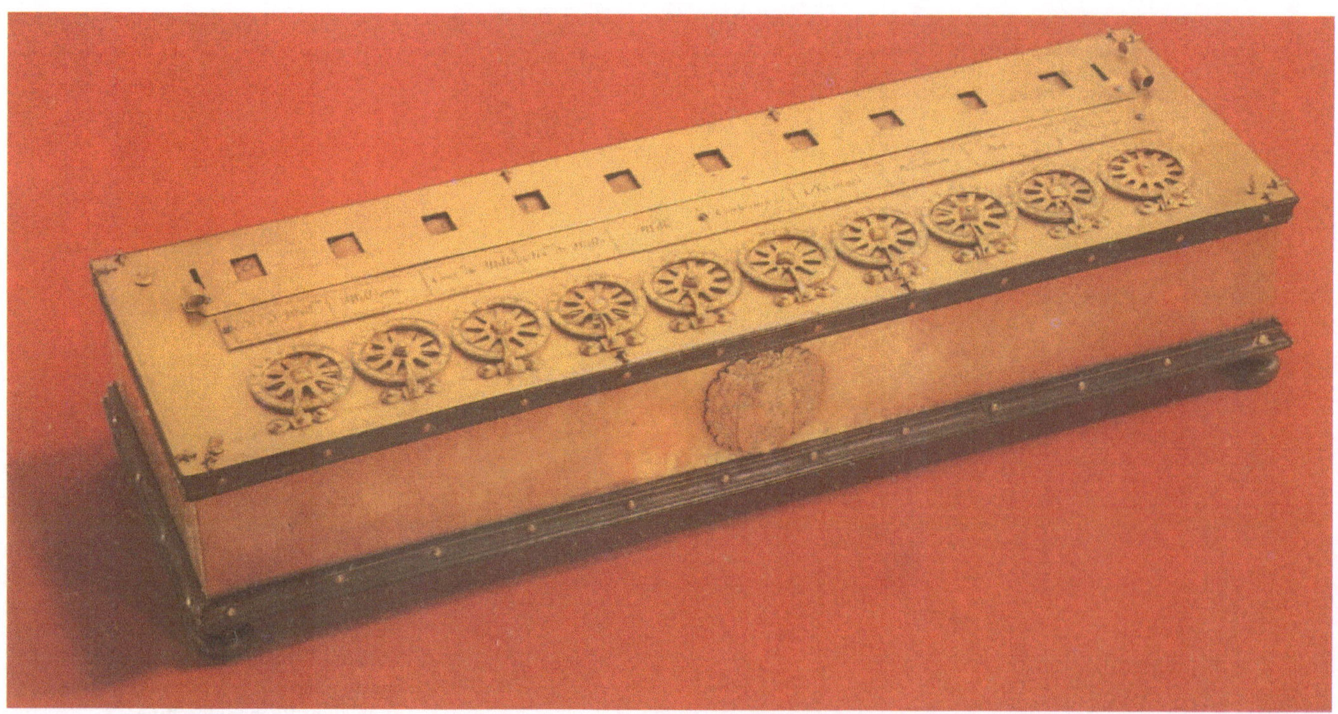

nachweislich älteste Rechenmaschine, 1617 als »Promptuarium« vorgestellt und ausgerichtet auf die Lösung von Multiplikationsaufgaben.

Wenige Jahre später gelang Wilhelm Schickard, Professor für Hebräisch und Astronomie an der Tübinger Universität, unter Verwendung der Neperschen Stäbchen die Konstruktion einer »Rechenuhr«, initiiert durch die aufwendigen Rechnungen seines Freundes Kepler an den Rudolfinischen Tafeln und zu den Planetengesetzen.

Blaise Pascal, der berühmte französische Mathematiker, setzte die Reihe der Erfinder fort; 1643 vollendete er eine spezielle Additionsmaschine, angewendet für die Abrechnungsarbeiten seines Vaters und vergleichbare Aufgaben.

Aus der Reihe der folgenden ragt Gottfried Wilhelm Leibniz heraus. Sein Werk »De arte inveniendi« (1669) befaßt sich mit der Kunst des Erfindens. Zur Mechanisierung des Rechnens ging er von dem Leitgedanken aus, die Multiplikation durch wiederholte Addition, die Division durch wiederholte Subtraktion zu realisieren. Im Ergebnis entstanden spezielle technische Elemente: Einstellwerk, Betragschaltwerk mit der dafür erfundenen »Staffelwalze« sowie Resultatwerk. Die daraus gefertigten Modelle wurden 1672 der Acadèmie Française vorgestellt und in den folgenden Dezennien zur Vierspezies-Rechenmaschine vervollkommnet. Leibniz' Vorstellungen von einer »Machina arithmeticae dyadicae« sowie der Anwendung des logischen Kalküls auf eine Maschine ließen sich jedoch erst in unserem Jahrhundert verwirklichen.

Im umfangreichen Schrifttum Jacob Leupolds findet sich das bemerkenswerte »Theatrum arithmetico-geometricum, Das ist: Schauplatz der Rechen- und Meßkunst, Darinnen enthalten Dieser beyden Wissenschaften nöthige Grund-Regeln und Handgriffe, als unterschiedene Instrumente

»… dasselbe, was Du rechnerisch gemacht hast, habe ich kürzlich auf mechanischem Wege versucht, und eine aus elf vollständigen und sechs verstümmelten Rädchen bestehende Maschine konstruiert, welche gegebene Zahlen augenblicklich automatisch zusammenrechnet: addiert, subtrahiert, multipliziert und dividiert. Du würdest hell auflachen, wenn Du da wärest und erlebtest, wie sie die Stellen links, wenn es über einen Zehner oder Hunderter weggeht, ganz von selbst erhöht …«

Wilhelm Schickard in einem Brief an seinen Freund Johannes Kepler am 20. September 1623

Die sogenannte »Jüngere Rechenmaschine« von Gottfried Wilhelm Leibniz mit 8/1/16 Stellen, gebaut zwischen 1694 und 1716. Niedersächsische Landesbibliothek, Hannover

und Maschinen ...« Es gibt Einblick in die intensive Auseinandersetzung mit zu überwindenden konstruktiven und fertigungstechnischen Problemen bei der Herstellung von Rechenmaschinen und zeigt auch Leupolds Erfindung: eine dezimal arbeitende Rechenmaschine mit konzentrisch angeordneten Getriebeelementen.

Bis zum Beginn des 18. Jahrhunderts waren die wesentlichen Funktionsprinzipien zur Realisierung der vier Grundoperationen gelöst: die zykli-

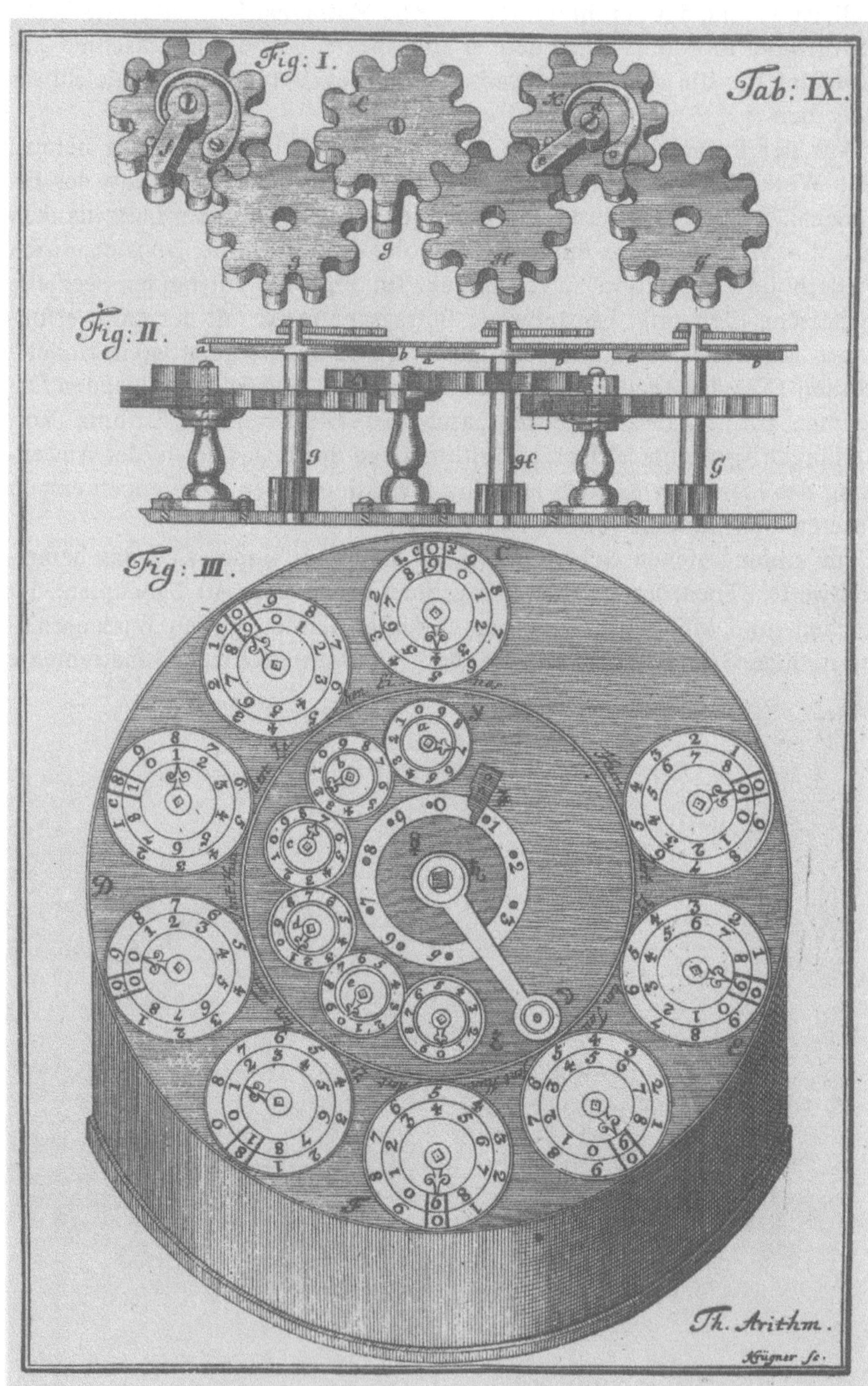

Rechenmaschine von Jacob Leupold, Kupferstich. Aus: J. Leupold, Theatrum arithmetico ..., Leipzig, 1727

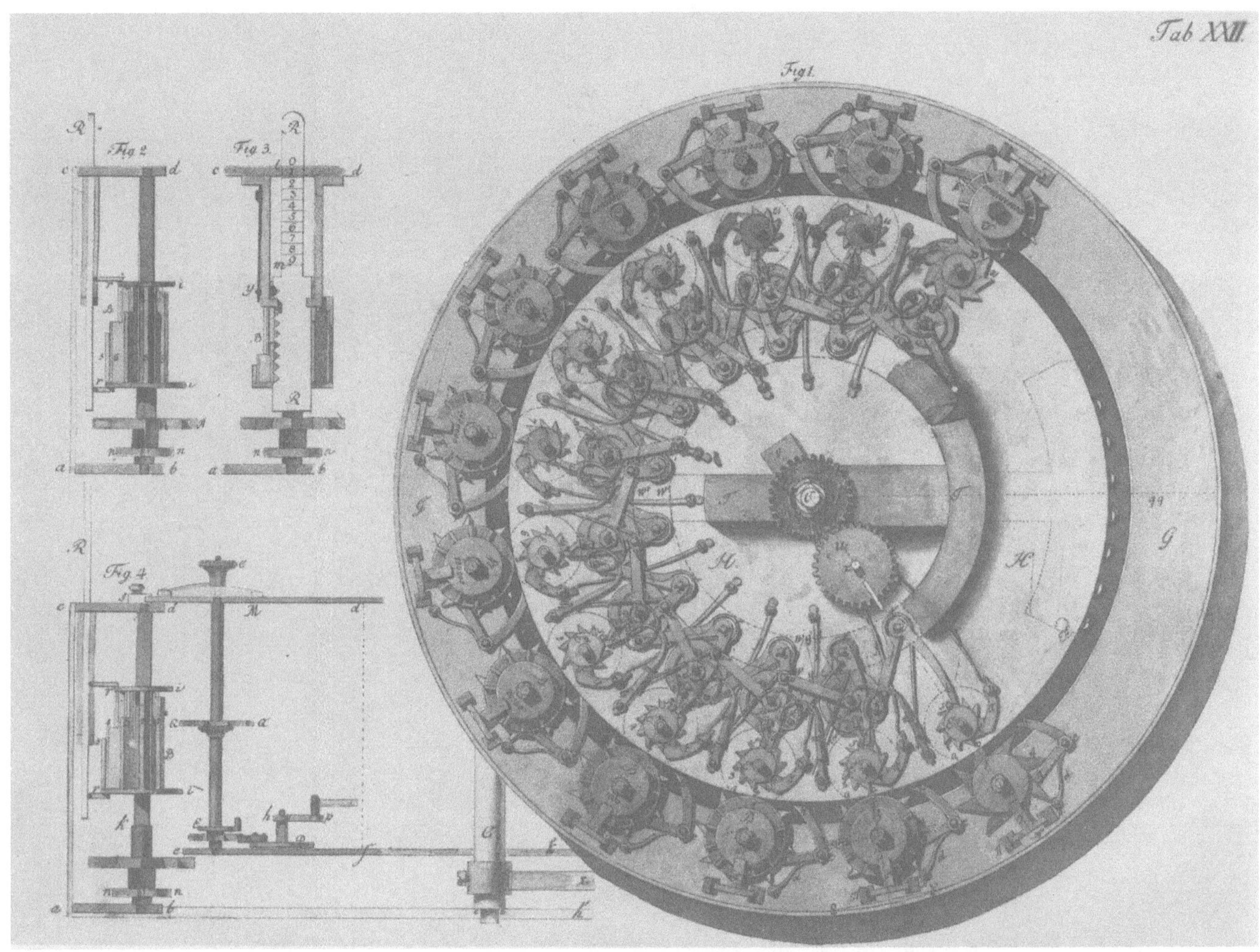

Zeichnung der 1770 gebauten Hahnschen Rechenmaschine aus dem Jahre 1800 von Bischoff. Deutsches Museum, München

sche Operation eines Zählrades mit Rückkehr in die Nullage, der untersetzende und durchlaufende Zehnerübertrag, die Verzweigung von Daten sowie die Speicherung in Gestalt von diskreten Winkel- und Längenabständen. Fortschritte zeigten sich im Einsatz neuer Materialien, bei der Erhöhung der Fertigungsgenauigkeit, im besonderen aber in weiteren Erfindungen, obwohl diese noch immer wissenschaftlicher Einflüsse entbehrten.

Von den darauf folgenden Erfindern sind zu nennen: der Paduaner Professor Giovanni Poleni – seine mit Sprossenrädern ausgerüstete Maschine wurde 1709 vorgestellt; der »Hof-Opticus und Mechanico-Mathematikus« Antonius Braun mit einer 1727 gefertigten dosenförmigen Rechenmaschine; schließlich der Begründer der Württembergischen Feinwerktechnik, Philipp Matthäus Hahn, der ab 1770 eine Vielzahl fehlerfrei arbeitender Modelle unter Verwendung erprobter Maschinenelemente herstellte.

Mit dem Aufkommen des Industriekapitalismus verstärkte sich zwangsläufig das Bedürfnis nach Rationalisierung formalisierbarer geistiger Tätigkeit. Viele spezifische Ansätze gab es diesbezüglich in den Bereichen der sich herausbildenden Natur- und Technikwissenschaften, mehr noch stellte sich das Problem für verschiedene Zweige der Wirtschaft und Administration, obwohl gerade hier die objektiven Voraussetzungen nur ungenü-

»Dem allerhabensten und unbesiegbaren römischen Kaiser Karl VI. König von Deutschland, Spanien, Ungarn, Böhmen, Erzherzog von Österreich weiht und widmet diese arithmetische Maschine in ewiger Dankbarkeit untertänigst der niedrigste Erfinder Antonius Braun, Optiker und Mechaniker, 1727.«
Aus der Inschrift der Braunschen Rechenmaschine

gend gegeben waren: Das dezimale Zahlensystem wurde nur zögernd auf Münzen, Längen- und Hohlmaße wie Gewichte einheitlich angewendet, und gerade Deutschland zeigte sich hierbei gegenüber Frankreich mit einem Dreivierteljahrhundert im Verzug.

Es überrascht daher auch nicht, daß ein Elsässer, Franz Xavier Thomas, Leiter zweier Pariser Versicherungsgesellschaften, nach Rationalisierung der umfangreichen Berechnungsarbeiten trachtend, eine »Arithmométré« genannte Rechenmaschine konstruierte. 1820 erhielt er das entsprechende Patent.

Staffelwalze und verschiebbarer Schlitten, Elemente der Leibnizschen Konstruktion also, bildeten die konstruktive Basis. Die Fixierung der Operanden erfolgte über ein Einstellwerk, die Wahl der Operation über einen mit einem Wendegetriebe gekoppelten Schalter; ein verschiebbar gelagertes »Lineal« sowie eine entsprechende Anzahl von Ziffernscheiben dienten der Resultatsermittlung und -anzeige. Der Vollzug der jeweiligen Operation erfolgte mittels einer Kurbel. Als Rechengeschwindigkeit der ersten Modelle nannte Thomas eine Zeit von 18 Sekunden für die Multiplikation von zwei achtstelligen Zahlen und 24 Sekunden für die Division einer 16stelligen Zahl durch eine achtstellige. Die Pariser Weltausstellung von 1855 brachte der konstruktiv und fertigungstechnisch verbesserten Maschine internationale Anerkennung, eine sichere Basis für die Ausweitung der aufgenommenen Produktion von anfangs 15 auf 100 pro Jahr.

In Deutschland war diese Maschine Ausgangspunkt einer eigenständigen Rechenmaschinenindustrie in Glashütte, verbunden mit den Namen Curt Dietzschold und Arthur Burkhardt. Letzterer begann 1878 mit der Rechenmaschinenfertigung, zunächst im Nachbau des Thomasschen Modells. Dem »Thomas-Arithmometer« folgte das »Burkhardt-Arithmometer«; nach der »Ersten deutschen Rechenmaschinenfabrik« entstanden die Werke »Saxonia« und »Archimedes«, gleichlautend zu den produzierten Rechenmaschinentypen.

Damit begann eine auf die unterschiedlichsten Anwendungsfälle in Wirtschaft und Wissenschaft orientierte Büro- und Rechenmaschinenherstellung, vertreten durch Firmen wie Grimme, Nathalis & Co., Mercedes, DeTeWe, Mauser, Rheinmetall und Wanderer und gekennzeichnet durch eine hochentwickelte feinmechanische Fertigungstechnik. Den Anforderungen an Zuverlässigkeit und Betriebssicherheit konnte durch zunehmende Standardisierung entsprochen werden. Theoretische Ansätze einer umfassenden Rechenmaschinentheorie unter Einbeziehung mathematischer Methoden fehlten, zumal die Industrie daran keinerlei Interesse zeigte.

Rechenmaschine nach Hahn, gebaut zwischen 1805 und 1820 von Schuster in Ansbach. Deutsches Museum, München

»Bei uns hat inzwischen Herr Civilingenieur Arthur Burkhardt in Glashütte die Herstellung der Rechenmaschine aufgenommen und nach mehreren Jahren opfervoller Einleitungsarbeiten auf eine Stufe gebracht, welche unsrer heutigen Technik würdig ist ... Die Folge ist gewesen, dass der Begehr nach der Rechenmaschine rasch bei uns gestiegen ist ...«

Franz Reuleaux, Vorwort zur zweiten Auflage des Buches »Die sogenannte Thomas'sche Rechenmaschine«, 1892

Technikwissenschaften und »große Industrie«

Einführung

Friedrich Kalle, Reichstagsrede zur Gründung der Physikalisch-Technischen Reichsanstalt, 1887

Mit der Herausbildung der »großen Industrie« stieg die Dringlichkeit wissenschaftlicher Lösungen sprunghaft an. Die maschinelle Produktion mit ihren Tendenzen zur Serienfertigung, zu kontinuierlichen Produktionsprozessen, zur effektiven Verwertung von Material und Energie, zum differenzierten Einsatz neuer Werkstoffe und Wirkprinzipe, den daraus erwachsenden Anforderungen an das Meßwesen und die beginnende Standardisierung brachten vielfältige Aufgaben hervor. Durch zunehmende Konzentration der Produktion spielten vor allem technologische Aspekte eine wachsende Rolle bei der Durchsetzung kapitalistischer Produktivitätskriterien. Breite und Vielfalt dieses Prozesses ließen die Produktionsvorbereitung zu einem selbständigen Bereich anwachsen, in dem Forschung und Entwicklung einen festen Platz erhielten.

Die Technikwissenschaften als theoretisch, methodisch und institutionell etablierter Wissenschaftszweig verfügten nunmehr über die realen Möglichkeiten, den wissenschaftlich-technischen Fortschritt wesentlich zu bestimmen. Durch zunehmend differenziertere Strukturen paßten sie sich den industriezweigspezifischen Aufgabenstellungen an. Gleichermaßen wuchs die Zahl der Institutionen, die in Vertretung wirtschaftlicher, wissenschaftlich-technischer und Berufsinteressen Einfluß auf die Technikwissenschaften nahmen, sprunghaft.

So unterschiedlich diese Prozesse in den einzelnen Ländern in Abhängigkeit von wissenschaftlichen und wirtschaftlichen Traditionen, industriellen Strukturen, wirtschaftspolitischen Erwägungen und politischen Konstellationen auch verliefen, so allgemein galt letztlich die Notwendigkeit, die Wissenschaft in den kapitalistischen Reproduktionsprozeß einzubeziehen. Verschiebungen in der Rangfolge der ökonomisch führenden Länder um die Jahrhundertwende waren wesentlich durch die wissenschaftliche Leistungsfähigkeit und ihre Umsetzung in wirtschaftliche Potenzen bestimmt.

Carl Bach auf der 34. Hauptversammlung des VDI, 1893

England – das Mutterland des Maschinenbaus – verlor die führende Stellung in der Produktion, obwohl es sie noch zu Ende des 19. Jahrhunderts in Wirtschaftszweigen behauptete, die den Lebensnerv des Imperiums berührten und in denen Traditionen ungebrochen weitergeführt werden konnten. Private Forschungsanstalten und Industrielaboratorien entsprachen durchaus liberalen Positionen. Es fehlte jedoch vorerst die umfassende Unterstützung durch staatliche Wissenschaftsförderung. Offensichtlich fiel es schwer, die strategischen Grenzen eines ehemals erfolg-

Die Technische Hochschule Berlin-Charlottenburg. Gemälde von Otto Günther-Naumburg

Kopfbogen der Firma Ludwig Loewe & Co., Berlin. Staatsarchiv Potsdam

reichen Konzepts zu erfassen, zumal unabdingbare Zwänge zum Einschwenken auf eine finanziell aufwendige Forschungsstrategie nicht vorzuliegen schienen.

Anders verlief die Entwicklung in den USA und in Deutschland. Unter durchaus voneinander abweichenden Bedingungen bemühten sich die Industrien beider Länder intensiv um eine wissenschaftliche Fundierung ihrer Produktion. Eine Pionierrolle spielten dabei die »jungen« Industriezweige, die sich – wie die chemische und die feinmechanisch-optische Industrie – erst durch wissenschaftliche Methoden aus der handwerklichen Produktion lösen oder – wie die Elektrotechnik – durch Nutzung grundlegender physikalischer Gesetzmäßigkeiten entstehen konnten.

Der Aufstieg der deutschen Teerfarbenindustrie war hierfür spektakuläres Beispiel. Auf dem Gebiete der Elektrotechnik begründeten in den USA Thomas Alva Edison und die General Electric Company sowie Alexander

Graham Bell und die American Telephone and Telegraph Company (AT+T) Traditionslinien der Industrieforschung. Wenn zeitgenössische amerikanische Quellen trotzdem darauf verweisen, daß Deutschland bis zum Beginn der 30er Jahre des 20. Jahrhunderts international führend auf dem Gebiete der Industrieforschung war, so hatte das offensichtlich seine Wurzeln im gesamten System der Bildung und der Wissenschaftsentwicklung. Der Aufschwung der Naturwissenschaften im 19. Jahrhundert in Deutschland, das noch feudaler Zersplitterung geschuldete dichte Netz technischer Hochschulen sowie eine staatlich geförderte Wissenschaft schufen Bedingungen für den erfolgreichen Kampf gegen wirtschaftliche Rückständigkeit. Schon frühzeitig setzte sich hierbei die Überzeugung durch, daß mangels anderer Ressourcen nur durch intelligenzintensive Produktion das gesteckte Ziel erreicht werden konnte. 1863 wurde das wohl erste Industrielaboratorium bei der Firma Krupp gegründet. W. von Siemens, Ernst Abbe und Otto Schott repräsentierten die Wissenschaftler-Unternehmer in der Elektrotechnik und der feinmechanisch-optischen Industrie. Die wissenschaftliche Leistungsfähigkeit solcher Betriebe bildete die tragfähige Grundlage für enge Kooperationsbeziehungen zu den Hochschulen und erfolgreiche Einflußnahme auf die Wissenschaftspolitik des Staates. Die Gründungen der Physikalisch-Technischen Reichsanstalt

Werbeplakat der AEG. Museum für Deutsche Geschichte, Berlin

Elektrische Beleuchtung im Café-Restaurant der Societé Krasnopolsky in Amsterdam, 1884. Aus: La Lumière Eléctrique, Paris, Bd. 13 (1884) 32

Empfang des Kaisers Wilhelm II. an der Technischen Hochschule Berlin-Charlottenburg anläßlich der Hundertjahrfeier 1899. Archiv für Kunst und Geschichte, Berlin (West)

(1887) und der Kaiser-Wilhelm-Gesellschaft zur Förderung der Wissenschaften (1911) boten hierfür ein augenfälliges Beispiel. Ein relativ ausgewogenes Verhältnis zwischen Grundlagen- und angewandter Forschung schuf die stabile Basis eines langfristig wirkenden wissenschaftlichen und wirtschaftlichen Aufschwungs.

In den Technikwissenschaften waren damit harte Auseinandersetzungen um das Verhältnis empirischer und theoretischer Forschung verknüpft, die insbesondere in den traditionellen Disziplinen des Maschinenwesens ausgefochten wurden. Im Verlaufe dieses »Methodenstreites«, der auch in Kontroversen um die Mathematikausbildung für Ingenieure seinen Niederschlag fand, gelang es, den an Naturwissenschaften gemessenen Anspruch auf Wissenschaftlichkeit mit den Forderungen nach Praxiswirksamkeit durch spezifizierte theoretische Arbeiten und einen umfassenden Ausbau der experimentellen Grundlagen zunehmend in Übereinstimmung zu bringen. Diese für die Selbstverständigung notwendigen und somit auch allgemein anzutreffenden Diskussionen erfuhren unter den Bedingungen der deutschen Wissenschaftsentwicklung ihre besondere Zuspitzung. Sie waren Teil eines Kampfes um wissenschaftliche Gleichstellung der technischen Hochschulen mit den Universitäten und die gesellschaftliche Anerkennung der Ingenieure, der schließlich 1899 mit der Zuerkennung der Titelvergabe Dipl.-Ing. und Dr.-Ing. an alle preußischen technischen Hochschulen sein vorerst erfolgreiches Ende fand. Die anderen deutschen Länder folgten umgehend.

Der wachsende gesellschaftliche Anspruch des Berufsstandes der Ingenieure, der seit dem letzten Drittel des 19. Jahrhunderts zunehmend von Hochschulabsolventen repräsentiert wurde, kam auch in der Gründung technischer Vereine zum Ausdruck, die gleichermaßen wirtschaftliche und

»Von sonstigen Titeln, die … in Vorschlag gebracht sind, mögen namentlich erwähnt sein: Tector, Technognost, Technosoph, Technologe, Ductor, Bauleiter, Regierungsingenieur, Staatsingenieur, Staatstechniker, Ingenieur und Oberingenieur, Diplom-Ingenieur und Doktor-Ingenieur.«

Kultusminister Konrad von Studt, Bericht vom 6. Oktober 1899, Zentrales Staatsarchiv Merseburg

Der Ingenieur als Beherrscher der Technik.
Federzeichnung von Heinrich Kley

wissenschaftliche Interessen vertraten. Allen voran gingen die Bauingenieure. So hatte die englische »Institution of Civil Engineers« ihre Wurzeln in den ersten Jahrzehnten der industriellen Revolution. Fachlich übergreifende technische Vereine folgten um die Jahrhundertmitte, so der »Verein Deutscher Ingenieure« (VDI) 1856. Später entstanden vor allem industriezweigorientierte Vereinigungen wie die »Institution of Naval Architects« als Berufsorganisation der englischen Schiffbauer 1860. Die Herausbildung der Elektrotechnik kündigten zum Beispiel die »Society of Telegraph Engineers and Electricians« 1872 in England, der »Elektrotechnische Verein« 1879 in Deutschland und das »American Institute of Electrical Engineers« 1884 in den USA an, die zugleich aber Berufsvereinigungen der Ingenieure waren. Im Jahre 1908 machte das »American Institute of Chemical Engineers« Emanzipationsbestrebungen der Verfahrenstechnik institutionell sichtbar.

auf den Bericht vom 6. 2. Mts. will Ich den Technischen Hochschulen in Anerkennung der wissenschaftlichen Bedeutung, welche sie in den letzten Jahrzehnten neben der Erfüllung ihrer praktischen Aufgaben erlangt haben, das Recht einräumen: 1, auf Grund der Diplom = Prüfung den Grad eines Diplom = Ingenieurs (abgekürzte Schreibweise, und zwar in deutscher Schrift: Dipl. = Ing.) zu ertheilen, 2, Diplom = Ingenieure auf Grund einer weiteren Prüfung zu Doktor = Ingenieuren (abgekürzte Schreibweise, und zwar in deutscher Schrift: Dr. = Ing.) zu promoviren, und 3, die Würde eines Doktor = Ingenieurs auch Ehren halber als seltene Auszeichnung an Männer, die sich um die Förderung der technischen Wissenschaften hervorragende Verdienste erworben haben, nach Massgabe der in der Promotions = Ordnung festzusetzenden Bedingungen zu verleihen. — Neues Palais, den 11. Oktober 1899.

Wilhelm I. R.

An den Minister der geistlichen p. Angelegenheiten.

Erlaß Kaiser Wilhelms II. vom 11. Oktober 1899 über die Verleihung der akademischen Grade Dipl.-Ing. und Dr.-Ing. Zentrales Staatsarchiv Merseburg

Weltausstellung in Philadelphia 1876

Die Entwicklung von Industrie und Wissenschaft und der sich weltweit intensivierende Handel drängten jedoch auch nach internationalen Vereinbarungen insbesondere auf den Gebieten des Meßwesens und der Materialprüfung. Entsprechend der wirtschaftlichen Dringlichkeit entstanden Gremien wie der »Internationale Verband für die Materialprüfung der Technik« 1895, der die Ausarbeitung wissenschaftlicher Prüfmethoden initiieren und normative Richtwerte für die Materialprüfung empfehlen sollte. Ähnlichen Aufgaben verpflichtet, erörterten internationale Konferenzen wissenschaftlich-technische Probleme. So griff der Elektrikerkongreß 1881 in Paris Fragen eines einheitlichen elektrischen Maßsystems auf.

Insbesondere die seit 1851 stattfindenden Weltausstellungen vereinten hervorragende Vertreter aus Wissenschaft und Industrie. Als Stätten nationaler Repräsentanz der wirtschaftlichen Leistungsfähigkeit und des internationalen Handels bildeten sie gleichermaßen Kondensationskerne für den wissenschaftlich-technischen Transfer. Hierbei ausgewiesene Spitzenpositionen bestimmten wesentlich den wirtschaftlichen Erfolg.

Voraussetzung für eine ökonomisch effektive Verwertung war allerdings die Sicherung des Eigentumsrechtes an den wissenschaftlich-technischen Ergebnissen durch die Unternehmen. In den 70er Jahren spitzten sich deshalb Auseinandersetzungen um eine die Innovations- und Investitionsbereitschaft der Industrie fördernde Patentgesetzgebung gegen Vertreter eines absoluten Wirtschaftsliberalismus international zu. Neue Patentgesetze wurden in den USA 1870, in Japan 1871, in Deutschland 1877 und in England 1883 erlassen.

»Diese Ausstellung ist ein schlagender Beweis von der konzentrierten Gewalt, womit die moderne große Industrie überall die nationalen Schranken niederschlägt ... Die Bourgeoisie der Welt errichtet durch diese Ausstellung im modernen Rom ihr Pantheon, worin sie ihre Götter, die sie sich selbst gemacht hat, mit stolzer Selbstzufriedenheit ausstellt.«
Karl Marx, Friedrich Engels zur bevorstehenden Weltausstellung 1851 in London,
Neue Rheinische Zeitung, 1850

Somit waren bis zum Ende des ersten Jahrzehnts des 20. Jahrhunderts mit den Technikwissenschaften auch die gesellschaftlichen Reproduktionsbedingungen ausgebaut, die ihr produktives Wirksamwerden umfassend sicherten.

Neue Bergbauzweige und Spezialdisziplinen der Montanwissenschaften

Hinsichtlich Produktion, technischer Entwicklung und wissenschaftlicher Durchdringung wurde der Erzbergbau seit der Jahrhundertmitte von anderen Bergbauzweigen überflügelt, in denen sich Kapitaleinsatz eher lohnte. Es waren der Steinkohlen-, der Kalisalz- und der Braunkohlenbergbau, die von 1850 bis 1920 starke Konzentrationsbestrebungen aufwiesen.

Die Steinkohlengruben besaßen nun größere Grubenfelder, Schächte von meist 300 bis fast 1000 Meter Tiefe, mehrere hundert Mann Belegschaft und für die Förderung, Wasserhebung und Bewetterung (Frischluftversorgung) maschinentechnisch moderne, leistungsfähige Aggregate, so

Im 20. Jahrhundert wurden die Steinkohlengruben Großbetriebe mit Grubenfeldern von mehreren Quadratkilometern Größe und mehreren tausend Tonnen Steinkohlenförderung pro Tag.

Schema eines Steinkohlenbergwerks um 1900. Schwarz: Steinkohlenflöze, V Versatz = abgebauter und mit Gestein ausgefüllter Flözraum. A Hauptschacht = Förderschacht mit Aufbereitung, Bahnverladung, Kraftwerk, Waschkauen und Verwaltung, B Wetterschacht (= der bergpolizeilich vorgeschriebene zweite Schacht als Fluchtweg). Pfeile: Abbaurichtung, punktierte Pfeile: Verlauf der Wetterführung

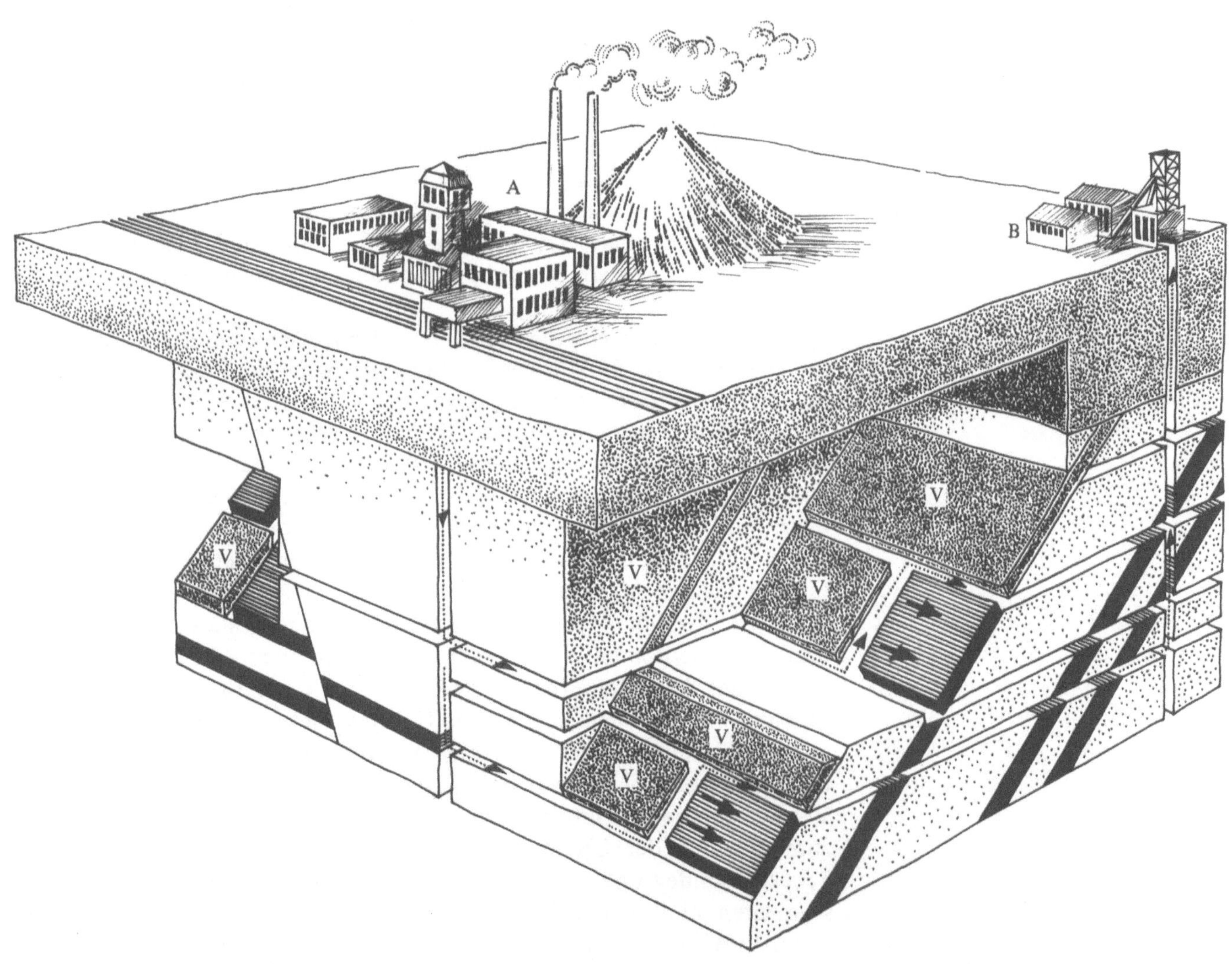

Um 1890 bis 1910 waren die Kaligruben Großbetriebe geworden, wie am Beispiel des Kaliwerks Hohenzollern bei Freden an der Leine zu sehen (Zustand 1905). Aus: R. Slotta, Technische Denkmale in der Bundesrepublik Deutschland. Bd. 3: Die Kali- und Steinsalzindustrie. Bochum, 1980

im Steinkohlenbergbau von Dresden 1882 die erste elektrische Grubenlokomotive. Die Gefahr der Schlagwetterexplosionen war für den Steinkohlenbergbau ein besonderes Problem. Die Bergpolizei hatte z.B. in Deutschland zwecks Ableitung der explosiblen Gase aus der Grube vorgeschrieben, eine Frischluftmenge von 3 Kubikmeter pro Mann und Minute in die Grube einzuführen. Das erforderte Ventilatoranlagen von solcher Größe und Leistung, wie sie zuvor überhaupt nicht existierten, z.B. Guibal-Ventilatoren bis etwa 10 Meter Durchmesser. Die Gewinnung als Hauptarbeitsprozeß erfolgte allerdings nach wie vor fast ausschließlich in Handarbeit. Lediglich für den Vortrieb von Strecken und Stolln wurden etwa ab 1875 Bohrmaschinen eingesetzt. Seit etwa 1870 standen dem Bergbau mit dem Nitroglyzerin und dem Dynamit wesentlich leistungsfähigere Sprengmittel zur Verfügung.

Ebenfalls ganz dieser Periode gehört der Aufschwung des Kalibergbaus an. Die 1852 bis 1857 im neuen Steinsalzschacht Staßfurt bei Magdeburg aus 260 Meter Tiefe erstmals geförderten Kalisalze hielt man zunächst für wertlos. Dann erkannte man ihre Bedeutung für die Produktion von Düngemitteln und Salpeter. Im Jahre 1861 wurde bei Staßfurt die erste Chlorkalifabrik der Welt gegründet. Nun folgten bis um 1900 eine nahezu fieberhafte Tiefbohrtätigkeit und mehrere Wellen von Kaliwerksgründungen sowie schließlich deren Fusion zu großen Unternehmen. Um 1920 förderten nur noch wenige, technisch hochentwickelte Werke das Kalisalz aus etwa 400 bis 1000 Meter Tiefe. Kali konnte durch maschinelles Bohren und Sprengbetrieb mit hoher Produktivität gewonnen werden. Die Standfestigkeit des Salzgesteins erforderte fast keinen Grubenausbau. Das Hauptproblem war die Beherrschung des Gebirgsdruckes und der Gebirgsbewegungen. Es durfte kein Süßwasser aus dem Deckgebirge in die Grube eindringen. Geschah dies doch, dann führte die Auflösung des Salzes zur Erweiterung der Zuflußwege, zu erhöhtem Wasserzufluß und schließlich zum Ersaufen der Grube. Diese Gefahr zwang auch zu sorgfältigerem Schachtabteufen und zum Schachtausbau mit neuem Material, z.B. Eisensegmenten und Beton. Die erste elektrische Fördermaschine der Welt nahm 1899 in einem Kaliwerk bei Braunschweig den Betrieb auf.

Ebenfalls um 1860 begann der Aufschwung der Braunkohlenindustrie. Seit etwa 1780 war in vielen kleinen Gruben Braunkohle mit primitiven technischen Mitteln gefördert worden. In Form von Rohkohle oder Naßpreßsteinen, also handgeformten »Torfziegeln« verwendete man sie als Brennstoff in Ziegeleien und Salinen. Etwa siebzig Jahre später entwickelte sich die Braunkohlenschwelerei, d. h. die trockene Destillation der Braunkohle zu Teer, Koks und Gas, zu einem weit verbreiteten Industriezweig. Ab 1858 nahm mit dem Einsatz der ersten Brikettpresse auf der Grube »Von der Heydt« bei Ammendorf südlich von Halle (Saale) die mechanische Kohleveredelung einen großen Aufschwung. Diese neu entstandenen Industriezweige führten zur Verbreitung und Intensivierung des Braunkohlenbergbaus.

Die Braunkohlengewinnung betrieb man anfangs in kleinen Gruben am Rande des Reviers, wo die Kohle kaum von anderem Gestein bedeckt war. Es folgte eine Periode vorherrschenden Tiefbaus. Nachdem um 1890 die ersten Abraumbagger, 1898 der Bagger mit Elektroantrieb und 1901 auf dem Gruhlwerk im Rheinland die erste elektrische Tagebaulokomotive eingesetzt worden waren, bahnten sich Möglichkeiten der Mechanisierung des Tagebaubetriebes an. Damit konnte im Braunkohlenbergbau der Tagebau den Tiefbau überflügeln. Voll wirksam wurde das jedoch erst durch die kapitalistische Rationalisierung in den 20er Jahren unseres Jahrhunderts. Ebenfalls der Zeit von 1860 bis 1920 gehört der Aufschwung der Erdölförderung an, ab 1885 wesentlich mitbestimmt durch den Benzin- und Ölbedarf des Kraftverkehrs. Für die Erdölgewinnung mußten Bohrungen nun zahlreicher, schneller und tiefer – möglichst auch sicherer und billiger – niedergebracht werden als zuvor. Neue Bohrverfahren wurden entwickelt. Als Antriebskraft diente ab 1853 in zunehmendem Maße die Dampfmaschine. Die Tiefbohrtechnik verselbständigte sich bald gegenüber dem Bergbau.

In der Metallurgie sind für den Zeitraum 1850 bis 1920 besonders zu nennen: die stärkere Verarbeitung ausländischer Erze, die komplexe Gewinnung von Nebenkomponenten wie Arsen, Zink, Schwefelsäure sowie aufgrund erhöhter Produktion das Auftreten von Umweltschäden und erste Maßnahmen zu ihrer Beseitigung.

Mit Beginn der industriellen Revolution entwickelte sich das Eisenhüttenwesen zur Großindustrie. Die Hochöfen nahmen neue Dimensionen hinsichtlich Größe und Leistung an. Stahl wurde 1878 erstmals in Elektroöfen und 1904 bis 1909 in Niederfrequenz-Industrieöfen bzw. Drehstrom-Lichtbogenöfen erzeugt und in Walzwerken mit Antriebsmaschinen von 10 000 PS und mehr Leistung, 1897 erstmals mit elektrischem Antrieb, zu hochwertigen Formstählen verarbeitet. Die Eisenhütten- und Stahlwerke entstanden besonders in den Steinkohlerevieren, um die benötigten Koksmengen leicht verfügbar zu haben. Die Eisenwerke hatten nun massenhaft Produkte zu liefern, die strengen Qualitätsforderungen standhalten mußten.

Repräsentanten der Montanwissenschaften auch zur Zeit des Aufschwungs von Steinkohlenbergbau und Eisenindustrie, Kalibergbau und Braunkohlenindustrie blieben die alten, aus dem Erzbergbau hervorgegangenen Bergakademien, die jedoch im Lehr- und Forschungsprofil den

»In einer Zeit, die den Braunkohlenbergmann mit gutmütigem Spott noch als eine Art Kohlengräber empfand ... dessen Beruf nicht das Ansehen genoß wie der eines Erz- oder Steinkohlenbergmannes, kam ich ins rheinische Revier ...«
K. Piatschek, Braunkohlen-Industrieller, Autobiographie, um 1900

»Je mehr indes die Tiefbohrungen den Unternehmern zufallen, die Geräte von Spezialisten angefertigt werden und lange praktische Erfahrung zu ihrer gesicherten Handhabung erforderlich ist, je massenhafter das literarische Material wächst, ... desto klarer hebt sich die Tiefbohrkenntnis als selbständige technische Kunde von den sie fordernden und erzeugenden Wissenschaften ab.«
Th. Tecklenburg,
Handbuch der Tiefbohrkunde, 1887

neuen Anforderungen, d. h. dem Steinkohlenbergbau, dem Eisenhüttenwesen und der Elektrotechnik, angepaßt wurden.

Bergbaukunde-Lehrstühle entstanden an den technischen Bildungsanstalten 1880 in Aachen und 1911 in Breslau (heute Wrocław), Lehrstühle der Eisenhüttenkunde 1863 in Berlin, 1870 in Aachen, 1875 in Freiberg und 1907 in Clausthal. Der Steinkohlenbergbau und die Eisenmetallurgie wurden profilbestimmende Fachgebiete. Der Kalibergbau befruchtete ebenfalls die Bergbaukunde. Andere Fachgebiete wie die Maschinenkunde und die Elektrotechnik integrierte man in die montanistische Lehre. Die Bergakademien befreiten sich von der Aufsicht der Bergbehörde und wandelten sich zu modernen technischen Hochschulen. Damit emanzipierten sie sich gegenüber den Universitäten. Das brachte auch den Bergakademien um 1900 die Rektoratsverfassung und das Promotionsrecht.

Mit der Integration des Steinkohlen- und Kalibergbaus in Forschung und Lehre der Bergbaukunde sowie der Eisenhüttenkunde in die Metallurgie kann die Herausbildung der Montanwissenschaften als Wissenschaftszweig um 1875 als abgeschlossen gelten. Dem entsprechen auch die Erscheinungsjahre der heute als klassisch angesehenen Lehrbücher, z. B. für Bergbaukunde 1852 von Ponson (Belgien), 1860 Burat (Frankreich), 1876 André (England), 1908 Heise und Herbst (Deutschland), für Aufbereitungskunde 1864 Moritz Ferdinand Gätzschmann (Deutschland), 1867 Rittinger (Österreich) und 1921 Taggart (England und USA) und für Eisenhüttenkunde 1864 Percy (England) und 1885 Adolf Ledebur (Deutschland). Auch einige der wichtigsten, noch heute bestehenden Zeitschriften der Montanwissenschaften begannen in dem Zeitraum zwischen 1860 und 1910 zu erscheinen.

Die einzelnen Disziplinen der Montanwissenschaften sind jedoch zu unterschiedlichen Zeiten entstanden. Einige Teilgebiete der Bergbaukunde wurden – sachlich begründet – weniger auf der Basis naturwissenschaftlicher Erkenntnisse, sondern mehr unter dem Gesichtspunkt der technisch-ökonomischen Optimierung konstruktiv unterschiedlicher Varianten systematisch behandelt, so z. B. die Abbauverfahren und der Grubenausbau. Andere Teilgebiete wie die Förderung und die Wasserhaltung waren weiterhin stark maschinentechnisch orientiert. Das gilt auch für die Tiefbohrkunde, die sich ab 1885 zu einer Spezialdisziplin der Montanwissenschaften herausbildete. Zwar hatten schon der Bohrunternehmer J. Degoussée 1847 in Frankreich und der österreichische Professor A. Beer 1858 Lehrbücher für dieses Gebiet herausgegeben, aber erst Th. Tecklenburg begründete 1887 die Trennung der Tiefbohrkunde von der Montanwissenschaft. 1900 forderte der Bohrunternehmer Emil Przibilla die Selbständigkeit der »Tiefbohrkunst« als Wissenschaft neben der Bergbaukunde. Die pro Bohranlage, Firma und Jahr niedergebrachten Bohrmeter bildeten die technisch-ökonomische Grundlage für diese Forderungen.

Naturwissenschaftliche Grundlagen trugen dagegen zur wissenschaftlichen Bearbeitung des Schachtabteufens, der Wetterführung und der Gebirgsmechanik bei. Für das Schachtabteufen gab es schon verschiedene ältere und jüngere Verfahren, als F. H. Poetsch 1883 das Gefrierverfahren erfand, das Schächte in stark wasserführenden Schichten niederzubringen erlaubte. Rings um den künftigen Schacht wurden Bohrungen niederge-

Um 1900 waren die Eisenhütten, Stahl- und Walzwerke Großbetriebe, die große Massen hochwertiger Sorten Eisen, Stahl und Walzstahl mit strengen Qualitätskriterien zu liefern hatten. Emaillewandmalerei von Paul Meyerheim, 1874. Märkisches Museum, Berlin

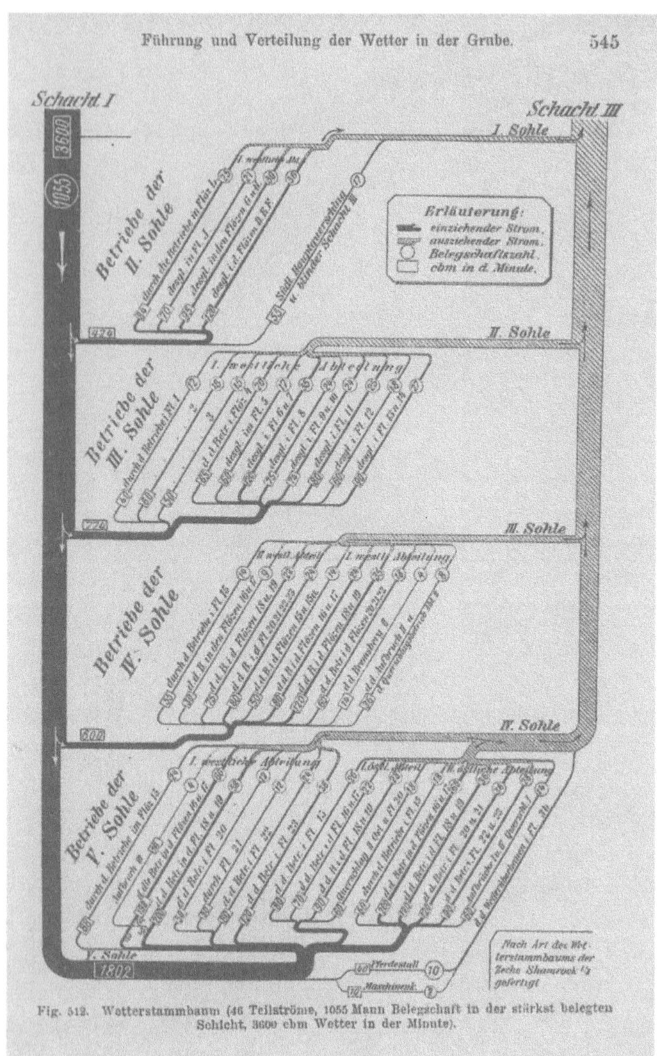

Fig. 512. Wetterstammbaum (46 Teilströme, 1055 Mann Belegschaft in der stärkst belegten Schicht, 3600 cbm Wetter in der Minute).

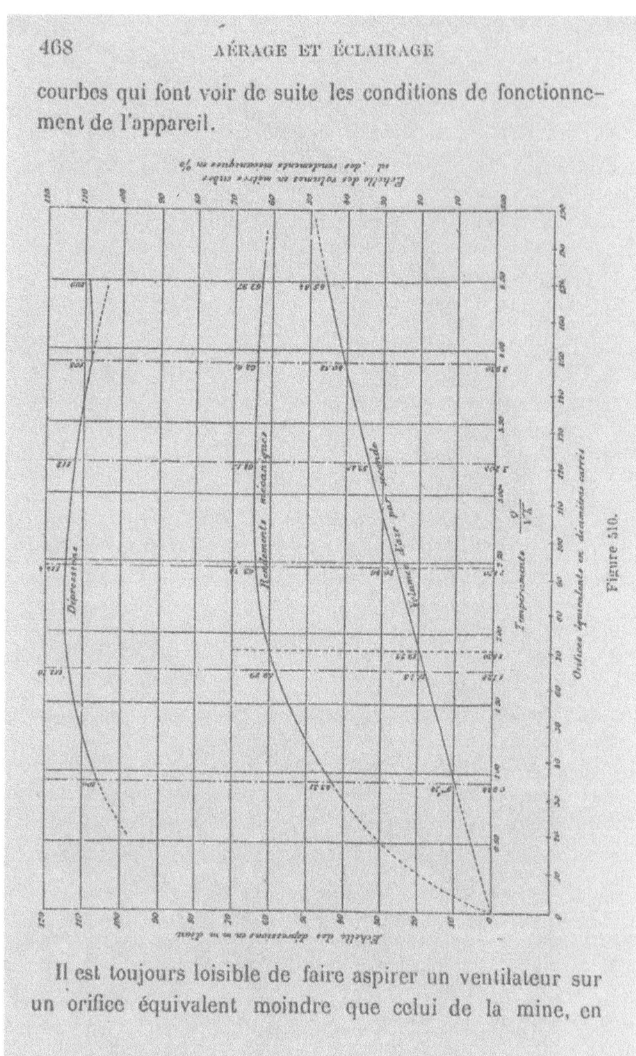

Die Großräumigkeit von Steinkohlengruben der Zeit um 1879/1920 und die vielen Verzweigungen der Schächte, Stolln und Strecken machten zur Frischluftversorgung der Bergleute eine strömungsmechanisch und maschinentechnisch zu begründende »künstliche Wetterführung« erforderlich, die in »Wetterstammbäumen« dargestellt wurde. Aus: F. Heise und F. Herbst, Lehrbuch der Bergbaukunde, Bd. 1, Berlin, 1908

Besonders in französischer und belgischer Literatur wurden Ventilator-Kennlinien aufgestellt, mit denen die Frischluft-Leistung abhängig von den Eigenschaften der Maschine und der Grubenräume vorausbestimmt werden konnte. Aus: Ch. Demanet, Traité d' exploitation des mines de houille, Bd. 2, Brüssel, 1898

bracht, durch die man eine Kälteflüssigkeit pumpte und damit das Wasser im Gestein gefrieren ließ. In dem gefrorenen Gesteinskörper konnte der Schacht ohne die Gefahr eines Wassereinbruchs abgeteuft werden. Das Verfahren gewann erst an Realität, als die Kältetechnik einschließlich ihrer thermodynamischen Grundlagen hinreichend entwickelt war.

In der Grubenwetterlehre hatte M. W. Lomonossow schon 1745 die Theorie für den natürlichen Wetterzug geliefert, der für die damaligen Gruben fast überall zur Frischluftversorgung ausreichte. Alexander von Humboldt hatte um 1790 erstmals die Beschaffenheit der unterirdischen Luft untersucht und eine »Rettungsflasche« zum Aufenthalt des Menschen in unterirdischen Gasen entwickelt. Doch war dies ein Einzelbeispiel geblieben. Das Bedürfnis, die künstliche Wetterführung theoretisch zu interpretieren und dann nach wissenschaftlichen Erkenntnissen zu gestalten, entstand nach 1860, als der Bergbau Tiefen von 400 bis 800 Metern erreichte und damit der natürliche Wetterzug nicht mehr ausreichte, die Belegschaften sich vergrößerten und in Steinkohlengruben wegen schlechten Wetterzuges Schlagwetterexplosionen mit vielen Todesopfern auftraten. Physikalische

Voraussetzung für die Berechnung und planmäßige Erzeugung eines Wetterstromes durch die Grubenbaue war die Strömungslehre, die bis 1880 hinreichend ausgearbeitet vorlag. Allerdings schien es unmöglich, alle Besonderheiten und Hindernisse des Wetterzuges in den verzweigten, unterschiedlich weiten und mit verschiedenen Einbauten versehenen Stolln, Strecken und Schächten eines Bergwerkes mathematisch zu erfassen. Deshalb stellte der Franzose D. Murgue nach Vorarbeiten des Belgiers A. Devillez 1873 dafür eine zusammenfassende, typisch technische Kenngröße, die »äquivalente Grubenöffnung«, auf, die sich für jede Grube experimentell aus dem Zusammenhang zwischen Ventilatorleistung und erzeugtem Wetterstrom berechnen ließ. Diese Kenngröße benutzte er 1884 für eine Theorie der Ventilatoren, mit deren Hilfe er einen dem Frischluftbedarf einer Grube entsprechenden Ventilator ermitteln konnte. Die Theorie der künstlichen Wetterführung wurde 1884 auch publiziert und erstmals in die Bergbaukundevorlesungen aufgenommen, und zwar von Professor Haton de la Goupillière an der Pariser École des Mines. Damit fand die Herausbildung der Grubenwetterlehre als Teildisziplin der Bergbaukunde ihren Abschluß. In der Folgezeit wurden Kennliniendiagramme entwickelt, die für bestimmte Werte der äquivalenten Grubenöffnung die Korrelation z. B. zwischen Druckabfall, Ventilatorleistung und Frischluftmenge abzulesen erlaubten.

Auch die Bergmännische Gebirgsmechanik entstand als Wissenschaft durch die Probleme des Steinkohlenbergbaus. Zwar hatte man sich schon im Erzbergbau gegen das Hereinbrechen von Gestein schützen müssen, aber erst im Steinkohlenbergbau zwang die Problematik der Gebirgsbewegungen zur wissenschaftlichen Analyse der Beobachtungen und zur Ableitung einer Theorie für die Beherrschung des Gebirgsdrucks. Das Nebengestein und das Deckgebirge der Steinkohlenflöze waren wesentlich brüchiger als das des Erzbergbaus. Durch die flache Lagerung der Flöze wurde die Erdoberfläche großflächig von Senkungen betroffen, oft auch in bebautem Gelände. Damit tauchten juristische und ökonomische Bergschadensfragen auf. Da man Senkungen nicht nur vertikal, sondern auch seitlich über den Abbauräumen beobachtet hatte und zahlreiche Hausbesitzer bei Gebäudeschäden Ersatz von den Gruben forderten, traten zwei Fragen auf: 1. Ist ein im Bergrevier beobachteter Gebäudeschaden tatsächlich durch Geländesenkungen über Abbauhohlräumen bedingt oder durch die Bautechnik verursacht, also nicht vom Bergbau zu verantworten? 2. Welches Gebiet läßt bei vorrückendem Abbau Bergschäden erwarten? Außerdem gaben zahlreiche Grubenunglücke durch hereinbrechendes Gestein den dringenden Anlaß, die Bewegungen des Deckgebirges so zu analysieren und zu interpretieren, daß man sie durch entsprechende Maßnahmen der Abbauführung und des Grubenausbaus beherrschte. Seit 1820 sammelte man vor allem in England und Belgien zahlreiche Erfahrungen. Erste Theorien zur Gebirgsmechanik wurden aber durch weiteres Beobachtungsmaterial widerlegt. Eine neue Qualität dieser markscheiderischen Vermessungen von Senkungsgebieten erbrachte die Zeit nach 1880. Genaue Nivellements im westfälischen Steinkohlenrevier 1881 und Wiederholungsmessungen 1894 sowie ähnliche Messungen in anderen Revieren führten zur stufenweisen Herausbildung der noch heute gültigen Theorie:

Schemata zu den klassischen Theorien
der Bergmännischen Gebirgsmechanik.
Oben Plattentheorie: Über dem Abbau
eines Steinkohlenflözes (Abbaurichtung = weißer Pfeil) verhalten sich die
Deckgebirgsschichten wie eingespannte,
durch ihr Eigengewicht (Pfeile) auf Biegung beanspruchte Platten. Mitte
Gewölbetheorie: Von Pfeiler zu Pfeiler
bildet sich durch Auflockerung und Herab-
brechen des Gesteins über den Abbaukam-
mern (A) ein natürliches Gewölbe heraus
(strichpunktiert). Unten: Nach der Trogtheorie bildet sich über einer abgebauten
Fläche ein Senkungsgebiet (S) heraus, das
randlich von einer Pressungszone (P) und
einer – über das Abbaufeld ausgrei-
fenden – Zerrungszone (Z) umgeben wird.

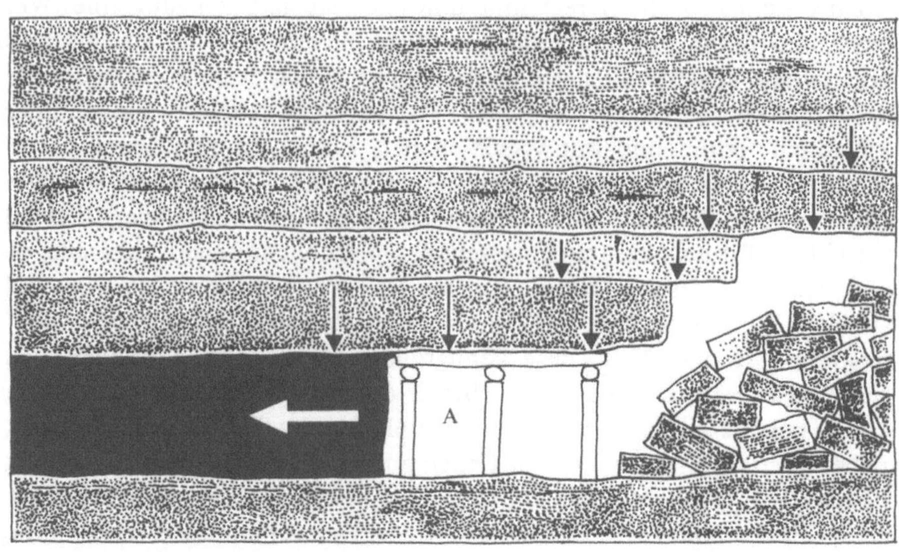

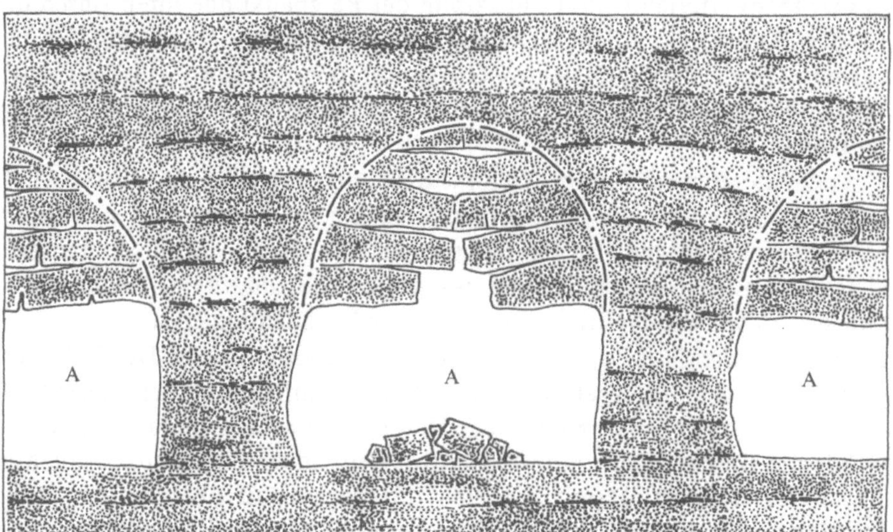

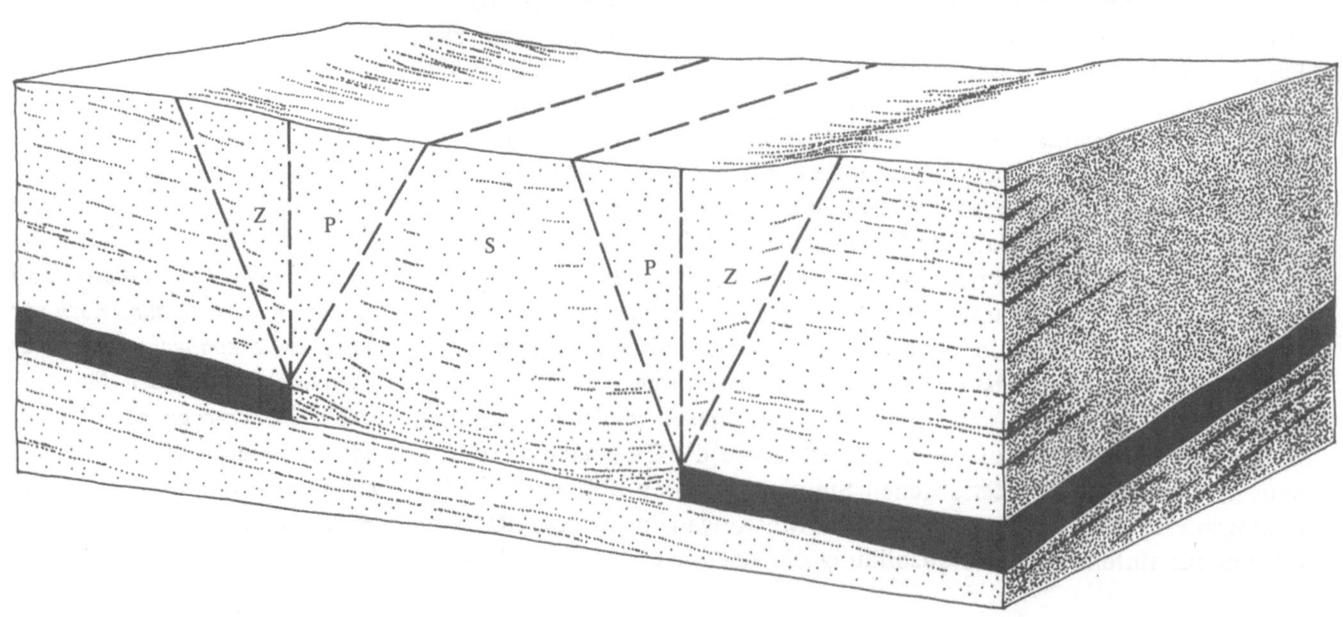

- 1882 formulierte der Österreicher Rziha erstmals die Gewölbetheorie, wonach das Deckgebirge über einem Hohlraum solange nachbricht, bis sich über diesem ein Gewölbe gebildet hat.
- 1884 veröffentlichte der Tscheche Jičinsky empirisch gefundene Korrelationen zwischen Abbaufläche, Senkungsfläche, Teufe und Senkungsbetrag.
- 1894 gab der Deutsche Georgi den theoretischen Ansatz: Gebirgsdruck ist Gewicht des Deckgebirges minus Reibung der sich bewegenden Teile.
- 1909 erkannte Korten im westfälischen Steinkohlenbergbau erstmals Zerrung und Pressung als Beanspruchungsarten des Deckgebirges über Abbauhohlräumen.
- 1913 wendete Eckardt die Theorie der Stützlinien und Stützkräfte aus der Baumechanik auf die Gebirgsmechanik an und begründete damit die Plattentheorie, die später von Kegel weiterverfolgt wurde.
- 1918 veröffentlichte der westfälische Markscheider K. Lehmann die »Trogtheorie«, die sich als zutreffend erwies, die Analyse der Bergschadensfälle ermöglichte und Prognosen über künftige Senkungen und Gebirgsbewegungen entsprechend dem vorrückenden Abbau gestattete.

Mit der Trogtheorie Lehmanns kann die Herausbildung der Spezialdisziplin »Bergmännische Gebirgsmechanik« als vollendet gelten.

Von weiteren Teilgebieten der Montanwissenschaften sei nur folgendes angedeutet: Die Aufbereitungskunde erfuhr nach 1860 einen starken Impuls durch Erfordernisse der Aufbereitung großer Fördermengen von Steinkohle und neu entwickelte Verfahren wie die Flotation 1877 bis 1886. Bei dieser wird die unterschiedliche Benetzbarkeit von Mineralien bei Zusatz von Chemikalien im Wasser zur Trennung von Nutzkomponenten und taubem Material benutzt. Die Flotation basiert also von Anfang an auf Forschungsergebnissen der Chemie. Als Beispiel dafür, wie klassische Aufbereitungsverfahren naturwissenschaftliche Kenntnisse technisch anwendbar gemacht haben, soll Rittingers »Gleichfälligkeitsgesetz« genannt werden, das Newtons Formeln des Falles fester Körper in einem zähen Medium für das Verhalten von Kohle, Erz und Gestein im Wasser präzisierte. Nach dem Aufschwung der Braunkohlenbrikettierung als völlig neuer Industriezweig entwickelte sich um 1900 als Spezialgebiet der Aufbereitungskunde die Brikettierkunde. Für diese schuf Karl Kegel schon als Student der Bergakademie Berlin in Antithese zu anderen Vorstellungen die noch heute gültige Theorie der »Brikettbindung durch molekulare Nahkräfte«. Damit verselbständigte sich auch die Brikettierkunde zu einer Spezialdisziplin der Montanwissenschaften. Ihren umfassenden Ausbau erfuhr sie jedoch erst nach 1920.

In der Buntmetallurgie zog nach 1875 die elektrochemische Veredlung des hüttenmännisch erzeugten Produktes ein. In der Norddeutschen Affinerie Hamburg wurde 1877 erstmals in großtechnischem Maße bei der Verarbeitung von eingezogenem Münzmaterial neben Silber Kupfer elektrolytisch gewonnen. War das noch eine Sonderaufgabe, setzte mit der elektrolytischen Raffination von Hütten- zu Reinstkupfer, erstmals erfolgt 1877 in den durch Siemens & Halske betriebenen Fiskalischen Hüttenwerken in Oker, eine bedeutungsvolle wirtschaftliche Entwicklung ein. Es gelang, aus einem 98,87prozentigen ein 99,99prozentiges Kupfer zu erzeugen

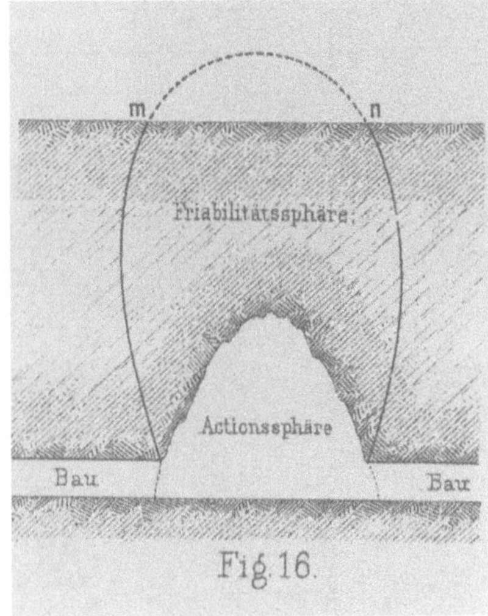

In einer Veröffentlichung des Österreichers F. Rziha wurde erstmals die Gewölbetheorie als theoretische Grundlage der Bergmännischen Gebirgsmechanik entwickelt. Aus: Österr. Zeitschrift für Berg- und Hüttenwesen, Wien 30 (1882)

»Obwohl wissenschaftliche Betriebsmethoden (im Bergbau) schon früher entwickelt und auf Bergakademien gepflegt wurden, hat der Bergbau doch erst um die Jahrhundertwende begonnen, eine rational-mathematische Wissenschaft seines Elements, des Gebirges, zu entwickeln, die schließlich den Namen Gebirgsmechanik erhielt.«

Hans Günter Denkhaus, 1968

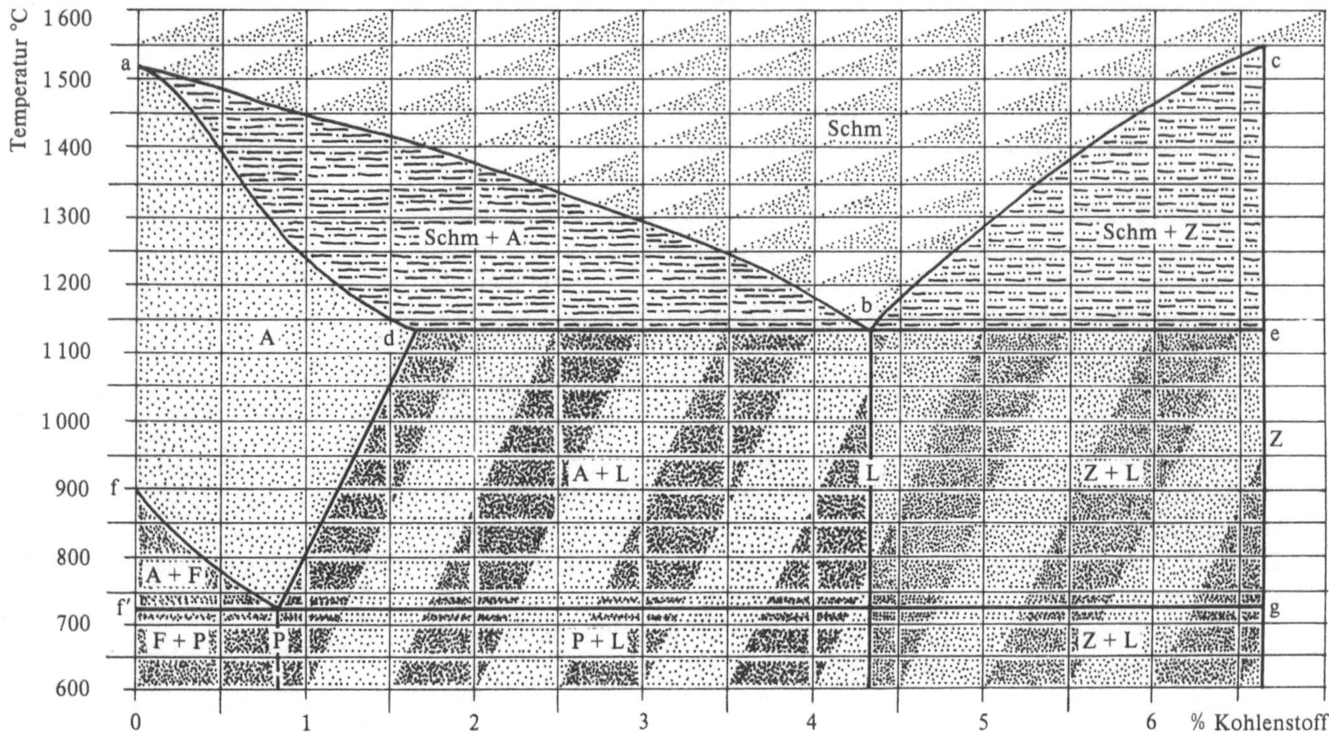

Das Eisen-Kohlenstoff-Diagramm in stark vereinfachter Form: Schm Schmelze, A Austenit = eisenreiche Eisen-Kohlenstoff-Mischkristalle, Z Zementit = kohlenstoffreiche Eisen-Kohlenstoff-Mischkristalle, L Ledeburit = feinkörniges und gleichkörniges Gemenge von Austenit und Zementit, F Ferrit = kohlenstofffreies Eisen, P Perlit = feinkörniges und gleichkörniges Gemenge von Ferrit und Ledeburit.
Kühlt sich eine Eisenschmelze bis zur Linie a b c ab, dann scheiden sich in ihr je nach Kohlenstoffgehalt Austenit- oder Zementit-Kristalle aus. Dadurch wird die Schmelze reicher bzw. ärmer an Kohlenstoff, bis sich ab Punkt b Ledeburit (mit 4,3 Prozent Kohlenstoff) auskristallisiert. Unterhalb der Linie a d b e gibt es keine Schmelze (d. h. alles ist kristallisiert). Unterhalb der Linien f g bzw. f'g finden die Umwandlungen im festen Zustand statt.

und daneben noch die Edelmetalle Gold und Silber fast gratis zu gewinnen. Hauptgegenstand wissenschaftlicher Untersuchung bildeten dabei die Zusammensetzung des Elektrolyten und dessen Veränderung im Laufe der Elektrolyse, die aufzuwendende Energie und die zu erwartenden Ausbeuten. Dazu wurden die naturwissenschaftlichen Erkenntnisse über den Verlauf der Elektrolyse mit den im praktischen Betrieb erzielten Ergebnissen verglichen und durch Veränderung der geometrischen Verhältnisse, der Elektrolysebäder, der Temperaturverhältnisse oder der Zirkulationsgeschwindigkeit des Elektrolyten die Technologie der elektrolytischen Kupferraffination verbessert.

In der wissenschaftlichen Literatur standen vor allem die verschiedenen technischen Apparaturen im Vordergrund einer weitestgehend deskriptiven Darstellung. Erst nach der Jahrhundertwende wurden die Elektrodenprozesse an den realen technischen Objekten bzw. an detailgetreu nachgestalteten Modellen einer wissenschaftlichen Betrachtung unterzogen und fanden in Form von Diagrammen Eingang in Lehr- und Handbücher.

Ein zweiter wichtiger Zweig der Elektrometallurgie begann 1888 mit der technischen Nutzung der Schmelzflußelektrolyse für die Aluminiumerzeugung. Auch hier wurden die wichtigsten Verfahren weitestgehend in der Industrie entwickelt und patentrechtlich geschützt. Die wissenschaftliche Literatur setzte mit der Wiedergabe dieser Patente ein. Sie unterzog sie der Prüfung und beschrieb die Verfahren. Hochschullehrer konnten sich aufgrund ihrer Kontakte zur Industrie in Vorlesungen und Lehrbüchern mit den entsprechenden wissenschaftlichen Problemen beschäftigen. Dabei erstreckten sich die Untersuchungen auf die Beschaffenheit der Ausgangsmaterialien, ihre Aufbereitung, die eigentliche Elektrolyse und die Materialeigenschaften des gewonnenen Metalls bzw. seiner Legierungen.

Die Weltaluminiumproduktion stieg von 92 Tonnen im Jahre 1889 auf rund 70 000 Tonnen im Jahre 1913, wovon etwa 40 Prozent in den USA und Kanada erzeugt wurden. Wesentliche Untersuchungen der Aluminiumlegierungen, in deren Ergebnis man das für Leichtmetallkonstruktionen wichtige Duraluminium entdeckte, führte Alfred Wilm 1906 im Staatlichen Materialprüfungsamt in Berlin-Dahlem durch. Diese Analysen lagen auf dem engen Grenzgebiet zwischen Metallurgie und Elektrochemie.

Im Eisenhüttenwesen begann man ab 1860 mit dem Einsatz von Chemikern und der Einrichtung von Industrielaboratorien. Als Wissenschaft konstituierte sich die Eisenmetallurgie zwischen 1840 und 1900 mit der Gründung spezieller Lehrstühle und Institute an den Bergakademien und der Erarbeitung von Lehrbüchern, besonders des Freiberger Professors Adolf Ledebur, durch Fachzeitschriften und theoretische Arbeiten. Zwar hatte schon Réaumur 1722 eine Theorie, »das Eisen in Stahl umzugestalten«, versucht, war schon 1786 der Kohlenstoff im Roheisen entdeckt worden, aber erst die 1864 von dem Engländer H. C. Sorby entwickelte Mikroskopie des Eisens ermöglichte Fortschritte in der Theorie der Eisenmetallurgie. Adolf Martens in Berlin beschrieb in den 70er Jahren das Makro- und Mikrogefüge von Eisen und Stahl. 1882 entdeckte Ledebur Eisen-Kohlenstoff-Mischkristalle, 1887 wurden verschiedene Modifikationen des Eisens nachgewiesen. Das 1891 von Le Chatelier entwickelte Pyrometer und das 1897 erfundene thermoelektrische Pyrometer ermöglichten in der Eisenmetallurgie die Messung hoher Temperaturen. Diese Vorarbeiten bildeten die Grundlage für das zwischen 1885 und 1900 von dem Franzosen F. Osmond, dem Engländer Roberts-Austen und dem Holländer Bakhuis-Roozeboom entwickelte Eisen-Kohlenstoff-Diagramm, das die Modifikationen des Eisens in Abhängigkeit von Temperatur und Kohlenstoffgehalt darstellt. Das Eisen-Kohlenstoff-Diagramm, das 1930 seine endgültige Form erhielt, ergab das theoretische Fundament sowohl für die weitere eisenmetallurgische Forschung als auch für die Praxis. Materialprüfungsämter überwachten auf gesicherter wissenschaftlicher Basis die Einhaltung der Qualitätsparameter für Eisen und Stahl.

Porträt des Freiberger Professors Adolf Ledebur. Er gehört zu den Mitbegründern der wissenschaftlichen Eisenhüttenkunde. Aus: E. Leber, Adolf Ledebur, Düsseldorf, 1912

Stahl- und Stahlbetonbau als Domänen der Bauingenieurwissenschaften

Die Zeitspanne zwischen der Mitte des 19. Jahrhunderts und dem Ende des ersten Weltkrieges sah in der Bauwissenschaft ausgedehnte Differenzierungs- und Integrationsprozesse Raum greifen. Im Zuge einer mehr und mehr deutliche Konturen der Konsolidierung tragenden Entwicklung wurde das entstehende Ensemble bauwissenschaftlicher Disziplinen zu einer Hauptsäule der Technikwissenschaften.

Produktionsvolumen und Beschäftigtenzahlen weisen aus, daß in allen fortgeschrittenen Industrienationen das Bauwesen neben der metallerzeugenden und -verarbeitenden Industrie zum größten Sektor der Wirtschaft heranwuchs. Dabei mauserte sich der sogenannte Ingenieurbau zum leistungsstärksten Bereich des Bauwesens. Noch beherrschten der mit imposanten Wachstumsraten aufwartende Ausbau des Verkehrsnetzes zu Was-

Bau der Eisenbahnbrücke über den Firth of Forth bei Queensferry in Schottland, 1882 bis 1890, Konstruktion Benjamin Baker und John Fowler. Das aus saurem Siemens-Martin-Stahl errichtete Bauwerk war mit 521 Meter Spannweite in den Mittelöffnungen die weitest gespannte Brückenkonstruktion des 19. Jahrhunderts und ein markantes Beispiel für den vom wissenschaftlich-technischen Fortschritt ermöglichten Siegeszug stählerner Fachwerkbrücken. Als Gerber- oder Cantileverträger konzipiert, bestanden ihre vorwiegend druckbeanspruchten Tragglieder aus Stahlblechrohren, die hauptsächlich zugbeanspruchten aus einem fachwerkartigen Stabwerk. Die Aufgabe, sichere und wirtschaftliche Konstruktionen für den Eisenbahnverkehr zu errichten, ließ den Stahlbrückenbau zum Hauptfeld bauwissenschaftlicher Forschung werden. Hier vor allem trieben sich Bauwissenschaft und Produktion voran, zogen wissenschaftliche Erkenntnisse rasch in die Praxis ein. Sammlung Frank Werner

ser und zu Lande sowie der zu zyklopischen Baugrößen vorstoßende Industriebau das Feld. An ihre Seite traten nach 1870 unter anderem der städtische Tiefbau und schließlich die mit der Energiewirtschaft verbundenen Bauvorhaben. Doch auch Gesellschaftsbauten bargen oft einen Gutteil ingenieurtechnischer Leistung. Aus den vielfältigen Ingenieurbauten ragten Stahlbauten und ihr wohl bedeutendstes Anwendungsgebiet, die Eisenbahnbrücken, heraus. Hier vor allem nahm das dominierende Ingenieurproblem, die Auslotung des Spannungsfeldes von Sicherheit und Wirtschaftlichkeit, Dimensionen an, die den technischen Fortschritt und die Wissenschaftsentwicklung in einen engen Zusammenhang brachten.

Obwohl die Bauingenieure auch traditionelle Materialien nicht aus dem Blickfeld verloren, suchten sie den ständig steigenden konstruktiven und ökonomischen Forderungen bevorzugt mit Stahlkonstruktionen zu genügen. Ermöglicht von Fortschritten im Hüttenwesen, zogen massenproduzierte Stahlprofile – im Interesse der hier legitimen Verwendung einer vereinfachten Terminologie sei fortan alles schmiedbare Eisen »Stahl« genannt – in das Baugeschehen ein. Im Stahlbau fanden Ingenieure und Wissenschaftler Lösungen, die weit in das 20. Jahrhundert reichten und auch auf andere Bereiche ausstrahlten. Der Zeitgeist feierte weitgespannte Brücken und Hallen oder auch die im Chicago der 1880er Jahre geborenen vielgeschossigen Stahlskelettbauten – die »Wolkenkratzer« – als Kathedralen der Technik.

Es nimmt daher nicht wunder, daß unter den zahlreichen Problemen des Ingenieurbaus, die einer wissenschaftlichen Durchdringung harrten, die des Stahlbaus zum Hauptfeld der expandierenden Bauforschung avancierten. Als aber seit dem ausgehenden 19. Jahrhundert Beton- und Stahlbetonbauten sich anschickten, in die Domänen des Stahls einzudringen und noch weitere Gebiete zu erschließen, fand die Bauwissenschaft rasch einen zweiten zentralen Objektbereich. Im Stahl- und Stahlbetonbau trafen zudem die Intentionen all jener gesellschaftlichen Gruppen zusammen, die an der Entwicklung der Bauwissenschaft vitales Interesse hatten. Auftraggeber für Ingenieurbauten waren neben Unternehmen und Kapitalgesellschaften besonders in Frankreich und den deutschsprachigen Regionen auch Kommunen und der Staat. Nachdem noch um die Mitte des Jahrhunderts die Auftraggeber größerer Vorhaben meist auch für ihre Ausführung zu sorgen hatten, entstanden jedoch im Stahlbau in allen entwickelten Industrienationen allmählich leistungs- und kapitalstarke Betriebe. Sie waren häufig Zweigbetriebe bedeutender Montan- oder Maschinenbauunternehmen und sahen sich seit den 1870er Jahren einem immens an Schärfe gewinnenden Konkurrenzkampf ausgesetzt. Mit den Stahlbaubetrieben zog die große Industrie auf die Baustellen ein.

Auch die übrigen Bereiche des Ingenieurbaus versprachen im Gegensatz etwa zum Wohnungsbau, der als Tummelplatz der Boden- und Bauspekulation höchst unsichere Auftrags- und Absatzverhältnisse aufwies, große Aufträge mit relativ langfristig gesicherter Auslastung von Arbeitsmitteln und Arbeitskräften. Dennoch verlief das Wachstum einer eigentlichen Bauindustrie nicht mit der gleichen Dynamik wie im Stahlbau, dessen Betriebe nicht zur Bauwirtschaft gehörten. Obwohl sich einige vorwiegend im Tiefbau wirkende Firmen über das Niveau der sonst das Baugewerbe beherrschenden zahllosen Kleinbetriebe erhoben, blieben sie weit hinter der

»Hei!
Wie Splitter brach das Gebälk entzwei.
Tand, Tand
Ist das Gebilde von Menschenhand.«
Theodor Fontane, Die Brück' am Tay, 1880

Stahlbaubetrieb Gustavsburg der Maschinenfabrik Augsburg–Nürnberg (MAN). Grundriß des Werkgeländes um 1900. Hervorgegangen aus der Montagewerkstatt der Firma Klett & Co. für die Eisenbahnbrücke über den Rhein bei Mainz 1862, entwickelte sich der Gustavsburger Betrieb unter seinem Direktor Heinrich Gerber zu einem Unternehmen von Weltruf. Aus: G. Mehrtens, Der deutsche Brückenbau im 19. Jahrhundert, Berlin, 1900

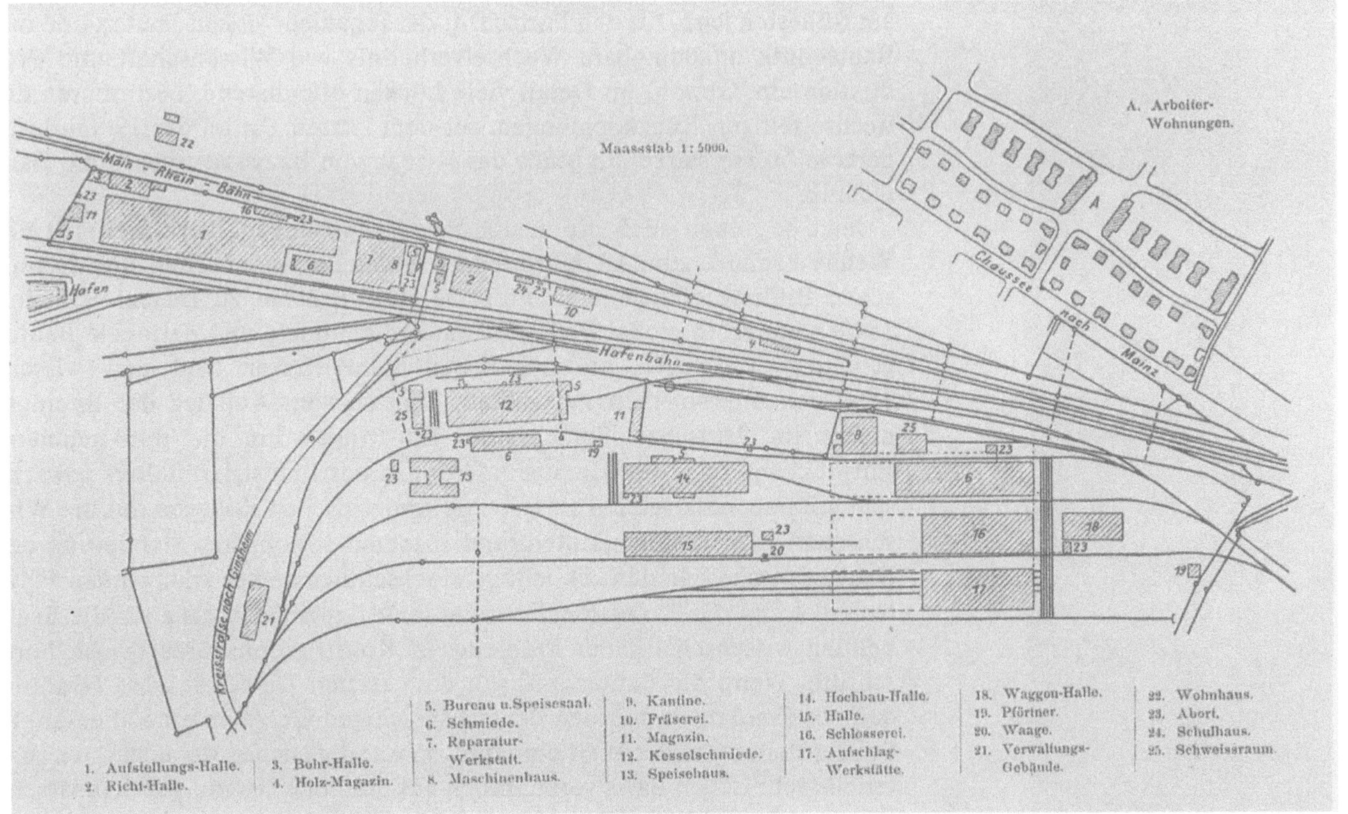

ökonomischen und produktionstechnischen Entwicklung führender Zweige zurück. Dagegen bewirkte der sich seit dem späten 19. Jahrhundert ausbreitende Stahlbetonbau eine zweite Industrialisierungswelle im Bauen. Hier stand auch neben dem Tiefbau die Wiege der Bauindustrie, bildeten sich die ersten Konzerne in der Bauwirtschaft.

Es versteht sich, daß die Konzentration der Bauforschung auf den Stahl- und Stahlbetonbau durch das Zusammenspiel von Interessen der einflußreichsten Auftraggebergruppen und den großen Unternehmen ungemein befördert wurde. Zudem meldeten die in Stahl- und Stahlbetonbetrieben entstandenen technischen Büros ihren Bedarf an gut ausgebildeten Bauingenieuren und einer entsprechend profilierten Forschung und Lehre bei den Stätten technischer Bildung an. Ja, sie wurden mehr und mehr selbst Träger der Bauwissenschaft. Auf diese Weise verlor der Staat auch in Ländern wie Frankreich und Deutschland sein auf die Baubeamtentradition gegründetes Wissenschaftsmonopol.

Großbritannien, das den Ingenieurbau, abgesehen von staatlichen Kontrollen, weitgehend dem freien Spiel der Kräfte überließ, kannte diese starke Baubeamtentradition nicht. Daher waren auf der Insel private Konstruktionsbüros, wissenschaftliche Gesellschaften und Ingenieurvereine die wichtigsten Institutionen der Bauwissenschaft, bis an ihre Seite allmählich einige Universitäten und technische Schulen traten.

Damit ist angedeutet, daß die nach der Mitte des 19. Jahrhunderts in einem kaum noch zu überblickenden Ausmaß internationalisierte Entwicklung der Bauwissenschaft ein ausgeprägtes geographisches Raster aufwies. In Frankreich, Deutschland, Österreich und der Schweiz stellte sich am frühesten jenes für den Fortschritt der Ingenieurwissenschaften und der Bautechnik unabdingbare Wechselverhältnis von Wissenschaft und Produktion ein. Obwohl im Detail viele Lücken offenbarend, bestimmten die wechselseitigen Rückkopplungen seit dem letzten Drittel des 19. Jahrhunderts in immer stärkerem Maße das Niveau von Bauwissenschaft und Bautechnik.

Jetzt begannen auch die in den deutschsprachigen Territorien seit der Wende vom 18. zum 19. Jahrhundert in der Bauwissenschaft und technischen Bildung eingeleiteten Prozesse reife Früchte zu tragen. Seit den 1840er Jahren in großer Zahl entstandene regionale und nationale Bauingenieurvereinigungen, die sich neben Standesfragen bald auch wissenschaftlichen Problemen zuwandten, künden vom Aufstieg der Bauingenieure im deutschen Sprachraum. Im Ringen um die nun gebotene Entwicklung einer den Herausforderungen des Industriezeitalters gewachsenen Bautechnik setzten sie wie ihre französischen Kollegen auf die Wissenschaft. Vor diesem Hintergrund machten sowohl die Etablierung der Bauwissenschaft an den schließlich Hochschulcharakter erlangenden Polytechnika und die Professionalisierung ihrer Exponenten als auch die Bearbeitung wissenschaftlicher Probleme in Konstruktionsbüros rasche Fortschritte. Wenn die Bautechnik seit dem letzten Drittel des 19. Jahrhunderts in Frankreich und den deutschsprachigen Gebieten eine anerkannte Spitzenstellung in der Welt einnahm, so war dies neben der erstarkten materiell-technischen Basis vornehmlich auf das hohe Niveau von Bauwissenschaft und technischer Bildung zurückzuführen.

Die britische Bautechnik geriet dagegen zunehmend ins Hintertreffen. Das Fehlen eines breitenwirksamen technischen Bildungswesens konnte immer weniger kompensiert werden. Zudem hallte wohl die erfolgreiche Praxis der industriellen Revolution, als die britische Bautechnik auch ohne wissenschaftliches Fundament unangefochten an der Spitze stand, noch zu lange nach. Besonders augenfällig wurde dieses Zurückbleiben mit dem Aufkommen des Stahlbetonbaus, das die Nachfahren der Pioniere des Eisenbaus im wesentlichen von der Zuschauertribüne verfolgten.

Dennoch zeigten sich auf der Insel durchaus fruchtbare wissenschaftliche Ansätze. Neben Physikern wie James Clerk Maxwell oder Osborne Reynolds, die ihre Beiträge allerdings meist in naturwissenschaftlichen Periodika veröffentlichten, setzte mit William John Macquorn Rankine auch einer der bedeutendsten Ingenieurwissenschaftler des 19. Jahrhunderts Schlaglichter in der Bauwissenschaft. Sein den allzu pragmatischen Vorstellungen der Technikerelite um Fairbairn entgegengehaltenes Programm einer Harmonisierung von Theorie und Praxis räumte der experimentellen Forschung eine zentrale Stellung ein. Rankine gelang auch die akademische Institutionalisierung der Bauingenieurausbildung an der Universität Glasgow, nachdem mancherorts seit den 1830er Jahren unternommene Anläufe keine dauerhaften Lösungen zeitigen konnten. 1855 erhielt er die Berufung auf einen Lehrstuhl für »Civil Engineering and Mechanics« an der Universität Glasgow.

Neben der universitären Anbindung verweist auch Rankines typisch polytechnisches Aufgabengebiet auf zunehmende Unterschiede zum Kontinent. Ihm oblag die Ausbildung noch gleichermaßen im Bau- und Maschinenwesen. Entsprechend weit gefächert war auch sein Forschungsfeld, das von der Dauerfestigkeit bis zur technischen Thermodynamik reichte. An den bedeutenden kontinentalen technischen Bildungsanstalten setzte in der zweiten Hälfte des 19. Jahrhunderts jedoch schon innerhalb der Gebiete des Bau- und Maschinenwesens eine breite Differenzierung ein. Rankines Konzept dagegen prägte die britische akademische Forschung und Lehre bis zur Jahrhundertwende. Davon zeugt der langjährige Gebrauch seines erstmals 1862 erschienenen »Handbuch des Bauingenieurwesens«. Es behandelte auf knapp 1000 Seiten das Gesamtgebiet. 1880 kam auch eine deutsche Übersetzung auf den Buchmarkt. Ihr war jedoch in einer Zeit, da in deutschen Landen eine breite Spezialliteratur in auflagenstarken Fachperiodika und Monographien sowie ihre Zusammenfassung in ersten Lehr- und Handbuchreihen vorlagen, nur wenig Erfolg beschieden.

Die seit dem Ende des 19. Jahrhunderts ausgebauten technischen Colleges vermochten dann zwar die institutionelle Basis der Bauwissenschaft zu verbreitern, konnten aber so rasch keinen Aufschwung bewirken. Zudem standen noch im frühen 20. Jahrhundert einflußreiche britische Ingenieure und Wissenschaftler den Entwicklungstendenzen auf dem Kontinent recht skeptisch gegenüber.

Die Rezeption dieser Tendenzen hatte indes in Ländern wie Italien im letzten Drittel des 19. Jahrhunderts sichtbare Erfolge gezeitigt. Dies belegen die Arbeiten solch renommierter Wissenschaftler wie Carlo Alberto Castigliano und Luigi Cremona, der als Vater des höheren technischen Schulwesens in Italien gilt.

In Nordamerika, das nach der Mitte des Jahrhunderts mehr und mehr die Blicke europäischer Bauingenieure auf sich zog, war die 1802 gegründete Militärakademie West Point bis zu den 1860er Jahren das bedeutendste Zentrum bauwissenschaftlicher Lehre und Forschung. Die im »Army Corps of Engineers« organisierten Ingenieuroffiziere wurden, vornehmlich im Wasserbau, in großem Umfang für zivile Aufgaben eingesetzt. Dennoch hatte sich um die Mitte des 19. Jahrhunderts, besonders im Zusammenhang mit den anhebenden gigantischen Vorhaben des Verkehrsbaus, auch im zivilen Bereich ein breiter Stamm von Bautechnikern formiert. Seine Standesvertretung wurde 1852 die »American Society of Civil Engineers«, die sich ebenso einen Namen machte als Stätte wissenschaftlicher Kommunikation.

Seit den 1860er Jahren hob dann eine Flut von Gründungen höherer und mittlerer technischer Schulen die Bauingenieurausbildung auf eine neue Stufe. Jetzt entstanden solche späteren Hochburgen ingenieurwissenschaftlicher Forschung und Lehre wie das »Massachussetts Institute of Technology« (1861). Ihre Absolventen trugen neben den Militäringenieuren in den Konstruktionsbüros, deren Größe und Leistungsfähigkeit bald von staunenden europäischen Besuchern gerühmt wurden, entscheidend zum Aufschwung der Bautechnik in den Staaten bei. In der Kunst des zweckmäßigen Konstruierens europäischen Kollegen nicht nachstehend, übertrafen sie diese zunehmend in der effektiven Organisation der Bauprozesse und der Ersinnung rationeller technologischer Lösungen.

In der ersten Reihe der Bauwissenschaft sucht man freilich US-amerikanische Wissenschaftler bis ins frühe 20. Jahrhundert meist noch vergebens. Sie sogen zunächst die Ergebnisse europäischer Wissenschaftsentwicklung unter stark pragmatischen Auswahlkriterien auf. Die wissenschaftlichen Grundlagen des Stahlbaus bis hin zu Johann August Roeblings Brücken und William le Baron Jenneys Stahlskelett stammten ebenso aus der europäischen Fachliteratur und aus Vorlesungen an den berühmten kontinentalen Bildungsstätten von Paris bis Zürich wie die des ohnehin in den USA sich zunächst nur langsam durchsetzenden Stahlbetonbaus.

Unter den nordamerikanischen Bauingenieuren standen jedoch Experimente hoch im Kurs. Für erstes Aufsehen in Europa sorgten freilich besonders Studien über arbeitswissenschaftliche, technologische und betriebswirtschaftliche Probleme des Bauens. Dem Vorbild Frederick Winslow Taylors folgend, publizierte der Neuengländer Bauunternehmer Frank Bunker Gilbreth im ersten Jahrzehnt des 20. Jahrhunderts mehrere Schriften, die als Marksteine einer auf das Bauwesen zugeschnittenen Behandlung dieser Probleme gelten.

Gleichwohl wurde das Antlitz der klassischen Bauwissenschaft stark vom mechanisch-konstruktiven Konzept geprägt. Damit wahrte die Wissenschaftsentwicklung vorerst nicht jene für die Bauproduktion unabdingbare Einheit von Konstruktion und Technologie. Letztere stellte im ganzen 19. Jahrhundert angesichts der Dominanz des handwerklichen Bauens nicht solche brennende Fragen, die eine wissenschaftliche Behandlung im Schoße einer eigenständigen Disziplin forderten. Zudem erwies sich hier der wissenschaftliche Zugriff weitaus komplizierter als auf vielen Feldern der Konstruktion. Auch kann nicht übersehen werden, daß viele technolo-

Flußbaulabor an der TH Dresden, 1898. Im ausgehenden 19. und frühen 20. Jahrhundert wurden auch wichtige Probleme des Wasserbaus technikwissenschaftlich fundiert. So entwickelten der französische Ingenieur Émile Delocre und die deutschen Ingenieurwissenschaftler Intze und Hugo Ritter baumechanische Berechnungsverfahren für Schwergewichts- und Bogenstaumauern. Vor allem aber entstand nun aus der Verknüpfung von praktischer Hydraulik und theoretischer Hydromechanik der Grundstock der technischen Hydromechanik. Dies war namentlich das Verdienst des britischen Physikers Reynolds sowie des Göttinger Ingenieurwissenschaftlers Ludwig Prandtl und seines Dresdener Kollegen Hubert Engels. Letzterer konzipierte dabei das 1898 fertiggestellte erste ständige Flußbaulabor der Welt.

gische Fragen des Stahlbaus in die Kompetenz der Montan- und Maschinenwissenschaften fielen. Darüber hinaus wurden noch geraume Zeit generelle Probleme der mechanischen Technologie und des Maschineneinsatzes im Bauen aus den Maschinenwissenschaften abgerufen. So weisen auch die Vorlesungsverzeichnisse der ersten auf ingenieurwissenschaftlichen Konzepten gegründeten technologischen Lehrveranstaltungen für Bauingenieure in Deutschland die Namen von Maschinenwissenschaftlern wie Karl Karmarsch in Hannover und Ernst Hartig in Dresden aus.

Im konstruktiven Bereich mündete die in der vorangegangenen Periode eingeleitete Durchdringung einzelner Wissensgebiete in ein System von Disziplinen, das wesentlichen Einfluß auf die Bewältigung der dringendsten technischen Probleme erlangen konnte. Seine Entwicklung wurde von den Besonderheiten der Bauproduktion und der Komplexität des Bauens geprägt. Dagegen ist die oft als eine Spezifik der Bauwissenschaft postulierte Tatsache, daß die praktische Umsetzung ihrer Erkenntnisse auch weiterhin umfangreiches Erfahrungswissen und eine gesunde Portion Pragmatismus fordert, keine auf das Bauwesen beschränkte Erscheinung.

Der gegenwärtige Stand der Forschung läßt eine Nachzeichnung der überaus komplexen Herausbildung des Ensembles bauwissenschaftlicher Disziplinen noch nicht zu. Einem ersten Überblick bietet sich das Bild eines Wissenschaftsbereiches, dessen Methodenideal und Denkmuster vornehmlich von seiner Leitdisziplin, der Baumechanik, bestimmt wurden. Neben der Baumechanik etablierten sich mit der Baustoffkunde, dem Materialprüfungswesen und den für die Bautechnik relevanten Teilen der technischen Hydromechanik weitere Basisdisziplinen, wobei die Baustoffkunde in zwei Teilgebiete zerfiel. Während der auf mechanisch-konstruktive Belange orientierte Teil der Baustofforschung seinen Platz in unmittelbarer Nähe von Baumechanik und Materialprüfungswesen fand, wurden Fragen der Baustoffherstellung und -verarbeitung an außerhalb der Bauwissenschaft entstehende Disziplinen – mechanische und chemische

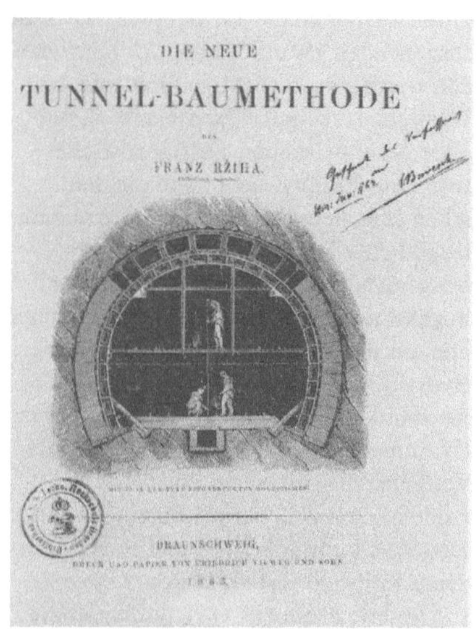

Titelblatt eines Werkes Franz von Rzihas. Nach der Mitte des 19. Jahrhunderts bildeten sich die integrativen Erkenntnissysteme zahlreicher Disziplinen des konstruktiven Ingenieurbaus heraus. Zu ihnen zählte auch der Tunnelbau, dessen wissenschaftliche Begründung vornehmlich auf den Wiener Ingenieur und Ordinarius von Rziha zurückgeht.

Prinzipdarstellung des Gerberträgers. Der Fachwerkträger mit freischwebenden Stützpunkten und gelenkigen Knotenverbindungen, charakterisiert durch das Einhängen eines Koppelträgers in der Feldmitte zwischen zwei Kragträgern, wurde 1866 H. Gerber patentiert. Gerber gelang mit dem Einschalten von Gelenken, das bereits 1846 britische Techniker im Ergebnis der empirischen Analyse von Bauschäden erwogen hatten, die Konstruktion eines statisch bestimmten Systems für große Spannweiten. Damit wurde im Gegensatz zum statisch unbestimmten Durchlaufträger und dessen damals der Rechnung schwer zugänglichem Lastfall Auflagersenkung – später trat noch die allmählich erkannte Beanspruchung aus Temperaturwechseln hinzu – eine relativ einfach statische Analyse möglich. Zudem konnten mit Gelenken die aus Auflagersenkungen rührenden zusätzlichen Beanspruchungen starrer Konstruktion weitgehend vermieden werden. Analoge Intentionen lagen im übrigen auch der Einführung des ebenfalls statisch bestimmten Dreigelenkbogens in den Hallen- und Brückenbau zugrunde. Aus: Das Buch der Erfindungen, Bd. 9, Leipzig, 1901.

Technologie, Silikattechnik, Metallurgie – überwiesen. Die Herausbildung der Bauphysik, die wie die Bautechnologie heute zu den Basisdisziplinen zählt, erfolgte wohl erst im Zeitraum zwischen den beiden Weltkriegen.

Die Verbindung zur Konstruktionspraxis stellte ein noch recht amorphes Gebilde zahlreicher Wissensgebiete her, für das nach der Jahrhundertwende der Oberbegriff »konstruktiver Ingenieurbau« geprägt wurde. Es hatte die integrierende Aufgabe, die Komplexität des von den Basisdisziplinen zergliederten Objektes wieder herzustellen. Seine Entwicklung weist mannigfache Strömungen und gravierende Differenzen auf und läßt sich daher vorerst selbst im nationalen Rahmen nicht in ein inhaltliches und zeitliches Schema pressen. Festzuhalten bleibt, daß die Wissensgebiete des konstruktiven Ingenieurbaus im Sinne einer Lehre von den Konstruktionen ein Sammelbecken für theoretische und strategische Grundlagen der Beschreibung und Antizipation von Baukonstruktionen bildeten, die an einigen Stellen auch technologisches Wissen integrierten.

Selbst wenn die in der historischen Literatur fast durchgängig zu beobachtende Gleichsetzung von Baumechanik und Bauwissenschaft zu stark vereinfacht, stand diese Basisdisziplin zweifellos im Mittelpunkt. Die Erfassung und Quantifizierung des Kräftespiels und die davon ausgehende Abschätzung der Sicherheit der Tragkonstruktion als Grundlage der Bemessung wurden mehr und mehr zur unabdingbaren wissenschaftlichen Voraussetzung des Bauens. Damit erzielte konstruktive Fortschritte ließen den hartgesottensten, nur auf sein Gefühl vertrauenden Praktiker erkennen, daß die Bauwissenschaft außerhalb der Möglichkeiten des Erfahrungswissens liegende Potenzen barg.

Ein umfassender Ausbau des von Navier begründeten Erkenntnissystems versetzte die Baumechanik bald in die Lage, nicht nur bereits bekannte Tragwerke theoretisch zu deuten, sondern wesentlichen Einfluß auf die Entwicklung neuer Tragkonstruktionen zu nehmen. Im Spannungsfeld von Eigendynamik und Praxisanforderungen erhielt die Baumechanik ein solides theoretisches Grundgerüst.

Eigenständige und von Emanzipationsbestrebungen gegenüber den exakten Naturwissenschaften getragene Prozesse führten freilich mitunter zu theoretischen Höhenflügen, deren von Deduktion geprägte Stringenz und ausufernder mathematischer Apparat in krassem Widerspruch zur tatsächlich erreichten Annäherung an das reale Tragverhalten standen. Auch ließ der generelle Trend zu immer aufwendigeren Berechnungsmethoden, die in den Konstruktionsbüros Heerscharen von Bauingenieuren zu »Rechenknechten« degradierten, vorübergehend den Sinn für den hohen Rang der Kunst des zweckmäßigen Konstruierens und der Ingenieurerfahrung in den Hintergrund treten.

Gleichwohl kann diese Entwicklungsphase nicht einseitig aus der Sicht von Tagesfragen der Praxis bewertet werden. Im Ringen um den für die Konsolidierung unabdingbaren Theorienfortschritt wurden ein theoretischer Vorlauf geschaffen und wichtige disziplinäre Probleme gelöst. Zudem erhoben sich seit der Mitte des Jahrhunderts stets Stimmen, die auf einen Ausgleich von Theorie und Praxis drängten und die Bauingenieure davor warnten, ihre Verantwortung für die Sicherheit und Wirtschaftlichkeit der Konstruktion auf Berechnungsmethoden und später Normen und Vorschriften zu überweisen.

Im ausgehenden 19. Jahrhundert fand dann die Baumechanik auf den meisten Gebieten die Balance zwischen weitgehend experimentell abgesicherter Theorienbildung und Praxisrelevanz immer besser. Jetzt setzte sich auch die Auffassung durch, daß den Theorien zugrunde liegende Idealisierungen und Imponderabilien in der Festlegung von Rechnungskonstanten, Lastannahmen und zulässigen Beanspruchungen nicht durch aufwendige Berechnungen kompensiert werden konnten. Der Imperativ des »so genau wie notwendig« verschaffte sich mehr und mehr Geltung. Darüber hinaus schenkte man nun in der baumechanischen Modellbildung den Bedingungen der Fertigung größere Beachtung.

Im Stahlbau entzündete sich das Interesse vornehmlich an Fachwerkkonstruktionen. Sie begannen um die Jahrhundertmitte zur wichtigsten Tragwerksform aufzusteigen. Mit der Analyse von Fachwerken entwickelte die Baumechanik grundlegende Methoden und Leitbegriffe der Disziplin. So wurde zuerst in der Fachwerktheorie die Baukonstruktion zum statischen System abstrahiert.

Zunächst galt es, ein theoretisches Schema für die Fachwerkberechnung zu finden. Nach einigen Ansätzen in den 1830er Jahren gelang dies erstmals Squire Whipple in Nordamerika (1847) und Dimitrij Iwanowitsch Shurawski in Rußland (um 1850). Ihre Arbeiten blieben aber weitgehend unbeachtet. Dagegen legten die von den deutschen Bauingenieuren Karl Culmann und Johann Wilhelm Schwedler 1851 unabhängig voneinander publizierten Fachwerktheorien den Grund für die Berechnung dieser Tragwerke. Während Culmann 1855 nach Zürich berufen wurde, war Schwedler Absolvent der Bauakademie Berlin und avancierte in der Folgezeit zum obersten Eisenbahnbaubeamten Preußens. Der nun anhebende Ausbau der Baumechanik umfaßte neben der Fachwerktheorie auch die traditionellen Gebiete der Gewölbe- und Balkenstatik sowie der Erddrucktheorie. Zunächst erschloß sich die Baumechanik grafische Verfahren, deren Grundgedanken auf Stevin und Varignon zurückgehen. Sie wurden in einem Spe-

»Die Theorie gibt nur im allgemeinen ein Schema, nach welchem die Standfestigkeit des Bauwerkes durchdacht werden soll. Dem einzelnen Baumeister bleibt es danach überlassen, in jedem besondern Falle dieses Schema mit seinen Gedanken auszufüllen.«
Johann Wilhelm Schwedler, Theorie der Brückenbalkensysteme, 1851

Grafostatische Analyse eines Fachwerkträgers durch Culmann, dem Begründer der grafischen Statik. Mit grafischen Verfahren ließen sich vornehmlich statisch bestimmte Fachwerkkonstruktionen anschaulicher und weniger zeitraubend berechnen als mit dem seinerzeit vorhandenen analytischen Instrumentarium. Dies sicherte ihnen weite Verbreitung in Theorie und Praxis. Dagegen fand die von Culmann in der Folgezeit betriebene umfassende Einführung der projektiven Geometrie in die Baumechanik als Theoretisierungs- und Ausbildungsprogramm nur wenige Anhänger. Aus: K. Culmann, Die graphische Statik, Zürich, Atlasbd., 1866

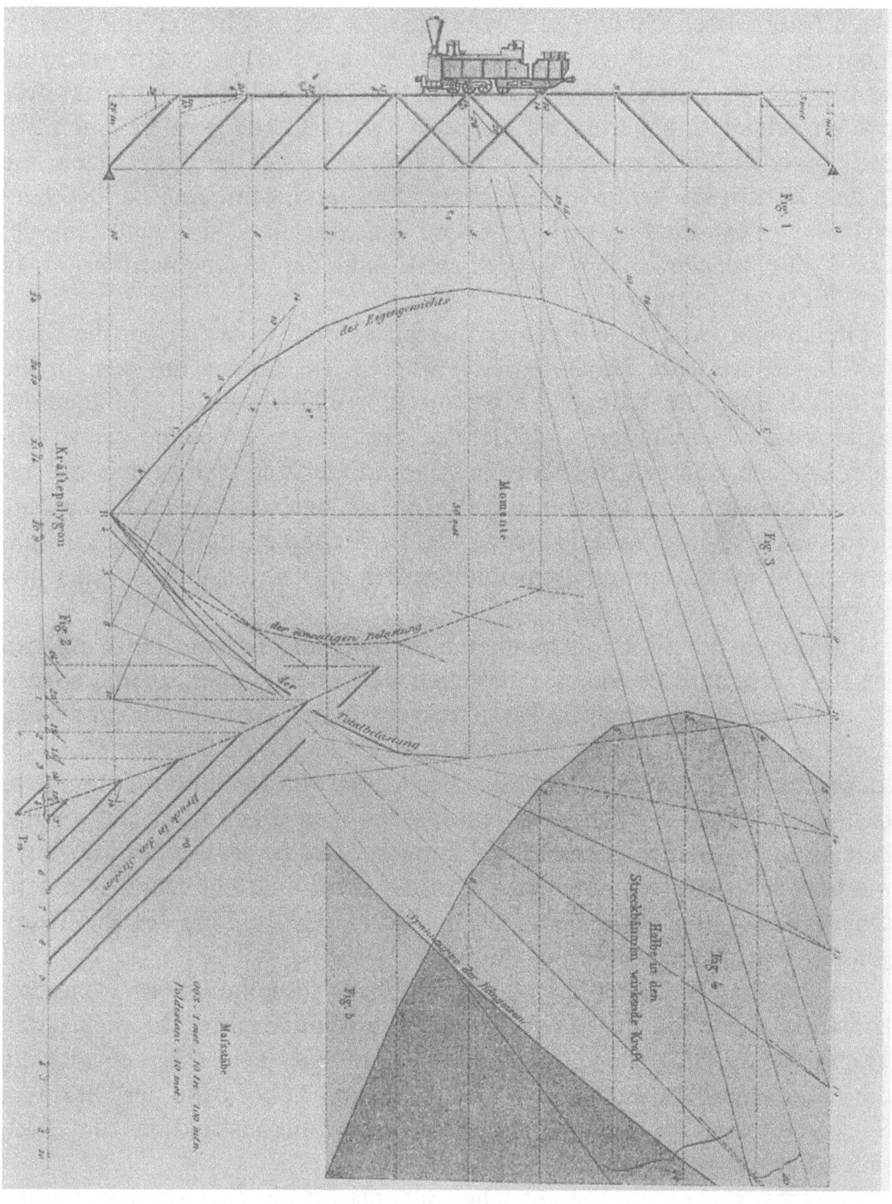

»Allein was dem reichen Engländer ziemt ... passt weniger für die armen Teufel des Continents; die müssen difteln und probiren ..., um ja kein Material zu vergeuden ... Vom national-ökonomischen Standpunkt aus betrachtet schreitet aber der Amerikaner auf der richtigsten Bahn einher; er wendet nie mehr als das absolut Nothwendige auf: das Bauwerk könnte vielleicht doch halten.«
Karl Culmann, Die graphische Statik, 1866

zialgebiet, der grafischen Statik, zusammengefaßt. Als ihr Begründer gilt Culmann. Er übersetzte in seinem Hauptwerk (1866) gleichsam die gesamte analytische Baumechanik mit Hilfe der von französischen und deutschen Wissenschaftlern geschaffenen projektiven Geometrie in grafische Verfahren. Die grafische Statik hielt besonders für statisch bestimmte Systeme elegante und relativ einfach zu handhabende Lösungsmethoden bereit, die vielerorts die zeitraubenden analytischen Verfahren ablösten. Zudem kamen grafische Verfahren dem Streben der Bauingenieure nach Anschaulichkeit entgegen.

In Großbritannien hatten zur gleichen Zeit besonders Maxwell und Rankine zeichnerische Methoden in die Baumechanik eingeführt. Ihr weiterer Ausbau ist vornehmlich Cremona, dem Wiener und Berliner Ordinarius Emil Winkler, seinem Nachfolger in Berlin Heinrich Müller-Breslau, dem

Stuttgarter und Dresdener Ordinarius Otto Christian Mohr, Culmanns Nachfolger Wilhelm Ritter und dem Pariser Hochschullehrer Maurice Lévy zu danken.

Im letzten Drittel des 19. Jahrhunderts rückten die komplizierte Analyse statisch unbestimmter Systeme und die mit ihr verbundene Aufstellung möglichst allgemeingültiger Theorien der Stabwerke in den Mittelpunkt. Damit erlangte auch die Anwendung der durch experimentelle Befunde zusehends vervollkommneten Elastizitätstheorie in der Baumechanik eine neue Qualität. Sie feierte bei der Analyse des massiven Gewölbes, das nun

Otto Mohr an der Tafel vor der allgemeinen Arbeitsgleichung für Fachwerke. Wie fast alle namhaften deutschsprachigen Baumechaniker seiner Zeit war Mohr nach dem Besuch eines Polytechnikums im Eisenbahnbau tätig. Aus Stuttgart kommend, wirkte er seit 1873 als Ordinarius in Dresden. Zu seinen Schülern zählten Bach, A. Föppl und Gehler. In Mohrs Schaffen verbanden sich technikwissenschaftliche Forschung und Ingenieurpraxis auf glückliche Weise. Mit zahlreichen, seit den 1860er Jahren erschienenen fundamentalen Beiträgen hatte er wesentlichen Anteil am Ausbau der Baumechanik zu einer leistungsfähigen und die Konstruktionspraxis nachhaltig beeinflussenden Basisdisziplin. Im wichtige strategische Fragen klärenden Methodenstreit des ausgehenden 19. Jahrhunderts war Mohr einer der Wortführer der »Praktiker«. Aus: W. Gehler (Hrsg.), Otto Mohr zum 80. Geburtstage, Berlin, 1916

Kraftlinienverlauf der Stahlkonstruktion des Eiffelturms in Paris, 1889. Seit dem ausgehenden 19. Jahrhundert ließen eine gereifte Baumechanik und ihre gewachsene Praxiswirksamkeit nicht nur die sich vornehmlich zuerst im deutschsprachigen Raum und in Frankreich generell durchsetzende wissenschaftlich fundierte Lösung der Alltagsaufgaben im Ingenieurbau zu. Jetzt wurde auch zunehmend die relativ sichere baumechanische Analyse von spektakulären, tief in konstruktives Neuland vorstoßenden Bauten und des komplizierten Tragverhaltens solcher Tragwerke wie eingespannter Bogen, Zweigelenkbogen, Durchlaufträger und räumliches Fachwerk möglich. Das räumliche Fachwerk des Eiffelturms wurde auf der Basis einer graphostatischen Analyse bemessen. Sie war das Werk des Culmann-Schülers und Angestellten der Firma Eiffel, Maurice Koechlin, der damit erheblichen Anteil an der Errichtung der 300 Meter hohen Konstruktion hatte. Aus: Absolut modern sein. Ausstellungskatalog der Staatlichen Kunsthalle Berlin (West), Berlin (West), 1986

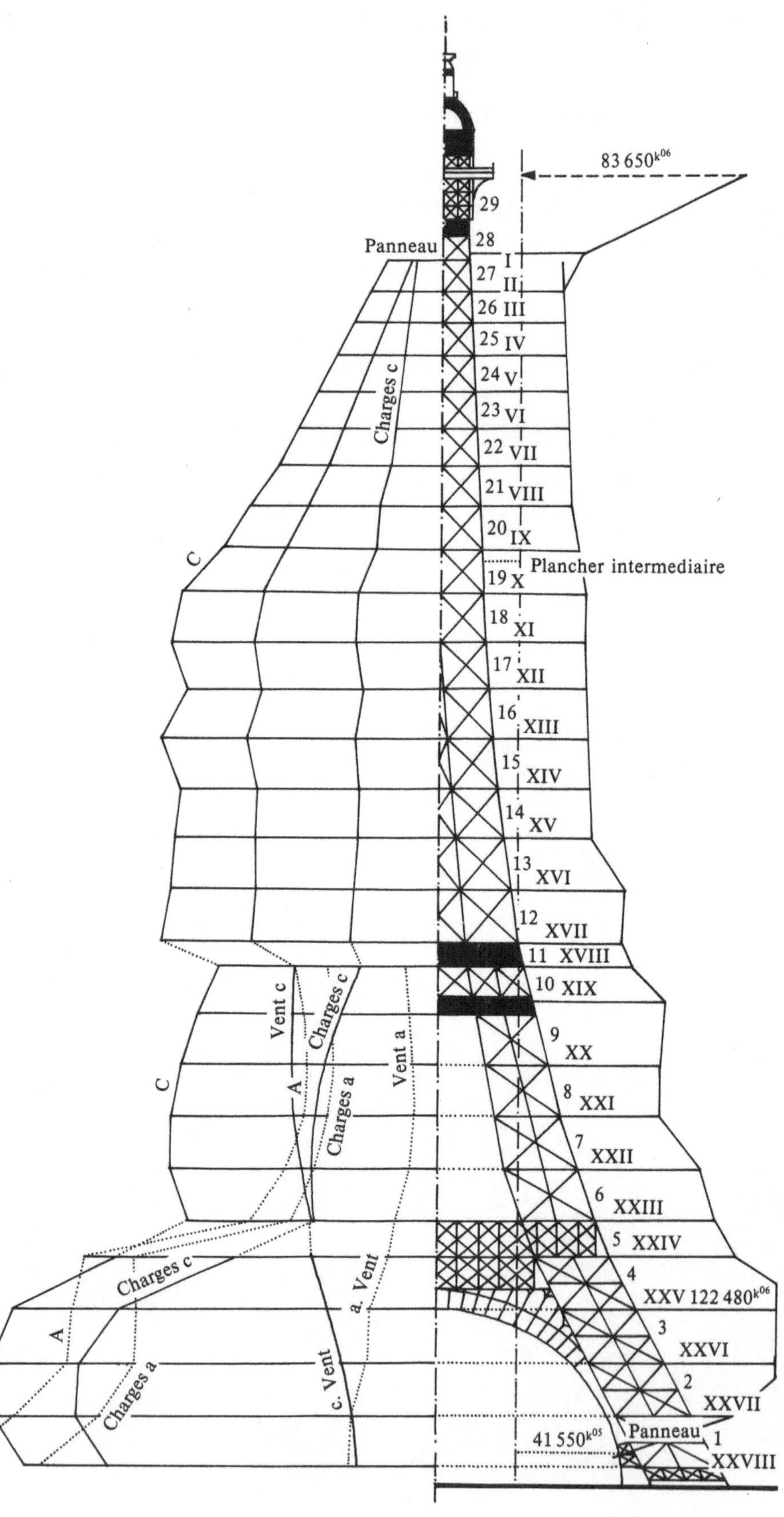

zum statisch unbestimmt gelagerten elastischen Bogenträger idealisiert wurde, von statisch unbestimmten Fachwerken und von Nebenspannungen in Fachwerken Triumphe. Als fruchtbarste Methoden erwiesen sich dabei die Energieverfahren der Elastizitätstheorie und das Prinzip der virtuellen Verschiebungen. Unter anderem auf Arbeiten Rankines sowie der französischen Gelehrten Clapeyron, Bresse und Saint-Venant aufbauend, hoben vornehmlich Maxwell, Castigliano, Wilhelm Ritter und die deutschen Bauwissenschaftler Winkler, Mohr, August Ritter, Müller-Breslau, Heinrich Manderla, Friedrich Engesser und August Föppl die Baumechanik auf ein Niveau, das immer besser das Tragverhalten abbilden konnte. Im ausgehenden 19. Jahrhundert stand den Bauingenieuren ein umfangreiches Instrumentarium zu Gebote, mit dem die meisten Tragwerke hinlänglich analysiert und zuverlässig dimensioniert werden konnten.

Vor allem Mohr und Müller-Breslau verstanden es, hohe theoretische Ansprüche mit Anschaulichkeit und einem ausgeprägten Sinn für die Anforderungen der Praxis zu vereinen. Ihnen sind auch der Abschluß der Theorie der Nebenspannungen und die Grundlagen wichtiger allgemeingültiger Verfahren für die Analyse statisch unbestimmter Stabwerke zu danken. Müller-Breslau führte zudem in seinem Standardwerk »Die neueren Methoden der Festigkeitslehre und der Statik der Baukonstruktionen« (1886) die verschiedenen Gebiete der Baumechanik in einer umfassenden Theorie der Stabwerke zusammen. Nicht zuletzt nahmen ihre wissenschaftlichen Schulen gemeinsam mit der in Zürich etablierten wesentlichen Einfluß darauf, daß im letzten Viertel des 19. Jahrhunderts die Praxiswirksamkeit der Baumechanik erheblich zunahm.

So verabschiedete sich das 19. Jahrhundert im Stahl- und Massivbau mit Bauten, die als geronnene Baumechanik bezeichnet werden können. Darüber hinaus vermochte die Baumechanik auf anderen Gebieten der Technik Hilfestellung zu geben. So zeichnete beispielsweise Müller-Breslau für die statische Analyse des räumlichen Stabwerkes der Luftschiffe Graf Zeppelins und von Flugzeugkonstruktionen verantwortlich.

Die gestiegene Praxiswirksamkeit spiegelte sich in den seit Mitte der 1870er Jahre von Eisenbahnverwaltungen und kommunalen Baubehörden erlassenen Vorschriften und Bauordnungen wider. Ermöglicht vom Wissenschaftsfortschritt und gefordert von Sicherheitsbedürfnissen der Gesellschaft, schrieben sie Lastannahmen, zulässige Beanspruchungen und mehr und mehr auch anzuwendende Bemessungsverfahren vor. Dabei lief der Ausgleich von gesellschaftlichen Sicherheitsbedürfnissen und Wirtschaftlichkeitskriterien der Bauunternehmen stets auf einen umkämpften Kompromiß hinaus. Obwohl im Mittelpunkt der die Tragsicherheit berührenden Vorschriften Ingenieur- und besonders Stahlbauten standen, wurden seit dem ausgehenden 19. Jahrhundert auch zum Teil für jene traditionellen Hochbaukonstruktionen, die bisher nach weithin anerkannten Faustregeln bemessen wurden, zunehmend statische Nachweise gefordert. Freilich wiesen die Verordnungen von Stadt zu Stadt und zwischen den Eisenbahnverwaltungen sowohl hinsichtlich vorgeschriebenen Werten und Nachweisen als auch im Gültigkeitsbereich große Unterschiede auf.

Nach der Jahrhundertwende setzten verstärkt Bemühungen ein, die Ergebnisse der Wissenschaftsentwicklung für die praktische Nutzung aufzu-

»Der schönste Erfolg, den die technische Mechanik bisher aufzuweisen hat, dürfte in der Aufstellung der Lehre vom Fachwerke liegen ...«

August Föppl, Ziele und Methoden der technischen Mechanik, 1897

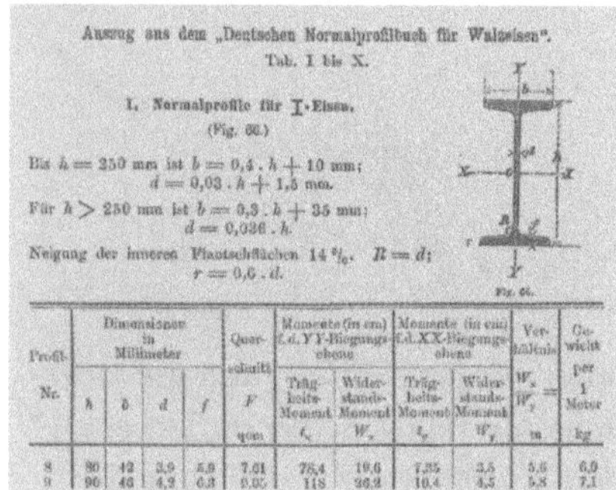

Auszug aus dem »Deutschen Normalprofilbuch für Walzeisen«, 1880. Das nach langjährigen Vorarbeiten und Auseinandersetzungen von den Aachener Professoren Friedrich Heinzerling und Otto Intze im Auftrag mehrerer Ingenieur- und Unternehmerverbände herausgegebene Werk stellte einen wichtigen Schritt auf dem Weg zur Qualitätssicherung und Vereinheitlichung im Stahlbau dar. Ermöglicht vom Wissenschaftsfortschritt, reduzierte dieser nationale Normenkatalog die bisher rund 300 gewalzten Profile auf 185 und ordnete ihnen definierte Festigkeitswerte, Abmessungen und Eigenmassen zu. Die Profilnormung war auch eine wesentliche Voraussetzung für das industrielle Bauen und die Verminderung des Projektierungsaufwandes durch bald in hohen Auflagen gedruckte Bemessungstafeln. Aus: R. Gottgetreu, Lehrbuch der Hochbau-Konstruktionen, T. 3, Berlin, 1885

Spannungs-Dehnungs-Diagramm für Flußstahl nach Georg Mehrtens. Derartige Diagramme wurden in der zweiten Hälfte des 19. Jahrhunderts zu einem zentralen Darstellungsmittel in der Festigkeitslehre. Sie geben den jedem Material eigenen Spannungsverlauf mit den zugehörigen Dehnungen an und halten wichtige Materialwerte fest. Im späten 19. Jahrhundert aufgestellte Diagramme weisen aus, daß nun weitgehend Klarheit über das Verhalten von Eisen und Stahl im elastischen Bereich herrschte, wobei im allgemeinen noch die Elastizitätsgrenze mit der Proportionalitätsgrenze gleichgesetzt wurde. Aus: G. Mehrtens, Eisen und Eisenkonstruktionen …, Berlin, 1887

bereiten. Dies erfolgte durch die Ableitung rationeller Berechnungsverfahren und die Veröffentlichung zahlreicher Tafelwerke und Formelsammlungen, die Anschaulichkeit mit Zeitgewinn koppelten. Dabei konnte im Stahlbau auf genormte Profile mit definierten Festigkeitswerten Bezug genommen werden. Bis zur Jahrhundertwende hatten sich in den meisten entwickelten Ländern wissenschaftlich fundierte Regelungen über Prüfmethoden, Liefer- und Gütevorschriften, Normalprofile sowie die Klassifizierung von Stahl durchgesetzt.

Die Problematik der Qualitätssicherung und Materialnormung lenkt den Blick auf die seit den 1870er Jahren immens an Bedeutung gewinnende materialorientierte Forschung und das Materialprüfungswesen. Wichtige Impulse für das Aufleben der experimentellen Festigkeitsforschung gingen im Baubereich von Entwicklungsproblemen der Theorienbildung selbst, dem Aufkommen des Flußstahls und den Kontroversen um die Bezugsbasis und Höhe zulässiger Beanspruchungen aus. Auch das Versagen von Tragwerken, das nicht selten Menschenleben forderte, war Anlaß für ausgedehnte Versuchsserien.

Die grundlegenden Arbeiten der Festigkeitsforschung berührten gleichermaßen die Bau- und Maschinenwissenschaften. Sie werden im Abschnitt über das Maschinenwesen behandelt. Dank der Beiträge von Rankine, August Wöhler, Johann Bauschinger, Ludwig von Tetmajer, Adolf Martens und besonders Carl Bach hatte man gegen Ende des Jahrhunderts weitgehend Klarheit über das Materialverhalten im elastischen Bereich gewonnen. Dies schlug sich auch in der sukzessiven Erhöhung vorgeschriebener zulässiger Beanspruchungen nieder.

Mit der differenzierteren Erkenntnis des Materialverhaltens eröffneten sich zudem Perspektiven bruch- und plastizitätstheoretischer Ansätze. Sie finden sich in Arbeiten von Maxwell, dem französischen Ingenieur Henri Edouard Tresca, Saint-Venant, Tetmajer, Engesser und Mohr. Im frühen 20. Jahrhundert wurden sie unter anderem an Problemen des Knickstabes durch Theodor von Kármán und bald auch des Stahlbetons, dessen Verhal-

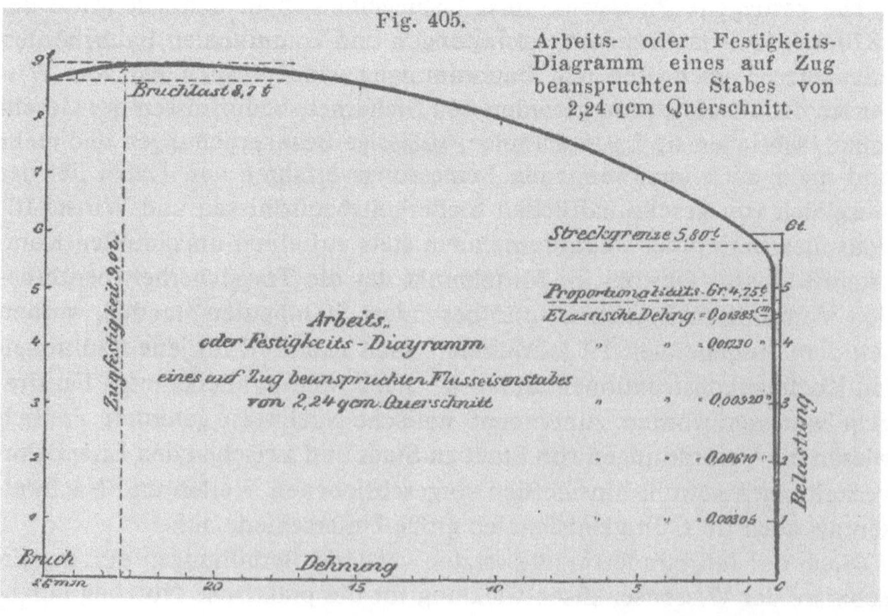

Einsturz der Brücke über den Firth of Tay bei Dundee in Schottland, 1879. Das Versagen von Tragwerken deckte, freilich oft um den Preis von Menschenleben, Defekte in der Theorie oder die unzulängliche Abschätzung extremer Lastfälle auf und war Anlaß für angestrengte wissenschaftliche Untersuchungen. Häufig waren Schäden jedoch, obwohl zunächst gern der Wissenschaft angelastet, einer vom Konkurrenzkampf diktierten Unterdimensionierung, der Verwendung fehlerhaften Materials und flüchtiger Bauausführung geschuldet. Die 1877 fertiggestellte Tay-Brücke stürzte während der Überfahrt eines Personenzuges im Dezember 1879 bei starkem Sturm ein und riß 200 Menschen in den Tod. Ursache war der Riß eines Rohrverbindungsstückes, hervorgerufen durch die Verwendung mangelhaften Eisengusses, ungenaue Fertigung und fehlerhafte Konstruktion der eisernen Stützwerke. Aus: Illustrirte Zeitung, Leipzig, 1880, Nr. 1907

ten sich mit linear-elastischen Vorstellungen nicht hinreichend beschreiben läßt, fortgebildet. Die Bemessung nach zulässigen Beanspruchungen unter der Annahme linear-elastischen Verhaltens blieb freilich noch lange in der Praxis unangetastet.

Die Bauwissenschaft und ihre Verbindungsstränge zur Praxis erfuhren mit dem Einzug des Stahlbetons – damals noch »Eisenbeton« genannt – in den Kreis der Hauptbaustoffe einen neuerlichen Ausbau. Die entstehende Theorie des Stahlbetonbaus war ein typisches Beispiel für die Entwicklung integrativer Erkenntnissysteme in der Bauwissenschaft seit dem ausgehenden 19. Jahrhundert. Im Mittelpunkt standen zwar auch hier konstruktive Probleme, doch mußten ebenso technologische Fragen die Aufmerksamkeit beanspruchen.

An Vorleistungen der Pioniere des Stahlbetons und der Erforschung von Zementen und des unbewehrten Betons anknüpfend, setzte die intensive Untersuchung der neuen Bauweise in den 1880er Jahren ein. Vor allem galt es, das komplizierte Zusammenwirken von Stahl und Beton, die Auswirkungen der Rißbildung in der Zugzone des Betons, die zweckmäßige Herstellung des Verbundbaustoffes und besonders die Querschnittsbemessung umfassend zu ergründen. Zudem mußten fest verwurzelte statische und konstruktive Denkmuster überwunden werden. Generell wurde die Frühphase der Stahlbetonforschung von handfesten praktischen Bedürfnissen bestimmt. Dabei nahmen induktive Methoden und das Experiment eine überragende Stellung ein.

Die Ermittlung praktikabler wissenschaftlicher Lösungsansätze wurde zu einer Existenzfrage des Stahlbetons, da seine im letzten Viertel des 19. Jahrhunderts forcierte Einführung auf ein schon stark wissenschaftlich eingestelltes Ingenieurbauwesen traf. Zunehmend behinderten diskriminierende Bestimmungen der Behörden die Ausführung von Stahlbetonbauten. Vor diesem Hintergrund gingen die entscheidenden Initiativen zur

Barré de Saint-Venant. Der Schüler Naviers und Chefingenieur des Corps des Ponts et Chaussées zählte zu den bedeutendsten Bauwissenschaftlern des 19. Jahrhunderts. Er leistete einen wichtigen Beitrag zur Vervollkommnung der Biegetheorie Naviers, bearbeitete mit Erfolg das Problem der Torsion, führte plastizitätstheoretische Betrachtungen in die Baumechanik ein und trat auch mit hydromechanischen Arbeiten hervor. Aus: I. Szabó, Die Geschichte der mechanischen Prinzipien …, 2. Aufl., Basel/Stuttgart, 1979

Hydraulische Druckpresse für Betonprobe-
würfel bis 30 Zentimeter Kantenlänge und
300 Mp Belastung, 1901. Die Prüfmaschine
wurde vom Direktor der Mechanisch-Tech-
nischen Versuchsanstalt Berlin, Martens,
im Auftrag des Deutschen Beton-Vereins
entwickelt und von der MAN gebaut. Aus:
W. Petry, Der Beton- und Eisenbetonbau
1898–1923, Obercassel, 1923

Auszug aus der ersten Bemessungstheorie
für Stahlbetonquerschnitte in der »Monier-
Broschüre«, 1887. Dem Berliner Bauingenieur Koenen gelang 1886 die Entwicklung
der ersten Bemessungstheorie. Er folgte
dem Navierschen Bemessungskonzept und
legte auch dessen Biegetheorie und ihre
Annahmen der Analyse zugrunde. Angesichts noch unvollkommener Einsicht
in das Tragverhalten sah Koenen eine
sechs- bis achtfache Sicherheit vor. Aus:
G. A. Wayss (Hrsg.), Das System
Monier ..., Berlin, 1887

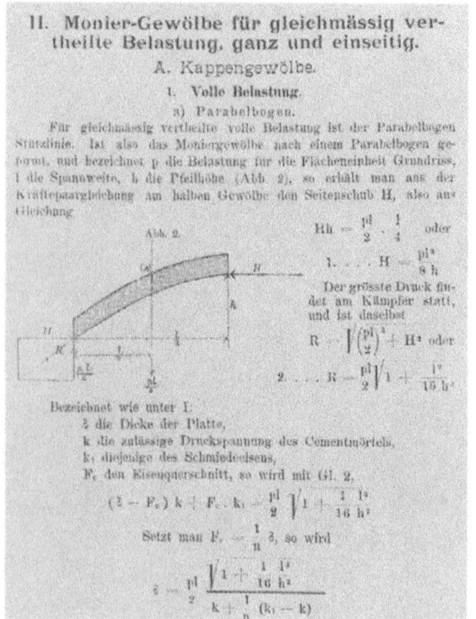

Aufnahme der Stahlbetonforschung von Unternehmern aus, die auch zunächst die Kosten allein zu tragen hatten. Sie konnten sich freilich auf
eine fortgeschrittene Bauwissenschaft und ihre Institutionen sowie wissenschaftlich gebildete Baubeamte und Bauingenieure stützen. Darüber hinaus geboten die Unternehmer in den Pionierländern des Stahlbetonbaus –
Frankreich, Deutschland, Österreich, Schweiz – über solides bautechnisches Wissen und hatten oft technische Bildungsanstalten absolviert.

In Deutschland, das erst 1884 auf der Grundlage der Patente des Pariser
Gärtners Josef Monier mit der neuen Bauart Bekanntschaft schloß, regte
vornehmlich der Bauunternehmer und Absolvent des Stuttgarter Polytechnikums Gustav Adolph Wayss wissenschaftliche Untersuchungen an. Gemeinsam mit dem im Staatsdienst stehenden renommierten Statiker Matthias Koenen ließ er 1886 unter Aufsicht der Berliner Baupolizei
Versuchsserien ausführen, deren Ergebnisse Koenen noch im gleichen Jahr
für die Entwicklung des ersten Berechnungsverfahrens für Stahlbetonquerschnitte nutzte. Ein Jahr später veröffentlichte Wayss mit der sogenannten
»Monier-Broschüre« eine systematische Darstellung des Stahlbetonbaus,
deren wissenschaftlicher Teil von Koenen verfaßt war. Sie gilt als das erste
wissenschaftliche Werk über die neue Bauart.

Im folgenden, bis etwa um 1910 reichenden Zeitraum fanden die brennendsten Probleme eine erste wissenschaftliche Klärung. Vielerorts durch-
geführte Versuchsserien, die jetzt auch die Materialprüfungsanstalten
übernahmen, bildeten die Grundlage der wachsenden Einsicht in das Materialverhalten und den Fortschritt der Bemessungsverfahren. Marksteine
setzten dabei Edmond Coignet und N. de Tedesco, die 1894 mit dem n-
Verfahren eines der wichtigsten Bemessungsverfahren des 20. Jahrhunderts
entwickelten, sowie Armand Considère in Frankreich, Paul Christophe in
Belgien, die deutschen Wissenschaftler und Ingenieure Bauschinger, Bach,
Koenen, Paul Neumann und Emil Mörsch, Tetmajer und Wilhelm Ritter
in der Schweiz sowie die Wiener Schule um Fritz Edler von Emperger,
Josef Melan und Rudolf Saliger.

In den 1890er Jahren eroberte sich der französische Unternehmer François Hennebique mit bahnbrechenden Konstruktionen und Geschäftssinn
eine führende Position. Er überzog halb Europa mit einem Netz von Filia-
len und Lizenznehmern. Auch Hennebique, obwohl selbst typischer Praktiker, setzte auf die Wissenschaft. So veranstaltete er jährlich Kongresse in
Paris, die nur seinen Mitarbeitern und Lizenznehmern offenstanden, und
begründete die erste wissenschaftliche Fachzeitschrift des Stahlbetonbaus.
In Deutschland dagegen hatte die vor der Jahrhundertwende betriebene
Monopolisierung von Erfahrungen und Resultaten der Forschung in wenigen großen Unternehmen als »Geschäftsgeheimnis« zu technischer Stagnation und ökonomischen Verlusten geführt. Um 1900 gab man diese Praxis
auf. Jetzt ging es um eine Intensivierung der Forschung unter Einschaltung des Staates und eine auch von den Baubehörden geforderte Offen-
legung von Theorie und Praxis. Diese neue Strategie ebnete den Weg für
den Vormarsch des deutschen Stahlbetonbaus. Eine entscheidende Rolle
spielte dabei der 1898 gegründete »Deutsche Beton-Verein«, der Vertreter
der Zement- und Betonindustrie, von Ingenieurverbänden und des Staates
vereinte.

»System Hennepick«, Faschingsscherz auf einer Veranstaltung des Münchener Architekten- und Ingenieurvereins 1902. Das bewegliche Modell einer Henne pickte Zement und Sand und legte goldene Eier. Damit wurde der französische Techniker und Unternehmer Hennebique verspottet. Er hatte es verstanden, aus bahnbrechenden Konstruktionen und technologischen Neuerungen, die seit 1892 durch geschickt formulierte Patentansprüche die technische Entwicklung besonders auf wichtigen Feldern des Stahlbetonhochbaus bestimmten, hohen Profit zu erzielen. Seine Monopolstellung sollte in Deutschland – hier waren Lizenzverhandlungen der größten Unternehmen mit Hennebique gescheitert – durch eine forcierte und staatlich geförderte Forschung gebrochen werden. Aus: Vom Caementum zum Spannbeton, Bd. 1, Wiesbaden/Berlin (West), 1964

Die neue Qualität der Stahlbetonforschung manifestierte zuerst das vom technischen Leiter der Wayss & Freytag AG, Mörsch, 1902 veröffentlichte klassische Werk »Der Betoneisenbau, seine Anwendung und Theorie«. Es sollte – dann unter dem Titel »Der Eisenbetonbau« – bis in die zweite Hälfte des 20. Jahrhunderts hinein zahlreiche, ständig an Umfang gewinnende und in mehrere Sprachen übersetzte Auflagen erleben. Nach einem Ordinariat in Zürich, mit dem Mörsch 1904 die Nachfolge Ritters antrat, begründete er seit 1916 an der TH Stuttgart den Weltruf der seinen Namen tragenden Schule. Damit hatte auch die Wayss & Freytag AG unmittelbaren Einfluß auf die Hochschulforschung erlangt. In den ersten Jahren des 20. Jahrhunderts gelang es indessen von Industrie, Staat und Vereinen eingesetzten wissenschaftlichen Gremien, deren Tätigkeit besonders durch Bach und Mörsch geprägt wurde, die Forschung zu koordinieren und zu forcieren. Eine Kommission widmete sich der Aufstellung eines Regelwerkes, das von den Baubehörden als verbindliche Grundlage des Stahlbetonbaus anerkannt werden konnte. Sie legte 1904 »Vorläufige Leitsätze für die Vorbereitung, Ausführung und Prüfung von Eisenbetonbauten« vor. Als Kompromiß zwischen Behörden und Unternehmen klammerten die »Leitsätze« zwar noch einige umstrittene Fragen aus, wurden aber von den zuständigen Ministerien für verbindlich erklärt. Sie bildeten den Ausgangspunkt der in den folgenden Jahrzehnten periodisch dem Wissenschaftsfortschritt angenäherten und nun zu deutschen Industrienormen erhobenen

»Ein Drittel trägt der Beton, ein Drittel das Eisen, und ein Drittel der liebe Gott. Und fällt der Beton schlecht aus, so übernimmt der liebe Gott zwei Drittel.«
Sogenannte Drittelsregel aus der Frühzeit des Stahlbetonbaus

Gmündertobelbrücke über die Sitter bei Teufen in der Schweiz, 1908, Konstruktion E. Mörsch. Mit diesem Bauwerk, dessen Hauptöffnung in 70 Meter Höhe über der Talsohle von einem 79 Meter weit gespannten gelenklosen Stahlbetonbogen mit 26,5 Meter Pfeil gebildet wurde, meldete sich der neue Baustoff auch im Großbrückenbau endgültig zu Wort. Mörsch hatte für seine baumechanische Analyse 1906 ein an Beiträge Winklers und W. Ritters anknüpfendes analytisches Verfahren zur Berechnung gelenkloser Massivgewölbe entwickelt. Es blieb, ausgebaut und vereinfacht von Max Ritter und A. Strassner, geraume Zeit maßgebend im deutschsprachigen Raum. Aus: E. Mörsch, Brücken aus Stahlbeton und Spannbeton, 6. Aufl., bearbeitet von H. Bay u. a., Stuttgart, 1958

Alternative Vorstellungen im frühen 20. Jahrhundert über den Spannungsverlauf im biegebeanspruchten Stahlbetonquerschnitt. Sie waren die Grundlage zahlreicher konkurrierender Berechnungsverfahren. Mit wachsender Einsicht in die Tragqualität und differenzierterer Betrachtung des Materialverhaltens konnten aber bald wenig praxisrelevante Verfahren eliminiert werden. Zudem eröffneten sich damit nichtlineare und plastische Ansätze. Aus: F. v. Emperger (Hrsg.), Handbuch für Eisenbetonbau, Bd. 1, Berlin, 1908

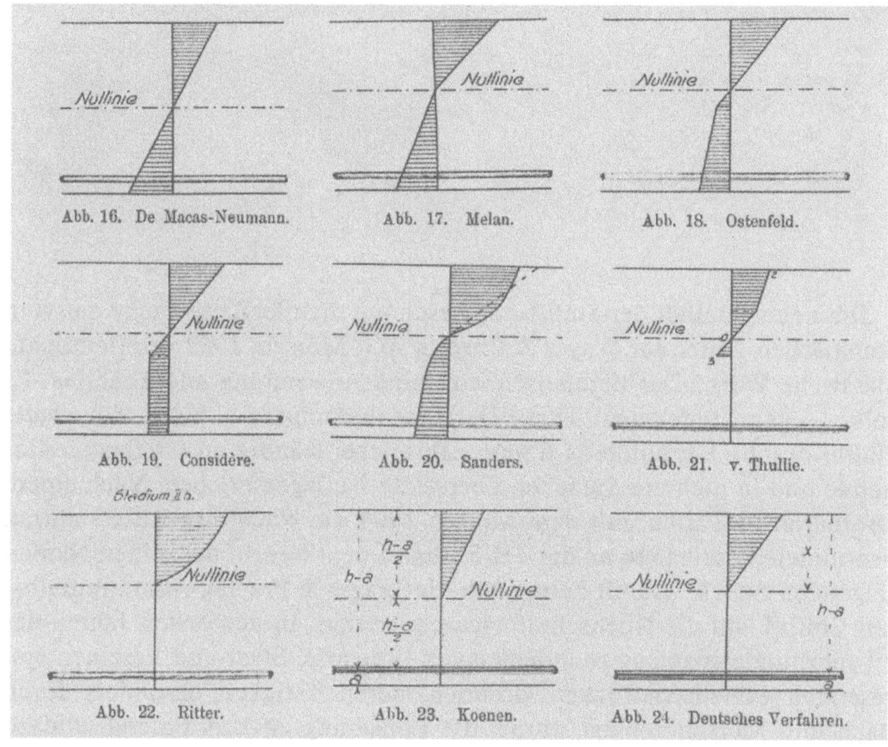

Abb. 16. De Macas-Neumann.

Abb. 17. Melan.

Abb. 18. Ostenfeld.

Abb. 19. Considère.

Abb. 20. Sanders.

Abb. 21. v. Thullie.

Abb. 22. Ritter.

Abb. 23. Koenen.

Abb. 24. Deutsches Verfahren.

Monolithische Stahlbetonrippenkuppel der sogenannten Jahrhunderthalle in Breslau – heute Wrocław –, 1913, Konstruktion W. Gehler und Dyckerhoff & Widmann AG, Architekt Max Berg. Die 65 Meter weit gespannte und 42 Meter hohe aufgelöste Kuppel der Jahrhunderthalle erschloß dem Massivbau auf der Basis eines neuen Baustoffes und seiner wissenschaftlichen Durchdringung bisher ungekannte Dimensionen. Erstmals wurde hier mit einer massiven Kuppel die Spannweite des Pantheons in Rom übertroffen und sprunghaft die Gewölbekühnheit (Verhältnis von Spannweite zu Dicke beziehungsweise Materialaufwand) gesteigert. In Fachkreisen galt die Kuppel seinerzeit als »Triumphschrei des Eisenbetons« im Konkurrenzkampf mit dem Stahlbau. Die wesentlich von der zunehmenden Verwissenschaftlichung ermöglichte Durchsetzung des Stahlbetonbaus bewirkte seit dem ausgehenden 19. Jahrhundert tiefgreifende technische und ökonomische Wandlungen im Bauen.

»Bestimmungen«. Sie waren eine entscheidende Grundlage für die rapide Ausbreitung des Stahlbetonbaus im frühen 20. Jahrhundert, und sie dienten den Technikern der meisten europäischen Länder als Vorbild für vergleichbare Regelungen.

1907 mündete schließlich die Tätigkeit der wissenschaftlichen Kommissionen im »Deutschen Ausschuß für Eisenbeton«. Gemeinsam von Industrie und Staat getragen, entwickelte er sich zu einer überaus fruchtbaren Forschungsinstitution, der die namhaftesten Fachleute und Unternehmer angehörten. Mit ihm hatte man eine effektive Organisationsform gefunden, um die stetige Reproduktion des Wechselverhältnisses von Wissenschaft und Produktion sichern zu können. Obwohl von dem zunehmend diskutierten Rißproblem vornehmlich im Bereich der Preußischen Staatsbahn nochmals Gefahr für die wirtschaftliche Anwendung des Stahlbetonbaus drohte, war dank der anhebenden Verwissenschaftlichung dem Stahlbau ein ebenbürtiger Konkurrent entstanden.

Im zweiten Jahrzehnt des 20. Jahrhunderts gingen bereits Fortschritte in den Basistheorien der Baumechanik wie die an Mohrs Ansatz anknüpfende Theorie der Rahmentragwerke des dänischen Ingenieurs Axel Bendixsen (1913) und des Dresdener Professors Willy Gehler (1916) oder die Berücksichtigung des plastischen Verformungsverhaltens bei der Analyse statisch unbestimmter Systeme durch den US-Amerikaner J. R. Nicols (1913) und den Ungarn Gabor Kazinczy (1914) von Problemen der neuen Bauart aus. Dies belegt ebenso wie die Besetzung von Lehrstühlen, das anschwellende Schrifttum und die in vielen Ländern entstandenen wissenschaftlichen Vereine im Stahlbetonbau, daß die Bauingenieurwissenschaft einen zweiten zentralen Objektbereich gefunden hatte.

Konsolidierung der Maschinenwissenschaften in der Zeit aufkommender Massenfertigung

»Was schon 1867 in Paris sich merken und verstehen ließ, was dann in Wien sehr deutlich zu Tage trat, zeigt sich hier in vollem Maße; daß Nordamerika einen der ersten, theilweise unbestritten den allerersten Rang im Maschinenbau einzunehmen begonnen hat.«

Franz Reuleaux, Briefe aus Philadelphia, 1876

Universalfräsmaschine der führenden amerikanischen Werkzeugmaschinenfabrik Brown & Sharp (1876), eine Basismaschine für die austauschbare Fertigung. Zu den weiterentwickelten, intelligenzintensiven Werkzeugmaschinenkonstruktionen gehörten um die Jahrhundertwende die Zahnrad-Wälzfräsmaschinen, besonders die von Reinecker, dem »Brown & Sharp of Germany«, aus der deutschen Werkzeugmaschinen-Metropole Chemnitz (heute Karl-Marx-Stadt). Aus: Bericht über die Weltausstellung in Philadelphia, Wien, 1876

Nachdem in den 50er Jahren des 19. Jahrhunderts die Grundlage für das wissenschaftliche Maschinenwesen gelegt und für eine breite Ausbildung von Maschinenbauern Sorge getragen war, setzte ein ausgedehnter Differenzierungsprozeß innerhalb dieses Wissenschaftsgebietes ein. Gefördert wurde er durch die stürmische Entwicklung des Maschinenbaus. Mechanische Werkstätten erhoben sich zu Maschinenfabriken. Eine umfassende Mechanisierung der Produktion erforderte, daß neben Dampfmaschinen und universellen Werkzeugmaschinen auch Spezialmaschinen traten. Zu den Textilmaschinen – allen voran die mechanischen Jacquard-Webstühle mit Lochkartensteuerung für das Musterweben – gesellten sich Papier- und Druckmaschinen sowie Verpackungsmaschinen. In den 60er Jahren kamen hochproduktive Landmaschinen auf, nachdem bereits zuvor mit Dampfpflug und Lokomobile eine neue Antriebsquelle in der Landwirtschaft Einzug gehalten hatte. Eine zunehmend beherrschende Rolle spielten die Werkzeugmaschinen, deren Palette sich ganz erheblich verbreitert hatte. Firmen wie Sellers oder Brown & Sharp signalisierten auf diesem Gebiet seit den 70er Jahren die Leistungsfähigkeit der amerikanischen Maschinenbauindustrie.

Rückwirkungen auf Ausbildung und Forschung im Maschinenwesen konnten dabei nicht ausbleiben. Die Differenziertheit und das gestiegene Leistungsvermögen der Maschinen forderten wissenschaftliche Methoden in der Vorausberechnung, Konstruktion und Fertigung. War die sich etablierende Maschinenwissenschaft den Anforderungen dieser dynamischen Entwicklung gewachsen?

Sie verfügte über ein hervorragendes wissenschaftliches Fundament und ein bedeutendes technisches Bildungspotential, wenngleich letzteres in den europäischen Ländern unterschiedliche Züge erkennen ließ. Allerdings mußten Maschinentheorien solch allgemeinen Charakters wie Redtenbachers »Prinzipien« stärker theoretisch fundiert, zugleich aber den realen Bedingungen des Maschinenbaus angepaßt werden. Noch eilte die Praxis, die den Maschinenwissenschaften bedeutende Impulse gegeben hatte, zuweilen der Ausbildung und Forschung an den Polytechnika davon. Dort war man oft in Selbstverständigungsversuchen befangen. Die mangelnde Anerkennung des Ingenieurs hatte zudem das Bestreben innerhalb der Technikwissenschaften laut werden lassen, mit angestrengter Theorienentwicklung den Ausweis der Wissenschaftlichkeit zu erbringen. Als Folge entstand die teilweise recht einseitige Orientierung auf Methodenideale, die den klassischen Naturwissenschaften nahestanden.

Nachholebedarf gab es insbesondere in der technologischen Ausbildung. Die konstruktiv orientierte Maschinenlehre, die vornehmlich an der theoretischen Reife der technischen Mechanik partizipieren konnte, war bis 1850 der mechanischen Technologie vorausgeeilt. Anschluß an die »exakten« Maschinenwissenschaften zu gewinnen hieß daher die existentielle Herausforderung für letztere. Statt der fast ausschließlich qualitativen Verfahrensbeschreibungen traten nunmehr verstärkt quantitative Aussagen in Gestalt technologischer Leistungsparameter und Bearbeitungsrichtwerte in den Vordergrund. Dies machte die Einführung experimenteller Methoden in die technologische Forschung dringend erforderlich.

So entwickelte sich das wissenschaftliche Maschinenwesen keineswegs harmonisch. Auseinandersetzungen wurden vor allem auf dem Gebiet der Ingenieurmethodik ausgetragen. Sie wirkten sich bald auf andere technikwissenschaftliche Gebiete aus. Kontroversen entzündeten sich zumeist an neuen Forschungsaufgaben. Dagegen konnten sich traditionelle Bereiche des Maschinenbaus, verwiesen sei auf die Berechnung von Wasserrädern und -turbinen, noch auf das Rüstzeug der Pioniere des wissenschaftlichen Maschinenwesens stützen. Woran sich die Gemüter der Maschinenwissenschaftler erhitzten, kann nur exemplarisch dargestellt werden. Besonders an der Kinematik, deren theoretisches Konzept Franz Reuleaux 1875 in einem brillant abgefaßten Buch vorlegte, entzündete sich ein Meinungsstreit, der bald über das eigentliche Streitobjekt hinauswuchs. In der Kinematik, der Lehre von den Mechanismen und Getrieben, hatte es sich eindringlich gezeigt, daß die herkömmlichen, nach äußeren Gesichtspunkten gegliederten Ordnungsmuster der Maschinenelemente der wachsenden

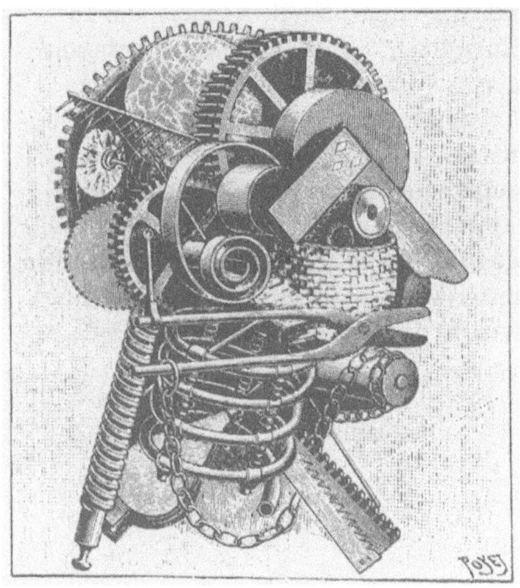

Der Erfinder, Karikatur von Poyet. Aus: R. Simmen, Der mechanische Mensch, Zürich, 1967

Franz Reuleaux, der Begründer der Kinematik, bei seiner Spindelsammlung. Fotografie von J. Lüpke (um 1900)

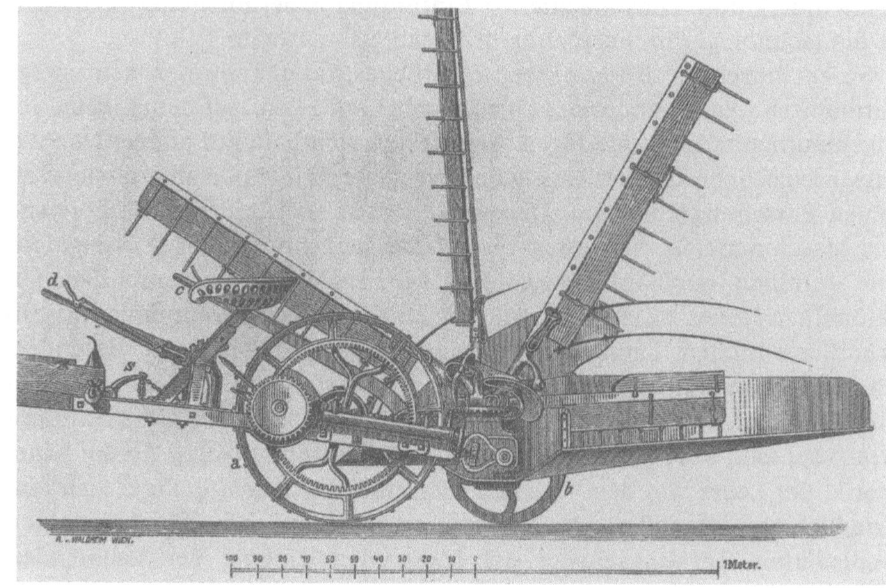

Mähmaschine »Single Reaper«, um 1876. Komplizierte Getriebetechnik war besonders in den sich seit 1850 bewährenden Landmaschinen gefragt. Die bei der Konstruktion entsprechender Mechanismen aufgeworfenen kinematischen Probleme stimulierten neben anderen die Herausbildung einer Getriebelehre als eigenständige technikwissenschaftliche Disziplin. Aus: Bericht über die Weltausstellung in Philadelphia, Wien, 1876

Vielfalt des Bewegungsspieles an Maschinen nicht gerecht werden konnten. Nachdem die Mechanisierung in beinahe allen Bereichen der Produktion Einzug gehalten hatte, da Gasmotor, Schnellpresse und Linotype eine neue Generation präziser Maschinen repräsentierten, mit Nähmaschine und Fahrrad die Gerätetechnik in den häuslichen Alltag vordrang, waren nicht mehr Mechanismenkataloge gefragt, sondern theoretisch fundierte Entwurfsmethoden. Dieser Aufgabe hatte sich Reuleaux mit Leidenschaft verschrieben.

Sein Konzept stützte sich auf die historische Analyse der Konstruktion von Mechanismen und Maschinen. Vordringliches Ziel war die Erzeugung geordneter maschineller Bewegungen, die er in einer Theorie des »Zwanglaufes« zusammenfaßte. Die Mechanismen führte Reuleaux auf Elementpaare und kinematische Ketten zurück. Nach entsprechenden inneren Strukturen gliederte er die Getriebe in klassischer Weise in Schrauben-, Kurbel-, Rollen-, Räder-, Kurven- und Gesperrtrieb. Für die fernere Entwicklung prognostizierte er dabei die Ablösung des Kraftschlusses durch den Paar- oder Kettenschluß sowie den Übergang vom Schrittwerk zum Laufwerk.

Die kinematische Synthese, die Krönung seines Konzepts, gilt heute als das kühnste heuristische Programm in den Maschinenwissenschaften des 19. Jahrhunderts. So sehr die Maschinenlehre eines Reuleaux, Franz Grashof und Gustav Zeuner von Theorienbezogenheit und deduktiver Strenge durchdrungen war, stand doch eine »lehrbare und damit hochschulfähige« Erfindungskunst noch am fernen Horizont. Mit Beschränkung auf die Geometrie der Bewegung und Annahme starrer Körperbindungen sowie der Vernachlässigung von Kraftwirkungen rückte man zwar einer wissenschaftlichen Behandlung des Maschinenproblems näher, ohne jedoch in der Praxis Fuß zu fassen. Obgleich mit einigem Erfolg ein Rollenschaltwerk für den Langschen Gasmotor nach Reuleauxschen Grundsätzen entworfen wurde und auch in den USA die Konstruktion leistungsfähiger Zahnradschneidemaschinen darauf zurückging, war in Deutschland ausgangs des

Kinematische Kette. Reuleaux's strenge Elementarisierung der Mechanismen und Getriebe führte auf Elementpaare und kinematische Ketten zurück. Die Bewegung solcher zwangläufigen Systeme läßt sich mit geometrisch-mechanischen Verfahren analysieren bzw. vorausberechnen. Aus: F. Reuleaux, Lehrbuch der Kinematik, Berlin, 1875

19. Jahrhunderts eine Abkehr von der kinematischen Richtung der Maschinenlehre festzustellen. In Frankreich, England und den USA dagegen nahm man die neuen Impulse begeistert auf. Die Kinematik avancierte zur Modewissenschaft. Das kinematische Fieber wurde in England und den USA insbesondere durch die Möglichkeiten der Geradführungen, der sogenannten straight-line-mechanisms, angefacht. Zum Anwalt dieser Methode machten sich insbesondere der Angloamerikaner James J. Sylvester, die Briten Alfred B. Kempe und Alexander B. W. Kennedy. Letzterer, der Übersetzer der Reuleauxschen »Kinematik«, lehrte an der Universität London. Während die Tätigkeit der genannten Kinematiker so von einer gewis-

»Es handelt sich darum, die Maschinenwissenschaft der Deduktion zu gewinnen, deren Lehrgebäude so zu gestalten, dass es sich auf wenigen, ihm eigenthümlichen Grundwahrheiten erhebt.«

Franz Reuleaux, Lehrbuch der Kinematik, Berlin, 1875

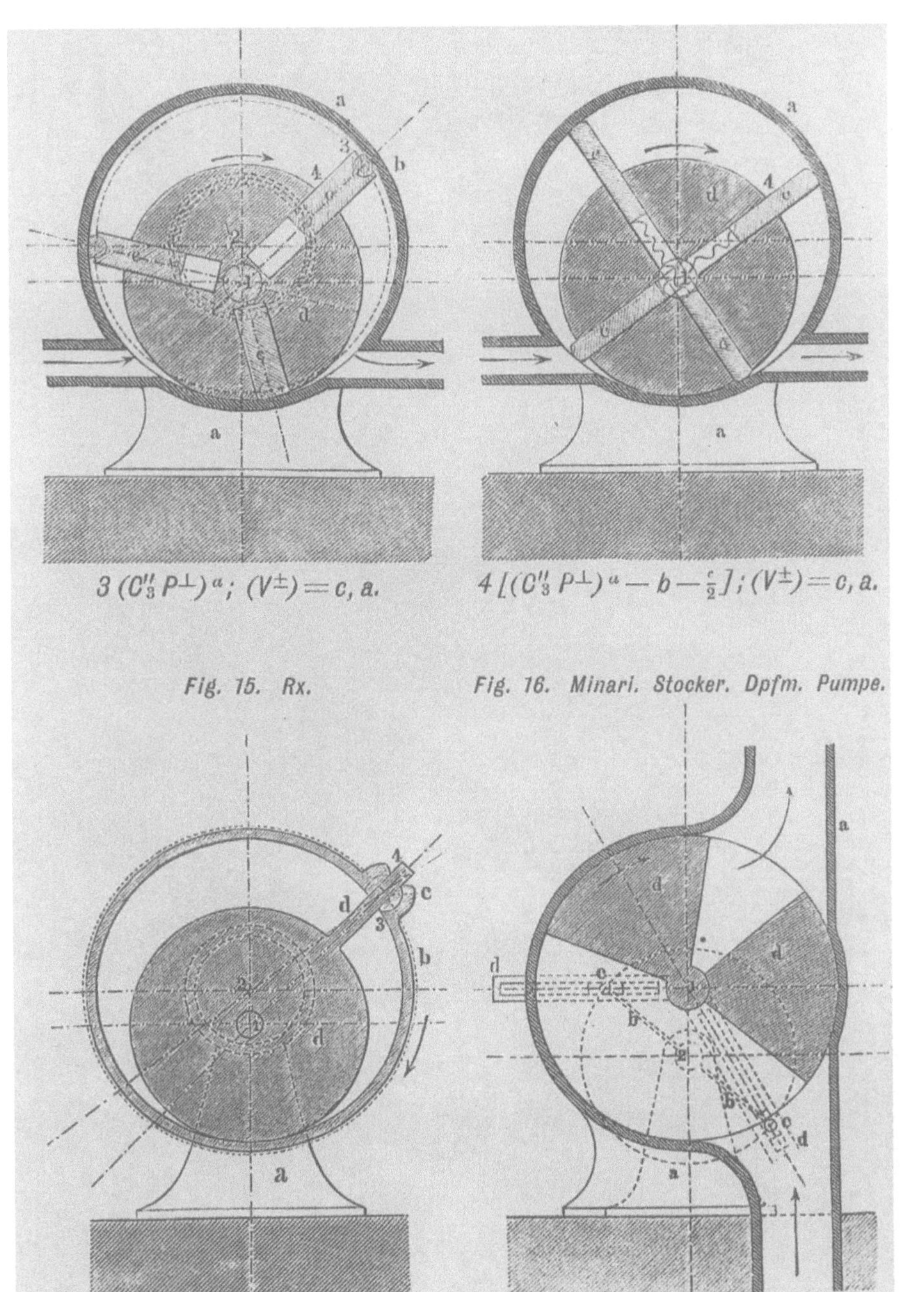

Systematik der Kurbelkapselwerke. In streng gegliederter und schematisierter Form der kinematischen Maschinenlehre Reuleaux's begegnen uns einige der klassischen Kapselkünste sowie daraus hervorgegangene Pumpen und Dampfmaschinen wieder. In der Getriebelehre wird der Mechanismus zu einer kinematischen Formel verknappt. Aus: F. Reuleaux, Lehrbuch der Kinematik, Berlin, 1875

Zur maßgeblichen Erweiterung der Kenntnisse über das reale Materialverhalten trugen die Dauerzugversuche des preußischen Eisenbahnbeamten August Wöhler bei. Die Untersuchung der Dauerfestigkeit nahm Einfluß auf die Theorienbildung, die Dimensionierung von Bauteilen sowie die Normierung von Stählen. Deutsches Museum, München

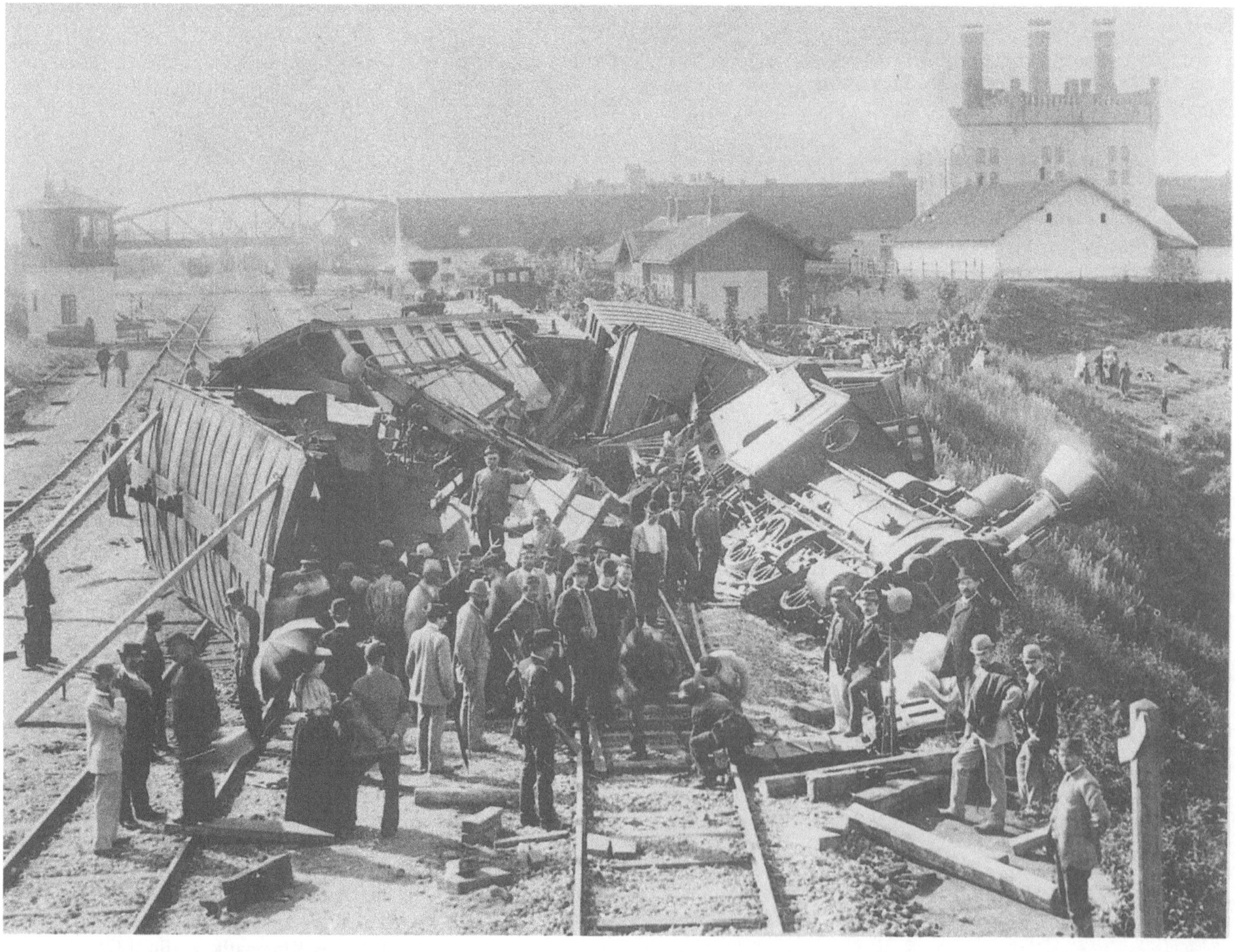

Eisenbahnunglück Ende des 19. Jahrhunderts. Mangelnde Beherrschung von Konstruktion und Material führten beim Einsatz neuer Technik oft zu unvorhergesehenen Havarien. Kesselexplosionen, Rad- und Achsbrüche, Zugentgleisungen und Brückeneinstürze forderten ihren Tribut an Menschenleben. Solche Begleiterscheinungen der Industrialisierung forcierten seit Mitte des 19. Jahrhunderts Festigkeitsforschung und Materialprüfung gleichermaßen. Deutsches Museum, München

sen Euphorie getragen war und bei praktischen Lösungen zuweilen vom Einfachheitsprinzip Reuleaux's abwich, trat Robert Henry Smith, Universitätsprofessor in Birmingham, erstmals mit richtungsweisenden Geschwindigkeits- und Beschleunigungspolygonen hervor. Die universitäre Anbindung dieser namhaften Maschinenwissenschaftler wirft ein Licht auf die Besonderheiten der institutionellen Etablierung der Technikwissenschaften in England.

Auch in Rußland wurde die kinematische Analyse übernommen. Der Petersburger Mathematiker Pafnuti L. Tschebyschew griff insbesondere die Theorie der Geradführung auf. Iwan A. Wyschnegradski, der ein Schüler Redtenbachers in Karlsruhe war und später das wissenschaftliche Maschinenwesen in Rußland begründete, stieß in das Gebiet der mechanischen Regler vor.

Ein gleichermaßen origineller Versuch, die Kinematik aus ihrer Erstarrung zu lösen, geht auf Friedrich Lincke zurück. Der Maschinenwissenschaftler an der TH Darmstadt legte 1879 eine Studie über das mechanische Relais vor, in welcher erstmals auf kinematischer Grundlage ein Schema des geschlossenen Regelkreises existierte.

Vollends gesprengt wurde das kinematische Konzept in der Maschinenlehre durch Wandlungen, die auf den Begriff gebracht werden konnten: Das »dynamische Gewissen« der Ingenieure erwacht. Seit den 70er Jahren gab es insbesondere Stimmen aus der Praxis, die sich gegen die auf statischen Prinzipien beruhenden Verhältniszahlen und später ebenfalls gegen die einseitige geometrische Orientierung der kinematischen Maschinenlehre wandten.

Das Problem der Dauerfestigkeit entstand vor allem durch die »dynamischen« Belastungen im Eisenbahnwesen. Untersuchungen zum Materialverhalten der eingesetzten Eisenwerkstoffe waren bislang vordergründig auf die Bruchgrenze orientiert. Diese aber wurde in einachsigen Zug- bzw. Druckversuchen ermittelt. Materialtests für die Industrie führte in England schon um 1860 die private Versuchsanstalt Kirkaldy durch, die auch Testsiegel vergab.

In Deutschland errichtete die Firma Krupp 1863 das erste firmeneigene Prüflabor. Die bei Kramer & Klett in Nürnberg hergestellten Werderschen Universalprüfmaschinen markierten einen wichtigen Schritt zur genormten Materialprüfung. Mit der Untersuchung des Bruchverhaltens in Zugversuchen war aber keineswegs dem Problem der zulässigen Spannungen in realen Bauteilen (mehrachsiger Spannungszustand) unter Berücksichtigung praxisrelevanter Belastungszustände gerecht zu werden.

Bereits Poncelet, Morin und Eaton Hodgkinson, einer der meistgefragten Sachverständigen im englischen Eisenbahn-, Brücken- und Maschinenbau, hatten neben anderen die Festigkeitstheorien auf stoßartige und wechselnde Belastungen zu erweitern gesucht. Sie waren sich durchaus der bleibenden Deformationen bei wiederholten Belastungen bewußt. Der Schotte William M. Rankine stellte Untersuchungen über Bruchursachen und Bruchverlauf an, aus denen er Maßnahmen zur Verhinderung der Kerbwirkung ableitete. Aber erst August Wöhler, ein preußischer Eisenbahnbeamter, hatte es nach langjährigen Experimenten (1858 bis 1870 publiziert) erreicht, das Problem der Dauerfestigkeit und Materialermüdung

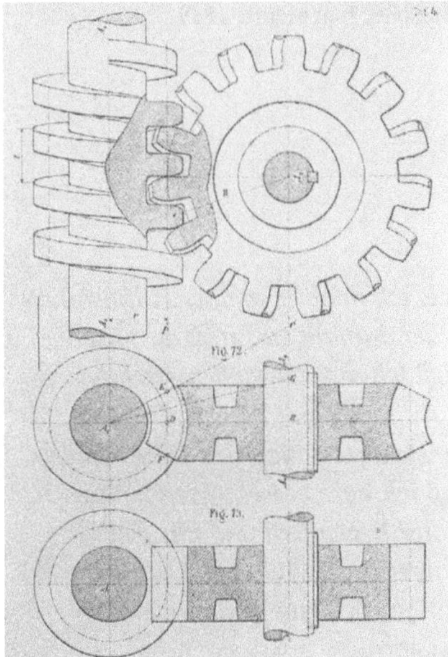

Zahnraddarstellung bei Carl Bach. Sein Werk, das den Stand einer festigkeitsorientierten Lehre von den Maschinenelementen verkörpert, gibt auch Aufschluß über das moderne Gesicht der technischen Zeichnung ausgangs des 19. Jahrhunderts. Aus: C. Bach, Die Maschinenelemente, Stuttgart, 1896

»In neuerer Zeit hat sich eine andere Richtung mehr und mehr Geltung zu verschaffen gewußt, ... welche zwar auch die Gesetzmäßigkeit der Vorgänge zu ergründen und in das Gewand der Mathematik zu kleiden sucht, welche jedoch bestrebt ist, dies erst dann zu tun, nachdem sie durch den Versuch die Erfahrungsgrundlagen für die Rechnungen nach Möglichkeit sichergestellt hat.«

Carl Bach, Zeitschrift des Vereins Deutscher Ingenieure, 1889

»Als ich mich in meiner Hilflosigkeit in der damaligen Literatur umsah, stieß ich auf die soeben erschienene 2. Auflage von C. Bach, Die Maschinenelemente, die mich so begeisterte, daß ich kurz entschlossen meinen Motor liegen ließ und mit Heißhunger Bachs Buch von der ersten bis zur letzten Seite studierte.«

Rudolf Diesel, Brief an R. Baumann, um 1910

ansatzweise theoretisch zu bewältigen. Er erkannte erstmals die Hysteresiserscheinung bei Eisenwerkstoffen unter Wechsellasten, die später als Wöhlerkurve in die Wissenschaft eingegangen ist. Nach seiner Theorie verhalten sich die Bruchspannungen bei den Hauptbelastungsfällen ruhend, schwellend, wechselnd im Verhältnis von 3:2:1.

Initiiert wurden die Wöhlerschen Untersuchungen durch Brüche an Eisenbahnachsen, Radreifen und Schienen. Solchen Folgeerscheinungen ungenügender Materialbeherrschung konnte nur durch intensive Forschung begegnet werden. Die theoretische Behandlung erforderte aber die vermehrte Einbeziehung experimentell gewonnener Randwerte in Form von Festigkeitskoeffizienten, Formzahlen und Materialkennwerten für eine praktikable Lösung. Der Einsatz des Flußstahls beschleunigte diese Entwicklung. In den 70er und 80er Jahren kam es in Deutschland zu heftigen Interessengegensätzen zwischen Stahlerzeugern und Stahlverbrauchern. Der Staat als Hauptauftragnehmer für das Eisenbahnwesen mußte oft lenkend eingreifen. Bessere Materialbeherrschung aber und Normierung der Werkstoffeigenschaften bis hin zu Güteklassen des Stahls und Standardprofilen waren nur durch Aufbau eines weitverzweigten Materialprüfungswesens zu erreichen.

In England ging dies zumeist von privaten und unternehmerischen Initiativen aus. In den USA war die Materialprüfung zudem stark an das sich profilierende technische Schulwesen gebunden. Im Franklin-Institute in Philadelphia wurde bereits 1832 eine der ersten in den USA konstruierten Prüfmaschinen eingesetzt. In Deutschland etablierten sich insbesondere in den 70er Jahren des 19. Jahrhunderts Materialprüfungsanstalten an den technischen Hochschulen. Namhafte Technikwissenschaftler stehen für die ersten Gründungen, so Johann Bauschinger in München (1868), Carl Bach in Stuttgart und Ludwig von Tetmajer in Zürich bzw. Wien. Die von Adolf Martens geleitete Mechanisch-technische Versuchsanstalt an der TH Berlin, bzw. das daraus 1904 hervorgegangene Materialprüfungsamt, galt als die am besten ausgestattete Einrichtung dieser Art. Ihrer Stellung als Interessenvermittler zwischen Wissenschaft, Industrie und Staat wurden die Vertreter der Materialprüfung seit 1884 auch auf internationalen Konferenzen zur Vereinheitlichung des Prüfwesens gerecht. Aus dieser Zusammenarbeit ging 1895 der »Internationale Verband für Materialprüfung der Technik« hervor.

Während Bauschinger und Martens vor allem durch herausragende praktisch-experimentelle Leistungen hervortraten und die Prüftechnik zu hoher Präzision und Vollkommenheit entwickelten, galt Bach als der anerkannte Theoretiker auf dem Gebiet der Festigkeit. Er verhalf einem Paradigma zum Durchbruch, das theoretische und experimentelle Ergebnisse auf neue Weise zu verflechten suchte. Seine »Theorie der Elastizität und Festigkeit« (1889) gilt als Markstein der modernen Festigkeitstheorie. Aber bereits ein Dezennium davor hatte Bach in seinem reich illustrierten Werk »Die Maschinenelemente« einen Brückenschlag zwischen den modernen Auffassungen zur Festigkeit und der Maschinenlehre vollzogen. Dieses Standardwerk des konstruktiven Maschinenbaus erfreute sich in mehreren Auflagen (11. Aufl. 1913) der Wertschätzung des praktischen Maschineningenieurs. Carl Bachs Lebenswerk widerspiegelt eindrucksvoll den raschen Erkenntniszuwachs in der technischen Elastizitätstheorie um 1900. Es begründet zugleich den hohen internationalen Rang der Maschinenwissenschaften in Deutschland. Eine Schlüsselfunktion hinsichtlich der Dimensionierung von Bauteilen haben darin die zulässigen Spannungen bei unterschiedlichen Belastungseinflüssen inne. Bach ging auch von einer differenzierenden Fassung des Satzes von der Proportionalität der Spannungen und Dehnungen aus. Gegenüber Grashof und Reuleaux, die sich auf eine indifferente Elastizitätsgrenze beriefen, unter welcher keine bleibenden Formänderungen stattfinden sollten, unterschied Bach die Proportionalitätsgrenze sowie die Fließ- oder Streckgrenze. Er ermittelte das spezifische Materialverhalten für verschiedene Werkstoffarten wie Gußeisen, Schmiedeeisen, Flußstahl, hochlegierte Stähle sowie Bunt- und Leichtmetalle und bestimmte darüber hinaus den Einfluß der Temperatur und entsprechender Wärmebehandlungsverfahren wie Härten, Glühen und Anlassen auf die Festigkeit. Dieses theoretisch und experimentell fundierte Herangehen sowie sein wissenschaftspolitisches Wirken ließen Bach zu einer anerkannten Integrationsfigur innerhalb des Maschinenwesens werden.

Mit den Bestrebungen, möglichst alle die konstruktiven und technologischen Werkstoffeigenschaften determinierenden Einflüsse in handhabbare Kennwerte umzusetzen, kamen Materialexperimente in reicher Vielfalt auf. Hierzu gehörten auch Verfahren zur Härteprüfung. Entsprechende Koeffizienten legte erstmals der Schwede Johann August Brinell fest. Um die

Zugproben dienten neben der Ermittlung von Werkstoffkoeffizienten auch der Erforschung der einem Bruch vorausgehenden Formänderungen sowie der Aufstellung von Werkstoffgesetzen. Besondere Aufmerksamkeit galt der Feststellung der Längsdehnung und Einschnürung, des Gleitwinkels und der Struktur der Bruchfläche. Neben verfeinerten Meßmethoden konnten durch Auftragen von Längs- und Querlinien Deformationen besser sichtbar gemacht werden. Aus: C. Bach, Elastizität und Festigkeit, Berlin, 1889

Einfluß der Temperatur auf die Festigkeitseigenschaften des Eisens. Die in den Forschungslaboratorien und Materialprüfungsanstalten der technischen Hochschulen und Industrie vorgenommenen Versuchsreihen zur Werkstofforschung ließen um 1900 ein differenzierteres Bild der Einflüsse auf das Materialverhalten zu. Zum Untersuchungsgegenstand wurden Dauerfestigkeit, Sprödbruch, Härte, Korrosion und Kerbwirkung. Aus: C. Bach, Die Maschinenelemente, Berlin, 1896

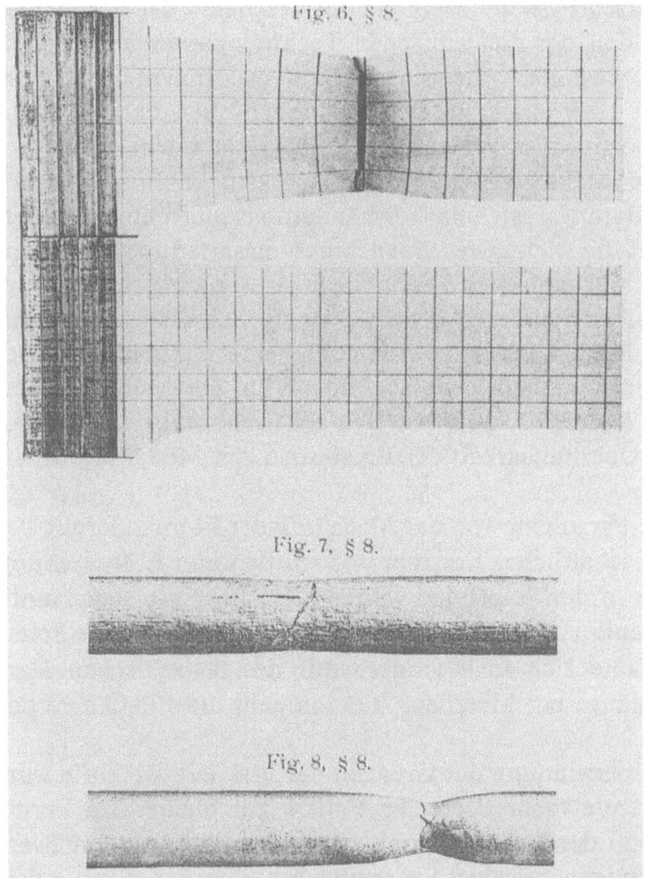

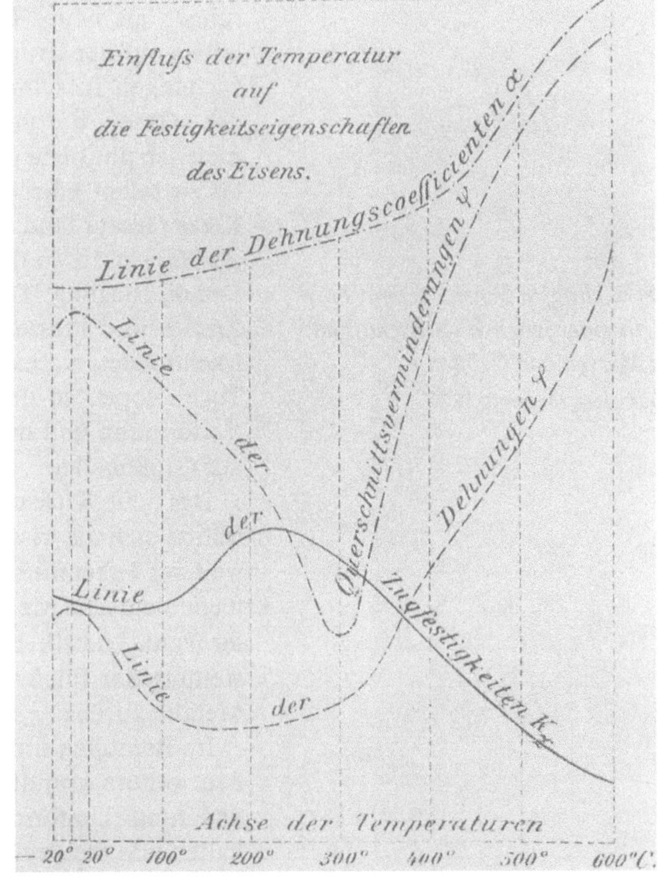

Kerbschlagbiegeprobe hat sich der französische Werkstoffwissenschaftler George Charpy verdient gemacht. Es fällt auf, daß in dieser Phase Materialprüfung zumeist mit Materialzerstörung an Probekörpern einherging. Die Entwicklung des Röntgenverfahrens – 1895 hatte Wilhelm Konrad Röntgen den Lauf eines Jagdgewehres aufgenommen – wies bereits neue Wege der zerstörungsfreien Werkstoffprüfung. Eigenschaften wie Festigkeit, Härte und Zähigkeit, so sehr sie zunächst vordergründig für den konstruktiven Einsatz des Materials herangezogen wurden, spielten zunehmend in fertigungstechnischen Fragen eine Rolle. Besonders die Verwendung von Flußstahl im Fabrikbetrieb ließ gegenüber dem herkömmlichen Puddelstahl infolge hoher Sprödigkeit Bearbeitungsprobleme erkennen, die einer wissenschaftlichen Analyse harrten. Karl Karmarsch, der Nestor der mechanischen Technologie in Deutschland, entwarf mit seiner allgemeinen mechanischen Technologie ein wesentliches methodisches Grundkonzept. Seine Schüler suchten dieses in einem fruchtbaren Meinungsstreit um die angestauten technologischen Probleme zu aktualisieren.

In Fortführung von Karmarschs Lehre hatte 1873 in Wien Wilhelm Exner ein »System der vergleichenden Technologie« vorgestellt und deduktiv auf die Gießerei und die Verfahren mit bleibender Formänderung anzuwenden versucht, ohne jedoch praktisch brauchbare quantitative Kennwerte und Berechnungsgrundlagen ermitteln zu können.

Dem System von Exner stellte 1877 Friedrich Kick aus Prag in einer technologischen Streitschrift seine Methode der Mechanik der Formänderungen als neues Modell der mechanischen Technologie entgegen. Kick leitete auf der Grundlage eigener theoretischer und experimenteller Untersuchungen in seinem 1869 eingerichteten technologischen Laboratorium das »Gesetz der proportionalen Widerstände« ab, nach welchem für geometrisch ähnliche und stofflich gleiche Körper (Werkstücke) Proportionalität zwischen Formänderungskraft und Formänderungsquerschnitt besteht. Kicks Gesetz fand auf die wichtigsten Beanspruchungsarten bzw. Formänderungsverfahren der mechanischen Technologie Anwendung, so auf Zug, Druck, Biegung, Torsion, Scheren, Lochen, Spanen, Schmieden, Walzen, Ziehen und Pressen. Bemerkenswert waren auch seine methodischen Betrachtungen zu experimentellen Untersuchungen in der mechanischen Technologie, so der Analogieschluß von der elastischen zur bleibenden Verformung und die Übertragbarkeit der Ergebnisse von Modellversuchen auf Großobjekte.

Das neue Kicksche Paradigma von der Mechanik der Formänderung bewährte sich als wissenschaftliches Konzept und wurde unter Einbeziehung weiterer Erkenntnisse in den folgenden Jahrzehnten über die sogenannte technologische Mechanik zur Plastizitätsmechanik ausgebaut. Kicks Schüler Paul Ludwik befaßte sich insbesondere mit der theoretischen Darstellung der Fließvorgänge bei Metallen. Auf ihn geht die Fließkurve der Metalle zurück.

Im Bemühen um Überwindung der Grenzen der Elastizitätstheorie wurden weitere grundlegende theoretische Ergebnisse zur bleibenden Formänderung (Umformung) der Metalle erzielt, besonders über das Fließverhalten und die Beziehungen zwischen Spannung und Formänderung in den umzuformenden Körpern.

Die Franzosen Henry E. Tresca (1864) und de Saint-Venant (um 1870) stellten eine Hypothese der größten Schubspannung auf, wonach das plastische Fließen in metallischen Werkstücken bei dreiachsigem Spannungszustand stets bei der gleichgroßen maximalen Schubspannung, nämlich der Differenz zwischen der größten und kleinsten Normalspannung, eintritt. Durch Einbeziehung der mittleren Hauptspannung entwickelten in Deutschland Huber (1904) und Richard von Mises (1913) eine verbesserte Hypothese, die sogenannte Gestaltänderungsenergiehypothese. Damit wurde es möglich, die für den Übergang vom elastischen zum plastischen Zustand eines Werkstückes maßgebenden Plastizitätsbedingungen für jeden (ein-, zwei- oder dreiachsigen) Spannungszustand in Abhängigkeit von Werkstoff, Temperatur und Geschwindigkeit zu bestimmen. Heute bezeichnet man die Spannung, bei der das Metall zu fließen beginnt, als Umformfestigkeit.

Ein Pionier des wissenschaftlichen Experimentes in Lehre und Forschung der mechanischen Technologie war auch Ernst Hartig in Dresden. Seine großtechnischen Versuche über Leistung und Arbeitsverbrauch von Textil-, Werkzeug- und Landmaschinen mittels eines von ihm konstruierten selbstregistrierenden Einschalt-Rotationsdynamometers lieferten bis dahin fehlende quantitative technologische Kenngrößen über Leerlauf und Lastbetrieb dieser Maschinen. Hartig entsprach mit seinen dynamometrischen Untersuchungen einem dringenden Bedürfnis der Betriebspraxis und begründete damit zugleich die technologische Maschinenlehre. Seine in großem Stil unter industriellen Einsatzbedingungen mit Studenten ausgeführten Versuche waren beispielgebend für zahlreiche energetische Untersuchungen in Produktionsprozessen.

Darüber hinaus richtete Hartig 1878 in Dresden eines der frühesten mechanisch-technologischen Laboratorien ein, in dem er forschte und technologische Laborpraktika für die studentische Ausbildung durchführte. Mit

»Ein Hauptstück wissenschaftlicher Arbeit ist die Lösung von Widersprüchen.«
Ernst Hartig, 1890

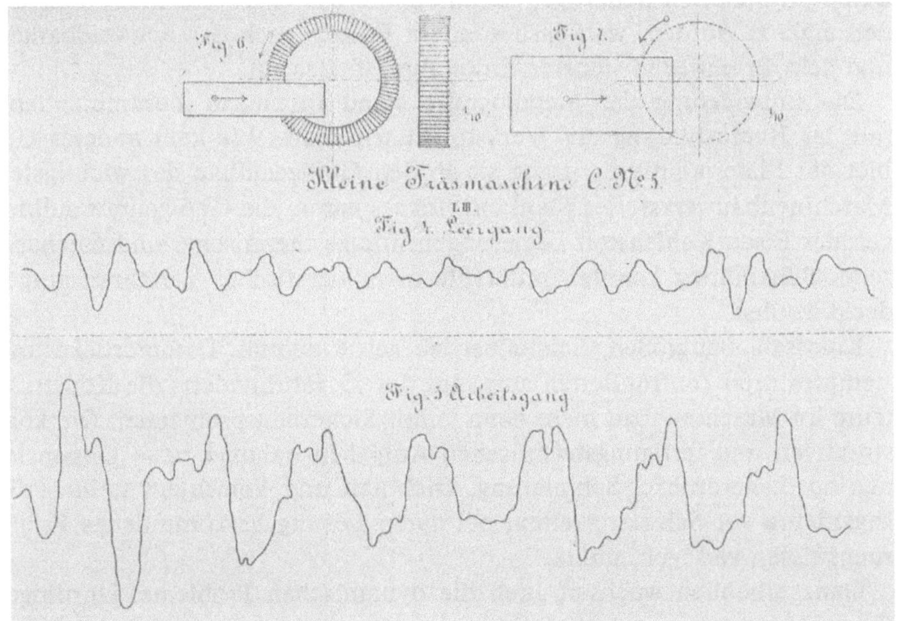

Erste Darstellung des Kraftverbrauchs einer Werkzeugmaschine mittels eines selbstregistrierenden Dynamometers (1873) des Dresdener Technologieprofessors Ernst Hartig. Aus: E. Hartig, Versuch über Leistung und Arbeitsverbrauch an Werkzeugmaschinen, Leipzig, 1873

einer Sektion für Fabrikingenieure an einer technischen Hochschule leitete Hartig einen qualitativ neuen Abschnitt in der Geschichte der ingenieurgemäßen Technologieausbildung ein. Parallelen dazu findet man am Technologischen Institut in Petersburg, wo erstmals in Rußland Ingenieur-Technologen ein Examen ablegten.

In Deutschland fand diese technologische Spezialisierung im Maschinenbau unmittelbar nach der Jahrhundertwende erneut in Dresden mit der Einrichtung der Fachrichtung Betriebsingenieure ihre Fortsetzung. Damit konnte jedoch noch keine Breitenwirksamkeit erreicht werden. Die konstruktiv überbetonte Maschineningenieurausbildung in Deutschland bedurfte einer Reform, in der Technologie und Ökonomie der Konstruktion wissenschaftlich gleichgestellt wurden.

Daß sich die Verknüpfung der mechanischen Technologie mit der Festkörpermechanik und Materialforschung als förderlich erwies, ist auch an Experimenten zu einer ganzen Reihe von Fertigungsverfahren abzulesen. In den Materialprüfungsanstalten traten neben die traditionellen Festigkeitsversuche auf Zug, Druck, Torsion und Scheren spezifische Prüfverfahren wie Biege-, Loch-, Stauch-, Schmiede- oder Tiefziehversuche. Bald standen auch erste Versuchsfelder zur systematischen Erforschung von Werkzeugmaschinen und Fertigungsverfahren zur Verfügung. Die wissenschaftliche Durchdringung der Fertigungstechnik konnte nunmehr in großer Breite vorangebracht werden.

In der Umformtechnik, die vor allem von der Plastizitätsmechanik profitierte, wandte man sich insbesondere der experimentellen Erforschung des Walzvorganges zu. Versuche zur Bestimmung der Kräfte und Formänderungen standen dabei im Mittelpunkt. Die neuen technischen und organisatorischen Anforderungen in Walzwerken und Gießerei-Großbetrieben stimulierten die Werkstofforschung und die metallografische Untersuchung des Gefügeaufbaus. Auch die Fügetechnik, deren klassische Verfahren des Schraubens, Nietens, Schrumpfens und Feuerschweißens nunmehr durch physikalisch neuartige Verfahren wie das Gas- und Elektroschweißen ergänzt wurden, warf insbesondere Fragen nach der Schweißbarkeit und dem Erschließen sicherer Anwendungsfelder auf.

Die Entwicklung der Metallografie stand in engem Zusammenhang mit der Herausbildung der Werkstoffwissenschaft. Wie kein anderes Gebiet der Materialprüfung drang sie in den Gefügeaufbau des wichtigsten Maschinenbauwerkstoffes Stahl ein. Insbesondere die Gefügeumwandlungen der Eisen-Kohlenstoff-Legierungen infolge thermischer und mechanischer Behandlung konnten mit Hilfe metallografischer Verfahren aufgedeckt werden.

Kolossale Baugrößen, Schnellbetrieb sowie enorme Dampfdrücke und -temperaturen konfrontierten ausgangs des 19. Jahrhunderts die Konstrukteure im Maschinenbau mehr denn je mit Sicherheitsproblemen. Die konstruktiven und fertigungstechnischen Aufgaben nahmen neue Dimensionen an. Lagerdrücke, Schmierung, Dichtheit und Verschleiß stellten die Ingenieure vor Schwierigkeiten, bei deren Lösung herkömmliches Erfahrungswissen versagen mußte.

Ganz erheblich wuchsen auch die dynamischen Probleme. Unruhiger Gang, Unwuchten und Vibrationen waren unangenehme Begleiterschei-

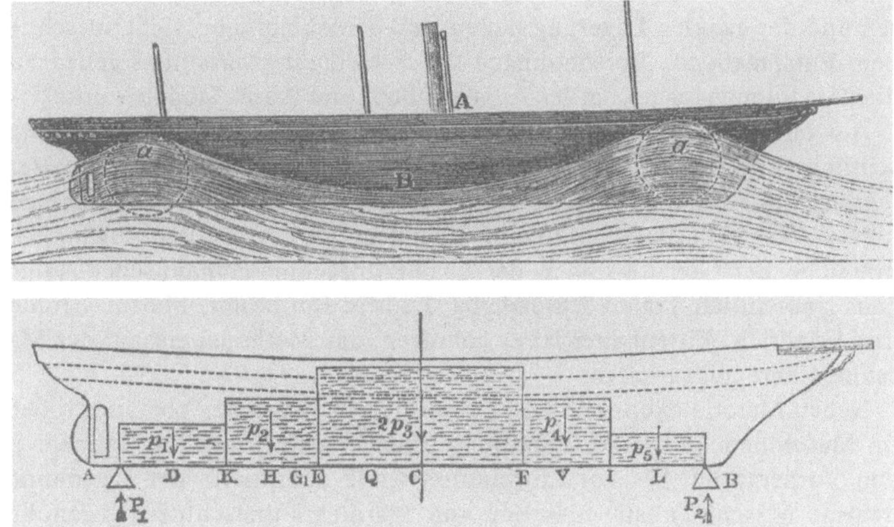

Der aufkommende Stahlschiffbau warf in den 60er Jahren des 19. Jahrhunderts vermehrt Fragen der Schiffsfestigkeit auf. Die theoretische Behandlung ging zunächst auf einfache Weise von einem Trägermodell aus. Bei der Berechnung eines günstigen Schiffsquerschnittes wurde für extreme Belastungsfälle (hier Schiff im Wellental) von einer Lastverteilung auf die Stützen ausgegangen. Aus: W. Fairbairn, Treatise on Iron Ship Building, London, 1865

nungen des Schnellbetriebes, die manches Risiko in sich trugen. Der Maschinendynamik oblag es, auf der Grundlage der technischen Mechanik nach baulichen Konstellationen zu suchen, die einen ruhigen Lauf garantierten und störende Nebenwirkungen oder Materialbrüche ausschlossen.

Johann von Radinger, österreichischer Ingenieur und späterer Professor an der TH Wien, gebührt das Verdienst, die Wende dahin eingeleitet zu haben. Angeregt durch die hohe Leistungsfähigkeit der auf der Pariser Weltausstellung 1867 vorgestellten Porter-Allen-Dampfmaschine aus den USA, versuchte er auf zeichnerischem Wege das optimale Verhältnis zwischen Kolbengeschwindigkeit, Dampfdruck und Füllungsgrad für einen ruhigen Gang aufzufinden. Während die Vervollkommnung dieser Gattung Maschinen zu einer typisch amerikanischen Entwicklung wurde, vollzog sich die Herausbildung der Maschinendynamik – gewissermaßen als Komplement zur Kinematik – überwiegend im deutschsprachigen Raum. Zunächst folgten eine Reihe von Arbeiten über den Massenausgleich. Vor allem die großen Schiffsmaschinen mit reihenweiser Anordnung der Zylinder mußten auf ihre dynamischen Eigenschaften hin untersucht werden. Herausragende Beiträge dazu kamen von Ernst Otto Schlick und Hans Lorenz. Letzterer setzte mit seiner »Dynamik der Kurbelgetriebe« (1901) einen theoretischen Glanzpunkt. Seine Arbeit stand ganz auf der Höhe der theoretischen Mechanik. Mit Lorenz wurde die Fourier-Analyse in die Maschinendynamik eingeführt. Zunehmend setzte sich auch die Lagrangesche Schreibweise der Bewegungsgleichungen durch, die elegante mathematische Lösungen dynamischer Probleme erlaubte.

Der vielseitige Wilhelm R. Proell, der in Dresden ein Ingenieurbüro unterhielt, erwarb sich ebenfalls Verdienste um die Anwendung der Maschinendynamik; vor allem bei der Vervollkommnung und Anpassung der Regulatoren. Den Kreis der Beteiligten schließt der technisch interessierte Physiker Arnold Sommerfeld, dessen Beitrag insbesondere die dynamische Festigkeit berührte.

Mehr noch stimulierten die enormen Drehzahlen der Dampfturbinen Schwingungsberechnungen. Vornehmlich die Schaufelschwingungen wa-

»Ich will nun versuchen zu zeigen, wie hohe Kolbengeschwindigkeit und ruhiger Arbeitsgang ganz wohl vereinbar sind.«
Johann von Radinger, Über Dampfmaschinen mit hoher Kolbengeschwindigkeit, 1872

ren schwer zu beherrschen. Selbst bei äußerst präziser Fertigung der Rotoren und der exakten Lagerung ließen sich Schaufelbrüche nicht ausschließen. Entsprechende Berechnungen des Schwingungsverhaltens gehen auf die Maschinenwissenschaftler August Föppl und Aurel Stodola zurück.

Aus einer anderen Richtung erfuhr das kinematische Konzept eine wesentliche Erweiterung zur Dynamik: durch die Anwendung grafischer Verfahren. Analog zur grafischen Statik erhofften sich die Maschineningenieure jetzt mit dieser Methode Übersicht und schnellen Zugang bei hinreichender Genauigkeit in der Lösung maschinendynamischer Aufgaben. Namentlich Trajan Rittershaus, Ludwig Burmester, Martin Grübler und Friedrich Wittenbauer ist es gelungen, das Methodenarsenal der Maschinenlehre auszuweiten.

Neben Materialökonomie und Bewußtheit dynamischer Vorgänge rückte im Maschinenbau die wirtschaftliche Energieausnutzung immer mehr in den Vordergrund. Bis zur Jahrhundertwende dominierte der sogenannte »warme Maschinenbau«, der Bau von Wärmekraftmaschinen, gegenüber dem »kalten« Werkzeugmaschinenbau. Die Maschinenlehre ging zunehmend von der Beurteilung mechanischer Energien, die in der Regel an dynamometrische Meßverfahren gebunden war, zur Messung thermischer Vorgänge über. Indikatordiagramme an Dampfmaschinen – verwiesen sei auf den Anteil des Richards-Indikators an den Entwicklungsarbeiten zur schnellaufenden Dampfmaschine – leiteten diesen praktischen Vorstoß zur Thermodynamik ein. Es entsprach dem Zeitgeist, daß sich Naturphilosophie, Physik und Technikwissenschaften Fragen der Energieerhaltung und Energieäquivalenz widmeten.

Energetische Bilanzen wurden zunehmend auch in festigkeitstheoretischen Berechnungen ausgenutzt. Verfahren, die auf die Minimierung der Deformationsenergie zurückgehen, entwickelten der französische Ingenieur und Physiker Clapeyron sowie der Turiner Eisenbahningenieur Alberto Castigliano. Die ausgangs des 19. Jahrhunderts entstandene Verfahrensvielfalt rief freilich auch Diskussionen über die Fülle des Lehrstoffes und die Auswahl geeigneter Methoden hervor, beförderte aber die Entstehung wissenschaftlicher Schulen an den regionalen technischen Bildungseinrichtungen.

Das Wissen über thermische Prozesse hatte sich naturgemäß im Dampfmaschinenbau akkumuliert. Besonders im Carnotschen Kreisprozeß waren Erfahrungen zu Ansätzen einer technischen Thermodynamik geronnen. Die Dampfmaschine stellte sich Mitte des 19. Jahrhunderts als ein technisches System dar, dessen funktionale Elemente und Wirkprinzipe von verschiedenen Disziplinen untersucht wurden. Vor allem die am weitesten gediehene Durchdringung mechanischer Vorgänge hat der Behandlung thermischer Prozesse Pate gestanden. Die energetische Beherrschung dieser Maschine steckte noch in den Anfängen, erhielt aber nunmehr jene Stimuli, die zur intensiveren Untersuchung ihres Grundprinzips, der Umwandlung von Wärme in mechanische Energie, führten.

Von nun an wurde sowohl die Forschung zur mechanischen Wärmetheorie als auch die Betrachtung der Dampfmaschine in ihrer funktionalen Ganzheit vorangetrieben. Beide Entwicklungslinien zeigten jene Internationalität, die dieser Periode der Maschinenwissenschaften innewohnte.

Nach jahrzehntelanger Parallelentwicklung des empirischen Wissens über thermische Vorgänge und der naturwissenschaftlichen Ergründung entsprechender Zusammenhänge setzte nunmehr ein reger Austausch zwischen Vertretern der physikalischen Theorie und der sich entfaltenden technischen Thermodynamik ein. Die Herausbildung letzterer kann folglich weder auf die Anwendung der klassischen Thermodynamik reduziert noch an deren scheinbaren »Absonderlichkeiten« gemessen werden. Angesichts der heranreifenden Erfordernisse des wirtschaftlichen Einsatzes der Dampfmaschine erscheint ihre Genese geradezu folgerichtig. In der Tat stieg die Anzahl der Dampfmaschinen in der zweiten Hälfte des 19. Jahrhunderts enorm an, wobei die Anwendungsfelder Bergbau- und Hüttenwesen, Textilindustrie, Eisenbahn und Dampfschiff dominierten.

Vor allem die Auffassungen von Gustav Anton Zeuner und William Macquorn Rankine vereinten die Grundzüge einer »technischen Wärmelehre« mit der Theorie der Wärmekraftmaschine. Sie leisteten damit den entscheidenden Beitrag zur Herausbildung der technischen Thermodynamik. Ihr erklärtes Ziel war es, Leistung und Wirkungsgrad der Dampfmaschinen signifikant zu steigern. Forschungsgegenstand bildeten mithin die Expansionswirkung des Dampfes, die Ausnutzung des Verbundprinzips, die Anwendung überhitzten Dampfes, die Vermeidung von Wärmeverlusten, die Dimensionierung der wichtigsten Aggregate sowie die Optimierung von Steuerungs- und Regelungsprozessen. Ihr Vorgehen unterstrich die Nähe der technischen Thermodynamik zur Maschinenlehre stärker als das ihrer Vorgänger.

Der Schotte Rankine, der an den Universitäten Glasgow und Edinburgh studiert hatte, publizierte 1849 seine erste Arbeit über die mechanische Wärmetheorie, die auf molekulartheoretische Vorstellungen zurückging und zugleich einen wichtigen Beitrag zur Untersuchung gesättigter Wasserdämpfe darstellte. Nach ausgedehnter praktischer Tätigkeit war Rankine als Professor für »Civil Engineering and Mechanics« an der Universität Glasgow tätig. Im »Handbuch über die Dampfmaschinen« (1859), dem berühmtesten aus der Reihe seiner populären Lehrbücher, stellte er erstmals in der Ingenieurliteratur die beiden Hauptsätze der Thermodynamik vor. Auch eine Variante der Ausführung des Kreisprozesses für die Dampfmaschine geht, neben einem beinahe gleichzeitigen Vorschlag von Rudolf Clausius, auf ihn zurück.

Der zunächst am 1855 gegründeten Eidgenössischen Polytechnikum in Zürich, später an der Bergakademie Freiberg und der TH Dresden lehrende Zeuner tritt uns ebenfalls als vielseitiger Professor für Mechanik und theoretische Maschinenlehre entgegen. Später jedoch konzentrierte er sich ganz auf die technische Thermodynamik. 1859 legte er richtungsweisende »Grundzüge zur Wärmetheorie« vor, aus welchen in seiner Dresdener Zeit die zweibändige »Technische Thermodynamik« (1887 bis 1890) hervorging. Die Methode Zeuners vereinte die mathematische Modellbildung thermischer Prozesse mit deren Umsetzung in ingenieurgemäße Verfahren zur energetischen Optimierung von Wärmekraftmaschinen.

Zeuners Arbeiten zeichneten sich durch eine praktikable Abfassung aus, die einfache Formeln, Tabellen und grafische Darstellungen bevorzugte. Er verstand es zudem vortrefflich, seine wissenschaftlichen Ergebnisse in eine

William John Macquorn Rankine. Der schottische Ingenieur und Universitätsprofessor wies sich durch eine Reihe von Handbüchern als universeller Technikwissenschaftler aus. Besondere Verdienste erwarb er sich bei der Begründung einer technischen Wärmelehre. Der Clausius-Rankine-Prozeß ging als der Idealprozeß für eine verlustlos arbeitende Dampfmaschine in die Wissenschaftsgeschichte ein. Aus: R. M. Thurston, Die Dampfmaschine, Leipzig, 1880

Georg Schlesinger, Inhaber des international ersten Lehrstuhls für Werkzeugmaschinen und Fabrikbetrieb an der TH Berlin (1904 eingerichtet)

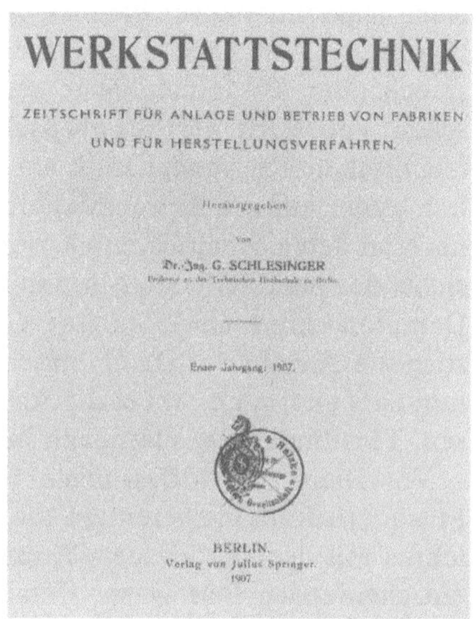

Titelseite der 1907 in Berlin gegründeten ersten Fachzeitschrift für die gesamte Fertigungstechnik

»Auf allen anderen Gebieten hätte sich die Entwicklung vielleicht nicht anders und nicht viel langsamer vollzogen, wenn Zeuners Mitwirkung gefehlt hätte; auf dem Gebiet der technischen Wärmelehre können wir uns aber seine Leistungen nicht hinwegdenken, können wir gar nicht absehen, welchen Weg sie hätte ohne ihn nehmen sollen.«

Friedrich Merkel, Zeitschrift des Vereins Deutscher Ingenieure, 1929

fesselnde und verständliche verbale Form zu gießen. Der Polytechniker Zeuner, der gleichermaßen auf der Höhe der physikalischen Theorie stand, wußte die zerstreuten Erkenntnisse seines Fachgebietes zusammenzufassen. Er gilt als der Begründer einer der namhaften wissenschaftlichen Schulen, die sich nach der Jahrhundertwende über die engere Maschinenlehre hinaus auszubreiten begann.

Mit den glänzenden Beiträgen von Zeuner, Rankine, Gustav Schmidt und Gustav Adolf Hirn rückte die technische Thermodynamik zu einer tragenden Disziplin des Maschinenwesens auf und schuf ausgangs des 19. Jahrhunderts jene theoretischen Voraussetzungen, auf deren Grundlagen vorhandene Wärmekraftmaschinen deutlich verbessert und neue, mit höheren Wirkungsgraden, entwickelt werden konnten. Rückwirkungen gab es auch auf den Bau von Hochleistungskesseln und die Optimierung ganzer Dampfkraftanlagen. Die angestrebte Verminderung des Masse-Leistungs-Verhältnisses kommt wohl am eindrucksvollsten in den kompakten Westinghouse-Dampfmotoren sowie im geringen Raumbedarf der Turbinen zum Ausdruck.

Die rasante Entwicklung von Wissenschaft und Industrie forcierte den Differenzierungsprozeß in den technologischen Fächern. In der Ausbildung drängten der Einsatz von Werkzeugmaschinen, die Technologie der Metall- und Holzbearbeitung sowie die Textil- und Papierverarbeitung, aber ebenso die Fragen der Fabrikorganisation, Kalkulation und Betriebsgestaltung zunehmend nach eigenständiger und vertiefter Behandlung. Die Verselbständigung und Institutionalisierung dieser Disziplinen nahmen den gesamten Zeitraum in Anspruch. Seit der Jahrhundertwende trugen insbesondere die deutschen technischen Hochschulen diesen Anforderungen der modernen Maschinenfabrikation und Betriebsorganisation durch Neuprofilierung der Lehrstühle für mechanische Technologie und Gründung besonderer fertigungstechnisch und betriebswissenschaftlich orientierter Bildungswege zunehmend Rechnung.

Das 1904 in Berlin eingerichtete und mit Georg Schlesinger besetzte Lehramt für Werkzeugmaschinen und Fabrikbetrieb gilt als der erste ferti-

Iwan A. Time, russischer Maschinenbautechnologe und Mitbegründer der Spanungstheorie. Aus: K. P. Pancenko, Russische Gelehrte – Begründer von der Wissenschaft der Metallzerspanung, Moskau, 1952 (russ.)

Frederick Winslow Taylor, amerikanischer Pionier der Spanungstechnik und Begründer der Betriebswissenschaften. Smithsonian Institution, Washington

gungstechnische Lehrstuhl der Welt. Mit weiteren analogen Gründungen in Aachen, Danzig, Breslau, Dresden und Hannover wurde das erste Jahrzehnt unseres Jahrhunderts zur institutionellen Geburtsphase der wissenschaftlichen Fertigungstechnik in Deutschland. Die Herausgabe der ersten wissenschaftlichen Zeitschrift »Werkstattstechnik« für das Gesamtgebiet der Fertigungstechnik durch Schlesinger 1907, die später den Untertitel »Zeitschrift für Fabrikbetrieb und Herstellungsverfahren« trug, bestätigte diese Tendenz. Auch die 1905 erfolgte Änderung des Untertitels der 1877 gegründeten amerikanischen Fachzeitschrift »American Machinist« von »Construction« in »Metalworking Manufacturing« machte die Aufwertung der Fertigungstechnik in dieser Zeit sichtbar. Den Umbruch im technischen Denken formulierte 1913 der deutsche Werkzeugmaschinenkonstrukteur Friedrich W. Hülle so, daß auf die »konstruierende Zeit« eine »fabrizierende Zeit« gefolgt sei.

In der wichtigsten und fortgeschrittensten Disziplin der Fertigungstechnik, der Spanungstechnik, deren Herausbildung als Wissenschaftsdisziplin in dieser Zeit begann, wurden grundlegende theoretische und methodische Erkenntnisse gewonnen. Seit 1870 existierten zahlreiche Theorien zur Erklärung des Spanbildungsvorganges, so zum Beispiel verschiedene Schertheorien des Russen Iwan A. Time, des Franzosen Tresca und des Engländers A. Mallock, Rißtheorien von W. Exner und Reuleaux sowie eine Strömungstheorie von Hermann Fischer. Diesen Theorien wurden Spanbildungsmodelle zugrundegelegt und daraus Formeln für die Berechnung der Spanungskräfte abgeleitet. Die Vielfalt der miteinander konkurrierenden Theorien, zumeist unabhängig voneinander entwickelt, ist typisch für das imponierende Theoriengebäude in der Herausbildungsperiode einer Wissenschaftsdisziplin.

Herausragend wegen ihrer wissenschaftlichen und mehr noch ihrer wirtschaftlichen Bedeutung sind die über zwei Jahrzehnte geführten Forschungsarbeiten des amerikanischen Ingenieurs Frederick Winslow Taylor, die er bei seinen Zeitstudien auf der Suche nach der wirtschaftlichsten Schnittgeschwindigkeit beim Drehen von Stahl erzielte. Gemeinsam mit

»Die Entdeckung des Hochgeschwindigkeitsstahls (Schnellarbeitsstahls – d. V.) und seiner Behandlung war nicht das Ergebnis eines Zufalls! … Sie ergab sich aus ernster Forschung … durch Chemiker und Metallurgen unter Beachtung exakter Methoden.«

Frederick Winslow Taylor, The Principles of Scientific Management, 1911

Maunsel White gelang ihm 1899 die Erfindung des Schnellarbeitsstahles, der infolge seiner größeren Warmhärte eine rund dreifach höhere Schnittgeschwindigkeit zuließ und zu großen Kosteneinsparungen in der mechanischen Bearbeitung führte. Im Rückblick bezeichnete Heinrich Schallbroch die Wirkung dieser Erfindung als eine »Initialzündung zur Verbesserung der gesamten Fertigungstechnik«. Taylors Arbeit »On the Art of Cutting Metals« (1906), insbesondere das darin mitgeteilte Standzeit-Schnittgeschwindigkeits-Gesetz, gehört noch heute zu den maßgeblichen Grundlagen der Spanungstechnik.

Diese theoretischen Ansätze korrespondierten mit der Entwicklung spezieller Meßverfahren und Meßgeräte wie der Schnittkraftmesser auf mechanischer und hydraulischer Basis. Das umfassende Geschehen wertete die Meßtechnik auf, deren Grundlagen sich zu einem eigenständigen Fach abhoben. Neben den mannigfaltigen Untersuchungen in den Materialprüfungsanstalten und Maschinenlabors wurde die Meßtechnik noch aus einer weiteren Quelle gespeist: der austauschbaren Fertigung. Die wirtschaftlichen Fortschritte in der Fertigung gingen vor allem von der Normierung von Bauteilen, Profilen, Gewinden, Rohren u. a. aus. Dies zog auch die Einführung von Meßdornen, Grenzlehren und Passungen nach sich.

Die USA waren bereits seit Mitte des 19. Jahrhunderts in der Spezialisierung und austauschbaren Massenfertigung auf Spezialwerkzeugmaschinen – dem American System of Manufacture – zum Lehrmeister der europäischen Industrieländer geworden. Während in Deutschland in der

EXPERIMENTS ON CUTTING SPEEDS.

PLACE OF EXPERIMENTS: _William Sellers & Co. Philadelphia_ YEAR _1902_ MONTH _6th_ OPERATOR: _Carl G. Barth_

SIZE OF SHANK OF TOOL _7/8" · 1⅛"_   ~~CASTING~~ FORGING NUMBER _6_

Angles of tool.	Clearance.	Back slope.	Side slope		
	6°	8°	14°		

Chemical composition.	Comb. C	C	Mn	Si	P	S
		0.30	0.62	0.19	0.035	0.032

Physical properties.	Tensile strength	Elastic limit.	% elongation.	% contraction.	
	70300	33940	30.00	48.73	

Chemical composition of tool.	W	CH	C	Mn	Si	P	S
	8.50	2.00	1.85	0.15	0.15		

Experiment number	Day of experiments	Depth of cut, in inches	Feed, in inches	Cutting speed aimed at, in feet per min.	Average cutting speed obtained	Duration of cut	Condition of tool at end of run	With or without water	Mark on tool	Diam. at top of cut	Diam. at bot. of cut	Cut started from end A or B of bar	Time cut began	Time cut ended	Total travel of tool
1967	13x	3/16	1/16	60	60.2	20ᵐ	Good	dry	TW15	13¼"	12⅞"	15⅛"	8³²	8⁵²	21 11/16"
				Tool guttered some on lip surface											
1968	-.-	-.-	-.-	70	69.9	15.3ᵐ	Down to run	-.-	TW16	-.-	-.-	36⅞"	8⁵⁵	9¹⁰·¹	19¼"
				Some chatter during the first 6 minutes					Lip surface guttered some						
1969	-.-	-.-	-.-	65	65.3	20ᵐ	Fair	-.-	TW17	-.-	-.-	56¼"	9¹⁶	9²⁰	23 19/32"
				Tool guttered considerably on lip surface											
1970	-.-	-.-	-.-	63				-.-	TW18	-.-	-.-	79 15/16"	9²¹		

Beispiel eines Versuchsprotokolls zum Metallspanen von F. W. Taylor. Aus: F. W. Taylor, On the Art of Cutting Metals, New York, 1906

Versuchsfeld für Elektromaschinen der Firma AEG Berlin (um 1920). Der Elektromaschinenbau entwickelte sich nach 1900 zu einem wichtigen Zweig des Maschinenbaus. AEG, Firmenarchiv

Maschinenfertigung als Zielstellung das »Kraftsparen« dominierte, hatte sich in Amerika seit langem die Maxime »Time is money« durchgesetzt.

Diese Tradition fortsetzend, revolutionierten um die Jahrhundertwende die Amerikaner Taylor, Henry L. Gantt und Frank B. Gilbreth mit neuen Methoden, insbesondere Zeit- und Bewegungsstudien, die wissenschaftliche Produktionsorganisation und -durchführung. Einen Höhepunkt bildete die Begründung der wissenschaftlichen Betriebsführung (scientific management) durch Taylor. Ebenso wie die 1913 von Henry Ford in die amerikanische Automobilindustrie eingeführte Fließbandfertigung kam auch der Taylorismus erst nach dem ersten Weltkrieg zur allgemeinen Wirkung und tiefgründigen wissenschaftlichen Betrachtung.

Empirische Verfahrensprinzipien in der chemischen Technologie

In der zweiten Hälfte des 19. Jahrhunderts bildete sich die organisch-chemische Industrie heraus. Die Erkenntnisse der organischen Chemie wurden besonders in Deutschland breit angewendet. Parallel dazu entstand ab den 1880er Jahren eine neue Generation anorganisch-chemischer Verfahren, die den ständig steigenden Bedarf an anorganischen Grundchemikalien deckten.

Anorganiker – Organiker. Großartige wissenschaftliche Leistungen in der organischen Chemie wurden besonders in Deutschland mit produktiven Beziehungen zur chemischen Industrie verknüpft. Der zeitgenössische Kommentar: »Wirst leicht sehen, welches Fach seinen Mann am besten nährt ...« Aus: G. Bugge (Hrsg.), Das Buch der großen Chemiker, Bd. 2, Berlin, 1930

»Die Chemiker in den deutschen Teerverfahrenfabriken haben wohleingerichtete Laboratorien zu ihrer Verfügung und empfangen ein regelmäßiges Gehalt für das, was der Engländer ›Nichtstun‹, der Deutsche aber ›Forschen‹ nennt.«
E. E. Williams, Made in Germany, 1896

Kohle und Erdöl wurden zur Basis der modernen Energie- und Stoffwirtschaft. Im Apparatebau vollzog sich der Übergang zu Gußeisen und Stahl als den universellen Werkstoffen. In der Silikatindustrie begann die massenhafte Anwendung kontinuierlicher Brenn- und Schmelzverfahren zum charakteristischen Entwicklungsmerkmal zu werden.

Mechanisierung und Massenproduktion verursachten die ständige Zunahme verfahrenstechnischer Problemstellungen. Das stofforientierte Konzept der chemischen Technologie überschritt um die Jahrhundertwende seinen Höhepunkt. Mit der Emanzipation der physikalischen Chemie ergaben sich zunehmend naturwissenschaftliche Grundlagen für die quantitative Beschreibung stoffwandelnder Prozesse. In allen Teilbereichen der stoffwandelnden Industrie entstanden Beispiele für eine wissenschaftlich begründete Dimensionierung neuer Apparate und Maschinen.

Die Arbeiten zur Darstellung des Anilins aus Teer von Friedlieb F. Runge (1833) u. a. und die Synthese des Mauvein als dem ersten künstlichen Farbstoff von William Perkin (1856) legten den Weg frei für die Entwicklung einer organisch-chemischen Industrie. Benzen wurde zu einem Schlüsselprodukt. In Deutschland etablierten sich in den 1860er Jahren alle bedeutenden Teerfabriken. Nach den Worten des deutschen Chemikers und Industriellen Heinrich Caro war es anfangs eine freud- und gewinnlose Nachahmungsindustrie. Ab 1869 begann mit der technischen Alizarinsynthese der eigenständige Weg und einzigartige Siegeszug Deutschlands auf diesem Gebiet. Die Eosinfarbstoffe, das Methylenblau, die Derivate des Triphenylmethans folgten. 1897 gelang die technische Synthese des Indigos nach 17 Jahren Forschung und ebenso vielen Millionen Mark Ausgaben. Die wasch- und lichtechten Schwefel-Naphthol- und Indanthrenfarben folgten. Auf gleicher wissenschaftlicher Grundlage entwickelte sich in den Teerfarbenfabriken die Produktion pharmazeutischer Erzeugnisse. Die Fabrikation der Teerfarbstoffe und Pharmazeutika war eine kleintonnagige Vielproduktenindustrie. Für Deutschland erwies sich dieser Zugang zur modernen chemischen Industrie wegen der geringen Rohstoffressourcen, des anfangs noch miserablen chemischen Apparatebaus und

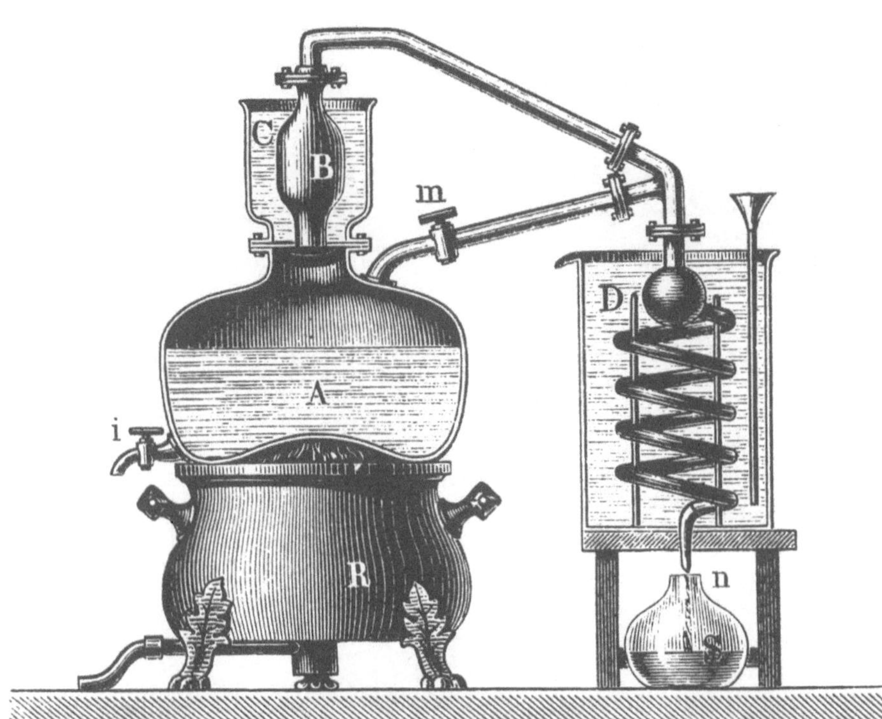

Laboratoriumsapparatur zur Benzengewinnung aus Steinkohlenteer von Ch. Mansfield. Benzen wurde für die Teerfarbenproduktion sowohl hinsichtlich der theoretischen Aufklärung seiner Konstitution als auch seiner experimentellen Isolierung zum Schlüsselprodukt. Das von Mansfield verwendete mittelalterliche Prinzip der Blasendestillation genügte zunächst den Ansprüchen im Laboratorium. Aus: H. Roscoe und C. Schorlemmer, Ausführliches Lehrbuch der Chemie, Braunschweig, ab 1877, Bd. IV

des hervorragenden intellektuellen Potentials an Chemikern als die richtige Strategie. Der hohe Veredlungsgrad bei komplizierten Reaktionsmechanismen stellte an die Strukturtheorien und Synthesemethoden der organischen Chemie höchste Anforderungen und eröffnete den Weg zur »gezielten Synthese«. Auf diese Weise brachte die Teerfarbenindustrie einen allgemeinen Aufschwung der chemischen Industrie durch eine bis dahin nicht gekannte Verbindung von chemischer Wissenschaft und Produktion. Die Entwicklung der Verfahrenstechnik beeinflußte sie jedoch nur mittelbar. Der Chargenbetrieb in der Nähe der Normalbedingungen verlangte nur relativ geringe physikalisch-chemische Erkenntnisse. Für die

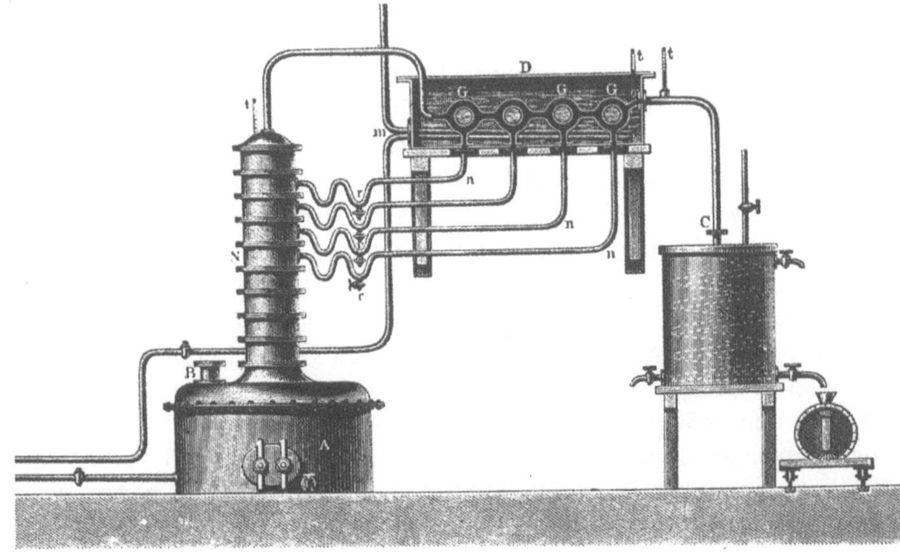

Fraktionierkolonne nach Th. Coupier. Mit dem am 4. 4. 1863 patentierten Apparat wurde das in der Spiritusdestillation verwendete Kolonnenprinzip auf die fraktionierte Destillation von Teerölen übertragen. Die 2 Meter hohe Glockenbodenkolonne hatte einen Durchmesser von 50 Zentimetern und war mit 10 Böden ausgerüstet. Die Trennschärfe für die vier Fraktionen betrug 2 Grad Celsius. Dieser bis dahin nicht erreichte Wert entsprach den Reinheitsanforderungen der Teerfarbenhersteller. Französisches Patent Nr. 58085, 1863

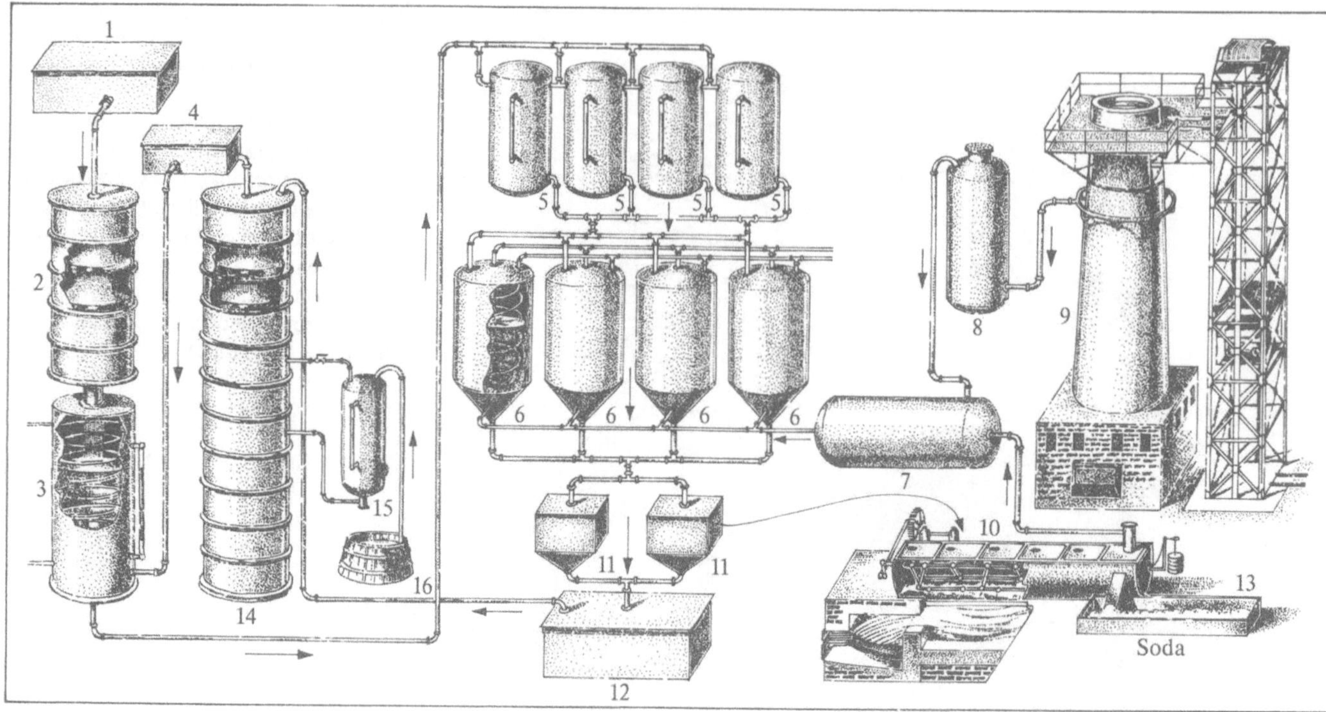

1863 nahm E. Solvay die Sodafabrikation auf. Gegenüber dem Leblanc-Verfahren zeichnete sich sein Verfahren dadurch aus, daß die Salzumsetzung auf nassem Wege erfolgt, es mit nur drei Fabrikationsstufen betrieben werden kann und die produzierte Soda eine größere Reinheit besitzt. Aus: Der Große Brockhaus, 15. Auflage, Bd. 17, Leipzig, 1934

1 Behälter mit konzentrierter Kochsalzlösung
2 Waschkolonne
3 Ammoniakvorlage
4 Ammoniakkühler
5 Klärkessel
6 Karbonatoren
7 Ausgleichsbehälter
8 Kohlensäurereiniger
9 Kalkbrennofen
10 Thelenpfanne
11 Filterkästen
12 Ammonchloridlösung
13 Sodabehälter
14 Destillationskolonne
15 Mischer
16 Kalkmilchbehälter

Dimensionierung billiger Einzelapparate reichte das vorwiegend empirische Wissen der Apparatebauer aus. Die überlieferten Verfahren der anorganischen Chemie waren zunehmend nicht in der Lage, die benötigten Produktmengen in der geforderten Qualität kostengünstig herzustellen. Ihre Ablösung führte zwischen 1880 und 1920 zu einer neuen Generation von Verfahren der anorganisch-chemischen Massenproduktion.

Nach vielen erfolglosen Versuchen war es der belgische Autodidakt Ernest Solvay, der 1863 ein Patent auf ein Ammoniaksodaverfahren nahm, das ohne Schwefelsäure auskaum und im fluiden Zustand betrieben werden konnte. Solvay löste die Probleme durch die Entwicklung und Anwendung kontinuierlich arbeitender Apparate wie Bodenkolonnen, Dekanteure und Filterpressen. Kohlendioxid und Ammoniak wurden im Kreislauf geführt. Bei geringer Umweltbelastung war es gegenüber dem Leblanc-Verfahren möglich, gleiche Sodamengen in einer um eine Zehnerpotenz kürzeren Zeit bei Energieeinsparungen von 50 Prozent zu erzeugen.

Das Solvay-Verfahren konnte nur durch systematische experimentelle Untersuchungen und die verfahrenstechnische Gestaltung zum ökonomischen Erfolg werden. Solvay ging erstmals bei der Maßstabübertragung in die Großproduktion den Weg über eine Pilotanlage. Es zeigte sich, daß ein funktionierendes Laboratoriumsverfahren bei weitem kein Garant für den industriellen Maßstab ist. Solvay überwand in 20jähriger beharrlicher Arbeit die verbreitete Auffassung, es gäbe für den großtechnischen Maßstab prinzipiell ungeeignete Verfahren.

Die in den 1880er Jahren gegründeten Solvay-Werke in Belgien, England, Deutschland, den USA und Rußland erzeugten 1890 bereits die Hälfte der gesamten Soda. Im Jahre 1916 mußte die letzte bedeutsame Leblanc-Soda-Fabrik die Produktion einstellen.

Das ohne Schwefelsäure auskommende Solvay-Verfahren führte um 1890 zu einer Krise in der Schwefelsäureproduktion, bis sich Ende der 1890er Jahre die Düngemittelindustrie zum Hauptabnehmer der Schwefelsäure nach dem Nitroseverfahren entwickelte. Für die Farbstoffproduktion war diese etwa 80prozentige Säure ungeeignet und mußte in Platinkesseln auf energieintensivem Wege zu rauchender Schwefelsäure aufkonzentriert werden. Die mittelalterliche Vitriolsiederei erlebte deshalb vor allem in den böhmischen »Ameisenbetrieben«, die sich nicht zu einer Großindustrie entwickeln konnten, eine kurze Renaissance.

Clemens Winkler und Rudolf Knietsch gelang es schließlich, Grundlagen für das Verfahren zur katalytischen Direktoxidation von Schwefeldioxid zu Schwefeltrioxid (Kontaktverfahren) zu schaffen und in den großtechnischen Maßstab zu überführen. Knietsch, der eine Ausbildung als Schlosser und Chemiker genossen hatte, führte das Verfahren mit großzügiger Unterstützung durch die Badische Anilin- und Sodafabrik (BASF) ab 1884 zur verfahrenstechnischen Reife. Er verwendete nach dem Massenwirkungsgesetz einen Überschuß an Sauerstoff und entwarf den Prototyp eines Reaktors für heterogene Gaskatalysen. Das Kontaktverfahren ist das erste anorganische Großverfahren, bei dem der Fundus experimenteller Laboratoriumsergebnisse und physikalisch-chemischer Gesetzmäßigkeiten für Entwurf und Betrieb konsequent genutzt wurde.

Ein ähnlicher Bedarf wie für Soda und Schwefelsäure war auch für Laugen und Chlor entstanden. Die Deckung für Chlor erfolgte zunächst durch die in England von William Weldon (1866) und Henry Deacon (1868) entwickelten Verfahren zur Chloridoxidation. Sie wurden ab 1890, nachdem

Anlage für die Produktion von Schwefelsäure nach dem Kontaktverfahren in der BASF, 1914. Rechts befinden sich die Kontaktöfen, in denen das Schwefeldioxid mittels Platinkatalysatoren zu Schwefeltrioxid oxidiert wird, links die Schwefeltrioxidabsorber.

Elektrolysezellen für die Alkalichloridelektrolyse in der Farbenfabrik Wolfen. 1900 erwarb sie das Glockenverfahren des Österreichischen Vereins für chemische und metallurgische Produktion in Aussig (Ustí) zur Erzeugung von Chlor und Alkalihydroxid. Chemiekombinat Bitterfeld

Ignaz Stroof. Unter seiner Leitung entstand in den Jahren 1885 bis 1890 die erste technische Alkalichloridelektrolyse in der Chemischen Fabrik Griesheim. Er studierte an der TH Karlsruhe Maschinenbau, dann an der Universität Gießen Chemie. Damit verfügte er über die besten Voraussetzungen für die technische Leitung chemischer Fabriken. Foto nach einem Stahlstich von L. Jacoby, 1896. Deutsches Museum, München

es Ignaz Stroof in Deutschland gelungen war, Kaliumchloridlösungen elektrolytisch in Kalilauge und Chlor zu zerlegen, schrittweise abgelöst. Für die Anwendung im industriellen Maßstab fehlte indessen eine geeignete Stromquelle. Erst in den 1890er Jahren erfolgte die breite Nutzung der Elektroenergie für Elektrolysen in wäßriger Lösung. Der Bedarf an niedrig gespanntem Gleichstrom und der Verbrauch am Ort der Erzeugung ließen die chemische Industrie zu einem idealen Anwender des elektrischen Stromes werden. Hauptproblem war die geeignete Trennung von Anoden- und Kathodenraum, wofür Chemiker und Elektrotechniker in den 1890er Jahren drei Prinziplösungen entwickelten: das Diaphragma-, das Glocken- und das Quecksilberverfahren. Für alle drei war eine auf den naturwissenschaftlichen Grundlagen basierende empirische Entwicklung bei strikter Geheimhaltung der Produktionserfahrungen charakteristisch. Eine »klug geführte Empirie« wendete die von der Wissenschaft geklärten primären Vorgänge an und erschloß die sekundären Effekte, die schließlich den ökonomischen Erfolg sicherten. Bei den Diaphragmaverfahren waren dies die Erprobung geeigneter Diaphragmamaterialien und die zweckmäßige Anordnung der Elektroden, um die Störanfälligkeit und den elektrischen Widerstand zu verringern. Die verwendeten Diaphragmamaterialien reichten von Zement (Stroof, 1890) bis zu speziell präparierten Asbestfasern (Siemens-Billiter-Zelle, 1909).

Seit 1892 arbeiteten der Amerikaner Hamilton Y. Castner und der österreichische Elektrochemiker Karl Kellner, zunächst getrennt voneinander, an einem Quecksilberverfahren, das auf der beträchtlichen Überspannung des Wasserstoffes an Quecksilber beruht. Im Jahre 1899 waren weltweit mindestens 29 Anlagen zur Alkalichloridelektrolyse mit einer installierten Leistung von etwa 60 MW in Betrieb.

In Deutschland leistete das Laboratorium von Fritz Foerster an der TH Dresden einen bedeutenden Beitrag für die Herausbildung der technischen Elektrochemie. Unter dem Einfluß derartiger Arbeiten stieg bei Diaphragmaverfahren die Stromausbeute von 80 Prozent um 1890 auf 94 Prozent in den 1920er Jahren. Foerster markierte durch Modelle industrieller Elektrolysen, durch Messungen unter Betriebsbedingungen und Experimente mit verschiedenen Elektrodenmaterialien den technikwissenschaftlichen Gegenstand der Elektrochemie, den er in seinem Lehrbuch »Elektrochemie wässeriger Lösungen« (1905) verdeutlichte.

Elektrothermische Verfahren und Schmelzflußelektrolysen, die in diesem Zeitabschnitt erstmalig großtechnisch realisiert wurden, sind weitere Beispiele zur stoffwirtschaftlichen Nutzung der Elektroenergie. Diese Hochtemperaturverfahren stellten an Ausrüstung, Analytik und Meßtechnik hohe Anforderungen. Analoge Probleme traten bei den Schmelz-, Brenn- und Sinterprozessen der Silikattechnik auf, die zum Teil die Werkstoffe für die genannten Verfahren lieferten.

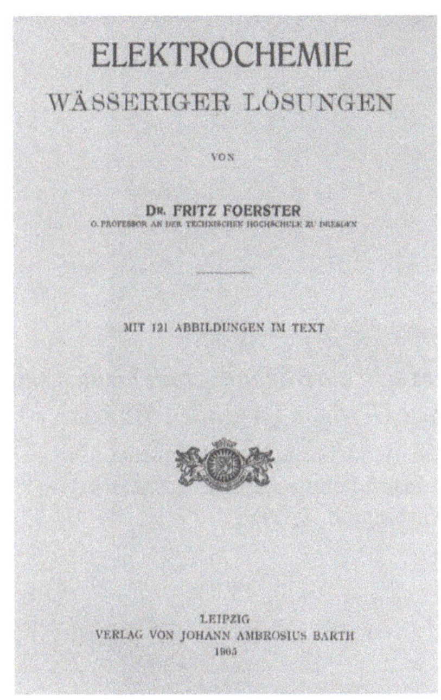

Titelblatt des Lehrbuches von Fritz Foerster, Professor für Elektrochemie und physikalische Chemie an der Technischen Hochschule Dresden. Dem Studierenden und dem Praktiker stand damit ein wertvolles Handbuch der technischen Elektrochemie zur Verfügung, von dem bis 1922 noch drei weitere Auflagen erschienen und das Vorbild für viele ähnliche Bücher wurde.

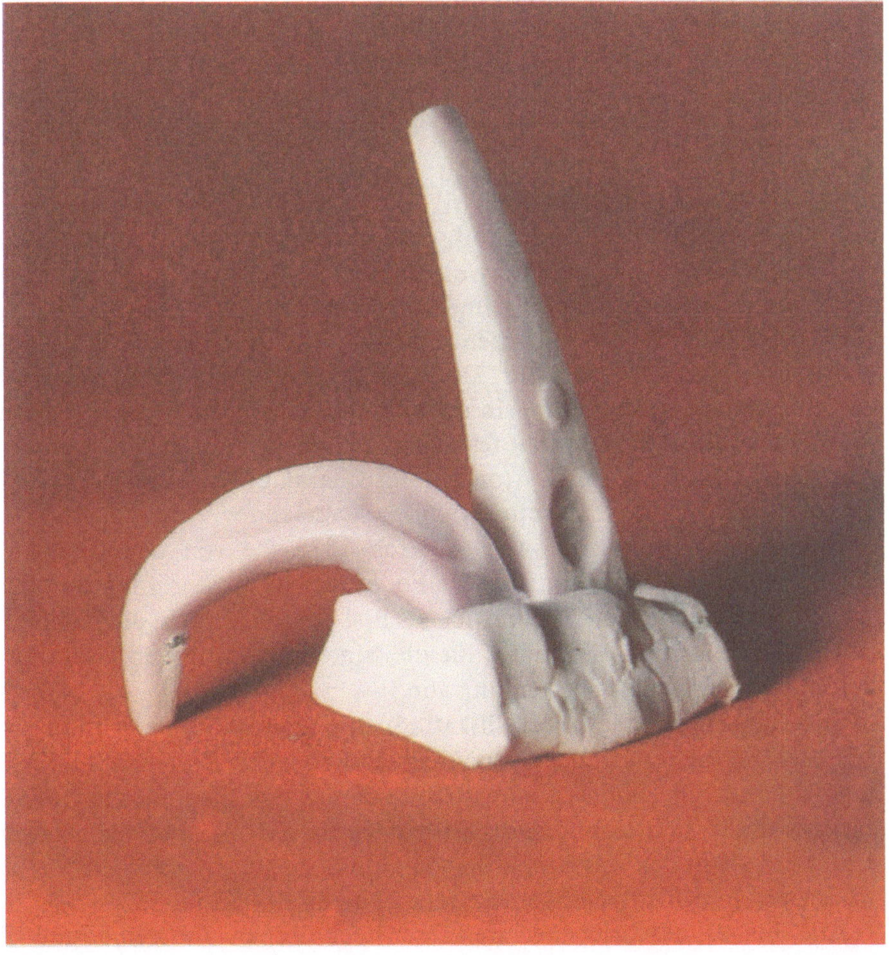

Der Segerkegel dient der Temperaturkontrolle beim Brennen keramischer Erzeugnisse. Abhängig von der Stoffzusammensetzung, kippt er beim Erreichen einer bestimmten Temperatur um. Er wurde 1885 von H. A. Seger erfunden und in der Königlichen Porzellanmanufaktur Berlin in die Praxis eingeführt.

»Macht eure Schnitzer im kleinen und eure Gewinne im großen Maßstab.«
Leo Hendrik Baekeland, Journal of industrial and engineering chemistry, Washington, 8, 1916

Bei den Verfahren der Silikattechnik·stand auch die Verwirklichung des Kontinuitätsprinzips an der Spitze aller Bestrebungen. Bis zur Jahrhundertwende hatten sich in den meisten Branchen kontinuierliche Schmelz- und Brennaggregate international durchgesetzt. Dazu gehörten der Hoffmannsche Ringofen bevorzugt in der Grobkeramik, die Glasschmelzwanne des Unternehmers Friedrich Siemens (1867), die betriebssichere Gestaltung des vor allem in der Steinzeugindustrie verbreiteten Tunnelofens durch den deutschen Ziegelei-Ingenieur Otto Bock (1873) und die von Frederick L. Ransome (1885) vorgeschlagene Übernahme des Drehrohrofens für die Zementproduktion.

Die allgemeine Anwendung der neuartigen Aggregate begünstigte die Mechanisierung der Formgebung von Silikatwerkstoffen, führte aber auch zu hohen Ausschußquoten. Die Prozeßmeßwerterfassung erwies sich als schwierig, da herkömmliche Meßgeräte im Hochdrucktemperaturbereich versagten. Für die Entwicklung eines disziplintypischen Hochtemperaturmeßmittels sorgte der deutsche Chemiker Hermann August Seger, der in den 1870er Jahren die nach ihm benannten Seger-Kegel entwickelte. Zumindest war man nunmehr in der Lage, bei Qualitätsminderung und Fehlchargen systematische Untersuchungen anzustellen. Trotz des beachtlichen Fortschrittes kam der leitende Chemiker der Zementfabrik in Haiger/Westerland, Hermann Passow, zu folgender Einschätzung: »In unserer Industrie ist die Praxis zu ihrem großen Schaden der Theorie vorausgeeilt. Es spielen sich auf unserem Gebiet eine Fülle von Vorgängen ab, … die wir infolge unserer mangelhaften Kenntnisse nicht zu erklären vermögen und die wir, falls sie uns zum Nachteil gereichen, nicht verhindern können …«

Die klassische chemische Analytik blieb das Fundament für theoretische Vorstellungen in der Silikattechnik. Seger erkannte zwar, daß Glasurfehler bei keramischen Produkten auf Unterschiede im linearen Ausdehnungskoeffizienten zwischen Scherben und Glasur zurückgehen, konnte diese jedoch meßtechnisch nicht erfassen. Halbempirische Methoden führten ihn 1882 zu seinen Glasurformeln. Sie schrieben für verschiedene Werkstoffe die zulässigen Schwankungen in der chemischen Zusammensetzung einer Glasur als technisches Kalkül fest. Ein ähnliches Vorgehen ist durch den deutschen Chemiker Julius Aron bei der Charakterisierung der Tone hinsichtlich ihres Verhaltens beim Brand zu verzeichnen.

In der Zementindustrie wurden nach 1875 die von dem Engländer J. Grant seit 1858 angewandten Methoden der Zementprüfung zu einem System von Prüfvorschriften entwickelt. Erst 1895 schlug sie die Konferenz des »Internationalen Verbandes für die Materialprüfung der Technik« in Zürich zur generellen Anwendung vor.

Seit 1870 entstanden in der Silikatindustrie brauchbare Berechnungsvorschriften zur Beherrschung der unübersichtlichen Prozesse und zur Qualitätssicherung. Sie bildeten vorerst Stützpfeiler des theoretischen Fundaments für die sich etablierende Silikattechnik. Große branchenbezogene Unterschiede in der wissenschaftlichen Durchdringung der Produktion und im Bedarf an Silikattechnikern kennzeichneten die Situation.

Alle bisher beschriebenen verfahrenstechnischen Probleme und Erkenntnisse bezogen sich auf Prozesse in der Nähe der Normalbedingungen oder bei erhöhten Temperaturen. Für chemische Chargenprozesse in Autoklaven beherrschte man Drücke bis zu maximal 2 MPa. Im Jahre 1884 publizierte der französische Chemiker und Chemietechnologe Henry le Chatelier das nach ihm benannte Prinzip des »kleinsten Zwanges«, wonach ein im Gleichgewicht befindliches System bei Einwirkung eines äußeren Zwanges immer in Richtung des »kleinsten Widerstandes« ausweicht. Dieses Prinzip erwies sich als theoretisch-qualitative Grundlage für die Beeinflussung chemischer Systeme durch Temperatur und Druck. Ab 1904 begann Fritz Haber, seit 1898 Professor für physikalische Chemie an der TH Karlsruhe, sich mit dem Zersetzungsgleichgewicht von Ammoniak zu beschäftigen. Im Jahre 1908 konnte er in einem Brief an die BASF mitteilen, daß die Elementarsynthese des Ammoniaks »unter sehr hohem Druck zu lösen sei«. Mit Weitblick und Risikobereitschaft ging Heinrich von Brunck, Direktor der BASF, auf Habers Pläne ein und beauftragte Carl Bosch, der sich bereits unter Knietsch mit dem »Stickstoffproblem« befaßt hatte, mit der Leitung der weiteren Arbeiten.

Trotz extremer Bedingungen bei Temperaturen um 500 °C und Drücken von 25 MPa ergab sich naturgesetzlich eine Ausbeute von nur 14 Prozent Ammoniak. Dieser niedrige Wert stellte bei anorganischen Großverfahren ein Novum dar. Eine vertretbare Wirtschaftlichkeit des Verfahrens konnte

Laboratoriumsapparatur von Fritz Haber zur Elementarsynthese des Ammoniaks. Deutsches Museum, München

durch den Hochdruckkreislauf für die nichtumgesetzten Reaktanten erreicht werden.

Die Gegenstromführung von Frischgas und heißen Reaktionsgasen führte zum energieautarken Arbeiten des 12 Meter hohen und 80 Tonnen schweren Reaktors, was bisher nicht gekannte Anforderungen an die Temperaturregelung stellte. Anfangs hielten die Reaktoren den Belastungen kaum mehr als 80 Stunden stand. Analytische und physikalisch-chemische Untersuchungen ergaben als Ursache eine Versprödung des Stahls durch die entkohlende Wirkung des Wasserstoffes. Diese Ergebnisse brachten Bosch auf den Gedanken, das drucktragende Stahlrohr mit einem Futterrohr aus Weicheisen auszukleiden, das dem chemischen Angriff standhielt.

Ein in erster Linie chemisches Problem war die Entwicklung eines geeigneten Katalysators. Über Osmium- und Uranverbindungen führten Tausende von Laborversuchen Alwin Mittasch zur Lösung in Gestalt eines stand- und giftfesten Eisenoxid-Mischkatalysators.

Für die meisten der vor- und nachgelagerten Stufen des Reaktionsprozesses gab es keine Vorbilder, weder von den Prozeßgrundlagen noch von den Apparaten und den meßtechnischen Einrichtungen. Durch die Verwirklichung des Kontinuitätsprinzips mußten die Einzelapparate mit einer bis dahin nicht gekannten Genauigkeit aufeinander abgestimmt und dimensioniert werden. Aufgrund fehlender Prozeßkenntnis lagen in vielen Fällen Berechnungsgrundlagen nicht vor. Beispielsweise war bei enormem Durchsatz eine Zwischenspeicherung der Gase höchstens im drucklosen Bereich geringfügig möglich. Nicht weniger schwierig ließen sich die Querschnitte der Rohrleitungen festlegen. Zu große Querschnitte hätten die Anlagekosten erhöht, zu kleine einen zu hohen Druckverlust gebracht und die Energiekosten vermehrt. Die gesamte Meß- und Regeltechnik mußte entwickelt werden. Von der dezentralen Feldbedienung in der Anlage ging man im Interesse der Sicherheit zur zentralisierten Bedienung hinter Brandmauern, den sogenannten »Spindelwänden«, über. Dazu waren völlig neuartige Meßprinzipien und -geräte wie die Druckwaage, Analysenmeßgeräte für den laufenden Betrieb, Dichteschreiber usw. zu konzipieren.

Am Beispiel der Ammoniaksynthese, deren Überführung in den Jahren 1911 bis 1913 erfolgte, läßt sich für diesen Entwicklungsabschnitt nahezu das gesamte Spektrum an verfahrenstechnischen Tätigkeiten demonstrieren. Es vollzog sich eine Verlagerung technologischer Erkenntnisgewinnung in die Phase der Produktionsvorbereitung. Technika und Pilotanlagen dienten als Einrichtungen verfahrenstechnischer Forschung und Entwicklung. In den chemischen Großbetrieben Deutschlands wurden mechanische Werkstätten größten Ausmaßes eingerichtet, die dem Autarkiestreben sowie der Geheimhaltung konstruktiver und technologischer Lösungen entgegenkamen, sich aber der Verbreitung verfahrenstechnischer Kenntnisse und ebenso einer systematischen technikwissenschaftlichen Forschung hemmend entgegenstellten. Die Zusammenarbeit zwischen Chemikern und Maschinenbauern wurde indessen hervorragend in Szene gesetzt, woraus sich typisch verfahrenstechnische Tätigkeiten massenhaft ergaben. Bei der Gewinnung verfahrenstechnischer Erkenntnisse lassen sich deutlich zwei Tendenzen erkennen. Zum einen setzten sich bei der Vielzahl neuartiger stoffwandelnder Verfahren die teilweise in langer Evo-

Ammoniakreaktor. In einem solchen 12 Meter hohen und 80 Tonnen schweren Reaktor wurden ab 1917 täglich 20 Tonnen und ab 1928 60 Tonnen Stickstoff umgesetzt. BASF AG, Ludwigshafen

Leitstand der Ammoniaksynthese. Aus
sicherheitstechnischen Erwägungen ging
man bei der Ammoniaksynthese von der
zentralen Feldbedienung zur zentralisierten Messung der Prozeßparameter über.
Diese Lösung war eine starke Stimulans für
neuartige Meßprinzipien sowie für regel-
und steuerungstechnische Lösungen.
Leuna-Werke »Walter Ulbricht«,
Merseburg

lution empirisch gewonnenen und bewährten technologischen Arbeitsprinzipien durch. Zum anderen wurden die in den verschiedenen Verfahren
wiederkehrenden Vorgänge wie Destillation, Extraktion, Filtration, Kristal-
lisation, Trocknung usw. zu Gegenständen wissenschaftlicher Forschung.
Im letzten Viertel des 19. Jahrhunderts ist die Einführung bewährter chemisch-technologischer Arbeitsprinzipien bei vielen Verfahren nachweisbar. Sie wurden als heuristische Regeln der Verfahrensgestaltung oder als
Zielstellungen artikuliert. Lehr- und Handbücher förderten diese Tendenz.

Von übergeordneter Bedeutung hat sich das Fluidisierungsprinzip erwiesen. Es besagt, die Reaktanten durch Lösen, Schmelzen u. dgl. in einen
fließfähigen Zustand zu überführen. Dadurch sind Probleme des Transportes, der Reaktivität, der Regelung und des Austausches effektiver als im
festen Aggregatzustand lösbar. Das Prinzip der Koppelproduktion fußt auf
der Eigenart stoffwandelnder Verfahren, aus verschiedenen Einsatzstoffen
gleiche Produkte oder aus gleichen Einsatzstoffen verschiedene Produkte
gewinnen zu können. Eine nicht minder wichtige Modifikation des Prinzips stellt die Verwertung von Anfallenergien dar. Der chemisch-technologische Imperativ, »es gibt keine Abfälle, sondern nur Nebenprodukte«, begann sich durchzusetzen. Als das »chemische Gegenstück zum Fließband«
hat sich das Kontinuitätsprinzip insbesondere bei der stoffwirtschaftlichen
Massenproduktion eingeführt. Der Übergang vom Chargenbetrieb zum

kontinuierlichen Verfahren gehörte zu den zentralen chemisch-technologischen Problemen. Das Kreislaufprinzip erwies sich für alle Reaktionen mit geringer Ausbeute als wirksame Maßnahme zur Sicherung der Wirtschaftlichkeit von Verfahren. Von den Phasenführungsprinzipien erlangte bei Ausgleichsprozessen das Gegenstromprinzip die größte Bedeutung. Die entgegengesetzte Stromführung der Phasen führte zu größtmöglichen Triebkräften und damit zu geringen Abmessungen der Ausrüstungen.

Das Bilanzierungsprinzip für Energie, Masse, Impuls und Kosten setzte sich besonders im letzten Drittel des 19. Jahrhunderts zur Bewertung der Vielfalt von Apparaten und Anlagen durch. Grundlage für einige Bilanzgrößen waren die zum Teil lange bekannten Erhaltungssätze. Die Bilanzierung ließ sich in dem Maße verbessern, in dem exakte Meß- und Berechnungsmethoden entwickelt wurden, so daß sie zu einer Grundlage der Dimensionierung und der Bewertung von Entwürfen chemisch-technologischer Objekte dienen konnten.

Diese wesentlichen chemisch-technologischen Arbeitsprinzipien entstammten vorzugsweise der industriellen Praxis. Sie lassen sich weder auf einzelne naturwissenschaftliche Gesetzmäßigkeiten reduzieren, noch sind sie aus ihnen ableitbar. Zu ihrer Durchsetzung bedurfte es einer technikwissenschaftlichen Gestaltung technologischer Objekte, weshalb sie wohl

Mechanische Werkstatt im Chemiebetrieb. In den Anfängen nicht artikulierbare Anforderungen an den Apparatebau führten in den chemischen Großbetrieben Deutschlands zu mechanischen Abteilungen, die größten Maschinenbauanstalten in nichts nachstanden. Diese Entwicklung gehörte zum Streben nach Autarkie und Geheimhaltung verfahrenstechnischer Erkenntnisse. Leuna-Werke »Walter Ulbricht«, Merseburg

auch als Prinzipien und nicht als Gesetze bezeichnet werden. Die enge Verbindung zu ökonomischen Fragestellungen ist indessen unverkennbar. Ihre Anwendung blieb bis zur Mitte des 20. Jahrhunderts auf überschaubare Fälle beschränkt, da weder die Masse der notwendigen Daten noch die Mittel der Datenverarbeitung zur Verfügung standen.

Massenproduktion und kontinuierliche Verfahren setzten das mengenmäßig und zeitlich koordinierte Zusammenwirken der einzelnen Verfahrensstufen und Prozesse voraus. Demzufolge wurden die Kenntnis der in den Apparaten ablaufenden Vorgänge und ihre Quantifizierung als zweite Tendenz notwendig. Die in der deutschen chemischen Großindustrie gewonnenen verfahrenstechnischen Erkenntnisse blieben der Öffentlichkeit weitgehend verborgen. Für die Belieferung der Klein- und Mittelindustrie mit Apparaten und Anlagen bildeten sich im letzten Drittel des 19. Jahrhunderts aus Schlossereien und Kupferschmieden zahlreiche Apparatebauanstalten. Sie rüsteten z. B. die 1873 in Deutschland existierenden etwa 16 000 Spiritusbrennereien aus, deren Zahl sich auf 71 500 bis zum Jahre 1894 erhöhte. Hinzu kam die vollständige Um- und Neuausrüstung mit den modernen Kolonnenapparaten. Carl-Justus Heckmann betrieb in Berlin eine um 1870 bereits renommierte Apparatebaufirma. Sie gründete ihren Weltruf u. a. auf Glockenbodenkolonnen für die Feinrektifikation

Gesamtansicht der Leuna-Werke. Das Bild zeigt die weitsichtige Anlage eines modernen Chemiewerkes, dessen Standort auch nach mehr als 50 Jahren allen Anforderungen gerecht wird. Leuna-Werke »Walter Ulbricht«, Merseburg

Fünfzig Jahre Maschinenfabrik Heckmann. Die Adresse Adolph von Menzels galt dem Jubiläum einer Berliner Apparatebaufirma mit Niederlassungen in Moskau (1849), Breslau (1851), Hamburg (1856) und Havanna (1870), die sich mit Ausrüstungen für Brennereien und Zuckerfabriken Weltruf erwarb. Staatliche Museen zu Berlin, Nationalgalerie

und auf Rohrbündel-Dephlegmatoren. In ihr wirkte von 1871 bis 1922, davon 44 Jahre als Direktor, der Apparatebauingenieur Eugen Hausbrand. Er publizierte ab 1893 Monographien zur Destillation, zum Verdampfen, Kühlen und Kondensieren und zur Trocknung. Sie lassen das Bestreben Hausbrands erkennen, dem chemischen Apparatebau eine eigene wissenschaftliche Grundlage zu schaffen. Er verknüpfte konstruktive Regeln, Werkstoffkennwerte und Berechnungsformeln aus dem Apparatebau mit neuen physikalisch-chemischen Erkenntnissen über thermische Prozesse. Auf diese Weise gelang ihm eine wissenschaftlich fundierte Dimensionierung der Apparate. Das konstruktive Problem wurde von Hausbrand jeweils auf den charakteristischen thermischen Prozeß zurückgeführt, indem er Zusammenhänge zwischen den geometrischen Hauptparametern und den Prozeßkennwerten ermittelte und auf diese Weise Aussagen über die Apparateabmessungen und die Werkstoffauswahl zu gewinnen suchte. Die vorbildlichen tabellarischen und diagrammatischen Darstellungen sowie die aus Literaturdaten und eigenen experimentellen Werten gebildeten Koeffizienten einschließlich der Ermittlung ihrer Gültigkeitsbereiche stellten substantielle und methodische Neuheiten auf diesem Gebiet dar. Wo eine theoretisch geschlossene Darstellung nicht möglich war, behandelte er typische Betriebszustände und gelangte durch halbempirische Interpolationen zu handhabbaren Bemessungsvorschriften.

In der Destillationstechnik führte die Zerlegung in die Teilvorgänge Partialkondensation (Dephlegmation) und Partialverdampfung (Rektifikation) in den 1870/1880er Jahren zu heftigen Auseinandersetzungen darüber, ob nur die Rektifikation oder beide Vorgänge für die Alkoholanreicherung in der Dampfphase entscheidend seien. Ungenaue Messungen insbesondere im Bereich hoher Alkoholkonzentrationen nährten falsche

Eugen Hausbrand. Mit seinen zusammenfassenden Publikationen zu thermischen Grundoperationen in den 1890er Jahren wurde er Mitbegründer des Verfahrensingenieurwesens. Die Arbeiten bildeten das theoretische Fundament für das verfahrenstechnische Konzept der Grundoperationen. Aus: C.-J. Heckmann, Heckmann-Werk 150 Jahre chemischer Apparate- und Anlagenbau; ein Beitrag zur Geschichte der Technik, 1968

Ethanolkonzentration in Dampf und Rücklauf in Abhängigkeit von der Bodenzahl einer Destillationskolonne. Dieses von Hausbrand 1893 publizierte Diagramm ist ein Beispiel für die gesetzmäßige Verknüpfung von physikalisch-chemischem Prozeß mit der Apparategeometrie und kennzeichnet die verfahrenstechnische Behandlung der Destillation. Aus: E. Hausbrand, Die Wirkungsweise der Destillier- und Rektifizierapparate, Berlin, 1893

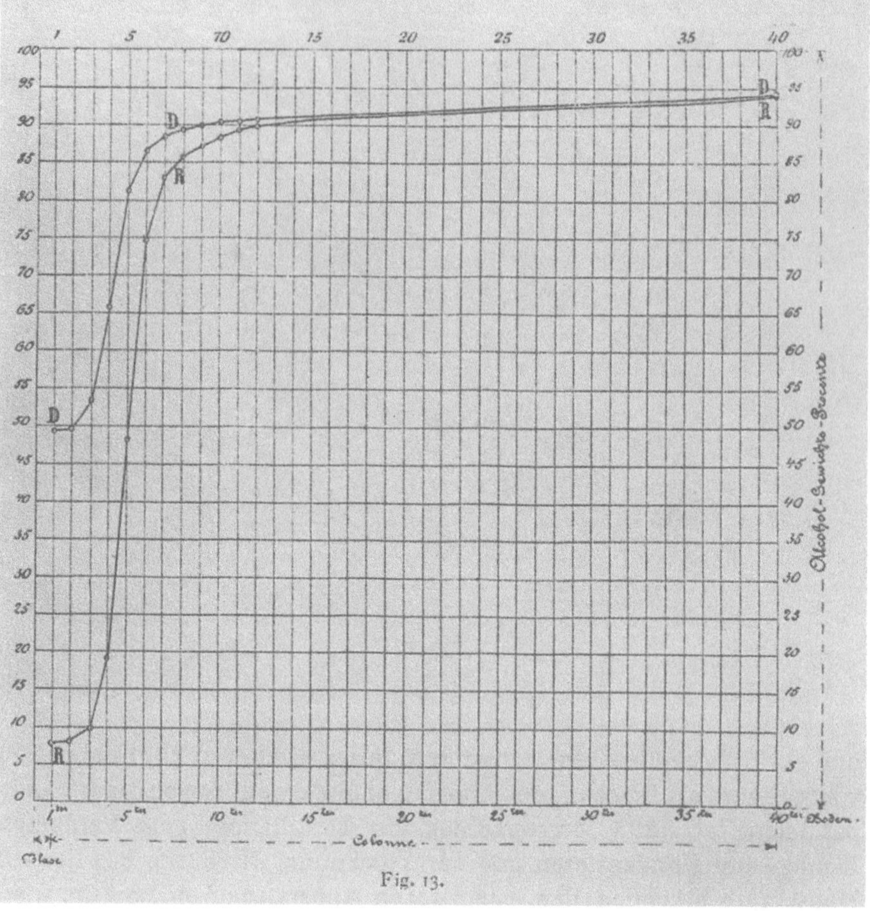

Fig. 13.

Auffassungen. E. Dönitz, wie Hausbrand Ingenieur bei der Firma Heckmann, publizierte 1884/85 die begründete Auffassung, daß bei der teilweisen Kondensation zwischen dem Alkoholgehalt der Flüssigkeit und des Dampfes die gleiche Beziehung bestehen müsse wie bei der teilweisen Verdampfung. Hausbrand leitete daraus Regeln für den Konstrukteur ab, indem er aus dem Phasengleichgewicht die Zahl der Böden ermittelte und die Zusammenhänge zwischen Rücklauf, Wärmebedarf und Bodenzahl fixierte. Die Klarheit dieser Aussagen und Beweisführungen war für den damaligen Stand der Erkenntnisse bestechend. Aus dem Gesamtwärmebedarf, der sich aus Zusammensetzung und Temperatur des Einlaufgemisches ergibt, errechnete er den Verbrauch an Heizdampf, die Größe der Austauschflächen von Kondensator und Kühler sowie den Durchmesser der Kolonne.

Hausbrands vereinfachende Annahmen, die den Berechnungen Jahrzehnte zugrunde gelegt wurden, führten ihn zu einem Algorithmus für die Boden-zu-Boden-Berechnung und zu leicht handhabbaren Formeln, deren numerische Ableitung allerdings umständlich war. Strenggenommen galten sie nur für den Fall einer Kolonne mit unendlich vielen Böden und für binäre Gemische. Zu ähnlichen Ergebnissen wie Eugen Hausbrand kam für den Destillationsprozeß in den 1890er Jahren interessanterweise auch der Franzose Ernest Sorel.

Das Wirken Hausbrands erstreckte sich allerdings auf mehrere thermische Grundvorgänge. Sein Hauptverdienst bestand darin, die thermodynamischen Parameter mit den geometrischen Hauptabmessungen der Apparate in gesetzmäßige Zusammenhänge gebracht zu haben. Dadurch wird der verfahrenstechnische Charakter seiner Arbeiten deutlich, der sowohl über die einzelne physikalisch-chemische Gesetzmäßigkeit als auch über die »Faustformel« des Apparatebauers hinausging. Eine Reihe der Hausbrandschen Arbeiten ist in russischer und englischer Sprache erschienen. Trotz der breiten Anwendung im Apparatebau haben seine Werke an den Universitäten und Hochschulen Deutschlands kaum Spuren hinterlassen. Für die Maschinenbauer blieb der chemische Apparatebau ein Stiefkind. An den Universitäten vertraten die chemische Technologie vorzugsweise Privatdozenten, die sich häufig aus den bekannten chemisch-technologischen Lehrbüchern ein Kolleg zusammenschrieben. Die Arbeiten von Hausbrand lagen außerhalb ihres Horizontes. An den technischen Hochschulen, an denen die chemische Technologie in der Regel durch Lehrstühle vertreten war, pflegte man vorzugsweise die spezielle Technologie, d. h. das stofforientierte Verfahrenskonzept. Es vermittelte einen Überblick über die Verfahren der chemischen Großindustrie. Spezialwissen konnten die Absolventen in den firmeneigenen Laboratorien erwerben.

Den Bedarf der klein- und mittelständischen Industrie an Forschungsergebnissen und Spezialisten suchte man durch Versuchsstationen und durch eine in vielen Fällen branchenbezogene Ausbildung auf Fachschulniveau zu decken. Das höchste Ausbildungsniveau für Silikattechniker vermittelte seit 1881 das Städtische Friedrichs-Polytechnikum in Köthen, wo erstmals die branchenübergreifende Bezeichnung Silikattechnik verwendet wurde. Entsprechende Vertiefungsrichtungen im Rahmen der Chemikerausbildung an den Technischen Hochschulen in Berlin-Charlottenburg, in Aachen und Hannover blieben bis zum ersten Weltkrieg Episoden. Durch den Druck der schlesischen Stahlmagnaten entstand das erste Hochschulinstitut für Keramik und feuerfeste Materialien an der TH Breslau (Wrocław), nachdem bereits 1884 die Hochschulausbildung in den USA (Columbus/Ohio) und 1892 in Rußland (Petersburg) eingeführt worden war. Dennoch kulminierte die Herausbildung der Silikattechnik in Deutschland aufgrund wegweisender Forschungsergebnisse sowie der Vielzahl von silikattechnischen Fachzeitschriften und monographischen Darstellungen. Weitgehend fehlende natürliche Ressourcen stimulierten diese Entwicklung. Georg Lunge, Professor für chemische Technologie an der Eidgenössischen Technischen Hochschule in Zürich, gelangte an die Grenze eines Konzeptes zur allgemeinen, am Prozeß orientierten chemischen Technologie, ohne sie jedoch zu überschreiten. Er hatte mehr als 10 Jahre in England »an der Quelle der chemischen Großpraxis« verbracht, bevor er 1876 für 32 Jahre in Zürich das Gesamtgebiet der chemischen Technologie übernahm. Seine umfangreichen Experimentaluntersuchungen befaßten sich vorwiegend mit dem Chemismus chemisch-technologischer Prozesse, um »die rohe Empirie und Routine weitgehend durch wissenschaftliche Erkenntnisse zu ersetzen«. (Bugge, Bd. 2, 1930, S. 354) Internationales Ansehen erwarb sich Lunge durch seine detailgetreuen Beschreibungen der chemischen Schlüsselindustrien. Er suchte die Wech-

Georg Lunge. Als Professor für chemische Technologie an der Eidgenössischen Technischen Hochschule in Zürich gehört er zu den Wegbereitern der konzeptionellen Grundlagen der Verfahrenstechnik. Eidgenössische Technische Hochschule, Zürich

selwirkungen zum Apparatebau aus der Sicht des Chemikers herzustellen und sprach sich auch aus Gründen einer rationellen Lehre für eine Einheit von spezieller und allgemeiner chemischer Technologie aus. Analoge Vorstellungen wurden an der Manchester Technical School ab 1887 von George E. Davis entwickelt. Sein 1901 publiziertes »Handbook of Chemical Engineering« war nach Titel und Inhalt unmittelbarer Wegbereiter für das Chemieingenieurwesen. Unter maßgeblicher Beteiligung von Davis entstand bereits 1880 das »Institute of Chemical Engineers«, das allerdings wegen mangelnder Wirksamkeit 1921 neu gegründet werden mußte.

In Frankreich bildete man seit den 1880er Jahren an der École Centrale auf der Basis eines Ingenieur-Grundstudiums »ingenieurchimiste« aus, und in Rußland vertraten Aleksander K. Krupski in Petersburg ab 1905 und Iwan A. Tischtschenko in Moskau ab 1912 das Fach »Prozesse und Apparate der chemischen Technologie«. Alle diese Beispiele zeigen, daß in Europa um die Jahrhundertwende ein Fundament für das Chemieingenieurwesen gelegt war. In Deutschland, dessen chemische Industrie in einer Reihe von Positionen den Weltmarkt beherrschte, massierten sich trotz oder wegen dieser Sachlage die Stimmen gegen einen »Chemie-Ingenieur«. Carl Duisberg, der einflußreiche Industrielle und Begründer des späteren Konzerns der IG Farbenindustrie AG, galt als entschiedener Gegner einer solchen Entwicklung, und die industriellen Erfolge schienen ihm recht zu geben. Er hielt die Versuche in Frankreich und England, den Studenten »nicht zum Chemiker, sondern … zum Chemiker-Ingenieur« auszubilden, für einen Fehler. Er kanonisierte das aus der Anfangszeit der Teerfarbenindustrie von Heinrich Caro formulierte Prinzip der Arbeitsteilung zwischen Chemiker und Maschinenbauer und verkannte den objektiven Trend zur Massenproduktion und zum Chemieingenieur. Unter den Chemikern verbreitete Meinungen von einer »reinen« Wissenschaft unterstützten die Auffassungen Duisbergs. Dem arbeitsteiligen Konzept kam die hervorragende Förderung der physikalischen Chemie in Deutschland und der wirkungsvolle Einsatz von Physikochemikern beim Ausbau der anorganischen Großindustrie entgegen. Die physikalisch-chemischen Erkenntnisse brachten in die chemische Industrie den Prozeß- und Quantifizierungsgedanken ein und ersetzten zeit- und teilweise das Profil eines Chemieingenieurs. Von der chemischen Großindustrie Deutschlands gingen bis in die 1920er Jahre keine nennenswerten Impulse und Unterstützungen aus, an den Hochschulen eine Studienrichtung für das Chemieingenieurwesen einzurichten.

Olaf A. Hougen, einer der Nestoren des »Chemical Engineering« in den USA und Kenner der deutschen Verhältnisse zu Beginn des 20. Jahrhunderts, bemerkte treffend: »In jener Zeit war Deutschland die Hochburg der organischen Chemie und verfügte über die besten Spezialisten auf dem Gebiet der chemischen Technologie … Die Einführung in die Mathematik, die Physik und die Gebiete der Ingenieurwissenschaften war exzellent, aber es gab keine Integration zwischen der Chemie und den Ingenieurwissenschaften«. (Hougen 1977, S. 91)

Starkstromtechnik und Schwachstromtechnik

Nachdem die Grundgesetze der Elektrodynamik entdeckt waren und die Basiserfindungen der Elektrotechnik vorlagen, hing die weitere Entwicklung vom Erschließen effektiver Anwendungsmöglichkeiten und der wissenschaftlichen Durchdringung der sich weitenden elektrotechnischen Systeme ab. Den Ausgangspunkt hierfür bildeten die elektrischen Maschinen, deren Bemessung sich mit wachsendem Leistungsvermögen nicht linear nach den Erfahrungen mit Kleinmaschinen extrapolieren ließ. Während in der Frühzeit der elektrischen Maschine besonders hervorragende Physiker und Elektrotechniker aus England wie Michael Faraday, James Clerk Maxwell, John Hopkinson und Silvanus P. Thompson die wissenschaftliche Szene bestimmten, verlagerte sich der Schwerpunkt der wissenschaftlichen Starkstromtechnik um die Jahrhundertwende zunehmend in die USA und nach Deutschland. Die Herausbildung einer eigenständigen Starkstromtechnik als wissenschaftliche Disziplin reichte von den 80er Jahren des 19. Jahrhunderts bis etwa 1910.

Die entscheidenden Voraussetzungen für den Bau leistungsfähiger elektrischer Maschinen schuf Werner von Siemens. 1856 führte er den Doppel-T-Anker in die als Stromgeber für die elektrische Telegrafie verwendeten magnetelektrischen Maschinen ein, durch den der magnetische Widerstand der Maschine erheblich abgesenkt und der Magnetfluß wesentlich gesteigert werden konnten. Damit fand man auch zu einer mit konstantem Fluß betriebenen Maschine zurück. Hinzu kam 1866 die Entdeckung des dynamoelektrischen Prinzips der Selbsterregung, das die elektrische Maschine von elektrochemischen Erregerstromquellen unabhängig machte.

Zu den Pioniererfindungen gehörten ferner die Kommutatorwicklung, die in zwei Formen, dem Gramme-Ring (1870/71) und der Trommelwicklung von Friedrich v. Hefner-Alteneck (1872), zur Anwendung kam. Die Entwicklung einer gebrauchsfähigen Glühlampe führte über die Bogenlampe und die Jablotschkow-Kerze (1879).

Das Beleuchtungssystem mit Glühlampen von Thomas Alva Edison erregte 1881 auf der ersten Internationalen Elektrotechnischen Ausstellung

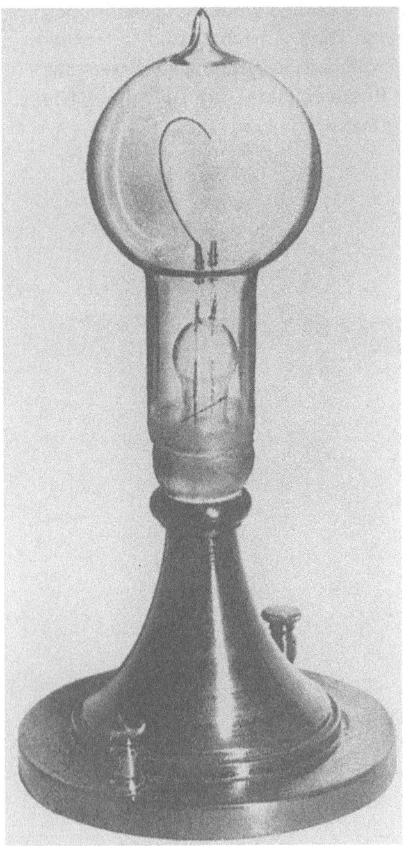

1879 erfand Edison die Kohlenfadenlampe. Aus: J. W. Hammond, Men and Volts. The Story of General Electric, Philadelphia/London/New York, 1941

Pioniere der Starkstromtechnik: Thomas Alva Edison, John Hopkinson, Charles Proteus Steinmetz

Die elektrische Beleuchtung der Großen Oper in Paris. Ansicht der unter der Bühne befindlichen Einrichtung zur Erzeugung der Bühneneffekte. Aus: Illustrirte Zeitung, Leipzig, Bd. 89 (1887)

in Paris großes Aufsehen. Mit einer Einführung des elektrischen Lichtes begann der Bau elektrischer Blockstationen und Zentralen. Wenig später kamen elektrische Motoren als Antriebe für Bahnen, Aufzüge und Arbeitsmaschinen in Gebrauch. Ende der 80er Jahre hatte der Elektromaschinenbau umsatzmäßig den Schwachstromsektor bereits überflügelt. Damit brach sich allgemein die maschinelle Großproduktion in der Elektrotechnik Bahn. Die in der Elektrotechnik frühzeitig wirksame Tendenz zur Konzentration der Produktion, die sich insbesondere nach der Krise von 1901

Umsätze von Siemens & Halske

Astatisches Elektrodynamometer – konstruiert von Johannes Görges. Dieses Meßgerät wurde von 1887 bis 1900 bei Siemens & Halske gebaut. Im Elektromaschinenbau galt vorher das Bürstenfeuer als sicheres Zeichen der Stromabgabe eines Gleichstromgenerators. Die Helligkeit einer Lampe diente zur Abschätzung der Spannung und die Zahl der betreibbaren Lampen als Maß der Belastung. Technische Universität Dresden

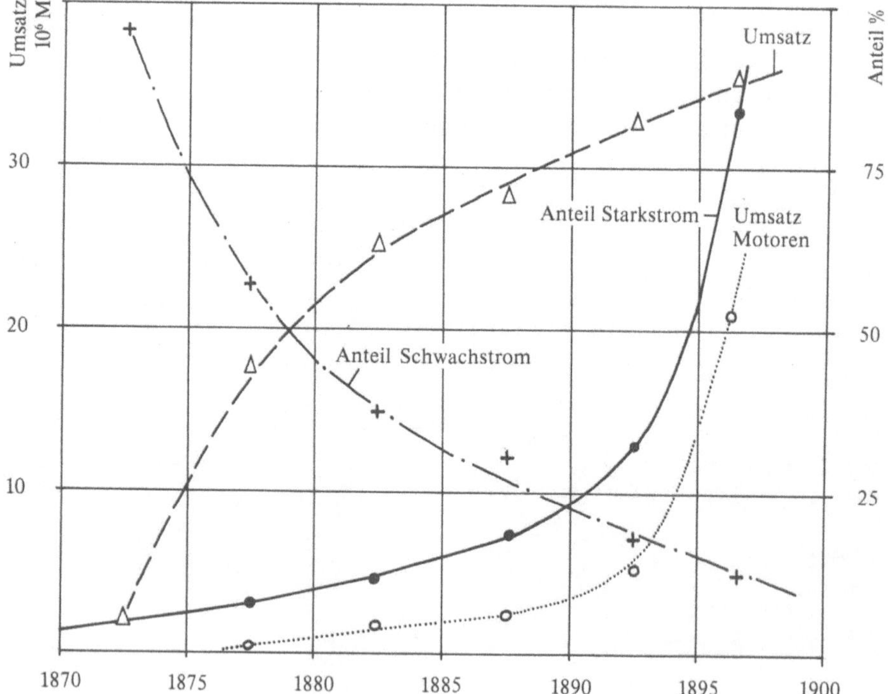

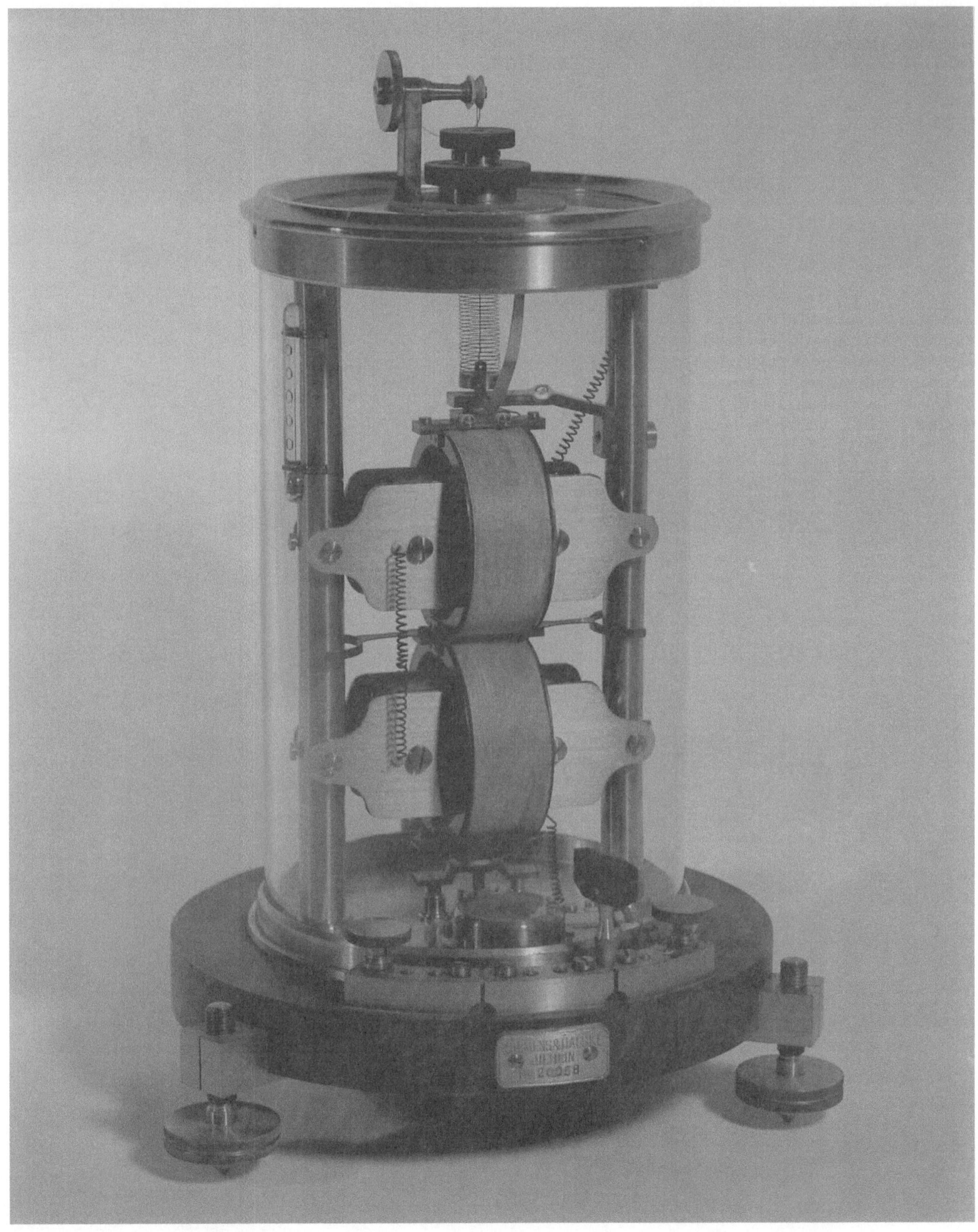

Dynamomaschine von Elihu Thomson aus dem Jahre 1878. Aus: Fr. Wächter, Die Anwendung der Elektrizität für militärische Zwecke, Wien/Pest/Leipzig, 1883

Marcel Deprez demonstriert auf der Münchener Elektrotechnischen Ausstellung 1882 die Möglichkeit, Elektroenergie auf größere Entfernungen zu übertragen (57 Kilometer von Miesbauch nach München). Aus: La Lumiere Electrique, Paris, Bd. 8 (1883)

noch verstärkte, brachte in den USA die Firmen General Electric Company und die Westinghouse Company, in Deutschland Siemens & Halske und die AEG als große Konkurrenten auf dem Weltmarkt hervor.

Bei den Grundformen elektromagnetischer Energiewandler bildete sich zunächst die Gleichstrommaschine heraus. Einige wesentliche Zusammenhänge um deren Betriebsverhalten konnten bereits in den 50er Jahren des vergangenen Jahrhunderts aufgedeckt werden. Weitere Neuerungen betrafen zunächst die günstigere Gestaltung des rotierenden Ankers und ebenso effektiverer Ankerwicklungen. Die Gleichstrommaschine, auch Dynamomaschine genannt, entsprach zunächst gesellschaftlichem Anwendungsbedürfnis als Gleichspannungserzeuger, beispielsweise zum Betrieb der Bogenlampen. Um 1890 glich sie in allen wesentlichen Bauteilen und in der grundsätzlichen Bauform der heutigen Maschine. Nach Begründung der klassischen Kommutierungstheorie (1901) durch Engelbert Arnold war auch der Bau von leistungsstarken, hochtourigen Gleichstrommaschinen möglich geworden.

Die Gleichstromtechnik mit ihrer stark verlustbehafteten Energieübertragung, die nur wenige Kilometer Leitungslänge zuließ, und der komplizierte Betrieb elektrischer Bogenlampen, die nach wie vor zu den wesentlichsten Verbrauchern elektrischer Energie zählten, erwies sich als großes Hindernis in der Weiterentwicklung der Elektrotechnik. Es bedurfte dreier Faktoren, um die elektrische Energieübertragung in größeren Dimensionen zu ermöglichen: des Transformators, des Drehstroms und der Metallfadenlampe.

Einen technisch brauchbaren Transformator stellte 1885 die Budapester Firma Ganz & Co. nach entsprechenden Vorarbeiten von Otto Titus Blathy, Max Deri und Carl Zipernowsky zur Verfügung. Damit festigte sich die Erkenntnis, daß transformatorisch hochgespannte Wechselströme eine

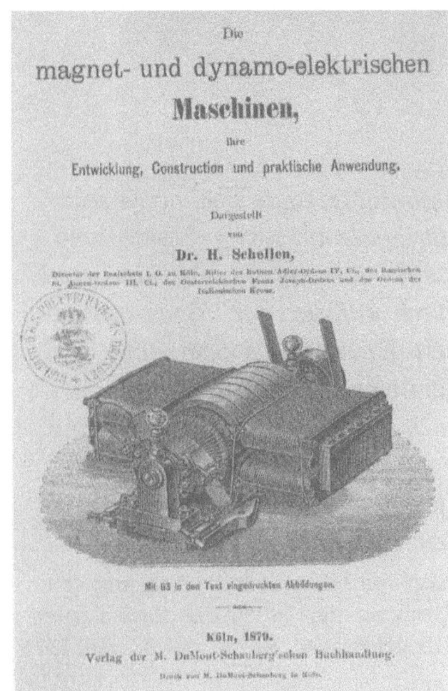

In diesem in den 80er Jahren weit verbreiteten Buch von H. Schellen wurde der Versuch unternommen, die Wirkungsweise der Dynamomaschine zu erklären (Titelblatt).

Asynchronmotor mit Kurzschlußläufer von Michail Dolivo-Dobrowolsky. AEG-Archiv, Frankfurt/M.

um Größenordnungen höhere Effektivität der Energieübertragung tatsächlich gestatten.

Natürlich mußten auch die notwendigen Verbraucher bzw. Nutzer von Wechselstromenergie vorhanden sein. Das war mit der sehr einfach betreibbaren Jablotschkow-Kerze der Fall, die sich nur für Wechselstrombetrieb eignete. Anläßlich der Internationalen Elektrotechnischen Ausstellung in Frankfurt am Main konnte nun 1891 schließlich ein komplettes dreiphasiges Wechselstromübertragungssystem in der von Friedrich August Haselwander 1887 angegebenen sehr effektiven Verkettung der Einzelphasen mit einer Übertragungsleistung von etwa 200 kVA und einer Übertragungsspannung von 15 kV vorgestellt werden. Der Drehstromgenerator, Drehstromtransformator und der an Einfachheit nicht zu überbietende Asynchronmotor gelangten zum Einsatz. Damit konnte das Grundbedürfnis der Wirtschaft, betriebssichere Beleuchtung und effektive Antriebe von Maschinen aller Art und an jedem Ort, grundsätzlich befriedigt werden. Nun galt es, die Kinderkrankheiten der elektromagnetischen Energieumwandler zu beseitigen und ihre Leistungsfähigkeit zu steigern. Dazu war der Ausbau einer wissenschaftlichen Starkstromtechnik erforderlich.

Erste Ansätze für eine mathematische Theorie der Wechselstromtechnik enthielt die 1851 durch Hermann von Helmholtz entwickelte Theorie der Induktionsspulen. 1865 stellte Maxwell das für den Primär- und Sekundärkreis eines Transformators gültige Differentialgleichungssystem auf und gab ein mechanisches Analogon, das Differentialgetriebe, an. Die zur Beschreibung des Betriebsverhaltens notwendigen Spannungsgleichungen wurden danach von John Hopkinson, Galileo Ferraris, Nicolas Mascart und J. Joubert verbessert.

Zum weiteren Ausbau des Theoriengebäudes trugen die Arbeiten des in die USA ausgewanderten, bei der General Electric Co. beschäftigten Deutschen Charles Proteus Steinmetz über »Das Transformatorenproblem in elementargeometrischer Behandlungsweise« und von Michail Dolivo-Dobrowolsky »Über den Wirkungsgrad von Transformatoren« bei. Der wichtige Einfluß der Streuung spiegelte sich erst in den Arbeiten des US-Amerikaners S. Evershed und des Schweizers Hans Behn-Eschenburg wider. Später folgten hierzu Arbeiten von Gisbert Kapp und Walter Rogowski.

Zur Untersuchung der Spannungshaltung eines Transformators bei beliebiger Belastung und Vernachlässigung des Magnetisierungsstromes wird noch heute das Kappsche Dreieck herangezogen. Dazu schlug Kapp 1895 im Elektrotechnischen Verein in Berlin vor, den »zulässigen Spannungsabfall«, d.h. die sogenannte Kurzschlußspannung, bei Bestellung festzulegen. Auf dem Elektrotechnikerkongreß in Chikago entwickelte Steinmetz 1893 seine außerordentlich glücklichen Gedanken zur Anwendung komplexer Größen in der Elektrotechnik, so auch bei der analytischen Behandlung des Transformators. Die Theorie des Transformators stand schon in den ersten Jahren bei der Klärung des Betriebsverhaltens der Wechselstrommotoren, insbesondere der Asynchronmaschine, Pate. Kapp (1887) und Johannes Görges (1888) machten die Lösung der gültigen Maschengleichung für den Primär- und Sekundärkreis mittels Zeigerbild bekannt.

Zur weiteren Ausgestaltung der Drehstrommaschinen trugen Galileo Ferraris, Nicola Tesla, Charles Bradley, Charles E. L. Brown, Friedrich

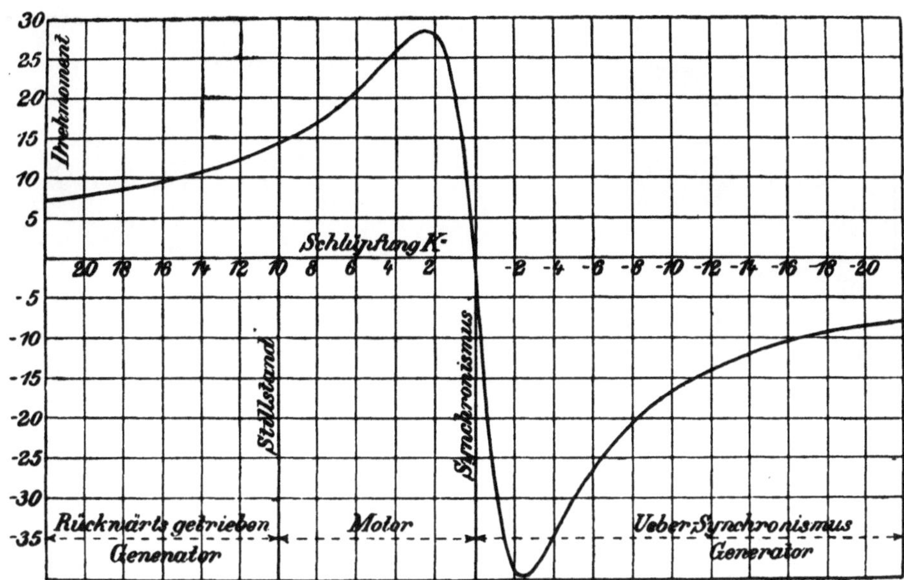

M = f(s) – Kennlinie nach Steinmetz. Aus: ETZ 1895

August Haselwander und Dolivo-Dobrowolsky bei. Steinmetz führte auch zur analytischen Beschreibung des Betriebsverhaltens die komplexe Rechnung ein und half neben Alexander Heyland, André Blondel, Hans Behn-Eschenburg, Johann Ossana, Arnold, Görges und Ferraris bei der wissenschaftlichen Durchdringung der Asynchronmaschine. Auf dieser Grundlage konnte zwischen 1891 und 1910 das Masse-/Leistungsverhältnis von 88 kg/kW auf 25 kg/kW gesenkt werden.

Um die Theorie der Synchronmaschine erwarben sich anfangs E. Oelschläger, Alfred Potier, Emanuel Rosenberg, Maurice Leblanc, Blondel, Steinmetz, Görges und Arnold besondere Verdienste. Erste Ansätze zur Einführung der Längs- und Querachse bei der analytischen Behandlung findet man schon bei Kapp. Steinmetz leitete aus der Spannungsgleichung der Synchronmaschine den funktionalen Zusammenhang zwischen Erregerspannung und Ankerstrom ab, der schon Mitte der 90er Jahre des vergangenen Jahrhunderts mit dem Fachbegriff V-Kurve bezeichnet wurde. 1900 veröffentlichte Potier einen Aufsatz zur Beschreibung des Betriebsverhaltens der Synchronmaschine, in dem er das noch heute gültige Potier-Dreieck bekannt machte. 1911 wurden durch die Einführung des Roebelstabes die zusätzlichen Verluste derart verringert, daß Grenzleistungsmaschinen mit einer Einheitsleistung von 8 MW möglich waren.

Ende des ersten Dezenniums unseres Jahrhunderts gewann die Behandlung dynamischer Probleme zunehmend an Gewicht, insbesondere zur Klärung der unerwünschten Pendelerscheinungen parallellaufender Synchronmaschinen und der Einschaltvorgänge bei Drehstromasynchronmaschinen. In der ersten Ausgabe der Zeitschrift »Archiv für Elektrotechnik« (AfE) zeugt der Beitrag von Willy Linke über Schaltvorgänge bei elektrischen Maschinen vom erfolgreichen Beginnen.

Mit dem Aufkommen der Metallfadenlampe nahm der Bedarf an Elektroenergie schnell zu. Um die Einheitsleistungen der Maschinen zu vergrößern, steigerte man die Drehzahlen – genauer die Umfangsgeschwindigkeiten – von 1 000 auf 1 500 und endlich auf 3 000 Umdrehungen pro Minute. Umfangsgeschwindigkeiten von 150 m/s stellten höchste Anforderungen

»Als Edison nach Berlin kam, bat ich ihn, ... die große 1 000 PS-Maschine von Van der Kerchhove-Gent anzusehen. Hier stellte er die echt amerikanische Frage an mich, wieviel Geld eine solche Maschine per Umdrehung mache, worauf ich ihm die ihn sichtlich befriedigende Antwort erteilen konnte ›10 Pfennig für jede Umdrehung‹.«

Oskar von Miller, Nach eigenen Aufzeichnungen, Reden und Briefen, 1932

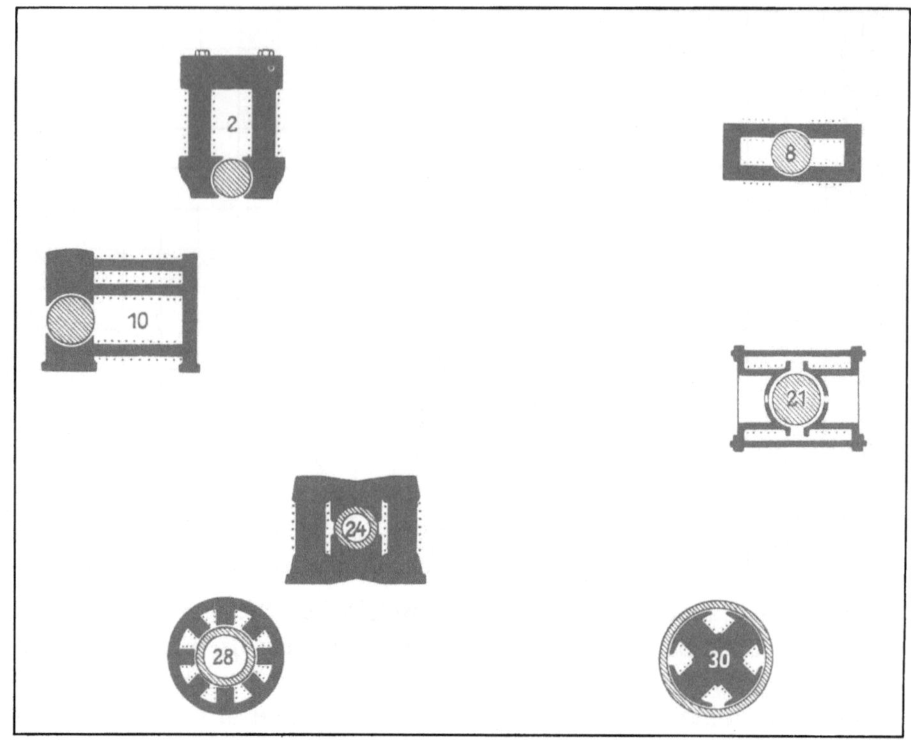

Bauformen älterer Gleichstrommaschinen.
Aus: Elektrotechnik und Maschinenbau,
Österreich, 1942

*»Der Technik sind gegenwärtig die
Mittel gegeben, elektrische Ströme
von unbegrenzter Stärke auf billige
und bequeme Weise überall da zu
erzeugen, wo Arbeitskraft disponibel
ist.«*

Werner von Siemens, Über die Umwandlung von Arbeitskraft in elektrischen Strom
ohne Anwendung permanenter Magnete,
1867

an die Fertigung und das Material. Die Forschung mußte dringend helfend
eingreifen.

Der steigende Bedarf an Elektroenergie seit der Jahrhundertwende kündigte neue Probleme an. Die Vorausberechnung elektrischer Maschinen,
größere Leistungen, Betriebszuverlässigkeit und verbesserte technische Parameter waren gefordert. Zu den tragenden Säulen der wissenschaftlichen
Elektrotechnik zählten neben der Magnetkreisberechnung die Kenntnisse
um das Betriebsverhalten elektrischer Maschinen, die Theorie der Ankerwicklungen, der Verlust- und Erwärmungsberechnung sowie die Kommutierungstheorie.

Mitte der 80er Jahre des 19. Jahrhunderts konnte der Magnetkreis von
den Gebrüdern John und Edward Hopkinson bereits erfolgreich analytisch
beschrieben werden, nachdem dieses Initialproblem der wissenschaftlichen
Elektrotechnik zunächst von Oskar Frölich, Physiker bei Siemens &
Halske, aufgegriffen worden war. Die zwischen 1885 und 1890 kulmini-
rende wissenschaftliche Belebung leitete einen raschen Aufschwung der
Starkstromtechnik ein. In dem Maße, wie sich die einfachste Form der
Gleichstrommaschine mit ihren Außenpolen und dem vollkommen sym-
metrischen Bau durchsetzte, verschwanden die eisen- und kupferschweren
Magnetkreisphantasien, die heute zunehmend als technische Denkmale
gefallen.

Nachdem – beginnend mit den magnetelektrischen Maschinen – die
Grundformen der Ankerwicklungen existierten, die besonders seit den 70er
Jahren des vergangenen Jahrhunderts eine in technischer Hinsicht zweckmäßige Form erhielten, setzten Ende der 80er Jahre verstärkte Bemühungen um eine theoretische Durchdringung dieses Spezialgebietes elektrischer Maschinen ein. Die Publikationstätigkeit stieg zwischen 1890 und

1895 auf dem Gebiet der Wicklungen stark an. Die Arbeiten von Waldemar Fritsche (Abwicklungsschema) und Arnold (Schaltregel) eröffneten diese Phase.

Die Wicklungsformeln von Arnold lösten das Problem in sehr allgemeiner Weise. Sie dienten nicht nur der Analyse bekannter Wicklungen, die zumeist den Namen ihres Erfinders trugen, sondern führten auch zu völlig neuen Anordnungen wie den mehrgängigen Wellenwicklungen. Als Arnold 1891 die ersten Schaltregeln angab, wickelte man in einigen Fabriken erst nach Feierabend, um das Geheimnis zu hüten. Das erste Fachbuch über Ankerwicklungen entstand 1891 nicht auf Drängen der Praktiker. Arnold wollte vielmehr analytische Zusammenhänge finden, um den komplizierten Stoff methodisch einprägsam fassen zu können.

Auf dem Gebiet der Verlustberechnung in elektrischen Maschinen nutzte man zunächst erste empirische Ansätze zur systematischen Verbesserung der Konstruktion. Zielgerichtete Untersuchungen und die Formulierung erster Theorien zu Struktur und Funktion drangen immer weiter zum eigentlichen Gegenstand der wissenschaftlichen Elektrotechnik vor. Die fundamentalen Arbeiten von Steinmetz ergaben wichtige Grundlagen zur Berechnung der Hysterese- und Wirbelstromverluste. Auf dem Gebiet der Bestimmung mechanischer Verluste in den Lagern haben sich Georg Dettmar, Oskar Lasche u. a. verdient gemacht. Wirtschaftliche Erfordernisse stimulierten Berechnungsmethoden, um die zu erwartenden Verluste genauer vorhersagen zu können. Gerade beim Ermitteln der Oberflächen- und Pulsationsverluste sowie der Effekte infolge Stromverdrängung mußten anspruchsvolle mathematische Methoden zum Ausbau einer tragfähigen technikwissenschaftlichen Theorie herangezogen werden, in die auch naturwissenschaftliche Erkenntnisse und technisches Erfahrungswissen einflossen.

Im Spannungsfeld zwischen Struktur und Funktion technischer Objekte wurden gänzlich neue technikwissenschaftliche Experimente geboren: Prüfungen bei veränderlichen Drehzahlen (Auslaufversuch usw.), Versuche mit Maschinen großer Leistung unter Nennbedingungen bzw. bei Nennströmen (Rückarbeitsverfahren, Kurzschlußversuch u. a.). Die Elektrotechniker griffen immer stärker in die Entwicklung neuer Meßgeräte und Meßmethoden ein – und beeinflußten so den wissenschaftlichen Gerätebau (Kapp, Dettmar, Marcel Deprez, Hopkinson u. a.).

Während man sich in den Anfangsjahren elektrischer Maschinen noch über die bei der Stromwendung entstehenden Funken freute – sie galten bei noch fehlenden Meßinstrumenten als ein sicheres Zeichen, daß die Maschine Strom abgab –, setzten ernsthafte theoretische Überlegungen

Wicklungen aus der Frühzeit der elektrischen Maschine. Von links nach rechts: Doppel-T-Anker mit Polwicklung (1856), Ringspule nach Pacinotti (1860) für Außenpol- und Innenpolmaschinen, Trommelspule nach Hefner-Alteneck (1872), Mantelspule nach Dolivo-Dobrowolsky. Aus: Lehrbuch der Wicklungen elektrischer Maschinen, Karlsruhe, 1952

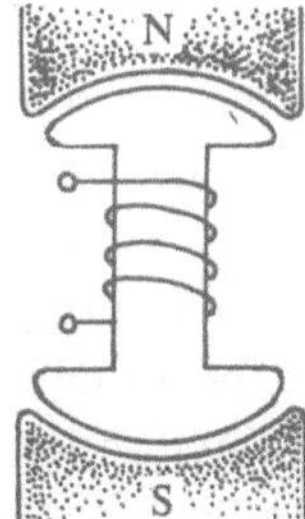

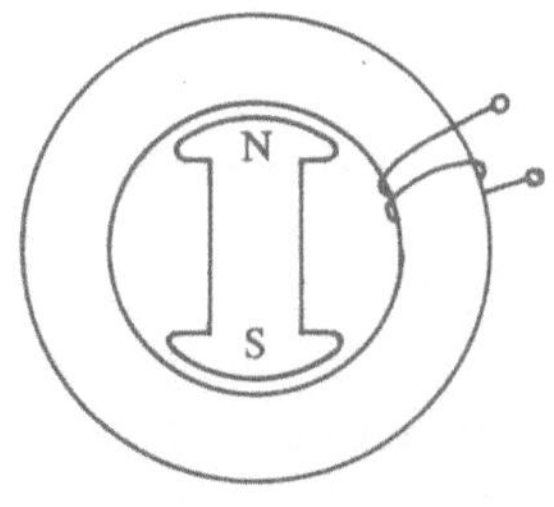

Der Engländer Charles Algernon Parsons
konstruierte 1884 eine Gleichdruckdampf-
turbine (18 000 U/min). Deutsches
Museum, München

Kommutierende Masche – frühe technikwissenschaftliche Modellvorstellung zur
Behandlung von Stromwendungsvor-
gängen. Aus: ETZ 1898

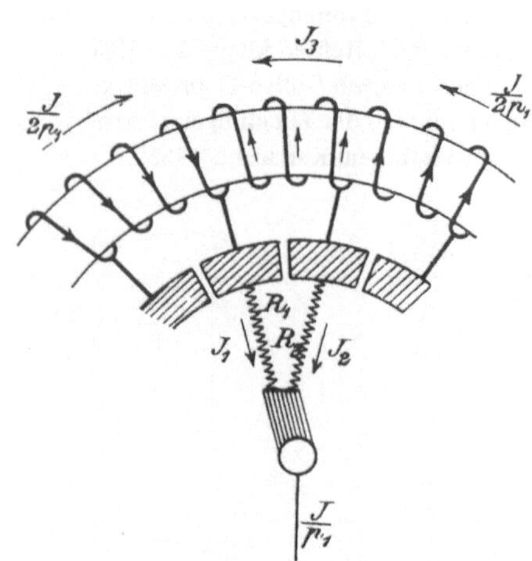

dazu erst zwischen 1900 und 1905 ein. Nach Begründung der klassischen
Kommutierungstheorie durch Arnold waren die brennendsten praktischen
Probleme zunächst bis 1910 befriedigend gelöst. Den Ausbau der Kommu-
tierungstheorie haben in den Folgejahren Rudolf Richter und Ludwig
Dreyfus besonders gefördert.

Um das Entwerfen elektrischer Maschinen, d. h. die Festlegung der
Hauptabmessungen aus den geforderten Leistungskennwerten, hat sich Ar-
nold außerordentlich bemüht, so daß kurz nach der Jahrhundertwende die
Vorausberechnung elektrischer Maschinen möglich wurde.

Mit dem wissenschaftlichen Ausbau der Starkstromtechnik ging die institutionelle Etablierung der Disziplin Hand in Hand. In den 70er Jahren
des 19. Jahrhunderts entstanden insbesondere in den USA und in Deutschland Industrielaboratorien. 1873 wurde bei Siemens & Halske Oskar Frölich als der erste Industriephysiker eingestellt. 1918 arbeiteten über
100 Mitarbeiter in den Laboratorien der Firma. Die Kabelfabrik Felten &
Guilleaume in Köln-Mühlheim richtete 1882 ihr erstes Labor ein. Edison
begründete die Traditionen der Industrieforschung bei der General Electric Company in den USA. Steinmetz gehörte zu deren hervorragenden
Vertretern. 1901 etablierte sich das General Electric Research Laboratory,
dessen erster Leiter Willis R. Whitney bei Ostwald in Leipzig und an der
Sorbonne in Paris studiert hatte. Ihm folgte in dieser Funktion Irving
Langmuir, der 1932 den Nobelpreis für Chemie erhielt.

Seit den 80er Jahren entstanden Lehrstühle für Elektrotechnik an den
technischen Hochschulen. In Deutschland wurde Erasmus Kittler 1882 auf
den ersten Lehrstuhl für Elektrotechnik an der Technischen Hochschule
Darmstadt berufen. Damit entwickelte sich eine gewisse Arbeitsteilung
zwischen Industrie- und Hochschulforschung, die durch enge personelle
Verbindungen geprägt war. An den technischen Hochschulen entstanden
elektrotechnische Laboratorien, in denen Maschinen und andere Bau-

Laboratorium des Instituts Montefiore für Elektrotechnik der Universität Lüttich Anfang der 80er Jahre des 19. Jahrhunderts. Aus: La Lumiere Electrique, Paris, Bd. 13 (1884) 32

Experimentiersaal im Elektrotechnischen Institut der Technischen Universität Dresden, Aufnahme aus dem Jahre 1905. Man erkennt die Versuchseinrichtungen zu Hochspannungsuntersuchungen an Freileitungen, die im Zusammenhang mit der ersten europäischen 110 kV-Hochspannungsübertragung durchgeführt worden sind. Technische Universität Dresden

gruppen untersucht wurden. In wissenschaftlichen Graduierungsarbeiten legte man besonderen Wert auf Modellvorstellungen und die Mathematisierung technikwissenschaftlicher Fragestellungen.

Der erste Verein der Elektrotechniker entstand wohl 1872 in England mit der Society of Telegraph Engineers and Electricians, deren erster Präsident William Siemens war. 1879 wurde der Elektrotechnische Verein in Berlin gegründet. 1884 folgte das American Institute of Electrical Engineers. Den Vereinen waren zumeist Fachzeitschriften angeschlossen. Zwischen 1880 und 1890 entstanden allein siebzehn der 36 international bedeutsamsten Publikationen. In den USA erschienen »The Electrician, Electrical Review«, »Electrical World« und »Western Electrician«. Erste Lehrbücher wie die von Heinrich Schellen, J. F. Roloff und Theodor Schwartze bedienten sich noch der verbalen deskriptiven Methode und detaillierter perspektivischer Darstellungen. Wenige Jahre später wiesen Bücher von Silvanus P. Thompson, Erasmus Kittler und Oskar Frölich bereits in einfachen Formeln geronnenes empirisches Wissen auf. Erst seit 1885 zeigt das Schrifttum den allmählichen Fortschritt zu klareren Anschauungen über Theorie und Berechnung. Führend waren zumeist die mit Maschinenberechnungen betrauten praktisch tätigen Ingenieure, die jedoch erst zu Ende der 80er Jahre in größerer Zahl ausgebildet waren.

Die mit der Wechsel- bzw. Drehstromtechnik auftretenden technikwissenschaftlichen Probleme initiierten grafisch-analytische Darstellungshilfen für Sinusgrößen, die Zeigerbilder. Sie wiederum schlugen eine gedank-

Die erste elektrische Bahn auf der Berliner Gewerbeausstellung 1879. Aus: Illustrirte Zeitung, Leipzig, Bd. 72 (1879)

Die Straßenbahn in der Karikatur.
Ansichtskarte, um 1900

liche Brücke zu den Kreisdiagrammen (Heyland, Ossana) und der Ortskurventheorie. Ferraris empfahl sich mit seinen Betrachtungen zur Vektorrechnung (1901), und zur quantitativen Bestimmung der sich zunehmend vermaschenden Netze der Energieversorgung bediente man sich der Determinanten (J. Herzog und Clarence Feldmann, 1893). Einfache Differentialgleichungssysteme wurden gelöst, und für die analytische Behandlung von Wechselstromproblemen bot sich die Fourier-Analyse an (O. S. Bragstad u. a.). Erste Ansätze einer Zweiachsentheorie zeigten die Arbeiten von Görges und Kapp um die Jahrhundertwende.

Der Übergang von der analytischen Beschreibung technischer Erscheinungen zu ihrer Modellierung als grundlegendes Erkenntnisverfahren war ein qualitativ neuer Schritt in der Entwicklung der Starkstromtechnik.

Mit den größer werdenden Komplexen der Energieerzeugung, -verteilung und -anwendung entstanden auch im Umfeld der elektrischen Maschinen und Anlagen Probleme, die zunehmend wissenschaftlich gelöst werden mußten. In der Elektrotechnik setzte ein Differenzierungsprozeß ein, in dessen Folge sich, abgesehen von der Schwachstromtechnik, auch in der energetischen Elektrotechnik weitere Wissenschaftsdisziplinen etablierten. Seit 1883 gab es Vorlesungen auf dem Gebiet der elektrischen Antriebe und Bahnen sowie der elektrischen Energietechnik an deutschen technischen Hochschulen.

Etwa 25 Jahre, nachdem das Hauptelement des elektrischen Antriebs gefunden war, begann man auch die Grundlagen der Antriebstechnik klar zu erkennen. Als einer der ersten äußerte sich Richter über die von Siemens & Halske ausgeführten Einzelantriebe und zur Frage der Transmissions-, Gruppen- oder Einzelantriebe.

1891 wurde die Leonard-Schaltung bekannt, 1902 fand der erste Ilgner-Schwungradumformer Verwendung, und schon 1904 konnte ein mehrgliedriger Drehstromregelantrieb (Krämer-Kaskade) für untersynchrone Drehzahlen und große Leistungen geschaffen werden. Es entstanden leistungsfähige Antriebe für Fördermaschinen und Walzstraßen. Um die Jahrhundertwende erregte jedoch eine neue Art von Arbeitsmaschinen Aufsehen, die ein System von zusammenhängenden Maschinen bildeten. Der mobile, mit der einzelnen Arbeitsmaschine gekuppelte Elektromotor eröffnete die Möglichkeit, den Produktionsablauf entsprechend den einzelnen Etappen des Herstellungsprozesses der Produkte zu gestalten.

Die elektrotechnischen Erzeugnisse hatten sich ferner den Anforderungen der von der Arbeitsmaschine zu lösenden Aufgaben anzupassen. Der Elektrotechniker mußte sich in den industriellen Vorgang hineindenken, ihn analysieren, seine besonderen Bedingungen erforschen und Anregungen zu seiner Umgestaltung geben, um dadurch den Anpaßvorgang von Elektrotechnik und technologischem Verfahren zu erleichtern. Es war eine unübersehbare Fülle von schöpferischer Ingenieurarbeit, die gerade in dieser Zeit von den Elektrotechnikern geleistet worden ist. 1904 erreichte bereits eine elektrisch angetriebene Bahn 210 Kilometer pro Stunde!

1902 erfand Peter Cooper-Hewitt den Quecksilberdampfgleichrichter, der zur Stromrichtertechnik hinführte. Vorerst war er noch ungesteuert

Transportabler Beleuchtungssatz der Firma Sautter-Lemonier, Paris, mit Fieldschem Dampfkessel und Brotherhoodscher Dampfmaschine (8 PS). Aus: Fr. Wächter, Die Anwendung der Elektrizität für militärische Zwecke, Wien/Pest/Leipzig, 1883

und wurde so als Großgleichrichter, beispielsweise zur Versorgung der Berliner Stadtbahnen, eingesetzt. Zunächst mußten die Strom- und Spannungsverhältnisse unter Berücksichtigung der verschiedenen Wirkungen von Induktivitäten im Anoden- und Kathodenkreis geklärt und die Strombelastbarkeiten erhöht werden, ehe man die 1914 bekannt gewordene Gittersteuerung technisch sinnvoll ausnutzen konnte.

Bis in die 80er Jahre des vergangenen Jahrhunderts war es üblich, für jede Beleuchtungsanlage das »Kraftwerk«, bestehend aus Dampferzeuger, Dampfmaschine bzw. Gasmotor und Gleichstromgenerator, mitzuliefern. Danach erfolgte die Stromversorgung kleinerer Glühlichtanlagen aus den Blockstationen, die etwa einen Häuserblock versorgten. Die ersten Zentralen entstanden Mitte der 80er Jahre. Noch dominierte die Beleuchtung auf Gleichstrombasis. Um 1890 betrug der Anteil des Verbrauchs durch Beleuchtung etwa 77 Prozent und durch Kleinkraft 23 Prozent. In den 90er Jahren begann die Periode der Wechsel- und Drehstromverteilung. Im ersten Jahrzehnt unseres Jahrhunderts hatte sich die Proportion der Energieabgabe wie folgt verändert: Großindustrie etwa 40 Prozent, Kleinkraft 32 Prozent und Beleuchtung 28 Prozent. In lukrativen Versorgungsgebieten baute man erste Überlandwerke. Die folgenden Jahre brachten den endgültigen Sieg des Drehstromsystems.

Zur Netz- und Kabelberechnung benutzte man ab 1887 grafische Verfahren, das Rechnen mit Determinanten und die symbolische Methode der Wechselstromtechnik. Um den Schwierigkeiten bei der Bemessung der Leitungen Herr zu werden, entstanden maßstabsgetreue Netzmodelle. Die Ergebnisse der Modellmessungen rechnete man auf den Realfall um. Die Netzmodelle wurden ständig verfeinert, so daß F. Breisig 1915 bereits beliebige nichtperiodische Vorgänge auf Leitungen behandeln konnte. Eine Theorie der Freileitungen entstand Hand in Hand mit praktischen Entwicklungsarbeiten (Leiterabstände, Staffelung, Sicherung gegen Unzulänglichkeiten der Isolatoren u. a. m.).

Mit der Konzentration der Elektroenergieversorgung und dem damit verbundenen Parallelbetrieb mußten Fragen der Fernmessung und Fernbedienung gelöst werden. Georg Klingenberg behandelte betriebswirtschaftliche und technische Fragen des Kraftwerkbaus. Beim Bau der Energieversorgungsanlagen, beispielsweise der Schaltwarten, der Kraftwerke und Umspannstationen, waren Einrichtungen zum Schutz gegen Überspannungen, Überströme und Kurzschlüsse exakt zu bemessen. Anstelle der zuvor üblichen Sicherungen traten leistungsfähige elektromechanische Schalter, deren Schalthandlung vom Betriebszustand der Anlage abhängig war. Mit Hilfe des Distanzschutzes konnten fehlerhafte Anlagenteile ohne Störung anderer vom Netz getrennt werden.

Wanderwellen, von Kurzschlüssen, Schaltvorgängen und Erdschlüssen ausgelöst, untersuchte K. Willy Wagner. Sowohl Wagner als auch Walde-

Allgemeines Schema der Nachrichtenübermittlung. Von ausschlaggebender Bedeutung für die technische Ausführung einer Nachrichtenverbindung ist die Art des benutzten Übertragungsmediums und damit verbunden die Art des Trägers (z. B. Licht durch Luft), die Art der Führung des Trägers (z. B. drahtlos). Die Signale der Informationsquelle müssen je nach dem gewählten Übertragungsverfahren so umgewandelt werden, daß sie das Übertragungsmedium passieren können. Im Empfänger muß eine Rückumwandlung in Signale erfolgen, die von der Informationssenke gedeutet und als Information aufgenommen werden können.

Zur Fernübertragung von Informationen werden technische Hilfsmittel benötigt. (Im gewählten Beispiel besteht die Übertragungsstrecke aus zwei Leitungsstücken mit dazwischengeschaltetem Regenerator.)

A = Informationsquelle
B = Informationssenke
C = Codierung
DC = Decodierung
E = Empfänger
HT = Hilfsträgerbereitstellung
K = Übertragungskanal
KA = Kanalanpassung
L = Übertragungsmedium (Leitung)
DM = Demodulation
M = Modulation
R = Regenerator (Repeater)
S = Sender
T = Träger-Bereitstellung
W = Wandler
    (z. B. elektroakustischer Wandler)

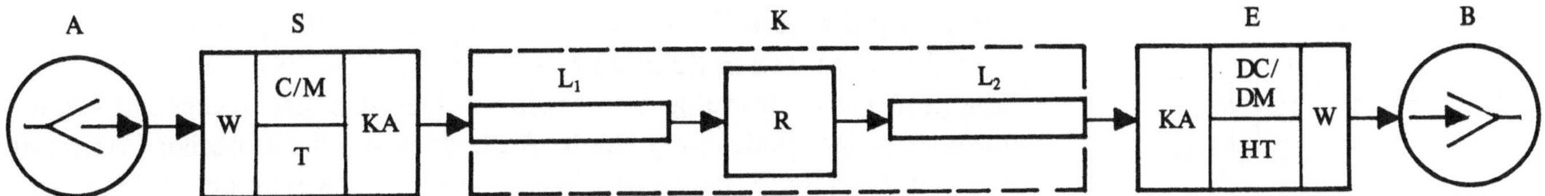

Die Typendrucktelegrafen des Angloamerikaners David Edward Hughes wurden 1868 auf dem Internationalen Telegrafenkongreß neben den Morseapparaten zur Verwendung auf den internationalen Linien zugelassen. Postmuseum der DDR, Berlin

Prinzipskizze eines Repeaters (Relais). Die Urform des elektromechanischen Relais ging aus der Kopplung des Rumpfes eines Morseschreibers (Magnetspule M) mit der Morsetaste als Teil des Senders hervor (ausgebildet als Kontakt K, der automatisch durch die Magnetspule betätigt wird). Die Kopplung Magnetspule mit einem elektrischen Kontakt war jedoch so vielseitig einsetzbar, daß das Relais bald zu den wichtigsten elektrischen Bauelementen gehörte.

»Repeater« (Regenerator) für Digitalsignale der drahtgebundenen Telegrafie in Form eines elektromagnetischen Relais

A = ankommender Stromkreis mit geschwächten Signalströmen

B = weiterführender (»abgehender«) Stromkreis mit verstärkten Signalströmen

E = Empfänger, realisiert durch die Magnetspule M

S = Sender, realisiert durch den elektrischen Kontakt K

T = Trägerstromerzeugung, in Form der Lokalbatterie LB

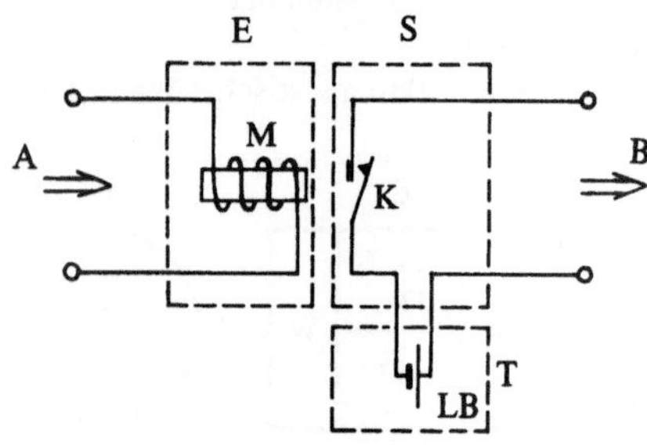

mar Petersen widmeten sich im ersten Dezennium unseres Jahrhunderts der mathematisch-physikalischen Behandlung der Überspannungen, wobei die wirksamen Kapazitäten und Induktivitäten der Leitungen einbezogen wurden. Es galt, die physikalischen Verhältnisse beim Lichtbogen zu klären, um Schalter und Schutzeinrichtungen auslegen zu können.

Die folgerichtig ständig steigende Übertragungsspannung (1891 15 kV Lauffen–Frankfurt/M.; 1909 100 kV in den USA; 1911 100 kV Lauchhammer–Gröba) im Energieverbundsystem stellte neue Anforderungen an die wissenschaftliche Durchdringung der zu lösenden Aufgabe. 1907 las Petersen in Darmstadt als erster in Deutschland über Hochspannungstechnik. Mit seinem 1910 erschienenen Lehrbuch »Hochspannungstechnik« wies er sich als Begründer der von ihm benannten Disziplin aus.

Komplexität und Leistungsfähigkeit prägten das Gesicht der Starkstromtechnik nach Abschluß ihrer Herausbildungsphase.

Je alltäglicher die Telegrafie wurde, um so deutlicher registrierte man ihre Schwächen. Die Errichtung von Telegrafenlinien war nur zur Überwindung größerer Entfernungen sinnvoll, weniger geeignet dagegen zur Kommunikation innerhalb einer Stadt. Außerdem stand die nötige Codierung der unmittelbaren Kommunikation entgegen. So wuchs der Wunsch, die menschliche Sprache direkt mit Hilfe des elektrischen Stromes zu übertragen. Angeregt durch Arbeiten von Philipp Reis führte Graham Bell 1876 in den USA die erste Telefonverbindung vor. Zwischen 1880 und 1900 erlebte das Telefon in allen größeren Städten seinen Siegeszug.

Erstmals umfassend behandelte Oliver Heaviside das Verhalten elektrischer Leitungen in Veröffentlichungen zwischen 1886 und 1893. Zwischenzeitlich hatte man erkannt, daß außer den Größen Leitungswiderstand R, Kapazität gegen Erde (bzw. gegen den Rückleiter) C und Isolationsleitwert G (Ableitung) noch die Leitungsinduktivität L von Einfluß war. Zur Beschreibung des Stromverhaltens der Leitung ließ sich eine Differentialgleichung entwickeln, die den Namen »Telegrafengleichung« erhielt. Heaviside benutzte zur Lösung dieser Gleichung geschickt eine Operatormethode. Aus den Lösungen war eine Reihe von Schlußfolgerungen zu ziehen. Bei einem Kabel mit hoher Kapazität C, aber guter Isolation, können L und G vernachlässigt werden, und die Leitungsdämpfung ergibt sich dann zu:

$$a \approx \sqrt{\frac{CR}{2}} \, .$$

Da C einen für alle Kabeltypen nahezu gleichen Wert hat und die Frequenzen der Sprachschwingungen festliegen, kann die Leitungsdämpfung nur durch Verkleinern von R, dem Leitungswiderstand, verringert werden.

Französische Telegrafeneinheit im Deutsch-Französischen Krieg 1870/71. Aus: A. Belloc, La telegraphie historique, Paris, 1888

Schnelltelegraf von Siemens & Halske aus dem Jahre 1915 (Teilansicht des Empfängers)

Telefon aus dem Jahre 1882. Postmuseum der DDR, Berlin

Diese Eigenschaft war schon von der Drahttelegrafie bekannt. Eine Vergrößerung der Reichweite auf diese Art stieß bald auf ökonomische Schwierigkeiten und hatte bei 100 Kilometern eine obere Grenze. Wurde hingegen die Leitungsinduktivität wesentlich erhöht, so verändert sich die Formel zu:

$$a \approx \frac{R}{2} \sqrt{\frac{C}{L}} \, .$$

Daraus ließ sich die Schlußfolgerung ableiten, daß z. B. eine Vervierfachung der Leitungsinduktivität eine Verringerung der Leitungsdämpfung auf die Hälfte – also eine Vergrößerung der Reichweite auf das Doppelte – zur Folge hätte.

Heaviside wies bereits im Jahre 1886 auf die Möglichkeit hin, eine Fernleitung durch punktweises Einfügen von zusätzlichen Induktivitäten verbessern zu können, unrichtig eingeschaltete Spulen bewirkten allerdings oft eine erhebliche Verschlechterung der Verständigung. Erst der serboamerikanische Professor Michael Pupin meldete 1899 seine Erkenntnis zum Patent an, derzufolge die regelmäßigen Abstände der hierfür zu verwendenden Spulen klein gegen die Wellenlänge der zu übertragenden Schwingungen sein müssen. Pupin betrachtete die Vorgänge in der Leitung vom Standpunkt der Wellenausbreitung. Die Unstetigkeiten, welche die Spulen in einer Leitung hervorbrachten, verglich er mit den Unstetigkeiten, welche eine Belastung mit Kugeln an einer gespannten Saite erzeugte.

Die Telefonie verlangte ein Umdenken der Techniker von Digital- auf Analogtechnik. Die Entwicklung erfolgte wie bei der Drahttelegrafie auf empirischer Basis. Auch hier erwies sich die Leitung als das kritische Element in der Übertragungskette, insbesondere da ein Analogverstärker (»Telefonrelais«) nicht vorhanden war. Erst 20 Jahre nach der Einführung des Telefons gab Pupin Bemessungsregeln für Heavisides Vorschlag zur Induktivitätserhöhung der Leitung zum Zwecke der Dämpfungsverminderung

an. Die damit bewirkte Erhöhung der Reichweiten auf das Drei- bis Fünffache genügte vorläufig für den weiteren Ausbau der Telefonie über die
Stadtgrenzen hinaus zu landesweiten Netzen.

Durch den Zwang, viele Teilnehmer nach Wunsch miteinander zu verbinden, entstand die Vermittlungstechnik. In den Vermittlungseinrichtungen nutzte man Relais, die zu immer komplizierteren Einheiten zusam-
mengeschaltet wurden, um eine automatische Vermittlung – ohne die
Benötigung von Hilfspersonen – zu bewerkstelligen. Die dabei auftretenden Zusammenschaltungsprobleme (Digitalschaltungen) konnten empirisch gelöst werden. Drei wesentliche Komplexe der elektrischen Nachrichtentechnik bildeten sich heraus:
– die Übertragungstechnik (Analogschaltungen),
– die Vermittlungstechnik (Digitalschaltungen),
– die Endgerätetechnik (Elektromechanik).

Nachdem Michael Faraday 1835 den Begriff des elektrischen und magnetischen Feldes eingeführt hatte, gelang es James Clerk Maxwell um
1865, diese erst rein intuitiv erfaßten Begriffe in eine mathematische Form
zu bringen. Dabei kam er zu der Vermutung, daß sich diese Felder von den
sie verursachenden elektrischen Spannungen bzw. Strömen lösen und für
sich allein existieren könnten. Aber erst 1887 gelang es Heinrich Hertz, für
diese Hypothese den praktischen Beweis zu erbringen. Danach lag es nahe,
die elektromagnetischen Wellen zur »Telegrafie ohne Draht« zu verwenden. Dieser Aufgabe stellten sich der Italiener Guglielmo Marconi und der
Russe Alexander S. Popow Mitte der 90er Jahre. Im Unterschied zu den
bisher bekannten Techniken war die Verwendung hochfrequenter Wechselströme neu.

Die theoretischen Grundlagen lagen von den Physikern Faraday, Maxwell und Hertz aufbereitet vor, wurden aber von den Praktikern entweder
nicht beachtet oder nicht verstanden. Die drahtlose Telegrafie entwickelte

Telegrafenmast der Wiener Stadtleitung

Telefonzentrale in Liverpool, Anfang der
80er Jahre des 19. Jahrhunderts

Guglielmo Marconi (rechts) bei seiner Einführung in das Amt des Präsidenten der Königlichen Italienischen Akademie der Wissenschaften 1929 in Anwesenheit des Herzogs der Abruzzen

Adolf Slaby bei funktelegrafischen Versuchen

sich daher von 1895 bis 1905 weitgehend empirisch. Das traf im wesentlichen auch auf die entscheidende Einführung der Senderabstimmung durch Ferdinand Braun 1898 zu. Sie machte die Verhältnisse in Sendern und Empfängern überschaubarer. Jetzt trat als Mangel die Funkenerregung in den Vordergrund. Eine entscheidende Verbesserung konnte nur durch die Verwendung kontinuierlicher, ungedämpfter Schwingungen erzielt werden. 1900 entdeckte William Duddell die Schwingungsanfachung mit Hilfe der negativen Strom-Spannungs-Kennlinie des elektrischen Lichtbogens. Der theoretischen Klärung widmete sich Hermann Theodor Simon in Göttingen, der praktischen Anwendung dieser Entdeckung Valdemar Poulsen in Kopenhagen.

Heinrich Hertz verneinte noch die Frage, ob man mit elektromagnetischen Wellen die menschliche Sprache übertragen könne, da ihm dies mit den funkenerregten Schwingungen unmöglich erschien. Doch als kurz nach der Jahrhundertwende die Hochfrequenzerzeugung mittels Lichtbogen und Hochfrequenzdynamos gelang, experimentierten zwischen 1902 und 1906 der Däne Valdemar Poulsen und der Amerikaner Reginald Fessenden mit der sogenannten drahtlosen Telefonie. Analog der drahtgebundenen Telefonie wurde das Mikrofon als Modulator verwendet, d. h. als veränderlicher (schallgesteuerter) Widerstand in den Antennenkreis geschaltet. Die Versuche glückten zwar, aber im Gegensatz zur drahtgebundenen konnte sich die drahtlose Telefonie nicht einführen. Der Kommunikationsbedarf wurde durch die Drahttelefonie und -telegrafie abgedeckt, die dem Wunsch nach Verbindung von Teilnehmer zu Teilnehmer weit besser entsprach als die Rundumausstrahlung drahtloser Sender.

Die bis zum Ende des ersten Jahrzehnts gelösten Teilprobleme der Fernsprech- und Hochfrequenztechnik schienen auf den ersten Blick wenig inneren Zusammenhang zu haben. Franz Breisig unterzog sich deshalb 1910 der Aufgabe, eine Vielzahl derartiger Fragestellungen auf der einheitlichen Basis der Maxwellschen Gleichungen zu behandeln. Sein Buch »Theoretische Telegraphie« leitete er mit allgemeinen Grundlagen der theoretischen Elektrotechnik ein, zog daraus Schlußfolgerungen für die Probleme der Telefonie und Telegrafie und gab zum Schluß einen Ausblick auf die theoretische Hochfrequenztechnik.

Breisigs Buch machte deutlich, daß die drahtgebundene Telefonie und Telegrafie ebenso wie die junge Funktechnik eine Vielzahl technischer Fragestellungen aufwarfen, aber auch mathematisch fundierte Lösungen brachten, die den Rahmen physikalischer Betrachtungen sprengten. Es belegte erstmalig die Ausweitung der Telegrafie (als Synonym für »Schwachstromtechnik«, d. h. Nachrichtentechnik) zu einer Technikwissenschaft.

Starkstromtechnik und Schwachstromtechnik sind historisch gewachsene Begriffe, die heute nicht mehr verwendet werden. Elektrotechnik war bis in die 80er Jahre des vorigen Jahrhunderts gleichbedeutend mit elektrischer Telegrafie. Erst in dieser Zeit begann die »Nutzung der Elektrizität als Energieträger«, die Entwicklung der »Starkstromtechnik«. Forthin nannte man die anderen, der Informationsübermittlung dienenden Zweige »Schwachstromtechnik«. Diese Differenzierung fand auch in den Publikationsorganen ihren Ausdruck.

Der Däne Valdemar Poulsen schuf 1902 den Lichtbogensender zur Erzeugung ungedämpfter Hochfrequenzschwingungen.

Funkstation auf Helgoland 1901. AEG-Archiv, Frankfurt/M.

In Deutschland erschien 1907 die »Zeitschrift für Schwachstromtechnik«. 1908 folgte das »Jahrbuch der drahtlosen Telegraphie und Telephonie«. Die seit 1880 existierende »Elektrotechnische Zeitschrift« hatte ihren Schwerpunkt bereits kurz nach Beginn ihres Erscheinens auf die Starkstromtechnik verlagert.

An den deutschen technischen Hochschulen war die Schwachstromtechnik nur ungenügend vertreten. Das Jahr 1911 brachte hier eine Wende. Als erste deutsche Hochschule errichtete die Technische Hochschule Dresden ein eigenständiges »Institut für Schwachstromtechnik«. Heinrich Barkhausen übernahm die Leitung, die er bis 1953 innehatte. Andere technische Hochschulen folgten diesem Beispiel. Ebenfalls 1911 fand die vorläufig letzte Neugründung einer nachrichtentechnischen Zeitschrift vor dem ersten Weltkrieg statt, der »Telegraphen- und Fernsprechtechnik«.

Zusammenfassend kann festgestellt werden, daß bis 1914 die Herausbildungsperiode der Nachrichtentechnik zu einer Technikwissenschaft ihren Abschluß fand. Die Vorperiode war vom Beginn des 19. Jahrhunderts bis 1850 durch die Schaffung der wichtigsten physikalischen und elektrotechnischen Grundlagen gekennzeichnet. Darauf folgte eine fünfzigjährige vorrangig empirische Entwicklung, die eine weitgestreute praktische Anwendung der elektrischen drahtgebundenen Nachrichtentechnik brachte. Mit den Anregungen aus der Starkstromtechnik und der sich neu entwickelnden drahtlosen Nachrichtentechnik drängte das bisher angestaute Wissen zu einer verstärkten theoretischen Durchdringung auch der hergebrachten Techniken, und so kann man eine sehr kurze Herausbildungsperiode erkennen, die im wesentlichen im ersten Jahrzehnt dieses Jahrhunderts lag.

In der zweiten Hälfte des 19. Jahrhunderts begannen auch jene physikalischen und halbleiterelektronischen Forschungen, die seit den 30er Jahren des 20. Jahrhunderts schnell an praktischer Bedeutung gewinnen sollten. Nachdem Stephen Gray bereits 1729 auf den Unterschied zwischen Leitern und Nichtleitern aufmerksam wurde, Michael Faraday 1833 auf den negativen Temperaturkoeffizienten des elektrischen Widerstandes des Silbersulfids hinwies und diese Beobachtung in den Folgejahren auch an anderen Materialien bestätigt fand, führte 1851 Wilhelm Hittorf Untersuchungen zur Leitfähigkeit des Selens durch. Dabei stellte er fest, daß sich amorphes Selen wie ein Isolator verhält, kristallines hingegen den elektrischen Strom wesentlich besser leitet und sein elektrischer Widerstand mit steigender Temperatur abnimmt.

Das Selen als »schwachleitendes Material« wurde in den 70er Jahren wiederum interessant, als es darum ging, Prüfungen von Unterseekabeln vorzunehmen. Zu nennen sind beispielsweise Versuche von Willoughby Smith, Chefingenieur der Telegraph Construction Company. Diese und weitere Arbeiten von Ludwig Forssmann, Elhard Wiedemann und Werner von Siemens waren letztlich darauf gerichtet, den Charakter der elektrischen Leitfähigkeit des Selens zu bestimmen und festzustellen, ob Licht einen elektrischen Strom in Selen erzeugen könnte. Dabei gelang es, das Auftreten einer Fotospannung nachzuweisen. Den beobachteten Fotoeffekt nutzte Siemens zur Konstruktion eines Fotometers. Weitere Experimente ergaben ein unterschiedliches Strom-Spannungs-Verhalten, und man vermutete die Ursache dafür in Halbleiterrandschichten.

Der deutsche Physiker Ferdinand Braun erhielt zusammen mit Marconi 1909 den Nobelpreis für Physik. AEG-Archiv, Frankfurt/M.

Etwa gleichzeitig beschäftigte sich der deutsche Physiker und spätere Professor für Physik an der Universität Straßburg, Ferdinand Braun, mit der Stromleitung in Schwefelmetallen und ihrer Abweichung vom Ohmschen Gesetz. Trotz aller Unzulänglichkeiten in der Untersuchungsmethode konnte Braun die Grenzfläche Metall – Halbleiter als bestimmend für das nichtlineare Strom-Spannungs-Verhalten vermuten.

Ferdinand Braun verwendete einen Halbleiterkristall für die Gleichrichtung von Wechselströmen, als er zusammen mit dem konstanten Strom einen alternierenden Induktionsstrom durch die Anordnung leitete und eine Verringerung des Widerstandes bei eingeschaltetem Induktionsapparat feststellte. Auf seine Ergebnisse griff man später bei der Herstellung von Kristalldetektoren zurück. Jahrzehnte danach bildeten sie den Ausgangspunkt für theoretische Betrachtungen zu elektrophysikalischen Vorgängen am Metall-Halbleiter-Kontakt.

In diesem Zeitabschnitt liegt auch die Einführung der Begriffe »Elektron« als negative Ladungsgröße durch Johnstone Stoney 1881 und »Halbleiter« durch Königsberger und Weiß im Jahre 1911. Seit 1906 wurde Silizium als Detektormaterial verwendet. Im Jahre 1908 erfolgte die erstmalige (allerdings unbewußte) Dotierung eines halbleitenden Materials durch Karl Baedecker.

Um die Jahrhundertwende waren die wesentlichen physikalischen Eigenschaften der Halbleiter – die Abhängigkeit der elektrischen Leitfähig-

keit von der Feldstärke, das Ansteigen der elektrischen Leitfähigkeit mit steigender Temperatur und unter Lichteinwirkung, das nichtlineare Strom-Spannungs-Verhalten an Metall-Halbleiter-Kontakten und die Möglichkeit der Beeinflussung der Leitfähigkeit durch gezieltes Einbringen von Fremdatomen – bekannt und konnten phänomenologisch beschrieben werden. Die klassische Physik sah sich jedoch nicht in der Lage, die beobachteten Erscheinungen an Halbleitern zu erklären oder theoretisch zu beschreiben. Dies wurde erst mit der nichtklassischen Physik, vor allem der Quantentheorie, möglich. Auf deren Grundlage gelang es, den Leitungsmechanismus im Halbleiter und an seinen Phasengrenzen modellhaft darzustellen und mathematisch zu behandeln.

Mit der Entwicklung der drahtlosen Nachrichtentechnik setzte zu Beginn des 20. Jahrhunderts die Anwendung des Kristalldetektors als Demodulator hochfrequenter Signale ein. Nach wie vor war jedoch ein Theoriendefizit besonders bei der Dimensionierung von Detektoren zu verzeichnen, welches mit dazu führte, daß die entstehende Halbleiterelektronik von der rasch aufstrebenden Röhrenelektronik verdrängt wurde, auf Randgebiete auswich (z. B. Kupferoxidul- und Selengleichrichter) und erst in den 30er Jahren in Form von Spezialbauelementen wieder interessant wurde (Spitzengleichrichter für Radartechnik).

Mechanische Datenverarbeitung

Die Bemühungen, technische Mittel zur Bearbeitung von Informationen einzusetzen und dabei das Terrain der Vierspezies-Rechenmaschine zu verlassen, erhielten im 19. Jahrhundert einen neuen Akzent. Gesetzt wurde dieser durch den englischen Mathematiker Charles Babbage, der bereits mit 25 Jahren zum Mitglied der Royal Society ernannt wurde. Aus seinen vielfältigen Arbeiten über Mathematik, Physik, Astronomie, Geologie, Theologie, Ökonomie und Statistik ragt besonders das von Marx analysierte Werk »On the Economy of Machinery and Manufactures« (1832) heraus.

Babbage war ab 1828 Professor für Mathematik am Trinity College in Cambridge und Mitbegründer der dortigen Analytical Society, somit den Ideen von Joseph Louis Lagrange, Pierre Simon Laplace und Sylvestre François Lacroix sowie den Leibnizschen Traditionen in der Analysis verpflichtet. Er zeigte besonderes Interesse für die Automatisierung des Rechnens. Bei einer Überprüfung von Berechnungen für die Astronomical Society äußerte er gegenüber John Herschel: »Ich wollte, es ginge mit Dampf!« Dies war auch der Anlaß, sich mit den Möglichkeiten der maschinellen Erstellung solcher logarithmischen und anderen mathematischen Tafeln zu befassen, wie sie beispielsweise in Frankreich Ende des 18. Jahrhunderts mit der Einführung des Dezimalsystems notwendig geworden waren. Der französische Bauingenieur Prony, langjähriger Direktor der École des Ponts et Chaussées, hatte dazu ein Verfahren ausgearbeitet, das die erforderlichen Schritte auf die Grundoperationen Addition und Subtraktion zu reduzieren ermöglichte. Babbage nutzte die Tatsache, daß bei der Berechnung von Polynomen mittels der Differenzmethode die letzte

»Difference Engine«, von Babbage zwischen 1821 und 1833 zur automatischen Addition von fünften Differenzen entworfen. Science Museum, London

Porträt Charles Babbage. Science Museum, London

SHEET 1.
(2 SHEETS)
A.D. 1854. Oct 17. N° 2216.
G & E. SCHEUTZ'S PROVISIONAL SPECIFICATION.
FIG. I.
D
H
N
C
F
The filed drawing is partly colored.
Drawn on Stone by Malby & Sons

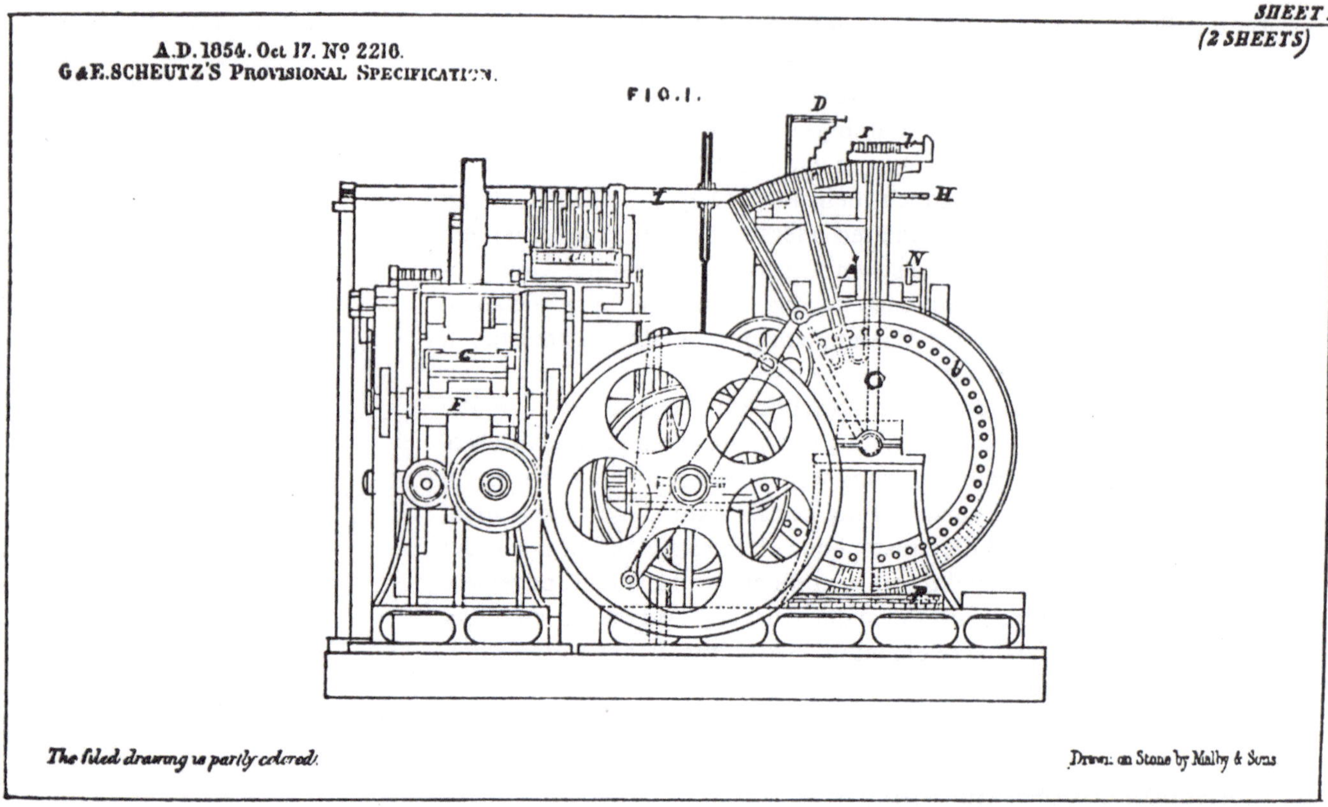

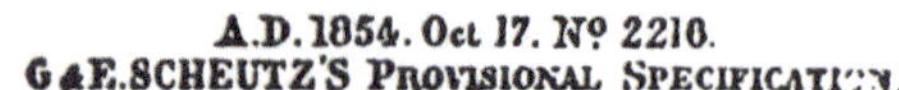

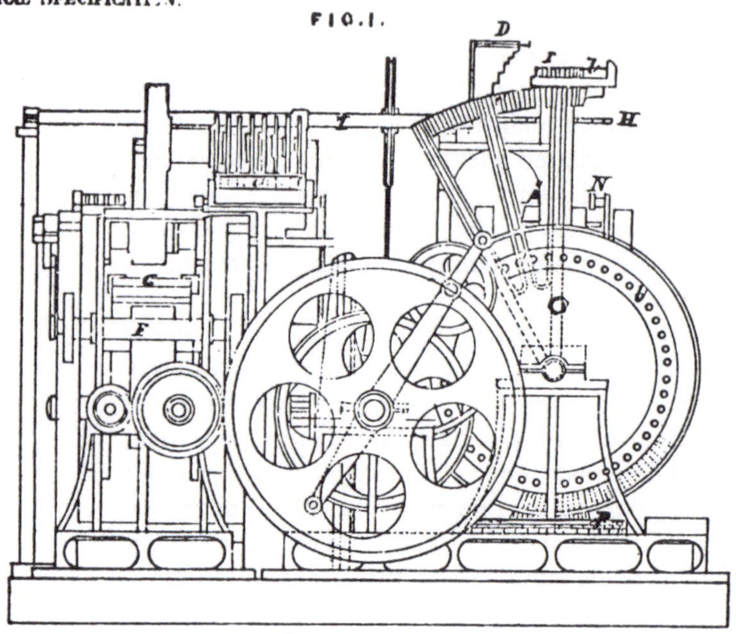

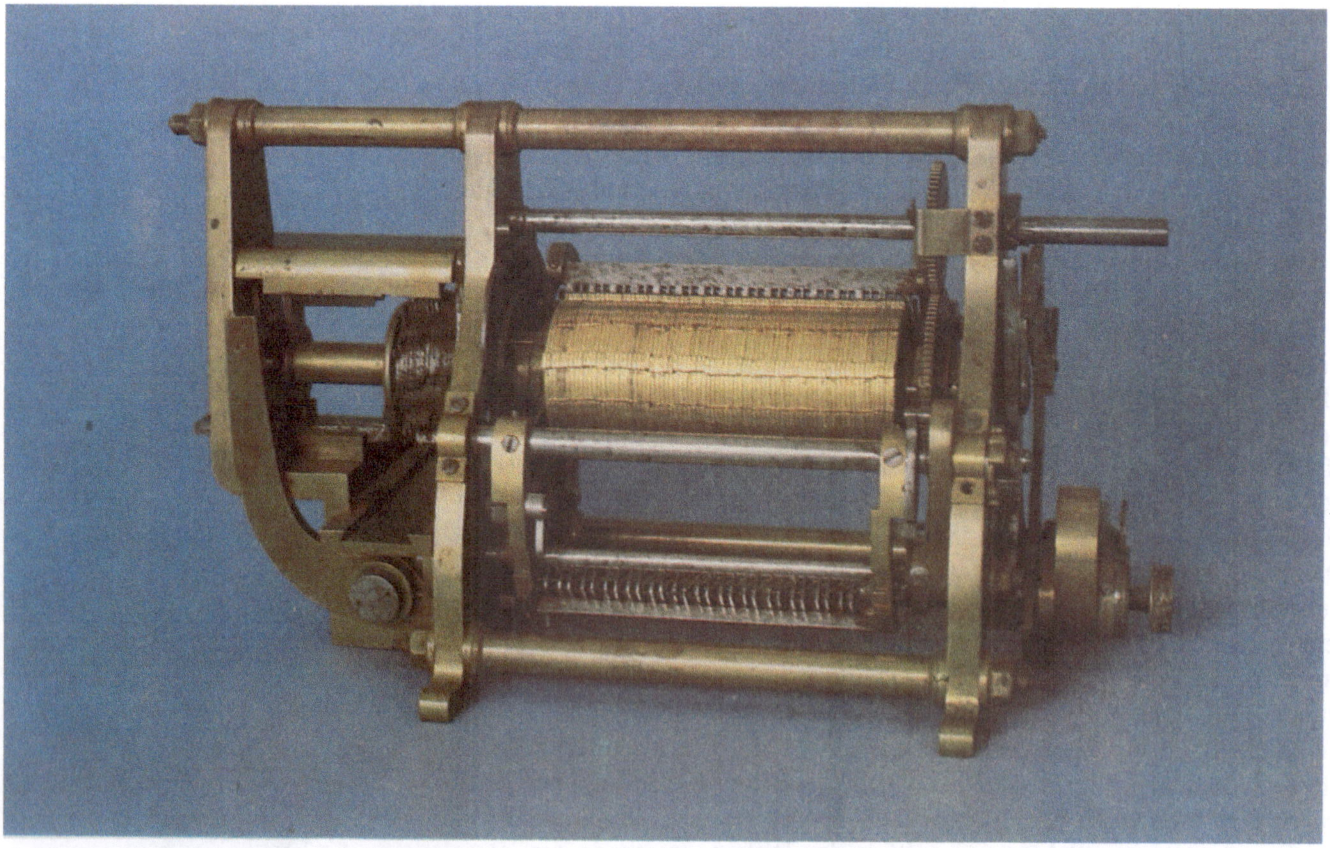

Differenz stets konstant bleibt, für die Konstruktion einer speziellen »Difference Engine«.

1822 entstand ein kleines Arbeitsmodell, bestehend aus einem Satz miteinander verbundener Additionsmechanismen. Mit Empfehlung der Royal Society fand Babbage auch die Unterstützung der Regierung, und so flossen in den Folgejahren 13 000 Pfund Sterling aus eigenem Vermögen und 17 000 Pfund Regierungsgelder in die Fertigung, für die auch der bedeutende Werkzeugmaschinenbauer Joseph Clement – ein Schüler Henry Maudslays – gewonnen werden konnte.

Babbage beabsichtigte mit dieser leistungsfähigen Maschine nautische Tafeln für die britische Kriegsmarine aufzustellen, neue mathematische und ozeanologische Tabellen zu berechnen, Logarithmentafeln zu berichtigen und astronomische Daten und statistische Erhebungen zu überprüfen. Seine erste Publikation dazu, 1822 unter dem Titel »A Note respecting the Application of Machinery to the Calculation of Astronomical Tables« erschienen, endete mit der optimistischen Bemerkung: »Von den Experimenten, die ich bereits gemacht habe, empfinde ich eine große Zuversicht für einen vollen Erfolg der von mir vorgeschlagenen Pläne.« Die technische Realisierung erwies sich jedoch weit schwieriger als angenommen. Die erste Maschine blieb ein Torso. Jahre später bemühten sich die Schweden Georg und Edvard Scheutz um einen am Ende erfolgreichen Nachbau. Sie vollendeten die für vier Differenzen ausgelegte Maschine 1853 und stellten sie in Paris und London aus. Ihre Verwendung fand sie schließlich im Dudley-Observatorium in Albany (USA). Die Ausführbarkeit der Babbageschen Ideen war damit erfolgreich nachgewiesen.

Weit größere Bedeutung ist Babbages Arbeiten zur sogenannten »Analytical Engine« beizumessen, über die er 1837 erstmals publizierte. Ausgangspunkt waren die an der »Difference Engine« sichtbar gewordenen

G. & E. Scheutz' »Provisional patent specification of Scheutz calculator, and elevation«, 1854, British Patent No. 2216

»Difference Engine« des Schweden Martin Wiberg, 1860. Sveriges Tekniska Museum, Stockholm

»Scheutz-Donkin calculator«, gebaut in den 50er Jahren des 19. Jahrhunderts. Smithsonian Institution, Washington

»Praktischen Werth hat dieselbe heute keinen, obgleich beständig zu ihrem Baue, und namentlich von seiten der Kaufleute, gedrängt wird, die sie dann aber nicht kaufen, weil sie ihnen das Kolonnenaddieren durchaus nicht erleichtert ... das, was eine Maschine bezweckt, nämlich die Vermeidung von Fehlern, wird nicht erreicht, weil neue Fehlerquellen hineingebracht werden ...«

C. Dietzschold über die Rechenmaschine, 1882

Grenzen und das Bestreben, die höchste Klasse von konstanten Differenzen behandeln zu können, um die Maschine somit direkt für transzendente Funktionen wie auch für algebraische Funktionen bis zur 6. Ordnung anwenden zu können. Die Vorarbeiten für diesen digitalen Differential-Analysator nahmen einen großen Umfang ein, zumal Babbage für das logische Design und die Systemarchitektur – modern gesprochen – relativ klare Vorstellungen hatte. Das Ergebnis seiner Arbeit kann als das Konzept des ersten digitalen Rechenautomaten der Geschichte angesehen werden.

Folgende Funktionsgruppen waren vorgesehen:

– Geräte zur Eingabe von Zahlen und Programmen,
– Gerätesystem für die Ausgabe von Resultaten: ein Druckwerk mit Prüfeinrichtung für die Richtigkeit des Ziffernsatzes sowie ein Lochkartenstanzer,
– eine arithmetische Einheit, genannt »mill«, mit dezimalen Zählern und Schaltgetrieben zur Steuerung des Weiterrechnens in Abhängigkeit vom jeweils erzielten Ergebnis,
– ein Zahlenspeicher, genannt »store«, ausgelegt für 1 000 Zahlen zu je 50 Dezimalstellen,
– eine Steuereinheit zur Steuerung des Programmablaufs, der Operationen und des Datentransports sowie zur Realisierung bedingter Verzweigungen im Programm.

Ein- und Ausgabe sowie interne Transportoperationen sollten unter Verwendung der Jacquardschen Lochkarten realisiert werden. Sie bewährten sich mit großem Erfolg als Ablaufsteuerung für das Musterweben. Babbage sah die Lochkarten deshalb als idealen Daten- und Programmträger vor. Es ist anzunehmen, daß er in diesem Zusammenhang auch Vorstellungen zur Codierung wie zur Algorithmierung entwickelt hat.

»Analytical Engine« von Babbage, entworfen zwischen 1834 und 1871. Nachbau des Additions- und Druckwerkes durch seinen Sohn H. P. Babbage. Science Museum, London

Das Konzept enthielt sogar Angaben über wahrscheinliche Rechenzeiten: eine Sekunde für die einfache Addition bzw. Subtraktion, eine Minute für die Multiplikation zweier 50stelliger Zahlen. Die Ablaufsteuerung sollte automatisch erfolgen, wobei mit Stiften versehene Trommeln – ähnlich den Musikautomaten – vorgesehen waren. Für Addition und Subtraktion konzipierte er eine doppelt genaue Arithmetik, zur Weiteübertragung verwendete er den in seiner Grundidee noch heute üblichen »parallelen mechanischen Übertrag«.

Die erste Bekanntmachung der »Analytical Engine« erfolgte 1835 durch einen Brief an den Präsidenten der belgischen Akademie der Wissenschaften, der mit der Feststellung endete: »Die größten Schwierigkeiten in der Erfindung sind bereits überwunden, aber ich werde noch einige Monate brauchen, die Zeichnungen und alle Details zu komplettieren.«

Babbages geniale Ideen fanden leider nicht die erforderliche Unterstützung durch die englische Regierung, so daß sein begründeter Optimismus dem Unverständnis der Zeitgenossen zum Opfer fallen mußte. Während Babbage fundamentale Gedanken zur Systemarchitektur und zum logischen Design entwickelte, entstand unter völlig anderem Vorzeichen Grundsätzliches zur mathematischen Logik. Der irische Mathematiker George Boole veröffentlichte 1847, anknüpfend an die Ideen Leibniz' zur Schaffung eines universellen logischen Kalküls, den Aufsatz »The Mathematical Analysis of Logic« und schuf damit die heute als »Boolesche Algebra« bekannte Theorie der Struktur mit den Elementen 0 und 1, der Addition, der Subtraktion und der Multiplikation, Grundlage für die technisch zu realisierenden logischen Verknüpfungen in der Computerkonstruktion. In seinem Hauptwerk »An Investigation to the Laws of Thought, on which are founded the Mathematical Theories of Logic and Probabilities« (1854) bestimmte er nicht nur, wie die Gesetze der formalen Logik selbst zum Gegenstand eines Kalküls gemacht werden können, sondern verwies auch auf die Analogie zwischen der von ihm ausgearbeiteten Algebra und der Arithmetik. Augustus de Morgan, Professor in Cambridge und London, gewann weitere bedeutsame Erkenntnisse zur Algebra der Logik. Gleich Boole ging auch er mit der Kodifizierung streng deduktiver Denkmuster weit über Aristoteles hinaus – ein erster Schritt in die Richtung der künstlichen Intelligenz. Jene Arbeiten, zu denen auch noch die des Engländers William Stanley Jevons zur Booleschen Normalformentheorie (besonders das Ersetzen der Addition durch die Alternative und der Subtraktion durch die Negation) gerechnet werden müssen, erlangten erst mit der Herausbildung der Informatik ihre praktische Bedeutung.

Eine vollkommen andere und im wesentlichen technisch-technologische Entwicklungslinie ergab sich durch die sogenannten Statistikmaschinen bzw. das Lochkartenverfahren, deren Erfindung auf den Amerikaner Hermann Hollerith zurückgeht und die Ausgangspunkt eines ganzen Industriezweiges und damit letztendlich einer eigenständigen Wissenschaftsdisziplin wurde.

Hollerith, Absolvent der Columbia-Universität und diplomierter Bergwerks-Ingenieur, arbeitete zunächst als regierungsangestellter Sachbearbeiter für Fabrikationsstatistik. In dieser Tätigkeit oblag ihm auch die Mitarbeit bei der Auswertung der zehnten amerikanischen Volkszählung.

»Dr. Hermann Hollerith, der Erfinder des Lochkartenverfahrens, war nach allen Äußerungen der wenigen Personen, die mit ihm in enger Gemeinschaft ... gearbeitet haben, ›ein merkwürdiger Kauz‹, ›ein eigenartiger Mensch‹, ›verschlossen‹, ›wenig zugänglich‹, ›nur seiner Familie und seiner Arbeit lebend‹.«
Willy Heidinger, Generaldirektor der DEHOMAG, über Hermann Hollerith

Hermann Hollerith, Erfinder des Lochkartenverfahrens und Wegbereiter maschineller Verarbeitung von statistischen Daten. IBM Deutschland GmbH, Stuttgart

50 Millionen Fragebögen waren nach mehreren Kriterien auszuwerten, eine Arbeit, die im Vorfeld des für 1890 geplanten 11. US-Census noch nicht abgeschlossen war. Hier nun griff Hollerith einen Vorschlag auf, Maschinen für diese Zählprozesse zu entwickeln und dafür einen geeigneten Datenträger auszuwählen. Zunächst erwog er den Einsatz eines Papierstreifens für die Datenauswertung, entschied sich aber schließlich für eine Karte. Die Idee kam möglicherweise bei Eisenbahnfahrten: Der Schaffner lochte typische Personenmerkmale in die Fahrkarte ein, um eine unbefugte Weitergabe zu verhindern. Die Adaption dieser Idee zeigt sich auch darin, daß Hollerith bei Erstanwendungen in Baltimore (1886) und New Jersey (1887) Schaffnerzangen zum Einlochen der Daten benutzte. Die Lochstellen befanden sich mit Rücksicht auf die vorgegebene Form der Zange am oberen und unteren Längsrand der mit entsprechenden Aufdrukken versehenen Karte. Die folgende Entwicklung eines Tischhandlochers ermöglichte sowohl eine andere Formatgestaltung als auch eine eindeutig reproduzierbare Lochung als wesentliche Voraussetzung für die sichere Weiterverarbeitung. Das Kartenformat wurde, nach dem Vorbild einer damaligen 20-Dollarnote, mit $3\frac{1}{4}$ Zoll Höhe und $6\frac{3}{8}$ Zoll Breite festgelegt. An dem Höhenmaß hat sich bis heute nichts geändert. Mit der Konstruktion von Maschinen zur Auswertung dieser Karten krönte Hollerith seine Erfindertätigkeit.

Sein Patent, erlassen unter Nr. 49 593 am 8. Januar 1889 vom Deutschen Reichspatentamt, beschreibt sowohl das Verfahren als auch die zur Durchführung desselben erforderliche Apparatur. Des weiteren geht daraus hervor, daß Hollerith die dezimale Aufteilung der Lochspalte empfohlen hatte, wobei die Null (vorerst noch) durch Nichtlochung abgebildet wurde. Außerdem beschreibt er die Funktion des Eckabschnitts der Lochkarte, ein bis zur Gegenwart beibehaltenes Charakteristikum dieses Datenträgers.

Die eigentliche Zähl- und Sortierapparatur bestand aus einem Schrank, versehen mit elektromagnetisch betätigten Zählwerken und einer »Karten-

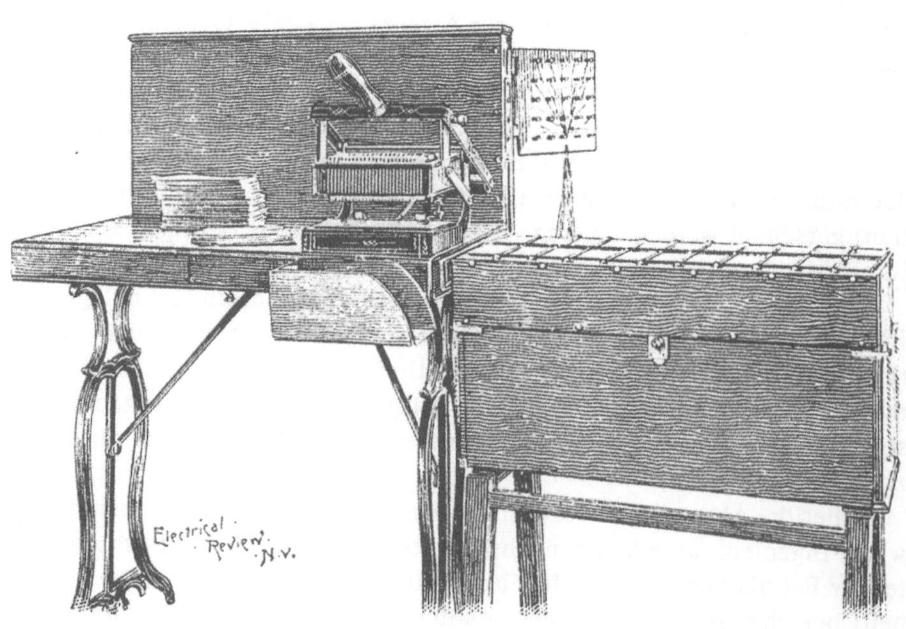

Das »Hollerith Electric Tabulating System« von 1890 wurde zur Auswertung der 11. amerikanischen Volkszählung eingesetzt.

presse« mit federnd gelagerten Kontaktstiften, die beim Abfühlen im Falle eines Loches in ein darunterliegendes Quecksilbernäpfchen tauchten und somit die Fortschaltung des jeweiligen Zählwerkes auslösten. Die auf diese Weise gelesene Karte gelangte dann in ein elektromagnetisch geöffnetes Sortierfach und war somit für die folgende Auswertung vorbereitet.

Die manuelle Zuführung wich um 1900 einer automatischen; die damit erzielbare Geschwindigkeit auf das Doppelte (etwa 13 000 Lochkarten pro Stunde) ermöglichte die Trennung der Operationen Zählen und Addieren und somit die Einbeziehung neuer, speziell kaufmännischer Anwendungen. Die Zählstellen wurden schließlich durch Zählwerke ersetzt, die mehrspaltigen Lochfeldern entsprachen. Für die damit entstandene Tabelliermaschine beantragte Hollerith 1906 das Patent. Bereits 1902 hatte er eine horizontale Sortiermaschine entwickelt, die das Sortieren nach Kartengruppen und das automatische Einfügen von Stoppkarten zuließ.

Hollerith gründete 1896 die »Tabulating Machine Company« und eröffnete damit eine neue spezifische Industrie. Diese und die mit ihr einhergehende »technische Revolution der Büroarbeit« lieferten das technische und methodologische Instrumentarium für die angestrebte Automatisierung informationeller Prozesse, wenngleich sie noch ausgewählten Aufgabenbereichen vorbehalten blieb und weitestgehend der menschlichen Ablaufsteuerung bedurfte.

Gesellschaftliches Erfordernis – innovative Lösung – gesellschaftliche Verwertung und ständige Verfeinerung von Verfahren und Methode – diese Kausalkette läßt sich anhand der ersten großen Nutzung dieser Erfindung, der 11. amerikanischen Volkszählung 1890 (Erstauswertung von 62 622 250 registrierten Einwohnern bereits nach sechs Wochen) und deren zeitlichem Umfeld nachweisen. Es ist bezeichnend, daß sich auch andere Länder umgehend dieser Lösung bedienten und eine Fülle vergleichbarer Anwendungen wie die Kranken-, Armen-, Kriminal-, Bevölkerungsstatistik erschlossen. Schließlich konnte der gesamte kaufmännische Bereich der Industrie, der Banken und Versicherungen, des Handels und der Staats-, Landes- und Kommunalbehörden einbezogen werden. Die Lochkarten-Technik wurde somit zum Wegbereiter für die Informatik, da ein Großteil des Instrumentariums deren Herausbildung beeinflußte.

»Bei uns hat inzwischen Herr Civilingenieur Arthur Burkhardt in Glashütte die Herstellung der Rechenmaschine aufgenommen und nach mehreren Jahren opfervoller Einleitungsarbeiten auf eine Stufe gebracht, welche unsrer heutigen Technik würdig ist ... Die Folge ist gewesen, dass der Begehr nach der Rechenmaschine rasch bei uns gestiegen ist...«

Franz Reuleaux, Vorwort zur zweiten Auflage des Buches »Die sogenannte Thomas'sche Rechenmaschine«, 1892

Technikwissenschaften und Rationalisierung in den zwanziger Jahren

Einführung

Im Ergebnis des ersten Weltkrieges wurden über Jahrzehnte hinweg angestrebte Veränderungen im internationalen ökonomischen Kräfteverhältnis offensichtlich. Deutschland war militärisch geschlagen. Die USA hatten sich zur führenden Weltmacht emporgeschwungen. Japan holte zielstrebig auf. Rußland brach 1917 aus der kapitalistischen Welt aus. Beschleunigt durch die Kriegswirtschaft und die folgenden widersprüchlichen Bedingungen der Krisenzyklen verstärkte sich in den kapitalistischen Ländern die Konzentration der Produktion unter den schützenden Maßnahmen staatsmonopolistischer Regulierung. Diese enthielten in zunehmendem Maße strategisch orientierte Festlegungen zur Wissenschafts- und Technikentwicklung im Sinne wirtschaftlicher Leistungsfähigkeit.

So unterschiedlich die Bedingungen in den einzelnen Ländern auch waren, bestimmten doch allgemein Rationalisierung und verstärktes Eindringen der Wissenschaft die weitere Entwicklung der Produktion. Mit umfassender Elektrifizierung und allgemein einsetzender Fließfertigung wurden Neuerungen produktivitätsbestimmend, die in der vorangegangenen Periode entwickelt und ebenso praktisch erprobt worden waren und nunmehr in ihrer vollen quantitativen Ausbildung auch qualitativ neue Tendenzen erkennen ließen.

Mit dem Übergang zur produktorientierten Fertigung entstanden jene Bedürfnisse nach Flexibilität und Prozeßoptimierung, denen vorerst nur durch organisatorische Leistungen bedingt entsprochen werden konnte. Aber auch technische Möglichkeiten ihrer Realisierung begannen sich abzuzeichnen. Mechanisch gesteuerte Automaten und Transferstraßen wiesen den Weg. Die Elektronik schuf Voraussetzungen für elektrische Steuersysteme und die Überwindung der durch unzureichende Rechenhilfsmittel gesetzten Grenzen einer wissenschaftlichen Erfassung komplexer Produktionsprozesse.

Rationalisierung schloß zunehmend wissenschaftliche Durchdringung des gesamten Fertigungsprozesses in Einheit seiner konstruktiven, technologischen, organisatorischen und arbeitswissenschaftlichen Komponenten ein. Die wachsende Komplexität wissenschaftlicher Problemlösungen basierte auf methodisch und strukturell voll entfalteten Technikwissenschaften, die befähigt waren, neue technische Systeme hervorzubringen.

Angesichts der nicht mehr zu übersehenden produktiven Rolle der Wissenschaft und der sich allgemein durchsetzenden Erkenntnis über die Bedeutung der Grundlagenforschung für die praktische Nutzung neuartiger

»Der Kampf der alten mit der neuen Welt auf allen Gebieten des Lebens wird allem Anschein nach die große, alles beherrschende Frage des kommenden Jahrhunderts sein, und wenn Europa seine dominierende Stellung in der Welt behaupten oder doch wenigstens Amerika ebenbürtig bleiben will, so wird es sich bei Zeiten auf diesen Kampf vorbereiten müssen.«

Werner von Siemens, Lebenserinnerungen, 1892

Zeit der Technik. Gemälde von Max Schulze-Sölde, 1925. Museen der Stadt Recklinghausen, Städtische Kunsthalle

Großfunkstelle Königswusterhausen 1924.
Dokumentarfoto

Wirkprinzipe ist eine zunehmende Annäherung ursprünglich unterschiedlicher Wissenschaftskonzeptionen zu beobachten. Spätestens seit dem ersten Weltkrieg orientierten auch dem Wirtschaftsliberalismus lange verpflichtete Länder wie Großbritannien und die USA auf eine staatlich geförderte und koordinierte Grundlagenforschung in enger Arbeitsteilung zwischen Hochschulen und Industrie, wobei die zunehmende Kooperation der verschiedenen Wissenschaftszweige, insbesondere der Natur- und Technikwissenschaften, Berücksichtigung fand. In unmittelbarem Zusammenhang mit einer vertiefenden theoretischen Fundierung der Technikwissenschaften erfolgte eine zunehmende Differenzierung ihrer experimentellen Grundlagen, wobei insbesondere die außerordentlich schnell wachsenden Potentiale der Industrielaboratorien die Vergesellschaftung der Forschung in Verbindung mit der Vergesellschaftung der Produktion demonstrierten.

Die Institutionalisierung spezifischer Forschungsrichtungen im Interesse einzelner Industriezweige gehörte ebenso zu den staatlichen Strategien wie die Durchsetzung neuer Ausbildungskonzeptionen. Sie ermöglichten den ökonomisch führenden Unternehmen den organisierten Zugriff auf das nationale Wissenschaftspotential.

Insulinherstellung im Hormone-Betrieb der Hoechst AG, um 1935. Hoechst AG, Frankfurt/M.

In der Sowjetunion orientierte staatliche Wissenschaftspolitik seit den ersten Wochen der Revolution auf den Ausbau eines Netzes wissenschaftlicher Institutionen im Interesse wirtschaftlicher Konsolidierung und der Überwindung ökonomischer Rückständigkeit weiter Gebiete des Landes. Mit der Ausbildung wissenschaftlicher Kader in den traditionellen Forschungszentren und der Begründung wissenschaftlicher Einrichtungen in allen Unionsrepubliken wurden Voraussetzungen für eine allgemeine Industrialisierung geschaffen. Die planmäßige Elektrifizierung stellte das ganze Land vor eine große Aufgabe.

Der Ausbau der Technikwissenschaften war zumindest seit den 30er Jahren zunehmend mit der Militärtechnik verknüpft. Die Aufrüstung im faschistischen Deutschland, gepaart mit einer zweifelhaften Wissenschaftspolitik und zunehmender internationaler Isolierung führte trotz aller erbrachten Leistungen zur Deformation wissenschaftlicher Strukturen. Rassismus und Antikommunismus taten das übrige, um binnen kurzer Zeit wissenschaftliche Traditionen zu zerstören, die über Jahrzehnte gewachsen waren. Die Emigration hervorragender Wissenschaftler und die rapide sinkenden Studentenzahlen machten diesen Niedergang offensichtlich. Die in Deutschland nach dem ersten Weltkrieg im Kampf um die Rückgewin-

Hochspannungslaboratorium der General Electric Company in den 20er Jahren. General Electric Company, Hall of History Foundation, Schenectady

»Die Konkurrenz wandelt sich zum Monopol. Die Folge ist ein gigantischer Fortschritt in der Vergesellschaftung der Produktion. Im besonderen wird auch der Prozeß der technischen Erfindungen und Vervollkommnungen vergesellschaftet.«
Wladimir I. Lenin, Der Imperialismus als höchstes Stadium des Kapitalismus, 1917

nung internationaler Marktpositionen ausgebauten Wissenschaftspotentiale gingen dann zu großen Teilen im Inferno des zweiten Weltkrieges zugrunde.

In den USA und weiteren kapitalistischen Ländern verstärkte die Einbindung der Wissenschaft in die Rüstungsindustrie Tendenzen der Monopolisierung wissenschaftlicher Tätigkeit, verbunden mit der Konzentration von Forschungspotentialen bisher nicht gekannter Größenordnungen. Die Entwicklung der Atombombe ist hierfür eindringliches Beispiel.

Insgesamt bereitete sich in dieser Periode die wissenschaftlich-technische Revolution in allen wesentlichen Aspekten vor.

Weitere Spezialisierung und erste Integrationstendenzen in den Montanwissenschaften

Der Übergang zur Massenproduktion war aufgrund der sehr unterschiedlichen geologischen Verhältnisse nicht in jedem Bergbauzweig möglich, nicht z. B. im Erzbergbau, wo schmale Erzgänge nur relativ wenig und wechselhaft Erz enthielten. Der Abbau von Steinkohle und Kalisalz in einigen hundert Metern Tiefe ließ sich zwar durch neue Gewinnungs- und Abbauverfahren und durch den Übergang zur Seilbahn- oder Lokomotivförderung untertage wesentlich steigern, doch waren durch die Kapazität der Schachtförderanlagen Grenzen gesetzt. Nicht zufällig finden wir Rationalisierungsmaßnahmen jener Zeit im Steinkohlen- und Kalibergbau gerade bei den Förderschächten.

Im Braunkohlenbergbau bedeutete Massenproduktion den Übergang vom Tiefbau zum Tagebau mit maschineller Abraumbeseitigung und Kohlengewinnung. Erstmals in Deutschland sind seit etwa 1925 Großtagebaue mit leistungsfähigen Baggern, Absetzern und Zugbetrieb bzw. mit Förderbrücken bestimmend für die Braunkohlenindustrie. Die Tagebaue wurden nun zwecks vollständiger Auskohlung der Landschaft so großzügig geplant und betrieben, daß man dazu ab 1927 zahlreiche Dörfer verlegte, um kein Hindernis beim Vortrieb der kilometerlangen Baggerstrossen zu haben.

So sehr dadurch vor allem der Mechanisierungsgrad des Bergbaus erhöht wurde, so blieb doch der Rahmen der Montanwissenschaften in jener Zeit hinsichtlich der Institutionen und der Systematik erhalten. Allerdings sind ergänzende Tendenzen zu beobachten, die teils denen in anderen Technikwissenschaften entsprechen, teils montanspezifisch sind.

Allgemein erfolgte eine weitere institutionelle Angleichung zwischen Bergakademien und technischen Hochschulen. Ein Ausdruck dessen waren

Schematisches Blockbild eines Braunkohlentagebaues der Zeit 1925/1945: 1–3 Abraumschnitte, 4 und 5 1. und 2. Kohlenschnitt, alle Baggerschnitte vorrückend auf das Dorf 6, das mit abgebaggert wird, 7 Entwässerungsbohrlöcher zur Absenkung des Grundwasserspiegels (strichpunktiert) im Tagebauvorfeld, 8 Pumpstation zur Hebung des dem Tagebau zufließenden Wassers, 9 Innenkippe (im ausgekohlten Bereich des Tagebaus) mit Entwässerungsbohrungen zum Niedrighalten des Grundwasserspiegels an der Rückfront des Tagebaus, 10 Böschungsrutschung, 11 Kippenrutschung, beide verursacht durch ungenügende Beachtung der Bodenmechanik, 12 Kohle- und Abraumausfahrt zur Brikettfabrik mit Kraftwerk 13 bzw. zur Kippe 14, 15 Hochkippe aus der Zeit des Tagebauaufschlusses, 16 ehemaliger Braunkohlentiefbau (schwarz: als Abbauverlust zurückgebliebene Kohle)

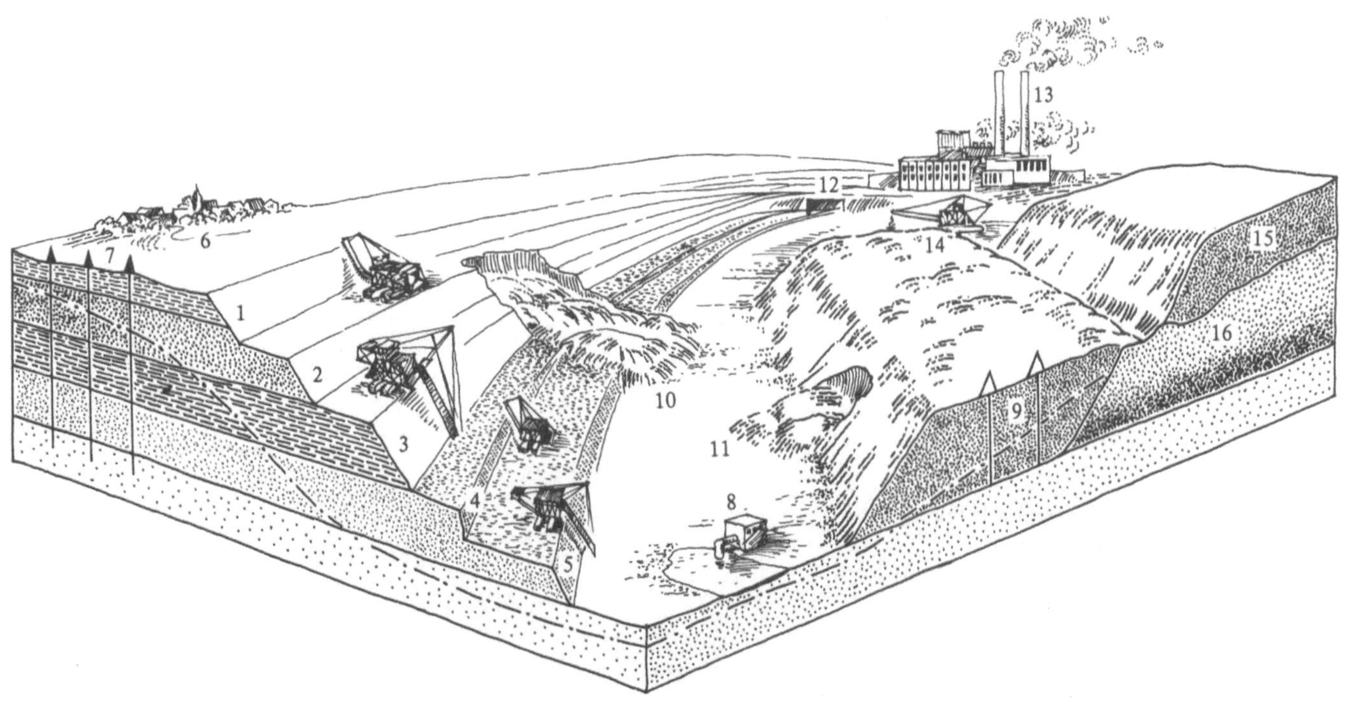

»... daß der Schwerpunkt der akademischen Ausbildung mehr auf eine tüchtige theoretische Grundlage als auf eine praktische Verwendbarkeit gelegt werde.«

E. Brandi, Industrieller, auf einer Tagung über bergmännische Bildungsfragen in Berlin, 1926

»Ich schlug der Bergakademie Freiberg vor, sich ganz besonders der Lehre und Forschung auf dem Gebiete des Braunkohlenbergbaus anzunehmen, ... um in enger Zusammenarbeit mit der Praxis die notwendigen wissenschaftlichen Grundlagen für die Übertragung in die Praxis zu erarbeiten ...«

K. Piatschek, Industrieller, über die Gründung des Braunkohlen-Forschungsinstitutes in Freiberg

Versuche, die Montanwissenschaften an technischen Hochschulen oder gar an Universitäten anzusiedeln, so zum Beispiel 1923 mit einem Lehrstuhl für Metallurgie an der Universität Melbourne/Australien, ebenso 1923 mit einer Bergbauabteilung an der Technischen Hochschule Breslau (Wrocław). 1928 versuchte die westfälische Eisenindustrie, allerdings vergeblich, an der Universität Münster eine Fakultät für Bergbau und Hüttenwesen zu schaffen. 1934/35 erhielt die Technische Hochschule Berlin-Charlottenburg eine Fakultät für Bergbau und Hüttenwesen. Den künftigen Ingenieuren sollte in verstärktem Maße nicht nur technisch-technologisches Wissen, sondern auch dessen naturwissenschaftliche Grundlagen vermittelt werden. An den Bergakademien erweiterte man deshalb – um die Naturwissenschaften stärker zu betonen – ebenfalls das Ausbildungsprofil. So wurden 1941 an der Bergakademie Freiberg Geologie und Geophysik als selbständige Studienrichtungen eingeführt.

Die Tendenz, daß die Industrie an den Hochschulen Forschungskapazitäten in ihrem Interesse etablierte, zeigt sich auch an den Montanhochschulen. An der Bergakademie Freiberg errichtete die Braunkohlenindustrie von 1921 bis 1924 ein »Braunkohlenforschungsinstitut«, an der Bergakademie Clausthal wurde – ebenfalls mit Unterstützung der Industrie – 1927 eine Professur für Kohlenchemie eingerichtet. Das Eisenwerk Lauchhammer stiftete dem Eisenhütteninstitut der Bergakademie Freiberg die »Lauchhammerhalle« als technisches Labor. Auch das 1912 gegründete Kaiser-Wilhelm-Institut für Kohleforschung in Mühlheim/Ruhr dokumentiert den Einfluß industrieller Interessen auf die wissenschaftliche Forschung. An diesem Institut widmeten sich Fischer und Tropsch der Kohlenwasserstoffsynthese, und am Freiberger Braunkohlenforschungsinstitut arbeitete Seidenschnur zur chemischen Braunkohlenveredelung.

Ein Symptom für den Ausbau der Montanwissenschaften war das Erscheinen von Lehrbüchern für einzelne Bergbauzweige, z. B. für den Kalibergbau (Spackeler, 1925) und für den Braunkohlenbergbau (Grumbrecht, 1939).

Das 1921/1924 errichtete »Braunkohlenforschungsinstitut« in Freiberg ist ein typisches Beispiel für die Interessen- und Finanzverflechtung des staatlichen Hochschulwesens und der Montanindustrie in der Zeit des Monopolkapitalismus. Bergakademie, Freiberg

Porträt des Freiberger Professors Karl Kegel.
Er wurde auf Grund seiner Leistungen
für die Bergmännische Gebirgsmechanik,
die Bergmännische Wasserwirtschaft,
die Brikettierkunde und die Bergwirtschaftslehre als der letzte Polyhistor der
Montanwissenschaften bezeichnet.
Gemälde von Hilde Böhme, 1951.
Bergakademie, Freiberg

Die Spezialdisziplinen der Montanwissenschaften wurden den technischen Fortschritten gemäß weiterentwickelt. Weiterhin untersuchte man
Grubengase und Explosionsgefahren in Steinkohlengruben, aber auch in
Brikettfabriken, z. B. in der Versuchsstrecke, die Karl Kegel 1928 in Freiberg begründete. Die Bergmännische Gebirgsmechanik erfuhr mit der endgültigen Formulierung der Plattentheorie durch Kegel und der Gewölbetheorie durch G. Gillitzer und Georg Spackeler um 1930 den Abschluß
ihrer Herausbildung als Spezialdisziplin der Montanwissenschaften. Die
Erkenntnisse wurden nun in allen Bergbauzweigen angewandt, z. B. zur
Gestaltung der Abbauverfahren im Kupferschieferbergbau, in dem Gillitzer 1928 den gebogenen Streb einführte. Ab 1929 schuf man in Deutschland und England Versuchsanordnungen, um den Gebirgsdruck untertage

*»Darin liegt die Gefahr, daß wir uns
allzu sehr auf die Sonderwünsche der
verschiedenen Industriezweige einstellen und zu wenig auf die wissenschaftlichen Grundlagen achten, die
nötig sind, wenn der Student später
an der Erweiterung der Technik mitarbeiten soll.«*

G. Spackeler, auf einer Tagung über
bergmännische Bildungsfragen in Berlin,
1926

Nach der kapitalistischen Rationalisierung um 1925 wurde Braunkohle im wesentlichen nur noch aus großflächigen, in Abbau und Transport mit Baggern, Förderbrücken oder Zugbetrieben sowie Absetzern hochmechanisierten Tagebauen gefördert, so z. B. im Tagebau Ilse-Ost bei Senftenberg/ Niederlausitz mit einer 1930 von der Allgemeinen Transportanlagen GmbH, Leipzig, gebauten Abraumförderbrücke.

direkt zu messen. In der Sowjetunion führte G. N. Kusnezow 1936 Modellversuche zur Gebirgsmechanik durch. Kegel gab 1942 ein Lehrbuch der Bergmännischen Gebirgsmechanik heraus. Als angewandte Spezialdisziplin entwickelte sich aus der Markscheidekunde und der Bergmännischen Gebirgsmechanik die Bergschadenkunde, an deutschen Montanhochschulen ab 1931 Pflicht- und Prüfungsfach, allerdings erst 1949 von O. Niemczyk, Aachen, mit einem Lehrbuch versehen.

In der Aufbereitung galt es, naturwissenschaftliche Grundlagen für die Technik zu erschließen, so z. B. für die Flotation eine Vielzahl chemisch verschiedener Flotationsmittel. Für die Korngrößenverteilung in Korngemischen entwickelten Rosin, Erich Rammler und Sperling 1933 ihre Exponentialformel der Korngrößenzusammensetzung in Mahlgütern.

Auf der Basis von Kegels Theorie der molekularen Nahkräfte wurden besonders im Freiberger Braunkohlenforschungsinstitut die Korrelationen zwischen den verschiedenen technischen Kenngrößen der Braunkohlenbriketts und der Brikettiertechnik untersucht.

Vor allem die Großgeräte des Braunkohlentagebaus gaben Anlaß dafür, daß sich auch die Bauingenieure an den allgemeinen technischen Hochschulen diesem Zweig der Bergmaschinentechik zuwandten. Die Großgeräte – die Bagger, Absetzer und Förderbrücken – waren Stahlfachwerk-Konstruktionen, deren statische Berechnung seit dem Aufschwung des

Stahlbaus in den 20er Jahren zur Kompetenz der Bauingenieure gehörte. So zeigte die wissenschaftliche Bearbeitung der Tagebaugeräte schon damals die Integration verschiedener Technikwissenschaften als eine für die Wissenschaft des 20. Jahrhunderts typische Erscheinung. Die Bergingenieure waren nun nur noch für die Vorgaben der Dimensionierung und für den Einsatz der Geräte zuständig.

Die Braunkohlen-Großtagebaue, die zuerst in Deutschland entstanden, gaben zwischen 1925 und 1940 Anlaß zur Herausbildung zweier weiterer bergmännischer Spezialdisziplinen, die allerdings in den 40er und 50er Jahren in allgemeinere technisch-naturwissenschaftliche Wissensgebiete integriert wurden.

Der Aufschluß der Braunkohlen-Tagebaue in stark wasserführenden Kiesen und Sanden, besonders im Urstromtal der südlichen Niederlausitz, führte dazu, daß die Entwässerung nicht nur des Tagebaus selbst, sondern seines Vorfeldes und der rückwärtigen Haldenmassen zum technischen Hauptproblem erwuchs. Infolge der großflächigen Entwässerung des Untergrundes hatten die Braunkohlenwerke für zahlreiche Ortschaften neue Wasserversorgungen zu schaffen. Diese Arbeiten mußten viele Jahre vor dem Aufschluß der Tagebaue begonnen und jahrzehntelang kontinuierlich durchgeführt werden. Nach dem Abbau günstiger Kohlefelder mußte die Industrie neue Tagebaue in den Urstromtälern aufschließen, wo besonders große Wassermengen aus den verschiedenen Abraum- und Kohleschichten zu heben waren. Das erforderte eine theoretische Analyse der hydrologischen Verhältnisse in Abhängigkeit von den geologischen Bedingungen und vom Ablauf der technischen Prozesse. Der »letzte Polyhistor der Montanwissenschaften«, Karl Kegel, lieferte dafür 1912 das Lehrbuch »Bergmännische Wasserwirtschaft«. Die Disziplin selbst ging später in der Hydrogeologie auf.

Die Tagebaue wurden immer tiefer, die Baggerschnitte immer höher, ihre Böschungswinkel möglichst steiler. Diese Tendenzen führten bei lokal ungünstigen Lagerungsverhältnissen von Abraumschichten und Kohle zu Rutschungen, die teilweise katastrophale Ausmaße annahmen, Großgeräte zerstörten und den Tagebaubetrieb zum Stillstand bringen konnten. So war es durchaus folgerichtig, daß der 1918 an die Bergakademie Freiberg zum Professor für Technische Mechanik berufene Bauingenieur Franz Kögler die um 1925 vorhandenen Erkenntnisse der Baugrundforschung auf den Braunkohlentagebau anwandte. Dadurch erhielt die Bodenmechanik, die sich bis dahin im Bauwesen entwickelt hatte, neue Dimensionen. Neben dem österreichischen Bauingenieur Karl Terzaghi galt nun auch Franz Kögler mit seinem Freiberger Erdbaulabor international als einer der Begründer der »Bodenmechanik«. In Ergänzung zu dieser entwickelte sich ab etwa 1960 die »Felsmechanik«. Beide Forschungsgebiete sind heute in der Geomechanik integriert.

In der Metallurgie wurde 1924 das Eisen-Kohlenstoff-Diagramm theoretisch begründet, das 1930 seine endgültige Form erhielt. In den 30er Jahren ermittelte man auch Zeit-Temperatur-Umwandlungskurven der Metalle sowie ihrer Modifikationen und Legierungen.

In Deutschland führten die faschistische Herrschaft und der von ihr entfesselte zweite Weltkrieg zu einer Stagnation der Montanwissenschaften

O. Fritzsche, Nachruf auf Kögler, 1939

Porträt des Österreichers Karl Terzaghi. In seinem Werk bahnt sich die Integration von Bergmännischer Gebirgsmechanik und Bodenmechanik zur Geomechanik an. Österreichische Nationalbibliothek, Wien

insbesondere durch Zerreißen der zuvor ausgeprägten internationalen Kontakte zum Beispiel zu den seit 1917 stark entwickelten sowjetischen Montanhochschulen. An der Bergakademie Freiberg mußte aus rassischen bzw. politischen Gründen Professor Seidenschnur seine Tätigkeit am Braunkohlenforschungsinstitut aufgeben. Der Mitbegründer der Bodenmechanik, Professor Kögler, wurde zum Selbstmord getrieben. Deutschland verlor auf fast allen Gebieten der Montanwissenschaften seine jahrhundertelang führende Position vor allem an die Sowjetunion und die USA.

In der Zeit ab 1950 wurden besonders der Steinkohlen- und Kalibergbau international durch eine schnelle maschinentechnische Entwicklung geprägt. Leistungsstarke Gewinnungs- und Streckenfördermaschinen lösten die manuelle Arbeit vollständig ab. Der Einfluß dieser Maschinen auf die Gestaltung der Abbauräume sowie das Vordringen des Bergbaus in größere Tiefen und das Bestreben zur Senkung der Abbauverluste, d. h. zu möglichst vollständiger Gewinnung des Bodenschatzes, stellte beispielsweise der Gebirgsmechanik neue Aufgaben. Zu deren Lösung erweiterte man die zwischen 1882 und 1920 formierte klassische Bergmännische Gebirgsmechanik um die Methoden der dreidimensionalen Spannungsmessungen sowohl von Gesteinsproben im Labor als auch vom Gestein untertage vor Ort. Hier und in anderen Teilgebieten der Montanwissenschaften hielten die moderne Rechentechnik und elektronische Datenverarbeitung, insbesondere für die Auswertung von Meßreihen und für Optimierungsprobleme, Einzug. Repräsentativ für den internationalen Charakter der Montanwissenschaften in unserer Zeit ist das 1958 auf Vorschlag des sowjetischen Wissenschaftlers A. D. Panow gegründete »Internationale Büro für Gebirgsdruckforschung«, an dessen Arbeit 1968 über 100 Wissenschaftler aus 25 Ländern, z. B. aus der Sowjetunion, den USA, England, Frankreich, Schweden, Jugoslawien, Ungarn, Polen, der ČSSR, der BRD und der DDR teilnahmen.

Bauingenieurwissenschaften – Rationalisierung und Industrialisierung des Bauens

Nach dem ersten Weltkrieg bildete die Bauingenieurwissenschaft mehr und mehr ihre charakteristische, weitverzweigte Struktur aus. Im Spannungsfeld von kontinuierlicher Entwicklung und zum Durchbruch gelangenden neuen Ansätzen und Konzepten fand sie zu einer zunehmend komplexeren Durchdringung der Bautechnik, wurde die Nutzung ihrer Ergebnisse generell zum Charakteristikum des Bauens. Dabei bewirkten die Aufnahme bisher nur peripher behandelter oder gänzlich neuer Gegenstände und Phänomene in die Bauforschung ebenso wie Fortschritte und Umbrüche in den nach wie vor profilbestimmenden klassischen Disziplinen und Forschungsrichtungen eine ins uferlose wachsende Bildung von Gegenstandsbereichen. Es entstanden sowohl weitere Basisdisziplinen als auch zahlreiche integrierende Spezialgebiete.

Hinsichtlich der Herausbildung neuer Spezialdisziplinen sei nur auf die traditionsreiche Erddrucktheorie verwiesen, die sich aus der Baumechanik löste und von der in den 20er Jahren formierten Bodenmechanik integriert

Wohnungsbau mit der Okzident-Großplattenbauweise in Berlin-Friedrichsfelde, 1925 bis 1926, Architekt Martin Wagner. Diese Bauweise verwandte in der Feldfabrik gefertigte raumgroße, bis zu 7,5 Mp schwere dreischalige Stahlbeton-Außenwandplatten und Innenwandplatten aus Schlackenbeton, die von einem Portalkran montiert wurden. Ihr lag das holländische System Bron zugrunde, das wiederum auf die 1908 von Grosvenor Atterbury in den USA entwickelte Großplattenbauweise zurückgeht. Die von Wagner ausgebildete Okzident-Bauweise war neben der in Frankfurt/M. angewandten Blockbauweise Ernst Mays das bedeutendste Beispiel für den Einbruch des industriellen Bauens in den Wohnungsbau mit Beton- und Stahlbeton-Montagebauweisen zwischen den beiden Weltkriegen in Deutschland. Hier stellten in den 1920er Jahren staatlich geförderte Bestrebungen zur Rationalisierung und Industrialisierung des Wohnungsbaus neue Fragen an die Bauwissenschaft. Aus: A. Kleinlogel, Fertigkonstruktionen im Beton- und Eisenbetonbau, Berlin, 1929

wurde. Vor allem aber traten jetzt die noch eng verwobenen Wissensgebiete von Bautechnologie, Arbeitswissenschaften und Betriebswirtschaftslehre in einer gleichsam neuen Stufe der Verwissenschaftlichung des Bauens allmählich als zweite Hauptsäule der Bauwissenschaften an die Seite der konstruktionsorientierten Disziplinen. Letztere wiederum wurden durch eine weitere Basisdisziplin, die Bauphysik, vermehrt.

Wichtige Impulse empfing die Bauwissenschaft auch aus der Ausdehnung ihres Objektbereiches. Vornehmlich der traditionelle Hochbau mit dem Wohnungsbau im Zentrum rückte nach dem ersten Weltkrieg in ihr Blickfeld. Bislang die Domäne von Architekten und Handwerksmeistern, wurden konstruktive und technologische Probleme dieses Bereiches nun zunehmend auch ingenieurmäßig durchdrungen.

Ungeachtet des erweiterten Objektbereiches blieb u. a. der vom Straßen- und Straßenbrückenbau für den Automobilverkehr und von großen Bauvorhaben der Energie- und Wasserwirtschaft zusätzlich geforderte Ingenieurbau weiterhin wichtigstes Feld der Bauingenieurwissenschaften. Hier bildeten die konkurrierenden Bauarten des Stahl- und Stahlbetonbaus den eindeutigen Schwerpunkt. Dabei wurden Inhalt und Rahmenbedingungen der Wissenschaftsentwicklung immer stärker von der sich im Ingenieurbau weitgehend durchsetzenden Industrialisierung und der auch das Bauwesen der 20er Jahre erfassenden Rationalisierungswelle bestimmt. Jetzt, nachdem die »heroische Zeit« des Ingenieurbaus der Vergangenheit angehörte und die diesen Bereich beherrschenden Baukonzerne einen erbitterten Konkurrenzkampf ausfochten, stellte sich die Frage nach der ökonomischen Wirksamkeit des wissenschaftlich-technischen Fortschritts mit noch

Auszug aus den Bestimmungen des Deutschen Ausschusses für Eisenbeton, 1932. Vornehmlich Stahl- und Stahlbetonbau wurden zum Schrittmacher der Aufstellung eines im nationalen Rahmen vereinheitlichten Vorschriftenwerkes, das Grundlagen der Berechnung, Prüfung und Ausführung von Bauten verbindlich regelte. Damit wurde der wissenschaftlich-technische Fortschritt zunehmend in Normen gegossen. Die aus den 1904 fixierten »Leitsätzen« hervorgegangenen »Bestimmungen« fanden in überarbeiteter Fassung 1925 als Normblätter DIN 1044 bis 1048 Aufnahme in das Normenwerk. In der Folgezeit wurden sie periodisch neu gefaßt und um weitere Normblätter ergänzt, wobei durch das Festhalten am scheinbar Bewährten so mancher Fortschritt in der wissenschaftlichen Erkenntnis erst recht spät Eingang in die Vorschriften fand.
Aus: Bestimmungen des Deutschen Ausschusses für Eisenbeton 1932, Berlin, 1935

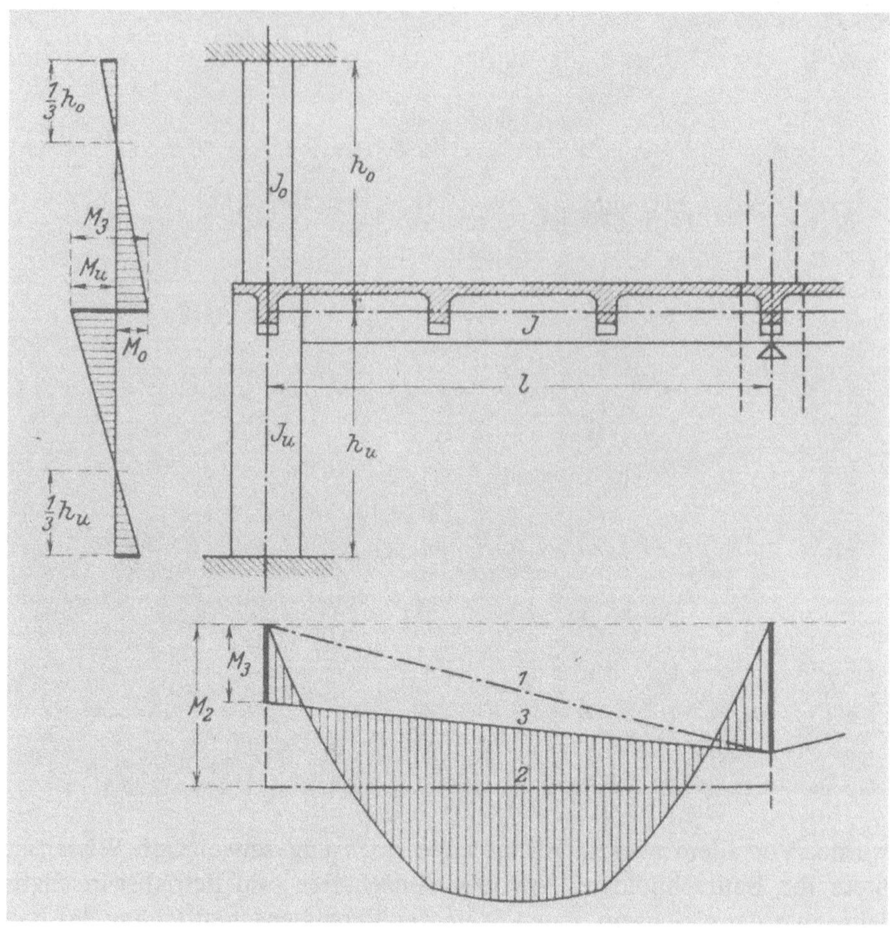

weitaus größerer Schärfe. Unterstützt von einer in Ländern wie Deutschland nun zielgerichteter betriebenen Wissenschafts- und Technikpolitik, führte dies zur spürbaren Ökonomisierung von Wissenschaft und Bauproduktion. Die ingenieurwissenschaftliche Fundierung eines wirtschaftlichen Bauens avancierte zum Gebot der Stunde.

Vor diesem Hintergrund wurde die parallele und immer häufiger im Vorlauf erfolgende Bereitstellung wissenschaftlicher Grundlagen generell zur entscheidenden Bedingung der Ausformung und Optimierung bewährter Bautechnik wie auch des Vorstoßes in bautechnisches Neuland. Diese Tendenz verstärkte sich noch in der Zeit einer staatlich regulierten Rüstungs- und Kriegswirtschaft. Vor allem der deutsche Faschismus verstand es, die Bauwissenschaft in den Dienst der Kriegsvorbereitung zu stellen. Andererseits wurden nach 1933 in Deutschland auch im Bauwesen wissenschaftliche und technische Potentiale abgebaut oder zerstört. So führte die zunehmende Beschränkung des Einsatzes von Stahl im Bauwesen zum Niedergang des deutschen Stahlbaus, fanden fruchtbare Ansätze in der Wohnungsbau-Forschung der Weimarer Republik keine Fortsetzung.

Der Ausbau der Bauingenieurwissenschaften sah auch bis zur Mitte des 20. Jahrhunderts die konstruktionsorientierten Disziplinen im Mittelpunkt. Gleichwohl zeigte sich immer deutlicher, daß vornehmlich auf dem Gebiet der Bauprozesse Reserven zu erschließen waren. Dies forderte die Intensivierung eigenständiger fertigungs- und prozeßorientierter Forschungen. In einer bisher auf die Konstruktion und das Finalprodukt ausgerichteten Bauwissenschaft brach sich, ausgehend von den USA, allmählich die Einsicht Bahn, daß den Problemen der Herstellungs-, Instandhaltungs- und Rekonstruktionsprozesse ein wesentlich höherer Stellenwert eingeräumt werden mußte.

Die Entwicklung der Bauwissenschaft wurde nach dem ersten Weltkrieg mithin von einer neuerlichen Ausweitung ihrer Objekt- und Gegenstandsbereiche sowie durch eine Fülle von Differenzierungs- und Integrationsprozessen geprägt. Als Folge stellten sich eine starke Parzellierung und Spezialisierung in Forschung und Lehre ein. Dies schlug sich auch in der Bauingenieurtätigkeit nieder. Der ohnehin im breiten Spektrum des Bauwesens angelegte Trend zur Differenzierung der Berufsbilder verstärkte sich in jenem Umfang, in dem von der Wissenschaft bereitgestelltes Spezialwissen zu beherrschen war. Für dessen Anwendung in der Praxis trugen allein schon stetig ausgebaute Vorschriften- und Normenwerke Sorge. Die damit unabdingbare Spezialisierung griff sowohl nach Bauarten und Baubereichen als auch hinsichtlich Konstruktion, Technologie und Bauleitung Raum. Freilich zeitigte die objektive Tendenz zum Spezialistentum in Wissenschaft und Praxis angesichts eingeschränkter Verantwortungsbereiche und Blickwinkel auch negative Folgen, zumal die nunmehr gebotene neue Qualität arbeitsteiligen Zusammenwirkens einen Lernprozeß voraussetzte und über das Aufgabenfeld des Bauingenieurs hinausgehen mußte.

Getragen wurde die Wissenschaftsentwicklung inzwischen von allen Industrieländern, wobei sowohl die Internationalisierung als auch die Arbeitsteiligkeit und Kollektivität der Forschung die Hervorhebung des Anteils einzelner Personen oft kaum noch möglich erscheinen läßt. Charakteristisch war auch die wachsende Einflußnahme der Bauunternehmen. Sie sicherten sich Domänen an den Hochschulen, bestimmten immer stärker deren Forschungs- und Lehrprofil, finanzierten einen großen Teil der an staatlichen Institutionen durchgeführten Forschungen, unterhielten oder förderten wissenschaftliche Vereine und bauten eigene wissenschaftliche Kapazitäten erheblich aus. Dagegen blieben wissenschaftliche Arbeiten auf Gebieten, die wie der Wohnungsbau nicht zu den angestammten Tätigkeitsfeldern der Baukonzerne zählten, wesentlich an die Voraussetzung staatlicher Förderung gebunden. Hier setzte die junge Sowjetunion bald Zeichen einer ausgewogenen, systematischen Wissenschaftsentwicklung, die allerdings auch Prioritäten folgen mußte.

Neue Konzepte und Denkmuster erhielten starke Impulse aus dem Aufleben ingenieurwissenschaftlicher Forschungen im Wohnungsbau. Sie standen in enger Verbindung mit den bis zur Jahrhundertwende zurückreichenden, aber praktisch wenig erfolgreichen Bestrebungen zur Rationalisierung und Industrialisierung des Massenwohnungsbaus. In diesem technisch wie ökonomisch rückständigsten Bereich des Bauwesens mit seiner starren kleinbetrieblichen Struktur waren Fortschritte dringend geboten; hatte sich doch die in nahezu allen Industrieländern herrschende gravierende qualitative und quantitative Wohnungsnot zu einem Kernproblem der Innenpolitik ausgeweitet. Dies galt in besonderem Ausmaß für die Weimarer Republik, deren Wohnungsnot als Erbe des wilhelminischen

»Durch Umstellung auf die veränderten Weltverhältnisse gilt es endlich, die alte Idee zu realisieren, typische Behausungen billiger, besser und zahlreicher als bisher zu bauen …
Die grundlegende Umgestaltung der gesamten Bauwirtschaft nach der industriellen Seite hin ist daher zwingendes Erfordernis für eine zeitgemäße Lösung des wichtigen Problems.«

Walter Gropius, Wohnhaus-Industrie, 1924

Fließfertigung von Typenbauten der Siedlung Dessau-Törten, 1926 bis 1928, Architekt Walter Gropius. Unter der Leitung des Direktors des Bauhauses Dessau, Gropius, begleiteten finanziell von der Reichsforschungsgesellschaft unterstützte technologische, arbeitswissenschaftliche und betriebswirtschaftliche Studien die Erprobung dieses Organisationsprinzips industrieller Bauprozesse. Bauhaus-Archiv, Berlin (West)

Deutschlands und Folge der Nachkriegskrise alle entwickelten Länder übertraf. Daher sah sich der Staat gezwungen einzuschreiten. Die in erster Linie über Subventionen vermittelten Eingriffe in den Massenwohnungsbau erhoben Staat, Kommunen, Gewerkschaften und öffentlich-rechtliche Körperschaften zu Trägern einer seit 1925 florierenden Bautätigkeit und bereiteten den Boden für die Ausbreitung ebenfalls von der öffentlichen Hand geförderten Bestrebungen zur Rationalisierung und Industrialisierung der Wohnungsproduktion.

Schrittmacher dieser international für großes Aufsehen sorgenden Bemühungen waren fortschrittliche Architekten um Walter Gropius, Ernst May, Martin Wagner, Bruno Taut und Ludwig Mies van der Rohe. In Zusammenarbeit mit Bauingenieuren und Wohnungswirtschaftlern befaßten sie sich konzeptionell mit Problemen der Rationalisierung und Industrialisierung, suchten mögliche Lösungswege in der Praxis zu erproben und die Aufnahme von komplexen Forschungen zu initiieren. Freilich zeigte die akademische Wissenschaft nur wenig Interesse. Gleichwohl entstanden in den 20er Jahren zahlreiche wissenschaftliche Gesellschaften und Ausschüsse, die sich diesen Fragen widmeten.

Eine zentrale Stellung in der Rationalisierungsbewegung erlangte die 1927 gegründete und vom Staat finanzierte »Reichsforschungsgesellschaft für Wirtschaftlichkeit im Bau- und Wohnungswesen«. Sie vereinte namhafte Architekten, Ingenieure und Wissenschaftler ebenso wie exponierte

Vertreter von Staat, Industrie, Bauhandwerk und Wohnungswirtschaft. Diese Gesellschaft fand zu einem zukunftsweisenden interdisziplinären Ansatz in der Wohnungsbau-Forschung, der ingenieurwissenschaftliche, ökonomische, architektonische, städtebauliche und soziologische Studien unter Wahrung der notwendigen Komplexität umfaßte. Hier wurden wohl auch erstmals technische, ökonomische, ästhetische und soziale Probleme der industrialisierten Massenproduktion typisierter und genormter Montagebauten im Konnex wissenschaftlich untersucht. Allerdings behinderten zunehmend von ökonomischen und politisch-ideologischen Interessengegensätzen provozierte Auseinandersetzungen die Arbeit der Gesellschaft, die schließlich 1931 zu ihrer Auflösung in der Weltwirtschaftskrise führten. In der Zeit des Faschismus wurden jene Forschungen nicht fortgeführt. Sie fanden indes, nicht zuletzt transferiert durch emigrierte Architekten, ihre Heimstatt in der Sowjetunion und den USA. In Deutschland dagegen hatte die 1934 gegründete »Deutsche Akademie für Bauforschung«, in der sich viele Anhänger der Rationalisierungsbewegung wieder zusammenfanden, von der Prämisse einer ideologisch motivierten »Rückbesinnung« auf das »bodenständige Handwerk«, seine traditionellen Baustoffe und Verfahren auszugehen.

In der Wohnungsbau-Forschung hatten auch technologische und arbeitswissenschaftliche Fragen die gebührende Beachtung gefunden. Natürlich drängten nun ebenso industrialisierte Bauprozesse im Ingenieurbau, die jene im handwerklichen Bauen praktizierte Anpassung der Technologie an konstruktive Vorgaben nur noch mit Effektivitätsverlusten zuließen, auf genuin bautechnologische Untersuchungen. Dies um so mehr, als seit den 20er Jahren mit Verbrennungs- und Elektromotoren ausgerüstete leistungsfähigere Baumaschinen, die im Gegensatz zu den dampfgetriebenen Aggregaten vielfach erst einen wirtschaftlichen Maschineneinsatz im Bauen ermöglichten, für einen Mechanisierungsschub sorgten. Dem Vorbild der USA folgend, etablierte sich daher zwischen den beiden Weltkriegen in vielen Ländern eine eigenständige bautechnologische Forschung.

Sie untersuchte sowohl allgemeine Grundlagen der Produktionsorganisation und Produktionstechnik als auch spezifische Probleme der Bauarten. Schwerpunkt der letzteren war die Betontechnologie. Hier veröffentlichte der US-Amerikaner Duff E. Abrams seit 1918 bahnbrechende Arbeiten, die auf der Auswertung von rund 50 000 Versuchen beruhten. Die wissenschaftliche Durchdringung von Produktionsorganisation und -technik konnte auch Erkenntnisse anderer Zweige der Technikwissenschaften nutzen und stellte Studien über die räumliche und zeitliche Organisation von Bauprozessen sowie den optimalen Maschineneinsatz in den Mittelpunkt. Dabei erwies sich die Aufgliederung des Bauprozesses in ständig wiederkehrende Arbeiten als fruchtbares Konzept. Nachdem in Deutschland bereits einige Bauunternehmen technologische Studien aufgenommen hatten, entwickelte sich namentlich der 1927 an der TH Berlin eingerichtete Lehrstuhl für »Bau- und Maschinenwesen beim Baubetrieb« unter Georg Garbotz zum Zentrum prozeßorientierter Forschung und Lehre.

Die 20er Jahre sahen auch die deutliche Intensivierung bauphysikalischer Forschungen. Zunächst ging es, angeregt von der Einführung neuer

Titelblatt einer Veröffentlichung der Reichsforschungsgesellschaft für Wirtschaftlichkeit im Bau- und Wohnungswesen. Unter dem Dach der 1927 in Berlin gegründeten Gesellschaft wurde der Wohnungsbau zum Objekt zukunftsweisender interdisziplinärer Forschungen.

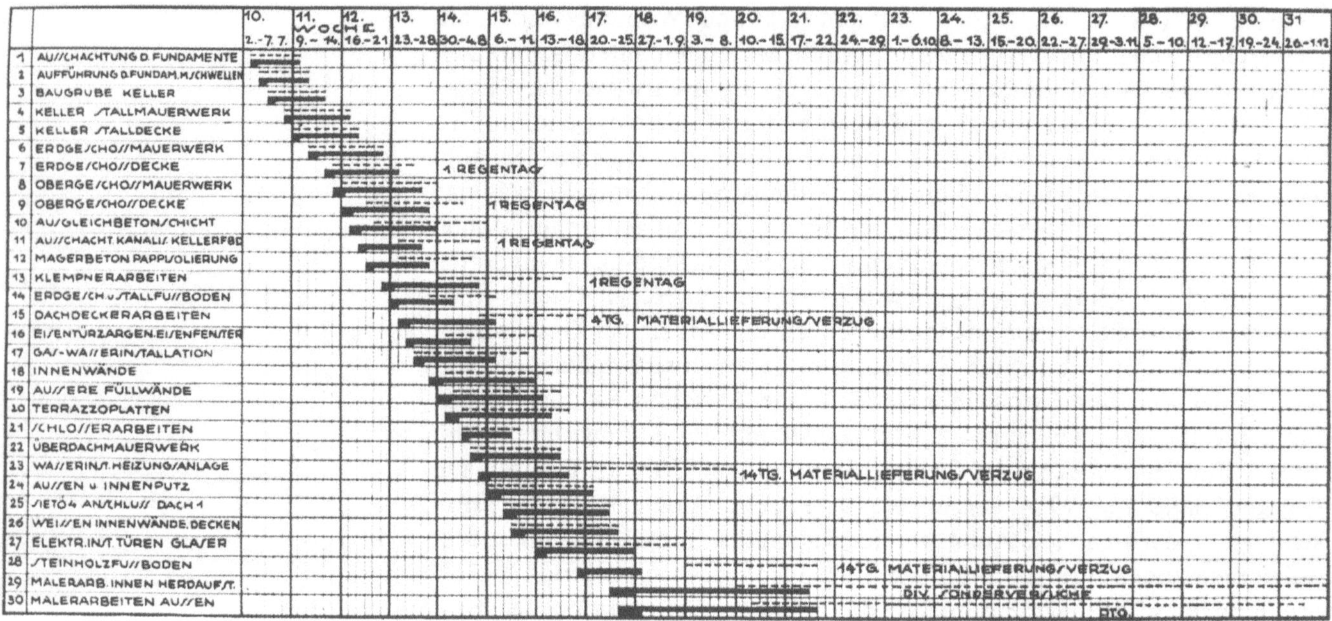

Ablaufplan der Fließfertigung in Dessau-Törten. Rationalisierte und besonders industrialisierte Bauprozesse forderten eine exakte zeitliche Organisation in Form der Ablaufplanung. Für die Planung großer Bauvorhaben mitunter bereits seit der zweiten Hälfte des 19. Jahrhunderts verwandt, wurden Balkendiagramme und Zyklogramme seit den 1920er Jahren zu einem wichtigen Darstellungsmittel technologischer und betriebswirtschaftlicher Zusammenhänge. Aus: Mitteilungen der Reichsforschungsgesellschaft, Berlin, 1929

Baustoffe, Leichtbauweisen und sparsamer bemessener traditioneller Konstruktionen in den Wohnungsbau, um die Klärung wissenschaftlicher Grundlagen des Wärme-, Schall- und Feuchtigkeitsschutzes sowie der Heizungs- und Lüftungstechnik. Diese Probleme wurden auf der Basis relevanter Theorien der Physik und Technischen Thermodynamik vorwiegend experimentell untersucht. Neben Schweden, Norwegen, Großbritannien und den USA entstanden auch in Deutschland Zentren bauphysikalischer Forschung. Zu ihnen zählten das bereits 1907 an der TH München gegründete »Labor für Technische Physik« unter Oscar Knoblauch, das 1920 von der Baustoffindustrie in München eingerichtete »Forschungsheim für Wärmeschutz« unter Joseph S. Cammerer und schließlich das von Hermann Rei-

Stahltafelhaus der Stahlhaus GmbH Duisburg, 1928, Konstruktion H. Blecken. Begünstigt durch fallende Stahlpreise, suchten stahlerzeugende und -verarbeitende Unternehmen zwischen 1925 und 1931 mit vorgefertigten Stahlbauten auf dem Wohnungsbaumarkt Fuß zu fassen. Die unter anderem von der Vereinigte Stahlwerke AG 1928 gegründete Stahlhaus GmbH hatte ein Labor eingerichtet, in dem an Experimentalbauten die komplizierten Probleme des Wärme-, Schall- und Feuchtigkeitsschutzes von Stahltafelbauten unter Simulation extremer Bedingungen untersucht wurden. Besonders in den 1920er Jahren in den Wohnungsbau eingeführte neue Baustoffe, Bauweisen und sparsamer bemessene traditionelle Konstruktionen hatten die Klärung bauphysikalischer Phänomene auf die Tagesordnung gesetzt. Aus: Stahlhäuser der Stahlhaus GmbH Duisburg, Duisburg, o. J.

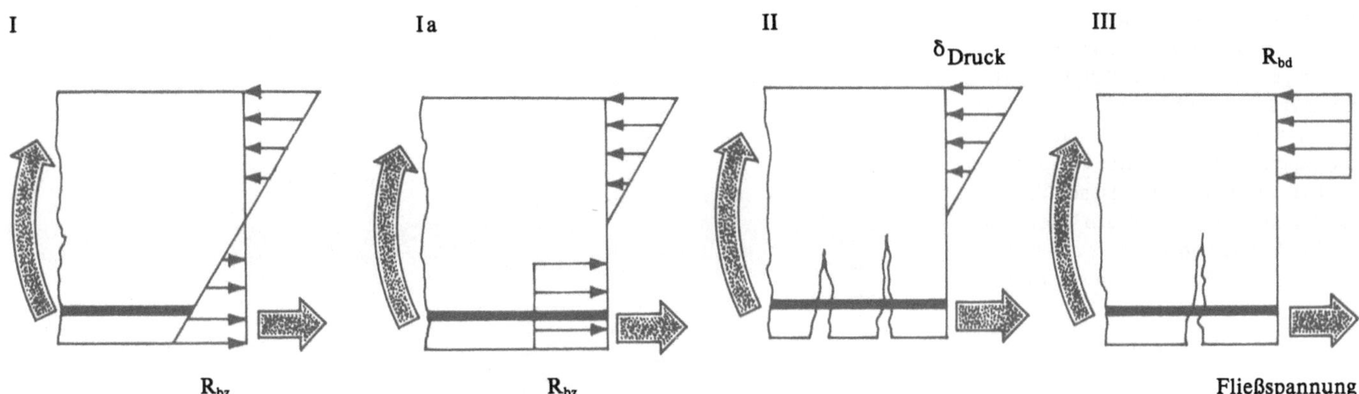

her geleitete, 1929 an der TH Stuttgart eröffnete »Institut für Schall- und Wärmeforschung«. Dominanten der Wissenschaftsentwicklung im konstruktiven Ingenieurbau bildeten indes auch bis zur Mitte des 20. Jahrhunderts die klassischen Disziplinen und Forschungsrichtungen. Im Vordergrund standen nach wie vor die Probleme des Tragverhaltens und der Bemessung von Baukonstruktionen, wobei sich der Ausbau baumechanischer Basistheorien und ihre Spezifizierung für die Belange des Stahl- und Stahlbetonbaus wechselseitig vorantrieben. Auf vielen Gebieten wurde nun ein wissenschaftlicher Vorlauf geschaffen, der mitunter erst seit den 60er Jahren allgemeine Praxiswirksamkeit erlangte. Dabei führten die differenziertere Erkenntnis und Berücksichtigung des Materialverhaltens sowie der wachsende Bezug auf die realen Arbeitsbedingungen von Tragwerken zu plastizitäts- und bruchmechanischen Konzepten sowie zum Traglastverfahren. Auch Ansätze, Festigkeiten und Lasten nicht mehr determiniert, sondern stochastisch zu beschreiben und damit die Abschätzung der Sicherheit auf Wahrscheinlichkeitsbetrachtungen für sogenannte Grenzzustände zu gründen, wurden bereits in der ersten Hälfte des 20. Jahrhunderts entwickelt. Sie finden sich u. a. in einer 1926 von M. Mayer in Deutschland vorgelegten, aber lange Zeit wenig beachteten Arbeit. Die Aufstellung von Bemessungsverfahren, die der subtileren Erfassung des Kräftespiels folgten und auf diese Weise sowohl ihre Zuverlässigkeit weiter erhöhten als auch Tragreserven erschlossen, ging freilich Hand in Hand mit einer Zunahme des Berechnungsaufwandes. Dies ließ Formelsammlungen und Tabellenwerke zu unentbehrlichen Hilfsmitteln des Statikers werden. Im übrigen stand wohl nicht ganz zufällig mit Konrad Zuse ein Bauingenieur an der Wiege des Computers. Andererseits war man bestrebt, durch die Entwicklung spezieller Lösungen oder allgemeingültigerer Näherungsverfahren den Rechnungsaufwand zu reduzieren. So fand ein 1930 vom US-Amerikaner Hardy Cross publiziertes Iterationsverfahren für die Berechnung hochgradig statisch unbestimmter Systeme weite Verbreitung.

Der von vielen Fachleuten nicht nur angesichts fehlender Rechenhilfsmittel kritisch verfolgten Tendenz zur starken Mathematisierung der Baumechanik stand eine Ausweitung experimenteller Forschungen gegenüber. Sie bereiteten nicht nur den Boden für Fortschritte und Wandlungen in den baumechanischen Konzepten und Basistheorien. Experimente lieferten oft auch mit weit geringerem Aufwand hinreichend genaue Werte für die Praxis und halfen der wissenschaftlichen Erkenntnis auf Gebieten

Idealisierte Stadien des Spannungszustandes im biegebeanspruchten Stahlbetonquerschnitt. Das nur durch experimentelle Forschungen mögliche allmähliche Erkennen dieser Spannungszustände war die Voraussetzung für die Aufstellung von Bemessungstheorien, die dem Materialverhalten weitgehend folgten und damit sowohl zuverlässig waren als auch Tragreserven erschlossen. Dabei führte der Weg im Zusammenwirken von Stahlbetonbau-, Stahlbau- und baumechanischer Grundlagenforschung zwischen den beiden Weltkriegen von der Elastizitätstheorie und der Bemessung nach zulässigen Spannungen zur Plastizitätstheorie und dem Traglastverfahren. Aus: L. V. Oksanovič, Der unsichtbare Konflikt, Berlin, 1982

Frühe spannungsoptische Aufnahmen, 1904. Verlauf und Anzahl der Isochromaten geben Aufschluß über den Spannungszustand. Seit den 1930er Jahren fanden spannungsoptische Methoden für die experimentelle Analyse komplizierter Festigkeitsprobleme wachsende Verbreitung, wobei ihre Grundlagen bereits im 19. Jahrhundert entwickelt wurden. Aus: Zeitschrift des Vereins Deutscher Ingenieure, 48(1904)23

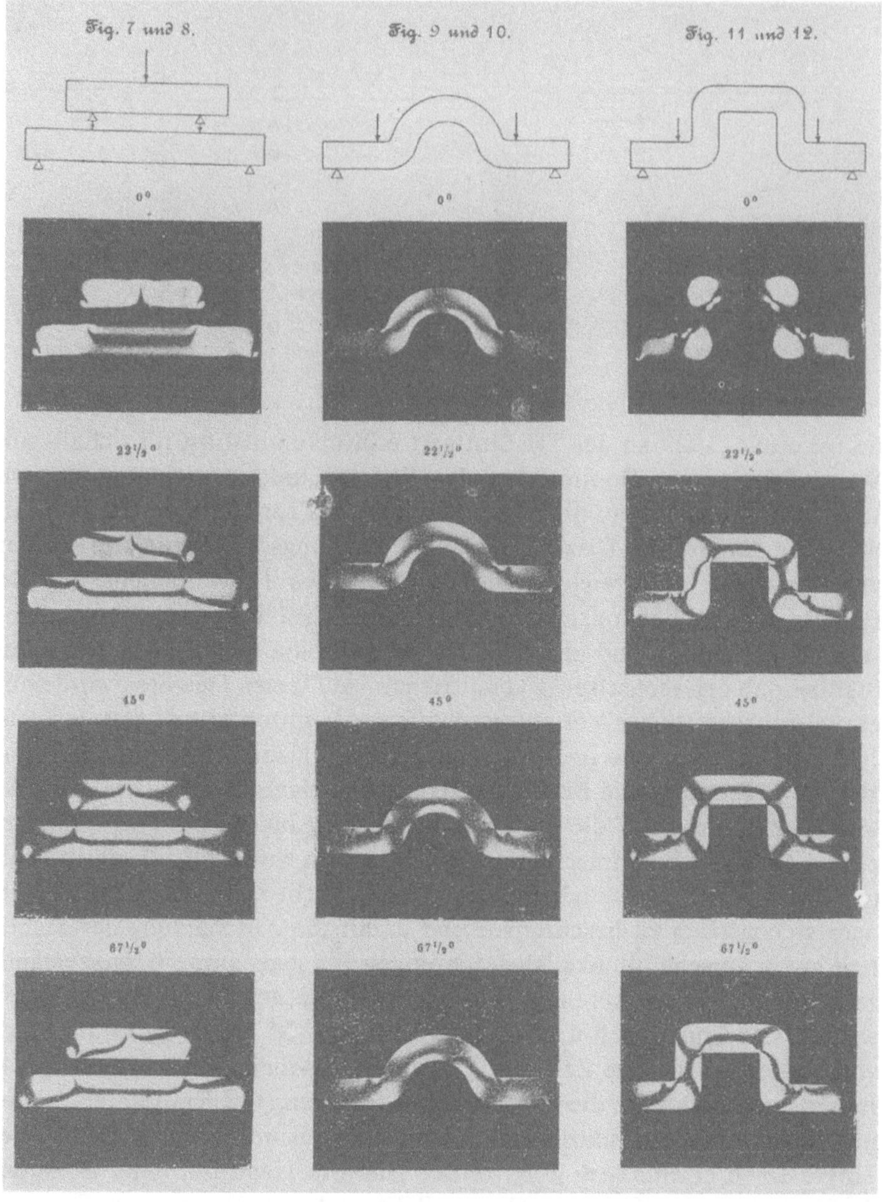

voran, die sich theoretischen Deutungen noch verschlossen. Traditionelle Versuchsmethoden wurden dabei u. a. zunehmend von der Spannungsoptik, von Dehnungsmeßverfahren und der zerstörungsfreien Werkstoffprüfung ergänzt. Vertreter einer vorwiegend experimentell betriebenen Baumechanik und des Materialprüfungswesens etablierten ebenfalls seit den 20er Jahren die systematische Schadensforschung in der Bauwissenschaft, als deren Vater Gehler gilt.

Auch in den unmittelbar bauartbezogenen statischen und Festigkeitsforschungen bildeten ausgedehnte Versuchsserien das unabdingbare Fundament weiterer Fortschritte. Im Stahlbau traten dabei die Probleme des Leichtbaus, der Einführung hochwertiger Baustähle und des Schweißens von Stahlkonstruktionen in den Vordergrund. Zudem galten der noch immer umstrittenen Behandlung des Knickstabes intensive Untersuchungen,

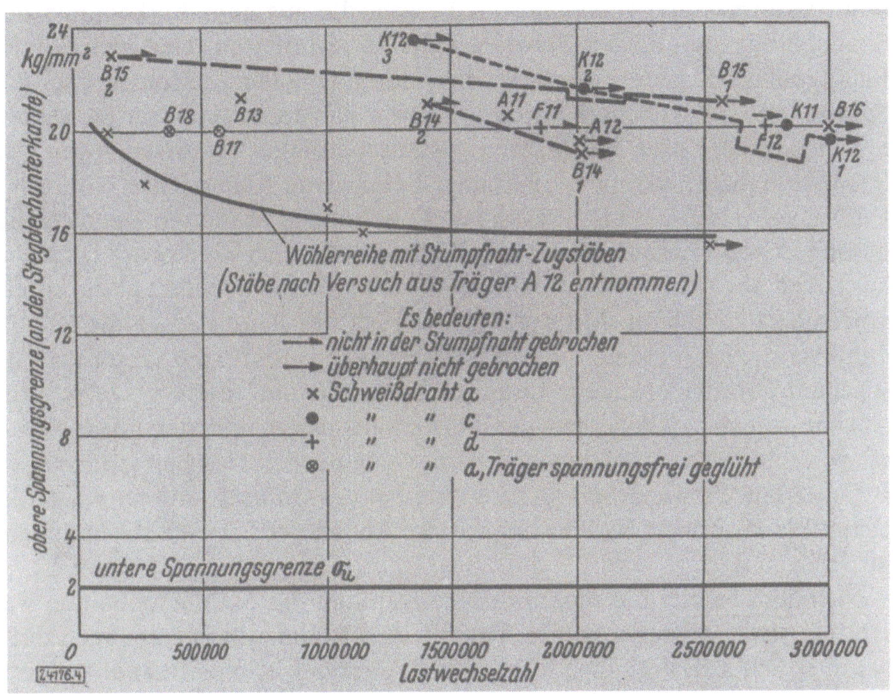

Diagramm der Dauerbiegefestigkeit von geschweißten T-Trägern mit Stegstumpfstößen, 1937. Es war das Ergebnis von Versuchsreihen, die im Materialprüfungsamt Berlin-Dahlem durchgeführt wurden. Die Sicherheit, Berechnung und Ausführung geschweißter Stahlkonstruktionen bildeten seit den 1920er Jahren einen Schwerpunkt der Forschung im Stahlbau. Aus: Zeitschrift des Vereins Deutscher Ingenieure, 81(1937)38

die 1946 durch F. R. Shanley in den USA zu einem vorläufigen Abschluß geführt wurden.

Nach dem ersten Weltkrieg trat die Beton- und Stahlbetonforschung in einen neuen Entwicklungsabschnitt ein. Sie band einen immer größeren Teil der Kapazität der Bauwissenschaften. Auf konstruktivem Gebiet überlagerte sich die Erforschung allgemeiner Grundlagen des Tragverhaltens

Rotationsschale des Zeiss-Planetariums in Jena, 1924, Konstruktion W. Bauersfeld, F. Dischinger, Ausführung Dyckerhoff & Widmann, Spannweite 25 Meter. Mit drei in Jena zwischen 1922 und 1924 errichteten dünnwandigen gewölbten Flächentragwerken nach dem »Zeiss-Dywidag-System« schlug die Stunde der Stahlbetonschalen. Gegenüber den Rippenkugeln steigerten sie die Gewölbekühnheit nochmals sprunghaft. Ihre Einführung ist dem Zeiss-Physiker Bauersfeld und dem Statiker von Dyckerhoff & Widmann, Dischinger, zu danken, die auch die ersten Berechnungsverfahren entwickelten. Die rasche Ausbreitung der die Tragqualität des Stahlbetons nahezu optimal ausnutzenden Schalen implizierte intensive Forschungen zur Theorie der Flächentragwerke. Carl Zeiss, Jena

Stahlbeton-Autobahnbrücke über das Teufelstal bei Jena, 1938, Konstruktion und Ausführung Grün & Bilfinger AG. Die aus einem eingespannten Zwillingsbogen mit 138 Meter Spannweite und 26 Meter Pfeil sowie aufgeständerter Fahrbahn gebildete Konstruktion war die weitest gespannte Autobahnbrücke ihrer Zeit. Nachdem schon ihr Projektierungsprozeß von theoretischen und Modellstudien begleitet wurde – so untersuchte Dischinger die zeitabhängige Verformung durch Kriechen und die Knicksicherheit –, diente die Brücke auch während der Errichtung und nach der Übergabe wissenschaftlichen Studien. Dabei vermittelten eingebaute Dehnungsmesser wichtige Erkenntnisse über das Schwinden und Kriechen.

und der Bemessung vor allem mit Fragen, die aus dem Aufkommen des Spannbetonbaus und der Schalentragwerke resultierten. Der französische Bauingenieur Eugène Freyssinet schuf durch langjährige Studien über das Schwinden und Kriechen von Beton sowie die Relaxation von Stahldrähten in den 20er und 30er Jahren wissenschaftliche Voraussetzungen des Spannbetonbaus, der nach 1930 über Betonwaren hinaus erste praktische Erfolge vorweisen konnte. Freyssinets Forschungen wurden in Deutschland besonders von Franz Dischinger und Mörsch, der sich wie Freyssinet schon kurz nach der Jahrhundertwende mit diesen Problemen befaßt hatte, aufgegriffen und ausgebaut. Mit der Vorspannung des Betons sollte die Rißbildung vermieden werden. Die für Stahlbetonkonstruktionen typischen plastischen Formänderungen waren es auch, die auf diesem Gebiet zur Abkehr von den Konzepten der Elastizitätstheorie und der linear-elastisches Verhalten voraussetzenden Bemessung nach zulässigen Spannungen aufforderten. Pionierarbeit leisteten hierbei u. a. Mörsch und Otto Graf in Deutschland, Robert Maillart und Mirko Roš in der Schweiz sowie Saliger in Österreich.

Nachdem bereits die monolithische Struktur von Stahlbetonbauten wesentlich die Entwicklung der Theorie der Rahmentragwerke beeinflußt hatte, erhielt nun die Fortbildung der Theorie der Flächentragwerke durch die Ausnutzung der flächenhaften Tragwirkung des Stahlbetons mit Plat-

ten, Scheiben, Falt- und Schalentragwerken entscheidende Impulse. Vornehmlich Stahlbetonschalen, deren Einführung und erste theoretische Analyse zu Beginn der 20er Jahre Walter Bauersfeld und Dischinger in Deutschland zu danken waren, avancierten zu einem wichtigen Forschungsobjekt. Die Schalenstatik sah bis zur Mitte des Jahrhunderts in Dischinger, seit 1932 Ordinarius an der TH Berlin, und Ulrich Finsterwalder führende Vertreter, die auch die Praxis der Schalenbauweise prägten.

Beton und Stahlbeton hatten in den ersten Jahrzehnten des 20. Jahrhunderts auch den Straßenbau erobert. Hier bewirkte der Autobahnbau der 30er Jahre in Deutschland einen rapiden Aufschwung. Forschungen auf diesem Gebiet wurden besonders von der 1924 gegründeten »Studiengesellschaft für Automobil-Straßenbau« in die Wege geleitet und koordiniert. Freilich gemahnt die auch im Straßenbau offenkundig zunehmende Subordination der Beton- und Stahlbetonforschung unter die Kriegsvorbereitung an das dunkelste Kapitel deutscher Geschichte.

Im Feuer des zweiten Weltkrieges ging neben beeindruckenden Zeugnissen des hohen technischen Wissens und Könnens von Baumeistern und Handwerkern früherer Zeiten auch ein großer Teil jener gebauten Umwelt unter, der seine Existenz den glänzenden Erfolgen der Bauingenieurwissenschaften verdankte.

»Die Erfahrung zeigt, daß die mathematische Beherrschung der Formeln noch keinen Eisenbetoningenieur macht, und daß nur derjenige schwierige Bauten verantwortbar entwerfen kann, der das Verhalten der Baustoffe unter den verschiedenen statischen Einwirkungen gründlich versteht. Nachdem allgemein gültige Vorschriften für Eisenbeton vorhanden sind, besteht die Gefahr, daß blindlings nach ihnen gerechnet und die Versuchsforschung außer acht gelassen wird.«
Emil Mörsch, Der Eisenbetonbau …, 6. Aufl., 1928

Wissenschaftliches Maschinenwesen unter den Bedingungen der kapitalistischen Rationalisierung

Während Ende des 19. Jahrhunderts im Zentrum der Maschinenbaupraxis und der Maschinenwissenschaften noch immer die Konstruktion und Berechnung von Maschinen standen, rückten seit der Jahrhundertwende Probleme der Technologie und Ökonomie häufiger und zwingender in das Blickfeld. Die technologische Spezialisierung von Maschineningenieuren führte zur Herausbildung der Betriebs- und Fertigungsingenieure.

Die Erfolge der austauschbaren Massenfabrikation in den USA hatten gezeigt, daß die Weltmarktfähigkeit der Maschinenbauerzeugnisse neben den technischen Leistungsparametern und Gebrauchseigenschaften zunehmend durch niedrigere Fertigungskosten, kürzere Lieferfristen, gleichbleibende Qualität und verbesserte Serviceleistungen bestimmt wurde. Deshalb erfuhr die Technologie in der Produktion und Wissenschaft eine rasche Aufwertung und spätestens seit dem ersten Weltkrieg in den Technikwissenschaften eine Gleichstellung mit der Konstruktion.

Die Hauptrichtungen dieser Entwicklung wurden durch Frederick W. Taylors »Scientific Management« (wissenschaftliche Betriebsführung) und durch Henry Fords Fließbandsystem bestimmt. Die technologischen Untersuchungen umfaßten nunmehr die ganze Breite des Produktionsgeschehens, von der elementaren Arbeitsoperation des Menschen und der Maschine bis zum kompletten Fertigungsprozeß, ja den gesamten Betriebsablauf von der Bestellung bis zum Versand. Dabei bildeten sich völlig neue Zusammenhänge von Wissenschaft und Technik heraus, wie beispielsweise in den entstehenden Arbeitswissenschaften durch die Einbeziehung von Physiologie und Psychologie.

»Dem Zeitalter der ›Konstruktion‹ ist ein Zeitalter des ›Betriebes‹ gefolgt.«
Heinrich Dubbel, Taschenbuch für den Fabrikbetrieb, 1923

Repräsentanten des Zusammenschlusses
von Staat, Wirtschaft und Wissenschaft in
den USA (1929): Präsident Herbert
Hoover, Automobilfabrikant Henry Ford,
Erfinder Thomas Alva Edison und Reifen-
fabrikant Harvey Firestone (v. l. n. r.)

Fließbandmontage von Automobilen bei
Opel in Deutschland

Diese Entwicklung beschleunigten ökonomische Zwänge, die sich während des ersten Weltkrieges und in den Folgejahren für die nationalen Industrien und einzelnen Unternehmen ergaben. Dazu gehörten auch Eingriffe des Staates zur Erhöhung und Konzentration der Produktion und Forschung, zur Nutzung moderner Technologien und Einschränkung von Verlusten, zur Durchsetzung der Normung sowie zur Verbesserung der internationalen Wettbewerbsfähigkeit der Industrie. Einen Höhepunkt dieser Entwicklung bildete in den 20er Jahren die internationale Rationalisierungsbewegung, die in Deutschland durch die staatsmonopolistische Technikpolitik besonders gefördert wurde. Unter »Rationalisierung« verstand man nach einer Definition der Weltwirtschaftskonferenz von 1927 in Genf die »Anwendung technischer und organisatorischer Methoden, die auf ein Mindestmaß an Kraft- und Stoffverlust hinauslaufen. Rationalisierung bedeutet wissenschaftliche Organisation der Arbeit, Normung sowohl der Stoffe wie auch der Erzeugnisse, Vereinfachung der Verfahren und Verbesserung der Transport- und Absatzmethoden.« Das Kernstück der Rationalisierung war die wirtschaftliche Fertigung, realisiert durch die Anwendung von Fließfertigung (Fließarbeit), Typung, Normung, Austauschbau, Arbeitsvorbereitung, Kalkulation, Psychotechnik und wissenschaftlicher Betriebsführung sowie effektiven Fertigungsverfahren. Diese Schlüsselworte ergaben nicht selten den Stammbegriff neuer wissenschaftlicher Disziplinen, die zwischen den beiden Weltkriegen in den »Betriebswissenschaften« ihren Platz fanden, ehe sie sich verselbständigten.

Die wichtigsten Beiträge zur wissenschaftlichen Durchdringung der Fertigung entstanden unmittelbar aus Bedürfnissen der Produktion, insbesondere der austauschbaren Massenproduktion in der Automobilindustrie, der elektrotechnischen und feinmechanischen Industrie, der Rüstungs- und der Flugzeugindustrie. Hier potenzierten sich die neuen Anforderungen an die industrielle Fertigung, die sich aus höherer Kompliziertheit, Stückzahl, Genauigkeit, Austauschbarkeit, Lebensdauer sowie verbesserter Fertigungs- und Qualitätsbeherrschung bei fließender Fertigung, aber auch aus dem Einsatz neuer Werkstoffe und aus dem wachsenden Anteil ungelernter Arbeitskräfte ergaben.

Zu den repräsentativen Beispielen für die Entwicklung und Anwendung moderner Fertigungsmethoden gehört die von Ford in den USA 1913 eingeführte Methode der Fließbandmontage (-fertigung) bei der Automobilherstellung. Die Arbeitsproduktivität konnte dadurch zum Beispiel in der Chassismontage auf das Sechsfache gesteigert werden. Auf diese Weise wurden über 15 Millionen seines legendären »Modell T« bis 1927 produziert, ein Rekord, der erst 1972 von den Volkswagenwerken gebrochen wurde.

»Die Europäer verbessern dauernd ihre Fabrikate – ich verbessere ständig meine Fabrikation.«
Henry Ford, Mein Leben und Werk, 1923

Fließband und Fließarbeit galten bald als Synonym für die moderne Fertigung. Der 1925 in Deutschland gegründete Fachausschuß für Fließarbeit beim Ausschuß für wirtschaftliche Fertigung definierte die »Fließarbeit« als »eine örtlich fortschreitende, zeitlich bestimmte, lückenlose Folge von Arbeitsgängen«. Die technologische Zerlegung der Fertigungsprozesse erfolgte bis in die elementaren Arbeitsoperationen der Menschen oder Maschinen. Der Arbeitsrhythmus war durch die auf höchste Arbeitsintensität gerichtete Taktzeit des Fließbandes vorgegeben.

Erstes eigens für Fließfertigung projektiertes Fabrikhochhaus der Welt der Siemens-Werke in Berlin (erbaut 1929)

Das 1924 begründete »Hütte«-Taschenbuch für Betriebsingenieure wurde zum wichtigen Wissensspeicher dieser neuen Berufsgruppe.

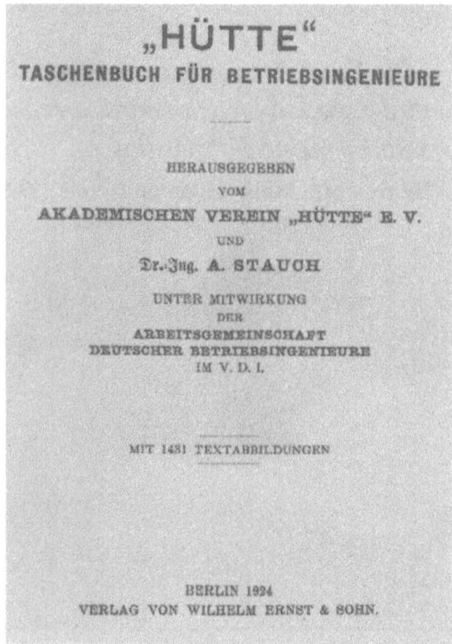

Für Fertigungsaufgaben mit ausschließlichem Maschineneinsatz wurden spezielle Taktstraßen – später auch als Transferstraßen bezeichnet – entwickelt, in denen die Werkstücke nach vorgegebenem Zeitregime mittels automatischer Transporteinrichtungen von Werkzeugmaschine zu Werkzeugmaschine weitergeleitet wurden. Die erste mechanisch gesteuerte Taktstraßen-Fließfertigung ging 1924 bei Morris Motors in Großbritannien zur Fertigung von Automobilmotoren in Betrieb. Zehn Jahre später folgten Taktstraßen in der Flugzeugfertigung bei Junkers in Deutschland. Für die aufkommende »automatische Handhabung von Werkstücken im modernen Produktionsprozeß« wurde ab 1936 der Begriff »Automation« eingeführt. Wählt man die flexible Automatisierung als fertigungstechnisches Kriterium der wissenschaftlich-technischen Revolution, so charakterisierte die damalige starre oder Einzweckautomatisierung ihren historischen Vorläufer.

Das Ansteigen der Massenfertigung bedingte die Normung. Einige nationale Gewindenormen erhielten den Namen ihrer Schöpfer, wie das Whitworth-Gewinde (1841 und 1905, Großbritannien), das Sellers-Gewinde, (1864 und 1868, USA) oder das Loewenherz-Gewinde (1893, Deutschland). Im Jahr 1898 wurde mit dem in Frankreich entwickelten SI-Gewinde (Systéme Internationale) erstmals eine für die Fertigungstechnik bedeutsame internationale Vereinbarung getroffen.

In der Normenarbeit bedurfte es grundlegender wissenschaftlicher Forschungen und straffer Organisation. Die frühzeitige Erarbeitung von Maßnormen bei Gewinden, Walzprofilen, Blechen, Drähten, Rohren und auch zahlreichen Konstruktionsteilen, insbesondere im Lokomotiv- und Eisenbahnwagenbau, hatte zur führenden Stellung des Maschinenbaus in der Normung geführt. Der erste nationale Normenausschuß entstand 1901 in England, und im gleichen Jahr nahm in den USA das »Bureau of Standards« als Vorläufer eines amerikanischen Ausschusses die Arbeit auf. Durch den ersten Weltkrieg beschleunigt, wurden zwischen 1916 und 1921 in allen Industriestaaten nationale Normenausschüsse ins Leben gerufen. In Deutschland entstand der »Normenausschuß der deutschen Industrie« (NADI) am 22. Dezember 1917 aus dem ein halbes Jahr zuvor gegründeten Hauptausschuß »Normalien für den allgemeinen Maschinenbau« (auch Normalienausschuß genannt). 1926 erfolgte die Umbenennung in »Deutscher Normenausschuß« (DNA), da sein Wirken nunmehr weit über die Industrie hinausging. Die 1926 gebildete internationale Vereinigung »International Standards Association« (ISA) zählte bereits im Gründungsjahr nahezu 20 Ländervertretungen als Mitglieder.

Messehalle des Vereins deutscher Werkzeugmaschinenfabriken auf der Technischen Messe in Leipzig als Zentrum des Werkzeugmaschinenhandels und wissenschaftlich-technischer Veranstaltungen

Georg Berndt, Begründer des ersten Institutes für Meßtechnik und Austauschbau in der Welt an der Technischen Hochschule Dresden (1924)

»Auf der Schneide des Stahles sitzen die Dividenden.«

Georg Schlesinger, Die Stellung der deutschen Werkzeugmaschine auf dem Weltmarkt, Zeitschrift des Vereins Deutscher Ingenieure 55 (1911)

In den 20er und 30er Jahren wuchs ein umfangreiches Normenwerk. In Deutschland gab es 1927 schließlich 68 Fachnormenausschüsse. Im Jahre 1937 lagen etwa 6250 gültige DIN-Normen vor, darunter für alle Teilgebiete der Fertigungstechnik und der Werkzeugmaschinen. 1939 wurde in Deutschland die bis dahin freizügige Anwendung der Normen aufgehoben und ihre Verbindlichkeit erklärt. Die technische Normung (Standardisierung) begann sich zu einer eigenständigen technikwissenschaftlichen Disziplin zu entwickeln. Zugleich beeinflußte die Arbeit in den Fachnormenausschüssen die Begriffsentwicklung der disziplinären Fachsprachen besonders in den noch jungen Disziplinen. Zur Förderung der internationalen Begriffsnormung bildete 1936 die ISA das Technische Komitee 37 »Terminologie«.

Andersgelagerte neue Zusammenhänge von Wissenschaft und Technik stellte Taylor mit seinem »Scientific Management« her. Darin verknüpfte er technische Leistungsparameter mit arbeitsphysiologischen und -psychologischen Erfahrungswerten. Die Verflechtung von Zeit- und Arbeitsstudien mit ausgeklügelten leistungsabhängigen Lohnsystemen kennzeichnete das »Taylorsystem« als Ausbeutungssystem auf wissenschaftlicher Grundlage. In den USA fand auch das nach seinem Erfinder benannte »Bedaux-System« (Stücklohnsystem) große Verbreitung.

Zu einem Hauptfeld der Arbeits- und Fertigungsvorbereitung wurde seit dieser Zeit die Vorkalkulation der Bearbeitungszeiten, um die Auslastung von Werkzeugmaschine, Werkzeug und Arbeiter zu erreichen. Zunehmend erfolgte der Übergang vom Lohnakkord zum Zeitakkord, was der angestrebten fertigungstechnischen Minimierung der Bearbeitungszeiten entgegenkam. Diese Aufgabe übernahm seit den 20er Jahren in Deutschland der Reichsausschuß für Arbeitszeitermittlung (Refa).

Mit der Anwendung der Psychologie und Physiologie auf Probleme der technischen Arbeit und deren Bewertung durch den Ingenieur entstanden wesentliche Grundlagen der Arbeitswissenschaften.

Vor dem ersten Weltkrieg interessierten besonders der Energieverbrauch des arbeitenden Menschen, Arbeitsermüdung (die sogenannte Arbeitskurve), Arbeitsorganisation, Arbeitsbewegung und der Einfluß des Arbeitsklimas auf die Leistung. Danach konzentrierten sich die jetzt sprunghaft zunehmenden arbeitswissenschaftlichen Untersuchungen auf Eignungsprüfungen für bestimmte Berufe. Im Zusammenhang mit der Fließarbeit wurden Probleme der Gruppenarbeit, Arbeitsrhythmik und -kurve untersucht. Diese Forschungsergebnisse fanden in der Literatur einen breiten Niederschlag. Nach der »Theorie der Psychotechnik« (1925) von Fritz Giese erschien von Otto Lipmann das erste »Lehrbuch der Arbeitswissenschaften« (1932). Forschungs- und Lehrinstitutionen dieser Wissenschaft entstanden in rascher Folge in allen Industrieländern. Der erste internationale Kongreß für Arbeitswissenschaften fand 1924 statt.

Auch in der Werkstofftechnik und Meßtechnik wurden qualitativ neue Ergebnisse erzielt, die für die Fertigungstechnik bedeutsam waren. Neue Werkstoffe (Edelstähle, Perlitguß, Leichtmetallegierungen, Sinterhartmetall, Kunststoffe, Keramik) erforderten neue Bearbeitungsverfahren. Neue Meßmethoden (elektrische Messung mechanischer Größen, Oberflächenrauhigkeitsmessungen, Röntgen- und Ultraschallprüfungen) erweiterten

Evgeni Oskar Paton, sowjetrussischer Pionier der Schweißtechnik und Begründer des nach ihm benannten weltgrößten Instituts für Elektroschweißen (gegr. 1934) in Kiew. Technische Universität Dresden

Meßgenauigkeiten und Anwendungsbereiche der experimentellen Untersuchungen fertigungstechnischer Prozesse. Die Verknüpfung von Meß-, Prüf- und Steuerungstechnik eröffnete neue Möglichkeiten in der Automatisierung, und die statistische Qualitätskontrolle erlangte Bedeutung in der Massenfertigung. Das unter Georg Berndt an der TH Dresden 1924 gegründete Institut für Meßtechnik und wissenschaftliche Grundlagen des Austauschbaues blieb über drei Jahrzehnte das einzige seiner Art.

In der Fertigungstechnik begann eine differenzierte Institutionalisierung nach den Verfahrenshauptgruppen (Urformen, Umformen, Trennen, Fügen, Oberflächenbehandeln, Gefügeeigenschaftsändern). Voll ausgeprägt war diese zuerst an den sowjetischen technischen Hochschulen, wo um 1930 zahlreiche neue Lehrstühle für Gießerei, Kaltumformung, Warmumformung, Spanungstechnik, Schweißtechnik, Montage und Wärmebehandlung eingerichtet wurden. Bis zum zweiten Weltkrieg bildeten sich die Urformtechnik (Gießerei), die Spanungstechnik und die Schweißtechnik als eigenständige Wissenschaftsdisziplinen heraus. Unter den Betriebs- und Fertigungsingenieuren setzte als Folge dieses Prozesses eine diesbezügliche Spezialisierung ein.

Die starke Konzentration auf fertigungstechnische Probleme führte keineswegs zur Vernachlässigung oder gar Stagnation des konstruktiven Maschinenbaus. Mehr denn je konnten sich die Maschinenwissenschaften auf theoretischen Vorlauf stützen. Das Verhältnis von Grundlagenforschung, Konstruktion und Fertigung nahm ausgewogene Züge an. Die Disziplinen des Maschinenwesens gingen nunmehr im Verein daran, größere Systeme – wie etwa das Automobil – wissenschaftlich zu durchdringen und ganze Maschinenanlagen vorauszuberechnen. Insofern wird diese Phase der Maschinenwissenschaften durch eine theoretische Konsolidierung gekennzeichnet.

Drehzahlsteigerungen im Maschinenbau machten sich empfindlich in Schwingungen bemerkbar. Um 1920 trat die Maschinendynamik – als »höhere Ingenieurtheorie« – in eine neue Phase experimentellen und theoretischen Fortschritts. Sie war gekennzeichnet durch eine Vielzahl rechnerischer, grafischer sowie experimenteller Verfahren zur Lösung von Schwingungsproblemen.

Wichtigste theoretische Grundlage der Schwingungslehre bildete das Verfahren von Walter Ritz. Der Göttinger Mathematiker hatte 1908 ein numerisches Verfahren zur approximativen Lösung technisch relevanter Randwertaufgaben angegeben. Seine Methode, die 1914 von Boris G. Galerkin vereinfacht auf die Plattentheorie angewendet und weitere vier Jahre später von dem Engländer Lord Rayleigh für diskontinuierliche Systeme zu einem praktikablen Matrizenverfahren entwickelt wurde, nutzte die direkten Methoden der Variationsrechnung.

Die Erkenntnisse und Lösungsverfahren haben 1939 C. B. Biezeno von der Technischen Hochschule Delft und Richard Grammel aus Stuttgart zu einem Standardwerk zusammengefaßt, das ganz auf praktisch-maschinenbauliche Probleme orientiert war: Ermittlung von kritischen Drehzahlen, Eigenfrequenzen und Schwingformen, Massenausgleich an Dampfturbinen und kompliziert angeordneten Mehrzylindermotoren u. a. m. Ihr Buch »Technische Dynamik« widerspiegelte das theoretische Niveau der Zeit. Die Autoren befaßten sich zum Beispiel mit aktueller Festigkeitstheorie, der Kerbspannungslehre. In der harmonischen Analyse gingen sie auf Carl Runge zurück (1904) und verstanden es exzellent, die Ermittlung der Fourier-Koeffizienten in ingenieurgemäßer handhabbarer Form darzulegen.

Die Festigkeitslehre vermittelte bis 1900 hauptsächlich die Balken- und Fachwerktheorie. Die Tendenz richtete sich auf die Beherrschung immer komplizierterer Bauteilformen, die Berücksichtigung vielfältiger Werkstoffe und äußerer Voraussetzungen sowie auf Aussagen über das reale Verhalten unter Betriebsbedingungen. Den theoretischen Stand dieses Gebietes verkörperte vor allem ein Buch der beiden Altmeister der Festigkeitslehre, das August Föppl und sein Sohn Ludwig – beide wirkten vor allem an der TH München – verfaßten: das Lehrbuch »Drang und Zwang« (1918). Es stellt eine moderne, kontinuumsmechanisch orientierte Festigkeitstheorie vor.

Realen Maschinenbauteilen konnte die Elastizitätstheorie in jener Zeit durch Erweiterung der geometrischen Formen auf Scheiben, Platten und verrippte Flächentragwerke gerecht werden. Für die Behandlung ebener Spannungszustände nutzte man zunehmend potentialtheoretische Ansätze, die, mit Einführung der Airyschen Spannungsfunktion, auf eine Bipotentialgleichung führten. Sie zählte zu den in den 20er und 30er Jahren aufkommenden Standardlösungen für unterschiedliche Bauteilformen und Belastungsvarianten.

Elektrolokomotive E 5042 – mittlerer Teil des Hauptrahmens mit Kuppelachsen, Triebwerk und Fahrmotor (1923). In den ersten Jahrzehnten des 20. Jahrhunderts erwies sich im Maschinenbau die Dynamik der Kurbelgetriebe von eminenter Wichtigkeit. Zur Ausschaltung von Unwuchten wurden bei Mehrkolbendampfmaschinen, Verbrennungsmotoren, aber auch bei Lokomotivantrieben bereits im Entwicklungsstadium Experimente und Berechnungen angestellt. Verkehrsmuseum Dresden

»Zu einer wirklichen erfolgreichen Spannungslehre sind aber in erster Linie große und umfassende Gedankengänge erforderlich, und diese können nur durch gründliche theoretische Bearbeitung des Stoffes gewonnen werden.«

Heinz Neuber, Kerbspannungslehre, 1937

Kompliziertere geometrische Bedingungen an Ecken, Löchern, Kerben, das heißt Orten, an denen Rißgefahr und Sprödbruchneigung besonders groß sind, forderten theoretische Ansätze, welche die Voraussetzungen der Kontinuumsmechanik sprengten. Hier führten festkörperphysikalische Betrachtungen weiter, auf deren Grundlage das Gebiet der Bruchmechanik erschlossen wurde. 1934 wurde mit den Thumschen Formzahlen ein erster Schritt zur Behandlung solcher Orte mit Spannungskonzentrationen vollzogen. Einen weiteren Schritt ging Heinz Neuber 1937 mit seiner ingenieurgemäßen Kerbspannungslehre. Seine Kerbzahlendiagramme erfreuten sich großer Popularität. Räumlichen Kerbspannungsproblemen hatte sich 1933 der US-Amerikaner N. Goodier zugewandt.

Die Schadensforschung beschäftigte sich vor allem mit Rissen und ähnlichen Defekten. Damit gewann die Plastizitätsmechanik an Bedeutung, die in der Behandlung von Spanbildungsprozessen wurzelte und durch rheologische Modelle theoretisch ausgebaut wurde. Besonders an hochbelasteten, in der Regel Vibrationen ausgesetzten Bauteilen traten Risse auf, deren Zustandekommen auf der Grundlage von Annahmen der Zeit- und Dauerfestigkeit nicht zu klären waren. In den 30er und 40er Jahren häuften sich Untersuchungen solcher extremer Belastungsregime namentlich bei Schiffen und Flugzeugen. Exponierte Orte für Risse und Brüche waren die Übergänge von den Tragflächen zum Rumpf sowie die Abstützung der Triebwerke und das Fahrwerk. Die Ursachenforschung führte auf eine neue Kategorie von Festigkeitsuntersuchungen: die Betriebsfestigkeit. Dahinter verbirgt sich die Untersuchung von Bauteilen unter Betriebsbedingungen, wobei von deterministischen Lastbedingungen zur Annahme stochastischer Belastungen und einer statistischen Verteilung der Kennwerte übergegangen wurde. In den USA beschritt man dieses Neuland zunächst auf experimentellem Wege. In den 40er Jahren erschien in der Zeitschrift »Experimental Stress Analysis« eine Reihe von Forschungsergebnissen aus der Flugzeugindustrie, zu deren bedeutendsten die Deformationsanalyse mit

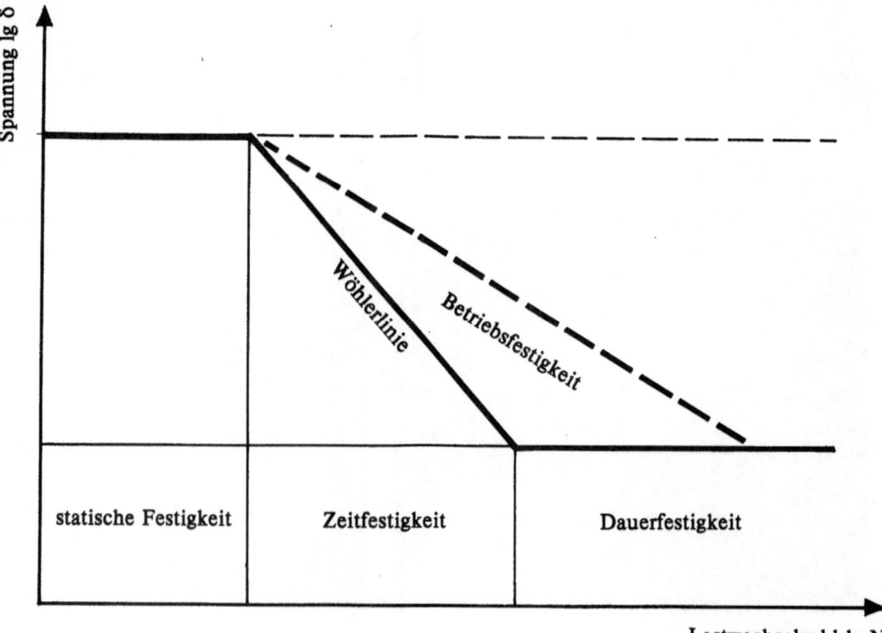

Das Verhältnis von Zeit-, Dauer- und Betriebsfestigkeit. Die Wöhlerlinie zeigt an, wie die zulässigen Spannungen bzw. Bruchspannungen bei zunehmender Lastwechselzahl vermindert werden.

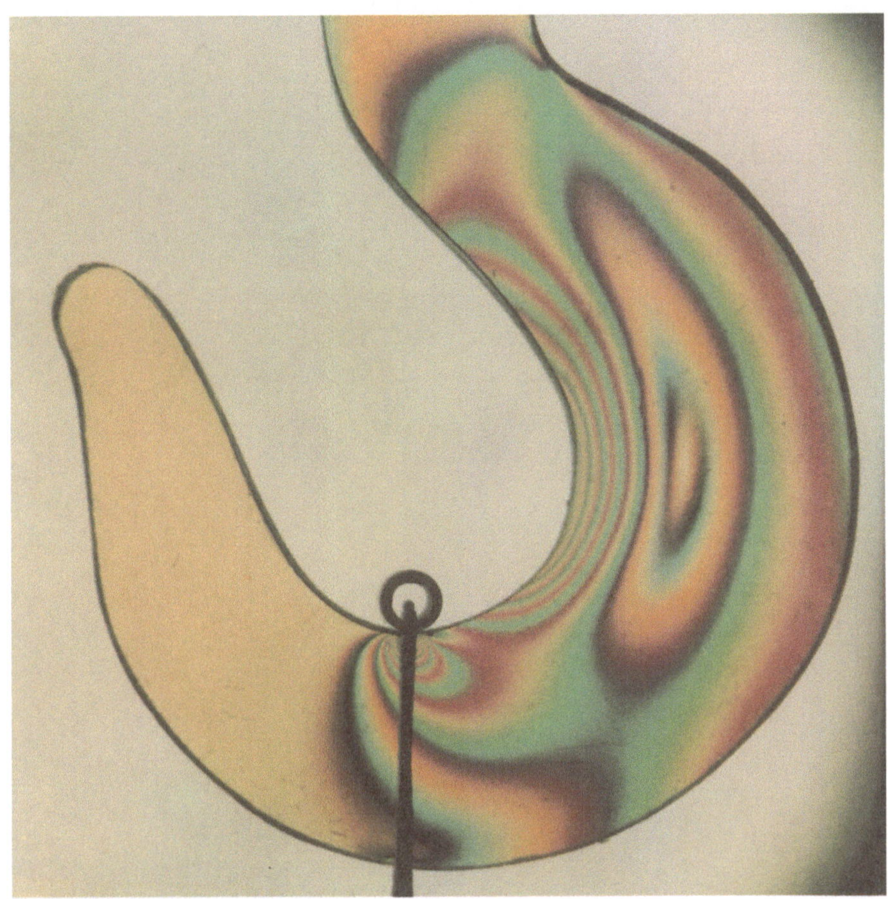

Spannungsoptische Aufnahme (Hellfeld)
eines Kranhakens unter Belastung. An der
Ordnung der Isochromaten sind die maximalen Spannungen auszumachen (Mitte
rechts). Die Spitze des Hakens ist spannungsfrei. Wilhelm-Pieck-Universität
Rostock, Sektion Schiffstechnik

Dehnungsmeßstreifen zählte. Der gleichen Zeit entstammen die bemerkenswerten Untersuchungen von Ernst Gassner, Arthur Weigand und Ernst
Lehr in der Deutschen Versuchsanstalt für Luftfahrt zur statistischen Analyse von Beanspruchungsvorgängen.

Die verstärkte Zuwendung zur Laborforschung war symptomatisch für
die Zeit, da die analytischen Hilfsmittel zwar große Reife erlangt hatten,
aber die Rechenhilfsmittel fehlten, um Differentialgleichungssysteme näherungsweise zu lösen. Numerische Verfahren wie das von Runge/Kutta
erforderten zur approximativen Lösung großer Differentialgleichungen
ganze Rechenbüros. (Heute vollzieht dies ein Mikrorechner in Sekundenschnelle.)

Das Experiment erwies sich zunächst als fruchtbar und ließ auch hinsichtlich praktischer Genauigkeit wenig zu wünschen übrig. Eine Erwähnung als experimentelles Verfahren verdient die spannungsoptische Festigkeitsanalyse, weil sie auch hinsichtlich der Vielfalt zu untersuchender
geometrischer Formen von Bauteilen kaum Grenzen setzte. Sie geht auf
Doppelbrechungseffekte in belasteten Bauteilen zurück, welche in Form
von Linien gleicher Hauptspannungsdifferenz (Isochromaten) und gleicher
Hauptspannungsrichtung (Isoklinen) sichtbar gemacht werden können.
Entsprechende Untersuchungen, die kurz nach der Jahrhundertwende erstmals von Ernest George Coker und Augustin Mesnager durchgeführt und
beschrieben wurden, reiften erst in den 30er Jahren zu einer praktikablen

*»Erst wenn die Spannungsoptik in
enger Zusammenarbeit mit der Konstruktion eingesetzt wird, kommt ihr
großer praktischer Nutzen voll zur
Geltung.«*
Ludwig Föppl, Praktische Spannungsoptik,
1950

Diagramme zur Zahnfußfestigkeit. Die
Berechnung der Biegefestigkeit von Rad-
zähnen erwies sich als ein äußerst komplexes theoretisches Problem. Wesentlichen Einfluß hatte die Zahnform. Erste
theoretische Ansätze gehen auf den amerikanischen Ingenieur W. Lewis zurück, der
auch den Zahnformfaktor einführte. Die
empirische Erweiterung dieser Theorie
setzte mit Versuchen von G. H. Marx und
L. E. Cutter ein und dauerte bis Ende der
20er Jahre. In b ist die Korrektur des Kraft-
verlaufes dargestellt, im räumlichen Diagramm c ist die Korrelation der wichtigsten
Bestimmungsgrößen aufgetragen. Aus:
H. Chr. Graf v. Seherr-Thoss, Die Entwicklung der Zahnrad-Technik, Berlin/Heidel-
berg/New York, 1965

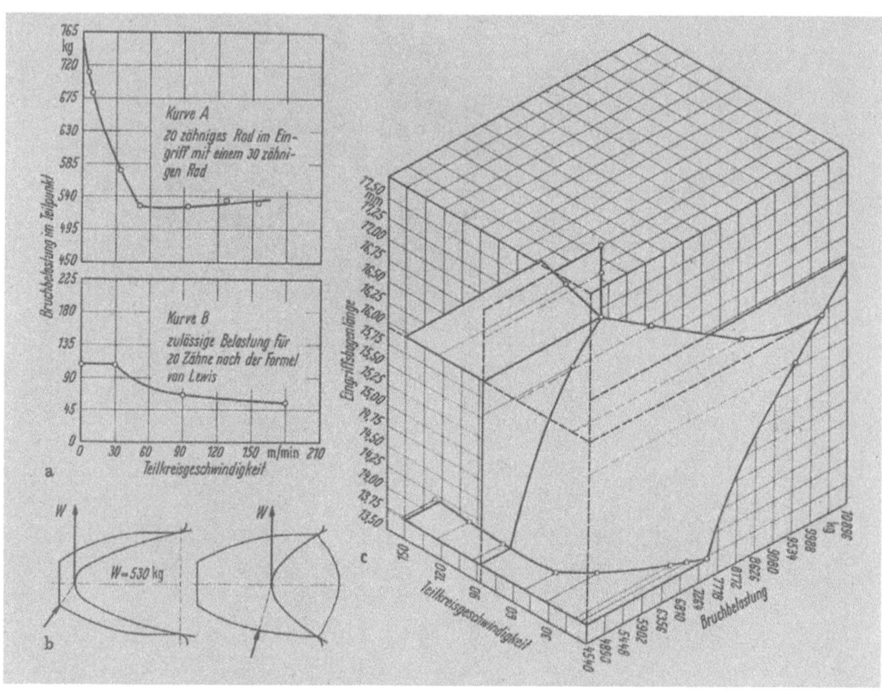

Phasenbild der Eisen-Kohlenstoff-Legie-
rungen von Heyn-Charpy. In den 20er
Jahren wurde die Bestimmung des Gefüge-
aufbaus gängiger Stähle zu einem gewissen
Abschluß gebracht. Im verbesserten Eisen-
Kohlenstoff-Diagramm von Heyn und
Charpy sind die Ergebnisse entsprechender
Untersuchungen der Kristallbildungsvor-
gänge beim Abkühlen seit etwa 1900 einge-
flossen. Aus: E. Heyn, Die Theorie der
Eisen-Kohlenstoff-Legierungen, Berlin,
1924

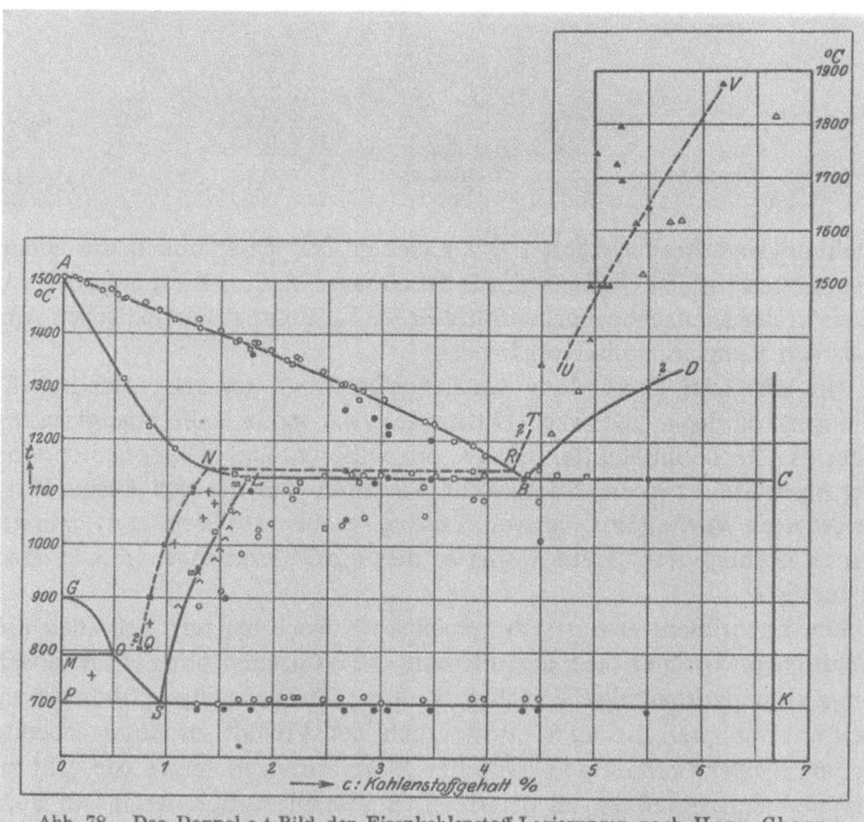

Abb. 78. Das Doppel-c,t-Bild der Eisenkohlenstoff-Legierungen nach Heyn-Charpy.

Methode aus. Das Verdienst, die Spannungsoptik für die ingenieurwissenschaftliche Lehre aufbereitet zu haben, gebührt wiederum L. Föppl und seinen Mitarbeitern an der TH München.

Mit Hilfe der modernen analytischen und experimentellen Verfahren wurden immer bessere Voraussetzungen für eine Optimierung von Konstruktionen geschaffen. Auch im Maschinenbau spielte unter dem Aspekt der Materialökonomie und der Erhöhung der Gebrauchswerteigenschaften der Leichtbau eine zunehmende Rolle, dessen theoretische Grundlagen in den 30er Jahren entstanden.

Die Nachfolge von Bach trat auf dem Gebiet der Maschinenelemente der vielseitige Dresdener Maschinenwissenschaftler Karl Kutzbach an. Seit den 20er Jahren gehörte er neben Hermann Alt zu den bedeutenden Vertretern der Getriebetechnik und suchte in der Maschinenkonstruktion Bachsche und Reuleauxsche Vorstellungen zu einer Synthese zu bringen. In Kutzbach paarte sich praktischer Verstand mit einem hohen Abstraktionsvermögen. Seine Konstruktionssystematik bereitete die Rationalisierung der konstruktiven Arbeit vor. Diese Phase der wissenschaftlichen Konstruktionstechnik wurde ferner, zumindest in methodischer Hinsicht, von dem Schweizer F. Kesselring und dem US-Amerikaner F. Zwicky eingeleitet. Während sich ersterer vor allem mit den Bewertungskriterien einer Konstruktion befaßte (1942), legte letzterer neuartige Methoden zur Lösungsfindung vor (1944), die zum Nutzen der Anti-Hitler-Koalition kürzeste Überleitungszeiten garantierten.

Fortschritte in der Materialforschung waren bis 1900 vor allem auf dem Gebiet der Werkstoffprüfung zu erkennen. Ein Prüfverfahren, das Aufschluß über Struktur und Gefügeaufbau der Werkstoffe gibt, entfaltete sich in besonderem Maße zu einem theoretischen Zweig der Materialforschung, die Metallografie. Darunter verstand man bis 1920 die Gesamtbeschreibung der Metalle, die Metallkunde schlechthin. Von theoretischem Interesse waren vor allem die Gefügeumwandlungen bei Mehrstoffsystemen, insbesondere bei Eisen-Kohlenstoff-Legierungen. Die Entwicklung entsprechender Phasendiagramme vermittelt ein anschauliches Bild, wie eine internationale Gemeinschaft von Materialforschern von 1900 bis etwa 1925 an tieferen Einblicken in Struktur und Umwandlungsvorgänge dieses wichtigsten Maschinenbauwerkstoffes teilhatte.

Einen gewissen Abschluß bildete das Eisen-Kohlenstoff-Schaubild von Emil Heyn und George Charpy (1924). Heyn, der Nachfolger von Martens und spätere Direktor des Kaiser-Wilhelm-Institutes für Metallforschung in Berlin, war ein versierter Metallograf. Er verstand es, seine experimentellen Erfahrungen in theoretische Vorstellungen umzumünzen.

Den metallphysikalischen Zweig der Werkstoffkunde begründete der Göttinger Physikochemiker Gustav Tammann. Er untersuchte die physikochemischen Eigenschaften verschiedener Legierungszusammensetzungen und bearbeitete darüber hinaus Probleme der Kaltverformung, Verfestigung, Rekristallisation, Keimbildung und Kristallisationsgeschwindigkeit. Sein »Lehrbuch der Metallkunde« (1932), hervorgegangen aus einem Lehrbuch zur Metallografie, gilt als Klassiker auf diesem Gebiet.

Solche Werkstoffuntersuchungen erfolgten in der Regel an technischen Hochschulen. Aber auch die Industrieforschung zeitigte beachtliche Er-

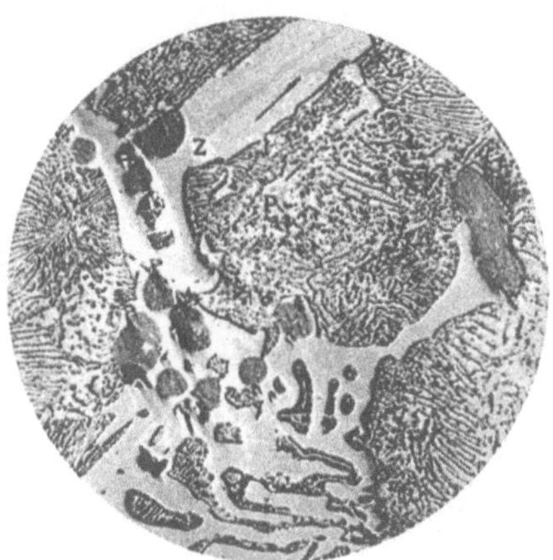

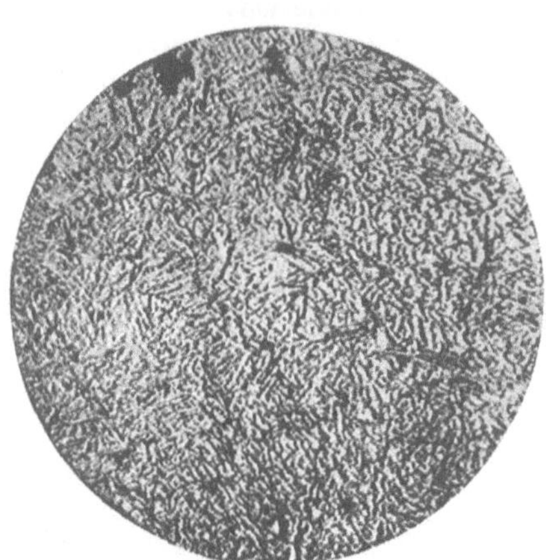

Metallografische Schliffbilder. Perlit und Zementit im gegossenen Stahl (o.), Perlit und Zementit im geglühten Eisen (Mitte) sowie die typische Nadelstruktur des Martensit im abgeschreckten Stahl (u.). Aus: E. Heyn, Die Theorie der Eisen-Kohlenstoff-Legierungen, Berlin, 1924

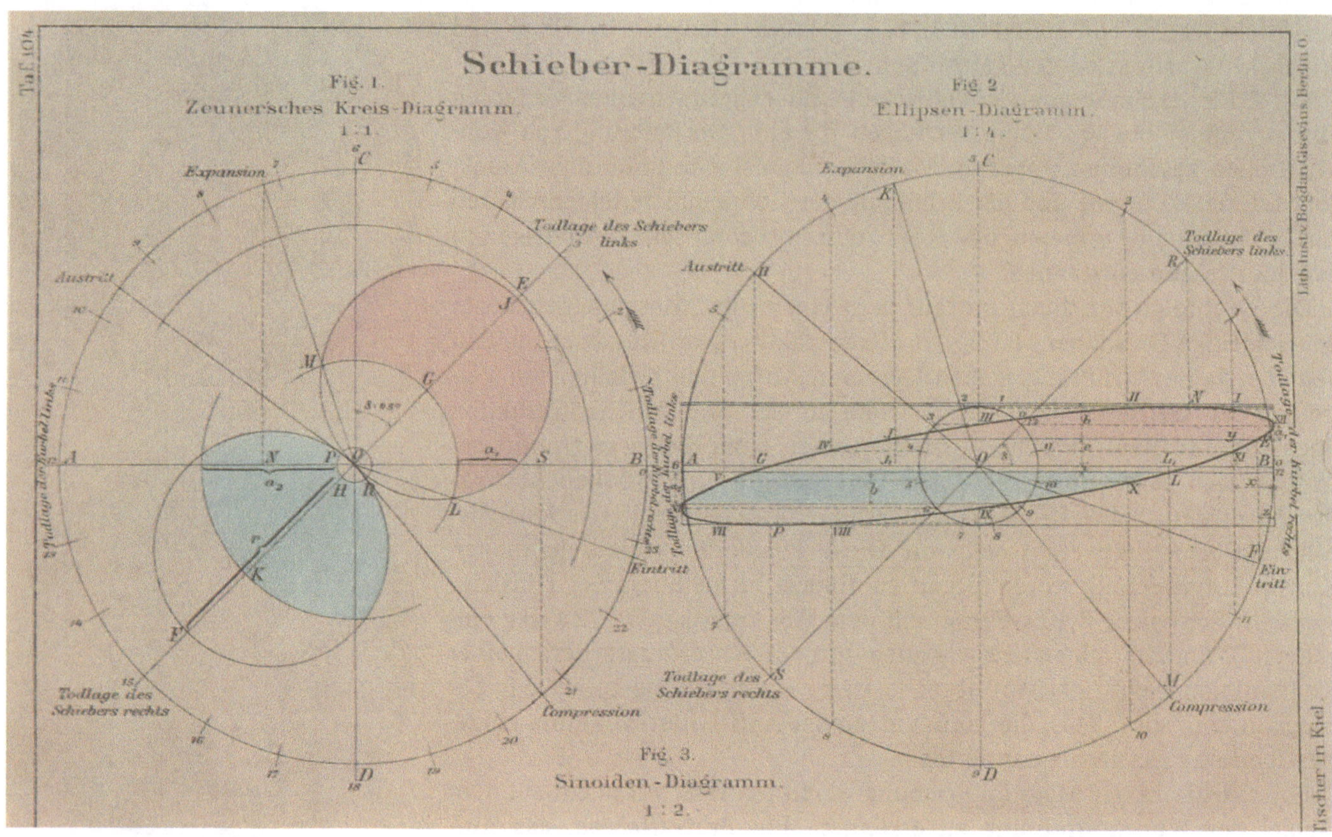

Schieberdiagramme. Tabellen von Koeffizienten, Diagramme und ähnliche grafische Schaubilder wurden immer mehr zum Handwerkszeug des Ingenieurs. Sie verkörpern geronnene Wissenschaft in anschaulicher und praktikabler Form. Das Ergebnis, nicht der Erkenntnisweg steht im Vordergrund. Aus: C. Busley, Die Schiffsmaschine, 1886

gebnisse. Hervorzuheben ist die Entwicklung einer Härtungstheorie bei der Firma Krupp in Essen. Erkenntnisse über die Gefügearten flossen dort in die Entwicklung alterungsbeständiger Stähle ein (1926).

Werkstofforschung wurde nunmehr systematischer in größere Zusammenhänge eingebunden. Bereits im ersten Weltkrieg und forciert durch den internationalen Wettbewerb in den 20er Jahren erhielt die gründliche Qualitätskontrolle wachsende Bedeutung. Seit den 30er Jahren verschmolzen wissenschaftlich fundierte Metallkunde und Werkstoffprüfverfahren zunehmend mit Problemen der Herstellung, Verarbeitung und Wärmebehandlung von Werkstoffen. Konstruktiver Einsatz und Betriebseinflüsse spielten ebenfalls eine gewichtige Rolle.

Der besondere Rang der technischen Thermodynamik innerhalb der Maschinenwissenschaften war durch die Bedeutung der Wärmekraftmaschinen gegeben. Die wärmetechnische Forschung erlangte eine neue Qualität, als es um die Optimierung kompletter Anlagen ging. Die umfassende Elektrifizierung bewirkte, daß die Kraftwerke zu Großunternehmen anwuchsen. Im Mittelpunkt des wissenschaftlichen Interesses standen nunmehr Dampfturbinen als Hauptaggregate der Energiewirtschaft. Wirtschaftsstrategien forderten einen weiteren Leistungsanstieg, die wärmetechnische Entwicklung – in den 30er Jahren wurden thermische Wirkungsgrade von mehr als 80 Prozent erreicht – sowie die Senkung der Anlagenkosten. Der enorme Energieverbrauch in den USA hatte zu kolossalen Leistungssteigerungen geführt. Mehrstufige Hochdruck-Turbosätze erreichten dort bereits Leistungen von 230 000 kW.

In den europäischen Ländern zwang die Kapitalarmut nach dem ersten Weltkrieg zu drastischen Energiesparmaßnahmen in der Wärmewirtschaft. Es nimmt nicht wunder, daß 1923, in der Zeit höchster Inflationswirren, ein signifikanter Fortschritt im Dampfturbinenbau zu verzeichnen war. Dieser wurde durch intensive Forschung an den technischen Hochschulen und ausgedehnte Projekte auf den Versuchsfeldern der Maschinenbauunternehmen getragen. Den energiewirtschaftlichen Imperativ berücksichtigte man vornehmlich durch höhere Temperatur- und Druckgefälle in den Turbinen. Dies zog an den technischen Hochschulen die Profilierung einer neuen Ausbildungsrichtung, des Wärmeingenieurs, nach sich. Doch ging es dem Wärmetechniker nicht allein um das Antriebsaggregat, sondern um das Kraftwerk als Gesamtsystem. Anlagen solcher Dimension warfen neben technisch-ökonomischen naturgemäß auch Probleme der Betriebssicherheit auf.

Ausgehend von den thermischen Eigenschaften der Wasserdämpfe, drang die Thermodynamik in andere Gebiete vor. Theoretische Leistungen auf den sich abzweigenden Gebieten sind insbesondere an der Profilierung der wissenschaftlichen Schule von Zeuner in Dresden abzulesen. Die direkte Ausnutzung der Verbrennungswärme unter Umgehung eines »Arbeitsmittels« lag den Verbrennungsmotoren zugrunde. Bereits Rudolf Diesel hatte ausgehend vom Carnotschen Prozeß versucht, einen möglichst verlustarmen Verbrennungsmotor zu schaffen. Die Umsetzung in die Praxis erwies sich als außerordentlich kompliziert und stimulierte die thermodynamische Forschung. Wilhelm Nußelt befaßte sich 1916 mit der Vergasung und Verbrennung fester Brennstoffe. Hinsichtlich theoretischer Verallgemeinerung thermodynamischer Probleme sowohl für Dampf als auch für Verbrennungsgase ragte Richard Mollier heraus. Er führte die Enthalpie in die technische Thermodynamik ein. Seine Diagramme für Einstoffsysteme (Entropie-Enthalpie bzw. Druck-Enthalpie) sind ein praktikables Abbild der in Dampfturbinen, Turbokompressoren oder Kältemaschinen ablaufenden thermischen Prozesse.

Wilhelm Ostwald,
Der energetische Imperativ, 1912

Rudolf Diesel, Die Entstehung des Dieselmotors, 1913

Entropietafel für unterkühlten Wasserdampf. Die stark erweiterte 5. Auflage von A. Stodolas »Dampf- und Gasturbinen« (Berlin, 1922) zählt zu den bemerkenswerten technikwissenschaftlichen Fachbüchern seiner Zeit. Vorbildlich ist darin die Behandlung der thermodynamischen Grundlagen der Turbinentheorie. Die Einführung der Mollierschen Entropietafel vereinfachte die thermodynamische Berechnung und wahrte trotz großer Zahl an Bestimmungsgrößen die Übersichtlichkeit.

Der Tropfenwagen von Edmund Rumpler (1921). Auch der Kraftfahrzeugbau profitierte in seiner Pionierzeit von den Erkenntnissen des Zeppelin- und Flugzeugbaus. Dies betraf neben der Motorenentwicklung und dem Karosserieleichtbau insbesondere die Windschlüpfrigkeit der Automobile. Es kam dabei gelegentlich zu dem Kuriosum, daß theoretische Vorgaben weder technisch sinnvoll und praktisch umsetzbar waren, noch dem Zeitgeschmack entsprachen. Der von dem österreichischen Flugzeugkonstrukteur E. Rumpler für seinen avantgardistischen Tropfenwagen vorausgesagte extrem niedrige Luftwiderstandsbeiwert konnte später in Experimenten bestätigt werden: $C_w = 0{,}28$. Deutsches Museum, München

Damit ist ein weiteres Gebiet angesprochen, das zunächst ohne größere technische Zwänge aus der Möglichkeit der Umkehrung des Prozesses der Wärmekraftmaschine entstanden war, sich aber schon bald als Kältetechnik in der chemischen Industrie (z. B. Gasverflüssigung), Lebensmittelindustrie und Klimatechnik einen wichtigen Platz eroberte. Die thermodynamischen Grundlagen gehen auf Carl von Linde, den Lehrer Diesels, Mollier und Rudolf Plank zurück.

Kaum ein maschinelles Objekt wurde in seiner technischen Vervollkommnung auf dem neuesten Stand der wissenschaftlichen Erkenntnis einer so eingehenden theoretischen Betrachtung unterzogen wie die Dampfturbine. Eine vielschichtige technikwissenschaftliche Problemsituation schuf hier Prüffelder für modernste mechanische, hydrodynamische und thermodynamische Theorien. Anerkannte Autorität auf diesem Gebiet war Aurel Stodola, dessen wissenschaftliche Heimstatt die angesehene Eidgenössische Technische Hochschule in Zürich gewesen ist. Er hielt die Balance zwischen Empirie und Theorie, blieb aber nicht unbeeinflußt von der »Antimathematikerbewegung« in den Reihen der Technikwissenschaftler. Richtungweisend wurde die 5. Auflage seines Standardwerkes »Dampf- und Gasturbinen« (1922), in welchem er neueste Berechnungsmethoden und die Ergebnisse aus Prüffeldern der Industrie zum Grundgerüst einer technikwissenschaftlichen Spezialdisziplin zusammenfaßte.

Es konnte im 19. Jahrhundert in Deutschland im Gegensatz zu England noch keineswegs die Norm sein, daß die Technikwissenschaften starke Impulse aus der angewandten Forschung der Universitäten bezogen. Das Programm der angewandten Mathematik und Mechanik an der Universität Göttingen ist ein Beispiel ingenieurtechnischer Universitätsforschung, deren Ergebnisse zu den Spitzenleistungen technikwissenschaftlicher Erkenntnis zählen. Das Göttinger Institut für technische Physik ging auf Pläne des Mathematikers und Wissenschaftsorganisators Felix Klein zurück. Er hatte frühzeitig erkannt, daß gegenüber den USA, denen natürliche Ressourcen ausreichend zur Verfügung standen, in Deutschland auf die intensive Ausnutzung des Vorhandenen und bei Anwendung neuester wissenschaftlicher Erkenntnisse auf den ökonomischen Material- und Energieeinsatz orientiert werden müsse.

In Ludwig Prandtl fand er für das spätere Institut für Angewandte Mechanik die überragende Wissenschaftlerpersönlichkeit. Prandtl, ein Schüler A. Föppls, blieb zeitlebens in ingenieurtechnischen Aufgaben verwurzelt. Seine ausgeprägten Neigungen zu naturwissenschaftlichen Grundlagen wußte er mit der Anschaulichkeit des Technikers zu verbinden. Bereits 1904 wartete er mit der Grenzschichttheorie auf. In geradezu genialer Vereinfachung gab er eine hinreichend genaue Beschreibung für die Strömungsverhältnisse in einer zähigkeitsbehafteten Flüssigkeit in der Nähe des Randes an. Seine Theorie zählte bald zu den Grundlagen der Schiffs- und Turbinentheorie wie auch seine Beiträge zur Theorie des Verdichtungsstoßes auf dem Gebiet der Gasdynamik.

Besonders die Erforschung der reibungsbehafteten Strömung am Schiffskörper, der Dampf- bzw. Gasströmung in Röhren und Turbinen sowie des Auftriebs von Flugzeugen zwang zu Experimenten. Geschlossene Lösungen für räumliche Strömungsverhältnisse, zumal bei komplizierten geometrischen Formen der Schiffs- und Auftriebskörper, waren kaum möglich. Die Untersuchung der Übertragungsverhältnisse wurde in den 20er Jahren Gegenstand der Ähnlichkeitsmechanik.

In Göttingen gingen Grundlagenforschung und technische Anwendungsfelder in beispielhafter Kooperation einher. Auch wenn Spötter das Institut immer noch als »Schmierölfakultät« bezeichneten, ließen in den 20er Jahren Erfolge in Form einer reichlich eingehenden Auftragsforschung sowie einer Flut von Veröffentlichungen und Gutachten nicht auf sich warten. Das Göttinger Konzept hatte großen Einfluß auf die Profilierung der 1922 als ingenieurwissenschaftliche Vereinigung gegründeten Gesellschaft für angewandte Mathematik und Mechanik (GAMM), deren langjähriger Präsident Prandtl gewesen ist. Aus seiner Schule rekrutierten sich auch wesentliche Beiträge der seit 1921 erscheinenden Zeitschrift für angewandte Mathematik und Mechanik (ZAMM), deren Herausgeber so profilierte Wissenschaftler wie Richard von Mises und seit 1933 Erich Trefftz waren. So hat die angewandte Mechanik im Verein mit den technikwissenschaftlichen Disziplinen richtungsweisende Anstöße für die Forschung im Maschinenwesen, in der Kraftfahrzeugtechnik, im Schiffbau und in der Luftfahrt gegeben. Das Verhältnis von theoretischer und technischer Mechanik war besonders durch die GAMM in einer Weise abgesteckt, die naturwissenschaftliche Vorlaufforschung, experimentelle Untersuchung und praktische Umsetzung zu einer Einheit werden ließen.

»Es kann keine Rede davon sein, Anstalten zur Verwirklichung des Idealprozesses zu machen, unsere konstruktiven Mittel reichen hierzu nicht aus. Der Ingenieur muß wieder an Hand der historischen Entwicklung die schwachen, d.h. verbesserungsfähigen Punkte aufsuchen und den Hebel des Fortschritts da ansetzen.«
Aurel Stodola, Dampf- und Gasturbinen, 1922

»Wir prüfen sehr lange und sehr sorgfältig, wem wir die großen Mittel der staatlichen Forschung anvertrauen sollen. Haben wir den richtigen Mann gefunden, so lassen wir ihm größten Spielraum, über diese Mittel zu verfügen.«
Adolf von Harnack, Zur Berufung von Hochschullehrern

Herausbildung des Verfahrensingenieurwesens

»Im Chemiebetrieb bestimmt der Chemiker, was und wie produziert wird ... Der Ingenieur ist sein Gehilfe ... Wer sich also mit der Stellung als Zweiter ... nicht abfinden kann, soll als Ingenieur dem Chemiebetrieb fernbleiben.«
Friedrich Jähne, Der Ingenieur im Chemiebetrieb, 1951

Im Zeitabschnitt zwischen den beiden Weltkriegen emanzipierte sich das Verfahrensingenieurwesen zu einem selbständigen und anerkannten Wissenschaftsgebiet. Die Lehre von den physikalischen Grundoperationen in chemisch-technologischen Verfahren bildete die konzeptionelle Grundlage. Darauf ausgerichtet entstanden eigenständige Zeitschriften, wissenschaftliche Gesellschaften, Lehrstühle, Institute, Lehrbücher und Studienpläne. Die Konturen eines charakteristischen theoretischen Gebäudes prägten sich aus. Diese Entwicklung verlief jedoch zeitlich und inhaltlich in den einzelnen Ländern sehr unterschiedlich, d.h., es zeigte sich ein ausgeprägtes »geographisches Muster« der Entwicklung.

Die chemische Großindustrie wurde für das technologische Niveau der stoffwandelnden Industrie insgesamt bestimmend. Dagegen blieben stark stofflich spezialisierte Industriebereiche wie die Papier- und Zellstoffindustrie, die Holz- und Faserwerkstoffindustrie, Teile der Silikatindustrie, ganz besonders aber die Lebensmittelindustrie und Nahrungsgüterwirtschaft im allgemeinen technologisch zurück. Qualitativ setzte sich in der chemischen Industrie das Prinzip der Substitution von Naturstoffen durch, erweitert um die Synthese prinzipiell neuer Stoffe, die in der Natur nicht vorgefunden werden. Der stoffliche Aspekt des Chemisierungsprozesses wurde durch die Synthese des künstlichen Kautschuks, polymerer Kunststoffe und Kunstfasern geprägt.

Die quantitative Entwicklung äußerte sich in der stetigen Steigerung der Kapazitäten von Chemieanlagen durch die verfahrenstechnische Rationalisierung der Prozesse. Betrug im Jahre 1913 die Tageskapazität eines Ammoniakreaktors, bezogen auf Stickstoff, 0,3 Tonnen, war Ende der 20er Jahre ein Wert von 60 Tonnen pro Tag erreicht. 1958 wurden Tagesleistungen von 300 Tonnen, in den 70er Jahren von 1500 Tonnen erzielt. Damit stieg die Reaktorleistung noch einmal um das 25fache, während sich das Reaktorvolumen aufgrund der verfahrenstechnischen Gestaltung lediglich um den Faktor fünf vergrößerte.

Die Elementarsynthese von Ammoniak wurde in den 20er Jahren zum apparativen und technologischen Vorbild für die Hochdrucksynthesen. Im Jahre 1923 realisierte Matthias Pier bei der BASF die Hochdrucksynthese von Methanol aus Kohlenmonoxid und Wasserstoff großtechnisch, und 1927 ging in den Leuna-Werken die erste katalytische Hochdruckhydrierung von Kohle zur Benzingewinnung auf der Grundlage der Patente von Friedrich Bergius in Betrieb. Der Forschungs- und Entwicklungsaufwand für dieses Verfahren wird mit etwa 100 Millionen Mark angegeben. Die Investition dieser gewaltigen Summe war nur mit dem Potential des Ende 1925 entstandenen Konzerns IG Farbenindustrie AG möglich.

Aufgrund seiner natürlichen Ressourcen und des Autarkiestrebens in Politik und Wirtschaft wurde Deutschland zum Land der Kohleveredlung. Dabei spielten die im ersten Weltkrieg gesammelten Erfahrungen mit der kriegswirtschaftlichen Produktion eine wesentliche Rolle.

Die USA entwickelten sich zum führenden Land der Erdölverarbeitung. Bis um die Jahrhundertwende hatte Rußland mit etwa 10 Millionen Tonnen pro Jahr die erste Position in der Erdölförderung inne. Danach begann

»Amerika kennt keinen Unterschied zwischen Universitäten und Technischen Hochschulen ... denn alle Hochschulen Amerikas sind Erzeugnisse der Gegenwart, in keiner Richtung mit Traditionen und überlieferten Anschauungen belastet.«
J. S. Cammerer, Zeitschrift des Vereins Deutscher Ingenieure 48 (1904) 32

die enorme Entwicklung in den USA, die bereits 1907 die 20- und 1925 die 100-Millionen-Tonnen-Grenze überschritten. Dieser Aufschwung war wesentlich an die rasch steigende Motorisierung gebunden. Im Jahre 1900 betrug die Zahl der Kraftfahrzeuge in den USA etwa 10 500, im Jahre 1920 waren es bereits 9 Millionen, und für 1935 wurden 26 Millionen angegeben. Zu deren Betrieb bedurfte es nicht nur der steigenden Erdölförderung, sondern auch des effektiven Transportes mittels Tanker, Kesselwagen und Pipelines. Vor allem mußten neue Verfahren zur destillativen Verarbeitung des Erdöls entwickelt werden.

Auch bei der primären Erdölverarbeitung ist der Übergang von der Blasen- zur Kolonnendestillation eindeutig nachweisbar. Bereits in den 1870er Jahren kamen in den USA sogenannte Waggon- und Dosenkessel mit einem Volumen von 240 Kubikmetern zum Einsatz, die konstruktive und technologische Grenzen erkennen ließen. Hauptprodukt war das Petroleum, als »Leuchtöl« verwendet. Die niedrigsiedenden hellen Fraktionen, deren Ausbeute bei etwa 17 Prozent lag, wurden vielfach fortgegossen oder waren »für den minder gewissenhaften Fabrikanten eine Verlockung zur Verfälschung seines Petroleums«. Um die Jahrhundertwende gewannen die Benzinfraktionen wesentlich an Bedeutung, und man begann, intensiv nach Möglichkeiten zur Ausbeuteerhöhung und zum kontinuierlichen Betrieb zu suchen.

»Der Geist der Amerikaner ist gegen zu allgemeine Theorien ... In Amerika werden die europäischen Erfindungen mit Scharfsinn angewendet. Der praktische Teil der Wissenschaft wird hervorragend begriffen, und sorgfältige Aufmerksamkeit wird auf den theoretischen Teil gerichtet, der sich für eine unmittelbare Anwendung als notwendig erweist.«

A. de Toqueville, Democracy in America, 1931

Erste Anlage zur Kohlehydrierung. Mit ihr gelang 1927 in den Leuna-Werken erstmalig die großtechnische Benzinherstellung aus Kohle. Leuna-Werke »Walter Ulbricht«, Merseburg

Erdölbohrfeld. Industrialisierung und Motorisierung führten insbesondere in den USA zu einem gewaltigen Anstieg der Erdölförderung. Aus: G. E. Graf, Erdöl, Erdölkapitalismus und Erdölpolitik, o. J.

Der wesentlichste Ansatzpunkt für einen höheren Benzinertrag bestand im Spalten der längerkettigen Kohlenwasserstoffe zu niedrigsiedenden Produkten bei hohen Temperaturen. Das erste Patent zu einem Krackverfahren wurde 1866 in England erteilt. Um das Jahr 1930 zählte man mehr als 40 verschiedene Verfahren und etwa 1000 Patente. In den 1890er Jahren entstanden in den USA ebenso rohe wie uneffektive Verfahren in der Gasphase unter Verwendung von Flammrohrkesseln verschiedenster Konstruktion. Im Jahre 1913 gelang es William M. Burton, durch eine diskontinuierliche »Cracking distillation« die Ausbeute an Benzin von 17 auf 40 Prozent zu erhöhen. Selbst dieses Verfahren genügte hinsichtlich des Durchsatzes und der Trennschärfe bald nicht mehr den Anforderungen. In den 20er Jahren wurde es durch die Kombination von Röhrenofen und Fraktionierkolonne im kontinuierlichen Betrieb ersetzt. Weiterentwickelte Anlagen dieses Typs erreichen gegenwärtig eine tägliche Leistung von 40 000 Tonnen. Von den 49 Millionen Tonnen Benzin, die 1928 in den USA erzeugt wurden, waren 16 Millionen Tonnen Krackbenzin.

Die Erdölverarbeitung in diesen Dimensionen wirkte in den USA außerordentlich belebend auf die Herausbildung des Chemieingenieurwesens (»Chemical Engineering«). Gleiches gilt für die anderen Branchen der anorganisch-chemischen Industrie wie für die Zementindustrie, die elektroche-

mischen und elektrometallurgischen Industrien usw. Zunächst hatte man
auch in den USA Maschinenbauingenieure mit »gewissen chemischen
Kenntnissen« ausgebildet. Bereits im Jahre 1902 führte der prominente
Schüler von Ostwald, Arthur A. Noyes, am Massachusetts Institute of
Technology (MIT) die physikalische Chemie als Pflichtfach für Chemie-
ingenieure ein. Als »idealer Chemieingenieur« galt »... zuallererst ein
gründlich trainierter Chemiker, der fähig ist, Erkenntnisse über chemische
Kräfte auf industrielle Anlagen anzuwenden ...« (G. C. Williams und
J. E. Vivian in: W. F. Furter, 1980, S. 115) Dementsprechend setzte der
Schüler von Walther Nernst, William H. Walker, 1907 am MIT ein neues
Lehrprogramm durch und gründete 1908 ein vorbildlich eingerichtetes
Forschungslaboratorium. Walker war auch Zentralfigur in dem »Commit-
tee of Six«, dem Vorbereitungskomitee für das am 22. Juni 1908 in Anwe-
senheit von 19 Personen gegründete »American Institute of Chemical

W. H. Walker. Er gehörte zu den Nestoren
des Chemical Engineering in den USA.
MIT Museum, Cambridge

Zur Gewinnung und Raffinierung von Aluminium wird die Schmelzflußelektrolyse
angewandt. Für die Erzeugung einer Tonne
Aluminiums benötigt man 13 000 bis
14 000 Kilowattstunden elektrischer
Energie.

Emil Kirschbaum. Sein Werk gehörte über Jahrzehnte zur Standardliteratur über Destillationstechnik.

Leichtmetallegierungen fanden seit Beginn des 20. Jahrhunderts schnell Einsatz in der Technik. Besonders die Luftfahrt- und Automobilindustrie bedienten sich gern der leichten, gut formbaren und stabilen Werkstoffe. Das Bild zeigt das im Bau befindliche Gerippe des starren Luftschiffes LZ 129, das nach seinem 37. Transatlantikflug 1937 bei der Landung in den USA verbrannte. Zeppelin-Metallwerke GMBH, Friedrichshafen. Aus: M. Beckert, Welt der Metalle, Leipzig, 1977

Engineer« (AIChE). Diese gegen den Widerstand der »American Chemical Society« entstandene Institution war um Selbstverständnis und Abgrenzung, um die Propagierung des inhaltlich noch unklaren Berufsstandes und um eine einheitliche Ausbildung bemüht. Es blieb Walker und Arthur D. Little durch einen Vortrag am MIT im Jahre 1915 vorbehalten, mit der Formulierung des Gegenstandes des klassischen Chemieingenieurwesens den ausschlaggebenden Anstoß für die weitere Entwicklung gegeben zu haben. Little führte aus: »Jedes chemische Verfahren, in welchem Maßstab es auch immer durchgeführt wird, kann in eine zusammenhängende Folge (von Prozessen) zerlegt werden, die als ›Grundvorgänge‹ bezeichnet werden können, wie Zerstäuben, Mischen, Heizen, Rösten, Absorbieren, Kondensieren, Auslaugen, Fällen, Kristallisieren, Filtern, Auflösen, Elektrolysieren usw. Die Anzahl dieser prinzipiellen ›Grundoperationen‹ ist nicht sehr groß, und relativ wenig von ihnen sind in jedem Verfahren enthalten. Die Komplexität des Chemie-Ingenieur-Wesens resultiert aus der Variabilität der Bedingungen, wie Temperatur, Druck usw., unter denen die Grundvorgänge in verschiedenen Verfahren ausgeführt werden müssen, und aus den Einschränkungen für Werkstoff und Apparategestaltung, die durch den physikalischen und chemischen Charakter der reagierenden Substanzen bedingt sind … Die Fähigkeit, den Anforderungen des Berufes umfassend und adäquat gerecht zu werden, kann nur erreicht werden, indem die Verfahren in die Grundvorgänge, aus denen sie bestehen, zerlegt und diese prinzipiellen Grundvorgänge vollständig unter den von der Praxis zu ihrer Verwirklichung im kommerziellen Maßstab gestellten Bedingungen untersucht werden.«

Diese konzeptionellen Vorstellungen erhoben die Grundoperation in den Rang eines wissenschaftlichen Gegenstandes und stellten die Geburtsurkunde des Chemieingenieurwesens dar. Zu vermerken bleibt, daß es sich bei den Grundoperationen ausnahmslos um physikalische Prozesse in chemisch-technologischen Verfahren handelte. Die chemischen Prozesse wurden erst nach dem zweiten Weltkrieg unter der Bezeichnung Reaktionstechnik als eine Disziplin in die Verfahrenstechnik integriert.

Der erste Weltkrieg hatte eine spürbare Abhängigkeit der USA von der deutschen chemischen Industrie deutlich werden lassen. Durch den Patenttransfer und mit Hilfe der Kriegsgewinne ergaben sich in der Volkswirtschaft der USA gute Möglichkeiten für eine umfassende Rationalisierung. Ein erhöhter Bedarf an Chemieingenieuren war die Folge. Die vollständige Institutionalisierung des Wissenschaftsgebietes erfolgte in den 20er Jahren.

Das AIChE formulierte inhaltliche und organisatorische Voraussetzungen für die Ausbildung und erteilte bis 1925 nur 14 von 78 Hochschulen das Zertifikat einer vollwertigen, am Konzept der Grundoperationen orientierten Ausbildung. Im Jahre 1930 waren an amerikanischen Hochschulen bereits 10 000 Studenten des »Chemical Engineering« immatrikuliert, und trotz Weltwirtschaftskrise boten sich ihnen günstige Berufschancen, konnte der Bedarf der Wirtschaft nicht gedeckt werden. Zu gleicher Zeit wurden in Deutschland von dem Maschinenbauer Emil Kirschbaum an der TH Karlsruhe 30 Maschinenbaustudenten vertieft im chemischen Apparatewesen ausgebildet.

Titelblatt des ersten Lehrbuches des
Chemical Engineering. In dem 1923 in
1. Auflage erschienenen Lehrbuch faßten
Walker, Lewis und McAdams das Wissen
unter dem Konzept der Grundoperationen
zusammen. Aus: W. H. Walker,
W. K. Lewis and W. H. McAdams, Principles of Chemical Engineering, New York/
London, 1937

Trotz der übermächtigen amerikanischen Konkurrenz und trotz der
Kontakte zwischen den IG Farben und der amerikanischen Erdölindu-
strie – im Jahre 1929 hatte Bosch mit der Standard Oil Co. of New Jersey
eine kooperative Marktaufteilung erzielt – ist bis dahin eine nennenswerte
Unterstützung für das Ausbildungsprofil eines Verfahrenstechnikers durch
die deutsche chemische Großindustrie kaum erkennbar. Das Laboratorium
des Institutes für Apparatebau an der TH Karlsruhe war zum wesentlichen
Teil mit Apparaten und Einrichtungen der Apparatebaufirmen ausgerüstet
worden. Erst im Jahre 1934 wurde an der TH Danzig (Gdańsk) ein Ordinariat für Verfahrenstechnik und Wärmewirtschaft unter Kurt Thormann
nach Entwürfen des Werkes Hoechst der IG gegründet. Ähnliche Pläne an
den Technischen Hochschulen Hannover und Braunschweig kamen aufgrund des zweiten Weltkrieges nicht mehr zur Ausführung.

Die Schaffung einer selbständigen wissenschaftlichen Gesellschaft für
Chemieingenieurwesen gelang in Deutschland nicht. Im Jahre 1918 wurde
im Rahmen des Vereins deutscher Chemiker (VDCh) die Fachgruppe chemischer Apparatebau ins Leben gerufen, die unter Leitung von Max Buch-
ner 1926 in die »Deutsche Gesellschaft für chemisches Apparatewesen«
(DECHEMA) überging. Stark apparatebaulich orientiert, wurde sie trotz
der ursprünglichen Absichten nicht zum Träger der modernen Richtung
des Chemieingenieurwesens. Männer wie der Physikochemiker Arnold
Eucken, der Kältetechniker Rudolf Plank, der Maschinenbauer Siegfried
Kießkalt, der Wärmetechniker Ernst Schmidt und Kirschbaum gehörten zu
den bekanntesten Gründungsmitgliedern der am 29. April 1935 im Rahmen des Vereins Deutscher Ingenieure (VDI) konstituierten Arbeitsge-
meinschaft Verbrauchsgütertechnik, die 1936 in AG Verfahrenstechnik
umbenannt wurde. Von Eucken als gemeinsame Einrichtung des VDI, des
VDCh und der DECHEMA geplant, zerbrach die Allianz bereits am
30. November 1935 an den »inneren Reibungen zwischen den chemischen
und den physikalisch-technischen Vorgängen«, vereinfacht an der unlösba-
ren Frage, ob die Verfahrenstechnik eine Aufgabe des Chemikers oder des
Ingenieurs sei. Eigentlich kurios, aber folgerichtig hinsichtlich der Entwicklung in Deutschland, blieb die DECHEMA unter Karl Winnacker bei
Positionen einer Vormachtstellung der Chemiker, und auf diese Weise etablierte sich die Verfahrenstechnik an den Hochschulen Deutschlands als
Fachrichtung des Maschinenbaus.

Im Jahre 1923 wurde das erste Lehrbuch des Chemieingenieurwesens,
die »Principles of Chemical Engineering«, von Walker, Warren K. Lewis
und William H. McAdams herausgegeben. Es war die Anregung für Euk-
ken und Max Jakob, in den Jahren 1933 bis 1940 den »Chemie-Ingenieur«
zu edieren. Dabei handelte es sich nicht um ein Lehrbuch, sondern um ein
14bändiges Nachschlagewerk.

In diesen Publikationen erschien das bis dahin verstreut vorhandene verfahrenstechnische Wissen unter einheitlichen Gesichtspunkten zusammengefaßt. Die quantifizierende Beschreibung der chemisch-technologischen Prozesse in Einheit mit den Apparaten wurde zur subsumierenden
Grundlinie in der Bildung eines eigenständigen Theoriengebäudes. In der
Regel waren Strömungsvorgänge mit mehreren stofflichen Komponenten,
die in unterschiedlichen Phasen (Aggregatzuständen) vorliegen können,

Wilhelm Nußelt. Seine Arbeiten zum Wärme- und Stoffübergang trugen wesentlich zur Entwicklung eines selbständigen Theoriengebäudes der Verfahrenstechnik bei. Privatbesitz

quantitativ zu erfassen. Es setzte sich der verfahrenstechnische Imperativ durch, daß man zur Charakterisierung der Prozesse und zur Dimensionierung der Apparate den Massen- bzw. Komponentenstrom, den Wärme- bzw. den Enthalpiestrom und den Impulsstrom beschreiben muß. In der Zeit von 1920 bis 1940 wurden die physikalischen Erhaltungssätze zu Bilanzgleichungen in der Verfahrenstechnik. Diese Ströme treten gewöhnlich gekoppelt auf. Lösungen waren jedoch nur möglich, wenn man die Einzelphänomene getrennt untersuchte. Die beschreibenden Differentialgleichungen erwiesen sich in geschlossener Form als nicht lösbar. Demzufolge mußten von den Ingenieuren eigenständige Instrumentarien zur näherungsweisen Lösung ersonnen werden.

Eine für die verfahrenstechnische Entwicklung als klassisch zu bezeichnende Arbeit erschien im Jahre 1916 von Wilhelm Nußelt, einem Mitglied der von Gustav Zeuner begründeten Dresdener Schule der Technischen Thermodynamik. Er griff auf die Idee von der Ähnlichkeit der Prozesse untereinander und der sie beschreibenden partiellen Differentialgleichungen zurück und formulierte erstmals die Analogie zwischen Wärme- und Stoffübergang. Damit war eine wechselseitige Berechnung von Parametern dieser bis dahin für grundverschieden gehaltenen Prozesse möglich geworden. Mit der als Ähnlichkeitstheorie bezeichneten Vorstellung hatten bereits

»Es ist eine Illusion zu glauben, die Mathematik könne ihren Beitrag zur besseren Beherrschung realer Prozesse unmittelbar leisten; sie wird in der Regel nur vermittels anderer Wissenschaften anwendbar.«

Manfred Peschel, Spektrum 6, 1975

der britische Physiker und Ingenieur Osborne Reynolds 1874 die Ähnlichkeit von Strömungen und der deutsche Strömungsmechaniker Ludwig Prandtl 1920 die Ähnlichkeit von Wärmeübertragungsprozessen nachgewiesen. Durch die aus den partiellen Differentialgleichungen abgeleiteten dimensionslosen Ähnlichkeitskennzahlen war man der Lösung eines der entscheidenden Probleme der Verfahrenstechnik, der Maßstabsübertragung von der Technikumsanlage in den großtechnischen Betrieb, beträchtlich nähergerückt. Der Zahlenwert der dimensionslosen Kennzahlen erwies sich nämlich bei vollständiger Ähnlichkeit als gleich und unabhängig vom Maßstab. Nußelt war es auch u. a., der diese Methode auf nicht völlig analoge Vorgänge erweiterte. Typisch ist seine experimentelle Vorgehensweise: »Mit Absicht nehme ich meine Versuche nicht in einer Maschine vor; denn die Erfahrung hat gezeigt, daß sich aus der Untersuchung so verwickelter Vorgänge, wie sie eine praktische Ausführung darstellt, einwandfreie Gesetzmäßigkeiten nicht gewinnen lassen. Erst dadurch, daß man den ganzen Vorgang in seine Teilprozesse zerlegt und diese in besonderen Versuchsapparaten mit physikalischer Schärfe studiert, lassen sich Tatsachen gewinnen, die einer allgemeinen Anwendung zugänglich sind, ohne an eine spezielle Konstruktion gebunden zu sein.« (W. Nußelt, VDI-Z. 58 (1914) 10, S. 361) Die universelle Bedeutung der Ähnlichkeitstheorie für die Verfahrenstechnik wurde deutlich, als im Jahre 1936 Gerhard Damköhler, ein Schüler von Eucken in Göttingen, die Ähnlichkeitstheorie auf stationäre chemische Prozesse erfolgreich anwandte. Mit vier später nach ihm benannten Ähnlichkeitszahlen erhielt er die Bedingungen für die geometrische, die strömungsmäßige, die thermische und die reaktionskinetische Ähnlichkeit von Labor- und großtechnischem Reaktor. Damköhler blieb auch den Beweis der Unmöglichkeit und der Unwirtschaftlichkeit der vollständigen Ähnlichkeit nicht schuldig und formulierte die Konsequenzen bei partieller Ähnlichkeit, d. h. bei schrittweiser Aufgabe der geometrischen und der strömungsmäßigen Ähnlichkeit, für homogene und hetero-

Gerhard Damköhler (Mitte). Seine Arbeiten über die Einflüsse der Strömung, der Diffusion und des Wärmeüberganges auf die Leistung chemischer Reaktoren begründeten die Reaktionstechnik als Disziplin der Verfahrenstechnik. Privatbesitz

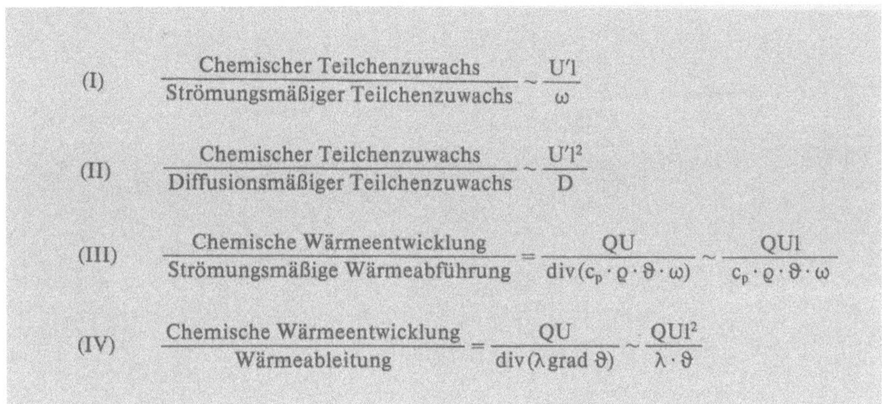

$$\text{(I)} \quad \frac{\text{Chemischer Teilchenzuwachs}}{\text{Strömungsmäßiger Teilchenzuwachs}} \sim \frac{U'l}{\omega}$$

$$\text{(II)} \quad \frac{\text{Chemischer Teilchenzuwachs}}{\text{Diffusionsmäßiger Teilchenzuwachs}} \sim \frac{U'l^2}{D}$$

$$\text{(III)} \quad \frac{\text{Chemische Wärmeentwicklung}}{\text{Strömungsmäßige Wärmeabführung}} = \frac{QU}{\text{div}(c_p \cdot \varrho \cdot \vartheta \cdot \omega)} \sim \frac{QUl}{c_p \cdot \varrho \cdot \vartheta \cdot \omega}$$

$$\text{(IV)} \quad \frac{\text{Chemische Wärmeentwicklung}}{\text{Wärmeableitung}} = \frac{QU}{\text{div}(\lambda \, \text{grad} \, \vartheta)} \sim \frac{QUl^2}{\lambda \cdot \vartheta}$$

Die Damköhler-Zahlen. Aus den grundlegenden Differentialgleichungen für die Erhaltung der Masse, des Impulses und der Energie leitete Damköhler vier dimensionslose Kennzahlen für die »chemische Ähnlichkeit« ab, die die Grundlage für die Maßstabsübertragung von der Laboratoriumsapparatur zum großtechnischen Reaktor bilden. Aus: G. Damköhler, Zeitschrift Elektrochem. angew. physik. Chemie 42 (1936), S. 846; zusammengestellt von K. Krug

gene Reaktionen. Auch für die Lösung dieser Probleme lagen bescheidene Vorarbeiten des amerikanischen Physikochemikers und Nernst-Schülers Irving Langmuir (1908) sowie von den deutschen Physikochemikern Theodor Förster und Karl-Hermann Geib (1934) vor. Die Arbeiten Damköhlers sind für die Disziplin Reaktionstechnik als epochal zu bezeichnen. Seine integrierende Betrachtungsweise zeigt folgendes Zitat: »In den meisten Fällen ist für den gesamten kinetischen Ablauf eines chemischen Prozesses nicht nur die eigentliche Reaktionsgeschwindigkeit maßgebend, sondern bestimmend sind auch Diffusions- und Strömungsvorgänge, sowie die spezielle Art der Wärmehaltung ... Aber wie weit auch diese Teilgebiete erforscht sind, eine Kombination derselben mit typisch chemischen Vorgängen ist bisher kaum behandelt worden. Und doch ist die Bearbeitung dieses Themas um so erwünschter, als sich ja der eigentliche chemische Prozeß von den genannten rein physikalischen Vorgängen fast nie trennen läßt, manchmal vielleicht noch gedanklich, sicher aber nicht praktisch.« (G. Damköhler, in: A. Eucken/M. Jakob Bd. III./1., S. 359)

Mit der Ähnlichkeitstheorie war für eine Vielzahl von Grundoperationen ein einheitliches Instrumentarium geschaffen worden, welches für das Konzept der Grundoperationen das klammernde Theoriengebäude darstellte.

Die Ergebnisse Damköhlers ermöglichten auch, die Vielzahl unübersichtlicher physikalischer und chemischer Einzelvorgänge in der Wirbelschicht nun quantitativ zu behandeln. In der deutschen Patentschrift Nr. 437970 aus dem Jahre 1922 hatte Fritz Winkler von der BASF einen Generator zur Erzeugung von Synthesegas aus Braunkohle beschrieben, in dem zur Intensivierung des Wärme- und Stoffübergangs sowie des Gasdurchsatzes die Feststoffpartikel aufgewirbelt und in »der Schwebe« gehalten werden. Das Phänomen der Wirbelschicht wurde durch experimentelles Geschick mit wenig theoretischem Aufwand schrittweise über Pilotanlagen und Großversuche technologisch beherrschbar gestaltet. Dabei entstand auch das dringende Bedürfnis nach einer theoretischen Begründung und quantitativen Beschreibung. Neben der universellen Ähnlichkeitstheorie weist die Fachliteratur Einzelergebnisse und Lösungsansätze für spezielle oder eine Gruppe von Grundoperationen aus.

Vorwiegend in den USA griff man angesichts der Anforderungen der destillativen Erdölverarbeitung auf die Untersuchungen von Hausbrand und

»Wer die chemische Technologie ... versteht und betreibt, sei er ursprünglich Chemiker, Ingenieur oder Physiker, wirkt als Chemie-Ingenieur.« Arnold Eucken und Max Jakob, Der Chemie-Ingenieur, 1933, Vorwort

Sorel zurück und erweiterte ihre theoretischen Grundlagen beträchtlich. Aus einer Vielzahl von Beiträgen ragt die 1925 erschienene Publikation von Warren L. McCabe und Ernest W. Thiele heraus, in der zur Bestimmung der Anzahl »theoretischer Böden« einer Destillationskolonne eine elegante grafische Lösung vorgeschlagen wurde. Die später als »McCabe-Thiele-Diagramm« bezeichnete Darstellung verknüpft das Dampf-Flüssigkeits-Gleichgewicht mit den Bilanzgleichungen für Wärme und Stoff. Trotz vieler Einschränkungen und idealisierender Voraussetzungen wurde diese Methode zunehmend auch zur Beurteilung und Berechnung molekularer Triebkraftprozesse im allgemeinen herangezogen.

Neben der integralen Behandlung makroskopischer Prozesse war es u. a. für deren Verständnis dringend geboten, die Mikroprozesse zu untersuchen. Dazu gehörten in erster Linie theoretische Vorstellungen zum Stoffübergang zwischen den Phasen, weil das Phänomen des Phasenübergangs in vielen Grundoperationen und Prozessen auftritt. Damit sollten Lösungen, wenn auch auf anderer Hierarchieebene, eine gleich integrierende Funktion wie die Ähnlichkeitstheorie erfüllen können. Im Jahre 1924 schlugen Lewis und Walter G. Whitman vom MIT die Zweifilmtheorie vor. Danach befindet sich entlang der Berührungsebene der beiden fluiden Phasen je ein dünner Film, den sie als zwei in Reihe geschaltete Diffusionswiderstände auffaßten. Sie gelangten zu einer dem Ohmschen Gesetz und den Gesetzen des Wärme- und Impulsüberganges analogen Bezie-

Winkler-Anlage. Zur Intensivierung des Wärme- und Stoffaustausches zwischen festen und fluiden Phasen entwickelte F. Winkler 1922 das Wirbelprinzip auf empirischer Grundlage. Die quantitative Beschreibung der Verhältnisse in der Wirbelschicht regte eine Vielzahl theoretischer und experimenteller Untersuchungen an. Leuna-Werke »Walter Ulbricht«, Merseburg

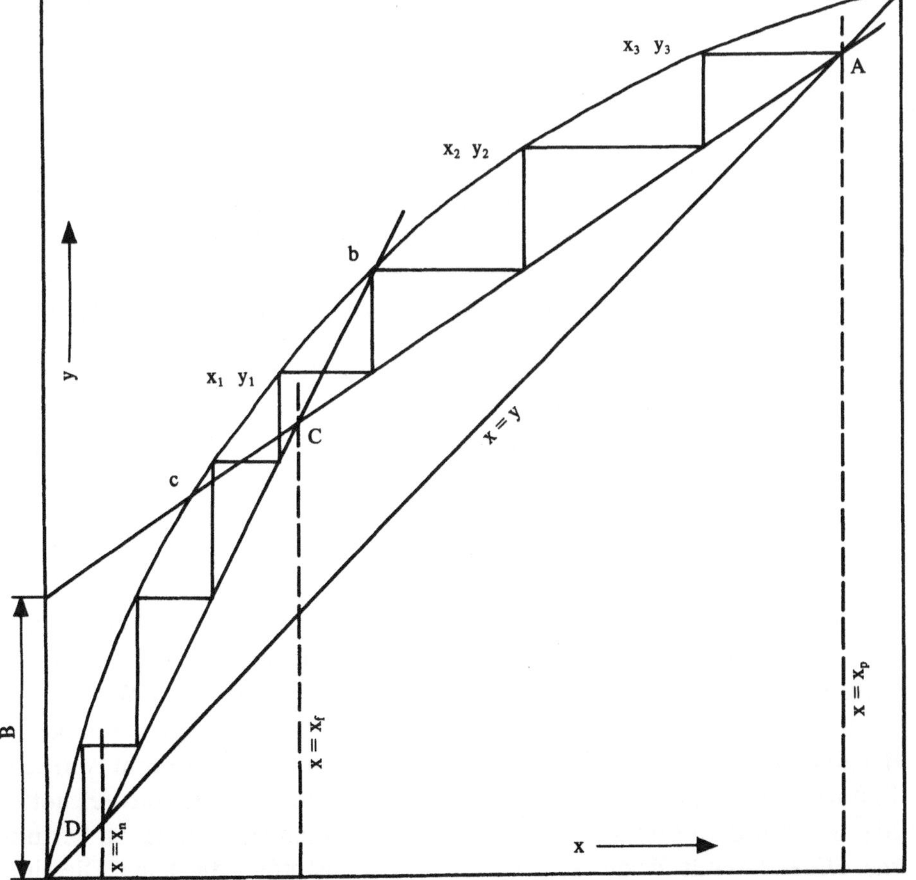

McCabe-Thiele-Diagramm. Dieses viel verwendete Diagramm verknüpft in idealisierender Weise Massenbilanz und Dampf-Flüssigkeits-Gleichgewicht miteinander. Die Zahl der Stufen zwischen den Kurven ist die »theoretische Bodenzahl«, der Hauptparameter für Konstruktion und Bau von Destillationskolonnen. Aus: W. L. McCabe und E. W. Thiele, Industrial and engineering chemistry, Washington, 17, 1925, bearbeitet von K. Krug

hung, die es u. a. gestattete, den bis dahin lediglich als Proportionalitätsfaktor betrachteten Wärmeübergangskoeffizienten nun auch physikalisch zu interpretieren.

Wenn auch die Zweifilmtheorie die Diskussion um den konvektiven Stoffübergang erheblich anregte, so bestand die Schwierigkeit dieser Modellvorstellung, die an die Grenzschichttheorie von Prandtl anknüpfte, im experimentellen Beweis. In der Folge wurden demgemäß andere Übertragungsmechanismen gleichberechtigt formuliert. Die Penetrationstheorie von Ralph Higbie (1935) knüpfte an die kinetische Gastheorie an und wurde von Peter V. Danckwerts (1951) zur Phasengrenzflächenerneuerungstheorie (surface renewal theory) weiterentwickelt. Bis zur Gegenwart liegen damit auf diesem Gebiet konkurrierende Modellvorstellungen ohne endgültige Entscheidung über deren Richtigkeit vor.

Die beschriebenen Beispiele vermitteln einen Eindruck, auf welche Weise und auf welchen Gebieten sich im betrachteten Zeitraum ein Theoriengebäude der Verfahrenstechnik herausbildete. Es war vorwiegend an thermischen Vorgängen der chemischen Industrie orientiert, bei der sich die Massenproduktion weltweit durchgesetzt hatte. Für die thermischen Prozesse der Silikatindustrie trifft diese Feststellung nur bedingt zu. Man hatte es trotz ermutigender Untersuchungen von Gustav H. Tammann in Göttingen nicht verstanden, die physikalische Chemie für derartige Prozesse gleichsam nutzbar anzuwenden. Der Silikatchemiker Reinhold Rieke schrieb bereits 1917: »Die Untersuchung der Kieselsäureverbindungen wird ferner stark beeinträchtigt durch die außerordentliche Langsamkeit, mit der sich bei ihnen im allgemeinen Schmelzen, Kristallisieren, Umwandlung, Lösung, Diffusion und ähnliche Vorgänge vollziehen … Die Schwierigkeiten machten sich auch vielfach bei der theoretischen Deutung der experimentellen Ergebnisse bemerkbar, so daß von manchen Seiten angenommen wurde, die anderweitig ermittelten physikalisch-chemischen Gesetzmäßigkeiten könnten nicht oder nur in beschränktem Maße Anwendung auf die Silikate finden. Neuere mit großer Exaktheit ausgeführte Arbeiten haben jedoch erwiesen, daß die Gesetze der physikalischen Chemie auch für die Silikate volle Gültigkeit haben, nur ist der experimentelle Nachweis hierfür vielfach sehr erschwert …« Demgemäß zeigte die Entwicklung der Silikattechnik nach dem ersten Weltkrieg eine bevorzugte stoffliche Forschung. Beispielsweise hatten die deutschen Physiker Max von Laue, Paul Knipping und Walter Friedrich 1913 die Beugung von Röntgenstrahlen an Kristallgitterebenen entdeckt und damit eine Möglichkeit zur Bestimmung des Netzebenenabstandes und des Kristallgitteraufbaus geschaffen. In der Form der Pulveruntersuchung fand diese Methode auch zur Bestimmung von Mineralien in Silikatwerkstoffen Anwendung. Dabei lagen infolge der komplizierten Gitterstrukturen der Silikatminerale erschwerte Bedingungen vor, so daß 1925 die Gitterstruktur von nur einem Silikatmineral (Zirkon) aufgeklärt war. Es ist vor allem dem Wirken der englischen Forscher William Henry Bragg und William Lawrence Bragg zu danken, daß die Röntgenspektren der Silikatminerale bekannt wurden. Erstmals gelang es, auch die sehr feinen Bestandteile der Silikatwerkstoffe, die man mit dem Lichtmikroskop nicht mehr erkennen konnte, zu bestimmen. Gleiches gilt für die wichtigsten Silikatrohstoffe – die Tone. Die Umwandlungsreihe Kaolinit-Metakaolinit-Mullit stellte sich im Jahre 1929 als Kernstück der keramischen Sinterreaktionen heraus.

Die Untersuchungen über die Phasengleichgewichte silikatischer Zwei- und Dreistoffsysteme erfolgten vor allem durch eine Forschergruppe am Carnegie-Institute in Washington. Diese Arbeiten gingen von der Geologie bzw. Petrologie aus und hatten das Ziel, naturwissenschaftliche Grundlagen für die Bildung silikatischer Gesteinsschmelzen bzw. vulkanischer Gesteine zu schaffen. Während des ersten Weltkrieges konnten die gewonnenen Ergebnisse vorteilhaft auf technische Silikatsysteme übertragen werden, so daß es der Glasindustrie in den USA möglich war, darauf aufzubauen, insbesondere im Hinblick auf die Erzeugung hochwertiger optischer Gläser, für die ein militärisches Interesse bestand. Der Vorsprung, den Otto Schott bei der wissenschaftlichen Behandlung der Glasherstellung erreicht hatte, wurde deshalb schnell eingeholt.

Seit der Jahrhundertwende und besonders nach dem ersten Weltkrieg gingen der deutschen Silikatindustrie Spitzenpositionen verloren, denn in den ehemaligen Importländern (z. B. in den USA, in Südamerika und auf dem Balkan) war eine eigene Silikatindustrie aufgebaut worden. Durch den vielfältigen Einsatz des Dressler-Ofens nutzte die entstandene außereuropäische Silikatindustrie die Vorteile, die der Tunnelofenbrand für eine durchgängige Fließfertigung in der Silikatwerkstoffproduktion bot, in starkem Maße. In Deutschland dominierte der Tunnelofenbrand nur in Teilen der Silikatindustrie (z. B. bei der Elektroporzellanerzeugung seit 1906 und bei der Steinzeugproduktion). In den USA gab es schon 1924 erste automatisch gesteuerte Tunnelöfen in mehreren Branchen der Silikatindustrie.

Höhere Anforderungen an die Qualität forderten zwangsläufig eine viel stärkere prozeßtechnische Überwachung der silikattechnischen Werkstoffbildungsreaktionen im gesamten Produktionsprozeß. Die Anwendung des Platin-Platin/Rhodium-Thermoelementes – schon 1891 von Henry le Chatelier erfunden –, von Strahlungspyrometern und automatischen Rauchgasanalysatoren ermöglichte eine strengere und vor allem kontinuierliche Kontrolle der Werkstoffbildungsreaktionen. Neue Verfahren wie das Elektro-Osmose-Verfahren bei der Kaolinaufbereitung sorgten für saubere Rohmaterialien.

Zwischen den beiden Weltkriegen kam es trotz der Anerkennung der Silikattechnik als Wissenschaftsdisziplin nicht zu einer Annäherung an das Konzept des Chemical Engineering. Es erfolgte demgegenüber eine weitere Differenzierung der Wissenschaftsdisziplin Silikattechnik nach stofflichen Gesichtspunkten, d. h. nach Branchen. So führte man an den deutschen Technischen Hochschulen in Berlin, Hannover, Aachen, Karlsruhe und Breslau (Wrocław) spezielle Vorlesungen zur Zement-, Keramik- und Feuerfestproduktion ein, wodurch der innere Zusammenhang aller silikattechnischen Zweige meist nicht mehr gewahrt wurde. Dieses Ziel konnte erst mit der Übernahme des verfahrenstechnischen Konzeptes in die Silikattechnik anvisiert werden.

Ebenfalls weitgehend unbeeinflußt durch das Konzept der Grundoperationen entwickelten sich in den 20er und 30er Jahren die elektrochemischen Industrien. Einen breiten Raum nahm in den Publikationen weiterhin die Darstellung der einzelnen Verfahren anhand von Funktionsskizzen und Verfahrensbeschreibungen ein. Dies erfolgte oft anhand der Patentliteratur bzw. anhand eigener Erfahrungen beim Bau von Elektrolyseanlagen, wobei nach möglicher Vollständigkeit aller in Betrieb befindlichen Verfahren gestrebt wurde.

Unter ökonomischen Gesichtspunkten existierten seit 1918 Ansätze, die quantitativen Zusammenhänge verschiedener Parameter zu ermitteln, um Aussagen zu einer Kostenminimierung bei der Wahl eines neu zu installierenden Verfahrens treffen zu können. So veröffentlichte Josef Nußbaum, Ingenieur bei Siemens & Halske in Wien, in der Zeitschrift für Elektrochemie einen umfangreichen Aufsatz über die »Anwendung der höheren Mathematik auf die Minimierung der Kosten für die Errichtung, Erweiterung oder Optimierung elektrochemischer Anlagen«. Insgesamt 51 ökonomische, technische und naturwissenschaftliche Variable wurden in einen mathematischen Zusammenhang gebracht, der eine Optimierung ermöglichen und theoretisch begründete Aussagen über die einzuhaltenden Parameter für Bau und Betrieb einer elektrolytischen Anlage unter kostengünstigen Aspekten bereitstellen sollte. Diese Überlegungen fanden nach 1930 dann auch vereinzelt Eingang in Lehr- und Handbücher der technischen Elektrochemie.

Die quantifizierende Behandlung der grobdispersen Systeme hielt ebenfalls mit der Beschreibung moleculardisperser Stoffsysteme nicht Schritt. Letztere galten vor allem in den USA als die glanzvolleren Gebiete. Im allgemeinen in die Montanwissenschaften, in das Gebiet der Aufbereitungstechnik, eingeordnet, wurde das Konzept der Grundoperationen erst nach dem zweiten Weltkrieg als Mechanische Verfahrenstechnik aufgegriffen. Allerdings stellten die Anfang der 1930er Jahre von Erich Rammler entwickelte Exponentialformel zur Beurteilung polydisperser Haufwerke und das abgeleitete doppeltlogarithmische Körnungsnetz bedeutsame Schritte für die wissenschaftliche Durchdringung mechanischer Grundoperationen wie Zerkleinern, Mahlen, Klassieren usw. dar.

Das Körnungsnetz ordnet sich ein in die charakteristischen Bestrebungen jener Zeit, komplizierte Zusammenhänge grafisch als Diagramme und Nomogramme darzustellen und dem praktisch tätigen Ingenieur für Entwurf und Betrieb von Anlagen zur Verfügung zu stellen. Weitere Beispiele sind die Mollier-Diagramme, das obengenannte McCabe-Thiele-Diagramm usw.

Neben diesen technikwissenschaftlichen Grundlagen dominierten vor allem im chemischen Apparatebau noch einfach zu handhabende, in ihrer Gültigkeit eingeschränkte Formeln und Berechnungsvorschriften. Das führte zu hohen Sicherheitszuschlägen. Für die Modellierung und Optimierung kompletter Prozeßeinheiten fehlten neben Stoffdaten und Prozeßparametern in erster Linie rechentechnische Möglichkeiten.

Elektrotechnik in der Differenzierung

Mit der Herausbildung der Elektrotechnik bis zum Ende des ersten Dezenniums unseres Jahrhunderts waren die Grundlagen für eine bis jetzt unvermindert anhaltende Weiterentwicklung gelegt.

Der Ausbau der Theorie elektrischer Maschinen vollzog sich im wesentlichen in den ersten drei Jahrzehnten nach der Jahrhundertwende. Erforscht wurden die elektromagnetische Energieumsetzung, die Verlusterzeugungsmechanismen, die Wärmeabführung sowie die statischen und zunehmend dynamischen Eigenschaften der Maschine. Das theoretische und experimentelle Studium der Maschineneigenschaften führte zu neuen Erkenntnissen, technischen Verbesserungen und neuen Bauformen, insbesondere in den USA, Deutschland, England und Frankreich. Die damit einhergehende Ausbildung von Kadern spiegelte sich im Wachstum des American Institute of Electrical Engineers wider. Noch 1901 wies es die geringste Mitgliederzahl aller großen technischen Vereine in den USA auf. 1916 war der Verein mit 8 063 Mitgliedern bereits der größte. In den USA begann Anfang der 20er Jahre unter der Bezeichnung »Superpowersystem« eine umfassende Landeselektrizitätsversorgung. Hochspannungsleitungen mit einer Übertragungsspannung von 220 kV verknüpften ab 1921 zunehmend die zentralen Versorgungsgebiete. Mit dem Bau von »Superpowerzentralen« orientierten die Amerikaner immer stärker auf die Ausnutzung der Wasserkräfte.

Zu dieser Zeit betrug der Verbrauch elektrischer Energie in den USA mit insgesamt 50 Millionen kWh immerhin mehr als das Fünffache des Verbrauchs in Deutschland, das an zweiter Stelle stand. Es folgten Japan, England, Frankreich und Kanada. Der auf Vorschlag Lenins erarbeitete und vom VIII. Allrussischen Sowjetkongreß 1920 angenommene GOELRO-

Masse-Leistungsverhältnis von AEG-Drehstrommotoren. Das Bild läßt erkennen, daß bei den vierpoligen Asynchronmotoren (Leistung etwa 4 kW) schon um die Jahrhundertwende das Leistungsgewicht enorm gesenkt werden konnte. Die logarithmische Auswertung dieser Kurve beweist, daß im Mittel aller 10 Jahre bei gleicher Leistung eine Gewichtsverringerung um 20 bis 25 Prozent eingetreten ist. Aus: ETZ-A, Berlin 91 (1970) 1

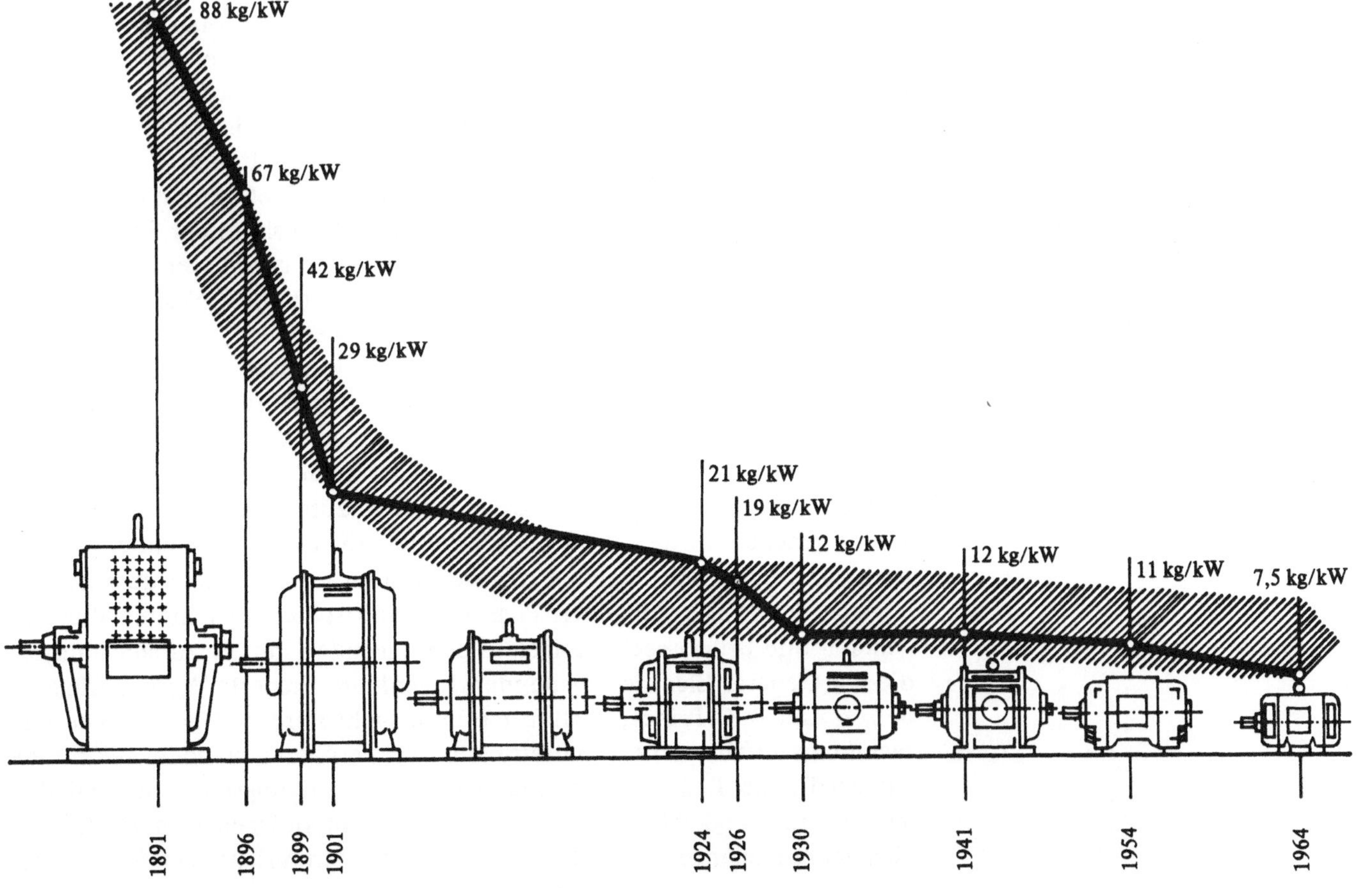

»Insgesamt können wir beim Elektromaschinenbau für die Entwicklung das folgende Bild gelten lassen: Erst langandauernder Anmarsch über gering ansteigendes Gelände, dann Erkämpfung einer mächtigen Steilhöhe mit anschließender Hochfläche, auf der wir uns langsam ansteigend weiterbewegen, beschäftigt mit dem Ausbau der grundsätzlich festliegenden Lösung.«

Ludwig Binder, Vortrag, 1950

Plan sah in der Sowjetunion für 15 bis 20 Jahre die Rekonstruktion und den Bau von 30 neuen Kraftwerken mit 1,5 Millionen kVA Gesamtleistung und Umstellung der gesamten Wirtschaft auf moderne Großproduktion mit elektrotechnischer Grundlage vor. 1935 übertraf die Leistung der Elektrizitätswerke die vorgegebene Plangröße um das Doppelte.

Mit dem Wachsen der Einheitsleistungen gewannen Erscheinungen an Bedeutung, die bei kleineren und mittleren Maschinen noch nicht störend wirkten, nun aber berücksichtigt werden mußten und zu vertiefter Forschung drängten. Der Konkurrenzkampf zwang dazu, das Material stärker auszunutzen, die Betriebseigenschaften zu verbessern und die Betriebszuverlässigkeit zu erhöhen.

Im Bereich der Gleichstrommaschinen brachte besonders der beim schwedischen ASEA-Konzern arbeitende Ludwig Dreyfus grundlegende Erkenntnisse über die Kommutierung und die Stromverdrängungserscheinungen ein. Dies nutzend, vollzog sich die weitere Entwicklung elektrischer Maschinen im wesentlichen im Optimieren bei einer Ausnutzung der physikalisch und technologisch gegebenen Grenzen. Für den Gleichstrommotor waren das u. a. die Wärmeabgabefähigkeit der Wicklungen, die Spannungsfestigkeit zwischen benachbarten Kommutatorlamellen und die Beanspruchung des Bürstenkontaktes infolge der Stromwendung. Mit Annäherung an diese Grenzen bewegten sich die Nennleistungen der größten Gleichstrom-Doppelmotoren für den Antrieb von Walzstraßen bei 10 000 kW, was 1938 erstmals in den USA erreicht wurde.

Trotz intensiver Anstrengungen gelang es zunächst nicht, einen für die Frequenz von 50 Hz brauchbaren Bahnmotor zu bauen. Man sah sich veranlaßt, mit $16\frac{2}{3}$ Hz zu arbeiten, obwohl das die unmittelbare Stromentnahme aus dem Landesnetz ausschloß. Zu Beginn der 30er Jahre war in einigen Ländern die Streckenelektrifizierung der Eisenbahnen schon erheblich vorangeschritten (Schweiz 41,1 Prozent, Italien 8,1 Prozent, Deutschland 2,8 Prozent, Frankreich 2,2 Prozent, Großbritannien 1,9 Prozent, Japan 1,5 Prozent und USA 0,8 Prozent). Obwohl in der Sowjetunion erst 1932 die erste Elektrolok gebaut wurde, waren schon vier Jahre später 70 in Betrieb. In den USA konnten 1938 elektrische Lokomotiven mit einer Spitzenleistung von 7 400 kW eingesetzt werden.

Perspektiven eröffnete die vereinzelte Anwendung von Quecksilberdampfgleichrichtern zum Speisen und zur Ankerspannungssteuerung von großen Gleichstrommotoren. Mit der Möglichkeit, die Motordrehzahl fast leistungslos steuern zu können, war der Anreiz zur automatischen Einstellung des gewünschten Betriebszustandes, d. h. zum Übergang auf eine Regelung gegeben. Mitte der 30er Jahre wurden die ersten Antriebe für Walzwerke und elektrische Bahnen mit steuerbaren Stromrichtern ausgerüstet.

Nach der 1923 gelungenen Phasenanschnittsteuerung konnten die Gegentakt- und Brückenschaltungen in den folgenden Jahren, zunächst durch die bei General Electric arbeitenden Ingenieure Frederic Werner Alexanderson und D. C. Prince, ausführlich untersucht werden. Obwohl erste Berechnungsverfahren für Wechselrichter zur Verfügung standen, blieb ihre wirtschaftliche Bedeutung gering. Der Kommutierungsaufwand und die Verluste im Vergleich zu den Maschinenumformern lagen zu hoch. In den 30er Jahren gelangen ein schneller Ausbau der Stromrichtergefäße und das

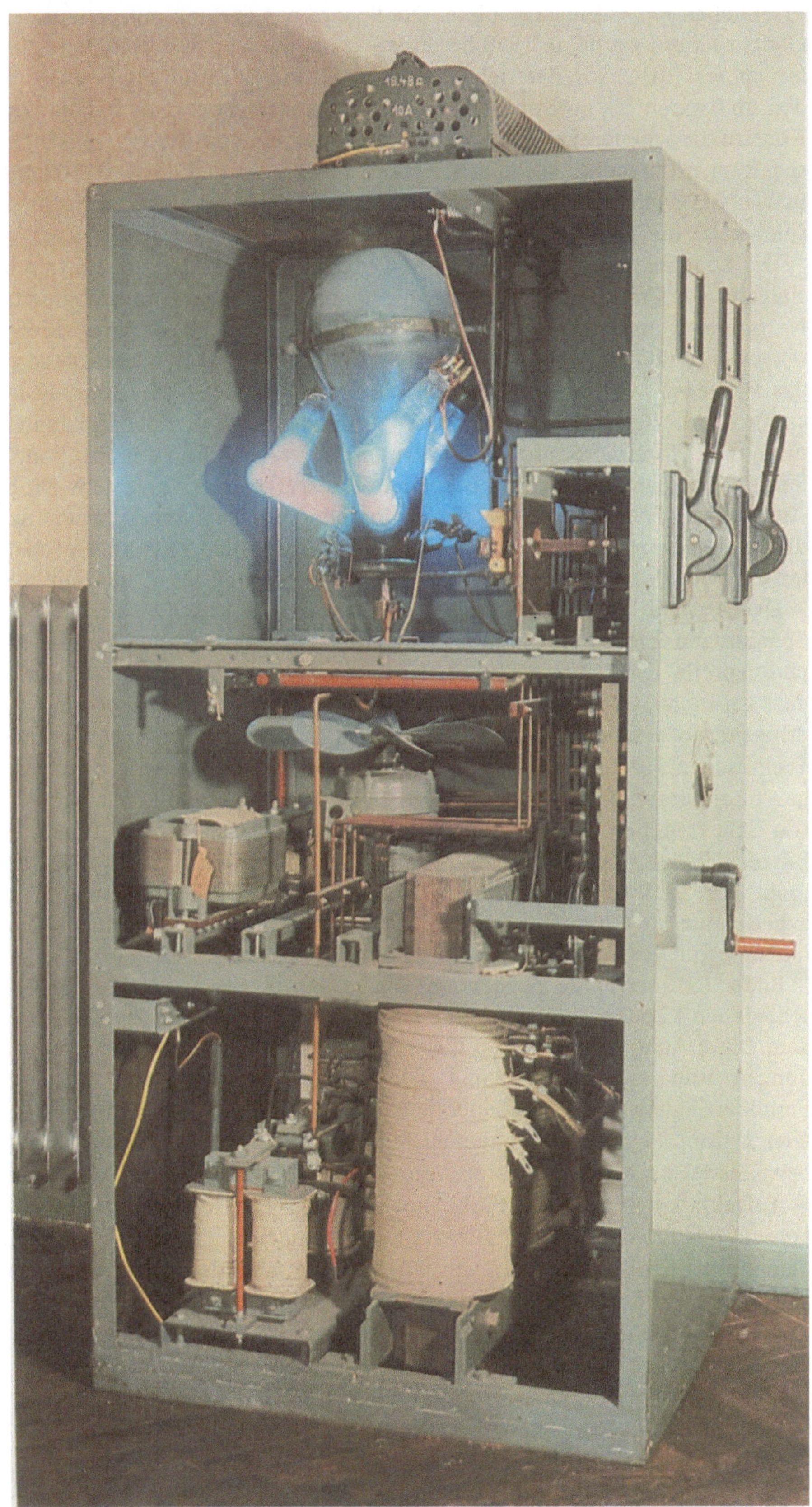

Mehranodiger Quecksilberdampfgleichrichter. Bergakademie Freiberg

Erschließen neuer Einsatzgebiete. Die Spannungsregelung mit gesteuerten Gleichrichtern wurde ab 1930 besonders im Schweizer Brown-Boverie-Unternehmen (BBC) vorangetrieben. Großgleichrichter hatten bis zu 24 Anoden und waren bis zu Strömen von 10 000 Ampere belastbar. Parallel zur Konstruktion neuer Ventile konnten zur gleichen Zeit die Gleichrichterschaltungen zu hoher technischer Reife geführt werden. Bis 1945 stellte man erste Hochspannungs-Gleichstrom-Übertragungs-Anlagen fertig, beispielsweise die HGÜ-Anlage »Elbe – Berlin« (440 kV, 150 A).

Die zunehmende Verwendung des Einzelantriebs in der Fließfertigung steigerte das Produktionsvolumen an Asynchronmotoren und drängte zur Normierung, an der die Betreiber wegen der Austauschbarkeit von Motoren unterschiedlicher Fabrikate großes Interesse zeigten. Hierzu gehörte das Festlegen von Baugrößen (Achshöhe und Abstände der Bohrungslöcher), der Leistungswerte und der Wellenenden. Die Hersteller konnten mit einem Normmotor größere Fertigungslose erzielen und damit rationellere Technologien einsetzen. Besondere Aufmerksamkeit galt dem Drehstrommotor. Theoretische und experimentelle Untersuchungen zielten auf die Verringerung des Gewichtes, die Verbesserung der Anlaufeigenschaften des Motors mit Käfigläufer und die Verminderung der Geräusche.

Der Ausbau der Hochspannungsanlagen für höchste Leistungen und Spannungen forderte Bemessungsrichtlinien. Die theoretische wie auch experimentelle Erforschung der Überspannungen auf Leitungen, insbesondere bei nichtstationären Vorgängen, den sogenannten Wanderwellen, war dringend notwendig. Unter der Leitung von Ludwig Binder wurden an der Technischen Hochschule Dresden in vielen Dissertationen die Stirnsteilheit und Dämpfung der Überspannungen in den Netzen, die Wirksamkeit von Schutzgeräten und Erdern in Zusammenhang mit der Häufung von Blitzeinschlägen aufgeklärt und die Stoßfestigkeit von Isolierstoffen erprobt. Das 1928 von Binder herausgegebene Buch »Die Wanderwellen auf experimenteller Grundlage« ist bis heute wichtige Grundlage für die Bemessung von Geräten und Apparaten der Elektroenergieversorgung.

Ende der 20er Jahre entstanden Hochspannungsversuchsfelder in verschiedenen Ländern, so auch 1928 an der Technischen Hochschule Dresden. Diese Anlagen gestatteten die weitere Erforschung der Gewitterentladungen und die Beherrschung höherer Betriebsspannungen für die Fernübertragung von Elektroenergie mit Drehstrom und hochgespanntem Gleichstrom. Physiker verwendeten sie für kernphysikalische Experimente, beispielsweise im Kernforschungszentrum Pittsburgh.

Aufgeklärt wurden ferner Probleme der Wechselspannungs- und Impulskorona, des Durchschlagverhaltens von Luftfunkenstrecken bei Beanspruchung mit Impulsspannungen verschiedener Form sowie unterschiedlicher Elektrodenanordnungen, der elektrischen Festigkeit von Isolierstoffen bei Wechsel- und Impulsbeanspruchung, des Überschlages von Isolatoren bzw. Isolatorketten mit sauberer oder auch verschmutzter Oberfläche. Ferner mußten die im Energieversorgungsnetz eingesetzten Überspannungsschutzeinrichtungen verschiedener Konstruktion und Hersteller untersucht werden, um die Zuverlässigkeit beurteilen zu können.

Aus der Entwicklung von Großkraftwerken leiteten sich neue Forderungen an Generatoren, Transformatoren, Schaltanlagen, Schalter, Schutzein-

Blick auf die 2,5-MV-Impulsspannungsanlage im Hochspannungslaboratorium der Sektion Elektrotechnik der Technischen Universität Dresden

richtungen und Leitungen, an die Nachrichtentechnik, die Verwertung der Abfallenergie und an den Zusammenschluß von Werken ab. 1929 ging das Pumpspeicherwerk Niederwartha bei Dresden in Betrieb. Während in der Sowjetunion die Generatorleistungen 1928 bei 12 MVA, 1934 noch bei 50 MVA lagen, waren 1935/36 schon Grenzleistungsturbos mit einer Leistung von 100 MVA im Bau. Die Höchstspannung der Transformatoren und Hochspannungsgeräte betrug im 2. Fünfjahrplan schon 220 kV, so daß die ersten 220-kV-Elektroenergieübertragungen Dnjepr–Donbass und Swir–Leningrad mit eigener Technik ausgerüstet werden konnten.

1936 tagte die 3. Weltkraftkonferenz in Washington. Es wurde deutlich, daß die amerikanische Regierung, u. a. mit Hilfe der »Federal-Power-Commission«, zunehmenden Einfluß auf die Energiewirtschaft nahm. Eine Reihe gigantischer Wasserkraftwerke waren im Bau bzw. geplant, beispielsweise das Tennessee Valley Authority (1 280 MVA) sowie die Werke Boul-

		1900	1980
1	spezifischer Eisenbedarf im Kraftwerksbau (kg/kW)	130	42
2	spezifischer Raumbedarf im Kraftwerksbau (m³/kW)	3	0,25
3	spezifischer Brennstoffbedarf in öffentlichen fossilen Wärmekraftwerken (MJ/kWh)	60	8,5
4	Bedienungspersonal in Kraftwerken (Pers./MW)	3,6	0,1

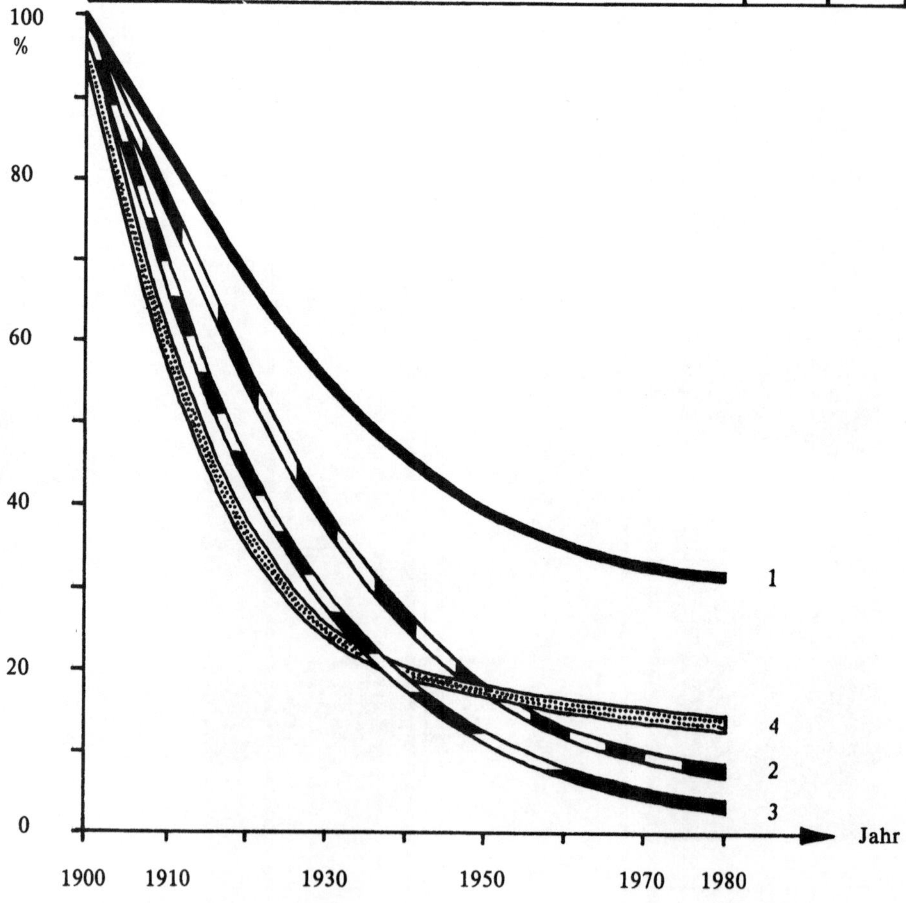

Einsparungen durch große Kraftwerksleistungen

der Canyon (Nevada, Arizona; 1 350 MVA) und Grand Coulee (Washington; 1 800 MVA – noch 1941 im Bau). Die Anlage Boulder Dam wurde 1931 begonnen und nach sechs Jahren fertiggestellt. Mit der damals höchsten Spannung von 287,5 kV gelang es, Elektroenergie mit einer Leistung von 265 MVA auf einer 435 Kilometer langen Strecke nach Los Angeles zu übertragen. Die Leistung eines Kraftwerkgenerators betrug 82,5 MVA, im später fertiggestellten Werk Grand Coulee schon 108 MVA. Sechzig Prozent der Generatoren waren 1938 in den USA bereits mit Wasserstoff-Kühlung ausgerüstet. Die elektrische Meßtechnik hatte sehr beachtliche Fortschritte gemacht (photoelektrische Verfahren, Meßgeräte zur Schwingungs- und Dämpfungsmessung u. a.) und diente zur besseren Betriebsführung der Anlagen.

Die Weltstromerzeugung wies seit 1900, abgesehen von den Krisen- und Kriegsjahren, jährliche Steigerungsraten zwischen sieben und zehn Prozent auf. 1920 wurden etwa 100, 1930 etwa 300, 1940 etwa 600 und 1950 etwa 1 000 Milliarden kWh Elektroenergie erzeugt. Hieran beteiligten sich die USA mit mehr als 40 Prozent, danach folgten Deutschland (etwa 11 Prozent), Kanada (etwa 7 Prozent), Großbritannien (etwa 6 Prozent) und Frankreich (etwa 5 Prozent). Die Weltelektroproduktion (Kabel, Geräte, Motoren u. a.) der 30er Jahre wurde zu beinahe 50 Prozent von den USA bestritten, es folgten Deutschland (etwa 20 Prozent), Großbritannien,

Blick in den Maschinensaal des 1926 in Betrieb genommenen Wolchow-Wasser-kraftwerkes. Es war das erste Wasserkraft-werk, das in der Sowjetunion im Rahmen des GOELRO-Planes gebaut wurde.

In der East River Station der New Yorker Edison-Company wurde der seinerzeit größte Turbinengenerator der Welt mit einer Leistung von 80 000 PS aufgestellt. Vor dem Turbinen-Rotor die Verantwort-lichen für den Bau (v. l. n. r.): W. H. Champson, J. H. Lawrence, E. H. Cranwell und J. S. Kerins

Werkansicht der General Electric Company in Schenectady, USA

Frankreich, Japan, Kanada und die UdSSR. Im Weltelektroexportgeschäft zwischen 1920 und 1940 dominierten Deutschland und die USA, gefolgt von Großbritannien, den Niederlanden und Japan.

Am Ende dieser Entwicklungsperiode arbeiteten in den Kraftwerken Generatoren mit einer Leistung von über 100 000 kVA. In diese Objekte waren vielfältige Erfahrungen und Berechnungen der Konstrukteure und Facharbeiter eingebracht und aller Fortschritt bezüglich hochwertiger Werkstoffe und Herstellungstechnologie ausgenutzt. Millionen installierter Drehstrommotoren liefen bis zu kleinsten Leistungen für Antriebe auf allen Gebieten.

In den 20er und 30er Jahren unseres Jahrhunderts erfuhr die Nachrichtentechnik einen enormen Aufschwung. Sie baute ihr Theoriengebäude differenziert aus und eröffnete neue Anwendungen. Zwar war bereits nach der Jahrhundertwende durch die Möglichkeit der Pupinisierung von Telefon-Fernleitungen ein großer Schritt nach vorn gelungen, jedoch blieb das Fehlen eines elektrischen Verstärkers das größte Hindernis für die weitere Verbreitung der Telefonie. Versuche, das Problem mechanisch in Analogie zur Telegrafie durch direkte Kopplung einer Zeichenerkennung (Telefonhörer) mit einem Zeichengeber (Mikrofon) zu lösen, schlugen wegen des diffizilen und damit unstabilen Aufbaues solcher Anordnungen fehl.

Robert von Lieben ließ sich 1906 die Idee patentieren, die Steuerung eines Elektronenstrahles mit Hilfe eines Magnetfeldes zur Herstellung eines Verstärkers (Kathodenstrahlenrelais) zu nutzen. Seine damit angestellten Experimente verliefen wenig erfolgreich. Gleichzeitig beschäftigte sich Lee de Forest in den USA damit, Abwandlungen von Edisons Glühlampe als Empfangsgleichrichter in Funkempfängern zu benutzen. Eine besonders empfindliche Anordnung ließ er sich 1907 unter der Bezeichnung »Audion« patentieren. Auch entdeckte er, daß die mit zusätzlichen Elektroden versehene Glühlampe sich als Verstärker eignete. Von Lieben konnte seiner Röhre erst eine brauchbare Form geben, als er 1910 von der magnetischen zur von de Forest praktizierten elektrostatischen Steuerung überging. Beide Experimentatoren waren auf unterschiedlichen Wegen zur Elektronenröhre gekommen. Die vorerst noch unstabilen Eigenschaften standen jedoch ihrer unmittelbaren Anwendung entgegen.

Grundlegende physikalische Untersuchungen zum Elektronenaustritt aus glühenden Metallen veröffentlichte 1904 O. W. Richardson. Er übertrug die Ergebnisse der kinetischen Gastheorie analog auf die Elektronenbewegung und schuf damit eine tragfähige Grundlage für die Berechnung und das Verständnis der Elektronenröhren. Der nordamerikanische Physiker und Chemiker Irving Langmuir setzte im Forschungslabor der General Electric Company die theoretischen Arbeiten fort und gab 1912/13 die wesentlichen Gesichtspunkte an, nach denen Elektronenröhren erfolgreich zu konstruieren waren. Mit dem Ausbruch des ersten Weltkrieges wurden die Arbeiten zur Elektronenröhre unter Geheimhaltung forciert. Die Elektronenröhre wies trotz einiger Unvollkommenheiten so hervorragende Eigenschaften auf, daß sie sowohl in die Funktechnik, insbesondere auf Kriegsschiffen, Eingang fand als auch zur Verstärkung von Telefonströmen diente. Im militärischen Einsatz wurde sie zur telefonischen Verbindung weit entfernter Befehlsstellen benutzt, die zum Teil mehr als 3 000 Kilometer auseinanderlagen.

In Deutschland arbeiteten in den Jahren 1915 bis 1917 vor allem Walter Schottky und, im wesentlichen unabhängig davon, Heinrich Barkhausen

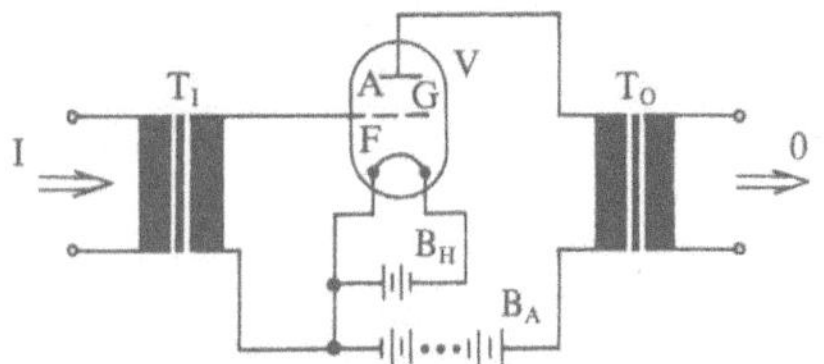

Prinzipschaltskizze elektronischer Verstärker mit Elektronenröhre. Um das Prinzip des Relais auch zur Verstärkung schwacher Wechselströme im Ton- und Hochfrequenzbereich verwenden zu können, benutzten L. de Forest und R. v. Lieben eine ionisierte Gasstrecke als steuerbaren Widerstand. Sie erstreckte sich zwischen einem glühenden Metallfaden F und einer Blechplatte A innerhalb eines Glaskolbens V. In der Einführung des Drahtnetzes G zwischen F und A, das mit dem Eingangs-Stromkreis verbunden wurde, entdeckten sie eine Möglichkeit, den Hilfs-Stromkreis über die Gasstrecke F-A so zu beeinflussen, daß im Ausgangskreis verstärkte Signalströme auftraten.

I = ankommender Stromkreis (z. B. Leitung) mit geschwächten Signalströmen
O = weiterführender Stromkreis (z. B. Leitung, Verbraucher)
T_I = Eingangstransformator
T_O = Ausgangstransformator
B_H = Heizbatterie
B_A = Anodenbatterie
V = Verstärkerröhre
A = Anode
G = Gitter
F = Heizfaden

Tonfrequenzverstärker von Telefunken aus dem Jahre 1914. AEG-Archiv, Frankfurt/M.

die Theorie der Elektronenröhren aus. Beide unterschieden zwischen der »inneren«, der »Theorie der Röhren«, und der »äußeren«, der »Theorie der Schaltungen«. Ihre Arbeiten fußten auf einem physikalischen Effekt, orientierten aber auf die technische Zielstellung der Verstärkung schwacher Wechselströme.

Die Elektronenröhre war ein mit den damaligen technologischen Mitteln beherrschbares Gebilde. Die Verfügbarkeit dieses ersten aktiven elektronischen Bauelementes eröffnete der Nachrichtentechnik eine Fülle neuer Möglichkeiten. Zukunftsvisionen wie das Fernsehen rückten plötzlich in greifbare Nähe. Die Elektronenröhre gab der Schwachstromtechnik jener Tage mächtige Impulse.

Während der Entwicklungsjahre der Elektronenröhre wurde auch, ausgehend von der durch Heaviside begründeten Leitungstheorie, die Theorie der Schaltungen mit passiven Bauelementen (Widerstände, Kondensatoren, Spulen, Transformatoren) vorangetrieben. Das Strom-Spannungsverhalten beliebiger Widerstandsnetzwerke mit je zwei Eingangs- und zwei Ausgangsklemmen (sogenannte Vierpole) konnte mit Hilfe der Mitte des 19. Jahrhunderts von Robert Kirchhoff und Hermann von Helmholtz angegebenen Regeln bestimmt werden. Ende des vorigen Jahrhunderts wurden sie auf die Wechselstromtechnik erweitert, insbesondere nach der Einführung der komplexen Rechnung durch Charles Steinmetz. Damit wurde prinzipiell die Berechnung von Netzwerken möglich, die außer Wi-

Ahnengalerie der Elektronenröhre. Nach dem Übergang von den ursprünglichen Ionenröhren zu Hochvakuumröhren nach I. Langmuir entstanden um 1920 technologische Lösungen zur Massenfertigung von Elektronenröhren. In den 20er Jahren beherrschte die Röhre mit Gitter (Triode) das Feld. Mit der Einführung weiterer Gitter und der Ausbildung des Systemaufbaues nach elektronenoptischen Gesichtspunkten wurde eine Vielzahl leistungsfähiger Röhrentypen hervorgebracht. Die Miniaturröhrenserie wurde zwischen 1955 und 1970 von der Transistortechnik abgelöst. Sammlung H. Börner, Ilmenau

derständen auch Kondensatoren (Kapazitäten) und Spulen (Induktivitäten) enthielten.

Der verblüffende Erfolg, den die Einschaltung von Pupinspulen in Fernsprech-Fernleitungen hervorbrachte, regte zu weiteren Untersuchungen hierüber an. George A. Campbell gab 1903 zu dieser Problematik eine exakte mathematische Darstellung. Sie belegte die an Pupinleitungen festgestellte Eigenschaft, daß zwar für tiefe Frequenzen, wie sie die Sprachfrequenzen darstellen, die Leitungsdämpfung verringert war, diese aber für höhere Frequenzen wesentlich stärker anwuchs als bei einer nichtpupinisierten Leitung. Er hatte damit die Tiefpaßeigenschaft festgestellt, erkannte aber die Bedeutung dieser Entdeckung nicht. Erst 1915 meldete er eine entsprechende Schaltung zum Patent an.

Mit ähnlichen Problemen befaßte sich Karl Willy Wagner zwischen 1910 und 1915. Er schloß von der Kettenschaltung der Leitungsstücke, die Pupinleitungen bilden, auf die Kettenschaltung bestimmter Anordnungen von Spulen und Kondensatoren. Seine allgemeine »Theorie des Kettenleiters«, worunter er eine regelmäßige Anordnung eines Netzwerkes aus Ohmschen Widerständen verstand, konnte er 1915 noch veröffentlichen, eine Publizierung der daraus abgeleiteten Fälle der »Spulen- und Kondensatorleitungen« wurde jedoch von militärischer Seite verboten und durfte erst 1919 erfolgen. Die vorrangige Eigenschaft der letztgenannten Schaltungen war die ausgeprägte Bevorzugung bzw. Benachteiligung bestimmter Frequenzbereiche, weshalb sie »Siebketten« oder »Filter« genannt wurden. Wagner gab vier grundsätzliche Filtertypen an: den Tiefpaß, den Hochpaß, den Bandpaß und die Bandsperre. Campbell kam unabhängig von Wagner auf ähnliche Ergebnisse, veröffentlichte sie aber erst 1922. Das Frequenzverhalten dieser Netzwerke aus Spulen und Kondensatoren (Reaktanzvierpole) ließ sich mit Hilfe von Wagners Theorie rechnerisch bestimmen. Die damit mögliche »Netzwerkanalyse« war so erfolgreich, daß man sie später auch zur Berechnung akustischer und anderer mechanischer Schwingungsprobleme heranzog. Während die Nachrichtentechnik noch wenige Jahrzehnte zuvor bei anderen technikwissenschaftlichen Disziplinen Anleihen in Form von Analogien nehmen mußte, war ihr theoretischer Apparat nunmehr so weit ausgebaut, daß sie diese mit Zins und Zinseszins zurückgeben konnte.

Eine umfassende Anwendung fand die Netzwerktheorie bei der Technik der Mehrfachausnutzung von Leitungen. Schon im vorigen Jahrhundert fehlte es nicht an Versuchen, über eine einmal gelegte Leitung mehrere Telegrafie- oder Telefonieverbindungen gleichzeitig herzustellen. Gewöhnlich wandte man Brückenschaltungen an und konnte damit zumindest eine zweite Verbindung betreiben. Zum exakten Abgleich der Brückenglieder wurden jedoch genaue Nachbildungen der Leitung, sogenannte künstliche Leitungen, benötigt.

Eine andere Methode benutzte als Trägerstrom für Telegrafieverbindungen nicht Gleichstrom, sondern Wechselstrom im Tonfrequenzbereich. Die Telegrafiesignale wurden mit »Resonanztelephonen« abgehört, also mit auf unterschiedliche Tonfrequenzen abgeglichenen Fernhörern. Wenn auch diese Methode über das Versuchsstadium nicht hinauskam, wies sie doch einen Weg zur Mehrfachausnutzung von Telefonleitungen. Die Er-

»Was ich als Ingenieur geleistet … habe, verdanke ich meiner Liebe zur Wissenschaft; … Die wissenschaftliche Durchdringung der Probleme der Technik ist der einzige auf die Dauer gangbare Weg zum technischen Erfolg.«

Karl Willy Wagner, Dankesworte anläßlich der Entgegennahme der goldenen Heinrich-Hertz-Medaille, ETZ, 1930

Komplizierte Filter aus einer Trägerfrequenzanlage, Bauweise 1978. Fernmeldewerk Bautzen

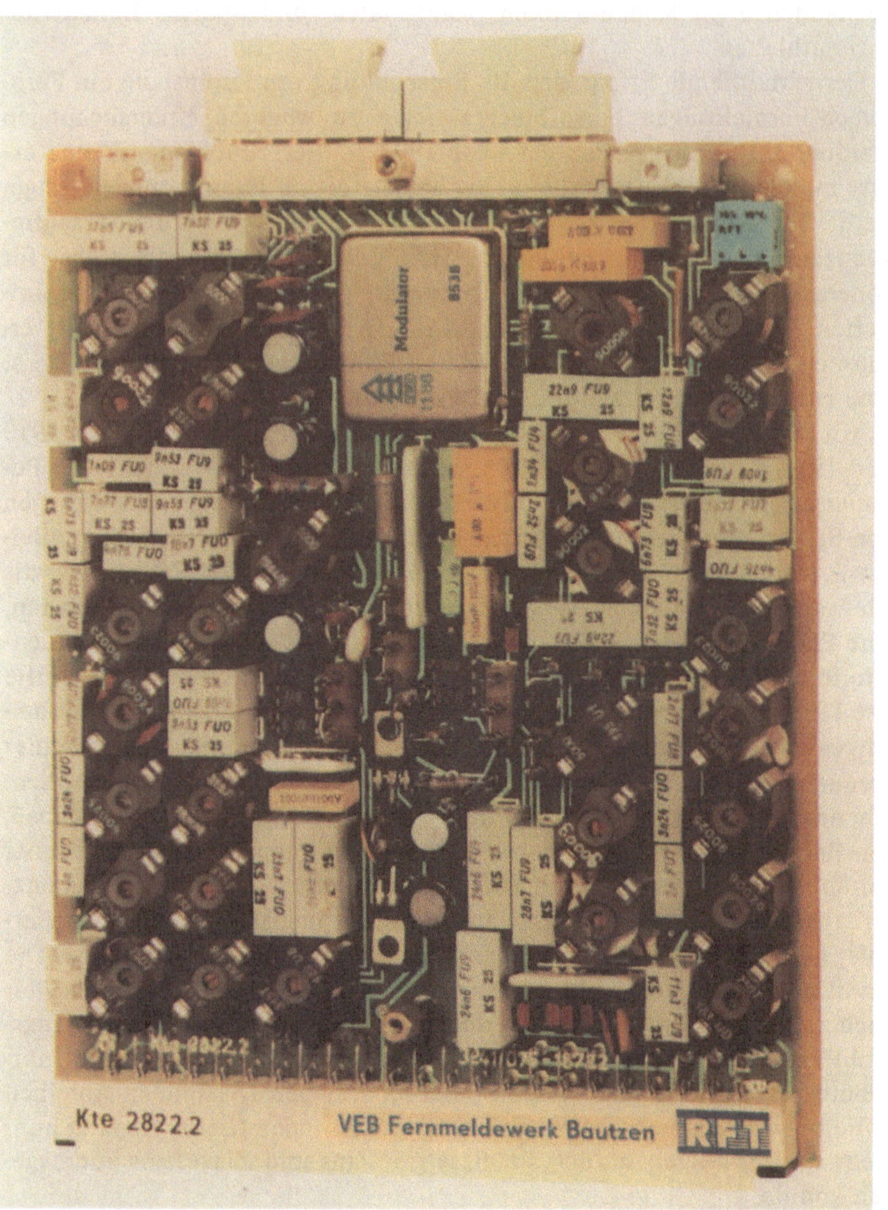

fahrungen der Funktechnik verwendend, übertrug Ernst Ruhmer 1908 sechs Gespräche gleichzeitig auf einer Leitung mittels Hochfrequenz. An eine praktische Einführung konnte erst gedacht werden, nachdem Verstärkerelemente in Form der Elektronenröhren zur Verfügung standen. Um 1920 wurden sowohl in Deutschland als auch in den USA erste ständige Trägerfrequenzlinien geschaffen. Im Verlaufe der Entwicklung dieser Technik gelangten die elektrischen Filter zu großer Bedeutung, da sie zur Trennung der einzelnen Gesprächskanäle benötigt wurden. Das regte wiederum zur Verfeinerung der Filtertheorie an. Otto J. Zobel lieferte dazu 1923 und 1924 wesentliche Beiträge. Mit der Einführung der Matrizendarstellung durch Felix Strecker und Richard Feldtkeller 1929 konnte die wichtige Theorie der Netzwerkanalyse schließlich als abgeschlossen angesehen werden.

Das umgekehrte Verfahren, die weit schwierigere Berechnung der Netzwerkstruktur und der Bauelementewerte aus einer vorgegebenen Frequenzcharakteristik (Netzwerksynthese), wurde noch in den 20er Jahren in Angriff genommen. Hier war es vor allem Wilhelm Cauer, der dazu 1926 einen ersten Beitrag lieferte. 1931 legte er ein Tabellenwerk und 1941 eine glänzend ausgearbeitete Theorie der Netzwerksynthese in seinem Buch »Theorie der linearen Wechselstromschaltungen« vor. Bemerkenswert ist, daß Cauer von 1936 bis zu seinem Tode 1945 Laborchef eines bedeutenden Telefonunternehmens in Berlin war. Allein dadurch wurden die engen Wechselwirkungen deutlich, die zwischen der Trägerfrequenztelefonie und der Netzwerktheorie bestanden.

Als die ersten Elektronenröhren noch im Versuchsstadium waren, wurden sie dank ihrer einmaligen Eigenschaften ab 1913 in Funkempfängern eingesetzt, vorrangig als Empfangsgleichrichter (Audion) und Niederfrequenzverstärker, gelegentlich schon als Hochfrequenzverstärker. Es konnten damit Empfangsergebnisse erzielt werden, die alles bisher Vorstellbare weit übertrafen. Man fand dabei fast zwangsläufig die hervorragende Eignung der Elektronenröhren als Hochfrequenzerzeuger in allen Arten von Sendern der drahtlosen Telefonie und Telegrafie. Die dabei benutzten Rückkopplungsschaltungen führten zur Ausarbeitung erster Anfänge der Rückkopplungstheorie, die weit über den Rahmen der Schwingungserzeugung hinaus bedeutsam werden sollte. Die Elektronenröhre sowie damit ausgerüstete Empfänger und Sender wurden während des ersten Weltkrieges bis zur Serienproduktionsreife entwickelt, aber ein nennenswerter Einsatz erfolgte an den Fronten erst im letzten Kriegsjahr 1917/18. So exi-

Rundfunkempfänger aus der Anfangszeit des Radios. Mit der Einführung der Rundfunktechnik bis zur Mitte der 20er Jahre zwang der hohe Bedarf an Empfängern zum Übergang von der Hand- beziehungsweise Kleinserienfertigung zur Massenfertigung. Der anfangs wie ein Laborgerät anmutende, mit Heiz- und Anodenbatterie versehene Empfänger wurde zu Beginn der 30er Jahre zum Gebrauchsgerät entwickelt. Sammlung H. Börner, Ilmenau

Der Engländer John Baird, Pionier des mechanischen Fernsehens, überzeugt sich bei Manfred von Ardenne zu Beginn der 30er Jahre von den hellen Fernsehbildern auf dem Bildschirm einer Elektronenstrahl-Bildröhre. Archiv Manfred von Ardenne, Dresden

Heinrich Zille bei einem Rundfunkinterview im Jahre 1929

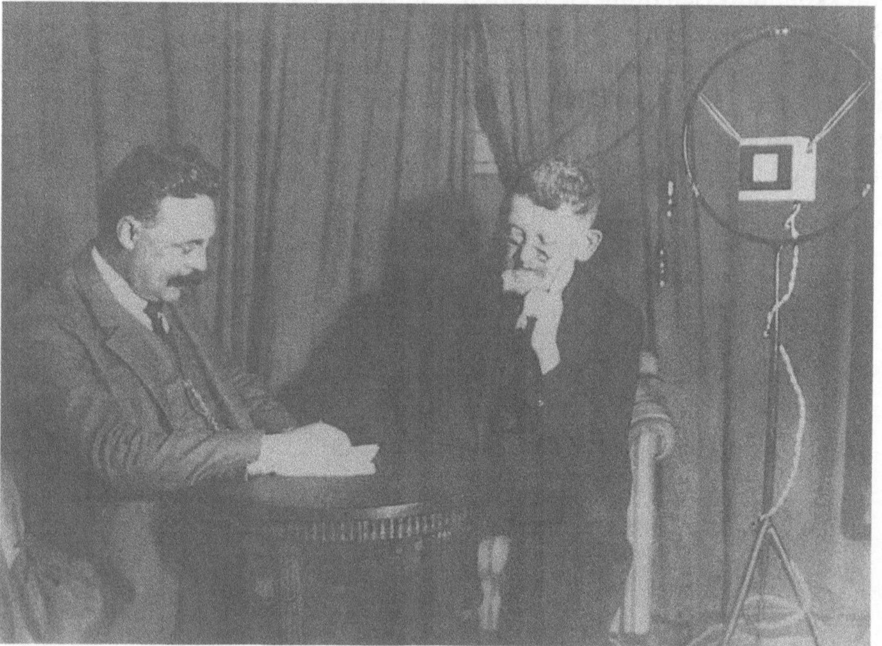

stierte zu Ende des Krieges ein technisches Potential, das genutzt werden wollte. Der Bedarf der Nachrichtentechnik war relativ gering, militärische Forderungen bestanden in den ersten Nachkriegsjahren kaum.

Lediglich eine Nutzung im Konsumbereich schien lohnenswert, die endlich im Rundfunk gefunden wurde. Beginnend 1921 in den USA, verbreitete er sich in wenigen Jahren über die ganze Welt. 1923 eroberte er die Hörer in Deutschland. Ein wahres Rundfunkfieber brach aus. Es brachte den Firmen der Nachrichtenbranche mit den erhofften Gewinnen sowohl neue Probleme, die mit einer Massenfertigung verbunden waren, als auch die finanziellen und gerätetechnischen Mittel, Forschungsarbeiten auf diesem Gebiet zu leisten oder zu unterstützen. In den 20er und 30er Jahren wurden wesentliche Beiträge zur theoretischen Beherrschung nachrichtentechnischer Probleme geliefert:

– Modulation und Demodulation (Amplituden-, Frequenz-, Phasen-Modulation),
– Einschaltvorgänge,
– Ausbreitung elektromagnetischer Wellen in der Atmosphäre, insbesondere der Kurz- und Ultrakurzwellen,
– Mehrgitterröhren, Höchstfrequenzröhren, Hochleistungs-Senderöhren,
– Höchstfrequenzerzeugung (über 300 MHz, »Mikrowellentechnik«),
– Höchstfrequenzübertragung in Hohlleitern,
– Richtfunk, Peilfunk (Anfänge des RADAR),
– Bildfunk und Fernsehen (Breitbandtechnik und Anfänge der Impulstechnik),
– Röhrenverstärker in Rundfunk- und Fernsehsendern und -empfängern,
– Schmalbandverstärker (Rundfunksiebschaltungen),
– Breitbandübertragung auf Leitungen (für Trägerfrequenz- und Fernsehtechnik),
– Rückkopplung und Gegenkopplung,
– erste Untersuchungen zu Regelschaltungen,
– Gleichrichter (bis hin zur Untersuchung von Halbleitereffekten),
– elektronische Meßtechnik für Nieder- und Hochfrequenz (Spannung, Strom, Phase, Leistung, Verluste usw.),
– Elektroakustik.

Diese Auflistung ist keinesfalls vollständig, aber sie läßt ahnen, welchen enormen Aufschwung die Nachrichtentechnik in den 20er und 30er Jahren erfuhr. Es ist in diesem Rahmen unmöglich, alle Namen zu nennen, die in bedeutendem Maße mit dieser Entwicklung verbunden waren. Neben diesen, vorrangig durch die Hochfrequenztechnik beeinflußten Zweigen sind der Ausbau der Fernsprechvermittlungstechnik und, damit verbunden, die Ausarbeitung der Verkehrstheorie zu erwähnen. Diese Phase der Konsolidierung der Nachrichtentechnik war durch eine weitgehende Differen-

Fernsehempfänger Baird 30 aus dem Jahr 1930. Royal Scottish Museum, Edinburgh

Englisches Radargerät aus dem zweiten
Weltkrieg. Imperial War Museum, London

zierung gekennzeichnet. Die Teildisziplinen brachten eigene Denkweisen
hervor und formulierten eng begrenzte Theorien, die auf die Beherrschung
ihrer speziellen Probleme ausgerichtet waren.

Beginnend mit den 20er Jahren, jedoch ausgeprägt in den 30er Jahren,
gewann die nachrichtentechnische Produktion bedeutendes Gewicht. Der
Konsumgüterbereich stellte besonders mit seiner Massenfertigung im
Rundfunk- und Zubehörbereich einen gewichtigen Wirtschaftsfaktor dar.
Aber auch der kommerzielle Bereich, insbesondere die militärische Nachrichtentechnik, war im Zunehmen begriffen. Einen Umschwung brachte
der Ausbruch des zweiten Weltkrieges 1939, in dessen Verlauf die nachrichtentechnische Konsumgüterherstellung vor allem in Europa zugunsten

Kristalldedektoren aus der Anfangszeit der Rundfunktechnik. Das Wirkprinzip geht auf die von Ferdinand Braun erstmals 1874 bei verschiedenen Materialien entdeckte Richtungsabhängigkeit des elektrischen Stromflusses und der darauf beruhenden Gleichrichterwirkung für Wechselströme zurück. Sammlung H. Börner, Ilmenau

der Kriegsproduktion weitgehend eingeschränkt wurde. Als Folge der fast ausschließlich auf militärische Zwecke eingestellten Interessen wurden zwar in wenigen Jahren enorme technische Leistungen erbracht (beispielsweise die Entwicklung des Rundsichtradars in England), eine Umsetzung in theoretisches Wissen mußte jedoch vorerst in den Hintergrund treten.

Bereits in den 20er Jahren gab es Versuche, die gelegentlich bei Kristalldetektoren auftretenden fallenden Strom-Spannungs-Kennlinien zur Verstärkung von Wechselströmen zu nutzen. Diese Experimente sind vor allem mit dem Namen des sowjetischen Rundfunkpioniers Oleg W. Lossew verbunden. Der von ihm unter Ausnutzung dieser physikalischen Erscheinung gebaute »Kristadyn-Empfänger« konnte sich jedoch gegen die Konkurrenz der einfachen Detektorempfänger und der Röhrenradios nicht durchsetzen. Die ersten industriell gefertigten Rundfunkgeräte waren die Detektorempfänger, bestehend aus elektrischem Schwingkreis, Kristalldetektor und Kopfhörer. Der Vorteil lag zweifellos in ihrer Einfachheit, im niedrigen Preis und in der Unabhängigkeit von Stromquellen. Selbstverständlich war darin auch ihre begrenzte Leistungsfähigkeit begründet.

Einröhrenempfänger in Audionschaltungen brachten gegenüber dem Detektorempfänger hinsichtlich Verstärkung und Empfindlichkeit beträchtliche Vorteile (etwa tausendfache Verstärkung des Eingangssignals gegenüber dem Detektorempfänger). Mit der weiteren Vervollkommnung der Elektronenröhre, dem Bau indirekt geheizter Röhren und der damit erreichten Möglichkeit der Spannungsversorgung aus dem Wechselstrom-

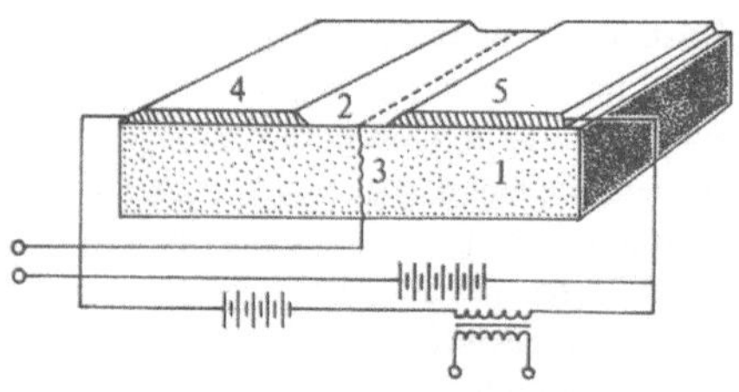

Halbleiterverstärker, Vorschlag von Julius Lilienfeld aus dem Jahre 1925. Es handelt sich um einen Feldeffekttransistor, bei dem das an der Außenelektrode angelegte Potential durch Feldwirkung den Strompfad in der halbleitenden Kupfersulfidschicht verändern soll. 1. Glasplatte, 2. Kupfersulfidschicht, 3. Aluminiumfolie, 4. Elektrode, 5. Elektrode. Aus: H. Goetzeler, Zur Geschichte der Halbleiter … In: Technikgeschichte, Düsseldorf 39 (1972) 1

netz, der immer besseren theoretischen Begründung ihrer Funktionsweise durch Walter Schottky, Heinrich Barkhausen und andere Wissenschaftler, durch die Entwicklung von Mehrsystemröhren, die weitere Verbesserung der elektrischen Eigenschaften bei zunehmender Beherrschung der Technologie wurden die Detektorempfänger immer weiter zurückgedrängt. Dabei spielte auch eine Rolle, daß nach wie vor die theoretisch begründeten Dimensionierungsvorschriften für Kristalldetektoren fehlten. Die Halbleiterforschung orientierte sich zuerst auf die sogenannten Trockengleichrichter (Kupferoxidul- und Selengleichrichter), die seit Mitte der 20er Jahre für die Netzgleichrichtung in Rundfunkempfängern und für die Gleichrichtung von Niederspannungen (z. B. in Batterieladegeräten) zum Einsatz kamen. Hervorzuheben sind dabei die Untersuchungen von Walter Schottky, Eberhard Spenke, Ferdinand Waibel und Walter Deutschmann zu den insbesondere an den Grenzschichten ablaufenden elektronischen Prozessen, die für die Ausarbeitung der Randschichttheorie des Metall-Halbleiter-Kontaktes und damit für die weitere Theorieentwicklung in der Halbleiterelektronik große Bedeutung erlangen sollten.

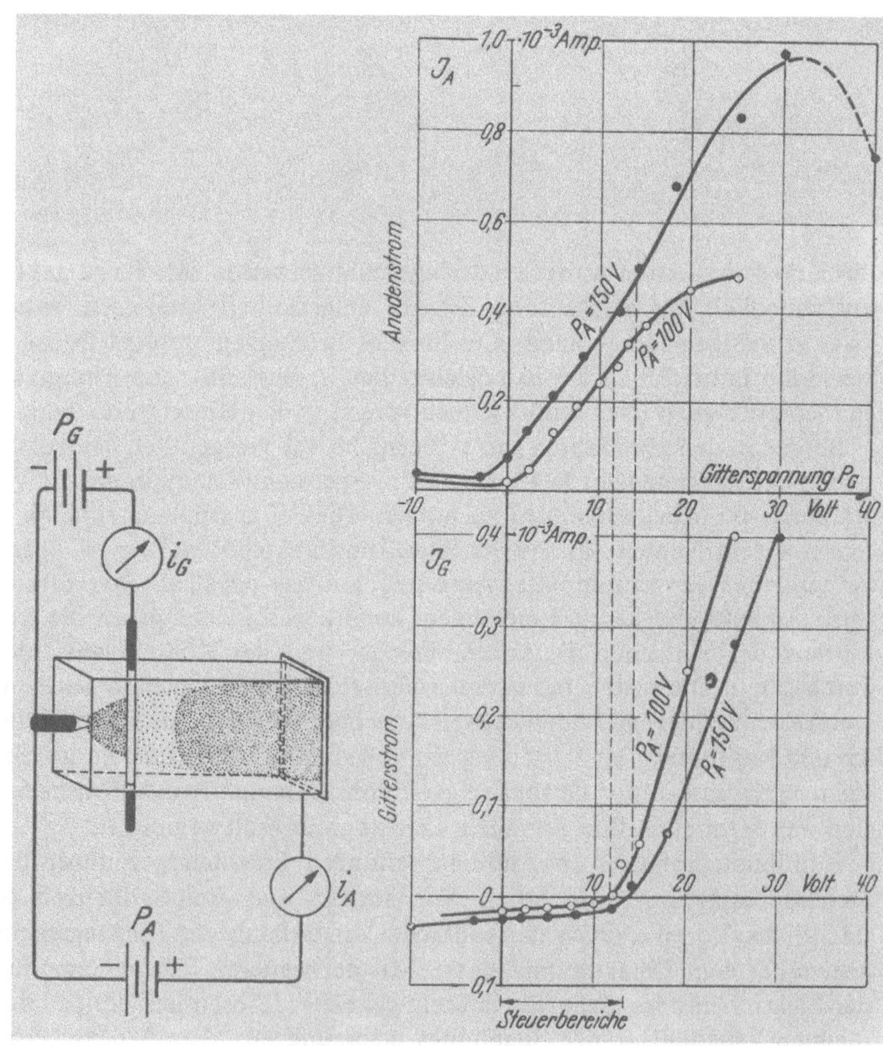

Halbleiterverstärker nach Hilsch und Pohl aus dem Jahre 1938. Schematische Darstellung der Elektronenverteilung und der Aufladung des Gitters. Die Ausgangs- und Eingangskennlinien sind für verschiedene Anodenspannungen aufgezeichnet. Aus: Zeitschrift für Physik, Berlin/Göttingen/Heidelberg, 111 (1938)

Die Überlegungen, ein Verstärkerbauelement auf Halbleiterbasis zu schaffen und entsprechende Wirkprinzipien auszuarbeiten, verliefen in zwei Richtungen: Zum einen entstand der Gedanke, daß die Zusammenschnürung eines Strompfades im Halbleiter durch ein anliegendes Steuerpotential eine Steuerwirkung des fließenden Stromes ermöglicht (das Feldeffektprinzip – es sollte später im Sperrschichtfeldeffekttransistor und im oberflächengesteuerten Feldeffekttransistor angewendet werden). Zum anderen hoffte man, in Analogie zur Elektronenröhre durch Einfügen eines »Steuergitters« in einen Halbleitergleichrichter den Stromfluß steuern zu können. Insbesondere Julius Lilienfeld, Oskar Heil, Rudolf Hilsch, Robert Pohl und Heinrich Welker arbeiteten diese Vorstellungen in den 20er bis 40er Jahren aus und führten auch Experimente an entsprechenden Halbleiterstrukturen durch. Am erfolgreichsten waren wohl die Versuche von Hilsch und Pohl aus dem Jahre 1938. Sie erreichten die Steuerung des Stromflusses in einem Kaliumbromidkristall durch ein eingefügtes Drahtgitter. Nachteilig waren die niedrige Frequenz und die notwendige Betriebstemperatur von nahezu 500 °C. Interessant ist in der Darstellung der Meßergebnisse die strenge Analogie zur Elektronenröhre, z. B. erkennbar an den aus der Röhrenelektronik übernommenen Begriffen wie Steilheit, Durchgriff und innerer Widerstand zur Charakterisierung der elektrischen Eigenschaften dieses Verstärkerbauelementes.

Relativ unabhängig von den wenig erfolgreichen Versuchen, ein Verstärkerbauelement auf Halbleiterbasis zu finden, konnten im gleichen Zeitraum die theoretischen Grundlagen der Halbleiterphysik und Halbleiterelektronik wesentlich vertieft werden. Mit der nichtklassischen Physik, die seit Beginn des 20. Jahrhunderts das physikalische Denken zunehmend bestimmte, erreichte man, den Leitungsmechanismus im Halbleiter und an seinen Phasengrenzen zu erklären, modellhaft darzustellen und zunehmend auch mathematisch zu behandeln. In Erweiterung der physikalisch-phänomenologischen Beschreibung der Halbleitereigenschaften erwiesen sich drei Theorien als äußerst bedeutsam: die Erklärung des Leitungsmechanismus mit Hilfe des Wilsonschen Bändermodells und die Entwicklung einer theoretisch begründeten modellhaften Vorstellung 1931, die Randschichttheorie für den Metall-Halbleiter-Übergang (Walter Schottky sowie Nevill F. Mott und B. J. Dawydow) 1929 bis 1940, die Theorie der Oberflächenzustände und ihre Einwirkung auf das Leitfähigkeitsverhalten in oberflächennahen Halbleiterzonen (Igor Tamm sowie William B. Shockley und John Bardeen) 1931 bis 1947.

Die zum Teil recht abstrakten theoretischen Aussagen, besonders zur Theorie der Oberflächenzustände in den 30er Jahren, standen relativ isoliert. Es fehlten sowohl die adäquate Umsetzung in eine brauchbare elektrotechnisch-elektronische Theorie als auch der Bezug zur Halbleitertechnologie. Allerdings blieben ebenfalls technische Anforderungen an die sich herausbildende Halbleiterelektronik nahezu aus. Wichtige Entdeckungen oder Annahmen blieben unbeachtet. Bezeichnend dafür ist die Vermutung von Dawydow aus dem Jahre 1939, daß für die Gleichrichtung eine Übergangsschicht zwischen zwei Halbleitern vom N- und P-Typ verantwortlich ist, die allerdings in der internationalen Fachwelt vorerst keinerlei Resonanz hervorrief.

A. F. Joffe zählt zu den Begründern der modernen Halbleiterphysik und Halbleiterelektronik. Unter seiner Leitung wurde vom 23. bis 27. September 1931 in Leningrad die erste wissenschaftliche Konferenz zu Halbleitern durchgeführt.

»Die Entwicklung der Hochspannungs-, Vakuum- und Röhrentechnik führte im 20. Jahrhundert unvermeidlich zu einer ebenso engen Verschmelzung von physikalischer Wissenschaft und Elektroindustrie, wie sie im 19. Jahrhundert zwischen der chemischen Wissenschaft und der chemischen Industrie bestand. Ein neuer Zweig der angewandten Wissenschaft war entstanden, der sehr zutreffend den Namen Elektronik erhielt.«

John D. Bernal, Die Wissenschaft in der Geschichte, 1961

Stand der technischen Ausführungsformen von Elektronenröhren in den 40er Jahren. Im Laufe der Entwicklung war es gelungen, den Raumbedarf der Elektronenröhre auf etwa ein Fünftel zu verringern bei gleichzeitiger Verbesserung ihrer elektrischen Eigenschaften und Erhöhung der Zuverlässigkeit. Eine weitere Verkleinerung war jedoch wegen des Wirkprinzips und des sich daraus ergebenden konstruktiven Aufbaus nicht mehr möglich. Sammlung H. Börner und A. Kirpal, Ilmenau

»Die hauptsächliche Aufgabe der Laboratorien besteht darin, für das Bell-System Neuentwicklungen und Verbesserungen auf dem breiten Gebiet der Nachrichtentechnik durchzuführen.«

Ralph Bown, Vizepräsident für Forschung der Bell Laboratories, Inventing and patenting at Bell Laboratories, 1954

Die experimentellen Arbeiten auf dem Halbleitergebiet, bestimmt durch das Streben nach Vervollkommnung der Kupferoxidul- und Selengleichrichter und ihrer Herstellung, konzentrierten sich vor allem auf Randschichtphänomene bei diesen Halbleitermaterialien und den daraus hergestellten Bauelementen. Erst als Gleichrichter für höchste Frequenzen (Radartechnik) gebraucht wurden, wandte man sich wieder den Halbleitermaterialien Germanium und Silizium zu. Technologische Verfahren zur Kristallherstellung, Kristallreinigung und zur Dotierung wurden ausgearbeitet, die als Grundlage für die spätere Halbleiterfertigung dienten. Die Transistortechnologie hat damit eine wesentliche Wurzel in der Fertigung von Halbleitergleichrichtern. Die für Kristalldetektoren verwendeten Materialien Germanium und Silizium waren damals allerdings von polykristalliner Struktur. Den Vorteil des Einsatzes von Einkristallen erkannte man erst Ende der 40er Jahre. Die halbleitertechnologischen Forschungen erfolgten in diesem Zeitraum vor allem in den USA, in den Bell Telephone Laboratories, dem Westinghouse Research Laboratory, den Universitäten Pennsylvania und Pardue.

Mitte der 40er Jahre zeichneten sich immer deutlicher die begrenzten Möglichkeiten der Elektronenröhre ab. Eine grundlegende Verbesserung der Kennwerte, Verringerung des Raum- und Energiebedarfs, war nicht mehr möglich. Die durch das Wirkprinzip vorgegebenen Grenzen traten hervor. Das bedeutete allerdings kein Einstellen der Arbeiten auf diesem Gebiet (neue Röhrenserien wurden z. B. noch in den 50er Jahren entwickelt), zumal mit der Anwendung als Bauelement in Schaltungen zur elektronischen Steuerung und Regelung sowie in Elektronenrechnern neue Einsatzgebiete hinzugekommen waren, deren Anforderungen durch die Elektronenröhren noch gut erfüllt werden konnten. Ebenso gilt, daß sich die traditionellen Anwendungsgebiete der Konsumgüterelektronik (vor allem Rundfunk- und Fernsehgeräte) weiterhin als Domäne der Elektronenröhre behaupteten und es noch längere Zeit bleiben sollten. Aber letztlich verlangten besonders die neuen Einsatzgebiete der industriellen Elektronik und die angestrebten Verbesserungen in der Konsumgüterelektronik nach einem neuen Bauelement mit niedrigerem Energiebedarf, höherer Zuver-

Versuchsanordnung, mit der J. Bardeen und W. H. Brattain am 16. Dezember 1947 eine Verstärkerwirkung nachwiesen. Auf einen Halbleiterblock aus N-Germanium wurde ein Plastikdreieck aufgesetzt, dessen Kanten mit Gold bedampft waren. An der Spitze des Dreiecks hatte man die Goldfolie durchtrennt, so daß die eng benachbarten und isolierten Folienenden als Stromzuführung dienen konnten (»Punktkontakte« mit einem Abstand von etwa 50 μm). Bell Telephone Laboratories, New Jersey

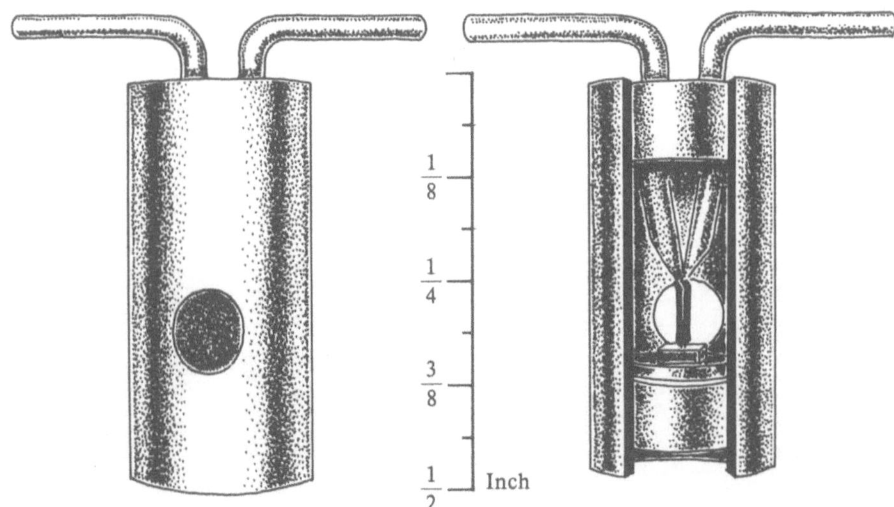

Punktkontakttransistor aus dem Jahre 1948 (Schnittdarstellung). Deutlich sind der Germaniumblock und die aufgesetzten Kontaktspitzen erkennbar. Die Bezeichnung »Transistor« geht auf einen Vorschlag von John Robert Pierce zurück, der das neue Bauelement in Analogie zur Elektronenröhre, bei der der Übertragungsleitwert (Transconductance) eine wichtige Kenngröße ist, in Hervorhebung des Übertragungswiderstandes (Transresistance) »Transistor« nannte. Aus: Bell Laboratories Record, New Jersey, 50 (1972) 12

»Ich bin überzeugt davon, daß ein Verstärker auf Halbleiterbasis anstelle des Vakuums prinzipiell möglich ist.«

William B. Shockley, Arbeitsbucheintragung, 1939

In einer Arbeitsbucheintragung vom 24. Dezember 1947 beschreibt Brattain die Verstärkerwirkung des PunktkontakttransistOrs. Die Schaltungsskizze gibt Auskunft über die Betriebsspannungen und die erzielte Verstärkung bei einer Frequenz von 1 KHz. Aus: JEEE-Transactions on Electron Devices, New York, 23 (1976) 7

lässigkeit und verringertem Volumen. Dieser objektiven Situation entsprachen nach dem Ende des zweiten Weltkrieges, stark beeinflußt durch militärtechnische Zielstellungen, vor allem in den USA gezielte Forschungen auf dem Halbleitergebiet. So wurden Überlegungen von William Shockley und Walter H. Brattain aus den Jahren 1939 und 1940 zur Ausarbeitung eines Verstärkerprinzips auf Halbleiterbasis durch die 1945 bei den Bell Laboratorien gebildete Halbleiterforschungsgruppe weitergeführt.

Die Bell Laboratorien entstanden 1925 als Tochtergesellschaft der Western Electric Company. Sie tragen den Namen des in Schottland geborenen Alexander Graham Bell, der 1876 das Telefon weiterentwickelte und 1877 ein kleines Unternehmen in den USA gründete. Aus diesem ging nach wenigen Jahren die American Telephone and Telegraph Company (AT+T) hervor, der später auch die Western Electric Company angegliedert wurde. Eine breit angelegte Grundlagenforschung für die Nachrichtentechnik gehörte seit Anfang unseres Jahrhunderts zu den Aufgaben des Konzerns.

Im Unterschied zu den Arbeiten der 20er und 30er Jahre standen die Forschungen nunmehr auf einem wesentlich höheren theoretischen Niveau und konnten auf indessen vorhandenen Kenntnissen zur Halbleitertechnologie aufbauen. Neben der Bestimmung von elektrischen Eigenschaften der Halbleiteroberfläche durch John Bardeen im Jahre 1946, mit

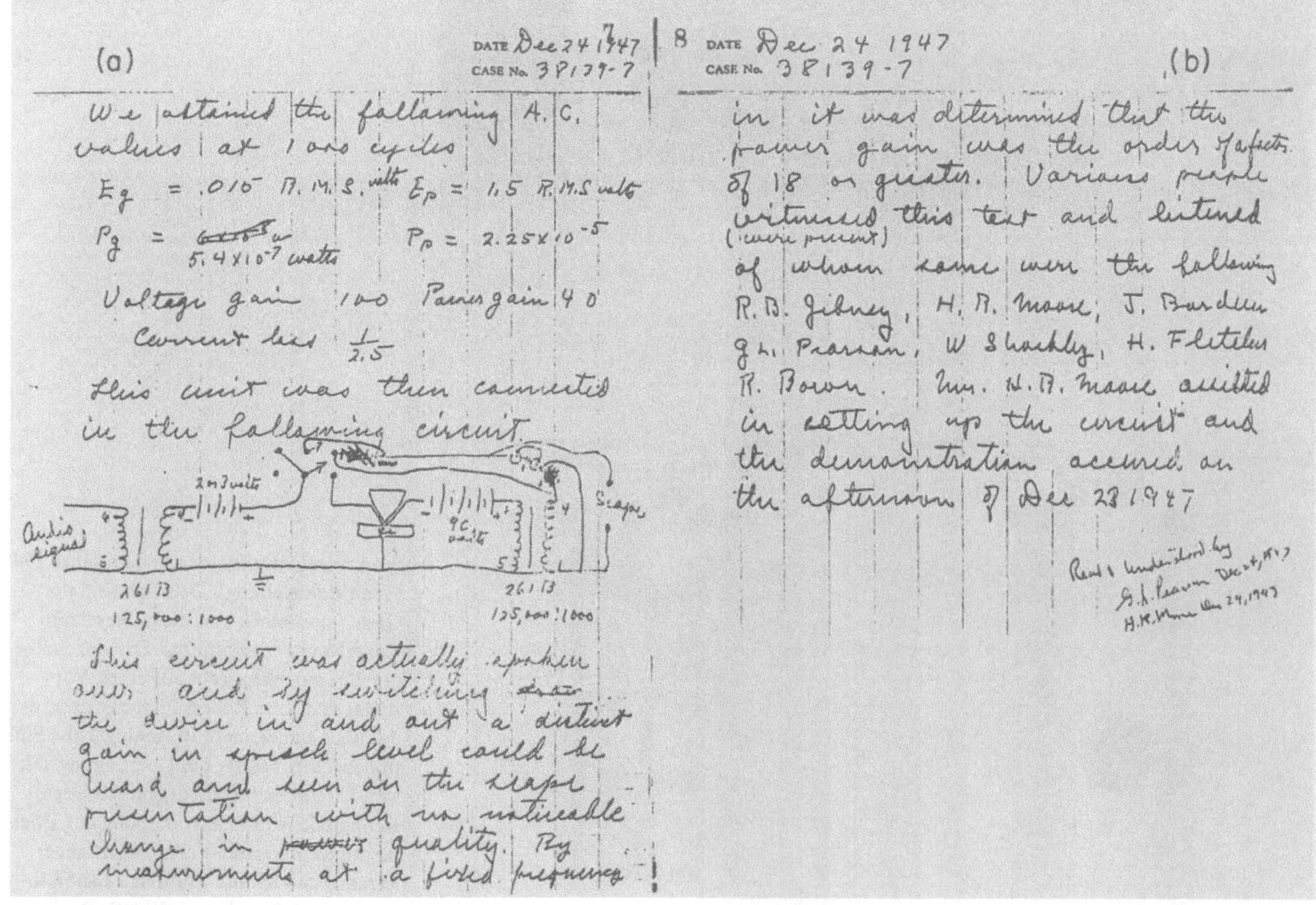

der er das Nichtfunktionieren eines Halbleiterverstärkers nach dem Feldeffektprinzip erklärte, war vor allem die Beherrschung der Herstellung von Germanium- und Siliziumhalbleiterproben eine wesentliche Voraussetzung für die erfolgreiche Fortführung der Forschungen in den 40er und 50er Jahren.

Den Transistor erfanden Bardeen und Brattain im November und Dezember 1947 bei Experimenten an Feldeffektstrukturen. Man versuchte immer noch, ein verstärkendes Halbleiterbauelement nach dem Feldeffektprinzip (Steuerung der Leitfähigkeit eines Kanals im Halbleiter durch ein elektrisches Feld) zu schaffen. Es erfolgten daher Messungen, um weitere Aussagen über den störenden Einfluß der Oberflächenzustände zu gewinnen und ihn auszuschalten. Das geschah auch an einem experimentellen Aufbau, der im Unterschied zu vorherigen Meßanordnungen nicht mehr eine Flächenelektrode enthielt, sondern zwei Spitzenelektroden auf dem Halbleitermaterial. Es konnte eine Beeinflussung des Ausgangsstromes durch den Eingangsstrom mittels Ladungsträgerinjektion in das Kristallinnere festgestellt werden. Damit war das Wirkprinzip des Punktkontakttransistors gefunden. Am 26. Februar 1948 wurde er zum Patent angemeldet. Eine veränderte Fassung folgte am 17. Juni 1948.

Wissenschaftliche Veröffentlichungen zu dieser bahnbrechenden Erfindung ließen nicht lange auf sich warten. In der renommierten Fachzeitschrift »Physical Review« erschien im Juli 1948 der Aufsatz »The transistor a semiconductor triode«. Technikwissenschaftlich charakteristisch sind dabei Angaben über die Herstellung des Transistors, Kennlinienfelder, elektrische Grundstromkreise mit Bezeichnung der Ströme, Stromrichtungen, Potentiale sowie Messungen zum Gleich- und Wechselstromverhalten und Anwendungen als elektronisches Bauelement zur Verstärkung und Schwingungserzeugung. Die Interpretation des Verstärkungsmechanismus beschränkte sich im wesentlichen auf die physikalisch-phänomenologische Beschreibung der Wirkungsweise des Transistors. Nach ersten Anschauungen sollte der Strom längs der Halbleiteroberfläche vom Emitter zum Kollektor führen, Volumeneffekte blieben also weitgehend unberücksichtigt. Große Unklarheiten bestanden weiterhin über die tatsächlich ablaufenden elektronischen Vorgänge, so an den wichtigen Stellen des Punktkontakttransistors: den Metall-Halbleiter-Übergängen des Emitter- und Kollektorkontaktes. Meßergebnisse brachten bestenfalls eine qualitative Übereinstimmung mit den Modellvorstellungen. Experimente an verschiedenen Transistorbauformen ergaben dann schließlich die Klarheit darüber, daß im Gegensatz zu früheren Auffassungen der Ladungsträgertransport nicht an der Oberfläche stattfindet, sondern im Innern des Halbleiters (unter Einfluß der Oberfläche), ohne diese Vorgänge jedoch mathematisch beschreiben zu können. Die dafür notwendigen Angaben über die Umdotierung durch den Formierungsprozeß des Emitter- und Kollektorüberganges, über den räumlichen Verlauf der Übergangzone usw. ließen sich meßtechnisch nicht ermitteln. Weitere Darstellungen zum Transistor richteten sich vor allem auf seine elektronischen Eigenschaften in Schaltungen, vorrangig in Analogie zur Elektronenröhre. Diese Analogiebetrachtungen nahmen breiten Raum in der Fachliteratur ein. Besonders ausgeprägt geschah dies in der Transistorschaltungstechnik, die die Schaltungseigenschaften

»Schottky und sein Mitarbeiter Spenke haben die vollständigen mathematischen Theorien ausgearbeitet« (gemeint sind die theoretischen Vorstellungen zum Metall-Halbleiter-Übergang).

John Bardeen, Halbleiterforschung auf dem Wege zum Spitzenkontakt-Transistor, Nobelvortrag, 1956

»Man muß wirklich ganz bescheiden werden, wenn man einen solchen Preis empfängt und daran denkt, welches Glück man gehabt hat, sich zur rechten Zeit in richtiger Umgebung zu befinden und aus allem, was vorher getan worden war, Nutzen zu ziehen.«

Walter Brattain, Oberflächeneigenschaften von Halbleitern, Nobelvortrag, 1956

William Bradford Shockley, John Bardeen und Walter Houser Brattain, die für die Erfindung des Transistors 1956 den Nobelpreis für Physik erhielten, bei Forschungsarbeiten im Jahre 1947. Bell Telephone Laboratories, New Jersey

Mit der NPN-Struktur in einer Arbeitsbucheintragung vom 23. Januar 1948 gibt Shockley die prinzipielle Anordnung eines Flächentransistors an. Aus: W. Shockley, The Path of the Conception of the Junction Transistor. JEEE-Transactions on Electron Devices, New York, 23 (1976), 7

Tetroden-Flächentransistor. Flächentransistoren wurden zuerst nach dem Ziehverfahren aus der Schmelze mit zweimaligem Umdotieren des Halbleitermaterials hergestellt. Eine Sonderform des gezogenen Flächentransistors stellt der Tetroden-Transistor dar. Durch Anbringen eines zweiten Basisanschlusses mit entsprechender Vorspannung wird eine Verringerung der Basiszone erreicht, die eine wesentliche Erhöhung der Grenzfrequenz bis in den GHz-Bereich zur Folge hat. Bell Telephone Laboratories, New Jersey

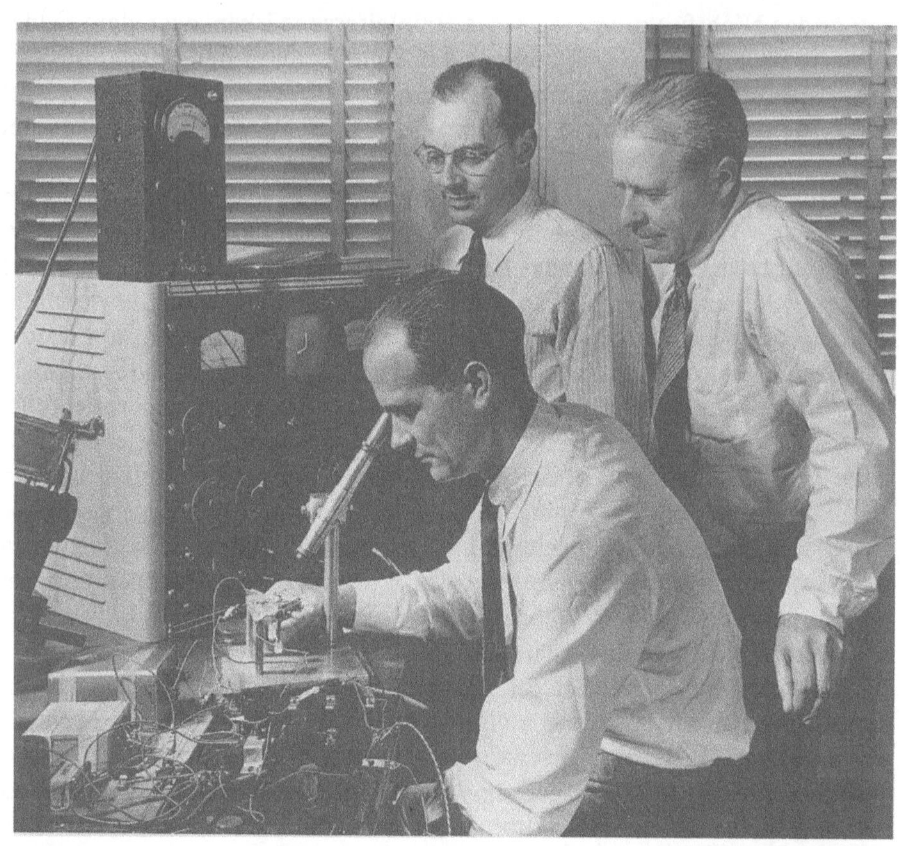

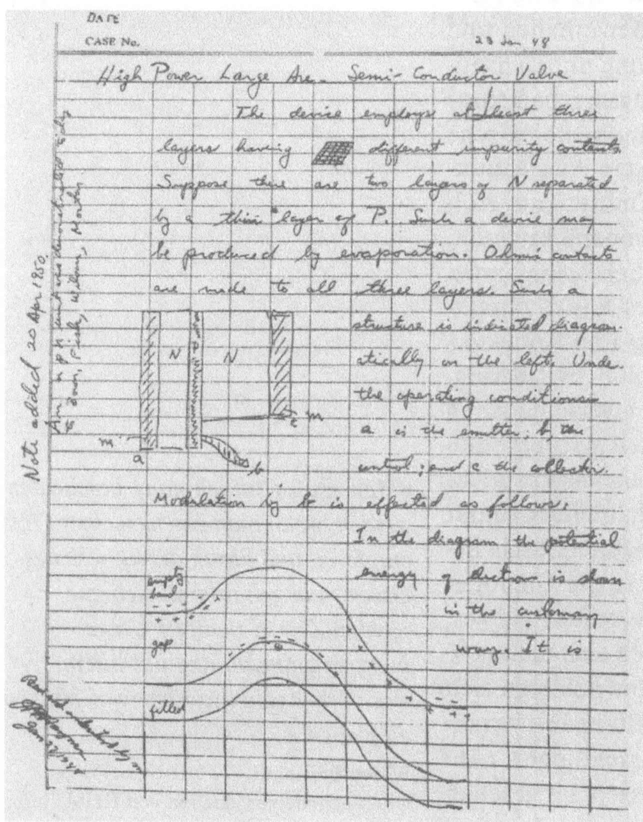

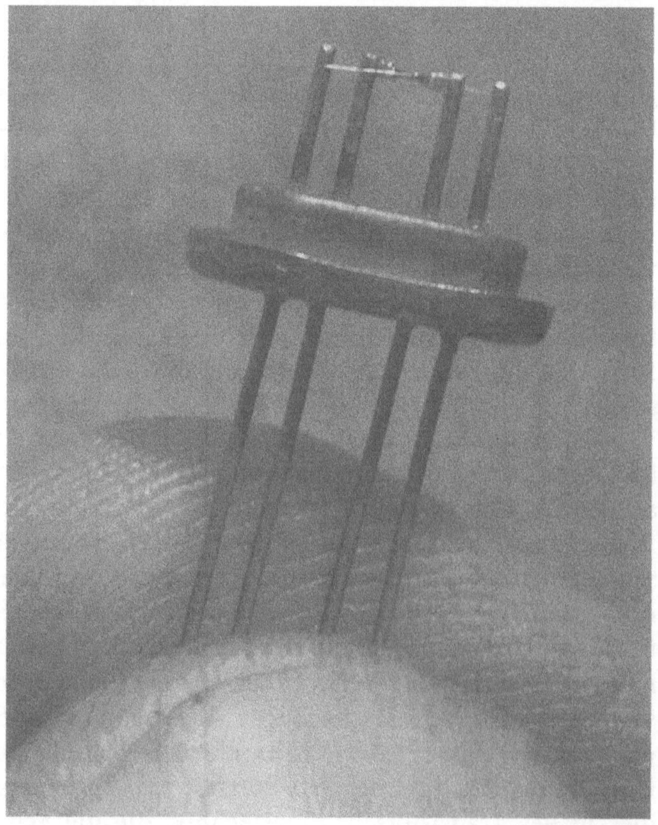

Einkristallzüchtung nach dem Zonen-Floating-Verfahren. Als Standardverfahren für die Züchtung von Halbleitereinkristallen haben sich das Ziehen aus der Schmelze (Czochralski-Verfahren) und das Zonen-Floating-Verfahren bewährt. Beim Ziehen aus der Schmelze wird in das geschmolzene polykristalline Germanium oder Silizium ein einkristalliner Impfkeim eingebracht, an dem sich beim langsamen Herausziehen einkristallines Material anlagert. Beim Zonen-Floating-Verfahren wird ein polykristalliner Halbleiterstab mittels Hochfrequenzerwärmung zonenweise geschmolzen, der Kristallstab nimmt zonenweise die mit einem Kristallkeim vorgegebene einkristalline Struktur an. Es ist möglich, Einkristalle je nach Verfahren mit einem Durchmesser von 100 bis 150 Millimeter und einer Länge von 1 Meter herzustellen.

des Transistors in Analogie zur klassischen Schaltungstechnik der Elektronenröhre zu erschließen versuchte. Mit fortschreitender Entwicklung wurden jedoch die Grenzen dieses Vorgehens immer deutlicher sichtbar, die sich letztlich aus den grundlegenden Unterschieden der elektrischen Eigenschaften wie Eingangswiderstand, Übertragungswiderstand und Verstärkung ergeben. Es entstand eine eigenständige Transistorschaltungstechnik mit entsprechenden Dimensionierungsregeln und Meßverfahren. Ebenso begann sich, besonders nach der Erfindung des Flächentransistors, eine Trennung der Transistorelektronik, die die innerelektronischen Vorgänge bis hin zu den Auswirkungen auf das elektrische Klemmenverhalten untersucht, von der Transistorschaltungstechnik abzuzeichnen.

Das bestimmende Bauelement der Transistorelektronik wurde der Flächentransistor. Die Ausarbeitung seines Konzeptes durch Shockley in der Zeit vom Dezember 1947 bis zum Januar 1948 stand mit den Forschungen, die zur Erfindung des Punktkontakttransistors führten, in unmittelbarem Zusammenhang. Auch nach der Erfindung des Punktkontakttransistors durch Bardeen und Brattain, an der Shockley keinen direkten Anteil hatte, bemühte er sich weiterhin, doch noch einen Halbleiterverstärker nach dem Feldeffektprinzip zu verwirklichen. Shockley war einer der beiden Leiter der nach dem Ende des zweiten Weltkrieges bei den Bell Laboratories gebildeten Halbleiter-Forschungsgruppe. Diese setzte die schon früher durchgeführten Untersuchungen fort und orientierte auf Messungen an Halbleiterstrukturen als Ausgangspunkt für einen Halbleiterverstärker. Das wissenschaftshistorisch Bemerkenswerte liegt darin, daß Shockley nahezu gleichzeitig mit der Erfindung des Punktkontakttransistors vor der Erfindung des Flächentransistors stand. Das prinzipielle Konzept des Flächentransistors – die Steuerung des Stromflusses durch Minoritätsladungsträger zwischen zwei Halbleiterschichten gleicher Dotierung und einer dazwischenliegenden Schicht entgegengesetzter Leitungsart – ist in den Arbeitsbucheintragungen Shockleys vom 8. und 31. Dezember 1947 dargestellt. Am 26. Juni 1948 meldete er den Flächentransistor zum Patent an.

Der wesentliche Unterschied zur Erfindung des Punktkontakttransistors besteht darin, daß der Flächentransistor auf dem Papier entstand. Vor allem theoretische und keine experimentellen Untersuchungen führten zur Problemlösung. Die experimentelle Überprüfung der theoretischen Aussagen konnte erst später durch geeignete Halbleiterstrukturen mit der erforderlichen Schichtanordnung (PNP oder NPN) erfolgen. Shockley hat auf der Grundlage bestehender Theorien über den Ladungsträgertransport (Transportgleichung, Kontinuitätsgleichung, Poissongleichung) sowie aus der Kenntnis der Rolle der Minoritätsladungsträger unter Annahme geringer Rekombination in der Basiszone und des Zusammenhanges mit den angelegten Spannungen (Bändermodell) in nahezu genialer Art Modellvorstellungen von den innerelektronischen Vorgängen im Transistor entwickelt und Kennlinienberechnungen durchgeführt. Der erste Flächentransistor konnte 1949 als Labormuster durch zweimaliges Umdotieren beim Ziehen aus der Schmelze hergestellt werden. Publiziert wurde dieses Verfahren 1951, verbunden mit Angaben zur industriellen Herstellung von Germaniumflächentransistoren.

Mit der Beseitigung dieses Technologiedefizits belebten sich auch die Forschungen zu den elektrischen Eigenschaften des Transistors. Bestimmend waren die Untersuchungen technisch funktionaler Abhängigkeiten unter applikativer Sicht und des Kennlinienverhaltens bei verschiedenen Betriebszuständen, das Aufstellen von physikalischen und technischen Ersatzschaltbildern, der Übergang vom idealen zum realen Transistor in der analytischen Darstellung (Berücksichtigung von Bahnwiderständen und Kapazitäten) sowie die Einführung praktikabler Kennliniendarstellungen für den Schaltungsentwickler. Mitte der 50er Jahre setzten sich die heute noch üblichen Kennliniendarstellungen durch, in denen die meßtechnisch gut zugänglichen Werte der Gleichstromverstärkung und der Restströme enthalten sind. Mit der weiteren theoretischen Fundierung der Transistorelektronik, der mathematisch-physikalischen Beschreibung der elektronischen Eigenschaften des Transistors und seines Schaltverhaltens, jedoch vor allem durch die sich abzeichnenden technologischen Verfahren, die auf eine Verbesserung der elektrischen Kennwerte und eine reproduzierbare und ökonomisch günstige Transistorherstellung gerichtet waren, wurde der Transistor in den Folgejahren ein ernsthafter Konkurrent der Elektronenröhre.

Wissenschaftliche Voraussetzungen für die Informatik

Die Intensivierung der Beziehungen zwischen Wissenschaft, Technik und Produktion und die dafür erforderliche Anwendung der Mathematik blieben nicht ohne Einfluß auf die Weiterentwicklung entsprechender Rechenhilfsmittel. Eine universell anwendbare Maschine nach Babbages Konzept der »Analytical Engine« stand allerdings noch nicht zur Verfügung, und die »Intelligenz« der Rechenmaschinen manifestierte sich im wesentlichen in der Behandlung der Grundrechenarten – Addition, Subtraktion, Multiplikation und Division.

Demgegenüber war den Statistikmaschinen ein weitaus größeres Anwendungsspektrum beschieden. In wenigen Jahren entstanden in den industriell entwickelten Ländern (USA, England, Österreich) spezialisierte Industriebetriebe, die den gesamten Bedarf zu decken vermochten. Deutschland tat sich in dieser Hinsicht schwer. Es bedurfte erst der Empfehlung Carl Duisbergs, der sich auf einer Amerikareise von den Vorteilen und Anwendungsmöglichkeiten überzeugt hatte. In seinem Unternehmen erfolgte deshalb auch die erste deutsche Anwendung. Die Ausrüstung lieferte die 1910 in Berlin gegründete »Deutsche Hollerith Maschinen Gesellschaft m. b. H.« (DEHOMAG). Das Unternehmen produzierte zunächst auf

»Denn unter die drückendsten Arbeiten ... gehört die geistige Handlangerei grosser Zahlenrechnungen, wie sie der Maschinen-, Bau-, Berg- und Militäringenieur ... viele Stunden, Tage, Wochen, Monate lang auszuführen haben, wenn ihnen nicht die Maschine hilft ... Es musste deshalb eine Erfindung mit Freuden begrüßt werden, welche die Sklaverei des Rechnens zu brechen gekommen ist ...«

Franz Reuleaux über die Thomas'sche Rechenmaschine, 1862

Rechenmaschine von Thomas nach seinem Patent von 1820 – erste serienmäßig produzierte Vierspeziesmaschine, etwa 1860. Technische Universität Karl-Marx-Stadt

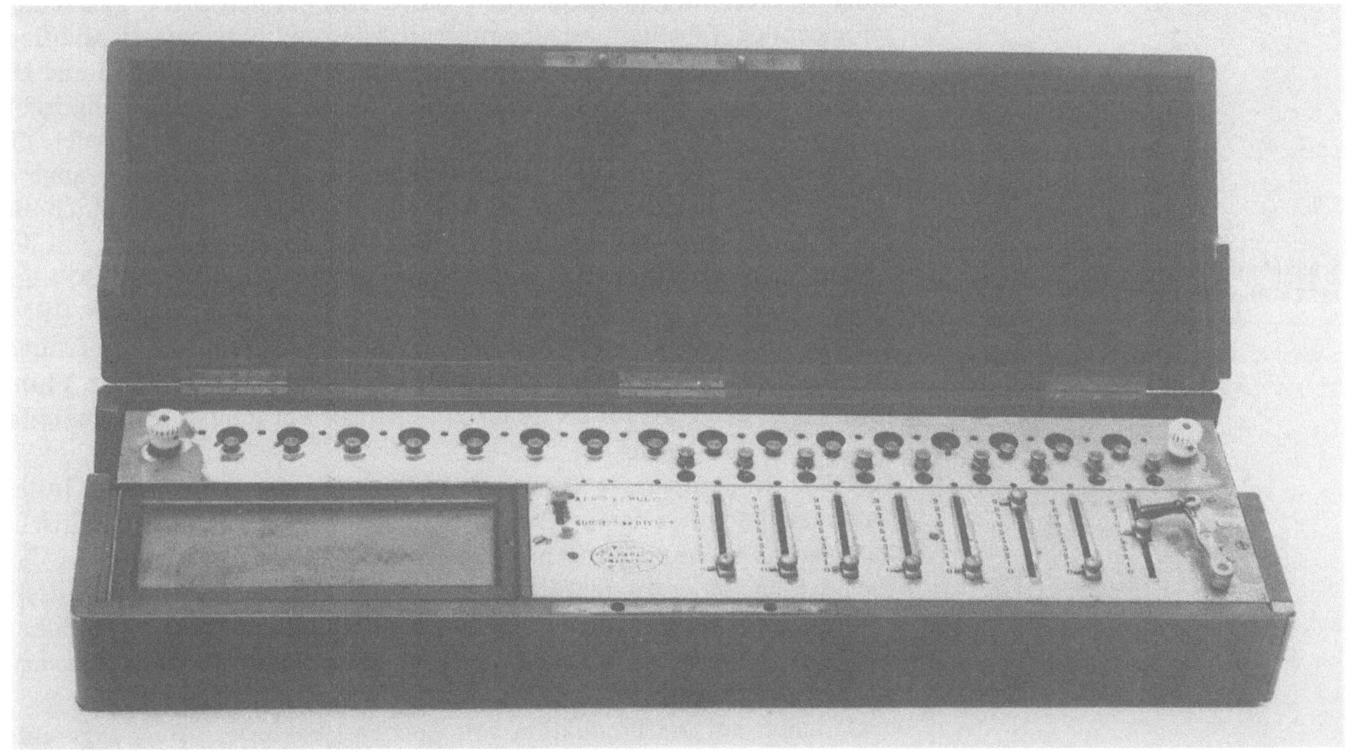

Die »D 11«, erste von der DEHOMAG 1934 entwickelte Tabelliermaschine mit Stecktafelprogrammierung aus dem Produktionsprogramm von 1938. IBM Deutschland GmbH, Stuttgart

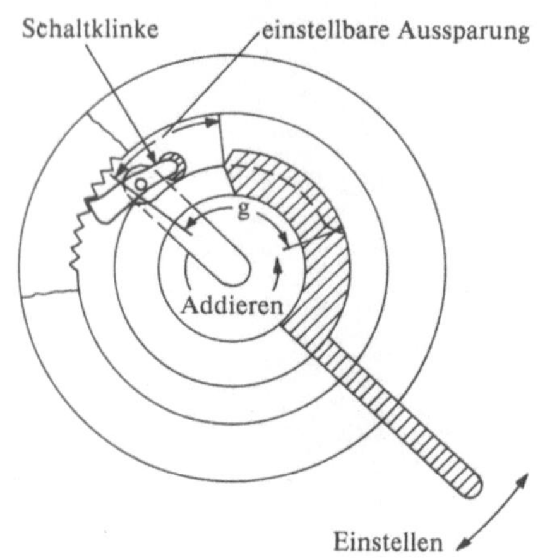

Schaltklinke, erfunden von Dietzschold 1875 – Prinzipskizze

der Basis amerikanischer Technologien, widmete sich aber zunehmend eigenen Entwicklungen, um das schmale Spektrum der lösbaren Aufgabenklassen erweitern zu können.

Eingebettet in eine Periode sich überstürzender technischer Neuerungen, gelang in den Jahren 1935/36 die Konstruktion der unter der Bezeichnung BK bekannt gewordenen und als »D 11« auf den Markt gebrachten schreibenden Tabelliermaschine mit vertikaler und horizontaler Addition, Subtraktion und Saldierung, bedarfsweise auch mit Multiplikation und Division versehen. Als Besonderheit und Ansatz zur Programmierung informationeller Abläufe muß die auswechselbare elektrische Schalttafel, die eine beliebige Kombination der genannten Funktionen erlaubte, angesehen werden. Auf dem Gebiet der Tabelliermaschinen wird hierdurch ein gewisser Abschluß markiert, für die DEHOMAG gleichbedeutend mit der Lösung vom amerikanischen multinationalen Konzern, der seit 1917 unter dem Namen »International Business Machines Corporation« (IBM) firmiert. Hollerith war einer der bedeutenden Pioniere dieses Imperiums. Noch bis 1921 arbeitete er als dessen beratender Ingenieur. Die Firma IBM war es auch, die für dieses Gebiet erstmals ein Industrieforschungslaboratorium einrichtete.

Neben Hollerith ragte unter den Ingenieuren der Österreicher Gustav Tauschek besonders heraus. Bereits 1930 besaß er in Europa 45 spezifische Patente und 66 Anmeldungen. Seine Arbeiten stellen den wichtigsten Versuch dar, das Monopol der Firmen Powers und IBM/DEHOMAG Deutschland zu durchbrechen und das Spektrum der nun existierenden Maschinen durch eine breiteren Anwendungsfällen genügende »Buchhaltungsmaschine« zu erweitern.

Gerichtet auf die Produktion von Rechen-, Fakturier-, Buchungs- und Lochkartenmaschinen, entwickelten sich weltweit weitere Firmen – die Powers GmbH, die Computing Tabulating Recording Company (USA), die französische Firma Bull, die Deutsche Gesellschaft für Addier- und Sortiermaschinen u. a. Diese internationale Konkurrenz führte nicht nur zur Erschließung vieler neuartiger Anwendungen, sondern auch zu mannigfachen technischen und technologischen Verbesserungen auf der Basis wissenschaftlicher Erkenntnisse aus der Fertigungstechnik, der Getriebelehre und der Kinematik. Eine Theorie der Informationsverarbeitung existierte jedoch noch nicht, obwohl Schalttafelsteuerung und Einsatz elektromechanischer Relais die ersten fundamentalen Erkenntnisse zur Algorithmierung und technischen Gestaltung von Systemen zur programmgesteuerten Verarbeitung von Informationen brachten; das Programm ist hierbei als eine Anweisung zur Lösung einer bestimmten Aufgabe oder einer bestimmten Klasse von Aufgaben anzusehen.

Die technische Entwicklung brachte neben den beschriebenen eine weitere Klasse hervor: die analogen Rechengeräte und -maschinen. Die Wertedarstellung erfolgt hier nicht auf diskreter (digitaler) Basis, sondern mittels analoger physikalischer Größen; der Elementaroperation liegt also ein Integrationsvorgang zugrunde. Als einfachstes Vorbild diente der vermutlich von dem Engländer Edmund Gunter um 1620 erfundene Rechenstab (-schieber).

Dem Erfordernis, auf diese Weise ausgewählte Klassen von Informationsverarbeitungsaufgaben zu lösen, entsprach man mit der Entwicklung einer Vielzahl spezifischer Rechengeräte – Koordinatographen, Differentiatoren, Kurvimetern, Planimetern, harmonischen Analysatoren, Integraphen – und ebenso sogenannter geometrischer Apparate – Affinographen, Pantographen, Perspektographen. Die Produktion erfolgte in geringen Stückzahlen und erforderte hohe Fertigungsgenauigkeit, da diese von direktem Einfluß auf das Ergebnis war. Daß auch Größenverhältnisse eine Rolle spielten, zeigt der sogenannte »Logokalkulator«, ein walzenförmiges Gerät mit einer Skalenlänge von 15 Metern. Der angegebene Fehler belief sich auf 0,002 5 Prozent.

»Burkhardt-Arithmometer«, Rechenmaschine aus Glashütte, gefertigt nach 1878. Mathematisch-Physikalischer Salon, Dresden

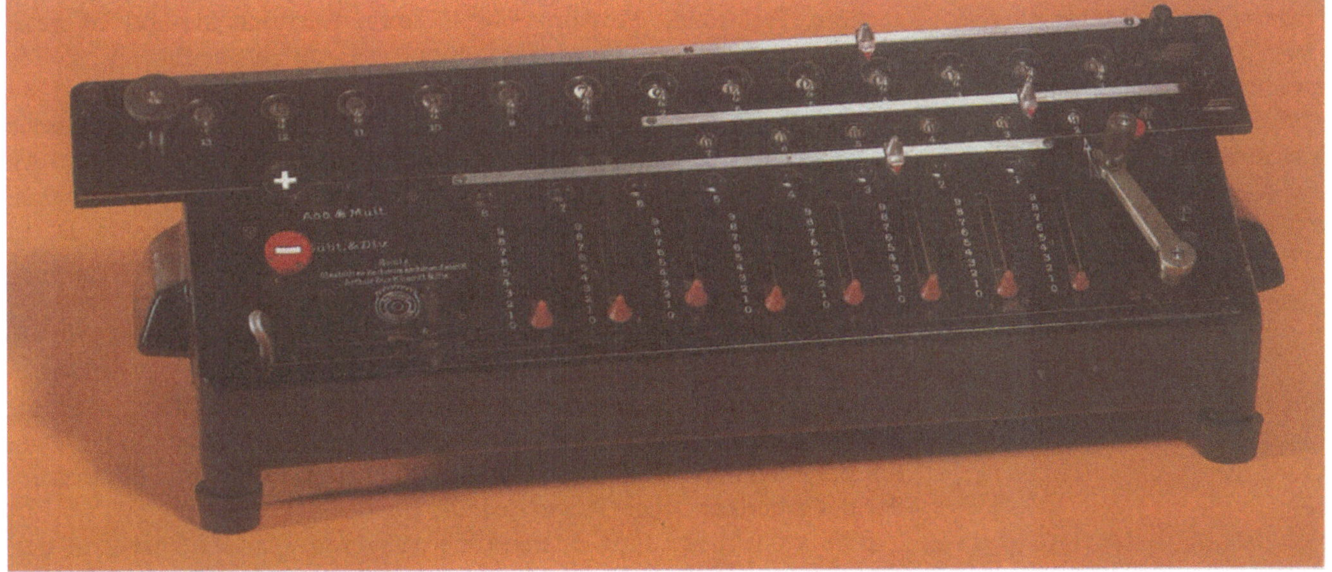

»Bush ist unter anderem einer der größten Apparateekünstler, die Amerika je gesehen hat, und denkt nicht nur mit dem Gehirn, sondern auch mit den Händen.«

Norbert Wiener, Ich und die Kybernetik. Der Lebensweg eines Genies, Taschenbuch, o. J.

»Was früher unausführbar, namentlich aber als nicht ökonomisch bezeichnet wurde, gilt heute, infolge fachgemäßer Anwendung der Rechenmaschine, nicht mehr als solches. Wer vom Fach hätte vor zwei Jahrzehnten geglaubt, daß ein Rechner mittelst einer Rechenmaschine in achtstündigem Arbeitstage zwei- bis dreihundert aufgewinkelte Grenzkoordinaten rechnen würde, oder wer hätte vermutet, daß man in einer Stunde für vierzig bis sechzig Polygonpunkte die zugehörigen y und x rechnen und bei Flächenberechnungen aus Koordinaten das Fünfzehnfache eines geübten Rechners leisten konnte!«

Der »Adjunkt des Grundbuchgeometerbüros Basel«, E. Reich, im Jahre 1913, in GNC-Monatsschrift, 1913

Ein besonderes Anwendungsgebiet bildete die Lösung gewöhnlicher Differentialgleichungen, um die sich bereits William Thomson (Lord Kelvin) im Jahre 1872 auf der Basis eines mechanischen Differential-Analysators bemühte. Er wollte damit die aus langjährigen Beobachtungen entstandenen Tabellen zur Gezeitenvorhersage durch Berechnungen ersetzen.

Trotz entscheidender Verbesserungen in den folgenden Jahren sind nur wenige Gezeitenrechenmaschinen gebaut worden; eine der größten davon 1938 in Deutschland für die Berechnung von 62 Tiden.

Die wesentlichen Impulse zur Entwicklung großer Integrieranlagen für die Lösung mathematischer und wissenschaftlicher Aufgaben, für die folgenden zwei Jahrzehnte Maßstab weiterer Arbeiten, kamen von Vannevar Bush, Professor am Massachusetts Institute of Technology in Cambridge. 1931 beschrieb er mit seinem Aufsatz »The differential analyzer – A new machine for solving differential equations« die Möglichkeiten, Systeme von Differentialgleichungen mittels technischer Analoga zu lösen. Diese Maschine sowie die folgenden Nachbauten – in Oslo, im englischen Cambridge, in Manchester, Dublin und Leningrad – orientierten hauptsächlich auf die Berechnungen numerischer Lösungen von Gleichungen, für die es keine formale Lösung gab.

Verfahren, Methoden und Geräte für das analoge Rechnen erfuhren durch die Einbeziehung elektrischer bzw. elektronischer Technologien in den 40er und 50er Jahren eine gewisse Aufwertung für verschiedene Anwendungen, verloren aber mit der entstehenden Digitalrechentechnik zunehmend an Bedeutung. Für die Herausbildung der Informatik sind sie jedoch eine wesentliche Quelle empirischer und theoretischer Erkenntnisse und somit unverzichtbare Vorbedingung, zumal bereits hier die Abhängigkeit von konstruktiven Problemen zu jenen sichtbar wurde, die sich im Prozeß der Informationsverarbeitung ergeben. Das Arsenal an wissenschaftlichen Erkenntnissen und geeigneten Technologien, die als unentbehrliches »Baumaterial« und Katalysator für eine »Wissenschaft vom Computer« wirkten, ist allerdings wesentlich umfangreicher. Als wichtige Quellen gelten die Disziplinen Mathematik, mathematische Logik, Physik, Elektrotechnik, Elektronik, Festkörperphysik sowie Nachrichten- und Informationstheorie, wobei die Erfordernisse zu unterschiedlichen Zeiten entstanden.

Bezüglich des im 19. Jahrhundert Erforschten, erfuhr die mathematische Logik weitere Ergänzungen: Die Engländer Bertrand A. W. Russel und Alfred N. Whitehead vollzogen mit ihrer dreibändigen »Principia mathematica« (1910/1913) eine axiomatische Begründung der Mengenlehre. David Hilbert und Wilhelm Ackermann veröffentlichten 1928 die »Grundzüge der theoretischen Logik«. Kurt Gödel, österreichischer Mathematiker und Logiker, wies wenig später die prinzipielle Undurchführbarkeit des Hilbertschen Programms nach und beeinflußte somit die Richtung der mathematischen Grundlagenforschung, was schließlich zu einer Weiterentwicklung der Beweistheorie führte. Bedeutende Beiträge leisteten auch die Professoren Ernst Schröder (Karlsruhe) und Gottlob Frege (Jena) sowie der Begründer des amerikanischen Pragmatismus, Charles S. Peirce.

Eine große Bedeutung erlangte ein 1936 von Alan M. Turing in den »Proceedings of the London Mathematical Society« veröffentlichter Arti-

»Trinks-Brunsviga«, Sprossenrad-Rechenmaschine mit Streifendruckwerk, gebaut 1908 von der Firma Grimme, Natalis & Co in Braunschweig. Braunschweigisches Landesmuseum

kel mit dem fundamentalen Nachweis, daß alle algorithmisch lösbaren Probleme prinzipiell auch von einer Maschine bearbeitet werden können. Das Konzept dieser sogenannten Turing-Maschine belegte schlüssig, daß sich mit den einfachen Elementen der logischen Algebra Strukturen beliebiger Rechenautomaten nicht nur definieren, sondern auch technisch verwirklichen lassen. Wie Turing gelangte auch eine Reihe anderer Wissenschaftler zu Erkenntnissen bezüglich der exakten Definition des Algorithmenbegriffes; hierbei zeichnete sich besonders der sowjetische Mathematiker Andrej A. Markow durch den Versuch aus, die Theorie der Algorithmen als eine Theorie der Zeichenersetzung zu formulieren.

Die Arbeiten zur mathematischen Logik und zur Definierung des Algorithmenbegriffes korrelierten mit solchen des logisch-konstruktiven Entwurfs und der technischen Realisation von Computern, wenngleich seinerzeit über deren strukturellen und funktionellen Aufbau noch keine genaue Vorstellung existierte. Die Mehrzahl der Erkenntnisse wurde deshalb auch aus anderen Erfordernissen heraus gewonnen und floß später in die Computertechnik ein. Am deutlichsten wird dies bezüglich der Nachrichtentechnik, die mit der verstärkten Anwendung von Telefonie und Telegrafie als Wissenschaftsdisziplin entstand. Bedeutung erlangten das elektromechanische Relais als Schaltelement und das Lochband als Datenträgermedium, aber auch die zu Beginn des 20. Jahrhunderts entwickelte Elektronenröhre sowie die 1906 verwirklichte Triode. Mit der 1919 veröffentlichten, nach ihren Erfindern benannten Eccles-Jordan-Schaltung konnte das bistabile Flip-Flop entstehen, geeignet zum Aufbau binärer Rechenschaltungen und Zähler, ab 1944 Grundbaustein vieler Rechenmaschinenentwicklungen.

Die Computerkonstruktion verlangte auch Theorien und Verfahren für die Codierung und Decodierung, Datenträger bzw. Mechanismen für die Ein- und Ausgabe, Schalt- und Übertragungseinrichtungen und dergleichen. Als dafür relevante Vorarbeiten sind die von W. Thomson vorgenommenen Untersuchungen zur Durchlaßfähigkeit von Signalen an Kabeln für die Unterwassertelegrafie sowie die Entwicklung von Systemen zur Frequenz-, Impulsphasen- und Impulscodemodulation anzusehen.

In den 40er Jahren vollzog sich ein Übergang von der Nachrichtentheorie zur allgemeinen mathematischen Informationstheorie. Dies war bedingt durch die Lösung theoretischer Probleme im Zusammenhang mit der Übertragung, Umformung, Codierung und Decodierung, Speicherung, Berechnung, Verknüpfung und Messung von Informationen und ·markiert durch die Forschungsergebnisse von Wladimir A. Kotelnikow in der UdSSR und Norbert Wiener in den USA. Der entscheidende Beitrag zu dieser neuen Disziplin, die die Grundlagen der Mathematik, die Methoden der Wahrscheinlichkeitstheorie, der mathematischen Statistik, der linearen Algebra, der Gruppen- und Graphentheorie sowie der Theorie der Spiele berührt, wurde zweifelsohne von Claude E. Shannon in den Jahren 1947 bis 1948 geleistet.

Shannon hatte bereits 1938 mit Arbeiten zu Relaisschaltungen wesentliche Etappen zur Booleschen Algebra und zur Automatentheorie aufgegriffen und – auf Vorschlag Wieners – erstmals den Begriff »Entropie« in Verbindung zur Information gebracht. Er war einer der stärksten Motoren für die Entwicklung der elektronischen Rechenautomaten und darüber hinaus einer der Wegbereiter für die Anwendung der symbolischen Logik in der Schaltkreistheorie. Große Bedeutung erlangte das Werk »A mathematical Theory of Communication« (1948).

Bei der Analyse und Verbreitung der von Shannon eingeführten grundlegenden Begriffe sowie ihrer methodologischen Bedeutung für die Mathematik erwarben die sowjetischen Mathematiker große Verdienste. Alexander J. Chintschin, Andrej N. Kolmogorow, Israil M. Gelfand und Akiwa M. Jaglom erreichten wichtige Resultate bei der allgemeinen Behandlung von Begriffen auf der Basis der Maßtheorie. Ende der 50er Jahre fanden Kolmogorow und Jakow G. Sinaj auch weitere Anwendungen für die informationstheoretischen Begriffe »Entropie«, »Informationsbetrag« und »E-Entropie« in der Theorie der dynamischen Systeme.

Nicht übersehen werden dürfen Versuche, die in den späten 30er Jahren unabhängig voneinander in den USA, Deutschland, Frankreich und Großbritannien begonnen wurden, die Automatisierung des numerischen Rechnens auch praktisch nachzuweisen. An Babbages Konzept anknüpfend, begann im Pariser Institut »Blaise Pascal« Louis Couffignal mit dem Entwurf eines universellen Rechenautomaten. Die dafür benutzte duale Zahlendarstellung hatte sich sein Landsmann Raymond Valtat bereits 1932 patentieren lassen. Couffignal war es zu verdanken, daß im genannten Institut ein

Labor für mechanisches Rechnen eingerichtet werden konnte, das sich den theoretischen und praktischen Fragen der numerischen Informationsverarbeitung widmete; eine arbeitsfähige Rechenanlage entstand jedoch vorerst nicht.

In Großbritannien war es E. William Phillips, der Grundgedanken eines elektronischen Rechenautomaten entwarf und sich dabei auf die 1931 konzipierte Thyratron-Zählschaltung stützte. Bedeutung erlangten auch sein 1936 veröffentlichter Aufsatz »Binary Calculation« und die Empfehlung zur Anwendung von Oktalzahlen. Er war erfolgreich mit einem Modell zur Darstellung der Multiplikation im Dualsystem.

Die genannten Arbeiten verliefen relativ eigenständig, denn aus Gründen der militärischen Geheimhaltung fand keinerlei Austausch wissenschaftlicher Erkenntnisse statt. In ihrer Gesamtheit bildeten sie jedoch den kognitiven und technischen Fundus, der mit der Herausbildung der Informatik summarisch zur Bedeutung gelangte, einen neuen Gegenstandsbereich wissenschaftlicher Erkenntnistätigkeit markierend.

Technikwissenschaften in der wissenschaftlich-technischen Revolution

Einführung

Die Bezeichnung »wissenschaftlich-technische Revolution« für den in den 50er Jahren einsetzenden Umbruch im System der Produktivkräfte, der gegenwärtig in alle gesellschaftlichen Bereiche ausstrahlt, verweist auf die qualitativ neue Rolle, die der Wissenschaft in diesem Prozeß zukommt. Es wäre vermessen, diese sich zunehmend dynamischer vollziehende Entwicklung in ihren historischen Konsequenzen umfassend werten zu wollen. Verwiesen sei lediglich auf einige Wandlungen in den Technikwissenschaften, die zweifellos den gesamten Bereich von Wissenschaft und Technik grundlegend umgestalten werden.

Die Technikwissenschaften erlangen in diesem Prozeß neue Positionen im wissenschaftlichen Gesamtsystem und in ihren Wirkungsmöglichkeiten auf die materielle Produktion. Die Herausbildung der wissenschaftlich-technischen Revolution bestimmten technikwissenschaftliche Disziplinen, die – verwurzelt in traditionellen wissenschaftlichen Bereichen – durch die Nutzung neuer Wirkprinzipe in neue Dimensionen technischer Systemgestaltung vordrangen. Die Genesis von Mikroelektronik und Informatik in ihrer wechselseitigen Bedingtheit brachte Lösungen hervor, die es dem Menschen ermöglichen, nach der energetischen und technologischen Funktion auch die Steuerung und Regelung des Fertigungsprozesses technischer Systemen zu übertragen. In Analogie zum Elektromotor, der um die Jahrhundertwende zentrale Antriebe zunehmend ersetzte, schuf der Einsatz dezentralisierter Rechentechnik auf der Grundlage der Miniaturisierung ihrer Bauelemente erst die Voraussetzungen für eine allgemeine Automatisierung.

Nachdem die theoretischen Grundlagen für die Halbleitertechnik in den europäischen Wissenschaftszentren gelegt worden waren, verlagerten sich Forschung und Entwicklung zur Halbleiterelektronik in den 30er und 40er Jahren in die USA. Faschismus und Krieg hatten in Europa, insbesondere in Deutschland, die Bedingungen für effektive Wissenschaftsentwicklung zunehmend verschlechtert und bewährte Traditionslinien zerstört. In den USA dagegen ermöglichten insbesondere Rüstungsaufträge den etablierten Konzernen, Kapazitäten für Forschung und Entwicklung relativ unabhängig von den ökonomischen Kriterien der Konkurrenzfähigkeit auszubauen. Mikroelektronik und Kommunikationswissenschaften wurden nun mit einem außerordentlich hohen und schnell anwachsenden finanziellen Aufwand betrieben. Forschungskapazitäten konzentrierten sich in den entstehenden Hochtechnologie-Industrien. Die nötigen Aufwendungen über-

»Diese drei Technologien – Roboter, Biotechnik und Telekommunikation – sind nicht die Träume von morgen. Sie sind die Realitäten von heute, und sie verändern bereits unser Leben.«
Bruce Nussbaum, Mitherausgeber der amerikanischen Zeitschrift »Business Week«, Das Ende unserer Zukunft, 1984

Der japanische Toshiba IHI-Pavillon des Architekten Noriaki Kurokava auf der Weltausstellung von Osaka 1970. 1476 Tetraeder bilden ein Tragwerk, unter welches eine Dachhaut gehangen wurde. So erhielt ein Filmtheater mit 500 Plätzen ein schützendes Dach.

Kompositionsskizze I zu »Leuna 1969« von Willi Sitte

stiegen die Möglichkeiten einzelner Konzerne. Kooperationsbeziehungen zwischen den Unternehmen in Form gemeinsamer Forschungsstätten und wissenschaftskoordinierender Vereinigungen sowie der Zugriff auf staatliche Institutionen mit dem Ziel schneller Verfügbarkeit von Ergebnissen der Grundlagenforschung vergrößerten das wissenschaftlich-technische Potential.

Auf dieser Basis entstand ein Industriezweig, dessen Arbeitsproduktivität wesentlich höher lag als in den traditionellen Bereichen. Im Kampf gegen die zunehmende internationale Konkurrenz bemühten sich amerikanische Konzerne um eine Monopolisierung dieses Potentials, wobei militärstrategische Aspekte einen wesentlichen Einfluß ausübten. Insbesondere die schnell an Bedeutung gewinnende japanische Konkurrenz und die Ergebnisse der Sowjetunion in der Weltraumfahrt machten jedoch deutlich, daß sich die Wissenschaft international beschleunigt entwickelt und in einer weltweiten Zusammenarbeit dafür optimale Bedingungen finden würde.

Die außerordentliche Dynamik in Wissenschaft und Produktion drängte die Herausbildungsetappen der Schlüsseldisziplinen auf wenige Jahre zusammen und komprimierte die wissenschaftliche Ausprägung von Konstruktion und Technologie zu einem einheitlichen Prozeß. Bereits klar erkennbare disziplinäre Strukturen verweisen auf den umfassenden Ausbau dieser Disziplinen. Indikator hierfür ist auch die höhere Stufe der Praxiswirksamkeit, die diese Wissenschaften mit dem massenhaften Einsatz von Informationsverarbeitungssystemen erreicht haben. Erst die flexible Automatisierung und die Aussichten auf automatische Fabriken lassen erkennen, was wissenschaftlich-technische Revolution wirklich beinhaltet.

Zunehmende interdisziplinäre Zusammenarbeit insbesondere mit den Naturwissenschaften und der Mathematik im Rahmen langfristiger Konzeptionen, die von der Grundlagenforschung bis zur Produktionswirksamkeit alle Entwicklungsstufen als kontinuierlichen Prozeß gestalten, liefern hierfür die unabdingbaren Voraussetzungen.

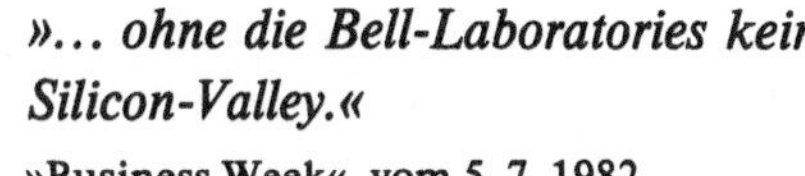

»... ohne die Bell-Laboratories kein Silicon-Valley.«
»Business Week«, vom 5. 7. 1982

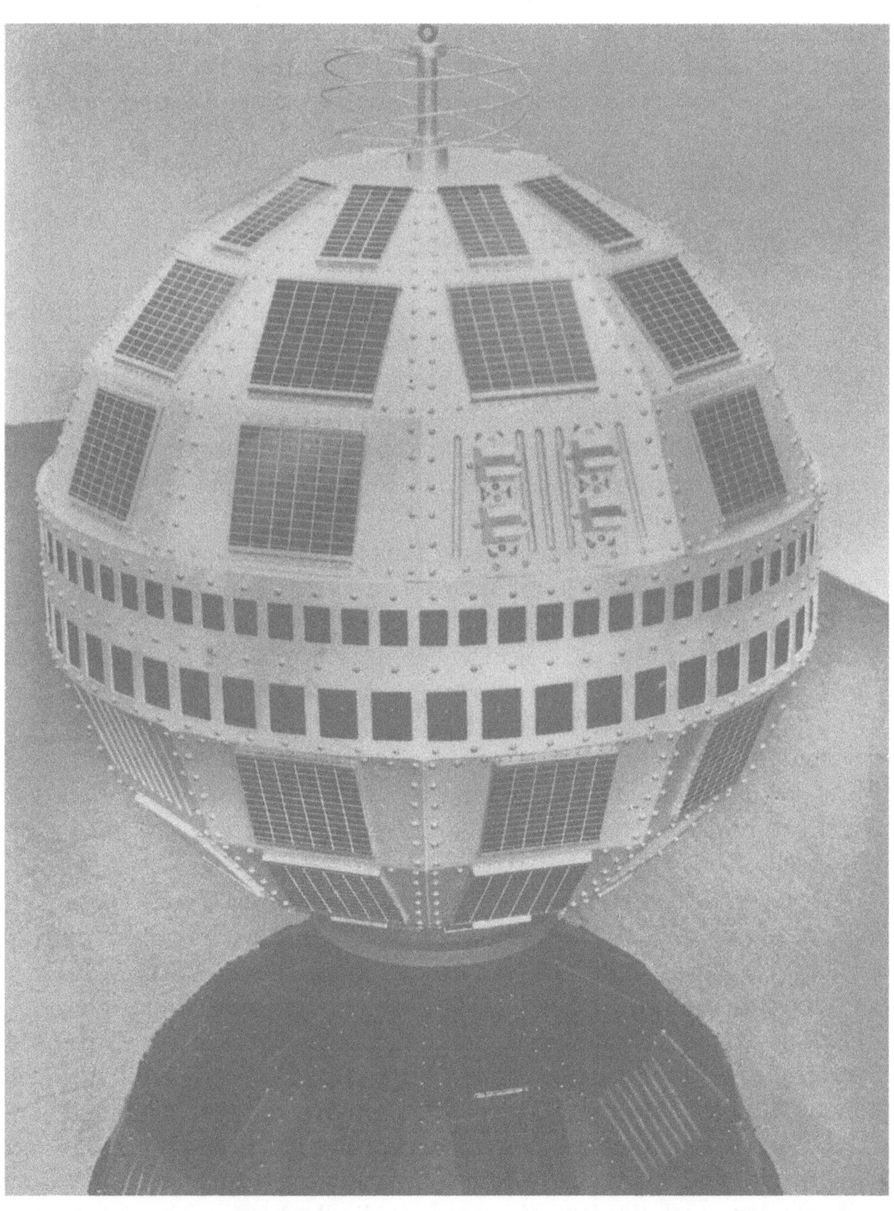

Modell des Fernmeldesatelliten »Telstar«. »Telstar I« wurde 1962 zur Erprobung kommerzieller Fernmelde- und Fernsehverbindungen gestartet. Er hatte eine Masse von 77,2 Kilogramm und ermöglichte die Übertragung von Schwarz-weiß- und Farbfernsehsendungen sowie 600 einseitige oder 60 zweiseitige Sprechverbindungen. Technisches Nationalmuseum, Prag

Mit der Automatisierung algorithmisierbarer geistiger Prozesse verändern sich auch die Methoden der wissenschaftlichen Arbeit grundlegend. Qualitativ neue Möglichkeiten der mathematischen Modellierung, der rechnergestützten Konstruktion, der Simulierung auf dem Bildschirm, der Verarbeitung empirischer Daten in bisher nicht erfaßbaren Größenordnungen erhöhen nicht nur die Effektivität der Forschung, sondern eröffnen auch Lösungswege, die gegenwärtig in ihrer vollen Konsequenz noch kaum abzuschätzen sind.

Gepaart mit dem Wissen der traditionellen technikwissenschaftlichen Disziplinen können zunehmend komplexere technische Systeme wissenschaftlich beschrieben und gestaltet werden. Mit höheren Bearbeitungsgeschwindigkeiten der Informationstechnik, der abzusehenden Wissensverarbeitung und dem Aufbau von Expertensystemen werden sich auch diese Möglichkeiten wesentlich erweitern. Damit beeinflussen die Technikwissenschaften zunehmend das methodische Instrumentarium aller Wissenschaftszweige. Aufgabe der Gesellschaft ist es, diese Potenzen so zu nutzen, daß sie ein menschenwürdiges Dasein in einer bewohnbaren Welt befördern.

Tendenzen des Maschinenwesens

Die wissenschaftlich-technische Revolution hat auch im Maschinenbau einen Umbruch bewirkt. Ihre Kernprozesse sind eng mit den Fortschritten des wissenschaftlichen Maschinenwesens verflochten. Die Technologie bestimmt stärker denn je den Produktivitätszuwachs in der gesellschaftlichen Produktion. Hochtechnologien wie Mikroelektronik, Informationsverarbeitung, Lasertechnik und Biotechnologie erobern weltweit immer neue Einsatzbereiche.

Die traditionellen mechanischen Technologien werden bei der Bearbeitung der Roh- und Werkstoffe auch im Maschinenbau zunehmend durch nichtmechanische Technologien, also thermische, chemische, physikalisch-chemische, optische, elektrische oder elektronische abgelöst oder mit ihnen gekoppelt. Die Fusion mechanischer und elektronischer Technologien sowie die Schaffung automatisierungsgerechter Organisationslösungen sind die wesentlichen Voraussetzungen für eine integrierte und gleichzeitig flexible automatisierte Fertigung. Auch die Anwendung der Lasertechnik zur Werkstoffbearbeitung, Montage und Prüfung wird künftig eine wachsende Rolle spielen.

Das gegenwärtige Haupteinsatzfeld der flexiblen automatisierten Fertigung ist die metallverarbeitende Industrie, die in den führenden Industrieländern mit etwa 40 Prozent am industriellen Nettoprodukt beteiligt ist und damit den bedeutendsten Wirtschaftszweig darstellt. Die Automobil-, Flugzeug- und Werkzeugmaschinenindustrie nehmen in der Prozeßautomatisierung eine zentrale Stelle ein. Als Produktionsmittelhersteller kommt letzterer eine strategische Bedeutung zu.

Neben der Herstellung völlig neuartiger Produkte wird auch die Fertigung traditioneller Maschinenbauerzeugnisse durch die genannten Hochtechnologien revolutioniert. Mikroelektronik, Rechentechnik und Robotertechnik geben dem heutigen Maschinenwesen im Zeichen der flexiblen Automatisierung ein neues Gesicht. Ob automatisierte Einzelmaschinen, Maschinensysteme oder ganze Fabriken, sie alle stellen Systemlösungen bisher unbekannter Größenordnung, Verflechtung und Disponibilität dar. Um die Kompatibilität ihrer Teilsysteme zu gewährleisten, kommt der Normung weiter wachsende Bedeutung zu. Austauschbarkeit und Zuverlässigkeit von Hard- und Software sind für die ständige Betriebsfähigkeit und Rentabilität dieser Systeme eine zwingende Voraussetzung.

Der Übergang der automatisierten Fertigung von der seit den 20er Jahren ausgebauten starren Automatisierung der Massen- und Fließfertigung zur flexiblen Automatisierung der für den Maschinenbau typischen Klein- und Mittelserienfertigung wurde durch numerische Werkzeugmaschinen und industriell einsetzbare Rechner möglich.

Den ersten numerisch gesteuerten (NC-)Maschinen der 50er Jahre in den USA folgten dank der Mikroelektronik ab Mitte der 70er Jahre Werkzeugmaschinen mit DNC-Steuerung (Direct Numeric Control), die direkt mit einem Zentralrechner verbunden waren, und bald auch Werkzeugma-

»Die Entwicklung automatisierter Fertigungsprozesse ist ein historischer Prozeß, der gegenwärtig qualitativ neue Fragen an die Natur- und Technikwissenschaften und auch an gesellschaftswissenschaftliche Disziplinen stellt.«
Werner Scheler, Bedienarme Technik – problemreiche Forschung, 1987

Automatisierter bedienarmer flexibler Fertigungsabschnitt für Getriebegehäuseteile

»Ein Rundblick auf den Entwicklungstrend der Produktionstechnik in hochentwickelten Industriestaaten zeigt eine weltweite Übereinstimmung darin, daß ein tiefgreifender Wandlungsprozeß in der Gestaltung und Organisation von Produktionsstrukturen eingesetzt hat, der schließlich und letztlich in die automatisierte Fabrik, in die automatisierte Produktion von morgen einmünden wird ... Nun wäre es allerdings ein großer Irrtum anzunehmen, daß eine solche Fabrik ohne Menschen arbeitet ... Automatisierung befreit den Menschen vom Arbeitstakt der Maschine, fordert aber von ihm, daß er sie beherrscht.«

Günter Spur,
Produktionstechnik im Wandel, 1979

»Als Lösungssystematik ist ein Verfahren gekennzeichnet, nach dem der Konstrukteur ein vollständiges System der Lösungsmöglichkeiten aufstellt und daraus unter Berücksichtigung der komplexen Aufgabenstellung planmäßig und folgerichtig die angestrebte optimale Lösung ermittelt. Es sollte, weil stets anwendbar, zur Maxime des schöpferisch arbeitenden Ingenieurs werden.«

G. Tränkner, Maschinenbautechnik, Berlin, 15 (1966) 6

schinen mit CNC-Steuerung (Computer Numerical Control) durch einen maschineneigenen Mikroprozessor. Die Möglichkeit des schnellen Wechsels der Programme ergab die gewünschte hohe Flexibilität in der automatisierten Fertigung. Diese rechnergestützte Fertigung CAM (Computer Aided Manufacturing) umfaßt die automatisierte Fertigungsdurchführung, -überwachung und -steuerung. Weitere Vorteile bietet die Kopplung einer CAM- mit einer CAD-Anlage (Computer Aided Design) zum rechnergestützten Entwurf. CAD-CAM-Systeme realisieren die komplexe Bearbeitung der in den Bereichen der konstruktiven und technologischen Vorbereitung und der Fertigung in Beziehung stehenden informationellen Prozesse. Die Entwicklung weiterer rechnergestützter Systeme, insbesondere der technologischen Vorbereitung CAP (Computer Aided Planning), führen schließlich in ihrer Kombination zur rechnerintegrierten Fertigung CIM (Computer Integrated Manufacturing), die CAD, CAP und CAM sowie Erzeugnisplanung, Rechnungswesen, Einkauf und Verkauf umfaßt. CIM gilt heute als Synonym für die automatisierte Fabrik, der höchsten und produktivsten Form flexibler Automatisierung, und Japan als das Land mit den größten Fortschritten auf diesem Gebiet.

Diese komplexen Systeme setzen funktionstüchtige Teilsysteme voraus, wofür zahlreiche Wissenschaftsdisziplinen durch weitsichtige Forschungs- und Entwicklungsarbeit die Voraussetzungen zu schaffen haben. Das gilt selbstverständlich auch für die einschlägigen Disziplinen der Maschinenwissenschaften, insbesondere die technische Mechanik, Konstruktionstechnik, Fertigungstechnik, Fertigungsvorbereitung, Fertigungsmeßtechnik, Betriebsgestaltung sowie Transport- und Lagertechnik. Eine besonders hohe Dynamik zeichnet die Robotertechnik aus, deren neueste Generation sogenannte intelligente Roboter sind, die auch über Seh- und Tastsensoren verfügen und bei der Automatisierung von Montage-, Test- und Meßverfahren eingesetzt werden.

Der Vorstoß zu komplexen Systemlösungen im Maschinenbau weist verschiedene Aspekte auf. Wesentlich ist die Einbindung in größere sozialökonomische Zusammenhänge mit zunehmender Automatisierung. Bereits im Entwurfsstadium gilt es, eine erhebliche Zahl von Kriterien zu berücksichtigen. Neben der Einhaltung technisch-ökonomischer Parameter und der Gewährleistung der Funktionstüchtigkeit erlangen fertigungsgerechtes Konstruieren (Fertigung, Montage, Reparatur und Wartung eingeschlossen), Bedienbarkeit und Einhaltung ergonomischer Richtwerte, Umweltfreundlichkeit, Anpassung an flexible Automatisierungsprozesse und nicht zuletzt gutes Design der Maschine zunehmendes Gewicht. Ein solches Paket von Anforderungen konnte nur durch ein komplexes wissenschaftliches Herangehen, das sich lückenlos vom Projektstadium über konstruktive Ausführung, Produktionsvorbereitung, Überleitung in den Fertigungsprozeß bis zum Marketing durchzieht, realisiert werden. Besonders im konstruktiven Bereich forderte das zur Erarbeitung übergreifender methodischer Vorgaben heraus. Die konstruktiven Prozesse mußten der wachsenden Komplexität der Betriebszustände sowie den Forderungen nach höherer Leistung, besserer Erzeugnisqualität und kürzeren Entwicklungszeiten gerecht werden. Das führte zur Herausbildung einer Konstruktionswissenschaft, die, die neuesten technikwissenschaftlichen Erkennt-

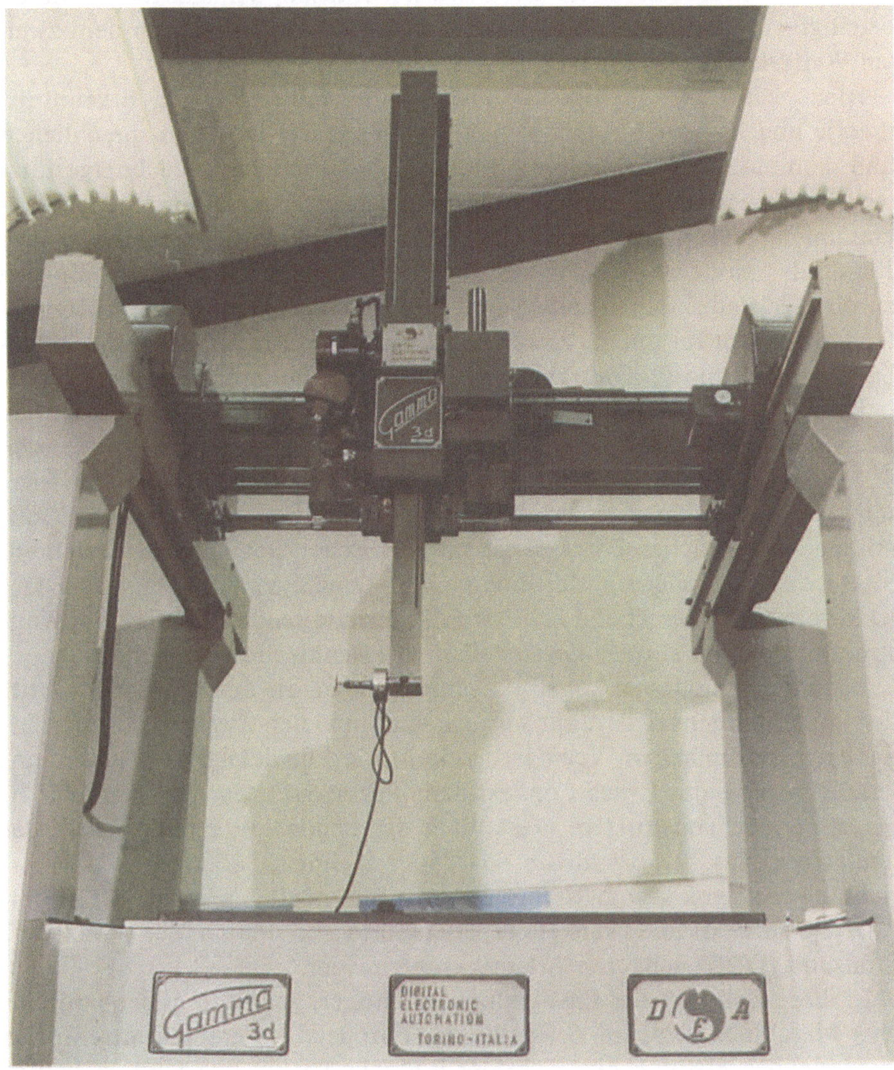

Dreikoordinatenmeßgerät (Digital Electronic Automation) für Getriebegehäusevermessung, eine Entwicklungsstufe auf dem Weg zum rechnergekoppelten und fertigungsprozeßverbundenen Längen-, Form- und Lagemeßgerät

nisse – vor allem der technischen Mechanik und der Werkstoffwissenschaft – nutzend, zugleich ein strategisches Konzept anbietet.

Vorausschauende konstruktive Konzepte hat es bereits in den 30er und 40er Jahren gegeben. Sie waren in der Regel auf mechanische Wirkprinzipe bezogen. Nach dem zweiten Weltkrieg wurden sie erneut aufgegriffen und auf hydraulische, elektrische, pneumatische, später auf elektronische Systeme übertragen. Eine stürmische Entwicklung der Konstruktionssystematik setzte in den 50er Jahren ein. Sie zeichnete sich durch ein tieferes methodisches Durchdringen des Konstruktionsprozesses aus. Gleichermaßen prägte sich ein analytisch-synthetisches Herangehen als höhere Form der kinematischen Erfindungsmethode aus.

Mit der wissenschaftlich-technischen Revolution ging auch die Rationalisierung des konstruktiven Prozesses einher. In den 60er und 70er Jahren bemühte man sich folglich systematischer vorzugehen, heuristische Prinzipien einzubeziehen und Routinearbeiten schrittweise moderner Rechentechnik zu übertragen. Dazu mußten Operationsfolgen und Denkabläufe zerlegt sowie methodische Bausteine geschaffen werden. Als Vertreter die-

»Ein guter Wissenschaftler ist ein Mensch, der originelle Ideen hat. Ein guter Ingenieur ist ein Mensch, der mit so wenig originellen Ideen wie möglich ein funktionierendes Modell konstruieren kann.«

F.Dyson, Innenansichten, 1981

ser Konstruktionssystematik gilt Friedrich Hansen, der maßgeblich daran beteiligt war, den ehemaligen Konzern »Carl-Zeiss-Jena« nach dem zweiten Weltkrieg wieder in Gang zu bringen.

Hinzu kam die zunehmende Verflechtung mit der Logik, Erkenntnistheorie und Kybernetik. Das schlug sich besonders in neuen sprachlichen und kommunikativen Formen nieder. Signalflußpläne, rechnergestütztes Konstruieren, die Erarbeitung spezifischer nutzerfreundlicher Programmiersprachen und der Dialog mit dem Rechner lassen seit den 70er Jahren das moderne Gesicht der Konstruktionstechnik erkennen, die sich zu einer Metadisziplin erhoben hat. Ihre Erkenntnisse erlangten übergreifend Gültigkeit für unterschiedliche Bereiche der Technik wie Maschinenbau, Elektrotechnik, Kraftfahrzeugtechnik und Flugzeugbau.

Beiträge zur heuristischen, d. h. auf den Erfindungsprozeß orientierten Konstruktionstechnik kamen vor allem aus der Sowjetunion von Genrich S. Altschuller und Polowkin. Diese Methode basierte auf technikwissenschaftlichen Verfahren zur Modellierung, Simulation, Variation und Optimierung wesentlicher Charakteristika technischer Gebilde und Verfahren. Sie setzte die Freilegung der inneren Gesetzmäßigkeiten technischer Objekte voraus. Entsprechend hebt sich die übergreifende Funktion der Konstruktionstechnik ab: das Bereitstellen von Denktechnologien.

Die Erfolge moderner konstruktiver Methoden, die durch den Fortschritt der Computertechnik bestärkt wurden, sind in vielen Zweigen des Maschinenbaus auszumachen. Verwiesen sei auf die Entwicklung der sogenannten Achtersäge durch das Convexa Labor Stockholm in den Jahren 1970 bis 1977. Die konstruktive Gestaltung der Pendelaufhängung bei dieser neuartigen, das herkömmliche Sägegatter technisch übertreffenden Vorrichtung war dank kinematischer Erwägungen möglich geworden. Ein weiteres Beispiel ist die Verstellpropelleranlage für den in der Volkswerft Stralsund (DDR) gebauten Atlantik-Supertrawler.

In diese Zeit fällt die Entwicklung neuartiger, geradezu außergewöhnlicher Maschinenelemente. So stellte das European Research Centre in den Niederlanden erstmals eine achslose Radnabe vor. In den USA kamen in den 70er Jahren Wellgetriebe, sogenannte Harmonic Drives, auf. Sie wurden vor allem in der Roboter- und Automatisierungstechnik verwendet. Bei dieser Art von Planetengetrieben stellt der flexible Wellengenerator besonders hohe Ansprüche an den Werkstoff.

Eine neue Stufe in der Konstruktion verkörpern die seit den 80er Jahren weit verbreiteten CAD-Lösungen. Kreativitätssteigernd wirkt sich die Rationalisierung der Routinearbeiten in der konstruktiven Tätigkeit aus, die durchgängig computerisiert werden können. CAD zeichnet sich durch große Flexibilität im Entwurfsprozeß aus. Es gewährleistet das schnelle Durchspielen verschiedener Varianten, das Gewinnen von Prinziplösungen, die Dimensionierung von Bauteilen, die Bewertung und Entscheidung optimaler Lösungen sowie das Herstellen von Informationsträgern und Dokumentationen für die technische Produktionsvorbereitung. In Ergänzung und Ersetzung herkömmlicher technikwissenschaftlicher Ergebnisformen wie technischer Zeichnung, Diagramm, Nomogramm, Konstruktionsvorschrift und Normenwerk arbeitet die moderne Konstruktionstechnik mit dem Software-Paket. Insgesamt gebot der Systemcharakter der automati-

»Wer in der Wissenschaft erfolgreich arbeiten will, muß Tausende Methoden beherrschen.«
Manfred von Ardenne, 1983

CAD-Konstruktion zur Auswahl der richtigen Hartmetallschneide und Rillengeometrie für den erfolgreichen Einsatz einer Wendeschneidplatte für Werkzeugmaschinen. Friedrich Krupp GmbH, Essen

sierten Maschinerie hinsichtlich ihrer wissenschaftlichen Durchdringung ein interdisziplinäres Herangehen. Die Einführung der Automatisierung leitete zur engen Kooperation des Maschinenbauers mit dem Elektrotechniker und Elektroniker über, Steuerungs- und Regelungstechnik zog in den Maschinenbau ein. Die Anwendung numerischer Steuersysteme führte zu Problemen der Kybernetik und Informatik. Schließlich bildeten sich typische Querschnittsdisziplinen wie die Automatisierungstechnik heraus.

Allenthalben stießen die Konstrukteure und Technologen auf Werkstoffprobleme. Der differenzierte Werkstoffeinsatz ging gleichermaßen von Funktionalität und Materialökonomie aus. Die Werkstoffwissenschaft wiederum mußte sich an Festkörperphysik, Schadensforschung und Betriebsfestigkeit anlehnen. Integrative Tendenzen lassen sich heute in fast allen Bereichen der Maschinenbauforschung erkennen. Damit löst sich das traditionelle, auf Klassen und Typen von Maschinen orientierte Forschungsprofil zugunsten größerer Komplexe auf.

Dazu zählt die Anpassung der theoretischen Grundlagen an reale Betriebsbedingungen. Insbesondere der stochastische Charakter äußerer Belastungen, der Einfluß extremer Bedingungen wie hoher thermischer Belastungen an Energieerzeugern, die Einbeziehung diverser Werkstoffgesetze sowie die Orientierung auf Zuverlässigkeit, Verschleißminderung, Schadensverhütung, kurz, die Qualitätssicherung bildeten Forschungsschwerpunkte. Ziel war es, um ein Beispiel anzuführen, nicht allein, die in einem Bauteil wirkenden Spannungen oder Dehnungen genau zu berechnen, sondern die für ein bestimmtes Betriebsregime möglichen Bauteilschäden nach einer bestimmten Betriebsdauer zu prognostizieren und damit die Lebensdauer und Ausfallwahrscheinlichkeit einzugrenzen. Die Suche nach optimalen Lösungen führte dazu, daß aus den traditionellen maschinenbaulichen Disziplinen dem aktuellen Anforderungsbild gemäß neue Fachgebiete wie Bruchmechanik, Betriebsfestigkeit, Verschleißforschung und Tribotechnik (Schmierung und Reibungsverminderung) herauswuchsen und eigenständige Disziplinen bildeten.

Die Forschung zur Betriebsfestigkeit setzte im zweiten Weltkrieg mit der statistischen Analyse von Beanspruchungsvorgängen und Häufigkeitsverteilungen ein. Dem ging ein Denkprozeß voraus, der die Annahme determinierter Größen sprengte. Nunmehr wurde auf den zufälligen Charakter von Belastung und Umwelt Bezug genommen. Darin eingeschlossen war die Möglichkeit, sich solchen Prozessen mit den mathematischen Methoden der Statistik und Wahrscheinlichkeitsrechnung zu nähern. Vorerst bildete die theoretische Modellierung stationäre, d. h. unter der Voraussetzung der Zeitinvarianz wesentlicher Parameter ablaufende Vorgänge ab. Mit dem Ensemblemittelwert als Näherungswert stand zugleich die zentrale theoretische Größe fest.

Weitaus schwieriger erwies sich die theoretische Entwicklung für instationäre Prozesse. Unverzichtbares Mittel, die Zufälligkeit vieler Kenngrößen zu untersuchen und wertmäßig zu bestimmen, blieb das Experiment. Es hatte indessen einen enormen Aufschwung der Meßtechnik gegeben. Bedeutsam waren in diesem Zusammenhang insbesondere die genaue Messung sehr kleiner Dehnungen. Wegen ihrer geringen Größe und Masse dominierten seit den 50er Jahren die Dehnungsmeßstreifen. Auch induktive Verfahren galten als übliche Methoden.

Als kompliziert und theoretisch anspruchsvoll zeigte sich die Auswertung solcher Messungen. Im Falle der Schwingfestigkeit spielte die harmonische Analyse, d. h. die mathematische Bestimmung der Frequenzspektren durch Fourierreihenzerlegung eine große Rolle. Bei instationären stochastischen Signalen machte sich eine Klassierung der Meßwerte erforderlich. Klassierverfahren, in denen eine Häufigkeitsverteilung der Meßwerte bestimmt wird, erlauben die Berechnung auf die Methoden stationärer Signale zurückzuführen. In ihrem Ergebnis können typische Schädigungswirkungen für charakteristische Lastkollektive ausgedrückt werden. Es wird davon ausgegangen, daß gleiche Beanspruchungskollektive gleiche Schädigungen hervorrufen.

Trotz des hohen theoretischen und experimentellen Aufwandes gewährleistet eine Behandlung nach Gesichtspunkten der Betriebsfestigkeit eine bessere Ausnutzung des Tragvermögens der Werkstoffe und die genauere Kenntnis des realen Bauteilverhaltens. Die gefundenen Werte für die Beanspruchbarkeit liegen oberhalb der Wöhlerkurve für die Zeitfestigkeit, d. h., diese kann erfahrungsgemäß überschritten werden. Bei genauer Kenntnis des Bauteilverhaltens lassen sich mithin Sicherheitsreserven aufdecken. Tragreserven gibt es ebenfalls bei der Berücksichtigung des plastischen oder viskoelastischen Materialverhaltens, wenn im Bauteil Teilplastizierungen zugelassen werden. Moderne Berechnungsverfahren nähern sich auf diese Weise immer mehr den realen Verhältnissen. Die konstruktive Vorausberechnung wird mit einer gewissen Erwartungswahrscheinlichkeit für eine bestimmte Betriebsdauer ausgelegt. Insbesondere die Computertechnik hat es ermöglicht, die Berechnung von Maschinenteilen und ganzen Baugruppen in anwenderfreundliche Programmpakete zu fassen, die über Statik, Festigkeit, Schwingungsverhalten und Dimensionierung

Servohydraulische Prüfmaschine. Diese Zugprüfmaschine für Großproben gilt mit einer Maschinenkapazität von 100 MN als die größte ihrer Art in der Welt. Steuerung und Auswertung erfolgen über Prozeßrechner. Staatliche Materialprüfungsanstalt, Stuttgart; Carl Schenck AG, Darmstadt

der wichtigsten konstruktiven Randwerte bis hin zur Produktionsvorbereitung und fertigen Stücklisten reichen. In jüngster Zeit führte diese Entwicklung zu neuen, zweckentsprechenden Bauweisen, die durch form- und funktionsbedingte Bauelemente mit Trageeigenschaften gekennzeichnet sind. Dazu zählen rahmenlose Landmaschinen und Sattelauflieger, selbsttragende Karossen sowie die Sektionenbauweise im Schiff- und Waggonbau. Sie gewährleisten eine erhebliche Materialeinsparung, setzen aber eine exakte Analyse der Betriebs- und Schwingfestigkeit voraus.

Die moderne Rechentechnik kam nicht nur der konstruktiven Dimensionierung zugute, sondern auch den experimentellen Methoden. Auf dem Gebiet der Festigkeitsforschung wurden Dauerversuche anfangs mit elektrodynamischen beziehungsweise Unwuchterregern durchgeführt. Seit Ende der 50er Jahre stand eine servohydraulische Prüftechnik zur Verfügung. In der Folgezeit wurden Hydropuls-Prüfmaschinen für getrennte Kraft-, Weg-, Dehnungsgeschwindigkeitsmessung an Modell- und Großausführung entwickelt. Solche Versuchseinrichtungen werden neuerdings mit grafischen Displaygeräten sowie einem zentralen Prozeßrechner zur Steuerung, Auswertung und raschen Ergebnisbearbeitung gekoppelt. Sie zeichnen sich durch eine on-line Rechnersteuerung des Versuchsablaufes sowie die Entlastung von Routinearbeiten bei der Vorbereitung und Auswertung aus. Damit ist es möglich geworden, beliebige stochastische Funktionen einzugeben, die schnell geändert werden können, sowie an einer großen Zahl von Meßpunkten wirklichkeitsnahe Beanspruchungen aufzubringen und auszuwerten. So kann eine Boeing 747 an etwa 100 exponierten Punkten zugleich untersucht werden. Die Simulation von tatsächlichen Beanspruchungen realisiert gewissermaßen ein Testprogramm unter Laborbedingungen. Durch Bewegungssimulation wird eine Optimierung der Konstruktion erreicht. Damit kann auch die wesentliche Schwierigkeit der mathematischen Modellierung solch komplizierter Prozesse beseitigt werden, der Mangel an Vergleichsmöglichkeiten. Das Experiment ist der Maßstab der theoretischen Untersuchung.

Vor allem in den USA und der UdSSR stand die Forschung zur dynamischen und stochastischen Festigkeit im Zeichen der Zuverlässigkeitsanalyse, in der Militärtechnik spielte die Zuverlässigkeitstheorie eine bedeutende Rolle. Grundlegende Arbeiten darüber erschienen bereits 1956 von John von Neumann, E. E. Moore und C. E. Shannon sowie 1961 mit G. W. Drushinins Theorie der Alpha-Verteilung der Zuverlässigkeit. In dieses umfangreiche Wissensgebiet wurde auch die Bedienungs- und Erneuerungstheorie als Forschungsrichtung integriert. Sie zielt auf die Erarbeitung von Instandhaltungsstrategien für unterschiedliches Einsatzverhalten und veränderliche Reproduktionsbedingungen.

Zunehmende Theoriebezogenheit im wissenschaftlichen Maschinenwesen vorausgesetzt, muß diese wesentlich in der Einheit mit immer aufwendigeren experimentellen Untersuchungen begriffen werden. Theoretische Lösungen großen Stils gingen namentlich aus der technischen Mechanik hervor. Ihre Stellung als theoretische Domäne der Maschinenwissenschaften wurde in der wissenschaftlich-technischen Revolution konsolidiert. Anteil daran hatte auch die Entwicklung leistungsfähiger numerischer Verfahren innerhalb der Mathematik, deren Vorlaufforschung immer besser zur Anwendung gebracht wurde. Mit den Potenzen der Computertechnik konnten jene, hauptsächlich auf dem Variationsprinzip beruhenden Verfahren erschlossen werden, die noch in den 30er Jahren ganze Rechenbüros beschäftigt hätten. Die Entwicklung von numerischen Berechnungsverfahren für festkörpermechanische, strömungstechnische und thermodynamische Probleme an Maschinen vollzog sich seit den 60er Jahren in rasantem Tempo. Die seit dieser Zeit zur Verfügung stehenden Großrechner mit schneller Zentraleinheit sowie großen internen und externen Speichern ermöglichten die Lösung riesiger Gleichungssysteme, auf die beinahe alle approximativen numerischen Verfahren hinausliefen. Auf dem Programm stand die variantenreiche numerische Ausführung leistungsfähiger Methoden wie das Differenzenverfahren oder das Verfahren von Walter Ritz zur Lösung von Festigkeits- und Schwingungsproblemen. Aber auch hinsichtlich theoretischer Ansätze und neuer Modellvorstellungen konnten die Gebiete der technischen Mechanik in jüngster Zeit einen bemerkenswerten Erkenntnisfortschritt verzeichnen.

Die technische Mechanik war wesentlich von der Vorstellung des Körpers als Kontinuum ausgegangen. Im Falle komplizierter geometrischer Strukturen waren bereits in den 30er Jahren die Grenzen geschlossener Lösungen für dynamische oder Festigkeitsprobleme erreicht. Es mußte dazu übergegangen werden, das Bauteil hinsichtlich physikalischer Eigenschaften (Potentiale) und mathematischer Modellierung in kleinere Strukturen zu zerlegen, zu diskretisieren. Für ein kompatibles System definierter Strukturelemente konnten nunmehr die Spannungen, Dehnungen und Bewegungsgleichungen numerisch gelöst werden. Eine frühe Lösungsmethode war das Differenzenverfahren. Es führte aber wegen der vielen zu berücksichtigenden Nachbarpunkte auf sehr große Gleichungssysteme. Gegenwärtig sind vor allem die Finite-Elemente-Methode (FEM) sowie die Randintegralmethode (BEM), ein Hybridverfahren, zur Behandlung konkreter Bauteile und größerer Strukturen im Einsatz. Ihre Matrixstruktur besitzt eine geringere Bandbreite. Auf ihrer Basis konnte auch das klassische Mehrkörperproblem für größere Freiheitsgrade behandelt werden, dessen Lösung sich mathematisch erschöpft hatte. Die Mehrkörperdynamik, bereits in der Satellitentechnik erfolgreich erprobt, wird heute zur Lösung dynamischer Probleme in der Robotertechnik herangezogen.

Die Möglichkeit, numerische Lösungen von Zeitintegralen zu realisieren, gestattet auch, die Bewegung kompletter technischer Systeme nachzuvollziehen. In der Kraftfahrzeugtechnik wird gegenwärtig das Fahrverhalten ganzer Automobile auf dem Rechner simuliert und mit experimentellen Ergebnissen verglichen. Ähnliches ist in der Reaktortechnik, im Flugzeugbau und anderen Bereichen zu verzeichnen. Damit erfährt die Theorie eine gewisse Umwertung. Früher wurden in der Regel wesentliche Parameter berechnet, deren Bewertung dann nicht unbedingt auf reales Verhalten schließen ließ. Heute ist es möglich, auf die gesamte Auswertestrecke zu verzichten. Es wird ermittelt, was im konkreten Fall »passiert«, wie sich zum Beispiel ein Bauteil verformt, wobei die Parameter variiert werden können. Die nicht zu übersehende Dominanz numerischer Methoden in der Festkörpermechanik wird seit etwa einem Jahrzehnt wieder stärker durch analytische Alternativen ausgeglichen. Diese bauen insbeson-

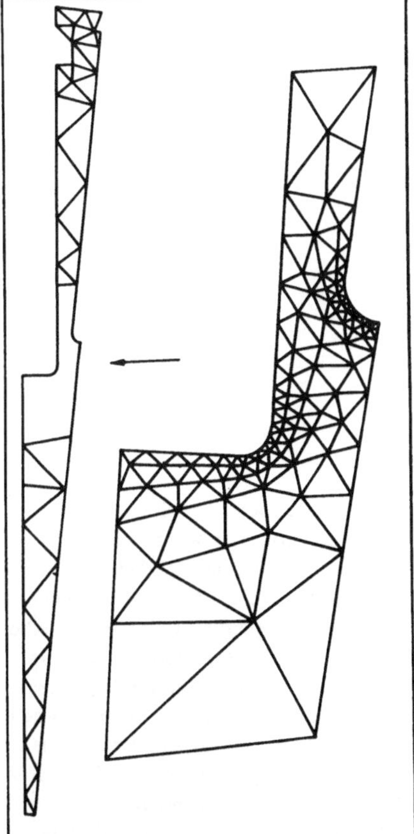

Finite-Elemente-Vernetzung eines Maschinenbauteils. Das Beispiel stammt aus einem FEM-Programm zur Berechnung der Rotorfestigkeit von Turbogeneratoren. Links ist der Symmetrieschnitt eines Induktors angegeben. Die Vernetzung des Nutgrundes (rechts) ist in Bereichen zu erwartender Spannungskonzentration besonders eng.

dere auf neuen mathematischen Erkenntnissen der Funktionalanalysis und der Integralgleichungsmethoden auf.

Mit dem Einsatz von Industrierobotern erhielt die Kinematik neue Anregungen. Roboter- und Handhabetechnik verkörpern den klassischen Fall einer kinematischen Kette, die es automatisierungstechnisch zu beherrschen gilt. Das mechanische Problem, das es bei herkömmlicher Maschinentechnik kaum gegeben hat, besteht darin, je nach Funktion möglichst viele Freiheitsgrade zu verwirklichen und definierte Bewegungen auszuführen. Dies erfolgt in der Regel nach Grundsätzen der kinematischen Synthese. Moderne Rechentechnik ermöglicht es, Roboter als räumliche Ein- oder Mehrschleifenmechanismen darzustellen, deren gesamte kinematische Information in einem Black-Box-Übertragungselement zusammengefaßt ist. Die Darstellung der Struktur des Mechanismus in Blockdiagrammen erfolgt dabei in Analogie zur Regelungstechnik.

Die Konstruktion neuartiger kinematischer Glieder für Manipulatoren, Gelenke, Knickarme u.a. erhält auch Anleihen aus der Biomechanik. Eine

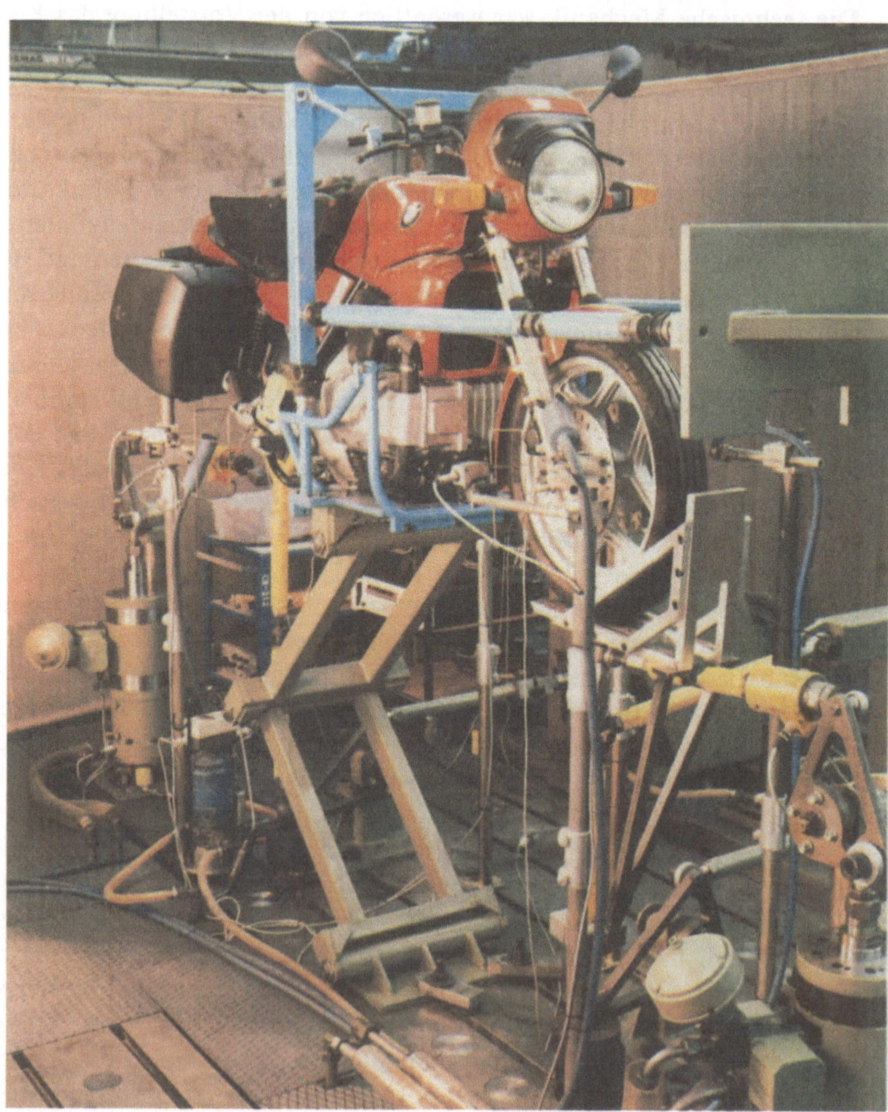

Motorradprüfstand zur wirklichkeitsnahen Simulation von Fahrbetriebsbeanspruchungen. Durch eine Mehrkomponenten-Prüftechnik wird die Möglichkeit gegeben, die Entwicklungsarbeit teilweise ins Labor zu verlagern. Das erfordert eine genaue Kenntnis der Belastungen im Betriebszustand. Am »gefesselten« Motorrad können Festigkeits- und fahrdynamische Untersuchungen vorgenommen werden. Laboratorium für Betriebsfestigkeit, Darmstadt, Bayerische Motorenwerke AG, München

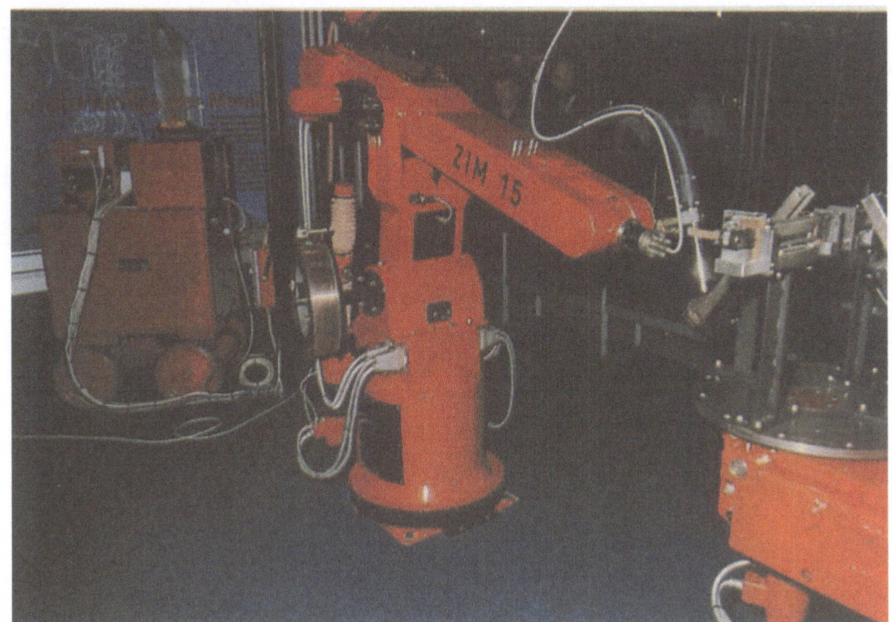

Technologische Einheit für Lichtbogenschweißen, bestehend aus Schweißroboter ZIM 15 und Kipptisch. Kombinat Zentraler Industrieanlagenbau der Metallurgie der DDR, Berlin

moderne Strukturanalyse vorherrschender Mechanismen ermöglicht es, systematisch aufgebaute Kataloge anzubieten, die als CAD-Software gewissermaßen eine höhere Stufe der kinematischen Schemata des 19. Jahrhunderts verkörpern. Die Tendenz im Entwurfsprozeß führt zu einer »Synthese durch iterative Analyse«. CAD-Systeme und Mensch-Maschine-Dialog entlasten dabei nicht das kreative Vermögen des Ingenieurs, dessen Wissen, Erfahrung und Risikobereitschaft bei der Entscheidungsfindung mehr denn je gefragt sind.

Ähnliche Tendenzen prägen auch das Bild der modernen Getriebetechnik. Gerade in der Automatisierungstechnik spielen hochpräzise mechanische Systeme zur Bewegungs- und Kraftübertragung eine wichtige Rolle. Aktuellstes Gebiet der Anwendung getriebetechnischer Baugruppen ist die Robotertechnik. Wellgetriebe, Reibradgetriebe, Kurvengetriebe und moderne Antriebstechnik erfordern bei der konstruktiven Gestaltung ihrer Bauelemente neuartige Lösungsprinzipe, die ebenfalls auf die Integration rechentechnischer Mittel hinauslaufen.

Mit dem Aufkommen wahrscheinlichkeitstheoretischer Betrachtungen in der technischen Mechanik gewann das Gebiet der Bruchmechanik an Bedeutung. Zunächst lag der Schwerpunkt bei der Bestimmung jener Kriterien, die zu einem Bruch führen beziehungsweise die Neigung zum Bruch fördern. Seit den 50er Jahren versuchte man zunehmend, den Bruchvorgang zu modellieren. Erfahrungen aus der Kerbspannungslehre hatten gezeigt, daß Brüche stets an exponierten Stellen auftreten und insbesondere die Spannungskonzentration an Mikrorissen zu einer mechanisch oder korrosiv geförderten Rißausbreitung und schließlich zum Bruch führen. Mit dem Eindringen in solch komplizierte Vorgänge mußte allerdings die Kontinuumsmechanik verlassen und der Übergang zu einer Strukturmechanik vollzogen werden. Besonderen Einfluß darauf hatten festkörperphysikalische Vorstellungen im Größenbereich von Kornstrukturen der Werkstoffe.

Verformungsband in einem ausscheidungsgehärteten Molybdän-Einkristall. Die rasterelektronenmikroskopische Aufnahme des lokalisierten Verformungszustandes läßt Rückschlüsse auf Prozesse der Materialschädigung, Rißbildung und Rißausbreitung zu. Im Bild sind deutlich die Gleitstruktur, der von der Probekante ausgehende Makroriß sowie die fortschreitende Mikrorißbildung im Verformungsband zu erkennen. (Vergrößerung der REM-Aufnahme 300:1, rechts unten Makroaufnahme) Zentralinstitut für Festkörperphysik und Werkstofforschung, Dresden

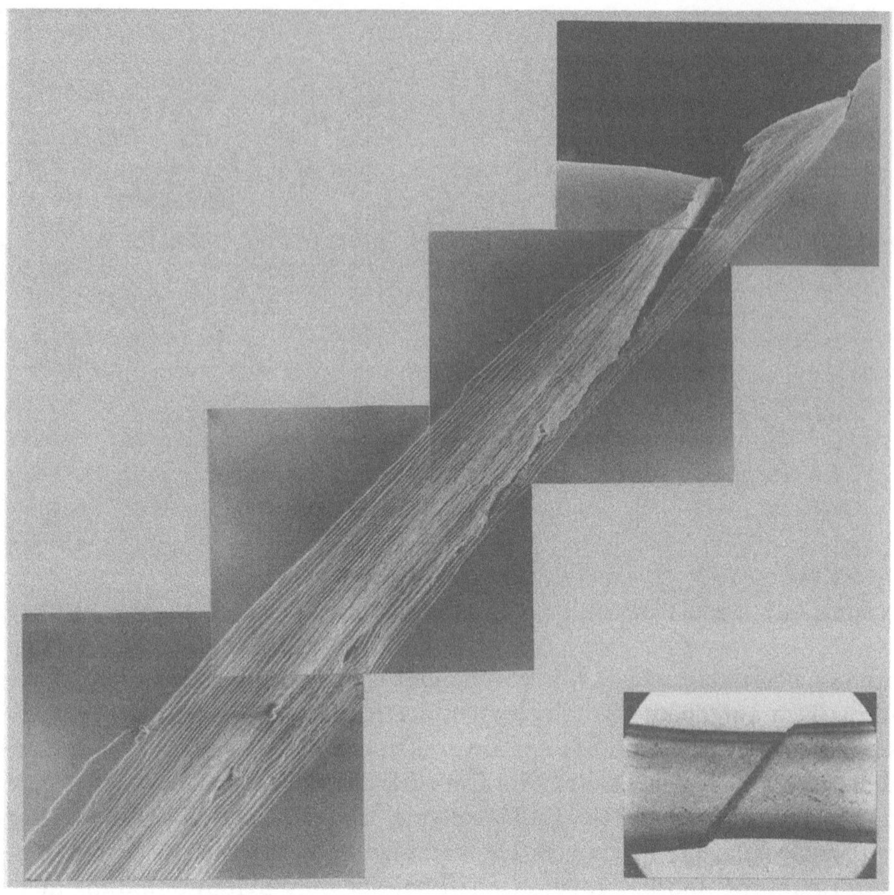

Rißwachstum kann als makroskopisches, mikroskopisches oder atomares Phänomen einer theoretischen Betrachtung unterzogen werden. Entsprechend breit ist der Gegenstand der Bruchmechanik. Sie führt Festkörperphysik, Festkörpermechanik und Werkstoffwissenschaft zusammen. Hinsichtlich der Werkstoffgesetze sind vor allem Plastizierungsvorgänge an der Rißspitze von Wichtigkeit. Je nach den Voraussetzungen des Konzepts einer linear-elastischen bzw. einer Fließbruchmechanik und je nach Ausfallursache wie Spannungsrißkorrosion, Sprödbruch, Kriechbruch, Rißfortschritt durch dynamische und schlagartige Beanspruchungen werden hier spezifische bruchmechanische Kennwerte eingeführt. Dazu zählen Bruchzähigkeit, Spannungsintensität und Rißgeschwindigkeit. Diese neuen Koeffizienten geben gewissermaßen aus dem mikrostrukturellen Aufbau heraus Aufschluß über die makroskopischen Eigenschaften.

Die für eine sichere Dimensionierung von Bauteilen unerläßliche Bereitstellung werkstoffphysikalischer Kennwerte stellt enorme Aufgaben an die Werkstofftechnik. Besonders die Werkstoffprüfung erweitert ständig ihre Prüfbedingungen bei gleichzeitiger Tendenz der Vereinfachung der Prüfverfahren und Optimierung der Kosten. Die Erforschung komplexer Gestalt- und Belastungseinflüsse korrespondierte eng mit den Konzepten der Bruchmechanik und der Betriebsfestigkeit. Mit gutem Grund spricht man daher auch von einer Schadens- und Werkstoffmechanik. Zunehmend wurden Umgebungseinflüsse wie Korrosion, extreme Temperaturen sowie

Strahlungseinwirkungen (Reaktortechnik) untersucht. Dieser Zweig der Werkstofftechnik zielte vorrangig auf die Entwicklung neuer Werkstoffe, die Optimierung solcher Werkstoffeigenschaften wie Festigkeit, Zähigkeit, Verschleißverhalten und thermisches Verhalten sowie auf leichtbautypische Materialien.

In jüngster Zeit fällt der Einsatz keramischer Werkstoffe auf. Sie zeichnen sich durch große Härte (Schneidwerkstoffe für Werkzeugmaschinen) sowie hohe Temperaturbeständigkeit und Verschleißfestigkeit (Verbrennungsmotoren) aus. Probleme bereiten dem Konstrukteur ihre geringe Zug- und Biegefestigkeit. Auch die Anwendung von Hochpolymeren und Verbundwerkstoffen im Maschinenbau nimmt zu.

Neben der Differenzierung der bestehenden Prüfverfahren geht der Trend zur Bestimmung mikrostruktureller Zusammenhänge. Dabei können physikalische Effekte für eine zerstörungsfreie Werkstoffprüfung genutzt werden. Hierzu zählen röntgenographische Meßverfahren und die Elektronenmikroskopie. Sie lassen Einblicke in den Mikrokosmos der Werkstoffe zu, geben Aufschluß über Rißvorgänge und stützen die Begründung physikalischer Modelle. Der Fehler- und Qualitätsprüfung dienen die Schallemissionsanalyse und Ultraschallmeßtechnik. Im Sinne einer Schadensverhütung an gefährdeten Bauteilen können Risse, Einschlüsse, Seigerungen und andere Defekte frühzeitig diagnostiziert werden.

Die Reihe der Prüfverfahren unter Ausnutzung physikalischer und chemischer Meßeffekte ließe sich noch fortsetzen. Neben der Ermittlung konstruktiver und technologischer Charakteristika dient die Werkstoffprüfung nicht zuletzt der Werkstoffwissenschaft selbst, der Ergründung innerer Struktur- und Gefügezusammenhänge sowie der Eigenschaften der Materialien.

Aufgrund der Erkenntnisse dieser sich seit den 50er Jahren auch theoretisch konsolidierenden Disziplin können durch gezielte Maßnahmen Ver-

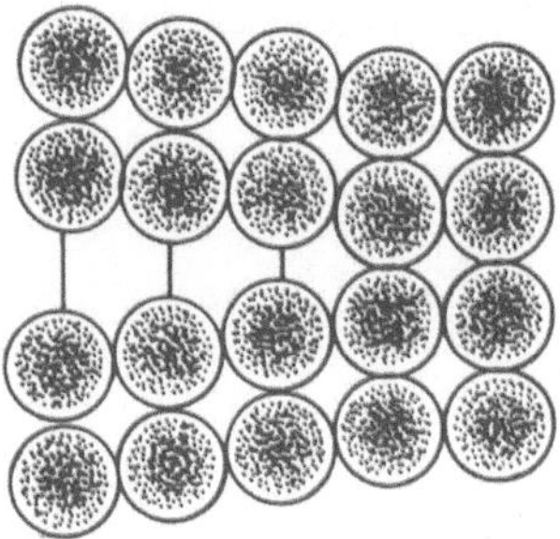

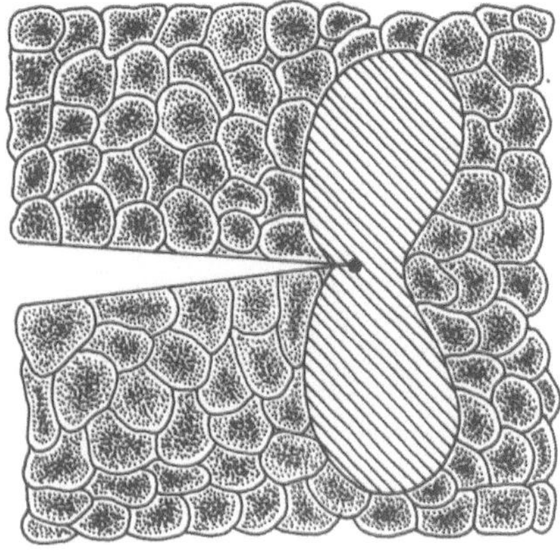

Modell der Rißausbreitung im atomaren, mikroskopischen und makroskopischen Bereich als Gegenstand der Festkörperphysik, Werkstoffwissenschaft und Festkörpermechanik

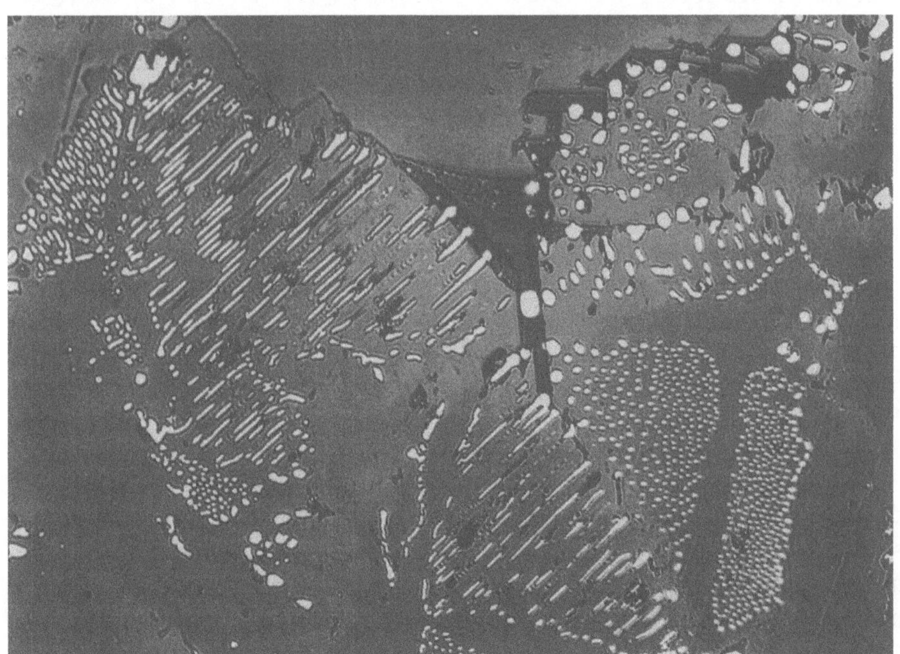

Elektronenmikroskopische Aufnahme eines metallkeramischen Werkstoffes. Deutlich sind die nadelförmigen Cr_2O_3- sowie die umgebenden Al_2O_3-Mischkristalle des Eutektikums zu erkennen. Technische Universität Dresden

Magnetpulver-Rißprüfung mit Ultraschall zur Schadensverhütung und frühzeitigen Erkennung von Rissen an einem Hochdruck-Ventilgehäuse. Allianz Versicherung AG, München

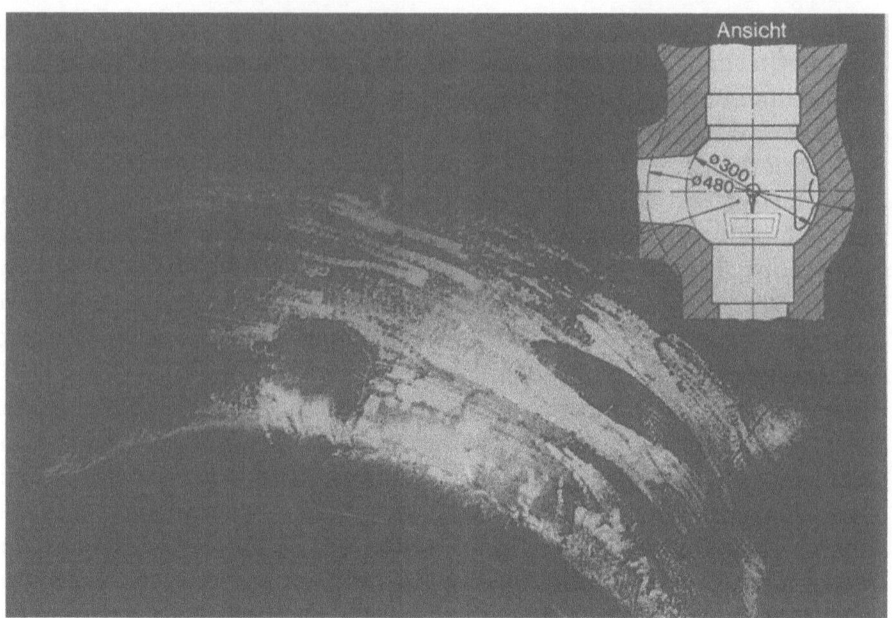

besserungen der Werkstoffeigenschaften erreicht werden. Dies erfolgt z. B. bei der thermischen (Hoch- und Tieftemperatur) und mechanischen Behandlung von Stählen. Präzise Metalltechnologien ergeben Stähle mit hohen Gebrauchswerteigenschaften, Alterungs- und Korrosionsbeständigkeit. Besonders spektakulär ist die Herstellung von Superelastizität durch Form-Gedächtnis-Effekte. Memory-Metallegierungen, d. h. Werkstoffe, die sich an ihre ursprüngliche Form »erinnern«, werden gegenwärtig in Japan als billige Schaltelemente in klimatechnischen Anlagen und Personenkraftwagen eingesetzt.

Ein weiteres Gebiet der Werkstofforschung ist der Korrosionsschutz. Allein die der Korrosion geschuldeten Verluste begründen die Notwendigkeit wirksamer Gegenmaßnahmen. Hierbei kann in den überwiegenden Fällen ökonomisch bedingt nicht auf kostbare Legierungszusätze zurückgegriffen werden. Auch auf dem Gebiet des Verschleißes und der Alterung von Werkstoffen hat die Materialforschung zu neuen Lösungen beigetragen. Im Ergebnis tribotechnischer Forschung standen beispielsweise selbstschmierende Reibpaarungen mit hoher Lebensdauer, wie sie bei Lagern eingesetzt werden.

Solcherart komplexe Anforderungen an das wissenschaftliche Maschinenwesen unterstreichen die neue Dimension von Material- und Energieökonomie. Die Weltmarktfähigkeit von Maschinenbauerzeugnissen hängt neben dem Automatisierungsgrad in hohem Maße von der Drosselung des Energieverbrauches und sparsamem Materialeinsatz ab. Leichtbau wird auch hier zum ökonomischen Imperativ.

Unter Leichtbau wurde noch in den 50er und 60er Jahren hauptsächlich die Abmagerung der Maschinenelemente und Tragekonstruktionen verstanden. Historisch galten das Fahrrad und später das Flugzeug als Vorbilder. Heute stellt sich Leichtbau als ein integrativer technikwissenschaftlicher Forschungskomplex dar, der von der Grundlagenforschung bis zur Fertigung reicht. Ziel ist sowohl die Kosten- als auch die Masseminimie-

Senkung des Masse-Leistungs-Verhältnisses:

erste Gasmotoren
   (um 1870)   *ca. 680 kg/kW*
Dieselmotor (1897)   *330 kg/kW*
PKW-Serienmotoren
   (heute)   *3–1 kg/kW*
Gasturbine   *0,4–0,2 kg/kW*
Rennmotor Formel I   *0,2 kg/kW*

rung, wobei die Gesamtkosten exakt aufzuschlüsseln sind. Eine praktikable Methode ist folglich die Gebrauchswert-Kosten-Analyse.

Es kann bei der Entwicklung neuer Technik davon ausgegangen werden, daß die zu Gebote stehenden konstruktiven Varianten ständig zunehmen. Die Auswahl aus einem Möglichkeitsfeld setzt aber geeignete Bewertungskriterien voraus. Besonders wenn herkömmliche Erzeugnisse ihre Leistungsgrenze erreicht haben, sind Entscheidungen für Innovationen zu treffen. Nach Gesichtspunkten des Leichtbaus beurteilt, führte zum Beispiel die Ablösung der Turboverdichter axialer gegen die radialer Bauart zu einer Materialeinsparung von 20 bis 50 Prozent. Der Ersatz von Klotzbremsen durch Scheibenbremsen brachte 30 Prozent Ersparnis. Beim Einsatz von Umlaufrädergetrieben statt Stirnradgetrieben schlug sogar eine Einsparung von 80 Prozent zu Buche. In der Antriebstechnik werden entsprechende Kennwerte gewöhnlich durch das Masse-Leistungs-Verhältnis ausgedrückt, bei Fertigungsverfahren wurden Materialausnutzungskoeffizienten eingeführt. Letztere können beispielsweise erhöht werden, wenn vom Nieten zum Schweißen, vom Warmformen zum festigkeitssteigernden Kaltformen und Strangpressen übergegangen wird. Auch der Übergang vom Spanen zum abfallarmen Umformen oder Urformen führt zu erheblichen Materialeinsparungen.

Das breite Sortiment der Werkstoffe weist gegenwärtig etwa zwei Millionen Kennwerte auf. Entsprechend gestaltet sich die Werkstoffauswahl zu

Schlepprinne mit Schiffsmodell und Meßstation. Aus den Grenzen der analytischen Behandlung räumlicher Strömungsverhältnisse folgt in der Schiffstheorie ein Zwang zum Experiment. Im Mittelpunkt der Untersuchungen steht der Schiffswiderstand. Er läßt Rückschlüsse auf die geeignete Maschinen- und Propulsionsanlage zu. Hamburgische Schiffbau-Versuchsanstalt GmbH

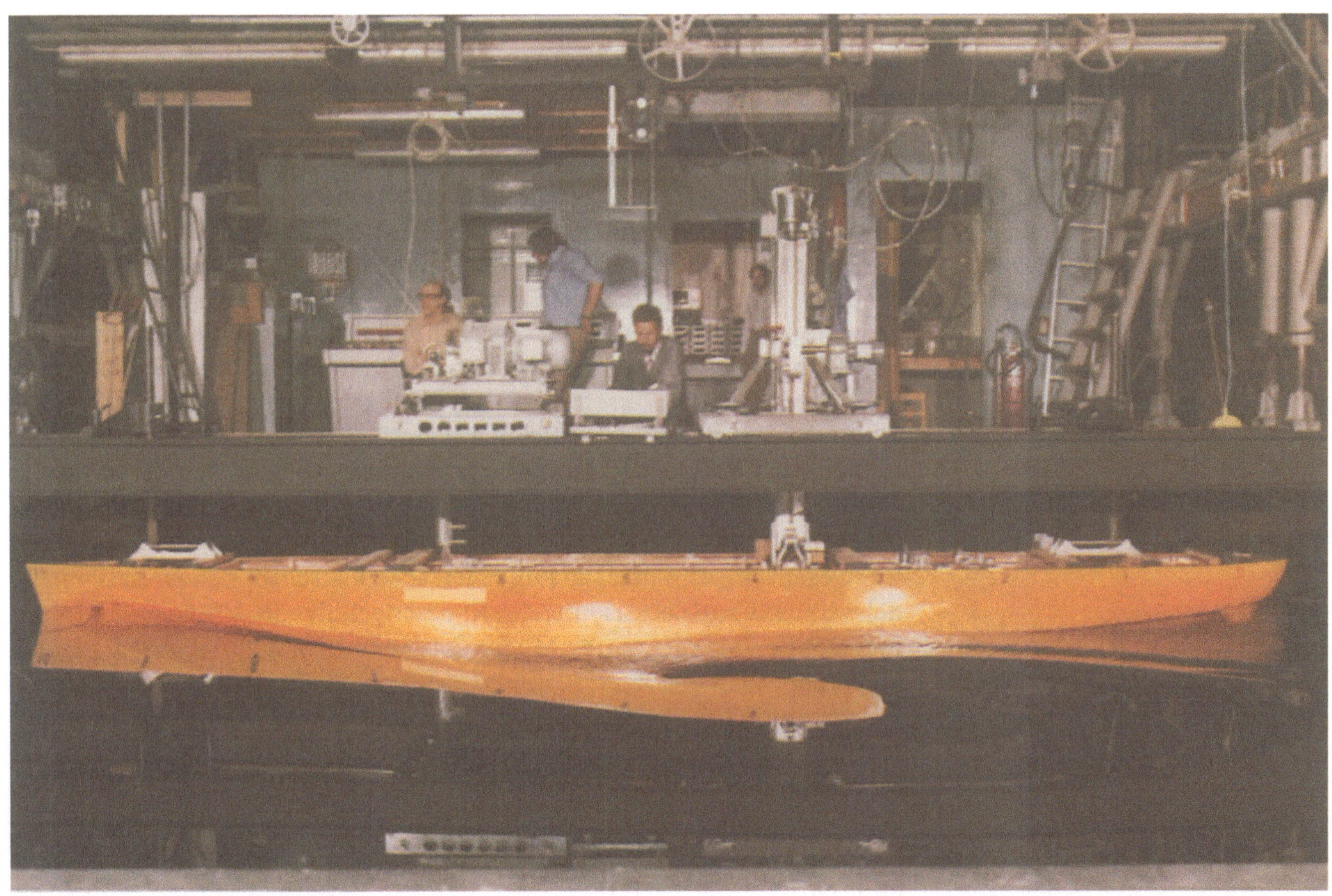

einem Optimierungsproblem, das rechnergestützte Auswahlmethoden mit schöpferischer Ingenieurarbeit verbindet. Der Trend führt zu Verbundwerkstoffen, Beschichtungsverfahren, Oberflächenbehandlungen und anderen Maßnahmen zur Höherveredlung. Probleme treten vor allem bei der Lokalisierung der thermischen Behandlung auf, die in modernen Verfahren induktiv, mit hochfrequenten Strömen oder auch mittels Lasertechnik geschieht. Maßhaltigkeit und Steife spielen dabei zunehmend eine nicht unwesentliche Rolle.

Zusammenfassend wird ersichtlich, daß die inneren Bindungen zwischen den Disziplinen des Maschinenbaus enger geworden sind. Spannungsanalyse, Werkstoffprüfung, Dimensionierung und Konstruktion, Kontrolle, Betriebsführung und -überwachung, Schadensanalyse und Diagnose sind zu einem System zusammengewachsen. Gleichzeitig entstanden so eigenständige Forschungsrichtungen mit stark interdisziplinärem Charakter wie die Robotertechnik, die Automatisierungstechnik oder die komplexe Fertigungsprozeßgestaltung. Die Symbiose Maschinenbau – Informatik hat zudem bewirkt, daß der Maschinenwissenschaftler viel unmittelbarer als früher an das technische Objekt heranrückt. Die Möglichkeit, größere technische Systeme zu beherrschen, sie wissenschaftlich vorauszuberechnen und optimal zu gestalten, revolutioniert auch den Charakter der Ingenieurtätigkeit. Neben Roboter und moderner Werkzeugmaschine stellen Automobil, Flugzeug, Raketentechnik, Kraftwerk und Schiff wohl die beeindruckendsten technischen Systemlösungen der Gegenwart dar. Die Abstimmung Schiffskörper in umgebender Strömung, Schiffsmaschine und Propulsionsanlage bildet ein kompliziertes Polyoptimierungsproblem, das nur auf dem Stand neuester natur- und technikwissenschaftlicher Erkenntnisse befriedigend gelöst werden kann.

Dies alles verlangt eine Neuprofilierung der Ingenieurausbildung. Der Maschinentechniker in der wissenschaftlich-technischen Revolution muß über ein solides mathematisch-naturwissenschaftliches Grundlagenwissen, Flexibilität bei der Auffindung integraler Lösungen sowie eine ausgewogene Einheit von Erfahrungswissen und theoretischen Erkenntnissen verfügen. Die Verflechtung von Wissenschaft und Technik zu derart komplexen und komplizierten Systemen ist nur im Rahmen langfristiger nationaler und internationaler Forschungs- und Produktionsprogramme möglich, die das Maschinenwesen ausschließlich betreffen oder einbeziehen. Beispiele für derartig umfassende Forschungsprogramme sind das japanische Projekt »Maschinen für unbemannte Betriebe« und »Flexibles Fertigungssystem mit Laseranwendung«, das Komplexprogramm Maschinenbau des Rates für Gegenseitige Wirtschaftshilfe der sozialistischen Länder mit einem Schwerpunkt zur Entwicklung der Robotertechnik, die US-amerikanischen Programme »Manufacturing Modernisation« und »Manufacturing Technology« zum Bau flexibler Fertigungssysteme sowie die westeuropäischen Programme ESPRIT (European Strategic Programme for Research in Information Technology) zur Entwicklung intelligenter Rechner, die auch für die rechnerintegrierte Fertigung benötigt werden, und BRITE (Basic Research in Industrial Technologies in Europe), das die fortgeschrittene Fertigungstechnik und die integrierte Automatisierung industrieller Prozesse erforscht.

»Der Schlüssel zu dieser unbemannten Fabrik heißt Flexibilität. Vorbei sind die Tage von Henry Ford, als die Fließbänder Millionen von schwarzen Ford-T-Modellen ausstießen – eines wie das andere.«
Bruce Nussbaum, Mitherausgeber der amerikanischen Zeitschrift »Business Week«, Das Ende unserer Zukunft, 1984

Im internationalen Wettbewerb zum Einsatz neuer Technologien unternehmen alle entwickelten Industrieländer große Anstrengungen, wobei heute Japan als das führende Land bei der Entwicklung und Anwendung von CAD, CIM und Industrierobotern gilt. In letzteren Begriffen nimmt die komplizierte Systemarchitektur der Maschine der Zukunft Gestalt an.

Prozeß- und Systemverfahrenstechnik

Unmittelbar nach dem zweiten Weltkrieg erfolgten umfangreiche Kapazitätserweiterungen chemisch-technologischer Verfahren besonders in den USA. In Europa begann man die beträchtlichen Kriegsschäden zu beseitigen. Der einsetzende bedeutsame Technologie- und Wissenschaftstransfer nach Übersee führte bei einigen Wissenschaftsdisziplinen des Chemieingenieurwesens zu Zentrenverlagerungen. In den europäischen Ländern erfolgte bei angeglichenen Entwicklungskonzepten eine breite Institutionalisierung des Chemieingenieurwesens. Mit der Zeitschrift »Chemical engineering science« wurde ab 1951 das erste internationale Publikationsorgan in Oxford herausgegeben.

Der Konsolidierungsprozeß führte zur Eingliederung verschiedener Gebiete, insbesondere der technischen Reaktionsführung sowie Teilen der Silikattechnik und der Aufbereitungstechnik in das Chemieingenieurwesen. Dadurch prägte sich die innere Struktur mit Reaktionstechnik, mechanischer und thermischer Verfahrenstechnik. Die technische Thermodynamik und die technische Strömungsmechanik erlangten grundlegende Bedeutung für das Chemieingenieurwesen in Forschung und Lehre. Auf diese Weise konnte das Theoriengebäude ständig vervollkommnet werden. Das Feld der Interpretationsmöglichkeiten für das Verhalten von Stoffsystemen, für die Kinetik der Prozesse sowie für den Impuls-, Wärme- und Stofftransport erfuhr eine beträchtliche Erweiterung.

Die Explosion des verfahrenstechnischen Wissens führte – je nach Betrachtungsweise – zur Untersuchung von 100 bis 200 Grundoperationen. Trotz eines gemeinsamen Anteils an Methodik: an theoretischen und experimentellen Instrumentarien überwog für ihre Modellierung die Spezifik. Sie ergab sich vorwiegend aus der Vielschichtigkeit industrieller Anforderungen und förderte den Erkenntnisfortschritt. Mit der Zunahme des Wissens war eine gleichwertige Behandlung aller Grundoperationen in der Ausbildung nicht mehr möglich. Es zeigten sich jedoch in zunehmendem Maße Gemeinsamkeiten bei der mathematischen Beschreibung der Prozesse. Massenhafter Einsatz elektronischer Rechentechnik stimulierte diese Tendenz einer inneren Integration. Sie äußerte sich jetzt in Bemühungen um eine einheitliche Modellierungsstrategie und Prozeßverfahrenstechnik. Diese Tendenz forderte eine eingehende wissenschaftliche Analyse der Grundoperationen und warf Fragen nach den sie konstituierenden Elementen auf. Als Elementarvorgänge bezeichnet man neben Konduktion (Diffusion) und Konvektion das Herstellen und Beseitigen von zwischenmolekularen Wechselwirkungen. Die Untersuchung der ihnen innewohnenden Gesetzmäßigkeiten fiel teilweise in den Bereich naturwissenschaftlicher Forschung und förderte das interdisziplinäre Vorge-

»Diese Konzeption (der Systemverfahrenstechnik) verbindet die fortgeschrittene chemische Ingenieurwissenschaft mit dem Werkzeug der Elektronenrechner und dem Standpunkt, der das Verfahren als eine Einheit betrachtet.«

T. J. Williams, Systemtechnik für die Verfahrensindustrie, 1961

hen in der wissenschaftlichen Arbeit. Zwischen den Elementarvorgängen und den makroskopischen Grundoperationen definierte man gewöhnlich eine oder mehrere Ebenen der verfahrenstechnischen Mikroprozesse. Sie enthalten die Elementarvorgänge und charakterisieren den Impuls-, Wärme- und Stofftransport an Übertragungsflächen an Filmen, Körnern, Tropfen, Blasen, Schütt- und Wirbelschichten.

Mit der Untersuchung von Mikroprozessen entstand in wesentlichem Umfang verfahrenstechnische Grundlagenforschung. In dem Bestreben, die Vielzahl der Grundoperationen auf eine überschaubare Anzahl von Phänomenen bzw. Bewegungsformen zurückzuführen, wurden Ergebnisse mit einem höheren Grad an Allgemeingültigkeit bereitgestellt, die in erster Linie den inneren Zusammenhang zwischen den Operationen und Prozessen dokumentieren. Die Klassifizierung und Aufklärung der Mikroprozesse ist die Grundlage für die wissenschaftlich fundierte Modellierung der makroskopischen Vorgänge. Daraus ergibt sich, daß für eine einheitliche Modellierungsstrategie der chemischen und physikalischen Prozesse im molekular- und grobdispersen Bereich heute eine hierarchische Struktur angenommen wird. Von den Elementarvorgängen zum Makroprozeß stellt jede höhere Ebene eine Kombination der Effekte der niederen Ebene dar. Die höhere Ebene ist jedoch mehr als die Summe der Phänomene auf der nächstniederen Ebene. Die Eigenschaften der niederen Ebene lassen sich nicht durch Deduktion aus der höheren Ebene gewinnen. Damit wird zwar der qualitative Zusammenhang zwischen den Ebenen deutlich, aber die quantitative Formulierung der »Schichtübergänge« ist kompliziert und fordert umfangreiche theoretische wie experimentelle Arbeit, insbesondere bei der quantitativen Beschreibung der unübersichtlichen Verhältnisse der Gas-Feststoff-Kontaktierung in der Wirbelschicht.

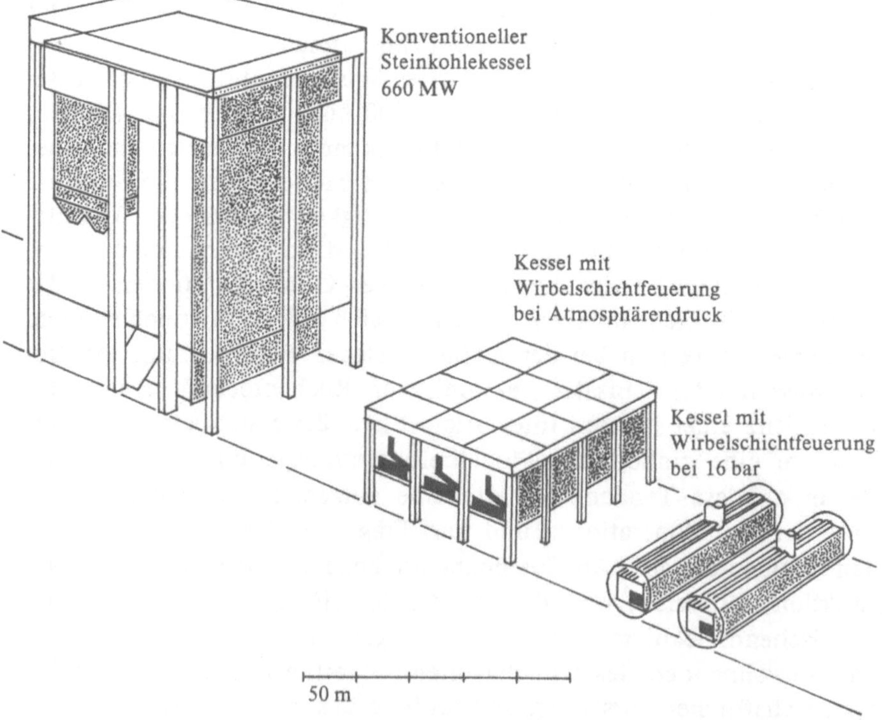

Wirbelschichtfeuerung. Die Anwendung der Wirbelschicht zur Feststoff-Fluid-Kontaktierung hat zur beträchtlichen Intensivierung des Wärme- und Stoffaustausches und damit zur kleineren Apparategeometrie geführt. Im Bild werden ein konventioneller Steinkohlekessel, Kessel mit Wirbelschichtfeuerung bei Atmosphärendruck und bei 16 bar gegenübergestellt. Die simultane Realisierung mehrerer Prozesse in einem Apparat regte die Weiterentwicklung des verfahrenstechnischen Theoriengebäudes in starkem Maße an. Aus: H.-D. Schilling, Neue Technologien zur Stromerzeugung aus Kohle, in: Chemie-Technik 8 (1976) 2

Elektrolyse mit Titan-Anoden. Die verfahrenstechnische Modellierung von Elektrolysezellen steht noch am Anfang einer Entwicklung, die bedeutsame Effekte in bezug auf Energieverbrauch und Ausbeute erwarten läßt. Der Übergang von Graphit- zu Metallanoden mit großer Oberfläche ist eine wesentliche Entwicklungsrichtung. Aus: Modern Alkali Technology, Vol. 3, (Hrsg. K. Wall)

Durch erste große Erfolge in den Jahren 1925 bis 1945 besonders in Deutschland und den USA ermuntert, vollzog sich ab 1950 eine wahre Anwendungsexplosion. Sie begann mit der außerordentlich schonenden und gut regelbaren Trocknung von empfindlichen Lebensmitteln (Kaffee, Getreide u. a.) und setzte sich fort in der Energie-, Brennstoff-, Chemie-, Baumaterialien-, Leicht- und Lebensmittelindustrie sowie in der Metallurgie, im Maschinenbau und in der Landwirtschaft. Diese breite Anwendung war zunächst eine Folge der Intensivierung der Verfahren und der relativ einfachen Konstruktion der dazugehörigen Apparate. Die Anforderungen an die Zuverlässigkeit und Beherrschbarkeit der Kontaktierungsprozesse auch in ihrem dynamischen Verhalten nahmen weiter zu. Gefordert waren multivalente Anwendbarkeit und Beschreibung durch physikalisch begründete mathematische Modelle. So wurde 1952 im französischen Bergbau eine Arbeitsgruppe »Association Française de Fluidisation« geschaffen, die für den komplexen Prozeß die charakteristischen Prozeßvariablen und -parameter sowie Stoffwerte und Arbeitsbereiche näher untersuchen, beschreiben und anwendungsbereit machen sollte. Die Ergebnisse dieser ersten umfassenden Forschungen veröffentlichten französische Wissenschaftler in einem Buch mit dem Titel »Phènomènes de fluidisation«. Es war der erste Versuch, die Wirbelschicht komplex zu beschreiben. Umgehend folgten eine Reihe noch heute gültiger Standardwerke.

Erst mit der in den 60er Jahren zunehmend verfügbaren elektronischen Datenverarbeitung gelang es auch, das von Damköhler entwickelte verfahrenstechnische Bilanzgleichungssystem für die direkte Modellierung fluider Feststoffschichten nutzbar zu machen. In schneller Aufeinanderfolge erschienen Veröffentlichungen mit entsprechenden Ansätzen, Vereinfachungen und Wertungen zu geschlossenen Lösungen oder numerischen Näherungen. Einen Höhepunkt erlebte die Diskussion zur Modellierung in der Zeit von 1967 bis 1971. Erarbeitet wurden grundlegende Modelle auch für spezielle Varianten und für die zunehmend notwendig werdende Automatisierung der Anlagen.

Auf diese Weise entstanden auf der Basis der Mikroprozesse Modelle, die bei vereinfachter Konstruktion und besserer Beherrschung des Betriebsregimes für eine multivalente Anwendung des Fluidisierungsverfahrens von Feststoffen sorgten. Analog vollzieht sich gegenwärtig die Entwicklung elektrolytischer und elektrothermischer Verfahren, nachdem sie seit den 1950er Jahren Gegenstand verfahrenstechnischer Forschungen geworden sind. Trotz beachtlicher Fortschritte schätzt man ein, daß die Anwendung verfahrenstechnischer Instrumentarien bei elektrochemischen Verfahren noch unzureichend entwickelt ist. Den wesentlichen Vorteilen wie geringe Umweltbelastung, leichte Regelung und hohe Selektivität stehen als Nachteile immer noch hoher Energieverbrauch, kleine Raum-Zeit-Ausbeuten und die gesetzmäßige Proportionalität zwischen Umsatz und Elektrodenoberfläche gegenüber. Jüngst entwickelte dreidimensionale Elektroden, z. B. Wirbelbettelektroden, stellen vielleicht Alternativen dar.

Die organische Elektrosynthese beginnt ein eigenständiger Zweig in der chemischen Industrie zu werden. Die Hydrierung von Phthalsäure und die Einschaltung einer elektrochemischen Stufe in Gesamtverfahren zur Steroidsynthese sowie zur Uran-Plutonium-Trennung werden seit längerem realisiert. Elektrosynthesen von Polymerstabilisatoren, Komplexkatalysatoren, Metallcarbonylen, Pestiziden, fluor- und metallorganischen Verbindungen lassen die Potenzen elektrochemischer Verfahren ebenso erkennen wie die noch zu teuren Brennstoff- und elektrochemischen Solarzellen, die Verfahren der Meerwasserentsalzung durch Elektrodialyse sowie die elektrochemischen Sensoren und Meßverfahren. Chemische und verfahrenstechnische Untersuchungen am traditionellen Quecksilberverfahren zur Alkalichlorid-Elektrolyse haben beispielsweise dazu geführt, die Quecksilberverluste von 100 g/Tonne Chlor (1960) auf 4 g/Tonne Chlor (1980) zu senken. Der Einsatz von Ionenaustauschermembranen, flüssigen Ionenaustauschern und biologischen Membranen ist Herausforderung an die chemische und verfahrenstechnische Forschung.

Die Anwendung elektrisch beheizter Glasschmelzaggregate für die Herstellung von Gläsern, Mineralwolle und Feuerfestwerkstoffen brachten Elektrochemie und Silikattechnik in engere Beziehungen. In der Silikatindustrie schuf der fast vollständige Übergang zur Fließfertigung nach dem zweiten Weltkrieg massenhaft strömungstechnische Probleme, wodurch die Herausbildung der ingenieurtechnischen Komponente gegenüber der bis dahin dominierenden stofflichen gefördert wurde. Es war daher folgerichtig, daß die Silikattechnik in den 1960er Jahren trotz der Stoffspezifik das verfahrenstechnische Konzept übernahm.

Eine stark stimulierende Wirkung für die Silikattechnik ging von der Raumfahrt und der Mikroelektronik aus. Es wurden hochreine und homogene Werkstoffe gefordert, die extremen physikalischen Bedingungen standhalten mußten. Bei der Herstellung von Gläsern für Lichtleitkabel, Lasern, Faserwerkstoffen oder technischen Glasrohrleitungen waren hinsichtlich Temperatur, Atmosphäre, Reaktionsgeschwindigkeit usw. völlig neuartige Bedingungen zu realisieren. Die Röntgenanalyse, die thermische Analyse, die Infrarot- und Massenspektroskopie fanden weit verbreitet Eingang in die Industrie. Von besonderer Bedeutung war die Anwendung elektronenmikroskopischer Untersuchungsmethoden, weil es damit möglich wurde, die Gefügeausbildung der Silikatwerkstoffe zu untersuchen und Werkstoffeigenschaften gezielt herzustellen. Auf den Gebieten der Verbundwerkstoffe und Hochleistungskeramiken hat die Entwicklung erst begonnen.

An den genannten Beispielen sind verschiedene Grundfragen der verfahrenstechnischen Wissenschaftsentwicklung deutlich geworden. Zum

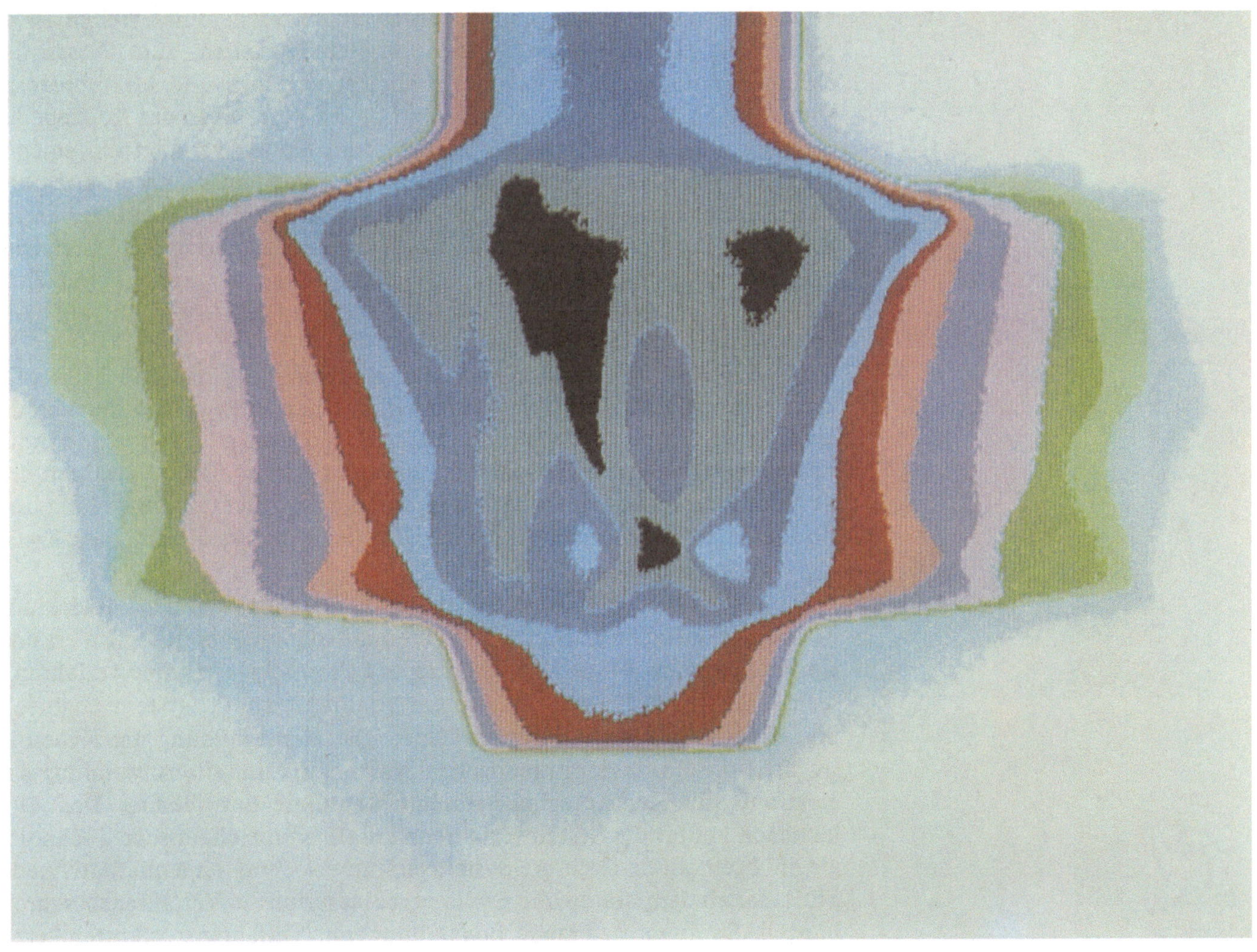

Röntgen-Feinfokus-Prüfung. Röntgenographische, spektrometrische und elektronenmikroskopische Methoden zur Charakterisierung silikatischer Werkstoffe halten breiten Einzug in Industrie und Forschung. Die Aufnahme zeigt die Prüfung eines keramischen Rotors für Automotoren mit Turbolader. Hoechst AG, Frankfurt/M.

Prozeßleittechnik. Steuerung auf der Grundlage von Prozeßmodellen hat die Erprobungsphase bereits hinter sich gelassen. Wissensverarbeitung, Expertensysteme und künstliche Intelligenz eröffnen völlig neuartige Perspektiven und Modellierungsstrategien für die Verfahrenstechnik. Hoechst AG, Frankfurt/M.

ersten erfordert der Entwicklungsstand der Modellierung verschiedener Grundoperationen eine einheitliche Strategie, um wissenschaftlich nicht begründete divergierende Tendenzen zu überwinden. Zum zweiten ist es erfolgversprechend, zu den inneren Gesetzmäßigkeiten, zum Wesen der Grundoperationen in Gestalt der Elementarvorgänge und Mikroprozesse vorzudringen. Zum dritten reproduziert dieses Vordringen das Konzept der Grundoperationen auf höherer Ebene. Zum vierten verlangt ein solches Vorgehen interdisziplinäres Wissen und interdisziplinäre Arbeit zwischen Verfahrenstechnikern, Physikern, Chemikern und Molekularbiologen. Zum fünften sorgt diese Tendenz für die weitere methodische Durchdringung der noch stark stoffbezogenen Orientierung der Papier- und Zellstoff-, der Holz- und Faserwerkstoff-, der Textil-, der Baustoff- und auch der Lebensmittel- und Nahrungsgüterindustrien.

Die Tendenz zur Untersuchung der Elementarvorgänge und Mikroprozesse ergab sich nicht nur aus der innerlogischen Entwicklung der Verfahrenstechnik, sondern wurde auch durch die moderne stoffwandelnde Industrie gefordert. Ressourcensparende und umweltfreundliche Verfahren, ihr Verbund zu geschlossenen Stoffkreisläufen, ihre Steuerung, Regelung und Kontrolle verlangen nach hinreichend exakten und verallgemeinerungsfähigen Prozeßmodellen.

Daraus ergibt sich eine weitere wesentliche Tendenz in der Entwicklung der Verfahrenstechnik. Ganze Verfahren müssen modelliert, optimiert und simuliert werden. Diese seit den 1960er Jahren eigenständige verfahrenstechnische Disziplin wird als Systemverfahrenstechnik (system engineering, chemische Kybernetik) bezeichnet. Die Herausbildung der Kybernetik, die Fortschritte der numerischen Mathematik und die Anwendung der elektronischen Rechentechnik ermöglichten diese Entwicklung. Dem Objekt nach knüpft die Systemverfahrenstechnik an die chemische Technologie an. Methodisch stellt die Systemverfahrenstechnik eine qualitativ neue Stufe dar, indem sie an die Stelle verbaldeskriptiver Verfahrensbeschreibungen die quantifizierende Behandlung von Verfahrensstrukturen setzt.

Während die Disziplinen der Prozeßverfahrenstechnik die Einheit von Prozeß und Apparat (Prozeßeinheit) untersuchen, betrachtet die Systemverfahrenstechnik die Einheit von Verfahren und Anlage und ordnet sich so in das beschriebene hierarchische System der Modellierung ein. Sie bedient sich vorwiegend spezieller mathematischer und kybernetischer Methoden und benutzt die Rechentechnik als Hilfsmittel für das Studium der komplexen Zusammenhänge und unmittelbar als Erkenntnismittel zur Simulation ganzer Verfahren.

Die Prozeßmodelle liefern für die globalen Modelle der Systemverfahrenstechnik die Anschlußbedingungen zur Kopplung von Prozeßeinheiten und markieren das Feld prozeßtechnischer Möglichkeiten und Grenzen. Für beide Entwicklungsrichtungen ist die Anwendung von mathematischen Methoden ein grundlegendes Charakteristikum des Grades an wissenschaftlicher Reife. Allerdings wirkt die Mathematik in die Prozeßverfahrenstechnik stets vermittelt über naturwissenschaftliche Modellvorstellungen ein, während in der Systemverfahrenstechnik die Objekte direkt durch mathematische Methoden abgebildet werden. Daraus ergibt sich ein engerer, unvermittelter Zusammenhang zu mathematischen Modellierungs- und Optimierungstheorien. Analoge Strukturen müssen auch in anderen Wissenschaftsgebieten beschrieben werden. Ähnliche Probleme der Steuerung und Regelung treten dort ebenfalls auf. Hier machen sich Tendenzen zur Einheit der Technikwissenschaften bemerkbar. Da technikwissenschaftliche Zielgrößen meist mit ökonomischen verknüpft sind, verstärkt sich die Integration von Technik- und Gesellschaftswissenschaften.

Insgesamt werden die gegenläufigen Trends des Eindringens in die Mikroprozesse und des Strebens nach komplexeren chemisch-technologi-

Werkstoffe nach Maß. Technische Konsumgüter sind ohne chemische Werkstoffe nicht mehr denkbar. Bei Personenkraftwagen reicht die Produktpalette von Werkstoffen für Benzinpumpen und Bremszylinder über Harze, Plaste, Elaste und Kunstfasern für Reifen bis hin zum Lack. Hoechst AG, Frankfurt/M.

schen Lösungen die verfahrenstechnische Wissenschaftsentwicklung bestimmen. Der Einsatz der Mikroelektronik wird für beide Richtungen zu neuen, möglicherweise alternativen Technologien führen. Für rechnergestützte Entwurfssysteme (CAD-Systeme) wird die Testphase als abgeschlossen eingeschätzt. Lösungen für die Apparatekonstruktion, die Anlagenprojektierung und die Erzeugung quantitativer technologischer Fließschemata gehören bereits zum Standard. Expertensysteme für Bedienung und Wartung chemisch-technologischer Systeme, Rechner für die Verarbeitung von empirischen Regeln, Heuristiken und Erfahrungswissen (Wissenverarbeitung) eröffnen neuartige Möglichkeiten für die verfahrenstechnische Forschung. Die Verarbeitung von analytischen Modellen auf Großrechnern scheitert gegenwärtig vielfach an fehlenden Stoffdaten, mathematischen Konvergenzproblemen und an der Lösungsstabilität.

Die Entwicklung von Werkstoffen nach Maß wie (faserverstärkte) Verbunde, Spezialpolymere und Konstruktionskeramiken mit definierten Eigenschaften fordern ebenfalls vertiefte Kenntnisse stofflicher und ebenso technologischer Einflußgrößen. Der Umsatzzuwachs bei durch Vakuumabscheidung oberflächenveredelten Werkstoffen betrug beispielsweise seit Beginn der 1980er Jahre mehr als 400 Prozent.

Aus den Untersuchungen zu Struktur-Reaktivitäts-Eigenschaftsbeziehungen der Stoffe, zur Kinetik der Prozesse und zu den Grenzflächenphänomenen deuten sich neuartige Wirkprinzipien an, deren alternativer Cha-

Epoxidharze für die Mikroelektronik. Einerseits wendet man in der chemisch-technologischen Forschung in großem Stile mikroelektronische Lösungen an, andererseits schafft man mit Spezialprodukten die Voraussetzungen. Leuna-Werke »Walter Ulbricht«, Merseburg

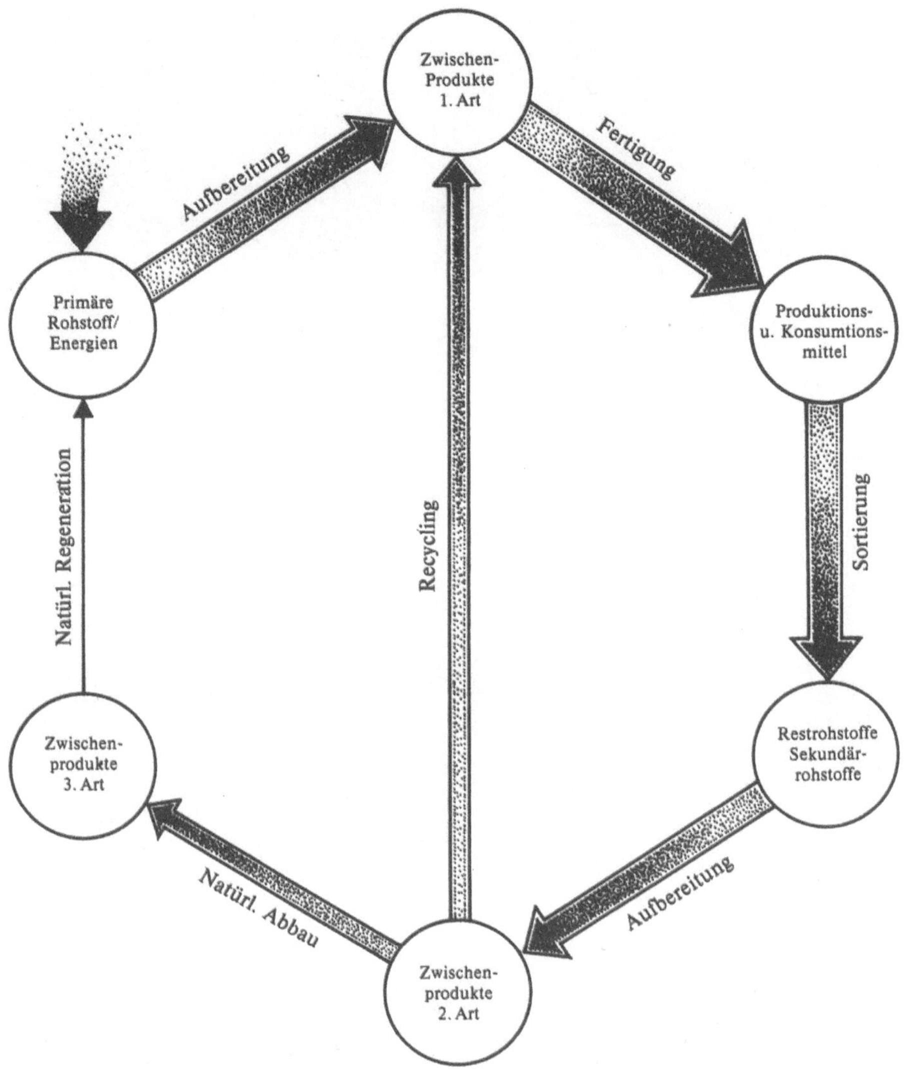

Recycling. Den Forderungen nach sparsamem Umgang mit Naturressourcen und Umweltfreundlichkeit stellt sich die verfahrenstechnische Forschung durch Verwendungsmöglichkeiten von Sekundärrohstoffen, durch die Entwicklung von geschlossenen Stoffkreisläufen und abproduktarmen Verfahren. Schema von K. Krug

rakter für die Massenproduktion jedoch vielfach umstritten ist. Analoges gilt gegenwärtig zum Teil für Prozesse unter extrem hohen Drücken oder Temperaturen, für Plasmaverfahren zur Spaltung von Erdgas oder höheren Kohlenwasserstoffen und für die Nutzung elektrischer und magnetischer Felder zur Stoffwandlung. Aus der Sicht der praktischen Verwertung sind derartige Wirkprinzipien – ähnlich der Solar-, der Gezeiten- und geothermalen Energie – als erweiternde und ergänzende Möglichkeiten und weniger als Alternativen zu herkömmlichen Verfahren in Erscheinung getreten.

Allerdings hat die Literatur dazu in dem Maße zugenommen, wie die Kapazitätssteigerungen chemisch-technologischer Verfahren verstärkt ab den 1970er Jahren ökonomische, sicherheitstechnische und ökologische Grenzen erkennen ließen. Seither werden traditionelle Verfahrenskonzepte einer generellen Prüfung unterzogen. Die Initiativen beginnen sich vom allgemeinen Streben nach neuen Verbindungen und Synthesewegen schlechthin zu Produkten mit höheren Gebrauchswerten und zur Realisierung umweltfreundlicher sowie rohstoff- und energiesparender Lösungen zu verlagern. Die stärkere stoffwirtschaftliche Nutzung fossiler Kohlen-

Künstliche Niere. Der Stoffaustausch zwischen Blut und Dialysat erfolgt im Gegenstrom über eine semipermeable Membran von Hohlfasern aus regenerierter Zellulose mit einer aktiven Oberfläche von 1,8 m² bzw. 1,3 m². Kombinat Medizin- und Labortechnik, Leipzig

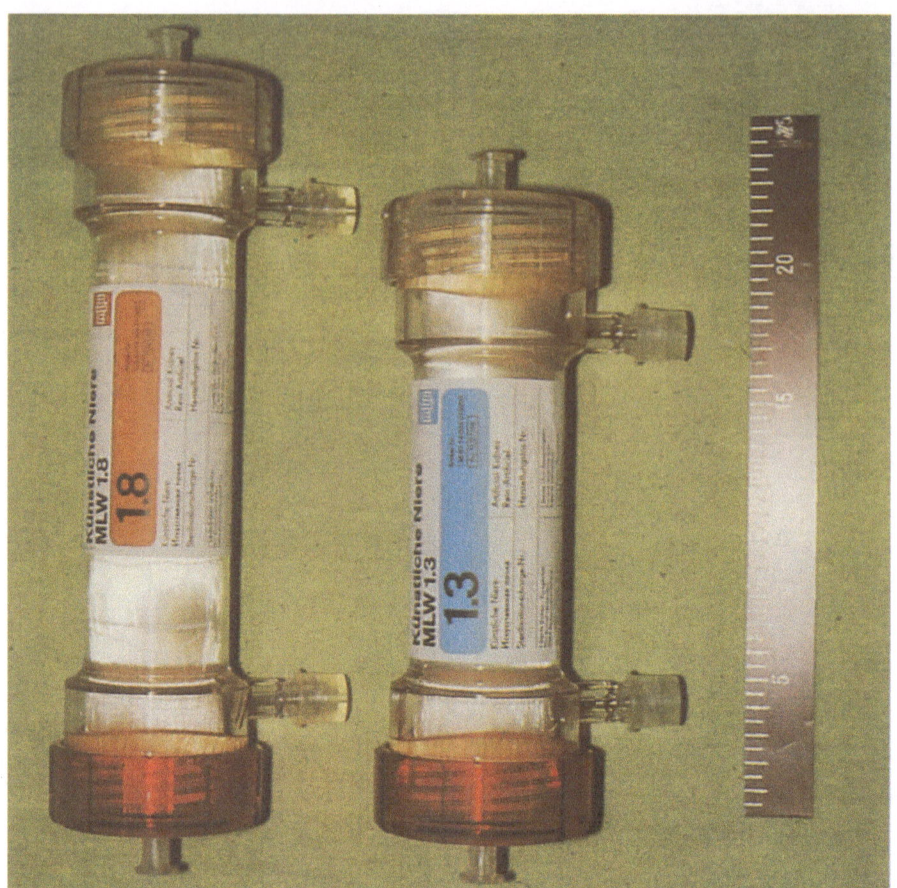

Bio-Hochreaktor zur Abwasserbehandlung. Er zeichnet sich durch geringen Platzbedarf, beträchtliche Energieeinsparung sowie verminderte Geräusch- und Geruchsbelästigung aus. Hoechst AG, Frankfurt/M.

Katalysatoren. 80 bis 90 Prozent aller modernen chemisch-technologischen Verfahren sind ohne Katalysatoren nicht möglich. Katalysatorenentwicklung und Katalyse bleiben ein wesentliches Gebiet chemischer und verfahrenstechnischer Forschung. Leuna-Werke »Walter Ulbricht«, Merseburg

stoffträger stellt, bei gleichzeitiger Orientierung auf rezente, ebenso neuartige Anforderungen an die verfahrenstechnische Forschung wie die Schaffung abproduktarmer Technologien und geschlossener Stoffkreisläufe. Die Verfahrenstechnik verfügt grundsätzlich über die Instrumentarien zum Schutz der Umwelt, wie viele erfolgreiche Verfahren zur Beseitigung von Schadstoffemissionen, zur Abwasserreinigung und zur Gesunderhaltung des Bodens hinreichend beweisen. Über die Bereiche der stoffwandelnden Industrie hinaus werden in der Landwirtschaft, der Medizin, der Meteorologie und in weiteren Gebieten zunehmend verfahrenstechnische Erkenntnisse genutzt und Verfahrenstechniker eingesetzt. Für die Wiederverwendung (recycling) insbesondere von polymeren Stoffen ist bereits eine Vielzahl von (pyrolytischen) Verfahren ausgearbeitet worden. Allerdings werden dabei die polymeren Strukturen in der Regel zerstört. Kreislaufsysteme zur Chemierohstoffgewinnung aus Kohle durch Einkopplung von Hochtemperaturreaktorwärme oder zur Wasserstofftechnologie aus Sonnenenergie und Meerwasser stellen gegenwärtig Projekte dar, die zum Teil globalen Charakter tragen und deren Realisierung weit über die Probleme der Produktivkraftentwicklung hinausgehen würde.

Eine revolutionierende Entwicklung nehmen dagegen biotechnologische Verfahren, d. h. Vorgänge in technischem Maßstab, in denen bestimmte stoffwechselphysiologische und biochemische Leistungen biologischer Systeme für die Stofferzeugung bzw. -wandlung genutzt werden. Geringer Energiebedarf, hohe Selektivität sowie mikrobielle Verwertung von Sekundärrohstoffen und Abprodukten sind Gründe dafür, die Palette der teilweise jahrtausendealten Verfahren beträchtlich zu erweitern. Bereits Mitte der 1970er Jahre wurden etwa 90 Antibiotika, 10 organische Säuren, 20 Aminosäuren und mehr als 25 Enzyme biotechnologisch produziert, wobei Penicilline mit 45, Glutaminsäure mit 180 und Citronensäure mit 100 Kilotonnen/Jahr an der Spitze rangierten. Nicht nur aufgrund techno-

»Hätte man der Verfahrenstechnik heute einen Namen zu geben, so würde man sie vielleicht Stoffumwandlungstechnik nennen.«
Peter Grassmann, 1955

	Technologie BECKMANNs	Chemische Technologie	Prozeßverfahrenstechnik	System-VT
Objektbereich [OB]	Gewerbe	Stoffwandelnde Gewerbe	Chemische Industrie / Stoffwandelnde Industrie	Stoffwandelnde Industrie / Chemische Industrie
Gegenstand	Gewerbe	Verfahren	Prozeß	Verfahren
	verbale Beschrbg. (sammeln, system.)	dto. quantifiz. Elemente	mathemat. physikalische Beschreibung	mathemat. Modellier. und Optimierung
Zugang der Mathematik	–	• unvermittelt • elementar • »Faustregel«	• über Naturwiss. vermittelt • Verknüpf. Prozeß/Apparat • »Formel«	• unvermittelt • Erkenntnismittel • »Algorithmus«
Art des Experimentes	–	einf. Zusammenh. Labormaßstab	Einzelprozesse Pilotmaßstab	Verfahren, Original, Simulation
Charakterist. Wechselwirkg.	OB → Gesellsch.wiss.	OB → Chemie	phys. Chemie ↔ Apparatebau ↖ OB ↗	
Berufsziel	Staatsbeamter Ökonom	(Betriebs-) Chemiker	Ingenieur	Ingenieur
Institutionalisierung (ca.)	2. Hälfte 18. Jh.	2. Hälfte 19. Jh.	1. Hälfte 20. Jh.	2. Hälfte 20. Jh.

1750   1800   1850   1900   1950

Entwicklungsetappen der Verfahrenstechnik. Die Zeitleisten geben die Wirkungsdauer der verschiedenen Konzepte an. Tabelle von K. Krug

logischer Traditionen ordnet sich die Biotechnologie in das Chemieingenieurwesen ein, sondern weil mit den Modellierungs- und Optimierungsmethoden auf der Grundlage der Bilanzgleichungen für Masse, Energie und Impuls Ansätze ihrer technologischen Beherrschbarkeit gegeben sind. Für die biotechnologischen Verfahren hat das hierarchisch gegliederte Modellierungskonzept der Verfahrenstechnik ebenso Gültigkeit wie für die traditionellen Verfahren. Katalyse, Kontinuität und weitere verfahrenstechnische Prinzipien sind gleichermaßen bedeutungsvoll, weil die mikrobiellen Prozesse auf ähnlichen Elementarvorgängen beruhen. Beispielsweise ist die Konvektion einer Komponente aus einer Gasphase an die flüssige Phasengrenze nicht nur für die Destillation, sondern auch für die mikrobielle Reaktionstechnik von wesentlicher Bedeutung. Die Entwicklung einer Vielzahl von Bioreaktoren ist eine unübersehbare Tendenz im Chemieingenieurwesen des letzten Dezenniums. Allerdings lassen die Besonderheiten vieler Mikroprozesse biotechnologischer Verfahren und der sich ausdehnende Gegenstandsbereich die Herausbildung eines eigenständigen Bioingenieurwesens erkennen.

Nach dem zweiten Weltkrieg hat sich das Chemieingenieurwesen in allen Industrieländern institutionalisiert. Gegenwärtig verlassen jährlich mehr als 100 000 ausgebildete Verfahrensingenieure die Universitäten und Hochschulen. In der »Europäischen Föderation für das Chemieingenieurwesen«, die am 20. Juni 1953 in Paris gegründet wurde, sind mehr als

400 Lehr- und Forschungseinrichtungen vereinigt. Ein internationales Tagungsprogramm, Weltkongresse und Ausstellungen gehören ebenso zum Kommunikationsnetz wie eigenständige Referatezeitschriften und Datenbanken, die regelmäßig Publikationen aus etwa 400 relevanten Zeitschriften anzeigen.

Die ungelösten theoretischen Probleme, die anhaltend hohe Forschungsintensität der chemischen Industrie und die sich erweiternden neuen Problemfelder lassen erwarten, daß das Chemieingenieurwesen auch zukünftig einen wesentlichen Platz im Ensemble der Technikwissenschaften einnehmen wird.

»Wenn das Militärwesen nur einen Typ von Ingenieur erlauben würde, dann sollte es wegen der Breite seiner Ausbildung der ›chemical engineer‹ sein.«

W. R. Sawyer, Quotation from an adress, 1966 (W. F. Furter, 1880)

Mikroelektronik auf dem Vormarsch

Die Elektroenergietechnik entwickelte sich in den letzten Jahrzehnten in führenden Industriestaaten bis zu einer Stufe in Lehre und Forschung, auf der die wissenschaftlichen Aufgaben nahezu gleichzeitig in Angriff genommen werden. So fällt es schwer, in einer etablierten Wissenschaftsdisziplin ausgesprochene Pionierleistungen einzelnen Personen zuzuschreiben, wie das etwa in den vorangegangenen Etappen der Fall war. Von bestimmendem Einfluß sind die Mikroelektronik, die Leistungselektronik (1958: Thyristor) sowie die elektronische Datenverarbeitung (Groß- und Kleinrechentechnik) bis hin zum Einsatz von Mikroprozessoren.

Gegenstand der Forschungs- und Entwicklungsarbeiten waren die wechselrichtergespeisten Drehstrom- und Gleichstromreversierantriebe mit Thyristorstellglied. Umfangreiche Untersuchungen galten der Zuverlässigkeit, insbesondere der Störbeeinflussung von elektronischen Baueinheiten durch elektrische und magnetische Felder sowie den Netzrückwirkungen von Stromrichterantrieben. Für die Entwicklung numerischer und nichtnumerischer Steuerungen wie für schnelle Werkzeugmaschinenantriebe konnten Bemessungs- und Dimensionierungsgrundlagen geschaffen werden. Die erzielten Forschungsergebnisse finden bei der Entwicklung moderner elektrischer Triebfahrzeuge ihre Anwendung. 1984 waren in Italien 51,4 Prozent, in Belgien 51 Prozent, in Bulgarien 48 Prozent, in der Bundesrepublik Deutschland 37,6 Prozent, in Jugoslawien 37,3 Prozent, in Polen 34,1 Prozent, in der Sowjetunion 33,2 Prozent, in Frankreich 32,7 Prozent und in Japan etwa 32 Prozent des Eisenbahnstreckennetzes elektrifiziert, dagegen in den USA nur etwa 1 Prozent.

Weitere bemerkenswerte Ergebnisse konnten auf dem Gebiet der leistungselektronischen Schwingkreisumrichter erzielt werden. Derartige Umrichteranlagen bilden beispielsweise die Energiequelle für Induktions-Erwärmungsanlagen zur Kristallzüchtung und zur Warmformgebung metallurgischer Erzeugnisse. In jüngster Zeit widmen sich die theoretischen und experimentellen Arbeiten dem Mikrorechnereinsatz in der Prüf- und Steuerungstechnik.

In der elektrischen Antriebstechnik vollzog sich auf dem Gebiet der elektronischen Steuerungen der Übergang von der analogen zur digitalen Technik. Die Leistungselektronik und Steuerungstechnik gewannen neben der klassischen Antriebstechnik in der Lehre zunehmend an Breite und

Tiefe. Zu den Wegbereitern dieser Entwicklung zählen beispielsweise der Ungar Istvan Racz, der US-Amerikaner Norbert Wiener sowie Werner Leonhard und Winfried Oppelt aus der Bundesrepublik Deutschland.

Ein interessantes Bild von der umfassenden Nutzung der Elektroenergie bietet der Pro-Kopf-Verbrauch (kWh/Einwohner) im Jahr 1984. Es führte Schweden (13 199) vor den USA (9 626), der BRD (5 848), der DDR (5 363) und der Sowjetunion (4 891).

Auf dem Gebiet der elektrischen Maschinen galten die Untersuchungen der Kommutierung von Gleichstrommaschinen und dem nichtstationären Betriebsverhalten elektrischer Maschinen. Bei großen Wechselstrommaschinen und Grenzleistungstransformatoren versuchte man, die in inaktiven metallischen Konstruktionsteilen hervorgerufenen Zusatzverluste zu senken. Diese teilweise beachtlichen Energieverluste bewirken an Stellen, wo sie konzentriert auftreten, örtlich begrenzte Übertemperaturen, die beispielsweise bei Großtransformatoren bis zur Zerstörung führten. Digitale Berechnungen und Messungen am Modell halfen die Treffsicherheit der Vorausberechnung zu erhöhen. Es zeigt sich allgemein, daß der Entwurf elektromechanischer Energiewandler infolge steigender Anforderungen der automatisierten Antriebs- und Energietechnik an ihre Betriebseigenschaften und deshalb notwendiger komplizierter Berechnungsalgorithmen ohne Rechentechnik nicht mehr möglich ist. Am Ausbau des Theoriengebäudes elektrischer Maschinen waren neben anderen K. P. Kovács (Ungarn), Germar Müller (DDR), H. Kleinrath (Österreich), Muzaffer Canay (Schweiz), Konrad Reichert (Schweiz) und Theodor Laible (Schweiz) beteiligt.

Bei den Meßmitteln für die Automatisierungstechnik, insbesondere zur Diagnostik in elektroenergetischen Anlagen, setzten sich mikroelektronische und optoelektronische Lösungen für die analoge und digitale Meßwertabgabe bzw. Meßwertverarbeitung und der Einsatz neuartiger weichmagnetischer Werkstoffe durch.

Die Rationalisierung der Meß- und Prüftechnologie erfordert immer stärker die Anwendung automatisierter rechnergestützter Meß- und Prüfverfahren in Lehre und Forschung. So gelangen Eberhard Paulig (DDR) u. a. wesentliche Schritte bei der Entwicklung von Diagnose- und Prüfverfahren für Asynchron- und Gleichstrommaschinen. Es konnten teilweise völlig neuartige Prüftechnologien sowie Hardware- und Softwarelösungen für automatisierte Prüfstände zur qualitätssichernden Überwachung der Produktion elektrischer Maschinen ihre Anwendung finden.

In den USA waren 1984 Kraftwerksgeneratoren mit einer Gesamtleistung von 838 929 MW installiert, davon 9,7 Prozent in Kernkraftwerken. Diese Gesamtleistung betrug damit das 4,5fache gegenüber der höchstmöglichen Kraftwerksleistung im Jahre 1960. Die Sowjetunion vermochte 1984 gegenüber 1960 ihre installierte Kraftwerksleistung um 4,7 Prozent zu steigern und erreichte den zweiten Platz im Weltmaßstab mit 314 700 MW, gefolgt von der BRD, Frankreich und Großbritannien.

In der Hochspannungstechnik, die beispielsweise durch Arbeiten von Michail W. Kostenko sehr befruchtet wurde, galt das wissenschaftliche Interesse dem Studium des Durchschlagmechanismus von Isolieranordnungen fester und gasförmiger Medien im schwach und stark inhomogenen elektrischen Feld, dem Durchschlagprozeß von Luftfunkenstrecken bei

Die Hochspannungsgleichstrom-Übertragungsanlage Skagerrak, das Herzstück der längsten Starkstromseekabelverbindung der Welt (1980)

sehr großen Schlagweiten und der Hochspannungsprüf- und Meßtechnik, einschließlich der Messung und Bewertung von Teilentladungen. Bei der Bemessung von Hochspannungs-Isolieranordnungen mit hochpolymeren Feststoffen gelang es, auf der Basis von Modellvorstellungen den Durchschlagmechanismus mathematisch zu beschreiben.

Für moderne kleinräumige und umweltfreundliche Anlagen der Elektroenergieübertragung und -verteilung bis zu den höchsten Übertragungsspannungen fanden in zunehmendem Maße gekapselte Anordnungen Anwendung, die mit Schwefelhexafluorid isoliert waren. Die Berechnung solcher technischer SF6-Isolierungen hatte Spannungsart, Isoliergasdruck, Elektrodengeometrie, Oberflächenrauhheit, Elektrodenfläche und auch Beanspruchungszeit zu berücksichtigen.

Da in der Elektroenergiewirtschaft die Zuverlässigkeit des Systems neben der Verfügbarkeit unabdingbare Voraussetzung für eine unterbrechungsfreie Versorgung ist, nahm sich die Forschung der Isolationskoordination an. Sie stützt sich auf die Kenntnis der im System unter den verschiedenen dynamischen Betriebszuständen auftretenden Überspannungen. Unter Beachtung statistischer Gesetzmäßigkeiten der Spannungsbeanspruchung konnten Bemessungsvorschriften und Standards für das Isoliervermögen der Betriebsmittel aufgestellt werden. Experimentelle und theoretische Arbeiten zu Problemen der thermischen und dynamischen Festigkeit von biegesteifen Stromleiteranordnungen und von Kontaktverbindungen ließen quantitativ belegte Dimensionierungsreserven ausschöpfen,

Das Wasserkraftwerk Sajano-Schuschenskoje am Jenissei kurz vor der Fertigstellung im Dezember 1985. Das Kraftwerk verfügt über 10 600 MW-Turbinen.

die im Schalterbau beachtliche Werkstoffeinsparungen brachten. Der wachsende Elektroenergiebedarf führte, entsprechend der in einzelnen Ländern verfügbaren fossilen Brennstoffe, zum Aufbau von Kernkraftwerken mit großen Blockeinheiten.

1984 wurden allein in den USA 2 565 961 GWh Elektroenergie erzeugt. Daran waren die Wärmekraftwerke mit 73,3 Prozent, die Wasserkraftwerke mit 12,9 Prozent und die Kernkraftwerke mit 13,4 Prozent beteiligt. Gleiche Verhältnisse treffen etwa bei der Sowjetunion zu, die 1 492 075 GWh Elektroenergie bereitstellte. Danach folgten die Bundesrepublik Deutschland, Frankreich, Großbritannien, Italien, Schweden, Polen und die DDR. In Schweden wurden allerdings nur 3,6 Prozent der Elektroenergie (123 843 GWh) in Wärmekraftwerken, jedoch 55,3 Prozent in Wasserkraft- und 41,1 Prozent in Kernkraftwerken gewonnen. Frankreichs Elektroenergieerzeugung vollzog sich 1984 zu 58,9 Prozent in Kernkraftwerken.

Nach 1970 bezogen nur wenige Staaten ihre Elektroenergie aus Kernkraftwerken (Großbritannien: 94 PJ; USA: 79 PJ; Sowjetunion: 14 PJ). Vierzehn Jahre später sah das schon wesentlich anders aus: USA (1 179 PJ), Frankreich (655 PJ), Sowjetunion (511 PJ), Japan (456 PJ), Bundesrepublik Deutschland (242 PJ), Großbritannien (194 PJ) und Schweden (184 PJ).

Die Interdisziplinarität spielt eine immer wichtigere Rolle. Sie berührt sowohl die Betriebsführung elektrotechnischer Anlagen als auch Sicherheitsfragen, wie sie beim Betreiben von Kernkraftanlagen zwingender werden. Am Ausbau des Theoriengebäudes der Elektroenergietechnik waren neben anderen Hermann Dommel (Kanada), Walentin A. Wenikow (Sowjetunion), Hans Glavitsch (Schweiz) und Gerhard Hosemann (Bundesrepublik Deutschland) beteiligt.

Nach dem Ende des zweiten Weltkrieges konnten endlich bedeutsame Entwicklungen der Vorjahre aus neuer, höherer Warte betrachtet und theoretische Ansätze, die teilweise bis in die 20er Jahre zurückreichten, verfolgt und ausgebaut werden.

Harry Nyquist, von Hause aus Mathematiker, befaßte sich seit 1917 bei der American Telephone and Telegraph Company mit Problemen der Telegrafie. Er veröffentlichte 1924 und 1928 bedeutsame Beiträge zur Theorie der Telegrafieübertragung. Ebenfalls 1928 erschien eine Arbeit von Ralph V. L. Hartley, in der er wesentliche Gedanken zur Übertragung von Informationen zusammenfaßte. Diese grundlegenden theoretischen Ansätze wurden erst nach 1940 in den USA von Claude E. Shannon fortgeführt. 1948 gab er seine »Mathematical Theory of Communication« heraus und wurde so zum Begründer der Informationstheorie. Die Grundfrage bestand darin, welche Form dem elektrischen Signal zu geben war, um bestimmte Nachrichten über einen gegebenen, durch Rauschen gestörten Kanal möglichst fehlerfrei zu übertragen. Dieses Verfahren, optimal zu codieren, und die sich daraus ergebenden Konsequenzen bildeten den Kern der Informationstheorie. Shannon gelangte von klaren und eindeutigen Annahmen auf mathematischem Wege zu weitgehend abstrakt gehaltenen Theoremen über Informationsquellen und Übertragungskanäle.

Zu gleicher Zeit befaßten sich Andrej N. Kolmogorow in der Sowjetunion und Norbert Wiener in den USA unabhängig voneinander mit Fragen der Nachrichtenübertragung in Verbindung mit Problemen der Steuerung und Regelung. Diese Arbeiten fanden 1948 ihren Niederschlag in Wieners fundamentalem Buch »Cybernetics or Control and Communication in the Animal and the Machine«. In den Folgejahren wurde auch die Informationstheorie weiter ausgebaut. Sie erlangte eine ebenso allgemeine und umfassende Bedeutung wie die Kybernetik.

Rückschauend ist zu erkennen, daß bis etwa 1945 durch die Schaffung neuartiger Nachrichten-Übertragungssysteme und -anlagen wichtige Erkenntnisse gewonnen wurden, die in ihrer Vielzahl und Spezifik nur noch schwer zu überschauen waren. Es galt nun die Betrachtungsstufe höher zu wählen. Diesen Umbruch markierten Shannon und Wiener mit ihren Arbeiten. Auf die Phase der Differenzierung der Nachrichtentechnik folgte in den 50er Jahren eine Phase der Integration, der Schaffung abstrakter, übergreifender Theorien. Gleichzeitig erlangten bisherige Teildisziplinen der Nachrichtentechnik eine mehr oder weniger ausgeprägte Selbständigkeit, wie z. B. die Regelungstechnik (Theorie der Steuerung und Regelung, Rückkopplungstheorie, Kybernetik), die Technik der Codierung (Codierungstheorie), die Technik der Automaten (Automatentheorie) u. a.

Eine weitere abstrahierende Theorie schuf Karl Küpfmüller. 1928 wurden erste Grundlagen veröffentlicht, die er in den Folgejahren ausbaute. 1949 erschien eine zusammenfassende Darstellung unter dem Titel »Die Systemtheorie der elektrischen Nachrichtentechnik«. Die Systemtheorie abstrahiert von der konkreten Schaltungsrealisierung, es wird lediglich die Reaktion eines allgemein als »System« bezeichneten Gebildes auf ein Testsignal registriert. Diese funktionale Betrachtungsweise ermöglichte die Anwendung der Systemtheorie auf andere als nachrichtentechnische Systeme, so vor allem auf biologische und mechanische. Die Systemtheorie

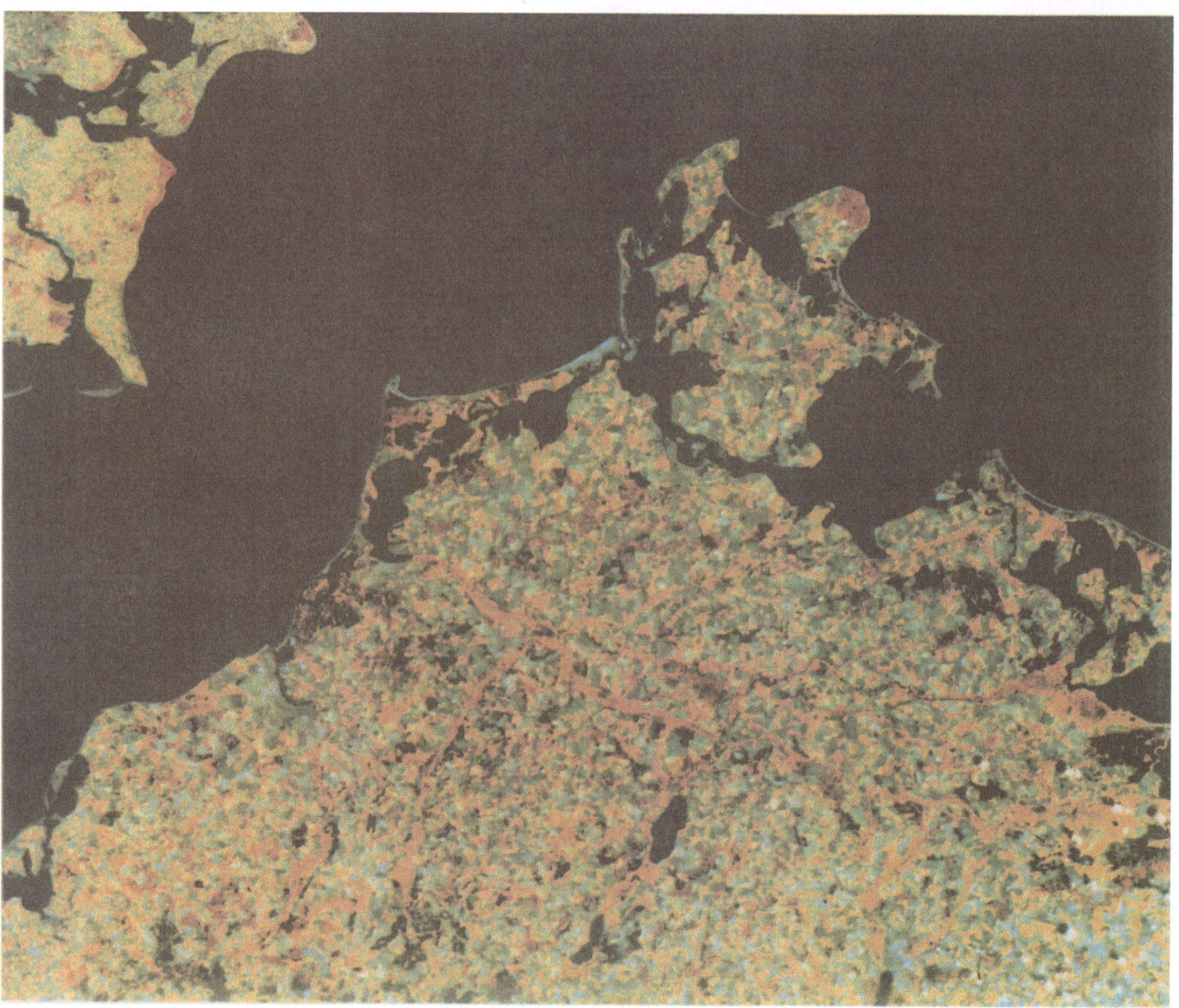

Fernerkundung der Erde: Der Nordteil der DDR, aufgenommen mit dem kosmischen Spektralabtaster LANDSAT am 8. August 1975, Aufnahmehöhe 919 Kilometer. Akademie der Wissenschaften der DDR, Zentralinstitut für Physik der Erde, Potsdam

wurde bisher einerseits in Richtung höherer Abstraktionsebenen weiterentwickelt, andererseits gibt es Bestrebungen, aus ihr unmittelbar Folgerungen für die Praxis, z. B. konkrete Entwicklungshinweise für die optimale Gestaltung technischer Systeme, abzuleiten.

Als weitere, aus der Nachrichtentechnik hervorgegangene Theorie sei die Stabilitätstheorie von Systemen genannt, die ebenfalls eine längere Geschichte besitzt und – in weitgehend mathematischer Form gefaßt – heute von sehr allgemeinem und weitreichendem Interesse ist.

Auch das Entstehen der elektronischen Rechentechnik hing mittelbar mit der Entwicklung der Nachrichtentechnik zusammen. Die Fernsprechvermittlungstechnik hatte es ermöglicht, große automatische Fernsprechämter zu errichten. Hauptbauelemente waren Relais und Wähler. Aber erst, nachdem es Konrad Zuse 1937 in Deutschland und Howard H. Aiken 1944 in Amerika gelang, mit diesen Bauelementen Ziffernrechner zu bauen, begann man sich auch theoretisch mit der digitalen Schaltungstech-

Hebdrehwähler und Koordinatenschalter als Meilensteine in der Entwicklungslinie der Koppelpunkte von Fernsprechvermittlungseinrichtungen. Sammlung H. Börner, Ilmenau

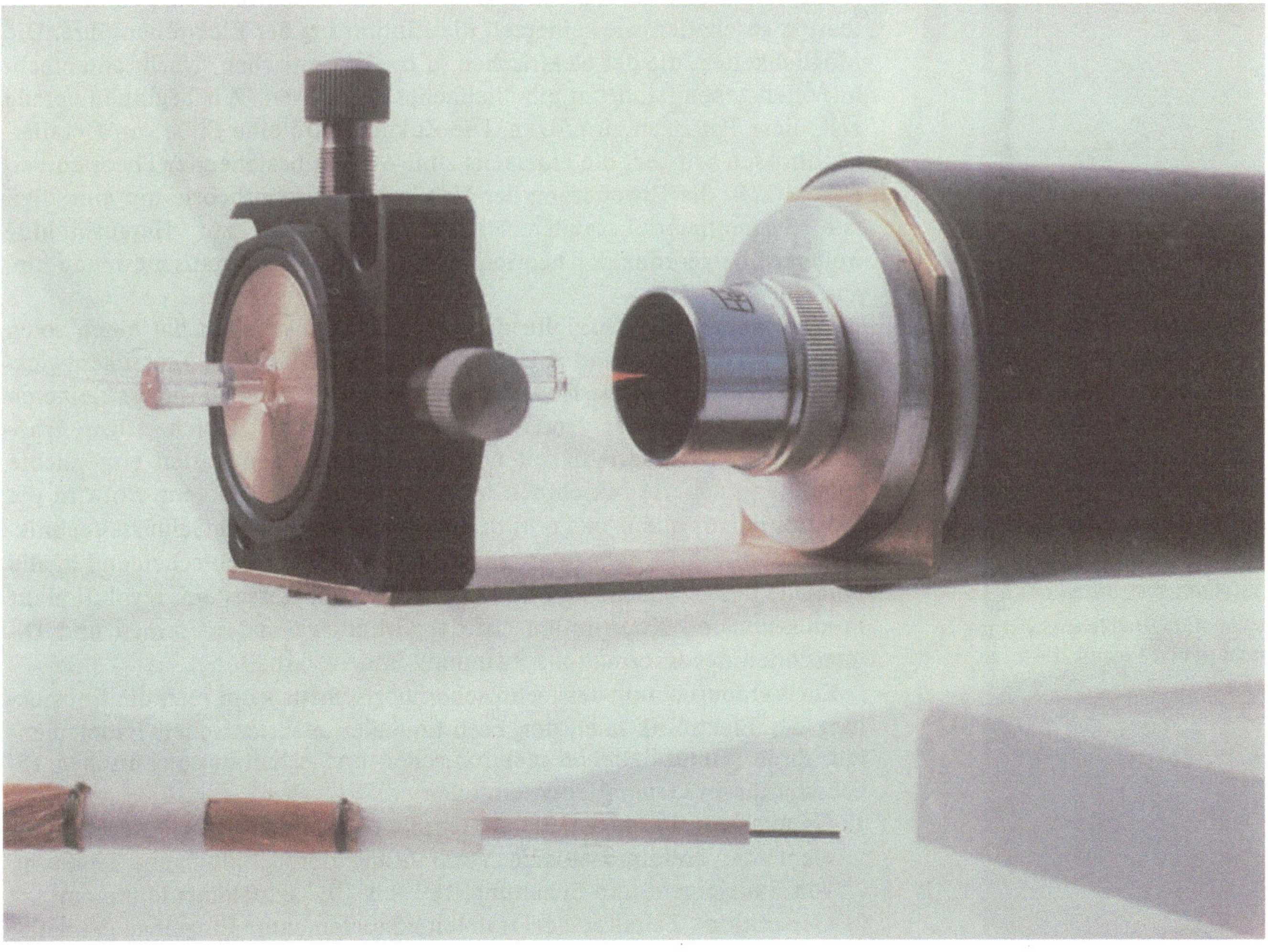

Nachrichtenübertragung durch Lichtimpulse in Glasfasern. Siemens-Museum, München

nik zu befassen. Diese Technik beruht im wesentlichen darauf, die zwei Schaltzustände »ein« und »aus« (z. B. eines Relais) als Grundlage ihrer Funktionsprinzipien zu nutzen. Sie wurde auch auf Bauelemente der analogen Technik, Röhren und später Transistoren, ausgedehnt und führte in konsequenter Linie zum mikroelektronischen Schaltkreis und zum Mikroprozessor. Die Digitaltechnik übte auf Theorie und Praxis der Nachrichtentechnik einen nachhaltigen Einfluß aus. Heute ist man bestrebt, soweit als möglich die herkömmliche Analogtechnik durch digital arbeitende Elektronik abzulösen. Automatische Vorgänge, z. B. in Vermittlungsanlagen, können in vielfältiger Weise mikrorechnergesteuert ablaufen, wodurch eine große Leistungs- und Anpassungsfähigkeit erreicht wird. Fernsprechnetze, die nicht nur in der Steuerung der Vermittlungseinrichtungen digital arbeiten, sondern die Sprachsignale sowohl auf der Übertragungsstrecke als auch durch die Vermittlungseinrichtung hindurch digital übertragen und neben Sprach- und Drahtverbindungen oder sonstige Übertragungen bis hin zum Fernsehen zulassen (sogenannte ISON – Integrated Services Digital Networks), werden die Zukunft der kommerziellen Nachrichtentechnik bestimmen. Als Übertragungsmedium lösen in zunehmendem Maße Glasadern, sogenannte Lichtwellenleiter, die herkömmlichen Kupferleitungen ab.

Insgesamt gesehen hat der Einzug der Mikroelektronik eine ähnliche Situation geschaffen wie seinerzeit die Einführung der Elektronenröhre. Die Möglichkeiten, die der elektrischen (d. h. elektronischen) Nachrichtentechnik offenstehen, sind um ein Vielfaches gewachsen. Wir beginnen gerade erst, diese Potenzen zu nutzen. Die Zukunft wird eine Fülle von Detailerkenntnissen bringen, die einerseits zum Ausbau bestehender Theorien beitragen (z. B. die Erweiterung der klassischen Systemtheorie um eine digitale Systemtheorie), andererseits die Grundlage zur Herausbildung weiterer übergeordneter Theorien bis weit über die Jahrtausendwende hinaus bilden werden.

Wohl kaum eine Disziplin der Technikwissenschaften hat einen solch raschen Aufschwung und entscheidenden Einfluß auf die Technikentwicklung genommen wie die Elektronik. Erst der Übergang zu immer kleineren Strukturen der Steuer- und Regeleinrichtungen bei gleichzeitiger Erhöhung ihrer Leistungsfähigkeit und Verringerung der Kosten ermöglichte computergesteuerte Maschinen in Verbindung mit Robotern. So wird die Elektronik, vor allem in Form der Mikroelektronik, zur Schlüsseltechnik. Sie greift mit ihren nahezu ungeahnten Möglichkeiten entscheidend in alle Bereiche des gesellschaftlichen Reproduktionsprozesses ein, revolutioniert Produktion und Konsumtion auf der Grundlage neuer Formen und Dimensionen der Informationsgewinnung und -verarbeitung.

Zur Verdeutlichung des technischen Fortschritts kann man die Entwicklung der Elektronik nach den bestimmenden elektronischen Bauelementen, ihren grundsätzlichen elektronischen und schaltungstechnischen Eigenschaften in Generationen einteilen:

1. Generation: durch die Elektronenröhre gekennzeichnet, diskrete Bauelemente, dreidimensionale Verdrahtung der Schaltungen, Trennung von Bauelement und Schaltung, 10^{-3} bis 10^{-1} Bauelemente pro cm³,

2. Generation: Zeitalter der Halbleiterbauelemente, Einzelbauelemente,

Mitte der 70er Jahre charakterisierten Leistungstransistoren, Thyristoren, Gleichrichterdioden, Leuchtdioden, Miniplasttransistoren, integrierte Schaltkreise in unipolarer und bipolarer Technik den Stand der Entwicklung in der Halbleitertechnik. Sammlung H. Börner und A. Kirpal, Ilmenau

gedruckte Schaltungen, Leiterkarten, zweidimensionale Verdrahtung, Trennung von Bauelement und Schaltung, 10^{-1} bis 10 Bauelemente pro cm^3,

3. Generation: Mikroelektronik, integrierte Bauelemente, Hybridtechnik, Schichttechnik, Halbleiterblocktechnik, zweidimensionale Verdrahtung, zunehmende Einheit von Bauelement und Schaltung, 10 bis 10^5 Bauelemente pro cm^2,

4. Generation: Großintegration, hochintegrierte Systeme, Halbleiterblocktechnik, Einheit von Bauelement und Schaltung, 10^2 bis 10^7 Bauelemente pro cm^2,

5. Generation: Funktionalelektronik, Ausnutzung von Volumeneffekten, Halbleiterblocktechnik, organische Halbleiter, keine Strukturierung, beruht auf direkten Materialeigenschaften, einzelne Bauelemente sind nicht mehr lokalisierbar.

Bis zum Beginn der 50er Jahre waren die wesentlichen halbleiterphysikalischen und -elektronischen Grundlagen für die Beschreibung des elektronischen Verhaltens des Bipolartransistors (vor allem des Flächentransistors, die Theorie des Punktkontakttransistors blieb weiterhin relativ unklar) bekannt. Die Theorie des Sperrschichtfeldeffekttransistors arbeitete William B. Shockley 1952 aus. Danach konzentrierte sich die weitere Theorieentwicklung vor allem auf die Erklärung und Darstellung der Schaltungseigenschaften. Zu nennen sind dabei die verschiedenen Formen der Vierpoldarstellungen des Transistors für die einzelnen Schaltungsarten (Emitter-, Basis-, Kollektorschaltung) und Frequenzbereiche, Umrechnungen der Vierpolparameter ineinander, vierpolmäßige Betrachtung von kompletten Transistorschaltungen sowie die Ausarbeitung physikalischer und praktischer Ersatzschaltbilder bei verschiedener Interpretation des inneren Aufbaus des Transistors und der ablaufenden innerelektronischen Vorgänge (Einfluß von Kapazitäten, Widerständen bei unterschiedlichen Belastungsfällen). Das Ziel bestand darin, das Verhalten des Transistors bei den vorliegenden Betriebsbedingungen möglichst gut überschaubar in Ersatzschaltbildern und im Zusammenhang mit dem Klemmverhalten darzustellen. Dieses Vorgehen war auch deswegen notwendig, weil die potentiellen Anwender dem Einsatz des Transistors vorerst noch relativ skeptisch gegenüberstanden.

In den USA wurden Transistoren zu Beginn der 50er Jahre vor allem für militärische Zwecke in Anlagen zur Steuerung von Raketen und in nachrichtentechnischen Geräten verwendet. Erst zu Ende dieses Jahrzehnts setzte mit der weiteren Kostensenkung des Transistors die massenhafte Anwendung in der industriellen und der Konsumgüterelektronik ein. Von den Bell Laboratories wurde 1954 für die US Air Force der erste transistorisierte Digitalrechner entwickelt, Transistorrechner für zivile Anwendungen standen erst Ende der 50er Jahre zur Verfügung (z. B. 1957: Transac-S. 1000, 1957: IBM 610, 1959: IBM 7070). Die europäischen

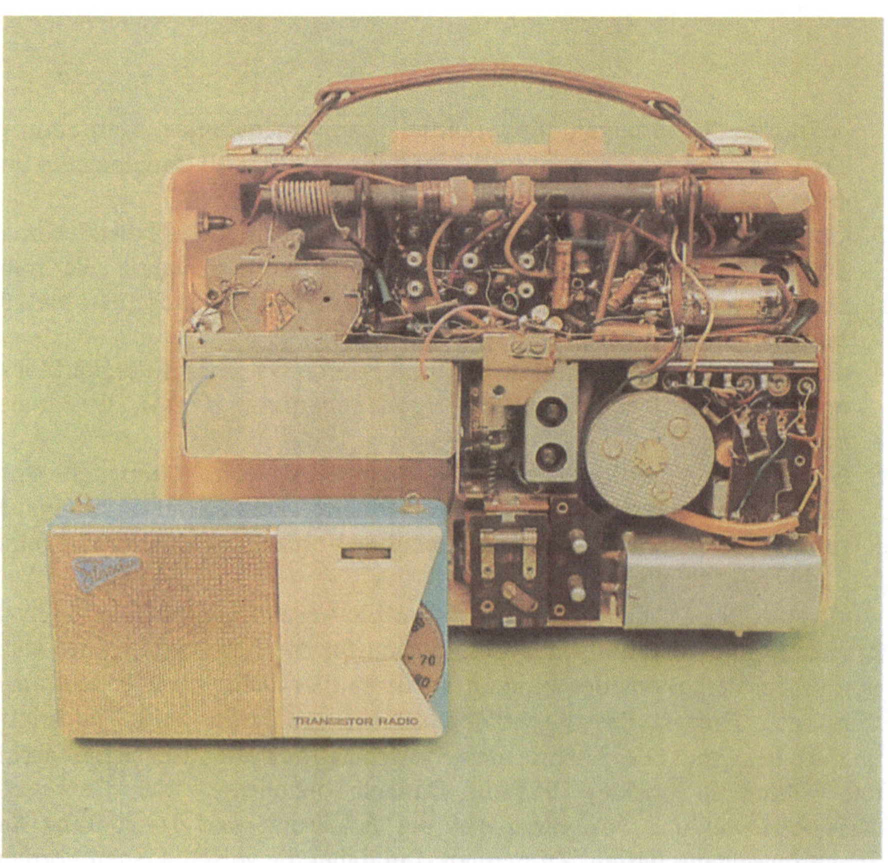

Transistorierte Koffer- und Taschenradios der 50er und beginnenden 60er Jahre verdeutlichen die Vorteile des Transistors gegenüber der Elektronenröhre in der Konsumgüterelektronik (geringer Energie- und Raumbedarf). Sammlung H. Börner, Ilmenau

Elektronikkonzerne (es waren ausgeprägte Röhrenhersteller) führten ebenfalls Halbleiterforschungen durch und übernahmen auch 1952 und 1956 von den Bell Laboratories Lizenzen zur Transistorherstellung, sahen aber zu diesem Zeitpunkt im Transistor keine ernstzunehmende Konkurrenz für die Elektronenröhre. Dieser Standpunkt war nicht zuletzt dadurch begründet, daß die Bedürfnisse der Anwenderindustrie, vor allem der Rundfunkgerätehersteller, nach wie vor durch eine überaus leistungsfähige Elektronenröhrenindustrie befriedigt werden konnten. Hinzu kamen auch das Vorhandensein einer vollständig ausgearbeiteten Theorie der Elektronenröhre, die sicher beherrschte Technologie und die Tatsache, daß sich allzu euphorische Vorstellungen zum Einsatz des Transistors unter den gegebenen technologischen Bedingungen nicht bewahrheitet hatten. Weitblickende Forscher machten jedoch immer wieder auf die Bedeutung des Transistors aufmerksam und arbeiteten daran, die Übergangsprobleme von der Röhren- zur Transistortechnik abzubauen, die Technologieentwicklung voranzutreiben und auch das Verständnis der in der Anwendung tätigen Ingenieure für dieses neue Bauelement zu fördern. Japanischen Elektronikkonzernen hingegen gelang es in relativ kurzer Zeit, eine leistungsfähige Transistorindustrie aufzubauen. Bereits Mitte der 50er Jahre war ein umfangreicher Einsatz von Transistoren in Rundfunk- und Fernsehgeräten festzustellen. Die japanischen Konzerne errichteten ihre Produktion vor allem auf Lizenzen von amerikanischen Firmen. Sie konnten auf dem Halbleitergebiet in jener Zeit nur wenige Basisinnovationen nachweisen. Ausgefeilte Produktionstechniken, ein allgemein hohes technisches Niveau, niedrige Herstellungskosten und der breite Einsatz in der Konsumgüterelektronik haben den raschen Aufschwung der japanischen Halbleiterindustrie bewirkt.

Mit der Beschreibung der elektronischen Schaltungseigenschaften des Transistors ging die Ausarbeitung spezieller Meßverfahren einher. Es war wichtig, die physikalischen Eigenschaften der Halbleitermaterialien unter Laborbedingungen und unter den Bedingungen der Transistorherstellung zu bestimmen. Eine völlig neue Auffassung vom Messen ergab sich in der Transistorherstellung dadurch, daß während des Fertigungsprozesses nur wenige Meßgrößen zu ermitteln sind. Folglich ließ sich der Zusammenhang mit den elektrischen Eigenschaften des Bauelementes nur unzureichend untersuchen und darstellen. Erst das fertige Bauelement erwies die Funktionstüchtigkeit. Wegen der großen Streubreite der Kennwerte wurde erst jetzt eine Typisierung möglich (z. B. Einteilung der Transistoren nach verschiedenen Stromverstärkungsgruppen). Diese Tatsache und die geringe Ausbeute brachten der Transistorherstellung den Ruf einer »Ausschußproduktion« ein. Das Problem der Anonymität in der Fertigung, die nicht immer mögliche Zuordnung und Erkennbarkeit von Arbeitsfehlern, sollte sich bei der Herstellung integrierter Schaltkreise noch verstärken.

Um die potentiellen Vorteile des Transistors gegenüber der Elektronenröhre zur Geltung zu bringen, seinen Einsatz in der industriellen und Konsumgüterelektronik weiter auszubauen, galt es, seine elektrischen Eigenschaften, die Stabilität seiner Kennwerte, die fertigungstechnische Reproduzierbarkeit zu erhöhen und dabei die Herstellungskosten entscheidend zu senken. Beispielsweise lagen die Grenzwerte der 1952 erreichba-

»Feste Stoffe haben den großen kulturgeschichtlichen Epochen der Menschheit ihren Namen verliehen. Stein, Bronze und Eisen haben umwälzende Veränderungen verursacht, als man gelernt hatte, diese Materialien als Werkzeuge und Werkstoffe einzusetzen. In der zweiten Hälfte unseres Jahrhunderts deutet sich immer klarer eine weitere Umwälzung an. Kristalle mit ganz besonderen elektrischen Eigenschaften und vielfältigem Nutzen erobern sich überall neue Anwendungen. Es sind die Kristalle der Halbleiter; sie sind die Substanz, aus der die moderne Mikroelektronik entsteht.«

Hans Queisser, Kristallene Krisen, 1985

Silizium-Planar-Prozeß. Diese Technologie bildete den Ausgangspunkt für die moderne Halbleiterproduktion bis zur Herstellung höchstintegrierter Schaltkreise. Die Darstellung umfaßt die Prozeßschritte am Beispiel eines MOS-Transistors in Silizium-Gate-Technik.
1. Herstellung der Siliziumscheibe mit Oxidschicht, 2. Ätzen der Transistorfläche, 3. Erzeugen des Gate-Oxids, 4. Abscheiden einer polykristallinen Si-Schicht, 5. Ätzen der Gate-Elektrode (polykristallines Silizium) und Entfernen der übrigen polykristallinen Si-Schicht, 6. Durchführen der Diffusion des Souce- und Drain-Gebiets des Transistors, 7. Aufbringen einer weiteren Oxidschicht zur Strukturierung der Source- und Drain-Elektrode, 8. Ätzen der Kontaktflächen, 9. Großflächige Metallisierung, 10. Ätzen der Kontaktelektroden

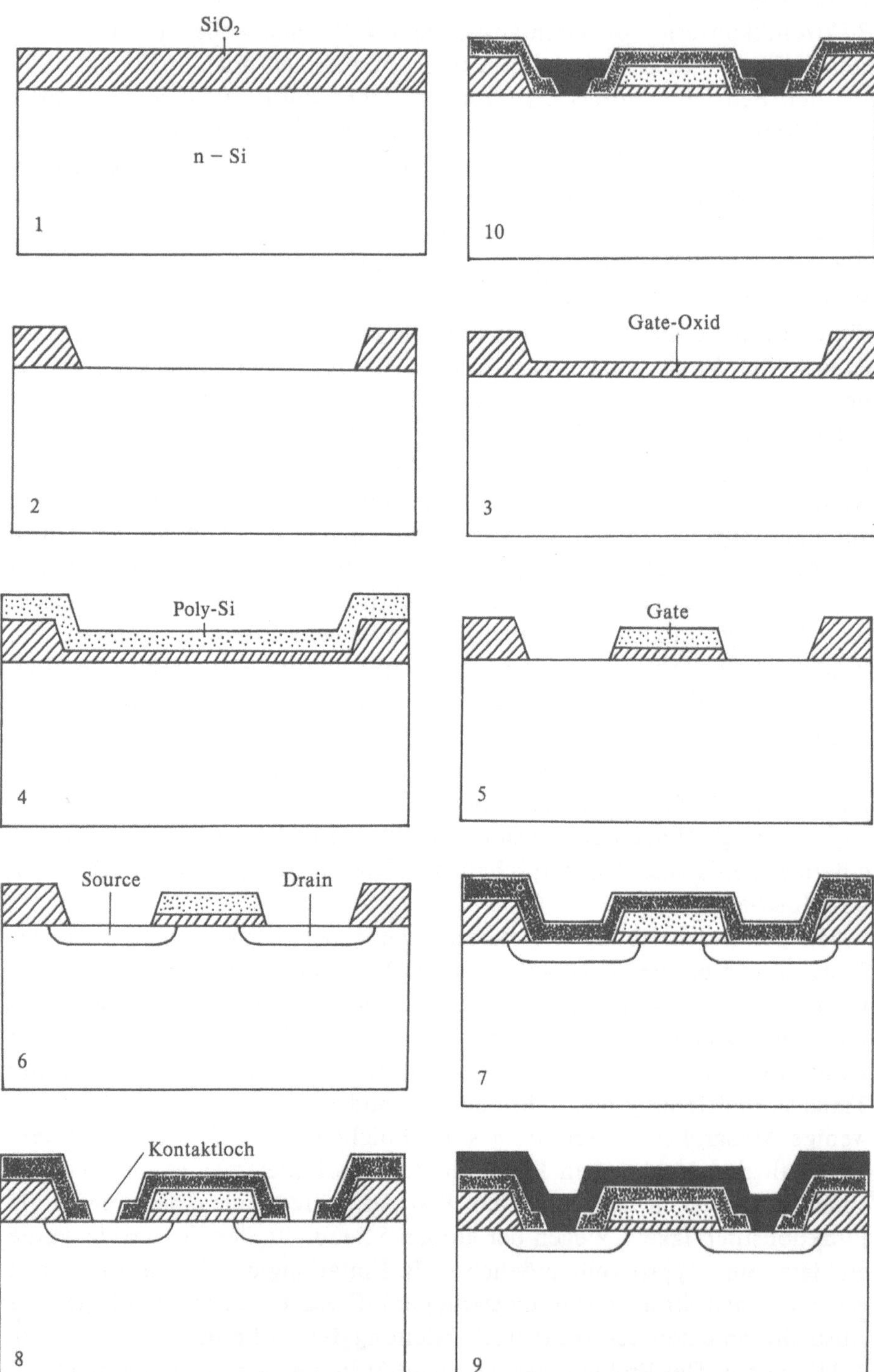

ren elektrischen Eigenschaften des Flächentransistors bei Ausgangsleistungen von etwa 20 W und Grenzfrequenzen von 30 MHz. Der Durchschnittspreis eines Transistors betrug 6 Dollar, der einer Elektronenröhre 0,7 Dollar. Das Ziel wurde durch die ständige Vervollkommnung der Transistortechnologie bis zu Beginn der 60er Jahre erreicht.

Als besonders zukunftsträchtig sollte sich das Diffusionsverfahren, insbesondere in der Kombination mit dem Silizium-Planarprozeß, für die

Halbleiterfertigung erweisen. In den Bell Laboratories entwickelte man 1956 erstmals Transistoren, deren Zonenfolge nicht mehr durch Umdotieren beim Ziehen aus der Schmelze oder durch Legierung, sondern durch Diffusion von Störstellen aus der Gasphase von Dotierungsmaterialien erzeugt wurde. Das Diffusionsverfahren ermöglichte es, Basisbreiten von etwa 2 µm reproduzierbar herzustellen, vorgegebene Störstellenprofile in der Basis zu realisieren, damit Grenzfrequenzen von etwa 1 GHz zu erreichen und vor allem eine reproduzierbare Massenfertigung von Transistoren aufzubauen. Der Planarprozeß, 1958 durch Victor H. Grinich und Jean A. Hoerni ausgearbeitet, legte den Grund zur Transistorherstellung der 60er Jahre und zur Entwicklung des integrierten Schaltkreises. Die Durchführung des Planarprozesses mit der Ausnutzung des Siliziumdioxids als Diffusionsmaske ist darauf begründet, daß Siliziumdioxid abdeckende Wirkungen gegenüber Dotierungselementen wie Arsen, Phosphor und Bor in Verbindung mit bestimmten Trägergasen besitzt.

Die nachfolgende Tabelle enthält die wichtigsten Erfindungen und technologischen Entwicklungen des Transistors im Zeitraum von 1950 bis 1963:

Jahr	Erfindung, technische Entwicklung	Name
1950	Legierungsverfahren zur Erzeugung von PN-Übergängen	Robert N. Hall, William C. Dunlap, William G. Pfann
	Diffusionsverfahren zur Erzeugung von PN-Übergängen	Hall, Dunlap
	Zonenschmelzverfahren zur Einkristallherstellung	Pfann
1951	gezogener Flächentransistor hergestellt (grown crystal method)	William B. Shockley, Morgan Sparks, Gordon K. Teal
	industrielle Herstellung von Ge-Punktkontakttransistoren und Flächentransistoren	
1952	Herstellung von Ge-Flächentransistoren nach dem Legierungsverfahren	Teal, Ernest Buehler, John S. Saby, Hall, Russel, R. Law u. a.
	industrielle Herstellung von Legierungstransistoren	
	Ausarbeitung des Prinzips des Sperrschichtfeldeffektransistors	Shockley
1953	Ausarbeitung des Prinzips des Drifttransistors	Herbert Krömer
	Ausarbeitung der Technologie des Surface-Barrier-Transistors	William E. Bradlay, John W. Tiley, Richard A. Williams
1954	Industrielle Herstellung von Silizium-Flächentransistoren	
1955	Grundlegende Untersuchungen zum Oxid-Masken-Verfahren	L. J. Derrick, Carl J. Frosch
1956	Ausarbeitung der Technologie für Ge- und Si-Mesatransistoren	Charles A. Lee, Morris Tanenbaum, Donald E. Thomas
1957	Patentanmeldung des oberflächengesteuerten Feldeffekttransistors	John T. Wallmark
1958	Ausarbeitung des Planarprozesses	Victor H. Grinich, Jean A. Hoerni
	Industrielle Herstellung von Ge-Mesatransistoren	
	Industrielle Herstellung von diffundierten Si-Flächentransistoren	

Jahr	Erfindung, technische Entwicklung	Name
1959	Industrielle Herstellung von Si-Planar-Transistoren	
	Vorschlag des MIS-Feldeffekttransistors	Martin M. Atalla
	Patentanmeldungen des integrierten Schaltkreises	Jack Kilby, Robert N. Noyce
	Realisierung von integrierten Schaltkreisen nach der Si-Planar-Technik	Kilby, Noyce
1960	Einführung der Silizium-Epitaxie-Technik	Joseph J. Kleimack, Howard H. Loar, Henry C. Theuerer
1961	Industrielle Herstellung von integrierten Schaltkreisen (Si-Planar-Technik, Bipolare Transistoren)	
1962	Entwicklung des Metall-Oxid-Feldeffekttransistors (MOS-FET)	Steven R. Hofstein, Frederick P. Heimann
1963	Industrielle Herstellung von MOSFET und MOS-Schaltkreisen (Packungsdichte etwa 20 MOSFET pro Schaltkreis)	

Der Einsatz des Transistors als diskretes elektronisches Bauelement hat sich in der Technik zu Beginn der 60er Jahre durchgesetzt. Schon sehr bald gab es weitere Versuche, nach der Miniaturisierung des aktiven elektronischen Bauelementes (Ersatz der Elektronenröhre durch den Transistor) auch die anderen Schaltungselemente wie Widerstände und Kondensatoren sowie die gesamte Schaltung zu miniaturisieren. Die Elektronik ging damit über verschiedene Zwischenstufen den Weg zur Mikroelektronik. Streben nach Erhöhung der Zuverlässigkeit elektronischer Schaltungen in der Rechentechnik, bei elektronischen Steuerungen, in der Raumfahrt sowie in der Konsumgüterelektronik, die Verringerung der Masse und des Volumens elektronischer Geräte, die Senkung der Herstellungskosten verlangten eine weitere Verkleinerung der Baugruppen und schließlich auch neue Konzeptionen für den Schaltungsentwurf usw. Miniaturisierung, Subminiaturisierung, Mikrominiaturisierung, Schichttechnik, Hybridtechnik, Kombinationstechnik, monolithische Integrationstechnik sind Schritte dieser Entwicklung.

Die Halbleiterblocktechnik als derzeit höchste Stufe der Miniaturisierung soll im folgenden gemeint sein, wenn von den integrierten Schaltungen (IC) gesprochen wird. Im Oktober 1958 wurde durch Jack Kilby erstmals eine integrierte Schaltung aufgebaut und 1959 zum Patent angemeldet. Es handelte sich um einen Flip-Flop auf Germaniumbasis unter Verwendung von Mesatransistoren, Volumenwiderständen und Kapazitäten. Robert N. Noyce schlug unter Verwendung des von Grinich und Hoerni entwickelten Planarprozesses im Juli 1959 einen integrierten Schaltkreis auf Siliziumbasis vor. Diese beiden Patente leiteten die eigentliche Entwicklung der Mikroelektronik ein.

Ende 1961 wurden von den Firmen Texas Instruments und Fairchild integrierte Schaltkreise industriell hergestellt. Im Oktober 1961 lieferte Texas Instruments an die amerikanische Luftwaffe einen Kleinrechner, der komplett mit IC bestückt war. In den Folgejahren kam es zu einer raschen Entwicklung spezieller Schaltkreisfamilien für die elektronische Steuerungs- und Rechentechnik (TTL, ECL, DCTL, RTL, DTL, LCDTL usw.), die sich

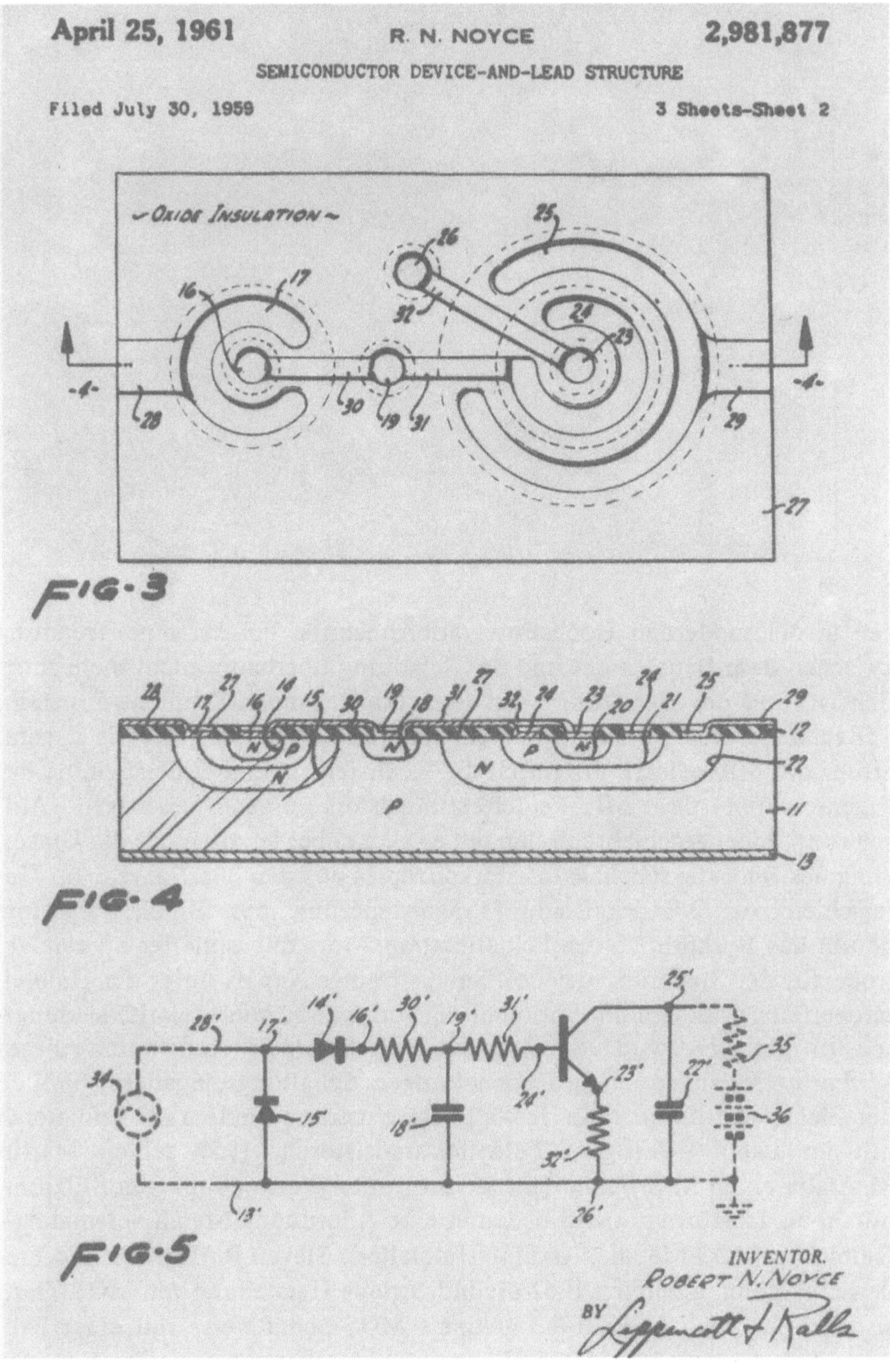

Vorschlag eines integrierten Schaltkreises von R. Noyce aus dem Jahre 1959. Er besteht aus zwei Transistoren in einem gemeinsamen Halbleitersubstrat. Die PN-Übergänge des einen Transistors werden als Diodenpaar genutzt. Verbindungsleitungen zwischen den Bauelementen werden durch aufgedampfte Aluminiumbahnen realisiert (US-Patent 2.981.877).

Schematische Darstellung eines MIS-Feldeffekttransistors. In einem Halbleitersubstrat (z. B. N-Silizium) sind hochleitende Kontaktbereiche, Source und Drain, eindiffundiert. Über dem Gebiet zwischen diesen beiden Kontaktbereichen ist eine isolierende Schicht (z. B. Siliziumdioxid) vorhanden, die mit einem Metall (z. B. Aluminium) bedeckt ist. Wird nun auf diese Gate-Elektrode durch Anlegen einer Spannung eine Ladung aufgebracht, so wird aufgrund der Ladungsinfluenz auf der Halbleiterseite eine gleichgroße Ladung entgegengesetzter Polarität und eine Inversionsschicht entstehen, die einen Leitfähigkeitskanal zwischen Source und Drain bildet.

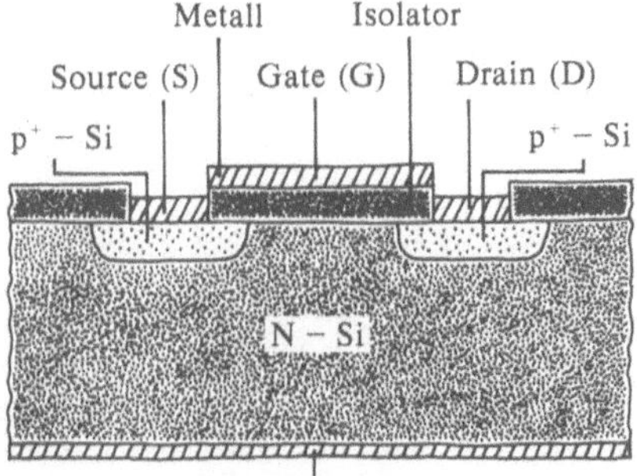

vor allem durch die Kopplung mit den nachfolgenden Stufen und die erreichbaren Schaltgeschwindigkeiten unterschieden.

Mit der Entwicklung und der Herstellung integrierter Schaltkreise bahnte sich ein grundlegender Wandel in der ingenieurtechnischen Tätigkeit der Bauelementeentwickler, Schaltungstechniker und Anwender an, da die Mikroelektronik immer weniger das Einzelobjekt betrachtete. Die relativ starre Unterteilung zwischen Bauelementeentwickler und Schaltungstechniker verschwand. (Ganz aktuelle Bedeutung erlangt dieser Pro-

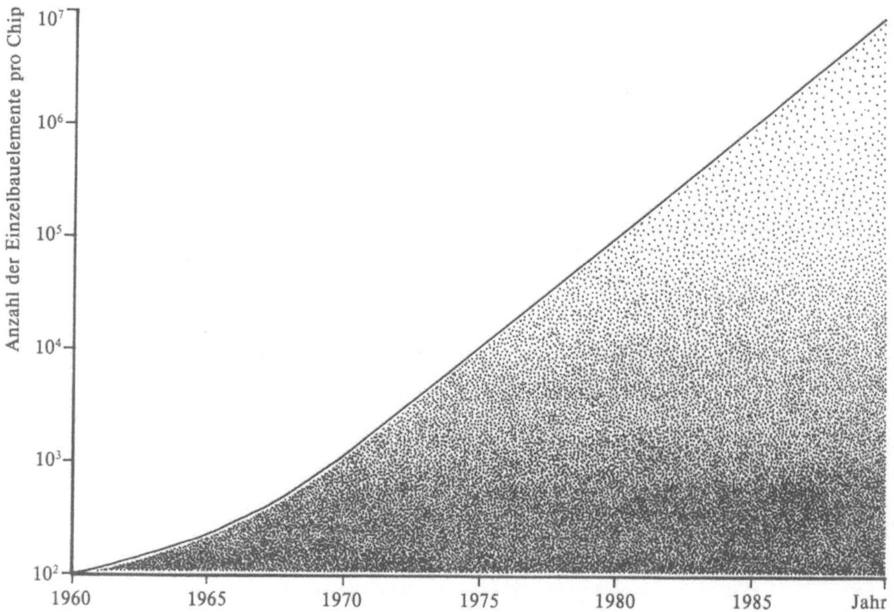

Entwicklung des Integrationsgrades integrierter Schaltungen im Zeitraum von 1960 bis 1990. Der Preisabfall je Transistorfunktion verlief nahezu exponentiell, von etwa 1 Cent im Jahre 1970 auf 0,01 Cent im Jahre 1984.

zeß in der modernen Höchstintegrationstechnik, bei der eine Trennung zwischen dem Bauelement und der Schaltung überhaupt nicht mehr möglich ist, und der Herstellung von Schaltkreisen nach Kundenwünschen.)

Bauelementeseitig, auch was den weiteren Ausbau der Theorie angeht, erfuhr die Mikroelektronik durch die Realisierung und Untersuchung der Eigenschaften des MIS-Feldeffekttransistors einen gewaltigen Aufschwung. Ideengeschichtlich handelt es sich dabei letztlich um die Umsetzung des Shockleyschen Transistorkonzeptes aus den 30er Jahren. Im Unterschied zur Minoritätsladungsträgersteuerung des Bipolartransistors beruht das Wirkprinzip des Feldeffekttransistors mit isolierter Steuerelektrode auf der Steuerung der Leitfähigkeit eines Kanals unter der Halbleiteroberfläche, in dem die Stromleitung vorwiegend von Majoritätsladungsträgern getragen wird. Schaltungstechnisch ergibt sich durch dieses Wirkprinzip der Vorteil des hochohmigen Schaltungseinganges (ähnlich der Elektronenröhre). John T. Wallmark experimentierte 1957 erfolgreich mit im Labor gefertigten Feldeffekttransistoren, 1959 schlug Martin M. Atalla einen MIS-Feldeffekttransistor unter Verwendung von Siliziumdioxid als Isolator vor (MIS bedeutet eine Anordnung Metall – Isolator – Halbleiter, MOS Metall – Oxid – Halbleiter). Steven R. Hofstein und Frederick P. Heiman leiteten 1962 die industrielle Herstellung von MOS-Transistoren ein, realisierten 1963 erstmals MOS-Schaltkreise mit einer Packungsdichte von 16 MOSFET pro Chip. Wesentliche Vorteile des MOSFET in der Integrationstechnik gegenüber dem Bipolartransistor ergeben sich unter anderem durch den einfacheren Aufbau, die verminderte Anzahl von Prozeßschritten, den geringeren Platzbedarf auf dem Chip. In den folgenden Jahren wurden weitere technologische Fortschritte erzielt, wie die Anwendung der Ionen-Implantation für die Dotierung, selbstjustierende Silizium-Gate-Technik, komplementäre MOS-Technik, die weitere Platzverringerungen und eine erhöhte Arbeitsgeschwindigkeit brachten. Für die Anwendungen in der elektronischen Rechentechnik ist bedeutsam, daß sich mit dem MOSFET Lese-Schreib-Speicher (RAM), Nur-Lese-Speicher (ROM), programmierbare Nur-Lese-Speicher (PROM), elektrisch programmierbare und löschbare Nur-Lese-Speicher (EPROM) usw. günstig realisieren lassen. Möglich wurde dies auch durch Veränderungen der herkömmlichen MOS-Strukturen (z.B. MOSFET, Floating-Gate-FET), bei denen das Einzelelement selbst über einen längeren Zeitraum Ladungen und damit Informationen speichern kann.

Die stürmische Entwicklung der Mikroelektronik in den70er und 80er Jahren erlaubte es, mit immer ausgefeilteren Technologien den Integrationsgrad (Anzahl der Bauelemente pro Chip) weiter zu erhöhen, die Kosten pro Bauelementefunktion drastisch zu verringern und Anwendungen zu realisieren, die höchstintegrierte elektronische Schaltkreise verlangen (z. B. Halbleiterspeichertechnik). Elektronische Bauelemente der 4. Generation, LSI- und VLSI-Schaltkreise (LSI bedeutet large scale integration, VLSI very large scale integration) ermöglichten eine neue Generation elektronischer Schaltungen und Systeme, vor allem in der Rechentechnik. Neben der Vervollkommnung von Großrechenanlagen muß vor allem die Kopplung des Mikrorechners mit der Maschine hervorgehoben werden, die vergleichbar mit der Einführung des Einzelantriebs durch direkte Verbindung des Elektromotors mit der Maschine und Wegfall der Transmission in den 20er Jahren unseres Jahrhunderts ist. Die Anwendungen der Mikroelektronik in der Robotertechnik, Mikrorechentechnik, der elektronischen Steuerungs- und Regelungstechnik, die Automatisierung der Konstruktion und des Entwurfes (CAD), die Planung und Produktionsvorbereitung (CAP), der Produktionsdurchführung (CAM) bis hin zur direkten Einbin-

»Damals konnte man viele Transistoren auf einer großen Scheibe Silizium unterbringen. Aber dann mußte man sie auseinanderschneiden und in Gruppen aufteilen und alles wieder miteinander verdrahten. Das erschien einfach grauenhaft unpraktisch.«
Robert Noyce, Scientific American, 1977

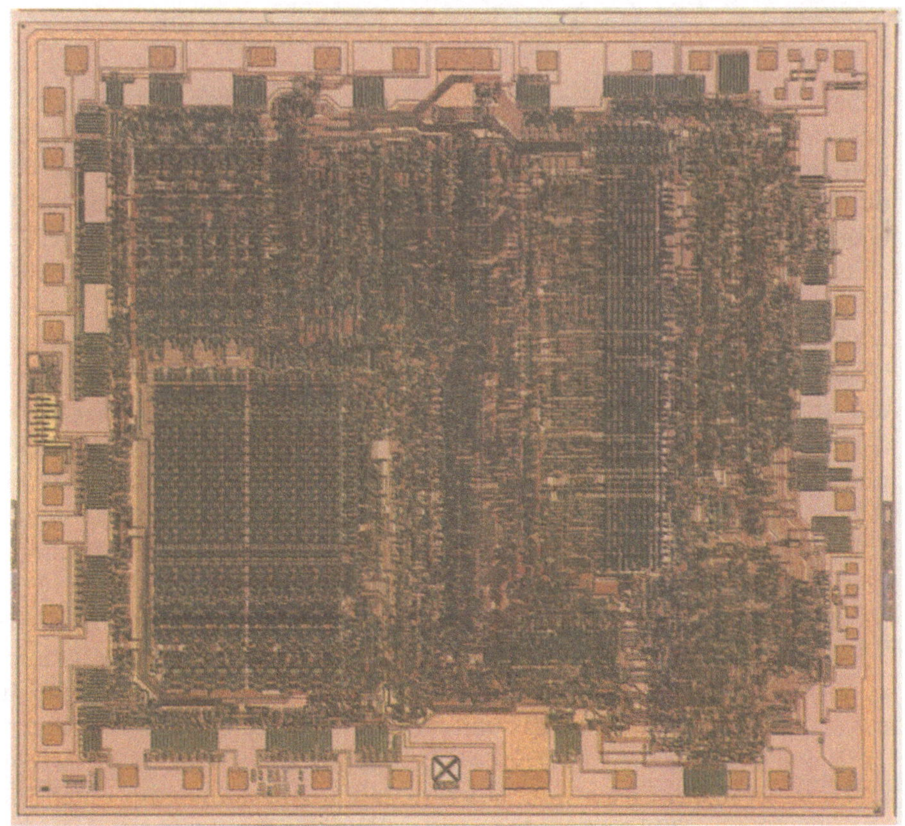

Chip des Standardmikroprozessors U 880 des VEB Kombinat Mikroelektronik Erfurt. Er vereint auf einer Fläche von etwa 27 mm² etwa 8 000 Transistoren und wird in N-Kanal-MOS-Technik gefertigt.

Mitte der 70er Jahre begann sich die Elektronik das Kraftfahrzeug als Anwendungsgebiet zu erobern. Zunächst ging es dabei um den Ersatz elektromechanischer Einrichtungen und Baugruppen, um Regelungen, Bedienungsvereinfachungen und höhere Sicherheit. Zukünftig sollen mittels Bordcomputer alle Funktionen des Autos gesteuert und überwacht sowie die günstigste Reiseroute bestimmt werden. Instrumententafel eines BMW der 7er Reihe aus dem Jahre 1988 mit integrierter Textanzeige für die Check-Control und Bordcomputer-Anzeige. BMW, München

dung des Computers in die Fertigung (CIM) ermöglichen letztlich gewaltige Steigerungen der Arbeitsproduktivität. Aber nicht nur in der Produktion, sondern in allen Bereichen des gesellschaftlichen Lebens wurden durch die Anwendung der Mikroelektronik entscheidende Wandlungen eingeleitet (z.B. durch den Mikrorechnereinsatz in der Verwaltung, am Arbeitsplatz des Forschers, im Haushalt und in der Konsumgüterelektronik). Engerer Ausgangspunkt für diese neue elektronische Technik ist der von Marcian E. Hoff und Federico Faggin 1971 beim USA-Konzern Intel entwickelte 4-bit-Mikroprozessor 4004. Beim Mikroprozessor handelt es sich um eine integrierte Schaltung, die aus einer Arithmetik-Logik-Einheit (ALU) verschiedenen Arbeitsregistern sowie der Ablaufsteuerung besteht und die Funktionen einer freiprogrammierbaren Verarbeitungseinheit (CPU) erfüllt. Durch Komplettierung mit weiteren mikroelektronischen Schaltkreisen zum Speichern von Befehlen und Daten und zur Datenein- und -ausgabe wird der Prozessor zum Mikrorechner erweitert. Weitere Entwicklungen brachten 1972 den ersten 8-bit-Mikroprozessor 8008 mit etwa 3 000 Transistoren auf einer Fläche von 13 mm^2, 1974 den 8-bit-Mikroprozessor 8080 mit etwa 4 800 Transistoren auf einer Fläche von 22 mm^2 in n-Kanal-Silizium-Gate-Technik mit wesentlich höheren Taktfrequenzen, 1975 den ersten 8-bit-Ein-Chip-Microcomputer 8048. Der 16-bit-Mikroprozessor 8086 der Firma Intel aus dem Jahre 1976 enthält auf einer Fläche von 32 mm^2 29 000 Transistoren bei einer Strukturbreite (Gatebreite,

Breite der Abstände zwischen den Leitungen) von 4,5 µm und der 32-bit-Mikrocomputer IAPX 432 aus dem Jahre 1981 etwa 500 000 Transistoren. Mitte der 70er Jahre wurden ungefähr 50 verschiedene Mikroprozessoren hergestellt, die sich in ihren elektrischen Kenngrößen und ihrer Leistungsfähigkeit beträchtlich unterschieden (z. B. Datenwortlänge 4 bis 16 bit, Befehlsumfang, Adressierungsarten, Verarbeitungsgeschwindigkeit, Registerstruktur, Anzahl der direkt adressierbaren Speicherplätze).

Die Entwicklung der LSI- und VLSI-Technik wird auch an der Kapazität der Speicherschaltkreise deutlich. Ausgehend vom 1-Kbit-RAM zu Beginn der 70er Jahre wurde 1981 ein 256-Kbit-RAM hergestellt, mit etwa 500 000 integrierten Bauelementen. Der 1-Mbit- und der 4-Mbit-Speicherschaltkreis sind heute bereits Realität. Diese Fortschritte im Integrationsgrad wurden weniger durch die Vergrößerung der Chip-Fläche (Voraussetzung dafür sind weniger Kristallfehler), sondern vor allem durch die Verkleinerung der Bauelementestruktur und den Übergang von statischen zu dynamischen Speicherschaltkreisen in MOS-Technik möglich. Grundlage dafür waren verbesserte technologische Verfahren bei der Strukturierung der Halbleiterchips. Herkömmlich photolithographische Strukturierungsverfahren unter Verwendung von ultraviolettem Licht gestatten physikalisch bedingte minimale Strukturbreiten von etwa 0,5 bis 1 µm und damit Integrationsgrade von mehreren Millionen Transistoren pro Chip. Die Röntgenstrahllithografie (Wellenlänge ca. 0,5 bis 1 nm) läßt wesentlich kleinere Strukturgrößen zu und gewährleistet eine gleich große Produktivität in der Herstellung, während das direktschreibende Elektronenstrahlverfahren (scanning) ohne Schablonen auskommt, der Elektronenstrahl computergesteuert über den Fotolack geführt wird und auf diesem Wege die Strukturierung durchführt. Dieses Verfahren wird sich in der Zukunft am ehesten für die Herstellung von Schaltkreisen nach Kundenwunsch durchsetzen, da es eine größere Variabilität gestattet, aber eine geringere Arbeitsgeschwindigkeit aufweist. Strukturbreiten von 0,1 µm sind mit beiden Verfahren prinzipiell zu erreichen, erfordern jedoch ebenso die Entwicklung geeigneter Ätzverfahren (Trockenätzung) und Dotierungsverfahren (Ionenstrahlimplantation, Elektronenstrahlausheilung implantierter Schichten usw.), um Unterätzungen wie auch Unterdiffusionen dieser kleinen Strukturen zu vermeiden. Mit der Anwendung geeigneter Verbindungsverfahren scheinen in der Zukunft Bauelementegrößen von 2 µm^2 und Integrationsgrade von 10^7 bis 10^8 MOS-Transistoren pro Chip durchaus erreichbar. Die weitere Entwicklung der Mikroelektronik wird ebenso durch die Anwendung neuer Halbleiterwerkstoffe und geeigneter Technologien (z. B. Galliumarsenid und andere Verbindungshalbleiter) und neuer Wirkprinzipien (z. B. bewegbare Domänen, supraleitende Elemente) zu kennzeichnen sein. Und schließlich kündigt sich bereits heute das Eindringen in die Bereiche der Funktionalelektronik mit dem Versuch an, auch durch Ausnutzen atomarer Eigenschaften elektronische Steuerungsfunktionen zu ermöglichen.

»Die beinahe überschwengliche Begeisterung, die nach der im Jahre 1948 durch Bardeen und Brattain erfolgten Entdeckung des Transistor-Effektes allenthalben Platz griff und mitunter zu den absurdesten Berichten führte, hat inzwischen nüchternen Erwägungen weichen müssen. Dies liegt nicht zuletzt darin, daß man sowohl die gegebenen Möglichkeiten als auch die Probleme, die sowohl die Serienproduktion als auch die Forderungen nach über lange Zeiten hinweg konstant bleibenden Eigenschaften stellen, erst nach und nach erkannte.«

Jürgen Malsch, Herstellung von Germanium-Flächentransistoren, Elektro-Technik, 1954

Informatik – neue Möglichkeiten der Datenverarbeitung

»Ich ging wirklich ›durch keinerlei Sachkenntnis getrübt‹ ans Werk. Vorhandene Rechenmaschinen studieren? – Brr – das war viel zu kompliziert! Wer sollte sich in diesem Gewirr von Rädchen und Zahnstangen zurechtfinden? Nein, das mußte auch einfacher gehen. Überhaupt dieses ›Dezimalsystem‹. Nur weil der Mensch zehn Finger hat, müssen wir es benutzen. Aber es gehört eine gewisse Portion Unverfrorenheit dazu ... auch diese Tradition über Bord zu werfen und durch die Einführung des binären Zahlensystems neue Wege zu gehen.«

Konrad Zuse: Der Computer – Mein Lebenswerk, 1970

Porträt Konrad Zuse – Pionier der Informatik. Sammlung B. Göhler

Die Entwicklung technischer Mittel zur Verarbeitung von Informationen trat in den 40er Jahren in eine neue Phase. Aufbauend auf die bis dahin vorliegende Vielfalt theoretischer Erkenntnisse sowie die praktische Erfahrung bei der maschinellen Verarbeitung ausgewählter Aufgabenklassen, gelang es erstmals, komplexe Systeme zur Informationsverarbeitung zu entwickeln, wenngleich diese vorerst auf numerische Aufgaben beschränkt blieben und somit Ziffern-Rechenautomaten im eigentlichen Sinne waren. Kollektive Leistungen konzentrierten sich im wesentlichen auf die USA und Großbritannien.

In Deutschland blieb es einem Einzelgänger vorbehalten, sich durch die Konstruktion des ersten arbeitsfähigen Computers der Welt in die Annalen der Informatik einzuschreiben. Konrad Zuse, Diplom-Ingenieur für Bauwesen und Statiker bei den Henschel-Flugzeugwerken in Berlin, wurde durch den Aufwand an Rechenarbeit bei der Lösung mathematischer Probleme angeregt, über deren mögliche Automatisierung nachzudenken und dem »Gewirr von Rädchen und Zahnstangen« der mechanischen Rechentechnik eine andersartige Lösung entgegenzusetzen. Vermöge seiner Kenntnisse von dualem Rechnen und Problemen der Logik entwickelte er zunächst ein mechanisches Schaltglied, bestehend aus gestanzten Blechen, um mit diesem bistabile Schaltungen zu realisieren. Bereits 1938 stellte Zuse sein erstes »Versuchsgerät« fertig. Dieser »Z1«, in Logikelementen und Speicherwerk mechanischen Prinzipien folgend, entsprach in seiner Grundstruktur dem Babbageschen Konzept: Aufbau aus Eingabe-, Speicher-, Plansteuer-, Rechen- und Ausgabewerk; Auflösen des Rechenablaufs in eine Folge einzelner Programmschritte. Darüber hinaus verwirklichte er folgende Prinzipien:

1. Ziffern- und Operationsbefehlsdarstellung rein dual unter Verwendung bistabiler Schaltelemente,
2. Zahlendarstellung in halblogarithmischer Form (heute Gleitpunkt genannt),
3. Rechnen auf der Basis des »Aussagenkalküls« unter Verwendung der Grundoperationen UND, ODER und NEGATION.

Die Entwicklungsarbeiten mündeten schließlich – über ein Modell »Z2« – in einen Relaisrechner, öffentlich vorgestellt am 12. Mai 1941. Dieser »Z3« enthielt alle wesentlichen Elemente einer programmgesteuerten Rechenmaschine für wissenschaftliche Zwecke und war somit der erste Computer der Welt.

Er bestand aus 2 600 Relais für Rechen- und Speicherwerk. Die Speicherkapazität betrug 64 Zahlen zu je 22 Dualstellen, über eine Tastatur erfolgte die Eingabe der Zahlenwerte; ein Lampenfeld für vier Dezimalstellen realisierte die Ausgabe. Die Relaiskontakte schalteten stromlos, wobei eine Schaltwalze den Rechentakt verwirklichte. Das Programm war noch starr, enthielt also keine bedingten Befehle; jeder Befehl gliederte sich aber bereits in Adreß- und Operationsteil. Die Eingabe des sogenannten Rechenplans – des Programms – erfolgte über einen achtspurigen Kinofilmstreifen; in gleicher Weise wurde das Anzeigenfeld zur Resultatausgabe »adressiert«. Die Maschine ermöglichte die vier Grundoperationen; dar-

Rechenmaschine Z 3, erster programmgesteuerter Digitalrechner der Welt, von Zuse erbaut und 1941 vorgestellt (Nachbildung). Deutsches Museum, München

über hinaus existierten festverdrahtete Abläufe für das Radizieren (Quadratwurzel) sowie für die Multiplikation mit 0, $\frac{1}{2}$, 1, 2, 10 und -1.

Bei seiner Arbeit integrierte Zuse zahlreiche Einzelerkenntnisse in einem neuartigen technischen Objekt. Ihn beschäftigten zudem die Beziehungen zwischen Denken und Rechnen. Daraus ergab sich auch der Ansatz für den Aufbau und die Arbeitsweise von Rechengeräten – in heutiger Terminologie für Computerarchitektur und -technologie. So wurden Zuses ingenieuse Ideen zur Konstruktion durch einen allgemeinen rechnerischen Kalkül, seinen »Aussagenkalkül«, ergänzt und damit noch vor den grundlegenden Veröffentlichungen von Shannon die Bedeutung der logischen Grundoperationen für die Realisierung von Rechnungen nachgewiesen. 1943 legte er diese Erkenntnisse in dem seinerzeit unveröffentlichten Skriptum »Ansätze einer Theorie des allgemeinen Rechnens unter besonderer Berücksichtigung des Aussagenkalküls und dessen Anwendungen auf Relaisschaltungen« – später in erweiterter Form als »Plankalkül« bekannt geworden – nieder. Behandelt wurden das Zahlenrechnen wie auch kombinatorische Verknüpfungen in ihrer Gesamtheit. Mit diesen Arbeiten nahm er schließlich Bemühungen um eine allgemeine Programmiersprache vorweg und gab Lösungen für logische Operationen und Formeln an, aufbauend auf den bisherigen Erkenntnissen zur mathematischen Logik und zur Schaltalgebra.

Die planvoll fortgesetzten Entwicklungsarbeiten brachten auch zwei Spezialmodelle zur automatischen Prozeßdatenerfassung sowie die Rechenmaschine »Z4« (1945), die bis 1960 genutzt wurde.

In den USA verlief die Entwicklung gänzlich anders. Hier boten sich, getrieben von militärischen Interessen, vergleichsweise gute materielle und

»In einem großen Wohnzimmer, im Jugendstil möbliert, stand ein mechanisches, undefinierbares Etwas, zusammengebaut aus Blech, Stabilbaukasten-Einzelteilen, Glasplatten, Kurbelarmen, Zahnrädern und einer Programmwalze wie bei einem Glockenspiel, in der Größe eines Eßtisches für 8 Personen. Dieses Gebilde wurde mir als erste programmgesteuerte, mechanische Rechenmaschine vorgestellt.«

Karl-Ernst Hoestermann, ein Studienfreund Zuses, in: K.-H. Czauderna: Konrad Zuse, der Weg zu seinem Computer Z 3, 1979

Rechner Mark I (Automatic Sequence Controlled Calculator), fertiggestellt 1944 an der Harvard-University, der erste programmgesteuerte Relaisrechner der USA. Harvard University, Cambridge

personelle Voraussetzungen, zumal auch Forschungsinstitutionen wie das Massachusetts Institute of Technology (MIT), die Bell Telephon Laboratories (BTL) sowie die Firma International Business Machines (IBM) an Ergebnissen teilhaben wollten.

Der erste Versuch, eine elektronische digital arbeitende Rechenmaschine zu bauen, wurde Mitte der 30er Jahre durch den Mathematiker John V. Atanasoff am Iowa State College (heute Iowa State University) unternommen. Er entwickelte ein System von Arbeitsspeichern und logischen Schaltkreisen, Basis für den 1939 gebauten Prototyp eines sogenannten Computing-Elementes und Ausgangspunkt für die Konstruktion einer unvollendet gebliebenen großen Maschine.

Am MIT wies Vannevar Bush mit dem »Rapid Arithmetical Machine Project« erstmals nach, daß die verfügbare Elektronik für einen allgemeinen programmgesteuerten Computer anwendbar war.

1937 begann George R. Stibitz, ein bei den Bell Telephon Laboratories in New York beschäftigter Mathematiker, mit der Entwicklung von Rechenschaltungen, um speziell die im Elektroingenieurwesen beim Entwurf von Filternetzwerken anfallenden Multiplikations- und Divisionsaufgaben komplexer Zahlen maschinell zu lösen. »Complex Number Computer« nannte sich das 1939 vollendete Projekt. Als Modell I einer geplanten Entwicklungsreihe diente es auch zur Demonstration einer für die damalige Zeit sensationellen Datenverarbeitung zwischen Hanover (New Hampshire) und New York.

Ein weiteres Zentrum der Entwicklung war die Harvard Universität in Cambridge (USA); hier arbeitete Howard H. Aiken, Lehrer am Departement für Physik und späterer Professor für Angewandte Mathematik. Unter Einbeziehung des Computation Laboratory der Universität sowie der

Firma International Business Machines und drei ihrer fähigsten Ingenieure begann 1939 der Bau des »Automatic Sequence-Controlled Calculator«, auch als MARK I bezeichnet. Nach fünf Jahren konnten die Arbeiten abgeschlossen werden. Zum überwiegenden Teil wurden Elemente aus der Lochkartentechnik verwendet – Relais, dekadische Zählräder, elektrische Kupplungen. Beeindruckend ist die Bilanz der Ausmaße: Die Maschine enthielt 760 000 Einzelteile, darunter 3 000 Kugellager und 80 Kilometer Leitungsdraht; sie war 15 Meter lang und 2,5 Meter breit. Der Einsatz richtete sich zunächst auf die Lösung mathematischer Probleme, die sich aus der Physik, den Ingenieurwissenschaften und der Technik ergaben.

Die genannten Maschinen, heute der sogenannten nullten Generation zugeordnet, verwendeten ausschließlich mechanische bzw. elektromechanische Schaltelemente. Als Speicher dienten Schaltersätze und Relaisketten. Die Programme, geschrieben in Maschinensprache im Verhältnis 1:1 – jede Operation bedingt einen Befehl – wurden mittels Lochband oder Lochkarte eingegeben, eine interne Speicherung existierte nicht.

In der folgenden ersten Generation vollzog sich ein grundlegender Wandel durch den Einsatz der Elektronenröhre für Schaltung und Speicherung und die Entwicklung neuartiger Speicher-Medien wie Magnetband und Magnettrommel. Kennziffern wie Zuverlässigkeit, Schnelligkeit und Speichervolumen erhielten damit eine neue Dimension. Eingeleitet wurde diese durch militärische Interessen forcierte Entwicklung Anfang der 40er Jahre in England und den USA.

Die Mathematiker Alan M. Turing und Maxwell H. A. Newman standen vor der für England strategisch bedeutsamen Aufgabe, feindliche Funksprüche zu entschlüsseln, konkret, den Code der Fernschreibschlüsselmaschine »Siemens T 52« zu »knacken«. Ergänzend zu den konventionellen Methoden der Kryptologie erwog man die Anwendung technischer Mittel. So begann ab 1942 in Bletchley Park, einer Geschäftsstelle des Außenministeriums in Buckinghamshire und der zentralen Nachrichtensammelstelle aller Waffengattungen, die Konstruktion von Spezialmaschinen, bekannt geworden unter den Namen »Heath Robinson«, »Peter Robinson« und »Robinson and Cleaver«. Als Sensation erwies sich die im Dezember 1943 fertiggestellte Rechenmaschine »Colossus«. Sie markierte nicht nur eine neue Periode in der Geschichte der Kryptoanalyse, sondern verwirklichte auch das von Turing 1936 entwickelte Konzept eines abstrakten universellen Automaten. Aus Gründen der Geheimhaltung wurden die Leistungsparameter erst 1975 veröffentlicht: Taktfrequenz 5 kHz, Lochband-Eingabe mit 5 000 Zeichen/Sekunde, Schaltkreise und Speicherwiderstände auf elektronischer Grundlage, veränderbar durch eine automatisch gesteuerte Folge von Operationen; binäre parallele Arithmetik; Programmverzweigungs-Logik, einstellbar durch Schalttafeln oder Schalter; Schreibmaschinenausgabe der Resultate; ausgerüstet mit 1 500 Elektronenröhren; vollelektronische Arbeitsweise.

Der 1944 vollendete Rechner MARK II, fünfmal schneller als »Colossus«, bot mit der sensationell hohen Zahl von 2 400 Röhren noch wesentlich erweiterte Verarbeitungsmöglichkeiten. Ungeachtet der Beschränkung auf Spezialprobleme und die begrenzte Form der »bedingten Verzweigung« in Programmen, erhielten Rechnerentwurf und -technologie wie

»In unserem Jahrhundert war die Zeit für den Computer reif, einen Computer, von dem Pascal, Leibniz, Babbage und Lady Lovelace sich nichts hätten träumen lassen. In den Dreißiger- und Vierzigerjahren wurden die ersten ›bombastischen elektronischen Gehirne‹ entworfen und gebaut. Sie wirkten als Katalysatoren für den Zusammenschluß dreier bisher verschiedenartiger Bereiche: der Theorie des axiometrischen Schließens, des Studiums mechanischer Berechnung und der Psychologie der Intelligenz.«

Douglas R. Hofstadter: Gödel, Escher, Bach: ein endlos geflochtenes Band, 1987

auch die Programmierung mit diesen Entwicklungen außerordentliche Impulse. Die beteiligten Wissenschaftler – unter ihnen sei auch Tomy H. Flowers hervorgehoben – bildeten zu Kriegsende die Computer-Avantgarde, die sich an der Universität Manchester, dem National Physical Laboratory und in Dolli Hill für weiterführende Forschungen und Versuche einsetzte und dadurch das Fundament für die britische Computer-Industrie schuf. Dem »Calculating Machine Laboratory« an der Universität Manchester gelang erstmalig auch die Entwicklung eines kleinen Experimental-Prototyps programmgespeicherter Computer. Dies ist insofern bedeutend, als mit dem Nachweis der Möglichkeit interner Programmspeicherung – bisher war dies durch technisch bedingte Restriktionen nicht möglich – und deren Realisation in Hard- und Software ein paradigmatischer Wandel in der gesamten Verarbeitungstechnologie eintrat.

Ein Großteil der für jenen Wandel vorausgesetzten theoretischen und praktischen Erkenntnisse wurde jedoch im Umfeld der im gleichen Zeitraum angesiedelten amerikanischen Rechnerentwicklungen gewonnen. Nach MARK I gelangte der zwischen 1942 und 1946 geschaffene »Electronic Numerical Integrator and Computer« (ENIAC) als erster elektronischer Computer der USA Bedeutung. Es fanden 18 000 Elektronenröhren und

Der erste mit Elektronenröhren ausgestattete Rechner ENIAC (Electronic Numerical Integrator and Computer), erbaut an der University of Pennsylvania, USA. Harvard University, Cambridge

1 500 Relais bei einer Leistungsaufnahme von 150 kW Verwendung; das gesamte Ensemble der Hardware hatte man U-förmig in 40 Paneelen untergebracht. Der Rechner arbeitete noch parallel-dezimal, 10 Flip-Flops entsprachen den Ziffern 0...9, zum Addieren und Multiplizieren waren 20 Akkumulatoren mit je 10 Dezimalstellen vorgesehen, höhere Operationen wurden durch entsprechende Röhrenschaltungen realisiert. Für die sehr mühsame und zeitraubende Programmierung standen Schalttafeln mit Schaltschnüren, Steckern und Schaltern zur Verfügung; bedingte Befehle und Rückwärtsverzweigungen waren nicht möglich.

Das zu lösende Aufgabenspektrum beschränkte sich ursprünglich auf die Berechnung von Schuß- und Bombenabwurftafeln. Eine diesbezügliche Vereinbarung zwischen dem Ballistic Research Laboratory des amerikanischen Army Ordnance Departments und der Moore School of Electrical Engineering an der University of Pennsylvania in Philadelphia war der eigentliche Ausgangspunkt für die schließlich so fruchtbare Zusammenarbeit von Ingenieuren, Mathematikern und Physikern. Man muß dabei beachten, daß der amerikanische Wissenschaftsbetrieb zu den bestausgestattetsten der Welt zählte.

Als eigentliche Schöpfer des ENIAC sind vor allem John W. Mauchly und John P. Eckert zu nennen. Mauchly hatte schon im August 1942 mit der Abhandlung »The Use of High Speed Vacuum Tube Devices for Calculating« eines der beeindruckendsten Dokumente der Computergeschichte vorgelegt, insbesondere wegen der hierin erarbeiteten theoretischen Positionen. Eckert verantwortete das gesamte Engineering. Für die Lösung von Detailproblemen – der Entwurf des Multiplikators sowie der Einrichtung für die Division und das Ziehen von Quadratwurzeln, die Ausarbeitung von Funktionstabellen und Schaltkreisen – einschließlich deren technische Umsetzung war eine Reihe weiterer bedeutender Wissenschaftler tätig, die zur theoretischen Basis beitrugen.

Eines der entscheidenden Probleme bildete die technische Realisation der für die eigentliche Verarbeitung erforderlichen Programmspeicher. Für alle bis zu jenem Zeitpunkt geschaffenen Konzepte galt es als normal, Programme über steckbare Verbindungskabel beziehungsweise Handschalter zu fixieren, oder über geeignete Datenträger schrittweise einzugeben. Für die Abarbeitung algorithmisch gleicher Programme war dies vertretbar, höheren Ansprüchen konnte damit jedoch nicht entsprochen werden. So ist es Ausdruck genialer Überlegungen, daß im Umfeld der ENIAC-Entwicklung die Idee vom intern gespeicherten Programm ausreifte. John von Neumann, seit 1933 Professor am Institute for Advanced Studies (IAS) in Princeton und einer der führenden Mathematiker seiner Zeit, beschrieb sie in dem Artikel »First Draft of a Report on the EDVAC« im Jahre 1945. Seine historische Dimension erlangte dieser Aufsatz damit, daß der bereits von Turing logisch entwickelte Gedanke eines universellen Automaten in eine reale Maschine umgesetzt werden konnte. Gleich einem Paradigma wurden damit folgende Grundprinzipien festgeschrieben:

1. Das Programm wird wie die Daten intern gespeichert.
2. Die Einführung eines bedingten Befehls mit Vor- und Rückwärtsverzweigungen.
3. Das Programm ist eine Kette logischer Binär-Entscheidungen.

Damit konnte jeder Befehl einschließlich seiner Adresse wie ein Operand behandelt, mithin auch von der Maschine verändert werden. In Abhängigkeit von Zwischenergebnissen waren selbständige logische Entscheidungen über Programmveränderungen möglich. Dem Computer öffnete sich somit das Feld der allgemeinen Anwendung.

Da sich die Konstituierung multidisziplinär zusammengesetzter Forschungsgruppen zwischen Militär, Forschungsinstitutionen und Computerherstellern vollzog, entstanden für die weitere Erarbeitung grundlegender Prinzipien speicherprogrammierter Rechenautomaten – Computer – und deren technische Realisation günstige Voraussetzungen. Während Mathematik und Elektrotechnik das Methodenarsenal für den logisch-konstruktiven Entwurf sowie die praktische Herstellung und Anwendung von Computern stellten, lieferten die nachrichten- und lochkartentechnischen Mittel bewährte Bauelemente und technisches Know-how. Die von der Nachrichtentechnik beeinflußte Informationstheorie, insbesondere Ergebnisse der quantitativen Messung von Informationen, wurde wichtige Grundlage der Informationsverarbeitung. Für den abstrakten Schaltungsentwurf bediente man sich der Erkenntnisse der mathematischen Logik. Die Theorie endlicher Automaten partizipierte an Turings Beiträgen zur Algorithmentheorie. Zum anderen war die Bewältigung technischer Probleme – Haltbarkeit und Zuverlässigkeit von Schaltelementen und Kontakten, Aufbau von Schaltkreisen, Realisation der Impuls- und Schaltungstechnik, Einsatz zweckmäßiger Ein-, Ausgabe- und Speichermedien, Servicefreundlichkeit – eine außerordentliche Herausforderung an zahlreiche natur- und technikwissenschaftliche Disziplinen, natürlich auch ein »belebendes Feuer« in der Dialektik zwischen Hard- und Software.

Am erfolgreichsten blieb die Gruppe um John von Neumann am IAS. Die mit den Princeton-Berichten veröffentlichten Beiträge »Planning and Coding of Problems for an Electronic Computing Instrument« und »Preliminary Discussion of the Logical Design of an Electronic Computing Instrument« (1946) gehören zu den Klassikern der Computerliteratur, ausgezeichnet durch klar durchdachte und technisch realisierbare Konzepte für die nachfolgende Computerentwicklung. Hier wurde nicht nur zu Problemen der Codierung und allgemeinen Behandlung von Informationen Stellung genommen, sondern auch zum Aufbau von Speicherhierarchien, zur geometrischen Beschreibung von Algorithmen und auch zur Simulation menschlicher Denkstrukturen. Sehr bedeutsam für die sich etablierende Wissenschaftsdisziplin waren auch die 1946 an der University of Pennsylvania veranstalteten Moore School Lectures, eine Vorlesungsreihe unter dem Generalthema »Theory and Techniques for the Design of Electronic Digital Computers«. Führende Wissenschaftler nahmen hier Gelegenheit, den Stand der Erkenntnisse in theoretischen und praktischen Bezügen darzulegen und zu diskutieren.

Als erste nationale Gesellschaft, Ausdruck der mit dieser Entwicklung verbundenen Institutionalisierung, entstand 1947 in den USA die »Association for Computing Machinery« (ACM). Gleichzeitig erschien als erste Computer-Fachzeitschrift die »Communications of the ACM«. Weltweit folgten bis 1955 allein 48 Periodika. In den folgenden 15 Jahren verzehnfachte sich diese Menge. Die hiermit angezeigte Institutionalisierung einer

neuen Disziplin erfaßte auch die Qualifizierung der erforderlichen Kader. Anfänglich im Rahmen der universitären Ausbildung auf Mathematiker, Physiker und Elektrotechniker beschränkt, war sie schließlich in Form spezifischer Fachrichtungen an allen höheren Bildungsstätten gewährleistet.

Der diesem Prozeß immanente Innovationsschub blieb nicht auf die USA beschränkt. Auch Großbritannien, die Sowjetunion, Japan, Frankreich und die beiden deutschen Staaten traten in Aktion. Ausdruck dessen war eine Vielzahl unterschiedlicher Computerentwicklungen einschließlich der diese begleitenden Lösungen in technischer und technologischer Beziehung. Hierfür stehen beispielsweise die Vervollkommnung von Magnettrommel- und Magnetbandspeicher in den Jahren 1947 bis 1948, die Entwicklung von Kathodenröhren, Ultraschall-Umlaufspeicher und endlich der Ferritkern-Matrix – erstmals eingesetzt 1952 – als Internspeicher. Die Ablösung der Elektronenröhre durch den 1947 erfundenen Spitzentransistor und dessen technische Weiterentwicklung zur Großproduktion noch vor Ablauf eines Jahrzehnts bildete die entscheidende Voraussetzung für die zweite Computer-Generation. Auch neuartige magnetomotorische Speicher und komfortablere Ein- und Ausgabegeräte entstanden. Mikromodul- und Dünnschichttechnik bildeten schließlich Mitte der 60er Jahre die technischen Voraussetzungen für die Rechnerfamilien der dritten Generation, deren Systemelemente in weiten Bereichen substituierbar waren und somit einen genauen Zuschnitt auf die konkrete Informationsverarbeitungsaufgabe ermöglichten.

Durch die Vertiefung der Hardware-Software-Beziehung und die damit einhergehende Wechselwirkung zwischen Konstruktion und Technologie – in diesem Falle der Verarbeitung von Informationen – erweiterte sich das theoretische Fundament der hieran beteiligten Disziplinen sprunghaft.

Rechner BESM 1, entwickelt von S. A. Lebedew, fertiggestellt 1953 als erste Anlage der UdSSR, zu dieser Zeit der schnellste Rechner der Welt. Polytechnisches Museum, Moskau

»*Ich kenne die glanzvollen Leistungen der russischen Mathematiker schon lange und sehr gut; ich habe selber viele Berührungspunkte mit ihren Ideen und Methoden. Und doch verblüffen mich die Ausmaße und die Sorgfalt der Forschungen bei ihnen. Mir ist ganz klar, daß die Sowjetunion, was die Wissenschaft von der Automatik anbelangt, allen in der Welt voran ist. Diesen Standpunkt teilen viele Wissenschaftler.*«
Norbert Wiener anläßlich eines Besuches in der UdSSR. In: Zeitschr. Sowjetunion Nr. 127, 1960

Gleichzeitig gab es eine starke anwenderabhängige Rückkopplung, bedingt durch militärisch relevante Probleme bis hin zu jenen der ersten Atombombenprojekte und deren numerischer Lösung sowie die Indienststellung kommerzieller alphanumerisch arbeitender Computer für allgemeine Anwendungen in Wirtschaft und Wissenschaft. Zu nennen sind beispielsweise die schnelle Auswertung von extrem vielen Meßdaten (Luft- und Raumfahrt, Kernenergetik, chemische und metallurgische Industrie, Verkehr, Meteorologie), die Datenverarbeitung im Wirtschafts- und Sozialbereich (Ökonomie, Auskunfts- und Platzreservierungssysteme, Verkehrsplanung, Bankwesen, medizinische Diagnostik), Aufgaben der Information und Dokumentation sowie im Spektrum aller Wissenschaften. Bezüglich eines optimalen Informationstransfers zwischen Mensch beziehungsweise Prozeß und Computer bedeutete dies eine große Herausforderung an die technische Entwicklung, besonders aber an die Vervollkommnung der Software und die Gestaltung von Mensch-Maschine-Kommunikations-Systemen.

Die Software, die sich am Anfang auf einfachste Maschinenprogramme beschränkte, erfuhr eine relativ eigenständige Entwicklung. Markante Fortschritte wurden besonders bei großen Computerprojekten erreicht, aber auch von der steten Forderung nach effizienter Anwendung getragen. Bereits Zuses »Plankalkül« zeigte Ansätze, die Maschinenabhängigkeit von Programmen durch maschinenunabhängige, problemorientierte Lösungen zu ersetzen. Das erforderte einerseits die Berücksichtigung der zu verarbeitenden Aufgabenklassen, andererseits die Entwicklung spezieller Übersetzer – Assembler für maschinenorientierte, Compiler für problemorientierte Sprachen. Dieses Aufgabenfeld, dessen Bewältigung viele Jahre erforderte, konstituierte sich schließlich in der »Softwaretechnologie«. Bedeutungsvoll hierfür war, daß die Periode der Maschinensprachen einschließlich ihrer Weiterentwicklungen Mitte der 50er Jahre ihren Abschluß fand und danach die von Wissenschaftlern vieler Länder getragene systematische Entwicklung problemorientierter Sprachen begann. Die Wechselwirkungen zwischen Konstruktion und Technologie führten in diesem Prozeß ständig zu neuen Problemen, die zugunsten einer optimalen Funktion des Gesamtsystems zu lösen waren. Dazu gehörten beispielsweise Aufgaben der Formatierung, die Gestaltung von Unterprogrammen und die Parameterversorgung, die Organisierung zeitverschobener oder überlappter Prozesse, die Gestaltung von Datenfeldern und Programmschleifen sowie Verzweigungen im Programmablauf, Probleme der Wertzuweisung, die Formulierung von Notprogrammen, die Datenein- und -ausgabe, die Gestaltung von Programmbibliotheken, Programmverbindungen, Probleme beim Programmladen, der modularen Programmierung, der Makrosubstitution, schließlich die Gestaltung von Assemblern, Compilern, Meta-Compilern, Emulatoren, Simulatoren und speziellen Sprachumwandlungsprogrammen.

Die Arbeiten an einer der ersten problemorientierten Sprachen begann 1954 in den USA. Als reiner Formelübersetzer – FORmula TRANslator – wurde sie 1957 fertiggestellt und unter dem Namen FORTRAN den Anwendern im wissenschaftlich-technischen Bereich zur Verfügung gestellt, die Entwicklungskosten übernahm die Firma IBM. Etwa gleichzeitig begann eine Gruppe der Firma Remington Rand UNIVAC unter der Leitung von Grace Hopper, die bereits 1954 das erste Nachschlagewerk über die

Gruppenbild deutscher Computer-Pioniere anläßlich des 70. Geburtstages von Konrad Zuse. Von links nach rechts: Lehmann, Schreyer, Zuse, Billing, Kämmerer (sitzend), v. Freytag-Löringhoff, Bauer, Zemanek, Seifers, de Beauclair, Piloty (stehend). Privatarchiv Konrad Zuse

Terminologie der Programmierung erarbeitet hatte, mit der Entwicklung eines Systems AT-3, später als Math-Matic bezeichnet und für gleiche Probleme wie FORTRAN einsetzbar. Für den UNIVAC I entwickelte Hopper bis 1958 die erste Sprache zu Zwecken der kommerziellen Datenverarbeitung: FLOWMATIC.

Unter Douglas T. Ross begannen 1956 am MIT Arbeiten an der Sprache APT – Automatic Programming for Tools –, die sich, bestimmt für die numerische Steuerung von Werkzeugmaschinen, als erste Spezialsprache etablierte. Bis 1959 konnten die wesentlichen Erkenntnisse zu Programmiersprachen gewonnen werden. In dieser Zeit erfolgten auch Entwicklung und Publikation des International Algebraic Language Reports, als ALGOL 58 bekannt und Voraussetzung für die zu großer Bedeutung gelangte Sprache ALGOL – ALGOrithmic Language. Weitere Sprachen wie NELLIAC, MAD, CLIP, JOVIAL, COBOL, AIMACO, LISP, COMIT, IPL-V, APT II, DYANA, NYNAMO, AED entstanden. Da der dafür erforderliche Zeit- und Kostenaufwand ungewöhnliche Dimensionen annahm, war internationale Wissenschaftskooperation die unabdingbare Konsequenz, zumal sich Herstellung und Einsatz von Computern ab 1957 auf breiter Grundlage vollzogen. Gleichsam drängte die Situation nach geregelten Formen kom-

»Die ursprüngliche Frage ›können Maschinen denken?‹ halte ich für so sinnlos, daß sie keiner Diskussion bedarf. Dennoch glaube ich, daß am Ende des Jahrhunderts der Gebrauch von Wörtern und die allgemeinen Ansichten der Gebildeten sich so sehr verändert haben werden, daß man ohne Widerspruch von denkenden Maschinen wird reden können.«

Alan M. Turing: Computing Machinery and Intelligence. Mind, Bd. LIX, Nr. 236, 1950

merzieller Zusammenarbeit wie auch nach Verteilung der immer umfangreicher werdenden und hohe Anforderungen stellenden Probleme.

Aus dieser Situation heraus wurde von der UNESCO auf Anregung des amerikanischen JOINT Computer Comittee 1959 in Paris der erste Weltkongreß für Informationsverarbeitung, die »International Conference of Information Processing« (ICIP), veranstaltet. Als Ausdruck der konstituierten Wissenschaftsdisziplin Informatik – zu jener Zeit noch unter »Informationsverarbeitung« spezifiziert – wurden die Aufgaben auf folgende Sektionen verteilt: 1. Methoden digitalen Rechnens, 2. Allgemeine symbolische Sprachen für Computer, 3. Automatische Sprachübersetzung, 4. Zeichenanerkennung und maschinelles Lernen, 5. Logischer Entwurf von Computern, 6. Computer-Techniken in der Zukunft, 7. Sonstiges sowie gemischte Themen.

Das wichtigste Ergebnis dieser von über 1 800 Teilnehmern aus 37 Ländern besuchten Veranstaltung bestand in der Übereinkunft zur Koordination aller wissenschaftlichen Aktivitäten auf der Basis einer internationalen Körperschaft. So erfolgte 1960 die Gründung der »International Federation for Information Processing« (IFIP). Die in der Satzung verankerten Aufgaben betrafen hauptsächlich die Veranstaltung internationaler Konferenzen und Symposia, die Bildung internationaler Arbeitsgruppen zur Lösung von Spezialproblemen und die Förderung internationaler Zusammenarbeit. Die Konferenzen tagten im Abstand von drei Jahren, die Arbeitsgruppen zwischenzeitlich. Bald zeigten sich die ersten multilateral erarbeiteten Ergebnisse, speziell zu Fragen der Terminologie, der Programmierung, der Ausbildung, der Normung wie auch in der Edition eines Fachwörterbuches der Informationsverarbeitung.

Diese Aktivitäten waren nicht alleiniger Motor der Entwicklung, denn aus dem Etat für das Militärwesen aller hochentwickelten Industrieländer wurden erhebliche Mittel zur Forcierung von Forschungs- und Entwicklungsaufgaben bereitgestellt. Viele Innovationen, selbst das Konzept der dritten Computergeneration, empfingen so ihre wesentlichen Impulse.

Herausragend ist das von IBM geschaffene System STRETCH, ein »Super-Computer«, entwickelt für das Los Alamos Laboratory der U.S. Atomic Energy Commission, als Modifikation HARVEST auch für die National Security Agency. Da bis Mitte der 60er Jahre in den USA etwa die Hälfte aller Ausgaben für Forschung und Entwicklung im Rahmen des sogenannten Nationalen Verteidigungsprogramms bereitgestellt wurde, angelegt für Entwurf und Entwicklung von Computern, Forschungsarbeiten über Software und relevante mathematische Probleme, waren kognitive und innovative Fortschritte zwingend. Weitere Mittel forcierten vergleichbare Arbeiten innerhalb verschiedener Waffensysteme, militärischer Führungs- und Kontrollsysteme und im Rahmen der Abwehr. Bereits 1954 begann der Aufbau des SAGE-Real-Time-Computers mit dem Ziel, die Überwachung des gesamten amerikanischen Kontinents und aller Meere durch manuell oder automatisch erfaßte Daten, zugeführt von Zehntausenden optischer und Radio-Beobachtungsstationen, zu sichern. Durch solcherart vollzogene Integration des weitverstreuten Datenmaterials war es möglich, große Teile der Streitkräfte im Bereitschaftszustand zu halten. Das Folgesystem STRETCH sollte die Leistungsfähigkeit jenes Computers um das Hundert-

Rechnersystem IBM/360 (Modell 91) – erste Rechnerfamilie der dritten Generation, Kompatibilität in Hard- und Software, ausgerüstet mit Mikroschalttechnik SLT. IBM Deutschland GmbH, Stuttgart

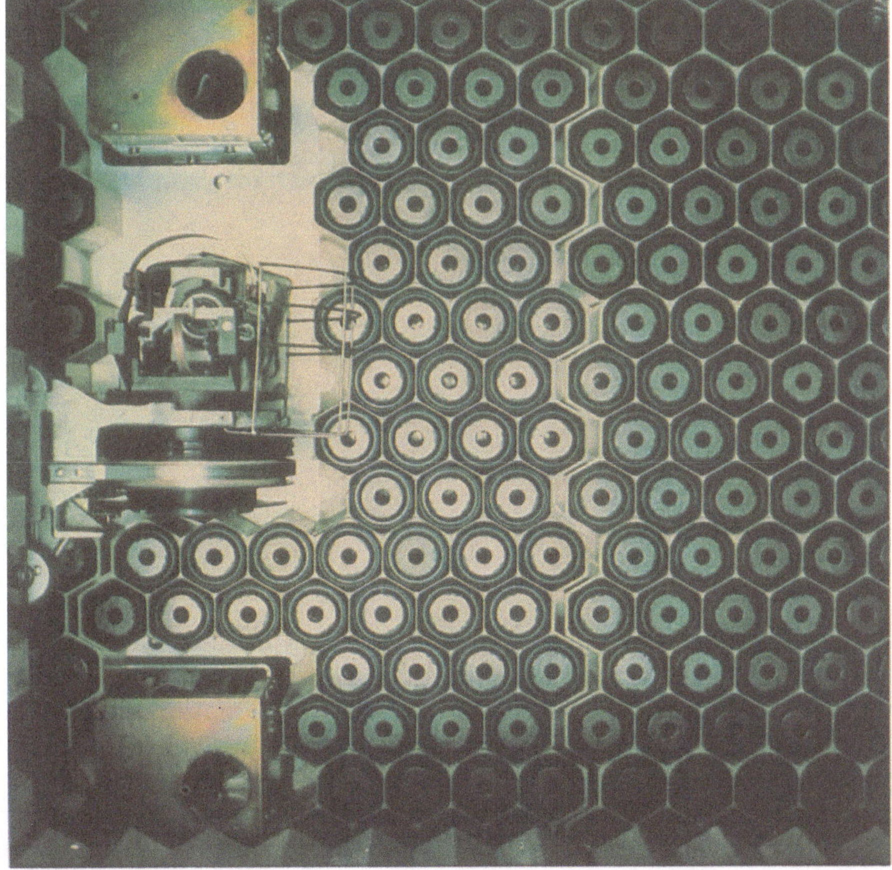

Massenspeichersystem IBM 3850 aus dem Jahre 1974 mit einer Kapazität bis zu 472 Milliarden Zeichen (das entspricht etwa 100 000 Bänden des Brockhaus-Lexikons). IBM Deutschland GmbH, Stuttgart

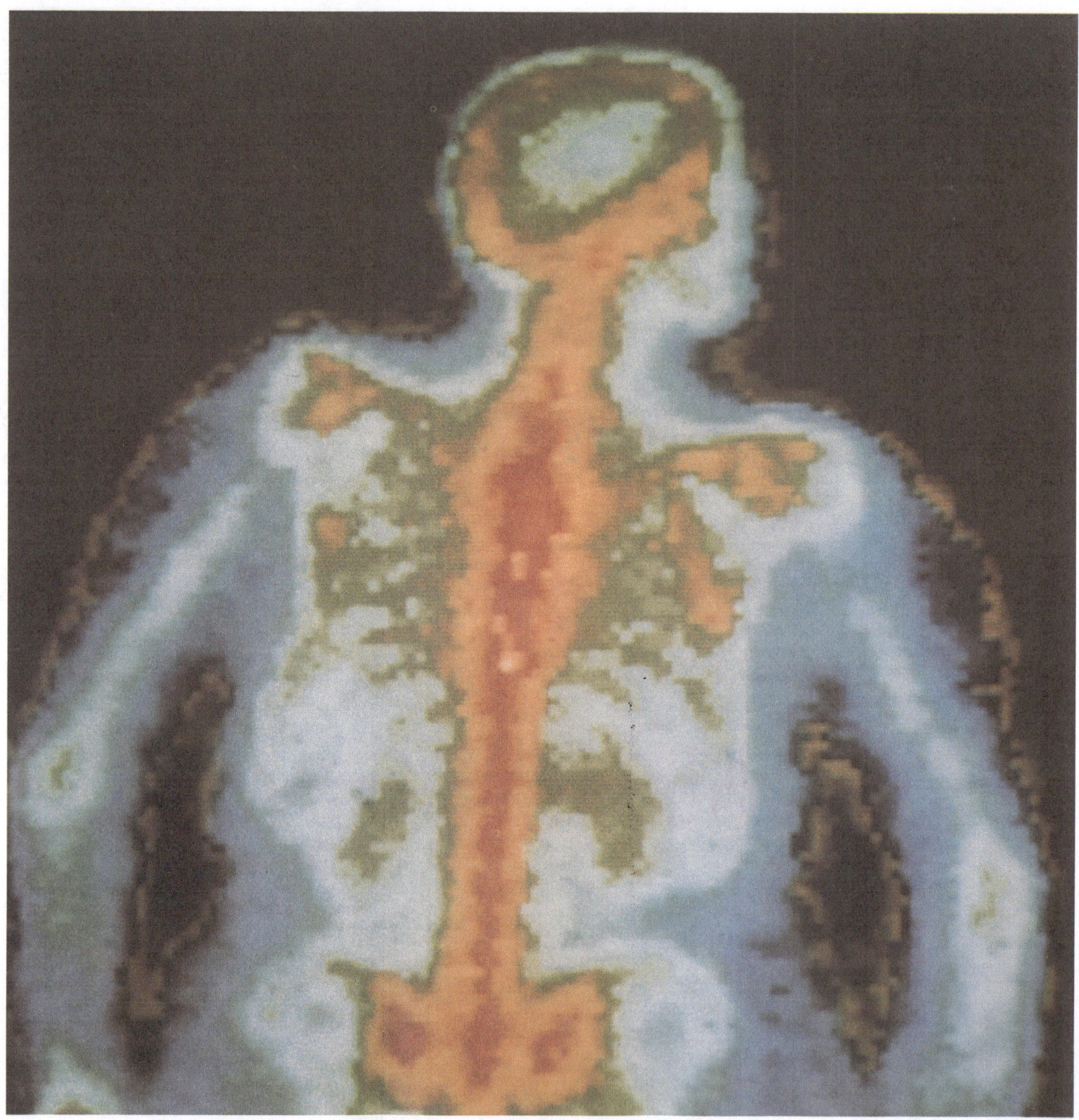

Für den frühen Nachweis von Knochengeschwülsten wurde die Ganzkörperszintigraphie 1983 in die Praxis eingeführt. Am Ende der Patientenuntersuchung steht ein Color-Mosaikbild des Szintigramms, das abrollend auf einem Fernsehmonitor sichtbar gemacht wird. Zentralinstitut für Krebsforschung der Akademie der Wissenschaften der DDR, Berlin

fache überbieten, eine Herausforderung, die sich insbesondere auf neue Transistoren, Schaltkreise, magnetische Speicher, rationelle Entwicklungs- und Herstellungsverfahren sowie auf technologische Probleme richtete. Im Ergebnis – STRETCH wurde 1961 in Dienst gestellt – entstanden unter anderem Treiber-Transistorschaltkreise mit 20 ns Verzögerungszeit, Mehrfach-Speicherblöcke mit je 128 KByte Kapazität und einer Zykluszeit von 2,1 µs sowie schnelle Plattenspeicher. Analog dazu entwickelte man neue Technologien der Befehlsabarbeitung und der Speicherorganisation sowie für die Fehlerbehandlung im Hauptspeicher und auf den Magnetplatten. Eine Reihe neuer bzw. substantiell erweiterter Funktionen ging in die Computer-Architektur ein, die Terminologie wurde um die Begriffe »Byte«, »Input/Output-Interface« und »Architektur« erweitert. Die gesamte interne Organisation erreichte einen hohen technologischen Stand. Damit konnte man einem breiten Feld unterschiedlicher Informationsverarbeitungsaufgaben unter optimalen Bedingungen entsprechen, aber auch die theoretische Grundlegung der sich bereits differenzierenden Informatik fördern.

Die 60er Jahre, nicht zuletzt die im April 1964 erfolgte Ankündigung des Systems IBM/360 und der damit vollzogene Einstieg in die dritte Rechnergeneration, änderten die Bedingungen wesentlich. Eine zunehmende Verselbständigung von Lehre und Forschung an Universitäten und Hochschulen trat ein, verbunden mit einer Abtrennung der »Computer-Wissenschaft« von den klassischen Fächern wie Mathematik und Elektrotechnik. Eine klare Definition dieser technikwissenschaftlichen Disziplin existierte zunächst nicht, obwohl das Theorienfeld im wesentlichen abgegrenzt war: Entwurf digitaler Computer und Computer-Systeme, Entwurf und Beschreibung von geeigneten Sprachen zur Darstellung von Prozessen und Algorithmen, Entwurf und Analyse von Methoden zur Informationsdarstellung durch abstrakte Symbole und von komplexen Prozessen zur Manipulierung dieser Symbole. Diese Teilbereiche, die einer zunehmenden Verwissenschaftlichung unterlagen, standen in enger Korrelation zu solchen ihre Technologie stützenden Bereichen wie Codierungs- und Informationstheorie, Logik der endlichen Konstruktion, numerische mathematische Analysis, Kontrolltheorie, Schalttheorie, Automatentheorie, mathematische Linguistik, Graphentheorie und Psychologie der Problemlösung. Zunehmend waren auch jene Disziplinen aufgerufen, an die die Informatik

Die Computer-Grafik zeigt die dreidimensionale Darstellung eines Kurvenkörpers als Teil eines Zylinderkurvengetriebes. Technische Universität Karl-Marx-Stadt

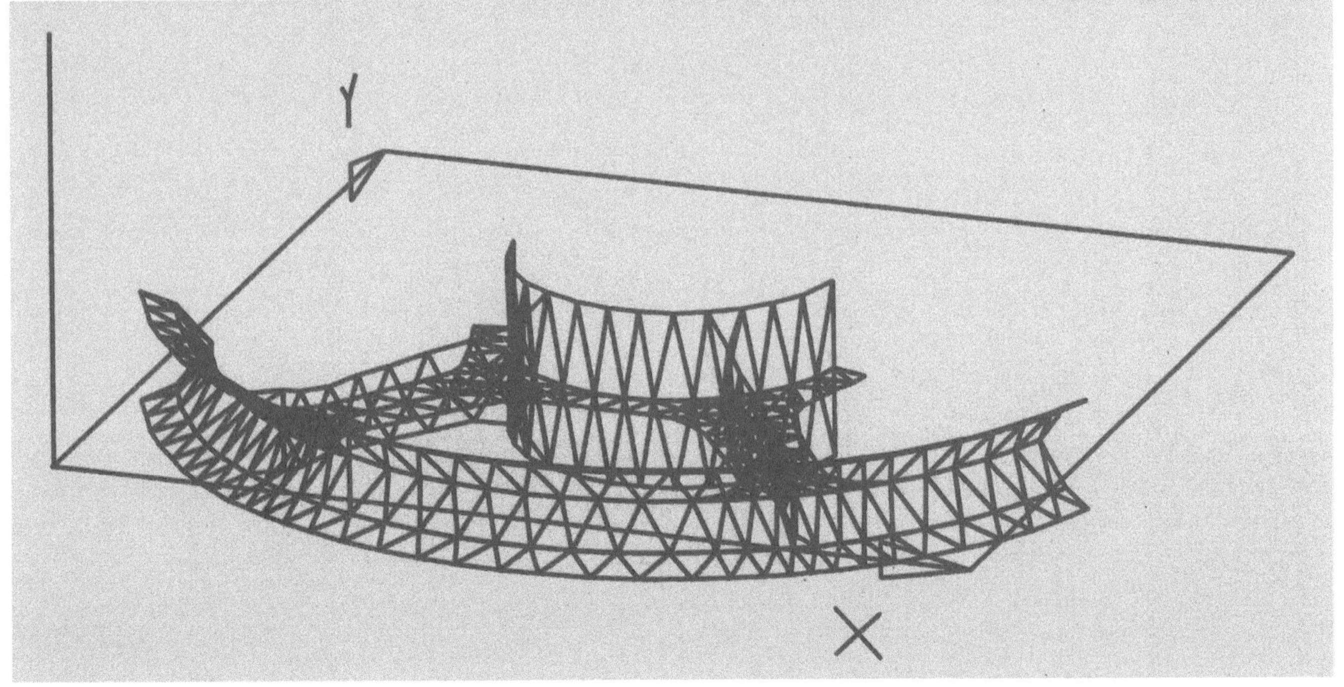

bei ihrer Entwicklung von der technisch-technologischen zur sozio-technischen Strategie solche Forderungen stellte, wie sie zur Gestaltung sozialer Systeme vonnöten sind.

Die zukünftig zu entwickelnden Computer werden nicht mehr reine Datenverarbeitungsanlagen, sondern Wissensverarbeitungsanlagen (»Knowledge based systems«) sein. Diese als fünfte Generation (FGCS: Fifth Generation Computer Systems) bezeichneten Systeme programmieren sich auf der Basis einer Problemschilderung durch den Benutzer selbst. Für die Übermittlung jener Probleme bedarf es nicht mehr einer vorgeschriebenen formalen Sprache, sondern nur noch der dem Menschen gemäßen Ausdrucksmittel: natürliche Sprache (geschrieben oder gesprochen), Bilder, Grafik. Auf der Grundlage einer umfangreichen Wissensbasis, sowohl Grundwissen als auch Anwendungswissen enthaltend, werden die aus mehreren Komponenten bestehenden Computersysteme als »Denkzeuge« der Zukunft in der Lage sein, künstliche Intelligenz zu verwirklichen.

Für die Informatik wie alle tangierenden Disziplinen bedeutet diese auf eine neue Qualität der rationalen, exakten Bewußtseinsprozesse gerichtete Entwicklung eine immense Herausforderung.

Literatur (Auswahl)

Achenbach, V.: Die neuesten Erfindungen auf dem Gebiete der Elektrizität, besonders der Radiotechnik. – Berlin, 1924

Agricola, G.: De re metallica libri XII. – Basel, 1556. – In: Ders.: Ausgewählte Werke/hrsg. v. H. Prescher. Bd. 8. – Berlin, 1974

Albert, J.; Herlizius, E.; Richter, F.: Entstehungsbedingungen und Entwicklung der Technikwissenschaften. – Leipzig, 1982. – (Freiberger Forschungshefte, D 145)

Allgemeine Geschichte der Technik: Bd. 1: Von den Anfängen bis 1870. Bd. 2: Von 1870 bis etwa 1920. Autorenkoll. unt. Leitung v. S. W. Schuchardin; N. K. Laman; A. S. Fjodorow. – Leipzig, 1981, 1984

Architekt und Ingenieur. Baumeister in Krieg und Frieden. – Wolfenbüttel, 1984

Babbage, C.: On the Mathematical Powers of the Calculating Engine. Unv. Manuskr., 1837

Barbe, D. F.: Very Scale Integration. – Heidelberg, 1980

Barkhausen, H.: Elektronenröhren. 1. Aufl. – Leipzig, 1923

Bauplanung und Bautheorie der Antike/hrsg. v. W. Höpfner u. E.-L. Schwandner. – Berlin (West), 1983. – (Diskussionen zur archäologischen Bauforschung, 4)

Beauclair, W. de: Rechnen mit Maschinen: Eine Bildgeschichte der Rechentechnik. – Braunschweig, 1968

Beck, Th.: Beiträge zur Geschichte des Maschinenbaus. – Berlin, 1900

Beckmann, J.: Anleitung zur Technologie oder zur Kenntnis der Handwerke, Fabriken und Manufakturen, vornehmlich derer, die mit der Landwirtschaft, Polizei und Kameralwissenschaft in nächster Verbindung stehen. 2. Aufl. – Göttingen, 1780

Beierlein, P. R.: Lazarus Ercker, Bergmann, Hüttenmann und Münzmeister im 16. Jahrhundert. – Berlin, 1955. – (Freiberger Forschungshefte, D 12)

Belevitch, V.: Summary of the History of Circuit Theory. – In: Proc. IRE. – New York 50 (1962) 5. – S. 848–855

Bergakademie Freiberg. Festschrift zu ihrer Zweihundertjahrfeier am 13. November 1965. – Leipzig, 1965

Berger, K.: Das gleichzeitige Telegraphieren und Fernsprechen und das Mehrfachsprechen. – Braunschweig, 1910

Bernal, J. D.: Die soziale Funktion der Wissenschaft. – Berlin, 1986

Bernal, J. D.: Die Wissenschaft in der Geschichte. – Berlin, 1967

Beyer, A.: Gründlicher Unterricht vom Bergbau, nach Anleitung der Markscheider-Kunst. – Schneeberg, 1749

Binder, L.: Entwicklungslinien der Technik. – In: Elektrotechnik. – Berlin 4 (1950) 1. – S. 1–4

Biographien bedeutender Techniker, Ingenieure und Technikwissenschaftler/hrsg. v. G. Banse u. S. Wollgast. – Berlin, 1987

Biringuccio, V.: De la pirotechnica libri X. – Venedig, 1540

Blanchard, A.: Les Ingénieurs du Roi. – Montpellier, 1979

Bogoljubov, A. N.: Istorija mechaniki mašin. – Kiev, 1964

Boole, G.: An Investigation to the Laws of Thought, on which are founded the Mathematical Theories of Logic and Probabilities. – London, 1854

Bowers, B.: A History of Electric Light & Power. – London, 1982

Bradel, M.: Die Herausbildung der Schweißtechnik als technik-wissenschaftliche Disziplin. – 1984 Magdeburg, Techn. Hochschule, Diss. A

Brandler, W.; Mosch, W.: Experimentelle Elektrotechnik an der Technischen Universität Dresden seit der Errichtung des ersten elektrotechnischen Lehrstuhls. – In: Wiss. Zs. Techn. Univ. Dresden. – Dresden 27 (1987) 1. – S. 131–142

Breisig, F.: Theoretische Telegraphie. – Braunschweig, 1910. – (Telegraphen- und Fernsprech-Technik, Bd. 7)

Brentjes, B.; Richter, S.; Sonnemann, R.: Geschichte der Technik/hrsg. v. R. Sonnemann. – Leipzig, 1978

Brunot, A.; Coquand, R.: Le Corps des Ponts et Chaussées. – Paris, 1982

Brunschwig, H.: Das Buch der waren kunst zu distillieren. – Leipzig, 1972. – Nachdr. der Ausg. Straßburg, 1512

Büttner, O.; Hampe, E.: Bauwerk, Tragwerk, Tragstruktur. Bd. 1. – Leipzig, 1977

Burks, A. W.; Goldstine, H. H.; Neumann, J. v.: Preliminary Discussion of an Electronic Computing Instrument. Part 1, Vol. 1. – Princeton/N. Y., 1946

Buxbaum, B.: Die Entwicklungsgrundzüge der industriellen spanabhebenden Metallbearbeitungstechnik im 18. und 19. Jahrhundert. – Berlin, 1920

Calvör, H.: Historisch-chronologische Nachricht und theoretische und praktische Beschreibung des Maschinenwesens und der Hülfsmittel bey dem Bergbau auf dem Oberharze. – Braunschweig, 1763

Cauer, W.: Theorie der linearen Wechselstromschaltungen. – Leipzig, 1941

Češev, V. V.: Techničeskoe žnanie kak ob'ekt metodologičeskogo analiza. – Tomsk, 1981

Der Chemie-Ingenieur. 13 Bde/hrsg. v. A. Eucken u. M. Jacob. – Leipzig, 1933–1940

Combes, C.: Traité de Exploitation des mines. – Paris, 1844–1845

Cowan, H. J.: An historical Outline of Architectural Science. 2. Aufl. – London, 1977

Cowan, H. J.: The Master Builders. A History of Structural and Environmental Design from Ancient Egypt to the Nineteenth Century. – New York, 1978

Davis, G. E.: Handbook of Chemical Engineering. – Manchester, 1901

Delius, C. T.: Anleitung zu der Bergbaukunst. – Wien, 1773

Dettmar, G.: Die Entwicklung der Starkstromtechnik in Deutschland. – Berlin, 1940

Digitale Informationswandler: Probleme der Informationsverarbeitung in ausgewählten Beiträgen/hrsg. v. W. Hoffmann. – Braunschweig, 1962

Dosse, J.: Der Transistor. – München, 1959

Dresdener Beiträge zur Geschichte der Technikwissenschaften/hrsg. v. R. Sonnemann. – H. 1–14. – Dresden, 1980–1987

Dunsheath, P. A.: A history of electrical engineering. – London, 1962

Duportal, A. S.: Anleitung zur Kenntniß des gegenwärtigen Zustandes der Branntweinbrennerei in Frankreich. Nach dem Französ. 2. Aufl. – Berlin, 1817

Eckert, M.; Schubert, H.: Kristalle, Elektronen, Transistoren. – Reinbek bei Hamburg, 1986

Ferguson, E. S.: Kinematics of Mechanisms from the Time of Watt. – Washington, 1962. – (Contributions from the Museum of History and Technology, pap. 27)

Fierz, M.: Vorlesungen über die Entwicklungsgeschichte der Mechanik. – Berlin/Heidelberg/New York, 1972

50 years Electronics. History of semiconductors. – In: Electronics. – New York 53 (1980) 9. – S. 215–270

Folz, F. J.: Über die Anfänge der Zerspanforschung. – Düsseldorf, 1980

Forbes, R. J.: Short history of the art of distillation: from the beginnings up to the death of Cellier-Blumenthal. – Leiden, 1948

Forest, L. de: Device for Amplifying Feeble Electrical Currents. – US-Pat. Nr. 841 387 vom 25. 10. 1906

Forest, L. de: Schwingungsanzeiger für elektrische Wellen. – DRP Nr. 217 073 vom 23. 1. 1908 (US-Patent Nr. 879 532 vom 29. 1. 1907)

Frank, H.; Snejdar, V.: Halbleiterbauelemente, Bd. 1. – Berlin, 1964

Fuchtmann, E.: Stahlbrückenbau. – München, 1983

Gellert, C. E.: Anfangsgründe zur Metallurgischen Chimie in einem theoretischen und practischen Theile nach einer in der Natur gegründeten Ordnung abgefasset. – Leipzig, 1750

Geschichte der Naturwissenschaften / hrsg. v. H. Wußing. – Leipzig, 1983

Geschichte des wissenschaftlichen Denkens im Altertum. Autorenkoll. unt. Leitung v. F. Jürss. – Berlin, 1982

Gille, B.: Ingenieure der Renaissance. – Düsseldorf, 1968

Gillmor, C. S.: Coulomb and the Evolution of Physics and Engineering in Eighteen-Century France. – Princeton/N. J., 1971

Glauber, J. R.: Furni novi philosophici oder Beschreibung einer Newerfundenen Distillir-Kunst. T. 1–5. – Amsterdam, 1648–1649

Gmelin, J. F.: Geschichte der Chemie. 3 Bde. – Göttingen, 1797–1799

Goebel, G.: Zur Geschichte des Niederfrequenzverstärkers. – In: ETZ (B). – Berlin 17 (1965) 23. – S. 772–775

Goetzeler, H.: Zur Geschichte der Halbleiter-Bausteine der Elektronik. – In: Technikgeschichte. – Düsseldorf 39 (1972). – S. 31–49

Goldstine, H. H.: The Computer from Pascale to von Neumann. – Princeton/N. Y., 1972

Goldstine, H. H.; Neumann, J. v.: Planning and Coding of Problems for an Electronic Computing Instrument. Part 2, Vol. 1–3. – Princeton/N. Y., 1947–1948

Grassmann, P.: Physikalische Grundlagen der Chemie-Ingenieur-Technik. – Frankfurt/M., 1961

Greenwell, G. C.: Practical treatise on mine-engineering. – Newcastle up. T., 1855

Gröming, F.: Die vorteilhafte Anwendung des Thermometers, zugleich als Alkoholmeter bei dem Brenn- und Destilliergeschäfte. – Berlin, 1827

Gruhn, G.; Fratzscher, W.; Krug, K.: Einführung in die Verfahrenstechnik. 3. Aufl. – Leipzig, 1982

Günschell, G.: Große Konstrukteure. – Berlin/Frankfurt/M./Wien, 1966

Guntau, M.; Laitko, H.: Vom Ursprung der modernen Wissenschaften. – Berlin, 1987

Haber, L. F.: The Chemical Industry during the nineteenth Century. – Oxford, 1958

Hänseroth, Th.: Der Aufbruch zum modernen Bauwesen: Zur Geschichte des industriellen Bauens. – 1984 Dresden, Techn. Univ., Diss. B

Haier, U.: Langfristige Entwicklung bei elektrischen Maschinen. – In: Siemens-Zeitschrift. – Berlin/München 40 (1966) 9.

Hammond, J. W.: Men and Volts. The Story of General Electric. – Philadelphia/London/New York, 1941

Hannah, L.: Electricity before Nationalisation. – London, 1979

Hanson, D.: Die Geschichte der Mikroelektronik. – München, 1984

Hart, F.: Kunst und Technik der Wölbung. – München, 1965

Hartmann, C.: Handbuch der Bergbaukunst. – Weimar, 1844–1845

Hausbrand, O. A.: Die Wirkungsweise der Destillier- und Rektifizierungsapparate. – Berlin, 1893

Hecht, K.: Maß und Zahl in der gotischen Baukunst. – Hildesheim/New York, 1979

Heidelberger, M.; Thiessen, S.: Natur und Erfahrung. – Reinbek bei Hamburg, 1981. – (Kulturgeschichte der Naturwissenschaften und der Technik)

Heinrich, B.: Brücken. – Reinbek bei Hamburg, 1983. – (Kulturgeschichte der Naturwissenschaften und der Technik)

Henkel, J. F.: Kleine mineralogische und chymische Schriften … nebst einer Vorrede von den Bergbauwissenschaften / hrsg. v. C. F. Zimmermann. – Dresden/Leipzig, 1744

Heymann, J.: Coulomb's Memoir on Statics. An Essay in the History of Civil Engineering. – Cambridge, 1972

Hiersemann, L.: Jacob Leupold – ein Wegbereiter der technischen Bildung in Leipzig. – Leipzig, 1982. – (Wiss. Ber. der TH Leipzig, 17)

History of Chemical Engineering. Advances in Chemistry Series 190 / ed. by W. F. Furter. – Washington, D. C., 1980

A History of Technology. Vol. 6: The twentieth century c. 1900 to c. 1950. Part I / ed. by T. I. Williams. – Oxford, 1978

Hoddeson, I.: The Emergence of Basic Research in the Bell Telephone System 1875–1915. – In: Technology and Culture. – Chicago 22 (1981). – S. 512–544

Hoffmann, R.-W.: Wissenschaft und Arbeitskraft. Zur Geschichte der Arbeitsforschung in Deutschland. – Frankfurt/M., 1985

Hofstadter, D. R.: Gödel, Escher, Bach: ein endlos geflochtenes Band. – Stuttgart, 1987

Holm, B.: Fünfzig Jahre Deutscher Normenausschuß. – Berlin, 1967

Hounshell, D. A.: From the American System to Mass Production 1800–1932. The Development of Manufacturing Technology in the United States. – Baltimore/London, 1984

Hughes, T. P.: Networks of Power. Electrification in Western-Society 1880–1930. – Baltimore/London, 1983

IBM's Early Computers. – London, 1986

Imhof, A.: Die ersten hundert Jahre des Transformatorenbaus 1851–1951. – In: Bull. d. Schweizer. Elektrotechn. Vereins. – Zürich 72 (1981) 5. – S. 225 ff.

Imhof, A.: Geschichte der elektrischen Isolationstechnik, ein Beitrag zur Geschichte der Elektrotechnik. – In: Schweiz. techn. Zeitschr. – Bern 64 (1967) 1

Iwanow, B. I.; Tschechew, W. W.: Entstehung und Entwicklung der technischen Wissenschaften. – Moskau/Leipzig, 1982

Jähns, M.: Geschichte der Kriegswissenschaften. 3 Bde. – München/Leipzig, 1889–1891

Jahresbericht über die Fortschritte der chemischen Technologie / hrsg. v. J. R. Wagner, ab 1880 v. F. Fischer. – Leipzig, 1855–1902. – (ab 1860 u. d. T.: Jahresbericht über die Leistungen der chemischen Technologie)

Karmarsch, K.: Geschichte der Technologie seit Mitte des achtzehnten Jahrhunderts. – München, 1872

Karrass, T.: Geschichte der Telegraphie. – Braunschweig, 1909. – (Telegraphen- und Fernsprech-Technik, Bd. 4)

Kegel, K.: Bergmännische Gebirgsmechanik. – Halle/S., 1942

Kern, J. G.: Bericht vom Bergbau (mit. Anm. v. F. W. Oppel). – Freiberg, 1769

Kilby, J. S.: Invention of the integrated circuit. – In: IEEE Transactions on Electron Devices. – New York 23 (1976) 7. – S. 648–654

Kiwit; Wanser; Laarmann: Hochspannungs- und Hochleistungskabel. – Frankfurt/M., 1985

Klein, W.: Die geschichtliche Entwicklung der Filtertheorien. – In: Frequenz. – Berlin 7 (1953). – S. 326–331

Kleinrath, H.: Elektrische Maschinen heute und in Zukunft. – Wien, 1975

Klemm, F.: Zur Kulturgeschichte der Technik – Aufsätze und Vorträge. – München, 1982

Klemm, F.: Technik, eine Geschichte ihrer Probleme. – Freiburg/München, 1954

Knapp, F.: Lehrbuch der chemischen Technologie zum Unterricht und Selbststudium. 2 Bde. – Braunschweig, 1847

Krankenhagen, G.; Laube, H.: Wege der Werkstoffprüfung. – München, 1979. – (Kulturgeschichte der Naturwissenschaften und der Technik, 3)

Kranzberg, M.; Pursell, C. W.: Technology in Western Civilization. Vol. 1–3. – London, 1967

Krug, K.: Zur Entwicklungsgeschichte der Verfahrenstechnik von den Quellen bis zu ihrer Emanzipation. – 1983 Dresden. Techn. Univ., Diss. B

Kunert, A.: Telegraphen-Seekabel. – Köln-Mülheim, 1962

Kurrer, K.-E.: Entwicklung der Gewölbetheorie. – 1981 Berlin (West), Techn. Univ., Diplomarbeit

Landels, J. G.: Die Technik der antiken Welt. – Düsseldorf, 1968

Langmuir, I.: The Pure Electron Discharge and its Application in Radio Telegraphy and Telephony. – In: Proc. IRE. – New York 3 (1915). – S. 261–293

Langmuir, I.: Thermionenströme im hohen Vakuum. – In: Physikalische Zeitschr. – Leipzig 15 (1914). – S. 348–353, 516–526

Ledebur, A.: Handbuch der Eisenhüttenkunde. 3 Bde. – Leipzig, 1883–1884

Lehmann, W.: Die Rundfunktechnik. – Nordhausen, 1930

Lehmhaus, F.: Von Miesbach – München 1882 zum Strom-Verbundnetz. – In: Deutsches Museum, Abh. u. Ber. – München 51 (1983) 2. – S. 42

Leibniz, G. W.: De Progressione Dyadica. Pars 1. – In: Herrn von Leibniz' Rechnung mit Null und Eins. – Berlin, 1966. – (Reprint e. Manuskr. v. 1679)

Leon, A.: Die Entwicklung und Bestrebungen der Materialprüfung. – Wien, 1912

Leonardo. Künstler – Forscher – Magier/hrsg. v. L. Reti. – Frankfurt/M., 1974

Leupold, J.: Theatrum arithmetico-geometricum. Das ist: Schauplatz der Rechen- und Meßkunst. – Leipzig, 1727

Libavius, A.: Die Alchemie. Ein Lehrbuch der Chemie aus dem Jahre 1597: Übers. u. bearb. v. F. Rex et al. – Weinheim/Bergstr., 1964

Lieben, R. v.: Kathodenstrahlenrelais, DRP Nr. 179807 vom 4. 3. 1906

Lindgren, M.: Glory and Failure: The Difference Engines of Johann Müller, Charles Babbage and Georg and Edvard Scheutz. – Stockholm, 1987

Lindner, H.: Strom. Erzeugung, Verteilung und Anwendung der Elektrizität. – Reinbek bei Hamburg, 1985. – (Kulturgeschichte der Naturwissenschaften und der Technik)

Loehneyß, G. E.: Bericht vom Bergwerk. – Zellerfeld, 1617

Lunge, G.: Handbuch der Sodaindustrie. 2. Bde. – Braunschweig, 1879

Mainstone, R.: Development in Structural Forms. – Cambridge/Mass., 1975

Major, M.: Geschichte der Architektur. 3 Bde. – Berlin, 1979–1984

Mandryka, A. P.: Vzaimosvjaz' mechaniki i techniki (1770–1970). – Leningrad, 1975

Mantsuranis, J.: Betriebswissenschaftliche Fortschritte in Deutschland, Amerika und Frankreich. – Berlin, 1939

Matschoss, C.: Die Entwicklung der Dampfmaschine. – Berlin, 1908

Matschoss, C.: Geschichte des Zahnrades. Nebst Bem. ... v. K. Kutzbach. – Berlin, 1940. – Reprogr. Nachdr. Hildesheim, 1976

McManon, M. A.: The Making of a Profession: A century of Electrical Engineering in America. – Piscataway, 1984

Mehrtens, G.: Vorlesungen über Ingenieurwissenschaften. 6 Bde. – Leipzig, 1908–1923

Mikroprozessoren. – In: Chip. – Würzburg. – Sonderheft 1983

Mislin, M.: Geschichte der Bautechnik. 2 T. – Berlin (West), 1984–1986. – (TUB Dokumentation Weiterbildung, 11, 14)

Möhring, M.: Studie zur Herausbildung der Informatik als wissenschaftliche Disziplin unter den Bedingungen kapitalistischer Produktionsverhältnisse. – 1984 Rostock. Univ., Diss. A

Möller, H.-G.: Die Elektronenröhren. – Braunschweig, 1920

Möschwitzer, A.: Grundkurs Mikroelektronik. – Berlin, 1984

Möschwitzer, A.; Jorke, G.: Mikroelektronische Schaltkreise. – Berlin, 1979

Monnet, A.: Traité de l'exploitation des mines. – Paris, 1773

Muirhead, J. P.: The origin and the progress of the mechanical inventions of James Watt. Vol. 3. – London, 1854

Napier, J.: Rabdologiae sev numerationis per virgulas. – Edinburgh, 1617

Naumann, F.: Die Genese der Informationsverarbeitung als technikwissenschaftliche Disziplin. – 1984 Dresden. Techn. Univ., Diss. B

Nedoluha, A.: Kulturgeschichte des technischen Zeichnens. – In: Bll. f. Technikgesch. – Wien 19 (1957) – 21 (1959)

Neef, W.: Ingenieure in der Metallindustrie. Entwicklung und Funktion einer Berufsgruppe. – 1980 Hannover. Univ., Diss.

Neidhardt, P.: Informationstheorie und automatische Informationsverarbeitung. 2. Aufl. – Berlin, 1964

Neumann, J. v.: First Draft of a Report on the EDVAC. Contract No. W-670-ORD-4926. – Philadelphia/Pa., 1945

Neumann, J. v.: Die Rechenmaschine und das Gehirn. – München, 1960

Olschki, L.: Die Geschichte der neusprachlichen wissenschaftlichen Literatur. 3 Bde. – Heidelberg, 1919–1927

Ost, H.: Lehrbuch der Technischen Chemie. – Hannover, 1898

Partington, J. R.: A History of Chemistry. Vol. 2. – London/New York, 1961

Paul, M.: Gaspard Monges »Geometrie Descriptive« und die École Polytechnique. – 1980 Bielefeld. Univ., Diss.

Paul, R.: Feldeffekttransistoren. – Berlin, 1972

Pechold, E.: 50 Jahre REFA. – Berlin/Köln/Frankfurt, 1974

Peters, T. F.: Time is Money. – Stuttgart, 1981

Petzold, H.: Rechnende Maschinen. Eine historische Untersuchung ihrer Herstellung und Anwendung vom Kaiserreich bis zur Bundesrepublik. – Düsseldorf, 1985. – (Technikgeschichte in Einzeldarst., 41)

Pieper, W.: Ulrich Rülein von Calw und sein Bergbüchlein. – Berlin, 1955. – (Freiberger Forschungshefte, D 7)

Pierce, J. R.: Phänomene der Kommunikation. – Düsseldorf/Wien, 1965

Poppe, J. H. M.: Geschichte der Technologie seit der Wiederherstellung der Wissenschaften bis an das Ende des 18. Jahrhunderts. 3 Bde. – Göttingen, 1807–1811

Prinzler, H.: Hortulus Alchimiae. – Leipzig, 1979

Pugh, A.: Robot Vision. International Trends in Manufacturing Technology. – Berlin/Heidelberg/New York, 1983

Pusch, R.: Die Geschichte der Metallographie unter besonderer Berücksichtigung der mikroskopischen Prüfverfahren. – Düsseldorf, 1976

Queisser, H.: Kristallene Krisen. – München/Zürich, 1985

Randell, B.: The Origins of Digital Computers. Select Papers. – Berlin/Heidelberg/New York, 1973

Reiß, E.: Verfahren zur Verstärkung elektrischer Ströme. – In: ETZ. – Berlin 34 (1913). – S. 1359–1363

Reuleaux, F.: Die sogenannte Thomas'sche Rechenmaschine. – Zürich, 1862

Richter, S. H.: Zur Vorgeschichte der Herausbildung der aus mechanischen Künsten hervorgegangenen technikwissenschaftlichen Disziplinen, dargestellt am Beispiel der wissenschaftlichen Spanungstechnik. – 1985 Dresden. Techn. Univ., Diss. A

Rösler, B.: Speculum Metallurgiae politissimum oder: Hell-polierter Bergbau-Spiegel. – Dresden, 1700. – Reprint mit Kommentarbd. Leipzig, 1980

Rolt, L. T. C.: Victorian Engineering. – London, 1970

Rühlmann, M.: Vorträge über Geschichte der Technischen Mechanik. – Leipzig, 1885

Ruske, W.: 100 Jahre Materialprüfung in Berlin. – Berlin (West), 1971

Sattelberg, K.: Vom Elektron zur Elektronik. 2. Aufl. – Aarau, 1982

Schad, E.: 80 Jahre Käfigläufer-Motoren. – In: ETZ(A). – Berlin 91 (1970). – S. 10

Schellen, H.: Der elektromagnetische Telegraph. 6. Aufl. – Braunschweig, 1880

Schmidt, J.; Schräder, A.: Vom Quecksilberdampfgleichrichter zur Leistungselektronik. – In: ETZ. – Berlin 101 (1980). – S. 955–960

Schreiber, M.: Traité sur la science de l'exploitation des mines. – Paris, 1778

Schreier, W.: Zu den Wechselbeziehungen von Physik, insbesondere Elektrophysik, und entstehender Elektrotechnik in der Zeit der Ausbreitung der Industriellen Revolution (1820–1870). – 1984 Leipzig, Univ., Diss. B

Schottky, W.: Über Hochvakuumverstärker. – In: Archiv f. Elektrotechnik. – Berlin 8 (1919) 1. – S. 1–31, 229–328

Seherr-Thoss, H. Chr. v.: Die Entwicklung der Zahnrad-Technik. Zahnformen und Tragfähigkeitsberechnung. – Berlin/Heidelberg/New York, 1965

Shannon, C. E.: A mathematical Theorie of Communication. – In: Bell. System technical Journal. – New York 27 (1948). – S. 379–423, 623–656

Shockley, W.: Electrones and holes in semiconductors. – New York, 1950

Shockley, W.: The invention of the transistor – an example of creative failure methodology. – In: U. S. Congress, Joint Economic Committee, Subcommitee on Economic Growth, Technology and Economic Growth, hearing, 94th Cong., 1st sess., July 15, 16 1975. – S. 117–158

Smith, M. W.: The role of science in the electrical industry. – Washington, 1942

Sparkes, J. J.: The first dekade of transistor development: a personal view. – In: Radio and electronic engineering. – London 43 (1973). – S. 3–9

Spenke, E.: Elektronische Halbleiter. – Berlin/Göttingen/Heidelberg, 1954

Spur, G.: Produktionstechnik im Wandel. – München/Wien, 1979

Sternagel, P.: Die artes mechanicae im Mittelalter. Begriffs- und Bedeutungsgeschichte bis zum Ende des 13. Jahrhunderts. – Kallmünz/Opf., 1966

Strandh, S.: Die Maschine. Geschichte – Elemente – Funktion. – Freiburg/Basel/Wien, 1979

Straub, H.: Die Geschichte der Bauingenieurkunst. 3. Aufl. – Basel/Stuttgart, 1975

Stüssi, F.: Über die Entwicklung der Wissenschaft im Brückenbau. – Zürich, 1964. – (Neujahrsbl. d. Naturforscher-Gesellsch. Zürich, 166)

Szabó, I.: Die Geschichte der mechanischen Prinzipien und ihrer wichtigsten Anwendungen. 2. Aufl. – Basel/Stuttgart, 1979

Sze, S. M.: Physics of Semiconductor Devices. – New York, 1981

Taton, R.: History of science. Vol. 1–4. – New York, 1963–1966

Techničeskie nauki i ich primenenie v proizvodstve. Otvestv. redaktory A. A. Kuzin i R. Zonnemann. – Moskva, 1983

Technische Universität Clausthal. Zur Zweihundertjahrfeier 1775–1975. – Clausthal-Zellerfeld, 1975

Technology and Technical Sciences in History. Proceedings of the ICOHTEC-Symposium Dresden 25.–29. August 1986 / ed. by R. Sonnemann and K. Krug. – Berlin, 1987

Thürlimann, B.: Zur Geschichte der Konstruktion und Theorie im Betonbau. – Basel/Boston/Stuttgart, 1981. – (Institut f. Baustatik u. Konstruktion, ETH Zürich, 112)

Thum, E.: Auf optimalen Leistungsstand. – In: 150 Jahre Elektromotor. – Würzburg, 1984. – S. 44–51. – (Sonderpublikation der Zeitschr. Elektrotechnik)

Timm, A.: Kleine Geschichte der Technologie. – Stuttgart, 1964

Timoshenko, S. P.: History of Strength of Materials. – New York, 1953

Todhunter, J.; Pearson, K.: A History of the Theory of Elasticity and of the Strength of Materials. – Cambridge, 1893

Troitzsch, U.: Ansätze technologischen Denkens bei den Kameralisten des 17. und 18. Jahrhunderts. – Berlin (West), 1966

Troitzsch, U.; Weber, W.: Die Technik. Von den Anfängen bis zur Gegenwart. 2. Aufl. – Stuttgart, 1987

Turing, A. M.: On Computable Numbers, with an Application to the Entscheidungsproblem. – In: Proc. of the London Math. Society, Ser. 2. – Oxford 42 (1936). – S. 230–265; a Correction in: ib. 43 (1937). – S. 544–546

Ulrich, O.: Technik und Herrschaft. – Frankfurt/M., 1977

Uvarova, L. I.: Naučnyj progress i razrabotka techničeskich sredstv. – Moskva, 1973

Varchmin, J.; Radkau, J.: Kraft, Energie und Arbeit. – München, 1979. – (Kulturgeschichte der Naturwissenschaften und der Technik, 4)

Vasikov, I. S.: Entwicklung der Elektroenergetik in der UdSSR in 40 Jahren. – Moskau, 1957

Veselovskij, O. N.; Snejberg, Ja. A.: Energetičeskaja technika ee razvitie. – Moskva, 1976

Vilbig, F.: Lehrbuch der Hochfrequenztechnik. 2 Bde. 4. Aufl. – Leipzig, 1944

Vogelpohl, G.: Geschichte der Reibung. – Düsseldorf, 1981

Vom Caementum zum Spannbeton. Beiträge zur Geschichte des Betons. 3 Bde. – Berlin/Wiesbaden, 1964–1965

Vožar, J.: Umfang und Niveau der Montanwissenschaft in der Slowakei vor der Gründung der Bergakademie in Banskà Štiavnica. – In: Zbornik Slovensk. Bansk. Muzae, Banskà Štiavnica, 10 (1981). – S. 19–52, m. slowak. u. deutscher Zusammenfassung

Wagenbreth, O.: Lomonossow und die Herausbildung der Grubenwetterlehre als Spezialdisziplin der Montanwissenschaften. – In: Freiberger Forschungshefte, D. 157. – Leipzig, 1983. – S. 69–110

Walker, W. H.; Lewis, W. K.: Principles of Chemical Engineering. – New York, 1923

Waller, J. G.: Elementa metallurgiae, speciatum chemiae, conscripta atque observationibus, experimentis et figuris aeneis illustrata. – Stockholm, 1768; deutsche Ausg.: Leipzig, 1770

Werner, E.: Technisierung des Bauens. – Düsseldorf, 1980

Wiener, N.: Cybernetics, or Control and Communication in the Animal and the Machine. – Paris/Cambridge/Mass./New York, 1948

Wildes, K. L.; Lindgren, N. A.: A Century of Electrical Engineering and Computer Science at MIT, 1882–1982. – Cambridge/Mass./London, 1985

Willers, F. A.: Mathematische Maschinen und Instrumente. – Berlin, 1951

Wilsdorf, H.: Bergleute und Hüttenmänner im Altertum bis zum Ausgang der römischen Republik. – Berlin, 1952. – (Freiberger Forschungshefte, D 1)

Wirth, S.; Ciesielski, G.: Die Moderne Fabrik in Vergangenheit, Gegenwart und Zukunft. – Karl-Marx-Stadt, 1986

Wise, G.: Willis B. Whitney, General Electric and the Origin of U. S. Industrial Research. – New York, 1985

Wissenschaft, Technik und Wirtschaftswachstum im 18. Jahrhundert / hrsg. v. A. E. Musson. – Frankfurt/M., 1977

Wolff, M.: Geschichte der Impetustheorie. – Frankfurt/M., 1978

Woodbury, R. S.: History of the Gear-Cutting Machine. – Cambridge/Mass., 1958

Wunsch, G.: Geschichte der Systemtheorie. – Berlin, 1985

Zimmermann, C. F.: Von der Beschaffenheit, Einrichtung und Nutzen einer Academie derer Bergwerks-Wissenschaften. – In: Ders.: Ober-Sächsische Berg-Academie. – Dresden/Leipzig, 1746. – S. 9–56

Zuse, K.: Der Computer – Mein Lebenswerk. – München, 1970; dass.: Berlin/Heidelberg/New York/Tokio, 1984

Zuse, K.: Über den allgemeinen Plankalkül als Mittel zur Formulierung schematisch-kombinativer Aufgaben. – In: Archiv der Mathematik. – Karlsruhe 1 (1948/49). – S. 141–142

Bildnachweis

ADN/ZB Berlin 278 l., 318, 332, 352, 354 r., 389, 396 u., 401, 421, 452, 480
AEG-Archiv, Frankfurt/Main 303 l., 319 l., 321, 391
Akademie der Wissenschaften der DDR, Zentralinstitut für Festkörperphysik und Werkstoff-
forschung, Dresden 432
Akademie der Wissenschaften der DDR, Zentralinstitut für Physik der Erde, Potsdam
454
Allianz Versicherungs-Aktiengesellschaft, München 434
Archiv für Kunst und Geschichte, Berlin (West) 231
Archiv Konrad Zuse, Hünfeld 477
ASEA, Västerås 451

Bauhaus-Archiv, Berlin (West) 344
Bavaria Bildagentur, München 416
Bell Laboratories, Short Hills, N.J. 403 o., 406 o., 406 r.u.
Bergakademie, Freiberg 76 l., 336, 385 (Knopfe)
Klaus G. Beyer, Weimar 62
Bibliothèque Nationale, Paris 53
Bildarchiv Foto Marburg, Marburg 263
Bildarchiv Preußischer Kulturbesitz, Berlin (West) 173
BMW, München 466
Karl-Heinz Böhle, Dresden 179
Braunkohlenkombinat, Senftenberg 338
Braunschweigisches Landesmuseum, Braunschweig 413
Vera und Dieter Breitenborn, Berlin 149, 230 l.
The British Library, London 40

Collection et Cliché, Musée National des Techniques, C.N.A.M., Paris 175
Conradty GmbH, Nürnberg 439

Danmarks Tekniske Museum, Helsingør 319 r.
Walter Danz, Halle 418
Deutsche Staatsbibliothek, Berlin 30 u., 54
Deutsches Archäologisches Institut, Berlin (West)/Lothar Haselberger 29
Deutsches Archäologisches Institut, Rom 32
Deutsches Bergbaumuseum, Bochum 235, 236
Deutsches Museum, München 211, 219 r., 222 o., 225, 226, 268, 286 l., 289, 308 r., 366, 469

Eidgenössische Technische Hochschule, Zürich 179, 297

Fachbuchverlag, Leipzig 373
Fernmeldewerk, Bautzen 394
Fogg Art Museum, Harvard University, Cambridge/MA 147
Forschungsbibliothek Gotha 56

General Electric Company, Schenectady, N. Y. 334, 390
Getriebewerk, Penig 423
Bernhard Göhler, Dresden 468
Axel Grambow, Berlin 314 r., 316 l.
Stephan Grunert, Berlin 28

Hamburgische Schiffbau-Versuchsanstalt GmbH, Hamburg 435
Ingrid Hänse, Leipzig 30 o., 166, 188 u., 214 u., 224
Hoechst AG, Frankfurt/Main 333, 441, 442, 443, 446 u.

IBM Deutschland GmbH, Stuttgart 328 l., 410, 479
Imperial War Museum, London 398
The Institution of Electrical Engineers, London 299 u. M.

Gertrud Kirschbaum, Karlsruhe 372
Kombinat Carl Zeiss, Jena 349 u.
Kombinat Mikroelektronik, Erfurt 465
Friedrich Krupp GmbH, Essen 425

Leuna Werke, Merseburg 291, 292, 293, 294, 369, 378, 444, 447
Lichtbildwerkstätte Alpenland, Wien 90, 141, 339

MAN, Werksarchiv, Nürnberg 202
Mansfeld Kombinat, Technisches Museum, Eisleben 194
Märkisches Museum, Berlin 138 u.
Klaus Mauersberger, Dresden 113, 128 r., 177, 180, 195, 201 r., 261 u., 349 o., 429
MIT-Museum, Cambridge 371 r.
Musée d'Art et d'Histoire, Neuchâtel 133
Museen der Stadt Wien 156

Friedrich Naumann, Karl-Marx-Stadt 221, 328 r., 409
Niedersächsische Landesbibliothek, Hannover 223

Österreichische Nationalbibliothek, Wien 23

Joachim Petri, Mölkau bei Leipzig 210, 246, 323, 326
Sylvia-Marita Plath, Leipzig 48
H. Pollnow, Braunschweig 376
Polytechnisches Museum, Moskau 475

Royal Institution, London 218

Sächsische Landesbibliothek, Abt. Deutsche Fotothek, Dresden 107, 140, 350
Scala, Florenz 36, 92, 213
Carl Schenck AG, Darmstadt 427, 430
Wolfgang G. Schröter, Markkleeberg 371 l.
Science Museum, London 220 l., 322
E. A. Seemann Verlag, Leipzig 21
Werner Seifert, Berlin 361
Siemens-Museum, München 215, 216, 455 u.
Smithsonian Institution, Washington 279 r., 325
Staatliche Kunstsammlungen Dresden, Münzkabinett 78 l.
Staatliche Museen zu Berlin, Kupferstichkabinett 146
Staatliche Museen zu Berlin, Nationalgalerie 295 l.
Staatliche Schlösser und Gärten Potsdam-Sanssouci, Plansammlung 151
Staatsarchiv Leipzig 355
Staatsarchiv Potsdam 150, 229 r.
Stadt- und Universitätsbibliothek, Frankfurt/Main 345
Städtische Kunsthalle, Recklinghausen 330

Herbert Stradtmann, Leipzig 446 o.
Sveriges Tekniska Museum, Stockholm 129 u., 132 u., 324 u.

Technische Hochschule Hannover, Porträtsammlung (Rüdiger Babst) 201 l.
Technische Hochschule Leuna-Merseburg, Hochschulbildstelle 58, 283 u., 374
Technische Universität Braunschweig 212 o.
Technische Universität Dresden, Film- und Bildstelle 148, 220 r., 230 r., 251, 277, 283 o., 285,
    295 r., 296, 299 u. r., 305, 306, 308 l., 309, 315, 317 l., 346 o., 356, 387, 433 l.
Technische Universität Karl-Marx-Stadt 481
Technische Universität Magdeburg 124
Thyssen AG, Duisburg 346 u.

Verkehrsmuseum, Dresden 196
Verlag für Agitation und Propaganda, Berlin 239
Verlag Die Wirtschaft, Berlin 407
Verlagsarchiv 63, 103, 233, 316 r., 396 o., 397, 419, 463 l., 470, 472
Reinhard Vogel, Ilmenau 392, 395, 399, 402, 455 o., 457, 458

Barbara Zeiller, München 375
Zentraler Industrieanlagenbau der Metallurgie, Berlin 431
Zentrales Staatsarchiv, Dienststelle Merseburg 232 r.

Alle anderen Aufnahmen fertigte Asmus Steuerlein, Dresden, an.

Register

Die kursiven Ziffern verweisen auf Abbildungen

Personenregister

Mehrtens, Georg Christoph (1843–1917) *170, 176, 247, 258*

Melan, Josef (1853–1941) 260

Merkel, Friedrich (1892–1929) 278

Mesnager, Augustin Charles (1862–1933) 361

Michaelis, Wilhelm (1840–1911) 210

Mies van der Rohe, Ludwig (1886–1969) 344

Mignot, Jean (Johann Mignotus) (um 1400) 41

Mikoviny, Samuel von (1686–1750) 87

Miller, Oskar von (1855–1934) 304, 305

Mises, Richard Edler von (1883–1953) 273, 367

Mittasch, Alwin (1869–1950) 290

Mögling, Daniel (1546–1596) 45, 49, 114; *43, 47, 96*

Mönnich, Bernhard Friedrich (1741–1800) 125

Mörsch, Emil (1872–1950) 260, 261, 350, 351; *261*

Mohr, Otto Christian (1835–1918) 255, 257, 258, 262; *255*

Mollier, Richard (1863–1935) 365, 366

Monge, Gaspard (1746–1818) 108, 168, 189

Monier, Josef (1823–1906) 260; *260*

Monnet, Antoine-Grimoald (1734–1817) 157

del Monte, Guidobaldo (1545–1607) 45, 97, 111, 114, 115; *43, 47, 96*

Moore, Edmond Eugene (geb. 1896) 428

Morgan, Augustus de (1806–1871) 327

Morin, Arthur (1795–1880) 176, 182, 191, 193, 202, 269; *183*

Morse, Samuel Finley Breese (1791–1872) 214; *214*

Moseley, Henry (1802–1872) 176; *176*

Mott, Nevill Francis (geb.1905) 401

Müller, Germar (geb.1929) 450

Müller, Johann Georg (18.Jh.) 141

Müller-Breslau, Heinrich (1851–1925) 254, 257

Münster, Sebastian (1488–1552) 73

Muirhead, James P. (um 1850) *183*

Murdock, William (1754–1839) 181

Murgue, Daniel (1840–1918) 241

Musa Ibn Shakir (9.Jh.) 53

Muspratt, James (1793–1886) 207, 208

Musschenbroek, Pieter van (1692–1761) 101, 126, 190; *103*

Nagler, Joseph (20.Jh.) 411

Napier (Neper), John (1550–1617) 221

Napoleon I. Bonaparte, Kaiser der Franzosen (1769–1821) *148, 213*

Nasmyth, James (1808–1890) 202

Navier, Claude Louis Marie Henri (1785–1836) 167, 174, 175, 176, 190, 252; *170, 174, 175, 176, 192, 259*

Needham, Joseph (um 1850) 14

Neel (geb.1901) 456

dal Negro, Salvatore (um 1850) 218

Nernst, Walther Hermann (1864–1941) 371, 377

Neuber, Heinz August Paul (geb.1906) 360

Neumann, Balthasar (1687–1753) 99

Neumann, John von (1903–1957) 428, 473, 474

Neumann, Paul (1858–1931?) 260

Newcomen, Thomas (1663–1729) 80, 81, 124, 153; *181*

Newman, Maxwell Herman Alexander (geb.1897) 471

Newton, Isaac (1642–1727) 118, 119, 127, 243

Niavis, Paulus, d.i. Paul Schneevogel (um 1457–1517) 69

Nicols, J.R. (1.Hälfte 20.Jh.) 262

Niemczyk, Oskar (1886–1961) 338

Nordwall, Erik (1753–1835) 157, 162

North, Simeon (1765–1825) 202

Noyce, Robert Norton (geb.1927) 462, 465; *463*

Noyes, Arthur A. (1866–1936) 371

Nußbaum, Josef (1877–1955) 382

Nußelt, Wilhelm (1882–1957) 365, 375, 376; *375*

Nyquist, Harry (1889–1976) 453

Oelschläger, E. (1862–1941) 305

Oeynhausen, Karl August Ludwig von (1795–1865) 161

Ohm, Georg Simon (1787–1854) 214

Oppel, Friedrich Wilhelm von (1720–1769) 85, 86, 87, 89; *89*

Oppelt, Winfried (geb.1912) 450

Osmond, Floris (1849–1912) 245

Ossana, Johann (1870–1952) 305, 311

Ost, Hermann F. Th. (1852–1931) 207; *208*

Ostwald, Wilhelm (1853–1932) 308, 353, 371

Overman, Frederick (1803–1852) 157

Pacinotti, Antonio (1841–1912) *307*

Pacioli, Luca (1445–1514) 95

Page, Charles Grafton (1812–1868) 218

Palladio, Andrea, d.i. Andrea di Petro da Padova (1508–1580) 95; *33*

Pallas, Peter Simon (1741–1811) 156

Palissy, Bernard (um 1515–1589) 140

Pambour, François Marie Guyonneau de (geb.1843) 191

Panow, A. D. (20.Jh.) 340

Papin, Denis (1647–1712) 124

Pappos von Alexandria (um 320) 32, 51, 52

Sachwortregister

Geschoßbahn 117; *51*
Geschwindigkeitspolygone 269
Gesellschaft für angewandte Mathematik und Mechanik (GAMM) 367
Gesellschaften, wissenschaftliche 97, 125, 145, 181, 248
Getriebe 187, 200, 266, 275, 363, 411, 424, 431; *266, 267*
Gewölbe 31, 32, 35, 105, 167; *33, 101, 106*
Gewölbeschub 33, 93
Gewölbetheorie 106, 175, 176, 179, 190, 243, 337; *106, 176, 242, 243*
Gießerei 79
Gittersteuerung 313
Gitterstrukturen 380
Glas 63, 139
– Goldrubin- 139, 140; *138*
–, optisches 381
Glasofen 139
Glasschmelzaggregat 440
Glasschmelzwanne 209, 288
Glasur 140, 288
Gleichfälligkeitsgesetz 243
Gleichgewicht 48, 50
Gleichrichter 386, 391, 395, 397, 400, 402; *399*
Gleichrichtung 321, 401
Gleichstrommaschine 303, 306, 384, 386, 450; *306*
Gleichstrommotor 384
Glockenboden *205*
Glockenbodenkolonne 206, 294; *205, 283*
Glockenverfahren 286
Gloverturm 209
Glühlampe 299, 305, 391
GOELRO-Plan 383
Gramme-Ring 299
Graphentheorie 481
Great Eastern *217*
Grenzleistungsmaschine 305
Grenzschichttheorie 367
Griesheim, Chemische Fabrik *286*
Grimme, Firma 227; *413*
Gröningsche Zahlen 207
Großindustrie, chemische 294, 297, 298
Großintegration 457
Großplattenbauweise *341*
Grubenausbau 238
Grubenöffnung, äquivalente 241
Grubenwetterlehre 240, 241
Grün & Bilfinger AG *350*
Gußeisen 72

Hängekompaß 82, 162; *83*
Härteprüfung 271
Hagia Sophia, Byzanz 32; *34*
Halbleiter 320, 321, 404, 405, 459, 467
– Metall- 401
Halbleiterbauelemente 456

Halbleiterblocktechnik 462
Halbleiterelektronik 323, 400, 401, 417; *401*
Halbleiterkristall 321; *407*
Halbleiterphysik 401; *401*
Halbleiterstrukturen 408
Halbleitertechnik 417, 456; *457*
Halbleitertechnologie 401, 404
Halbleiterverstärker 408; *400*
Hallenbau 175
Handwerk/Handwerker 19, 20, 43, 44, 52, 67
Hardware 472, 473, 474, 475
Hartmann, Richard, Maschinenbauanstalt *195*
Harvard University, Cambridge 470
Hebel 34, 43, 48, 50, 94, 111, 117
Hebezeug 50; *66*
Heckmann, Maschinenfabrik 296; *295*
Himmelsmechanik 119, 186, 197
Hochbau 341
Hochdruckturbosatz 364
Hochfrequenzdynamo 318
Hochfrequenzerzeugung 318, 395
Hochfrequenztechnik 319, 397
Hochofen 153, 237; *148*
Hochspannungslaboratorium *386*
Hochspannungstechnik 314
Hochspannungsübertragung 386; *309, 451*
Hochtechnologie 417, 420
Hoechst AG 374; *333*
Hollerith Electric Tabulating System *328*
Hüttenkunde 26, 77, 154, 163
Hüttenwesen 24, 26, 71, 76, 82, 157
Hydraulik 49, 165, 178; *165, 172*
Hydrierung 368; *369*
Hydrodynamik, technische 129, 198
Hydromechanik 97, 104, 165, 166, 175, 176, 187, 251; *172, 251*
Hystereseverluste 307
Hysteresiserscheinung 270

IG Farbenindustrie AG 298, 368, 374
Impetuslehre 52, 117
Indigo 282
Indikatordiagramm 192, 276
Induktivität 314
Industrialisierung des Bauens 340, 343, 344
Industrie, chemische 229, 281, 282, 381
Industrie, feinmechanisch-optische 229, 230
Industrielaboratorium 228, 230, 245, 308, 332, 410
industrielle Revolution 13, 14, 16, 17, 145, 147, 153, 163, 180, 203, 207, 209, 210, 213, 237, 249
industrielles Bauen 165; *258, 341*
Industrieroboter 430